소방설비기사
실기 전기분야

예문사

머리말
Preface

새로운 도전의 길에 들어선 여러분!

자격증 취득을 목표로 하고 그 외로운 싸움 앞에서 얼마나 망설이고 주저하기를 반복하셨습니까?

오랫동안 강의를 하면서 합격자를 보다 많이 배출할 수 있는 방법을 고민하고, 좀 더 효율적으로 공부할 수 있는 교재의 필요성을 느껴 이 책을 출간하게 되었습니다. 이 책은 비전공자라도 쉽게 공부할 수 있도록 기출문제를 철저히 분석하여 이론을 체계적으로 정리하였습니다.

수험생 여러분이 시간을 적게 들여 소방설비기사 실기시험에 합격할 수 있도록 하는 데 초점을 맞추었으므로 빠른 합격으로 가는 안내서가 되어 줄 것입니다.

이 책은 다음과 같이 구성하였습니다.

- 이론은 다년간의 기출문제에 관련된 주요 내용을 해석하여 구성하였습니다.
- 이론에 핵심기출문제를 수록하여 학습의 이해도를 높일 수 있습니다.
- 법규는 최신 개정사항을 반영하였습니다.
- 기출문제의 해설은 초보자도 알기 쉽도록 수험생의 눈높이에 맞추었습니다.

강의를 하면서 쌓아 온 노하우와 자료들을 최대한 효율적으로 정리하여 전달하였지만 부족한 부분이 있을 것이라고 생각합니다. 소방산업 현장에서 활동 중인 선후배 및 전문가들의 아낌없는 지도를 바라며, 부족한 부분은 수정 및 보완해 나갈 것을 약속드립니다.

끝으로 출간하기까지 물심양면으로 도와주신 주경야독의 임직원 여러분과 도서출판 예문사에 감사의 말씀을 드립니다.

저 자 **표정은**

이 책의 구성

PART 01 이론편

1
다년간의 기출문제에 관련된 주요 내용을 해석하여 이론을 구성함으로써 보다 효율적으로 실기시험을 준비할 수 있습니다.

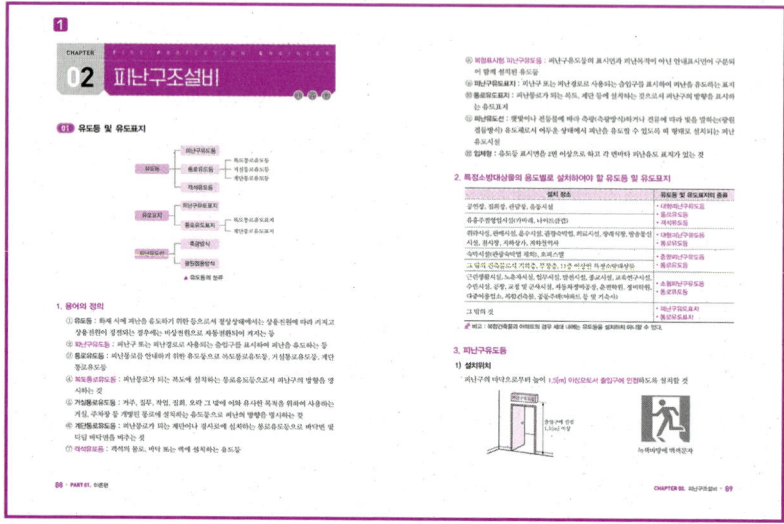

2
주제별로 핵심기출문제를 수록하여 학습의 이해도를 높일 수 있습니다.

3
해설은 초보자도 알기 쉽도록 상세하게 기술하였습니다.

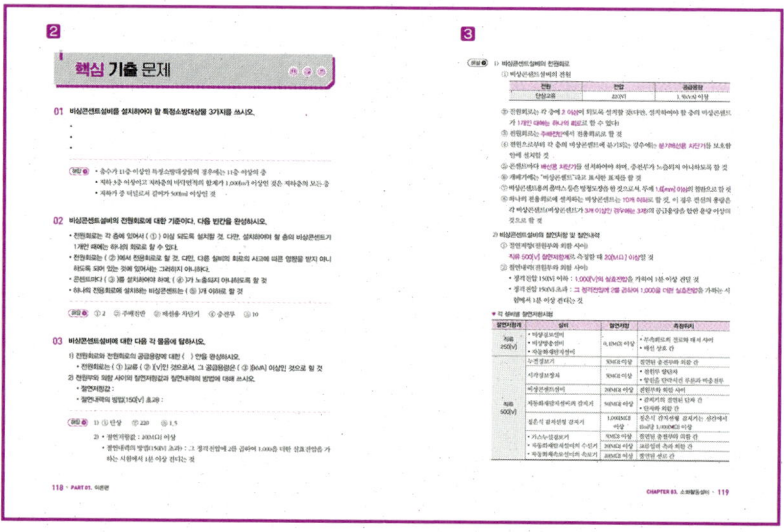

PART 02 기출문제편

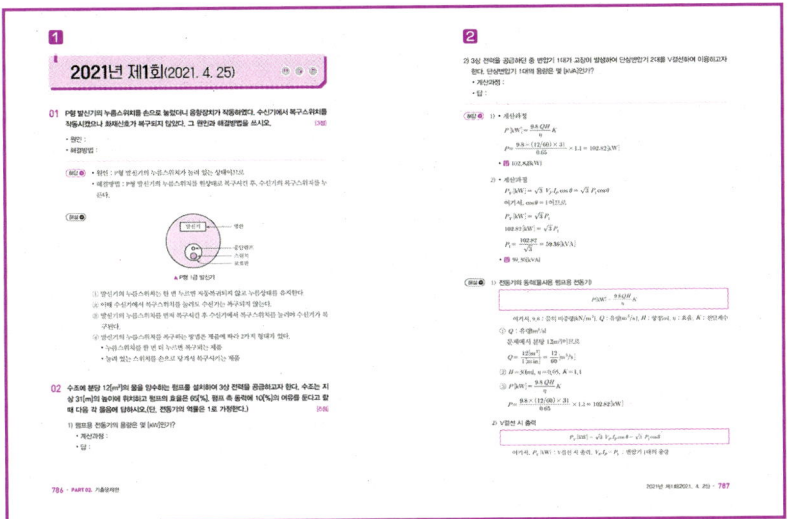

과년도 기출문제를 회차별로 수록하여 기출 경향을 파악할 수 있습니다.

그림과 수식을 적절히 배치하여 한눈에 볼 수 있도록 하였습니다.

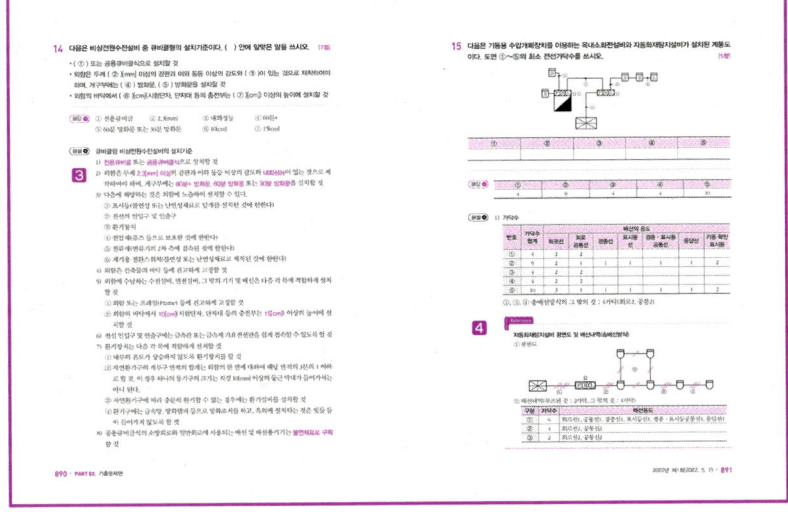

중요한 부분은 눈에 잘 띄게 강조하였습니다.

문제와 관련된 내용을 Reference 란에 제시하여 이해를 돕습니다.

시험 정보

💬 소방설비기사 전기분야 출제기준

직무분야	안전관리	중직무분야	안전관리	자격종목	소방설비기사 (전기분야)	적용기간	2023.1.1.~2025.12.31.

직무내용: 소방시설(전기)의 설계, 공사, 감리 및 점검업체 등에서 설계 도서류를 작성하거나, 소방설비 도서류를 바탕으로 공사 관련 업무를 수행하고, 완공된 소방설비의 점검 및 유지관리업무와 소방계획수립을 통해 소화, 화재통보 및 피난 등의 훈련을 실시하는 소방안전관리자로서의 주요사항을 수행하는 직무

수행준거:
1. 소방전기 설비 시공을 위하여 작업분석을 할 수 있다.
2. 건물의 화재예방을 위하여 경보설비 등을 설치 할 수 있다.
3. 소방전기 설비를 설계, 시공할 수 있다.
4. 소방전기시설의 조작, 유지 보수 및 시험·점검 등을 할 수 있다.

실기검정방법	필답형	시험시간	3시간

실기 과목명	주요항목	세부항목	세세항목
소방전기시설 설계 및 시공 실무	1. 소방전기시설 설계	1. 작업분석하기	1. 현장 여건, 요구사항 분석을 할 수 있다. 2. 기본계획 수립, 기본설계서, 실시설계서를 작성할 수 있다. 3. 공사시방서, 공사내역서를 작성할 수 있다.
		2. 소방전기시설 구성하기	1. 자재의 상호 연관성에 대해 설명할 수 있다. 2. 소방전기시설의 기기 및 부품을 조작할 수 있다. 3. 소방전기시설의 기능 및 특성을 설명할 수 있다.
		3. 소방전기시설 설계하기	1. 물량 및 공량을 산출할 수 있다. 2. 전기기구의 용량을 산정할 수 있다. 3. 회로방식 설정 및 회로용량을 산정할 수 있다. 4. 도면작성 및 판독을 할 수 있다. 5. 시방서의 작성 등을 할 수 있다.
		4. 소방시설의 배치계획 및 설계서류 작성하기	1. 계통도를 작성할 수 있다. 2. 평면도를 작성할 수 있다. 3. 상세도를 작성할 수 있다. 4. 소방전기시설의 시공 계획수립 및 실무 작업을 수행할 수 있다.
	2. 소방전기시설 시공	1. 설계도서 검토하기	1. 설계도서상의 누락, 오류, 문제점을 검토하여 설계도서 검토서를 작성할 수 있다. 2. 설계도면, 시공 상세도, 계산서를 검토하여 시공상의 문제점을 파악하고 조치할 수 있다.

실기 과목명	주요항목	세부항목	세세항목
소방전기시설 설계 및 시공 실무	2. 소방전기시설 시공	2. 소방전기시설 시공하기	1. 자동화재탐지설비를 할 수 있다. 2. 자동화재속보설비를 할 수 있다. 3. 누전경보기설비를 할 수 있다. 4. 비상경보설비 및 비상방송설비를 할 수 있다. 5. 제연설비의 부대 전기설비를 할 수 있다. 6. 비상콘센트설비를 할 수 있다. 7. 무선통신보조설비를 할 수 있다. 8. 가스누설경보기설비를 할 수 있다. 9. 유도등 및 비상조명등설비를 할 수 있다. 10. 상용 및 비상전원설비를 할 수 있다. 11. 종합방재센터설비를 할 수 있다. 12. 소화설비의 부대 전기설비를 할 수 있다. 13. 기타 소방전기시설 관련설비를 할 수 있다.
		3. 공사 서류 작성하기	1. 시공된 시설을 검사하여 설계도서와 일치여부를 판단할 수 있다. 2. 시공된 시설을 검사하여 관련 서류를 작성할 수 있다. 3. 공정관리 일정을 계획하여 공사일지를 작성할 수 있다.
	3. 소방전기시설 유지관리	1. 소방전기시설 운용관리하기	1. 전기기기 점검 및 조작을 할 수 있다. 2. 회로점검 및 조작을 할 수 있다. 3. 재해방지 및 안전관리를 할 수 있다. 4. 자재관리를 할 수 있다. 5. 기술 공무관리를 할 수 있다.
		2. 소방전기시설의 유지 보수 및 시험·점검하기	1. 전기기기 보수 및 점검을 할 수 있다. 2. 시험 및 검사를 할 수 있다. 3. 계측 및 고장요인 파악을 할 수 있다. 4. 유지보수관리 및 계획수립을 할 수 있다. 5. 설치된 소방시설을 정상 가동하고, 자체 점검 사항을 기록할 수 있다. 6. 기록 사항을 분석하여 보수·정비를 할 수 있다.

차례

PART 01 이론편

Chapter 01 경보설비 • 3
- 01 비상경보설비 ··· 3
- 02 비상방송설비 ··· 6
- 03 자동화재탐지설비 ··· 11
- 04 자동화재속보설비 ··· 65
- 05 누전경보기 ··· 67
- 06 가스누설경보기 ··· 73

Chapter 02 피난구조설비 • 88
- 01 유도등 및 유도표지 ··· 88
- 02 비상조명등 및 휴대용 비상조명등 ································ 98

Chapter 03 소화활동설비 • 110
- 01 비상콘센트설비 ··· 110
- 02 무선통신보조설비 ··· 114

Chapter 04 전원설비 및 배선공사 • 123
- 01 전원의 종류 ··· 123
- 02 비상전원(예비전원) ··· 124
- 03 소방설비의 배선공사 ·· 130

Chapter 05 시퀀스 제어 • 154
- 01 시퀀스 제어회로의 기본 용어 ···································· 154
- 02 부울대수 ··· 156
- 03 논리회로 ··· 156
- 04 소방 관련 시퀀스 회로 ·· 159

Chapter 06 소방시설의 도면 및 배선결선도 • 190

    01 자동화재탐지설비 ··· 190
    02 비상방송설비 ·· 199
    03 옥내소화전설비 ·· 217
    04 습식 스프링클러설비 ·· 224
    05 준비작동식 스프링클러설비 ··· 232
    06 가스계 소화설비
       (이산화탄소, 할론, 할로겐화합물 및 불활성기체 소화설비) ········ 248
    07 거실 제연설비(상가제연) ·· 262
    08 특별피난계단의 계단실 및 부속실 제연설비(전실제연) ·············· 268
    09 배연창 설비 ·· 275
    10 자동방화문 설비 ·· 278

PART 02 기출문제편

    2015년 제1회(2015. 4. 19) ··· 283
    2015년 제2회(2015. 7. 12) ··· 308
    2015년 제4회(2015. 11. 7) ··· 337

    2016년 제1회(2016. 4. 17) ··· 362
    2016년 제2회(2016. 6. 26) ··· 391
    2016년 제4회(2016. 11. 12) ··· 420

    2017년 제1회(2017. 4. 16) ··· 455
    2017년 제2회(2017. 6. 25) ··· 482
    2017년 제4회(2017. 11. 11) ··· 509

차례

2018년 제1회(2018. 4. 14) ·· 534
2018년 제2회(2018. 6. 30) ·· 564
2018년 제4회(2018. 11. 10) ······································ 591

2019년 제1회(2019. 4. 14) ·· 612
2019년 제2회(2019. 6. 29) ·· 635
2019년 제4회(2019. 11. 9) ·· 658

2020년 제1회(2020. 5. 24) ·· 682
2020년 제2회(2020. 7. 25) ·· 706
2020년 제3회(2020. 10. 17) ······································ 732
2020년 제4회(2020. 11. 15) ······································ 758

2021년 제1회(2021. 4. 25) ·· 786
2021년 제2회(2021. 7. 10) ·· 814
2021년 제4회(2021. 11. 14) ······································ 839

2022년 제1회(2022. 5. 7) ·· 868
2022년 제2회(2022. 7. 24) ·· 897
2022년 제4회(2022. 11. 19) ······································ 923

2023년 제1회(2023. 4. 22) ·· 953
2023년 제2회(2023. 7. 22) ·· 976
2023년 제4회(2023. 11. 4) ·· 1002

2024년 제1회(2024. 4. 27) ·· 1027
2024년 제2회(2024. 7. 28) ·· 1050
2024년 제3회(2024. 10. 19) ······································ 1074

PART 01

이론편

제1장 경보설비
제2장 피난구조설비
제3장 소화활동설비
제4장 전원설비 및 배선공사
제5장 시퀀스 제어
제6장 소방시설의 도면 및 배선결선도

CHAPTER 01 경보설비

01 비상경보설비

1. 용어의 정의

① 비상벨설비 : 화재 발생 상황을 경종으로 경보하는 설비
② 자동식 사이렌설비 : 화재 발생 상황을 사이렌으로 경보하는 설비
③ 단독경보형 감지기 : 화재 발생 상황을 단독으로 감지하여 자체에 내장된 음향장치로 경보하는 감지기
④ 발신기 : 화재 발생 신호를 수신기에 수동으로 발신하는 장치
⑤ 수신기 : 발신기에서 발하는 화재신호를 직접 수신하여 화재의 발생을 표시 및 경보하여 주는 장치

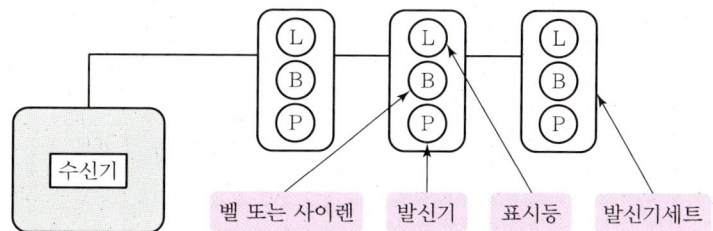

2. 비상경보설비의 설치대상

① 연면적 400[m²] 이상인 것
② 지하층 또는 무창층 : 바닥면적이 150[m²](공연장 100[m²]) 이상
③ 지하가 중 터널 : 길이가 500[m] 이상
④ 옥내 작업장 : 50명 이상의 근로자가 작업하는 옥내작업장

3. 음향장치

① 특정소방대상물의 층마다 설치
② 각 부분으로부터 하나의 음향장치까지의 수평거리 : 25[m] 이하
③ 음향장치의 구조 및 성능
  ㉠ 음향장치는 정격전압의 80[%] 전압에서 음향을 발할 수 있도록 할 것
  ㉡ 음량은 부착된 음향장치의 중심으로부터 1[m] 떨어진 위치에서 90[dB] 이상

4. 발신기

① 특정소방대상물의 층마다 설치
② 조작스위치 설치 높이 : 바닥으로부터 0.8[m] 이상 1.5[m] 이하
③ 각 부분으로부터 하나의 발신기까지의 수평거리 : 25[m] 이하
　(다만, 복도 또는 별도로 구획된 실로서 보행거리가 40[m] 이상일 경우 추가 설치)
④ 발신기 위치표시등은 함의 상부에 설치할 것
⑤ 발신기 불빛은 부착면으로부터 15° 이상의 범위 안에서 부착지점으로부터 10[m] 이내의 어느 곳에서도 쉽게 식별할 수 있는 적색등으로 할 것

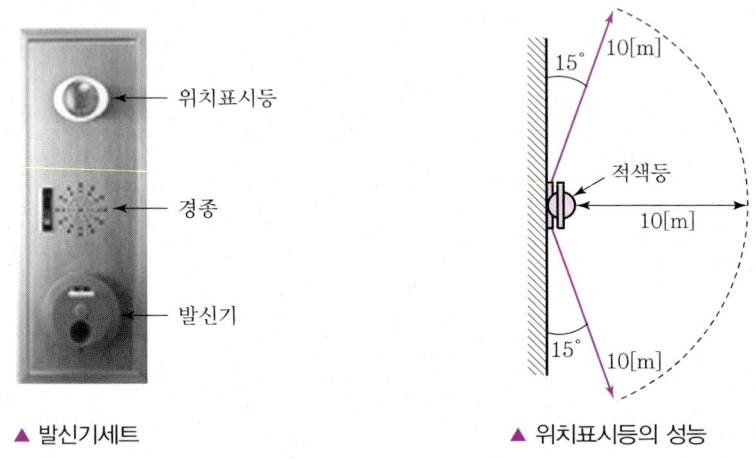

▲ 발신기세트　　　　▲ 위치표시등의 성능

5. 상용전원

① 전원은 전기가 정상적으로 공급되는 축전지, 전기저장장치 또는 교류전압의 옥내 간선으로 하고, 전원까지의 배선은 전용으로 할 것
② 개폐기에는 "비상벨설비 또는 자동식 사이렌설비용"이라고 표시한 표지를 할 것

6. 예비전원

① 전원의 종류 : 축전지설비 또는 전기저장장치
② 전원의 성능 : 감시상태를 60분간 지속한 후 유효하게 10분 이상 경보

7. 배선

① 전원회로의 배선 : 내화배선

그 밖의 배선 : 내화배선 또는 내열배선

② 절연저항 : 부속회로의 전로와 대지 사이 및 배선 상호 간을 직류 250[V]의 절연저항측정기로 측정하여 0.1[MΩ] 이상이 되도록 할 것

③ 배선은 다른 전선과 별도의 관·덕트·몰드 또는 풀박스 등에 설치할 것(60[V] 미만의 약전류 회로에 사용하는 전선으로서 각각의 전압이 같을 때는 제외)

8. 단독경보형 감지기

1) 설치대상

① 교육연구시설 내에 있는 기숙사 또는 합숙소로서 연면적 2천 [m²] 미만인 것

② 수련시설 내에 있는 기숙사 또는 합숙소로서 연면적 2천 [m²] 미만인 것

③ 숙박시설이 있는 수련시설로서 수용인원 100인 미만인 것

④ 연면적 400[m²] 미만의 유치원

⑤ 공동주택 중 연립주택 및 다세대주택(연동형으로 설치)

2) 단독경보형 감지기의 설치기준

① 각 실마다 설치하되 바닥면적이 150[m²]를 초과하는 경우에는 150[m²]마다 1개 이상 설치(각 실의 이웃하는 실내의 바닥면적이 각각 30[m²] 미만이고 벽체의 상부의 전부 또는 일부가 개방되어 이웃하는 실내와 공기가 상호 유통되는 경우에는 이를 1개의 실로 본다)

② 최상층의 계단실의 천장(외기가 상통하는 계단실의 경우를 제외한다)에 설치할 것

③ 건전지를 주전원으로 사용하는 단독경보형 감지기는 정상적인 작동상태를 유지할 수 있도록 건전지를 교환할 것

④ 상용전원을 주전원으로 사용하는 단독경보형 감지기의 2차 전지는 「소방시설법」 제40조에 따라 제품검사에 합격한 것을 사용할 것

02 비상방송설비

1. 용어의 정의

① **확성기** : 소리를 크게 하여 멀리까지 전달될 수 있도록 하는 장치(스피커)
② **음량조절기** : 가변저항을 이용하여 전류를 변화시켜 음량을 조절할 수 있는 장치
③ **증폭기** : 전압전류의 진폭을 늘려 감도를 좋게 하고 미약한 음성전류를 커다란 음성전류로 변화시켜 소리를 크게 하는 장치

2. 설치대상

① 연면적 3,500[m²] 이상인 것
② 지하층을 제외한 층수가 11층 이상인 것
③ 지하층의 층수가 3층 이상인 것

3. 비상방송설비 신호 흐름도

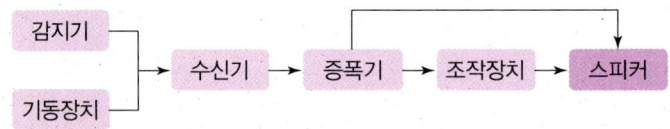

4. 음향장치

① 확성기의 음성입력 : 실외 3[W], 실내 1[W], 아파트 등의 실내 2[W] 이상
② 확성기는 각 층마다 설치할 것
③ 그 층의 각 부분으로부터 하나의 확성기까지의 수평거리가 25[m] 이하가 되도록 하고, 해당 층의 각 부분에 유효하게 경보를 발할 수 있도록 설치할 것
④ 음량조정기를 설치하는 경우 음량조정기의 배선은 3선식으로 할 것
⑤ 음향장치의 구조 및 성능
  ㉠ 정격전압의 80[%] 전압에서 음향을 발할 수 있는 것으로 할 것
  ㉡ 자동화재탐지설비의 작동과 연동하여 작동할 수 있는 것으로 할 것

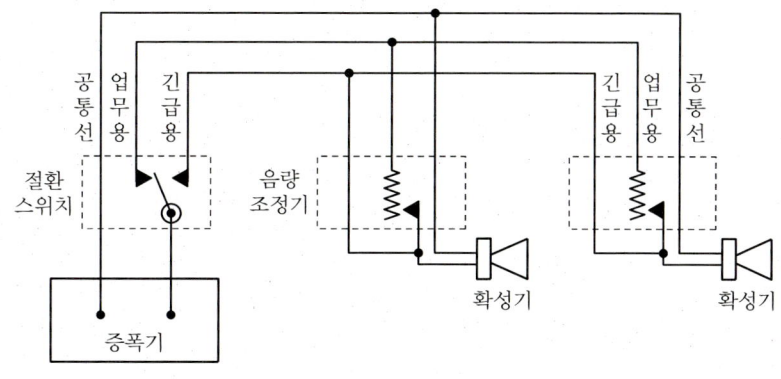

▲ 3선식 배선

5. 증폭기 및 조작부 등

① 조작부의 조작스위치 높이 : 바닥으로부터 0.8[m] 이상 1.5[m] 이하
② 조작부는 기동장치가 작동한 층 또는 구역을 표시할 수 있을 것
③ 증폭기 및 조작부는 수위실 등 상시 사람이 근무하는 장소로서 점검이 편리하고 방화상 유효한 곳에 설치할 것
④ 다른 방송설비와 공용하는 것에 있어서는 화재 시 비상경보 외의 방송을 차단할 수 있는 구조로 할 것
⑤ 다른 전기회로에 따라 유도장애가 생기지 아니하도록 할 것
⑥ 하나의 특정소방대상물에 2 이상의 조작부가 설치되어 있는 때에는 각각의 조작부가 있는 장소 상호 간에 동시통화가 가능한 설비를 설치하고, 어느 조작부에서도 해당 특정소방대상물의 전 구역에 방송을 할 수 있도록 할 것

6. 화재감지 후 방송개시 소요시간

기동장치에 따른 화재신고를 수신한 후 필요한 음량으로 화재 발생 상황 및 피난에 유효한 방송이 자동으로 개시될 때까지의 소요시간은 10초 이하로 할 것

7. 발화층 · 직상층 우선경보방식

1) 대상

층수가 11층(공동주택의 경우에는 16층) 이상의 특정소방대상물

2) 경보방식

발화층	경보하여야 하는 층
2층 이상의 층	발화층 및 그 직상 4개층
1층	발화층 · 그 직상 4개층 및 지하층
지하층	발화층 · 그 직상층 및 기타의 지하층

8. 배선

① 화재로 인하여 하나의 층의 확성기 또는 배선이 단락 또는 단선되어도 다른 층의 화재통보에 지장이 없도록 할 것
② 전원회로의 배선 : 내화배선
　그 밖의 배선 : 내화배선 또는 내열배선
③ 절연저항 : 부속회로의 전로와 대지 사이 및 배선 상호 간을 직류250[V]의 절연저항측정기로 측정하여 0.1[MΩ] 이상이 되도록 할 것
④ 배선은 다른 전선과 별도의 관 · 덕트 · 몰드 또는 풀박스 등에 설치할 것(60[V] 미만의 약전류회로에 사용하는 전선으로서 각각의 전압이 같을 때는 제외)

9. 상용전원

① 전원은 전기가 정상적으로 공급되는 축전지, 전기저장장치 또는 교류전압의 옥내간선으로 하고, 전원까지의 배선은 전용으로 할 것
② 개폐기에는 "비상방송설비용"이라고 표시한 표지를 할 것

10. 예비전원

① 전원의 종류 : 축전지설비 또는 전기저장장치
② 전원의 성능 : 감시상태를 60분간 지속한 후 유효하게 10분 이상 경보

핵심 기출 문제

01 다음은 비상경보설비 및 단독경보형 감지기의 화재안전기술기준에 따른 단독경보형 감지기의 설치기준이다. ( ) 안에 알맞은 내용을 쓰시오.

- 각 실마다 설치하되, 바닥면적이 (①)[m²]를 초과하는 경우에는 (①)[m²]마다 1개 이상 설치할 것. 이웃하는 실내의 바닥면적이 각각 (②)[m²] 미만이고, 벽체의 상부의 전부 또는 일부가 개방되어 이웃하는 실내와 공기가 상호 유통되는 경우에는 이를 (③)개의 실로 본다.
- (④)를 주전원으로 사용하는 단독경보형 감지기는 정상적인 작동상태를 유지할 수 있도록 (④)를 교환할 것
- 상용전원을 주전원으로 사용하는 단독경보형 감지기의 (⑤)는 법 제40조에 따라 제품검사에 합격한 것을 사용할 것

해답 ① 150　② 30　③ 1
④ 건전지　⑤ 2차 전지

02 다음은 단독경보형 감지기의 설치기준이다. ( ) 안에 알맞은 내용을 쓰시오.

- 각 실(이웃하는 실내의 바닥면적이 각각 30[m²] 미만이고 벽체의 상부의 전부 또는 일부가 개방되어 이웃하는 실내와 공기가 상호 유통되는 경우에는 이를 1개의 실로 본다)마다 설치하되, 바닥면적이 (①)[m²]를 초과하는 경우에는 (①)[m²]마다 (②)개 이상 설치할 것
- 최상층의 (③)의 천장(외기가 상통하는 (③)의 경우를 제외한다)에 설치할 것
- 건전지를 주전원으로 사용하는 단독경보형 감지기는 정상적인 (④)를 유지할 수 있도록 건전지를 교환할 것
- 상용전원을 주전원으로 사용하는 단독경보형 감지기의 (⑤)는 법 제40조에 따라 제품검사에 합격한 것을 사용할 것

해답 ① 150　② 1　③ 계단실
④ 작동상태　⑤ 2차 전지

03 다음은 비상방송설비의 화재안전기술기준에 따른 비상방송설비에 대한 설치기준이다. ( ) 안에 알맞은 말을 쓰시오.

- 확성기의 음성입력은 실내에 설치하는 것에 있어서는 (①)[W] 이상일 것
- 음량조정기를 설치하는 경우 음량조정기의 배선은 (②)으로 할 것
- 조작부의 조작스위치는 바닥으로부터 (③)[m] 이상 (④)[m] 이하의 높이에 설치할 것
- 확성기는 각 층마다 설치하되, 그 층의 각 부분으로부터 하나의 확성기까지의 수평거리가 (⑤)[m] 이하가 되도록 할 것
- 유효한 방송이 자동으로 개시될 때까지의 소요시간은 (⑥)로 할 것

해답 ① 1 ② 3선식 ③ 0.8
④ 1.5 ⑤ 25 ⑥ 10초 이하

04 지상 11층, 지하 2층, 연면적 5,000[m²]인 빌딩에 비상방송설비를 설치하고자 한다. 설치기준에 대한 다음 각 물음에 답하시오.

1) 확성기를 실외에 설치한 경우 음성입력은 몇 [W] 이상의 것을 설치하여야 하는가?
2) 경보방식은 어떤 방식으로 하여야 하는지 쓰고, 2층 이상 발화, 1층 발화, 지하층 발화 시 경보를 하여야 하는 층의 기준을 쓰시오.
   - 경보방식 :
   - 경보하여야 하는 층
     - 2층 이상 발화 시 :
     - 1층 발화 시 :
     - 지하층 발화 시 :
3) 기동장치에 의해 화재신고를 수신한 후 필요한 음량으로 방송이 개시될 때까지의 소요시간은 몇 초 이하로 하여야 하는지 쓰시오.

해답 1) 3[W]

2) • 경보방식 : 발화층 · 직상층 우선경보방식
   • 경보하여야 하는 층
     - 2층 이상 발화 시 : 발화층 및 그 직상 4개층
     - 1층 발화 시 : 발화층 · 그 직상 4개층 및 지하층
     - 지하층 발화 시 : 발화층 · 그 직상층 및 기타의 지하층

3) 10초 이하

05 비상방송설비의 화재안전기술기준에 따른 비상방송설비의 설치기준이다. 다음 각 물음에 답하시오.

1) 음량조정기를 설치하는 경우 음량조정기의 배선은 몇 선식으로 하여야 하는지 쓰시오.
2) 확성기는 각 층마다 설치하되, 그 층의 각 부분으로부터 하나의 확성기까지의 수평거리가 몇 [m] 이하가 되도록 하여야 하는지 쓰시오.
3) 수위실 등 상시 사람이 근무하는 장소로서 점검이 편리하고 방화상 유효한 곳에 설치하여야 하는 것 2가지를 쓰시오.
   ·
   ·

해답 ⊕ 1) 3선식
2) 25[m]
3) · 증폭기
   · 조작부

03 자동화재탐지설비

1. 용어의 정의

① 경계구역 : 화재신호를 발신하고 그 신호를 수신 및 유효하게 제어할 수 있는 구역
② 수신기 : 감지기나 발신기에서 발하는 화재신호를 직접 수신하거나 중계기를 통하여 수신하여 화재의 발생을 표시 및 경보하여 주는 장치
③ 중계기 : 감지기·발신기 또는 전기적 접점 등의 작동에 따른 신호를 받아 이를 수신기의 제어반에 전송하는 장치
④ 감지기 : 화재 시 발생하는 열, 연기, 불꽃 또는 연소생성물을 자동적으로 감지하여 수신기에 발신하는 장치
⑤ 발신기 : 수동누름버튼 등의 작동으로 화재 신호를 수신기에 발신하는 장치
⑥ 시각경보장치 : 자동화재탐지설비에서 발하는 화재신호를 시각경보기에 전달하여 청각장애인에게 점멸형태의 시각경보를 하는 것
⑦ 거실 : 거주·집무·작업·집회·오락 그 밖에 이와 유사한 목적을 위하여 사용하는 방
⑧ 유선식 : 화재신호 등을 배선으로 송·수신하는 방식
⑨ 무선식 : 화재신호 등을 전파에 의해 송·수신하는 방식
⑩ 유·무선식 : 유선식과 무선식을 겸용으로 사용하는 방식

2. 설치대상

특정소방대상물	설치대상
공동주택 중 아파트 등·기숙사, 숙박시설, 노유자생활시설, 지하구, 판매시설 중 전통시장, 층수가 6층 이상인 건축물, 산후조리원, 조산원, 숙박시설이 있는 수련시설로서 수용인원 100명 이상인 것, 요양병원(의료재활시설 제외)	모든 층
노유자시설	연면적 400[m²] 이상
근린생활시설, 의료시설, 위락시설, 장례시설 및 복합건축물	연면적 600[m²] 이상
근린생활시설 중 목욕장, 문화 및 집회시설, 종교시설, 판매시설, 운수시설, 운동시설, 업무시설, 공장, 창고시설, 위험물 저장 및 처리시설, 항공기 및 자동차 관련 시설, 교정 및 군사시설 중 국방·군사시설, 방송통신시설, 발전시설, 관광 휴게시설, 지하가	연면적 1,000[m²] 이상
교육연구시설(시설 내의 기숙사 및 합숙소 포함), 수련시설(시설 내의 기숙사 및 합숙소 포함, 숙박시설이 있는 수련시설 제외), 동물 및 식물 관련 시설, 분뇨 및 쓰레기 처리시설, 교정 및 군사시설 또는 묘지 관련 시설	연면적 2,000[m²] 이상인 것
정신의료기관 또는 의료재활시설	바닥면적 300[m²] 이상
정신의료기관 또는 의료재활시설로서 창살이 설치된 시설	바닥면적 300[m²] 미만
지하가 중 터널	길이가 1,000[m] 이상인 것
특수가연물	500배 이상

3. 경계구역

1) 층별, 면적별 경계구역 설정기준

① 하나의 경계구역이 2개 이상의 건축물에 미치지 아니하도록 할 것
② 하나의 경계구역이 2개 이상의 층에 미치지 아니하도록 할 것(다만, 500[m²] 이하의 범위 안에서는 2개의 층을 하나의 경계구역으로 할 수 있다)

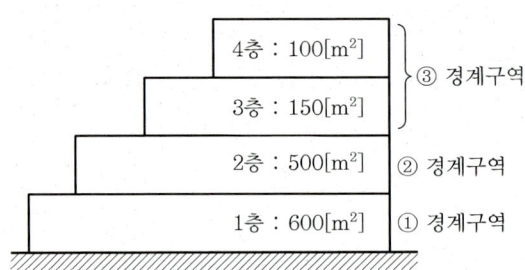

③ 하나의 경계구역의 면적은 600[m²] 이하로 하고 한 변의 길이는 50[m] 이하로 할 것(다만, 주된 출입구에서 그 내부 전체가 보이는 것은 한 변의 길이가 50[m]의 범위 내에서 1,000[m²] 이하)

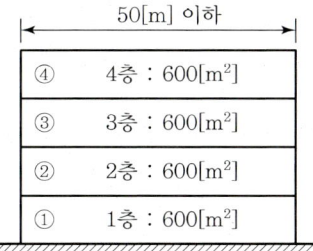

2) 수직구역의 경계구역 설정기준

① 별도의 경계구역 설정 : 계단, 경사로, 엘리베이터 승강로, 권상기실, 린넨슈트, 파이프 피트, 파이프 덕트, 기타 이와 유사한 부분
② 하나의 경계구역 높이 : 45[m] 이하(계단 및 경사로에 한함)
③ 지하층의 계단 및 경사로는 별도로 하나의 경계구역으로 할 것(지하층의 층수가 1일 경우는 제외)

3) 기타 경계구역 설정

① 외기에 면하여 상시 개방된 부분이 있는 차고·주차장·창고 등에 있어서는 외기에 면하는 각 부분으로부터 5[m] 미만의 범위 안에 있는 부분은 경계구역의 면적에 산입하지 아니한다.
② 스프링클러설비·물분무등소화설비 또는 제연설비의 화재감지장치로서 화재감지기를 설치한 경우의 경계구역은 해당 소화설비의 방사구역 또는 제연구역과 동일하게 설정할 수 있다.

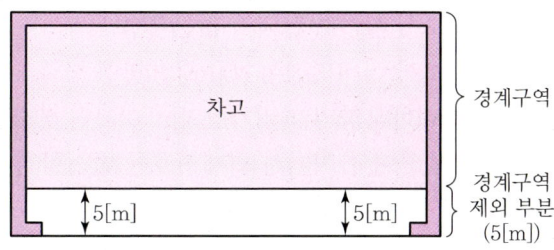

▲ 차고의 경계구역 적용 예

4. 수신기

1) 수신기의 성능기준
① 경계구역을 각각 표시할 수 있는 회선수 이상의 수신기를 설치할 것
② 가스누설탐지설비가 설치된 경우에는 가스누설탐지설비로부터 가스누설신호를 수신하여 가스누설경보를 할 수 있는 수신기를 설치할 것(GP형, GR형 수신기)

2) 수신기의 설치기준
① 수위실 등 상시 사람이 근무하는 장소 또는 관계인이 쉽게 접근할 수 있고 관리가 용이한 장소에 설치할 것
② 수신기가 설치된 장소에는 경계구역 일람도를 비치할 것
③ 음향기구는 음량 및 음색이 다른 기기의 소음 등과 명확히 구별될 수 있을 것
④ 수신기는 감지기·중계기 또는 발신기가 작동하는 경계구역을 표시할 수 있을 것
⑤ 화재·가스 전기 등에 대한 종합방재반을 설치한 경우에는 해당 조작반에 수신기의 작동과 연동하여 감지기·중계기 또는 발신기가 작동하는 경계구역을 표시할 수 있는 것으로 할 것
⑥ 하나의 경계구역은 하나의 표시등 또는 하나의 문자로 표시되도록 할 것
⑦ 조작스위치의 높이 : 바닥으로부터 0.8[m] 이상 1.5[m] 이하
⑧ 2 이상의 수신기를 설치하는 경우에는 수신기를 상호 연동하여 화재 발생 상황을 각 수신기마다 확인할 수 있도록 할 것
⑨ 화재로 인하여 하나의 층의 지구음향장치 또는 배선이 단락되어도 다른 층의 화재통보에 지장이 없도록 각 층 배선 상에 유효한 조치를 할 것

3) 축적기능이 있는 수신기 설치장소(화재신호 축적시간 : 5초 이상 60초 이내)
① 지하층·무창층 등으로서 환기가 잘되지 않는 장소
② 지하층·무창층 등으로서 실내면적이 40[m²] 미만인 장소
③ 감지기의 부착면과 실내바닥과의 거리가 2.3[m] 이하인 장소로서 일시적으로 발생한 열·연기 또는 먼지 등으로 인하여 감지기가 화재신호를 발신할 우려가 있는 때

4) 수신기의 종류

(1) P형 1급 수신기

① 정의 : 감지기 또는 발신기로부터 발하여지는 신호를 공통신호로서 수신하여 화재의 발생을 당해 소방대상물의 관계자에게 경보하는 수신기
② 발신기 : P형 1급 발신기를 사용하며 발신기 동작 시 응답램프 점등
③ 표시등의 종류 : 화재표시등, 지구표시등, 전원표시등, 예비전원고장표시등, 발신기동작표시등, 스위치주의등, 회로단선표시등, 펌프기동표시등
④ 조작스위치의 종류 : 화재표시작동시험스위치, 복구스위치, 자동복구스위치, 도통시험스위치, 예비전원시험스위치, 주경종정지, 지구경종정지스위치 등
⑤ 스위치주의등 : 조작스위치가 동작되어 있는 경우 스위치주의등이 점등된다.(복구스위치, 예비전원시험스위치는 제외)

(2) P형 2급 수신기

① 회선수 : 5회선 이하
② 발신기 : P형 2급발신기를 사용

(3) R형 수신기

① 정의 : 감지기 또는 발신기로부터 발하여지는 신호를 직접 또는 중계기를 통하여 고유신호로서 수신하여 화재의 발생을 당해 소방대상물의 관계자에게 경보하는 수신기
② 발신기 : P형 1급 발신기를 사용
③ 실드선
　㉠ 사용기기 : R형 수신기, 아날로그식 감지기, 다신호식 감지기
　㉡ 사용목적 : 전자파에 의한 방해를 방지하기 위해 사용

▲ 실드선(CVV – SB)

④ 트위스트 페어 케이블(Twisted Pair Cable) : 신호선 2가닥을 꼬아서 만든 전선으로서 자계를 서로 상쇄하는 기능
⑤ 기록장치 : 화재신호, 고장신호 및 외부배선으로의 신호 등을 저장

(4) GP형 수신기

P형 수신기의 기능과 가스누설경보기의 수신부 기능을 겸한 것

(5) GR형 수신기

R형 수신기의 기능과 가스누설경보기의 수신부 기능을 겸한 것

5) R형 수신기의 장점

① 선로수가 적어서 경제적이다.
② 전압강하가 적어서 선로의 길이를 길게 할 수 있다.
③ 증설 및 이설이 용이하다.
④ 화재 발생구역을 선명하게 숫자 또는 문자로 표시한다.
⑤ 신호의 전달이 명확하다.

6) P형 수신기와 R형 수신기의 비교

구분	P형 수신기	R형 수신기
신호전달방식	1 : 1접점방식	다중전송방식
신호의 종류	공통신호	고유신호
선로의 수	많이 필요	적게 필요
중계기	불필요	필요
화재표시방법	램프 점등	문자 또는 숫자(LCD)
배선공사비용	선로수가 많아 고비용	선로수가 적어 저비용
수신기비용	저가	고가
유지관리의 용이성	유지관리 어려움	유지관리 용이

7) 수신기의 절연저항시험

구분	절연저항기준(직류500[V] 절연저항계)
절연된 충전부와 외함 간	5[MΩ] 이상
교류입력 측과 외함 간	20[MΩ] 이상
절연된 선로 간	20[MΩ] 이상

8) P형 수신기의 구조 및 기능

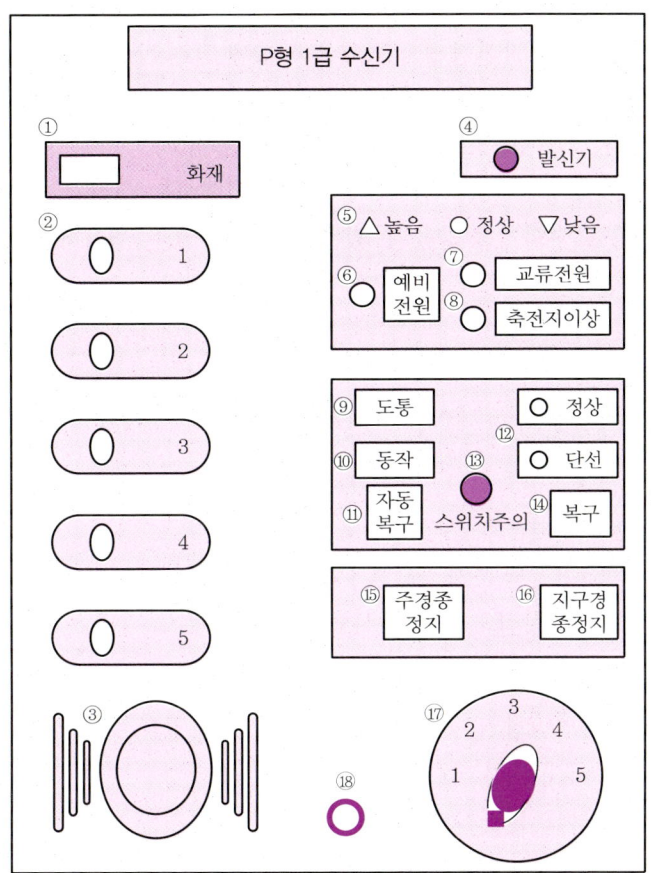

① **화재표시등** : 화재 발생 표시
② **지구표시등** : 해당 경계구역 표시
③ **부저** : 발신기의 전화잭에 휴대용 송수화기를 꽂으면 작동(전화가 있는 경우에 한함)
④ **발신기 작동표시등** : 발신기가 작동했을 때 점등(응답램프)
⑤ **전압상태표시등** : 상용전원 및 예비전원의 전압을 표시하는 것으로 평상시에는 상용전원의 상태를 표시하며, 예비전원으로 전환 시에는 예비전원의 상태를 표시한다.
⑥ **예비전원표시등** : 예비전원 사용 시 점등
⑦ **교류전원표시등** : 교류전원 사용 시 점등
⑧ **축전지 이상표시등** : 축전지에 이상이 있을 때 점등
⑨ **도통시험스위치** : 감지기회로의 도통시험을 위한 스위치
⑩ **작동시험스위치** : 수신기의 작동상태를 점검하기 위한 스위치
⑪ **자동복구스위치** : 신호가 수신될 때만 표시등 및 경보장치가 작동하도록 하는 스위치로서 신호가 들어오지 않으면 자동적으로 복구된다.
⑫ **도통상태표시등** : 도통시험 시 회로의 단선유무를 표시해주는 표시등이다.

⑬ 스위치 주의표시등 : 스위치가 정상의 상태에 놓여져 있지 않을 때 점멸하는 표시등이다. 자동복구 · 도통 · 작동 · 주경종정지 · 지구경종정지 등의 스위치가 눌려져 있을 때 작동한다.
⑭ 복구스위치 : 감지기와 발신기에서 들어온 신호에 의해 작동된 상태를 복구한다.
⑮ 주경종정지스위치 : 주경종의 작동을 멈추게 한다.
⑯ 지구경종정지스위치 : 지구경종의 작동을 멈추게 한다.
⑰ 회로선택스위치 : 도통 · 작동시험 시 각 회로를 선택하는 스위치
⑱ 전화잭 : 휴대용 송수화기를 꽂을 수 있는 잭(전화가 있는 경우에 한함)

9) 수신기의 시험

(1) 회로도통시험

① 목적 : 감지기회로의 단선유무 확인과 기기 등의 접속상태 확인

② 시험방법

㉠ 도통시험스위치를 누른다.
㉡ 회로선택스위치를 순차적으로 1회로씩 회전시킨다.
㉢ 전압계의 지시치 또는 단선표시램프(LED)의 점등 확인

③ 판정

㉠ 전압계방식 : 전압의 지시치가 적정범위 내에 있을 것
정상 : 2~6[V], 단선 : 0[V], 단락 : 화재경보
㉡ 표시램프방식 : 단선표시램프(LED) 점등

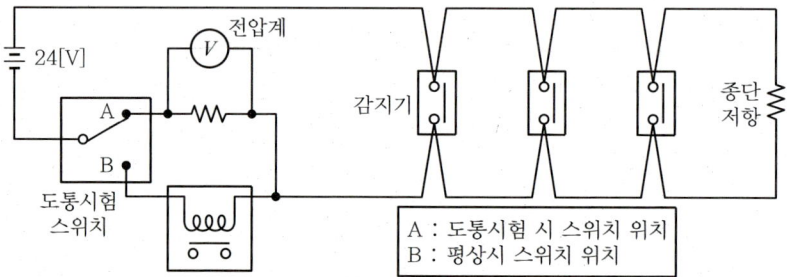

(2) 화재표시 작동시험

① 목적 : 감지기, 발신기 작동 시 수신기의 정상작동 여부 확인

② 시험방법

㉠ 작동시험스위치와 자동복구스위치를 누른다.
㉡ 회로선택스위치를 순차적으로 1회로씩 회전시킨다.
㉢ 화재표시등, 지구표시등, 음향장치 등의 동작상태 확인

③ 판정
　㉠ 화재표시등, 지구표시등, 음향장치가 정상작동할 것
　㉡ 경계구역과 지구표시등의 일치 여부 확인

(3) 공통선시험
① 목적 : 하나의 공통선이 담당하는 경계구역이 **7개 이하**인지 확인
② 시험방법
　㉠ 수신기 내부의 단자대에서 공통선 1선을 분리한다.
　㉡ 도통시험스위치를 누른다.
　㉢ 회로선택스위치를 순차적으로 1회로씩 회전시킨다.
　㉣ 단선된 회로수를 확인한다.
③ 판정
　하나의 공통선이 담당하는 경계구역수가 **7개 이하**일 것

(4) 예비전원시험
① 목적 : 상용전원 정전 시 예비전원으로 자동절환되며, 복구 시 상용전원으로 자동절환되는지 여부 확인
② 시험방법
　㉠ 예비전원시험스위치를 누른다.
　㉡ 전압계의 지시치가 정상범위 내(24V)에 있을 것(LED 표시제품 : 정상, 높음, 낮음으로 표시)
　㉢ 교류전원 개방 시 예비전원으로 자동절환상태 확인
③ 판정
　예비전원의 전압, 용량이 정상이고 자동절환 및 복구작동이 정상일 것

(5) 동시작동시험
① 목적 : 동시에 **수회선(5회선 이상)**을 작동시켰을 때 수신기의 기능에 이상이 없는지를 확인
② 시험방법
　㉠ 작동시험스위치를 누른다.
　㉡ 회로선택스위치를 순차적으로 돌려서 5회선을 동작시킨다.
　㉢ 화재표시등, 지구표시등, 음향장치 등의 동작상태 확인
③ 판정
　5회선 이상 동작하였을 때 화재표시등, 지구표시등, 음향장치가 정상작동할 것

(6) 저전압시험

① 목적 : 전원전압이 저하하는 경우 수신기가 정상작동하는지 여부를 확인

② 시험방법
  ㉠ 전압조정기를 사용하여 수신기의 입력전압을 정격전압의 80[%] 이하로 한다.
  ㉡ 작동시험스위치와 자동복구스위치를 누른다.
  ㉢ 회로선택스위치를 순차적으로 1회로씩 회전시킨다.
  ㉣ 화재표시등, 지구표시등, 음향장치 등의 동작상태 확인

③ 판정 : 정격전압의 80[%]에서 수신기의 동작상태가 정상일 것

(7) 회로저항시험

① 목적 : 감지기회로의 전로저항치가 감지기의 작동에 영향을 주는지 여부를 확인

② 시험방법
  ㉠ 수신기의 단자대에서 감지기 1회로의 회로선과 공통선을 분리한다.
  ㉡ 감지기선로의 말단에 설치된 종단저항을 제거 후 선로를 단락시킨다.
  ㉢ 전류전압측정계를 사용하여 회로선과 공통선 사이의 회로저항을 측정한다.

③ 판정 : 감지기 1회로의 전로저항치가 50[Ω] 이하일 것

(8) 지구음향장치 작동시험

① 목적 : 수신기에 입력신호가 들어왔을 때 지구음향장치의 연동 여부를 확인

② 시험방법 : 수신기에서 작동시험을 하거나 경계구역의 감지기, 발신기를 동작시킨다.

③ 판정
  ㉠ 지구음향장치가 정상작동할 것
  ㉡ 음량은 부착된 음향장치의 중심으로부터 1[m] 떨어진 위치에서 90[dB] 이상일 것

10) 음향경보장치

① 주음향장치는 수신기의 내부 또는 그 직근에 설치할 것(주경종)

② 특정소방대상물의 층마다 설치할 것(지구경종)

③ 각 부분으로부터 하나의 음향장치까지의 수평거리 : 25[m] 이하

④ 음향장치의 구조 및 성능
  ㉠ 음향장치는 정격전압의 80[%] 전압에서 음향을 발할 수 있도록 할 것
  ㉡ 음량은 부착된 음향장치의 중심으로부터 1[m] 떨어진 위치에서 90[dB] 이상인 것으로 할 것
  ㉢ 감지기 및 발신기의 작동과 연동하여 작동할 수 있는 것으로 할 것

⑤ 기둥 또는 벽이 설치되지 아니한 대형공간의 경우 지구음향장치는 설치대상장소의 가장 가까운 장소의 벽 또는 기둥 등에 설치할 것

11) 전원

① 전원은 전기가 정상적으로 공급되는 축전지, 전기저장장치 또는 교류전압의 옥내 간선으로 하고, 전원까지의 배선은 전용으로 할 것
② 개폐기에는 "자동화재탐지설비용"이라고 표시한 표지를 할 것
③ 자동화재탐지설비에는 그 설비에 대한 감시상태를 60분간 지속한 후 유효하게 10분 이상 경보할 수 있는 축전지설비 또는 전기저장장치를 설치하여야 한다.

12) 예비전원

① 인출선 : 적당한 색깔에 의하여 쉽게 구분될 것
② 수신기의 예비전원 종류 : 원통밀폐형 니켈카드뮴축전지 또는 무보수밀폐형 연축전지
③ 예비전원의 용량 : 감시상태를 60분간 계속한 후 10분 이상 경보할 수 있을 것
④ 자동충전장치 및 전기적 기구에 의한 자동 과충전 방지장치를 설치할 것
⑤ 예비전원을 병렬로 접속하는 경우는 역충전 방지 등의 조치를 강구할 것

13) 배선

① 전원회로의 배선 : 내화배선

   그 밖의 배선 : 내화배선 또는 내열배선

② 감지기 상호 간 또는 감지기로부터 수신기에 이르는 감지기회로의 배선
   ㉠ 아날로그식, 다신호식 감지기 및 R형 수신기용 : 전자파 방해를 받지 아니하는 실드선
   ㉡ 그 밖의 일반배선 : 내화배선 또는 내열배선

③ 감지기 사이의 회로의 배선은 송배선식으로 할 것(송배전식 → 송배선식으로 개정)

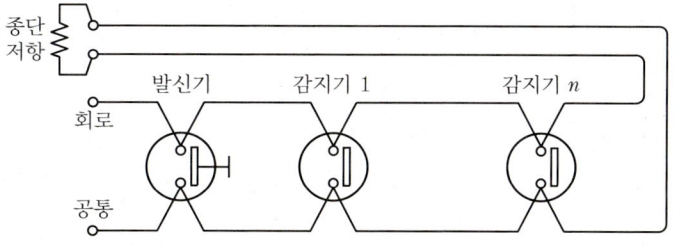

▲ 감지기회로의 송배선방식

④ 절연저항 : 감지기회로 및 부속회로의 전로와 대지 사이 및 배선 상호 간을 직류 250[V]의 절연저항측정기로 측정하여 0.1[MΩ] 이상이 되도록 할 것

⑤ 자동화재탐지설비의 배선은 다른 전선과 별도의 관·덕트·몰드 또는 풀박스 등에 설치할 것(다만, 60[V] 미만의 약전류회로에 사용하는 전선으로서 각각의 전압이 같을 때에는 제외)
⑥ 감지기회로 하나의 공통선에 접속할 수 있는 경계구역 : 7개 이하

$$공통선의 가닥수 = \frac{회로수(경계구역수)}{7} (소수점 이하 절상)$$

⑦ 자동화재탐지설비의 감지기회로의 전로저항 : 50[Ω] 이하
⑧ 종단 감지기에 접속되는 배선의 전압 : 정격전압의 80[%] 이상

14) 도통시험을 위한 종단저항의 설치기준
① 점검 및 관리가 쉬운 장소에 설치할 것
② 전용함을 설치하는 경우 그 설치높이는 바닥으로부터 1.5[m] 이내로 할 것
③ 감지기회로의 끝부분에 설치하며, 종단감지기에 설치할 경우에는 구별이 쉽도록 해당 감지기의 기판 및 감지기 외부 등에 별도의 표시를 할 것

15) 시각경보장치의 설치기준
① 복도·통로·청각장애인용 객실 및 공용으로 사용하는 거실에 설치할 것
② 공연장·집회장·관람장 등에 설치하는 경우에는 시선이 집중되는 무대부 부분에 설치할 것
③ 설치높이는 바닥으로부터 2[m] 이상 2.5[m] 이하의 장소에 설치할 것(다만, 천장의 높이가 2[m] 이하인 경우에는 천장으로부터 0.15[m] 이내의 장소에 설치)
④ 시각경보장치의 광원은 전용의 축전지설비 또는 전기저장장치에 의하여 점등되도록 할 것 (다만, 형식승인을 얻은 수신기를 설치한 경우 제외)

▲ 시각경보기

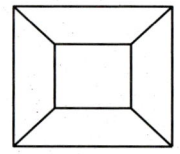
▲ 시각경보기(도시기호)

5. 중계기

1) 정의
감지기·발신기 또는 전기적 접점 등의 작동에 따른 신호를 받아 이를 수신기의 제어반에 전송하는 장치이다.

2) 중계기의 종류

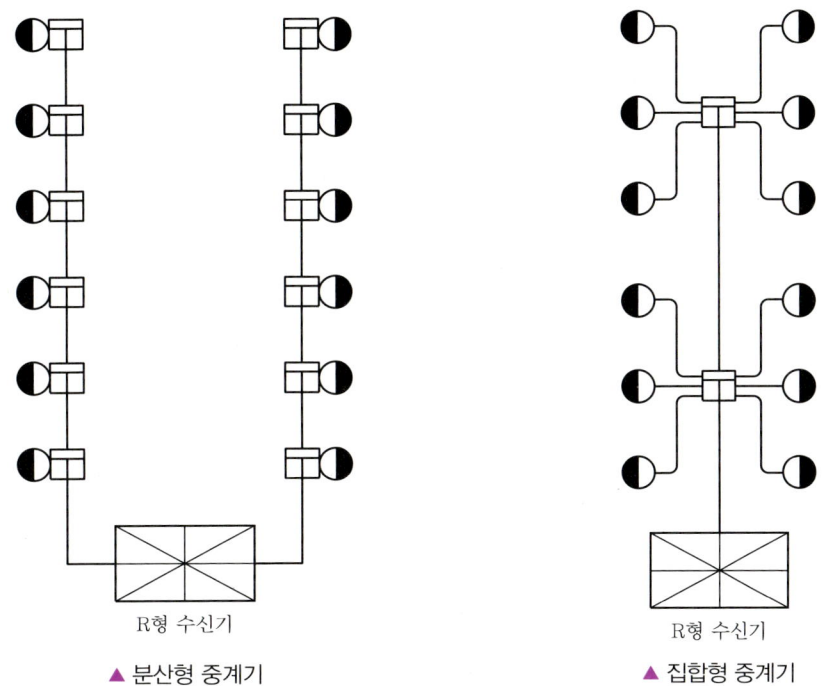

▲ 분산형 중계기　　　　　　　　▲ 집합형 중계기

3) 중계기의 종류별 특징

구분	분산형	집합형
입력전원	DC 24[V]	AC 220[V]
전원공급	수신기의 예비전원을 이용	외부전원 이용(예비전원 내장)
정류장치	불필요	정류장치 내장
회로수용능력	5회로 미만	30~40회로
외형	소형	대형
전원공급 사고 시	중계기 기능 상실	내장된 예비전원에 의해 정상작동
설치위치	발신기함, 옥내소화전함, SVP, 수동조작함 등의 내부에 설치하거나 별도의 격납함에 설치	2~3층당 1개씩 전기피트실 등에 설치

4) 중계기의 설치기준
   ① 수신기에서 직접 감지기회로의 도통시험을 행하지 아니하는 것에 있어서는 **수신기와 감지기 사이**에 설치할 것
   ② **조작 및 점검에 편리**하고 화재 및 침수 등의 재해로 인한 피해를 받을 우려가 없는 장소에 설치할 것
   ③ 수신기에 따라 감시되지 아니하는 배선을 통하여 전력을 공급받는 것에 있어서는 전원입력 측의 배선에 **과전류차단기**를 설치하고 해당 전원의 정전이 즉시 수신기에 표시되는 것으로 하며, **상용전원 및 예비전원의 시험**을 할 수 있도록 할 것

6. 발신기

1) 정의

   화재 발생 신호를 수신기에 수동으로 발신하는 장치이다.

2) 발신기의 종류

   (1) P형 1급 발신기
   ① P형 1급 발신기의 특징
      ㉠ P형 1급 수신기, R형 수신기에 사용
      ㉡ 구성 : **응답램프, 누름버튼스위치**
      ㉢ 배선내역 : **회로선(지구선), 공통선, 응답선**

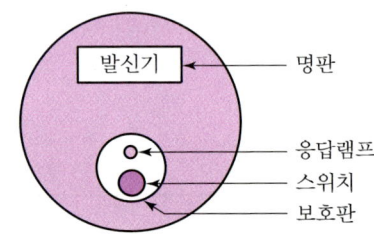

   ② 구성기기의 기능
      ㉠ 응답램프 : 발신기에서 누름버튼스위치를 눌렀을 때 신호가 수신기에 전달되었는지를 확인하는 표시등
      ㉡ 수동누름버튼스위치 : 화재 발생 시 수동조작에 의해 수신기에 신호를 발신하는 스위치

③ P형 1급 발신기의 구조
  ㉠ 내부회로 배선도 1

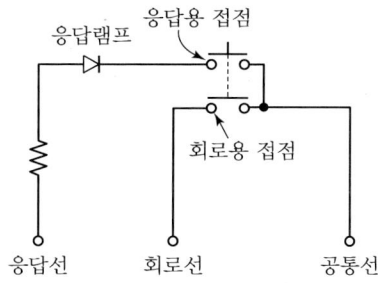

  ㉡ 내부회로 배선도 2

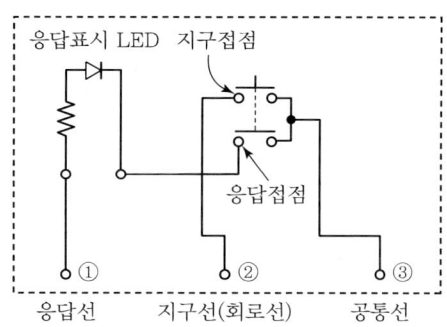

  ㉢ 내부회로 배선도 3

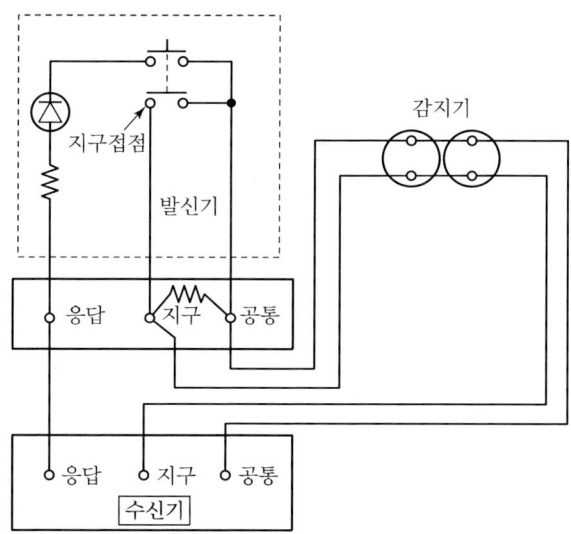

ⓔ 내부회로 배선도 4

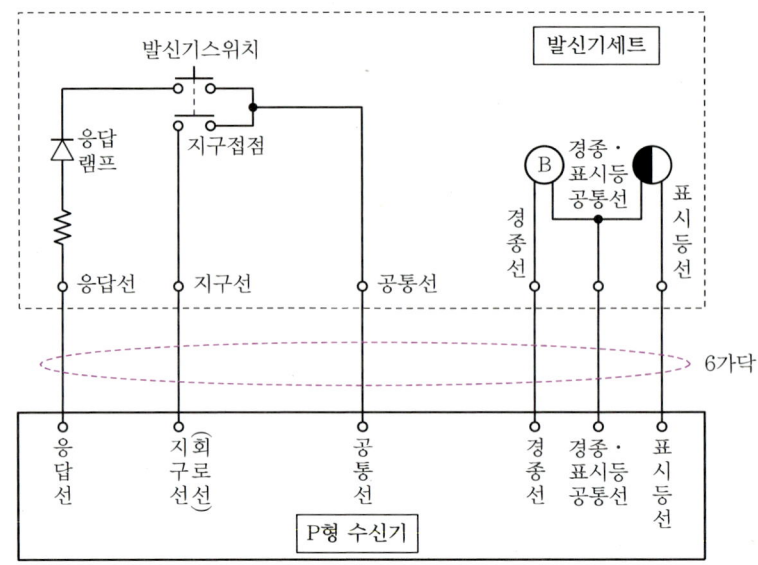

(2) P형 2급 발신기

① P형 2급 수신기에 사용
② **구성** : 발신기 누름버튼스위치만 있는 구조
③ **배선내역** : 회로선, 공통선

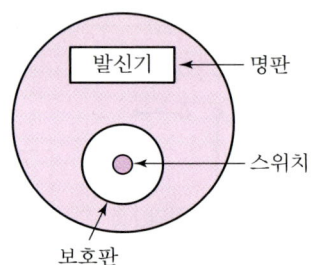

3) 발신기 설치기준

① 특정소방대상물의 층마다 설치
② 조작스위치 설치높이 : 바닥으로부터 0.8[m] 이상 1.5[m] 이하
③ 각 부분으로부터 하나의 발신기까지의 수평거리 : 25[m] 이하(다만, 복도 또는 별도로 구획된 실로서 보행거리가 40[m] 이상일 경우 추가 설치)
④ 발신기 위치표시등은 함의 상부에 설치할 것
⑤ 발신기 불빛은 부착면으로부터 15° 이상의 범위 안에서 부착지점으로부터 10[m] 이내의 어느 곳에서도 쉽게 식별할 수 있는 적색등으로 할 것

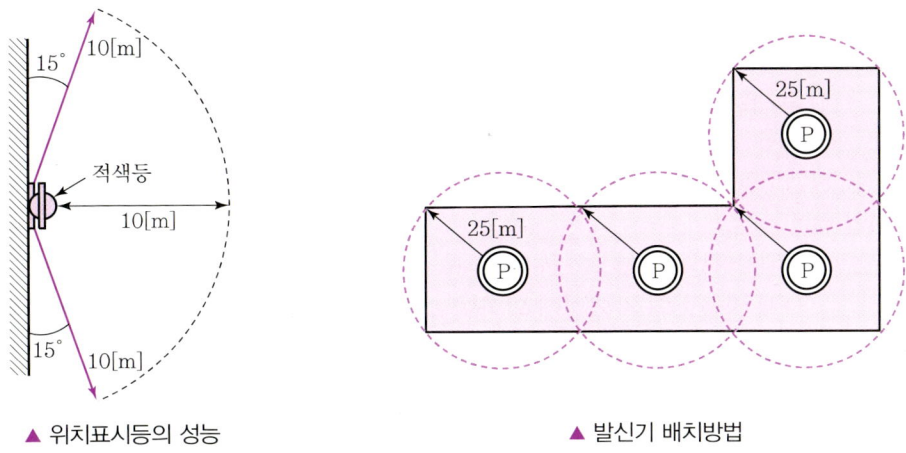

▲ 위치표시등의 성능　　　　▲ 발신기 배치방법

7. 감지기

1) 정의

화재 시 발생하는 열, 연기, 불꽃 또는 연소생성물을 자동적으로 감지하여 수신기에 발신하는 장치이다.

2) 감지기의 종류

(1) 열감지기

① **차동식 스포트형** : 주위온도가 일정 상승률 이상이 되는 경우에 작동하는 것으로서 일국소에서의 열 효과에 의하여 작동되는 것

② **차동식 분포형** : 주위온도가 일정 상승률 이상이 되는 경우에 작동하는 것으로서 넓은 범위 내에서의 열 효과의 누적에 의하여 작동되는 것

③ **정온식 감지선형** : 일국소의 주위온도가 일정한 온도 이상이 되는 경우에 작동하는 것으로서 외관이 전선으로 되어 있는 것

④ **정온식 스포트형** : 일국소의 주위온도가 일정한 온도 이상이 되는 경우에 작동하는 것으로서 외관이 전선으로 되어 있지 아니한 것

⑤ **보상식 스포트형** : 차동식과 정온식의 기능을 겸한 것으로서 차동식 또는 정온식 성능 중 어느 한 기능이 작동되면 작동신호를 발하는 것

(2) 연기감지기

① **이온화식 스포트형** : 주위의 공기가 일정한 농도의 연기를 포함하게 되는 경우에 작동하는 것으로서 일국소의 연기에 의하여 이온전류가 변화하여 작동하는 것

② **광전식 스포트형** : 주위의 공기가 일정한 농도의 연기를 포함하게 되는 경우에 작동하는 것으로서 일국소의 연기에 의하여 광전소자에 접하는 광량의 변화로 작동하는 것

③ **광전식 분리형** : 발광부와 수광부로 구성된 구조로 발광부와 수광부 사이의 공간에 일정한 농도의 연기를 포함하게 되는 경우에 작동하는 것
④ **공기흡입형** : 감지기 내부에 장착된 공기흡입장치로 감지하고자 하는 위치의 공기를 흡입하고 흡입된 공기에 일정한 농도의 연기가 포함된 경우 작동하는 것

(3) 불꽃감지기

① **자외선식(UV)** : 불꽃에서 방사되는 자외선의 변화가 일정량 이상 되었을 때 작동하는 것으로서 일국소의 자외선에 의하여 수광소자의 수광량 변화에 의해 작동하는 것
② **적외선식(IR)** : 불꽃에서 방사되는 적외선의 변화가 일정량 이상 되었을 때 작동하는 것으로서 일국소의 적외선에 의하여 수광소자의 수광량 변화에 의해 작동하는 것
③ **자외선·적외선 겸용식(UV/IR)** : 불꽃에서 방사되는 불꽃의 변화가 일정량 이상 되었을 때 작동하는 것으로서 자외선 또는 적외선에 의한 수광소자의 수광량 변화에 의하여 1개의 화재신호를 발신하는 것

(4) 복합형 감지기

① **열복합형** : 차동식과 정온식 **두 가지 성능의 감지기능이 함께 작동될 때 화재신호를** 발신하거나 또는 두 개의 화재신호를 각각 발신하는 것
② **연기복합형** : 광전식과 이온화식 두 가지 성능의 감지기능이 함께 작동될 때 화재신호를 발신하거나 또는 두 개의 화재신호를 각각 발신하는 것
③ **열·연기 복합형** : 차동식과 광전식, 정온식과 광전식, 차동식과 이온화식, 정온식과 이온화식의 조합으로 두 가지 성능의 감지기능이 함께 작동될 때 화재신호를 발신하거나 또는 두 개의 화재신호를 각각 발신하는 것

(5) 다신호식 감지기

1개의 감지기 내에 서로 다른 종별 또는 감도 등의 기능을 갖춘 것으로서 일정시간 간격을 두고 각각 다른 2개 이상의 화재신호를 발하는 감지기

(6) 아날로그식 감지기

주위의 온도 또는 연기량의 변화에 따라 각각 다른 전류치 또는 전압치 등의 출력을 발하는 방식의 감지기

3) 열감지기

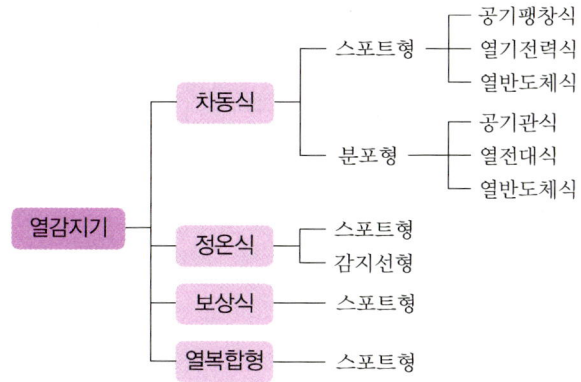

(1) 차동식 스포트형 감지기

① 공기팽창식 감지기

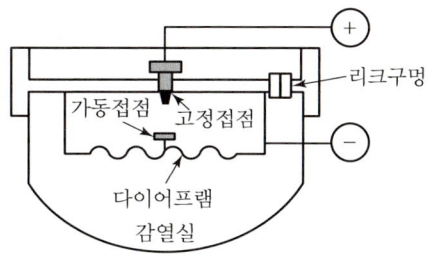

㉠ 구성요소 : 감열실, 다이어프램, 고정접점, 가동접점, 리크구멍
- **감열실** : 화재에 의한 열을 감지하는 공간
- **다이어프램** : 감열실의 공기가 팽창하여 밀어 올리는 얇은 막
- **고정접점** : 가동접점과 단락되어 동작신호를 전송
- **가동접점** : 다이어프램이 올라가면 고정접점과 단락되어 동작신호 전송
- **리크구멍** : 감열 실내 온도가 서서히 상승하면 리크구멍으로 압력을 배출하여 비화재보 방지

㉡ 동작순서 : 화재 발생 → 감열실 공기 팽창 → 다이어프램 상승 → 가동접점이 고정접점과 단락 → 수신기에 화재신호 전송

㉢ 동작원리 : 공기의 부피 팽창

② 열기전력식 감지기

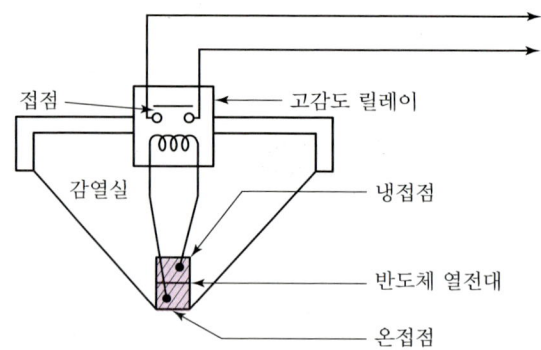

㉠ **구성요소** : 감열실, 반도체 열전대, 고감도 릴레이
  - 반도체 열전대 : 온접점과 냉접점으로 구성되어 두 접점 사이에 온도차가 발생하면 열기전력이 발생[제벡(제베크) 효과]
  - 고감도 릴레이 : 열기전력이 발생되면 고감도 릴레이의 접점이 단락되어 화재신호 전송
㉡ **동작순서** : 화재 발생 → 온접점온도 상승, 냉접점온도 변화 적음 → 열기전력 발생 → 고감도 릴레이 동작 → 수신기에 화재신호 전송
㉢ 온도가 완만하게 상승하면 온접점과 냉접점 사이의 온도차가 작게 발생하여 열기전력 또한 작게 발생하므로 감지기는 작동하지 않는다.
㉣ 동작원리 : 열전대의 **제벡(제베크) 효과**

▼ 열전효과

구분	설명
제벡(제어벡) 효과	서로 다른 두 종류의 금속으로 만들어진 폐회로의 두 접합점의 온도를 달리하였을 때 열기전력이 발생하는 효과(열전대, 열전쌍)
펠티에 효과	서로 다른 두 종류의 금속으로 만들어진 폐회로에 전류를 흘리면 그 접합점에서 열이 흡수 또는 발생하는 효과
톰슨 효과	동일한 금속 접합부에 온도차를 주고 고온에서 저온으로 전류를 인가하면 열이 발생 또는 흡수하는 현상

③ 열반도체식 감지기(서미스터 방식)

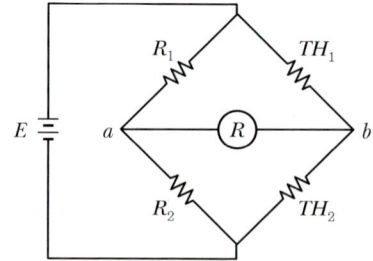

㉠ 구성요소 : 서미스터, 저항, 릴레이
㉡ 동작순서 : 화재 발생 → 외부 서미스터 저항 감소 → 내부 서미스터는 저항 변화 적음 → 휘트스톤 브리지의 평형 파괴 → 릴레이 동작 → 화재신호 전송
㉢ 온도가 완만하게 상승하면 외부 서미스터와 내부 서미스터의 저항 변화가 거의 같으므로 브리지의 평형이 지속되어 감지기가 작동하지 않는다.
㉣ 동작원리 : 서미스터의 부온도 – 저항특성

(2) 차동식 분포형 감지기
① 공기관식 감지기

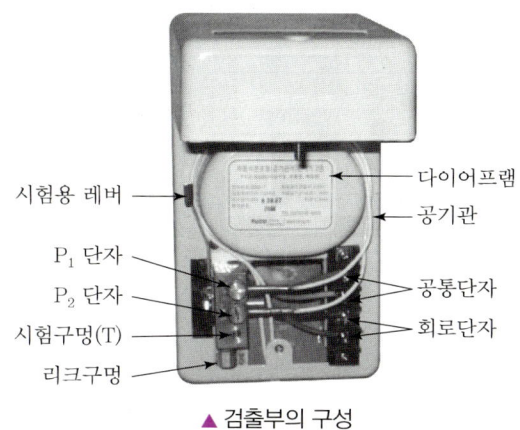

▲ 검출부의 구성

㉠ 구성요소 : **공기관, 다이어프램, 리크구멍, 접점, 시험장치**
㉡ 동작순서 : 화재 발생 → 공기관 내부 공기 팽창 → 다이어프램 상승 → 접점 단락 → 화재신호 전송
㉢ 온도가 완만하게 상승하면 리크구멍으로 공기압이 배출되어 오동작이 방지된다.
㉣ 설치기준

구분	기준
공기관의 최소길이	공기관의 노출부분은 감지구역마다 20[m] 이상
공기관의 최대길이	하나의 검출부분에 접속하는 공기관의 길이는 100[m] 이하
공기관과 각 변의 거리	수평거리 1.5[m] 이하
공기관 상호 간 거리	6[m](내화구조 9[m]) 이하
공기관의 분기	공기관은 도중에서 분기하지 아니할 것
검출부의 경사	검출부는 5° 이상 경사지지 아니할 것
검출부의 높이	검출부는 바닥으로부터 0.8[m] 이상 1.5[m] 이하
공기관의 재질 및 규격	동관으로서 두께 0.3[mm] 이상, 바깥지름 1.9[mm] 이상

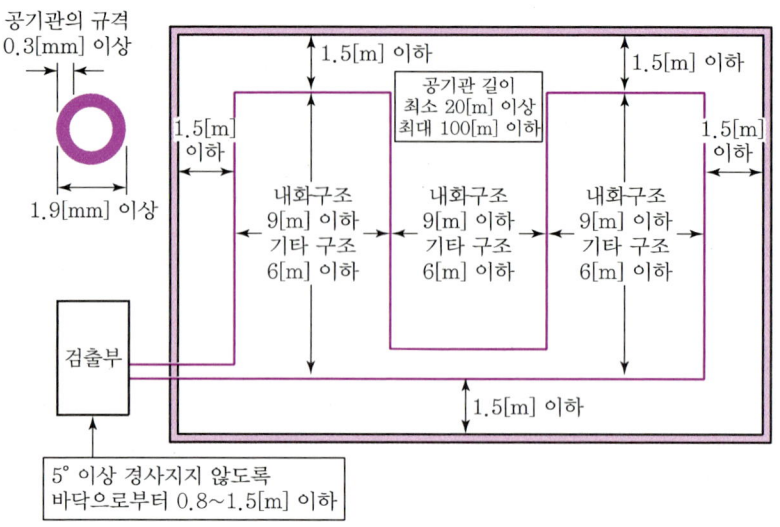

② 열전대식 감지기

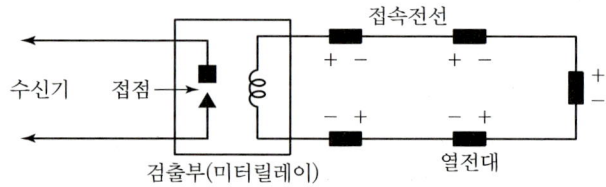

㉠ 구성요소 : 열전대, 미터릴레이, 접속전선, 접점
㉡ 동작순서 : 화재 발생 → 열전대부 온도 상승 → 열기전력 발생 → 미터릴레이 작동 → 화재신호 전송
㉢ 온도가 완만하게 상승하면 열전대의 두 금속에 온도차가 거의 발생하지 않으므로 열기전력이 발생하지 않는다.
㉣ 동작원리 : 열전대의 제벡 효과
㉤ 설치기준

구분	기준
열전대의 수량	최소 4개 이상, 최대 20개 이하
열전대의 1개의 기준 면적	내화구조 : 22[m²] 기타 구조 : 18[m²]

③ 열반도체식 감지기

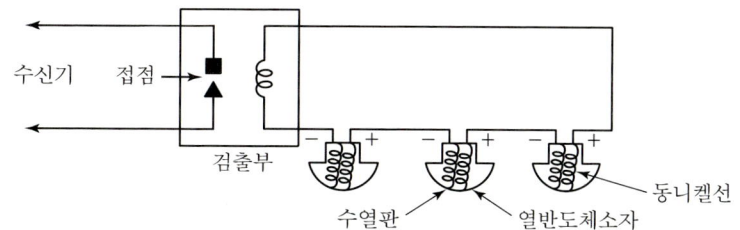

㉠ 구성요소 : 열반도체, 동니켈선, 수열판, 미터릴레이
㉡ 동작순서 : 화재 발생 → 수열판온도 상승 → 열반도체소자 열기전력 발생 → 미터릴레이 작동 → 화재신호 전송
㉢ 온도가 완만하게 상승하면 열반도체의 온도차가 거의 발생하지 않으므로 열기전력이 발생하지 않는다.
㉣ 동작원리 : 열전대의 제벡 효과
㉤ 설치기준
  • 열반도체의 수량 : 최소 2개 이상 최대 15개 이하
  • 열반도체식 감지기 1개의 기준면적

부착높이 및 소방대상물의 구분		감지기의 종류	
		1종	2종
8[m] 미만	내화구조	65[m²]	36[m²]
	기타 구조	40[m²]	23[m²]
8[m] 이상 15[m] 미만	내화구조	50[m²]	36[m²]
	기타 구조	30[m²]	23[m²]

(3) 공기관식 차동식 분포형 감지기의 시험

① 공기관식 차동식 분포형 감지기 시험의 종류

> 화재작동시험, 작동계속시험, 유통시험, 접점수고시험, 리크저항시험

② 측정기구의 종류

> 마노미터, 공기주입시험기(테스트펌프), 초시계

③ 시험용 레버 위치에 따른 공기관식 감지기 내부계통도

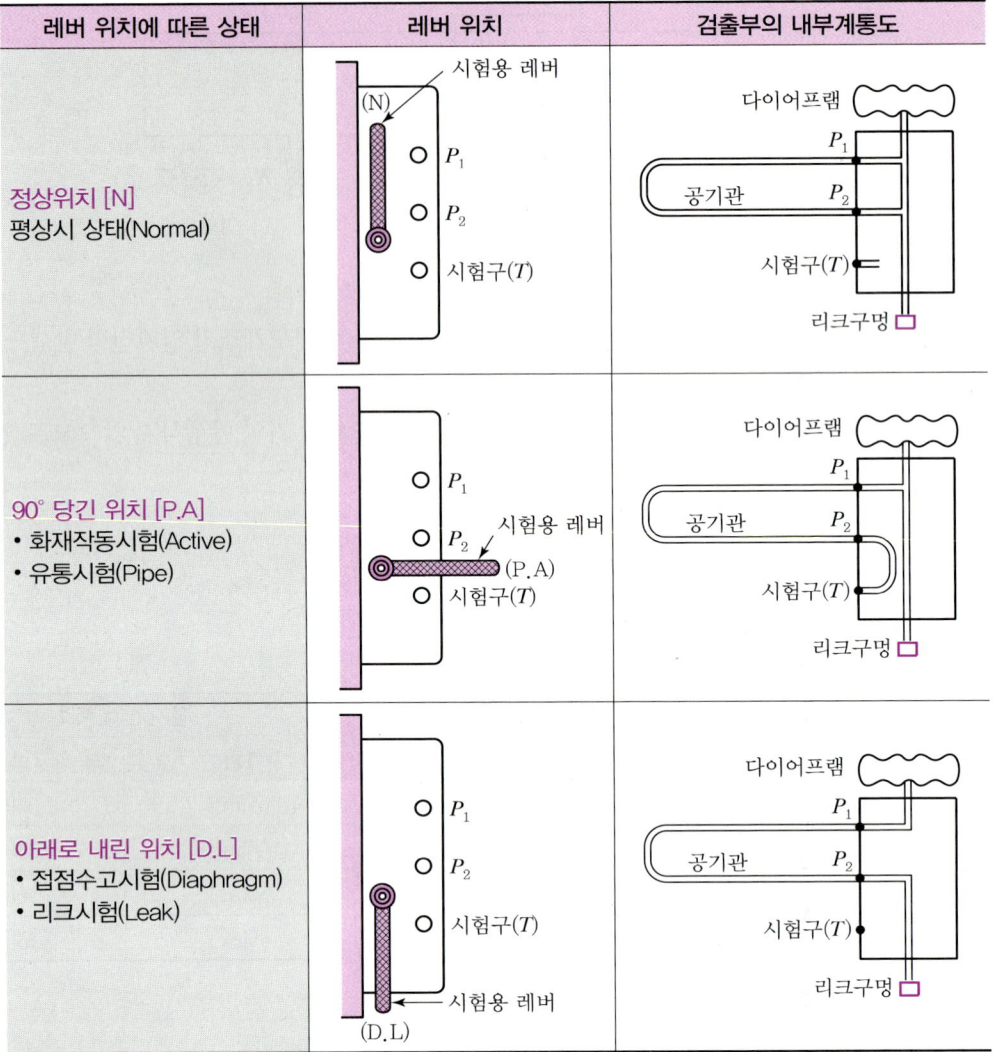

④ 화재작동시험
  ㉠ 목적 : 감지기의 작동 및 작동시간의 적정성을 판단한다.
  ㉡ 시험방법
    • 주경종 ON 상태(정상상태)
    • 자동복구스위치를 누른다.
    • 시험용 레버를 [P.A] 위치로 이동한다.
    • 공기주입시험기를 시험구(T) 위치에 접속한 후 지정된 공기를 주입한다.
    • 초시계로 감지기가 동작할 때까지의 시간을 측정한다.

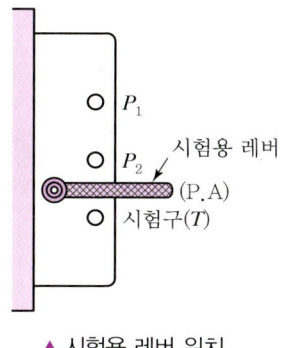

▲ 시험용 레버 위치

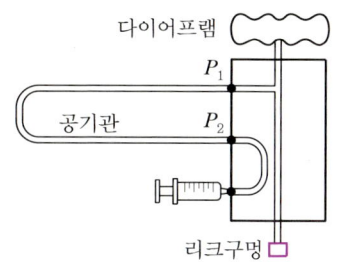

▲ 화재작동시험 계통도

ⓒ 판정
- 작동개시시간이 검출부에 표시되어있는 표에서 시간범위 내에 있는지를 확인한다.
- 감지기의 경계구역이 수신기의 지구표시등과 일치하는지 확인한다.

ⓔ 작동시간에 따른 판정기준

작동시간이 기준치 미만인 경우 (작동시간이 짧아 비화재보의 원인이 된다)	작동시간이 기준치 이상인 경우 (작동시간이 길어져 실보의 원인이 된다)
• 리크저항이 규정치보다 크다. • 접점수고값이 규정치보다 낮다. • 공기관의 길이가 공기주입량에 비해 짧다.	• 리크저항이 규정치보다 작다. • 접점수고값이 규정치보다 높다. • 공기관의 길이가 공기주입량에 비해 길다. • 공기관의 누설, 변형 상태

⑤ **작동계속시험**
ⓐ 목적 : 감지기 작동 후 작동상태가 일정시간 이상 지속되는지 여부를 판단한다.
ⓑ 시험방법
- 주경종 ON 상태(정상상태)
- 자동복구스위치를 누른다.
- 시험용 레버를 [P.A] 위치로 이동한다.
- 공기주입시험기를 시험구(T) 위치에 접속한 후 지정된 공기를 주입한다.
- 초시계로 감지기가 동작할 때까지의 시간을 측정한다.
- 화재작동시험 후 동작상태가 그칠 때까지의 시간(작동계속시간)을 측정한다.

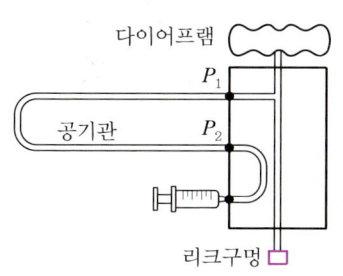

▲ 화재작동시험 계통도

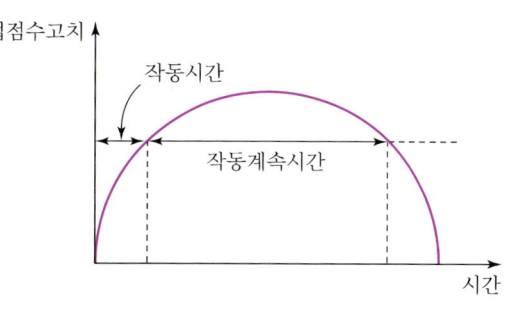

▲ 작동시간 곡선

ⓒ 판정 : 작동계속시간이 검출부에 표시되어 있는 표에서 시간범위 내에 있는지를 확인한다.

ⓓ 작동계속시간에 따른 판정기준

작동계속시간이 기준치 미만인 경우 (접점이 빨리 복귀된다)	작동계속시간이 기준치 이상인 경우 (접점이 느리게 복귀된다)
• 리크저항이 규정치보다 작다. • 접점수고값이 규정치보다 높다. • 공기관의 누설	• 리크저항이 규정치보다 크다. • 접점수고값이 규정치보다 낮다. • 공기관의 변형, 막힘 상태

⑥ 유통시험

ⓐ 목적 : 공기관에 공기를 주입하여 공기관의 누설, 변형, 막힘 등의 상태와 공기관 길이의 적정성을 판단한다.

ⓑ 시험방법
- P_1 단자의 공기관을 분리한다.
- 분리한 공기관에 마노미터를 접속하고, 검출부의 P_1 점에 공기주입시험기를 접속한다.
- 공기주입시험기로 공기를 주입하여 마노미터의 수위를 100[mm]로 유지한다.
- 시험용 레버를 [P.A] 위치로 이동시켜 공기가 시험구(T)로 누출되도록 한다.
- 마노미터의 수위가 $\frac{1}{2}$ (50mm)이 될 때까지의 시간을 측정한다.

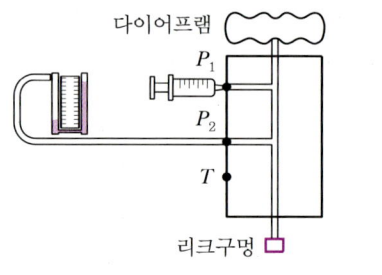 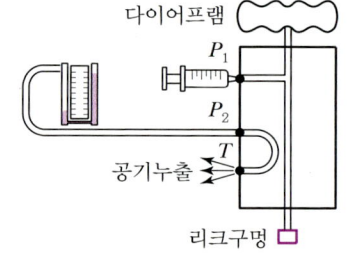

▲ 시험용 레버 [N] 위치　　　　▲ 시험용 레버 [P.A] 위치

ⓒ 판정 : 공기관의 유통상태 및 공기관의 길이의 적정성을 판단한다.

ⓓ 유통시간에 따른 판정기준

측정시간이 규정시간보다 빠른 경우	측정시간이 규정시간보다 느린 경우
공기관의 누설	공기관의 변형, 막힘 상태

⑦ 접점수고시험

ⓐ 목적 : 접점의 적정한 수고치를 확인하고자 하는 시험이다.

ⓑ 시험방법
- 검출부의 시험용 레버를 [D.L] 위치로 이동시킨다.
- P_1 단자의 공기관을 분리하고 그 위치에 공기주입시험기와 마노미터를 접속한다.

- 공기주입시험기로 공기를 서서히 주입한다.
- 접점이 붙는 순간 공기주입을 멈추고, 마노미터의 수고치(물의 높이)를 측정한다.

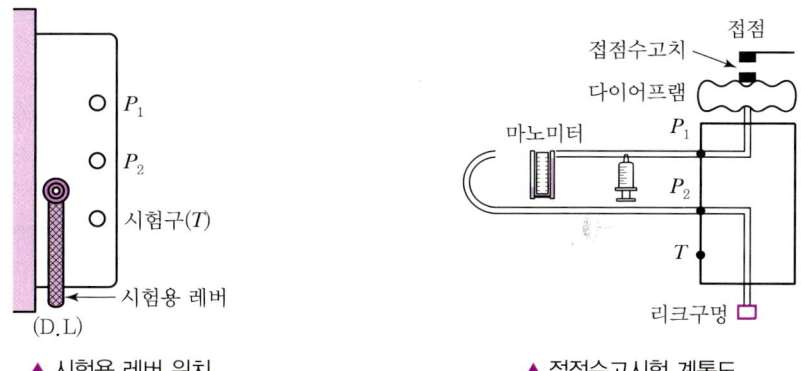

▲ 시험용 레버 위치　　　　　　　　▲ 접점수고시험 계통도

ⓒ 판정
- 접점수고치가 규정치의 범위 내에 있는지 비교하여 양·부를 판단한다.
- 접점수고치에 따른 판정기준

접점수고치	접점간격	감도	문제점
낮다	가깝다	예민	비화재보 우려
높다	멀다	둔감	실보(지연보) 우려

⑧ 리크시험
㉠ 목적 : 리크구멍의 리크저항치의 적정 여부를 시험한다.
㉡ 시험방법
- 검출부의 시험용 레버를 [D.L] 위치로 이동시킨다.
- P_2 단자의 공기관을 분리하고, 검출부의 P_2 위치에 공기주입시험기를 접속한다.
- 공기주입시험기로 공기를 서서히 주입하면서 리크구멍의 공기누설상태를 점검한다.

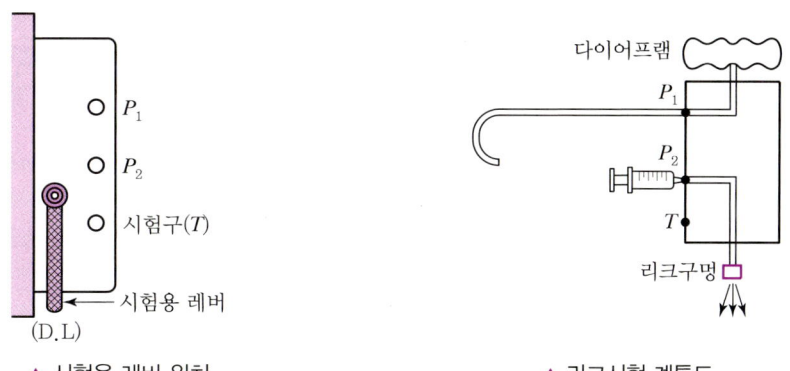

▲ 시험용 레버 위치　　　　　　　　▲ 리크시험 계통도

ⓒ 판정
- 리크저항이 작다(리크구멍이 크다).
  공기관의 공기가 과다하게 누설되어 감도가 둔감해지므로 실보의 원인이 된다.
- 리크저항이 크다(리크구멍이 작다).
  공기관의 공기가 원활하게 누설되지 않아 감도가 민감해지므로 비화재보의 원인이 된다.

② 리크저항에 따른 상태 및 판정기준

리크저항	리크구멍의 크기	감지기 감도	문제점
적다	크다	둔감	실보(지연보) 원인
크다	작다	민감	비화재보 원인

(4) 정온식 스포트형 감지기

① 종류
  ㉠ 바이메탈을 이용하는 방식(바이메탈 활곡, 반전) : 팽창계수가 다른 두 금속을 서로 붙여 온도가 상승하면 팽창계수차에 의해 바이메탈이 구부러져서 접점을 동작시키는 방식
  ㉡ 액체팽창을 이용하는 방식 : 액체가 기화되면서 팽창하여 그 힘에 의해 접점을 동작시키는 방식
  ㉢ 반도체소자를 이용하는 방식 : 서미스터를 1개 사용하여 일정온도에 도달하면 검출하는 방식
  ㉣ 가용절연물을 이용하는 방식(감지선형과 동일한 원리)
  ㉤ 금속의 팽창계수차를 이용하는 방식

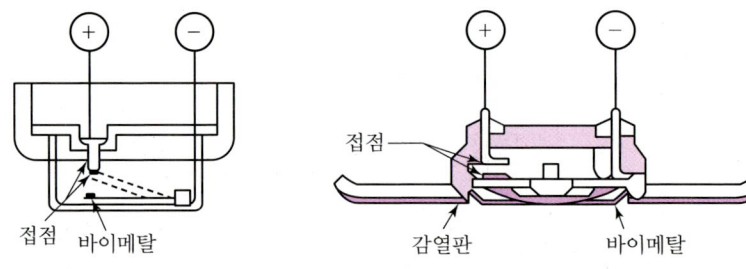

▲ 바이메탈의 활곡을 이용한 것   ▲ 바이메탈의 반전을 이용한 것

② 설치기준

구분	기준
설치장소	주방, 보일러실 등으로서 다량의 화기를 취급하는 장소에 설치
공칭작동온도	최고 주위온도보다 20[℃] 이상

(5) 정온식 감지선형 감지기

① 정의

일국소의 주위온도가 일정한 온도 이상이 되는 경우에 작동하는 것으로서 외관이 전선으로 되어 있는 것

② 구성요소

고인장 강선, 가용절연물, 보호테이프, 난연성 피복

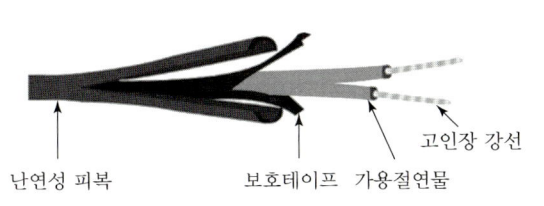 

▲ 정온식 감지선형 감지기의 구성 　　　　　▲ 정온식 감지선형 감지기

③ 동작순서

화재 발생 → 일정온도까지 온도 상승 → 가용성 절연전선 용융 → 강선 2선 단락 → 화재신호 전송

④ 공칭작동온도에 따른 피복색상

백색	청색	적색
80[℃] 미만	80~120[℃]	120[℃] 이상

⑤ 설치기준

구분	기준
감지선의 고정	보조선이나 고정금구를 사용할 것
단자부와 마감고정금구의 거리	10[cm] 이내로 할 것
감지선형 감지기의 굴곡반경	5[cm] 이상으로 할 것
지하구나 창고의 천장 등에 설치 시	보조선을 설치하고 그 보조선에 설치할 것
케이블트레이에 설치하는 경우	케이블트레이 받침대에 마감금구를 사용하여 설치할 것
분전반 내부에 설치하는 경우	접착제를 이용하여 돌기를 바닥에 고정하고 그곳에 설치할 것

⑥ 감지기와 감지구역 각 부분의 수평거리(R)

구분	1종	2종
내화구조	4.5[m] 이하	3[m] 이하
기타 구조	3[m] 이하	1[m] 이하

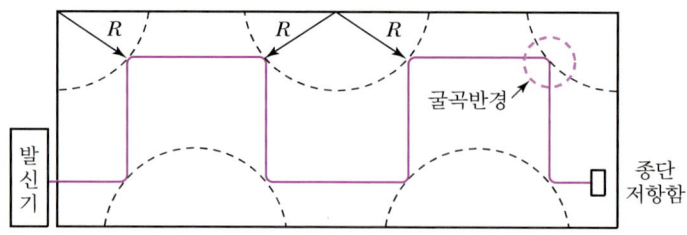

(6) 보상식 스포트형 감지기

① **사용목적** : 실보 또는 지연보의 방지
② **동작원리** : (차동식)+(정온식) 중 어느 하나만 동작하면 화재신호 전송
③ **정온점** : 감지기 주위의 평상시 최고온도보다 20[℃] 이상 높은 것으로 설치

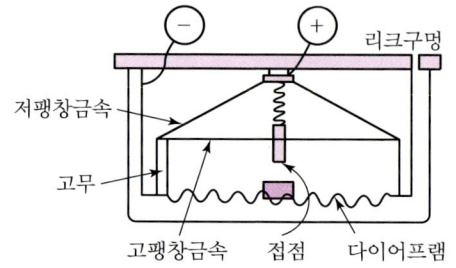

(7) 열복합형 스포트형 감지기

① **사용목적** : 비화재보의 방지
② **동작원리** : (차동식) · (정온식) 두 가지 모두 동작하였을 때에만 화재신호 전송

(8) 스포트형 감지기의 설치기준(공통사항)

① 실내로의 공기유입구로부터 1.5[m] 이상 떨어진 위치에 설치
② 천장 또는 반자의 옥내에 면하는 부분에 설치할 것
③ 45° 이상 경사되지 아니하도록 부착할 것

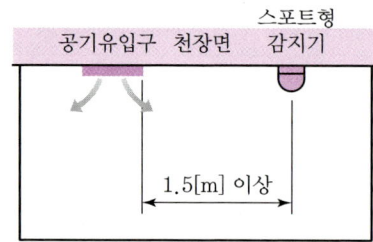 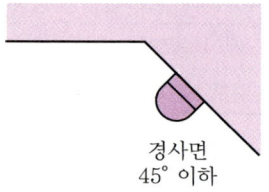

(9) 차동식 스포트형, 보상식 스포트형, 정온식 스포트형 감지기의 부착높이 및 특정소방대상물에 따른 기준면적(단위 : m²)

부착높이 및 특정소방대상물의 구분		감지기의 종류				
		차동식, 보상식		정온식		
		1종	2종	특종	1종	2종
4[m] 미만	내화구조	90	70	70	60	20
	기타 구조	50	40	40	30	15
4[m] 이상 8[m] 미만	내화구조	45	35	35	30	―
	기타 구조	30	25	25	15	―

(10) 열감지기의 동작특성 그래프

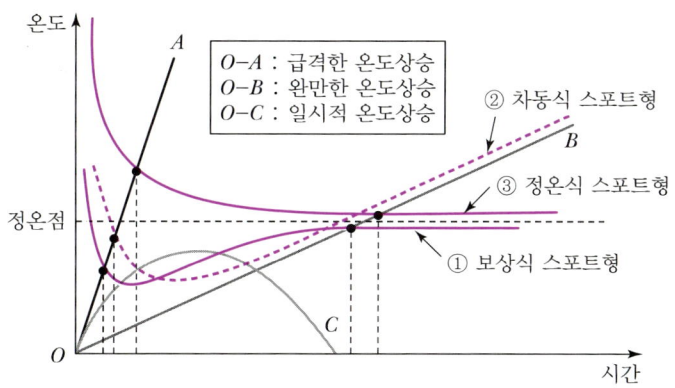

① 보상식 스포트형 감지기
　차동식의 다이어프램 및 정온식의 금속팽창계수를 이용하여 동작하기 때문에 동작속도가 가장 빠르다.

② 차동식 스포트형 감지기
　온도차에 의해 동작하므로 급격한 온도상승에서는 동작하지만 완만한 동작상승에서는 동작하지 않는다.

③ 정온식 스포트형 감지기
　정해진 온도에서 동작하기 때문에 시간지연이 발생한다. 열감지기의 동작순서는 보상식 > 차동식 > 정온식의 순서이다.

4) 연기감지기

▲ 연기감지기 분류

(1) 이온화식 스포트형 감지기

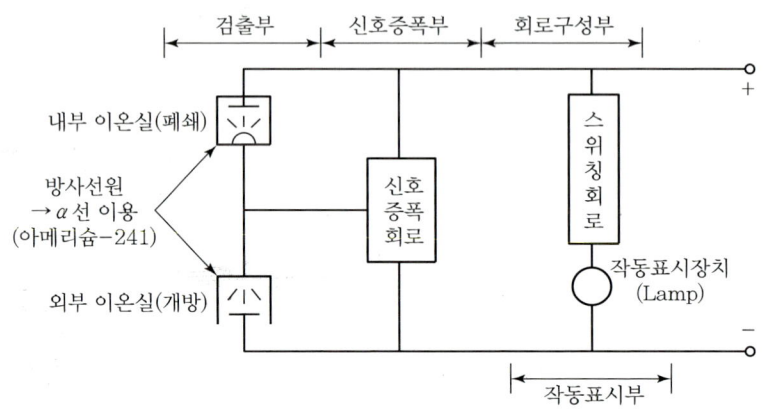

▲ 이온화식 연기감지기의 구조

① **구성요소** : 내부 이온실, 외부 이온실, 신호증폭회로, 스위칭회로, 방사선원(^{241}Am) 등
② 내부 이온실에 ^{241}Am(α선 방출)이 설치되어 있고 평상시 내부 이온실과 외부 이온실은 전압 평형을 이루며 공기는 이온화되어 있다.
③ **동작순서** : 화재 발생 → 연기 침입 → 저항 증가 → 이온전류 감소 → 전압 증가 → 신호 증폭 → 스위칭 → 화재 경보

(2) 광전식 스포트형 감지기

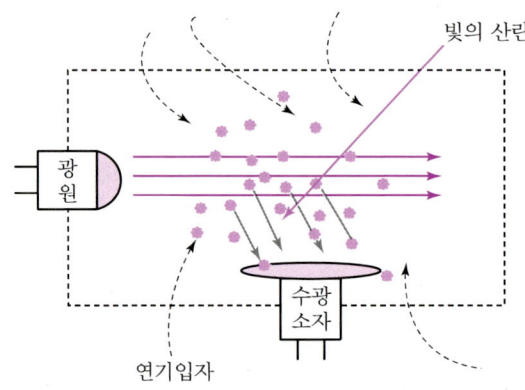

▲ 광전식 스포트형 감지기의 구조

① **구성요소** : 송광부, 수광부, 신호증폭회로, 스위칭회로 등

② **동작원리** : 빛의 산란을 이용한 산란광식
  연기입자에 의해 산란된 빛이 수광부에 들어오는 것을 검출하는 방식

③ **동작순서** : 화재 발생 → 챔버 내 연기 침입 → 빛의 산란 → 수광량 증가 → 신호 증폭 → 스위칭 → 화재 경보

(3) 광전식 분리형 감지기

① **구성요소** : 송광부, 수광부, 신호증폭회로, 신호변환회로 등

② **동작원리** : 빛의 감소한 양을 검출하는 감광식
  연기입자에 의해 수광부에 전달되는 광량이 감소하는 것을 검출하는 방식

③ **동작순서** : 화재 발생 → 광축에 연기 투입 → 광량 감소 → 신호 증폭 → 화재 경보

④ 설치기준

구분	기준
감지기의 수광면	햇빛을 직접 받지 않도록 설치할 것
광축과 나란한 벽과의 거리	0.6[m] 이상 이격하여 설치할 것
송광부, 수광부와 뒷벽과의 거리	1[m] 이내 위치에 설치할 것
광축의 높이	천장높이의 80[%] 이상일 것
광축의 길이	공칭감시거리 범위(5~100[m] 이하로 하여 5[m] 간격) 이내일 것

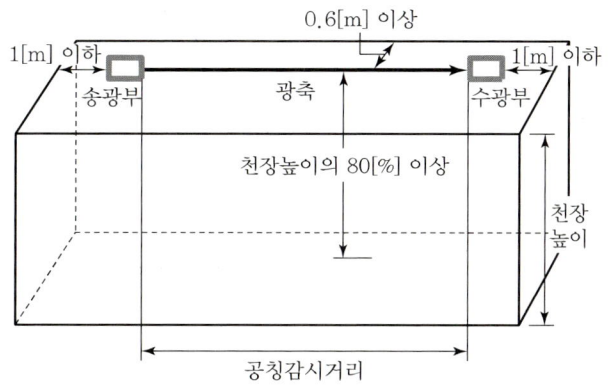

▲ 광전식 분리형 감지기의 설치기준

(4) 광전식 공기흡입형 감지기

① 기기 내부에 장착된 공기흡입장치로 감지하고자 하는 위치의 공기를 흡입하고 흡입된 공기에 일정한 농도의 연기가 포함된 경우 작동하는 것

② 공기흡입형 감지기의 공기흡입장치는 공기배관망에 설치된 가장 먼 샘플링 지점에서 감지부분까지 120초 이내에 연기를 이송할 수 있어야 할 것

③ 주요 설치장소

전산실 또는 반도체 공장 등

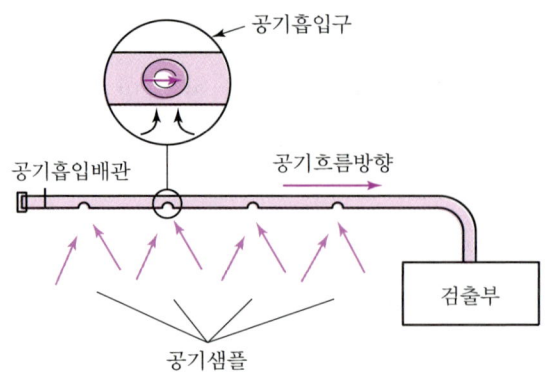

▲ 광전식 공기흡입형 감지기

(5) 연기감지기 설치장소
① 계단·경사로 및 에스컬레이터 경사로
② 복도(30[m] 미만의 것을 제외)
③ 엘리베이터 승강로(권상기실이 있는 경우에는 권상기실)·린넨슈트·파이프 피트 및 덕트, 기타 이와 유사한 장소
④ 천장 또는 반자의 높이가 15[m] 이상 20[m] 미만의 장소
⑤ 다음 특정소방대상물의 취침·숙박·입원 등 이와 유사한 용도로 사용되는 거실
    ㉠ 공동주택·오피스텔·숙박시설·노유자시설·수련시설
    ㉡ 교육연구시설 중 합숙소
    ㉢ 의료시설, 근린생활시설 중 입원실이 있는 의원·조산원
    ㉣ 교정 및 군사시설
    ㉤ 근린생활시설 중 고시원

(6) 연기감지기 설치기준
① 부착높이에 따른 연기감지기 1개의 기준면적

부착높이	감지기의 종류	
	1종, 2종	3종
4[m] 미만	150[m^2]	50[m^2]
4[m] 이상 20[m] 미만	75[m^2]	—

② 설치장소에 따른 연기감지기 1개의 거리기준

설치장소	감지기의 종류	
	1종, 2종	3종
복도, 통로(보행거리)	30[m]	20[m]
계단, 경사로(수직거리)	15[m]	10[m]

③ 천장 또는 반자가 낮은 실내 또는 좁은 실내에 있어서는 출입구의 가까운 부분에 설치할 것
④ 천장 또는 반자 부근에 배기구가 있는 경우에는 그 부근에 설치할 것
⑤ 감지기는 벽 또는 보로부터 0.6[m] 이상 떨어진 곳에 설치할 것

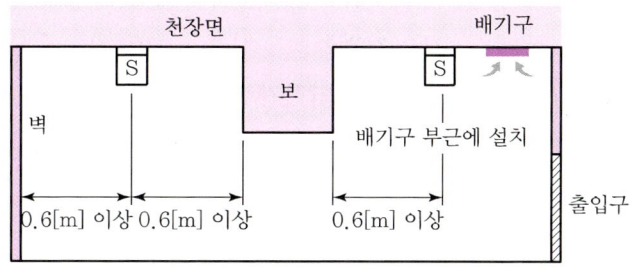

5) 불꽃감지기

(1) 불꽃감지기의 종류

자외선식(UV), 적외선식(IR), 자외선·적외선 겸용식(UV/IR)

(2) 불꽃감지기의 설치기준

① 공칭감시거리 및 공칭시야각은 형식승인 내용에 따를 것
② 감지기는 공칭감시거리와 공칭시야각을 기준으로 감시구역이 모두 포용될 수 있을 것
③ 감지기는 화재감지를 유효하게 감지할 수 있는 모서리 또는 벽 등에 설치할 것
④ 감지기를 천장에 설치하는 경우에는 감지기는 바닥을 향하여 설치할 것
⑤ 수분이 많이 발생할 우려가 있는 장소에는 방수형으로 설치할 것

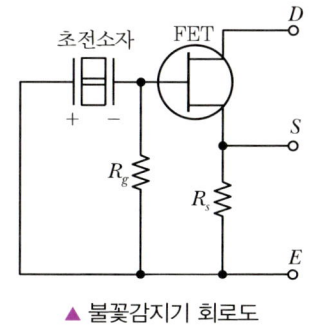

▲ 불꽃감지기 회로도

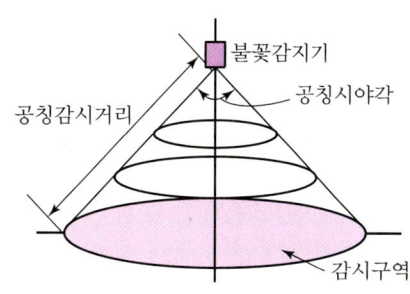

▲ 공칭시야각, 공칭감시거리

(3) 불꽃감지기의 동작원리

① 불꽃이 발생하면 초전소자가 적외선을 감지하여 기전력이 발생한다. 이 신호에 의해 FET가 동작하여 화재신호를 송신한다.

② 초전효과(Pyro 효과)

빛을 받으면 기전력이 발생하는 현상

6) 특수감지기 설치장소 등

(1) 비화재보 우려 장소

① 지하층·무창층 등으로서 환기가 잘되지 않는 장소

② 지하층·무창층 등으로서 실내면적이 40[m²] 미만인 장소

③ 감지기의 부착면과 실내바닥과의 거리가 2.3[m] 이하인 장소로서 일시적으로 발생한 열·연기 또는 먼지 등으로 인하여 감지기가 화재신호를 발신할 우려가 있는 장소

(2) 비화재보 우려 장소에 설치할 수 있는 감지기

① 축적방식 감지기
② 복합형 감지기
③ 광전식 분리형 감지기
④ 분포형 감지기
⑤ 불꽃감지기
⑥ 정온식 감지선형 감지기
⑦ 아날로그방식 감지기
⑧ 다신호방식 감지기

(3) 축적기능이 없는 감지기를 설치하여야 하는 경우(실보 우려 장소)

① 급속한 연소 확대가 우려되는 장소에 사용하는 감지기

② 교차회로방식에 사용하는 감지기

③ 축적기능이 있는 수신기에 연결하여 사용하는 감지기

(4) 지하구에 설치하는 감지기

(2)항 각 호의 감지기로서 먼지·습기 등의 영향을 받지 아니하고 발화지점(1[m] 단위)과 온도를 확인할 수 있는 감지기를 설치

(5) 광전식 분리형 감지기, 불꽃감지기, 광전식 공기흡입형 감지기 설치장소

적응성 감지기	장소
광전식 분리형 감지기 또는 불꽃감지기	화학공장·격납고·제련소 등
광전식 공기흡입형 감지기	전산실 또는 반도체 공장 등

7) 부착높이별 적응성 감지기의 종류

부착높이	감지기의 종류
8[m] 이상 15[m] 미만	• 광전식(스포트형, 분리형, 공기흡입형) 1종 또는 2종 • 연기복합형 • 이온화식 1종 또는 2종 • 불꽃감지기 • 차동식 분포형
15[m] 이상 20[m] 미만	• 광전식(스포트형, 분리형, 공기흡입형) 1종 • 연기복합형 • 이온화식 1종 • 불꽃감지기
20[m] 이상	• 불꽃감지기 • 광전식(분리형, 공기흡입형) 중 아날로그방식
비고	부착높이 20[m] 이상에 설치하는 광전식 중 아날로그방식의 감지기는 공칭감지농도 하한값이 감광율 5[%/m] 미만인 것으로 한다.

8) 감지기의 설치 제외 장소

① 천장 또는 반자의 높이가 20[m] 이상인 장소
② 헛간 등 외부와 기류가 통하는 장소로서 화재 발생을 유효하게 감지할 수 없는 장소
③ 부식성 가스가 체류하고 있는 장소
④ 고온도 및 저온도로서 감지기의 기능이 정지되기 쉽거나 감지기의 유지관리가 어려운 장소
⑤ 목욕실·욕조나 샤워시설이 있는 화장실·기타 이와 유사한 장소
⑥ 파이프 덕트 등으로서 2개층마다 방화구획된 것이나 수평단면적이 5[m²] 이하인 것
⑦ 먼지·가루 또는 수증기가 다량으로 체류하는 장소 또는 주방 등 평시에 연기가 발생하는 장소 (연기감지기에 한함)
⑧ 프레스공장·주조공장 등 화재 발생의 위험이 적고 감지기의 유지관리가 어려운 장소

핵심 기출 문제

01 자동화재탐지설비 및 시각경보장치의 화재안전기준에 따른 경계구역의 설정기준이다. ( ) 안에 알맞은 내용을 쓰시오.

- 하나의 경계구역의 면적은 (①)[m²] 이하로 하고 한 변의 길이는 (②)[m] 이하로 할 것. 단, 해당 특정소방대상물의 주된 출입구에서 그 내부 전체가 보이는 것에 있어서는 한 변의 길이가 (②)[m] 이하의 범위 내에서 (③)[m²] 이하로 할 수 있다.
- 하나의 경계구역이 2개 이상의 층에 미치지 아니하도록 할 것(다만, (④)[m²] 이하의 범위 안에서는 2개의 층을 하나의 경계구역으로 할 수 있다)
- 스프링클러설비·물분무등소화설비 또는 (⑤)의 화재감지장치로서 화재감지기를 설치한 경우의 경계구역은 해당 소화설비의 방사구역 또는 (⑥)과 동일하게 설정할 수 있다.

해답
① 600 ② 50 ③ 1,000
④ 500 ⑤ 제연설비 ⑥ 제연구역

해설 경계구역의 설정기준

1) 층별, 면적별 경계구역 설정기준
   ① 하나의 경계구역이 2개 이상의 건축물에 미치지 아니하도록 할 것
   ② 하나의 경계구역이 2개 이상의 층에 미치지 아니하도록 할 것(다만, 500[m²] 이하의 범위 안에서는 2개의 층을 하나의 경계구역으로 할 수 있다)
   ③ 하나의 경계구역의 면적은 600[m²] 이하로 하고 한 변의 길이는 50[m] 이하로 할 것(다만, 주된 출입구에서 그 내부 전체가 보이는 것은 한 변의 길이가 50[m]의 범위 내에서 1,000[m²] 이하)

2) 수직구역의 경계구역 설정기준
   ① 별도의 경계구역 설정 : 계단, 경사로, 엘리베이터 승강로, 권상기실, 린넨슈트, 파이프 피트, 파이프 덕트, 기타 이와 유사한 부분
   ② 하나의 경계구역 높이 : 45[m] 이하(계단 및 경사로에 한함)
   ③ 지하층의 계단 및 경사로는 별도로 하나의 경계구역으로 할 것(지하층의 층수가 1일 경우는 제외)

3) 기타 경계구역 설정
   ① 외기에 면하여 상시 개방된 부분이 있는 차고·주차장·창고 등에 있어서는 외기에 면하는 각 부분으로부터 5[m] 미만의 범위 안에 있는 부분은 경계구역의 면적에 산입하지 아니한다.

② 스프링클러설비·물분무등소화설비 또는 제연설비의 화재감지장치로서 화재감지기를 설치한 경우의 경계구역은 해당 소화설비의 방사구역 또는 제연구역과 동일하게 설정할 수 있다.

02 외기에 면하여 상시 개방된 부분이 있는 장소로 외기에 면하는 각 부분으로부터 5[m] 미만의 범위 안에 있는 부분을 자동화재탐지설비 경계구역에 산입하지 않는 장소 3곳을 쓰시오.

•
•
•

해답 ⊕ • 차고   • 주차장   • 창고

03 바닥면적이 다음과 같고 각 층의 높이가 4[m]인 지하 2층, 지상 4층 소방대상물에 자동화재탐지설비를 설치하고자 한다. 도면을 보고 다음 물음에 답하시오.

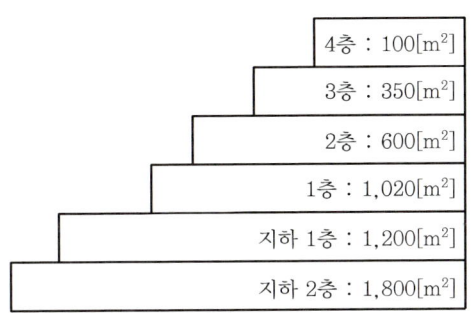

1) 본 건축물에서 경계구역은 최소 몇 개로 구분하여야 하는지 산출식과 경계구역수를 빈칸에 쓰시오.(단, 경계구역은 면적별 기준만을 적용하며 계단, 경사로 및 피트 등의 수직경계구역의 면적은 무시한다.)

층 명	산출식	경계구역수
4층		
3층		
2층		
1층		
지하 1층		
지하 2층		
경계구역의 합계		

2) 본 건축물에 계단과 엘리베이터가 각각 1개씩 설치되어 있는 경우 P형 수신기는 몇 회로용을 설치해야 하는지 구하시오.
- 산출과정 :
- 답 :

해답 ➕ 1) 면적별 경계구역 산출

층 명	산출식	경계구역수
4층	$\dfrac{(100+350)}{500} = 0.9 ≒ 1$	1
3층		
2층	$\dfrac{600}{600} = 1$	1
1층	$\dfrac{1,020}{600} = 1.7 ≒ 2$	2
지하 1층	$\dfrac{1,200}{600} = 2$	2
지하 2층	$\dfrac{1,800}{600} = 3$	3
경계구역의 합계		9

2) 산출과정

① 계단의 경계구역수
- 지상층 : $\dfrac{4개층 \times 4[m]}{45[m]} = 0.36 ≒ 1경계구역$
- 지하층 : $\dfrac{2개층 \times 4[m]}{45[m]} = 0.18 ≒ 1경계구역$

② 엘리베이터 : 1경계구역

③ 합계 : 면적별 경계구역(9경계구역) + 수직경계구역(3경계구역) = 12경계구역

답 15회로용(수신기의 회로는 5회로 단위로 제작한다)

04 다음 도면은 어느 특정소방대상물의 평면도이다. 건축물은 비내화구조이며 차동식 스포트형 감지기 1종을 설치하는 경우 다음 각 물음에 답하시오.(단, 천장의 높이는 3.8[m]이다.)

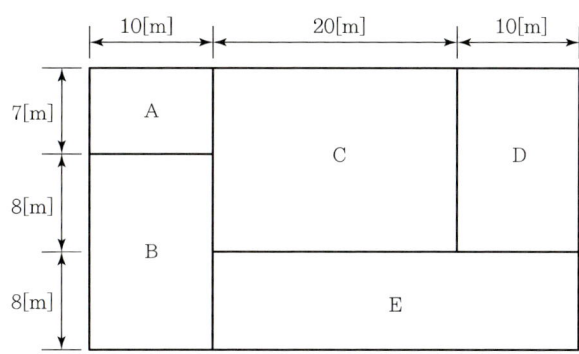

1) 각 실에 설치되는 감지기의 개수를 구하시오.

구분	계산과정	감지기의 개수
A		
B		
C		
D		
E		

2) 해당 특정소방대상물의 경계구역수를 산출하시오.
- 계산과정 :
- 답 :

해답 1) 감지기의 개수

구분	계산과정	감지기의 개수
A	$\dfrac{10 \times 7}{50} = 1.4$	2개
B	$\dfrac{10 \times (8+8)}{50} = 3.2$	4개
C	$\dfrac{20 \times (7+8)}{50} = 6$	6개
D	$\dfrac{10 \times (7+8)}{50} = 3$	3개
E	$\dfrac{(20+10) \times 8}{50} = 4.8$	5개

2) 계산과정

① 평면도의 전체 바닥면적 산출

$A = (10+20+10) \times (7+8+8) = 920 [m^2]$

② 전체 바닥면적을 600[m²]로 나눈다.

$$N = \frac{920}{600} = 1.533$$

③ 소수점 이하는 올려서 경계구역수를 산출한다.

답 2경계구역

05 **다음은 자동화재탐지설비의 수신기에 대한 내용이다. 각 물음에 답하시오.**

1) GP형 수신기의 기능을 간단히 설명하시오.
2) R형 수신기의 특징 4가지를 쓰시오.
3) M형 수신기의 설치장소를 쓰시오.

해답 1) P형 수신기의 기능과 가스누설경보기의 수신부 기능을 겸한 것
2) • 선로수가 적어서 경제적이다.
   • 전압강하가 적어서 선로의 길이를 길게 할 수 있다.
   • 증설 및 이설이 용이하다.
   • 화재 발생구역을 선명하게 숫자 또는 문자로 표시한다.
   • 신호의 전달이 명확하다.
3) 소방관서

06 **자동화재탐지설비의 감지기와 수신기 간 신호전달방식의 차이점을 각 수신기별로 쓰시오.**

• P형 수신기 :
• R형 수신기 :

해답 • P형 수신기 : 1 : 1접점방식
• R형 수신기 : 다중전송방식

해설 P형 수신기와 R형 수신기의 비교

구분	P형 수신기	R형 수신기
신호전달방식	1 : 1접점방식	다중전송방식
신호의 종류	공통신호	고유신호
선로의 수	많이 필요	적게 필요
중계기	불필요	필요
화재표시방법	램프 점등	문자 또는 숫자(LCD)
배선공사비용	선로수가 많아 고비용	선로수가 적어 저비용
수신기비용	저가	고가
유지관리의 용이성	유지관리 어려움	유지관리 용이

07 자동화재탐지설비의 P형 수신기의 시험을 하려고 한다. 다음 각 시험의 양부판정기준을 쓰시오.

1) 공통선시험 양부판정기준
2) 회로저항시험 양부판정기준
3) 지구음향장치 작동시험 양부판정기준

해답 1) 하나의 공통선이 담당하는 경계구역수가 7개 이하일 것
2) 감지기 1회로의 전로저항치가 50[Ω] 이하일 것
3) 지구음향장치가 정상작동하고, 음량은 부착된 음향장치의 중심으로부터 1[m] 떨어진 위치에서 90[dB] 이상일 것

해설 1) 공통선시험
① 목적 : 하나의 공통선이 담당하는 경계구역이 7개 이하인지 확인
② 시험방법
- 수신기 내부의 단자대에서 공통선 1선을 분리한다.
- 도통시험스위치를 누른다.
- 회로선택스위치를 순차적으로 1회로씩 회전시킨다.
- 단선된 회로수를 확인한다.
③ 판정
하나의 공통선이 담당하는 경계구역수가 7개 이하일 것

2) 회로저항시험
① 목적 : 감지기회로의 전로저항치가 감지기의 작동에 영향을 주는지 여부를 확인
② 시험방법
- 수신기의 단자대에서 감지기 1회로의 회로선과 공통선을 분리한다.
- 감지기선로의 말단에 설치된 종단저항을 제거 후 선로를 단락시킨다.
- 전류전압측정계를 사용하여 회로선과 공통선 사이의 회로저항을 측정한다.
③ 판정
감지기 1회로의 전로저항치가 50[Ω] 이하일 것

3) 지구음향장치 작동시험
① 목적 : 수신기에 입력신호가 들어왔을 때 지구음향장치의 연동 여부를 확인
② 시험방법
수신기에서 작동시험을 하거나 경계구역의 감지기, 발신기를 동작시킨다.
③ 판정
- 지구음향장치가 정상작동할 것
- 음량은 부착된 음향장치의 중심으로부터 1[m] 떨어진 위치에서 90[dB] 이상일 것

08 P형 수신기와 감지기 사이의 배선회로에서 배선저항은 10[Ω], 릴레이저항은 50[Ω], 종단저항은 10[kΩ]이고 회로전압이 직류 24[V]일 때 다음 각 물음에 답하시오.

1) 평상시 감시전류는 몇 [mA]인가?
   - 계산과정 :
   - 답 :

2) 화재 시 감지기의 동작전류는 몇 [mA]인가?
   - 계산과정 :
   - 답 :

해답

1) • 계산과정 : $I = \dfrac{V}{R_1 + R_2 + R_3} = \dfrac{24}{10 + 10{,}000 + 50} = 0.002385[\text{A}] = 2.39[\text{mA}]$

   • 답 2.39[mA]

2) • 계산과정 : $I = \dfrac{V}{R_1 + R_3} = \dfrac{24}{10 + 50} = 0.4[\text{A}] = 400[\text{mA}]$

   • 답 400[mA]

해설

1) 감시전류

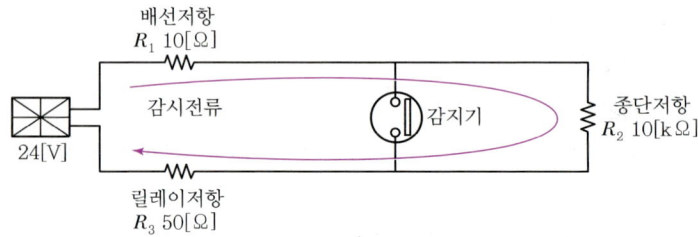

감시전류 $I = \dfrac{V}{R_1 + R_2 + R_3} = \dfrac{24}{10 + 10{,}000 + 50} = 0.002385[\text{A}] = 2.39[\text{mA}]$

여기서, R_1 : 배선저항(10Ω)
  R_2 : 종단저항(10kΩ = 10,000Ω)
  R_3 : 릴레이저항(50Ω)
  V : 수신기전압(24V)

2) 감지기 동작전류

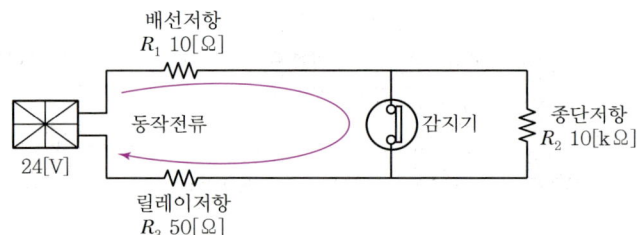

동작전류 $I = \dfrac{V}{R_1 + R_3} = \dfrac{24}{10+50} = 0.4[\text{A}] = 400[\text{mA}]$

여기서, R_1 : 배선저항(10Ω)
R_3 : 릴레이저항(50Ω)
V : 수신기전압(24V)

09 자동화재탐지설비 및 시각경보기의 화재안전기준에 따른 청각장애인용 시각경보기의 설치기준 3가지를 쓰시오.

-
-
-

해답
- 복도·통로·청각장애인용 객실 및 공용으로 사용하는 거실(로비, 회의실, 강의실, 식당, 휴게실, 오락실, 대기실, 체력단련실, 접객실, 안내실, 전시실, 기타 이와 유사한 장소를 말한다)에 설치하며, 각 부분으로부터 유효하게 경보를 발할 수 있는 위치에 설치할 것
- 공연장·집회장·관람장 또는 이와 유사한 장소에 설치하는 경우에는 시선이 집중되는 무대부 부분 등에 설치할 것
- 설치높이는 바닥으로부터 2[m] 이상 2.5[m] 이하의 장소에 설치할 것. 다만, 천장의 높이가 2[m] 이하인 경우에는 천장으로부터 0.15[m] 이내의 장소에 설치하여야 한다.

해설 청각장애인용 시각경보장치의 설치기준
① 복도·통로·청각장애인용 객실 및 공용으로 사용하는 거실(로비, 회의실, 강의실, 식당, 휴게실, 오락실, 대기실, 체력단련실, 접객실, 안내실, 전시실, 기타 이와 유사한 장소를 말한다)에 설치하며, 각 부분으로부터 유효하게 경보를 발할 수 있는 위치에 설치할 것
② 공연장·집회장·관람장 또는 이와 유사한 장소에 설치하는 경우에는 시선이 집중되는 무대부 부분 등에 설치할 것
③ 설치높이는 바닥으로부터 2[m] 이상 2.5[m] 이하의 장소에 설치할 것. 다만, 천장의 높이가 2[m] 이하인 경우에는 천장으로부터 0.15[m] 이내의 장소에 설치하여야 한다.
④ 시각경보장치의 광원은 전용의 축전지설비 또는 전기저장장치(외부 전기에너지를 저장해 두었다가 필요한 때 전기를 공급하는 장치)에 의하여 점등되도록 할 것. 다만, 시각경보기에 작동전원을 공급할 수 있도록 형식승인을 얻은 수신기를 설치한 경우에는 그러하지 아니하다.

10 다음은 중계기의 설치기준이다. ( ) 안에 알맞은 내용을 쓰시오.

- 수신기에서 직접 감지기회로의 (①)을 행하지 아니하는 것에 있어서는 수신기와 감지기 사이에 설치할 것
- 수신기에 따라 감시되지 아니하는 배선을 통하여 전력을 공급받는 것에 있어서는 전원입력 측의 배선에 (②)를 설치하고 해당 전원의 정전이 즉시 수신기에 표시되는 것으로 하며, (③) 및 (④)의 시험을 할 수 있도록 할 것

해답 ① 도통시험   ② 과전류차단기
③ 상용전원   ④ 예비전원

해설 중계기의 설치기준
① 수신기에서 직접 감지기회로의 **도통시험**을 행하지 아니하는 것에 있어서는 **수신기와 감지기 사이**에 설치할 것
② **조작 및 점검에 편리**하고 화재 및 침수 등의 재해로 인한 피해를 받을 우려가 없는 장소에 설치할 것
③ 수신기에 따라 감시되지 아니하는 배선을 통하여 전력을 공급받는 것에 있어서는 전원입력 측의 배선에 **과전류차단기**를 설치하고 해당 전원의 정전이 즉시 수신기에 표시되는 것으로 하며, **상용전원 및 예비전원의 시험**을 할 수 있도록 할 것

11 다음의 자동화재탐지설비의 발신기 설치기준에 관한 ( ) 안을 완성하시오.

- 조작이 쉬운 장소에 설치하고 (①)는 바닥으로부터 0.8[m] 이상 1.5[m] 이하의 높이에 설치할 것
- 특정소방대상물의 층마다 설치하되, 해당 특정소방대상물의 각 부분으로부터 하나의 발신기까지의 수평거리가 (②)[m] 이하가 되도록 할 것. 다만, 복도 또는 별도로 구획된 실로서 보행거리가 (③)[m] 이상일 경우에는 추가로 설치하여야 한다.
- 발신기의 위치를 표시하는 표시등은 함의 (④)에 설치하되, 그 불빛은 부착면으로부터 15° 이상의 범위 안에서 부착지점으로부터 (⑤)[m] 이내의 어느 곳에서도 쉽게 식별할 수 있는 적색등으로 하여야 한다.

해답 ① 스위치   ② 25   ③ 40
④ 상부   ⑤ 10

12 다음 도면은 P형 수동발신기의 내부회로 미완성 도면이다. 도면을 보고 다음 물음에 답하시오.

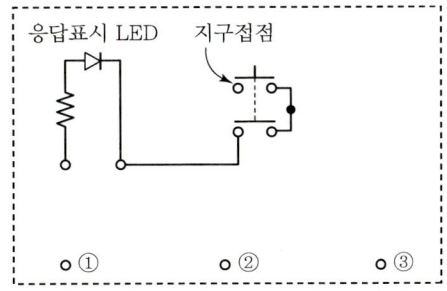

1) 다음에 대하여 설명하시오.
   - 응답표시 LED :
   - 누름버튼스위치 :

2) ①~③ 각 단자의 명칭을 쓰시오.

①	②	③

3) 발신기 결선의 미완성 부분을 도면에 완성하시오.

해답 1) • 응답표시 LED : 발신기에서 누름버튼스위치를 눌렀을 때 신호가 수신기에 전달되었는지를 확인하는 표시등
   • 누름버튼스위치 : 화재 발생 시 수동조작에 의해 수신기에 신호를 발신하는 스위치

2)

①	②	③
응답선	회로선(지구선)	공통선

3)

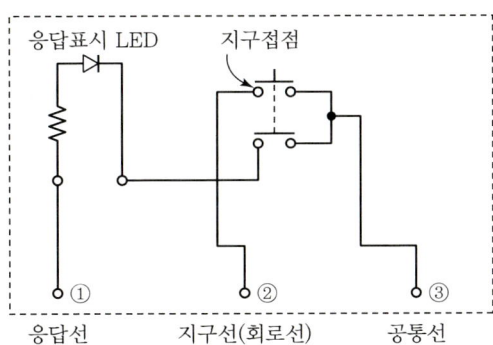

13 차동식 스포트형 · 보상식 스포트형 및 정온식 스포트형 감지기의 부착높이 및 특정소방대상물의 구분에 따른 감지기 1개의 설치면적기준이다. 표의 ①~⑥에 알맞은 답을 쓰시오.

부착높이 및 특정소방대상물의 구분		감지기의 종류						
		차동식 스포트형		보상식 스포트형		정온식 스포트형		
		1종	2종	1종	2종	특종	1종	2종
4[m] 미만	주요 구조부를 내화구조로 한 특정소방대상물 또는 그 부분	①	70	①	70	70	60	20
	기타 구조의 특정소방대상물 또는 그 부분	50	③	50	③	40	30	15
4[m] 이상 8[m] 미만	주요 구조부를 내화구조로 한 특정소방대상물 또는 그 부분	②	④	②	④	④	⑤	—
	기타 구조의 특정소방대상물 또는 그 부분	30	25	30	25	25	⑥	—

해답 ⊕

①	②	③	④	⑤	⑥
90	45	40	35	30	15

14 다음의 그림은 차동식 스포트형 감지기의 구조를 나타낸 것이다. ①~④ 번호에 대한 명칭 및 역할을 간단히 쓰시오.

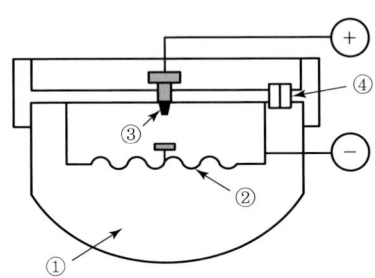

①
②
③
④

해답 ⊕ ① • 명칭 : 감열실
　　　　• 역할 : 화재에 의한 열을 감지하는 공간
　　② • 명칭 : 다이어프램
　　　　• 역할 : 감열실의 공기가 팽창하여 밀어 올리는 얇은 막

③ • 명칭 : 고정접점
　 • 역할 : 가동접점과 단락되어 동작신호를 전송
④ • 명칭 : 리크구멍
　 • 역할 : 감열실 내 온도가 서서히 상승하면 리크구멍으로 압력을 배출하여 비화재보 방지

해설 ⊕ 차동식 스포트형 감지기(공기팽창식)

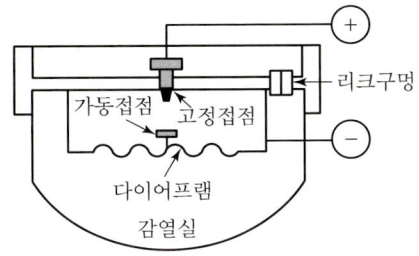

1) **구성요소** : 감열실, 다이어프램, 고정접점, 가동접점, 리크구멍
   ① 감열실 : 화재에 의한 열을 감지하는 공간
   ② 다이어프램 : 감열실의 공기가 팽창하여 밀어 올리는 얇은 막
   ③ 고정접점 : 가동접점과 단락되어 동작신호를 전송
   ④ 가동접점 : 다이어프램이 올라가면 고정접점과 단락되어 동작신호 전송
   ⑤ 리크구멍 : 감열 실내 온도가 서서히 상승하면 리크구멍으로 압력을 배출하여 비화재보 방지
2) **동작순서** : 화재 발생 → 감열실 공기 팽창 → 다이어프램 상승 → 가동접점이 고정접점과 단락 → 수신기에 화재신호 전송
3) **동작원리** : 공기의 부피 팽창

15 차동식 분포형 공기관식 감지기의 유통시험방법에 관한 내용이다. ①과 ②에 알맞은 내용을 쓰시오.

• 검출부의 시험구멍 또는 공기관의 한쪽 끝에 (①)을(를) 접속하고 다른 끝에 (②)을(를) 접속시킨다.
• (②)(으)로 공기를 주입하고 (①)의 수위를 100[mm]까지 상승시킨 후 정지한다.
• 시험코크에 의해 송기구를 개방하여 상승수위의 $\frac{1}{2}$(50mm)까지 내려가는 시간을 측정한다.

해답 ⊕ ① 마노미터
　　　　② 공기주입시험기(테스트펌프)

해설 ➕ 차동식 분포형 공기관식 감지기의 유통시험

1) 목적

공기관에 공기를 주입하여 공기관의 누설, 변형, 막힘 등의 상태와 공기관 길이의 적정성을 판단한다.

2) 시험방법

① P_1 단자의 공기관을 분리한다.
② 분리한 공기관에 마노미터를 접속하고, 검출부의 P_1점에 공기주입시험기를 접속한다.
③ 공기주입시험기로 공기를 주입하여 마노미터의 수위를 100[mm]로 유지한다.
④ 시험용 레버를 [P.A](작동시험, 유통시험) 위치로 이동시켜 공기가 시험구(T)로 누출되도록 한다.
⑤ 마노미터의 수위가 $\frac{1}{2}$(50mm)이 될 때까지의 시간을 측정한다.

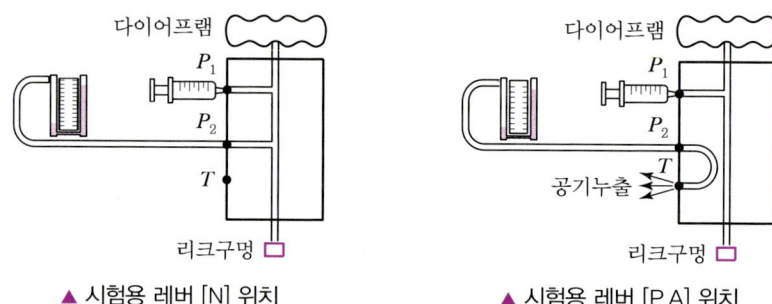

▲ 시험용 레버 [N] 위치 　　　　▲ 시험용 레버 [P.A] 위치

3) 판정

공기관의 유통상태 및 공기관의 길이의 적정성을 판단한다.

4) 유통시간에 따른 판정기준

측정시간이 규정시간보다 빠른 경우	측정시간이 규정시간보다 느린 경우
공기관의 누설	공기관의 변형, 막힘 상태

16 자동화재탐지설비의 화재안전기술기준에 따른 감지기의 설치기준에서 다음 각 물음에 답하시오.

1) 연기감지기의 설치장소의 기준 3가지를 쓰시오.
-
-
-

2) 공기관식 차동식 분포형 감지기의 공기관의 노출부분은 감지구역마다 몇 [m] 이상이 되도록 하여야 하는지 쓰시오.

3) 스포트형 감지기를 부착 시 몇 도 이상 경사되지 아니하여야 하는지 쓰시오.

해답

1) • 계단 · 경사로 및 에스컬레이터 경사로
   • 복도(30[m] 미만의 것을 제외)
   • 천장 또는 반자의 높이가 15[m] 이상 20[m] 미만의 장소

2) 20[m] 이상

3) 45도

해설

1) 연기감지기 설치장소
   ① 계단 · 경사로 및 에스컬레이터 경사로
   ② 복도(30[m] 미만의 것을 제외)
   ③ 엘리베이터 승강로(권상기실이 있는 경우에는 권상기실) · 린넨슈트 · 파이프 피트 및 덕트, 기타 이와 유사한 장소
   ④ 천장 또는 반자의 높이가 15[m] 이상 20[m] 미만의 장소
   ⑤ 다음 특정소방대상물의 취침 · 숙박 · 입원 등 이와 유사한 용도로 사용되는 거실
      • 공동주택 · 오피스텔 · 숙박시설 · 노유자시설 · 수련시설
      • 교육연구시설 중 합숙소
      • 의료시설, 근린생활시설 중 입원실이 있는 의원 · 조산원
      • 교정 및 군사시설
      • 근린생활시설 중 고시원

2) 공기관식 차동식 분포형 감지기의 설치기준

구분	기준
공기관의 최소길이	공기관의 노출부분은 감지구역마다 20[m] 이상
공기관의 최대길이	하나의 검출부분에 접속하는 공기관의 길이는 100[m] 이하
공기관과 각 변의 거리	수평거리 1.5[m] 이하
공기관 상호 간 거리	6[m](내화구조 9[m]) 이하
공기관의 분기	공기관은 도중에서 분기하지 아니할 것
검출부의 경사	검출부는 5° 이상 경사지지 아니할 것
검출부의 높이	검출부는 바닥으로부터 0.8[m] 이상 1.5[m] 이하
공기관의 재질 및 규격	동관으로서 두께 0.3[mm] 이상, 바깥지름 1.9[mm] 이상

3) 스포트형 감지기의 설치기준(공통사항)
   ① 실내로의 공기유입구로부터 1.5[m] 이상 떨어진 위치에 설치
   ② 천장 또는 반자의 옥내에 면하는 부분에 설치할 것
   ③ 45° 이상 경사되지 아니하도록 부착할 것

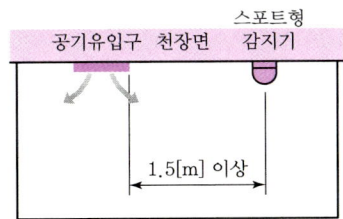
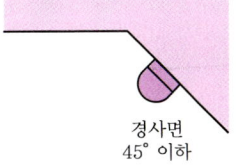

17 자동화재탐지설비 및 시각경보장치의 화재안전기술기준에서 정하는 광전식 분리형 감지기의 설치기준 중 ( ) 안에 알맞은 내용을 쓰시오.

- 감지기의 (①)은 햇빛을 직접 받지 않도록 설치할 것
- 광축은 나란한 벽으로부터 (②) 이상 이격하여 설치할 것
- 감지기의 송광부와 수광부는 설치된 (③)으로부터 1[m] 이내 위치에 설치할 것
- 광축의 높이는 천장 등 높이의 (④) 이상일 것
- 감지기의 광축의 길이는 (⑤) 범위 이내일 것

해답 ① 수광면 ② 0.6[m] ③ 뒷벽
④ 80[%] ⑤ 공칭감시거리

해설 1) 광전식 분리형 감지기 설치기준
① 감지기의 **수광면**은 햇빛을 직접 받지 않도록 설치할 것
② 광축은 나란한 벽으로부터 **0.6[m] 이상** 이격하여 설치할 것
③ 감지기의 송광부와 수광부는 설치된 **뒷벽**으로부터 **1[m] 이내** 위치에 설치할 것
④ 광축의 높이는 천장 등 높이의 **80[%] 이상**일 것
⑤ 감지기의 광축의 길이는 **공칭감시거리** 범위 이내일 것
⑥ 그 밖의 설치기준은 형식승인 내용에 따르며 형식승인 사항이 아닌 것은 제조사의 시방에 따라 설치할 것

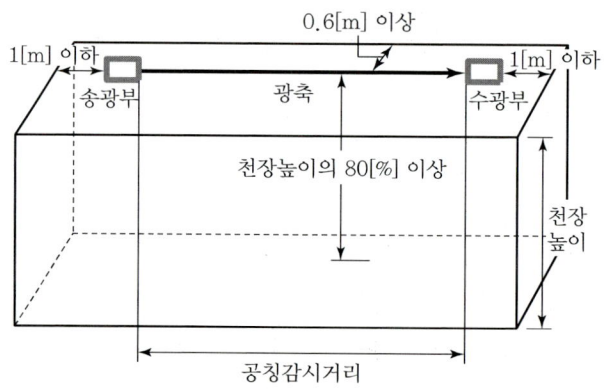

▲ 광전식 분리형 감지기의 설치기준

2) 구성요소 : 송광부, 수광부, 신호증폭회로, 신호변환회로 등
3) 동작원리 : 빛의 감소한 양을 검출하는 **감광식**
4) 동작순서 : 화재 발생 → 광축에 연기 투입 → 광량 감소 → 신호 증폭 → 화재 경보

18 자동화재탐지설비의 감지기 설치 제외 장소 5가지를 쓰시오.

-
-
-
-
-

해답
- 부식성 가스가 체류하고 있는 장소
- 목욕실·욕조나 샤워시설이 있는 화장실·기타 이와 유사한 장소
- 먼지·가루 또는 수증기가 다량으로 체류하는 장소 또는 주방 등 평시에 연기가 발생하는 장소(연기감지기에 한함)
- 헛간 등 외부와 기류가 통하는 장소로서 감지기에 따라 화재 발생을 유효하게 감지할 수 없는 장소
- 파이프 덕트 등 그 밖의 이와 비슷한 것으로서 2개층마다 방화구획된 것이나 수평단면적이 5[m²] 이하인 것

해설 감지기를 설치하지 아니할 수 있는 장소기준
① 천장 또는 반자의 높이가 20[m] 이상인 장소(다만, 제1항 단서 각 호의 감지기로서 부착높이에 따라 적응성이 있는 장소는 제외)
② 헛간 등 외부와 기류가 통하는 장소로서 감지기에 따라 화재 발생을 유효하게 감지할 수 없는 장소
③ 부식성 가스가 체류하고 있는 장소
④ 고온도 및 저온도로서 감지기의 기능이 정지되기 쉽거나 감지기의 유지관리가 어려운 장소
⑤ 목욕실·욕조나 샤워시설이 있는 화장실·기타 이와 유사한 장소
⑥ 파이프 덕트 등 그 밖의 이와 비슷한 것으로서 2개층마다 방화구획된 것이나 수평단면적이 5[m²] 이하인 것
⑦ 먼지·가루 또는 수증기가 다량으로 체류하는 장소 또는 주방 등 평시에 연기가 발생하는 장소(연기감지기에 한함)
⑧ 프레스공장·주조공장 등 화재 발생의 위험이 적은 장소로서 감지기의 유지관리가 어려운 장소

19 지하층·무창층 등으로서 환기가 잘되지 아니하거나 감지기의 부착면과 실내바닥과의 거리가 2.3[m] 이하인 곳으로서 일시적으로 발생한 열·연기 또는 먼지 등으로 인하여 화재신호를 발신할 우려가 있는 장소에 설치 가능한 자동화재탐지설비의 감지기 5가지를 쓰시오.(단, 축적형 수신기가 설치되지 않은 장소이다.)

-
-
-
-
-

해답
- 축적방식 감지기
- 복합형 감지기
- 광전식 분리형 감지기
- 불꽃감지기
- 정온식 감지선형 감지기

해설
1) 축적기능이 있는 수신기 설치장소(비화재보 우려 장소)
   ① 지하층·무창층 등으로서 환기가 잘되지 않는 장소
   ② 지하층·무창층 등으로서 실내면적이 40[m²] 미만인 장소
   ③ 감지기의 부착면과 실내바닥과의 거리가 2.3[m] 이하인 장소로서 일시적으로 발생한 열·연기 또는 먼지 등으로 인하여 감지기가 화재신호를 발신할 우려가 있는 장소

2) 비화재보 우려 장소에 설치할 수 있는 감지기
   ① 축적방식 감지기   ⑤ 불꽃감지기
   ② 복합형 감지기   ⑥ 정온식 감지선형 감지기
   ③ 광전식 분리형 감지기   ⑦ 아날로그방식 감지기
   ④ 분포형 감지기   ⑧ 다신호방식 감지기

3) 축적기능이 없는 감지기를 설치하여야 하는 경우(실보 우려 장소)
   ① 급속한 연소 확대가 우려되는 장소에 사용하는 감지기
   ② 교차회로방식에 사용하는 감지기
   ③ 축적기능이 있는 수신기에 연결하여 사용하는 감지기

04 자동화재속보설비

1. 개요

수동작동 및 자동화재탐지설비 수신기의 화재신호와 연동으로 작동하여 관계인에게 화재 발생을 경보함과 동시에 소방관서에 자동적으로 통신망을 통한 당해 화재 발생 및 당해 소방대상물의 위치 등을 음성으로 통보하여 주는 장치이다.

2. 자동화재속보설비의 종류

1) A형 자동화재속보설비

수신기로부터 화재신호를 수신하여 20초 이내에 소방관서에 통보하고 소방대상물의 위치를 3회 이상 소방관서에 통보할 수 있는 기능을 가진 장치이다. (지구등이 없다)

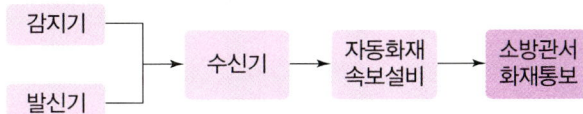

2) B형 자동화재속보설비

수신기와 A형 자동화재속보설비의 성능을 복합한 것으로 감지기, 발신기 또는 중계기를 통해 송신된 신호를 소방대상물의 관계자에게 통보하고 20초 이내에 3회 이상 소방대상물의 위치를 소방관서에 자동적으로 통보하는 기능을 가진 장치이다. (지구등이 있다)

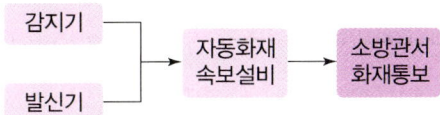

3. 설치기준

① 자동화재탐지설비와 연동으로 작동하여 자동적으로 화재 발생 상황을 소방관서에 전달되는 것으로 할 것. 이 경우 부가적으로 특정소방대상물의 관계인에게 화재 발생 상황을 전달되도록 할 수 있다(A형).
② 조작스위치의 높이 : 바닥으로부터 0.8[m] 이상 1.5[m] 이하
③ 속보기는 소방관서에 통신망으로 통보하도록 하며, 데이터 또는 코드전송방식을 부가적으로 설치할 수 있다.
④ 문화재에 설치하는 자동화재속보설비는 속보기에 감지기를 직접 연결하는 방식(자동화재탐지설비 1개의 경계구역에 한함)으로 할 수 있다(B형).

⑤ 속보기는 소방청장이 정하여 고시한 「자동화재속보설비의 속보기의 성능인증 및 제품검사의 기술기준」에 적합한 것으로 설치하여야 한다.

4. 절연저항시험

측정위치	직류 500[V] 절연저항계로 측정한 절연저항값
절연된 충전부와 외함 간	5[MΩ] 이상
교류입력 측과 외함 간	20[MΩ] 이상
절연된 선로 간	20[MΩ] 이상

05 누전경보기

1. 용어의 정의

① **누전경보기** : 내화구조가 아닌 건축물로서 벽, 바닥 또는 천장의 전부나 일부를 불연재료 또는 준불연재료가 아닌 재료에 철망을 넣어 만든 건물의 전기설비로부터 누설전류를 탐지하여 경보를 발하며 변류기와 수신부로 구성된 것
② **수신부** : 변류기로부터 검출된 신호를 수신하여 누전의 발생을 해당 특정소방대상물의 관계인에게 경보하여 주는 것(차단기구를 갖는 것을 포함)
③ **변류기** : 경계전로의 누설전류를 자동적으로 검출하여 이를 누전경보기의 수신부에 송신하는 것
④ **집합형 누전경보기의 수신부** : 2개 이상의 변류기를 연결하여 사용하는 수신부로서 하나의 전원장치 및 음향장치 등으로 구성된 것
⑤ **차단기구** : 누설전류가 발생하면 자동으로 누전된 회로를 차단하는 장치
⑥ **음향장치** : 누설전류가 발생하면 벨 또는 부저로 경보를 발하는 장치

2. 단상 2선식 회로

1) 구성요소

수신부, 변류기, 차단기구, 음향장치

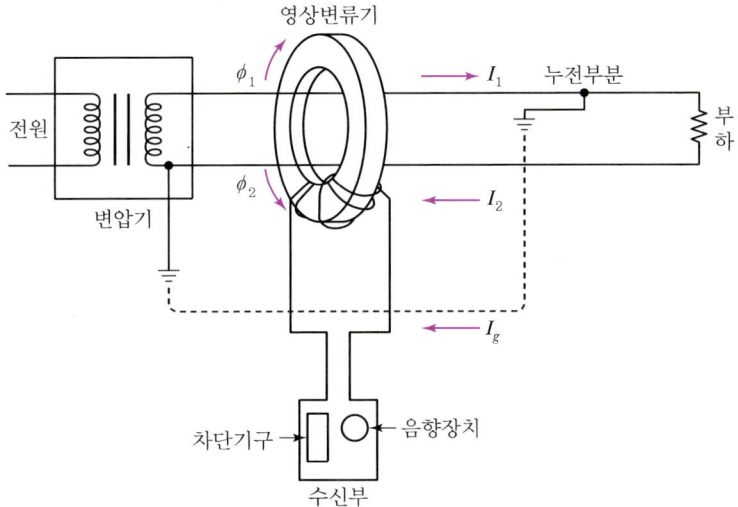

▲ 누전경보기의 구성요소 및 동작원리

2) 작동원리

① 유도기전력

$$e_2 = 4.44 f N_2 \phi_g$$

여기서, f : 주파수, N_2 : 변류기 2차 권수, ϕ_g : 누설전류에 의한 자속

② 평상시 상태

$$I_1 = I_2 \qquad I_1 - I_2 = 0$$
$$\phi_1 = \phi_2 \qquad \phi_1 - \phi_2 = 0$$

ϕ_1과 ϕ_2는 크기가 같고 방향이 반대이므로 서로 상쇄되어 자속이 0이 되므로 유도되는 기전력도 0이다.

③ 누전 발생 시

$$I_1 = I_2 + I_g \qquad I_1 - I_2 = I_g$$
$$\phi_1 = \phi_2 + \phi_g \qquad \phi_1 - \phi_2 = \phi_g$$

자속 ϕ_g가 변류기 코일을 쇄교하여 유도기전력이 발생한다.

3. 3상 3선식 교류회로

1) 정상상태

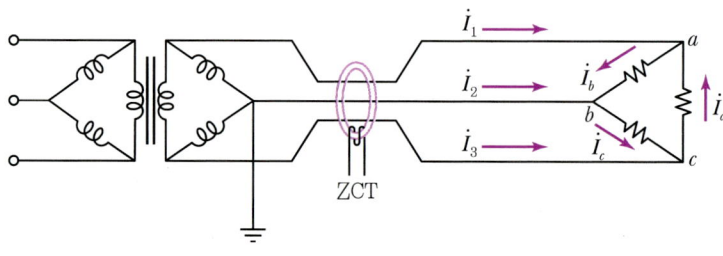

① 정상상태에서 부하의 a, b, c점에서 키르히호프의 법칙을 적용한다.
② 각 점에서 각 선전류의 벡터합은 0이 되므로 ZCT의 2차 출력도 0이 된다.

- a점 : $\dot{I_1} + \dot{I_a} = \dot{I_b}$　　　　・b점 : $\dot{I_2} + \dot{I_b} = \dot{I_c}$　　　　・c점 : $\dot{I_3} + \dot{I_c} = \dot{I_a}$
  $\dot{I_1} = \dot{I_b} - \dot{I_a}$　　　　　　　　$\dot{I_2} = \dot{I_c} - \dot{I_b}$　　　　　　　　$\dot{I_3} = \dot{I_a} - \dot{I_c}$

  선전류의 벡터합 : $\dot{I_1} + \dot{I_2} + \dot{I_3} = 0$

2) 누전 발생 시

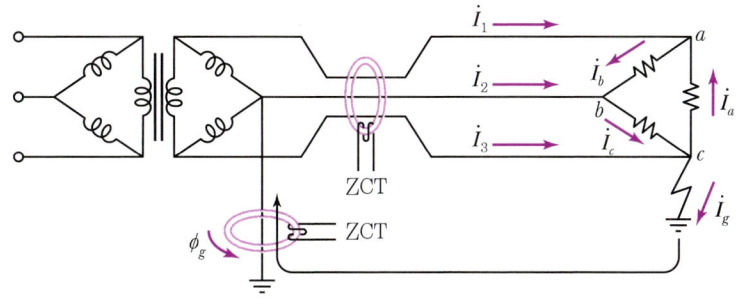

① 그림과 같이 c점에서 누전이 발생하면 $\dot{I}_1 + \dot{I}_2 + \dot{I}_3 = 0$이 되지 못하고 ZCT에는 누설전류 $\dot{I}_g$ 가 발생한다.

② 누설전류 $\dot{I}_g$ 는 자속 $\dot{\phi}_g$를 발생시켜 ZCT 2차 측에 유도기전력을 발생시킨다.

③ 발생된 유도기전력을 수신부에서 증폭시켜 경보를 발한다.

- a점 : $\dot{I}_1 + \dot{I}_a = \dot{I}_b$
- b점 : $\dot{I}_2 + \dot{I}_b = \dot{I}_c$
- c점 : $\dot{I}_3 + \dot{I}_c = \dot{I}_a + \dot{I}_g$

$\dot{I}_1 = \dot{I}_b - \dot{I}_a$ $\dot{I}_2 = \dot{I}_c - \dot{I}_b$ $\dot{I}_3 = \dot{I}_a + \dot{I}_g - \dot{I}_c$

선전류의 벡터합 : $\dot{I}_1 + \dot{I}_2 + \dot{I}_3 = \dot{I}_g$

4. 설치기준

① 경계전로의 정격전류에 의한 분류

경계전로의 정격전류	60[A] 초과	60[A] 이하
누전경보기 종류	1급	1급 또는 2급

② 변류기 : 옥외 인입선의 **제1지점의 부하 측 또는 제2종 접지선 측**의 점검이 쉬운 위치에 설치할 것

③ 변류기를 옥외의 전로에 설치하는 경우에는 **옥외형**으로 설치할 것

5. 수신부

1) 구성요소

전원부, 증폭부, 제어부, 음향장치, 차단기구

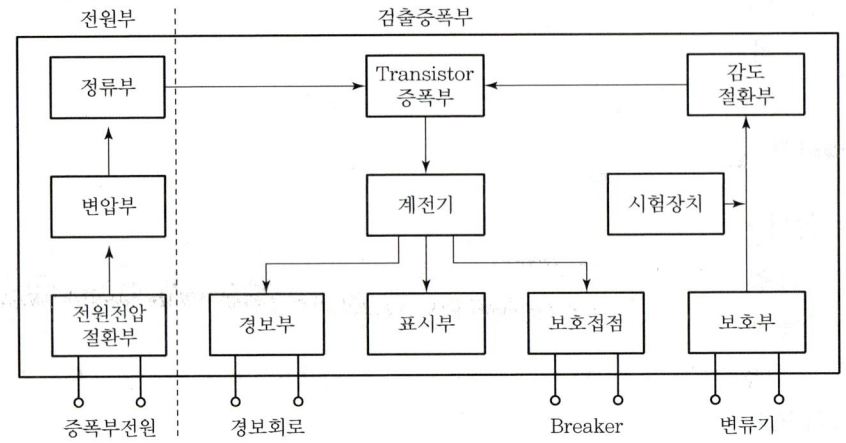

▲ 누전경보기 수신부의 내부구조

2) 증폭부의 증폭방식

① 매칭 트랜스와 트랜지스터를 조합하여 계전기를 동작시키는 방식

② 트랜지스터나 I.C로 증폭하여 계전기를 동작시키는 방식

③ 트랜지스터 또는 I.C와 미터릴레이를 증폭하여 계전기를 동작시키는 방식

3) 전원부 회로도

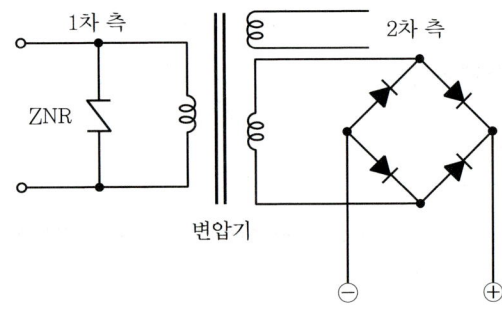

① ZNR의 설치목적

  낙뢰 또는 서지전압 발생 시 충격파로부터 수신부를 보호

4) 수신부 설치장소

① 옥내의 점검에 편리한 장소에 설치할 것
② 가연성의 증기·먼지 등이 체류할 우려가 있는 장소의 전기회로에는 해당 부분의 전기회로를 차단할 수 있는 차단기구를 가진 수신부를 설치할 것
③ 차단기구의 부분은 해당 장소 외의 안전한 장소에 설치할 것
④ 음향장치는 수위실 등 상시 사람이 근무하는 장소에 설치하여야 하며, 그 음량 및 음색은 다른 기기의 소음 등과 명확히 구별할 수 있는 것

5) 수신부 설치 제외 장소

① 가연성의 증기·먼지·가스 등이나 부식성의 증기·가스 등이 다량으로 체류하는 장소
② 화약류를 제조하거나 저장 또는 취급하는 장소
③ 습도가 높은 장소
④ 온도의 변화가 급격한 장소
⑤ 대전류회로·고주파 발생회로 등에 따른 영향을 받을 우려가 있는 장소

6) 공칭작동전류치 및 감도조절장치의 조정범위

구분	전류[mA]
공칭작동전류	200 이하
감도조절장치의 조정범위	1,000(1A) 이하

6. 전원

① 전원 : 분전반으로부터 전용회로로 할 것
② 전원의 개폐 : 각 극에 개폐기 및 15[A] 이하의 과전류차단기(20[A] 이하의 배선용 차단기)
③ 전원의 분기 : 다른 차단기에 따라 전원이 차단되지 아니하도록 할 것
④ 표지 : 전원의 개폐기에는 누전경보기용임을 표시한 표지를 할 것

7. 음향장치의 구조 및 기능

① 사용전압의 80[%]인 전압에서 동작할 수 있을 것
② 음향장치의 중심으로부터 1[m] 떨어진 지점에서의 음압

구분	음압[dB]
누전경보기	70 이상
고장표시장치용	60 이상

8. 절연저항시험

1) 변류기

DC 500[V]의 절연저항계로 다음의 시험을 하는 경우 5[MΩ] 이상
① 절연된 1차 권선과 2차 권선 간의 절연저항
② 절연된 1차 권선과 외부금속부 간의 절연저항
③ 절연된 2차 권선과 외부금속부 간의 절연저항

2) 수신부

DC 500[V]의 절연저항계로 다음의 시험을 하는 경우 5[MΩ] 이상
① 절연된 충전부와 외함 간
② 차단기구의 개폐부
  ㉠ 열린 상태에서는 같은 극의 전원단자와 부하 측 단자의 사이
  ㉡ 닫힌 상태에서는 충전부와 손잡이 사이

06 가스누설경보기

1. 용어의 정의

① 가스누설경보기 : 가스시설이 설치된 장소에서 LPG, LNG, CO, CH_4, C_4H_{10}, H_2 등의 가연성 가스를 탐지하여 경보하는 것
② 탐지부 : 가스누설경보기 중 가스누설을 검지하여 중계기 또는 수신부에 가스누설의 신호를 발신하는 부분 또는 가스누설을 검지하여 이를 음향으로 경보하고 동시에 중계기 또는 수신부에 가스누설의 신호를 발신하는 부분
③ 수신부 : 경보기 중 탐지부에서 발하여진 가스누설신호를 직접 또는 중계기를 통하여 수신하고 이를 관계자에게 음향으로서 경보하여 주는 장치
④ 분리형 : 탐지부와 수신부가 분리되어 있는 형태의 경보기
⑤ 단독형 : 탐지부와 수신부가 1개의 상자에 넣어 일체로 되어 있는 형태의 경보기

2. 가스누설경보기의 분류

① 구조에 따른 분류 : 단독형, 분리형
② 용도에 따른 분류 : 가정용, 영업용, 공업용

3. 수신부의 구조 및 기능

① 가스누설표시등의 색상 : 황색
② 수신 개시부터 가스누설표시까지 소요시간 : 60초 이내

4. 예비전원

1) 예비전원의 종류

알칼리계 2차 축전지, 리튬계 2차 축전지 또는 무보수밀폐형 연축전지

2) 예비전원의 용량

분류	용량
1회로용(단독형 포함)	감시상태를 20분간 계속한 후 유효하게 작동되어 10분간 경보
2회로 이상 용도	연결된 모든 회로에 대하여 감시상태를 10분간 계속한 후 2회선을 유효하게 작동시키고 10분간 경보를 발할 수 있는 용량

5. 가스누설경보기의 음압

분류		음압[dB]
단독형(가정용)		70 이상
분리형	영업용	70 이상
	공업용	90 이상
고장표시용		60 이상

6. 절연저항(DC 500[V]의 절연저항계로 측정한 값)

측정위치	절연저항치[MΩ]
절연된 충전부와 외함 간	5 이상
교류입력 측과 외함 간	20 이상
절연된 선로 간	20 이상

핵심 기출 문제

01 다음은 자동화재속보설비의 속보기의 성능인증 및 제품검사의 기술기준의 내용이다. ( ) 안에 적합한 내용을 쓰시오.

자동화재속보설비의 절연된 (①)와 외함 간의 절연저항은 직류 500[V]의 절연저항계로 측정한 값이 (②)[MΩ] 이상이어야 하고 교류입력 측과 외함 간에는 (③)[MΩ] 이상이어야 한다. 그리고 절연된 선로 간의 절연저항은 직류 500[V]의 절연저항계로 측정한 값이 (④)[MΩ] 이상이어야 한다.

해답 ① 충전부 ② 5
③ 20 ④ 20

해설 1) 절연저항시험(성능인증 및 제품검사의 기술기준 제10조)
① 절연된 충전부와 외함 간의 절연저항은 직류 500[V]의 절연저항계로 측정한 값이 5[MΩ] (교류입력 측과 외함 간에는 20[MΩ]) 이상이어야 한다.
② 절연된 선로 간의 절연저항은 직류 500[V]의 절연저항계로 측정한 값이 20[MΩ] 이상이어야 한다.

2) 각 설비별 절연저항시험

절연저항계	설비	절연저항	측정위치
직류 250[V]	• 비상경보설비 • 비상방송설비 • 자동화재탐지설비	0.1[MΩ] 이상	• 부속회로의 전로와 대지 사이 • 배선 상호 간
직류 500[V]	누전경보기	5[MΩ] 이상	절연된 충전부와 외함 간
	시각경보장치	5[MΩ] 이상	• 전원부 양단자 • 양선을 단락시킨 부분과 비충전부
	비상콘센트설비	20[MΩ] 이상	전원부와 외함 사이
	자동화재탐지설비의 감지기	50[MΩ] 이상	• 감지기의 절연된 단자 간 • 단자와 외함 간
	정온식 감지선형 감지기	1,000[MΩ] 이상	정온식 감지선형 감지기는 선간에서 1[m]당 1,000[MΩ] 이상
	• 가스누설경보기	5[MΩ] 이상	절연된 충전부와 외함 간
	• 자동화재탐지설비의 수신기	20[MΩ] 이상	교류입력 측과 외함 간
	• 자동화재속보설비의 속보기	20[MΩ] 이상	절연된 선로 간

02 다음은 누전경보기의 화재안전기술기준에 따른 누전경보기의 용어 정의이다. 다음 ( ) 안에 알맞은 용어를 쓰시오.

1) (　　　)란 내화구조가 아닌 건축물로서 벽, 바닥 또는 천장의 전부나 일부를 불연재료 또는 준불연재료가 아닌 재료에 철망을 넣어 만든 건물의 전기설비로부터 누설전류를 탐지하여 경보를 발하며 변류기와 수신부로 구성된 것을 말한다.
2) (　　　)란 변류기로부터 검출된 신호를 수신하여 누전의 발생을 해당 특정소방대상물의 관계인에게 경보하여 주는 것(차단기구를 갖는 것을 포함)을 말한다.
3) (　　　)란 경계전로의 누설전류를 자동적으로 검출하여 이를 누전경보기의 수신부에 송신하는 것을 말한다.

해답 ⊕
1) 누전경보기
2) 수신부
3) 변류기

해설 ⊕ 누전경보기 용어의 정의
① 누전경보기
　내화구조가 아닌 건축물로서 벽, 바닥 또는 천장의 전부나 일부를 불연재료 또는 준불연재료가 아닌 재료에 철망을 넣어 만든 건물의 전기설비로부터 누설전류를 탐지하여 경보를 발하며 변류기와 수신부로 구성된 것
② 수신부
　변류기로부터 검출된 신호를 수신하여 누전의 발생을 해당 특정소방대상물의 관계인에게 경보하여 주는 것(차단기구를 갖는 것을 포함)
③ 변류기
　경계전로의 누설전류를 자동적으로 검출하여 이를 누전경보기의 수신부에 송신하는 것
④ 집합형 누전경보기의 수신부
　2개 이상의 변류기를 연결하여 사용하는 수신부로서 하나의 전원장치 및 음향장치 등으로 구성된 것
⑤ 차단기구
　누설전류가 발생하면 자동으로 누전된 회로를 차단하는 장치
⑥ 음향장치
　누설전류가 발생하면 벨 또는 부저로 경보를 발하는 장치

03 누전경보기의 구성요소 4가지와 각각의 기능을 쓰시오.

구성요소	기능

해답 ⊕

구성요소	기능
영상변류기	누설전류를 자동으로 검출
수신부	검출된 신호를 수신
음향장치	벨 또는 부저로 경보하는 장치
차단기구	누전된 회로를 차단하는 장치

04 다음은 누전경보기에 대한 내용이다. 각 물음에 답하시오.

1) 누전경보기는 경계전로의 정격전류 값에 따라 1급과 2급으로 구분되는데 누전경보기를 구분하는 전류[A] 기준을 쓰시오.
2) 전원은 분전반으로부터 전용회로로 하고 각 극에 각 극을 개폐할 수 있는 무엇을 설치해야 하는가?(단, 배선용 차단기는 제외하고 답하시오.)
3) ZCT의 명칭과 기능을 쓰시오.
   • 명칭 :
   • 기능 :

해답 ⊕
1) 60
2) 개폐기 및 15[A] 이하의 과전류차단기
3) • 명칭 : 영상변류기
   • 기능 : 누설전류의 검출

해설 ⊕
1) 누전경보기의 설치기준
   ① 경계전로의 정격전류에 의한 분류

경계전로의 정격전류	60[A] 초과	60[A] 이하
누전경보기 종류	1급	1급 또는 2급

   ② 변류기 : 옥외 인입선의 제1지점의 부하 측 또는 제2종 접지선 측의 점검이 쉬운 위치에 설치할 것
   ③ 변류기를 옥외의 전로에 설치하는 경우에는 옥외형으로 설치할 것

2) 전원

① 전원 : 분전반으로부터 전용회로로 할 것

② 전원의 개폐 : 각 극에 개폐기 및 15[A] 이하의 과전류차단기(20[A] 이하의 배선용 차단기)

③ 전원의 분기 : 다른 차단기에 따라 전원이 차단되지 아니하도록 할 것

④ 표지 : 전원의 개폐기에는 누전경보기용임을 표시한 표지를 할 것

3) 기기류의 명칭 및 약호

명칭	약호	기능
영상변류기	ZCT(Zero Current Transformer)	누설전류의 검출
누전차단기	ELB(Earth Leakage Breaker)	누설전류 발생 시 전로 차단
전자접촉기	MC(Magnetic Contactor)	전자석에 의해 접점을 동작시켜 회로를 개폐하는 장치
누전경보기	ELD(Earth Leakage Detector)	누설전류를 검출하여 경보하는 장치
열동계전기	THR(Thermal Relay)	과부하 시 전동기 보호
변류기	CT(Current Transformer)	부하전류의 검출
배선용차단기	MCCB(Molded Case Circuit Breaker)	과부하, 단락사고 시 전로 차단
배선용차단기	NFB(No Fuse Breaker)	과부하, 단락사고 시 전로 차단

05 다음 그림은 3상 교류회로에 설치된 누전경보기의 결선도이다. 정상상태와 누전 발생 시 a점, b점 및 c점에서 키르히호프의 제1법칙을 적용하여 선전류 $\dot{I}_1$, $\dot{I}_2$, $\dot{I}_3$ 및 선전류의 벡터합 계산과 관련된 각 물음에 답하시오.

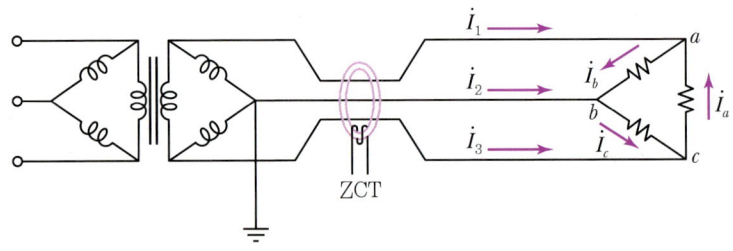

▲ 정상상태

1) 정상상태 시 선전류

- a점 : $\dot{I}_1 = ($ $)$
- b점 : $\dot{I}_2 = ($ $)$
- c점 : $\dot{I}_3 = ($ $)$

2) 정상상태 시 선전류의 벡터합

$\dot{I}_1 + \dot{I}_2 + \dot{I}_3 = ($ $)$

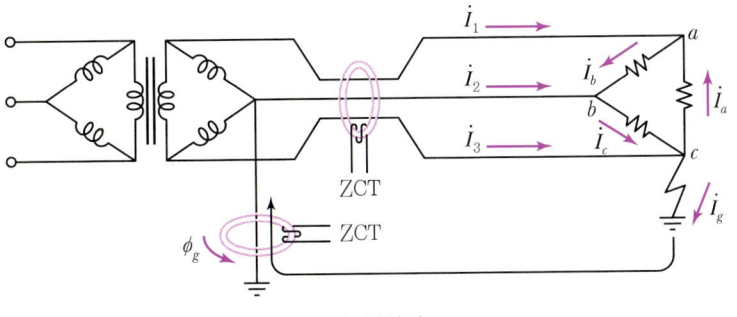

▲ 누전상태

3) 누전 시 선전류

- a점 : $\dot{I}_1 = ($ $)$
- b점 : $\dot{I}_2 = ($ $)$
- c점 : $\dot{I}_3 = ($ $)$

4) 누전 시 선전류의 벡터합

$\dot{I}_1 + \dot{I}_2 + \dot{I}_3 = ($ $)$

해답

1) 정상상태 시 선전류
   - a점 : $\dot{I}_1 = (\dot{I}_b - \dot{I}_a)$
   - b점 : $\dot{I}_2 = (\dot{I}_c - \dot{I}_b)$
   - c점 : $\dot{I}_3 = (\dot{I}_a - \dot{I}_c)$

2) 정상상태 시 선전류의 벡터합

   $\dot{I}_1 + \dot{I}_2 + \dot{I}_3 = (\dot{I}_b - \dot{I}_a) + (\dot{I}_c - \dot{I}_b) + (\dot{I}_a - \dot{I}_c) = 0$

   $\dot{I}_1 + \dot{I}_2 + \dot{I}_3 = (0)$

3) 누전 시 선전류
   - a점 : $\dot{I}_1 = (\dot{I}_b - \dot{I}_a)$
   - b점 : $\dot{I}_2 = (\dot{I}_c - \dot{I}_b)$
   - c점 : $\dot{I}_3 = (\dot{I}_a - \dot{I}_c + \dot{I}_g)$

4) 누전 시 선전류의 벡터합

   $\dot{I}_1 + \dot{I}_2 + \dot{I}_3 = (\dot{I}_b - \dot{I}_a) + (\dot{I}_c - \dot{I}_b) + (\dot{I}_a - \dot{I}_c + \dot{I}_g) = \dot{I}_g$

   $\dot{I}_1 + \dot{I}_2 + \dot{I}_3 = (\dot{I}_g)$

해설 ⊕ 누전경보기 동작원리(3상 3선식 교류회로)

1) 정상상태

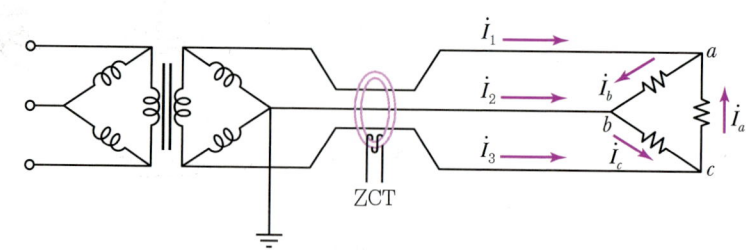

① 정상상태에서 부하의 a, b, c점에서 키르히호프의 법칙을 적용한다.
② 각 점에서 각 선전류의 벡터합은 0이 되므로 ZCT의 2차 출력도 0이 된다.

- a점 : $\dot{I}_1 + \dot{I}_a = \dot{I}_b$
  $\dot{I}_1 = \dot{I}_b - \dot{I}_a$
- b점 : $\dot{I}_2 + \dot{I}_b = \dot{I}_c$
  $\dot{I}_2 = \dot{I}_c - \dot{I}_b$
- c점 : $\dot{I}_3 + \dot{I}_c = \dot{I}_a$
  $\dot{I}_3 = \dot{I}_a - \dot{I}_c$

선전류의 벡터합 : $\dot{I}_1 + \dot{I}_2 + \dot{I}_3 = 0$

2) 누전 발생 시

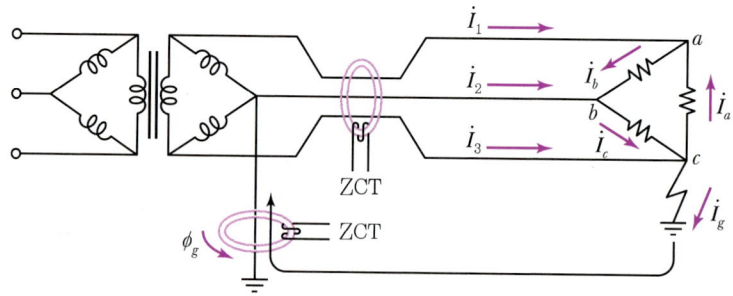

① 그림과 같이 c점에서 누전이 발생하면 $\dot{I}_1 + \dot{I}_2 + \dot{I}_3 = 0$이 되지 못하고 ZCT에는 누설전류 $\dot{I}_g$가 발생한다.
② 누설전류 $\dot{I}_g$는 자속 $\dot{\phi}_g$를 발생시켜 ZCT 2차 측에 유도기전력을 발생시킨다.
③ 발생된 유도기전력을 수신부에서 증폭시켜 경보를 발한다.

- a점 : $\dot{I}_1 + \dot{I}_a = \dot{I}_b$
  $\dot{I}_1 = \dot{I}_b - \dot{I}_a$
- b점 : $\dot{I}_2 + \dot{I}_b = \dot{I}_c$
  $\dot{I}_2 = \dot{I}_c - \dot{I}_b$
- c점 : $\dot{I}_3 + \dot{I}_c = \dot{I}_a + \dot{I}_g$
  $\dot{I}_3 = \dot{I}_a + \dot{I}_g - \dot{I}_c$

선전류의 벡터합 : $\dot{I}_1 + \dot{I}_2 + \dot{I}_3 = \dot{I}_g$

06 다음 도면은 누전경보기의 결선도이다. 이 도면을 보고 다음 각 물음에 답하시오.(단, 도면의 잘못된 부분은 모두 정상회로로 수정한 것으로 가정하고 물음에 답할 것)

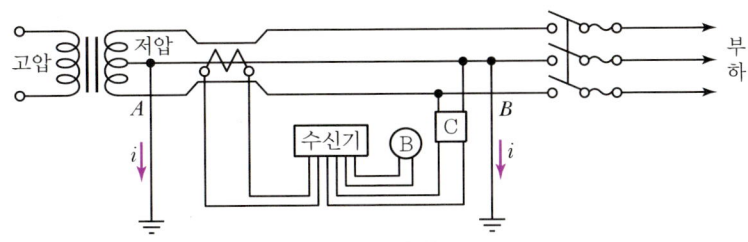

수신기 : 1급   Ⓑ : 음향장치   Ⓒ : 과전류차단기

1) 회로에서 잘못된 부분을 3가지만 지적하여 올바른 방법을 설명하시오.
   ① • 잘못된 부분 :
      • 올바른 방법 :
   ② • 잘못된 부분 :
      • 올바른 방법 :
   ③ • 잘못된 부분 :
      • 올바른 방법 :

2) 회로에서 Ⓒ 에 사용하는 과전류차단기의 용량은 몇 [A] 이하이어야 하는지 쓰시오.

3) 회로에서 Ⓑ 음향장치는 정격전압의 몇 [%] 전압에서 음향을 발할 수 있어야 하는지 쓰시오.

4) 회로에서 변류기의 절연저항을 측정하였을 경우 절연저항값은 몇 [MΩ] 이상이어야 하는지 쓰시오.(단, 절연된 충전부와 외함 사이의 절연저항으로 DC 500[V] 절연저항계를 사용한다.)

5) 누전경보기의 공칭작동전류치는 몇 [mA] 이하이어야 하는지 쓰시오.

해답 ➕ 1) 회로에서 잘못된 부분
   ① • 잘못된 부분 : 영상변류기가 저압 측 선로의 1선만 관통함
      • 올바른 방법 : 저압 측 선로의 3선을 모두 관통할 것
   ② • 잘못된 부분 : 영상변류기의 입력 측(A)과 부하 측(B)이 모두 접지됨
      • 올바른 방법 : 영상변류기의 입력 측(A)만 접지하고 부하 측(B)의 접지는 제거할 것
   ③ • 잘못된 부분 : 개폐기 2차 측 중성선에 퓨즈가 설치됨
      • 올바른 방법 : 개폐기 2차 측 중성선은 동선으로 직결할 것

2) 15[A] 이하
3) 80[%]
4) 5[MΩ] 이상
5) 200[mA] 이하

해설 1) 회로에서 잘못된 부분 수정

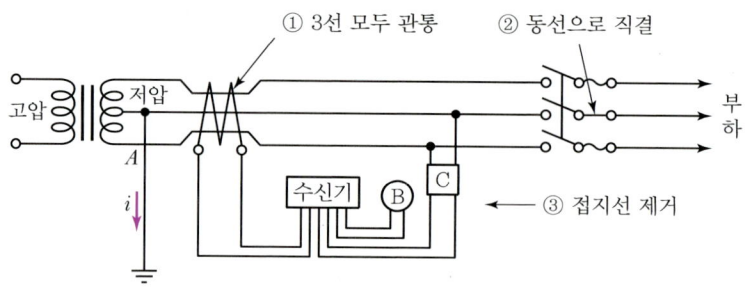

수신기 : 1급 Ⓑ : 음향장치 Ⓒ : 과전류차단기

① 영상변류기(ZCT)는 선로의 모든 선이 관통되어야 누설전류를 검출할 수 있다.
- 단상 2선식 : 2선 관통
- 단상 3선식 : 3선 관통
- 3상 3선식 : 3선 관통
- 3상 4선식 : 4선 관통

✎ 변류기(CT)는 1선만 관통하여 해당 선로의 전류를 측정한다.

② 영상변류기의 부하 측에도 접지하는 경우 누설전류가 계속 발생하게 되어 계속 영상변류기가 작동한다. 그러므로 접지는 반드시 영상변류기의 입력 측에만 설치하여야 한다.

③ 중성선에 퓨즈를 연결하여 사용하던 중 퓨즈가 단선되는 경우 부하에 높은 전압이 유기되어 부하의 소손을 발생시킨다. 그러므로 중선선은 단선되지 않도록 동선으로 직결하여야 한다.

2) 회로에서 Ⓒ에 사용하는 과전류차단기의 용량

① 전원 : 분전반으로부터 전용회로로 할 것
② 전원의 개폐 : 각 극에 개폐기 및 15[A] 이하의 과전류차단기(20[A] 이하의 배선용 차단기)
③ 전원의 분기 : 다른 차단기에 따라 전원이 차단되지 아니하도록 할 것
④ 표지 : 전원의 개폐기에는 누전경보기용임을 표시한 표지를 할 것

3) 회로에서 Ⓑ 음향장치

[경보기구에 내장하는 음향장치의 기준(형식승인 제4조)]
① 사용전압의 80[%]인 전압에서 소리를 내어야 한다.
② 사용전압에서의 음압은 무향실 내에서 정위치에 부착된 음향장치의 중심으로부터 1[m] 떨어진 지점에서 누전경보기는 70[dB] 이상이어야 한다. 다만, 고장표시장치용 등의 음압은 60[dB] 이상이어야 한다.

4) 각 설비별 절연저항시험

절연저항계	설비	절연저항	측정위치
직류 250[V]	• 비상경보설비 • 비상방송설비 • 자동화재탐지설비	0.1[MΩ] 이상	• 부속회로의 전로와 대지 사이 • 배선 상호 간
직류 500[V]	누전경보기	5[MΩ] 이상	절연된 충전부와 외함 간
	시각경보장치	5[MΩ] 이상	• 전원부 양단자 • 양선을 단락시킨 부분과 비충전부
	비상콘센트설비	20[MΩ] 이상	전원부와 외함 사이
	자동화재탐지설비의 감지기	50[MΩ] 이상	• 감지기의 절연된 단자 간 • 단자와 외함 간
	정온식 감지선형 감지기	1,000[MΩ] 이상	정온식 감지선형 감지기는 선간에서 1[m]당 1,000[MΩ] 이상
	• 가스누설경보기	5[MΩ]이상	절연된 충전부와 외함 간
	• 자동화재탐지설비의 수신기	20[MΩ] 이상	교류입력 측과 외함 간
	• 자동화재속보설비의 속보기	20[MΩ] 이상	절연된 선로 간

5) 공칭작동전류치

① 정의

누전경보기를 작동시키기 위하여 필요한 누설전류의 값으로서 제조자에 의하여 표시된 값

② 공칭작동전류치 및 감도조절장치의 조정범위

구분	전류[mA]
공칭작동전류	200 이하
감도조절장치의 조정범위	1,000(1A) 이하

③ 경계전로의 정격전류에 의한 분류

경계전로의 정격전류	60[A] 초과	60[A] 이하
누전경보기 종류	1급	1급 또는 2급

07 어느 설비에 CT 100/5, 50[VA]라고 쓰여져 있다. 이때 각 물음에 답하시오.

1) CT의 우리말 명칭을 쓰시오.
2) 100/5에서 100의 의미와 5의 의미를 쓰시오.
   - 100 :
   - 5 :
3) 50[VA]는 CT에서 어떤 것을 의미하는지 설명하시오.

[해답]
1) 변류기
2) • 100 : 변류기 1차 측 전류
   • 5 : 변류기 2차 측 전류
3) 변류기의 정격용량

[해설]
1) 변류기(CT : Current Transformer)
   ① 역할
      대전류가 흐르는 임의의 선로에 전류를 측정하기 위해 전류계를 직접 설치할 수 없을 경우 변류기를 설치하여 대전류(1차)를 소전류(2차)로 변환한 후 전류계를 설치함으로써 전류를 측정할 수 있다.
   ② 권수비(a)
      • $a = \dfrac{N_1}{N_2} = \dfrac{V_1}{V_2} = \dfrac{I_2}{I_1} = \sqrt{\dfrac{Z_1}{Z_2}}$
      • $\dfrac{N_1}{N_2} = \dfrac{I_2}{I_1}$, $I_2 = \dfrac{N_1}{N_2} I_1$
   ③ 변류기 2차 전류 : 5[A]
      • CT비 : 50/5, 100/5, 150/5, 300/5 등
   ④ CT 2차 측을 단락하여야 하는 이유
      1차 측 부하전류가 모두 여자전류가 되어 2차 측에 유기되므로 2차 측에 고전압이 유기되어 변류기가 절연파괴된다.

2) 영상변류기(ZCT : Zero Current Transformer)
   ① 역할 : 누설전류의 검출
   ② 영상변류기는 모든 선로가 영상변류기를 관통하여 누설전류를 검출하며 변류기는 1선만 관통하여 그 선로의 전류를 측정한다.

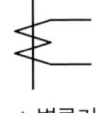
▲ 변류기

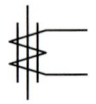
▲ 영상변류기

08 다음은 가스누설경보기에 대한 내용이다. 각 물음에 답하시오.

1) 가스의 누설을 표시하는 표시등 및 가스가 누설된 경계구역의 위치를 표시하는 표시등의 색깔을 쓰시오.
2) 가스누설경보기는 구조에 따라 어떻게 분류되는지 쓰시오.
   - (   )형
   - (   )형
3) 가스누설경보기 중 가스누설을 검지하여 중계기 또는 수신부에 가스누설의 신호를 발신하는 부분 또는 가스누설을 검지하여 이를 음향으로 경보하고 동시에 중계기 또는 수신부에 가스누설의 신호를 발신하는 부분을 무엇이라 하는지 쓰시오.

해답
1) 황색
2) • 단독형
   • 분리형
3) 탐지부

해설
1) 수신부의 구조 및 기능
   ① 가스누설표시등의 색상 : 황색
   ② 수신 개시부터 가스누설표시까지 소요시간 : 60초 이내
2) 가스누설경보기의 분류

   ① 구조에 따른 분류 : 단독형, 분리형
   ② 용도에 따른 분류 : 가정용, 영업용, 공업용
3) 용어의 정의
   ① 가스누설경보기 : 가스시설이 설치된 장소에서 LPG, LNG, CO, CH_4, C_4H_{10}, H_2 등의 가연성 가스를 탐지하여 경보하는 것
   ② 탐지부 : 가스누설경보기 중 가스누설을 검지하여 중계기 또는 수신부에 가스누설의 신호를 발신하는 부분 또는 가스누설을 검지하여 이를 음향으로 경보하고 동시에 중계기 또는 수신부에 가스누설의 신호를 발신하는 부분
   ③ 수신부 : 경보기 중 탐지부에서 발하여진 가스누설신호를 직접 또는 중계기를 통하여 수신하고 이를 관계자에게 음향으로서 경보하여 주는 장치
   ④ 분리형 : 탐지부와 수신부가 분리되어 있는 형태의 경보기
   ⑤ 단독형 : 탐지부와 수신부가 1개의 상자에 넣어 일체로 되어 있는 형태의 경보기

09 다음은 가스누설경보기에 관한 내용이다. 각 물음에 답하시오.

1) 가스누설경보기가 가스누설신호를 수신한 경우
   - 수신 개시로부터 가스누설표시까지의 소요시간은 몇 초 이내인지 쓰시오.
   - 가스누설표시등은 어떤 색으로 표시되어야 하는지 쓰시오.

2) 가스누설경보기의 예비전원으로 사용할 수 있는 축전지의 종류 3가지를 쓰시오.
   -
   -
   -

3) 다음의 예비전원 용량에 대하여 쓰시오.
   - 1회선용 :
   - 2회로 이상 :

4) 가스누설경보기의 절연된 충전부와 외함 간 및 절연된 선로 간의 절연저항은 직류 500[V] 절연저항계로 측정한 값이 각각 몇 [MΩ] 이상이어야 하는지 쓰시오.
   - 절연된 충전부와 외함 간 :
   - 절연된 선로 간 :

해답

1) • 60초
   • 황색

2) • 알칼리계 2차 축전지
   • 리튬계 2차 축전지
   • 무보수밀폐형 연축전지

3) • 1회선용 : 감시상태를 20분간 계속한 후 유효하게 작동되어 10분간 경보할 수 있는 용량
   • 2회로 이상 : 연결된 모든 회로에 대하여 감시상태를 10분간 계속한 후 2회선을 유효하게 작동시키고 10분간 경보를 발할 수 있는 용량

4) • 절연된 충전부와 외함 간 : 5[MΩ] 이상
   • 절연된 선로 간 : 20[MΩ] 이상

해설 가스누설경보기

1) 수신부의 구조 및 기능
   ① 가스누설표시등의 색상 : 황색
   ② 수신 개시부터 가스누설표시까지 소요시간 : 60초 이내

2) 예비전원의 종류
   ① 알칼리계 2차 축전지
   ② 리튬계 2차 축전지
   ③ 무보수밀폐형 연축전지

3) 예비전원의 용량

분류	용량
1회로용(단독형 포함)	감시상태를 20분간 계속한 후 유효하게 작동되어 10분간 경보
2회로 이상 용도	연결된 모든 회로에 대하여 감시상태를 10분간 계속한 후 2회선을 유효하게 작동시키고 10분간 경보를 발할 수 있는 용량

4) 절연저항(DC 500[V]의 절연저항계로 측정한 값)

측정위치	절연저항치[MΩ]
절연된 충전부와 외함 간	5 이상
교류입력 측과 외함 간	20 이상
절연된 선로 간	20 이상

CHAPTER 02 피난구조설비

01 유도등 및 유도표지

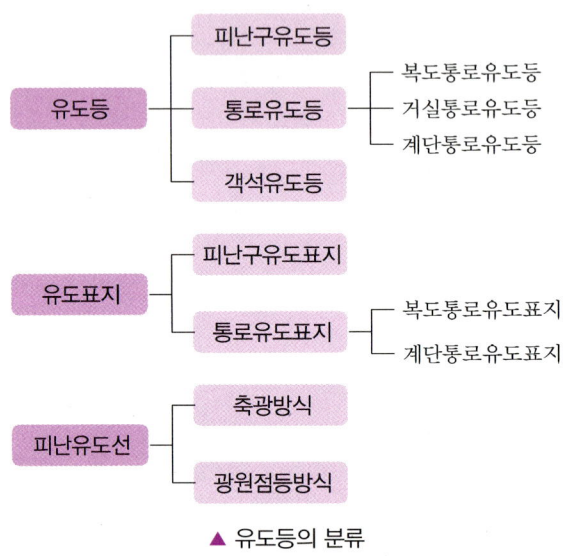

▲ 유도등의 분류

1. 용어의 정의

① **유도등** : 화재 시에 피난을 유도하기 위한 등으로서 정상상태에서는 상용전원에 따라 켜지고 상용전원이 정전되는 경우에는 비상전원으로 자동전환되어 켜지는 등
② **피난구유도등** : 피난구 또는 피난경로로 사용되는 출입구를 표시하여 피난을 유도하는 등
③ **통로유도등** : 피난통로를 안내하기 위한 유도등으로 복도통로유도등, 거실통로유도등, 계단통로유도등
④ **복도통로유도등** : 피난통로가 되는 복도에 설치하는 통로유도등으로서 피난구의 방향을 명시하는 것
⑤ **거실통로유도등** : 거주, 집무, 작업, 집회, 오락 그 밖에 이와 유사한 목적을 위하여 사용하는 거실, 주차장 등 개방된 통로에 설치하는 유도등으로 피난의 방향을 명시하는 것
⑥ **계단통로유도등** : 피난통로가 되는 계단이나 경사로에 설치하는 통로유도등으로 바닥면 및 디딤 바닥면을 비추는 것
⑦ **객석유도등** : 객석의 통로, 바닥 또는 벽에 설치하는 유도등

⑧ **복합표시형 피난구유도등** : 피난구유도등의 표시면과 피난목적이 아닌 안내표시면이 구분되어 함께 설치된 유도등
⑨ **피난구유도표지** : 피난구 또는 피난경로로 사용되는 출입구를 표시하여 피난을 유도하는 표지
⑩ **통로유도표지** : 피난통로가 되는 복도, 계단 등에 설치하는 것으로서 피난구의 방향을 표시하는 유도표지
⑪ **피난유도선** : 햇빛이나 전등불에 따라 축광(축광방식)하거나 전류에 따라 빛을 발하는(광원점등방식) 유도체로서 어두운 상태에서 피난을 유도할 수 있도록 띠 형태로 설치되는 피난유도시설
⑫ **입체형** : 유도등 표시면을 2면 이상으로 하고 각 면마다 피난유도 표지가 있는 것

2. 특정소방대상물의 용도별로 설치하여야 할 유도등 및 유도표지

설치 장소	유도등 및 유도표지의 종류
공연장, 집회장, 관람장, 운동시설	• 대형피난구유도등 • 통로유도등 • 객석유도등
유흥주점영업시설(카바레, 나이트클럽)	
위락시설, 판매시설, 운수시설, 관광숙박업, 의료시설, 장례식장, 방송통신시설, 전시장, 지하상가, 지하철역사	• 대형피난구유도등 • 통로유도등
숙박시설(관광숙박업 제외), 오피스텔	• 중형피난구유도등 • 통로유도등
그 밖의 건축물로서 지하층, 무창층, 11층 이상인 특정소방대상물	
근린생활시설, 노유자시설, 업무시설, 발전시설, 종교시설, 교육연구시설, 수련시설, 공장, 교정 및 군사시설, 자동차정비공장, 운전학원, 정비학원, 다중이용업소, 복합건축물, 공동주택(아파트 등 및 기숙사)	• 소형피난구유도등 • 통로유도등
그 밖의 것	• 피난구유도표지 • 통로유도표지

✎ 비고 : 복합건축물과 공동주택(아파트 등 및 기숙사)의 경우 세대 내에는 유도등을 설치하지 아니할 수 있다.

3. 피난구유도등

1) 설치위치

피난구의 바닥으로부터 높이 1.5[m] 이상으로서 출입구에 인접하도록 설치할 것

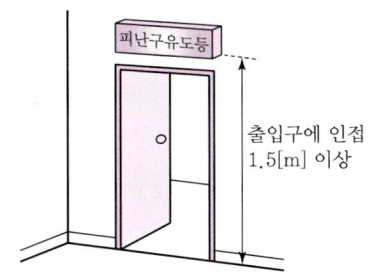

녹색바탕에 백색문자

2) 설치장소

① 옥내로부터 직접 지상으로 통하는 출입구 및 그 부속실의 출입구
② 직통계단 · 직통계단의 계단실 및 그 부속실의 출입구
③ ①과 ②에 따른 출입구에 이르는 복도 또는 통로로 통하는 출입구
④ 안전구획된 거실로 통하는 출입구

3) 피난구유도등의 설치 제외

① 바닥면적이 1,000[m²] 미만인 층으로서 옥내로부터 직접 지상으로 통하는 출입구(외부의 식별이 용이한 경우에 한한다)
② 대각선 길이가 15[m] 이내인 구획된 실의 출입구
③ 거실 각 부분으로부터 하나의 출입구에 이르는 보행거리가 20[m] 이하이고 비상조명등과 유도표지가 설치된 거실의 출입구
④ 출입구가 3 이상 있는 거실로서 그 거실 각 부분으로부터 하나의 출입구에 이르는 보행거리가 30[m] 이하인 경우에는 주된 출입구 2개소 외의 출입구(유도표지가 부착된 출입구를 말한다). 다만, 공연장 · 집회장 · 관람장 · 전시장 · 판매시설 · 운수시설 · 숙박시설 · 노유자시설 · 의료시설 · 장례식장의 경우에는 그러하지 아니하다.

4. 통로유도등

백색바탕에 녹색문자
▲ 복도통로유도등

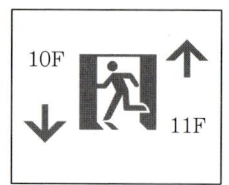

백색바탕에 녹색문자
▲ 계단통로유도등

1) 통로유도등의 설치기준

① 복도통로유도등
  ㉠ 복도에 설치하되 피난구유도등이 설치된 출입구의 맞은편 복도에는 입체형으로 설치하거나 바닥에 설치할 것
  ㉡ 구부러진 모퉁이 및 통로유도등을 기점으로 보행거리 20[m]마다 설치할 것
  ㉢ 바닥으로부터 높이 1[m] 이하의 위치에 설치할 것(단, 지하층 또는 무창층의 용도가 도매시장 · 소매시장 · 여객자동차터미널 · 지하역사 또는 지하상가인 경우에는 복도 · 통로 중앙부분의 바닥에 설치할 것)
  ㉣ 바닥에 설치하는 통로유도등은 하중에 따라 파괴되지 아니하는 강도의 것으로 할 것

② 거실통로유도등
　㉠ 거실의 통로에 설치할 것
　㉡ 구부러진 모퉁이 및 보행거리 20[m]마다 설치할 것
　㉢ 바닥으로부터 높이 1.5[m] 이상의 위치에 설치할 것(단, 거실통로에 기둥이 설치된 경우에는 기둥부분의 바닥으로부터 높이 1.5[m] 이하의 위치에 설치할 수 있다)

③ 계단통로유도등
　㉠ 각 층의 경사로참 또는 계단참마다(1개층에 경사로참 또는 계단참이 2 이상 있는 경우에는 2개의 계단참마다) 설치할 것
　㉡ 바닥으로부터 높이 1[m] 이하의 위치에 설치할 것

④ 통행에 지장이 없도록 설치할 것
⑤ 주위에 이와 유사한 등화광고물·게시물 등을 설치하지 아니할 것

2) 통로유도등의 설치 제외
① 구부러지지 아니한 복도 또는 통로로서 길이가 30[m] 미만인 복도 또는 통로
② ①에 해당하지 않는 복도 또는 통로로서 보행거리가 20[m] 미만이고 그 복도 또는 통로와 연결된 출입구 또는 그 부속실의 출입구에 피난구유도등이 설치된 복도 또는 통로

3) 유도등의 색상 표시

녹색바탕에 백색문자
▲ 피난구유도등

백색바탕에 녹색문자
▲ 통로유도등

5. 객석유도등

1) 설치기준
① 객석유도등의 설치위치 : 객석의 통로, 바닥, 벽
② 객석유도등의 수량 산정(소수점 이하의 수는 1로 본다)

$$설치개수 = \frac{객석\ 통로의\ 직선\ 부분의\ 길이[m]}{4} - 1$$

③ 객석 내의 통로가 옥외 또는 이와 유사한 부분에 있는 경우에는 해당 통로 전체에 미칠 수 있는 수의 유도등을 설치할 것

2) 객석통로유도등의 설치 제외

① 주간에만 사용하는 장소로서 채광이 충분한 객석
② 거실 등의 각 부분으로부터 하나의 거실출입구에 이르는 보행거리가 20[m] 이하인 객석의 통로로서 그 통로에 통로유도등이 설치된 객석

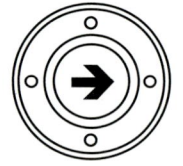

▲ 객석유도등

6. 유도등의 시험

1) 식별도 시험

① 피난구유도등 및 거실통로유도등
  ㉠ 상용전원으로 등을 켜는 경우에는 직선거리 30[m]의 위치에서
  ㉡ 비상전원으로 등을 켜는 경우에는 직선거리 20[m]의 위치에서
  ㉢ 각기 보통시력(시력 1.0에서 1.2의 범위)으로 피난유도표시에 대한 식별이 가능할 것

② 복도통로유도등
  ㉠ 상용전원으로 등을 켜는 경우에는 직선거리 20[m]의 위치에서
  ㉡ 비상전원으로 등을 켜는 경우에는 직선거리 15[m]의 위치에서
  ㉢ 보통시력에 의하여 표시면의 화살표가 쉽게 식별되어야 할 것

2) 조도시험

① 계단통로유도등
바닥면 또는 디딤 바닥면으로부터 높이 2.5[m]의 위치에 그 유도등을 설치하고 그 유도등의 바로 밑으로부터 수평거리로 10[m] 떨어진 위치에서의 법선조도가 0.5[lx] 이상일 것

② 복도통로유도등
바닥면으로부터 1[m] 높이에, 거실통로유도등은 바닥면으로부터 2[m] 높이에 설치하고 그 유도등의 중앙으로부터 0.5[m] 떨어진 위치의 바닥면 조도와 유도등의 전면 중앙으로부터 0.5[m] 떨어진 위치의 조도가 1[lx] 이상이어야 한다. 다만, 바닥면에 설치하는 통로유도등은 그 유도등의 바로 윗부분1[m]의 높이에서 법선조도가 1[lx] 이상이어야 한다.

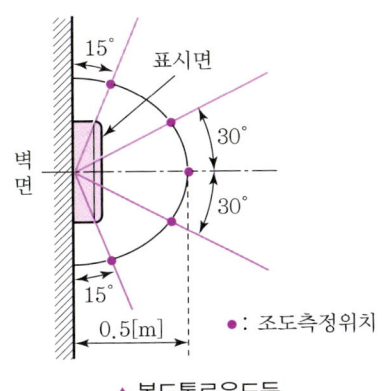
▲ 복도통로유도등

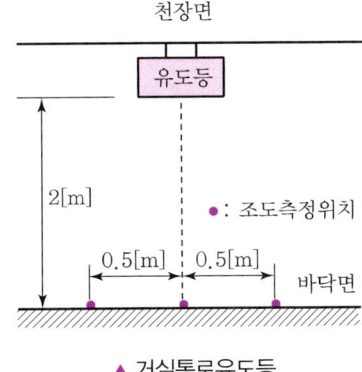
▲ 거실통로유도등

③ 객석유도등

바닥면 또는 디딤 바닥면에서 높이 0.5[m]의 위치에 설치하고 그 유도등의 바로 밑에서 0.3[m] 떨어진 위치에서의 수평조도가 0.2[lx] 이상이어야 한다.

3) 유도등의 감시표시등

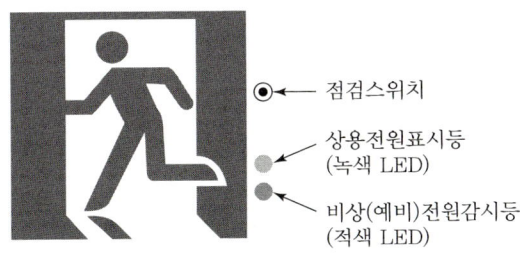

① 녹색 LED(상용전원표시등)

평상시 상용전원이 투입되면 점등된다. 정상상태에서는 녹색 LED만 점등되고 적색 LED는 소등된 상태이다.

② 적색 LED(비상전원감시등)

비상(예비)전원이 불량인 경우 점등한다. 적색 LED가 점등된 경우 비상전원선로와 비상전원을 점검하여 조치하여야 한다.

③ 점검스위치

유도등은 평상시 상용전원으로 점등되고, 점검스위치를 누르면 비상전원으로 점등된다. 유도등이 점등되지 않을 경우 비상전원선로와 비상전원을 점검하여 조치하여야 한다.

7. 유도표지 설치기준

① 복도통로유도표지의 설치위치
  ㉠ 복도 및 통로의 각 부분으로부터 유도표지까지의 보행거리가 15[m] 이하가 되는 곳
  ㉡ 구부러진 모퉁이의 벽에 설치할 것
② 설치높이
  ㉠ 피난구유도표지 : 출입구 상단
  ㉡ 통로유도표지 : 바닥으로부터 높이 1[m] 이하
③ 주위에는 이와 유사한 등화·광고물·게시물 등을 설치하지 아니할 것
④ 유도표지는 부착판 등을 사용하여 쉽게 떨어지지 아니하도록 설치할 것
⑤ 축광방식의 유도표지는 외광 또는 조명장치에 의하여 상시 조명이 제공되거나 비상조명등에 의한 조명이 제공되도록 설치할 것

8. 유도등의 종류별 설치위치 및 설치높이

유도등의 종류	설치위치	설치높이
피난구유도등	출입구 상단에 인접하게 설치	바닥으로부터 1.5[m] 이상
거실통로유도등	거실의 구부러진 모퉁이 및 보행거리 20[m]마다	바닥으로부터 1.5[m] 이상
복도통로유도등	복도의 구부러진 모퉁이 및 보행거리 20[m]마다	바닥으로부터 1.0[m] 이하
계단통로유도등	각 층의 계단참, 경사로참마다	바닥으로부터 1.0[m] 이하
통로유도표지	구부러진 모퉁이의 벽과 보행거리 15[m]마다	바닥으로부터 1.0[m] 이하
피난구유도표지	출입구 상단	-
객석유도등	객석의 통로, 바닥, 벽	-

9. 피난유도선

▲ 축광방식의 피난유도선

1) 축광방식의 피난유도선의 설치기준

① 구획된 각 실로부터 주출입구 또는 비상구까지 설치할 것
② 바닥으로부터 높이 50[cm] 이하의 위치 또는 바닥면에 설치할 것
③ 피난유도 표시부는 50[cm] 이내의 간격으로 연속되도록 설치할 것

④ 부착대에 의하여 견고하게 설치할 것
⑤ 외광 또는 조명장치에 의하여 상시 조명이 제공되거나 비상조명등에 의한 조명이 제공되도록 설치할 것

2) 광원점등방식 피난유도선의 설치기준

① 구획된 각 실로부터 주출입구 또는 비상구까지 설치할 것
② 피난유도 표시부는 바닥으로부터 높이 1[m] 이하의 위치 또는 바닥면에 설치할 것
③ 피난유도 표시부는 50[cm] 이내의 간격으로 연속되도록 설치하되 실내장식물 등으로 설치가 곤란할 경우 1[m] 이내로 설치할 것
④ 수신기로부터의 화재신호 및 수동조작에 의하여 광원이 점등되도록 설치할 것
⑤ 피난유도 제어부는 조작 및 관리가 용이하도록 바닥으로부터 0.8[m] 이상 1.5[m] 이하의 높이에 설치할 것
⑥ 비상전원이 상시 충전상태를 유지하도록 설치할 것
⑦ 바닥에 설치되는 피난유도 표시부는 매립하는 방식을 사용할 것

10. 유도등의 전원

1) 상용전원

① 전원의 종류
  ㉠ 축전지
  ㉡ 전기저장장치
  ㉢ 교류전압의 옥내간선
② 전원까지의 배선 : 전용으로 할 것
③ 유도등의 인입선과 옥내배선은 직접 연결할 것
④ 유도등은 전기회로에 점멸기를 설치하지 아니하고 항상 점등상태를 유지할 것

2) 비상전원

① 비상전원의 종류 : 축전지
② 비상전원의 용량 : 20분 이상
③ 비상전원의 용량을 60분 이상으로 하여야 하는 특정소방대상물
  ㉠ 지하층을 제외한 층수가 11층 이상의 층
  ㉡ 지하층 또는 무창층으로서 용도가 도매시장 · 소매시장 · 여객자동차터미널 · 지하역사 또는 지하상가

3) 유도등의 배선

구분	2선식	3선식
평상시	점등	소등
화재 시	점등	점등
결선도	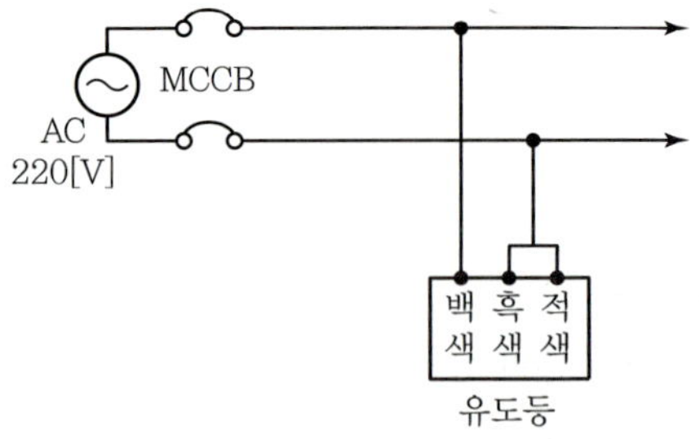 AC 220[V], MCCB, 유도등(백색, 흑색, 적색)	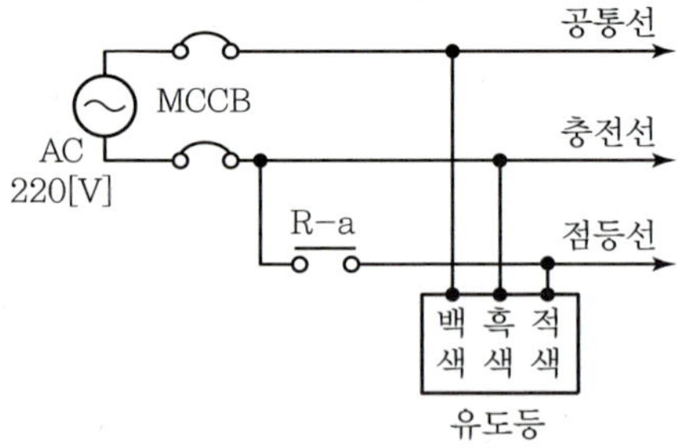 AC 220[V], MCCB, R-a, 공통선, 충전선, 점등선, 유도등(백색, 흑색, 적색)

① 3선식 배선이 가능한 장소
  ㉠ 외부광에 따라 피난구 또는 피난방향을 쉽게 식별할 수 있는 장소
  ㉡ 공연장, 암실(暗室) 등으로서 어두워야 할 필요가 있는 장소
  ㉢ 특정소방대상물의 관계인 또는 종사원이 주로 사용하는 장소

② 3선식 배선 시 점등되어야 하는 경우
  ㉠ 자동화재탐지설비의 감지기 또는 발신기가 작동되는 때
  ㉡ 비상경보설비의 발신기가 작동되는 때
  ㉢ 상용전원이 정전되거나 전원선이 단선되는 때
  ㉣ 방재업무를 통제하는 곳 또는 전기실의 배전반에서 수동으로 점등하는 때
  ㉤ 자동소화설비가 작동되는 때

11. 유도등의 최소설치수량 산정

1) 객석유도등

$$설치개수 = \frac{객석 통로의 직선 부분의 길이[m]}{4} - 1$$

2) 유도표지

$$설치개수 = \frac{구부러지지 않은 직선 부분의 보행거리[m]}{15} - 1$$

3) 복도통로유도등, 거실통로유도등

$$설치개수 = \frac{구부러지지\ 않은\ 직선\ 부분의\ 보행거리[m]}{20} - 1$$

12. 조명

1) 조도 E [lx], [lm/m²]

어떤 면이 받는 빛의 세기를 나타내는 값으로 단위 면적에 도달하는 광선속

2) 광도 I [cd]

광원에서 나오는 빛의 강도를 나타내는 물리량

3) 조도의 계산

조도는 광도에 비례하고 거리의 제곱에 반비례한다.

$$E = \frac{I}{r^2}$$

여기서, E : 바닥면의 조도[lx], I : 광도[cd], r : 거리[m]

4) 조명설비의 계산

$$FUN = EAD$$

여기서, F : 광속[lm], U : 조명률, N : 조명의 개수
E : 조도[lx], A : 실의 면적[m²]
D : 감광보상률($D = \frac{1}{M}$), M : 유지율

02 비상조명등 및 휴대용 비상조명등

1. 비상조명등

1) 정의

화재 발생 등에 따른 정전 시에 안전하고 원활한 피난활동을 할 수 있도록 거실 및 피난통로 등에 설치되어 자동 점등되는 조명등이다.

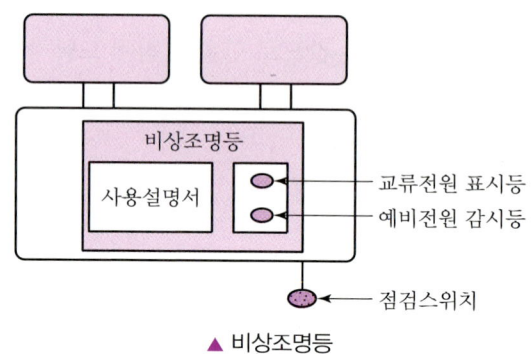

▲ 비상조명등

2) 설치기준

① 각 거실과 그로부터 지상에 이르는 복도·계단 및 그 밖의 통로에 설치할 것

② 조도 : 각 부분의 바닥에서 1[lx] 이상

③ 예비전원을 내장하는 비상조명등
  ㉠ 평상시 점등 여부를 확인할 수 있는 점검스위치를 설치할 것
  ㉡ 축전지와 예비전원 충전장치를 내장할 것

④ 예비전원을 내장하지 아니하는 비상조명등의 비상전원 : 자가발전설비, 축전지설비, 전기저장장치

⑤ 비상전원의 설치기준
  ㉠ 점검에 편리하고 화재 및 침수 등의 재해로 인한 피해 우려가 없는 곳에 설치할 것
  ㉡ 상용전원으로부터 전력의 공급이 중단된 때에는 자동으로 비상전원으로부터 전력을 공급받을 수 있도록 할 것
  ㉢ 비상전원의 설치장소는 다른 장소와 방화구획할 것
  ㉣ 비상전원을 실내에 설치하는 때에는 그 실내에 비상조명등을 설치할 것
  ㉤ 비상조명등을 20분 이상 유효하게 작동시킬 수 있는 용량으로 할 것

3) 비상전원의 용량을 60분 이상으로 하여야 하는 특정소방대상물
   ① 지하층을 제외한 층수가 11층 이상의 층
   ② 지하층 또는 무창층으로서 용도가 도매시장 · 소매시장 · 여객자동차터미널 · 지하역사 또는 지하상가

2. 휴대용 비상조명등

1) 정의
화재 발생 등으로 정전 시 안전하고 원활한 피난을 위하여 피난자가 휴대할 수 있는 조명등이다.

2) 설치대상
① 숙박시설
② 수용인원 100명 이상의 영화상영관
③ 판매시설 중 대규모점포
④ 철도 및 도시철도 시설 중 지하역사, 지하가 중 지하상가

3) 설치장소 및 수량
① 숙박시설 또는 다중이용업소 : 객실 또는 영업장 안의 구획된 실마다 잘 보이는 곳에 1개 이상 설치(외부에 설치 시 출입문 손잡이로부터 1[m] 이내 부분)
② 대규모점포, 영화상영관 : 보행거리 50[m] 이내마다 3개 이상 설치
③ 지하상가 및 지하역사 : 보행거리 25[m] 이내마다 3개 이상 설치

4) 설치기준
① 설치높이는 바닥으로부터 0.8[m] 이상 1.5[m] 이하의 높이에 설치할 것
② 어둠 속에서 위치를 확인할 수 있도록 할 것
③ 사용 시 자동으로 점등되는 구조일 것
④ 외함은 난연성능이 있을 것
⑤ 건전지를 사용하는 경우에는 방전방지조치를 하여야 하고, 충전식 배터리의 경우에는 상시 충전되도록 할 것
⑥ 건전지 및 충전식 배터리의 용량은 20분 이상 유효하게 사용할 수 있는 것으로 할 것

핵심 기출 문제

01 다음은 피난구유도등에 대한 내용이다. 각 물음에 답하시오.

1) 피난구유도등의 설치장소에 대한 기준을 3가지 쓰시오.
2) 피난구유도등의 설치높이에 대한 기준을 쓰시오.
3) 피난구유도등은 상용전원으로 등을 켜는 경우 직선거리 몇 [m]의 위치에서 보통시력에 의하여 표시면의 그림문자, 색채 및 화살표가 함께 표시된 경우에는 화살표가 쉽게 식별되어야 하는지 쓰시오.

해답 1) ① 옥내로부터 직접 지상으로 통하는 출입구 및 그 부속실의 출입구
② 직통계단·직통계단의 계단실 및 그 부속실의 출입구
③ ①과 ②에 따른 출입구에 이르는 복도 또는 통로로 통하는 출입구

2) 바닥으로부터 높이 1.5[m] 이상으로서 출입구에 인접하도록 설치

3) 30[m]

해설 피난구유도등

1) 설치위치
   피난구의 바닥으로부터 높이 1.5[m] 이상으로서 출입구에 인접하도록 설치할 것

2) 설치장소
   ① 옥내로부터 직접 지상으로 통하는 출입구 및 그 부속실의 출입구
   ② 직통계단·직통계단의 계단실 및 그 부속실의 출입구
   ③ ①과 ②에 따른 출입구에 이르는 복도 또는 통로로 통하는 출입구
   ④ 안전구획된 거실로 통하는 출입구

3) 유도등의 식별도 시험
   ① 피난구유도등 및 거실통로유도등
      ㉠ 상용전원으로 등을 켜는 경우에는 직선거리 30[m]의 위치에서
      ㉡ 비상전원으로 등을 켜는 경우에는 직선거리 20[m]의 위치에서
      ㉢ 각기 보통시력(시력 1.0에서 1.2의 범위)으로 피난유도표시에 대한 식별이 가능할 것

02 다음은 통로유도등에 관한 기준이다. 다음 각 물음에 답하시오.

1) 다음 표의 ①~③에 알맞은 내용을 쓰시오.

구분	복도통로유도등	거실통로유도등	계단통로유도등
설치장소	복도	(①)	계단
설치방법	구부러진 모퉁이 및 보행거리 20[m]마다	(②)	각 층의 경사로참 또는 계단참마다
설치높이	(③)	바닥으로부터 높이 1.5[m] 이상	바닥으로부터 높이 1[m] 이하

2) 계단통로유도등은 비상전원의 성능에 따라 유효점등시간 동안 등을 켠 후 주위조도가 0[lx]인 상태에서 조도의 측정방법과 조도기준에 대하여 쓰시오.
3) 통로유도등 바탕색의 색상은 어떤 색인지 쓰시오.

해답 ⊕
1) ① 거실의 통로
   ② 구부러진 모퉁이 및 보행거리 20[m]마다
   ③ 바닥으로부터 높이 1[m] 이하

2) 바닥면 또는 디딤 바닥면으로부터 높이 2.5[m]의 위치에 그 유도등을 설치하고 그 유도등의 바로 밑으로부터 수평거리로 10[m] 떨어진 위치에서의 법선조도가 0.5[lx] 이상일 것

3) 백색

해설 ⊕
1) 통로유도등의 설치기준
   ① 복도통로유도등
      - 복도에 설치하되 피난구유도등이 설치된 출입구의 맞은편 복도에는 입체형으로 설치하거나 바닥에 설치할 것
      - 구부러진 모퉁이 및 통로유도등을 기점으로 보행거리 20[m]마다 설치할 것
      - 바닥으로부터 높이 1[m] 이하의 위치에 설치할 것(단, 지하층 또는 무창층의 용도가 도매시장·소매시장·여객자동차터미널·지하역사 또는 지하상가인 경우에는 복도·통로 중앙부분의 바닥에 설치할 것)
      - 바닥에 설치하는 통로유도등은 하중에 따라 파괴되지 아니하는 강도의 것으로 할 것
   ② 거실통로유도등
      - 거실의 통로에 설치할 것
      - 구부러진 모퉁이 및 보행거리 20[m]마다 설치할 것
      - 바닥으로부터 높이 1.5[m] 이상의 위치에 설치할 것(단, 거실통로에 기둥이 설치된 경우에는 기둥부분의 바닥으로부터 높이 1.5[m] 이하의 위치에 설치할 수 있다)
   ③ 계단통로유도등
      - 각 층의 경사로참 또는 계단참마다(1개층에 경사로참 또는 계단참이 2 이상 있는 경우에는 2개의 계단참마다) 설치할 것

- 바닥으로부터 높이 1[m] 이하의 위치에 설치할 것
④ 통행에 지장이 없도록 설치할 것
⑤ 주위에 이와 유사한 등화광고물·게시물 등을 설치하지 아니할 것

2) 조도시험
① 계단통로유도등
바닥면 또는 디딤 바닥면으로부터 높이 2.5[m]의 위치에 그 유도등을 설치하고 그 유도등의 바로 밑으로부터 수평거리로 10[m] 떨어진 위치에서의 법선조도가 0.5[lx] 이상일 것

② 복도통로유도등
바닥면으로부터 1[m] 높이에, 거실통로유도등은 바닥면으로부터 2[m] 높이에 설치하고 그 유도등의 중앙으로부터 0.5[m] 떨어진 위치의 바닥면 조도와 유도등의 전면 중앙으로부터 0.5[m] 떨어진 위치의 조도가 1[lx] 이상이어야 한다. 다만, 바닥면에 설치하는 통로유도등은 그 유도등의 바로 윗부분 1[m]의 높이에서 법선조도가 1[lx] 이상이어야 한다.

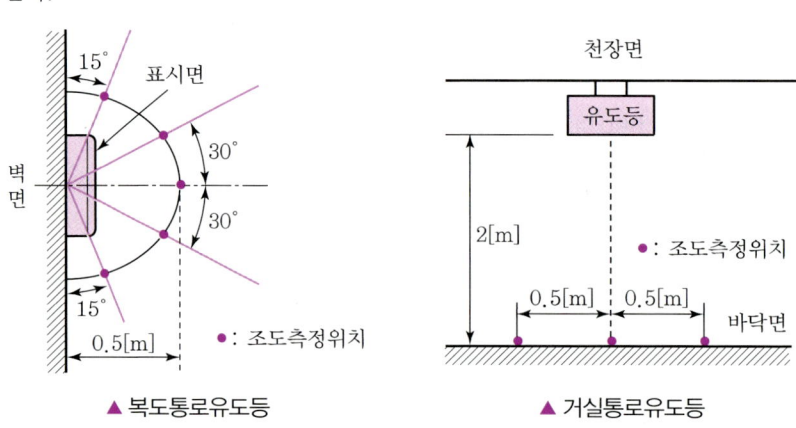

▲ 복도통로유도등　　▲ 거실통로유도등

③ 객석유도등
바닥면 또는 디딤 바닥면에서 높이 0.5[m]의 위치에 설치하고 그 유도등의 바로 밑에서 0.3[m] 떨어진 위치에서의 수평조도가 0.2[lx] 이상이어야 한다.

3) 유도등의 색상

녹색바탕에 백색문자
▲ 피난구유도등

백색바탕에 녹색문자
▲ 통로유도등

03 객석통로의 직선길이가 50[m]일 경우 객석유도등의 최소 수량을 산출하시오.

해답
- 계산과정 : 객석유도등의 수 = $\frac{50}{4} - 1 = 11.5 ≒ 12$개(소수점 이하 절상)
- **답** 12개

해설 객석유도등

1) 설치기준
   ① 객석유도등의 설치위치 : 객석의 통로, 바닥, 벽
   ② 객석유도등의 수량 산정(소수점 이하의 수는 1로 본다)

   $$설치개수 = \frac{객석 통로의 \ 직선 \ 부분의 \ 길이[m]}{4} - 1$$

   ③ 객석 내의 통로가 옥외 또는 이와 유사한 부분에 있는 경우에는 해당 통로 전체에 미칠 수 있는 수의 유도등을 설치할 것

2) 유도등, 유도표지의 설치개수 산정

종류	설치개수
객석유도등	$N = \frac{직선부분의 \ 보행거리[m]}{4[m]} - 1$
복도통로유도등 거실통로유도등	$N = \frac{직선부분의 \ 보행거리[m]}{20[m]} - 1$
유도표지	$N = \frac{직선부분의 \ 보행거리[m]}{15[m]} - 1$

04 구부러지지 않은 통로의 보행거리가 35[m]일 때 유도표지의 최소 설치개수를 구하시오.

해답
- 계산과정 : $N = \frac{35}{15} - 1 = 1.33 ≒ 2$개(소수점 이하 절상)
- **답** 2개

해설 유도등, 유도표지의 종류별 설치위치 및 설치높이

유도등의 종류	설치위치	설치높이
피난구유도등	출입구 상단에 인접하게 설치	바닥으로부터 1.5[m] 이상
거실통로유도등	거실의 구부러진 모퉁이 및 보행거리 20[m]마다	바닥으로부터 1.5[m] 이상
복도통로유도등	복도의 구부러진 모퉁이 및 보행거리 20[m]마다	바닥으로부터 1.0[m] 이하
계단통로유도등	각 층의 계단참, 경사로참마다	바닥으로부터 1.0[m] 이하
통로유도표지	구부러진 모퉁이의 벽과 보행거리 15[m]마다	바닥으로부터 1.0[m] 이하
피난구유도표지	출입구 상단	–
객석유도등	객석의 통로, 바닥, 벽	–

05 유도등 및 유도표지의 화재안전기준에서 정하는 객석유도등을 설치하지 않아도 되는 경우 2가지를 쓰시오.

-
-

해답
- 주간에만 사용하는 장소로서 채광이 충분한 객석
- 거실 등의 각 부분으로부터 하나의 거실출입구에 이르는 보행거리가 20[m] 이하인 객석의 통로로서 그 통로에 통로유도등이 설치된 객석

해설
1) 객석유도등의 설치 제외
   ① 주간에만 사용하는 장소로서 채광이 충분한 객석
   ② 거실 등의 각 부분으로부터 하나의 거실출입구에 이르는 보행거리가 20[m] 이하인 객석의 통로로서 그 통로에 통로유도등이 설치된 객석

2) 피난구유도등의 설치 제외
   ① 바닥면적이 1,000[m²] 미만인 층으로서 옥내로부터 직접 지상으로 통하는 출입구(외부의 식별이 용이한 경우에 한한다)
   ② 대각선 길이가 15[m] 이내인 구획된 실의 출입구
   ③ 거실 각 부분으로부터 하나의 출입구에 이르는 보행거리가 20[m] 이하이고 비상조명등과 유도표지가 설치된 거실의 출입구
   ④ 출입구가 3 이상 있는 거실로서 그 거실 각 부분으로부터 하나의 출입구에 이르는 보행거리가 30[m] 이하인 경우에는 주된 출입구 2개소 외의 출입구(유도표지가 부착된 출입구를 말한다). 다만, 공연장·집회장·관람장·전시장·판매시설·운수시설·숙박시설·노유자시설·의료시설·장례식장의 경우에는 그러하지 아니하다.

3) 통로유도등의 설치 제외
   ① 구부러지지 아니한 복도 또는 통로로서 길이가 30[m] 미만인 복도 또는 통로
   ② ①에 해당하지 않는 복도 또는 통로로서 보행거리가 20[m] 미만이고 그 복도 또는 통로와 연결된 출입구 또는 그 부속실의 출입구에 피난구유도등이 설치된 복도 또는 통로

06 피난유도선이란 햇빛이나 전등불에 따라 축광(축광방식)하거나 전류에 따라 빛을 발하는(광원점등방식) 유도체로서 어두운 상태에서 피난을 유도할 수 있도록 띠 형태로 설치되는 피난유도시설을 말한다. 이러한 피난유도선 중 축광방식의 피난유도선에 대한 설치기준을 3가지만 쓰시오.

-
-
-

해답
- 구획된 각 실로부터 주출입구 또는 비상구까지 설치할 것
- 바닥으로부터 높이 50[cm] 이하의 위치 또는 바닥면에 설치할 것
- 피난유도 표시부는 50[cm] 이내의 간격으로 연속되도록 설치할 것

해설
1) 축광방식의 피난유도선
   ① 구획된 각 실로부터 주출입구 또는 비상구까지 설치할 것
   ② 바닥으로부터 높이 50[cm] 이하의 위치 또는 바닥면에 설치할 것
   ③ 피난유도 표시부는 50[cm] 이내의 간격으로 연속되도록 설치할 것
   ④ 부착대에 의하여 견고하게 설치할 것
   ⑤ 외광 또는 조명장치에 의하여 상시 조명이 제공되거나 비상조명등에 의한 조명이 제공되도록 설치할 것

▲ 축광방식의 피난유도선

2) 광원점등방식의 피난유도선
   ① 구획된 각 실로부터 주출입구 또는 비상구까지 설치할 것
   ② 피난유도 표시부는 바닥으로부터 높이 1[m] 이하의 위치 또는 바닥면에 설치할 것
   ③ 피난유도 표시부는 50[cm] 이내의 간격으로 연속되도록 설치하되 실내장식물 등으로 설치가 곤란할 경우 1[m] 이내로 설치할 것
   ④ 수신기로부터의 화재신호 및 수동조작에 의하여 광원이 점등되도록 설치할 것
   ⑤ 비상전원이 상시 충전상태를 유지하도록 설치할 것
   ⑥ 바닥에 설치되는 피난유도 표시부는 매립하는 방식을 사용할 것
   ⑦ 피난유도 제어부는 조작 및 관리가 용이하도록 바닥으로부터 0.8[m] 이상 1.5[m] 이하의 높이에 설치할 것

07 3선식 배선에 의하여 상시 충전되는 유도등의 전기회로에 점멸기를 설치하는 경우에는 어느 때에 점등되도록 하여야 하는지 5가지만 쓰시오.

-
-
-
-
-

해답
- 자동화재탐지설비의 감지기 또는 발신기가 작동되는 때
- 비상경보설비의 발신기가 작동되는 때
- 상용전원이 정전되거나 전원선이 단선되는 때
- 방재업무를 통제하는 곳 또는 전기실의 배전반에서 수동으로 점등하는 때
- 자동소화설비가 작동되는 때

해설
1) 3선식 배선 시 점등되어야 하는 경우
   ① 자동화재탐지설비의 감지기 또는 발신기가 작동되는 때
   ② 비상경보설비의 발신기가 작동되는 때
   ③ 상용전원이 정전되거나 전원선이 단선되는 때
   ④ 방재업무를 통제하는 곳 또는 전기실의 배전반에서 수동으로 점등하는 때
   ⑤ 자동소화설비가 작동되는 때

2) 3선식 배선이 가능한 장소
   ① 외부광에 따라 피난구 또는 피난방향을 쉽게 식별할 수 있는 장소
   ② 공연장, 암실 등으로서 어두워야 할 필요가 있는 장소
   ③ 특정소방대상물의 관계인 또는 종사원이 주로 사용하는 장소

08 다음은 피난구유도등의 미완성 결선도이다. 도면에서 2선식 배선방식과 3선식 배선방식의 결선도를 완성하고, 배선방식의 차이점을 2가지만 쓰시오.

1) 미완성 결선도

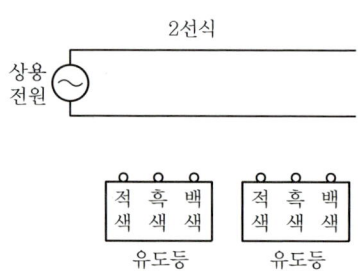

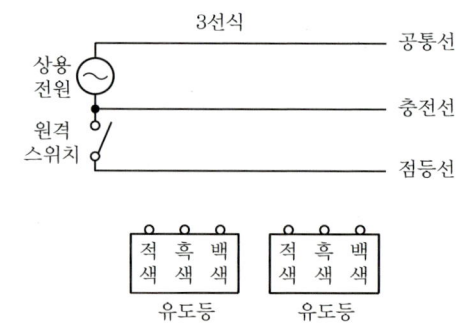

2) 배선방식의 차이점

구분	2선식	3선식
점등상태		
충전상태		

해답 ⊕ 1) 결선도

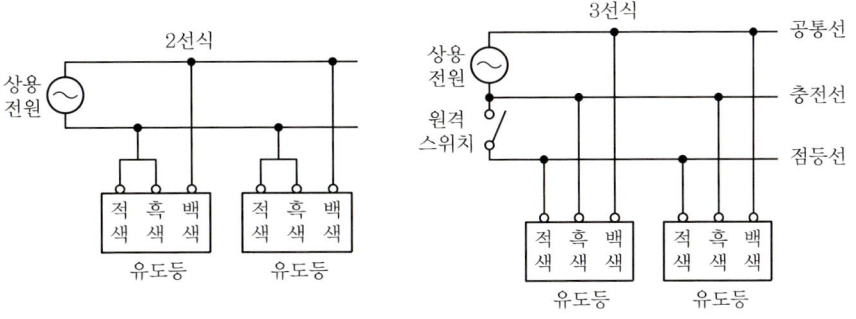

2) 배선방식의 차이점

구분	2선식	3선식
점등상태	• 평상시 : 점등 • 화재 시 : 점등	• 평상시 : 소등 • 화재 시 : 점등
충전상태	전원공급 시 상시충전	전원공급 시 상시충전

09 지하층 또는 무창층으로서 용도가 도매시장 · 소매시장 · 여객자동차터미널 · 지하역사 또는 지하상가에서 피난층에 이르는 부분에 유도등을 설치하려고 한다. 이때 사용해야 하는 비상전원의 종류를 쓰고 비상전원에 의해 유도등을 몇 분 이상 유효하게 동작시킬 수 있어야 하는지 쓰시오.

• 비상전원의 종류 :
• 유효동작시간 :

해답 ⊕ • 비상전원의 종류 : 축전지
• 유효동작시간 : 60분

해설 ⊕ 유도등의 비상전원
1) 비상전원의 종류 : 축전지
2) 비상전원의 용량 : 20분
3) 비상전원의 용량을 60분 이상으로 하여야 하는 특정소방대상물
① 지하층을 제외한 층수가 11층 이상의 층
② 지하층 또는 무창층으로서 용도가 도매시장 · 소매시장 · 여객자동차터미널 · 지하역사 또는 지하상가

10 다음은 비상조명등의 화재안전기준에 따른 비상조명등의 설치기준이다. 다음 (   ) 안에 알맞은 말을 쓰시오.

1) 예비전원을 내장하는 비상조명등에는 평상시 점등 여부를 확인할 수 있는 (①)를 설치하고 해당 조명등을 유효하게 작동시킬 수 있는 용량의 축전지와 예비전원 충전장치를 내장할 것
2) 예비전원을 내장하지 아니하는 비상조명등의 비상전원은 자가발전설비, (②) 또는 (③)(외부 전기에너지를 저장해 두었다가 필요한 때 전기를 공급하는 장치)를 기준에 따라 설치하여야 한다.
3) 비상전원은 비상조명등을 (④)분 이상 유효하게 작동시킬 수 있는 용량으로 할 것. 다만, 다음의 특정소방대상물의 경우에는 그 부분에서 피난층에 이르는 부분의 비상조명등을 (⑤)분 이상 유효하게 작동시킬 수 있는 용량으로 하여야 한다.
   • 지하층을 제외한 층수가 11층 이상의 층
   • 지하층 또는 무창층으로서 용도가 도매시장·소매시장·여객자동차터미널·지하역사 또는 지하상가

해답 ① 점검스위치   ② 축전지설비   ③ 전기저장장치   ④ 20   ⑤ 60

11 휴대용 비상조명등을 설치하여야 하는 특정소방대상물에 대한 사항이다. 소방시설 적용기준으로 알맞은 내용을 (   ) 안에 쓰시오.

• (①)시설
• 수용인원 (②)명 이상의 영화상영관, 판매시설 중 (③), 철도 및 도시철도시설 중 지하역사, 지하가 중 (④)

해답 ① 숙박   ② 100   ③ 대규모점포   ④ 지하상가

해설 휴대용 비상조명등
   1) 정의
      화재 발생 등으로 정전 시 안전하고 원활한 피난을 위하여 피난자가 휴대할 수 있는 조명등이다.
   2) 설치대상
      ① 숙박시설
      ② 수용인원 100명 이상의 영화상영관
      ③ 판매시설 중 대규모점포
      ④ 철도 및 도시철도 시설 중 지하역사, 지하가 중 지하상가

3) 설치장소 및 수량
　① 숙박시설 또는 다중이용업소 : 객실 또는 영업장 안의 구획된 실마다 잘 보이는 곳에 1개 이상 설치(외부에 설치 시 출입문 손잡이로부터 1[m] 이내 부분)
　② 대규모점포, 영화상영관 : 보행거리 50[m] 이내마다 3개 이상 설치
　③ 지하상가 및 지하역사 : 보행거리 25[m] 이내마다 3개 이상 설치

4) 설치기준
　① 설치높이는 바닥으로부터 0.8[m] 이상 1.5[m] 이하의 높이에 설치할 것
　② 어둠 속에서 위치를 확인할 수 있도록 할 것
　③ 사용 시 자동으로 점등되는 구조일 것
　④ 외함은 난연성능이 있을 것
　⑤ 건전지를 사용하는 경우에는 방전방지조치를 하여야 하고, 충전식 배터리의 경우에는 상시 충전되도록 할 것
　⑥ 건전지 및 충전식 배터리의 용량은 20분 이상 유효하게 사용할 수 있는 것으로 할 것

CHAPTER 03 소화활동설비

▲ 소화활동설비의 분류

01 비상콘센트설비

1. 용어의 정의

1) 비상콘센트설비
화재 발생 시 필요한 전원을 전용회선으로 공급받기 위한 설비

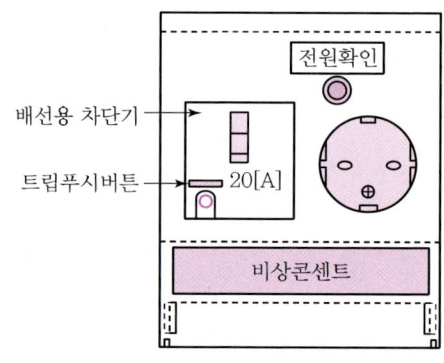

▲ 비상콘센트설비

2) 전압의 분류

구분	저압	고압	특고압
교류	1,000[V] 이하	1,000[V] 초과 7,000[V] 이하	7,000[V] 초과
직류	1,500[V] 이하	1,500[V] 초과 7,000[V] 이하	7,000[V] 초과

2. 설치대상

① 층수가 11층 이상인 특정소방대상물의 경우에는 11층 이상의 층
② 지하 3층 이상이고 지하층의 바닥면적의 합계가 1,000[m²] 이상인 것은 지하층의 모든 층
③ 지하가 중 터널로서 길이가 500[m] 이상인 것

3. 비상콘센트설비의 전원

1) 상용전원회로의 배선

① 저압수전인 경우에는 인입개폐기의 직후
② 고압수전 또는 특고압수전인 경우에는 전력용 변압기 2차 측의 주차단기 1차 측 또는 2차 측에서 분기하여 전용배선으로 할 것

2) 비상전원

① 비상콘센트설비의 비상전원 설치대상
 ㉠ 지하층을 제외한 층수가 7층 이상으로서 연면적이 2,000[m²] 이상
 ㉡ 지하층의 바닥면적의 합계가 3,000[m²] 이상인 특정소방대상물
② 비상콘센트설비의 비상전원의 종류
 자가발전설비, 축전지설비, 비상전원수전설비, 전기저장장치
③ 비상전원의 제외대상
 ㉠ 둘 이상의 변전소에서 전력을 동시에 공급받을 수 있는 경우
 ㉡ 하나의 변전소로부터 전력의 공급이 중단되는 때에는 자동으로 다른 변전소로부터 전력을 공급받을 수 있도록 상용전원을 설치한 경우

4. 비상콘센트설비의 전원회로

① 비상콘센트설비의 전원

전원	전압	공급용량
단상교류	220[V]	1.5[kVA] 이상

② 전원회로는 각 층에 2 이상이 되도록 설치할 것(다만, 설치하여야 할 층의 비상콘센트가 1개인 때에는 하나의 회로로 할 수 있다)
③ 전원회로는 주배전반에서 전용회로로 할 것
④ 전원으로부터 각 층의 비상콘센트에 분기되는 경우에는 분기배선용 차단기를 보호함 안에 설치할 것
⑤ 콘센트마다 배선용 차단기를 설치하여야 하며, 충전부가 노출되지 아니하도록 할 것
⑥ 개폐기에는 "비상콘센트"라고 표시한 표지를 할 것
⑦ 비상콘센트용의 풀박스 등은 방청도장을 한 것으로서, 두께 1.6[mm] 이상의 철판으로 할 것
⑧ 하나의 전용회로에 설치하는 비상콘센트는 10개 이하로 할 것. 이 경우 전선의 용량은 각 비상콘센트(비상콘센트가 3개 이상인 경우에는 3개)의 공급용량을 합한 용량 이상의 것으로 할 것

5. 비상콘센트의 플러그접속기

① 비상콘센트의 플러그접속기는 접지형 2극 플러그접속기를 사용할 것
② 비상콘센트의 플러그접속기의 칼받이의 접지극에는 접지공사를 할 것

6. 비상콘센트 설치기준

1) 설치높이

바닥으로부터 0.8[m] 이상 1.5[m] 이하

2) 비상콘센트의 배치

아파트 또는 바닥면적이 1,000[m²] 미만인 층	바닥면적이 1,000[m²] 이상인 층
계단의 출입구로부터 5[m] 이내	각 계단의 출입구 또는 계단부속실의 출입구로부터 5[m] 이내

3) 비상콘센트로부터 그 층의 각 부분까지의 거리

① 지하상가 또는 지하층의 바닥면적의 합계가 3,000[m²] 이상인 것 : 수평거리 25[m]
② 그 밖의 것 : 수평거리 50[m]

7. 비상콘센트설비의 절연저항 및 절연내력

1) 절연저항(전원부와 외함 사이)

직류 500[V] 절연저항계로 측정할 때 20[MΩ] 이상일 것

2) 절연내력(전원부와 외함 사이)

① 정격전압 150[V] 이하 : 1,000[V]의 실효전압을 가하여 1분 이상 견딜 것
② 정격전압 150[V] 초과 : '(정격전압×2)+1,000[V]' 실효전압을 가하는 시험에서 1분 이상 견딜 것

3) 각 설비별 절연저항시험

절연저항계	설비	절연저항	측정위치
직류 250[V]	• 비상경보설비 • 비상방송설비 • 자동화재탐지설비	0.1[MΩ] 이상	• 부속회로의 전로와 대지 사이 • 배선 상호 간
직류 500[V]	누전경보기	5[MΩ] 이상	절연된 충전부와 외함 간
	시각경보장치	5[MΩ] 이상	• 전원부 양단자 • 양선을 단락시킨 부분과 비충전부
	비상콘센트설비	20[MΩ] 이상	전원부와 외함 사이
	자동화재탐지설비의 감지기	50[MΩ] 이상	• 감지기의 절연된 단자 간 • 단자와 외함 간
	정온식 감지선형 감지기	1,000[MΩ] 이상	정온식 감지선형 감지기는 선간에서 1[m]당 1,000[MΩ] 이상
	• 가스누설경보기	5[MΩ] 이상	절연된 충전부와 외함 간
	• 자동화재탐지설비의 수신기	20[MΩ] 이상	교류입력 측과 외함 간
	• 자동화재속보설비의 속보기	20[MΩ] 이상	절연된 선로 간

8. 비상콘센트보호함

① 보호함의 문 : 쉽게 개폐할 수 있는 문
② 보호함 표지 : 보호함 표면에 "비상콘센트" 표지
③ 보호함 표시등 : 상부에 적색의 표시등(단, 옥내소화전함 등의 표시등과 겸용 가능)

▲ 비상콘센트보호함

02 무선통신보조설비

1. 용어의 정의

① **누설동축케이블** : 동축케이블의 외부도체에 가느다란 홈을 만들어서 전파가 외부로 새어나갈 수 있도록 한 케이블
② **분배기** : 신호의 전송로가 분기되는 장소에 설치하는 것으로 임피던스 매칭(Matching)과 신호 균등분배를 위해 사용하는 장치
③ **분파기** : 서로 다른 주파수의 합성된 신호를 분리하기 위해서 사용하는 장치
④ **혼합기** : 두 개 이상의 입력신호를 원하는 비율로 조합한 출력이 발생하도록 하는 장치
⑤ **증폭기** : 신호 전송 시 신호가 약해져 수신이 불가능해지는 것을 방지하기 위해서 증폭하는 장치
⑥ **무선중계기** : 안테나를 통하여 수신된 무전기 신호를 증폭한 후 음영지역에 재방사하여 무전기 상호 간 송수신이 가능하도록 하는 장치
⑦ **옥외안테나** : 감시제어반 등에 설치된 무선중계기의 입력과 출력포트에 연결되어 송수신 신호를 원활하게 방사·수신하기 위해 옥외에 설치하는 장치

누설동축케이블	분배기	혼합기
도체 / 절연체 / 외부도체 슬롯	입력 → □ → 출력	입력 → □ → 출력

⑧ 도시기호

누설동축케이블	분배기	분파기	혼합기	증폭기
──	⊣▢⊢	F	Y	AMP

2. 설치대상

① **지하가** : 연면적 1,000[m²] 이상
② 지하층의 바닥면적의 합계가 3,000[m²] 이상인 것은 지하의 모든 층
③ 지하층의 층수가 3층 이상이고 지하층의 바닥면적의 합계가 1,000[m²] 이상인 것은 지하층의 모든 층
④ **지하가 중 터널** : 길이가 500[m] 이상
⑤ 공동구
⑥ 층수가 30층 이상인 것으로서 16층 이상 부분의 모든 층

3. 누설동축케이블의 설치기준

① 소방전용 주파수대에서 전파의 전송 또는 복사에 적합한 것으로서 소방전용으로 할 것

② 케이블의 구성
  ㉠ 누설동축케이블과 이에 접속하는 안테나
  ㉡ 동축케이블과 이에 접속하는 안테나

③ 누설동축케이블은 불연 또는 난연성의 것으로서 습기에 따라 전기의 특성이 변질되지 아니하는 것으로 하고, 노출하여 설치한 경우에는 피난 및 통행에 장애가 없도록 할 것

④ 누설동축케이블은 화재에 따라 해당 케이블의 피복이 소실된 경우에 케이블 본체가 떨어지지 아니하도록 4[m] 이내마다 금속제 또는 자기제 등의 지지금구로 벽·천장·기둥 등에 견고하게 고정시킬 것. 다만, 불연재료로 구획된 반자 안에 설치하는 경우에는 그러하지 아니하다.

⑤ 누설동축케이블 및 안테나는 금속판 등에 따라 전파의 복사 또는 특성이 현저하게 저하되지 아니하는 위치에 설치할 것

⑥ 누설동축케이블 및 안테나는 고압의 전로로부터 1.5[m] 이상 떨어진 위치에 설치할 것. 다만, 해당 전로에 정전기 차폐장치를 유효하게 설치한 경우에는 그러하지 아니하다.

⑦ 누설동축케이블의 끝부분에는 무반사 종단저항을 견고하게 설치할 것

⑧ 누설동축케이블 또는 동축케이블의 임피던스는 50[Ω]으로 할 것

4. 케이블의 구성에 따른 방식

1) 누설동축케이블 방식

(1) 사용장소

터널, 지하철역 등 폭이 좁고 길이가 긴 장소에 적합

(2) 구성

동축케이블 + 누설동축케이블 + 무반사 종단저항

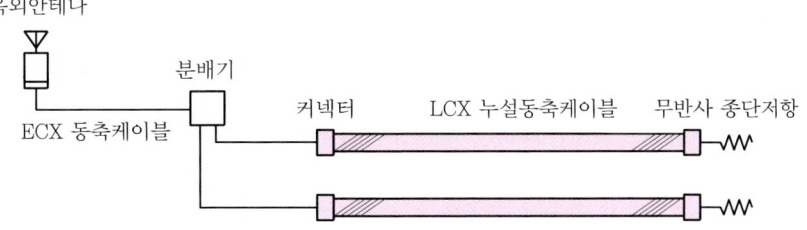

2) 안테나 방식

(1) 사용장소
장애물의 방해가 적은 강당, 극장 등 대규모 거실에 적합

(2) 구성
동축케이블 + 안테나

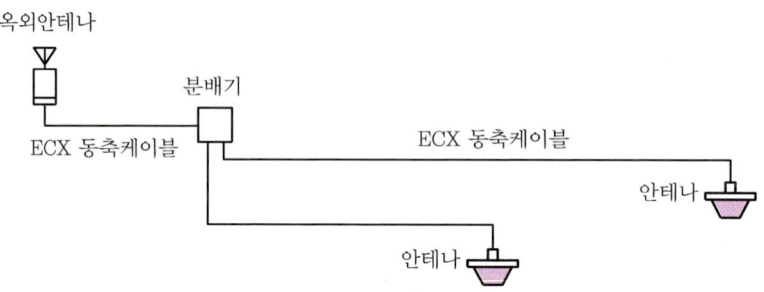

3) 누설동축케이블 및 안테나 방식

누설동축케이블 방식과 안테나 방식의 장점을 이용한 방식

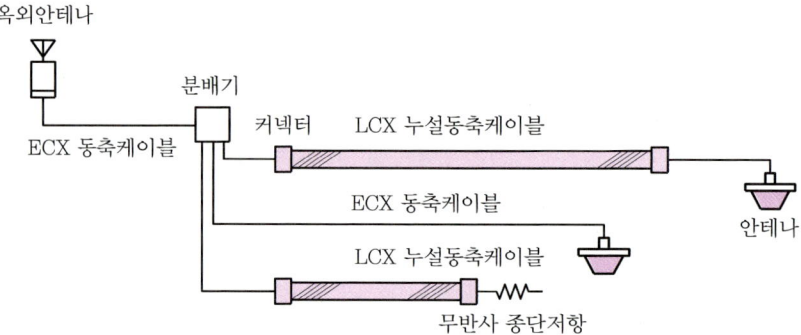

5. 무선통신보조설비 설치기준

① 누설동축케이블 또는 동축케이블과 이에 접속하는 안테나가 설치된 층은 모든 부분(계단실, 승강기, 별도 구획된 실 포함)에서 유효하게 통신이 가능할 것
② 옥외안테나와 연결된 무전기와 건축물 내부에 존재하는 무전기 간의 상호 통신, 건축물 내부에 존재하는 무전기 간의 상호 통신, 옥외안테나와 연결된 무전기와 방재실 또는 건축물 내부에 존재하는 무전기와 방재실 간의 상호 통신이 가능할 것

6. 옥외안테나의 설치기준

① 건축물, 지하가, 터널 또는 공동구의 출입구 및 출입구 인근에서 통신이 가능한 장소에 설치할 것
② 다른 용도로 사용되는 안테나로 인한 통신장애가 발생하지 않도록 설치할 것
③ 옥외안테나는 견고하게 설치하며 파손의 우려가 없는 곳에 설치하고 그 가까운 곳의 보기 쉬운 곳에 "무선통신보조설비 안테나"라는 표시와 함께 통신 가능거리를 표시한 표지를 설치할 것
④ 수신기가 설치된 장소 등 사람이 상시 근무하는 장소에는 옥외안테나의 위치가 모두 표시된 옥외안테나 위치표시도를 비치할 것

7. 분배기·분파기 및 혼합기 등의 설치기준

① 먼지·습기 및 부식 등에 따라 기능에 이상을 가져오지 아니하도록 할 것
② 임피던스는 50[Ω]의 것으로 할 것
③ 점검에 편리하고 화재 등의 재해로 인한 피해의 우려가 없는 장소에 설치할 것

8. 증폭기의 및 무선중계기의 설치기준

1) 상용전원

① 상용전원의 종류 : 축전지, 전기저장장치, 교류전압 옥내간선
② 전원까지의 배선 : 전용

2) 증폭기의 전면

표시등 및 전압계 설치

3) 증폭기의 비상전원 용량

무선통신보조설비를 유효하게 30분 이상 작동시킬 수 있는 것

9. 무선통신보조설비 설치 제외

① 지하층으로서 건축물의 바닥부분 2면 이상이 지표면과 동일한 경우 그 해당 층
② 지표면으로부터의 깊이가 1[m] 이하인 경우에는 해당 층

핵심 기출 문제

01 비상콘센트설비를 설치하여야 할 특정소방대상물 3가지를 쓰시오.

-
-
-

해답
- 층수가 11층 이상인 특정소방대상물의 경우에는 11층 이상의 층
- 지하 3층 이상이고 지하층의 바닥면적의 합계가 1,000[m²] 이상인 것은 지하층의 모든 층
- 지하가 중 터널로서 길이가 500[m] 이상인 것

02 비상콘센트설비의 전원회로에 대한 기준이다. 다음 빈칸을 완성하시오.

- 전원회로는 각 층에 있어서 (①) 이상 되도록 설치할 것. 다만, 설치하여야 할 층의 비상콘센트가 1개인 때에는 하나의 회로로 할 수 있다.
- 전원회로는 (②)에서 전용회로로 할 것. 다만, 다른 설비의 회로의 사고에 따른 영향을 받지 아니하도록 되어 있는 것에 있어서는 그러하지 아니하다.
- 콘센트마다 (③)를 설치하여야 하며, (④)가 노출되지 아니하도록 할 것
- 하나의 전용회로에 설치하는 비상콘센트는 (⑤)개 이하로 할 것

해답 ① 2 ② 주배전반 ③ 배선용 차단기 ④ 충전부 ⑤ 10

03 비상콘센트설비에 대한 다음 각 물음에 답하시오.

1) 전원회로와 전원회로의 공급용량에 대한 ( ) 안을 완성하시오.
   - 전원회로는 (①)교류 (②)[V]인 것으로서, 그 공급용량은 (③)[kVA] 이상인 것으로 할 것
2) 전원부와 외함 사이의 절연저항값과 절연내력의 방법에 대해 쓰시오.
   - 절연저항값 :
   - 절연내력의 방법(150[V] 초과) :

해답
1) ① 단상 ② 220 ③ 1.5
2) • 절연저항값 : 20[MΩ] 이상
   • 절연내력의 방법(150[V] 초과) : 그 정격전압에 2를 곱하여 1,000을 더한 실효전압을 가하는 시험에서 1분 이상 견디는 것

해설 1) 비상콘센트설비의 전원회로
① 비상콘센트설비의 전원

전원	전압	공급용량
단상교류	220[V]	1.5[kVA] 이상

② 전원회로는 각 층에 2 이상이 되도록 설치할 것(다만, 설치하여야 할 층의 비상콘센트가 1개인 때에는 하나의 회로로 할 수 있다)
③ 전원회로는 주배전반에서 전용회로로 할 것
④ 전원으로부터 각 층의 비상콘센트에 분기되는 경우에는 분기배선용 차단기를 보호함 안에 설치할 것
⑤ 콘센트마다 배선용 차단기를 설치하여야 하며, 충전부가 노출되지 아니하도록 할 것
⑥ 개폐기에는 "비상콘센트"라고 표시한 표지를 할 것
⑦ 비상콘센트용의 풀박스 등은 방청도장을 한 것으로서, 두께 1.6[mm] 이상의 철판으로 할 것
⑧ 하나의 전용회로에 설치하는 비상콘센트는 10개 이하로 할 것. 이 경우 전선의 용량은 각 비상콘센트(비상콘센트가 3개 이상인 경우에는 3개)의 공급용량을 합한 용량 이상의 것으로 할 것

2) 비상콘센트설비의 절연저항 및 절연내력
① 절연저항(전원부와 외함 사이)
직류 500[V] 절연저항계로 측정할 때 20[MΩ] 이상일 것
② 절연내력(전원부와 외함 사이)
• 정격전압 150[V] 이하 : 1,000[V]의 실효전압을 가하여 1분 이상 견딜 것
• 정격전압 150[V] 초과 : 그 정격전압에 2를 곱하여 1,000을 더한 실효전압을 가하는 시험에서 1분 이상 견디는 것

▼ 각 설비별 절연저항시험

절연저항계	설비	절연저항	측정위치
직류 250[V]	• 비상경보설비 • 비상방송설비 • 자동화재탐지설비	0.1[MΩ] 이상	• 부속회로의 전로와 대지 사이 • 배선 상호 간
직류 500[V]	누전경보기	5[MΩ] 이상	절연된 충전부와 외함 간
	시각경보장치	5[MΩ] 이상	• 전원부 양단자 • 양선을 단락시킨 부분과 비충전부
	비상콘센트설비	20[MΩ] 이상	전원부와 외함 사이
	자동화재탐지설비의 감지기	50[MΩ] 이상	• 감지기의 절연된 단자 간 • 단자와 외함 간
	정온식 감지선형 감지기	1,000[MΩ] 이상	정온식 감지선형 감지기는 선간에서 1[m]당 1,000[MΩ] 이상
	• 가스누설경보기	5[MΩ] 이상	절연된 충전부와 외함 간
	• 자동화재탐지설비의 수신기	20[MΩ] 이상	교류입력 측과 외함 간
	• 자동화재속보설비의 속보기	20[MΩ] 이상	절연된 선로 간

04 지하층을 제외한 층수가 7층 이상이고 연면적 2,000[m²] 이상인 건물에 사용하는 비상콘센트의 비상전원에 대한 다음 각 물음에 답하시오.

1) 사용할 수 있는 비상전원의 종류 2가지를 쓰시오.
   -
   -

2) 비상콘센트의 비상전원으로 자가발전설비나 비상전원수전설비를 설치하지 않아도 되는 경우 2가지를 쓰시오.
   -
   -

해답
1) • 자가발전설비
   • 비상전원수전설비

2) • 둘 이상의 변전소에서 전력을 동시에 공급받을 수 있는 경우
   • 하나의 변전소로부터 전력의 공급이 중단되는 때에는 자동으로 다른 변전소로부터 전력을 공급받을 수 있도록 상용전원을 설치한 경우

해설 비상콘센트의 비상전원
1) 비상전원의 종류 : 자가발전설비, 축전지설비, 비상전원수전설비, 전기저장장치

2) 비상전원의 제외대상
   ① 둘 이상의 변전소에서 전력을 동시에 공급받을 수 있는 경우
   ② 하나의 변전소로부터 전력의 공급이 중단되는 때에는 자동으로 다른 변전소로부터 전력을 공급받을 수 있도록 상용전원을 설치한 경우

3) 비상전원 설치대상
   ① 지하층을 제외한 층수가 7층 이상으로서 연면적이 2,000[m²] 이상
   ② 지하층의 바닥면적의 합계가 3,000[m²] 이상인 특정소방대상물

05 다음은 비상콘센트보호함의 설치기준이다. ( ) 안에 알맞은 내용을 쓰시오.

- 보호함에는 쉽게 개폐할 수 있는 (①)을(를) 설치할 것
- 보호함 (②)에 "비상콘센트"라고 표시한 표지를 할 것
- 보호함 상부에 (③)색의 (④)을(를) 설치할 것(다만, 비상콘센트보호함을 옥내소화전함 등과 접속하여 설치하는 경우에는 (⑤) 등의 표시등과 겸용할 수 있다)

해답
① 문   ② 표면   ③ 적
④ 표시등   ⑤ 옥내소화전함

> **해설** ⊕ 비상콘센트보호함의 설치기준
> ① 보호함에는 쉽게 개폐할 수 있는 문을 설치할 것
> ② 보호함 표면에 "비상콘센트"라고 표시한 표지를 할 것
> ③ 보호함 상부에 적색의 표시등을 설치할 것. 다만, 비상콘센트의 보호함을 옥내소화전함 등과 접속하여 설치하는 경우에는 옥내소화전함 등의 표시등과 겸용할 수 있다.

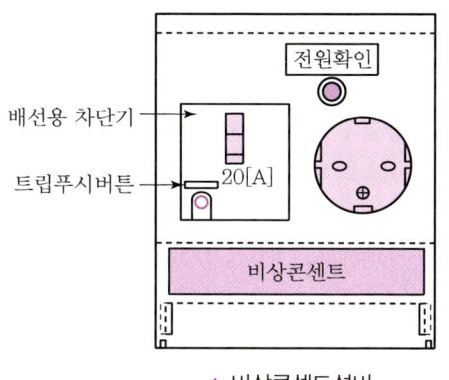
▲ 비상콘센트설비

▲ 비상콘센트보호함

06 다음은 무선통신보조설비의 누설동축케이블에 관한 내용이다. ( ) 안에 알맞은 답을 쓰시오.

- 누설동축케이블은 (①)의 것으로서 습기에 따라 전기의 특성이 변질되지 아니하는 것으로 하고, 노출하여 설치한 경우에는 피난 및 통행에 장애가 없도록 할 것
- 누설동축케이블은 화재에 따라 해당 케이블의 피복이 소실된 경우에 케이블 본체가 떨어지지 아니하도록 (②)[m] 이내마다 금속제 또는 자기제 등의 지지금구로 벽·천장·기둥 등에 견고하게 고정시킬 것. 다만, 불연재료로 구획된 반자 안에 설치하는 경우에는 그러하지 아니하다.
- 누설동축케이블 및 안테나는 고압의 전로로부터 (③)[m] 이상 떨어진 위치에 설치할 것. 다만, 해당 전로에 (④)를 유효하게 설치한 경우에는 그러하지 아니하다.
- 누설동축케이블의 끝부분에는 (⑤)을 견고하게 설치할 것
- 누설동축케이블 또는 동축케이블의 임피던스는 (⑥)[Ω]으로 하고, 이에 접속하는 안테나·분배기 기타의 장치는 해당 임피던스에 적합한 것으로 하여야 한다.

> **해답** ⊕ ① 불연 또는 난연성 ② 4 ③ 1.5
> ④ 정전기 차폐장치 ⑤ 무반사 종단저항 ⑥ 50

07 무선통신보조설비의 화재안전기술기준에서 정하는 분배기, 분파기, 혼합기의 용어의 정의에 대하여 쓰시오.

- 분배기 :
- 분파기 :
- 혼합기 :

해답
- 분배기 : 신호의 전송로가 분기되는 장소에 설치하는 것으로 임피던스 매칭(Matching)과 신호 균등분배를 위해 사용하는 장치
- 분파기 : 서로 다른 주파수의 합성된 신호를 분리하기 위해서 사용하는 장치
- 혼합기 : 두 개 이상의 입력신호를 원하는 비율로 조합한 출력이 발생하도록 하는 장치

08 무선통신보조설비에 사용되는 무반사 종단저항의 설치위치 및 목적을 쓰시오.

- 설치위치 :
- 설치목적 :

해답
- 설치위치 : 누설동축케이블의 끝부분
- 설치목적 : 누설동축케이블의 말단에서 전파가 반사되어 통신장애가 발생하는 것을 방지하기 위하여

CHAPTER 04 전원설비 및 배선공사

01 전원의 종류

1. 상용전원
① 정의 : 평상시 사용하도록 소방설비에 공급하는 전원
② 종류 : 특별고압수전 방식, 고압수전 방식, 저압수전 방식, 교류전압 옥내간선

2. 비상전원
① 정의 : 상용전원의 공급이 중단된 경우 외부전원의 공급 없이 소방대상물 자체적으로 전원을 공급할 수 있는 장치
② 종류 : 자가발전설비, 축전지설비, 비상전원수전설비, 전기저장장치

3. 예비전원
① 정의 : 상용전원의 공급이 중단된 경우 외부전원의 공급 없이 해당 설비의 최소한 기능을 유지하기 위해 설치하는 전원
② 종류 : 알칼리계 2차 축전지, 리튬계 2차 축전지, 무보수 밀폐형 연축전지

✏️ 소방설비에서는 비상전원과 예비전원의 명칭에 대한 경계가 명확하지 않다. 화재안전기준에서는 비상전원과 예비전원을 모두 비상전원으로 칭하여 사용하고 성능인증 및 제품검사의 기술기준에서는 예비전원을 별도로 구분하여 사용하고 있다.

4. 전원회로의 구성
① 평상시 상용전원으로 전력을 공급받고 상용전원의 이상이나 정전 시 ATS가 작동하여 비상전원으로 자동 절환된다.
② 자동절환스위치(ATS : Automatic Transfer Switch)
상용전원의 이상이나 정전 시 비상전원 측으로 자동으로 절환하여 비상전원을 공급하여 주는 장치

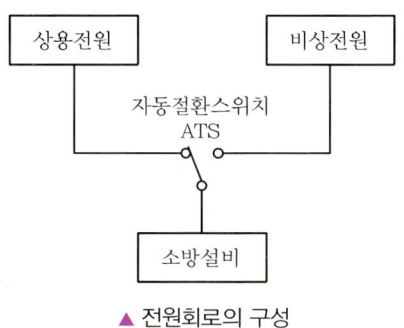

▲ 전원회로의 구성

02 비상전원(예비전원)

1. 비상전원의 종류

자가발전설비, 축전지설비, 비상전원수전설비, 전기저장장치

2. 소방설비별 비상전원의 종류 및 용량

소방설비	비상전원의 종류	비상전원의 용량
• 비상경보설비 　(비상벨설비 또는 자동식 사이렌설비) • 비상방송설비 • 자동화재탐지설비	• 축전지설비 • 전기저장장치	60분 이상 감시상태 지속 10분 이상 경보
• 소화설비 • 제연설비 • 비상조명등	• 자가발전설비 • 축전지설비 • 전기저장장치	20분 이상
• 스프링클러설비 • 포소화설비	• 자가발전설비 • 축전지설비 • 비상전원수전설비 • 전기저장장치	20분 이상
비상콘센트설비	• 자가발전설비 • 축전지설비 • 비상전원수전설비 • 전기저장장치	20분 이상
유도등	축전지	
유도등 및 비상조명등이 설치된 장소로서 • 11층 이상의 층 • 지하층 또는 무창층으로서 용도가 도매시장 · 소매시장 · 여객자동차터미널 · 지하역사 또는 지하상가	유도등 • 축전지 비상조명등 • 자가발전설비 • 축전지설비 • 전기저장장치	60분 이상
무선통신보조설비의 증폭기	• 축전지설비	30분 이상

3. 자가발전설비

1) 자가발전기의 용량

$$P_n = P \cdot X_d \left(\frac{1}{e} - 1 \right) \text{[kVA]}$$

여기서, P_n : 발전기의 정격용량[kVA], P : 기동용량[kVA]
X_d : 과도리액턴스, e : 허용전압강하[V]

2) 발전기용 차단기의 차단용량

$$P_s = \frac{P_n}{X_d} \times 1.25 \, [\text{kVA}]$$

여기서, P_s : 차단용량[kVA]
P_n : 발전기의 정격용량[kVA]
X_d : 과도리액턴스

3) 비상전원의 설치기준

① 점검에 편리하고 화재 및 침수 등의 재해로 인한 피해를 받을 우려가 없는 곳에 설치할 것
② 옥내소화전설비를 유효하게 20분 이상 작동할 수 있어야 할 것
③ 상용전원으로부터 전력의 공급이 중단된 때에는 자동으로 비상전원으로부터 전력을 공급받을 수 있도록 할 것
④ 비상전원(내연기관의 기동 및 제어용 축전기를 제외)의 설치장소는 다른 장소와 방화구획할 것. 이 경우 그 장소에는 비상전원의 공급에 필요한 기구나 설비 외의 것(열병합발전설비에 필요한 기구나 설비는 제외)을 두어서는 아니 된다.
⑤ 비상전원을 실내에 설치하는 때에는 그 실내에 비상조명등을 설치할 것

4. 축전지설비

1) 축전지 충전방식

① 보통충전 : 필요할 때마다 표준 시간율로 충전하는 방식
② 급속충전 : 단시간에 보통 충전전류의 2~3배의 전류로 충전하는 방식
③ 부동충전 : 전지의 자기방전을 보충함과 동시에 상용부하에 대한 전력공급은 충전기가 부담하고 일시적인 대전류 부하는 축전지가 부담하도록 하는 방식

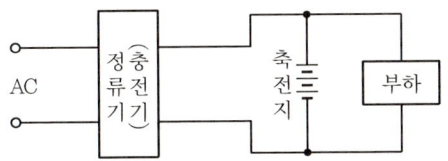

④ 세류충전 : 항상 자기방전량만큼만 충전하는 방식(부동충전방식의 일종)
⑤ 균등충전 : 1~3개월마다 정전압으로 10~12시간 충전하여 전체 셀의 전압을 균일하게 하는 방식

⑥ **회**복충전 : 과방전및 방치상태, 가벼운 설페이션 현상 등이 생겼을 때 **기능회복**을 위하여 실시하는 충전방식

> ✏️ 설페이션 : 연축전지를 방전 상태로 오래 방치했을 때, 극판의 표면의 황산납이 회백색으로 변하여 부도체 성질을 갖는 현상

2) 부동충전 시 충전기의 2차 충전전류

$$I_2 = \frac{축전지의\ 정격용량[Ah]}{축전지의\ 공칭용량[Ah]} + \frac{상시부하[W]}{표준전압[V]} [A]$$

3) 연축전지와 알칼리축전지의 비교

구분	연축전지	알칼리축전지
공칭전압	2.0[V]	1.2[V]
공칭용량	10[Ah]	5[Ah]
수명	짧다	길다
기계적 강도	약하다	강하다
종류	클래드식, 페이스트식	소결식, 포켓식

✏️ 클래드(Clad)식[CS형] : 완만한 방전형
페이스트(Paste)식[HS형] : 급격한 방전형

4) 축전지의 용량

(1) 정전류 부하

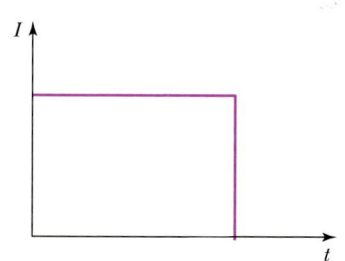

$$C = \frac{1}{L}KI$$

여기서, C : 축전지용량[Ah]
L : 용량저하율(보수율 : 일반적으로 0.8)
K : 용량환산시간
I : 방전전류[A]

(2) 계단식 증가부하 1

용량환산시간(K)이 아래와 같이 주어진 경우

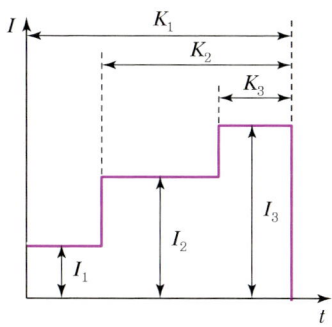

$$C = \frac{1}{L}[K_1 I_1 + K_2(I_2 - I_1) + K_3(I_3 - I_2)]$$

여기서, C : 축전지용량[Ah]
　　　　L : 용량저하율(보수율 : 일반적으로 0.8)
　　　　K : 용량환산시간
　　　　I : 방전전류[A]

(3) 계단식 증가부하 2

용량환산시간(K)이 각 구간별로 주어지는 경우

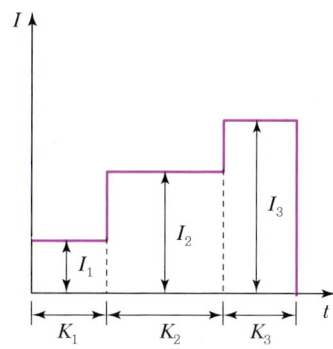

$$C = \frac{1}{L}(K_1 I_1 + K_2 I_2 + K_3 I_3)$$

여기서, C : 축전지용량[Ah]
　　　　L : 용량저하율(보수율 : 일반적으로 0.8)
　　　　K : 용량환산시간
　　　　I : 방전전류[A]

(4) 계단식 감소부하 1

용량환산시간(K)이 아래와 같이 주어진 경우

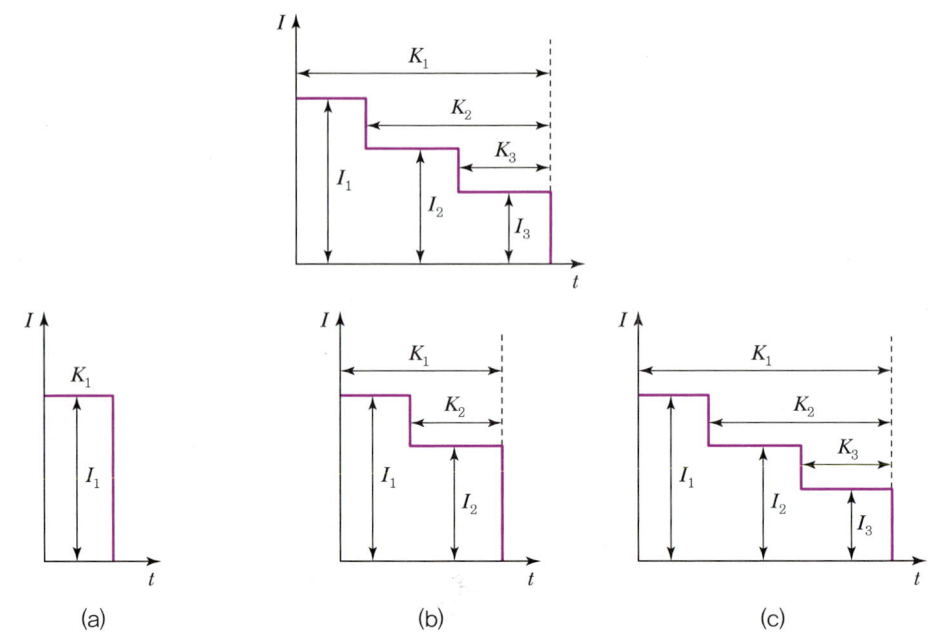

(a) (b) (c)

(a) $C_a = \dfrac{1}{L} K_1 I_1$

(b) $C_b = \dfrac{1}{L} [K_1 I_1 + K_2(I_2 - I_1)]$

(c) $C_c = \dfrac{1}{L} [K_1 I_1 + K_2(I_2 - I_1) + K_3(I_3 - I_2)]$

(a), (b), (c)를 별도로 계산하여 그중 가장 큰 값을 축전지용량으로 선정한다.

(5) 계단식 감소부하 2

용량환산시간(K)이 각 구간별로 주어지는 경우

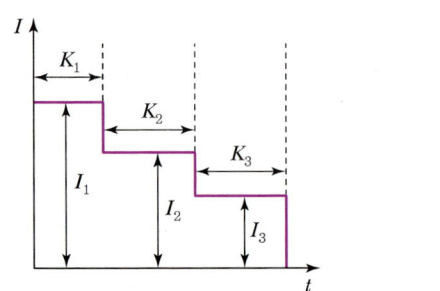

$$C = \dfrac{1}{L}(K_1 I_1 + K_2 I_2 + K_3 I_3)$$

여기서, C : 축전지용량[Ah], L : 용량저하율(보수율 : 일반적으로 0.8)
K : 용량환산시간, I : 방전전류[A]

5. 비상전원수전설비

1) 저압수전

저압 수전	주의 사항
(회로도: S_M 인입개폐기에서 S_F(소방부하), S_N(일반부하)으로 분기되고, S_N은 다시 S_{N1}, S_{N2}로 분기)	• 일반회로의 과부하 또는 단락사고 시 S_M이 S_N, S_{N1} 및 S_{N2}보다 먼저 차단되어서는 아니 된다. • S_F는 S_N과 동등 이상의 차단용량일 것

여기서, S_M : 인입개폐기, S_N : 일반부하용 개폐기, S_F : 소방부하용 개폐기

2) 특별고압 또는 고압으로 수전

전용 전력용 변압기에서 전원공급	공용 전력용 변압기에서 전원공급
(회로도: 인입구 배선 → CB_{10}(또는 PF_{10}) → CB_{11}(또는 PF_{11}), CB_{12}(또는 PF_{12}) → Tr_1, Tr_2 → CB_{21}(또는 F_{21}), CB_{22}(또는 F_{22}) → 소방부하, 일반부하)	(회로도: 인입구 배선 → CB_{10}(또는 PF_{10}) → Tr → CB_{21}(또는 F_{21}), CB_{22}(또는 F_{22}) → 소방부하, CB(또는 F), CB(또는 F) → 일반부하, 일반부하)
• 일반회로의 과부하 또는 단락사고 시에 CB_{10}(또는 PF_{10})이 CB_{12}(또는 PF_{12}) 및 CB_{22}(또는 F_{22})보다 먼저 차단되어서는 아니 된다. • CB_{11}(또는 PF_{11})은 CB_{12}(또는 PF_{12})와 동등 이상의 차단용량일 것	• 일반회로의 과부하 또는 단락사고 시에 CB_{10}(또는 PF_{10})이 CB_{22}(또는 F_{22}) 및 CB(또는 F)보다 먼저 차단되어서는 아니 된다. • CB_{21}(또는 F_{21})은 CB_{22}(또는 F_{22})와 동등 이상의 차단용량일 것

약호	명칭	약호	명칭
CB	전력차단기	F	퓨즈(저압용)
PF	전력퓨즈(고압용 또는 특별고압용)	Tr	전력용 변압기

03 소방설비의 배선공사

1. 사용전선 및 배선공사방법

1) 내화배선

사용전선의 종류	공사방법
1. 450/750[V] 저독성 난연 가교 폴리올레핀 절연 전선 2. 0.6/1[kV] 가교 폴리에틸렌 절연 저독성 난연 폴리올레핀 시스 전력 케이블 3. 6/10[kV] 가교 폴리에틸렌 절연 저독성 난연 폴리올레핀 시스 전력용 케이블 4. 가교 폴리에틸렌 절연 비닐 시스 트레이용 난연 전력 케이블 5. 0.6/1[kV] EP 고무절연 클로로프렌 시스 케이블 6. 300/500[V] 내열성 실리콘 고무 절연전선 7. 내열성 에틸렌-비닐 아세테이트 고무 절연 케이블 8. 버스덕트(Bus Duct)	1. 다음의 배관에 수납하여 내화구조로 된 벽 또는 바닥 등에 25[mm] 이상의 깊이로 매설 ① 금속관 ② 2종 금속제 가요전선관 ③ 합성 수지관 2. 배선을 내화성능을 갖는 배선전용실 또는 배선용 샤프트·피트·덕트 등에 설치 3. 배선전용실 등에 다른 설비의 배선이 있는 경우 ① 다른 배선과 15[cm] 이상 이격 ② 배선지름(가장 큰 것)의 1.5배 이상의 높이의 불연성 격벽을 설치
내화전선	케이블공사

2) 내열배선

사용전선의 종류	공사방법
1. 450/750[V] 저독성 난연 가교 폴리올레핀 절연 전선 2. 0.6/1[kV] 가교 폴리에틸렌 절연 저독성 난연 폴리올레핀 시스 전력 케이블 3. 6/10[kV] 가교 폴리에틸렌 절연 저독성 난연 폴리올레핀 시스 전력용 케이블 4. 가교 폴리에틸렌 절연 비닐 시스 트레이용 난연 전력 케이블 5. 0.6/1[kV] EP 고무절연 클로로프렌 시스 케이블 6. 300/500[V] 내열성 실리콘 고무 절연전선 7. 내열성 에틸렌-비닐 아세테이트 고무 절연 케이블 8. 버스덕트(Bus Duct)	1. 노출배관공사 ① 금속관 ② 금속제 가요전선관 ③ 금속덕트 또는 케이블(불연성 덕트만 해당) 2. 배선을 내화성능을 갖는 배선전용실 또는 배선용 샤프트·피트·덕트 등에 설치 3. 배선전용실 등에 다른 설비의 배선이 있는 경우 ① 다른 배선과 15[cm] 이상 이격 ② 배선지름(가장 큰 것)의 1.5배 이상의 높이의 불연성 격벽을 설치
내화전선·내열전선	케이블공사

2. 전선 종류 및 배선

1) 전선의 종류

약호	전선 명칭
HFIX	450/750[V] 저독성 난연 가교 폴리올레핀 절연 전선
DV	인입용 비닐절연전선
OW	옥외용 비닐절연전선
CV	가교 폴리에틸렌 절연 비닐 시스 케이블
MI	미네랄 인슐레이션 케이블
FR-8	소방용 내화전선
FR-3	소방용 내열전선
GV	접지용 절연전선

2) 배선 기호

명칭	그림기호	적요
천장은폐배선	———————	천장은폐배선 중 천장 안쪽 배선을 구별하는 경우에는 천장 안쪽 배선에 —·—·—·— 를 이용해도 된다.
바닥은폐배선	— — — —	
노출배선	------------	노출배선 중 바닥면 노출배선을 구별하는 경우에는 바닥면 노출배선에 —·—·—·— 을 이용해도 된다.
지중매설배선	—··—··—··	

3) 배선도의 의미

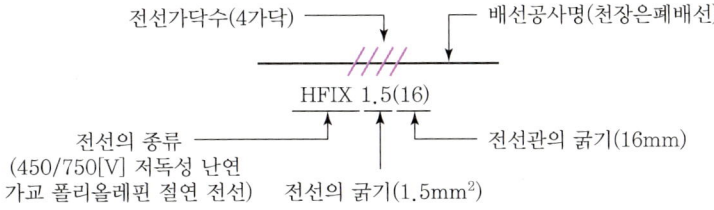

3. 소방시설별 배선공사방법

1) 옥내소화전설비

① 내화배선 : 비상전원 → 동력제어반 → 가압송수장치(펌프)

② 내화 또는 내열배선 : 상용전원 → 동력제어반, 감시, 조작, 표시등회로

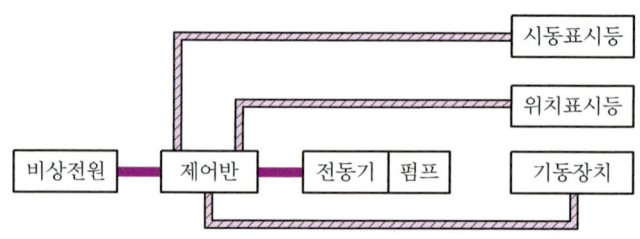

여기서, ▬▬ : 내화배선, ▨▨ : 내열배선

2) 스프링클러설비

① 내화배선 : 비상전원 → 동력제어반 → 가압송수장치(펌프)

② 내화 또는 내열배선 : 상용전원 → 동력제어반, 감시, 조작, 표시등회로

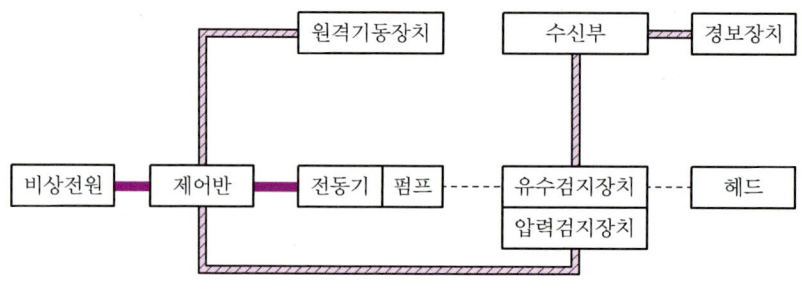

여기서, ▬▬ : 내화배선, ▨▨ : 내열배선, ……… : 배관

3) 자동화재탐지설비의 배선

① 전원회로의 배선 : 내화배선

② 그 밖의 배선 : 내화배선 또는 내열배선

③ 감지기 상호 간 또는 감지기로부터 수신기에 이르는 감지기회로의 배선

  ㉠ 아날로그식, 다신호식 감지기 및 R형 수신기용 : 전자파 방해를 받지 아니하는 실드선
  ㉡ 그 밖의 일반배선 : 내화배선 또는 내열배선

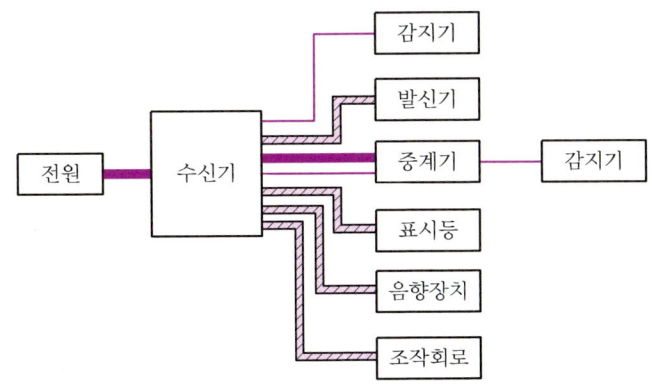

여기서, ▬▬ : 내화배선, ▨▨ : 내열배선, ─── : 일반배선

4) 가스계 소화설비(CO$_2$, 할론, 분말, 할로겐화합물 및 불활성기체 소화설비)의 배선

① 전원회로의 배선 : 내화배선

② 그 밖의 배선 : 내화배선 또는 내열배선

③ 감지기 상호 간 또는 감지기로부터 수신기에 이르는 감지기회로의 배선
   ㉠ 아날로그식, 다신호식 감지기 및 R형 수신기용 : 전자파 방해를 받지 아니하는 실드선
   ㉡ 그 밖의 일반배선 : 내화배선 또는 내열배선

④ 제어반~기동용기 간
   ㉠ 배선이 없으므로 결선하지 않는다.
   ㉡ 제어반에서 솔레노이드밸브 간에 배선이 결선이 되어 있고 기동신호가 들어오면 솔레노이드의 파괴침이 작동하여 기동용기를 개방한다.

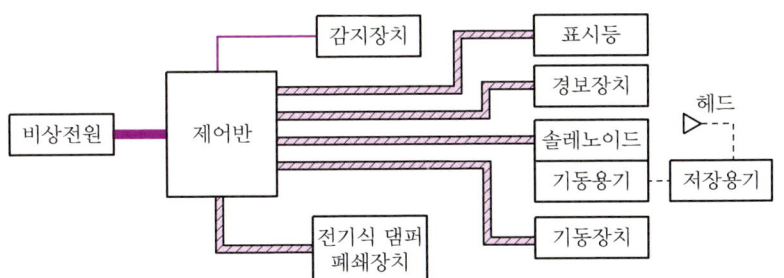

여기서, ▬▬ : 내화배선, ▨▨ : 내열배선, ─── : 일반배선, ······ : 배관

5) 송배선식 배선회로(송배전식 → 송배선식으로 용어 개정)

① 정의 : 배선의 도중에서 분기하지 않고 결선하는 방식
② 송배선식의 목적 : 도통시험을 용이하게 하기 위하여
③ 종단저항의 설치목적 : 도통시험을 용이하게 하기 위하여
④ 송배선식 적용설비 : **자동화재탐지설비, 제연설비**

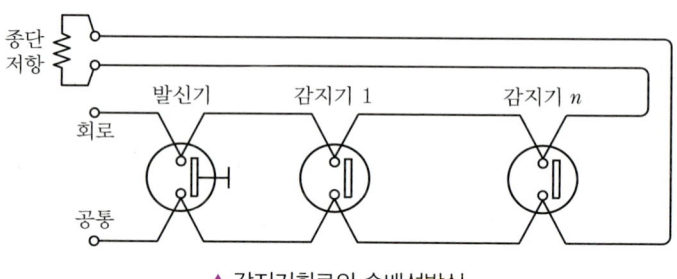

▲ 감지기회로의 송배선방식

6) 교차회로방식

① 정의

하나의 담당구역 내에 2 이상의 화재감지기회로를 설치하고 인접한 2 이상의 화재감지기가 동시에 감지되는 때에 설비가 작동하는 방식

② 목적

감지기 오동작에 의한 설비의 작동을 방지하기 위하여

③ 적용설비

㉠ 이산화탄소소화설비
㉡ 할론소화설비
㉢ 분말소화설비
㉣ 할로겐화합물 및 불활성기체 소화설비
㉤ 준비작동식 스프링클러설비
㉥ 일제살수식 스프링클러설비

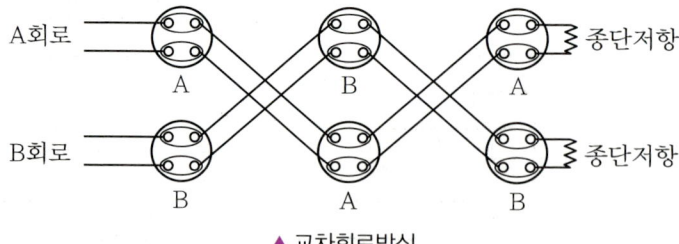

▲ 교차회로방식

4. 전선의 굵기 결정요소

> 허용전류, 전압강하, 기계적 강도, 전력손실, 경제성

1) 허용전류

① 전선에 허용전류 이상의 전류가 흐르면 줄열이 발생하여 화재의 원인이 된다. 그러므로 전선에 안전하게 흐를 수 있는 최대 허용전류 값을 결정하여야 한다. 전선의 허용전류라 함은 전선에 연속하여 흘릴 수 있는 허용전류를 말한다.

② 전동기 등 기동전류가 큰 전기기계기구를 사용하는 경우 허용전류 산정

전동기의 정격전류 합	전선의 허용전류
50[A] 이하	정격전류의 합 × 1.25배
50[A] 초과	정격전류의 합 × 1.1배

③ 전선의 공칭단면적
- ㉠ 0.5[mm²]
- ㉡ 0.75[mm²]
- ㉢ 1.0[mm²]
- ㉣ 1.5[mm²]
- ㉤ 2.5[mm²]
- ㉥ 4[mm²]
- ㉦ 6[mm²]
- ㉧ 10[mm²]
- ㉨ 16[mm²]
- ㉩ 25[mm²]
- ㉪ 35[mm²]
- ㉫ 50[mm²]
- ㉬ 70[mm²]
- ㉭ 95[mm²]
- ⓐ 120[mm²]
- ⓑ 150[mm²]

2) 전압강하

(1) 정의

전류가 전선을 타고 이동할 때 전선의 저항에 의해 수전단의 전압이 낮아지는 현상, 즉 송전단 전압과 수전단 전압의 차를 전압강하라 한다.

(2) 전압강하(e) : 단상 교류, 직류 2선식

$$e = V_S - V_R = 2IR$$

여기서, V_S : 송전단 전압, V_R : 수전단 전압, I : 선로전류, R : 선로 1가닥의 저항

(3) 전기방식별 전압강하와 전선의 굵기 산정

구분	전압강하	전선의 굵기
단상 2선식	$e = \dfrac{35.6LI}{1,000A}$	$A = \dfrac{35.6LI}{1,000e}$
3상 3선식	$e = \dfrac{30.8LI}{1,000A}$	$A = \dfrac{30.8LI}{1,000e}$
단상 3선식 3상 4선식	$e = \dfrac{17.8LI}{1,000A}$	$A = \dfrac{17.8LI}{1,000e}$

여기서, e : 전압강하[V], A : 전선의 굵기[mm²], L : 거리[m], I : 전류[A]

(4) 전압강하율(ε)

$$\varepsilon = \frac{V_S - V_R}{V_R} \times 100 = \frac{e}{V_R} \times 100$$

여기서, V_S : 송전단 전압[V], V_R : 수전단 전압[V], e : 전압강하[V]

5. 전동기

1) 전동기의 용량

① 전동기의 동력(물사용 펌프용 전동기)

$$P[\text{kW}] = \frac{9.8\,QH}{\eta} K$$

여기서, 9.8 : 물의 비중량[kN/m³], Q : 유량[m³/s]
H : 양정[m], η : 효율, K : 전달계수

② 송풍기의 동력

$$P[\text{kW}] = \frac{P_T\,Q}{102\eta} K$$

여기서, P_T : 전압[mmAq], Q : 유량[m³/s], η : 효율, K : 전달계수

2) 전동기의 속도

동기속도	회전속도
$N_S = \dfrac{120f}{p}$	$N = \dfrac{120f}{p}(1-S)$

여기서, N_S : 동기속도[rpm], N : 회전속도[rpm], p : 극수, f : 주파수[Hz], S : 슬립

3) 유도전동기의 기동방법

(1) 농형 유도전동기의 기동방법

① 전전압 기동법(직입기동) : 기동전류는 전 부하전류의 4~6배(전동기 용량 5.5[kW] 이하에서 사용)

② Y-△ 기동법 : 기동전류 $\dfrac{1}{3}$배 감소, 기동 토크 $\dfrac{1}{3}$배 감소(5.5[kW] 이상)

③ 리액터 기동법 : 전원과 전동기 사이에 직렬 리액터를 삽입하여 기동전류를 제한

④ 기동 보상기법 : 3상 단권 변압기로 기동전류를 제한(15[kW] 이상)

(2) 권선형 유도전동기의 기동방법

① 2차 저항 기동법
② 게르게스법

4) 역률 개선용 콘덴서 용량

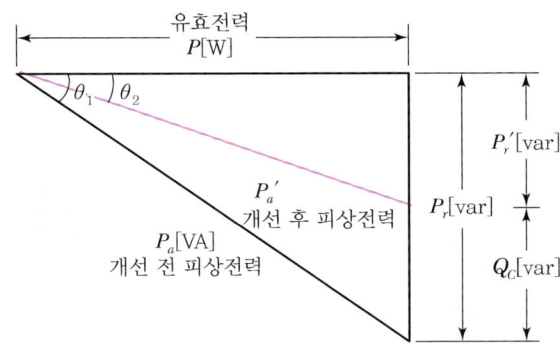

$$Q_C = P(\tan\theta_1 - \tan\theta_2) = P\left(\frac{\sin\theta_1}{\cos\theta_1} - \frac{\sin\theta_2}{\cos\theta_2}\right)[VA]$$

$$Q_C = P\left(\frac{\sqrt{1-\cos^2\theta_1}}{\cos\theta_1} - \frac{\sqrt{1-\cos^2\theta_2}}{\cos\theta_2}\right)[VA]$$

여기서, Q_C : 콘덴서의 용량[VA], P : 유효전력[W]
$\cos\theta_1$: 개선 전 역률, $\cos\theta_2$: 개선 후 역률

6. 전선관공사에 사용되는 부속품의 종류

명칭	외형	설명
부싱 (Busing)		전선의 절연피복을 보호하기 위하여 금속관 끝에 취부하여 사용되는 부품
유니언 커플링 (Union Coupling)		금속전선관 상호 간을 접속하는 데 사용되는 부품(관이 고정되어 있을 때)
노멀 벤드 (Normal Bend)		매입배관공사를 할 때 직각으로 굽히는 곳에 사용하는 부품
유니버설 엘보 (Universal Elbow)		노출배관공사를 할 때 관을 직각으로 굽히는 곳에 사용하는 부품

명칭	외형	설명
링 리듀서 (Ring Reducer)		금속관을 아웃렛 박스에 로크 너트만으로 고정하기 어려울 때 보조적으로 사용되는 부품
커플링 (Coupling)		금속전선관 상호 간을 접속하는 데 사용되는 부품(관이 고정되어 있지 않을 때)
새들 (Saddle)		관을 지지하는 데 사용하는 재료
로크 너트 (Lock Nut)		금속관과 박스를 접속할 때 사용하는 재료로 최소 2개를 사용한다.
리머 (Reamer)		금속관 말단의 모를 다듬기 위한 기구
파이프 커터 (Pipe Cutter)		금속관을 절단하는 기구
환형 3방출 정크션 박스		배관을 분기할 때 사용하는 박스
스트레이트 박스 커넥터		가요전선관과 박스의 연결에 사용되는 부품
콤비네이션 커플링		가요전선관과 금속전선관 연결에 사용되는 부품
스플릿 커플링		가요전선관과 가요전선관 연결에 사용되는 부품

7. 소방시설 도시기호

분류	명칭	도시기호	분류	명칭	도시기호
배관	일반배관	———	헤드류	스프링클러헤드 개방형 상향식(평면도)	
	옥내·외소화전	—H—		스프링클러헤드 개방형 하향식(평면도)	
	스프링클러	—SP—		스프링클러헤드 폐쇄형 상향식(계통도)	
	물분무	—WS—		스프링클러헤드 폐쇄형 하향식(입면도)	
	포소화	—F—		스프링클러헤드 폐쇄형 상·하향식(입면도)	
	배수관	—D—		스프링클러헤드 상향형(입면도)	↑
	전선관 입상			스프링클러헤드 하향형(입면도)	↓
	전선관 입하			분말·탄산가스·할로겐헤드	
	전선관 통과			연결살수헤드	
관이음쇠	후렌지			물분무헤드(평면도)	
	유니온			물분무헤드(입면도)	↓
	플러그			드랜쳐헤드(평면도)	
	90° 엘보			드랜쳐헤드(입면도)	↓
	45° 엘보			포헤드(평면도)	
	티			포헤드(입면도)	
	크로스			감지헤드(평면도)	
	맹후렌지			감지헤드(입면도)	
	캡			청정소화약제 방출헤드(평면도)	
헤드류	스프링클러헤드 폐쇄형 상향식(평면도)	●		청정소화약제 방출헤드(입면도)	▲
	스프링클러헤드 폐쇄형 하향식(평면도)				

분류	명칭	도시기호	분류	명칭	도시기호
밸브류	체크밸브		밸브류	FOOT 밸브	
	가스체크밸브			볼밸브	
	게이트밸브 (상시개방)			배수밸브	
	게이트밸브 (상시폐쇄)			자동배수밸브	
	선택밸브			여과망	
	조작밸브(일반)			자동밸브	
	조작밸브(전자식)			감압밸브	
	조작밸브(가스식)			공기조절밸브	
	경보밸브(습식)		계기류	압력계	
	경보밸브(건식)			연성계	
	프리액션밸브			유량계	
	경보델류지밸브		소화전	옥내소화전함	
	프리액션밸브 수동조작함	SVP		옥내소화전 방수용 기구 병설	
	플렉시블조인트			옥외소화전	
	솔레노이드밸브			포말소화전	
	모터밸브			송수구	
	릴리프밸브 (이산화탄소용)			방수구	
	릴리프밸브 (일반)		스트레이너	Y형	
	동체크밸브			U형	
	앵글밸브				

분류	명칭	도시기호	분류	명칭	도시기호
저장탱크류	고가수조 (물올림장치)		경보설비기기류	감지선	
	압력챔버			공기관	
	포말원액탱크	(수직) (수평)		열전대	
				열반도체	
레듀셔	편심레듀셔			차동식 분포형 감지기의 검출기	
	원심레듀셔				
혼합장치류	프레져프로포셔너			발신기셋트 단독형	P B L
	라인프로포셔너			발신기셋트 옥내소화전 내장형	P B L
	프레져사이드 프로포셔너				
				경계구역번호	
	기타	P		비상용 누름버튼	F
펌프류	일반펌프			비상전화기	ET
	펌프모터(수평)	M		비상벨	B
	펌프모터(수직)	M		싸이렌	
				모터싸이렌	M
저장용기류	분말약제 저장용기	P.D		전자싸이렌	S
	저장용기			조작장치	EP
				증폭기	AMP
경보설비기기류	차동식 스포트형 감지기			기동누름버튼	E
	보상식 스포트형 감지기			이온화식 감지기 (스포트형)	S I
	정온식 스포트형감지기			광전식 연기감지기 (아나로그)	S A
	연기감지기	S		광전식 연기감지기 (스포트형)	S P

분류	명칭	도시기호	분류	명칭	도시기호
경보설비기기류	감지기간선, HIV1.2[mm]×4(22C)	—F—////	제연설비	수동식 제어	□
	감지기간선, HIV1.2[mm]×8(22C)	—F—////—////		천장용 배풍기	
	유도등간선 HIV2.0[mm]×3(22C)	—EX—		벽부착용 배풍기	
	경보부저	BZ		배풍기 - 일반배풍기	
	제어반			배풍기 - 관로배풍기	
	표시반			댐퍼 - 화재댐퍼	
	회로시험기	⊙		댐퍼 - 연기댐퍼	
	화재경보벨	Ⓑ		댐퍼 - 화재/연기댐퍼	
	시각경보기(스트로브)		스위치류	압력스위치	PS
	수신기			탬퍼스위치	TS
	부수신기		방연·방화문	연기감지기(전용)	S
	중계기			열감지기(전용)	
	표시등	◐		자동폐쇄장치	ER
	피난구유도등	✪		연동제어기	
	통로유도등	→		배연창기동모터	M
	표시판	△		배연창수동조작함	
	보조전원	TR	기타	비상콘센트	⊙⊙
	종단저항	Ω		스피커	▽
				가스계 소화설비의 수동조작함	RM

8. 옥내배선의 그림기호

명칭	그림기호	적용
배전반, 분전반 및 제어반	☐	• 종류를 구별하는 경우는 다음과 같다. 　배전반　⊠ 　분전반　◪ 　제어반　⊠ • 직류용은 그 뜻을 표기한다. • 재해방지 전원회로용 배전반 등인 경우는 2중 틀로 하고 필요에 따라 종별을 표기한다. 　보기 : ⊠ 1종　◪ 2종
배선용 차단기	B	• 상자인 경우는 상자의 재질 등을 표기한다. • 극수, 프레임의 크기, 정격전류 등을 표기한다. 　보기 : B 3P 　　　　　225AF 　　　　　150A • 모터브레이커를 표시하는 경우는 ⓑ를 사용한다. • B를 S MCB로서 표시하여도 좋다.
누전 차단기	E	• 상자인 경우는 상자의 재질 등을 표기한다. • 과전류 소자붙이는 극수, 프레임의 크기, 정격전류, 정격 감도전류 등 과전류 소자 없음은 극수, 정격전류, 정격 감도전류 등을 표기한다. 　과전류 소자 있음의 보기 : E 2P / 30AF / 15A / 30mA 　과전류 소자 없음의 보기 : E 3P / 15A / 30mA • 과전류 소자 있음은 BE 를 사용하여도 좋다. • E 를 S ELB로 표시하여도 좋다.
비상용 조명 (건축 기준법에 따르는 것) — 백열등	●	• 일반용 조명 백열등의 적요를 준용한다. 다만, 기구의 종류를 표시하는 경우는 표기한다. • 일반용 조명 형광등에 조립하는 경우는 다음과 같다. 　─○●─
비상용 조명 (건축 기준법에 따르는 것) — 형광등	─○─	• 일반용 조명 백열등의 적요를 준용한다. 다만, 기구의 종류를 표시하는 경우는 표기한다. • 계단에 설치하는 통로유도등과 겸용인 것은 ─⊗─ 로 한다.

명칭		그림기호	적용
유도등 (소방법에 따르는 것)	백열등	⊗	• 일반용 조명 백열등의 적요를 준용한다. • 객석유도등인 경우는 필요에 따라 S를 표기한다. ⊗s
	형광등	⊡⊗⊡	• 일반용 조명 백열등의 적요를 준용한다. • 기구의 종류를 표시하는 경우는 표기한다. 보기 : ⊡⊗⊡ 중 • 통로유도등인 경우는 필요에 따라 화살표를 기입한다. 보기 : ←⊡⊗⊡　⊡⊗⊡→ • 계단에 설치하는 비상용 조명과 겸용인 것은 ⊡⊗⊡로 한다.
차동식 스포트형 감지기		⌒	필요에 따라 종별을 표기한다.
보상식 스포트형 감지기		⌒	필요에 따라 종별을 표기한다.
정온식 스포트형 감지기		⌒	• 필요에 따라 종별을 표기한다. • 방수인 것은 ⌒로 한다. • 내산인 것은 ⌒로 한다. • 내알칼리인 것은 ⌒로 한다. • 방폭인 것은 EX를 표기한다.
연기감지기		[S]	• 필요에 따라 종별을 표기한다. • 점검박스붙이인 경우는 [S]로 한다. • 매입인 것은 [S]로 한다.
감지선		─⊙─	• 필요에 따라 종별을 표기한다. • 감지선과 전선의 접속점은 ──●── 로 한다. • 가건물 및 천장 안에 시설할 경우는 ---⊙--- 로 한다. • 관통 위치는 ─○─○─ 로 한다.
공기관		───	• 배선용 그림기호보다 굵게 한다. • 가건물 및 천장 안에 시설할 경우는 ─ ─ ─ 로 한다. • 관통 취지는 ─○─○─ 로 한다.
열전대		▬	가건물 및 천장 안에 시설할 경우는 ▭ 로 한다.
열반도체		∞	
차동식 분포형 감지기의 검출부		⋈	필요에 따라 종별을 표기한다.

명칭	그림기호	적용
P형 발신기	ⓟ	• 옥외용인 것은 ⌒ⓟ 로 한다. • 방폭인 것은 EX를 표기한다.
회로 시험기	▣	
경보벨	Ⓑ	• 방수용인 것은 ⌒Ⓑ 로 한다. • 방폭인 것은 EX를 표기한다.
수신기	⬚⊠⬚	다른 설비의 기능을 갖는 경우는 필요에 따라 해당 설비의 그림기호를 표기한다. 보기 : 가스누설경보설비와 일체인 것 ⬚⊠△ 가스누설경보설비 및 방배연 연동과 일체인 것 ⬚⊠⊠
부 수신기 (표시기)	⬚⬚	
중계기	⬚	
표시등	◐	
표지판	◺	
보조 전원	TR	
이보기 (이동경보기)	R	필요에 따라 해당 설비의 기호를 표기한다. 경비회사 등 기기　　G 비상 방송　　　　　　E 소화 장치　　　　　　X 소화전　　　　　　　H 방화문·배연 등　　　D 기타　　　　　　　　F
차동 스포트 시험기	T	필요에 따라 개수를 표기한다.
종단 저항기	Ω	보기 : ⌒Ω ⓟΩ ⋈Ω
기기 수용상자		
경계구역 경계선	—·—	배선의 그림 기호보다 굵게 한다.
경계구역 번호	◯	• ◯ 안에 경계구역 번호를 넣는다. • 필요에 따라 ⌒ 로 하고 상부에 필요사항, 하부에 경계구역 번호를 넣는다. 보기 : ⌒계단 ⌒샤프트

명칭	그림기호	적용
기동 버튼	Ⓔ	가스계 소화설비는 G, 수계 소화설비는 W를 표기한다.
경보벨	Ⓑ	자동화재경보설비의 경보벨 적요를 준용한다.
경보 버저	ⒷⓏ	자동화재경보설비의 경보벨 적요를 준용한다.
사이렌	▷○	자동화재경보설비의 경보벨 적요를 준용한다.
제어반	⊠	
표시반	▭	필요에 따라 창수를 표기한다. 보기 : ▭₃
표시등	◐	시동표시등과 겸용인 것은 ◉로 한다.

누설동축케이블	──	• 일반 배선용 그림기호보다 굵게 한다.
		• 천장에 은폐하는 경우는 ─·─ 을 사용하여도 좋다.
		• 필요에 따라 종별, 형식, 사용 길이 등을 기입한다.
		  보기 : LC×500 100m
		• 내열형인 것은 필요에 따라 H를 기입한다.
		  보기 : H-LC×200 50m

안테나	△	• 필요에 따라 종별, 형식 등을 기입한다. • 내열형인 것은 필요에 따라 H를 표기한다.
혼합기	Ⴤ	주파수가 다른 경우는 다음과 같다. U/V U/U V/V
분배기	⊕	분배수에 따른 그림기호는 다음과 같이 한다. 4분기기의 보기 : ⊕
분기기	⊞	필요에 따라 분기수에 따른 그림기호로 한다. 2분기기의 보기 : ⊞
종단 저항기	─⋀⋀⋀─	
무선기 접속단자	◎	필요에 따라 소방용 F, 경찰용 P, 자위용 G를 표기한다. 보기 : ◎F
커넥터	─⊡	필요에 따라 생략할 수 있다.
분파기 (필터를 포함한다)	F	

핵심 기출 문제

01 다음은 소화설비별로 적용 가능한 비상전원의 종류를 표로 나타낸 것이다. 각 소화설비별로 적용 가능한 비상전원을 찾아 빈칸에 ●표 하시오.

설비명	자가발전 설비	축전지 설비	비상전원 수전설비
옥내소화전설비, 물분무소화설비, 이산화탄소소화설비, 할론소화설비, 비상조명등, 제연설비, 연결송수관설비			
스프링클러설비, 포소화설비			
자동화재탐지설비, 비상경보설비, 유도등, 비상방송설비			
비상콘센트설비			

해답

설비명	자가발전 설비	축전지 설비	비상전원 수전설비
옥내소화전설비, 물분무소화설비, 이산화탄소소화설비, 할론소화설비, 비상조명등, 제연설비, 연결송수관설비	●	●	
스프링클러설비, 포소화설비	●	●	●
자동화재탐지설비, 비상경보설비, 유도등, 비상방송설비		●	
비상콘센트설비	●	●	●

해설 소방설비별 비상전원의 종류 및 용량

소방설비	비상전원의 종류	비상전원의 용량
• 비상경보설비 　(비상벨설비 또는 자동식 사이렌설비) • 비상방송설비 • 자동화재탐지설비	• 축전지설비 • 전기저장장치	60분 이상 감시상태 지속 10분 이상 경보
• 소화설비 • 제연설비 • 비상조명등	• 자가발전설비 • 축전지설비 • 전기저장장치	20분 이상
• 스프링클러설비 • 포소화설비	• 자가발전설비 • 축전지설비 • 비상전원수전설비 • 전기저장장치	20분 이상

소방설비	비상전원의 종류	비상전원의 용량
비상콘센트설비	• 자가발전설비 • 축전지설비 • 비상전원수전설비 • 전기저장장치	20분 이상
유도등	축전지	
유도등 및 비상조명등이 설치된 장소로서 • 11층 이상의 층 • 지하층 또는 무창층으로서 용도가 도매시장 · 소매시장 · 여객자동차터미널 · 지하역사 또는 지하상가	유도등 • 축전지 비상조명등 • 자가발전설비 • 축전지설비 • 전기저장장치	60분 이상
무선통신보조설비의 증폭기	• 축전지설비	30분 이상

✎ 스프링클러설비, 포소화설비의 비상전원
- 자가발전설비, 축전지설비, 전기저장장치
- 차고 · 주차장으로서 스프링클러설비, 호스릴 방식의 포소화설비, 포소화전설비가 설치된 부분의 바닥면적(차고 · 주차장의 바닥면적을 포함한다)의 합계가 1,000[m²] 미만인 경우 비상전원수전설비를 설치할 수 있다.

02 상용전원으로부터 전력의 공급이 중단된 때에는 자동으로 비상전원으로부터 전력을 공급받을 수 있도록 자가발전설비, 축전지설비 또는 전기저장장치를 설치하여야 한다. 상용전원이 정전되어 비상전원이 자동으로 기동되는 경우, 옥내소화전설비 등과 같은 비상용 부하에 전력을 공급하기 위해 사용되는 스위치의 명칭을 쓰시오.

해답 자동절환스위치

해설 자동절환스위치(ATS : Automatic Transfer Switch)
상용전원과 비상전원 사이에 설치하여 평상시에는 상용전원을 부하 측과 연결하여 사용하던 중 상용전원의 이상이나 정전이 발생하면 비상전원 측으로 자동으로 절환하여 연결해 주는 스위치

03 옥내소화전설비의 비상전원에 대한 다음 물음에 답하시오.

1) 옥내소화전설비에 비상전원을 설치하려고 한다. ( ) 안에 알맞은 내용을 쓰시오.
   - 층수가 7층으로서 연면적이 (①)[m²] 이상인 것
   - 위에 해당하지 않는 경우로서 지하층의 바닥면적의 합계가 (②)[m²] 이상인 것

2) 다음은 옥내소화전설비 비상전원의 설치기준에 대한 사항이다. ( ) 안에 알맞은 내용을 쓰시오.
   - 옥내소화전설비를 유효하게 (③)분 이상 작동할 수 있어야 할 것
   - 상용전원으로부터 전력의 공급이 중단된 때에는 (④)으로 비상전원으로부터 전력을 공급받을 수 있도록 할 것
   - 비상전원(내연기관의 기동 및 제어용 축전기 제외)의 설치장소는 다른 장소와 (⑤)할 것. 이 경우 그 장소에는 비상전원의 공급에 필요한 기구나 설비 외의 것(열병합발전설비에 필요한 기구나 설비 제외)을 두어서는 아니 된다.
   - 비상전원을 실내에 설치하는 때에는 그 실내에 (⑥)을 설치할 것

해답 ① 2,000 ② 3,000 ③ 20 ④ 자동 ⑤ 방화구획 ⑥ 비상조명등

해설
1) 비상전원 설치대상
   ① 지하층을 제외한 층수가 7층 이상으로서 연면적이 2,000[m²] 이상
   ② 지하층의 바닥면적의 합계가 3,000[m²] 이상인 특정소방대상물

2) 비상전원의 설치기준
   ① 점검에 편리하고 화재 및 침수 등의 재해로 인한 피해를 받을 우려가 없는 곳에 설치할 것
   ② 옥내소화전설비를 유효하게 20분 이상 작동할 수 있어야 할 것
   ③ 상용전원으로부터 전력의 공급이 중단된 때에는 자동으로 비상전원으로부터 전력을 공급받을 수 있도록 할 것
   ④ 비상전원(내연기관의 기동 및 제어용 축전기를 제외)의 설치장소는 다른 장소와 방화구획할 것. 이 경우 그 장소에는 비상전원의 공급에 필요한 기구나 설비 외의 것(열병합발전설비에 필요한 기구나 설비는 제외)을 두어서는 아니 된다.
   ⑤ 비상전원을 실내에 설치하는 때에는 그 실내에 비상조명등을 설치할 것

04 축전지를 사용하는 예비전원설비에 대한 다음 각 물음에 답하시오.

1) 부동충전방식에 대한 회로를 개략적으로 그리시오.
2) 축전지의 과방전 또는 방치상태에서 기능회복을 위하여 실시하는 충전방식의 명칭을 쓰시오.
3) 연축전지의 정격용량은 250[Ah], 상시부하가 8[kW]이며 표준전압이 100[V]인 부동충전방식의 충전기 2차 충전전류는 몇 [A]인지 구하시오.

해답 1)

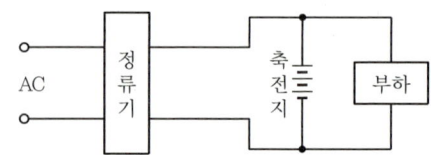

2) 회복충전

3) • 계산과정

$$I_2 = \frac{축전지의\ 정격용량[Ah]}{축전지의\ 공칭용량[Ah]} + \frac{상시부하[W]}{표준전압[V]}[A]$$

$$I_2 = \frac{250[Ah]}{10[Ah]} + \frac{8 \times 10^3[W]}{100[V]} = 105[A]$$

• **답** 105[A]

05 비상전원으로 자가발전설비를 설치하고자 한다. 기동용량은 700[kVA], 허용전압강하는 20[%], 과도리액턴스는 25[%]일 때 다음 각 물음에 답하시오.

1) 발전기 정격용량은 몇 [kVA] 이상의 것을 선정하여야 하는지 산출하시오.
2) 발전기용 차단기의 차단용량은 몇 [MVA] 이상의 것을 선정하여야 하는지 산출하시오.(단, 차단용량의 여유율은 25[%]로 한다.)

해답 1) • 계산과정

$$P_n = P \cdot X_d \left(\frac{1}{e} - 1 \right) [kVA]$$

$$P_n = 700 \times 0.25 \times \left(\frac{1}{0.2} - 1 \right) = 700[kVA]$$

• **답** 700[kVA] 이상

2) • 계산과정

$$P_s = \frac{P_n}{X_d} \times 1.25[kVA]$$

$$P_s = \frac{700}{0.25} \times 1.25 = 3,500[kVA] = 3.5[MVA]$$

• **답** 3.5[MVA]

06 높이가 지상 20[m] 되는 위치에 500[m³]의 저수조가 있다. 여기에 15[kW] 용량의 전동기를 사용하여 양수할 경우 몇 분 후에 저수조에 물이 가득 차겠는지 쓰시오.(단, 전동기의 효율은 70[%]이고 여유계수는 1.2이다.)

- 계산과정 :
- 답 :

해답 ⊕
- 계산과정

  - 유량 : $Q[\mathrm{m}^3/\mathrm{s}] = \dfrac{V[\mathrm{m}^3]}{t[\mathrm{s}]} = \dfrac{500[\mathrm{m}^3]}{t[\mathrm{s}]}$

  - 동력 : 15[kW]

  - $P[\mathrm{kW}] = \dfrac{9.8\,QH}{\eta}K$

  $15 = \dfrac{9.8 \times 20 \times 1.2}{0.7} \times \dfrac{500}{t[\mathrm{s}]}$ [kW]

  $t = 11{,}200[\mathrm{s}]$

  $t = 11{,}200[\mathrm{s}] \times \dfrac{1[\min]}{60[\mathrm{s}]} = 186.67[\min]$

- 답 186.67[min]

07 지하 1층, 지상 11층인 공장에 자동화재탐지설비를 설치하고자 한다. P형 수신기에서 공장까지는 300[m] 떨어져 있고, 공장 내 발신기회로는 층별 2회로씩 총 24회로이며, 발신기는 표시등 30[mA/개], 경종 50[mA/개]의 전류를 소모할 때 다음 각 물음에 답하시오.

1) 표시등 및 경종의 최대소요전류와 총 소요전류[A]를 구하시오.
   - 표시등의 최대소요전류 :
   - 경종의 최대소요전류 :
   - 총 소요전류 :
2) 수신기에서 공장 간 배선의 전압강하[V]를 구하시오.(단, 전선은 2.5[mm²]를 사용한다.)
   - 계산과정 :
   - 답 :

해답 ⊕
1) • 표시등의 최대소요전류 : 30[mA/개]×24[개]=720[mA]=0.72[A]
   • 경종의 최대소요전류 : 50[mA/개]×12[개]=600[mA]=0.6[A]
   • 총 소요전류 : 0.72+0.6=1.32[A]

2) • 계산과정 : $e = \dfrac{35.6 \times 300 \times 1.32}{1{,}000 \times 2.5} = 5.64[\mathrm{V}]$

   • 답 5.64[V]

해설 ⊕ 1) 표시등 및 경종의 최대소요전류와 총 소요전류

① 표시등의 최대소요전류
- 표시등의 최대작동수량 : 발신기당 1개씩(상시점등) 총 24개
- 표시등의 개당 소요전류 : 30[mA/개]
- 표시등의 최대소요전류(24개 상시점등)

  30[mA/개] × 24[개] = 720[mA] = 0.72[A]

② 경종의 최대소요전류

㉠ 11층 이상이므로 우선경보방식이다.
- 1층에서 화재 시 가장 많은 층의 경종이 울리게 된다.

발화층	그 직상 4개층	지하층
1층	2층, 3층, 4층, 5층	지하 1층

㉡ 1층에서 발화 시 총 6개층에서 경종이 작동한다. 층당 발신기가 2개씩이고 경종도 층당 2개씩이 되므로 경종은 총 12개가 작동한다.
- 경종의 개당 소요전류 : 50[mA/개]
- 경종의 최대소요전류(화재 시 최대 12개 작동)

  50[mA/개] × 12[개] = 600[mA] = 0.6[A]

③ 총 소요전류 : 0.72 + 0.6 = 1.32[A]

2) 전압강하

$$e = \frac{35.6LI}{1,000A}$$

여기서, e : 전압강하[V], A : 전선의 굵기[mm²]
L : 거리[m], I : 전류[A]

$e = \dfrac{35.6 \times 300 \times 1.32}{1,000 \times 2.5} = 5.64[\text{V}]$

08 저압옥내배선의 금속관공사와 가요전선관공사에 이용되는 부품의 명칭을 보기를 이용하여 쓰시오.

[보기]

- 링 리듀서
- 스트레이트 박스 커넥터
- 유니버설 엘보
- 스플릿 커플링
- 콤비네이션 커플링

1) 노출배관공사에서 관을 직각으로 굽히는 곳에 사용하는 부품 :
2) 금속관을 아웃렛 박스에 로크 너트만으로 고정하기 어려울 때 보조적으로 사용되는 부품 :
3) 가요전선관과 박스의 연결 :
4) 가요전선관과 금속관의 연결 :
5) 가요전선관과 가요전선관의 연결 :

해답
1) 유니버설 엘보
2) 링 리듀서
3) 스트레이트 박스 커넥터
4) 콤비네이션 커플링
5) 스플릿 커플링

09 다음 소방시설 도시기호의 명칭을 쓰시오.

① ▷◁ :

② Ⓑ :

③ ∪ :

④ S :

해답
① 사이렌
② 비상벨(경보벨)
③ 정온식 감지기
④ 연기감지기

CHAPTER 05 시퀀스 제어

01 시퀀스 제어회로의 기본 용어

미리 정해 놓은 순서에 따라 각 단계별로 순차적으로 진행시키는 제어회로를 시퀀스 제어회로라 한다.

1. 0과 1의 의미

구분	내용	스위치 상태
0	스위치 개방상태 출력이 없는 상태	a접점
1	스위치 폐로상태 출력이 발생하는 상태	b접점

2. (+) 와 (·)의 의미

구분	내용	종류	논리식	논리회로
+	병렬회로를 의미	OR 회로	$X=(A+B)$	
·	직렬회로를 의미	AND 회로	$X=(A \cdot B)$	

3. 부정의 의미(NOT 회로)

입력과 출력이 반대로 되는 회로

부정 전	0	1	+	·	A	$\overline{A}$
부정 후	1	0	·	+	$\overline{A}$	A

4. a접점과 b접점의 의미

구분	평상시 상태	입력 발생 시 상태	심벌	주 용도
a접점	평상시 개방	입력 발생 시 폐로		자기유지접점
b접점	평상시 폐로	입력 발생 시 개방		인터록 접점

5. 접점의 심벌

출력신호					
	유지형 접점	a접점			접점조작을 개로나 폐로로 손으로 넣고 끊는 것(유지형)
		b접점			
	수동조작 자동복귀	a접점			수동조작하면 폐로 또는 개로하지만 손을 떼면 스프링 등의 힘으로 복귀하는 접점 (누름형, 당김형)
		b접점			
	계전기 및 전자접촉기 보조접점	a접점			계전기나 전자접촉기의 보조 접점으로 전자코일에 전류가 흐르거나 그렇지 않음에 따라 개로 또는 폐로하는 접점
		b접점			
	한시동작	a접점			타이머 등 한시계전기의 접점으로 접점이 개로 또는 폐로하는 데 시간이 걸리는 접점
		b접점			
	전자접촉기 주접점	a접점			전자접촉기의 주접점
		b접점			
	수동복귀	a접점			열동계전기 접점 (인위적으로 복귀되는 것, 전자석으로 복귀되는 것도 포함)
		b접점			

02 부울대수

1. 부울대수의 기본 정리

항등법칙	$A+0=A \quad A+1=1$	$A \cdot 1 = A \quad A \cdot 0 = 0$
동일법칙	$A+A=A$	$A \cdot A = A$
보원법칙	$A+\overline{A}=1$	$A \cdot \overline{A} = 0$
다중부정	$\overline{\overline{A}}=A$	
교환법칙	$A+B=B+A$	$A \cdot B = B \cdot A$
결합법칙	$A+(B+C)=(A+B)+C$	$A \cdot (B \cdot C) = (A \cdot B) \cdot C$
분배법칙	$A \cdot (B+C) = AB+AC$	$A+B \cdot C = (A+B) \cdot (A+C)$
흡수법칙	$A+A \cdot B = A$	$A \cdot (A+B) = A$

2. 드모르간의 정리

논리식의 전체 부정을 부분 부정으로, 부분 부정을 전체 부정으로 바꾸는 데 사용한다.

$$\overline{A+B} = \overline{A} \cdot \overline{B} \qquad \overline{A \cdot B} = \overline{A} + \overline{B}$$
$$A+B = \overline{\overline{A} \cdot \overline{B}} \qquad A \cdot B = \overline{\overline{A} + \overline{B}}$$

03 논리회로

1. AND 회로

① 의미 : 입력신호 A, B가 동시에 1일 때만 출력신호가 1이 되는 회로

② 논리식 : $X = A \cdot B$

③ 논리회로 :

④ 유접점 회로

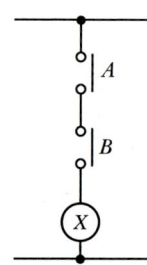

⑤ 진리표

A	B	X
0	0	0
0	1	0
1	0	0
1	1	1

⑥ 무접점 회로

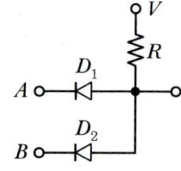

2. OR 회로

① 의미 : 입력신호 A, B 중 어느 하나라도 1이면 출력신호가 1이 되는 회로

② 논리식 : $X = A + B$　　③ 논리회로 :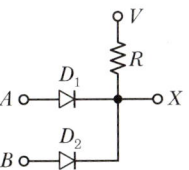

④ 유접점 회로

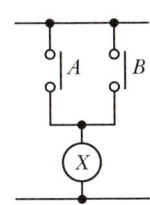

⑤ 진리표

A	B	X
0	0	0
0	1	1
1	0	1
1	1	1

⑥ 무접점 회로

3. NAND 회로

① 의미 : AND 회로의 부정회로로서 입력신호 A, B가 동시에 1일 때만 출력신호가 0이 되는 회로

② 논리식 : $L = \overline{A \cdot B}$　　③ 논리회로 :

④ 유접점 회로

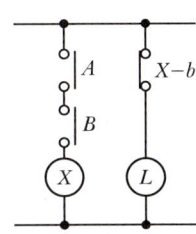

⑤ 진리표

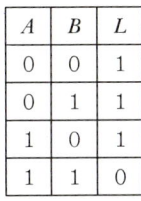

A	B	L
0	0	1
0	1	1
1	0	1
1	1	0

⑥ 무접점 회로

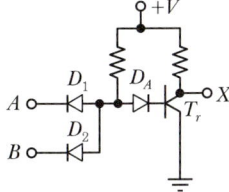

4. NOR 회로

① 의미 : OR 회로의 부정회로로서 입력신호 A, B가 동시에 0일 때만 출력신호가 1이 되는 회로

② 논리식 : $L = \overline{A + B}$　　③ 논리회로 :

④ 유접점 회로

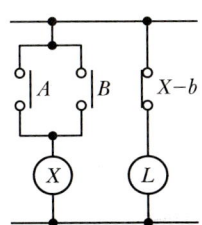

⑤ 진리표

A	B	L
0	0	1
0	1	0
1	0	0
1	1	0

⑥ 무접점 회로

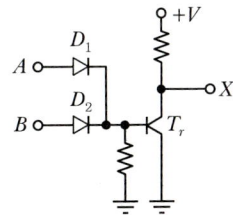

5. NOT 회로

① 의미 : 입력신호 A가 0일 때 출력신호가 1이 되고, A가 1일 때 출력신호가 0이 되는 회로

② 논리식 : $L = \overline{A}$ ③ 논리회로 : $A \longrightarrow \triangleright\!\circ \longrightarrow L$

④ 유접점 회로   ⑤ 진리표   ⑥ 무접점 회로

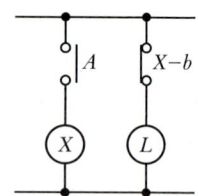

A	L
0	1
1	0

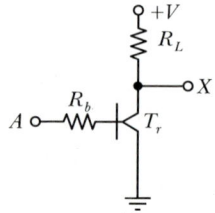

6. 배타적 OR 회로(Exclusive OR)

① 의미 : 입력신호 A, B가 서로 다를 때만 출력신호가 1이 되는 회로

② 논리식 : $X = A \cdot \overline{B} + \overline{A} \cdot B$

③ 논리회로

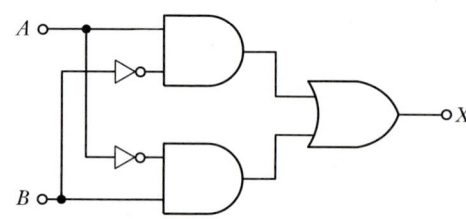

④ 유접점 회로   ⑤ 진리표

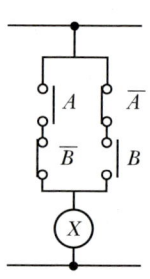

A	B	X
0	0	0
0	1	1
1	0	1
1	1	0

04 소방 관련 시퀀스 회로

1. 자기유지회로

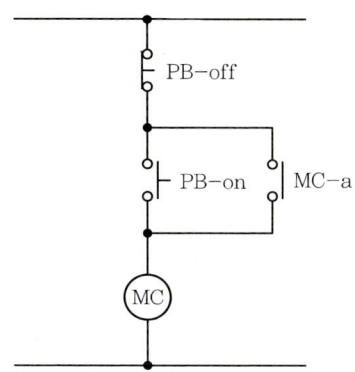

[동작설명]
① PB-on을 누르면 전자접촉기(MC : Magnet Contact) 코일이 여자(전자석 상태)된다.
② MC-a접점이 폐로되어 자기유지회로(Self-Holding Circuit)가 구성된다. 이때 PB-on에서 손을 떼어도 MC는 여자상태가 지속된다. 이러한 기능을 자기유지(Self-Holding)라 한다.
③ PB-off를 누르면 MC 코일이 소자(자석이 없어진 상태)된다. 이때 MC-a접점이 복귀하여 자기유지는 해제된다.

기호	명칭	해설
PB-on	푸시버튼스위치 a접점	• 평상시 개로상태 • 손으로 누른 상태에서만 폐로, 손을 떼면 개로
PB-off	푸시버튼스위치 b접점	• 평상시 폐로상태 • 손으로 누른 상태에서만 개로, 손을 떼면 폐로
MC	전자접촉기	코일에 전원이 입력되면 코일이 여자되어 주접점과 보조접점이 개폐된다.
MC-a	전자접촉기 보조접점(a접점)	• 평상시 개로상태 • 전자접촉기 코일이 여자되면 폐로

2. 전동기 직입기동회로

1) 1개소 기동정지회로

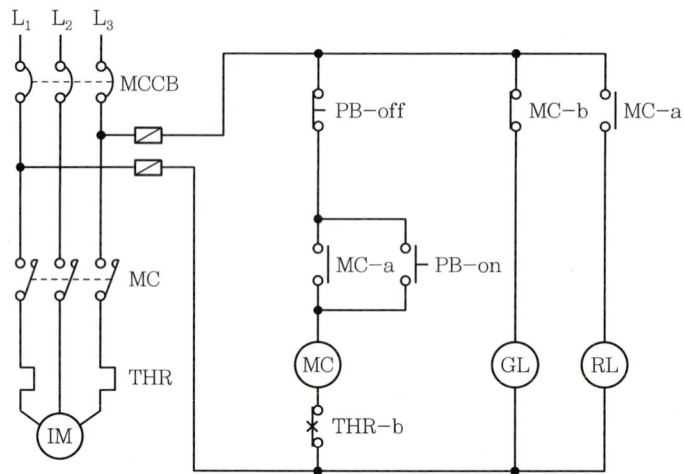

[동작설명]

① MCCB의 전원이 투입되면 GL램프가 점등된다.

② 푸시버튼스위치 PB-on을 누르면 전자접촉기 코일 MC가 여자된다. 동시에
   ㉠ MC-b가 개로되어 GL램프는 소등된다.
   ㉡ MC-a가 폐로되어 자기유지회로가 구성되고 RL램프가 점등된다.
   ㉢ 주회로의 MC 주접점이 폐로되어 전동기가 기동한다.
   ㉣ PB-on에서 손을 떼어도 자기유지되어 동작은 지속된다.

③ 전동기 운전 중 PB-off를 누르거나 열동계전기 THR이 작동하면 MC가 소자된다. 동시에
   ㉠ MC-b가 복귀하여 GL램프는 점등된다.
   ㉡ MC-a가 개로되어 RL램프가 소등된다.
   ㉢ 주회로의 MC 주접점이 개로되어 전동기가 정지된다.

▼ 자동제어 기구의 기호 및 명칭

기호	명칭	해설
(그림)	PB − on 푸시버튼스위치 a접점	• 평상시 개로상태 • 손으로 누른 상태에서만 폐로, 손을 떼면 개로
(그림)	PB − off 푸시버튼스위치 b접점	• 평상시 폐로상태 • 손으로 누른 상태에서만 개로, 손을 떼면 폐로
GL	Green Lamp 정지(전원)표시등	평상시 점등상태이고 전동기가 기동되면 소등된다.
RL	Red Lamp 기동표시등	평상시 소등상태이고 전동기가 기동되면 점등된다.
MC	MC 전자접촉기 코일	코일에 전원이 입력되면 코일이 여자되어 주접점과 보조접점을 동작시킨다.
(그림)	MC 전자접촉기 주접점	전자접촉기 코일이 여자되면 주접점이 폐로되어 전동기를 기동시킨다.
(그림)	MC − a 전자접촉기 보조접점(a접점)	• 평상시 개로상태 • 전자접촉기 코일이 여자되면 폐로
(그림)	MC − b 전자접촉기 보조접점(b접점)	• 평상시 폐로상태 • 전자접촉기 코일이 여자되면 개로
(그림)	MCCB 배선용 차단기 (Molded Case Circuit Breaker)	• 과부하 및 단락사고 시 선로를 차단 • NFB(No Fuse Breaker)
(그림)	THR 열동계전기 (Thermal Relay)	• 과전류 발생 시 선로를 차단하여 전동기를 보호 • 전동기 소손 방지 목적
(그림)	THR − b 열동계전기 수동복귀 b접점	• 평상시 폐로상태 • 열동계전기가 작동하면 개로되어 선로 차단 • 동작편을 손으로 눌러서 수동으로 복귀시킨다.

• 여자 : 코일에 전류를 흘리면 전자석이 되어 자력을 가지는 현상
• 소자 : 코일에 전류가 차단되어 자력이 소멸되는 현상
• 개로 : 스위치가 열린 상태(OFF)
• 폐로 : 스위치가 닫힌 상태(ON)

2) 변형된 직입기동회로

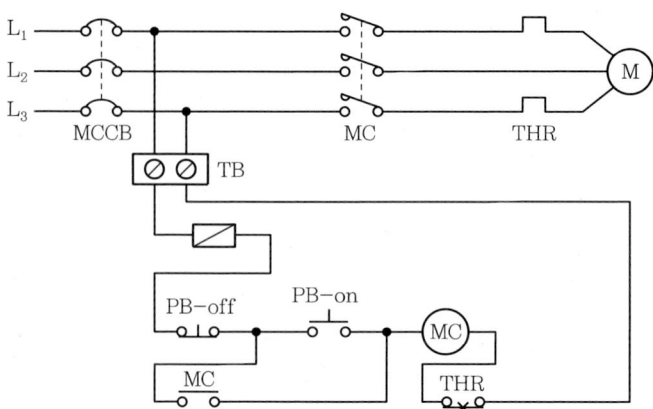

부품의 배치를 바꾸면 어려울 수 있으나 동일한 회로이므로 1개소 직입기동회로를 잘 숙지하면 변형된 직입기동회로도 구성할 수 있다.

① 자기유지회로 : PB-on 스위치와 MC-a접점이 병렬회로로 구성된다.
② PB-off, (PB-on, MC-a), THR-b는 직렬회로로 구성된다.

[동작설명]
① 푸시버튼스위치 PB-on을 누르면 전자접촉기 코일 MC가 여자된다. 동시에
  ㉠ MC-a가 폐로되어 자기유지회로가 구성된다.
  ㉡ 주회로의 MC 주접점이 폐로되어 전동기가 기동한다.
  ㉢ PB-on에서 손을 떼어도 자기유지되어 동작은 지속된다.
② 전동기 운전 중 PB-off를 누르거나 열동계전기 THR이 작동하면 MC가 소자된다. 동시에 주회로의 MC 주접점이 개로되어 전동기가 정지된다.

3) 2개소 기동정지회로

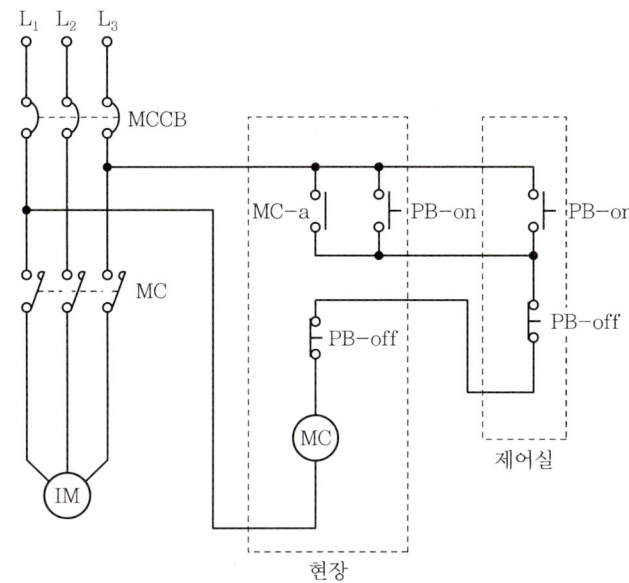

현장 측과 제어실 측에서 모두 기동, 정지가 가능하다.
① 현장 측에서 제어실 측으로 PB-on 스위치는 병렬로 접속한다.
② 제어실 측에서 현장 측으로 PB-off 스위치는 직렬로 접속한다.
③ 자기유지접점 MC-a는 언제나 PB-on 스위치와 병렬로 접속한다.
④ 주회로 측에 열동계전기가 없으므로 보조회로에도 열동계전기 수동복귀 b접점을 그리지 않는다.

✏️ 현장 측과 제어실 측 박스 안의 회로를 그릴 수 있어야 한다.

[동작설명]
① 현장 측
  ㉠ MCCB가 투입된 상태에서 현장 측 PB-on 스위치를 누르면 전류는 제어실 측 PB-off 스위치를 지나 현장 측 PB-off를 거쳐 MC 코일이 여자된다.
  ㉡ 동시에 MC-a접점이 폐로되어 자기유지회로가 구성되고 주회로의 MC접점이 폐로되어 전동기가 기동된다. 이때 PB-on 스위치에서 손을 떼어도 전동기는 계속 운전된다.
  ㉢ 전동기 운전 중 현장 측 PB-off 스위치를 누르면 MC 코일이 소자되어 주회로의 MC접점이 열리므로 전동기는 정지한다.

② 제어실 측
  ㉠ MCCB가 투입된 상태에서 제어실 측 PB-on 스위치를 누르면 전류는 제어실 측 PB-off 스위치를 지나 현장 측 PB-off를 거쳐 MC 코일이 여자된다.
  ㉡ 동시에 MC-a접점이 폐로되어 자기유지회로가 구성되고 주회로의 MC접점이 폐로되어 전동기가 기동된다. 이때 PB-on 스위치에서 손을 떼어도 전동기는 계속 운전된다.

ⓒ 전동기 운전 중 제어실 측 PB-off 스위치를 누르면 MC 코일이 소자되어 주회로의 MC접점이 열리므로 전동기는 정지한다.

4) 2개소 이상 기동정지회로

[조건]

각 층에 설치된 각각의 PB-on 스위치와 PB-off 스위치가 직렬로 연결된 상태에서 분리할 수 없는 경우

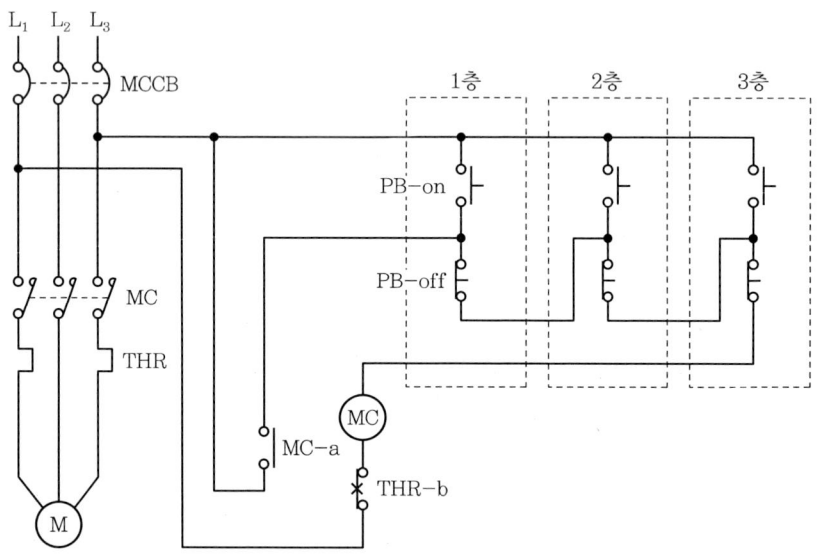

[동작설명]

① 1층에서 동작시키는 경우

 ㉠ 1층의 PB-on 스위치를 누르면 전류는 1층 PB-off → 2층 PB-off → 3층 PB-off를 거쳐 흘러가서 전자접촉기 MC 코일을 여자시킨다.

 ㉡ 이때 MC-a접점이 폐로되어 자기유지회로가 구성되고 주회로의 MC접점이 폐로되어 전동기가 기동된다. 이때 PB-on 스위치에서 손을 떼어도 전동기는 계속 운전된다.

 ㉢ 전동기 운전 중 1층 PB-off 스위치를 누르면 MC 코일이 소자되어 주회로의 MC접점이 열리므로 전동기는 정지한다.

② 2층에서 동작시키는 경우

 ㉠ 2층의 PB-on 스위치를 누르면 전류는 2층 PB-off → 3층 PB-off를 거쳐 흘러가서 전자접촉기 MC 코일을 여자시킨다.

 ㉡ 이때 MC-a접점이 폐로되어 자기유지회로가 구성되고 주회로의 MC접점이 폐로되어 전동기가 기동된다. PB-on 스위치에서 손을 떼어도 전동기는 계속 운전된다.

 ㉢ 전동기 운전 중 2층 PB-off 스위치를 누르면 MC 코일이 소자되어 주회로의 MC접점이 열리므로 전동기는 정지한다.

③ 3층 이상 : 결선 방법과 동작 흐름 동일

3. 양수펌프(Lift Pump) 기동정지회로

1) 급수펌프 시퀀스

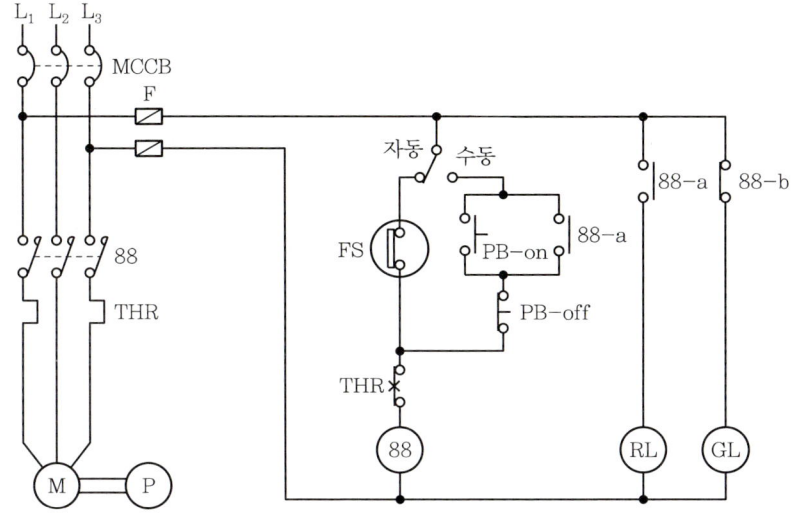

[동작설명]
① 자동기동 정지(셀렉터스위치 자동위치)
  ㉠ MCCB가 투입되면 GL램프가 점등된다.
  ㉡ 수조의 물이 일정 수위까지 떨어지면 플로트스위치 FS(Float Switch)가 동작하여 전자접촉기 88이 여자되고 RL램프는 점등, GL램프는 소등된다. 이때, 주회로의 전자접촉기 주접점 88이 폐로되어 전동기가 기동된다.
  ㉢ 일정 수위까지 급수가 완료되면 플로트스위치 FS(Float Switch)가 개로되어 전자접촉기 88이 소자되고 RL램프는 소등, GL램프는 다시 점등된다. 이때, 주회로의 전자접촉기 주접점 88이 개로되어 전동기가 정지된다.
  ㉣ 열동계전기 THR이 작동해도 전자접촉기 88이 소자되고 RL램프는 소등, GL램프는 다시 점등된다. 이때, 주회로의 전자접촉기 주접점 88이 개로되어 전동기가 정지된다.

② 수동기동 정지(셀렉터스위치 수동위치)
  ㉠ MCCB가 투입되면 GL램프가 점등된다.
  ㉡ 푸시버튼스위치 PB-on을 누르면 전자접촉기 88이 여자되고 RL램프는 점등, GL램프는 소등된다. 동시에 88-a가 폐로되어 자기유지회로가 구성되고 주회로의 전자접촉기 주접점 88이 폐로되어 전동기가 기동된다. 이때 푸시버튼스위치 PB-on에서 손을 떼어도 전동기는 계속 운전된다.

ⓒ 푸시버튼스위치 PB-off를 누르거나 열동계전기 THR이 작동하면 전자접촉기 88이 소자되고 RL램프는 소등, GL램프는 다시 점등된다. 이때, 주회로의 전자접촉기 주접점 88이 개로되어 전동기가 정지된다.

▼ 자동제어 기구의 기호 및 명칭

기호	명칭	해설
88	88 전자접촉기 코일	코일에 전원이 입력되면 코일이 여자되어 주접점과 보조접점을 동작시킨다.
	88 전자접촉기 주접점	전자접촉기 코일이 여자되면 주접점이 폐로되어 전동기를 기동시킨다.
	MCCB 배선용 차단기 (Molded Case Circuit Breaker)	• 과부하 및 단락사고 시 선로를 차단 • NFB(No Fuse Breaker)
	THR 열동계전기 (Thermal Relay)	• 과전류 발생 시 선로를 차단하여 전동기를 보호 • 전동기 소손 방지 목적
	THR-b 열동계전기 수동복귀 b접점	• 평상시 폐로상태 • 열동계전기가 작동하면 개로되어 선로 차단 • 동작핀을 손으로 눌러서 수동으로 복귀시킨다.
	플로트스위치 (Float Switch b접점)	물의 수위가 올라가면 접점이 떨어지고, 물의 수위가 내려가면 접점이 붙는다.(급수용)
	플로트스위치 (Float Switch a접점)	물의 수위가 올라가면 접점이 붙고, 물의 수위가 내려가면 접점이 떨어진다.(배수용)

▼ 자동제어 기구 번호 및 명칭

자동제어 기구 번호	기구 명칭
88	전자접촉기
49	열동계전기(회전기 온도계전기 또는 과부하 계전기)

2) 배수설비 시퀀스

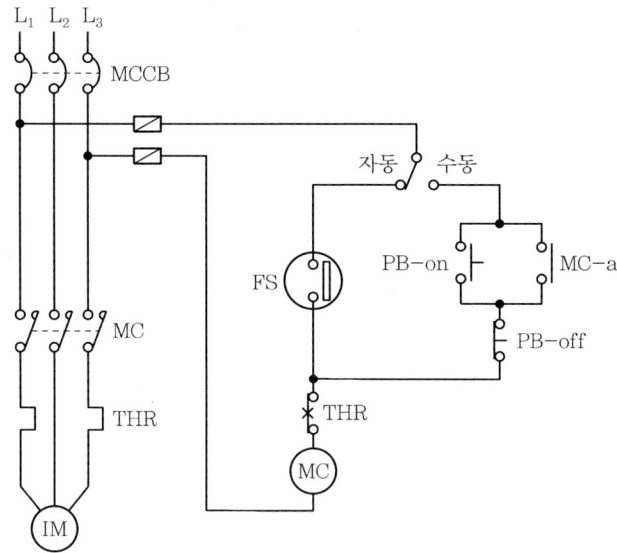

[동작설명]
① 자동기동 정지
  ㉠ MCCB가 투입된 상태에서 셀렉터스위치를 자동위치로 절환한다.
  ㉡ 수조의 물이 일정 수위까지 올라가면 플로트스위치 FS(Float Switch)가 동작하여 전자접촉기 MC가 여자된다. 동시에 주회로의 전자접촉기 MC 주접점이 폐로되어 전동기가 기동된다.
  ㉢ 일정 수위까지 배수가 완료되면 플로트스위치 FS(Float Switch)가 개로되어 전자접촉기 MC가 소자된다. 동시에 전자접촉기 MC 주접점이 개로되어 전동기가 정지된다.
  ㉣ 열동계전기 THR이 작동해도 전자접촉기 MC가 소자되고 주회로의 전자접촉기 MC 주접점이 개로되어 전동기가 정지된다.

② 수동기동 정지
  ㉠ MCCB가 투입된 상태에서 셀렉터스위치를 수동위치로 절환한다.
  ㉡ 푸시버튼스위치 PB-on을 누르면 전자접촉기 MC가 여자되고 MC-a가 폐로되어 자기유지회로가 구성된다. 동시에 주회로의 전자접촉기 MC 주접점이 폐로되어 전동기가 기동된다. 이때 푸시버튼스위치 PB-on에서 손을 떼어도 전동기는 계속 운전된다.
  ㉢ 푸시버튼스위치 PB-off를 누르거나 열동계전기 THR이 작동하면 전자접촉기 MC가 소자되고 주회로의 전자접촉기 MC 주접점이 개로되어 전동기가 정지된다.

4. 인터록 회로

① 신호의 우선순위를 결정하는 회로로서 먼저 들어온 신호가 있을 때 선입력신호가 지속되고 후입력신호는 차단되는 회로이다.
② 인터록 회로＝병렬우선회로＝선입력우선회로

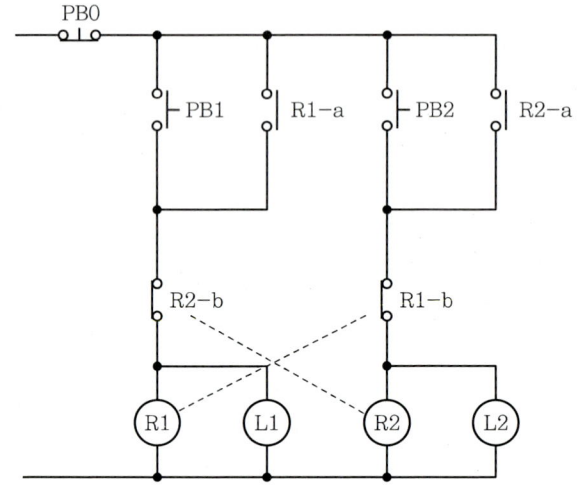

[동작설명]
① 푸시버튼스위치 PB1을 누르면 릴레이 R1이 여자되고 L1이 점등된다. 이때 R1－a접점이 폐로되어 자기유지회로가 형성되어 PB1에서 손을 떼어도 L1은 계속 점등된다.
② 이와 동시에 R1－b접점은 개로되어 PB2를 눌러도 R2는 동작되지 않는다.
③ PB0를 누르면 처음으로 복귀된다.
④ 푸시버튼스위치 PB2를 누르면 릴레이 R2가 여자되고 L2가 점등된다. 이때 R2－a접점이 폐로되어 자기유지회로가 형성되어 PB2에서 손을 떼어도 L2는 계속 점등된다.
⑤ 이와 동시에 R2－b접점은 개로되어 PB1을 눌러도 R1은 동작되지 않는다.
⑥ 즉, R1이 동작하면 R2는 동작하지 않고 R2가 동작하면 R1이 동작하지 않는다. 이와 같은 회로를 인터록 회로(병렬우선회로, 선입력우선회로)라 한다.

5. 정역회로

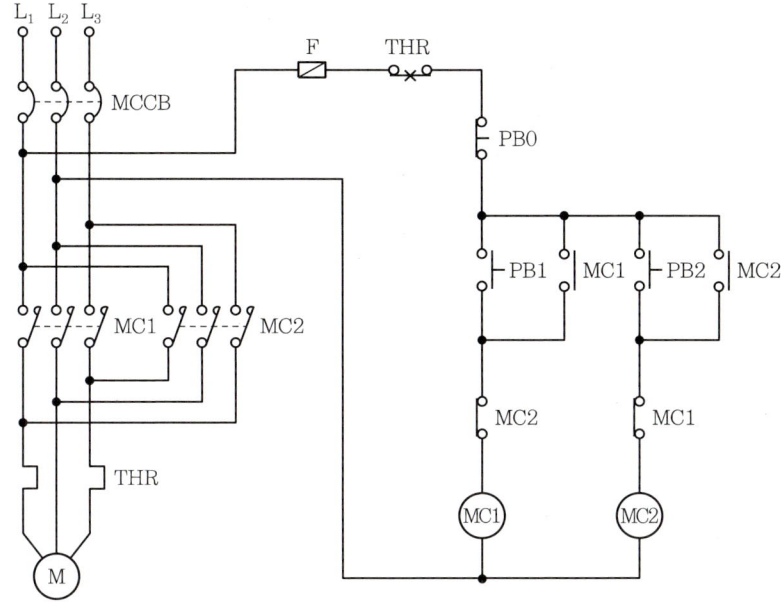

[동작설명]

① MCCB가 투입된 상태에서 PB1을 누르면 MC1이 여자되어 전동기는 정회전한다. 이때 MC1-a접점이 폐로되어 자기유지되므로 PB1에서 손을 떼어도 전동기는 계속 정회전한다.
② 이와 동시에 MC1-b접점은 개로되어 PB2 스위치를 누르더라도 MC2는 동작되지 아니한다(인터록 회로).
③ PB0를 누르면 MC1이 소자되어 전동기는 정지하고 모든 접점은 복귀한다.
④ PB2 스위치를 누르면 MC2가 여자되어 전동기는 역회전한다. 이때 MC2-a접점이 폐로되어 자기유지되므로 PB2에서 손을 떼어도 전동기는 계속 역회전한다.
⑤ 이와 동시에 MC2-b접점은 개로되어 PB1 스위치를 누르더라도 MC1은 동작되지 아니한다(인터록 회로).
⑥ 전동기 운전 중 PB0를 누르거나 열동계전기 THR이 작동하면 전동기는 정지한다.

[주회로 결선]

① 정회전하는 전동기를 역회전시키기 위해서는 3상 중 한 상은 그대로 두고 두 상을 서로 바꾸어 결선하면 회전방향이 바뀐다.
② 도면의 주회로에서 MC2를 이용하여 역회전할 수 있다.
③ $L_1 \to L_3$, $L_2 \to L_2$, $L_3 \to L_1$으로 결선하여 역회전한다.

6. Y－△ 기동회로

1) 목적

① Y결선으로 기동하면 기동전류를 1/3로 제한할 수 있으며 기동토크도 1/3이 된다.

② 전동기의 용량이 5.5[kW] 이상인 전동기에 사용한다.

2) 운전방법

① 기동 시 : 유도전동기의 고정자권선을 Y결선

② 운전 시 : 유도전동기의 고정자권선을 △결선

Y결선	△결선

3) 주회로의 Y－△결선 방법

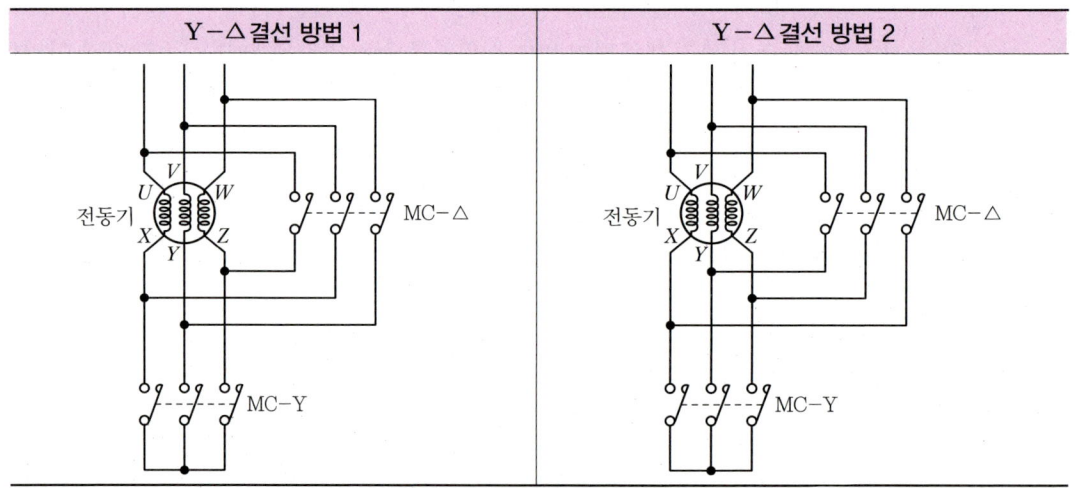

Y－△결선 방법 1	Y－△결선 방법 2

4) Y−△ 기동회로 1

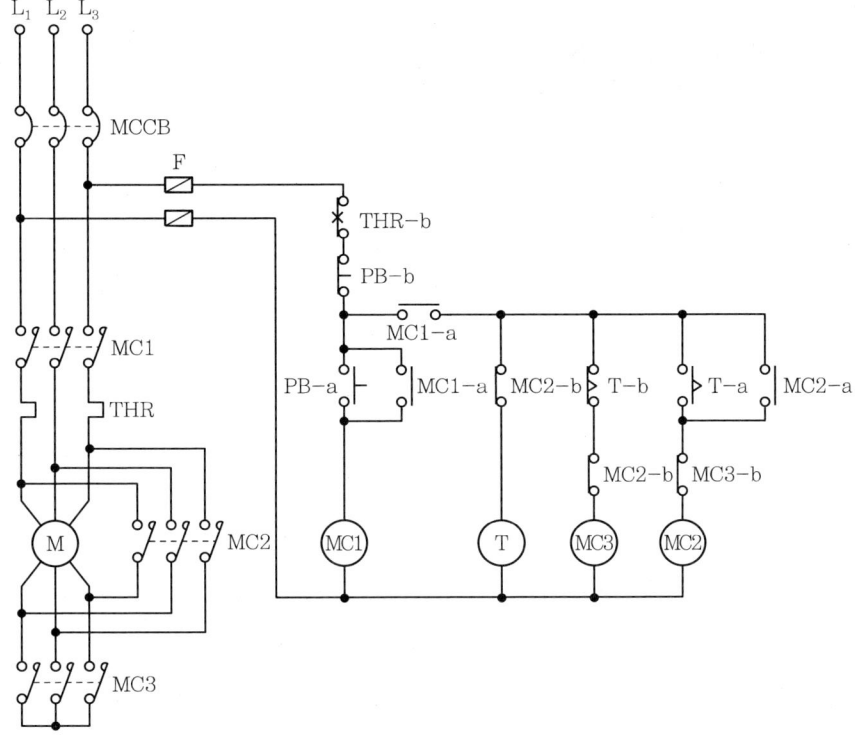

[동작설명]
① 푸시버튼스위치 PB−a를 누르면 전자접촉기 MC1이 여자되고 MC1−a가 폐로되어 자기유지되어 PB−a에서 손을 떼어도 MC1은 여자상태가 지속된다. 이때 주회로의 MC1 주접점이 폐로된다.
② 동시에 위쪽의 MC1−a가 폐로되어 타이머 T가 여자되고 MC3가 여자되면서 MC3 주접점이 폐로되어 전동기는 Y결선으로 기동된다.
③ 타이머 T가 여자 후 설정시간이 지나면 T−b접점이 개로되어 MC3는 소자되어 Y기동이 멈추게 된다.
④ 동시에 T−a접점이 폐로되어 전자접촉기 MC2가 여자되고 주회로의 MC2 주접점이 폐로되어 전동기는 △로 운전한다.
⑤ PB−b를 누르거나 전동기 과부하에 의해 열동계전기 THR이 작동하면 운전 중인 전동기는 정지한다.
⑥ Y기동과 △운전이 동시에 작동하는 것을 방지하기 위하여 인터록 접점 MC2−b와 MC3−b를 설치한다.

5) Y-△ 기동회로 2

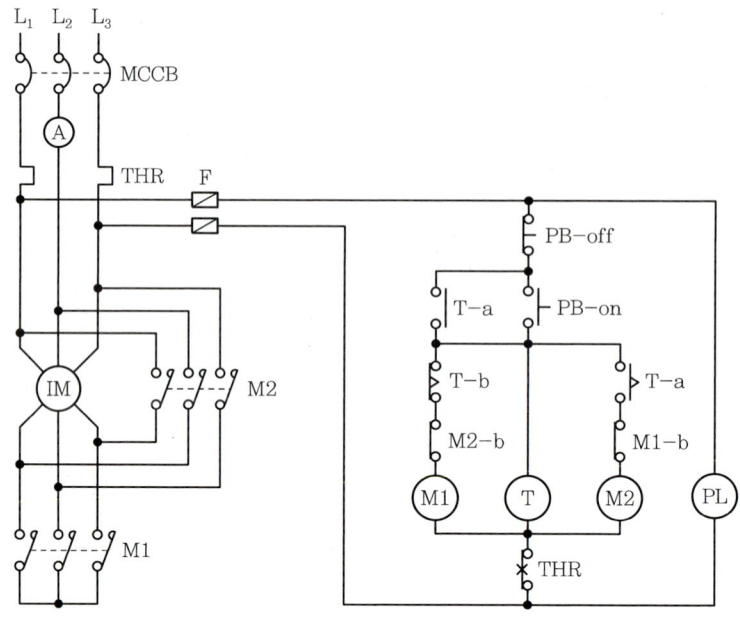

[동작설명]
① MCCB가 투입되면 전원표시등 PL램프가 점등된다.
② 푸시버튼스위치 PB-on을 누르면 전자접촉기 M1이 여자되고 주접점 M1이 폐로되어 전동기가 Y결선으로 기동된다. 동시에 타이머 코일 T가 여자되고 타이머 보조접점 T-a가 폐로되어 자기유지된다.
③ 타이머 설정시간 후 한시접점 T-b가 개로되어 전자접촉기 M1이 소자되고 주접점 M1도 개로되어 Y결선으로 기동되던 전동기가 멈추게 된다.
④ 동시에 타이머 한시접점 T-a가 폐로되어 전자접촉기 M2가 여자되며 주접점 M2가 폐로되어 전동기는 △결선으로 운전한다.
⑤ PB-off를 누르거나 열동계전기 THR이 동작하면 전동기는 정지한다.
⑥ Y기동과 △운전이 동시에 작동하는 것을 방지하기 위하여 인터록 접점 M1-b와 M2-b를 설치한다.

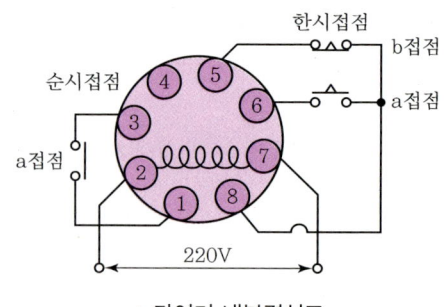

▲ 타이머 내부결선도

6) Y-△ 기동회로 3

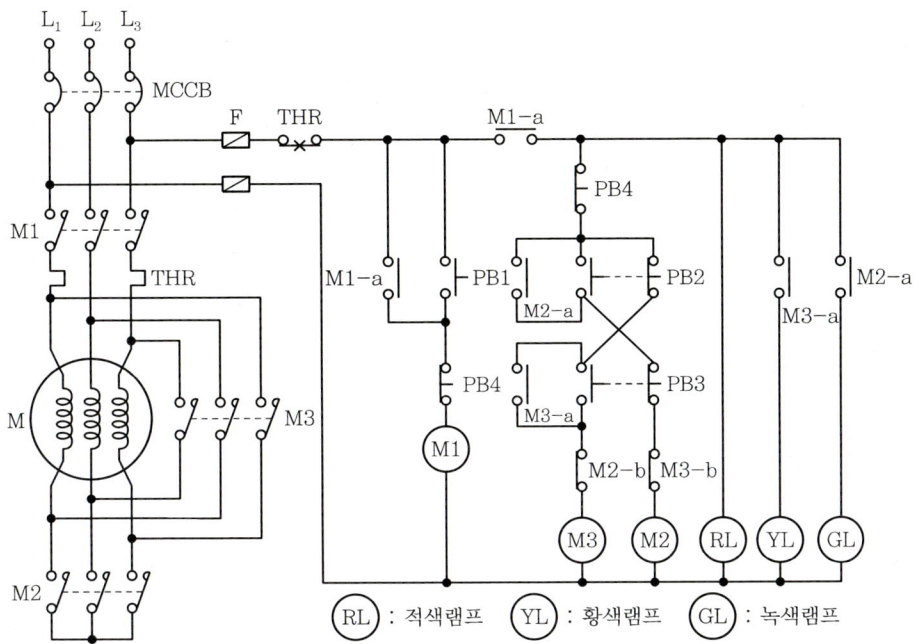

[동작설명]
① MCCB가 투입된 상태에서 푸시버튼스위치 PB1을 누르면 전자접촉기 M1이 여자되고 자기유지접점 M1-a접점이 폐로된다. 동시에 위쪽의 M1-a접점이 폐로되어 RL램프가 점등된다. 이때 주접점 M1도 폐로된다.
② 이 상태에서 푸시버튼스위치 PB2를 누르면 M2가 여자되고 M2-a가 폐로되어 자기유지되고 GL램프도 점등된다. 동시에 주접점 M2가 폐로되어 전동기는 Y결선으로 기동된다.
③ 일정시간 후 PB3를 누르면 전자접촉기 M2가 소자되어 GL램프가 소등되고 주접점 M2도 개로되어 Y기동상태는 멈추게 된다.
④ 동시에 M3가 여자되고 M3-a접점이 폐로되어 자기유지되고 YL램프가 점등된다. 이때 주접점 M3도 폐로되어 전동기는 △결선으로 운전된다.
⑤ PB4를 누르면 전자접촉기 M1, M3가 소자되어 RL, YL램프가 소등되고 주접점 M1, M3도 개로되어 전동기는 정지한다.
⑥ 전동기 운전 중 THR이 동작하여도 전동기는 정지한다.
⑦ 인터록 접점 M2-b, M3-b를 사용하여 Y와 △의 동시투입을 방지한다.
⑧ 램프의 기능

램프	RL	GL	YL
기능	전원투입표시등 (운전표시등)	Y결선 기동표시등	△결선 운전표시등

7. 상용전원 – 예비전원 절환회로

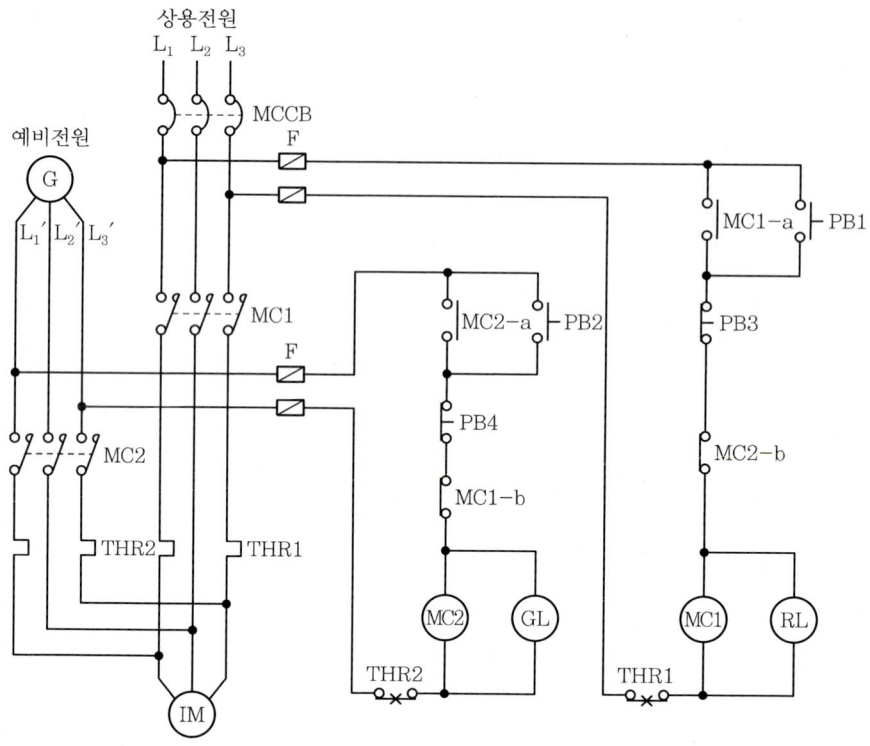

[동작설명]
① PB1을 누르면 전자접촉기 MC1이 여자되고 RL이 점등되며 전자접촉기 보조접점 MC1−a가 폐로되어 자기유지된다. 동시에 전자접촉기 MC1의 주접점이 폐로되어 유도전동기는 상용전원으로 운전된다.
② 상용전원으로 운전 중 PB3를 누르면 MC1이 소자되어 유도전동기는 정지하고 상용전원 운전 표시등 RL은 소등된다.
③ 상용전원 정전 시 예비전원으로 전환하기 위하여 PB2를 누르면 전자접촉기 MC2가 여자되고 GL이 점등되며, 전자접촉기 보조접점 MC2−a가 폐로되어 자기유지된다. 동시에 전자접촉기 MC2의 주접점이 닫혀 유도전동기는 예비전원으로 운전된다.
④ 예비전원으로 운전 중 상용전원으로 전환하기 위하여 PB4를 누르면 MC2가 소자되어 유도전동기는 정지하고 예비전원 운전표시등 GL도 소등된다.
⑤ 열동계전기 THR1이 동작하면 MC1이 소자되어 상용전원 공급이 차단되고 열동계전기 THR2가 동작하면 MC2가 소자되어 예비전원공급이 차단된다.
⑥ 예비전원과 상용전원이 동시에 투입되지 않도록 MC1−b, MC2−b접점을 이용하여 인터록 회로가 구성되어 있다.

핵심 기출 문제

01 다음의 시퀀스 도면은 유도전동기 기동·정지회로의 미완성 도면이다. 다음 각 물음에 답하시오.

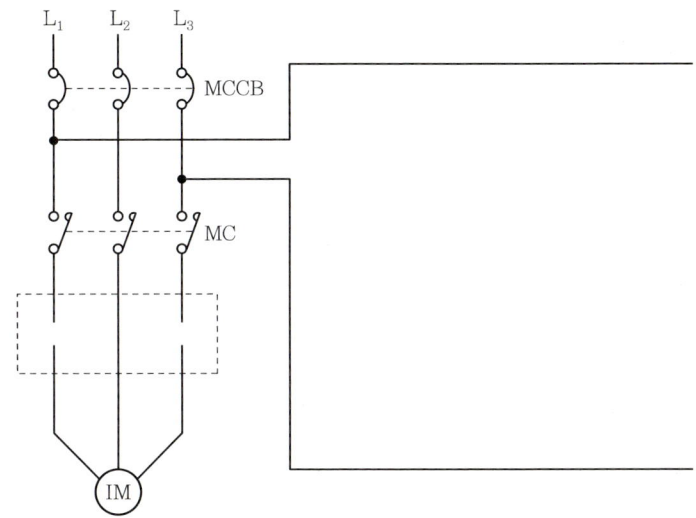

1) 다음의 기계기구를 이용하여 제어회로의 미완성 회로를 완성하시오.(단, 전동기는 자기유지가 되어야 하며, 기구의 개수 및 접점 등은 최소개수를 사용하도록 한다.)

- 누름버튼스위치 PB-on
- 누름버튼스위치 PB-off
- 전자접촉기 MC
- 기동표시등 RL
- 정지표시등 GL
- 열동계전기 THR

2) 주회로의 점선부분을 완성하고 이것은 어떤 경우에 작동하는지 2가지만 쓰시오.
-
-

해답 1)

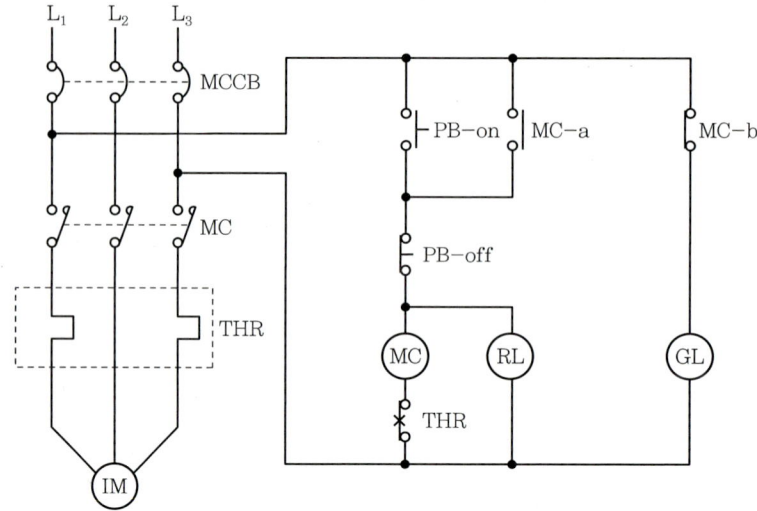

2) • 전동기에 과전류가 흐를 때
   • THR의 전류 세팅치가 전동기의 정격전류보다 낮을 때

해설 1) 동작설명

① MCCB를 투입하면 ⓖL 램프가 점등된다.

② 누름버튼스위치 PB-on을 누르면 전자접촉기 ⓜC 가 여자되고 MC-a접점이 폐로되어 자기유지되며, ⓡL 램프는 점등되고 ⓖL 램프는 소등된다. 동시에 MC 주접점이 폐로되어 유도전동기가 기동된다.

③ 전동기 운전 중 PB-off 스위치를 누르거나 열동계전기 THR이 작동하면 ⓜC 가 소자되어 전동기는 정지한다.

2) **열동계전기**(THR : Thermal Relay)

① 사용목적
과부하나 단락 등에 인한 과전류 발생 시 전동기 보호

② 동작원리
열동계전기 내부에 바이메탈을 설치하여 온도상승 시 열팽창계수 차에 의한 바이메탈의 굴곡이 접점을 작동시킨다.

③ 열동계전기가 동작하는 경우
• 전동기에 과전류가 흐를 때
• THR의 전류 세팅치가 전동기의 정격전류보다 낮을 때(열동계전기의 세팅전류는 전동기 정격전류의 1.2배 정도로 세팅한다.)

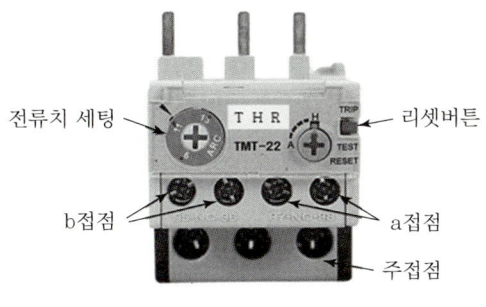

▲ 열동계전기(THR)의 구조

02 다음은 3상 유도전동기의 Y − △ 기동회로이다. 도면을 보고 각 물음에 답하시오.

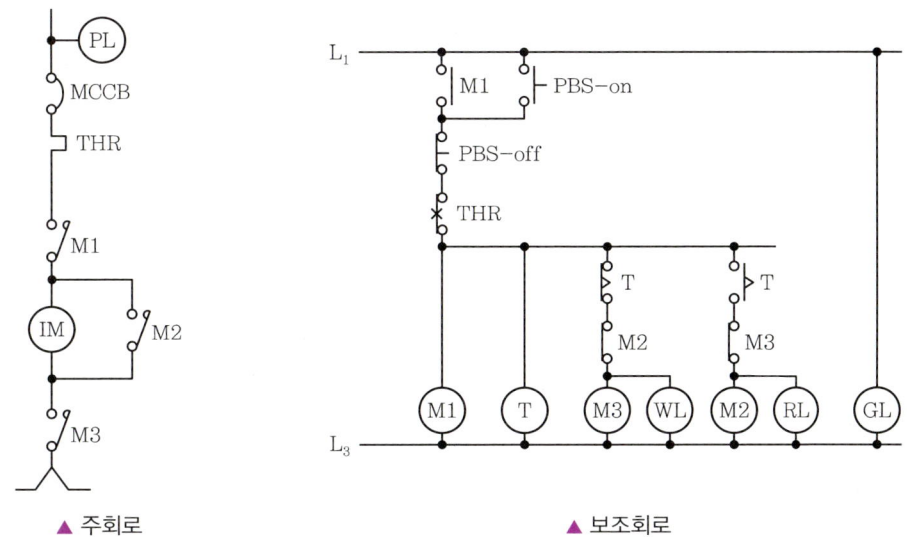

▲ 주회로　　　　　　　　　　　　　▲ 보조회로

1) 주회로의 단선도를 복선도로 그리시오.
2) 회로에서 표시등 PL, GL, WL, RL은 각자 어떤 상태를 나타내는지 쓰시오.

　　• PL :

　　• GL :

　　• WL :

　　• RL :

해답 1)

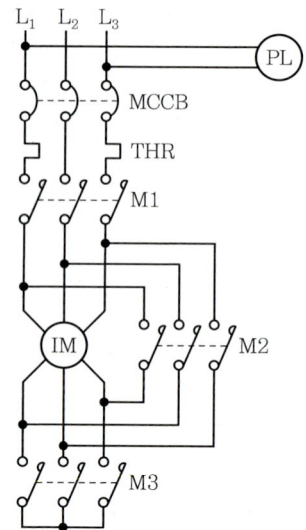

2) • PL : 주회로 전원표시등
 • GL : 보조회로 전원표시등
 • WL : Y기동표시등
 • RL : △운전표시등

해설 1) 도면의 단선도로 표현된 것을 3상 회로의 복선도로 표현한다.
2) 동작설명
 ① 주회로에 전원이 공급되면 PL램프가 점등된다.
 ② MCCB를 투입하면 보조회로에 전원이 공급되고 GL램프가 점등된다.
 ③ PBS-on 스위치를 누르면 M1이 여자되고 M3도 여자되어 전동기는 Y결선으로 기동되고 WL램프가 점등된다. 동시에 타이머 코일(T)도 여자된다.
 ④ 설정시간 후 T-b접점이 개로되어 M3가 소자되며 Y기동 중인 전동기는 정지하고 WL은 소등된다. 동시에 T-a접점이 폐로되어 M2가 여자되며 전동기는 △결선으로 운전된다. 이때 RL램프가 점등된다.
 ⑤ 전동기 운전 중 PBS-off 스위치를 누르거나 과전류에 의해 THR이 작동하면 MC가 모두 소자되어 전동기는 정지한다.
 ⑥ MC2-b와 MC3-b는 Y결선과 △결선의 동시투입을 방지하기 위한 인터록 접점이다.

03 다음의 도면은 옥상에 시설된 탱크에 물을 올리는 데 사용되는 양수펌프의 수동 및 자동제어 운전회로도이다. 도면을 보고 다음 각 물음에 답하시오.

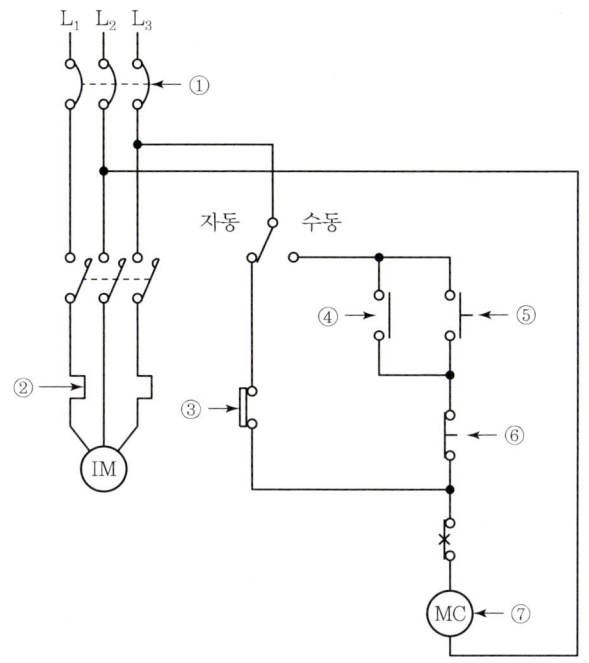

1) ①~⑦까지의 명칭을 쓰시오.
   ①   ②   ③   ④
   ⑤   ⑥   ⑦

2) 절환스위치를 자동으로 놓았을 때 동작상황을 설명하시오.
3) 절환스위치를 수동으로 놓았을 때 동작상황을 설명하시오.
4) ②의 역할 및 목적은 무엇인가?
   • 역할 :
   • 목적 :

해답 1) ① 배선용 차단기
        ② 열동계전기
        ③ 플로트스위치
        ④ 전자접촉기 보조접점(a접점)
        ⑤ 기동용 푸시버튼스위치
        ⑥ 정지용 푸시버튼스위치
        ⑦ 전자접촉기 코일

2) • 저수위상태 : 플로트스위치(FS)가 폐로상태가 되어 전자접촉기(MC)가 여자되고 MC 주접점이 폐로되어 전동기가 기동한다.
   • 만수위(고수위)상태 : 플로트스위치(FS)가 개로되어 전자접촉기(MC)가 소자되고 MC 주접점이 개로되어 전동기가 정지한다.

3) • 기동용 누름버튼스위치를 누르면 전자접촉기(MC)가 여자되고 전자접촉기 보조접점 MC−a가 폐로되어 자기유지되며 MC 주접점이 폐로되어 전동기가 기동한다.
   • 전동기 운전 중 정지용 누름버튼스위치를 누르면 전자접촉기(MC)가 소자되고 MC 주접점이 개로되어 전동기가 정지한다.

4) • 역할 : 전동기에 과부하(과전류)가 걸리면 전동기의 전원공급을 차단하여 전동기 정지
   • 목적 : 과부하 발생 시 전동기 소손 방지

해설 ⊕ [동작설명]

1) 자동운전
   ① MCCB 투입 후 절환스위치(S/S)를 자동상태로 돌린다.
   ② 저수위상태에서는 플로트스위치(FS)가 폐로상태가 되어 전자접촉기(MC)가 여자되고 MC 주접점이 폐로되어 전동기가 기동한다.
   ③ 수조에 수위가 만수위가 되면 플로트스위치(FS)가 개로되어 전자접촉기(MC)가 소자되고 MC 주접점이 개로되어 전동기가 정지한다.

2) 수동운전
   ① MCCB 투입 후 절환스위치(S/S)를 수동상태로 돌린다.
   ② 기동용 누름버튼스위치를 누르면 전자접촉기(MC)가 여자되고 MC−a접점이 폐로되어 자기유지되며 MC 주접점이 폐로되어 전동기가 기동한다.
   ③ 전동기 운전 중 정지용 누름버튼스위치를 누르면 전자접촉기(MC)가 소자되고 MC 주접점이 개로되어 전동기가 정지한다.
   ④ 전동기 운전 중 과부하가 발생되면 열동계전기(THR−b)가 개로되어 전자접촉기(MC)가 소자되고 MC 주접점이 개로되어 전동기가 정지한다.

04 다음은 자동화재탐지설비의 감지기 또는 발신기가 작동하면 지구음향장치가 작동하고 비상방송을 할 때에는 지구음향장치를 정지시킬 수 있는 미완성 결선도이다. 범례 및 조건을 참고하여 도면을 완성하시오.

[조건]
- 발신기스위치를 누르거나 감지기가 작동되면 계전기 X1이 여자되어 자기유지되고 X1-a 접점에 의하여 경종이 작동된다.
- 발신기스위치나 감지기가 복구된 후 복구스위치를 누르면 계전기 X1이 소자되어 경종이 정지한다.
- 발신기스위치 또는 감지기에 의하여 경종 작동 중 절환스위치를 비상방송설비로 절환하면 계전기 X2가 여자되고 X2-b 접점에 의하여 경종이 정지한다.

[범례]
- ─┴─ : 발신기스위치
- ─○─ : 감지기
- ─∕─ : 절환스위치
- Ⓧ : 계전기
- ─○⊥○─ : 복구스위치
- Ⓑ : 지구경종

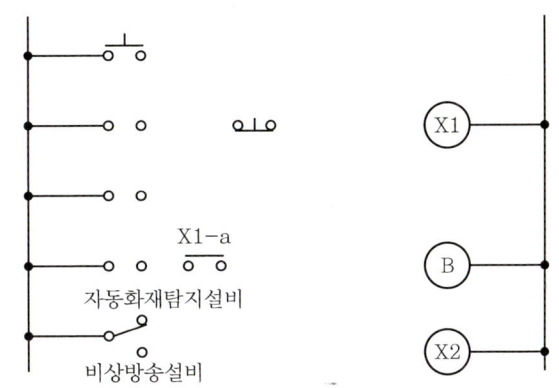

해답

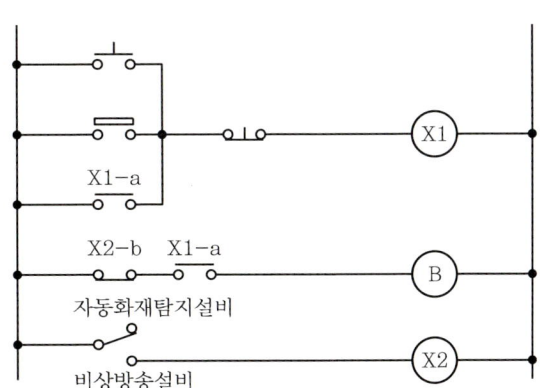

> **해설 ⊕** 1) 자기유지접점(X1−a), 감지기, 발신기스위치
>   ① 자기유지접점(X1−a)과 감지기는 발신기스위치와 병렬로 연결한다.
>   ② 감지기나 발신기 둘 중 하나만 작동하면 계전기 X1이 여자된다.
>   ③ X1이 여자되면 X1−a 접점이 폐로되어 자기유지된다.
>   ④ 경종과 직렬로 연결된 X1−a 접점이 폐로되어 경종이 작동된다.
>   ⑤ 감지기, 발신기스위치, 자기유지접점(X1−a)은 병렬회로이기 때문에 위치가 바뀌어도 문제가 되지 않는다.
>
> 2) 복구스위치(─o⌒o─)
>   ① 계전기 X1과 복구스위치는 직렬로 연결한다.
>   ② 감지기나 발신기스위치가 복구된 후 복구스위치를 누르면 X1이 소자되어 X1−a가 복귀하므로 경종은 정지한다.
>
> 3) X2−b 접점
>   ① 경종과 직렬로 연결한다.
>   ② 절환스위치를 비상방송설비 위치로 절환하면 X2가 여자되어 X2−b 접점은 개로되므로 경종은 정지한다.

05 논리식 $Y = (A \cdot B \cdot C) + (A \cdot \overline{B} \cdot \overline{C})$ 과 진리표가 다음과 같이 주어져 있을 때 다음 물음에 답하시오.

A	B	C	Y
0	0	0	
0	0	1	
0	1	0	
1	0	0	
1	1	0	
1	0	1	
0	1	1	
1	1	1	

1) 릴레이회로(유접점 회로)를 그리시오.
2) 논리회로(무접점 회로)를 그리시오.
3) 진리표를 완성하시오.

해답 1) 릴레이회로(유접점 회로)

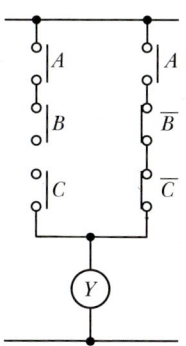

2) 논리회로(무접점 회로)

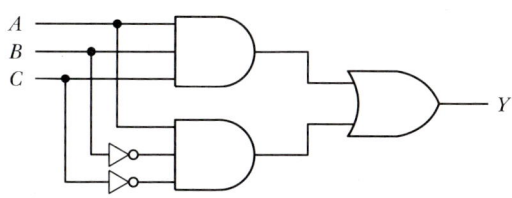

3) 진리표

A	B	C	Y
0	0	0	0
0	0	1	0
0	1	0	0
1	0	0	1
1	1	0	0
1	0	1	0
0	1	1	0
1	1	1	1

해설 1) 릴레이회로(유접점 회로)

$Y = (A \cdot B \cdot C) + (A \cdot \overline{B} \cdot \overline{C})$

① $(A \cdot B \cdot C)$

　　A, B, C가 논리곱(·)으로 묶여 있으므로 직렬회로이다.

② $(A \cdot \overline{B} \cdot \overline{C})$

　　$A, \overline{B}, \overline{C}$가 논리곱(·)으로 묶여 있으므로 직렬회로이다.

③ $(A \cdot B \cdot C) + (A \cdot \overline{B} \cdot \overline{C})$

　　$(A \cdot B \cdot C)$와 $(A \cdot \overline{B} \cdot \overline{C})$가 논리합(+)으로 묶여 있으므로 병렬회로이다.

④ 문자에 바(Bar)가 없으면 a접점이고, 바(Bar)가 있으면 b접점이다.

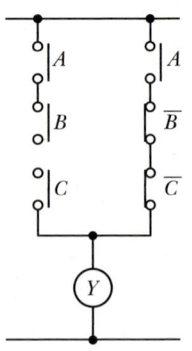

2) 논리회로(무접점 회로)

$Y = (A \cdot B \cdot C) + (A \cdot \overline{B} \cdot \overline{C})$

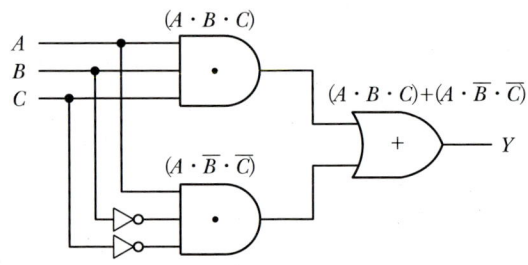

3) 진리표

A	B	C	Y
0	0	0	0
0	0	1	0
0	1	0	0
1	0	0	1
1	1	0	0
1	0	1	0
0	1	1	0
1	1	1	1

① $Y = (A \cdot B \cdot C) + (A \cdot \overline{B} \cdot \overline{C})$ 논리식에서 입력이 $(A \cdot B \cdot C)$일 때와 $(A \cdot \overline{B} \cdot \overline{C})$일 때 2번 출력이 나온다.

② $(A \cdot B \cdot C)$는 입력이 $A=1, B=1, C=1$일 때 출력 $Y=1$이 되는 것을 의미한다.

③ $(A \cdot \overline{B} \cdot \overline{C})$는 입력이 $A=1, B=0, C=0$일 때 출력 $Y=1$이 되는 것을 의미한다.

06 다음의 유접점 시퀀스 회로를 보고 각 물음에 답하시오.

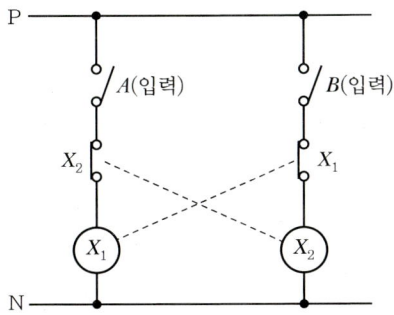

1) 주어진 회로에 대한 논리회로를 그리시오.
2) 주어진 회로의 동작에 대한 타임차트를 완성하시오.

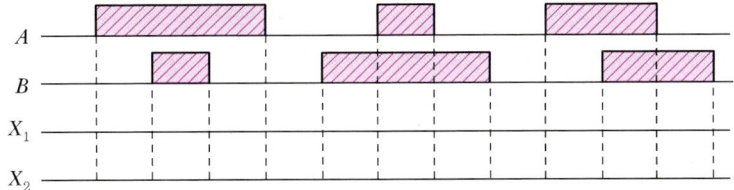

3) 유접점 회로에서 X_1과 X_2의 b접점의 사용목적을 쓰시오.

해답 1) 논리회로

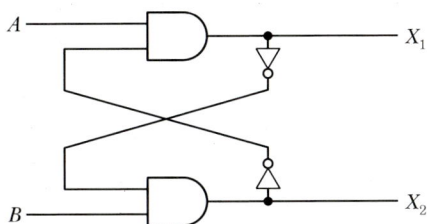

2) 타임차트

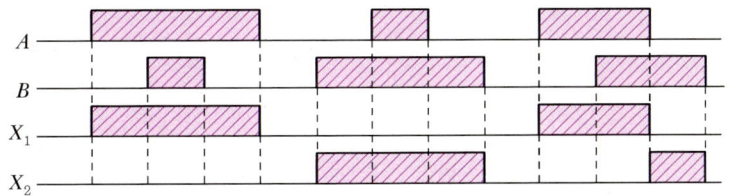

3) X_1과 X_2의 동시투입을 방지하기 위하여(인터록 회로)

[해설] 1) 논리회로
  ① 논리식
  $$X_1 = A \cdot \overline{X_2}$$
  $$X_2 = B \cdot \overline{X_1}$$

  ② 논리회로(1) : 부정(▷∘ : Inverter)의 위치에 따라 여러 가지 형태로 논리회로를 구성할 수 있다.

  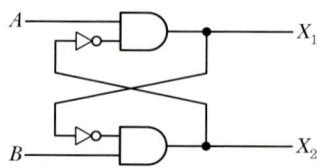

  ③ 논리회로(2)

  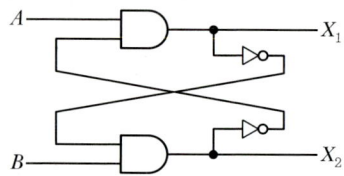

2) 타임차트
  유접점 회로나 무접점 회로를 보고 타임차트를 작성한다.

  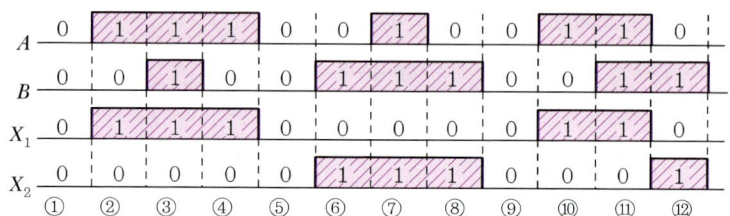

- ①, ⑤, ⑨시점
  입력 $A=0$, $B=0$이므로 출력 X_1, X_2는 0이다.(출력이 나오지 않는다)
- ②시점
  입력 $A=1$, $B=0$이므로 출력 $X_1=1$이다.(X_1만 출력이 나온다)
- ③시점
  입력 A에 의해 X_1이 출력된 상태에서는 입력($B=1$)이 들어와도 X_2는 출력되지 않고 X_1만 계속 출력된다.(인터록 회로)
- ④시점
  ②시점의 상태가 그대로 유지된다.
- ⑤시점
  입력 $A=0$이 되어 X_1이 소자($X_1=0$)된다.(출력 X_1, X_2는 0이다)

- ⑥시점

  입력 $A=0$, $B=1$이므로 출력 $X_2=1$ (X_2만 출력이 나온다)

- ⑦시점

  입력 B에 의해 X_2가 출력된 상태에서는 입력($A=1$)이 들어와도 X_1은 출력되지 않고 X_2만 계속 출력된다.(인터록 회로)

- ⑧시점

  ⑥시점의 상태가 그대로 유지된다.

- ⑨시점

  입력 $B=0$이 되어 X_2가 소자 ($X_2=0$) 된다.(출력 X_1, X_2는 0이다)

- ⑩시점

  입력 $A=1$, $B=0$이므로 출력 $X_1=1$ (X_1만 출력이 나온다)

- ⑪시점

  입력 A에 의해 X_1이 출력된 상태에서는 입력($B=1$)이 들어와도 X_2는 출력되지 않고 X_1만 계속 출력된다.(인터록 회로)

- ⑫시점

  입력 $A=0$이 되어 X_1이 소자($X_1=0$)된다. $B=1$이므로 출력 $X_2=1$ (X_2만 출력이 나온다)

3) 인터록 회로

   ① 선행동작우선회로 또는 상대동작금지회로라 한다.

   ② 계전기의 b접점을 이용하여 상대계전기 코일에 직렬로 연결시켜 선행동작된 계전기 코일만 여자되고 다른 계전기에는 입력을 금지시킨다.

   ③ 도면에서 X_1과 X_2의 선행동작된 계전기가 먼저 동작하면 다른 계전기는 동작하지 못하게 되어 동시투입을 방지한다.

07 다음 그림과 같이 NOR Gate로 구성된 무접점 논리회로를 유접점 시퀀스 회로로 변환하고자 한다. 주어진 회로에 대하여 다음 각 물음에 답하시오.

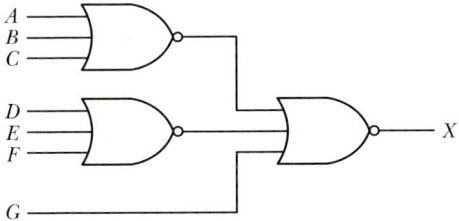

1) 주어진 논리회로를 AND Gate, OR Gate, NOT Gate 만으로 구성하기 위한 논리식을 구하시오. (단, NOT Gate는 입력신호에만 사용할 수 있다.)
2) 1)에서 구한 논리식을 무접점 논리회로로 표현하시오.
3) 1)에서 구한 논리식을 유접점 시퀀스 회로로 표현하시오.

해답

1) $X = \overline{\overline{(A+B+C)} + \overline{(D+E+F)} + G}$
   $= (A+B+C) \cdot (D+E+F) \cdot \overline{G}$

   답 $X = (A+B+C) \cdot (D+E+F) \cdot \overline{G}$

2)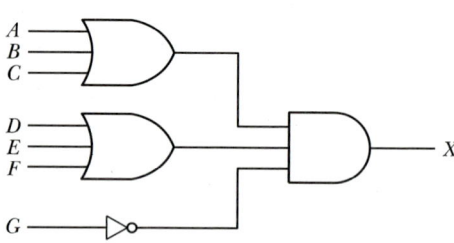

3)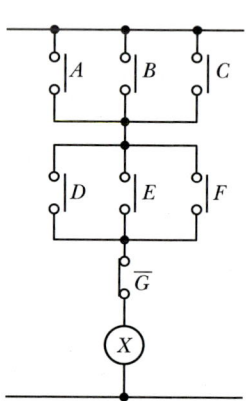

해설

1) 논리식

①

A, B, C가 NOR 게이트에 접속되어 있으므로 $\overline{A+B+C}$ 이다.

②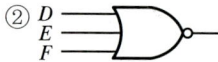

D, E, F가 NOR 게이트에 접속되어 있으므로 $\overline{D+E+F}$ 이다.

③

$\overline{(A+B+C)}, \overline{(D+E+F)}, G$가 NOR 게이트에 접속되어 있으므로
$X = \overline{\overline{(A+B+C)} + \overline{(D+E+F)} + G}$ 가 된다.

④ 논리식을 AND 게이트, OR 게이트, NOT 게이트만으로 구성하기 위해 드모르간의 정리를 이용하여 간소화한다.

$X = \overline{\overline{(A+B+C)} + \overline{(D+E+F)} + G}$

여기서, 전체부정을 없애는 대신 전체부정 속에 들어 있는 각 부분을 부정한다.

∴ $X = (A+B+C) \cdot (D+E+F) \cdot \overline{G}$

2) 무접점 논리회로

$X = (A+B+C) \cdot (D+E+F) \cdot \overline{G}$

① $(A+B+C)$: A, B, C가 논리합(+)으로 묶여 있으므로 OR 게이트이다.

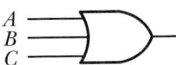

② $(D+E+F)$: D, E, F가 논리합(+)으로 묶여 있으므로 OR 게이트이다.

③ $(A+B+C) \cdot (D+E+F) \cdot \overline{G}$: $(A+B+C)$, $(D+E+F)$, $\overline{G}$ 가 논리곱(·)으로 묶여 있으므로 AND 게이트이다.

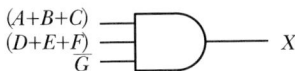

④ 위의 ①, ②, ③ 게이트를 합치면

$X = (A+B+C) \cdot (D+E+F) \cdot \overline{G}$

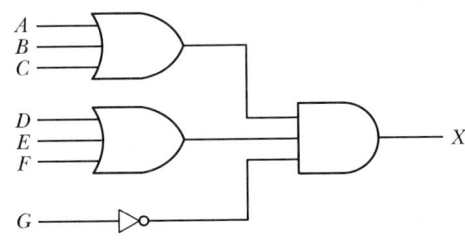

3) 유접점 시퀀스 회로

$X = (A+B+C) \cdot (D+E+F) \cdot \overline{G}$

① $(A+B+C)$: 논리합(+)으로 묶여 있으므로 병렬회로이다.

② $(D+E+F)$: 논리합(+)으로 묶여 있으므로 병렬회로이다.

③ $(A+B+C) \cdot (D+E+F) \cdot \overline{G}$: 세 부분 $(A+B+C)$, $(D+E+F)$, $\overline{G}$가 논리곱(·)으로 묶여 있으므로 직렬회로이다.

④ 위의 ①, ②, ③으로 유접점 회로를 구성하여 출력(X)을 구해 보면

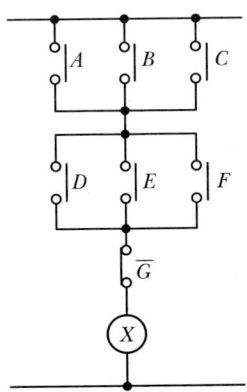

CHAPTER 06 소방시설의 도면 및 배선결선도

01 자동화재탐지설비

1. 수신기와 발신기세트 간 결선도

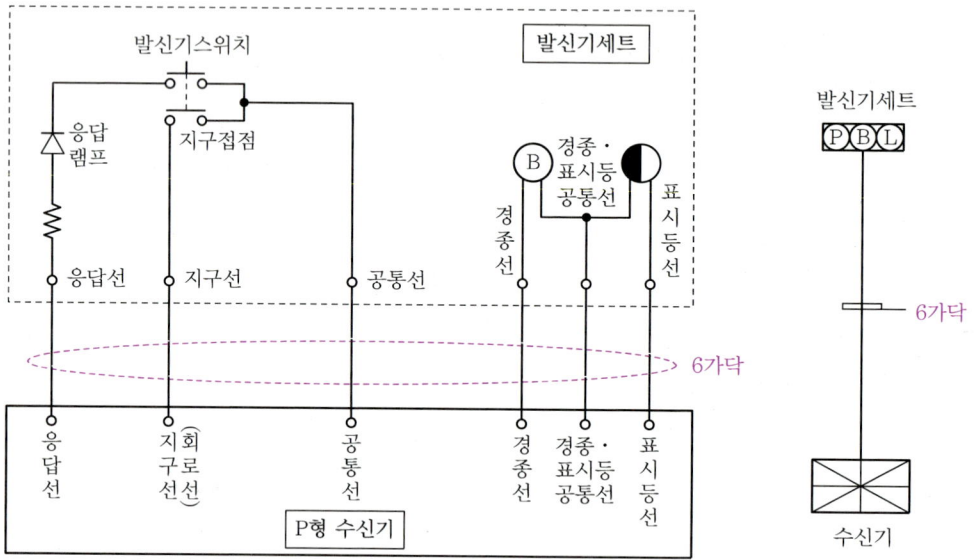

1) 발신기 1회선을 이용할 경우의 배선(기본가닥수)

① 수신기와 발신기세트 간 가닥수 : 6가닥
② 배선내역

배선용도	가닥수
회로선(지구선)	1가닥(회로수에 따라 가닥수 증가)
회로공통선(지구공통선)	1가닥(회로수가 7회로 초과 시 1가닥씩 증가)
경종선	각 층당 1가닥씩 증가
표시등선	1가닥(불변)
경종·표시등공통선	1가닥(불변, 문제의 조건에 따라 증가할 수 있음)
응답선(발신기선)	1가닥(불변)

✎ 회로수 = 회선수 = 종단저항수 = 발신기세트수 = 경계구역수
발신기세트에 종단저항이 둘 이상 그려져 있는 경우 종단저항의 수가 회로수이다.

2. 일제경보방식과 우선경보방식

1) 일제경보방식

화재 발생 시 전 층을 동시에 경보하는 방식

2) 발화층 · 직상층 우선경보방식

① 대상 : 층수가 11층(공동주택의 경우에는 16층) 이상의 특정소방대상물
② 경보방식

발화층	경보하여야 하는 층
2층 이상의 층	발화층 및 그 직상 4개층
1층	발화층 · 그 직상 4개층 및 지하층
지하층	발화층 · 그 직상층 및 기타의 지하층

3) 경보방식별 경종의 가닥수 산정

① 화재안전기준 개정 전(2021년 이전)
  ㉠ 일제경보방식 : 경종선을 1가닥만 사용 가능
  ㉡ 우선경보방식 : 각 층당 경종선 1가닥씩 증가
② 화재안전기준 개정 후(2022년~2024년)
  화재로 인하여 하나의 층의 지구음향장치 또는 배선이 단락되어도 다른 층의 화재통보에 지장이 없도록 각 층 배선상에 유효한 조치를 하도록 하여야 한다.
  ㉠ 일제경보방식
   • 각 층에 경종단락보호장치 등을 설치하는 경우 : 경종선 1가닥만 사용 가능
   • 수신기 인근에 경종단락보호장치를 설치하는 경우 : 각 층당 경종선 1가닥씩 증가
  ㉡ 우선경보방식
   • 각 층당 경종선 1가닥씩 증가
③ 수신기의 형식승인 및 제품검사 기술기준 개정 후(2025년 이후)
  단선단락 자동감시형 수신기를 사용하거나 수신기에 퓨즈 또는 차단기 등을 설치하여 경종선의 단락에 의해 퓨즈 또는 차단기가 차단된 경우 200초 이내에 표시 및 음향장치가 작동하고 차단된 회로 이외의 다른 회로에 영향을 미치지 아니할 것
  ㉠ 일제경보방식 : 각 층당 경종선 1가닥씩 증가
  ㉡ 우선경보방식 : 각 층당 경종선 1가닥씩 증가
  ㉢ 일제경보방식과 우선경보방식의 배선이 동일하다.

3. 자동화재탐지설비의 결선도

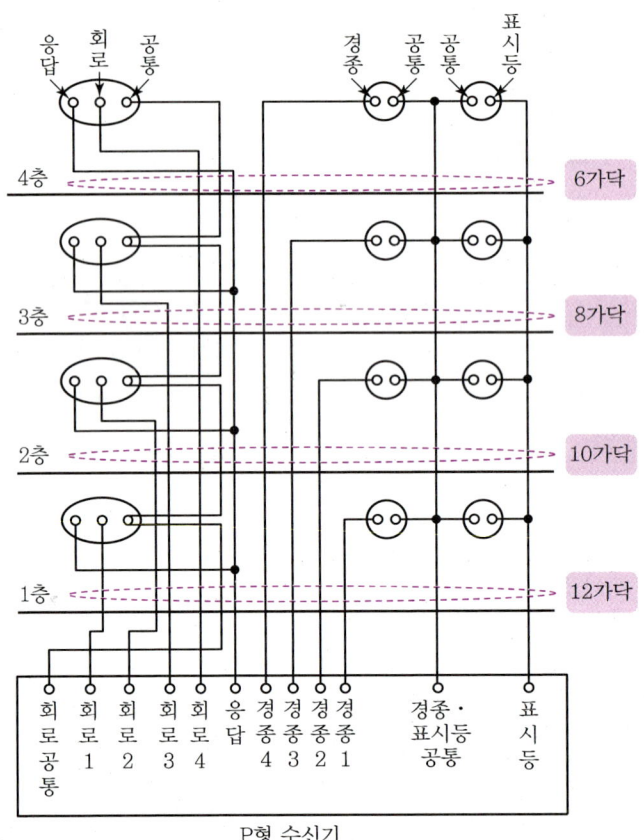

구분	가닥수	배선용도
4층	6	회로선1, 공통선1, 경종선1, 표시등선1, 경종·표시등공통선1, 응답선1
3층	8	회로선2, 공통선1, 경종선2, 표시등선1, 경종·표시등공통선1, 응답선1
2층	10	회로선3, 공통선1, 경종선3, 표시등선1, 경종·표시등공통선1, 응답선1
1층	12	회로선4, 공통선1, 경종선4, 표시등선1, 경종·표시등공통선1, 응답선1

1) P형 수신기~발신기세트 간 결선

① 회로선
하나의 회로(경계구역)당 각각 1가닥씩 증가한다.

② 회로공통선
7경계구역까지 1가닥이므로 1가닥만 올라간다(7회로를 초과할 때마다 회로공통선은 1가닥씩 증가한다).

$$회로공통선 = \frac{회로수}{7} \text{(소수점 이하 절상)}$$

※ 결선도에서 공통선 발신기 단자대에 결선 후 다음 층 발신기로 전달해서 넘어갔는데 이것은 큰 의미가 없다. 응답선처럼 결선해도 무방하나 공통선의 중요도를 고려하여 대부분의 교재들이 이와 같이 결선 모양을 그리고 있다.

③ 경종선
화재로 인하여 하나의 층의 지구음향장치 또는 배선이 단락되어도 다른 층의 화재통보에 지장이 없도록 각 층 배선상에 유효한 조치로 단선단락 자동감시형 수신기를 사용하거나 수신기에 퓨즈 또는 차단기 등을 설치하여 각 층당 1가닥씩 배선한다(일제경보, 우선경보 모두 동일).

④ 표시등선 : 1선만 올라가서 병렬로 분기하여 사용한다.

⑤ 경종·표시등공통선 : 1선만 올라가서 병렬로 분기하여 사용한다.

⑥ 응답선 : 1선만 올라가서 병렬로 분기하여 사용한다.

2) 계통도 1(일제경보방식)

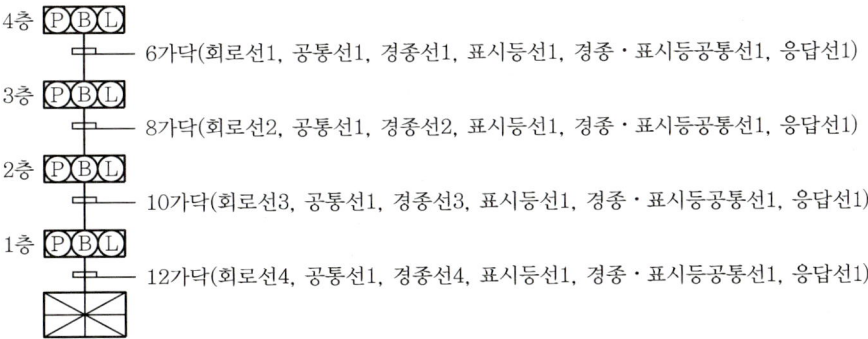

[가닥수 산정방법]

① 기본 가닥수 : 6가닥

② 회로선 : 각 층의 발신기세트가 1회로이므로 발신기세트마다 1가닥씩 증가한다.

③ 공통선(회로공통선) : 1가닥(회로수가 7개를 초과할 때마다 1가닥씩 증가)

$$회로공통선 = \frac{회로수}{7} \text{(소수점 이하 절상)}$$

④ 경종선 : 층마다 1가닥씩 증가한다.
⑤ 표시등선 : 1가닥
⑥ 경종ㆍ표시등공통선 : 1가닥
⑦ 응답선 : 1가닥

2) 계통도 2(우선경보방식)

11층 이상은 우선경보방식이지만 일제경보방식과 가닥수 산정방식이 동일하다.

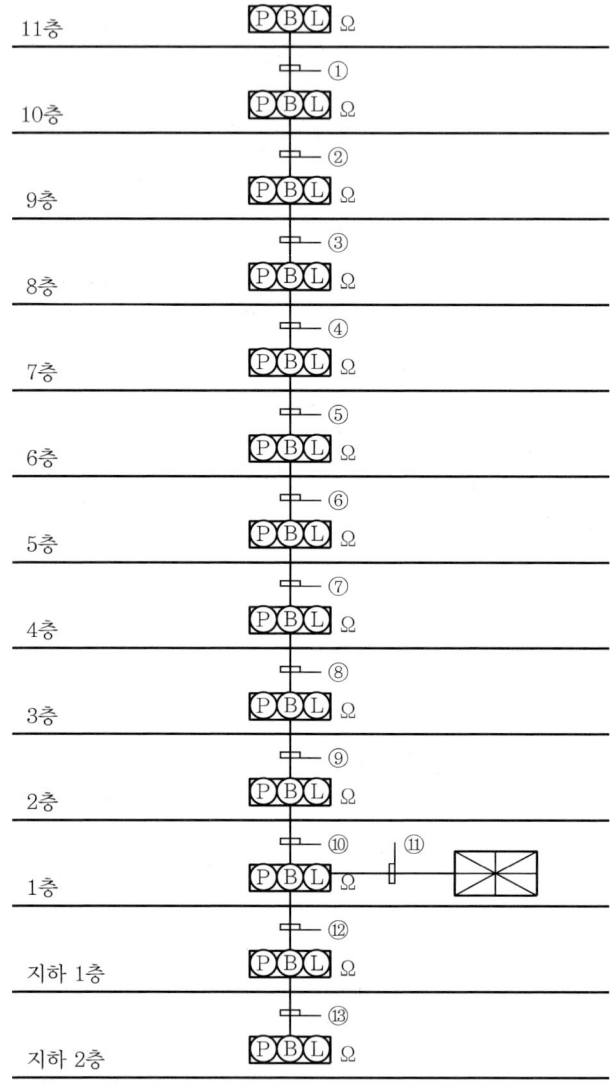

구분	가닥수	배선용도
①	6	회로선1, 공통선1, 경종선1, 표시등선1, 경종·표시등공통선1, 응답선1
②	8	회로선2, 공통선1, 경종선2, 표시등선1, 경종·표시등공통선1, 응답선1
③	10	회로선3, 공통선1, 경종선3, 표시등선1, 경종·표시등공통선1, 응답선1
④	12	회로선4, 공통선1, 경종선4, 표시등선1, 경종·표시등공통선1, 응답선1
⑤	14	회로선5, 공통선1, 경종선5, 표시등선1, 경종·표시등공통선1, 응답선1
⑥	16	회로선6, 공통선1, 경종선6, 표시등선1, 경종·표시등공통선1, 응답선1
⑦	18	회로선7, 공통선1, 경종선7, 표시등선1, 경종·표시등공통선1, 응답선1
⑧	21	회로선8, 공통선2, 경종선8, 표시등선1, 경종·표시등공통선1, 응답선1
⑨	23	회로선9, 공통선2, 경종선9, 표시등선1, 경종·표시등공통선1, 응답선1
⑩	25	회로선10, 공통선2, 경종선10, 표시등선1, 경종·표시등공통선1, 응답선1
⑪	31	회로선13, 공통선2, 경종선13, 표시등선1, 경종·표시등공통선1, 응답선1
⑫	8	회로선2, 공통선1, 경종선1, 표시등선1, 경종·표시등공통선1, 응답선1
⑬	6	회로선1, 공통선1, 경종선1, 표시등선1, 경종·표시등공통선1, 응답선1

[가닥수 산정방법]

⑪의 가닥수

- 회로수 : 13가닥(수신기에서 ⑪ 배관을 경유한 후단의 종단저항수)
- 공통선(회로공통선) : 2가닥

  회로공통선 $= \dfrac{13}{7} = 1.857 ≒ 2$가닥(소수점 이하 절상)

- 경종선 : 13가닥(수신기에서 ⑪ 배관을 경유한 후단의 층수)

  지하 1층, 지하 2층, 지상 1~11층

- 경종·표시등공통선 : 1가닥

  (별도의 조건이 없는 경우는 1가닥이지만 경종·표시등공통선도 회로공통선과 동일하게 7회로를 초과할 때마다 증가하라고 한다면 회로공통선과 동일하게 경종·표시등공통선도 증가한다)

- 표시등선 : 1가닥
- 응답선 : 1가닥

4. 송배선식

1) 정의
수신기에서 감지기 배선의 회로도통시험을 용이하게 하기 위하여 배선의 도중에서 분기

2) 적용설비
자동화재탐지설비, 제연설비

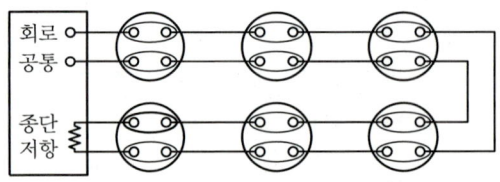

3) 종단저항의 위치에 따른 감지기 배선의 가닥수 산정

① 종단저항이 감지기 말단에 설치된 경우

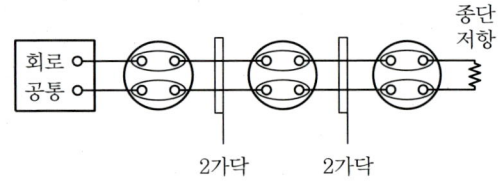
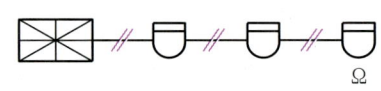

② 종단저항이 발신기함 등에 설치된 경우

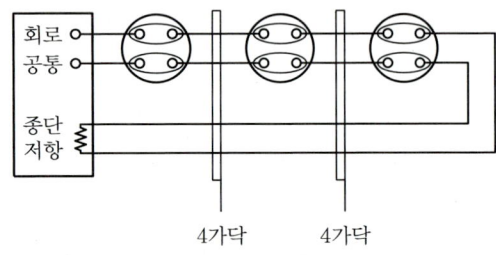
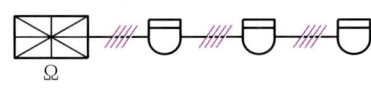

4) 평면도 및 배선내역

(1) 평면도

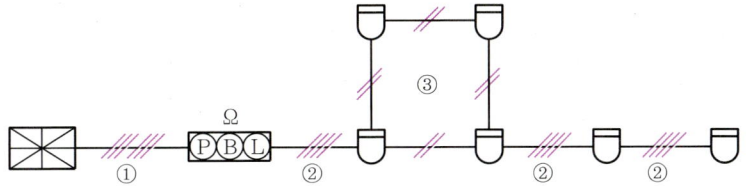

(2) 배선내역

구분	가닥수	배선용도
①	6	회로선1, 공통선1, 경종선1, 표시등선1, 경종·표시등공통선1, 응답선1
②	4	회로선2, 공통선2
③	2	회로선1, 공통선1

[알고가기]
송배선방식의 감지기선로 가닥수
- 루프된 곳 : 2가닥
- 그 밖의 것 : 4가닥

5. 교차회로방식

1) 정의

하나의 담당구역 내에 2 이상의 화재감지기회로를 설치하고 인접한 2 이상의 화재감지기가 동시에 감지되는 때에 설비가 작동되는 방식

2) 적용설비

① 준비작동식 스프링클러설비
② 일제살수식 스프링클러설비
③ 이산화탄소소화설비
④ 할론소화설비
⑤ 할로겐화합물 및 불활성기체 소화설비
⑥ 분말소화설비

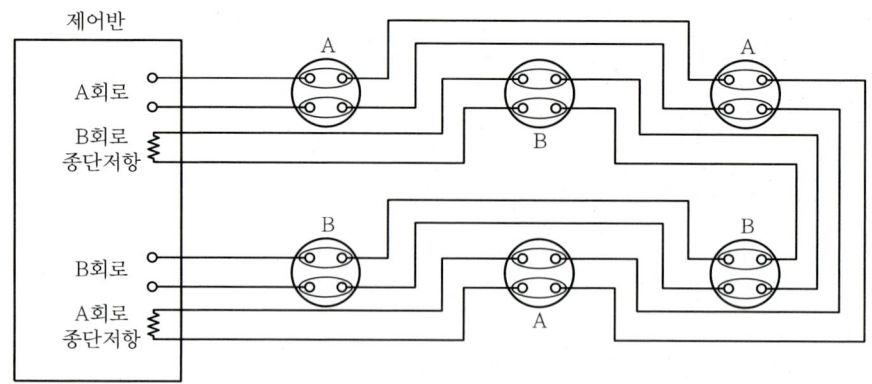

▲ 교차회로방식의 배선

3) 평면도 및 배선내역

(1) 평면도

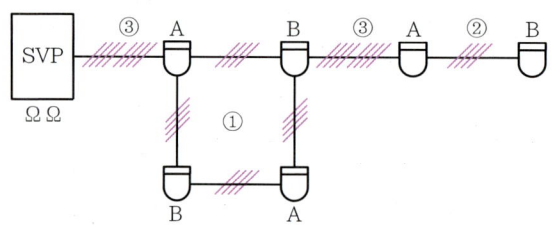

(2) 배선내역

구분	가닥수	배선용도
①	4	회로선2, 공통선2(A회로 : 회로1, 공통1, B회로 : 회로1, 공통1)
②	4	회로선2, 공통선2(B회로 : 회로2, 공통2)
③	8	회로선4, 공통선4(A회로 : 회로2, 공통2, B회로 : 회로2, 공통2)

[알고가기]

교차회로방식 감지기선로 가닥수
- 루프된 곳 : 4가닥
- 말단감지기 : 4가닥
- 그 밖의 것 : 8가닥

02 비상방송설비

1. 비상방송설비 3선식 배선

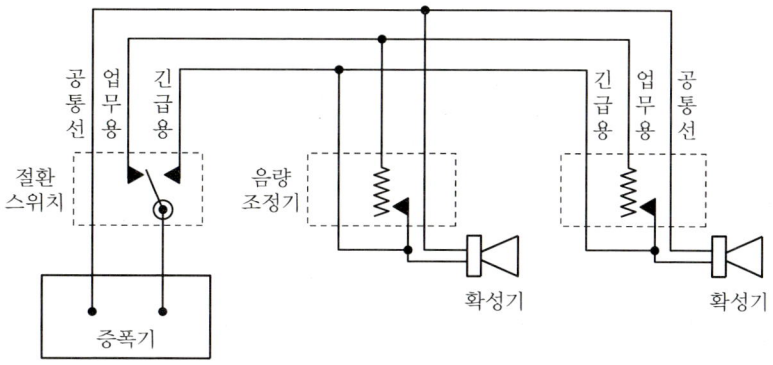

▲ 3선식 배선1

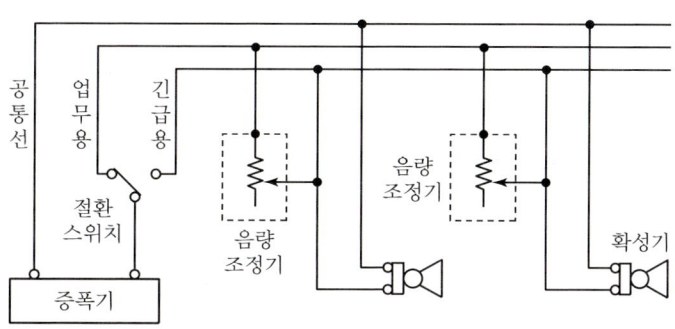

▲ 3선식 배선2

2. 계통도

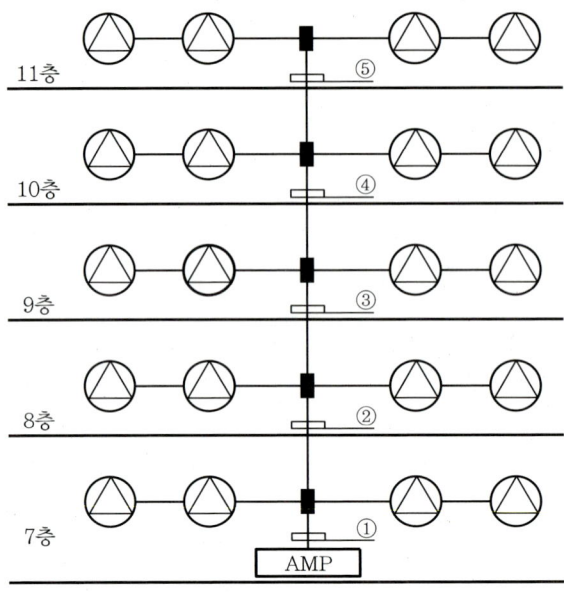

3. 배선수 및 배선내역(우선경보방식)

1) 2선식 배선(비상방송 전용설비)

화재로 인하여 하나의 층의 확성기 또는 배선이 단락 또는 단선되어도 다른 층의 화재통보에 지장이 없도록 할 것(NFTC 202 2.2.1.)의 기준에 따라 공통선과 방송선이 각 층마다 각각 1가닥씩 증가한다.

구분	가닥수	배선용도
①	10	방송선5, 공통선5
②	8	방송선4, 공통선4
③	6	방송선3, 공통선3
④	4	방송선2, 공통선2
⑤	2	방송선1, 공통선1

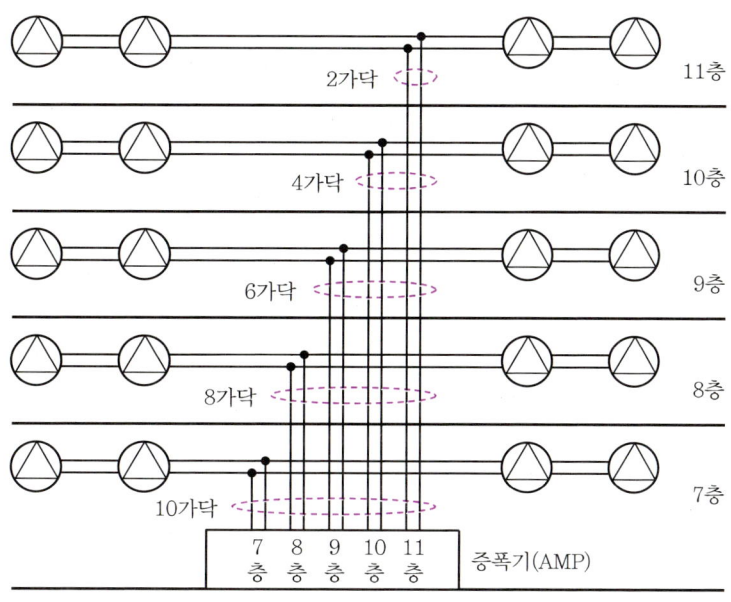

▲ 2선식 배선

2) 3선식 배선(겸용으로서 음량조정기가 설치된 경우)

화재로 인하여 하나의 층의 확성기 또는 배선이 단락 또는 단선되어도 다른 층의 화재통보에 지장이 없도록 할 것(NFTC 202 2.2.1.)

① 긴급용 배선 : 각 층마다 1선씩 증가
② 업무용 배선 : 1선(단선되어도 화재통보에 지장 없음)
③ 공통선 : 각 층마다 1선씩 증가

구분	가닥수	배선용도
①	11	긴급용 배선5, 업무용 배선1, 공통선5
②	9	긴급용 배선4, 업무용 배선1, 공통선4
③	7	긴급용 배선3, 업무용 배선1, 공통선3
④	5	긴급용 배선2, 업무용 배선1, 공통선2
⑤	3	긴급용 배선1, 업무용 배선1, 공통선1

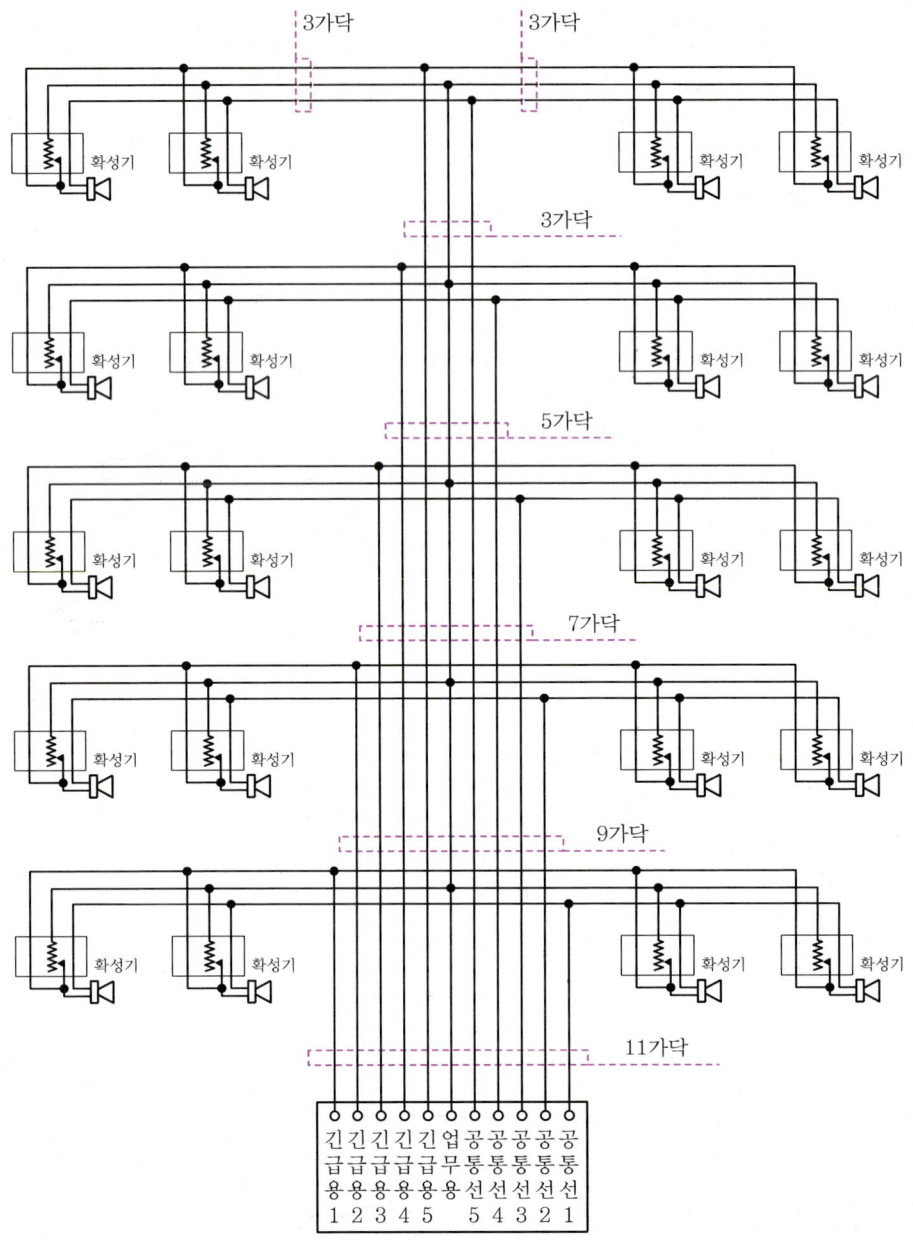

▲ 3선식 배선

핵심 기출 문제

01 다음의 도면은 자동화재탐지설비의 P형 수신기의 미완성 결선도이다. 결선도를 완성하시오.(단, 발신기에 설치된 단자는 왼쪽으로부터 응답, 지구, 공통이다.)

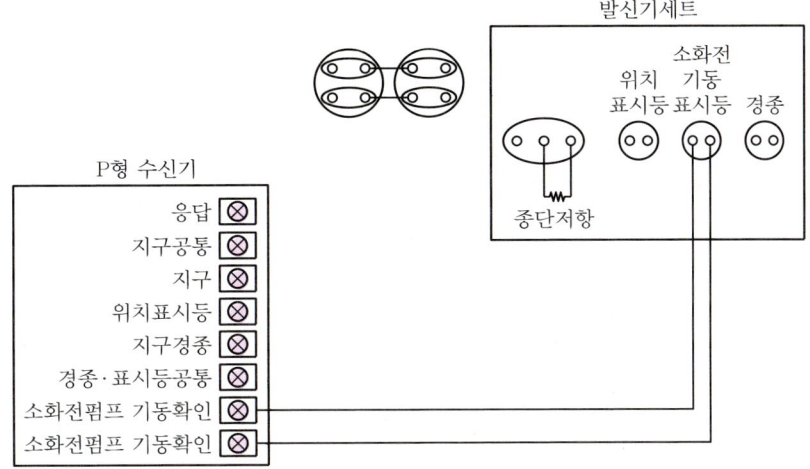

해답

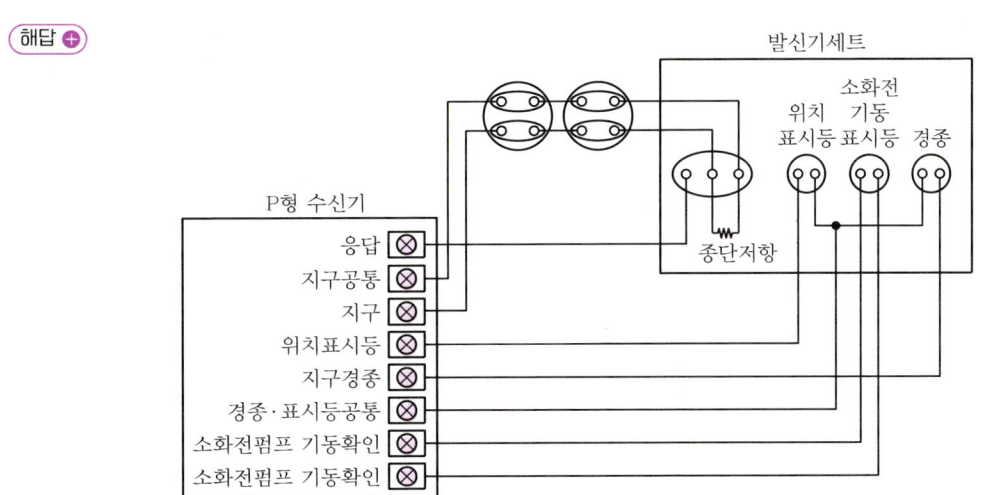

해설 P형 수신기~발신기세트 간 내부배선도
1) 기본 가닥수 : 6가닥
   회로선1, 공통선1, 경종선1, 표시등선1, 경종·표시등공통선1, 응답선1

2) 펌프기동확인표시등이 설치된 경우 : 2가닥 추가

(펌프기동확인표시등＝기동확인표시등＝소화전기동표시등＝펌프기동표시등)

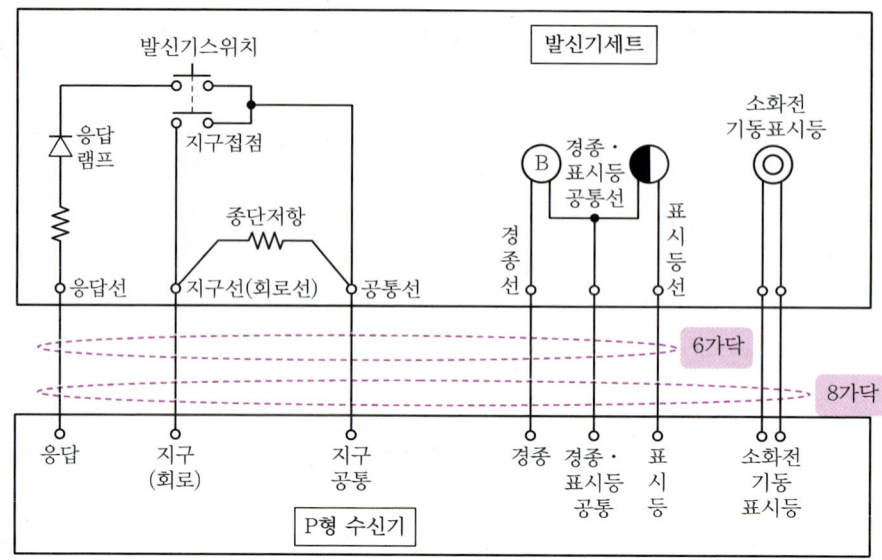

02 다음은 자동화재탐지설비의 미완성 결선도이다. P형 수신기와 발신기세트 간 결선을 완성하시오.

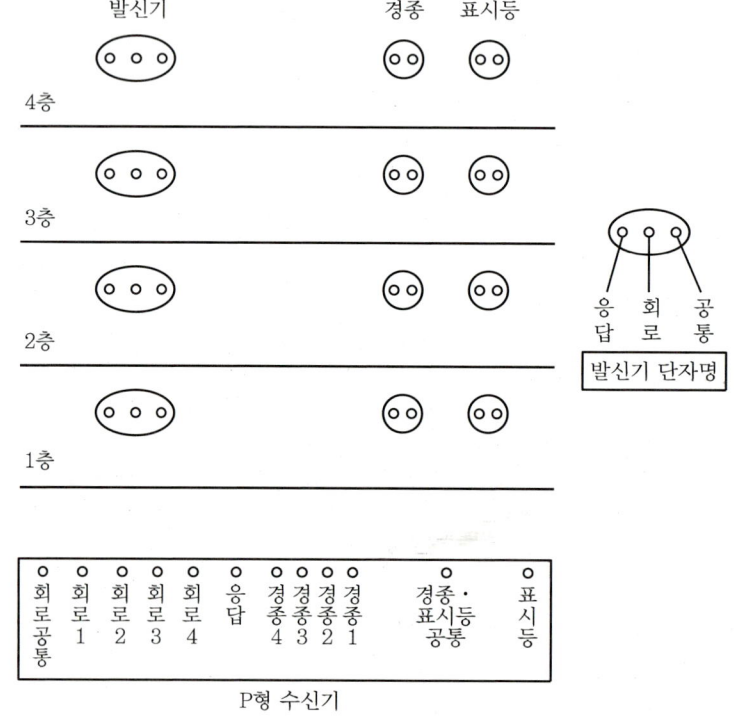

해답

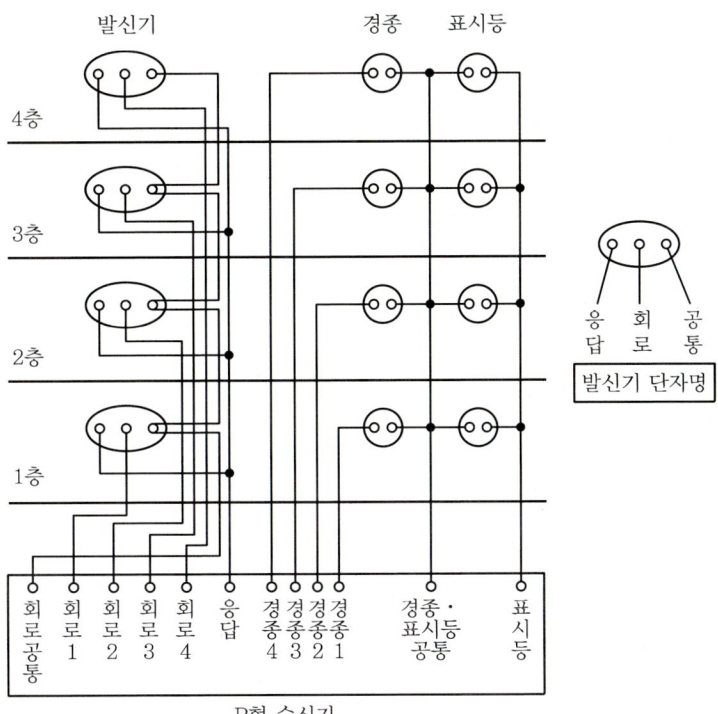

03 다음 도면은 연면적이 4,000[m²]이고 지상 6층, 지하 2층인 특정소방대상물의 자동화재탐지설비 계통도이다. ①~⑦의 최소가닥수를 산출하시오.

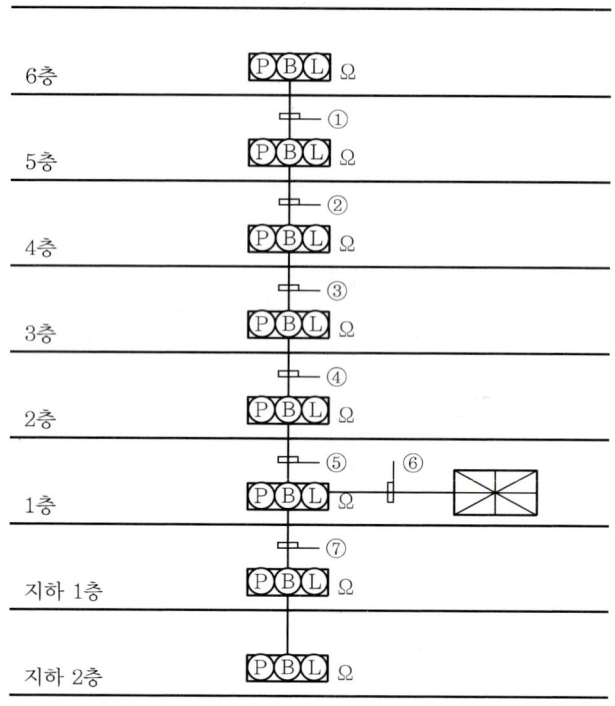

해답 ⊕

번호	①	②	③	④	⑤	⑥	⑦
가닥수	6	8	10	12	14	21	8

해설 ⊕
1) • 건물의 층수는 지상 6층, 지하 2층이고, 연면적은 4,000[m²]이다.
   • 11층 미만이므로 일제경보방식이다.

번호	가닥수 합계	배선용도					
		회로선	회로 공통선	경종선	표시등선	경종 · 표시등 공통선	응답선
①	6	1	1	1	1	1	1
②	8	2	1	2	1	1	1
③	10	3	1	3	1	1	1
④	12	4	1	4	1	1	1
⑤	14	5	1	5	1	1	1
⑥	21	8	2	8	1	1	1
⑦	8	2	1	2	1	1	1

2) 가닥수 산정방법

① 발신기세트 단독형 : 기본 6가닥

②~⑤
- 회로선 : 해당 배관 후단의 종단저항수마다 1가닥씩 증가
- 경종선 : 층마다 1가닥씩 추가
- 그 밖의 선은 가닥수 변화없이 기본1선이다.

⑥
- 회로선 : 8가닥(⑥배관 후단의 종단저항수)
- 경종선 : 8가닥(지하 1층, 지하 2층, 지상 1~6층)
- 공통선 : 하나의 공통선이 담당하는 회로수가 7가닥을 초과하였으므로 공통선 증가

  공통선 가닥수 $= \dfrac{8}{7} = 1.14 ≒ 2$가닥

- 그 밖의 선은 가닥수 변화 없이 기본1선이다.

⑦
- 회로선 : 2가닥(⑦배관 후단의 종단저항수)
- 경종선 : 2가닥(지하 1층, 지하 2층)
- 그 밖의 선은 가닥수 변화 없이 기본1선이다.

04 자동화재탐지설비의 계통도와 주어진 조건을 이용하여 다음 각 물음에 답하시오.

[조건]

종단저항은 감지기 말단에 설치한다.

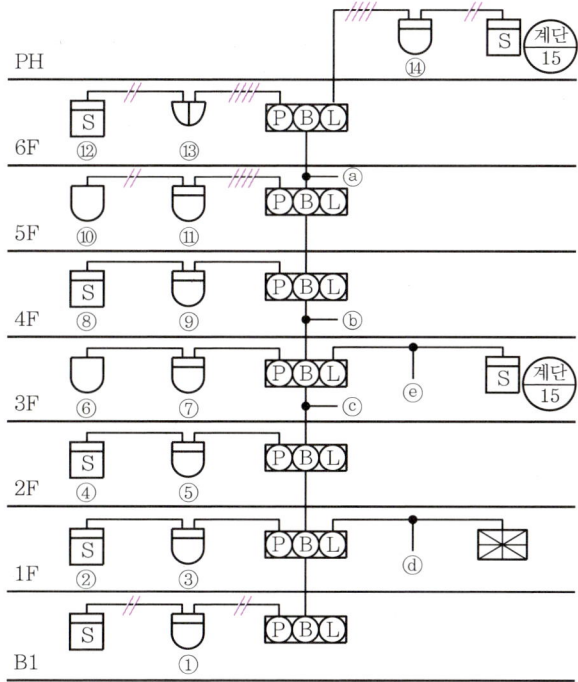

1) ⓐ~ⓓ에 해당하는 배선의 가닥수를 쓰시오.

    ⓐ :   ⓑ :   ⓒ :   ⓓ :

2) ⓓ의 배선가닥수에 대한 상세내역을 쓰시오.

3) ⓔ의 배선가닥수와 배선내역을 쓰시오.
   - 가닥수 :
   - 배선내역 :

4) 그림기호 (계단/15) 의 의미를 상세히 기술하시오.

5) ▽ 감지기는 어떤 종류의 감지기인지 그 명칭을 쓰시오.

6) 전체 회로수는 모두 몇 회로인지 쓰시오.

해답

1) ⓐ : 9가닥   ⓑ : 16가닥   ⓒ : 19가닥   ⓓ : 28가닥

2) 회로선15, 회로공통선3, 경종선7, 표시등선1, 경종·표시등공통선1, 응답선1

3) • 가닥수 : 4가닥
   • 배선내역 : 회로선2, 회로공통선2

4) 경계구역의 명칭은 계단이고 경계구역번호는 15번

5) 정온식 스포트형 감지기(방수형)

6) 15회로

해설

1) 배선가닥수

① 도면에서 ○ 안에 숫자가 들어 있는 것은 경계구역의 번호이다.

   예 ⑦은 7번 경계구역을 의미한다. 즉, ○ 경계구역마다 하나의 회로이다.

② 조건에서 종단저항은 감지기 말단에 설치한다고 하였으므로 감지기선(회로선, 회로공통선)은 각 경계구역의 감지기까지 가서 결선 후 돌아오지 않는다.

번호	가닥수 합계	배선용도					
		회로선	회로공통선	경종선	표시등선	경종·표시등공통선	응답선
ⓐ	9	4	1	1	1	1	1
ⓑ	16	8	2	3	1	1	1
ⓒ	19	10	2	4	1	1	1
ⓓ	28	15	3	7	1	1	1
ⓔ	4	2	2	—	—	—	—

ⓐ 가닥수 : 9가닥
  • 회로선 : 4가닥(경계구역번호 ⑫, ⑬, ⑭, ⑮)
  • 경종선 : 1가닥(6F)
  • 나머지 기본 1선씩

ⓑ 가닥수 : 16가닥
- 회로선 : 8가닥(경계구역번호 ⑧, ⑨, ⑩, ⑪, ⑫, ⑬, ⑭, ⑮)
- 회로공통선 : $\dfrac{8}{7}$ = 1.14 ≒ 2가닥
- 경종선 : 3가닥(4, 5, 6F)
- 나머지 기본 1선씩

ⓒ 가닥수 : 19가닥
- 회로선 : 10가닥(경계구역번호 ⑥, ⑦, ⑧, ⑨, ⑩, ⑪, ⑫, ⑬, ⑭, ⑮)
- 회로공통선 : $\dfrac{10}{7}$ = 1.43 ≒ 2가닥
- 경종선 : 4가닥(3, 4, 5, 6F)
- 나머지 기본 1선씩

2) ⓓ의 배선내역(28가닥)
- 회로선 : 15가닥(경계구역번호 ①, ②, ③, ④, ⑤, ⑥, ⑦, ⑧, ⑨, ⑩, ⑪, ⑫, ⑬, ⑭, ⑮)
- 회로공통선 : $\dfrac{15}{7}$ = 2.14 ≒ 3가닥
- 경종선 : 7가닥(B1, 1, 2, 3, 4, 5, 6F)
- 나머지 기본 1선씩
- 상세내역
  회로선15, 회로공통선3, 경종선7, 표시등선1, 경종·표시등공통선1, 응답선1

3) ⓔ의 배선가닥수와 배선내역
- 가닥수 : 4가닥
- 배선내역 : 회로선2, 회로공통선2
- 계단경계구역 (계단/15) 의 감지기는 3층과 PH층에 설치되어 있다.(동일경계구역)
- 조건에 의해 종단저항을 말단에 설치해야 하므로 종단저항은 PH층에 설치한다.
- 감지기 배선(회로선, 공통선)은 3층 발신기에서 출발하여 3층 계단 감지기로 배선하여 결선한 후 다시 돌아와서 발신기 측 배관을 타고 올라가 PH층 감지기에 결선 후 종단저항처리한다.
- 그러므로 ⓔ의 배선가닥수는 회로선 2가닥, 회로공통선 2가닥이다.

4) 그림기호의 의미
경계구역의 명칭은 계단이고 경계구역번호는 15번이다.

명칭	그림기호	적용
경계구역번호	◯	• ◯ 안에 경계구역번호를 넣는다. • 필요에 따라 ⊖로 하고 상부에 필요사항, 하부에 경계구역번호를 넣는다. 보기 : (계단) (시프트)

5) 감지기의 종류

명칭	그림기호	적용
차동식 스포트형 감지기	⊟	필요에 따라 종별을 표기한다.
보상식 스포트형 감지기	⊟	필요에 따라 종별을 표기한다.
정온식 스포트형 감지기	◡	• 필요에 따라 종별을 표기한다. • 방수인 것은 ◡ 로 한다. • 내산인 것은 ◡ 로 한다. • 내알칼리인 것은 ◡ 로 한다. • 방폭인 것은 EX를 표기한다.
연기감지기	S	• 필요에 따라 종별을 표기한다. • 점검박스붙이인 경우는 S 로 한다. • 매입인 것은 S 로 한다.

6) 전체 회로수

경계구역번호가 ①~⑮번까지 있으므로 15경계구역이다.

05 다음의 도면은 어느 사무실 건물의 1층에 설치된 자동화재탐지설비의 미완성 평면도이다. 이 건물은 지상 3층이고 각 층의 평면이 1층과 동일할 경우 평면도 및 주어진 조건을 이용하여 다음 각 물음에 답하시오.

[조건]
- 계통도 작성 시 각 층 수동발신기는 1개씩 설치하는 것으로 한다.
- 계통도 작성 시 가닥수는 최소로 한다.
- 간선의 사용전선은 HFIX 2.5[mm²]이며, 공통선은 발신기공통 1선, 경종·표시등공통 1선을 각각 사용한다.
- 전선관공사는 후강전선관으로 콘크리트 내 매입 시공한다.
- 각 실은 이중천장이 없는 구조이며, 천장에 감지기를 바로 취부한다.
- 각 실의 바닥으로부터 천장까지 높이는 2.8[m]이다.
- 계단실의 감지기는 설치를 제외한다.
- 후강전선관의 굵기표는 다음과 같다.

도체 단면적 [mm²]	전선본수									
	1	2	3	4	5	6	7	8	9	10
	전선관의 최소 굵기[mm]									
2.5	16	16	16	16	22	22	22	28	28	28
4	16	16	16	22	22	22	28	28	28	28
6	16	16	22	22	22	28	28	28	36	36
10	16	22	22	28	28	36	36	36	36	36

[도면]

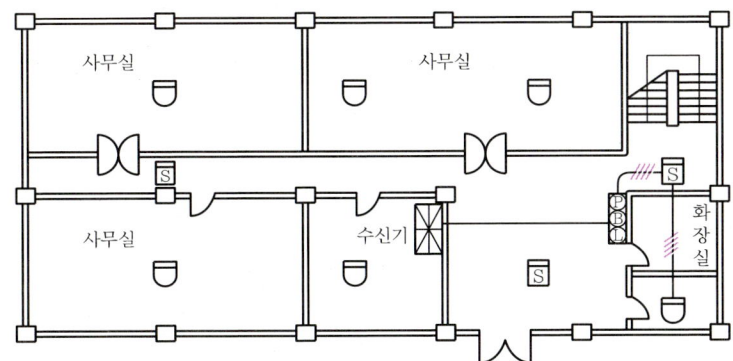

1) 도면의 P형 수신기는 최소 몇 회로용을 사용하여야 하는가?
2) 수신기에서 발신기세트까지의 배선가닥수는 몇 가닥이며, 여기에 사용되는 후강전선관은 몇 [mm]를 사용하는가?
   - 가닥수 :
   - 후강전선관 :
3) 연기감지기를 매입인 것으로 사용한다고 하면 그림기호는 어떻게 표시하는가?
4) 배관 및 배선을 하여 자동화재탐지설비의 도면을 완성하고 배선가닥수를 표기하시오.
5) 간선계통도를 그리고 간선가닥수를 표기하시오.

해답
1) 회로수가 3회로이므로 5회로용 수신기 선정
2) - 가닥수 : 10가닥
   - 후강전선관 : 28[mm]
3)
4)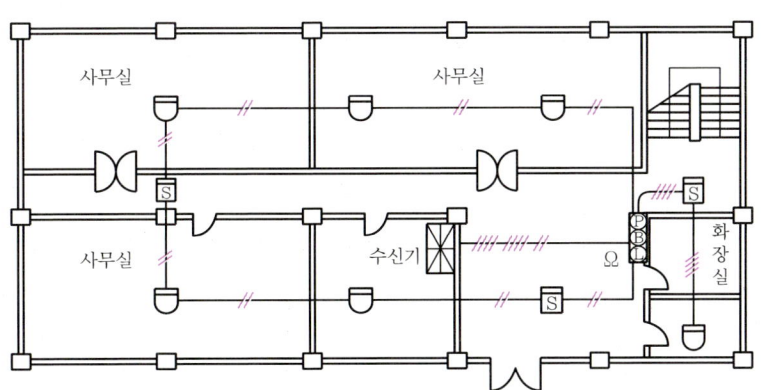

5)

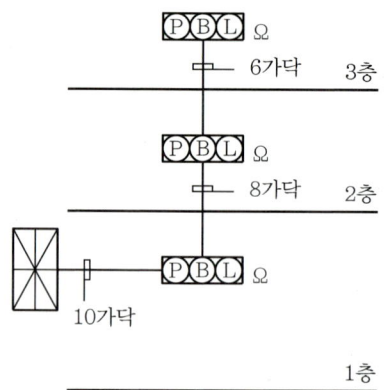

해설 ⊕ 1) P형 수신기 선정
① 조건에서 각 층에 수동발신기를 1개씩 설치하였으므로 회로수는 층당 1회로이다. 그러므로 전체 회로수는 3회로가 된다.
② P형 수신기는 최소 5회로부터 생산되므로 5회로용을 선정한다.

2) 가닥수 및 후강전선관의 굵기
① 1층의 수신기~발신기세트 간 가닥수
- 계통도에 나타나듯이 1층의 수신기와 발신기 간 가닥수는 10가닥이 된다.
- 배선내역

구분	가닥수 합계	배선용도					
		회로선	회로 공통선	경종선	표시등 선	경종 · 표시등 공통선	응답선
3층	6	1	1	1	1	1	1
2층	8	2	1	2	1	1	1
1층	10	3	1	3	1	1	1

② 후강전선관의 굵기
조건의 후강전선관 굵기 표에서 전선본수 10가닥, 도체 단면적 2.5[mm²]를 찾으면 28[mm]이다.

3) 도시기호

명칭	그림기호	적용
차동식 스포트형 감지기	⌒	필요에 따라 종별을 표기한다.
보상식 스포트형 감지기	⌒	필요에 따라 종별을 표기한다.

명칭	그림기호	적용
정온식 스포트형 감지기		• 필요에 따라 종별을 표기한다. • 방수인 것은 ◯로 한다. • 내산인 것은 ◯로 한다. • 내알칼리인 것은 ◯로 한다. • 방폭인 것은 EX를 표기한다.
연기감지기	S	• 필요에 따라 종별을 표기한다. • 점검박스붙이인 경우는 S로 한다. • 매입인 것은 S로 한다.

4) 평면도 완성

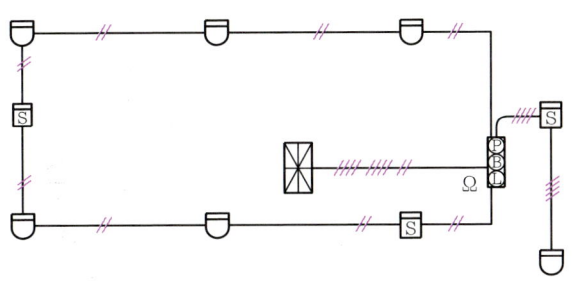

① 감지기 결선은 여러 가지 방법이 있을 수 있으나 전선수를 최소로 하기 위해서는 배선을 루프하여 결선한다.
② 송배선식에서는 루프된 곳 2가닥, 그 밖의 것 4가닥이므로 그에 맞게 가닥수를 표기한다.
③ 수신기와 발신기 간 배선에 10가닥을 표기한다.

5) 문제에서 간선계통도를 그리라고 하였으므로 감지기는 그리지 않았다. 감지기까지 나타낸 계통도는 다음과 같다.

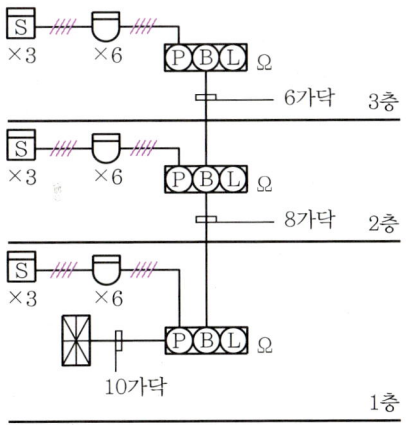

06 다음과 같은 비상방송설비의 확성기 회로에 음량조정기를 설치하고자 할 때 미완성 결선도를 완성하시오.

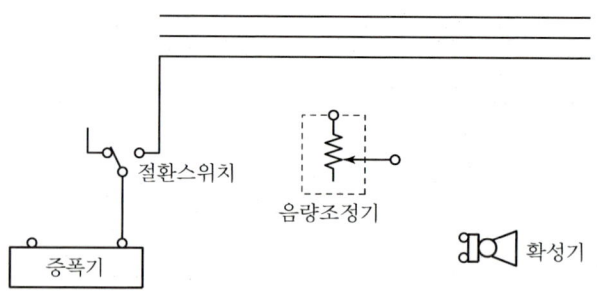

해답 ⊕

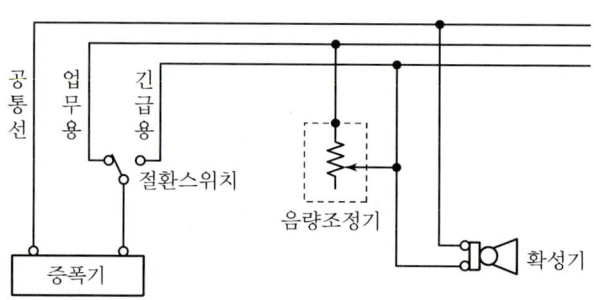

해설 ⊕ 1) 동작설명
① 업무용 방송
- 확성기(스피커)에 공통선과 업무용 배선(음량조정기(ATT) 경유)이 연결된다.
- 방송 시 음량조정기에 의해 음량을 조절할 수 있다.

② 긴급용 방송
- 확성기(스피커)에 공통선과 긴급용 배선이 직접 연결되어 있다.
- 수신기로부터 화재신호를 수신하면 절환스위치가 긴급용으로 절환된다.
- 긴급용 방송은 음량조정이 불가능하다.

③ 절환스위치에 배선의 용도가 적혀 있지 않을 경우 반드시 배선의 용도(공통선, 업무용, 긴급용)를 적어주어야 한다.

2) 동일한 3선식 배선
   ① 배선도 1

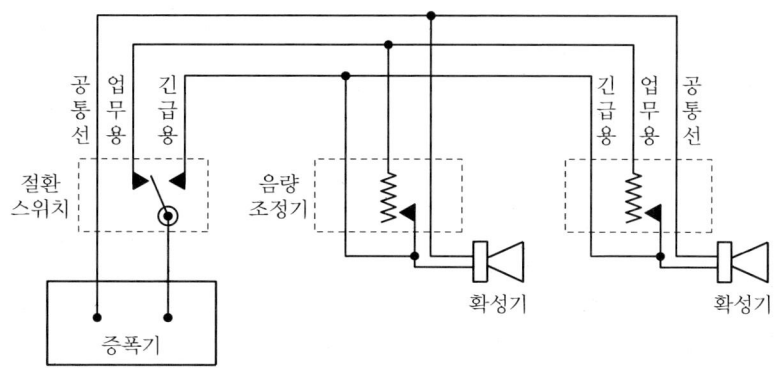

   ② 배선도 2

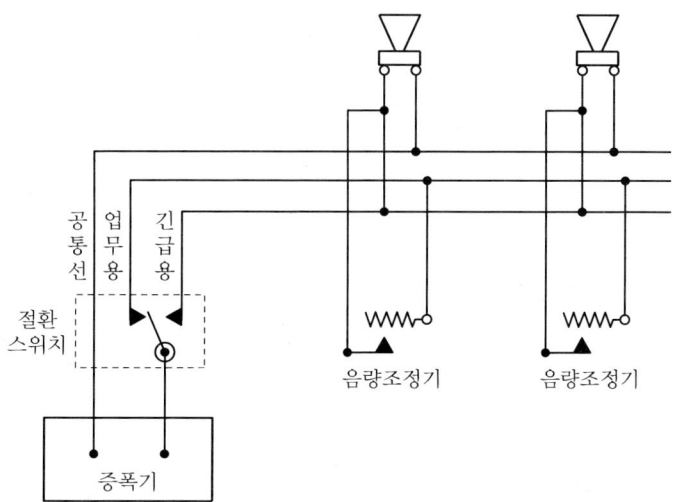

07 다음은 우선경보방식의 비상방송설비의 계통도이다. 각 층 사이의 ①~⑤까지의 배선수와 각 배선의 용도를 쓰시오.(단, 긴급용 방송과 업무용 방송을 겸용으로 하는 설비로서 음량조정기를 설치하였다.)

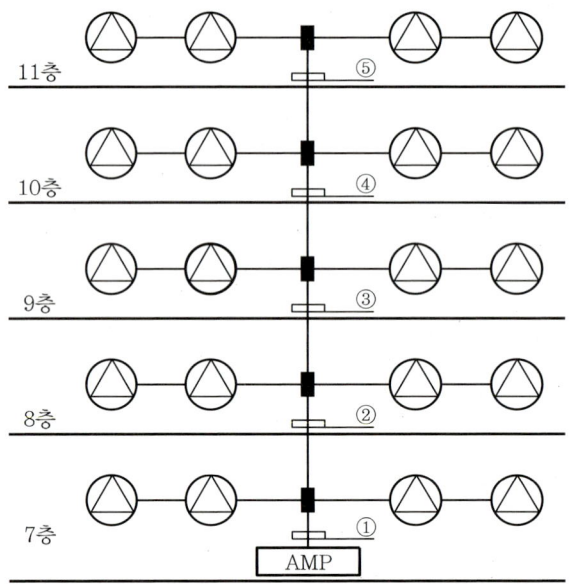

번호	배선수	배선용도
①		
②		
③		
④		
⑤		

해답 ⊕

번호	배선수	배선용도
①	11	긴급용 배선5, 업무용 배선1, 공통선5
②	9	긴급용 배선4, 업무용 배선1, 공통선4
③	7	긴급용 배선3, 업무용 배선1, 공통선3
④	5	긴급용 배선2, 업무용 배선1, 공통선2
⑤	3	긴급용 배선1, 업무용 배선1, 공통선1

03 옥내소화전설비

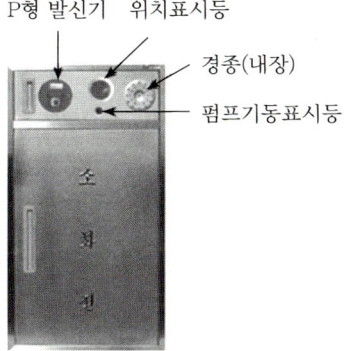

▲ 발신기세트 옥내소화전 내장형

1. 옥내소화전설비와 자동화재탐지설비의 평면도

[조건]
- 옥내소화전은 기동용 수압개폐장치 방식을 사용한다.
- 자동화재탐지설비는 일제경보방식이다.

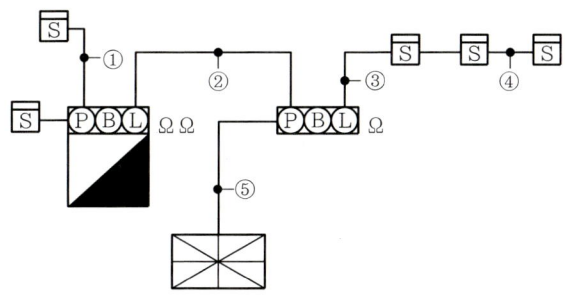

구분	가닥수	배선용도
①	4	회로2, 공통2
②	9	회로2, 공통1, 경종1, 표시등1, 경종·표시등공통1, 응답1, 기동확인표시등2
③	4	회로2, 공통2
④	4	회로2, 공통2
⑤	10	회로3, 공통1, 경종1, 표시등1, 경종·표시등공통1, 응답1, 기동확인표시등2

[해설]
- 발신기세트 옥내소화전 내장형에 종단저항이 2개 있으므로 회로가 2개이고, 단독형 발신기함에는 종단저항이 1개 있으므로 총 회로수는 3개이다.
- 발신기세트 옥내소화전 내장형에는 펌프기동확인표시등선 2가닥이 추가로 결선된다.
- 옥내소화전함이 증가하여도 펌프기동확인표시등선은 증가하지 않고 계속 2가닥이다.

2. 계통도

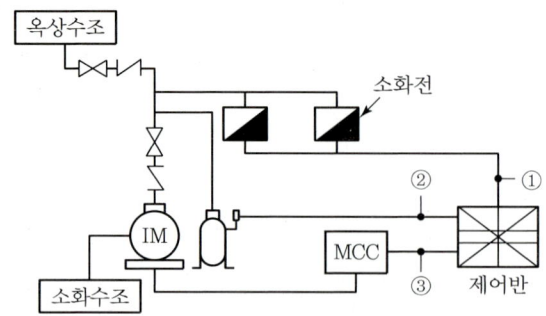

기호	구분		가닥수	배선굵기	배선용도
①	감시제어반 ↔ 소화전함	ON – OFF방식	5	2.5[mm²]	기동, 정지, 공통, 기동확인표시등2
		기동용 수압개폐장치	2	2.5[mm²]	기동확인표시등2
②	압력챔버 ↔ 감시제어반		2	2.5[mm²]	압력스위치2
③	MCC ↔ 감시제어반		5	2.5[mm²]	기동, 정지, 공통, 기동표시등, 전원표시등

[해설]

① 소화전함 ↔ 감시제어반(수신반)

　㉠ ON – OFF방식(수동기동방식)

　　• 제어반 ↔ 소화전함 : 5가닥

　　　기동, 정지, 공통, 기동확인표시등2

　　• 소화전함 ↔ 다음 소화전함 : 5가닥

　　　기동, 정지, 공통, 기동확인표시등2

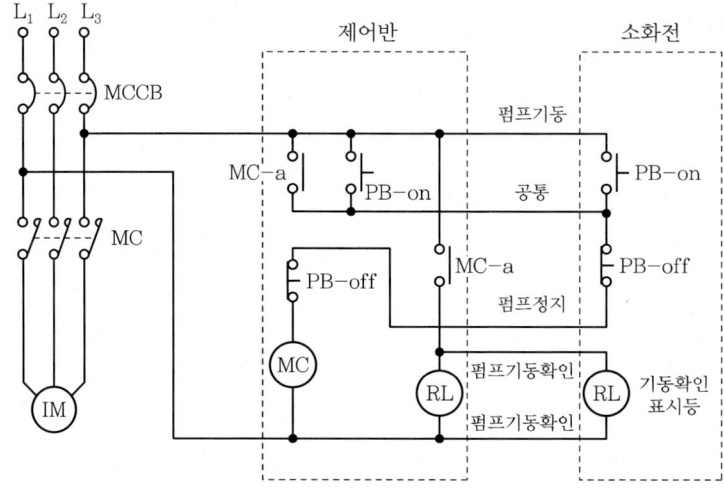

ⓒ 기동용 수압개폐장치를 이용하는 방식(자동기동방식)
- 평상시 옥내소화전펌프 2차 측 배관에 압력이 가해져 있을 때는 압력스위치가 개로되어 있다.
- 화재 시 옥내소화전에서 소화수를 방사함에 따라 배관 내 압력이 저하되면 압력스위치가 폐로되어 소방펌프가 기동되는 방식이다.
- 펌프가 기동되면 소화전에 펌프의 기동을 표시하기 위하여 펌프기동확인표시등을 설치한다.
- 그러므로 자동기동방식에서는 옥내소화전에 펌프기동확인표시등 2가닥이 들어간다.

② 압력스위치 ↔ 감시제어반(수신반)

압력스위치 2가닥

③ MCC ↔ 감시제어반(수신반)
- 제어반에서 MCC의 전원을 감시하는 경우 : 5가닥(시험출제용)

  기동, 정지, 공통, 기동표시등, 전원표시등
- 제어반에서 MCC 전원의 감시가 되지 않는 경우 : 4가닥(현장결선)

  기동2, 기동확인2

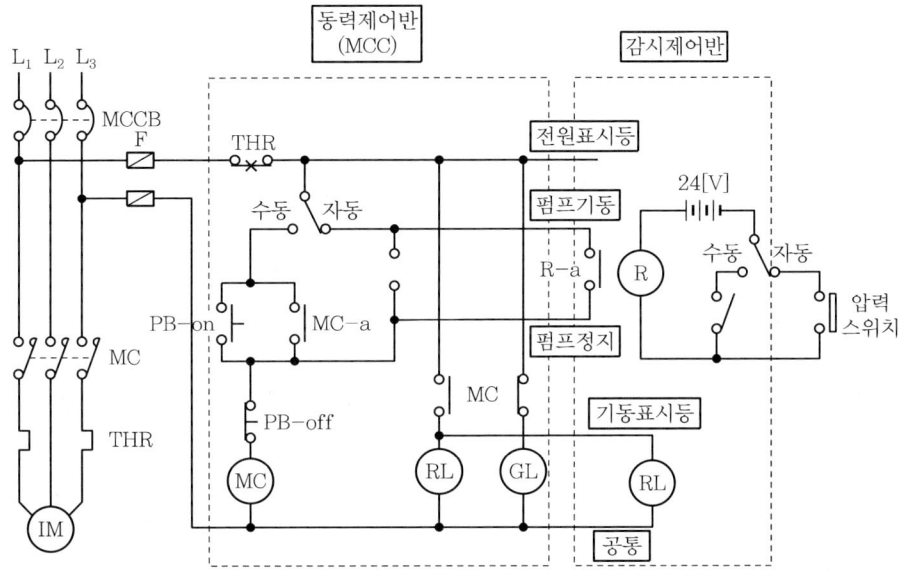

[동일한 용어]
- 기동=ON, 정지=OFF
- 기동확인표시등=기동확인=기동확인표시=펌프기동표시등
- 기동표시등=운전표시등, 전원표시등=정지표시등

핵심 기출 문제

01 다음은 옥내소화전설비의 소화전 및 제어반의 연결계통도이다. 계통도를 보고 ①~⑤의 최소배선가닥수를 쓰시오.

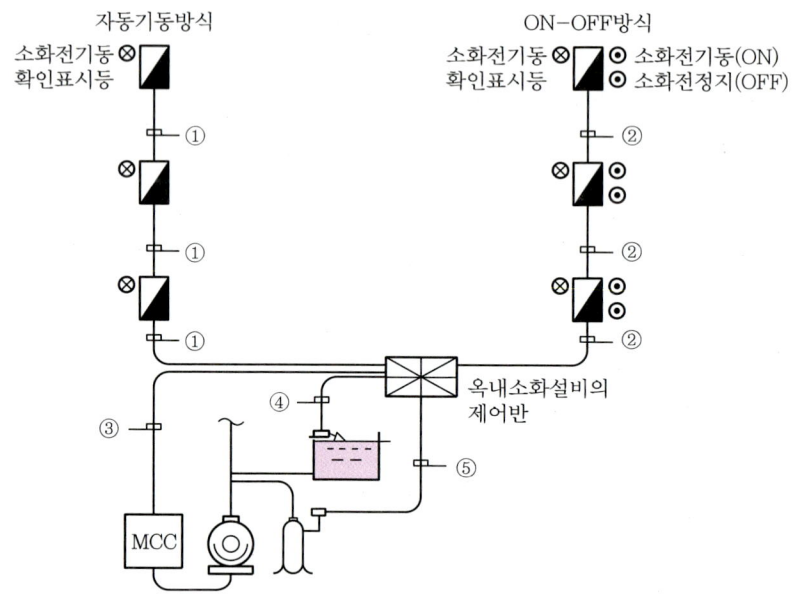

해답 ⊕

번호	①	②	③	④	⑤
가닥수	2	5	5	2	2

해설 ⊕ ①~⑤의 최소배선가닥수

기호	구분		배선수	배선굵기	배선용도
①, ②	소화전함 ↔ 제어반	수압 개폐식	2	2.5[mm²] 이상	기동확인표시등2
		ON-OFF식	5	2.5[mm²] 이상	기동, 정지, 공통, 기동확인표시등2
③	MCC ↔ 제어반		5	전원표시등이 있는 경우	공통, ON, OFF, 기동표시, 전원표시
			4	최소가닥수	기동2, 확인2
④	수조 ↔ 제어반		2	2.5[mm²] 이상	저수위감시회로2
⑤	압력챔버 ↔ 제어반		2	2.5[mm²] 이상	압력스위치2

③의 경우 문제에서 별도의 조건으로 전원표시등이 설치되어 있다고 하거나 별도의 조건이 없으면 5가닥으로 계산하고 최소가닥수를 구하라고 하면 4가닥으로 계산한다. 현장에서는 4가닥으로 결선하고 있다.

02 다음 도면과 같이 독립된 1층 건물에 P형 1급 수신기는 경비실에 설치하고 공장 1, 2, 3동에는 옥내소화전함과 자동화재탐지설비용 발신기함을 설치하였다. ①~⑦의 가닥수를 산정하시오. (단, 옥내소화전의 기동용 수압개폐장치를 이용한 자동기동방식이고, 경보방식은 동별 구분 경보방식을 적용한다.)

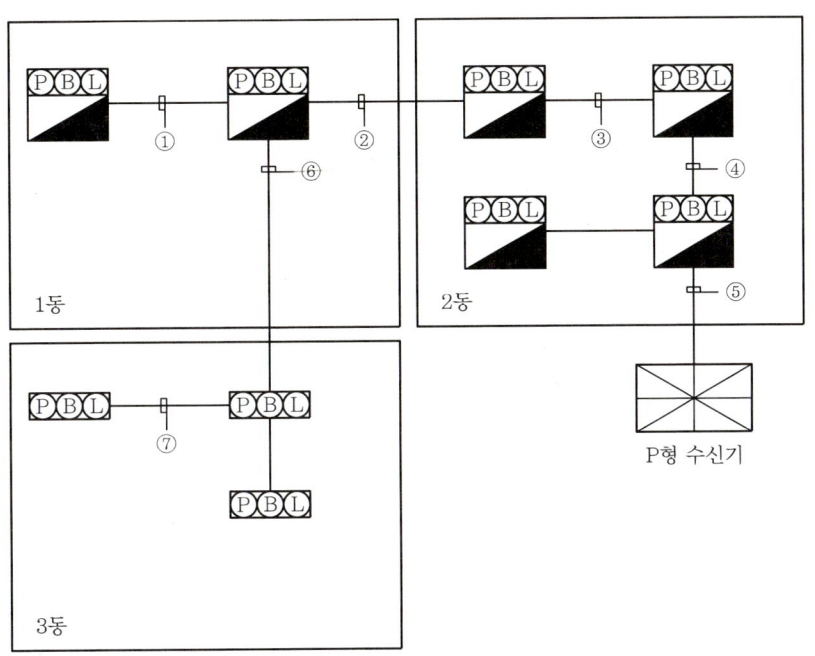

해답

구분	회로선	회로 공통선	경종선	표시등선	경종·표시등 공통선	응답선	기동 확인 표시등	합계
①	1	1	1	1	1	1	2	8
②	5	1	2	1	1	1	2	13
③	6	1	3	1	1	1	2	15
④	7	1	3	1	1	1	2	16
⑤	9	2	3	1	1	1	2	19
⑥	3	1	1	1	1	1	–	8
⑦	1	1	1	1	1	1	–	6

해설

① 발신기세트 옥내소화전 내장형(기동용 수압개폐장치 사용)
  가닥수 : 발신기세트 단독형(6가닥) + 펌프기동표시등(2가닥) = 8가닥

② • 회로수 : 1동(2회로) + 3동(3회로) = 5가닥
  발신기세트수가 회로수이다. (종단저항이 있으면 종단저항수)

  • 경종선 : 1동(1가닥) + 3동(1가닥) = 2가닥
  조건에서 동별 구분 경보방식이라 하였으므로 각 동별 경종선을 별도로 설치하여, 화재 시 각 동에서 경보할 수 있도록 한다.

③ • 회로수 : 1동(2회로)+3동(3회로)+2동(1회로)=6가닥
   • 경종선 : 1동(1가닥)+3동(1가닥)+2동(1가닥)=3가닥
④ • 회로수 : 1동(2회로)+3동(3회로)+2동(2회로)=7가닥
   • 경종선 : 1동(1가닥)+3동(1가닥)+2동(1가닥)=3가닥
⑤ • 회로수 : 1동(2회로)+3동(3회로)+2동(4회로)=9가닥
   • 경종선 : 1동(1가닥)+3동(1가닥)+2동(1가닥)=3가닥
   • 공통선 : $\dfrac{9회로}{7회로}=1.29=2가닥$(소수점 이하 절상)
     하나의 공통선이 담당하는 회로수는 7회로 이하일 것
⑥ • 회로수 : 3동의 발신기세트 단독형 3개(3가닥)
   • 경종선 : 3동(1가닥)
⑦ 발신기세트 단독형 1개 : 기본 6가닥

✎ 표시등선, 경종·표시등공통선, 응답선 : 증감 없이 1가닥이다.
   기동확인표시등선 : 발신기세트 옥내소화전 내장형에만 설치되며 증감 없이 2가닥이다.

03 다음은 기동용 수압개폐장치를 사용하는 옥내소화전설비와 자동화재탐지설비가 설치된 5층의 건축물이다. 기호 ①~⑥의 최소가닥수를 쓰시오.(단, 경보방식은 일제경보방식이다.)

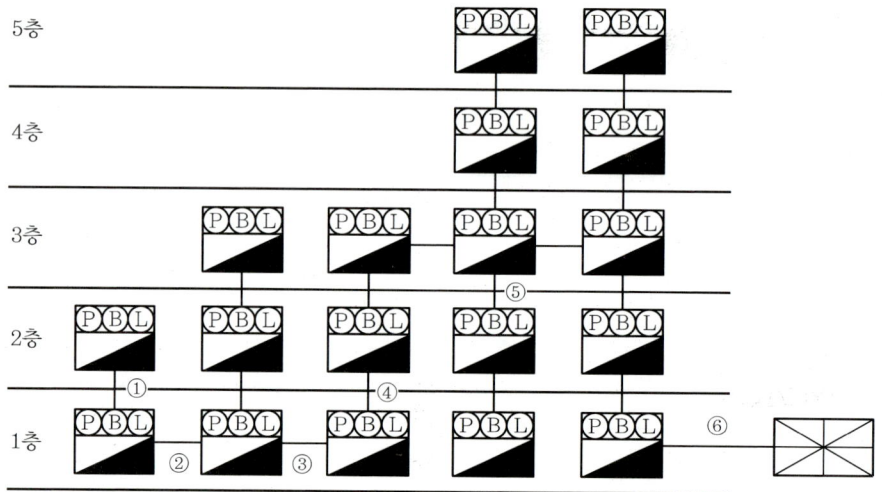

해답

번호	가닥수 합계	배선용도						
		회로선	회로 공통선	경종선	표시등 선	경종 · 표시등공통선	응답선	기동확인 표시등
①	8	1	1	1	1	1	1	2
②	10	2	1	2	1	1	1	2
③	14	5	1	3	1	1	1	2
④	15	6	1	3	1	1	1	2
⑤	10	2	1	2	1	1	1	2
⑥	31	18	3	5	1	1	1	2

해설

1) 회로수 : 해당 배관을 경유한 후단의 발신기세트수가 회로수가 된다.
2) 공통선의 가닥수 = $\dfrac{18}{7}$ = 2.57 ≒ 3가닥(소수점 이하 절상)
3) 경종선의 가닥수 : 각 층마다 1가닥씩 증가
   - 화재로 인하여 하나의 층의 지구음향장치 또는 배선이 단락되어도 다른 층의 화재통보에 지장이 없도록 각 층 배선상에 유효한 조치를 할 것(2022년 이후)
   - 각 층 배선상에 유효한 조치로 단선단락 자동감시형 수신기를 사용하거나 수신기에 퓨즈 또는 차단기 등을 설치할 것(2025년 이후)
   - 경종선은 단선단락 자동감시형 수신기나 퓨즈 또는 차단기 등으로부터 각 층에 각각 1가닥씩 배선하여야 한다.
   - 일제경보방식과 우선경보방식의 배선방식이 동일하다.
4) 표시등선 : 1가닥(불변)
5) 응답선 : 1가닥(불변)
6) 기동확인표시등 : 2가닥(불변)
7) 경종 · 표시등공통선 : 별도의 조건이 없는 경우(1가닥)
8) 경종 · 표시등공통선을 7회로 초과할 때마다 별도로 사용하라고 하는 경우
   - ①~⑤는 회로수가 7 이하이므로 가닥수 변화가 없다.
   - ⑥의 회로공통선과 경종 · 표시등공통선의 가닥수는 다음과 같다.

   $\dfrac{18}{7}$ = 2.57 ≒ 3가닥(소수점 이하 절상)

번호	가닥수 합계	배선용도						
		회로선	회로 공통선	경종선	표시등 선	경종 · 표시등공통선	응답선	기동확인 표시등
⑥	33	18	3	5	1	3	1	2

04 습식 스프링클러설비

화재 시 헤드가 개방되면 알람밸브 2차 측 배관의 압력이 저하되어 클래퍼가 개방되는 방식으로서 화재감지기는 설치되지 아니한다.

1. 계통도 1

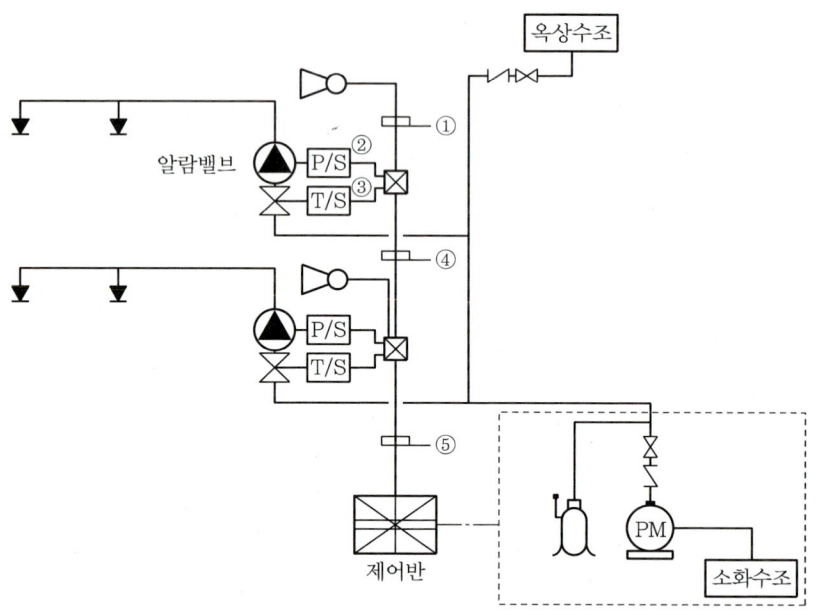

기호	구분	가닥수	내역	배선용도
①	4각박스 ↔ 사이렌	2	16C(HFIX 2.5mm^2)	사이렌2
②	4각박스 ↔ 압력스위치	2	16C(HFIX 2.5mm^2)	압력스위치2
③	4각박스 ↔ 탬퍼스위치	2	16C(HFIX 2.5mm^2)	탬퍼스위치2
④	습식 S/P (1 Zone)	4	16C(HFIX 2.5mm^2)	압력스위치1, 탬퍼스위치1, 사이렌1, 공통1
⑤	습식 S/P (2 Zone)	7	22C(HFIX 2.5mm^2)	압력스위치2, 탬퍼스위치2, 사이렌2, 공통1

[해설]

① 습식 스프링클러설비의 유수검지장치로 알람밸브를 사용하며 알람밸브에는 압력스위치(P/S), 개폐밸브에는 탬퍼스위치(T/S)가 설치되어 있고 방호구역 안에 사이렌이 설치된다.

② 최소가닥수를 적용하므로 공통선은 1가닥으로 한다.
③ 그러므로 1 Zone의 가닥수는 4가닥이고 Zone 추가 시 3가닥씩 증가한다.

2. 계통도 2

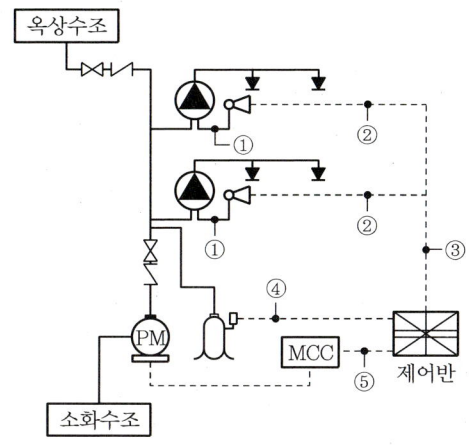

기호	배선내역	배선용도
①	16C(HFIX 2.5 - 3)	압력스위치1, 탬퍼스위치1, 공통1
②	16C(HFIX 2.5 - 4)	압력스위치1, 탬퍼스위치1, 사이렌1, 공통1
③	22C(HFIX 2.5 - 7)	압력스위치2, 탬퍼스위치2, 사이렌2, 공통1
④	16C(HFIX 2.5 - 2)	압력스위치2
⑤	22C(HFIX 2.5 - 5)	기동, 정지, 공통, 기동표시등, 전원표시등

[해설]
① 도면에는 표시되지 않았지만 습식 스프링클러설비의 알람밸브에는 압력스위치가 설치되어 있고 개폐표시형 밸브에는 탬퍼스위치가 설치되어 있는 것으로 하여 결선한다.
①배선은 사이렌을 지나쳐온 구간이므로 사이렌선은 계산하지 아니한다.(그림모양을 잘 확인할 것)

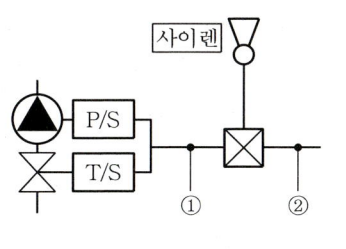

▲ 알람밸브 상세도

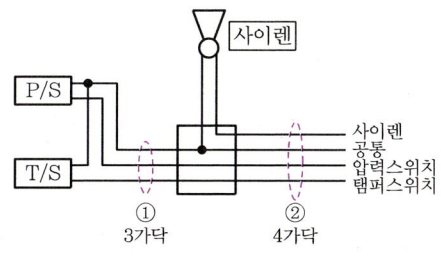

▲ 알람밸브 주위 배선도

② 습식 스프링클러설비 1 Zone : 4가닥(압력스위치1, 탬퍼스위치1, 사이렌1, 공통1)
③ 습식 스프링클러설비 2 Zone : 7가닥(압력스위치2, 탬퍼스위치2, 사이렌2, 공통1)
   압력스위치, 탬퍼스위치, 사이렌은 Zone이 증가할 때마다 각각 증가하고 공통선은 증가하지 않는다.
④ 기동용 수압개폐기용 압력스위치 : 2가닥
⑤ 제어반 ↔ MCC 간 배선
   ㉠ 제어반에서 MCC의 전원을 감시하는 경우 : 5가닥
      기동, 정지, 공통, 기동표시등, 전원표시등
   ㉡ 제어반에서 MCC 전원의 감시가 되지 않는 경우 : 4가닥
      기동2, 기동확인2

> [배선내역항목]
> 16C(HFIX 2.5 − 3)
> - 16C : 16[mm] 후강전선관
> - HFIX : 저독성 난연 가교 폴리올레핀 절연전선
> - 2.5 : 전선의 단면적(2.5mm^2)
> - 3 : 배선가닥수

▼ 후강전선관의 굵기 선정표

도체 단면적 [mm^2]	전선 본수									
	1	2	3	4	5	6	7	8	9	10
	전선관의 최소 굵기[mm]									
1.5	16	16	16	16	22	22	22	22	28	28
2.5	16	16	16	16	22	22	22	28	28	28
4	16	16	16	22	22	22	28	28	28	28
6	16	16	22	22	22	28	28	28	36	36
10	16	22	22	28	28	36	36	36	36	36

핵심 기출 문제

01 다음 도면은 어느 공장 1층의 소화설비계통도이다. 공장 건물에 자동화재탐지설비의 발신기세트와 습식 스프링클러설비를 설치하고, 수신기를 설치하였다. 도면을 보고 다음 각 물음에 답하시오.(단, 경보방식은 일제경보방식을 적용한다.)

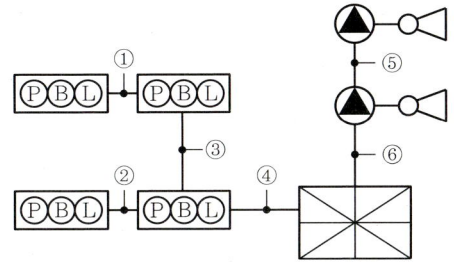

1) 도면에서 번호 ①~⑥의 각 가닥수를 쓰시오.

번호	①	②	③	④	⑤	⑥
가닥수						

2) 습식 유수검지장치에 부착되어 있는 전기적인 장치 2가지를 쓰시오.

해답 1)

번호	①	②	③	④	⑤	⑥
가닥수	6	6	7	9	4	7

2) 압력스위치, 탬퍼스위치

해설 1) 가닥수

번호	가닥수 합계	배선용도					
		회로선	회로 공통선	경종선	표시등 선	경종·표시등 공통선	응답선
①	6	1	1	1	1	1	1
②	6	1	1	1	1	1	1
③	7	2	1	1	1	1	1
④	9	4	1	1	1	1	1
⑤	4	압력스위치1, 탬퍼스위치1, 사이렌1, 공통1					
⑥	7	압력스위치2, 탬퍼스위치2, 사이렌2, 공통1					

①~④ 발신기세트 단독형
　㉠ 발신기세트 단독형 기본 가닥수 : 6가닥
　　회로선, 회로공통선, 경종선, 표시등선, 경종·표시등공통선, 응답선
　㉡ 회로선 : 발신기세트의 개수(종단저항이 있는 경우 종단저항의 개수)
　㉢ 회로공통선
　　• 회로수가 7개 이하인 경우 회로공통선 1선
　　• 회로수가 7개 초과할 때마다 회로공통선 1선씩 증가
　　• 회로공통선 = $\dfrac{회로수}{7}$ (소수점 이하 절상)
　㉣ 경종선
　　• 1가닥(공장 1층의 계통도이므로 층수는 1이다)
　㉤ 표시등선, 경종·표시등공통선, 응답선
　　• 특별한 조건이 없는 한 각각 1가닥으로 배선하며 증가하지 않는다.
⑤ 습식 유수검지장치 1 Zone
　• 압력스위치1, 템퍼스위치1, 사이렌1, 공통1
　• 사이렌은 습식 유수검지장치(알람밸브)에 직접 설치되어 있는 것이 아니고 그 주위에 설치된다.
⑥ 습식 유수검지장치 2 Zone
　• 압력스위치2, 템퍼스위치2, 사이렌2, 공통1
　• 압력스위치, 템퍼스위치, 사이렌은 Zone이 증가할 때마다 각각 증가하고 공통선은 증가하지 않는다.

2) 습식 유수검지장치에 부착되어 있는 전기적인 장치 2가지
　압력스위치(P/S), 템퍼스위치(T/S)

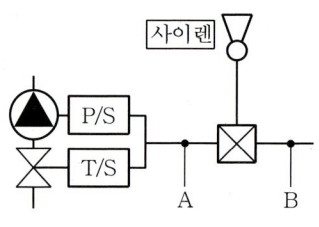

▲ 알람밸브 상세도

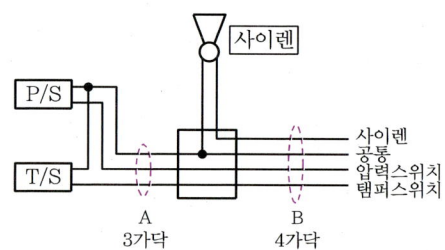

▲ 알람밸브 주위 배선도

02 다음은 기동용 수압개폐장치를 사용하는 옥내소화전설비의 소화전함과 습식 스프링클러설비가 설치된 지상 6층 건축물의 계통도이다. 도면을 보고 ①~⑧의 가닥수를 쓰시오.(단, 건축물의 연면적은 6,000[m²]이다.)

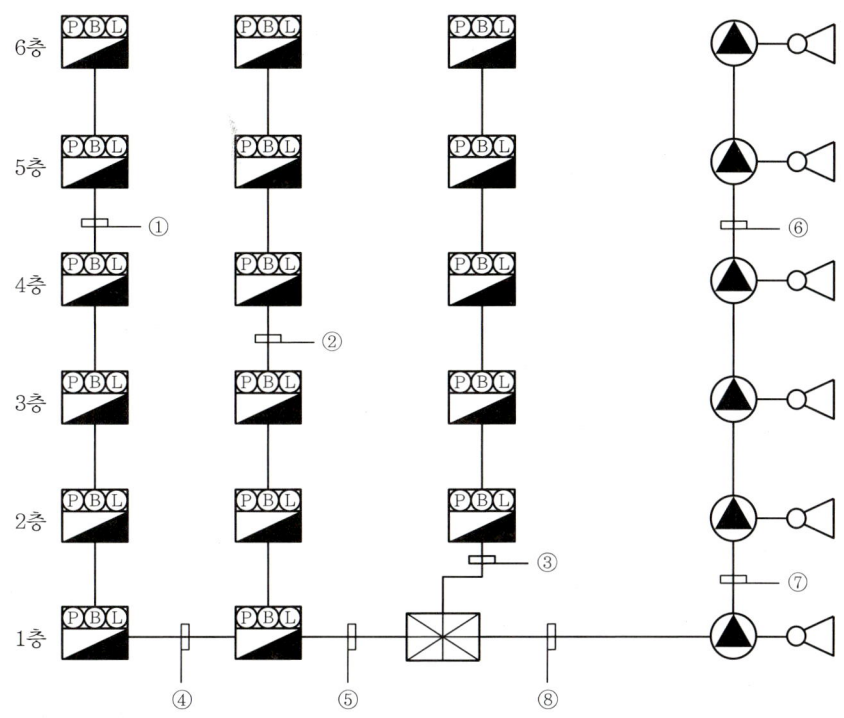

해답

번호	①	②	③	④	⑤	⑥	⑦	⑧
가닥수	10	12	16	18	25	7	16	19

해설 가닥수

번호	가닥수 합계	배선용도						
		회로선	회로 공통선	경종선	표시 등선	경종·표시등 공통선	응답선	기동 확인 표시등
①	10	2	1	2	1	1	1	2
②	12	3	1	3	1	1	1	2
③	16	5	1	5	1	1	1	2
④	18	6	1	6	1	1	1	2
⑤	25	12	2	6	1	1	1	2
⑥	7	압력스위치2, 탬퍼스위치2, 사이렌2, 공통1						
⑦	16	압력스위치5, 탬퍼스위치5, 사이렌5, 공통1						
⑧	19	압력스위치6, 탬퍼스위치6, 사이렌6, 공통1						

①~⑤

㉠ 발신기세트 옥내소화전 내장형
- 기본 가닥수 : 8가닥
  회로선, 회로공통선, 경종선, 표시등선, 경종·표시등공통선, 응답선, 펌프기동확인표시등2

㉡ 회로수 : 그 배관을 경유한 후단의 발신기세트 수(종단저항이 있는 경우 종단저항의 수)

㉢ 회로공통선
- 회로수가 7개 이하인 경우 회로공통선 1선
- 회로수가 7개 초과할 때마다 회로공통선 1선씩 증가
- 회로공통선 = $\dfrac{회로수}{7}$ (소수점 이하 절상)

㉣ 경종선 : **각 층마다 1가닥씩 증가**
- 화재로 인하여 하나의 층의 지구음향장치 또는 배선이 단락되어도 다른 층의 화재통보에 지장이 없도록 각 층 배선상에 유효한 조치를 할 것(2022년 이후)
- 각 층 배선상에 유효한 조치로 **단선단락 자동감시형 수신기**를 사용하거나 수신기에 **퓨즈 또는 차단기 등**을 설치할 것(2025년 이후)
- 경종선은 **단선단락 자동감시형 수신기**나 **퓨즈 또는 차단기 등**으로부터 **각 층에 각각 1가닥씩 배선**하여야 한다.
- 일제경보방식과 우선경보방식의 배선방식이 동일하다.

㉤ 표시등선, 경종·표시등공통선, 응답선
- 특별한 조건이 없는 한 각각 1가닥으로 배선하며 증가하지 않는다.

㉥ 기동확인표시등(=펌프기동확인, 기동확인, 기동표시등)
- 기동용 수압개폐장치를 사용하는 옥내소화전설비의 소화전함이므로 반드시 기본 발신기세트 단독형에서 2가닥을 추가하여야 한다.
- 기동확인표시등선은 2가닥에서 증가하지 않는다.

⑥~⑧
- 도면에는 표시되지 않았지만 습식 스프링클러설비에는 알람밸브에 압력스위치가 설치되어 있고 개폐표시형 밸브에는 탬퍼스위치가 설치되어 있는 것으로 하여 결선한다.

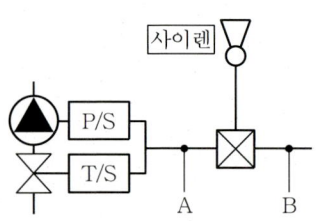

▲ 알람밸브 상세도

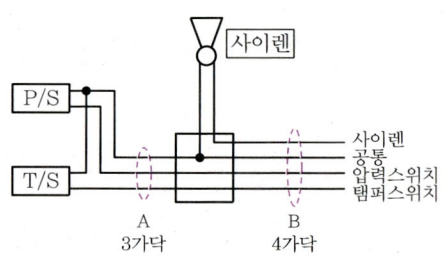

▲ 알람밸브 주위 배선도

- 습식 스프링클러설비 1 Zone : 4가닥
  압력스위치1, 탬퍼스위치1, 사이렌1, 공통1
- 습식 스프링클러설비 2 Zone : 7가닥
  압력스위치2, 탬퍼스위치2, 사이렌2, 공통1
- 압력스위치, 탬퍼스위치, 사이렌은 Zone이 증가할 때마다 각각 증가하고 공통선은 증가하지 않는다.

05 준비작동식 스프링클러설비

1. 작동순서

① 감지기 A, B 작동(또는 수동기동스위치 작동)
② 제어반(화재표시등, 지구표시등 점등)
③ 솔레노이드밸브 기동
④ 클래퍼 개방
⑤ 압력스위치 작동
⑥ 제어반(밸브개방표시등 점등)
⑦ 사이렌 작동

2. 계통도 1

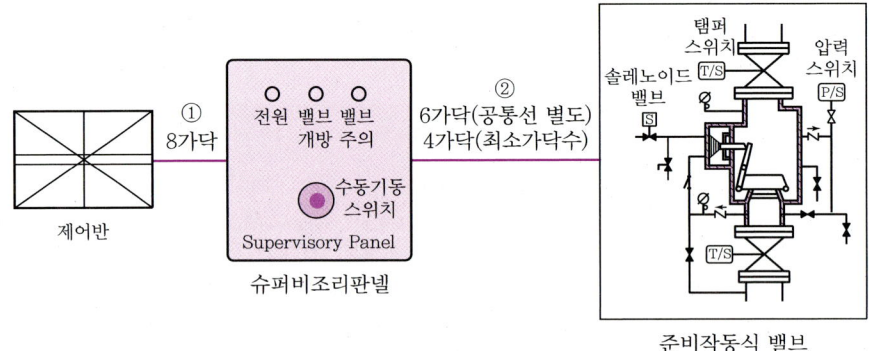

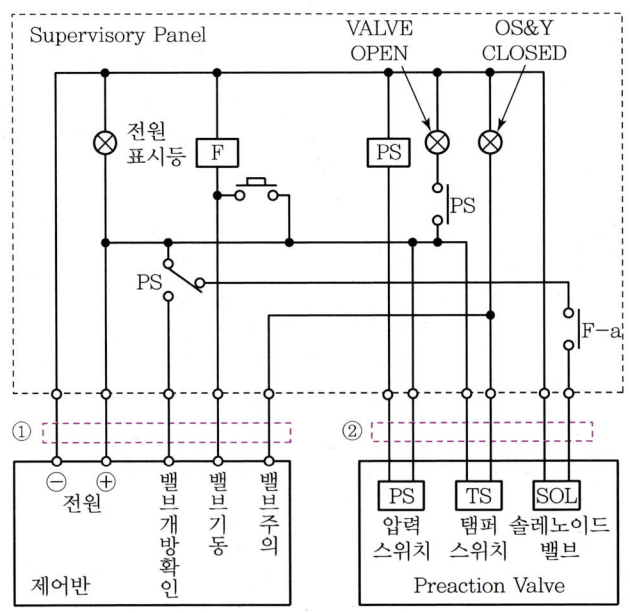

[해설]
① 제어반~슈퍼비조리판넬(SVP) 간 배선
  ㉠ 최소가닥수 : **8가닥**
    전원⊕, ⊖, 감지기A, B, 솔레노이드밸브, 탬퍼스위치, 압력스위치, 사이렌
    • 도면의 ①에 표시된 선(5가닥)
      전원⊕, ⊖, 밸브개방확인(압력스위치), 밸브기동(솔레노이드밸브), 밸브주의(탬퍼스위치)
    • 도면의 ①에 표시되지 않은 선(3가닥)
      감지기A, 감지기B, 사이렌
  ㉡ 감지기공통선을 별도로 배선하는 경우 : **9가닥**
    전원⊕, ⊖, 감지기공통, 감지기A, B, 솔레노이드밸브, 탬퍼스위치, 압력스위치, 사이렌
  ㉢ Zone이 증가하는 경우 추가되는 가닥수 : **6가닥**
    감지기A, 감지기B, 솔레노이드밸브, 탬퍼스위치, 압력스위치, 사이렌

② 슈퍼비조리판넬(SVP)~프리액션밸브(Preaction Valve) 간 배선
  ㉠ 최소가닥수 : **4가닥**
    솔레노이드밸브(S/V), 탬퍼스위치(T/S), 압력스위치(P/S), 공통
  ㉡ 프리액션밸브의 공통선을 별도로 배선하는 경우 : **6가닥**
    솔레노이드밸브(S/V) 2, 탬퍼스위치(T/S) 2, 압력스위치(P/S) 2

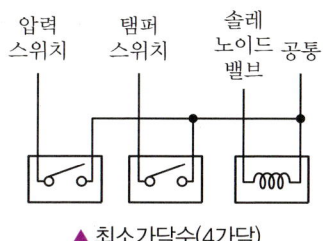
▲ 최소가닥수(4가닥)

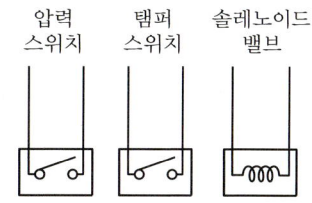
▲ 공통선을 별도로 배선 시(6가닥)

[동일 용어 정리]
• 준비작동식 밸브 = 프리액션밸브(Preaction Valve)
• 솔레노이드밸브(S/V) = 밸브기동 = 전자밸브
• 탬퍼스위치(T/S) = 밸브주의
• 압력스위치(P/S) = 밸브개방확인
• 슈퍼비조리판넬(SVP) = 준비작동식 밸브 수동조작함

> **[각 부속류의 기능]**
> - 솔레노이드밸브(Solenoid Valve)
>   감지기A, B가 작동하면 제어반에서 솔레노이드 기동신호를 보내고 솔레노이드밸브가 작동되면 준비작동식 밸브의 클래퍼가 개방된다.(밸브기동)
> - 탬퍼스위치(Tamper Switch)
>   준비작동식 밸브의 1차 측과 2차 측에 설치된 개폐표시형 밸브의 개폐상태를 감시하여 밸브가 조금이라도 폐쇄되면 제어반에 신호를 보내어 밸브주의표시등이 점등된다.(밸브주의)
> - 압력스위치(Pressure Switch)
>   준비작동식 밸브의 클래퍼가 개방되면 가압수에 의해 압력스위치가 작동되어 제어반에 신호를 보내고 밸브개방표시등이 점등된다.(밸브개방확인)

3. 계통도 2

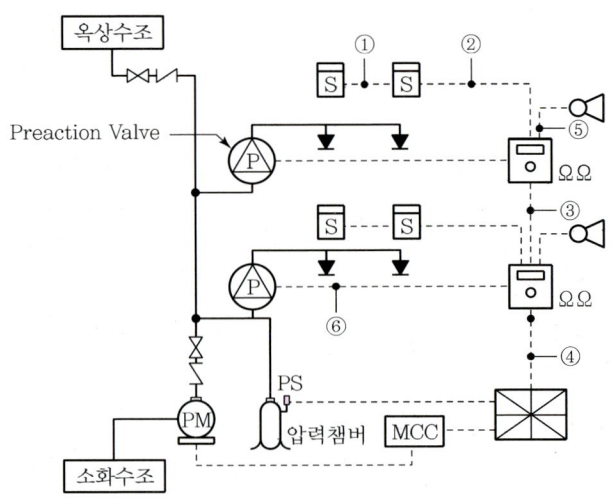

1) 최소가닥수

기호	구분	가닥수	배선굵기	배선용도
①	감지기 ↔ 감지기	4	1.5[mm²]	회로2, 공통2
②	감지기 ↔ SVP	8	1.5[mm²]	회로4, 공통4
③	SVP ↔ SVP	8	2.5[mm²]	전원⊕, ⊖, 감지기A, 감지기B, 솔레노이드밸브, 탬퍼스위치, 압력스위치, 사이렌
④	2 Zone일 경우	14	2.5[mm²]	전원⊕, ⊖, (감지기A, 감지기B, 솔레노이드밸브, 탬퍼스위치, 압력스위치, 사이렌)×2
⑤	사이렌 ↔ SVP	2	2.5[mm²]	사이렌2
⑥	프리액션밸브 ↔ SVP	4	2.5[mm²]	솔레노이드밸브, 탬퍼스위치, 압력스위치, 공통

2) 감지기공통선을 전원공통선과 분리하여 각각 배선하는 경우

기호	구분	가닥수	배선굵기	배선용도
③	SVP ↔ SVP	9	2.5[mm²]	전원⊕, ⊖, 감지기공통, 감지기A, 감지기B, 솔레노이드밸브, 탬퍼스위치, 압력스위치, 사이렌
④	2 Zone일 경우	15	2.5[mm²]	전원⊕, ⊖, 감지기공통, (감지기A, 감지기B, 솔레노이드밸브, 탬퍼스위치, 압력스위치, 사이렌)×2

3) 프리액션밸브의 공통선을 별도로 각각 설치하는 경우

기호	구분	가닥수	배선굵기	배선용도
⑥	밸브 ↔ SVP	6	2.5[mm²]	솔레노이드밸브2, 탬퍼스위치2, 압력스위치2

[해설]

① 교차회로 감지기의 말단 : 4가닥

  프리액션밸브이므로 감지기회로는 교차회로방식을 적용한다.

② 교차회로방식의 그 밖의 것 : 8가닥

> [교차회로방식 감지기선로 가닥수 산정방법]
> - 루프된 곳 : 4가닥
> - 말단감지기 : 4가닥
> - 그 밖의 것 : 8가닥

③ SVP ↔ SVP (1 Zone)

  ㉠ 최소가닥수 적용 : 8가닥

  ㉡ 조건에서 감지기공통선을 별도로 사용하라고 하는 경우 : 9가닥

④ 2 Zone일 경우

  ㉠ 최소가닥수 : 14가닥(8가닥＋6가닥)

   1 Zone의 가닥수에서 6가닥 증가(감지기A, B, 솔레노이드밸브, 탬퍼스위치, 압력스위치, 사이렌)

  ㉡ 조건에서 감지기공통선을 별도로 사용하라고 하는 경우 : 15가닥(9가닥＋6가닥)

  ㉢ Zone이 증가할 때마다 계속 6가닥씩 증가한다.

  ✏️ 문제의 조건에 따라 가닥수가 달라지므로 조건을 꼼꼼히 확인할 것

⑤ 사이렌 ↔ SVP

  사이렌선 2가닥

⑥ 준비작동밸브 ↔ SVP

  ㉠ 조건이 없으면 최소가닥수 적용 : 4가닥

   솔레노이드밸브(S/V), 탬퍼스위치(T/S), 압력스위치(P/S), 공통

  ㉡ 공통선을 별도로 배선하는 경우 : 6가닥

   솔레노이드밸브(S/V) 2, 탬퍼스위치(T/S) 2, 압력스위치(P/S) 2

[교차회로방식]
1) 정의
   하나의 담당구역 내에 2 이상의 화재감지기회로를 설치하고 인접한 2 이상의 화재감지기가 동시에 감지되는 때에 설비가 작동되는 방식

2) 목적
   감지기 오동작에 의한 설비의 작동을 방지하기 위하여

3) 적용설비
   ① 준비작동식 스프링클러설비
   ② 일제살수식 스프링클러설비
   ③ 이산화탄소소화설비
   ④ 할론소화설비
   ⑤ 할로겐화합물 및 불활성기체 소화설비
   ⑥ 분말소화설비

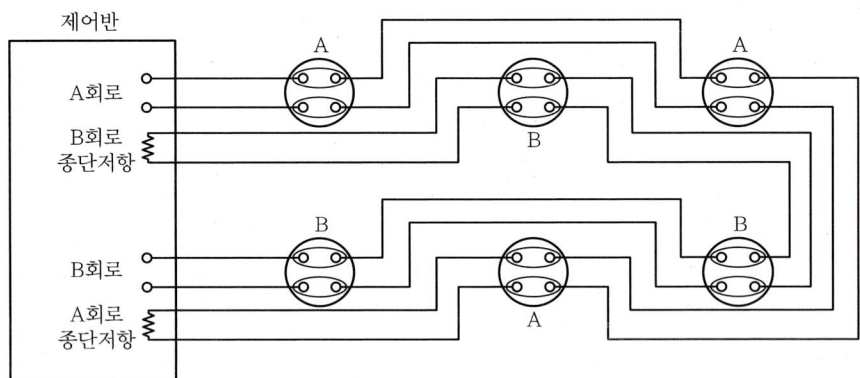

▲ 교차회로방식의 배선

4) 평면도 및 배선내역
   ① 평면도

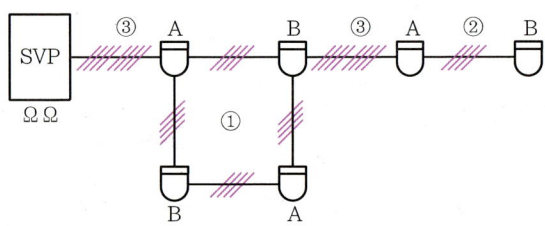

   ② 배선내역(말단감지기 및 루프된 곳 : 4가닥, 그 밖의 것 : 8가닥)

구분	가닥수	배선용도
①	4	회로선2, 공통선2(A회로 : 회로1, 공통1, B회로 : 회로1, 공통1)
②	4	회로선2, 공통선2(B회로 : 회로2, 공통2)
③	8	회로선4, 공통선4(A회로 : 회로2, 공통2, B회로 : 회로2, 공통2)

4. 평면도

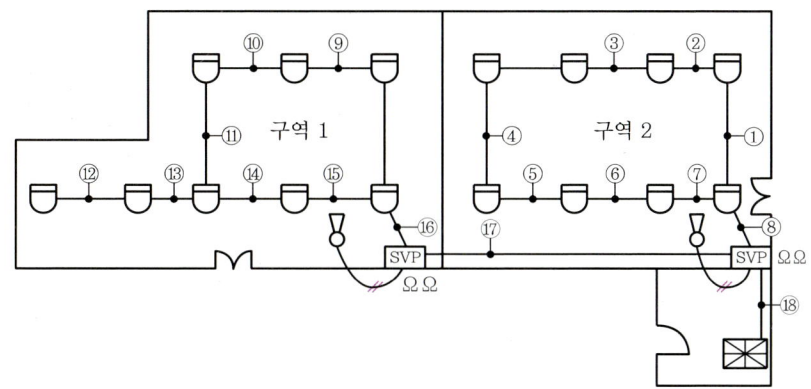

1) 최소가닥수

기호	내역	배선용도
①~⑦	16C(HFIX 1.5-4)	회로2, 공통2
⑧	22C(HFIX 1.5-8)	회로4, 공통4
⑨,⑩,⑪	16C(HFIX 1.5-4)	회로2, 공통2
⑫	16C(HFIX 1.5-4)	회로2, 공통2
⑬	22C(HFIX 1.5-8)	회로4, 공통4
⑭,⑮	16C(HFIX 1.5-4)	회로2, 공통2
⑯	22C(HFIX 1.5-8)	회로4, 공통4
⑰	28C(HFIX 2.5-8)	전원⊕, ⊖, 감지기A, 감지기B, 솔레노이드밸브, 탬퍼스위치, 압력스위치, 사이렌
⑱	36C(HFIX 2.5-14)	전원⊕, ⊖, (감지기A, 감지기B, 솔레노이드밸브, 탬퍼스위치, 압력스위치, 사이렌)×2

2) 감지기공통선을 전원공통선과 분리하여 각각 배선하는 경우

기호	내역	배선용도
⑰	28C(HFIX 2.5-9)	전원⊕, ⊖, 감지기공통, 감지기A, 감지기B, 솔레노이드밸브, 탬퍼스위치, 압력스위치, 사이렌
⑱	36C(HFIX 2.5-15)	전원⊕, ⊖, 감지기공통, (감지기A, 감지기B, 솔레노이드밸브, 탬퍼스위치, 압력스위치, 사이렌)×2

핵심 기출 문제

01 다음 건축물의 지하 주차장에 준비작동식 스프링클러설비를 설치하고자 한다. 조건을 참고하여 각 물음에 답하시오.

[조건]
- 감지기는 차동식 스포트형 감지기 2종을 설치하였다.
- 건축물은 주요 구조부는 내화구조이고, 각 층의 층고는 3.8[m]이다.

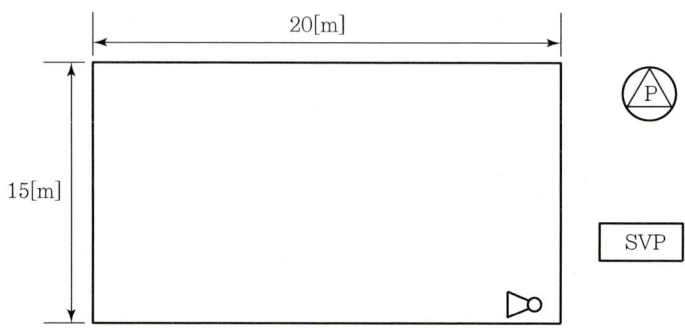

1) 지하 주차장에 필요한 감지기 수량을 계산하시오.
2) 계산된 감지기를 평면도에 표시하고 각 설비 및 감지기 간 배선도를 작성한 후 배선에 필요한 가닥수를 표시하시오.(단, SVP와 준비작동밸브 간의 공통선은 각각 별도로 사용한다.)

해답 1) • 계산과정

$$N = \frac{20 \times 15}{70} = 4.29 ≒ 5개$$

5개 × 2회로(교차회로) = 10개

• **답** 10개

2)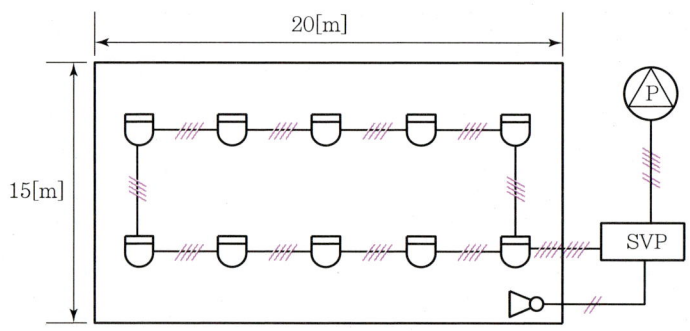

해설 ➕ 1) 차동식 스포트형 감지기 수량 산정

① 기준면적(단위 : m²)

부착높이 및 특정소방 대상물의 구분		감지기의 종류				
		차동식, 보상식		정온식		
		1종	2종	특종	1종	2종
4[m] 미만	내화구조	90	70	70	60	20
	기타 구조	50	40	40	30	15
4[m] 이상 8[m] 미만	내화구조	45	35	35	30	—
	기타 구조	30	25	25	15	—

② 지하 주차장의 바닥면적

$A = 20 \times 15 = 300[m^2]$

③ 감지기 수량

$N = \dfrac{20 \times 15}{70} = 4.29 ≒ 5개$

5개 × 2회로(교차회로) = 10개

준비작동식 스프링클러설비는 교차회로방식(2회로)을 사용하므로 감지기수는 반드시 2배로 계산하여야 한다.

2) 배선도 및 가닥수

① 교차회로방식

㉠ 정의

하나의 담당구역 내에 2 이상의 화재감지기회로를 설치하고 인접한 2 이상의 화재 감지기가 동시에 감지되는 때에 설비가 작동하는 방식

㉡ 목적

감지기 오동작에 의한 설비의 작동을 방지하기 위하여

㉢ 적용설비
- 이산화탄소소화설비
- 할론소화설비
- 분말소화설비
- 할로겐화합물 및 불활성기체 소화설비
- 준비작동식 스프링클러설비
- 일제살수식 스프링클러설비

㉣ 교차회로방식 감지기선로 가닥수
- 루프된 곳 : 4가닥
- 말단감지기 : 4가닥
- 그 밖의 것 : 8가닥

② 슈퍼비조리판넬(SVP)~프리액션밸브(Preaction Valve) 간 배선

㉠ 최소가닥수 : 4가닥

솔레노이드밸브(S/V), 탬퍼스위치(T/S), 압력스위치(P/S), 공통

㉡ 프리액션밸브의 공통선을 별도로 배선하는 경우 : 6가닥

솔레노이드밸브(S/V) 2, 탬퍼스위치(T/S) 2, 압력스위치(P/S) 2

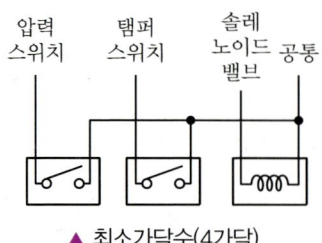

▲ 최소가닥수(4가닥)

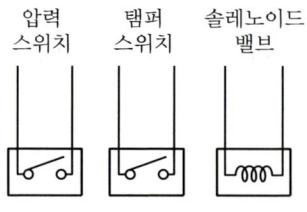

▲ 공통선을 별도로 배선 시(6가닥)

02 다음 그림은 자동화재탐지설비와 준비작동식 스프링클러설비의 간선계통도이다. 그림의 ①~⑪까지의 배선가닥수를 쓰시오.(프리액션밸브용 감지기공통선과 전원공통선은 분리하여 사용하고 압력스위치, 탬퍼스위치 및 솔레노이드밸브의 공통선은 1가닥을 사용하여 결선한다.)

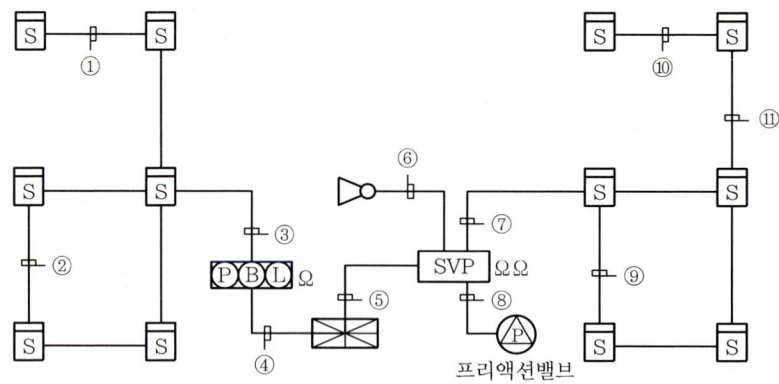

해답

①	②	③	④	⑤	⑥	⑦	⑧	⑨	⑩	⑪
4	2	4	6	9	2	8	4	4	4	8

해설

1) 가닥수 및 배선의 용도

구분	가닥수	배선용도
①	4	회로선2, 공통선2
②	2	회로선1, 공통선1
③	4	회로선2, 공통선2
④	6	회로선1, 회로공통선1, 경종선1, 표시등선1, 경종·표시등공통선1, 응답선1
⑤	9	전원⊕, ⊖, 감지기공통, 감지기A, B, 솔레노이드밸브, 탬퍼스위치, 압력스위치, 사이렌
⑥	2	사이렌2
⑦	8	회로선4, 공통선4
⑧	4	솔레노이드밸브, 탬퍼스위치, 압력스위치, 공통선

구분	가닥수	배선용도
⑨	4	회로선2, 공통선2
⑩	4	회로선2, 공통선2
⑪	8	회로선4, 공통선4

① 자동화재탐지설비의 감지기 배선 중 그 밖의 배선 : 4가닥(회로선2, 공통선2)
② 자동화재탐지설비의 감지기 배선 중 루프된 곳 : 2가닥(회로선1, 공통선1)
③ 자동화재탐지설비의 감지기 배선 중 그 밖의 배선 : 4가닥(회로선2, 공통선2)
④ 수신기~발신기 : 1회로이므로 기본 6가닥
　　회로선1, 회로공통선1, 경종선1, 표시등선1, 경종·표시등공통선1, 응답선1
⑤ 수신기~SVP
　• 최소가닥수 : 8가닥
　　전원⊕, ⊖, 감지기A, B, 솔레노이드밸브, 탬퍼스위치, 압력스위치, 사이렌
　• 감지기공통선을 별도로 배선하는 경우 : 9가닥
　　전원⊕, ⊖, 감지기공통, 감지기A, B, 솔레노이드밸브, 탬퍼스위치, 압력스위치, 사이렌
⑥ SVP~사이렌 : 사이렌 2가닥
⑦ 교차회로방식의 감지기 배선 중 그 밖의 것 : 8가닥(회로선4, 공통선4)
⑧ SVP~프리액션밸브
　• 최소가닥수 : 4가닥
　　솔레노이드밸브(S/V), 탬퍼스위치(T/S), 압력스위치(P/S), 공통
　• 프리액션밸브의 공통선을 별도로 배선하는 경우 : 6가닥
　　솔레노이드밸브(S/V) 2, 탬퍼스위치(T/S) 2, 압력스위치(P/S) 2
⑨ 교차회로방식의 감지기 배선 중 루프된 곳 : 4가닥(회로선2, 공통선2)
⑩ 교차회로방식의 감지기 배선 중 말단감지기 : 4가닥(회로선2, 공통선2)
⑪ 교차회로방식의 감지기 배선 중 그 밖의 것 : 8가닥(회로선4, 공통선4)

2) 송배선방식과 교차회로방식의 가닥수 산정방법

송배선방식	교차회로방식
• 루프된 곳 : 2가닥 • 그 밖의 것 : 4가닥	• 루프된 곳 : 4가닥 • 말단감지기 : 4가닥 • 그 밖의 것 : 8가닥

03 다음은 준비작동식 스프링클러설비의 내부결선도 및 계통도이다. 다음 각 물음에 답하시오.

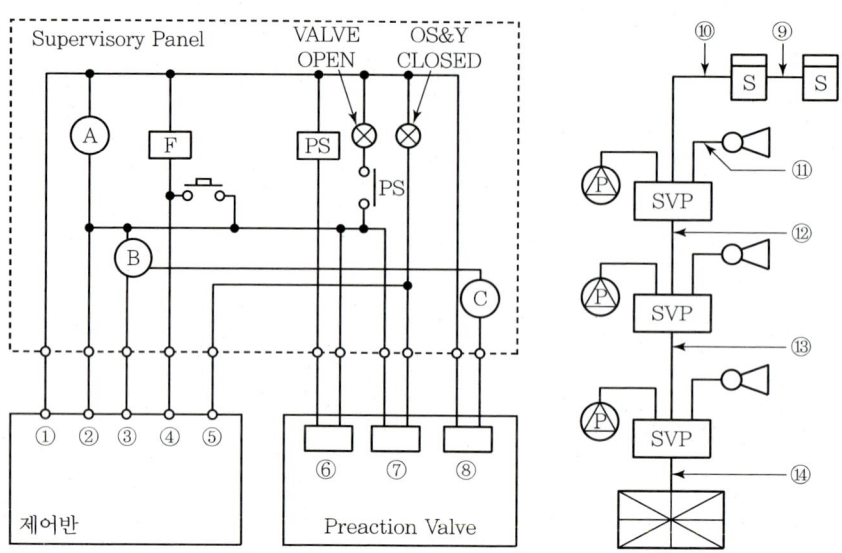

1) 계통도에 표시된 ①∼⑧까지의 명칭을 쓰시오.

①		⑤	
②		⑥	
③		⑦	
④		⑧	

2) A, B, C에 들어갈 적당한 그림기호를 표시하시오.
  A :   B :   C :

3) ⑨∼⑭의 전선가닥수를 쓰시오.(단, 최소가닥수로 한다.)

⑨	⑩	⑪	⑫	⑬	⑭

해답 1)

①	전원⊖	⑤	밸브주의
②	전원⊕	⑥	압력스위치
③	밸브개방확인	⑦	탬퍼스위치
④	밸브기동	⑧	솔레노이드밸브

2) A : ⊗   B : PS↗   C : F-a

3)

⑨	⑩	⑪	⑫	⑬	⑭
4	8	2	8	14	20

해설 ➕ 1) 명칭, 2) 그림기호

[계통도]

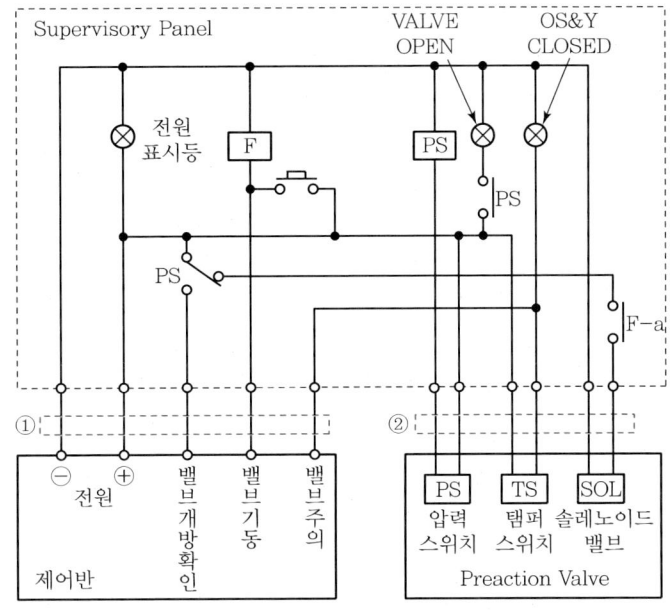

[가닥수]
① 제어반~슈퍼비조리판넬(SVP) 간 배선
  ㉠ 최소가닥수 : 8가닥
    전원⊕, ⊖, 감지기A, B, 솔레노이드밸브, 탬퍼스위치, 압력스위치, 사이렌
    • 도면 ①에 표시된 선(5가닥)
      전원⊕, ⊖, 밸브개방확인(압력스위치), 밸브기동(솔레노이드밸브), 밸브주의(탬퍼스위치)
    • 도면 ①에 표시되지 않은 선(3가닥)
      감지기A, 감지기B, 사이렌
  ㉡ 감지기공통선을 별도로 배선하는 경우 : 9가닥
    전원⊕, ⊖, 감지기공통, 감지기A, B, 솔레노이드밸브, 탬퍼스위치, 압력스위치, 사이렌
  ㉢ Zone이 증가하는 경우 추가되는 가닥수 : 6가닥
    감지기A, 감지기B, 솔레노이드밸브, 탬퍼스위치, 압력스위치, 사이렌
② 슈퍼비조리판넬(SVP)~프리액션밸브(Preaction Valve) 간 배선
  ㉠ 최소가닥수 : 4가닥
    솔레노이드밸브(S/V), 탬퍼스위치(T/S), 압력스위치(P/S), 공통
  ㉡ 프리액션밸브의 공통선을 별도로 배선하는 경우 : 6가닥
    솔레노이드밸브(S/V) 2, 탬퍼스위치(T/S) 2, 압력스위치(P/S) 2

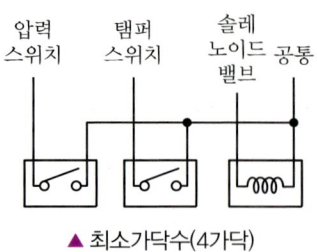
▲ 최소가닥수(4가닥)

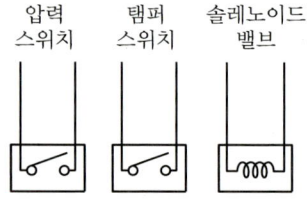
▲ 공통선을 별도로 배선 시(6가닥)

3) 전선가닥수

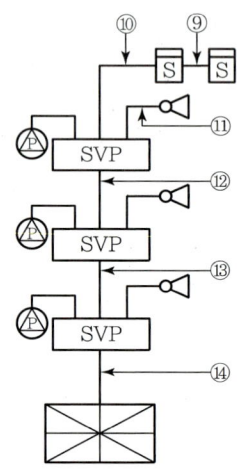

번호	가닥수
⑨	교차회로방식의 감지기 말단 : 4가닥 회로선2, 공통선2
⑩	교차회로방식의 그 밖의 것 : 8가닥 회로선4, 공통선4
⑪	사이렌 : 2가닥
⑫	SVP~SVP(1 Zone) : 8가닥 전원⊕, ⊖, 감지기A, B, 솔레노이드밸브, 탬퍼스위치, 압력스위치, 사이렌
⑬	SVP~SVP(2 Zone) : 14가닥 전원⊕, ⊖, (감지기A, B, 솔레노이드밸브, 탬퍼스위치, 압력스위치, 사이렌) × 2
⑭	제어반(수신반)~SVP(3 Zone) : 20가닥 전원⊕, ⊖, (감지기A, B, 솔레노이드밸브, 탬퍼스위치, 압력스위치, 사이렌) × 3

04 다음의 도면은 준비작동식 스프링클러설비의 계통도이다. 도면을 보고 다음 각 물음에 답하시오.

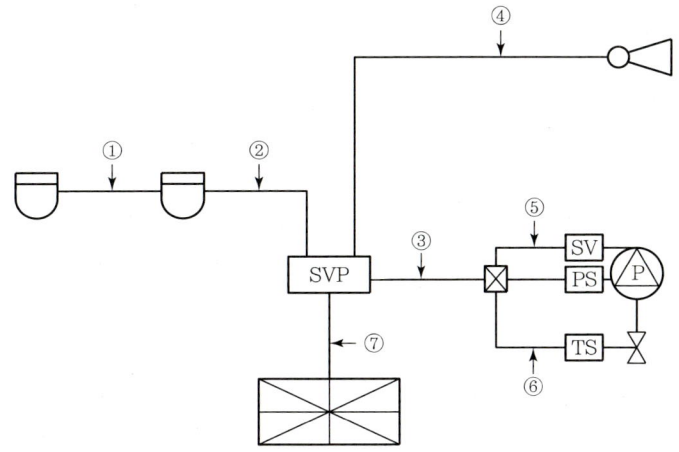

1) ①~⑦까지의 최소가닥수를 산출하시오.

번호	①	②	③	④	⑤	⑥	⑦
가닥수							

2) 감지기를 A회로, B회로로 구분하여 결선하는 회로방식을 무엇이라 하며 그 이유는 무엇인지 쓰시오.
   • 회로방식 :   • 이유 :

3) 2)와 같은 회로방식을 적용하지 않고 하나의 회로로 구성할 수 있는 감지기의 종류 3가지를 쓰시오.

4) 준비작동밸브의 전기적 작동방법 2가지를 쓰시오.

5) ④의 음향장치는 어떤 경우에 작동하는지 쓰시오.

해답 ➕ 1) 최소가닥수

번호	①	②	③	④	⑤	⑥	⑦
가닥수	4	8	4	2	2	2	8

2) • 회로방식 : 교차회로방식
   • 이유 : 감지기 오동작에 의한 설비의 작동을 방지하기 위하여

3) • 축적방식 감지기
   • 복합형 감지기
   • 광전식 분리형 감지기

4) • 감지기 A회로와 B회로를 동시에 작동
   • SVP의 수동기동스위치를 작동

5) 하나의 화재감지기회로가 화재를 감지하는 때

해설 ➕ 1) 가닥수
  ① 교차회로 감지기의 말단 : 4가닥
    회로선2, 공통선2
  ② 교차회로방식의 그 밖의 것 : 8가닥
    회로선4, 공통선4
  ③ 준비작동밸브 ↔ SVP
    • 최소가닥수 적용 : 4가닥(솔레노이드밸브1, 탬퍼스위치1, 압력스위치1, 공통1)
    • 공통선을 별도로 배선하는 경우 : 6가닥(솔레노이드밸브2, 탬퍼스위치2, 압력스위치2)
  ④ 사이렌 ↔ SVP
    사이렌선 2가닥
  ⑤ 정션박스 ↔ 솔레노이드밸브
    솔레노이드밸브 2가닥
  ⑥ 정션박스 ↔ 탬퍼스위치
    탬퍼스위치 2가닥
  ⑦ 제어반 ↔ SVP(1 Zone)
    • 최소가닥수 적용 : 8가닥
      (전원⊕, ⊖, 감지기A, 감지기B, 솔레노이드밸브, 탬퍼스위치, 압력스위치, 사이렌)
    • 조건에서 감지기공통선을 별도로 사용하라고 하는 경우 : 9가닥(전원⊕, ⊖, 감지기 공통, 감지기A, 감지기B, 솔레노이드밸브, 탬퍼스위치, 압력스위치, 사이렌)

2) 교차회로방식
  ① 정의
    하나의 담당구역 내에 2 이상의 화재감지기회로를 설치하고 인접한 2 이상의 화재감지기가 동시에 감지되는 때에 설비가 작동되는 방식
  ② 목적
    감지기 오동작에 의한 설비의 작동을 방지하기 위하여
  ③ 적용설비
    • 준비작동식 스프링클러설비
    • 일제살수식 스프링클러설비
    • 이산화탄소소화설비
    • 할론소화설비
    • 할로겐화합물 및 불활성기체 소화설비
    • 분말소화설비

3) 준비작동식 스프링클러설비의 화재감지회로
   준비작동식 스프링클러설비의 화재감지회로는 교차회로방식으로 할 것. 다만, 다음의 어느 하나에 해당하는 경우에는 그러하지 아니하다.
   ① 스프링클러설비의 배관 또는 헤드에 누설경보용 물 또는 압축공기가 채워지거나 부압식 스프링클러설비의 경우

② 화재감지기를 다음의 감지기로 설치하는 경우
- 축적방식 감지기
- 불꽃감지기
- 복합형 감지기
- 정온식 감지선형 감지기
- 광전식 분리형 감지기
- 아날로그방식 감지기
- 분포형 감지기
- 다신호방식 감지기

4) 준비작동밸브의 기동방법
① 해당 방호구역의 감지기 A회로와 B회로를 동시에 작동
② SVP의 수동기동스위치를 작동
③ 수신반의 수동기동스위치를 작동
④ 수신반의 작동시험스위치를 누른 후 회로선택스위치(A회로, B회로) 작동

5) 스프링클러설비의 음향장치 및 기동장치 설치기준
① 습식 유수검지장치 또는 건식 유수검지장치를 사용하는 설비에 있어서는 헤드가 개방되면 유수검지장치가 화재신호를 발신하고 그에 따라 음향장치가 경보되도록 할 것
② 준비작동식 유수검지장치 또는 일제개방밸브를 사용하는 설비에는 화재감지기의 감지에 따라 음향장치가 경보되도록 할 것. 이 경우 화재감지기회로를 교차회로방식(하나의 준비작동식 유수검지장치 또는 일제개방밸브의 담당구역 내에 2 이상의 화재감지기회로를 설치하고 인접한 2 이상의 화재감지기가 동시에 감지되는 때에 준비작동식 유수검지장치 또는 일제개방밸브가 개방·작동되는 방식)으로 하는 때에는 하나의 화재감지기회로가 화재를 감지하는 때에도 음향장치가 경보되도록 하여야 한다.
③ 음향장치는 유수검지장치 및 일제개방밸브 등의 담당구역마다 설치하되 그 구역의 각 부분으로부터 하나의 음향장치까지의 수평거리는 25[m] 이하가 되도록 할 것
④ 음향장치는 경종 또는 사이렌(전자식 사이렌을 포함한다)으로 하되, 주위의 소음 및 다른 용도의 경보와 구별이 가능한 음색으로 할 것. 이 경우 경종 또는 사이렌은 자동화재탐지설비·비상벨설비 또는 자동식사이렌설비의 음향장치와 겸용할 수 있다.
⑤ 주 음향장치는 수신기의 내부 또는 그 직근에 설치할 것
⑥ 음향장치는 다음의 기준에 따른 구조 및 성능의 것으로 할 것
- 정격전압의 80[%] 전압에서 음향을 발할 수 있는 것으로 할 것
- 음량은 부착된 음향장치의 중심으로부터 1[m] 떨어진 위치에서 90[dB] 이상이 되는 것으로 할 것

📝 실제 현장에서 준비작동식 스프링클러설비의 음향장치는 감지기 1개가 동작하면 경종이 작동되고 유수검지장치의 압력스위치가 작동하면 사이렌이 작동한다.

06 가스계 소화설비(이산화탄소, 할론, 할로겐화합물 및 불활성기체 소화설비)

1. 설비계통도

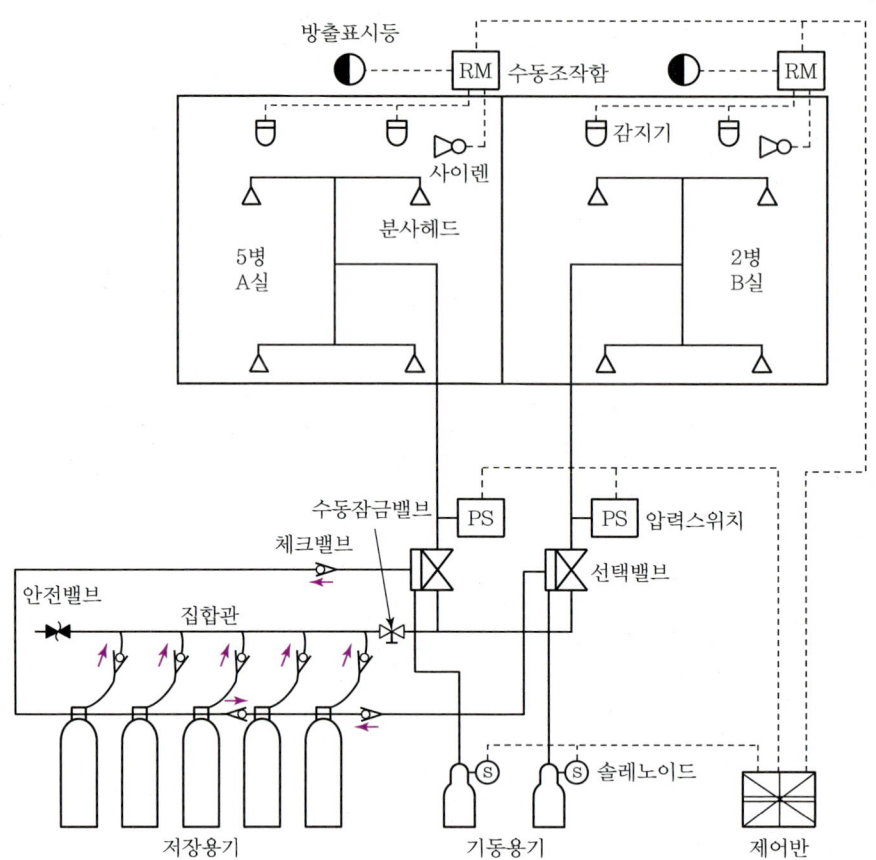

2. 작동흐름도

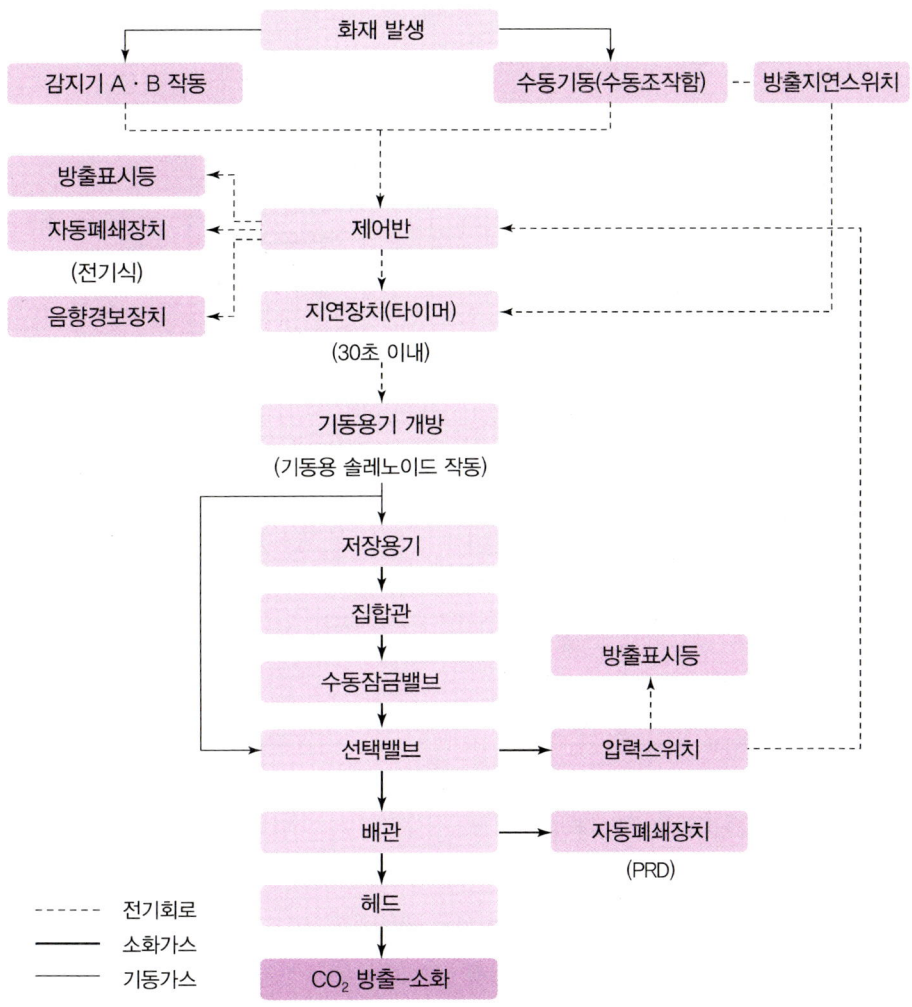

▲ 이산화탄소소화설비 작동 흐름도

▼ 주요 기기의 기능

명칭	기능
사이렌	방호구역 내에 설치하며 음향으로 경보함으로써 실내의 인명을 대피하는 기능
방출표시등	방호구역 밖에 설치하여 외부인이 방호구역으로의 진입을 금지하는 기능
솔레노이드밸브	제어반의 기동신호에 의해 솔레노이드밸브가 작동하여 기동용기를 개방한다.
압력스위치	소화약제가 방출되면 압력스위치가 작동되어 방출표시등이 점등된다.
수동조작함(RM)	방호구역 밖의 출입구 부근에 설치하여 화재 발생 시 수동으로 설비를 기동시키는 기능
감지기 배선	교차회로방식 사용

3. 제어반~수동조작함 결선도

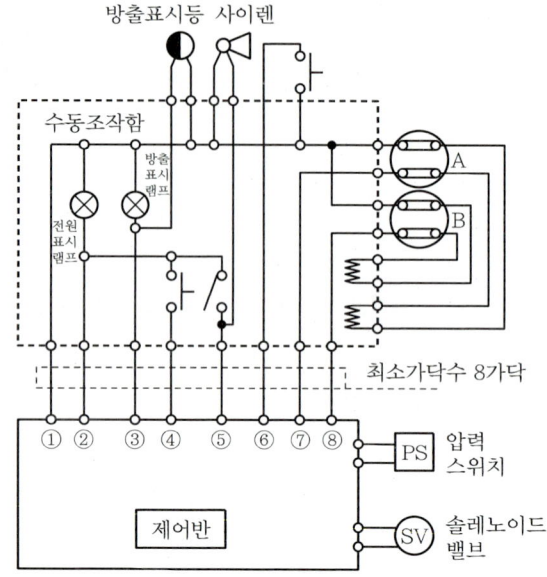

기호	①	②	③	④	⑤	⑥	⑦	⑧
명칭	전원⊖	전원⊕	방출표시등	기동스위치	사이렌	방출지연스위치	감지기A	감지기B

1) 제어반~수동조작함(RM) 간 가닥수

① 최소가닥수 : 8가닥

전원⊕, 전원⊖, 방출지연스위치, 감지기A, 감지기B, 방출표시등, 기동스위치, 사이렌

② 감지기공통선을 전원공통선과 별도로 각각 배선하는 경우 : 9가닥

전원⊕, 전원⊖, 방출지연스위치, 감지기공통, 감지기A, 감지기B, 방출표시등, 기동스위치, 사이렌

※ 기존의 비상스위치가 방출지연스위치로 용어 개정

4. 계통도 1

1) 최소가닥수

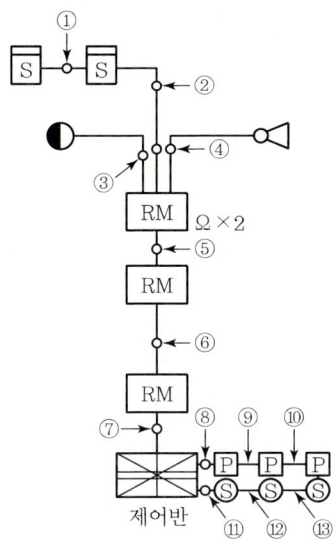

기호	가닥수	배선용도
①	4	회로2, 공통2
②	8	회로4, 공통4
③	2	방출표시등2
④	2	사이렌2
⑤	8	전원⊕, 전원⊖, 방출지연스위치, 감지기A, 감지기B, 방출표시등, 기동스위치, 사이렌
⑥	13	전원⊕, 전원⊖, 방출지연스위치, (감지기A, 감지기B, 방출표시등, 기동스위치, 사이렌)×2
⑦	18	전원⊕, 전원⊖, 방출지연스위치, (감지기A, 감지기B, 방출표시등, 기동스위치, 사이렌)×3
⑧	4	압력스위치3, 공통1
⑨	3	압력스위치2, 공통1
⑩	2	압력스위치1, 공통1
⑪	4	솔레노이드밸브3, 공통1
⑫	3	솔레노이드밸브2, 공통1
⑬	2	솔레노이드밸브1, 공통1

2) 감지기공통선과 전원공통선을 분리하여 각각 배선하는 경우

기호	가닥수	배선용도
⑤	9	전원⊕, 전원⊖, 방출지연스위치, 감지기공통, 감지기A, 감지기B, 방출표시등, 기동스위치, 사이렌
⑥	14	전원⊕, 전원⊖, 방출지연스위치, 감지기공통, (감지기A, 감지기B, 방출표시등, 기동스위치, 사이렌)×2
⑦	19	전원⊕, 전원⊖, 방출지연스위치, 감지기공통, (감지기A, 감지기B, 방출표시등, 기동스위치, 사이렌)×3

[해설]

① 교차회로 감지기의 말단 : 4가닥

　가스계 소화설비의 감지기회로는 교차회로방식을 적용한다.

② 교차회로방식의 그 밖의 것 : 8가닥

> [알고가기]
> 교차회로방식 감지기선로 가닥수 산정방법
> - 루프된 곳 : 4가닥
> - 말단감지기 : 4가닥
> - 그 밖의 것 : 8가닥

③ 방출표시등 : 2가닥

④ 사이렌 : 2가닥

　방출표시등과 사이렌의 가닥수는 변하지 않고 2가닥이다.

⑤ 제어반~수동조작함(RM) : 1 Zone

　㉠ 최소가닥수 : 8가닥

　　전원⊕, 전원⊖, 방출지연스위치, 감지기A, 감지기B, 방출표시등, 기동스위치, 사이렌

　㉡ 감지기공통선을 별도로 사용하는 경우 : 9가닥

　　전원⊕, 전원⊖, 방출지연스위치, 감지기공통, 감지기A, 감지기B, 방출표시등, 기동스위치, 사이렌

⑥ 제어반~수동조작함(RM) : 2 Zone

　㉠ 최소가닥수 : 13가닥(8가닥+5가닥)

　　전원⊕, 전원⊖, 방출지연스위치, (감지기A, 감지기B, 방출표시등, 기동스위치, 사이렌)×2

　㉡ 감지기공통선을 별도로 사용하는 경우 : 14가닥(9가닥+5가닥)

　　전원⊕, 전원⊖, 방출지연스위치, 감지기공통, (감지기A, 감지기B, 방출표시등, 기동스위치, 사이렌)×2

⑦ 제어반~수동조작함(RM) : 3 Zone
　㉠ 가닥수 : 18가닥(8가닥＋5가닥＋5가닥)
　　Zone이 증가할 때 마다 5가닥씩 증가하므로
　　전원⊕, 전원⊖, 방출지연스위치, (감지기A, 감지기B, 방출표시등, 기동스위치, 사이렌)×3
　㉡ 감지기공통선을 별도로 사용하는 경우 : 19가닥(9가닥＋5가닥＋5가닥)
　　전원⊕, 전원⊖, 방출지연스위치, 감지기공통, (감지기A, 감지기B, 방출표시등, 기동스위치, 사이렌)×3

> [문제에서 조건이 달라지는 경우]
> • 감지기공통선을 별도로 사용하는 경우
>   해설과 같이 감지기공통선 1선만 추가
> • 방출지연스위치를 Zone별로 별도도 사용하는 경우(현재 시스템에는 거의 적용되지 않음)
>   각각 Zone별로 방출지연스위치 가닥수 1선씩 증가

⑧ 제어반~압력스위치 : 3 Zone
　㉠ 최소가닥수 : 4가닥
　　압력스위치3, 공통1
　㉡ 압력스위치 공통선을 각각 별도로 배선하는 경우 : 6가닥
　　압력스위치3, 공통3

⑨ 제어반~압력스위치 : 2 Zone
　㉠ 최소가닥수 : 3가닥
　　압력스위치2, 공통1
　㉡ 공통선을 각각 별도로 배선하는 경우 : 4가닥
　　압력스위치2, 공통2

⑩ 제어반~압력스위치 : 1 Zone
　2가닥 : 압력스위치1, 공통1

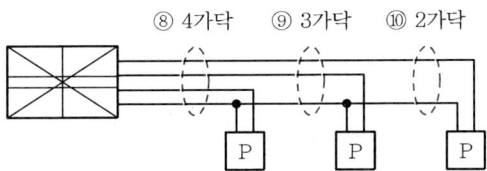

⑪ ⑧과 가닥수 산정방법 동일
⑫ ⑨와 가닥수 산정방법 동일
⑬ ⑩과 가닥수 산정방법 동일

5. 계통도 2

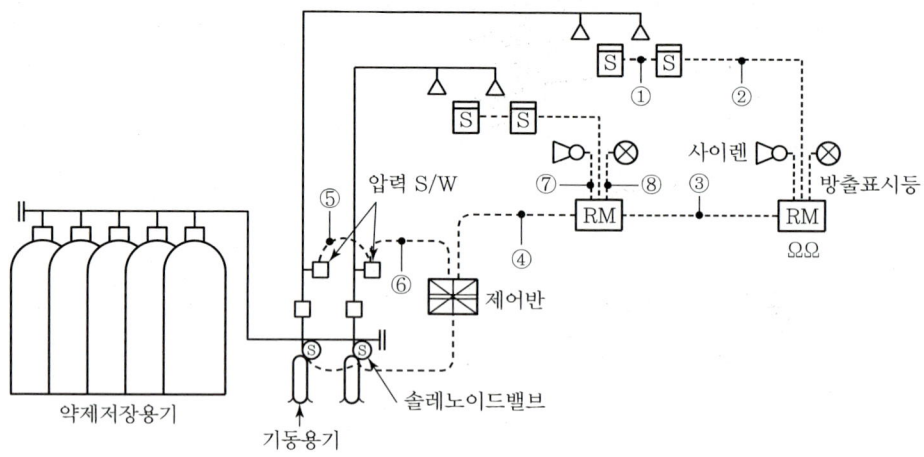

1) 최소가닥수

기호	가닥수	배선용도
①	4	회로2, 공통2
②	8	회로4, 공통4
③	8	전원⊕, 전원⊖, 방출지연스위치, 감지기A, 감지기B, 방출표시등, 기동스위치, 사이렌
④	13	전원⊕, 전원⊖, 방출지연스위치, (감지기A, 감지기B, 방출표시등, 기동스위치, 사이렌) × 2
⑤	2	압력스위치2
⑥	3	압력스위치2, 공통1
⑦	2	사이렌2
⑧	2	방출표시등2

※ 기존의 비상스위치가 방출지연스위치로 용어 개정

2) 감지기공통선과 전원공통선을 분리하여 각각 배선하는 경우

기호	가닥수	배선용도
③	9	전원⊕, 전원⊖, 방출지연스위치, 감지기공통, 감지기A, 감지기B, 방출표시등, 기동스위치, 사이렌
④	14	전원⊕, 전원⊖, 방출지연스위치, 감지기공통, (감지기A, 감지기B, 방출표시등, 기동스위치, 사이렌) × 2

6. 평면도

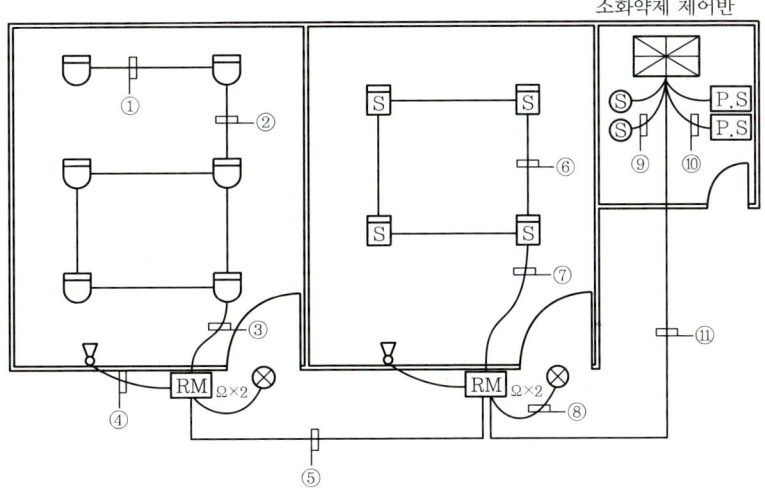

1) 최소가닥수

기호	가닥수	배선용도
①	4	회로2, 공통2
②	8	회로4, 공통4
③	8	회로4, 공통4
④	2	사이렌2
⑤	8	전원⊕, 전원⊖, 방출지연스위치, 감지기A, 감지기B, 방출표시등, 기동스위치, 사이렌
⑥	4	회로2, 공통2
⑦	8	회로4, 공통4
⑧	2	방출표시등2
⑨	2	솔레노이드밸브2
⑩	2	압력스위치2
⑪	13	전원⊕, 전원⊖, 방출지연스위치, (감지기A, 감지기B, 방출표시등, 기동스위치, 사이렌) × 2

※ 기존의 비상스위치가 방출지연스위치로 용어 개정

2) 감지기공통선과 전원공통선을 각각 분리하여 배선하는 경우

기호	가닥수	배선용도
⑤	9	전원⊕, 전원⊖, 방출지연스위치, 감지기공통, 감지기A, 감지기B, 방출표시등, 기동스위치, 사이렌
⑪	14	전원⊕, 전원⊖, 방출지연스위치, 감지기공통, (감지기A, 감지기B, 방출표시등, 기동스위치, 사이렌) × 2

핵심 기출 문제

01 다음은 할론소화설비의 수동조작함으로부터 할론제어반까지의 결선도 및 계통도이다. 다음의 조건과 도면을 참조하여 각 물음에 답하시오.

[조건]
- 전선의 가닥수는 최소가닥수로 한다.
- 복구스위치 및 도어스위치는 없는 것으로 한다.
- 감지기공통선은 전원(−)를 사용한다.

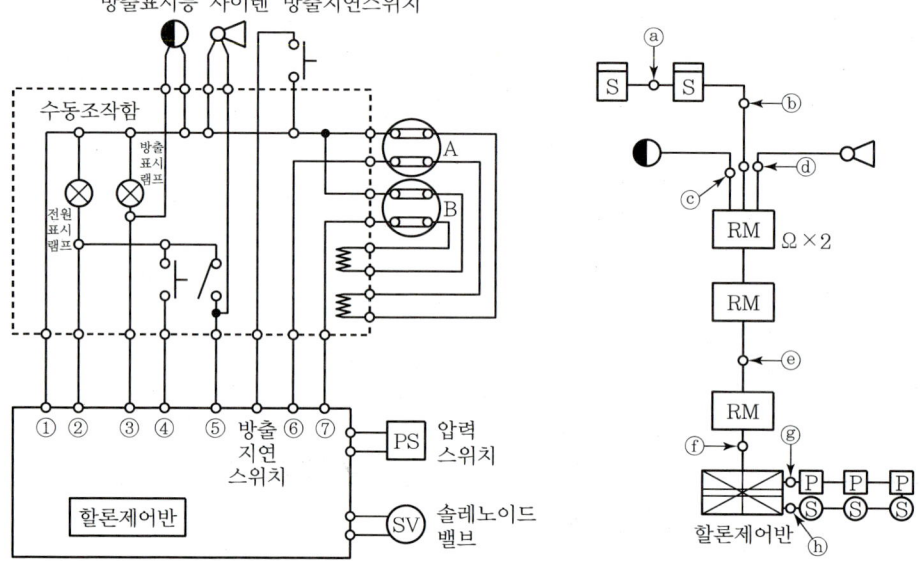

1) 할론제어반의 ①~⑦에 해당하는 전선의 용도를 쓰시오.

①	②	③	④	⑤	⑥	⑦

2) 계통도에서 ⓐ~ⓗ의 가닥수를 산정하시오.

ⓐ	ⓑ	ⓒ	ⓓ	ⓔ	ⓕ	ⓖ	ⓗ

[해답]

1)

①	②	③	④	⑤	⑥	⑦
전원⊖	전원⊕	방출표시등	기동스위치	사이렌	감지기A	감지기B

2)

ⓐ	ⓑ	ⓒ	ⓓ	ⓔ	ⓕ	ⓖ	ⓗ
4가닥	8가닥	2가닥	2가닥	13가닥	18가닥	4가닥	4가닥

[해설] 가스계 소화설비의 가닥수 산정

기호	가닥수	배선용도
ⓐ	4	회로2, 공통2 (교차회로방식의 말단 : 4가닥)
ⓑ	8	회로4, 공통4 (교차회로방식의 그 밖의 것 : 8가닥)
ⓒ	2	방출표시등2
ⓓ	2	사이렌2
ⓔ	13	전원⊕, 전원⊖, 방출지연스위치, (감지기A, 감지기B, 방출표시등, 기동스위치, 사이렌)×2 (2 Zone : 1 Zone당 5가닥씩 증가하므로 8+5=13가닥)
ⓕ	18	전원⊕, 전원⊖, 방출지연스위치, (감지기A, 감지기B, 방출표시등, 기동스위치, 사이렌)×3 (3 Zone : 1 Zone당 5가닥씩 증가하므로 8+5+5=18가닥)
ⓖ	4	압력스위치3, 공통1
ⓗ	4	솔레노이드밸브3, 공통1

※ 기존의 비상스위치가 방출지연스위치로 용어 개정

ⓖ, ⓗ

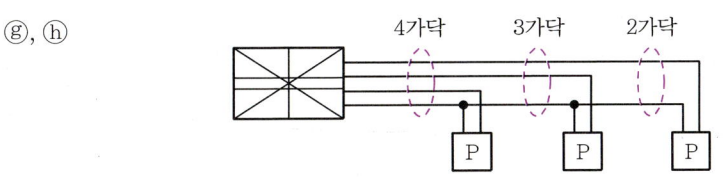

02 다음은 할론 1301 소화설비의 전기적인 계통도이다. 계통도의 각 부분에 필요한 전선의 종류, 전선의 최소굵기, 전선의 최소가닥수와 후강전선관의 크기 등을 ①~⑥까지 표시하고 종단저항의 수량 ⑦을 쓰시오.

[범례]
- Ⓜ : 모터사이렌
- Ⓢ : 연기감지기
- ⓇⓂ : 수동조작스위치
- ⓅⓈ : 압력스위치
- ◐ : 방출표시등
- Ω : 종단저항
- ⊠ : 감시제어반
- Ⓢⓥ : 솔레노이드밸브

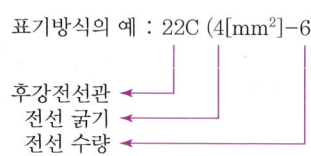

표기방식의 예 : 22C (4[mm²]-6)
후강전선관 ←
전선 굵기 ←
전선 수량 ←

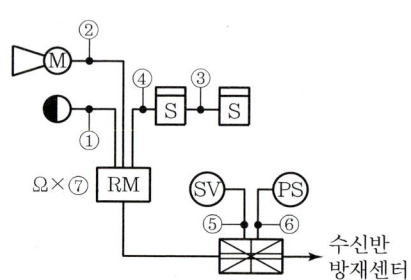

해답
① 16C(2.5mm²)-2
② 16C(2.5mm²)-2
③ 16C(1.5mm²)-4
④ 22C(1.5mm²)-8
⑤ 16C(2.5mm²)-2
⑥ 16C(2.5mm²)-2
⑦ 2개

해설

번호	배선표기	배선내역
①	16C(2.5mm²)-2	방출표시등2
②	16C(2.5mm²)-2	모터사이렌2
③	16C(1.5mm²)-4	회로2, 공통2
④	22C(1.5mm²)-8	회로4, 공통4
⑤	16C(2.5mm²)-2	솔레노이드밸브2
⑥	16C(2.5mm²)-2	압력스위치2
⑦	교차회로방식이므로 종단저항 2개	

✏ 감지기 배선 : 1.5[mm²]
  간선 및 조작회로의 배선 : 2.5[mm²]를 사용한다.

▼ 후강전선관의 굵기 선정표

도체 단면적 [mm²]	전선 본수									
	1	2	3	4	5	6	7	8	9	10
	전선관의 최소 굵기[mm]									
1.5	16	16	16	16	22	22	22	22	28	28
2.5	16	16	16	16	22	22	22	28	28	28
4	16	16	16	22	22	22	28	28	28	28
6	16	16	22	22	22	28	28	28	36	36
10	16	22	22	28	28	36	36	36	36	36

03 다음의 내화구조인 건축물의 지하 1층, 지하 2층, 지하 3층에 할론소화설비와 연동되는 감지기 설비를 하려고 한다. 주어진 조건을 이용하여 다음 각 물음에 답하시오.

[조건]
- 모든 배관배선은 콘크리트 매입으로 한다.
- 사용하는 전선관은 후강전선관으로 한다.
- 전원 및 감지기공통선은 별도로 사용한다.
- 수신기는 지상 1층에 설치되어 있다.
- 각 층의 층고는 3.8[m]이다.

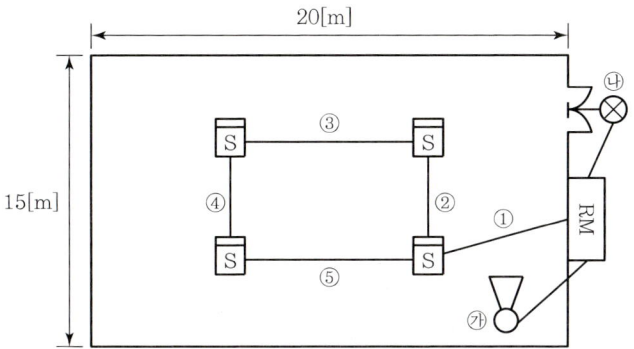

1) 그림에서 기호 ①~⑤에 필요한 배선가닥수를 산정하시오.

번호	①	②	③	④	⑤
가닥수					

2) ㉮와 ㉯의 명칭과 목적을 쓰시오.
   ㉮ • 명칭 :
      • 목적 :
   ㉯ • 명칭 :
      • 목적 :

3) 계통도를 그리고 계통도상에 배선가닥수를 표시하시오.

해답

1)

번호	①	②	③	④	⑤
가닥수	8	4	4	4	4

2) ㉮ • 명칭 : 사이렌
   • 목적 : 화재 발생 시 재실자의 대피
   ㉯ • 명칭 : 방출표시등
   • 목적 : 약재 방출 시 외부인의 실내 출입금지

3)

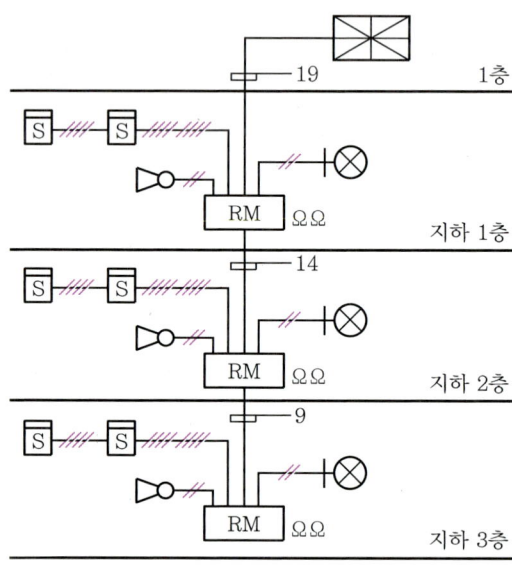

해설

1) 가닥수

번호	가닥수	배선용도
①	8	회로선4, 공통선4(교차회로방식의 그 밖의 것 : 8가닥)
②	4	회로선2, 공통선2(교차회로방식의 루프된 곳 : 4가닥)
③	4	회로선2, 공통선2(교차회로방식의 루프된 곳 : 4가닥)
④	4	회로선2, 공통선2(교차회로방식의 루프된 곳 : 4가닥)
⑤	4	회로선2, 공통선2(교차회로방식의 루프된 곳 : 4가닥)

2) 사이렌과 방출표시등

구분	사이렌	방출표시등
설치위치	방호구역 내부(실내)	방호구역 외부(출입구 상부)
목적	화재로 인해 감지기가 작동하면 사이렌을 울려 재실자의 빠른 대피	방호구역 내에 약재가 방출되면 외부인의 출입을 금지
심볼	• 사이렌 : ◁ • 전자사이렌 : Ⓢ◁ • 모터사이렌 : Ⓜ◁	• 방출표시등 : ⊗ 또는 ◐ • 방출표시등 벽붙이형 : ⊢⊗

3) 계통도(간선의 가닥수)

① 감지기공통선과 전원공통선을 분리하여 각각 배선하는 경우(문제의 조건)

구분	가닥수	배선용도
지하 3층	9	전원⊕, 전원⊖, 방출지연스위치, 감지기공통, 감지기A, 감지기B, 방출표시등, 기동스위치, 사이렌
지하 2층	14	전원⊕, 전원⊖, 방출지연스위치, 감지기공통, (감지기A, 감지기B, 방출표시등, 기동스위치, 사이렌) × 2
지하 1층	19	전원⊕, 전원⊖, 방출지연스위치, 감지기공통, (감지기A, 감지기B, 방출표시등, 기동스위치, 사이렌) × 3

② 최소가닥수

구분	가닥수	배선용도
지하 3층	8	전원⊕, 전원⊖, 방출지연스위치, 감지기A, 감지기B, 방출표시등, 기동스위치, 사이렌
지하 2층	13	전원⊕, 전원⊖, 방출지연스위치, (감지기A, 감지기B, 방출표시등, 기동스위치, 사이렌) × 2
지하 1층	18	전원⊕, 전원⊖, 방출지연스위치, (감지기A, 감지기B, 방출표시등, 기동스위치, 사이렌) × 3

※ 기존의 비상스위치가 방출지연스위치로 용어 개정

07 거실 제연설비(상가제연)

제연설비는 화재 발생 시 발생한 연기를 배출함과 동시에 신선한 공기를 공급함으로써 청결층을 확보하여 안전한 피난과 소화활동의 거점을 확보하는 것을 목적으로 한다.

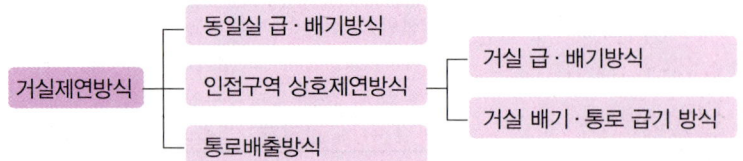

1. 거실 급·배기방식

- 댐퍼는 모터구동방식을 사용한다.
- 복구선의 유·무를 반드시 확인한다.

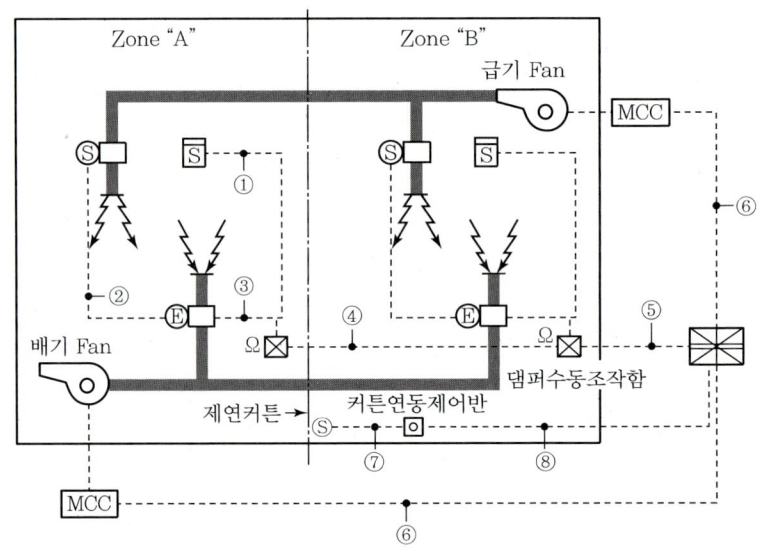

1) 최소가닥수(복구선이 없는 경우)

기호	배선내역	가닥수	배선용도
①	16C(HFIX 1.5)	4	회로2, 공통2
②	16C(HFIX 2.5)	4	전원⊕, 전원⊖, 급기기동, 급기확인
③	22C(HFIX 2.5)	6	전원⊕, 전원⊖, 급기기동, 급기확인, 배기기동, 배기확인
④	22C(HFIX 2.5)	7	전원⊕, 전원⊖, 감지기회로, 급기기동, 급기확인, 배기기동, 배기확인

기호	배선내역	가닥수	배선용도
⑤	36C(HFIX 2.5)	12	전원⊕, 전원⊖, (감지기회로, 급기기동, 급기확인, 배기기동, 배기확인) × 2
⑥	22C(HFIX 2.5)	5	기동, 정지, 공통, 기동표시등, 전원표시등
⑦	16C(HFIX 2.5)	3	기동, 확인, 공통
⑧	16C(HFIX 2.5)	4	기동2, 확인2

2) 급·배기댐퍼 복구선이 있는 경우

기호	배선내역	가닥수	배선용도
①	16C(HFIX 1.5)	4	회로2, 공통2
②	22C(HFIX 2.5)	5	전원⊕, 전원⊖, 급기기동, 급기확인, 복구
③	22C(HFIX 2.5)	7	전원⊕, 전원⊖, 급기기동, 급기확인, 배기기동, 배기확인, 복구
④	28C(HFIX 2.5)	8	전원⊕, 전원⊖, 감지기회로, 급기기동, 급기확인, 배기기동, 배기확인, 복구
⑤	36C(HFIX 2.5)	13	전원⊕, 전원⊖, (감지기회로, 급기기동, 급기확인, 배기기동, 배기확인) × 2, 복구
⑥	22C(HFIX 2.5)	5	기동, 정지, 공통, 기동표시등, 전원표시등
⑦	16C(HFIX 2.5)	3	기동, 확인, 공통
⑧	16C(HFIX 2.5)	4	기동2, 확인2

[해설]

① 감지기~댐퍼수동조작함(4가닥 : 회로2, 공통2)

　㉠ 제연설비의 감지기회로는 송배선식이다.

　㉡ 종단저항이 댐퍼수동조작함에 있으므로 회로선과 공통선이 감지기로 가서 결선 후 수동조작함으로 돌아와서 종단저항을 결선하여야 한다. 그러므로 회로2, 공통2 가닥이 필요하다.

　㉢ 만약 종단저항이 감지기에 설치된다면 2가닥(회로1, 공통1)이다.

② 배기댐퍼~급기댐퍼

　㉠ 문제의 조건에서 복구선의 존재를 반드시 확인하여야 한다.

　㉡ 복구선이 없는 경우는 최소가닥수 : 4가닥

　　전원⊕, 전원⊖, 급기기동, 급기확인

　㉢ 복구선이 있는 경우는 복구선이 추가되므로 : 5가닥

　　전원⊕, 전원⊖, 급기기동, 급기확인, 복구

③ 수동조작함~급·배기댐퍼

　㉠ 급기댐퍼와 배기댐퍼의 배선이 모두 지나가는 배관이다. 그러므로 전원선과 급기용 배선과 배기용 배선이 포함된다.

ⓒ 복구선이 없는 경우는 최소가닥수 : 6가닥

　　　전원⊕, 전원⊖, 급기기동, 급기확인, 배기기동, 배기확인

　ⓒ 복구선이 있는 경우는 복구선이 추가되므로 : 7가닥

　　전원⊕, 전원⊖, 급기기동, 급기확인, 배기기동, 배기확인, 복구

④ 1 Zone의 가닥수

　㉠ 복구선이 없는 경우 : 7가닥

　　③의 ⓒ에서 감지기회로선 1가닥이 추가되고 감지기공통선은 전원⊖선으로 공용으로 사용하므로 추가하지 않아도 된다.(단, 조건에 따라 감지기공통선이 추가될 수 있음)

　　전원⊕, 전원⊖, 감지기회로, 급기기동, 급기확인, 배기기동, 배기확인

　ⓒ 복구선이 있는 경우 : 8가닥

　　㉠에서 복구선 추가

　　전원⊕, 전원⊖, 감지기회로, 급기기동, 급기확인, 배기기동, 배기확인, 복구

⑤ 2 Zone의 가닥수

　㉠ 복구선이 없는 경우 : 12가닥

　　전원선을 제외한 배선 5가닥이 Zone 수에 비례하여 증가한다.

　　전원⊕, 전원⊖, (감지기회로, 급기기동, 급기확인, 배기기동, 배기확인) × 2

　ⓒ 복구선이 있는 경우 : 13가닥

　　전원선과 복구선은 증가하지 않는다.

　　복구선은 1가닥으로 전체 Zone을 복구시킨다.

　　전원⊕, 전원⊖, (감지기회로, 급기기동, 급기확인, 배기기동, 배기확인) × 2, 복구

⑥ MCC～제어반(수계소화설비와 동일)

　㉠ 제어반에서 MCC의 전원을 감시하는 경우 : 5가닥(시험출제용)

　　기동, 정지, 공통, 기동표시등, 전원표시등

　ⓒ 제어반에서 MCC 전원의 감시가 되지 않는 경우 : 4가닥(현장결선)

　　기동2, 기동확인2

⑦ 제연커튼폐쇄기～제연커튼 연동제어반 : 3가닥

　솔레노이드밸브 기동, 제연커튼 동작확인, 공통(방화셔터, 방화문과 동일)

⑧ 제연커튼 연동제어반～제어반 : 4가닥

　솔레노이드밸브 기동2, 제연커튼 동작확인2

　제어반에서 제연커튼을 기동할 수 있어야 하고 동작 여부를 확인할 수 있어야 한다.

2. 거실 배기 · 통로 급기 방식

- 각 거실에 설치된 5개의 댐퍼는 배기댐퍼이다.
- 복도에 설치된 댐퍼는 급기댐퍼이고 급기댐퍼는 별도로 컨트롤하지 않고 개방된 상태이다.
- 댐퍼는 모터에 의해 개폐되는 방식이다.

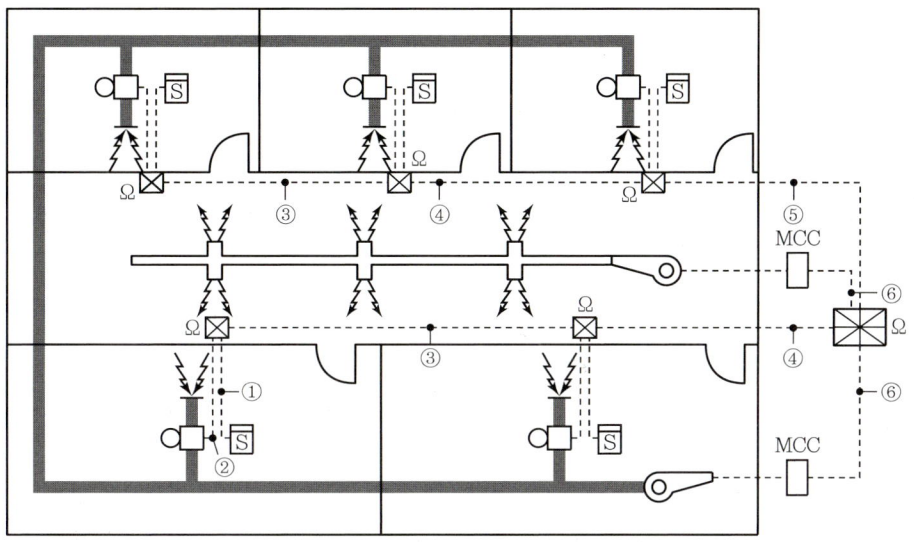

1) 최소가닥수(복구선이 없는 경우)

기호	구분	배선내역	배선용도
①	감지기~ 수동조작함	16C(HFIX 1.5-4)	회로2, 공통2
②	배기댐퍼~ 수동조작함	16C(HFIX 2.5-4)	전원⊕, 전원⊖, 배기기동, 배기확인
③	배기댐퍼 1 Zone	22C(HFIX 2.5-5)	전원⊕, 전원⊖, 감지기회로, 배기기동, 배기확인
④	배기댐퍼 2 Zone	28C(HFIX 2.5-8)	전원⊕, 전원⊖, (감지기회로, 배기기동, 배기확인)×2
⑤	배기댐퍼 3 Zone	36C(HFIX 2.5-11)	전원⊕, 전원⊖, (감지기회로, 배기기동, 배기확인)×3
⑥	MCC~제어반	22C(HFIX 2.5-5)	기동, 정지, 공통, 기동표시등, 전원표시등

2) 복구선이 있는 경우

복구선을 1가닥만 추가하여 전체를 한번에 복구하는 방식이다.

기호	구분	배선내역	배선용도
①	감지기~ 수동조작함	16C(HFIX 1.5-4)	회로2, 공통2
②	배기댐퍼~ 수동조작함	22C(HFIX 2.5-5)	전원⊕, 전원⊖, 배기기동, 배기확인, 복구
③	배기댐퍼 1 Zone	22C(HFIX 2.5-6)	전원⊕, 전원⊖, 감지기회로, 배기기동, 배기확인, 복구
④	배기댐퍼 2 Zone	28C(HFIX 2.5-9)	전원⊕, 전원⊖, (감지기회로, 배기기동, 배기확인)×2, 복구
⑤	배기댐퍼 3 Zone	36C(HFIX 2.5-12)	전원⊕, 전원⊖, (감지기회로, 배기기동, 배기확인)×3, 복구
⑥	MCC~제어반	22C(HFIX 2.5-5)	기동, 정지, 공통, 기동표시등, 전원표시등

① 감지기~댐퍼수동조작함(4가닥 : 회로2, 공통2)
  ㉠ 제연설비의 감지기회로는 송배선식이다.
  ㉡ 종단저항이 댐퍼수동조작함에 있으므로 회로선과 공통선이 감지기로 가서 결선 후 수동조작함으로 돌아와서 종단저항을 결선하여야 한다. 그러므로 회로2, 공통2 가닥이 필요하다.
  ㉢ 만약 종단저항이 감지기에 설치된다면 2가닥(회로1, 공통1)이다.

② 수동조작함~배기댐퍼
  ㉠ 배기댐퍼의 배선이 지나가는 배관이다. 그러므로 전원선과 배기댐퍼용 배선이 포함된다.
  ㉡ 복구선이 없는 경우는 최소가닥수 : 4가닥
    전원⊕, 전원⊖, 배기기동, 배기확인
  ㉢ 복구선이 있는 경우는 복구선이 추가되므로 : 5가닥
    전원⊕, 전원⊖, 배기기동, 배기확인, 복구

③ 배기댐퍼 1 Zone의 가닥수
  ㉠ 복구선이 없는 경우 : 5가닥
    ②의 ㉡에서 감지기회로선 1가닥이 추가된다. 감지기공통선은 전원⊖선을 공용으로 사용하므로 추가하지 않아도 된다.(단, 조건에 따라 감지기공통선이 추가될 수 있음)
    전원⊕, 전원⊖, 감지기회로, 배기기동, 배기확인
  ㉡ 복구선이 있는 경우 : 6가닥
    ㉠에서 복구선 추가
    전원⊕, 전원⊖, 감지기회로, 배기기동, 배기확인, 복구

④ 배기댐퍼 2 Zone의 가닥수
　㉠ 복구선이 없는 경우 : 8가닥
　　전원선을 제외한 배선 3가닥이 Zone 수에 비례하여 증가한다.
　　전원⊕, 전원⊖, (감지기회로, 배기기동, 배기확인) × 2
　㉡ 복구선이 있는 경우 : 9가닥
　　전원선과 복구선은 증가하지 않는다.
　　복구선은 1가닥으로 전체 Zone을 복구시킨다.
　　전원⊕, 전원⊖, (감지기회로, 배기기동, 배기확인) × 2, 복구

⑤ 배기댐퍼 3 Zone의 가닥수
　㉠ 복구선이 없는 경우 : 11가닥
　　전원선을 제외한 배선 3가닥이 Zone 수에 비례하여 증가한다.
　　전원⊕, 전원⊖, (감지기회로, 배기기동, 배기확인) × 3
　㉡ 복구선이 있는 경우 : 12가닥
　　전원선과 복구선은 증가하지 않는다.
　　복구선은 1가닥으로 전체 Zone을 복구시킨다.
　　전원⊕, 전원⊖, (감지기회로, 배기기동, 배기확인) × 3, 복구

⑥ MCC~제어반(수계소화설비와 동일)
　㉠ 제어반에서 MCC의 전원을 감시하는 경우 : 5가닥(시험출제용)
　　기동, 정지, 공통, 기동표시등, 전원표시등
　㉡ 제어반에서 MCC 전원의 감시가 되지 않는 경우 : 4가닥(현장결선)
　　기동2, 기동확인2

08 특별피난계단의 계단실 및 부속실 제연설비(전실제연)

- 특별피난계단의 부속실에 급기댐퍼를 설치하고 거실에 배기댐퍼를 설치한다.
- 화재 시 전 층의 급기댐퍼가 개방되고 배기댐퍼는 화재층만 개방된다.
- 전 층 부속실은 급기댐퍼에 의해 신선한 공기가 공급되어 급기가압되므로 거실보다 높은 압력이 형성되어 부속실 및 계단으로의 연기침입을 방지한다.
- 해당 층의 배기댐퍼가 작동하여 거실의 공기를 배출함으로써 거실의 압력상승을 방지하여 거실과 부속실의 차압을 유지한다.

1. 계통도 1

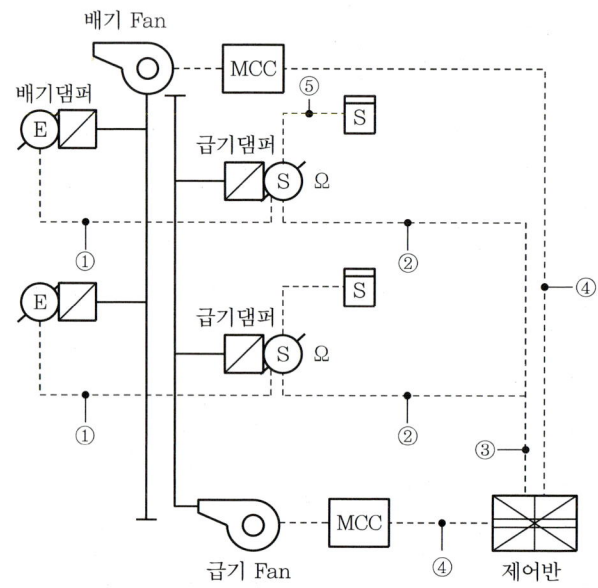

1) 현장결선방식

- 부속실제연방식의 결선은 제조업체 및 현장상황에 따라 여러 가지 형태로 배선된다.
- 그중 가장 많이 현장에 적용되는 기본 방식으로 배선한 경우이다.
- 기본 방식을 숙지 후 조건에 따라 여러 가지 형태의 결선방식을 알아보도록 한다.

[조건 1]
- 모든 댐퍼는 모터구동방식이며, 댐퍼의 복구는 자동복구방식이다.
- 급기·배기용 수동조작함은 급기댐퍼 내부에 설치된 것으로 한다.
- 그 밖의 사항은 화재안전기준에 의한다.

기호	배선내역	가닥수	배선용도
①	16C(HFIX 2.5)	4	전원⊕, 전원⊖, 배기기동, 배기확인
②	28C(HFIX 2.5)	9	전원⊕, 전원⊖, 감지기회로, 급기기동, 급기확인, 급기수동기동확인, 배기기동, 배기확인, 배기수동기동확인
③	36C(HFIX 2.5)	16	전원⊕, 전원⊖, 감지기회로2, 급기기동2, 급기확인2, 급기수동기동확인2, 배기기동2, 배기확인2, 배기수동기동확인2
④	22C(HFIX 2.5)	5	기동, 정지, 공통, 기동표시등, 전원표시등
⑤	16C(HFIX 1.5)	4	회로2, 공통2

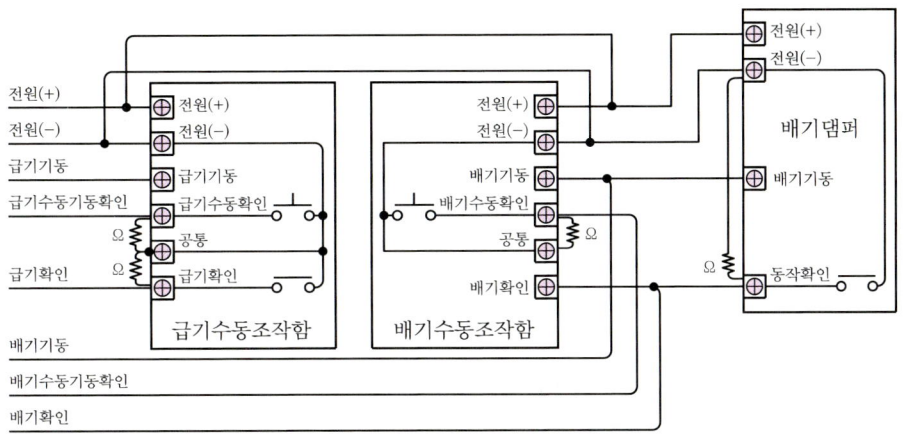

▲ 특별피난계단의 계단실 및 부속실 제연설비 결선도

[해설]

① 급기댐퍼~배기댐퍼 : 4가닥

　㉠ 모터방식이므로 전원⊕, 전원⊖가 기본으로 들어간다.

　㉡ 배기기동 : 배기댐퍼를 개방

　㉢ 배기확인 : 배기댐퍼가 개방되면 제어반에 배기댐퍼 개방확인 신호를 전송한다.

② 제어반~급기댐퍼(1개층 1 Zone) : 9가닥

　㉠ 감지기회로 : ②라인의 배관을 통해 감지기라인이 지나가고 있으므로 감지기회로선 1선 추가, 감지기공통선은 별도의 조건이 없으면 전원⊖선을 사용한다.

　㉡ 기동회로 : 급기기동1, 배기기동1(2가닥)

　　조건에서 "층별 동시기동방식"으로 한다고 하면 층당 기동선 1가닥으로 결선한다.

　㉢ 댐퍼개방 확인회로 : 급기댐퍼 개방확인1, 배기댐퍼 개방확인1(2가닥)

　　댐퍼의 개방확인은 각각 댐퍼마다 별도로 확인하여야 한다.

　㉣ 수동기동확인 : 급기수동기동확인1, 배기수동기동확인1(2가닥)

　　댐퍼 수동기동스위치를 수동으로 작동시키는 경우 수동확인신호를 제어반에 전송

- 급기댐퍼와 배기댐퍼에 각각 수동기동스위치가 별도로 설치
  급기댐퍼라인과 배기댐퍼라인에 각각 수동기동확인선이 배선되어야 한다.
- 수동기동확인은 화재안전기준에서 거실제연설비에서는 적용한다는 내용이 없으므로 적용하지 않는다. 그러나 특별피난계단의 계단실 및 부속실제연설비에서는 NFTC 501A 2.20.1.2.5에 의하여 수동기동장치의 작동 여부를 제어반에서 감시할 수 있는 기능이 있어야 한다.

③ 제어반~급기댐퍼(2개층 2 Zone) : 16가닥
  ㉠ Zone이 증가하여도 전원⊕, 전원⊖의 가닥수는 증가하지 않는다.
  ㉡ Zone이 증가할 때마다 증가 : 감지기회로, 급기기동, 급기확인, 급기수동기동확인, 배기기동, 배기확인, 배기수동기동확인

④ 제어반~MCC
  ㉠ 제어반에서 MCC의 전원을 감시하는 경우 : 5가닥
    기동, 정지, 공통, 기동표시등, 전원표시등
  ㉡ 제어반에서 MCC 전원의 감시가 되지 않는 경우 : 4가닥
    기동2, 기동확인2

⑤ 급기댐퍼~연기감지기
  ㉠ 종단저항이 급기댐퍼 내부에 있으므로 : 4가닥(회로2, 공통2)
    급기댐퍼에서 회로, 공통선이 출발하여 감지기에 결선한 후 다시 돌아와서 급기댐퍼에 종단저항을 결선한다.
  ㉡ 종단저항이 연기감지기에 설치된 경우 : 2가닥(회로1, 공통1)

✏️ 복구선의 적용
  - 수동복구방식 : 복구스위치선 1가닥
  - 자동복구방식 : 복구스위치선 적용 안 함
✏️ 조건1에 의한 결선은 현장결선방식으로 시험출제문제와는 동일하지 않으니 참고만 할 것

2) 기출문제 유형

[조건 2]
- 모든 댐퍼는 모터구동방식이며, 댐퍼는 자동으로 복구되는 형식을 사용한다.
- 급기댐퍼 및 배기댐퍼의 기동은 층별로 동시에 기동되는 방식으로 한다.
- 제어반은 MCC 전원 감시기능이 있는 것으로 한다.
- 그 밖의 사항은 화재안전기준에 의한다.

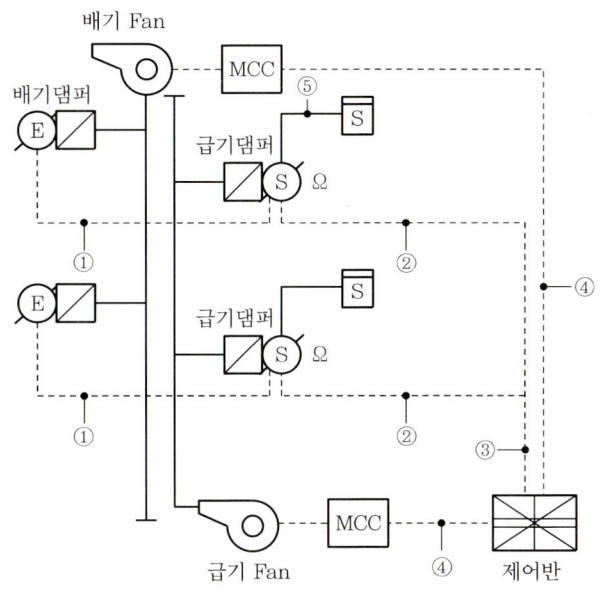

기호	배선내역	가닥수	배선용도
①	16C(HFIX 2.5)	4	전원⊕, 전원⊖, 배기기동, 배기확인
②	22C(HFIX 2.5)	7	전원⊕, 전원⊖, 감지기회로, 기동, 급기확인, 배기확인, 수동기동확인
③	36C(HFIX 2.5)	12	전원⊕, 전원⊖, 감지기회로2, 기동2, 급기확인2, 배기확인2, 수동기동확인2
④	22C(HFIX 2.5)	5	기동, 정지, 공통, 기동표시등, 전원표시등
⑤	16C(HFIX 1.5)	4	회로2, 공통2

[해설]

② 제어반~급기댐퍼(1개층 1 Zone)
   ㉠ 기동 : 조건에서 급기댐퍼 및 배기댐퍼의 기동은 층별로 동시에 기동되는 방식이므로 기동선은 1가닥을 사용하여 동일층의 급기댐퍼와 배기댐퍼를 동시 개방한다.
   ㉡ 수동기동확인 : 기동회로가 1개이므로 수동기동확인도 층당 1가닥만 적용한다.

③ 제어반~급기댐퍼(2개층 2 Zone)
   ㉠ Zone이 증가하여도 전원⊕, 전원⊖의 가닥수는 증가하지 않는다.
   ㉡ Zone이 증가할 때마다 증가 : 감지기회로, 기동, 급기확인, 배기확인, 수동기동확인

[조건 3]
- 모든 댐퍼는 모터구동방식이며, 댐퍼는 자동으로 복구되는 형식을 사용한다.
- 급기댐퍼 및 배기댐퍼의 기동은 층별로 동시에 기동되는 방식으로 한다.
- 제어반은 MCC 전원 감시기능이 있는 것으로 한다.

- 감지기의 공통선은 별도로 배선한다.
- 그 밖의 사항은 화재안전기준에 의한다.

기호	배선내역	가닥수	배선용도
①	16C(HFIX 2.5)	4	전원⊕, 전원⊖, 배기기동, 배기확인
②	28C(HFIX 2.5)	8	전원⊕, 전원⊖, 감지기공통, 감지기회로, 기동, 급기확인, 배기확인, 수동기동확인
③	36C(HFIX 2.5)	13	전원⊕, 전원⊖, 감지기공통, 감지기회로2, 기동2, 급기확인2, 배기확인2, 수동기동확인2
④	22C(HFIX 2.5)	5	기동, 정지, 공통, 기동표시등, 전원표시등
⑤	16C(HFIX 1.5)	4	회로2, 공통2

[해설]

② 제어반~급기댐퍼(1개층 1 Zone)

　조건에서 감지기공통선을 별도로 사용하라고 하였으므로 감지기공통선 1선 추가

③ 제어반~급기댐퍼(2개층 2 Zone)

　㉠ Zone이 증가하여도 전원⊕, 전원⊖, 감지기공통선의 가닥수는 증가하지 않는다.

　㉡ Zone이 증가할 때마다 증가 : 감지기회로, 기동, 급기확인, 배기확인, 수동기동확인

2. 계통도 2

[조건]
- 모든 댐퍼는 모터구동방식이며, 댐퍼는 자동으로 복구되는 형식을 사용한다.
- 급기댐퍼 및 배기댐퍼의 기동은 층별로 동시에 기동되는 방식으로 한다.
- 자동기동과 수동기동에 의한 확인은 동시에 확인된다.

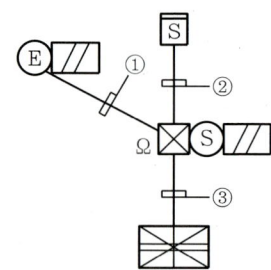

기호	가닥수	배선용도
①	4	전원⊕, 전원⊖, 배기기동, 배기확인
②	4	회로2, 공통2
③	6	전원⊕, 전원⊖, 기동, 배기확인, 급기확인, 감지기회로

[해설]
① 급기댐퍼~배기댐퍼

　　모터방식 배기댐퍼의 기본 가닥수 : 4가닥

② 급기댐퍼~연기감지기

　　㉠ 종단저항이 급기댐퍼 쪽에 설치된 경우 : 4가닥(회로2, 공통2)

　　㉡ 종단저항이 감지기 쪽에 설치된 경우 : 2가닥(회로1, 공통1)

③ 제어반~급기댐퍼

　　㉠ 기동선 : 조건에서 층별 동시기동이므로 1가닥으로 급기, 배기 동시기동

　　㉡ 수동기동확인 : 조건에서 자동기동과 수동기동에 의한 확인은 동시에 확인되므로 급기확인선으로 수동기동확인을 같이 사용한다. 그러므로 수동기동확인선은 생략할 수 있다.

3. 계통도 3

[조건]
- 제연댐퍼의 기동은 모터기동방식이다.
- 제연댐퍼의 복구는 자동복구방식에 의한다.
- 기동은 층별 동시기동방식을 사용한다.
- 전원공통선과 감지기공통선은 각각 별개로 사용한다.

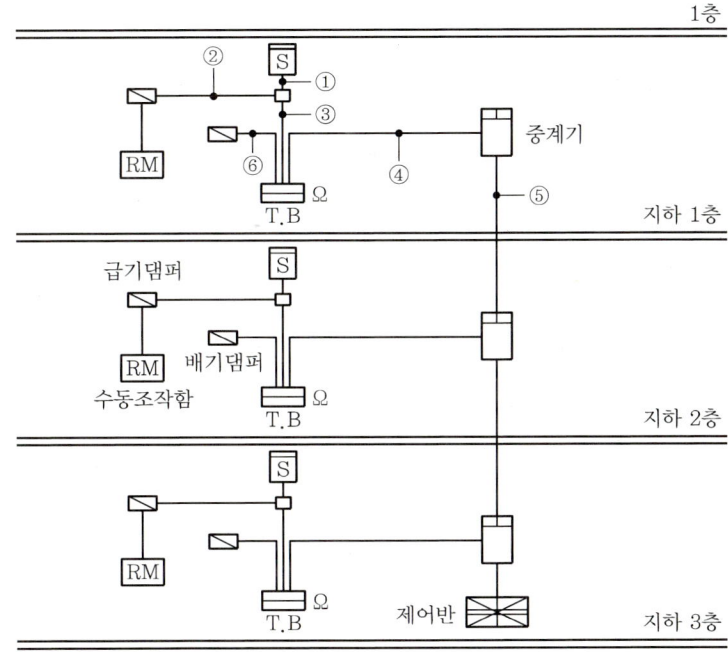

기호	가닥수	배선용도
①	4	회로2, 공통2
②	5	전원⊕, 전원⊖, 기동, 급기확인, 수동기동확인
③	9	전원⊕, 전원⊖, 기동, 급기확인, 수동기동확인, 감지기회로2, 감지기공통2
④	8	전원⊕, 전원⊖, 기동, 급기확인, 배기확인, 수동기동확인, 감지기회로, 감지기공통
⑤	4	전원⊕, 전원⊖, 신호선2
⑥	4	전원⊕, 전원⊖, 배기기동, 배기확인

[해설]

① Junction Box~연기감지기 : 4가닥(회로2, 공통2)

　종단저항이 터미널보드(T.B)에 있으므로 회로, 공통선이 감지기에 결선 후 T.B로 돌아와서 종단저항을 결선하여야 한다.

② Junction Box~급기댐퍼 : 5가닥(전원⊕, 전원⊖, 기동, 급기확인, 수동기동확인)

　㉠ 전원 : 모터방식이므로 전원⊕, 전원⊖

　㉡ 기동 : 급기댐퍼기동선 1가닥

　㉢ 급기확인 : 급기댐퍼가 개방되면 제어반에 확인신호를 전송한다.

　㉣ 수동기동확인 : 급기댐퍼라인에 수동조작함이 있고 수동스위치를 작동시키면 제어반에 수동조작확인신호를 전송하여야 한다.

③ Junction Box~터미널보드(T.B) : 9가닥

　①과 ②의 배선이 모두 이 배관을 통하여 지나가므로 ①과 ②의 가닥수 합이다.

④ 중계기~터미널보드(T.B) : 8가닥

　전원⊕, 전원⊖, 기동, 급기확인, 배기확인, 수동기동확인, 감지기회로, 감지기공통

　㉠ 전원 : 모터방식이므로 전원⊕, 전원⊖

　㉡ 기동 : 조건에서 층별 동시기동이므로 기동선 1가닥

　㉢ 급기확인 : 급기댐퍼가 개방되면 제어반에 확인신호를 전송한다.

　㉣ 배기확인 : 배기댐퍼가 개방되면 제어반에 확인신호를 전송한다.

　㉤ 수동기동확인 : 급기댐퍼라인에 수동조작함이 있고 수동스위치를 작동시키면 제어반에 수동조작확인신호를 전송하여야 한다.

　㉥ 감지기회로 : 연기감지기 1회로

　㉦ 감지기공통 : 조건에서 감지기공통선을 별도로 사용하라고 하였으므로 공통선 추가

09 배연창 설비

- 배연창 설비는 화재에 의해 발생한 연기를 창을 통해 외부로 배출함으로써 피난 및 소화활동을 원활히 하기 위한 설비이다.
- 배연창의 구동방식은 솔레노이드방식과 모터방식으로 구분된다.
- 조건에 따라 기동선의 가닥수가 달라질 수 있으니 조건을 꼼꼼히 확인한다.

1. 솔레노이드방식

[조건]
- 감지기가 작동하거나 수동조작함의 스위치를 작동시키면 배연창이 개방되어 수신기에 동작상태를 표시하는 방식이다.
- 감지기는 자동화재탐지설비용 감지기를 겸용으로 사용한다.

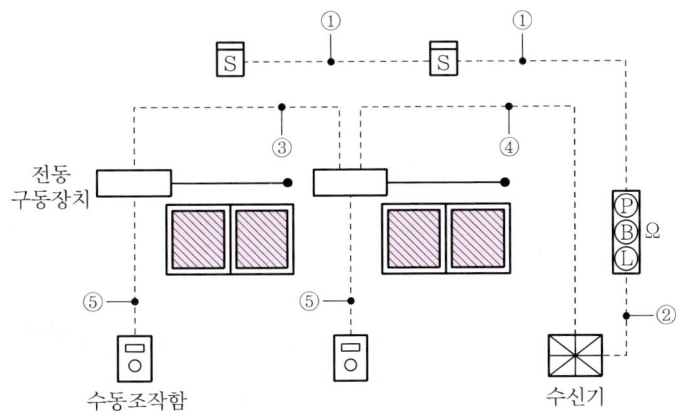

기호	구분	가닥수	배선용도
①	감지기~감지기, 발신기	4	회로2, 공통2
②	발신기~수신기	6	회로, 공통, 경종, 표시등, 경종·표시등공통, 응답
③	전동구동장치~전동구동장치	3	기동, 확인, 공통
④	전동구동장치~수신기	5	기동2, 확인2, 공통
⑤	전동구동장치~수동조작함	3	기동, 확인, 공통

[해설]
① 감지기~감지기, 감지기~발신기(4가닥)
  ㉠ 송배선방식이므로 회로선과 공통선이 감지기에 결선 후 돌아와서 발신기함의 종단저항에 결선되므로 회로2, 공통2가 된다.
  ㉡ 종단저항이 1개이므로 회로수도 1회로이다.

② 발신기~수신기

　수신기~발신기세트(1회로) : 6가닥(발신기세트 기본 가닥수)

　회로, 공통, 경종, 표시등, 경종·표시등공통, 응답

③ 전동구동장치~전동구동장치

　솔레노이드방식 배연창 1 Zone : 3가닥

　㉠ 기동1 : 배연창 개방 1가닥

　㉡ 확인1 : 배연창 개방확인 1가닥

　㉢ 공통1 : 공통 1가닥

④ 전동구동장치~수신기

　솔레노이드방식 배연창 2 Zone : 5가닥

　㉠ 확인2 : 각 배연창마다 별도 확인하므로 2가닥

　㉡ 기동2 : 2가닥

　㉢ 공통1 : 공통 1가닥

　✏️ 배연창 2개를 동시에 개방하면 기동선 1선만으로 가능하고, 배연창을 1개씩 각각 제어할 경우 기동선이 2가닥이 필요하다. 솔레노이드방식은 별도제어로 간주하여 기동선을 2가닥으로 암기한다.

2. Motor 방식

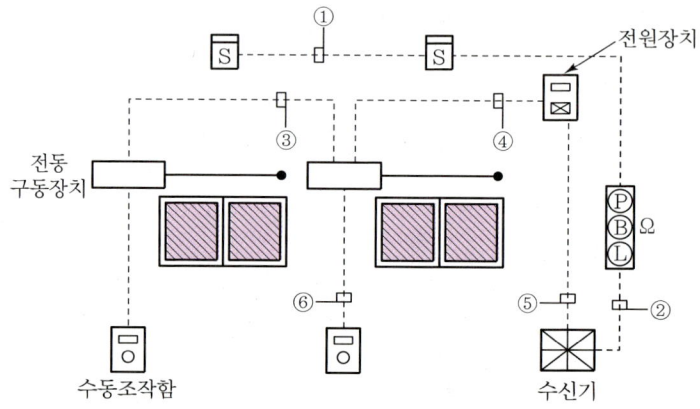

기호	구분	가닥수	배선용도
①	감지기~감지기, 발신기	4	회로2, 공통2
②	발신기~수신기	6	회로, 공통, 경종, 표시등, 경종·표시등공통, 응답
③	전동구동장치~전동구동장치	5	전원⊕, 전원⊖, 기동, 확인, 복구
④	전동구동장치~전원장치	6	전원⊕, 전원⊖, 기동, 확인2, 복구
⑤	전원장치~수신기	8	전원⊕, 전원⊖, 기동, 확인2, 복구, 교류전원2
⑥	전동구동장치~수동조작함	5	전원⊕, 전원⊖, 기동(열림), 정지, 복구(닫힘)

[해설]

①, ② 솔레노이드방식과 동일

③ 전동구동장치~전동구동장치(모터방식 배연창 1 Zone) : 5가닥
- ㉠ 전원2 : 모터방식이므로 전원⊕, 전원⊖
- ㉡ 기동1 : 배연창 열림
- ㉢ 확인1 : 배연창 개방확인
- ㉣ 복구1 : 배연창 닫힘

④ 전동구동장치~전원장치(모터방식 배연창 2 Zone) : 6가닥
- ㉠ 전원2 : 모터방식이므로 전원⊕, 전원⊖
- ㉡ 기동1 : 배연창 열림(배연창 2개를 동시 기동)
- ㉢ 확인2 : 각 배연창마다 별도 확인
- ㉣ 복구1 : 배연창 닫힘

⑤ 전원장치~수신기 : 8가닥
- ㉠ 배연창 2 Zone : 6가닥(전원⊕, 전원⊖, 기동, 확인2, 복구)
- ㉡ 교류 220[V] : 2가닥

⑥ 전동구동장치~수동조작함 : 5가닥
- ㉠ 전원⊕, 전원⊖, 기동(열림), 정지, 복구(닫힘)
- ㉡ 배선명칭은 위의 5가닥을 암기한다.(결선도의 배선명칭과는 차이가 있음)

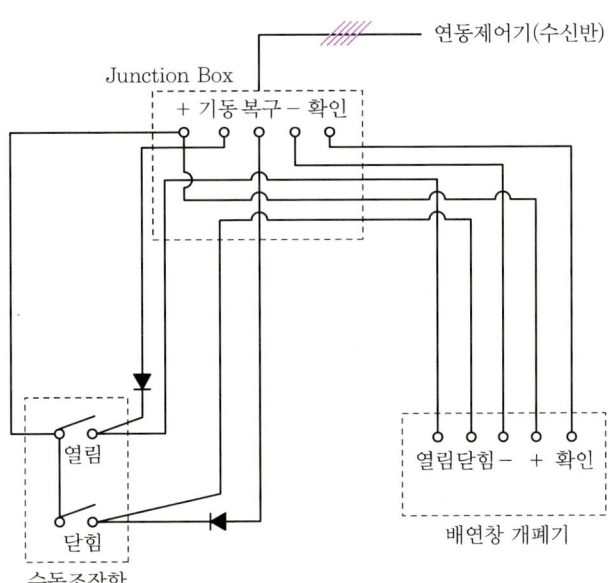

▲ Motor 방식 배연창 결선도

10 자동방화문 설비

자동방화문 설비는 방화구획선상에 설치되어 평상시에는 개방된 상태로 관리되고 있다가 화재 발생 시 자동으로 폐쇄되어 방화구획을 형성하는 설비이다.

1. 결선도

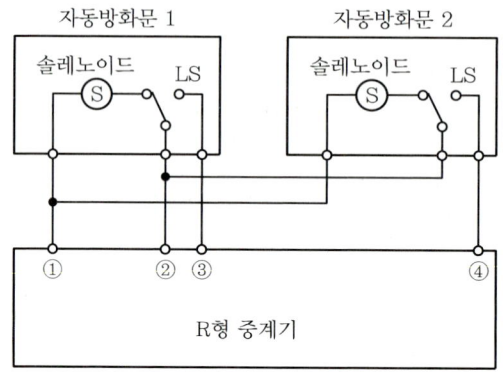

① 기동선
  ㉠ 화재 발생 시 기동선으로 전원이 공급되면 솔레노이드가 작동하여 방화문이 폐쇄된다.
  ㉡ 동일한 방화구획 내의 방화문은 동시에 기동되므로 기동선 1가닥이 필요하다.

② 공통선
  공통선은 1가닥으로 전체 구역에 공통으로 사용이 가능하다.(허용전류 계산 필요)

③, ④ 확인선(2가닥)
  ㉠ 방화문이 폐쇄되면 수신기에 방화문 폐쇄확인신호를 전송한다.
  ㉡ 확인신호는 각 방화문마다 별도로 신호를 전송할 수 있다.

2. 계통도

[조건]
- 각 층별로 방화구획을 형성한다.
- 감지기회로는 포함되지 않는다.
- 전선의 가닥수는 최소로 한다.

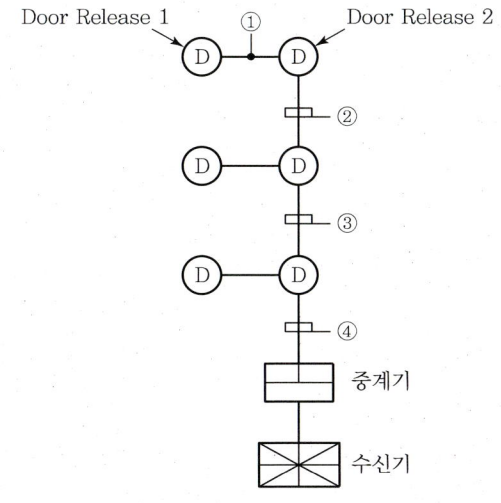

기호	가닥수	배선용도
①	3	기동1, 공통1, 확인1
②	4	기동1, 공통1, 확인2
③	7	기동2, 공통1, 확인4
④	10	기동3, 공통1, 확인6

[해설]

① 방화문 1개(3가닥)
- ㉠ 기동1 : 방화문 폐쇄
  각 방호구역별(층별) 1가닥
- ㉡ 확인1 : 방화문 폐쇄확인신호를 수신기로 전송
  각 방화문마다 각각 1가닥
- ㉢ 공통1 : 전체 회로 공통으로 1가닥

② 1개층(4가닥)
- ㉠ 기동1 : 각 방호구역별(층별) 1가닥이므로 1가닥(1개층)
- ㉡ 확인2 : 각 방화문마다 각각 1가닥이므로 2가닥(방화문 2개)
- ㉢ 공통1 : 전체 회로 공통으로 1가닥

③ 2개층(7가닥)
- ㉠ 기동2 : 각 방호구역별(층별) 1가닥이므로 2가닥(2개층)
- ㉡ 확인4 : 각 방화문마다 각각 1가닥이므로 4가닥(방화문 4개)
- ㉢ 공통1 : 전체 회로 공통으로 1가닥

④ 3개층(10가닥)
  ㉠ 기동3 : 각 방호구역별(층별) 1가닥이므로 3가닥(3개층)
  ㉡ 확인6 : 각 방화문마다 각각 1가닥이므로 6가닥(방화문 6개)
  ㉢ 공통1 : 전체 회로 공통으로 1가닥

✏️ 확인 = 기동확인 = 방화문확인 = 방화문폐쇄확인

PART

02

기출문제편

2015년 제1회(2015. 4. 19)

01 자동화재탐지설비에 사용되는 감지기의 절연저항시험을 하려고 한다. 사용기기와 판정기준을 쓰시오.(단, 감지기의 절연된 단자 간의 절연저항 및 단자와 외함 간의 절연저항이며 정온식 감지선형 감지기는 제외한다.) [4점]

- 사용기기 :
- 판정기준 :

해답
- 사용기기 : 직류 500[V] 절연저항계
- 판정기준 : 50[MΩ] 이상

해설
1) 감지기의 절연저항시험(감지기의 형식승인 및 제품검사의 기술기준 제35조)
   감지기의 절연된 단자 간의 절연저항 및 단자와 외함 간의 절연저항은 직류 500[V]의 절연저항계로 측정한 값이 50[MΩ](정온식 감지선형 감지기는 선간에서 1[m]당 1,000[MΩ]) 이상이어야 한다.

2) 각 설비별 절연저항시험

절연저항계	설비	절연저항	측정위치
직류 250[V]	• 비상경보설비 • 비상방송설비 • 자동화재탐지설비	0.1[MΩ] 이상	• 부속회로의 전로와 대지 사이 • 배선 상호 간
직류 500[V]	누전경보기	5[MΩ] 이상	절연된 충전부와 외함 간
	시각경보장치	5[MΩ] 이상	• 전원부 양단자 • 양선을 단락시킨 부분과 비충전부
	비상콘센트설비	20[MΩ] 이상	전원부와 외함 사이
	자동화재탐지설비의 감지기	50[MΩ] 이상	• 감지기의 절연된 단자 간 • 단자와 외함 간
	정온식 감지선형 감지기	1,000[MΩ] 이상	정온식 감지선형 감지기는 선간에서 1[m]당 1,000[MΩ] 이상
	• 가스누설경보기 • 자동화재탐지설비의 수신기 • 자동화재속보설비의 속보기	5[MΩ] 이상 20[MΩ] 이상 20[MΩ] 이상	절연된 충전부와 외함 간 교류입력 측과 외함 간 절연된 선로 간

02 객석통로의 직선길이가 50[m]일 경우 객석유도등의 최소 수량을 산출하시오. [4점]

- 계산과정 :
- 답 :

해답

- 계산과정 : 객석유도등의 수 = $\dfrac{50}{4} - 1 = 11.5 ≒ 12$개 (소수점 이하 절상)
- **답** 12개

해설 객석유도등

1) 설치기준
   ① 객석유도등의 설치 위치 : 객석의 **통로, 바닥, 벽**
   ② 객석유도등의 수량 산정 (소수점 이하의 수는 1로 본다.)

   $$\text{설치개수} = \dfrac{\text{객석 통로의 직선 부분의 길이[m]}}{4} - 1$$

   ③ 객석 내의 통로가 옥외 또는 이와 유사한 부분에 있는 경우에는 해당 통로 전체에 미칠 수 있는 수의 유도등을 설치할 것

2) 설치 제외
   ① **주간**에만 사용하는 장소로서 **채광이 충분한 객석**
   ② 거실 등의 각 부분으로부터 하나의 거실출입구에 이르는 **보행거리가 20[m] 이하**인 객석의 통로로서 그 통로에 통로유도등이 설치된 객석

3) 유도등, 유도표지의 설치개수 산정

종류	설치개수
객석유도등	$N = \dfrac{\text{직선부분의 보행거리[m]}}{4[m]} - 1$
복도통로유도등 거실통로유도등	$N = \dfrac{\text{직선부분의 보행거리[m]}}{20[m]} - 1$
유도표지	$N = \dfrac{\text{직선부분의 보행거리[m]}}{15[m]} - 1$

03 열전대식 감지기의 작동원리인 제어백 효과에 대해 설명하시오. [4점]

해답 ⊕ 서로 다른 두 종류의 금속으로 만들어진 폐회로의 두 접합점의 온도를 달리하였을 때 열기전력이 발생하는 효과

해설 ⊕ 1) 열전효과

구분	설명
제벡(제어벡) 효과	서로 다른 두 종류의 금속으로 만들어진 폐회로의 두 접합점의 온도를 달리하였을 때 열기전력이 발생하는 효과(열전대, 열전쌍)
펠티에 효과	서로 다른 두 종류의 금속으로 만들어진 폐회로에 전류를 흘리면 그 접합점에서 열이 흡수 또는 발생하는 효과
톰슨 효과	동일한 금속 접합부에 온도차를 주고 고온에서 저온으로 전류를 인가하면 열이 발생 또는 흡수하는 현상

2) 열전대식 감지기

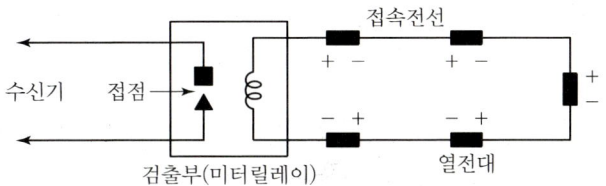

① 구성요소
  열전대, 미터릴레이, 접속전선, 접점
② 동작순서
  화재 발생 → 열전대부 온도 상승 → 열기전력 발생 → 미터릴레이 작동 → 화재신호 전송
③ 온도가 완만하게 상승하면 열전대의 두 금속에 온도차가 거의 발생하지 않으므로 열기전력이 발생하지 않는다.
④ 동작원리 : 열전대의 제벡 효과
⑤ 설치기준

구분	기준
열전대의 수량	최소 4개 이상, 최대 20개 이하
열전대의 1개의 기준 면적	내화구조 : 22[m²] 기타 구조 : 18[m²]

04 스프링클러설비의 화재안전기준에서 정하는 준비작동식 스프링클러설비의 화재감지기회로는 교차회로방식으로 한다. 이 경우 교차회로방식을 적용하지 않아도 되는 감지기의 종류 5가지를 쓰시오. [5점]

-
-
-
-
-

해답
- 축적방식 감지기
- 복합형 감지기
- 광전식 분리형 감지기
- 분포형 감지기
- 불꽃감지기

해설
1) 준비작동식 스프링클러설비의 화재감지회로
  준비작동식 스프링클러설비의 화재감지회로는 교차회로방식으로 할 것. 다만, 다음의 어느 하나에 해당하는 경우에는 그러하지 아니하다.
  ① 스프링클러설비의 배관 또는 헤드에 누설경보용 물 또는 압축공기가 채워지거나 부압식 스프링클러설비의 경우
  ② 화재감지기를 다음의 감지기로 설치하는 경우
  - 축적방식 감지기
  - 불꽃감지기
  - 복합형 감지기
  - 정온식 감지선형 감지기
  - 광전식 분리형 감지기
  - 아날로그방식 감지기
  - 분포형 감지기
  - 다신호방식 감지기

2) 교차회로방식
  ① 정의
  하나의 담당구역 내에 2 이상의 화재감지기회로를 설치하고 인접한 2 이상의 화재감지기가 동시에 감지되는 때에 설비가 작동되는 방식
  ② 목적
  감지기 오동작에 의한 설비의 작동을 방지하기 위하여
  ③ 적용설비
  - 준비작동식 스프링클러설비
  - 일제살수식 스프링클러설비
  - 이산화탄소소화설비
  - 할론소화설비
  - 할로겐화합물 및 불활성기체 소화설비
  - 분말소화설비

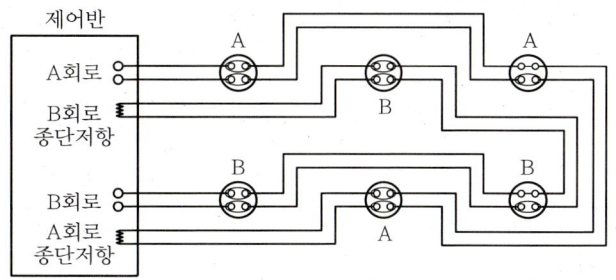

④ 평면도 및 배선내역

- 평면도

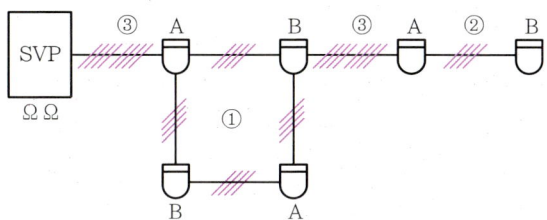

- 배선내역(루프된 곳 : 4가닥, 말단감지기 : 4가닥, 그 밖의 것 : 8가닥)

구분	가닥수	배선용도
①	4	회로선2, 공통선2(A회로 : 회로1, 공통1 / B회로 : 회로1, 공통1)
②	4	회로선2, 공통선2(B회로 : 회로2, 공통2)
③	8	회로선4, 공통선4(A회로 : 회로2, 공통2 / B회로 : 회로2, 공통2)

05 비상전원 중 축전지설비에 대한 다음 각 물음에 답하시오. [6점]

1) 축전지에는 수명이 있으며, 또한 축전지의 수명 말기에 있어서도 부하를 만족하는 용량을 결정하기 위한 계수를 보통 0.8로 하는데 이를 무엇이라 하는지 쓰시오.

2) 전지 개수를 결정할 때 셀수를 N, 1셀당 축전지의 공칭전압을 V_B[V/cell], 부하의 정격전압을 V[V], 축전지용량을 C[Ah]라 하면 셀수 N은 어떻게 산출되는지 쓰시오.

3) 다음과 같이 구성되는 충전방식의 명칭을 쓰시오.

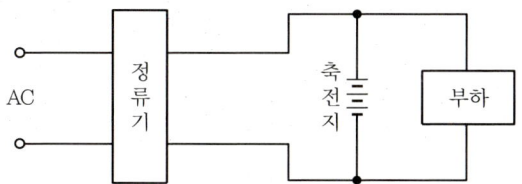

해답 1) 보수율(경년용량저하율)

2) $N = \dfrac{V}{V_B}$

3) 부동충전방식

해설 1) 보수율(경년용량저하율)

① 해가 거듭할수록 축전지의 용량이 저하되므로 그 말기에 부하를 만족시키기 위하여 여유 있게 축전지용량을 산정한다.

② 보수율은 용량이 저하되는 것을 고려하여 미리 보상을 해주는 계수로서 보통 0.8을 사용한다.

2) 셀수 N(단위환산)

$V_B [\text{V/cell}] = \dfrac{V[\text{V}]}{N[\text{cell}]}$

$\therefore\ N[\text{cell}] = \dfrac{V[\text{V}]}{V_B[\text{V/cell}]}$

3) 축전지 충전방식

① **보통충전** : 필요할 때마다 표준 시간율로 충전하는 방식

② **급속충전** : 단시간에 보통 충전전류의 2~3배의 전류로 충전하는 방식

③ **부동충전** : 전지의 자기방전을 보충함과 동시에 상용부하에 대한 전력공급은 충전기가 부담하고 일시적인 대전류 부하는 축전지가 부담하도록 하는 방식

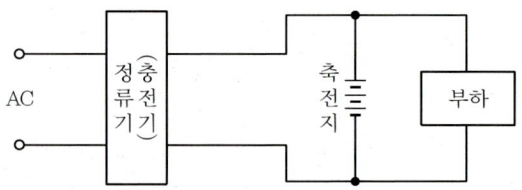

④ **균등충전** : 1~3개월마다 정전압으로 10~12시간 충전하여 전체 셀의 전압을 균일하게 하는 방식

⑤ **세류충전** : 항상 자기방전량만큼만 충전하는 방식

⑥ **회복충전** : 과방전 및 방치상태, 가벼운 설페이션 현상 등이 생겼을 때 기능회복을 위하여 실시하는 충전방식

✏️ 설페이션 : 연축전지를 방전상태로 오래 방치했을 때, 극판의 표면의 황산납이 회백색으로 변하여 부도체 성질을 갖는 현상

06 어느 특정소방대상물에 할론소화설비를 설치하였다. 도면과 조건을 참고하여 다음 각 물음에 답하시오. [12점]

[조건]
- 배관은 후강전선관을 사용하며 콘크리트 매입공사이다.
- 3방출 이상은 4각박스를 사용하고, 3방출 미만은 8각박스를 사용한다.

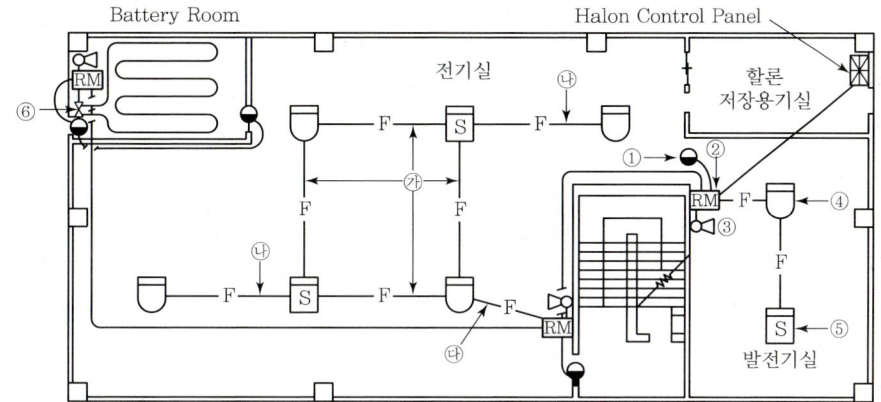

1) 도면에 표시된 ①~⑥의 명칭을 쓰시오.
   ①   ②   ③
   ④   ⑤   ⑥

2) 도면에 표시된 ㉮~㉰의 배선가닥수를 쓰시오.
   ㉮   ㉯   ㉰

3) 도면에서 물량 산출 시 필요한 박스의 수량을 각각 산출하시오.(단, 할론제어반과 수동조작함의 박스는 산출하지 아니한다.)
   - 4각박스 :
   - 8각박스 :

4) 도면에서 필요한 부싱의 수량을 산출하시오.

해답 1) ① 방출표시등   ② 가스계 소화설비의 수동조작함
        ③ 사이렌   ④ 차동식 스포트형 감지기
        ⑤ 연기감지기   ⑥ 차동식 분포형 감지기의 검출기

2) ㉮ 4가닥   ㉯ 4가닥
   ㉰ 8가닥

3) • 4각박스 : 3개
   • 8각박스 : 13개

4) 40개

해설 ⊕ 1) 도시기호

명칭	도시기호	내용
방출표시등	◐	
가스계 소화설비의 수동조작함	RM	프리액션밸브 수동조작함 : SVP
사이렌	⊲○	• 전자사이렌 : ⊲S • 모터사이렌 : ⊲M
차동식 스포트형 감지기	⊓	보상식 스포트형 감지기 : ⊓
정온식 스포트형 감지기	∪	• 방수형 : ∪ • 내산형 : ∪ • 내알칼리형 : ∪ • 방폭형 : EX 표기
연기감지기	S	• 매입 : ⌂S • 점검박스붙이 : □S
차동식 분포형 감지기의 검출기	⋈	• 공기관 : ── • 열전대 : ─▬─ • 열반도체 : ∞

2) 감지기선로의 가닥수

도면에서 할론소화설비임을 확인할 수 있으므로 감지기회로는 교차회로방식이다.

㉮ 루프된 곳 : 4가닥
㉯ 말단감지기 : 4가닥
㉰ 그 밖의 것 : 8가닥

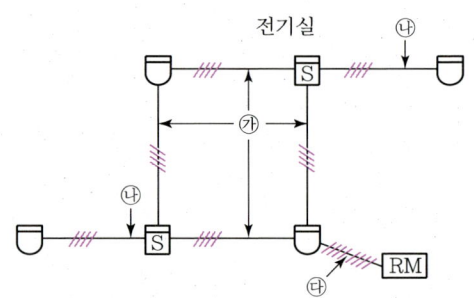

3) 박스의 수량
   ① 4각박스 : 3개
      감지기박스의 3방출 이상을 찾으면 3개이다.(조건에 따름)
   ② 8각박스 : 13개(3방출 미만)
      • 감지기 : 5개
      • 사이렌 : 3개
      • 방출표시등 : 4개
      • 차동식 분포형 감지기의 검출기 : 1개
   ③ 각 설비마다 박스를 사용한다면 박스의 총 개수는 20개이다. 조건을 잘 확인하여 수량을 산출한다.

4) 부싱의 수량
   ① 도면에서 기기와 기기 사이의 배관 수량을 산출한다.(배관 20개)
   ② 부싱수
      • 배관 1개당 부싱은 2개이다.
      • 부싱수 = 배관수 × 2 = 20개 × 2 = 40개
   ③ 로크 너트수
      • 부싱 1개당 로크 너트는 2개이다.
      • 부싱수 × 2 = 40개 × 2 = 80개
   ④ 다음 도면에서 ●―――● 은 배관에 부싱이 2개 붙어 있는 것을 표현한 것이다. 즉, ●의 숫자가 부싱의 개수이다.

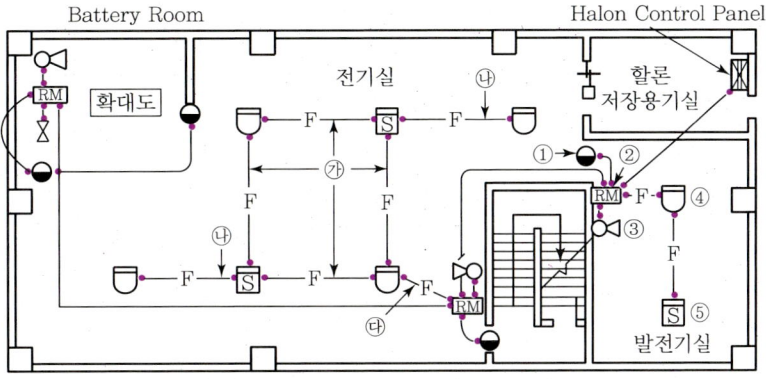

07 보충량 12,000[CMH], 누설량 10[m³/min], 전압 30[mmAq]인 제연설비용 송풍기의 전동기 용량[kW]을 산출하시오.(단, 효율은 60[%], 전달계수는 1.1이다.) [8점]

- 계산과정 :
- 답 :

해답
- 계산과정

$$P = \frac{P_T Q}{102\eta} K = \frac{30 \times (3.33 + 0.17)}{102 \times 0.6} \times 1.1 = 1.89 [kW]$$

- 답 1.89[kW]

해설

1) 송풍기의 동력

$$P[kW] = \frac{P_T Q}{102\eta} K$$

여기서, P_T : 전압[mmAq], Q : 풍량[m³/s], η : 효율, K : 전달계수

2) 계산과정

① Q : 풍량[m³/s]
  - 풍량(급기량) = 보충량 + 누설량
  - 보충량 $= 12,000 \frac{[m^3]}{[h]} \times \frac{1[h]}{3,600[s]} = \frac{12,000[m^3]}{3,600[s]} = 3.33[m^3/s]$
  - 누설량 $= 10 \frac{[m^3]}{[min]} \times \frac{1[min]}{60[s]} = \frac{10[m^3]}{60[s]} = 0.17[m^3/s]$
  - 풍량 $Q = 3.33 + 0.17 = 3.5[m^3/s]$

  - m³/h = CMH(Cubic Meter per Hour)
  - m³/min = CMM(Cubic Meter per Minute)
  - m³/s = CMS(Cubic Meter per Second)

  📝 본 교재의 유량 단위는 [m³/s]를 기본단위로 하여 풀이하고 있다. 단위에 따라 식이 달라지니 반드시 단위를 확인하여야 한다.

② P_T : 전압(Total Pressure)[mmAq]

  $P_T = 30[mmAq]$

③ η : 60[%] = 0.6, K : 1.1(여유계수, 전달계수)

④ 전동기 동력

$$P = \frac{P_T Q}{102\eta} K = \frac{30 \times (3.33 + 0.17)}{102 \times 0.6} \times 1.1 = 1.89 [kW]$$

08 일제경보방식으로 경보하는 경계구역이 5회로인 자동화재탐지설비의 간선계통도를 그리고 간선계통도상에 최소 전선수를 표기하시오.(단, 수신기는 P형 5회로를 사용한다.) [7점]

해답

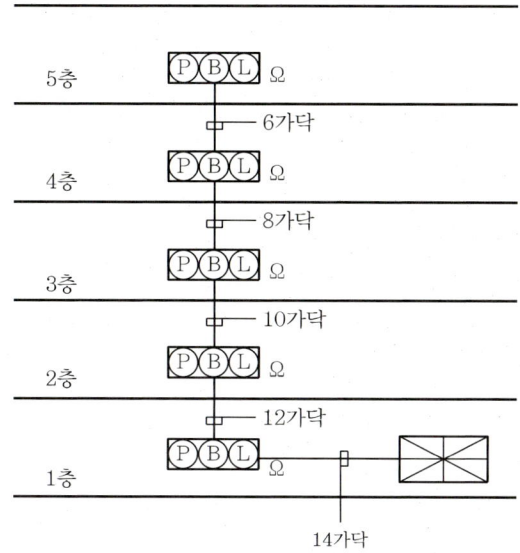

해설 자동화재탐지설비의 가닥수 산정

가닥수 합계	배선의 용도					
	회로선	회로 공통선	경종선	표시등 선	경종·표시등 공통선	응답선
6	1	1	1	1	1	1
8	2	1	2	1	1	1
10	3	1	3	1	1	1
12	4	1	4	1	1	1
14	5	1	5	1	1	1

1) 회로선 : 종단저항의 수=발신기세트의 수
2) 경종선 : 각 층마다 1가닥씩 증가
  • 화재로 인하여 하나의 층의 지구음향장치 또는 배선이 단락되어도 다른 층의 화재통보에 지장이 없도록 각 층 배선상에 유효한 조치를 할 것(2022년 이후)
  • 각 층 배선상에 유효한 조치로 단선단락 자동감시형 수신기를 사용하거나 수신기에 퓨즈 또는 차단기 등을 설치할 것(2025년 이후)
  • 경종선은 단선단락 자동감시형 수신기나 퓨즈 또는 차단기 등으로부터 각 층에 각각 1가닥씩 배선하여야 한다.
  • 일제경보방식과 우선경보방식의 배선방식이 동일하다.
3) 회로공통선 : 기본 1가닥(회로의 수가 7개 초과 시 1가닥씩 증가)
4) 표시등선, 경종·표시등공통선, 응답선 : 각 1가닥만 사용하며 증가하지 않는다.

09 비상방송설비에서 AMP와 스피커 간 임피던스 매칭을 하기 위한 순서 3단계를 쓰시오. [6점]

-
-
-

해답 ⊕
- 스피커의 임피던스 및 음성입력 확인
- AMP의 임피던스 및 출력 확인
- AMP의 출력모드 설정

해설 ⊕ 임피던스 매칭
① 전관방송설비(PA : Public Address System)는 많은 수의 확성기를 사용하기에 하이-임피던스(Hi-Z)를 적용하고 있다.
② 하이-임피던스(Hi-Z) 확성기의 경우에는 증폭부와 확성기 사이에 임피던스의 차이가 발생하여 출력 측과 입력 측의 서로 다른 두 임피던스의 차이에 의한 신호의 반사가 발생하므로 이를 보정하기 위하여 임피던스 매칭이 필요하다.
③ 확성기(스피커)의 임피던스 및 음성입력 확인 후 확성기의 임피던스와 매칭할 수 있도록 AMP의 출력을 설정하여 결선한다.

10 다음은 연면적이 4,500[m²], 지하 1층, 지상 9층으로 건물에 설치된 자동화재탐지설비의 계통도이다. ①~⑩까지 간선의 가닥수와 용도를 답안작성 예시와 같이 작성하시오.(단, 간선의 가닥수는 최소 전선수를 사용하도록 한다.) [10점]

[답안작성 예시]

번호	가닥수	전선의 용도
⑪	12	지구선(2), 공통선(2), 경종선(2), 표시등선(2), 경종·표시등공통선(2), 응답선(2)

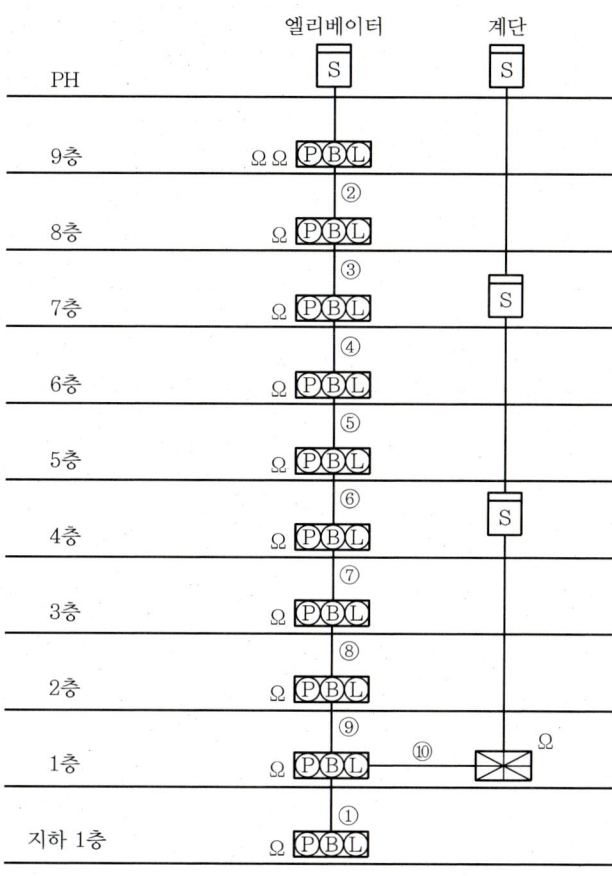

해답

번호	가닥수	전선의 용도
①	6	지구선(1), 공통선(1), 경종선(1), 표시등선(1), 경종·표시등공통선(1), 응답선(1)
②	7	지구선(2), 공통선(1), 경종선(1), 표시등선(1), 경종·표시등공통선(1), 응답선(1)
③	9	지구선(3), 공통선(1), 경종선(2), 표시등선(1), 경종·표시등공통선(1), 응답선(1)
④	11	지구선(4), 공통선(1), 경종선(3), 표시등선(1), 경종·표시등공통선(1), 응답선(1)
⑤	13	지구선(5), 공통선(1), 경종선(4), 표시등선(1), 경종·표시등공통선(1), 응답선(1)
⑥	15	지구선(6), 공통선(1), 경종선(5), 표시등선(1), 경종·표시등공통선(1), 응답선(1)
⑦	17	지구선(7), 공통선(1), 경종선(6), 표시등선(1), 경종·표시등공통선(1), 응답선(1)
⑧	20	지구선(8), 공통선(2), 경종선(7), 표시등선(1), 경종·표시등공통선(1), 응답선(1)
⑨	22	지구선(9), 공통선(2), 경종선(8), 표시등선(1), 경종·표시등공통선(1), 응답선(1)
⑩	26	지구선(11), 공통선(2), 경종선(10), 표시등선(1), 경종·표시등공통선(1), 응답선(1)

해설

① 지하 1층(6가닥)
- 발신기세트 단독형 1회로
  지구선(1), 공통선(1), 경종선(1), 표시등선(1), 경종·표시등공통선(1), 응답선(1)

② 9층(7가닥)
- 지구선(2) : 9층 발신기세트, 엘리베이터 권상기실
  (종단저항수 = 회로수 = 지구선가닥수)
- 경종선(1) : 9층 발신기세트의 경종 1가닥
- 공통선(1), 표시등선(1), 경종·표시등공통선(1), 응답선(1)

③ 8층(9가닥)
- 지구선(3) : 9층, 8층 발신기세트, 엘리베이터 권상기실
  (종단저항수 = 회로수 = 지구선가닥수)
- 경종선(2) : 층마다 1가닥(9층, 8층)
- 공통선(1), 표시등선(1), 경종·표시등공통선(1), 응답선(1)

④ 7층(11가닥)
- 지구선(4) : 9층, 8층, 7층 발신기세트, 엘리베이터 권상기실
  (종단저항수 = 회로수 = 지구선가닥수)
- 경종선(3) : 층마다 1가닥(9층, 8층, 7층)
- 공통선(1), 표시등선(1), 경종·표시등공통선(1), 응답선(1)

⑤ 6층(13가닥)
- 지구선(5) : 9층, 8층, 7층, 6층 발신기세트, 엘리베이터 권상기실
  (종단저항수 = 회로수 = 지구선가닥수)
- 경종선(4) : 층마다 1가닥(9층, 8층, 7층, 6층)
- 공통선(1), 표시등선(1), 경종·표시등공통선(1), 응답선(1)

⑥ 5층(15가닥)
- 지구선(6) : 9층, 8층, 7층, 6층, 5층 발신기세트, 엘리베이터 권상기실
  (종단저항수 = 회로수 = 지구선가닥수)

- 경종선(5) : 층마다 1가닥(9층, 8층, 7층, 6층, 5층)
- 공통선(1), 표시등선(1), 경종·표시등공통선(1), 응답선(1)

⑦ 4층(17가닥)
- 지구선(7) : 9층, 8층, 7층, 6층, 5층, 4층 발신기세트, 엘리베이터 권상기실
  (종단저항수＝회로수＝지구선가닥수)
- 경종선(6) : 층마다 1가닥(9층, 8층, 7층, 6층, 5층, 4층)
- 공통선(1), 표시등선(1), 경종·표시등공통선(1), 응답선(1)

⑧ 3층(20가닥)
- 지구선(8) : 9층, 8층, 7층, 6층, 5층, 4층, 3층 발신기세트, 엘리베이터 권상기실
  (종단저항수＝회로수＝지구선가닥수)
- 경종선(7) : 층마다 1가닥(9층, 8층, 7층, 6층, 5층, 4층, 3층)
- 공통선(2) : $\dfrac{8}{7}$ ＝ 1.14 ≒ 2가닥 (7회로 초과 시 공통선 1가닥 증가)
- 표시등선(1), 경종·표시등공통선(1), 응답선(1)

⑨ 2층(22가닥)
- 지구선(9) : 9층, 8층, 7층, 6층, 5층, 4층, 3층, 2층 발신기세트, 엘리베이터 권상기실
  (종단저항수＝회로수＝지구선가닥수)
- 경종선(8) : 층마다 1가닥(9층, 8층, 7층, 6층, 5층, 4층, 3층, 2층)
- 공통선(2) : $\dfrac{9}{7}$ ＝ 1.29 ≒ 2가닥 (7회로 초과 시 공통선 1가닥 증가)
- 표시등선(1), 경종·표시등공통선(1), 응답선(1)

⑩ 1층(26가닥)
- 지구선(11) : 9층, 8층, 7층, 6층, 5층, 4층, 3층, 2층, 1층, 지하 1층 발신기세트, 엘리베이터 권상기실(종단저항수＝회로수＝지구선가닥수)
- 경종선(10) : 층마다 1가닥(9층, 8층, 7층, 6층, 5층, 4층, 3층, 2층, 1층, 지하 1층)
- 공통선(2) : $\dfrac{11}{7}$ ＝ 1.57 ≒ 2가닥 (7회로 초과 시 공통선 1가닥 증가)
- 표시등선(1), 경종·표시등공통선(1), 응답선(1)

11 그림 (a)는 △ 결선회로이다. 이와 등가인 그림 (b)의 Y결선회로의 A, B, C의 저항값[Ω]을 계산하시오. [3점]

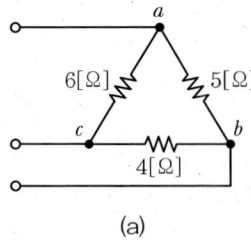
(a)

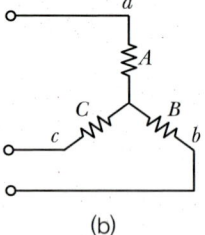
(b)

1) A
   - 계산과정 :
   - 답 :

2) B
   - 계산과정 :
   - 답 :

3) C
   - 계산과정 :
   - 답 :

해답

1) A
   - 계산과정 : $Z_a = \dfrac{Z_{ab} Z_{ca}}{Z_{ab}+Z_{bc}+Z_{ca}} = \dfrac{5\times 6}{5+4+6} = 2[\Omega]$
   - 답 2[Ω]

2) B
   - 계산과정 : $Z_b = \dfrac{Z_{ab} Z_{bc}}{Z_{ab}+Z_{bc}+Z_{ca}} = \dfrac{5\times 4}{5+4+6} = 1.33[\Omega]$
   - 답 1.33[Ω]

3) C
   - 계산과정 : $Z_c = \dfrac{Z_{bc} Z_{ca}}{Z_{ab}+Z_{bc}+Z_{ca}} = \dfrac{4\times 6}{5+4+6} = 1.60[\Omega]$
   - 답 1.6[Ω]

> **해설 ⊕** △결선 ↔ Y결선의 임피던스 변환

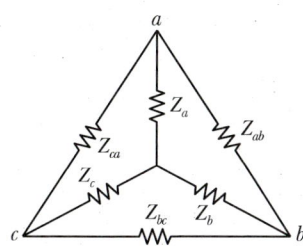

△결선 → Y결선	Y결선 → △결선
$Z_a = \dfrac{Z_{ab} Z_{ca}}{Z_{ab}+Z_{bc}+Z_{ca}}$	$Z_{ab} = \dfrac{Z_a Z_b + Z_b Z_c + Z_c Z_a}{Z_c}$
$Z_b = \dfrac{Z_{ab} Z_{bc}}{Z_{ab}+Z_{bc}+Z_{ca}}$	$Z_{bc} = \dfrac{Z_a Z_b + Z_b Z_c + Z_c Z_a}{Z_a}$
$Z_c = \dfrac{Z_{bc} Z_{ca}}{Z_{ab}+Z_{bc}+Z_{ca}}$	$Z_{ca} = \dfrac{Z_a Z_b + Z_b Z_c + Z_c Z_a}{Z_b}$

12 다음은 준비작동식 스프링클러설비의 계통도이다. 그림을 보고 다음 표의 가닥수 및 용도를 쓰시오. (단, 배선은 설비작동에 필요한 최소가닥수로 한다.) [6점]

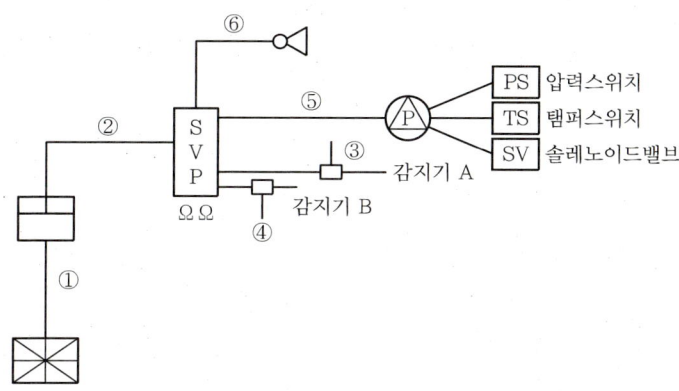

기호	가닥수	배선의 용도
①		
②	8	
③		
④		
⑤		
⑥		

해답

기호	가닥수	배선의 용도
①	4	전원⊕, ⊖, 신호선2
②	8	전원⊕, ⊖, 감지기A, B, 솔레노이드밸브, 탬퍼스위치, 압력스위치, 사이렌
③	4	회로선2, 공통선2
④	4	회로선2, 공통선2
⑤	4	솔레노이드밸브, 탬퍼스위치, 압력스위치, 공통선
⑥	2	사이렌2

해설

① 감시제어반(수신반)~중계기(4가닥)
- 전원⊕, ⊖, 신호선2
- 수신기와 중계기 간 배선수는 전원2, 신호2가닥이며 Zone이 증가하여도 배선수는 일정하다.

② 중계기~SVP(8가닥)
- 전원⊕, ⊖, 감지기A, B, 솔레노이드밸브, 탬퍼스위치, 압력스위치, 사이렌

③, ④ SVP~감지기(4가닥)
- 감지기 A, B회로가 별도의 배관으로 구성되어 있다.
- A, B회로 각각 SVP에서 회로선과 공통선이 감지기로 가서 결선 후 다시 SVP로 돌아와서 종단저항을 결선한다.
- 그러므로 각각 회로선2, 공통선2가 필요하다.

⑤ SVP~프리액션밸브
- 최소가닥수(4가닥)
  솔레노이드밸브, 탬퍼스위치, 압력스위치, 공통선
- 공통선을 각각 별도로 결선하는 경우(6가닥)
  솔레노이드밸브2, 탬퍼스위치2, 압력스위치2

⑥ SVP~사이렌
  사이렌2

13 다음은 무선통신보조설비의 누설동축케이블에 관한 내용이다. ( ) 안에 알맞은 답을 쓰시오.

[8점]

- 누설동축케이블은 (①)의 것으로서 습기에 따라 전기의 특성이 변질되지 아니하는 것으로 하고, 노출하여 설치한 경우에는 피난 및 통행에 장애가 없도록 할 것
- 누설동축케이블은 화재에 따라 해당 케이블의 피복이 소실된 경우에 케이블 본체가 떨어지지 아니 하도록 (②)[m] 이내마다 금속제 또는 자기제 등의 지지금구로 벽·천장·기둥 등에 견고하게 고정시킬 것. 다만, 불연재료로 구획된 반자 안에 설치하는 경우에는 그러하지 아니하다.
- 누설동축케이블 및 안테나는 고압의 전로로부터 (③)[m] 이상 떨어진 위치에 설치할 것. 다만, 해당 전로에 (④)를 유효하게 설치한 경우에는 그러하지 아니하다.
- 누설동축케이블의 끝부분에는 (⑤)을 견고하게 설치할 것
- 누설동축케이블 또는 동축케이블의 임피던스는 (⑥)[Ω]으로 하고, 이에 접속하는 안테나·분배 기 기타의 장치는 해당 임피던스에 적합한 것으로 하여야 한다.

해답 ① 불연 또는 난연성   ② 4   ③ 1.5
④ 정전기 차폐장치   ⑤ 무반사 종단저항   ⑥ 50

해설 누설동축케이블의 설치기준
① 소방전용 주파수대에서 전파의 전송 또는 복사에 적합한 것으로서 소방전용의 것으로 할 것
② 누설동축케이블과 이에 접속하는 안테나 또는 동축케이블과 이에 접속하는 안테나로 구성할 것
③ 누설동축케이블 및 동축케이블은 불연 또는 난연성의 것으로서 습기에 따라 전기의 특성이 변질되지 아니하는 것으로 하고, 노출하여 설치한 경우에는 피난 및 통행에 장애가 없도록 할 것
④ 누설동축케이블 및 동축케이블은 화재에 따라 해당 케이블의 피복이 소실된 경우에 케이블 본체가 떨어지지 아니하도록 4[m] 이내마다 금속제 또는 자기제 등의 지지금구로 벽·천장·기둥 등에 견고하게 고정시킬 것. 다만, 불연재료로 구획된 반자 안에 설치하는 경우에는 그러하지 아니하다.
⑤ 누설동축케이블 및 안테나는 금속판 등에 따라 전파의 복사 또는 특성이 현저하게 저하되지 아니하는 위치에 설치할 것
⑥ 누설동축케이블 및 안테나는 고압의 전로로부터 1.5[m] 이상 떨어진 위치에 설치할 것. 다만, 해당 전로에 정전기 차폐장치를 유효하게 설치한 경우에는 그러하지 아니하다.
⑦ 누설동축케이블의 끝부분에는 무반사 종단저항을 견고하게 설치할 것
⑧ 누설동축케이블 또는 동축케이블의 임피던스는 50[Ω]으로 하고, 이에 접속하는 안테나·분배기 기타의 장치는 해당 임피던스에 적합한 것으로 하여야 한다.

14 펌프의 유량이 2,400[lpm], 양정 100[m]인 스프링클러설비용 펌프전동기의 용량[kW]을 구하시오.(단, 펌프의 효율은 60[%], 전달계수는 1.1이다.) [5점]

• 계산과정 :

• 답 :

해답

• 계산과정

$$P[\text{kW}] = \frac{9.8\,QH}{\eta}K$$

$$P = \frac{9.8 \times (2.4/60) \times 100}{0.6} \times 1.1 = 71.87[\text{kW}]$$

• 답 71.87[kW]

해설

1) 전동기의 동력

$$P[\text{kW}] = \frac{9.8\,QH}{\eta}K$$

여기서, 9.8 : 물의 비중량[kN/m³], Q : 유량[m³/s], H : 양정[m], η : 효율, K : 전달계수

2) 계산과정

① Q : 유량[m³/s]

$$2,400\frac{[\text{L}]}{[\text{min}]} \times \frac{1[\text{m}^3]}{1,000[\text{L}]} \times \frac{1[\text{min}]}{60[\text{s}]} = \frac{2.4}{60}[\text{m}^3/\text{s}]$$

여기서, LPM(Liter Per Minute)=[L/min]

② 양정 H : 100[m], 효율 η : 60[%]=0.6, 전달계수 K : 1.1

③ 전동기 동력

$$P = \frac{9.8 \times (2.4/60) \times 100}{0.6} \times 1.1 = 71.87[\text{kW}]$$

15 차동식 스포트형·보상식 스포트형 및 정온식 스포트형 감지기의 부착높이 및 특정소방대상물의 구분에 따른 감지기 1개의 설치면적기준이다. 표의 ①~⑥에 알맞은 답을 쓰시오. [6점]

부착높이 및 특정소방대상물의 구분		감지기의 종류						
		차동식 스포트형		보상식 스포트형		정온식 스포트형		
		1종	2종	1종	2종	특종	1종	2종
4[m] 미만	주요 구조부를 내화구조로 한 특정소방대상물 또는 그 부분	①	70	①	70	70	60	20
	기타 구조의 특정소방대상물 또는 그 부분	50	③	50	③	40	30	15
4[m] 이상 8[m] 미만	주요 구조부를 내화구조로 한 특정소방대상물 또는 그 부분	②	④	②	④	④	⑤	—
	기타 구조의 특정소방대상물 또는 그 부분	30	25	30	25	25	⑥	—

①	②	③	④	⑤	⑥

해답

①	②	③	④	⑤	⑥
90	45	40	35	30	15

해설 차동식 스포트형, 보상식 스포트형, 정온식 스포트형 감지기의 부착높이 및 특정소방대상물에 따른 기준면적(단위 : m²)

부착높이 및 특정소방대상물의 구분		감지기의 종류						
		차동식 스포트형		보상식 스포트형		정온식 스포트형		
		1종	2종	1종	2종	특종	1종	2종
4[m] 미만	주요 구조부를 내화구조로 한 특정소방대상물 또는 그 부분	① 90	70	① 90	70	70	60	20
	기타 구조의 특정소방대상물 또는 그 부분	50	③ 40	50	③ 40	40	30	15
4[m] 이상 8[m] 미만	주요 구조부를 내화구조로 한 특정소방대상물 또는 그 부분	② 45	④ 35	② 45	④ 35	④ 35	⑤ 30	—
	기타 구조의 특정소방대상물 또는 그 부분	30	25	30	25	25	⑥ 15	—

16 다음은 준비작동식 스프링클러설비의 평면도이다. 도면을 보고 다음 각 물음에 답하시오. [6점]

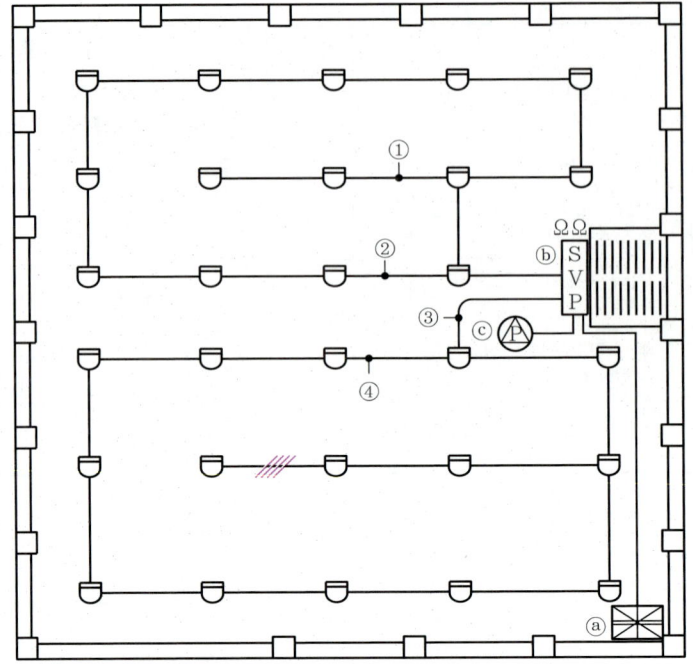

1) 도면의 ①~④까지 최소가닥수를 쓰시오.
   ①
   ②
   ③
   ④

2) 도면의 ⓐ~ⓒ의 명칭을 쓰시오.
   ⓐ
   ⓑ
   ⓒ

3) 3층 건물일 경우 간선계통도를 그리시오.

---

 1) ① 8가닥　　　　　　② 4가닥
　　　③ 8가닥　　　　　　④ 4가닥

2) ⓐ 감시제어반
　 ⓑ 프리액션밸브 수동조작함(슈퍼비조리판넬)
　 ⓒ 프리액션밸브

3) 3층 건물일 경우 간선계통도

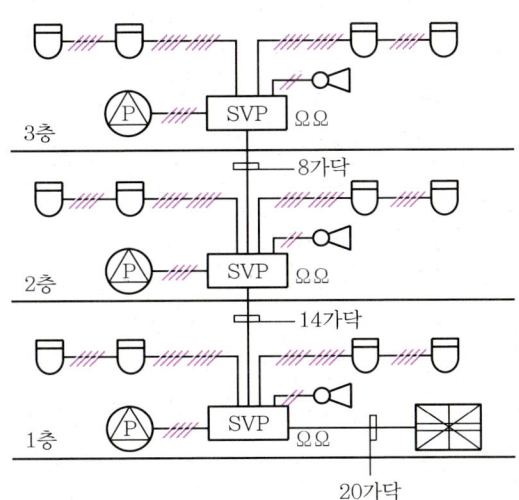

해설 ⊕ 1) 도면의 ①~④까지 최소가닥수

준비작동식 스프링클러설비의 감지기 배선은 교차회로방식이다.

① 8가닥 : 회로선4, 공통선4   (그 밖의 것)
② 4가닥 : 회로선2, 공통선2   (루프된 곳)
③ 8가닥 : 회로선4, 공통선4   (그 밖의 것)
④ 4가닥 : 회로선2, 공통선2   (루프된 곳)

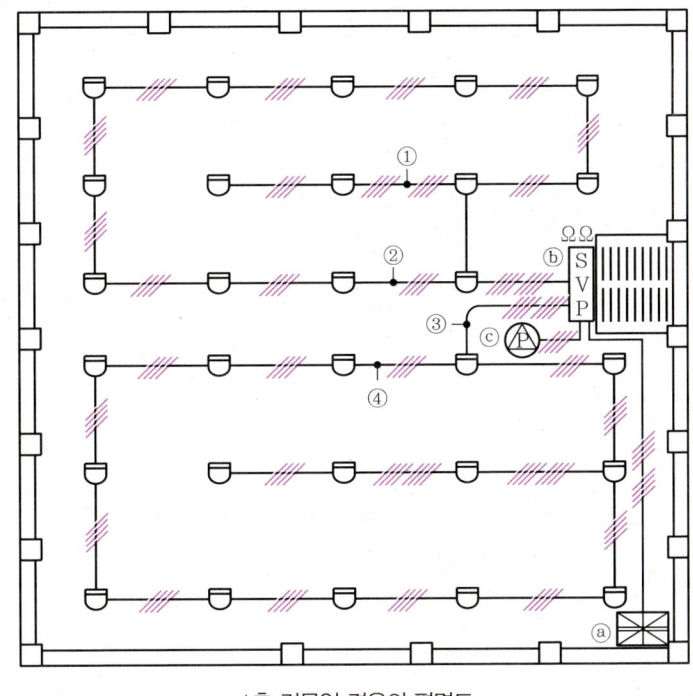

1층 건물일 경우의 평면도

> **Reference**
>
> ① 교차회로방식의 평면도 및 배선내역
>   • 평면도
>
>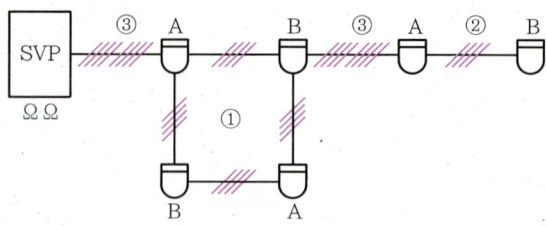
>
>   • 배선내역
>
> | 구분 | 가닥수 | 배선용도 |
> |---|---|---|
> | ① | 4 | 회로선2, 공통선2(A회로 : 회로1, 공통1 / B회로 : 회로1, 공통1) |
> | ② | 4 | 회로선2, 공통선2(B회로 : 회로2, 공통2) |
> | ③ | 8 | 회로선4, 공통선4(A회로 : 회로2, 공통2 / B회로 : 회로2, 공통2) |
>
> ② 송배선식과 교차회로방식의 가닥수 산정방법
>
> | 송배선방식 | 교차회로방식 |
> |---|---|
> | • 루프된 곳 : 2가닥
• 그 밖의 것 : 4가닥 | • 루프된 곳 : 4가닥
• 말단감지기 : 4가닥
• 그 밖의 것 : 8가닥 |

2) ⓐ~ⓒ의 명칭

제어반	프리액션밸브 수동조작함	프리액션밸브	수신기	부수신기	중계기
⌧	SVP	Ⓟ	⌧	▭	▭

> ✏️ 감시제어반은 대부분 자동화재탐지설비의 수신기와 겸용이므로 제어반과 수신기의 도시기호를 혼용하여 사용하는 경우가 많다.

3) 간선계통도

① 교차회로 감지기
 • 준비작동식 스프링클러설비이므로 감지기회로는 **교차회로방식**을 적용한다.
 • 감지기회로가 2구역으로 나뉘어 있으므로 계통도에도 2구역으로 표현하였다.

② SVP ↔ SVP(1 Zone)
 • 최소가닥수 적용 : 8가닥
 • 전원⊕, ⊖, 감지기A, 감지기B, 솔레노이드밸브, 탬퍼스위치, 압력스위치, 사이렌

③ SVP ↔ SVP(2 Zone)
- 최소가닥수 : 14가닥(8가닥+6가닥)
- 전원⊕, ⊖, (감지기A, 감지기B, 솔레노이드밸브, 탬퍼스위치, 압력스위치, 사이렌)×2

④ 감시제어반 ↔ SVP(3 Zone)
- 최소가닥수 : 20가닥(8가닥+6가닥+6가닥)
- 전원⊕, ⊖, (감지기A, 감지기B, 솔레노이드밸브, 탬퍼스위치, 압력스위치, 사이렌)×3

⑤ 사이렌 ↔ SVP
- 사이렌선 2가닥

⑥ 준비작동밸브 ↔ SVP
- 조건이 없으면 최소가닥수 적용 : 4가닥
- 공통선을 별도로 배선하는 경우 : 6가닥

2015년 제2회(2015. 7. 12)

01 다음 도면은 P형 수동발신기의 내부회로 미완성 도면이다. 도면을 보고 다음 물음에 답하시오.

[8점]

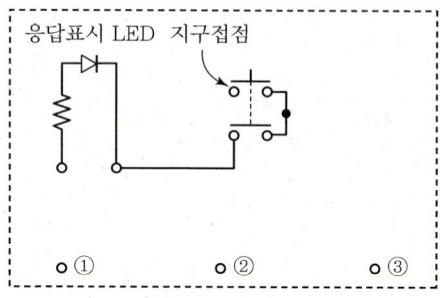

1) 다음에 대하여 설명하시오.
   - 응답표시 LED :
   - 누름버튼스위치 :

2) ①~③ 각 단자의 명칭을 쓰시오.

①	②	③

3) 발신기 결선의 미완성 부분을 도면에 완성하시오.

해답 1) • 응답표시 LED : 발신기에서 누름버튼스위치를 눌렀을 때 신호가 수신기에 전달되었는지를 확인하는 표시등
   • 누름버튼스위치 : 화재 발생 시 수동조작에 의해 수신기에 신호를 발신하는 스위치

2)

①	②	③
응답선	회로선(지구선)	공통선

3)

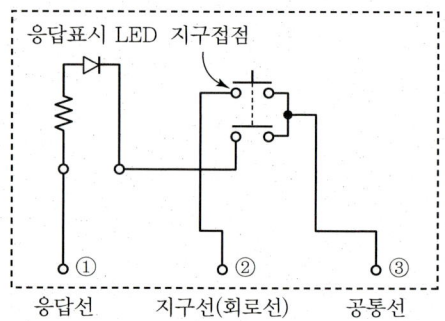

해설 ⊕ 발신기
1) 정의
   화재 발생신호를 수신기에 수동으로 발신하는 장치이다.

2) P형 1급 발신기
   ① P형 1급 수신기, R형 수신기에 사용
   ② 구성 : 응답램프, 누름버튼스위치
   ③ 배선내역 : 회로선, 공통선, 응답선

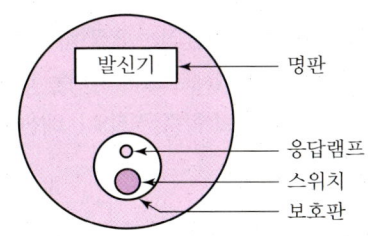

3) 구성기기의 기능
   ① 응답램프 : 발신기에서 누름버튼스위치를 눌렀을 때 신호가 수신기에 전달되었는지를 확인하는 표시등
   ② 누름버튼스위치 : 화재 발생 시 수동조작에 의해 수신기에 신호를 발신하는 스위치

4) 내부회로 배선도(응답접점과 회로(지구)접점의 위치가 다른 경우)

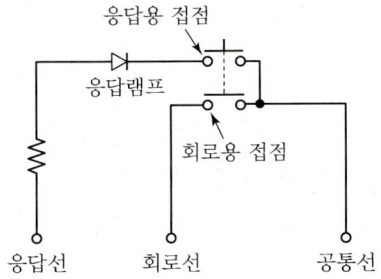

02 다음은 자동화재탐지설비의 평면도이다. 조건을 참고하여 주어진 표의 산출식 및 수량을 산출하시오. [7점]

[조건]
- 천장의 높이는 3.5[m]이고 반자는 없는 구조이다.
- 발신기세트와 수신기는 바닥으로부터 1.2[m]의 높이에 설치되어 있다.
- 배관의 할증은 5[%], 배선의 할증은 10[%]를 적용한다.

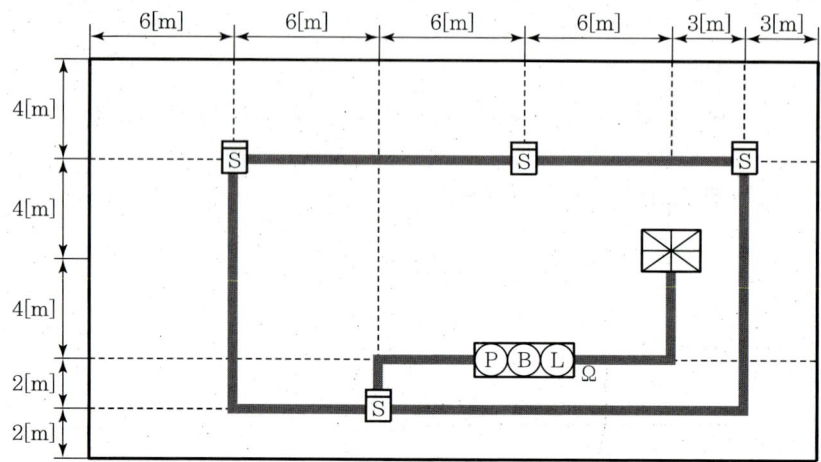

구분		산출식	수량
전선관 16C	감지기와 감지기 간	6+6+6+3+4+4+2+6+6+6+3+4+4+2=62[m]	75.92[m]
	감지기와 발신기 간	6+2+(3.5−1.2)=10.3[m]	
	할증	(62+10.3)×0.05=3.62[m]	
전선 (HFTX 1.5mm²)	감지기와 감지기 간		
	감지기와 발신기 간		
	할증		
전선관 22C	발신기와 수신기 간		
	할증		
전선 (HFIX 2.5mm²)	발신기와 수신기 간	14.6×6=87.6[m]	96.36[m]
	할증	87.6×0.1=8.76[m]	

해답

구분		산출식	수량
전선관 16C	감지기와 감지기 간	6+6+6+3+4+4+2+6+6+6+3+4+4+2=62[m]	75.92[m]
	감지기와 발신기 간	6+2+(3.5−1.2)=10.3[m]	
	할증	(62+10.3)×0.05=3.62[m]	
전선 (HFIX 1.5mm^2)	감지기와 감지기 간	62×2=124[m]	181.72[m]
	감지기와 발신기 간	10.3×4=41.2[m]	
	할증	(124+41.2)×0.1=16.52[m]	
전선관 22C	발신기와 수신기 간	6+4+(3.5−1.2)+(3.5−1.2)=14.6[m]	15.33[m]
	할증	14.6×0.05=0.73[m]	
전선 (HFIX 2.5mm^2)	발신기와 수신기 간	14.6×6=87.6[m]	96.36[m]
	할증	87.6×0.1=8.76[m]	

해설 [평면도]

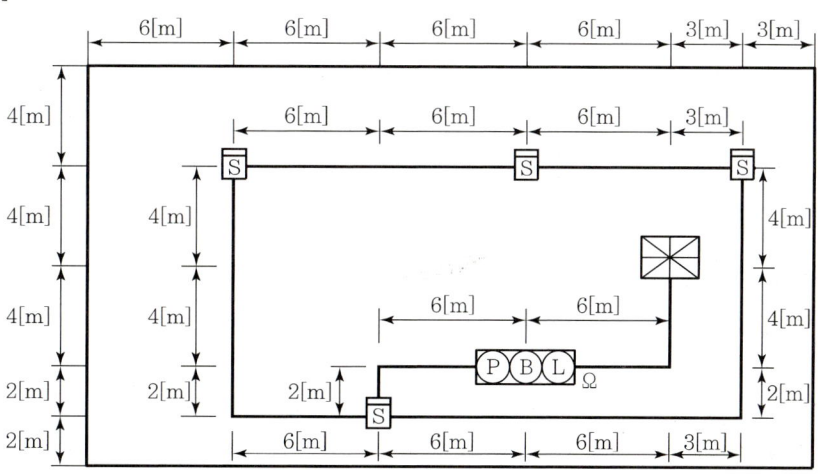

[입면도]

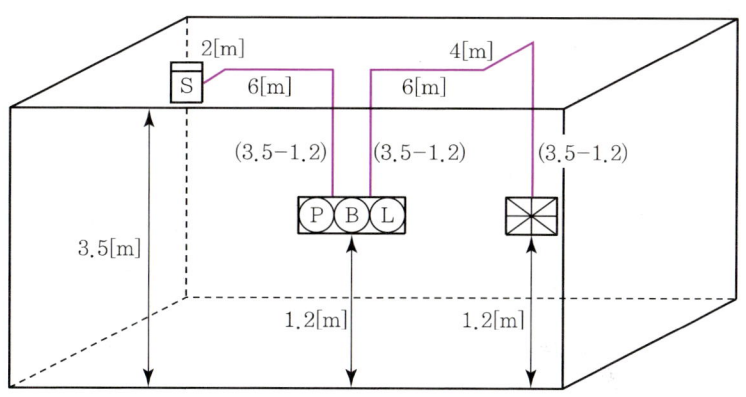

1) 전선관 16C
   ① 감지기와 감지기 간
      6+6+6+3+4+4+2+6+6+6+3+4+4+2=62[m]
   ② 감지기와 발신기 간
      6+2+(3.5-1.2)=10.3[m]
      - 3.5[m] : 층고
      - 1.2[m] : 바닥으로부터 발신기까지의 높이
      - (3.5-1.2)=2.3[m] : 발신기로부터 천장까지의 높이
   ③ 전선관 할증
      - 조건에서 배관 할증(5%=0.05)
      - (감지기와 감지기 간 배관+감지기와 발신기 간 배관)×0.05
      - 전선관 할증=(62+10.3)×0.05=3.615≒3.62[m]
   ④ 수량
      - 감지기와 감지기 간+감지기와 발신기 간+할증
      - 배관 수량=62+10.3+3.62=75.92[m]

2) 전선(HFTX 1.5mm²)
   ① 감지기와 감지기 간
      - 1)-①에서 구해진 감지기와 감지기 간 배관의 길이 : 62[m]
      - 감지기와 감지기 간 배관은 모두 루프배관이므로 배선가닥수 : 2가닥
      - 감지기와 감지기 간 배선의 길이=62×2=124[m]
   ② 감지기와 발신기 간
      - 1)-②에서 구해진 감지기와 발신기 간 배관의 길이 : 10.3[m]
      - 감지기와 발신기 간 배선가닥수 : 4가닥
      - 감지기와 발신기 간 배선의 길이=10.3×4=41.2[m]
   ③ 배선 할증
      - 조건에서 배선 할증(10%=0.1)
      - 배선 할증=(124+41.2)×0.1=16.52[m]
   ④ 수량
      - 감지기와 감지기 간+감지기와 발신기 간+할증
      - 배선 수량=124+41.2+16.52=181.72[m]

3) 전선관 22C
   ① 발신기와 수신기 간
      6+4+(3.5-1.2)+(3.5-1.2)=14.6[m]
      - 3.5[m] : 층고
      - 1.2[m] : 바닥으로부터 발신기(수신기)까지의 높이
      - (3.5-1.2)=2.3[m] : 발신기(수신기)로부터 천장까지의 높이

② 전선관 할증
- 조건에서 배관 할증(5%=0.05)
- 전선관 할증=14.6×0.05=0.73[m]

③ 수량
- 발신기와 수신기 간+할증
- 배관 수량=14.6+0.73=15.33[m]

4) 전선(HFIX 2.5mm²)
① 발신기와 수신기 간
- 3)-①에서 구해진 발신기와 수신기 간 배관의 길이 : 14.6[m]
- 발신기와 수신기 간 배선가닥수 : 6가닥
- 발신기와 수신기 간 배선의 길이=14.6×6=87.6[m]

② 배선 할증
- 조건에서 배선 할증(10%=0.1)
- 배선 할증=87.6×0.1=8.76[m]

③ 수량
- 발신기와 수신기 간 배선의 길이+할증
- 배선 수량=87.6+8.76=96.36[m]

---

03 특정소방대상물에 설치된 소방시설 등을 구성하는 전부 또는 일부를 개설, 이전 또는 정비하는 소방시설공사의 착공신고 대상 3가지를 쓰시오.(단, 고장 또는 파손 등으로 인하여 작동시킬 수 없는 소방시설을 긴급히 교체하거나 보수하여야 하는 경우에는 신고하지 않을 수 있다.) [6점]

-
-
-

해답
- 수신반
- 소화펌프
- 동력(감시)제어반

해설 소방시설공사의 착공신고 대상
1) 특정소방대상물에 다음 각 목의 하나에 해당하는 설비를 신설하는 공사
① 옥내소화전설비(호스릴 방식의 옥내소화전설비 포함), 옥외소화전설비, 스프링클러설비·간이스프링클러설비(캐비닛형 간이스프링클러설비 포함) 및 화재조기진압용 스프링클러설비, 물분무소화설비·포소화설비·이산화탄소소화설비·할론소화설비·할로겐화합물 및 불활성기체 소화설비·미분무소화설비·강화액소화설비 및 분말소화설비, 연결송수관설비, 연결살수설비, 제연설비, 소화용수설비 또는 연소방지설비

② 자동화재탐지설비, 비상경보설비, 비상방송설비, 비상콘센트설비 또는 무선통신보조설비

2) 특정소방대상물에 다음 각 목의 하나에 해당하는 설비 또는 구역 등을 증설하는 공사
① 옥내・옥외소화전설비
② 스프링클러설비・간이스프링클러설비 또는 물분무등소화설비의 방호구역, 자동화재탐지설비의 경계구역, 제연설비의 제연구역, 연결살수설비의 살수구역, 연결송수관설비의 송수구역, 비상콘센트설비의 전용회로, 연소방지설비의 살수구역

3) 특정소방대상물에 설치된 소방시설등을 구성하는 다음 각 목의 어느 하나에 해당하는 것의 전부 또는 일부를 개설(改設), 이전(移轉) 또는 정비(整備)하는 공사. 다만, 고장 또는 파손 등으로 인하여 작동시킬 수 없는 소방시설을 긴급히 교체하거나 보수하여야 하는 경우에는 신고하지 않을 수 있다.
① 수신반(受信盤)
② 소화펌프
③ 동력(감시)제어반

04 다음은 소화설비별로 적용 가능한 비상전원의 종류를 표로 나타낸 것이다. 각 소화설비별로 적용 가능한 비상전원을 찾아 빈칸에 ●표 하시오. [4점]

설비명	자가발전설비	축전지설비	비상전원수전설비
옥내소화전설비, 물분무소화설비, 이산화탄소소화설비, 할론소화설비, 비상조명등, 제연설비, 연결송수관설비			
스프링클러설비, 포소화설비			
자동화재탐지설비, 비상경보설비, 유도등, 비상방송설비			
비상콘센트설비			

해답

설비명	자가발전설비	축전지설비	비상전원수전설비
옥내소화전설비, 물분무소화설비, 이산화탄소소화설비, 할론소화설비, 비상조명등, 제연설비, 연결송수관설비	●	●	
스프링클러설비, 포소화설비	●	●	●
자동화재탐지설비, 비상경보설비, 유도등, 비상방송설비		●	
비상콘센트설비	●	●	●

해설 ⊕ 소방설비별 비상전원의 종류 및 용량

소방설비	비상전원의 종류	비상전원 용량
• 비상경보설비 　(비상벨설비 또는 자동식 사이렌설비) • 비상방송설비 • 자동화재탐지설비	• 축전지설비 • 전기저장장치	60분 이상 감시상태 지속 10분 이상 경보
• 소화설비 • 제연설비 • 비상조명등	• 자가발전설비 • 축전지설비 • 전기저장장치	20분 이상
• 스프링클러설비 • 포소화설비	• 자가발전설비 • 축전지설비 • 비상전원수전설비 • 전기저장장치	20분 이상
비상콘센트설비	• 자가발전설비 • 축전지설비 • 비상전원수전설비 • 전기저장장치	20분 이상
유도등	축전지	
유도등 및 비상조명등이 설치된 장소로서 • 11층 이상의 층 • 지하층 또는 무창층으로서 용도가 　도매시장 · 소매시장 · 여객자동차터미널 · 　지하역사 또는 지하상가	유도등 • 축전지 비상조명등 • 자가발전설비 • 축전지설비 • 전기저장장치	60분 이상
무선통신보조설비의 증폭기	• 축전지설비	30분 이상

✎ 스프링클러설비, 포소화설비의 비상전원
- 자가발전설비, 축전지설비, 전기저장장치
- 차고 · 주차장으로서 스프링클러설비, 호스릴 방식의 포소화설비, 포소화전설비가 설치된 부분의 바닥면적 (차고 · 주차장의 바닥면적을 포함한다)의 합계가 1,000[m^2] 미만인 경우 비상전원수전설비를 설치할 수 있다.

05 다음은 상용전원 정전 시 예비전원으로 절환되고 상용전원 복구 시 자동으로 예비전원에서 상용전원으로 절환되는 시퀀스 제어회로이다. 다음 각 물음에 답하시오. [6점]

1) 도면에서 MCCB의 명칭을 쓰시오.
2) 미완성된 부분을 완성하시오.

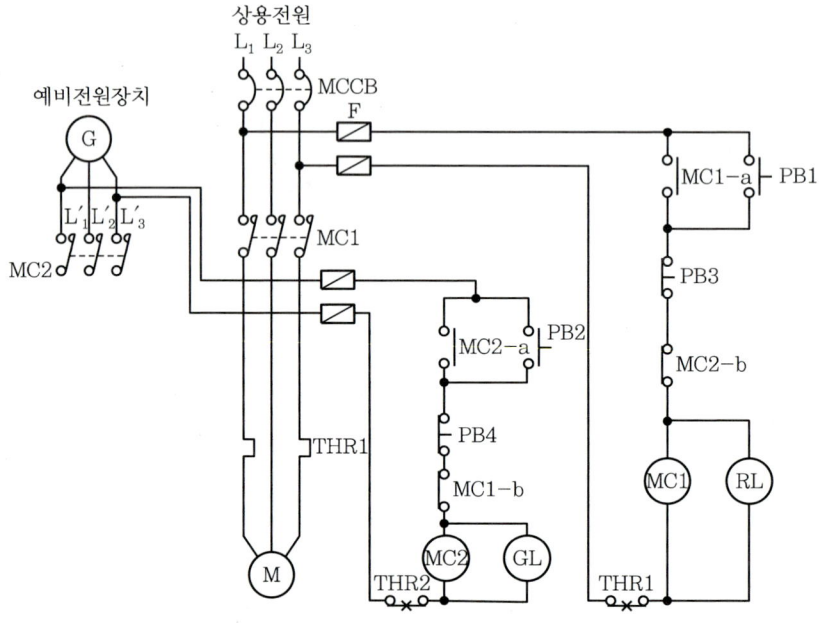

해답 1) 배선용 차단기

2)

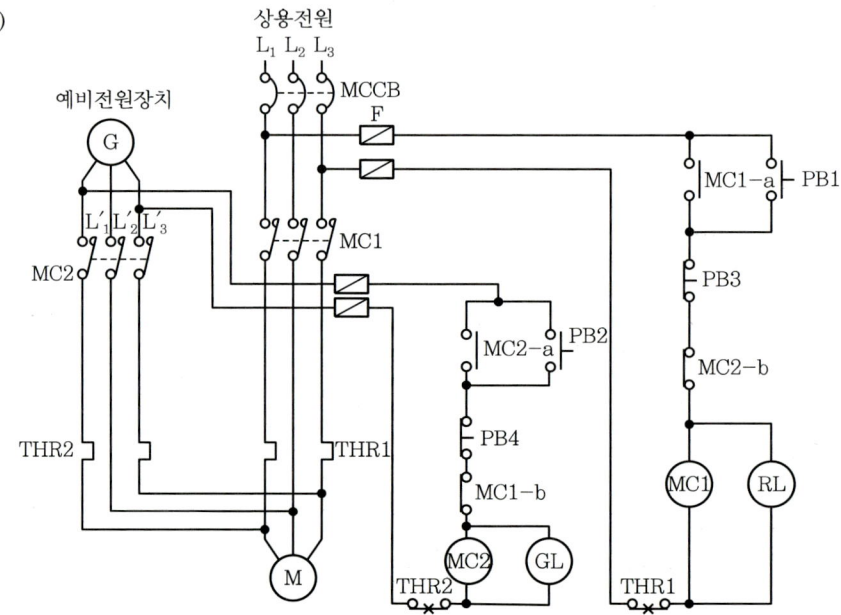

1) MCCB 배선용 차단기(Molded Case Circuit Breaker)

   과부하 및 단락사고 시 선로를 차단

기호	명칭	해설
	PB-on 푸시버튼스위치 a접점	• 평상시 개로상태 • 손으로 누른 상태에서만 폐로, 손을 떼면 개로
	PB-off 푸시버튼스위치 b접점	• 평상시 폐로상태 • 손으로 누른 상태에서만 개로, 손을 떼면 폐로
	MC 전자접촉기 코일	코일에 전원이 입력되면 코일이 여자되어 주접점과 보조접점을 동작시킨다.
	MC 전자접촉기 주접점	전자접촉기 코일이 여자되면 주접점이 폐로되어 전동기를 기동시킨다.
	MC-a 전자접촉기 보조접점(a접점)	• 평상시 개로상태 • 전자접촉기 코일이 여자되면 폐로
	MC-b 전자접촉기 보조접점(b접점)	• 평상시 폐로상태 • 전자접촉기 코일이 여자되면 개로
	MCCB 배선용 차단기 (Molded Case Circuit Breaker)	과부하 및 단락사고 시 선로를 차단 (NFB : No Fuse Breaker)
	THR 열동계전기 (Thermal Relay)	• 과전류 발생 시 선로를 차단하여 전동기를 보호 • 전동기 소손 방지 목적
	THR-b 열동계전기 수동복귀 b접점	• 평상시 폐로상태 • 열동계전기가 작동하면 개로되어 선로 차단 • 동작판을 손으로 눌러서 수동으로 복귀시킨다.

2) 미완성된 부분을 완성

   ① 상용전원과 예비전원은 주회로의 상을 맞추어 결선한다.

   ② L_1-L_1', L_2-L_2', L_3-L_3'

3) 동작설명

   ① MCCB를 투입한 후 PB1을 누르면 MC1이 여자되고 주접점 MC1이 폐로되고 상용전원에 의해 전동기 M이 기동하고 상용전원 운전표시등 RL이 점등된다. 또한 보조접점이 MC1-a가 폐로되어 자기유지회로가 구성되고 MC1-b가 개로되어 인터록 회로가 구성된다.

   ② 상용전원으로 운전 중 PB3를 누르면 MC1이 소자되어 전동기는 정지하고 상용전원 운전표시등 RL은 소등된다.

   ③ 상용전원의 정전 시 PB2를 누르면 MC2가 여자되고 주접점 MC2가 폐로되어 예비전원에 의해 전동기 M이 기동하고 예비전원 운전표시등 GL이 점등된다. 또한 보조접점 MC2-a가 폐로되어 자기유지회로가 구성되고 MC2-b가 개로되어 인터록 회로가 구성된다.

   ④ 예비전원으로 운전 중 PB4를 누르면 MC2가 소자되어 전동기는 정지하고 예비전원 운전표시등 GL은 소등된다.

06 다음의 도면은 6층 이상의 사무실 건물에 설치하는 배연창 설비이다. 계통도 및 조건을 참고하여 다음 표를 작성하시오. [6점]

[조건]
- 전동구동장치는 솔레노이드식이다.
- 화재감지기가 작동되거나 수동조작함의 스위치를 ON시키면 배연창이 동작되어 수신기에 동작상태를 표시하게 된다.
- 화재감지기는 자동화재탐지설비용 감지기를 겸용으로 사용한다.

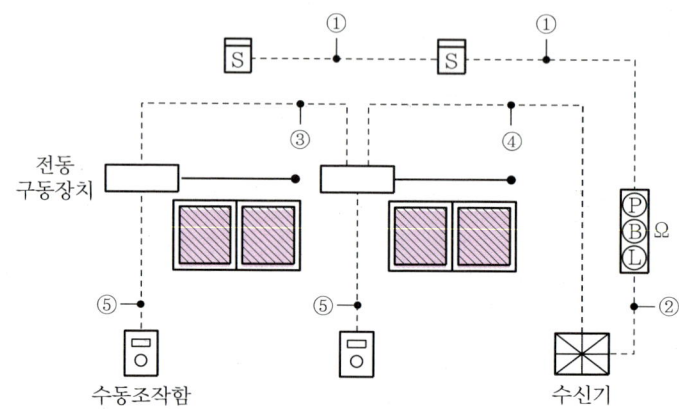

기호	구분	가닥수	배선의 용도
①	감지기 ↔ 감지기		
②	발신기 ↔ 수신기		
③	전동구동장치 ↔ 전동구동장치		
④	전동구동장치 ↔ 수신기		
⑤	전동구동장치 ↔ 수동조작함		

해답

기호	구분	가닥수	배선의 용도
①	감지기~감지기, 발신기	4	회로2, 공통2
②	발신기~수신기	6	회로, 공통, 경종, 표시등, 경종·표시등공통, 응답
③	전동구동장치~전동구동장치	3	기동, 확인, 공통
④	전동구동장치~수신기	5	기동2, 확인2, 공통
⑤	전동구동장치~수동조작함	3	기동, 확인, 공통

해설 ① 감지기~감지기, 감지기~발신기(4가닥)
- 송배선방식이므로 회로선과 공통선이 감지기에 결선 후 돌아와서 발신기함의 종단저항에 결선되므로 회로2, 공통2가 된다.
- 종단저항이 1개이므로 회로수도 1회로이다.

② 발신기~수신기
  수신기~발신기세트(1회로) : 6가닥(발신기세트 기본 가닥수)
  회로, 공통, 경종, 표시등, 경종·표시등공통, 응답

③ 전동구동장치~전동구동장치
  솔레노이드방식 배연창 1 Zone : 3가닥
- 기동1 : 배연창 개방 1가닥
- 확인1 : 배연창 개방확인 1가닥
- 공통1 : 공통 1가닥

④ 전동구동장치~수신기
  솔레노이드방식 배연창 2 Zone : 5가닥
- 확인2 : 각 배연창마다 별도 확인하므로 2가닥
- 기동2 : 2가닥
- 공통1 : 공통 1가닥

✏️ 배연창 2개를 동시에 개방하면 기동선 1선만으로 가능하고, 배연창을 1개씩 각각 제어할 경우 기동선이 2가닥이 필요하다. 솔레노이드방식은 별도제어로 간주하여 기동선을 2가닥으로 암기한다.

Reference

Motor 방식

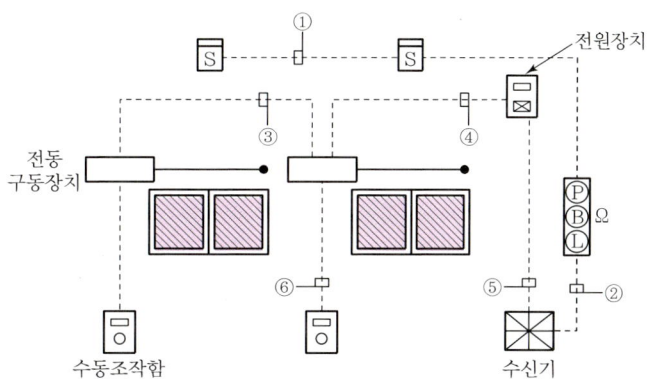

기호	구분	가닥수	배선용도
①	감지기~감지기, 발신기	4	회로2, 공통2
②	발신기~수신기	6	회로, 공통, 경종, 표시등, 경종·표시등공통, 응답
③	전동구동장치~전동구동장치	5	전원⊕, 전원⊖, 기동, 확인, 복구
④	전동구동장치~전원장치	6	전원⊕, 전원⊖, 기동, 확인2, 복구
⑤	전원장치~수신기	8	전원⊕, 전원⊖, 기동, 확인2, 복구, 교류전원2
⑥	전동구동장치~수동조작함	5	전원⊕, 전원⊖, 기동(열림), 정지, 복구(닫힘)

①, ② 솔레노이드방식과 동일
③ 전동구동장치~전동구동장치(모터방식 배연창 1 Zone) : 5가닥
- 전원 : 모터방식이므로 전원⊕, 전원⊖
- 기동 : 배연창 열림
- 확인 : 배연창 개방확인
- 복구 : 배연창 닫힘

④ 전동구동장치~전원장치(모터방식 배연창 2 Zone) : 6가닥
- 전원 : 모터방식이므로 전원⊕, 전원⊖
- 기동 : 배연창 열림
- 확인 : 배연창 개방확인 2가닥
- 복구 : 배연창 닫힘

⑤ 전원장치~수신기 : 8가닥
- 배연창 2 Zone(6가닥) : 전원⊕, 전원⊖, 기동, 확인2, 복구
- 교류 220[V] : 2가닥

⑥ 전동구동장치~수동조작함 : 5가닥
- 전원⊕, 전원⊖, 기동(열림), 정지, 복구(닫힘)
- 배선명칭은 위의 5가닥을 암기한다.(결선도의 배선명칭과는 차이가 있음)

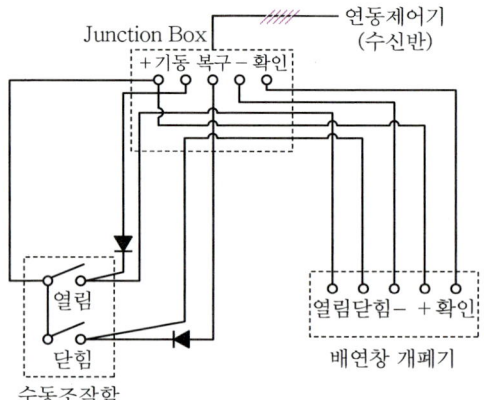

▲ Motor 방식 배연창 결선도

07 다음의 평면도와 같은 철근콘크리트 건축물에 다음 표에 따라 자동화재탐지설비의 감지기를 설치하고자 한다. 다음 각 물음에 답하시오. [10점]

1) 다음 표에 맞게 감지기 수량을 산출하시오.

구역	설치높이[m]	감지기 종류	계산과정	감지기 수량
A실	3.5	연기감지기 2종		
B실	3.5	연기감지기 2종		
C실	4.5	연기감지기 2종		
D실	3.8	정온식 스포트형 1종		
E실	5.5	차동식 스포트형 2종		

2) 다음의 평면도에 해당 감지기를 배치하시오.

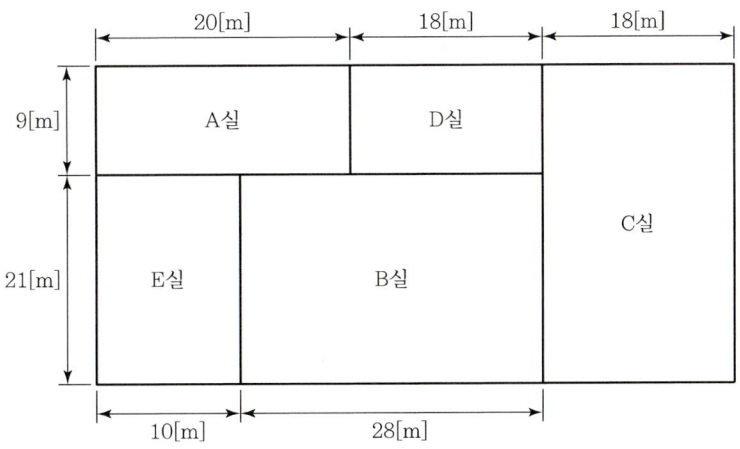

해답 1) 감지기 수량 산출

구역	설치높이[m]	감지기 종류	계산과정	감지기 수량
A실	3.5	연기감지기 2종	$\dfrac{20 \times 9}{150} = 1.2$	2개
B실	3.5	연기감지기 2종	$\dfrac{28 \times 21}{150} = 3.92$	4개
C실	4.5	연기감지기 2종	$\dfrac{18 \times (9+21)}{75} = 7.2$	8개
D실	3.8	정온식 스포트형 1종	$\dfrac{18 \times 9}{60} = 2.7$	3개
E실	5.5	차동식 스포트형 2종	$\dfrac{10 \times 21}{35} = 6.0$	6개

2) 감지기 배치

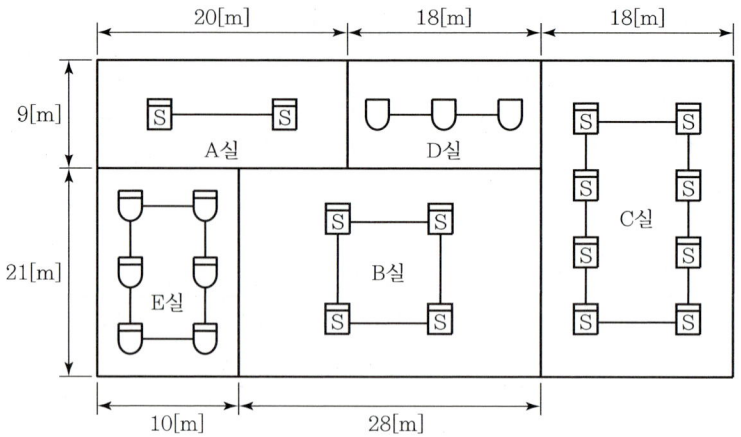

해설 ⊕ 1) 감지기 수량 산출

▼ 부착높이에 따른 연기감지기 1개의 기준면적(단위 : m²)

부착높이	감지기의 종류	
	1종, 2종	3종
4[m] 미만	150[m²](A실, B실)	50[m²]
4[m] 이상 20[m] 미만	75[m²](C실)	—

① A실
- 감지기의 종류 : 연기감지기 2종
- 건축물의 구조 : 철근콘크리트조(내화구조)
- 감지기 설치높이 : 3.5[m](4m 미만)
- 기준면적 : 150[m²]
- $\dfrac{20 \times 9}{150} = 1.2 ≒ 2$개(소수점 이하 절상)

② B실
- 감지기의 종류 : 연기감지기 2종
- 건축물의 구조 : 철근콘크리트조(내화구조)
- 감지기 설치높이 : 3.5[m](4m 미만)
- 기준면적 : 150[m²]
- $\dfrac{28 \times 21}{150} = 3.92 ≒ 4$개(소수점 이하 절상)

③ C실
- 감지기의 종류 : 연기감지기 2종
- 건축물의 구조 : 철근콘크리트조(내화구조)
- 감지기 설치높이 : 4.5[m](4m 이상 20m 미만)
- 기준면적 : 75[m²]

- $\dfrac{18 \times (9+21)}{75} = 7.2 ≒ 8$개(소수점 이하 절상)

▼ 차동식 스포트형, 보상식 스포트형, 정온식 스포트형 감지기의 부착높이 및 특정소방대상물에 따른 기준면적(단위 : m²)

부착높이 및 특정소방대상물의 구분		감지기의 종류				
		차동식, 보상식		정온식		
		1종	2종	특종	1종	2종
4[m] 미만	내화구조	90	70	70	60(D실)	20
	기타 구조	50	40	40	30	15
4[m] 이상 8[m] 미만	내화구조	45	35(E실)	35	30	—
	기타 구조	30	25	25	15	—

④ D실
- 감지기의 종류 : 정온식 스포트형 1종
- 건축물의 구조 : 철근콘크리트조(내화구조)
- 감지기 설치높이 : 3.8[m](4m 미만)
- 기준면적 : 60[m²]
- $\dfrac{18 \times 9}{60} = 2.7 ≒ 3$개(소수점 이하 절상)

⑤ E실
- 감지기의 종류 : 차동식 스포트형 2종
- 건축물의 구조 : 철근콘크리트조(내화구조)
- 감지기 설치높이 : 5.5[m](4m 이상 8m 미만)
- 기준면적 : 35[m²]
- $\dfrac{10 \times 21}{35} = 6.0 ≒ 6$개(소수점 이하 절상)

2) 감지기 배치
① 1)에서 계산된 감지기 수량 및 종류에 따라 평면도에 배치한다.
② 감지기의 배치 후 감지기 간 배선은 가능하면 루프배선으로 배선한다.
③ 감지기를 배치하라고만 하였으므로 각 실과 실 사이의 감지기 배선은 결선하지 않아도 무방할 것으로 판단된다.

08 연축전지의 정격용량은 250[Ah], 상시부하가 8[kW]이며 표준전압이 100[V]인 부동충전방식의 충전기 2차 충전전류는 몇 [A]인지 구하시오. [3점]

- 계산과정 :
- 답 :

해답
- 계산과정
$$I_2 = \frac{250[Ah]}{10[Ah]} + \frac{8 \times 10^3[W]}{100[V]} = 105[A]$$

- 답 105[A]

해설
1) 부동충전 시 충전기의 2차 충전전류

$$I_2 = \frac{축전지의\ 정격용량[Ah]}{축전지의\ 공칭용량[Ah]} + \frac{상시부하[W]}{표준전압[V]}\ [A]$$

① 축전지의 정격용량 : 250[Ah], 연축전지의 공칭용량 : 10[Ah](암기)
   상시부하 : 8[kW]=8×10³[W], 표준전압 : 100[V]

② $I_2 = \dfrac{250[Ah]}{10[Ah]} + \dfrac{8 \times 10^3[W]}{100[V]} = 105[A]$

2) 축전지 충전방식
   ① 보통충전 : 필요할 때마다 표준 시간율로 충전하는 방식
   ② 급속충전 : 단시간에 보통 충전전류의 2~3배의 전류로 충전하는 방식
   ③ 부동충전 : 전지의 자기방전을 보충함과 동시에 상용부하에 대한 전력공급은 충전기가 부담하고 일시적인 대전류 부하는 축전지가 부담하도록 하는 방식

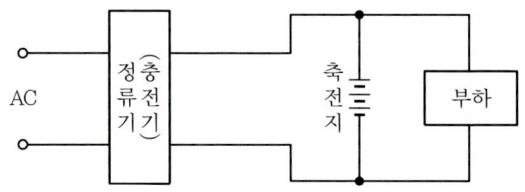

   ④ 균등충전 : 1~3개월마다 정전압으로 10~12시간 충전하여 전체 셀의 전압을 균일하게 하는 방식
   ⑤ 세류충전 : 항상 자기방전량만큼만 충전하는 방식
   ⑥ 회복충전 : 과방전 및 방치상태, 가벼운 설페이션 현상 등이 생겼을 때 기능회복을 위하여 실시하는 충전방식

   ✎ 설페이션 : 연축전지를 방전상태로 오래 방치했을 때, 극판의 표면의 황산납이 회백색으로 변하여 부도체 성질을 갖는 현상

3) 연축전지와 알칼리축전지의 비교

구분	연축전지	알칼리축전지
공칭전압	2.0[V]	1.2[V]
공칭용량	10[Ah]	5[Ah]
수명	짧다	길다
기계적 강도	약하다	강하다
종류	클래드식, 페이스트식	소결식, 포켓식

09 지하층·무창층 등으로서 환기가 잘되지 아니하거나 감지기의 부착면과 실내바닥과의 거리가 2.3[m] 이하인 곳으로서 일시적으로 발생한 열·연기 또는 먼지 등으로 인하여 화재신호를 발신할 우려가 있는 장소에 설치 가능한 자동화재탐지설비의 감지기 5가지를 쓰시오.(단, 축적형 수신기가 설치되지 않은 장소이다.) [5점]

-
-
-
-
-

해답
- 축적방식 감지기
- 광전식 분리형 감지기
- 정온식 감지선형 감지기
- 복합형 감지기
- 불꽃감지기

해설
1) 축적기능이 있는 수신기 설치장소(비화재보 우려 장소)
   ① 지하층·무창층 등으로서 환기가 잘되지 않는 장소
   ② 지하층·무창층 등으로서 실내면적이 40[m²] 미만인 장소
   ③ 감지기의 부착면과 실내바닥과의 거리가 2.3[m] 이하인 장소로서 일시적으로 발생한 열·연기 또는 먼지 등으로 인하여 감지기가 화재신호를 발신할 우려가 있는 장소

2) 비화재보 우려 장소에 설치할 수 있는 감지기
   ① 축적방식 감지기
   ② 복합형 감지기
   ③ 광전식 분리형 감지기
   ④ 분포형 감지기
   ⑤ 불꽃감지기
   ⑥ 정온식 감지선형 감지기
   ⑦ 아날로그방식 감지기
   ⑧ 다신호방식 감지기

3) 축적기능이 없는 감지기를 설치하여야 하는 경우(실보 우려 장소)
   ① 급속한 연소 확대가 우려되는 장소에 사용하는 감지기
   ② 교차회로방식에 사용하는 감지기
   ③ 축적기능이 있는 수신기에 연결하여 사용하는 감지기

10 다음의 조건에서 설명하는 감지기의 명칭을 쓰시오.(단, 감지기 종별은 제외한다.) [2점]

[조건]
- 공칭작동온도 : 70[℃]
- 작동방식 : 바이메탈식, DC 24[V], 0.02[A]
- 부착높이 : 8[m] 미만

해답 ⊕ 정온식 스포트형 감지기

해설 ⊕ 정온식 스포트형 감지기

구분	내용	정온식 스포트형 감지기
형식	특종, 1종, 2종 70[℃], 보통형, 재용형	
정격전압	DC 24[V]	
소비전류	감지기 동작 시 20[mA]	
감지방식	바이메탈에 의한 공칭작동온도 감지	
부착높이	8[m] 미만	

11 다음은 청각장애인용 시각경보장치의 설치기준을 나타낸 것이다. ( ) 안에 알맞은 내용을 쓰시오. [3점]

- 복도·통로·청각장애인용 객실 및 공용으로 사용하는 거실에 설치하며, 각 부분에서 유효하게 경보를 발할 수 있는 위치에 설치할 것
- 공연장·집회장·관람장 또는 이와 유사한 장소에 설치하는 경우에는 시선이 집중되는 (①) 부분 등에 설치할 것
- 설치높이는 바닥으로부터 (②)의 높이에 설치할 것. 다만, 천장높이가 2[m] 이하는 천장으로부터 (③)[m] 이내의 장소에 설치하여야 한다.

해답 ⊕ ① 무대부
② 2[m] 이상 2.5[m] 이하
③ 0.15

해설 ⊕ 청각장애인용 시각경보장치의 설치기준
① 복도·통로·청각장애인용 객실 및 공용으로 사용하는 거실(로비, 회의실, 강의실, 식당, 휴게실, 오락실, 대기실, 체력단련실, 접객실, 안내실, 전시실, 기타 이와 유사한 장소를 말한다)에 설치하며, 각 부분으로부터 유효하게 경보를 발할 수 있는 위치에 설치할 것
② 공연장·집회장·관람장 또는 이와 유사한 장소에 설치하는 경우에는 시선이 집중되는 무대부 부분 등에 설치할 것

③ 설치높이는 바닥으로부터 2[m] 이상 2.5[m] 이하의 장소에 설치할 것. 다만, 천장의 높이가 2[m] 이하인 경우에는 천장으로부터 0.15[m] 이내의 장소에 설치하여야 한다.
④ 시각경보장치의 광원은 전용의 축전지설비 또는 전기저장장치(외부 전기에너지를 저장해 두었다가 필요한 때 전기를 공급하는 장치)에 의하여 점등되도록 할 것. 다만, 시각경보기에 작동전원을 공급할 수 있도록 형식승인을 얻은 수신기를 설치한 경우에는 그러하지 아니하다.

12 다음은 자동화재탐지설비의 평면도이다. ①~⑤의 전선 가닥수를 주어진 표의 빈칸에 적으시오.

[5점]

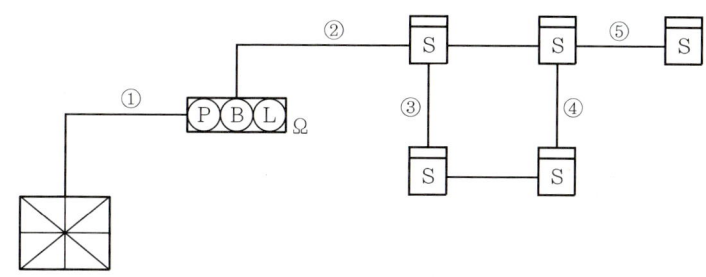

구분	①	②	③	④	⑤
가닥수					

해답

구분	①	②	③	④	⑤
가닥수	6	4	2	2	4

해설
① 수신기~발신기 간(기본 1회로) : 6가닥
회로1, 회로공통1, 경종1, 표시등1, 경종·표시등공통1, 응답1
② 감지기 송배선방식의 그 밖의 것 : 4가닥
회로2, 공통2
③ 감지기 송배선방식의 루프된 곳 : 2가닥
회로1, 공통1
④ 감지기 송배선방식의 루프된 곳 : 2가닥
회로1, 공통1
⑤ 감지기 송배선방식의 그 밖의 것 : 4가닥
회로2, 공통2

> Reference

① 송배선식
- 평면도

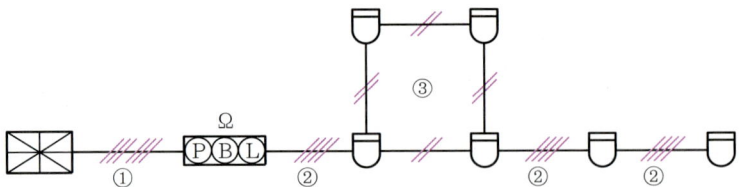

- 배선내역

구분	가닥수	배선용도
①	6	회로선1, 공통선1, 경종선1, 표시등선1, 경종 · 표시등공통선1, 응답선1
②	4	회로선2, 공통선2
③	2	회로선2, 공통선2

② 교차회로방식
- 평면도

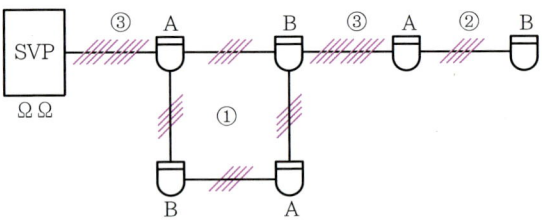

- 배선내역

구분	가닥수	배선용도
①	4	회로선2, 공통선2(A회로 : 회로1, 공통1 / B회로 : 회로1, 공통1)
②	4	회로선2, 공통선2(B회로 : 회로2, 공통2)
③	8	회로선4, 공통선4(A회로 : 회로2, 공통2 / B회로 : 회로2, 공통2)

③ 송배선식과 교차회로방식의 가닥수 산정방법

송배선방식	교차회로방식
• 루프된 곳 : 2가닥 • 그 밖의 것 : 4가닥	• 루프된 곳 : 4가닥 • 말단감지기 : 4가닥 • 그 밖의 것 : 8가닥

13 P형 수신기와 감지기와의 배선회로에서 배선저항은 50[Ω], 릴레이저항은 550[Ω], 종단저항은 11[kΩ]이며 회로전압이 DC 24[V]일 때 다음 각 물음에 답하시오. [4점]

1) 평상시 감시전류는 몇 [mA]인가?
   - 계산과정 :
   - 답 :

2) 화재 시 감지기의 동작전류는 몇 [mA]인가?(단, 배선저항은 무시한다.)
   - 계산과정 :
   - 답 :

해답 1) • 계산과정

$$I = \frac{V}{R_1 + R_2 + R_3}$$
$$= \frac{24}{50 + 11,000 + 550} = 0.002069[A] ≒ 2.07[mA]$$

   • 답 2.07[mA]

2) • 계산과정

$$I = \frac{V}{R_1 + R_3} \quad (R_1 : 조건에서 무시)$$
$$= \frac{24}{0 + 550} = 0.043636[A] ≒ 43.64[mA]$$

   • 답 43.64[mA]

해설 1) 감시전류

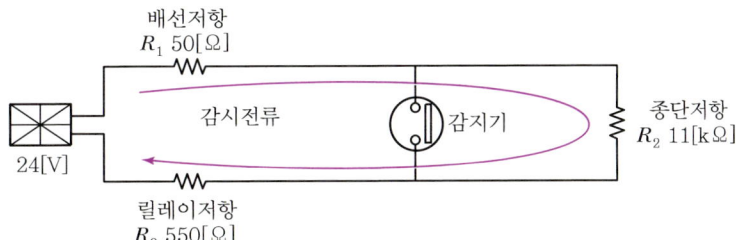

• 감시전류 I

$$I = \frac{V}{R_1 + R_2 + R_3}$$
$$= \frac{24}{50 + 11,000 + 550} = 0.002069[A] ≒ 2.07[mA]$$

여기서, R_1 : 배선저항(50Ω), R_2 : 종단저항(11kΩ = 11,000Ω)
R_3 : 릴레이저항(550Ω), V : 수신기전압(24V)

2) 감지기 동작전류

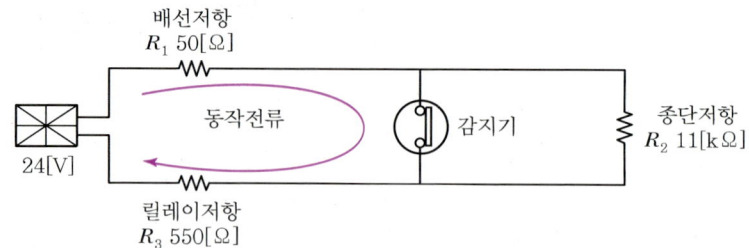

- 동작전류 I

$$I = \frac{V}{R_1 + R_3} (R_1 = 0 : 조건에서 무시)$$

$$= \frac{24}{0 + 550} = 0.043636[A] ≒ 43.64[mA]$$

여기서, R_1 : 배선저항(50Ω) 무시
R_3 : 릴레이저항(550Ω)
V : 수신기전압(24V)

14 준비작동식 스프링클러설비의 감지기회로 배선방식으로 교차회로방식을 사용하려고 한다. 다음 각 물음에 답하시오.

[3점]

1) 교차회로방식을 간단한 논리식으로 쓰시오.
2) 무접점 회로로 나타내시오.
3) 진리표를 완성하시오.

A	B	C

해답

1) $C = A \cdot B$

2)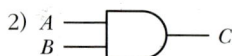

3)

A	B	C
0	0	0
0	1	0
1	0	0
1	1	1

[해설] 1), 3) 교차회로방식의 진리표 및 논리식

① 교차회로방식은 오동작을 방지하기 위하여 감지기 2회로(A회로, B회로)가 동시에 작동했을 때만 출력을 내보낸다.

② 그러므로 감지기 2회로(A회로, B회로)를 AND 회로로 구성하여야 한다.

③ AND 회로의 진리표

A회로(입력)	B회로(입력)	C(출력)
0	0	0
0	1	0
1	0	0
1	1	1

④ AND 회로의 논리식

$C = A \cdot B$

2) AND 회로의 무접점 논리회로

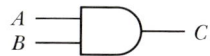

> **Reference**
>
> **논리회로**
>
> ① AND 회로
>
> 입력신호 A, B가 동시에 1일 때만 출력신호가 1이 되는 회로
>
> | 논리식 | 논리회로 |
> |---|---|
> | $X = A \cdot B$ | A, B → X |
>
> | 유접점 회로 | 진리표 | | | 무접점 회로 |
> |---|---|---|---|---|
> | A, B, X (직렬) | A | B | X | D_1, D_2, R, V |
> | | 0 | 0 | 0 | |
> | | 0 | 1 | 0 | |
> | | 1 | 0 | 0 | |
> | | 1 | 1 | 1 | |
>
> ② OR 회로
>
> 입력신호 A, B 중 어느 하나라도 1이면 출력신호가 1이 되는 회로
>
> | 논리식 | 논리회로 |
> |---|---|
> | $X = A + B$ | A, B → X |

유접점 회로	진리표	무접점 회로
(A, B 병렬 스위치, X 출력)	A B X / 0 0 0 / 0 1 1 / 1 0 1 / 1 1 1	(A, B를 D₁, D₂ 다이오드로 X 출력)

15 3개의 동으로 분리된 공장건물에 자동화재탐지설비용 발신기와 기동용 수압개폐장치로 기동하는 옥내소화전설비를 설치하였다. 평면도를 참고하여 다음의 각 물음에 답하시오.(단, 경보는 동별 구분 경보방식을 적용한다.) [13점]

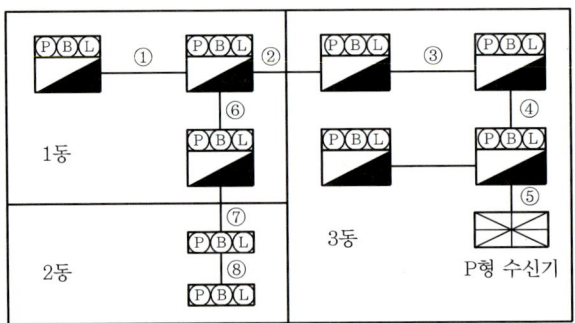

1) 다음은 ①~⑧의 배선내역을 표시한 도표이다. 전선가닥수를 표 안에 숫자로 쓰시오.(단, 가닥수가 필요 없는 곳은 공란으로 둘 것)

번호	회로선	회로공통선	경종선	표시등선	경종·표시등공통선	응답선	기동확인표시등	합계
①								
②								
③								
④								
⑤								
⑥								
⑦								
⑧								

2) 도면의 P형 수신기는 최소 몇 회로용으로 설치하여야 하는지 쓰시오.(단, 수신기의 회로수 산정 시 10[%]의 여유율을 두는 것으로 한다.)
3) 수신기를 상시 사람이 근무하는 장소에 설치하지 못하는 경우 어디에 설치하여야 하는지 쓰시오.
4) 수신기가 설치된 장소에 반드시 비치하여야 하는 것을 쓰시오.

[해답]

1)

번호	회로선	회로 공통선	경종선	표시등선	경종· 표시등 공통선	응답선	기동 확인 표시등	합계
①	1	1	1	1	1	1	2	8
②	5	1	2	1	1	1	2	13
③	6	1	3	1	1	1	2	15
④	7	1	3	1	1	1	2	16
⑤	9	2	3	1	1	1	2	19
⑥	3	1	2	1	1	1	2	11
⑦	2	1	1	1	1	1		7
⑧	1	1	1	1	1	1		6

2) 9회로 × 1.1 = 9.9회로

  답 10회로

3) 관계인이 쉽게 접근할 수 있고 관리가 용이한 장소

4) 경계구역일람도

[해설]

1) 가닥수

① 8가닥
  - 발신기세트 옥내소화전 내장형(기동용 수압개폐장치 사용)
  - 발신기세트(6가닥) + 기동확인표시등(2가닥) = 8가닥

② 13가닥
  - 회로선 : 5가닥(발신기세트 단독형2, 옥내소화전 내장형3)
  - 경종선 : 2가닥(동별 구분방식이므로 1동 1가닥, 2동 1가닥)
  - 회로공통선1, 표시등선1, 경종·표시등공통선1, 응답선1, 기동확인표시등선2

③ 15가닥
  - 회로선 : 6가닥(발신기세트 단독형2, 옥내소화전 내장형4)
  - 경종선 : 3가닥(동별 구분방식이므로 1동 1가닥, 2동 1가닥, 3동 1가닥)
  - 회로공통선1, 표시등선1, 경종·표시등공통선1, 응답선1, 기동확인표시등선2

④ 16가닥
  - 회로선 : 7가닥(발신기세트 단독형2, 옥내소화전 내장형5)
  - 경종선 : 3가닥(동별 구분방식이므로 1동 1가닥, 2동 1가닥, 3동 1가닥)
  - 회로공통선1, 표시등선1, 경종·표시등공통선1, 응답선1, 기동확인표시등선2

⑤ 19가닥
  - 회로선 : 9가닥(발신기세트 단독형2, 옥내소화전 내장형7)
  - 경종선 : 3가닥(동별 구분방식이므로 1동 1가닥, 2동 1가닥, 3동 1가닥)
  - 회로공통선 : $\dfrac{9}{7} = 1.29 ≒ 2$가닥
  - 표시등선1, 경종·표시등공통선1, 응답선1, 기동확인표시등선2

⑥ 11가닥
- 회로선 : 3가닥(발신기세트 단독형2, 옥내소화전 내장형1)
- 경종선 : 2가닥(동별 구분방식이므로 1동 1가닥, 2동 1가닥)
- 회로공통선1, 표시등선1, 경종·표시등공통선1, 응답선1, 기동확인표시등선2

⑦ 7가닥
- 회로선 : 2가닥(발신기세트 단독형2)
- 경종선 : 1가닥(2동 1가닥)
- 회로공통선1, 표시등선1, 경종·표시등공통선1, 응답선1

⑧ 6가닥
- 회로선 : 1가닥(발신기세트 단독형1)
- 경종선 : 1가닥(2동 1가닥)
- 회로공통선1, 표시등선1, 경종·표시등공통선1, 응답선1

2) • 회로수 : 발신기세트 단독형 2회로＋옥내소화전 내장형 7회로＝9회로
 • 조건의 여유율 10[%]를 고려하여 계산
  9회로×1.1＝9.9회로
  ∴ 10회로

3), 4) 자동화재탐지설비의 수신기 설치기준
① 수위실 등 상시 사람이 근무하는 장소에 설치할 것. 다만, 사람이 상시 근무하는 장소가 없는 경우에는 관계인이 쉽게 접근할 수 있고 관리가 용이한 장소에 설치할 수 있다.
② 수신기가 설치된 장소에는 경계구역 일람도를 비치할 것. 다만, 모든 수신기와 연결되어 각 수신기의 상황을 감시하고 제어할 수 있는 수신기(이하 "주수신기"라 한다)를 설치하는 경우에는 주수신기를 제외한 기타 수신기는 그러하지 아니하다.
③ 수신기의 음향기구는 그 음량 및 음색이 다른 기기의 소음 등과 명확히 구별될 수 있는 것으로 할 것
④ 수신기는 감지기·중계기 또는 발신기가 작동하는 경계구역을 표시할 수 있는 것으로 할 것
⑤ 화재·가스·전기 등에 대한 종합방재반을 설치한 경우에는 해당 조작반에 수신기의 작동과 연동하여 감지기·중계기 또는 발신기가 작동하는 경계구역을 표시할 수 있는 것으로 할 것
⑥ 하나의 경계구역은 하나의 표시등 또는 하나의 문자로 표시되도록 할 것
⑦ 수신기의 조작스위치는 바닥으로부터의 높이가 0.8[m] 이상 1.5[m] 이하인 장소에 설치할 것
⑧ 하나의 특정소방대상물에 2 이상의 수신기를 설치하는 경우에는 수신기를 상호 간 연동하여 화재 발생 상황을 각 수신기마다 확인할 수 있도록 할 것
⑨ 화재로 인하여 하나의 층의 지구음향장치 또는 배선이 단락되어도 다른 층의 화재통보에 지장이 없도록 각 층 배선 상에 유효한 조치를 할 것

16 휴대용 비상조명등의 설치장소 및 설치기준에 대한 다음 (　) 안을 완성하시오. [8점]

- 숙박시설 또는 다중이용업소에는 객실 또는 영업장 안의 구획된 실마다 잘 보이는 곳(외부에 설치 시 출입문 손잡이로부터 (①)[m] 이내 부분)에 1개 이상 설치할 것
- 대규모점포(지하상가 및 지하역사는 제외)와 영화상영관에는 보행거리 (②)[m] 이내마다 (③)개 이상 설치할 것
- 지하상가 및 지하역사에는 보행거리 (④)[m] 이내마다 (⑤)개 이상 설치할 것
- 설치높이는 바닥으로부터 (⑥)의 높이에 설치할 것
- 사용 시 (⑦)으로 점등되는 구조일 것
- 건전지 및 충전식 배터리의 용량은 (⑧)분 이상 유효하게 사용할 수 있는 것으로 할 것

해답
① 1　　② 50　　③ 3
④ 25　　⑤ 3　　⑥ 0.8[m] 이상 1.5[m] 이하
⑦ 자동　　⑧ 20

해설 휴대용 비상조명등

1) 정의
   화재 발생 등으로 정전 시 안전하고 원활한 피난을 위하여 피난자가 휴대할 수 있는 조명등이다.

2) 설치대상
   ① 숙박시설
   ② 수용인원 100명 이상의 영화상영관
   ③ 판매시설 중 대규모점포
   ④ 철도 및 도시철도 시설 중 지하역사, 지하가 중 지하상가

3) 설치장소 및 수량
   ① 숙박시설 또는 다중이용업소 : 객실 또는 영업장 안의 구획된 실마다 잘 보이는 곳에 1개 이상 설치(외부에 설치 시 출입문 손잡이로부터 1[m] 이내 부분)
   ② 대규모점포, 영화상영관 : 보행거리 50[m] 이내마다 3개 이상 설치
   ③ 지하상가 및 지하역사 : 보행거리 25[m] 이내마다 3개 이상 설치

4) 설치기준
   ① 설치높이는 바닥으로부터 0.8[m] 이상 1.5[m] 이하의 높이에 설치할 것
   ② 어둠 속에서 위치를 확인할 수 있도록 할 것
   ③ 사용 시 자동으로 점등되는 구조일 것
   ④ 외함은 난연성능이 있을 것
   ⑤ 건전지를 사용하는 경우에는 방전방지조치를 하여야 하고, 충전식 배터리의 경우에는 상시 충전되도록 할 것
   ⑥ 건전지 및 충전식 배터리의 용량은 20분 이상 유효하게 사용할 수 있는 것으로 할 것

17 다음은 배선의 공사방법 중 내화배선의 공사방법에 대한 내용이다. 다음 ( ) 안에 알맞은 내용을 써 넣으시오. [7점]

금속관·2종 금속제 (①) 또는 (②)에 수납하여 내화구조로 된 벽 또는 바닥 등에 벽 또는 바닥의 표면으로부터 (③) 이상의 깊이로 매설하여야 한다. 다만, 다음 기준에 적합하게 설치하는 경우에는 그러지 아니하다.

- 배선을 (④)을 갖는 배선전용실 또는 배선용 샤프트·피트·덕트 등에 설치하는 경우
- 배선전용실 또는 배선용 샤프트·피트·덕트 등에 다른 설비의 배선이 있는 경우에는 이로부터 (⑤) 이상 떨어지게 하거나 소화설비의 배선과 이웃하는 다른 설비의 배선 사이에 배선지름(배선의 지름이 다른 경우에는 지름이 가장 큰 것을 기준으로 한다)의 (⑥)배 이상의 높이의 (⑦)을 설치하는 경우

해답 ① 가요전선관 ② 합성 수지관 ③ 25[mm]
④ 내화성능 ⑤ 15[cm] ⑥ 1.5배
⑦ 불연성 격벽

해설 내화배선

사용전선의 종류	공사방법
1. 450/750[V] 저독성 난연 가교 폴리올레핀 절연 전선 2. 0.6/1[kV] 가교 폴리에틸렌 절연 저독성 난연 폴리올레핀 시스 전력 케이블 3. 6/10[kV] 가교 폴리에틸렌 절연 저독성 난연 폴리올레핀 시스 전력용 케이블 4. 가교 폴리에틸렌 절연 비닐 시스 트레이용 난연 전력 케이블 5. 0.6/1[kV] EP 고무절연 클로로프렌 시스 케이블 6. 300/500[V] 내열성 실리콘 고무 절연전선(180℃) 7. 내열성 에틸렌-비닐 아세테이트 고무 절연케이블 8. 버스덕트(Bus Duct) 9. 기타 내화성능이 있다고 인정하는 것	금속관·2종 금속제 가요전선관 또는 합성 수지관에 수납하여 내화구조로 된 벽 또는 바닥 등에 벽 또는 바닥의 표면으로부터 25[mm] 이상의 깊이로 매설하여야 한다. 다만, 다음 기준에 적합하게 설치하는 경우에는 그러하지 아니하다. 1. 배선을 내화성능을 갖는 배선전용실 또는 배선용 샤프트·피트·덕트 등에 설치하는 경우 2. 배선전용실 또는 배선용 샤프트·피트·덕트 등에 다른 설비의 배선이 있는 경우에는 이로부터 15[cm] 이상 떨어지게 하거나 소화설비의 배선과 이웃하는 다른 설비의 배선 사이에 배선지름(배선의 지름이 다른 경우에는 가장 큰 것을 기준으로 한다)의 1.5배 이상의 높이의 불연성 격벽을 설치하는 경우
내화전선	케이블공사의 방법

2015년 제4회(2015. 11. 7)

01 다음 소방시설 도시기호의 명칭을 쓰시오. [4점]

① ◁ :

② Ⓑ :

③ ∪ :

④ ⎡S⎤ :

해답
① 사이렌
② 비상벨
③ 정온식 감지기
④ 연기감지기

해설 소방시설 도시기호

도시기호	명칭	도시기호	명칭
∪	차동식 스포트형 감지기	Ⓜ◁	모터사이렌
∪	보상식 스포트형 감지기	⊠	수신기
∪	정온식 스포트형 감지기	▭	부수신기
⎡S⎤	연기감지기	▭	중계기
─●─	감지선	Ⓔ	기동누름버튼
───	공기관	◇	시각경보기 (스트로브)
▬	열전대	◐	표시등
Ⓑ	비상벨	⊙	회로시험기
◁	사이렌	ⓅⒷⓁ	발신기세트 단독형
Ⓢ◁	전자사이렌	ⓅⒷⓁ	발신기세트 옥내소화전 내장형

02 다음의 도면을 보고 다음 물음에 답하시오. [6점]

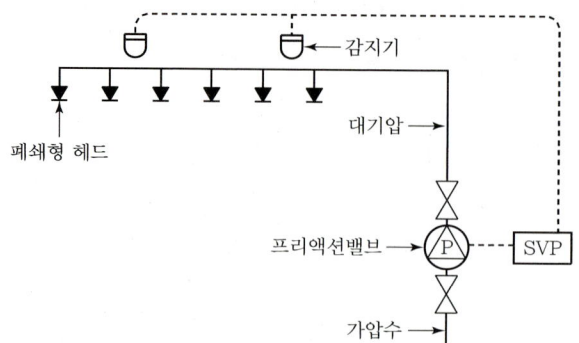

1) 이 설비의 명칭을 쓰시오.
2) 이 설비의 동작흐름을 순차적으로 설명하시오.

해답 1) 준비작동식 스프링클러설비

2) 동작흐름
　① 감지기 A, B회로 동작
　② 제어반(수신반)에 화재표시등, 지구표시등 점등
　③ 프리액션밸브의 솔레노이드 작동
　④ 프리액션밸브 개방
　⑤ 압력스위치 작동(프리액션밸브)
　⑥ 제어반에 밸브개방표시등 점등
　⑦ 사이렌 작동

해설 스프링클러설비의 종류

구분	유수검지장치	밸브 1차 측	밸브 2차 측	헤드	감지기회로
습식	알람체크밸브 (습식 밸브)	가압수	가압수	폐쇄형	없음
건식	드라이밸브 (건식 밸브)	가압수	압축공기	폐쇄형	없음
준비작동식	프리액션밸브 (준비작동밸브)	가압수	대기압	폐쇄형	교차회로
일제살수식	델류지밸브 (일제개방밸브)	가압수	대기압	개방형	교차회로
부압식	프리액션밸브 (준비작동밸브)	가압수	부압수	폐쇄형	1회로

03 다음 그림은 차동식 스포트형 감지기의 구조를 나타낸 것이다. 각 번호에 대한 명칭 및 역할을 간단히 쓰시오. [6점]

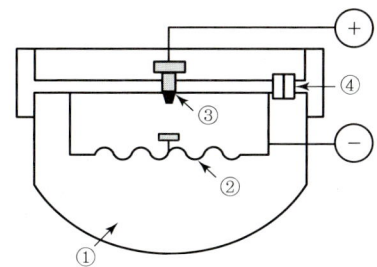

①
②
③
④

해답
① • 명칭 : 감열실
  • 역할 : 화재에 의한 열을 감지하는 공간
② • 명칭 : 다이어프램
  • 역할 : 감열실의 공기가 팽창하여 밀어 올리는 얇은 막
③ • 명칭 : 고정접점
  • 역할 : 가동접점과 단락되어 동작신호를 전송
④ • 명칭 : 리크구멍
  • 역할 : 감열 실내 온도가 서서히 상승하면 리크구멍으로 압력을 배출하여 비화재보 방지

해설 차동식 스포트형 감지기(공기팽창식)

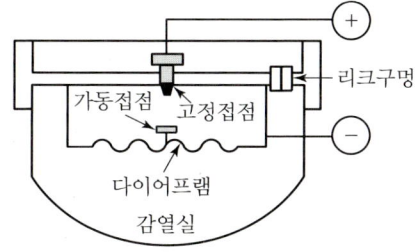

1) **구성요소** : 감열실, 다이어프램, 고정접점, 가동접점, 리크구멍
   ① 감열실 : 화재에 의한 열을 감지하는 공간
   ② 다이어프램 : 감열실의 공기가 팽창하여 밀어 올리는 얇은 막
   ③ 고정접점 : 가동접점과 단락되어 동작신호를 전송
   ④ 가동접점 : 다이어프램이 올라가면 고정접점과 단락되어 동작신호 전송
   ⑤ 리크구멍 : 감열 실내 온도가 서서히 상승하면 리크구멍으로 압력을 배출하여 비화재보 방지

2) 동작순서 : 화재 발생 → 감열실 공기 팽창 → 다이어프램 상승 → 가동접점이 고정접점과 단락 → 수신기에 화재신호 전송

3) 동작원리 : 공기의 부피 팽창

04 감지기는 설치장소에 따라 적응성이 있는 감지기를 설치하여야 한다. 이때 축적기능이 없는 감지기로 설치하여야 하는 경우를 3가지만 쓰시오. [6점]

-
-
-

해답 ⊕
- 급속한 연소 확대가 우려되는 장소에 사용하는 감지기
- 교차회로방식에 사용하는 감지기
- 축적기능이 있는 수신기에 연결하여 사용하는 감지기

해설 ⊕
1) 축적기능이 있는 수신기 설치장소(비화재보 우려 장소)
   ① 지하층·무창층 등으로서 환기가 잘되지 않는 장소
   ② 지하층·무창층 등으로서 실내면적이 40[m²] 미만인 장소
   ③ 감지기의 부착면과 실내바닥과의 거리가 2.3[m] 이하인 장소로서 일시적으로 발생한 열·연기 또는 먼지 등으로 인하여 감지기가 화재신호를 발신할 우려가 있는 장소

2) 비화재보 우려 장소에 설치할 수 있는 감지기
   ① 축적방식 감지기   ⑤ 불꽃감지기
   ② 복합형 감지기   ⑥ 정온식 감지선형 감지기
   ③ 광전식 분리형 감지기   ⑦ 아날로그방식 감지기
   ④ 분포형 감지기   ⑧ 다신호방식 감지기

3) 축적기능이 없는 감지기를 설치하여야 하는 경우(실보 우려 장소)
   ① 급속한 연소 확대가 우려되는 장소에 사용하는 감지기
   ② 교차회로방식에 사용하는 감지기
   ③ 축적기능이 있는 수신기에 연결하여 사용하는 감지기

05 자동화재탐지설비의 계통도와 주어진 조건을 이용하여 다음 각 물음에 답하시오. [10점]

[조건]
종단저항은 감지기 말단에 설치한다.

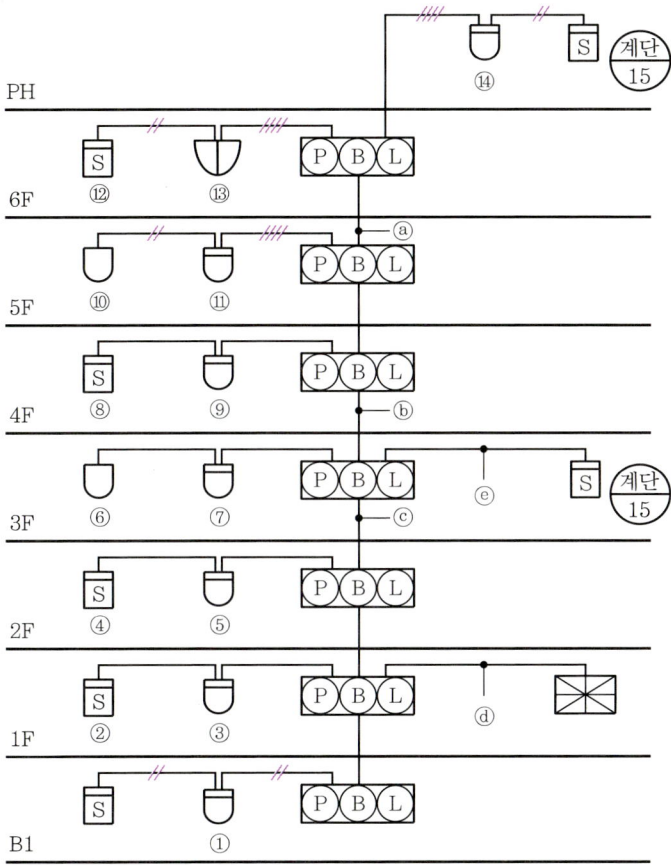

1) ⓐ~ⓓ에 해당하는 배선의 가닥수를 쓰시오.
   ⓐ
   ⓑ
   ⓒ
   ⓓ

2) ⓓ의 배선가닥수에 대한 상세내역을 쓰시오.

3) ⓔ의 배선가닥수와 배선내역을 쓰시오.
   • 가닥수 :
   • 배선내역 :

4) 그림기호 (계단/15)의 의미를 상세히 기술하시오.

5) ⬇ 감지기는 어떤 종류의 감지기인지 그 명칭을 쓰시오.

6) 전체 회로수는 모두 몇 회로인지 쓰시오.

해답 ⊕

1) ⓐ : 9가닥   ⓑ : 16가닥   ⓒ : 19가닥   ⓓ : 28가닥

2) 회로선15, 회로공통선3, 경종선7, 표시등선1, 경종·표시등공통선1, 응답선1

3) • 가닥수 : 4가닥
   • 배선내역 : 회로선2, 회로공통선2

4) 경계구역의 명칭은 계단이고 경계구역번호는 15번

5) 정온식 스포트형 감지기(방수형)

6) 15회로

해설 ⊕

1) 배선가닥수

① 도면에서 ◯ 안에 숫자가 들어 있는 것은 경계구역의 번호이다.

예 ⑦은 7번 경계구역을 의미한다. 즉, ◯ 경계구역마다 하나의 회로이다.

② 조건에서 종단저항은 감지기 말단에 설치한다고 하였으므로 감지기선(회로선, 회로공통선)은 각 경계구역의 감지기까지 가서 결선 후 돌아오지 않는다.

번호	가닥수 합계	배선의 용도					
		회로선	회로 공통선	경종선	표시등선	경종· 표시등 공통선	응답선
ⓐ	9	4	1	1	1	1	1
ⓑ	16	8	2	3	1	1	1
ⓒ	19	10	2	4	1	1	1
ⓓ	28	15	3	7	1	1	1
ⓔ	4	2	2	—	—	—	—

ⓐ 가닥수 : 9가닥
  • 회로선 : 4가닥(경계구역번호 ⑫, ⑬, ⑭, ⑮)
  • 경종선 : 1가닥(6층)
  • 나머지 기본 1선씩

ⓑ 가닥수 : 16가닥
  • 회로선 : 8가닥(경계구역번호 ⑧, ⑨, ⑩, ⑪, ⑫, ⑬, ⑭, ⑮)
  • 회로공통선 : $\dfrac{8}{7}=1.14 ≒ 2$가닥
  • 경종선 : 3가닥(4, 5, 6층)
  • 나머지 기본 1선씩

ⓒ 가닥수 : 19가닥
  • 회로선 : 10가닥(경계구역번호 ⑥, ⑦, ⑧, ⑨, ⑩, ⑪, ⑫, ⑬, ⑭, ⑮)

- 회로공통선 : $\dfrac{10}{7} = 1.43 ≒ 2$가닥
- 경종선 : 4가닥(3, 4, 5, 6층)
- 나머지 기본 1선씩

2) ⓓ의 배선내역(28가닥)
- 회로선 : 15가닥(경계구역번호 ①, ②, ③, ④, ⑤, ⑥, ⑦, ⑧, ⑨, ⑩, ⑪, ⑫, ⑬, ⑭, ⑮)
- 회로공통선 : $\dfrac{15}{7} = 2.14 ≒ 3$가닥
- 경종선 : 7가닥(B1, 1, 2, 3, 4, 5, 6층)
- 나머지 기본 1선씩
- 상세내역
  회로선15, 회로공통선3, 경종선7, 표시등선1, 경종·표시등공통선1, 응답선1

3) ⓔ의 배선가닥수와 배선내역
- 가닥수 : 4가닥
- 배선내역 : 회로선2, 회로공통선2
- 계단경계구역 (계단15)의 감지기는 3층과 PH층에 설치되어 있다.(동일경계구역)
- 조건에 의해 종단저항을 말단에 설치해야 하므로 종단저항은 PH층에 설치한다.
- 감지기 배선(회로선, 공통선)은 3층 발신기에서 출발하여 3층 계단감지기로 배선하여 결선한 후 다시 돌아와서 발신기 측 배관을 타고 올라가 PH층 감지기에 결선 후 종단저항 처리한다.
- 그러므로 회로선 2가닥, 회로공통선 2가닥이다.

4) 그림기호의 의미

경계구역의 명칭은 계단이고 경계구역번호는 15번이다.

명칭	그림기호	적용
경계구역번호	◯	• ◯ 안에 경계구역 번호를 넣는다. • 필요에 따라 ⊖로 하고 상부에 필요사항, 하부에 경계구역 번호를 넣는다. 보기 : (계단) (샤프트)

5) 감지기의 종류

명칭	그림기호	적용
차동식 스포트형 감지기	⌴	필요에 따라 종별을 표기한다.
보상식 스포트형 감지기	⌴	필요에 따라 종별을 표기한다.
정온식 스포트형 감지기	⌒	• 필요에 따라 종별을 표기한다. • 방수인 것인 ⌒ 로 한다. • 내산인 것은 ⌒ 로 한다. • 내알칼리인 것은 ⌒ 로 한다. • 방폭인 것은 EX로 표기한다.
연기감지기	S	• 필요에 따라 종별을 표기한다. • 점검박스붙이인 경우는 S 로 한다. • 매입인 것은 S 로 한다.

6) 전체 회로수

경계구역번호가 ①~⑮번까지 있으므로 15경계구역이다.

06 자동화재탐지설비의 P형 수신기의 시험을 하려고 한다. 다음 각 시험의 양부판정기준을 쓰시오.

[6점]

1) 공통선시험 양부판정기준
2) 회로저항시험 양부판정기준
3) 지구음향장치 작동시험 양부판정기준

해답
1) 하나의 공통선이 담당하는 경계구역수가 7개 이하일 것
2) 감지기 1회로의 전로저항치가 50[Ω] 이하일 것
3) 지구음향장치가 정상작동하고, 음량은 부착된 음향장치의 중심으로부터 1[m] 떨어진 위치에서 90[dB] 이상일 것

해설

1) **공통선시험**
   ① 목적 : 하나의 공통선이 담당하는 경계구역이 7개 이하인지 확인
   ② 시험방법
   - 수신기 내부의 단자대에서 공통선 1선을 분리한다.
   - 도통시험스위치를 누른다.
   - 회로선택스위치를 순차적으로 1회로씩 회전시킨다.
   - 단선된 회로수를 확인한다.
   ③ 판정
   하나의 공통선이 담당하는 경계구역수가 7개 이하일 것

2) **회로저항시험**
   ① 목적 : 감지기회로의 전로저항치가 감지기의 작동에 영향을 주는지 여부를 확인
   ② 시험방법
   - 수신기의 단자대에서 감지기 1회로의 회로선과 공통선을 분리한다.
   - 감지기선로의 말단에 설치된 종단저항을 제거 후 선로를 단락시킨다.
   - 전류전압측정계를 사용하여 회로선과 공통선 사이의 회로저항을 측정한다.
   ③ 판정
   감지기 1회로의 전로저항치가 50[Ω] 이하일 것

3) **지구음향장치 작동시험**
   ① 목적 : 수신기에 입력신호가 들어왔을 때 지구음향장치의 연동여부를 확인
   ② 시험방법
   수신기에서 작동시험을 하거나 경계구역의 감지기, 발신기를 동작시킨다.
   ③ 판정
   - 지구음향장치가 정상작동할 것
   - 음량은 부착된 음향장치의 중심으로부터 1[m] 떨어진 위치에서 90[dB] 이상일 것

07 감지기회로의 배선방식에는 송배선식과 교차회로방식이 있다. 이와 같이 배선하는 주 이유를 각각 쓰시오. [4점]

- 송배선식 :
- 교차회로방식 :

해답
- 송배선식 : 도통시험을 용이하게 하기 위하여
- 교차회로방식 : 감지기 오동작에 의한 설비의 작동을 방지하기 위하여

해설 ➕ 1) 송배선식(송배전식 → 송배선식으로 용어 개정)
① 정의 : 배선의 도중에서 분기하지 않고 결선하는 방식
② 송배선식의 목적 : 도통시험을 용이하게 하기 위하여
③ 종단저항의 설치목적 : 도통시험을 용이하게 하기 위하여
④ 송배선식 적용설비 : 자동화재탐지설비, 제연설비

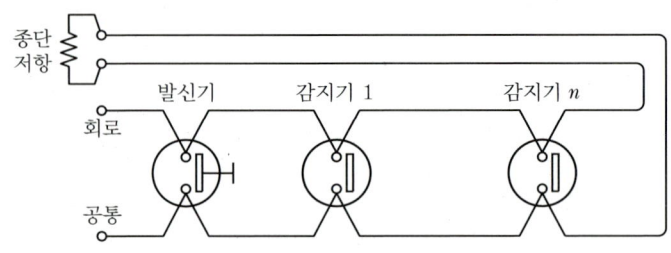

▲ 감지기회로의 송배선방식

2) 교차회로방식
① 정의
하나의 담당구역 내에 2 이상의 화재감지기회로를 설치하고 인접한 2 이상의 화재감지기가 동시에 감지되는 때에 설비가 작동하는 방식
② 목적
감지기 오동작에 의한 설비의 작동을 방지하기 위하여
③ 적용설비
• 이산화탄소소화설비
• 할론소화설비
• 분말소화설비
• 할로겐화합물 및 불활성기체 소화설비
• 준비작동식 스프링클러설비
• 제살수식 스프링클러설비

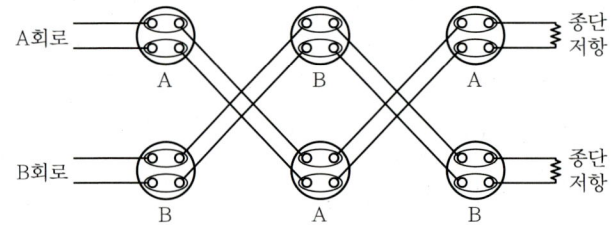

▲ 교차회로방식

3) 송배선식과 교차회로방식의 가닥수 산정방법

송배선방식	교차회로방식
• 루프된 곳 : 2가닥 • 그 밖의 것 : 4가닥	• 루프된 곳 : 4가닥 • 말단감지기 : 4가닥 • 그 밖의 것 : 8가닥

08 자동화재탐지설비의 감지기 설치 제외 장소 5가지를 쓰시오. [7점]

-
-
-
-
-

해답
- 부식성 가스가 체류하고 있는 장소
- 목욕실·욕조나 샤워시설이 있는 화장실·기타 이와 유사한 장소
- 먼지·가루 또는 수증기가 다량으로 체류하는 장소 또는 주방 등 평시에 연기가 발생하는 장소(연기감지기에 한함)
- 헛간 등 외부와 기류가 통하는 장소로서 감지기에 따라 화재 발생을 유효하게 감지할 수 없는 장소
- 파이프 덕트 등 그 밖의 이와 비슷한 것으로서 2개층마다 방화구획된 것이나 수평단면적이 5[m²] 이하인 것

해설 감지기를 설치하지 아니할 수 있는 장소기준
① 천장 또는 반자의 높이가 20[m] 이상인 장소(다만, 제1항 단서 각 호의 감지기로서 부착높이에 따라 적응성이 있는 장소는 제외)
② 헛간 등 외부와 기류가 통하는 장소로서 감지기에 따라 화재 발생을 유효하게 감지할 수 없는 장소
③ 부식성 가스가 체류하고 있는 장소
④ 고온도 및 저온도로서 감지기의 기능이 정지되기 쉽거나 감지기의 유지관리가 어려운 장소
⑤ 목욕실·욕조나 샤워시설이 있는 화장실·기타 이와 유사한 장소
⑥ 파이프 덕트 등 그 밖의 이와 비슷한 것으로서 2개층마다 방화구획된 것이나 수평단면적이 5[m²] 이하인 것
⑦ 먼지·가루 또는 수증기가 다량으로 체류하는 장소 또는 주방 등 평시에 연기가 발생하는 장소(연기감지기에 한함)
⑧ 프레스공장·주조공장 등 화재 발생의 위험이 적은 장소로서 감지기의 유지관리가 어려운 장소

09 수신기에서 60[m] 떨어진 장소의 사이렌이 작동할 때 사이렌의 소비전류가 400[mA]라 하면 선로의 전압강하[V]를 구하시오.(단, 전선굵기는 1.6[mm]이다.) [5점]

• 계산과정 :

• 답 :

해답 ● • 계산과정

$$A = \frac{\pi \times d^2}{4} = \frac{\pi \times 1.6^2}{4} = 2.01 [\mathrm{mm}^2]$$

$$e = \frac{35.6LI}{1,000A} = \frac{35.6 \times 60 \times (400 \times 10^{-3})}{1,000 \times 2.01} = 0.425 ≒ 0.43 [\mathrm{V}]$$

• 답 0.43[V]

해설 ● 1) 전선의 굵기

① 전선의 굵기는 일반적으로 $A[\mathrm{mm}^2]$로 주어진다. 이 경우 바로 전압강하식에 대입하면 된다.

② 그러나 이 문제에서 전선굵기는 $d[\mathrm{mm}]$로 주어졌다. 그러므로 반드시 $A[\mathrm{mm}^2]$로 환산하여 대입하여야 한다.

③ $A = \frac{\pi \times d^2}{4} = \frac{\pi \times 1.6^2}{4} = 2.01 [\mathrm{mm}^2]$

2) 거리 : $L = 60[\mathrm{m}]$

3) 전류 : $I = 400[\mathrm{mA}] = 400 \times 10^{-3}[\mathrm{A}]$

4) 전압강하

$$e = \frac{35.6LI}{1,000A} = \frac{35.6 \times 60 \times (400 \times 10^{-3})}{1,000 \times 2.01} = 0.425 ≒ 0.43 [\mathrm{V}]$$

Reference

전압강하

① 정의

전류가 전선을 타고 이동할 때 전선의 저항에 의해 수전단의 전압이 낮아지는 현상, 즉 송전단 전압과 수전단 전압을 차를 전압강하라 한다.

② 전압강하(e) : 단상교류, 직류 2선식

$$e = V_S - V_R = 2IR$$

여기서, V_S : 송전단 전압, V_R : 수전단 전압, I : 선로전류, R : 선로 1가닥의 저항

③ 전기방식별 전압강하와 전선의 굵기 산정

구분	전압강하	전선의 굵기
단상 2선식	$e = \dfrac{35.6LI}{1,000A}$	$A = \dfrac{35.6LI}{1,000e}$
3상 3선식	$e = \dfrac{30.8LI}{1,000A}$	$A = \dfrac{30.8LI}{1,000e}$
단상 3선식 3상 4선식	$e = \dfrac{17.8LI}{1,000A}$	$A = \dfrac{17.8LI}{1,000e}$

여기서, e : 전압강하[V], A : 전선의 굵기[mm²], L : 거리[m], I : 전류[A]

---

10 다음은 상용전원과 비상전원이 설치된 설비이다. 도면에서 ①과 ②의 명칭을 쓰시오. [6점]

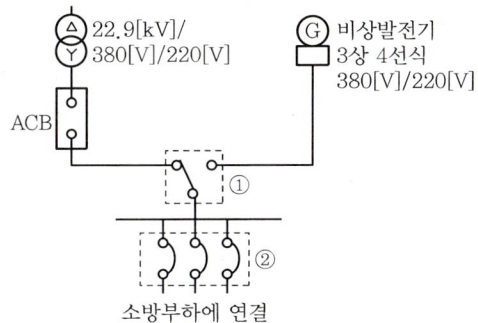

①
②

해답 ① 자동절환스위치
② 배선용 차단기

해설 1) **자동절환스위치**(ATS : Automatic Transfer Switch)
상용전원과 비상전원 사이에 설치하여 평상시에는 상용전원을 부하 측과 연결하여 사용하던 중 상용전원의 이상이나 정전이 발생하면 비상전원 측으로 자동으로 절환하여 연결해주는 스위치이다.

2) **배선용 차단기**(MCCB : Molded Case Circuit Breaker)
저전압 배전선로에서 과부하 및 단락사고가 발생하였을 때 전류를 차단하여 배선을 보호하는 기기이다.

▼ 기기류의 명칭 및 약호

명칭	약호	기능
배선용 차단기	MCCB (Molded Case Circuit Breaker)	과부하, 단락사고 시 전로 차단
배선용 차단기	NFB (No Fuse Breaker)	과부하, 단락사고 시 전로 차단
전자접촉기	MC (Magnetic Contactor)	전자석에 의해 접점을 동작시켜, 회로를 개폐하는 장치
열동계전기	THR (Thermal Relay)	과부하 시 전동기 보호
전자식 과전류계전기	EOCR (Electric Over Current Relay)	과부하 시 전동기 보호
자동절환 스위치	ATS (Automatic Transfer Switch)	상용전원 정전 시 비상전원 측으로 자동으로 절환해주는 스위치
변류기	CT (Current Transformer)	부하전류의 검출
영상변류기	ZCT (Zero Current Transformer)	누설전류의 검출
누전경보기	ELD (Earth Leakage Detector)	누설전류를 검출하여 경보하는 장치
누전차단기	ELB (Earth Leakage Breaker)	누설전류 발생 시 전로 차단

11 다음은 할론(Halon) 소화설비의 평면도이다. 도면을 보고 다음 각 물음에 답하시오. [13점]

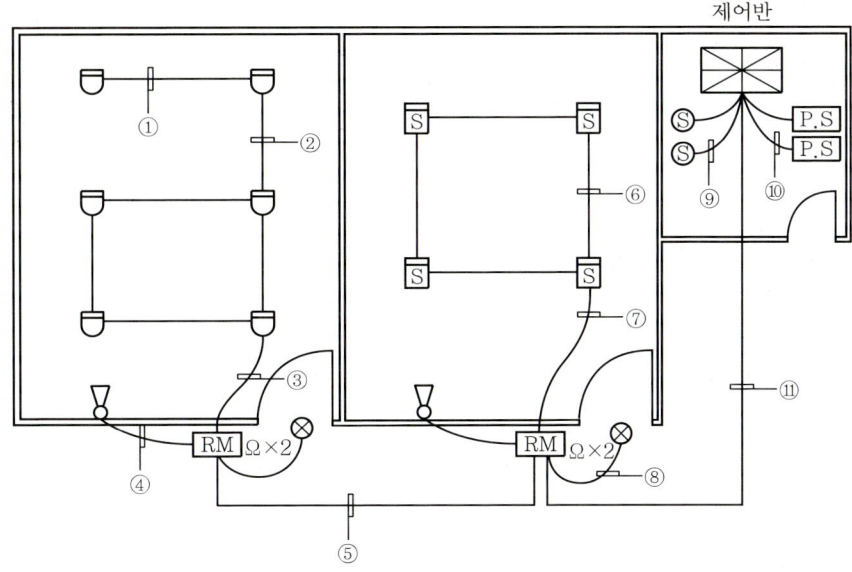

1) ①~⑪까지의 가닥수를 쓰시오.(단, 감지기는 별도의 공통선을 사용한다.)

번호	①	②	③	④	⑤	⑥	⑦	⑧	⑨	⑩	⑪
가닥수											

2) ⑤의 배선의 용도를 쓰시오.
3) ⑪의 배선에서 구역(Zone)이 추가됨에 따라 늘어나는 배선의 명칭을 쓰시오.

해답 1)

번호	①	②	③	④	⑤	⑥	⑦	⑧	⑨	⑩	⑪
가닥수	4	8	8	2	9	4	8	2	2	2	14

2) 전원⊕, 전원⊖, 방출지연스위치, 감지기공통, 감지기A, 감지기B, 방출표시등, 기동스위치, 사이렌

3) 감지기A, 감지기B, 방출표시등, 기동스위치, 사이렌

해설 1), 2), 3)

기호	가닥수	배선용도
①	4	회로2, 공통2 (교차회로방식의 말단 : 4가닥)
②	8	회로4, 공통4 (교차회로방식의 그 밖의 것 : 8가닥)
③	8	회로4, 공통4 (교차회로방식의 그 밖의 것 : 8가닥)
④	2	사이렌2
⑤	9	전원⊕, 전원⊖, 방출지연스위치, 감지기공통, 감지기A, 감지기B, 방출표시등, 기동스위치, 사이렌(기본 8가닥 + 조건에서 감지기공통 별도)
⑥	4	회로2, 공통2 (교차회로방식의 루프된 곳 : 4가닥)

기호	가닥수	배선용도
⑦	8	회로4, 공통4 (교차회로방식의 그 밖의 것 : 8가닥)
⑧	2	방출표시등2
⑨	2	솔레노이드밸브2
⑩	2	압력스위치2
⑪	14	전원⊕, 전원⊖, 방출지연스위치, 감지기공통, (감지기A, 감지기B, 방출표시등, 기동스위치, 사이렌) × 2 (2 Zone : 1 Zone당 5가닥씩 증가하므로 9+5=14가닥)

※ 기존의 비상스위치가 방출지연스위치로 용어 개정

①, ②, ③, ⑥, ⑦ : 교차회로방식 감지기 배선의 가닥수 산정

송배선방식	교차회로방식
• 루프된 곳 : 2가닥 • 그 밖의 것 : 4가닥	• 루프된 곳 : 4가닥 • 말단감지기 : 4가닥 • 그 밖의 것 : 8가닥

⑤ 수동조작함~수동조작함(1 Zone)
- 기본 가닥수(8가닥)

   전원⊕, 전원⊖, 방출지연스위치, 감지기A, 감지기B, 방출표시등, 기동스위치, 사이렌
- 조건에서 감지기는 별도의 공통선 사용(9가닥)

   전원⊕, 전원⊖, 방출지연스위치, 감지기공통, 감지기A, 감지기B, 방출표시등, 기동스위치, 사이렌

⑧ 방출표시등
- 방출표시등 : 2가닥
- 도시기호 :  또는

⑨ 솔레노이드밸브
- 솔레노이드밸브 : 2가닥
- 배관방식에 따라 가닥수가 달라진다.

> **Reference**
>
>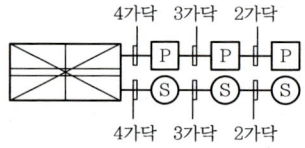
>
> - 2가닥 : 솔레노이드1, 공통1
> - 3가닥 : 솔레노이드2, 공통1
> - 4가닥 : 솔레노이드3, 공통1

⑩ 압력스위치
- 압력스위치 : 2가닥
- ⑨번과 산정방법 동일

⑪ 수동조작함~수동조작함(2 Zone)
- 기본 가닥수(13가닥)
  전원⊕, 전원⊖, 방출지연스위치, (감지기A, 감지기B, 방출표시등, 기동스위치, 사이렌) ×2
- 조건에서 감지기는 별도의 공통선 사용(14가닥)
  전원⊕, 전원⊖, 방출지연스위치, 감지기공통, (감지기A, 감지기B, 방출표시등, 기동스위치, 사이렌) ×2

12 다음 그림은 Y−△ 기동회로의 미완성 도면이다. 이 도면과 주어진 조건을 이용하여 다음 각 물음에 답하시오. [6점]

[기계·기구]

- Ⓐ : 전류계
- Ⓣ : 와이델타 타이머
- ⚬┤ : 누름버튼스위치 ON용(PB−on)
- MC1 : 전자접촉기(Y기동)

- ㉆ : 표시등
- ㉆ : 누름버튼스위치 OFF용(PB−off)
- MC2 : 전자접촉기(△기동)

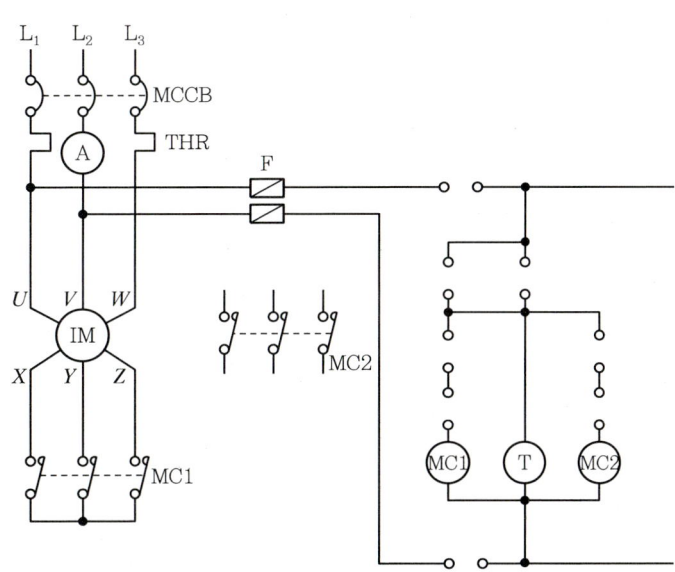

1) Y−△운전이 가능하도록 주회로 부분을 미완성 도면에 완성하시오.
2) Y−△운전이 가능하도록 보조회로(제어회로) 부분을 미완성 도면에 완성하시오.
3) MCCB를 투입하면 표시등 ㉆이 점등되도록 미완성 도면에 회로를 구성하시오.

🔵 **해답** ➕

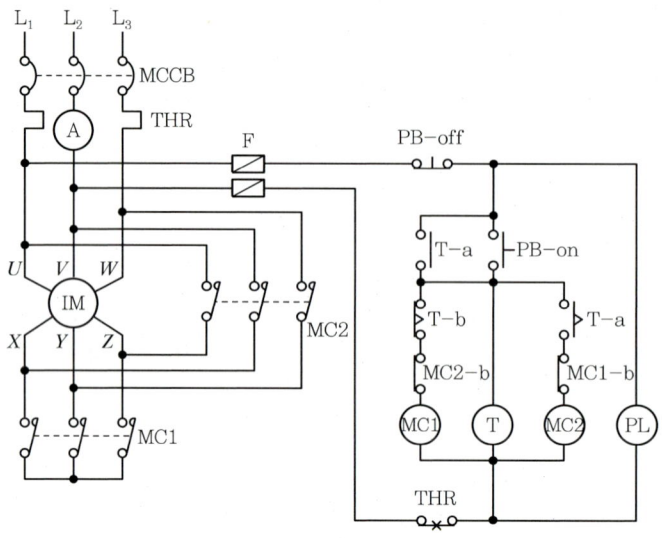

🔵 **해설** ➕ 1) 주회로 Y-△ 결선

　　① 기동 시 : 유도전동기의 고정자권선을 Y결선
　　② 운전 시 : 유도전동기의 고정자권선을 △결선

Y결선	△결선

③ 주회로의 Y-△ 결선 방법

Y-△결선 방법 1	Y-△결선 방법 2

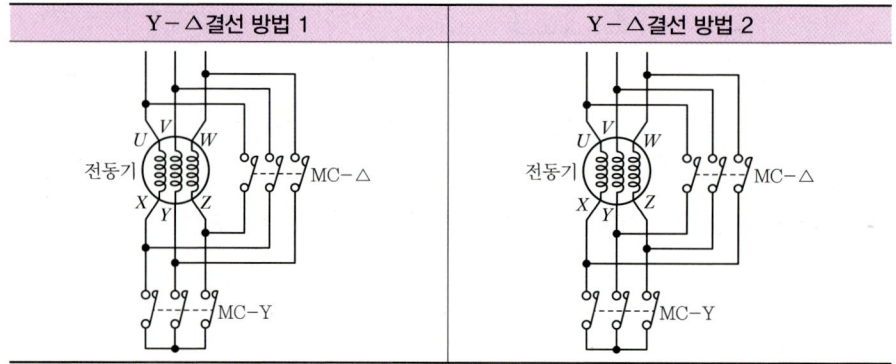

2) 동작설명
① MCCB를 투입하면 파일럿램프 PL이 점등된다.
② 기동용 누름버튼스위치 PB-on을 누르면 타이머 코일 Ⓣ가 여자되고 T-a가 폐로되어 자기유지된다. 동시에 MC1이 여자되고 MC1 주접점이 폐로되어 전동기는 Y결선으로 기동된다. MC1-b는 개로되어 인터록 회로가 구성된다.
③ 설정시간 후 타이머 한시동작 b접점(T-b)이 개로되어 MC1이 소자되고 주접점이 개로되어 Y기동상태는 멈추게 된다. 동시에 MC1-b는 복귀하여 폐로된다.
④ 이때, 타이머 한시동작 a접점(T-a)은 폐로되어 MC2가 여자되고 MC2 주접점이 폐로되어 전동기는 델타(△)결선으로 운전하게 된다. 동시에 MC2-b는 개로되어 인터록 회로가 구성된다.
⑤ 인터록 접점 MC1-b, MC2-b에 의해 전자접촉기 MC1, MC2가 동시에 투입되는 것을 방지한다.
⑥ 전동기 운전 중 PB-off를 누르거나 과부하에 의해서 THR이 작동하면 전동기는 정지한다.

13 높이 20[m] 이상 되는 곳에 설치할 수 있는 감지기를 2가지 쓰시오. [3점]

-
-

해답
- 불꽃감지기
- 광전식(분리형, 공기흡입형) 중 아날로그방식

해설 부착높이별 적응성 감지기의 종류

부착높이	감지기의 종류
8[m] 이상 15[m] 미만	• 광전식(스포트형, 분리형, 공기흡입형) 1종 또는 2종 • 연기복합형 • 이온화식 1종 또는 2종 • 불꽃감지기 • 차동식 분포형
15[m] 이상 20[m] 미만	• 광전식(스포트형, 분리형, 공기흡입형) 1종 • 연기복합형 • 이온화식 1종 • 불꽃감지기
20[m] 이상	• 불꽃감지기 • 광전식(분리형, 공기흡입형) 중 아날로그방식
비고	부착높이 20[m] 이상에 설치하는 광전식 중 아날로그방식의 감지기는 공칭감지농도 하한값이 감광율 5[%/m] 미만인 것으로 한다.

14 다음은 옥내소화전설비의 계통도이다. 도면을 보고 주어진 표의 빈칸에 배선수와 각 배선의 용도를 쓰시오.(단, 배선수는 운전조작상 필요한 최소 전선수를 쓰도록 한다.) [6점]

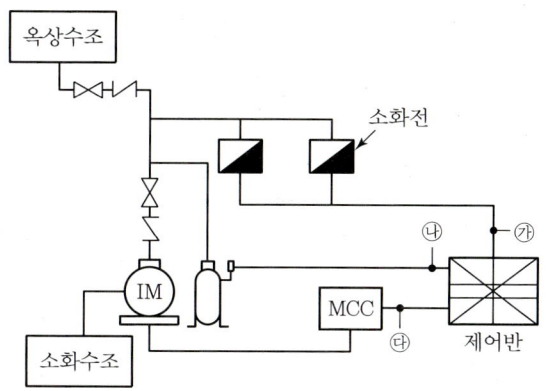

기호	구분		배선수	배선굵기	배선의 용도
㉮	소화전함 ↔ 감시제어반	ON−OFF식		2.5[mm²] 이상	
		수압개폐식		2.5[mm²] 이상	
㉯	압력챔버 ↔ 감시제어반			2.5[mm²] 이상	
㉰	MCC ↔ 감시제어반		5	2.5[mm²] 이상	공통, 기동, 정지, 기동표시, 정지표시

해답

기호	구분		배선수	배선굵기	배선의 용도
㉮	소화전함 ↔ 감시제어반	ON−OFF식	5	2.5[mm²] 이상	기동, 정지, 공통, 기동확인표시등2
		수압개폐식	2	2.5[mm²] 이상	기동확인표시등2
㉯	압력챔버 ↔ 감시제어반		2	2.5[mm²] 이상	압력스위치2
㉰	MCC ↔ 감시제어반		5	2.5[mm²] 이상	공통, 기동, 정지, 기동표시, 정지표시

해설 ㉮ 소화전함 ↔ 감시제어반(수신반)
　① ON−OFF방식(수동기동방식)
　　• 제어반 ↔ 소화전함 : 5가닥
　　　기동, 정지, 공통, 기동확인표시등2
　　• 소화전함 ↔ 다음 소화전함 : 5가닥
　　　기동, 정지, 공통, 기동확인표시등2

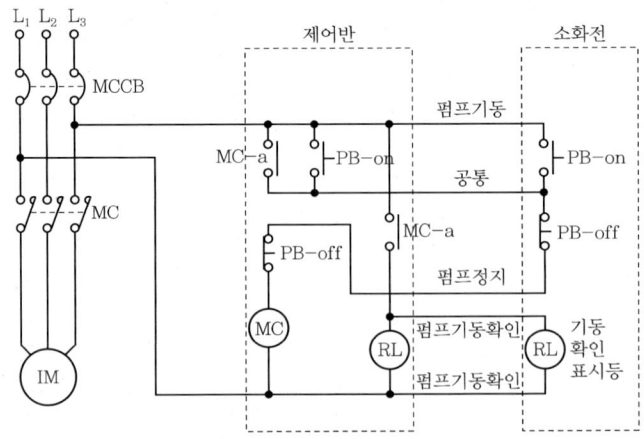

② 기동용 수압개폐장치를 이용하는 방식(자동기동방식)
- 평상시 옥내소화전펌프 2차 측 배관에 압력이 가해져 있을 때는 압력스위치가 개로 되어 있다.
- 화재 시 옥내소화전에서 소화수를 방사함에 따라 배관 내 압력이 저하되면 압력스위치가 폐로되어 소방펌프가 기동되는 방식이다.
- 펌프가 기동되면 소화전에 펌프의 기동을 표시하기 위하여 펌프기동표시등을 설치한다.
- 그러므로 자동기동방식에서는 옥내소화전에 펌프기동확인표시등2가닥이 들어간다.

㉯ 압력스위치 ↔ 감시제어반

압력스위치 2가닥

㉰ MCC ↔ 감시제어반
- 제어반에서 MCC의 전원을 감시하는 경우 : 5가닥(시험출제용)
  기동, 정지, 공통, 기동표시등, 전원표시등
- 제어반에서 MCC 전원의 감시가 되지 않는 경우 : 4가닥(현장결선)
  기동2, 기동확인2

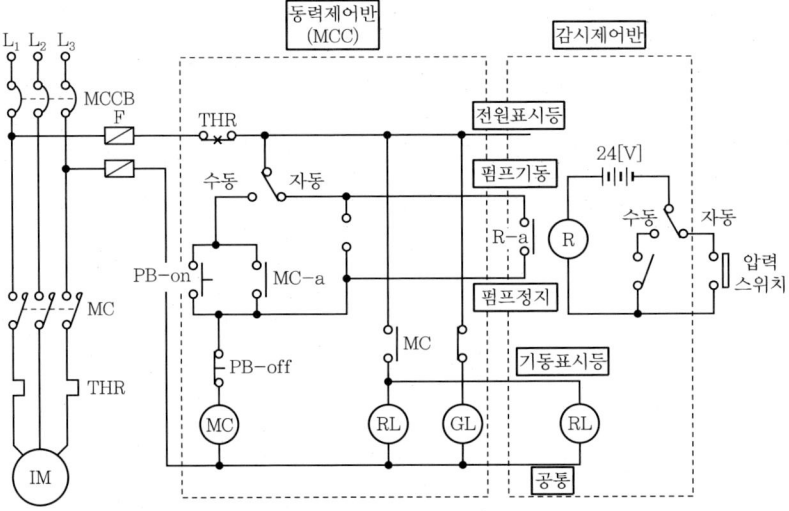

> **Reference**
>
> **동일한 용어**
> ① 기동=ON, 정지=OFF
>   기동확인표시등=기동확인=기동확인표시=펌프기동표시등
> ② 기동표시등=운전표시등, 전원표시등=정지표시등

15 자동화재탐지설비의 P형 수신기에서 화재표시 작동시험을 실시할 때 확인사항 3가지를 쓰시오. [6점]

-
-
-

해답
- 화재표시등, 지구표시등이 정상작동할 것
- 음향장치가 정상작동할 것
- 경계구역과 지구표시등의 일치 여부 확인

해설
1) 화재표시 작동시험
   ① 목적 : 감지기, 발신기 작동 시 수신기의 정상작동 여부 확인
   ② 시험방법
      - 작동시험스위치와 자동복구스위치를 누른다.
      - 회로선택스위치를 순차적으로 1회로씩 회전시킨다.
      - 화재표시등, 지구표시등, 음향장치 등의 동작상태 확인
   ③ 판정
      - 화재표시등, 지구표시등이 정상작동할 것
      - 음향장치가 정상작동할 것
      - 경계구역과 지구표시등의 일치 여부 확인

2) 공통선시험
   ① 목적 : 하나의 공통선이 담당하는 경계구역이 7개 이하인지 확인
   ② 시험방법
      - 수신기 내부의 단자대에서 공통선 1선을 분리한다.
      - 도통시험스위치를 누른다.
      - 회로선택스위치를 순차적으로 1회로씩 회전시킨다.
      - 단선된 회로수를 확인한다.
   ③ 판정
      하나의 공통선이 담당하는 경계구역수가 7개 이하일 것

3) 동시작동시험
    ① 목적 : 동시에 수회선을 작동시켰을 때 수신기의 기능에 이상이 없는지를 확인
    ② 시험방법
        - 작동시험스위치 스위치를 누른다.
        - 회로선택스위치를 순차적으로 돌려서 5회선을 동작시킨다.
        - 화재표시등, 지구표시등, 음향장치 등의 동작상태 확인
    ③ 판정
        5회선 이상 동작하였을 때 화재표시등, 지구표시등, 음향장치가 정상작동할 것

4) 예비전원시험
    ① 목적 : 상용전원 정전 시 예비전원으로 자동절환되며, 복구 시 상용전원으로 자동절환 되는지 여부 확인
    ② 시험방법
        - 예비전원시험스위치를 누른다.
        - 전압계의 지시치가 정상범위 내(24V)에 있을 것(LED 표시제품 : 정상, 높음, 낮음으로 표시)
        - 교류전원 개방 시 예비전원으로 자동절환상태 확인
    ③ 판정
        예비전원의 전압, 용량이 정상이고 자동절환 및 복구작동이 정상일 것

16 다음은 피난구유도등의 미완성 결선도이다. 도면에서 2선식 배선방식과 3선식 배선방식의 결선도를 완성하고, 배선방식의 차이점을 2가지만 쓰시오. [6점]

1) 미완성 결선도

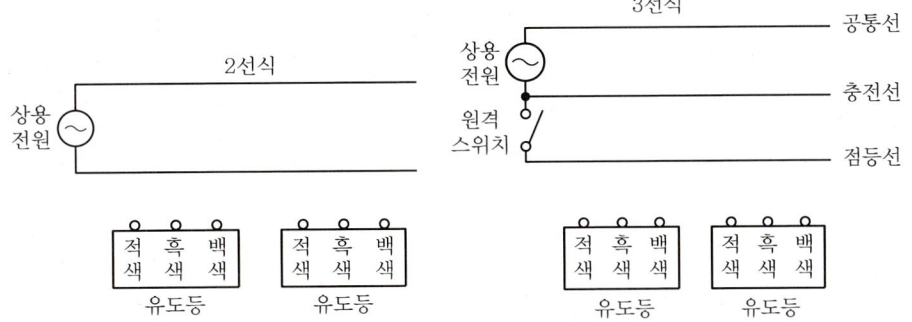

2) 배선방식의 차이점

구분	2선식	3선식
점등상태		
충전상태		

해답

1) 결선도

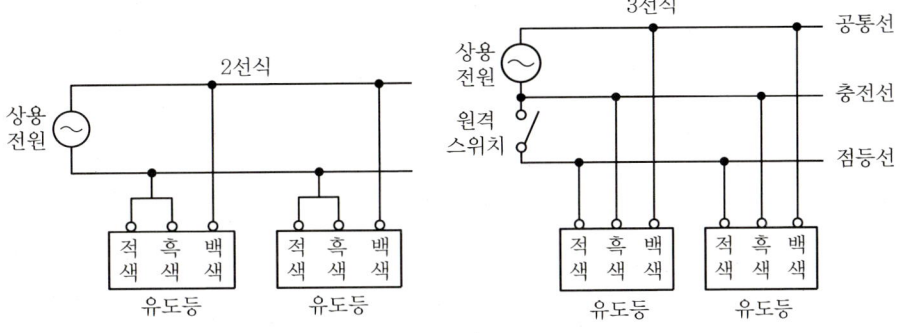

2) 배선방식의 차이점

구분	2선식	3선식
점등상태	• 평상시 : 점등 • 화재 시 : 점등	• 평상시 : 소등 • 화재 시 : 점등
충전상태	전원공급 시 상시충전	전원공급 시 상시충전

2016년 제1회(2016. 4. 17)

01 P형 수신기와 감지기 사이의 배선회로에서 배선저항은 10[Ω], 릴레이저항은 50[Ω], 종단저항은 10[kΩ]이고 회로전압이 직류 24[V]일 때 다음 각 물음에 답하시오. [5점]

1) 평상시 감시전류는 몇 [mA]인가?
   - 계산과정 :
   - 답 :

2) 화재 시 감지기의 동작전류는 몇 [mA]인가?
   - 계산과정 :
   - 답 :

해답

1) • 계산과정
$$I = \frac{V}{R_1 + R_2 + R_3}$$
$$= \frac{24}{10 + 10{,}000 + 50} = 0.002385[A] = 2.39[mA]$$
   • 답 2.39[mA]

2) • 계산과정
$$I = \frac{V}{R_1 + R_3}$$
$$= \frac{24}{10 + 50} = 0.4[A] = 400[mA]$$
   • 답 400[mA]

해설 1) 감시전류

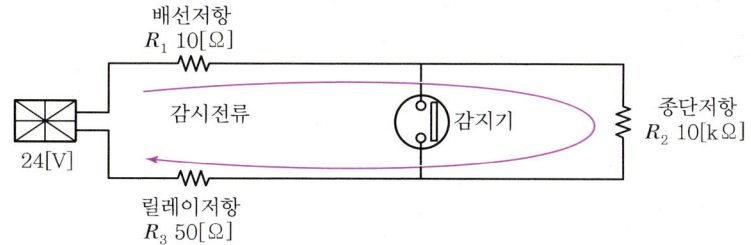

- 감시전류 I

$$I = \frac{V}{R_1 + R_2 + R_3}$$

$$= \frac{24}{10 + 10,000 + 50} = 0.002385[\text{A}] = 2.39[\text{mA}]$$

여기서, R_1 : 배선저항(10Ω), R_2 : 종단저항(10kΩ = 10,000Ω), R_3 : 릴레이저항(50Ω),
V : 수신기전압(24V)

2) 감지기 동작전류

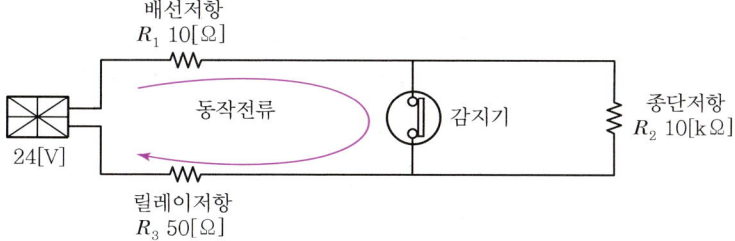

- 동작전류 I

$$I = \frac{V}{R_1 + R_3}$$

$$= \frac{24}{10 + 50} = 0.4[\text{A}] = 400[\text{mA}]$$

여기서, R_1 : 배선저항(10Ω), R_3 : 릴레이저항(50Ω), V : 수신기전압(24V)

02 지상 11층, 지하 5층, 연면적 6,000[m²]의 특정소방대상물에 자동화재탐지설비의 음향장치를 설치하고자 한다. 다음 각 물음에 답하시오. [5점]

- 8층에서 발화한 경우 경보를 발하여야 하는 층 :
- 1층에서 발화한 경우 경보를 발하여야 하는 층 :
- 지하 1층에서 발화한 경우 경보를 발하여야 하는 층 :

[해답]
- 8층에서 발화한 경우 경보를 발하여야 하는 층 : 8층, 9층, 10층, 11층
- 1층에서 발화한 경우 경보를 발하여야 하는 층 : 1층, 2층, 3층, 4층, 5층, 지하 1층~지하 5층
- 지하 1층에서 발화한 경우 경보를 발하여야 하는 층 : 1층, 지하 1층, 지하 2층~지하 5층

[해설]
1) 층수가 11층 이상이므로 경보방식은 발화층·직상층 우선경보방식이다.
2) 경보를 발하여야 하는 층
   ① 8층에서 발화한 경우 경보를 발하여야 하는 층
      - 2층 이상의 층에서 발화하였으므로
      - 발화층(8층), 그 직상 4개층(9층, 10층, 11층)
        ※ 직상층이 4개층 미만일 때는 최상층까지 경보
   ② 1층에서 발화한 경우 경보를 발하여야 하는 층
      발화층(1층), 그 직상 4개층(2층, 3층, 4층, 5층), 지하층(지하 1층~지하 5층)
   ③ 지하 1층에서 발화한 경우 경보를 발하여야 하는 층
      - 지하층에서 발화하였으므로
      - 발화층(지하 1층), 직상층(1층), 기타의 지하층(지하 2층~지하 5층)

▌Reference

발화층·직상층 우선경보방식
① 대상
   층수가 11층(공동주택의 경우에는 16층) 이상의 특정소방대상물
② 경보방식

발화층	경보하여야 하는 층
2층 이상의 층	발화층 및 그 직상 4개층
1층	발화층·그 직상 4개층 및 지하층
지하층	발화층·그 직상층 및 기타의 지하층

03 다음은 자동화재탐지설비의 미완성 결선도이다. P형 수신기와 발신기세트 간 결선을 완성하시오.(단, 건축물은 지상 4층, 연면적 2,000[m²]이다.) [8점]

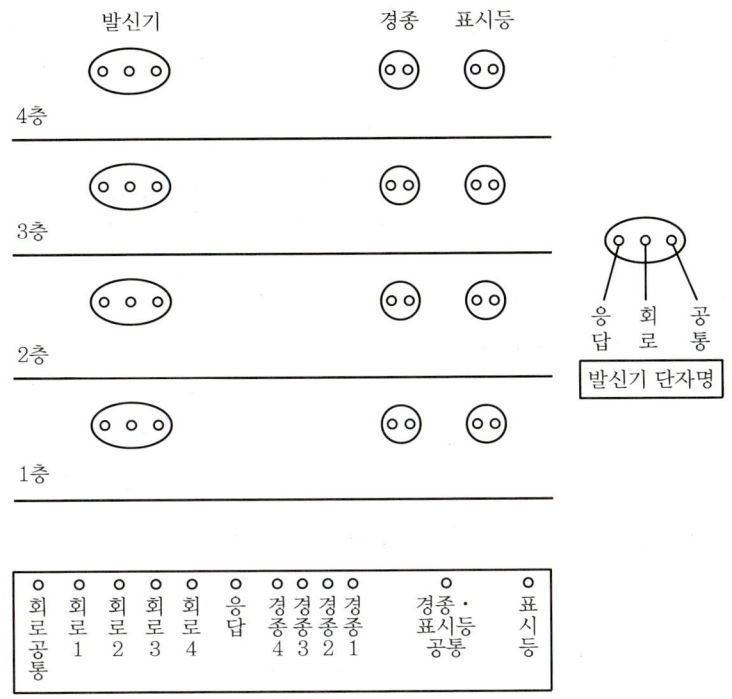

해설 ⊕ P형 수신기~발신기세트 간 결선

① 회로선
   하나의 회로(경계구역)당 각각 1가닥씩 증가한다.
② 회로공통선 : 7경계구역까지 1가닥이므로 1가닥만 올라간다.
   공통선은 발신기단자대에 결선 후 다음 층 발신기로 전달해서 넘어갔는데 이것은 큰 의미는 없다. 응답선처럼 결선해도 무방하나 공통선의 중요도를 고려하여 대부분의 교재들이 이와 같이 결선모양을 그리고 있다.
③ 경종선 : 각 층마다 1가닥씩 증가
   - 화재로 인하여 하나의 층의 지구음향장치 또는 배선이 단락되어도 다른 층의 화재통보에 지장이 없도록 각 층 배선상에 유효한 조치를 할 것(2022년 이후)
   - 각 층 배선상에 유효한 조치로 단선단락 자동감시형 수신기를 사용하거나 수신기에 퓨즈 또는 차단기 등을 설치할 것(2025년 이후)
   - 경종선은 단선단락 자동감시형 수신기나 퓨즈 또는 차단기 등으로부터 각 층에 각각 1가닥씩 배선하여야 한다.
   - 일제경보방식과 우선경보방식의 배선방식이 동일하다.
④ 표시등선, 경종·표시등공통선, 응답선
   각각 1선씩 올라가서 분기하여 사용한다.

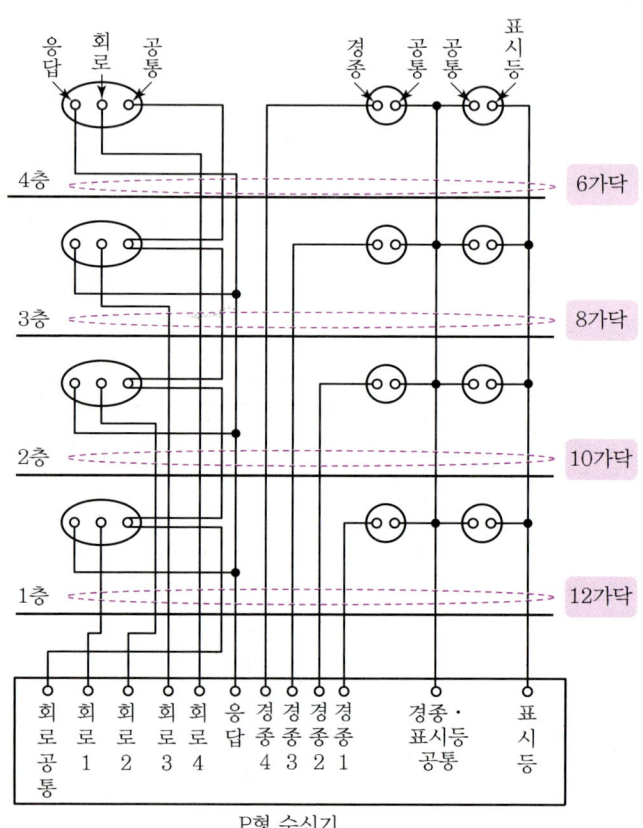

04 다음의 축전지설비에 대한 각 물음에 답하시오. [6점]

1) 자기방전량만을 항상 충전하는 부동충전방식의 명칭을 쓰시오.
2) 비상용 조명부하 200[V]용, 50[W] 80등, 30[W] 70등이 있다. 방전시간은 30분이고, 축전지는 HS형 110cell이며, 허용최저전압은 190[V], 최저축전지온도가 5[℃]일 때 축전지용량[Ah]을 구하시오.(단, 경년용량저하율은 0.8, 용량환산시간은 1.2[h]이다.)
   - 계산과정 :
   - 답 :
3) 연축전지와 알칼리축전지의 공칭전압[V]을 쓰시오.
   - 연축전지 :
   - 알칼리축전지 :

해답 1) 세류충전방식
2) • 계산과정
$$P = (50 \times 80) + (30 \times 70) = 6,100[W]$$
$$I = \frac{P}{V} = \frac{6,100}{200} = 30.5[A]$$
$$C = \frac{1}{L}KI$$
$$= \frac{1}{0.8} \times 1.2 \times 30.5 = 45.75[Ah]$$
   • 답 45.75[Ah]

3) • 연축전지 : 2.0[V]
   • 알칼리축전지 : 1.2[V]

해설 1) 축전지 충전방식
   ① 보통충전 : 필요할 때마다 표준 시간율로 충전하는 방식
   ② 급속충전 : 단시간에 보통 충전전류의 2~3배의 전류로 충전하는 방식
   ③ 부동충전 : 전지의 자기방전을 보충함과 동시에 상용부하에 대한 전력공급은 충전기가 부담하고 일시적인 대전류 부하는 축전지가 부담하도록 하는 방식

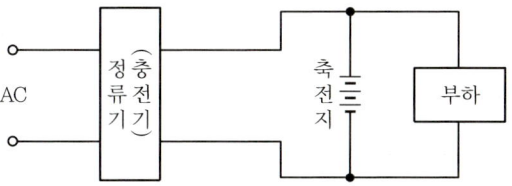

   ④ 균등충전 : 1~3개월마다 정전압으로 10~12시간 충전하여 전체 셀의 전압을 균일하게 하는 방식

⑤ 세류충전 : 항상 자기방전량만큼만 충전하는 방식(부동충전방식의 일종)
⑥ 회복충전 : 과방전 및 방치상태, 가벼운 설페이션 현상 등이 생겼을 때 기능회복을 위하여 실시하는 충전방식

✏️ 설페이션 : 연축전지를 방전 상태로 오래 방치했을 때, 극판의 표면의 황산납이 회백색으로 변하여 부도체 성질을 갖는 현상

2) 축전지용량
① 축전지의 용량

$$C = \frac{1}{L}KI$$

여기서, C : 축전지용량[Ah], L : 용량저하율(보수율 : 일반적으로 0.8)
K : 용량환산시간[h], I : 방전전류[A]

② 계산과정
- 사용 전력
$P = (50 \times 80) + (30 \times 70) = 6,100[W]$
- 방전전류
$P = VI$ 에서
$I = \dfrac{P}{V} = \dfrac{6,100}{200} = 30.5[A]$
- 축전지용량
$C = \dfrac{1}{L}KI$
$= \dfrac{1}{0.8} \times 1.2 \times 30.5 = 45.75[Ah]$

3) 연축전지와 알칼리축전지의 비교

구분	연축전지	알칼리축전지
공칭전압	2.0[V]	1.2[V]
공칭용량	10[Ah]	5[Ah]
수명	짧다	길다
기계적 강도	약하다	강하다
종류	클래드식, 페이스트식	소결식, 포켓식

05 바닥면적이 다음과 같고 각 층의 높이가 4[m]인 지하 2층, 지상 4층 소방대상물에 자동화재탐지설비를 설치하고자 한다. 도면을 보고 다음 물음에 답하시오. [7점]

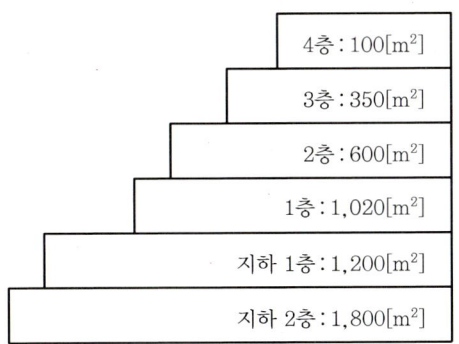

1) 본 건축물에서 경계구역은 최소 몇 개로 구분하여야 하는지 산출식과 경계구역수를 빈칸에 쓰시오.(단, 경계구역은 면적별 기준만을 적용하며 계단, 경사로 및 피트 등의 수직경계구역의 면적은 무시한다.)

층 명	산출식	경계구역수
4층	(100 + 350) / 600 = 0.75	1
3층	4층과 합산	—
2층	600 / 600 = 1	1
1층	1,020 / 600 = 1.7	2
지하 1층	1,200 / 600 = 2	2
지하 2층	1,800 / 600 = 3	3
경계구역의 합계		9

2) 본 건축물에 계단과 엘리베이터가 각각 1개씩 설치되어 있는 경우 P형 수신기는 몇 회로용을 설치해야 하는지 구하시오.

• 산출과정 : 면적별 경계구역 9 + 계단(지상 1 + 지하 1) + 엘리베이터 1 = 12 경계구역

• 답 : 15회로용

해답 1) 면적별 경계구역 산출

층 명	산출식	경계구역수
4층	$\dfrac{(100+350)}{500}=0.9 ≒ 1$	1
3층		
2층	$\dfrac{600}{600}=1$	1
1층	$\dfrac{1,020}{600}=1.7 ≒ 2$	2
지하 1층	$\dfrac{1,200}{600}=2$	2
지하 2층	$\dfrac{1,800}{600}=3$	3
경계구역의 합계		9

2) 산출과정

① 계단의 경계구역수
- 지상층 : $\dfrac{4개층 \times 4[m]}{45[m]}=0.36 ≒ 1$ 경계구역
- 지하층 : $\dfrac{2개층 \times 4[m]}{45[m]}=0.18 ≒ 1$ 경계구역

② 엘리베이터 : 1경계구역

③ 합계 : 면적별 경계구역(9경계구역) + 수직경계구역(3경계구역) = 12경계구역

답 15회로용

해설 1) 면적별 경계구역의 수

① 3층, 4층
- 하나의 경계구역이 2개 이상의 층에 미치지 아니하도록 할 것(다만, 500[m²] 이하의 범위 안에서는 2개의 층을 하나의 경계구역으로 할 수 있다)
- 3층과 4층 바닥면적 합이 500[m²] 이하이므로 하나의 경계구역으로 할 수 있다.
- 문제에서 최소경계구역으로 구하라고 하였으므로 반드시 3, 4층을 합산하여 구한다.
- $\dfrac{100+350}{500}=0.9 ≒ 1$경계구역

② 2층, 1층, 지하 1층, 지하 2층
- 하나의 경계구역의 면적은 600[m²] 이하로 하고 한 변의 길이는 50[m] 이하로 할 것(다만, 주된 출입구에서 그 내부 전체가 보이는 것은 한 변의 길이가 50[m]의 범위 내에서 1,000[m²] 이하)
- 2층 : $\dfrac{600}{600}=1$경계구역
- 1층 : $\dfrac{1,020}{600}=1.7 ≒ 2$경계구역(소수점 이하 절상)

- 지하 1층 : $\dfrac{1,200}{600} = 2$경계구역

- 지하 2층 : $\dfrac{1,800}{600} = 3$경계구역

2) 수직경계구역의 수

① 지상층 계단 : $\dfrac{4개층 \times 4[\text{m}]}{45} = 0.36 ≒ 1$경계구역

② 지하층 계단 : $\dfrac{2개층 \times 4[\text{m}]}{45} = 0.18 ≒ 1$경계구역

③ 엘리베이터 : 엘리베이터 별도 1경계구역

④ 수직경계구역수 : $1 + 1 + 1 = 3$경계구역

> **Reference**
>
> **수직구역의 경계구역 설정기준**
> ① **별도의 경계구역 설정** : 계단, 경사로, 엘리베이터 승강로, 권상기실, 린넨슈트, 파이프 피트, 파이프 덕트, 기타 이와 유사한 부분
> ② **하나의 경계구역 높이** : **45[m] 이하**(계단 및 경사로에 한함)
> ③ 지하층의 계단 및 경사로는 별도로 하나의 경계구역으로 할 것(지하층의 층수가 1일 경우는 제외)

3) 총 경계구역의 수

면적별 경계구역(9경계구역) + 수직경계구역(3경계구역) = 12경계구역

4) P형 수신기 : 15회로용 수신기

P형 수신기는 5회로 단위로 생산되므로 15회로용 수신기 선정

✏️ P형 수신기 회로수 산정
- 회로수를 물어보는 경우 : 산출된 회로수
- 몇 회로용인지를 물어보는 경우 : 반드시 5회로 단위로 답할 것

06 정온식 감지선형 감지기는 외피에 공칭작동온도를 색상으로 나타내고 있다. 색상별 공칭작동온도를 쓰시오. [5점]

색상	백색	청색	적색
공칭작동온도			

해답

색상	백색	청색	적색
공칭작동온도	80[℃] 이하	80[℃] 이상 120[℃] 이하	120[℃] 이상

해설 정온식 감지선형 감지기에는 외피에 다음의 구분에 의한 공칭작동온도의 색상을 표시할 것
① 공칭작동온도가 80[℃] 이하인 것은 백색
② 공칭작동온도가 80[℃] 이상 120[℃] 이하인 것은 청색
③ 공칭작동온도가 120[℃] 이상인 것은 적색

✏️ "② 공칭작동온도가 80[℃] 이상 120[℃] 이하인 것은 청색"의 부분은 80[℃] 초과 120[℃] 미만 등으로 수정되어야 하나 현재 형식승인 및 제품검사의 기술기준에서 상기와 같이 되어 있으므로 그대로 답을 쓰도록 할 것

정온식 방폭구조인 감지기	정온식 감지선형 감지기

07 다음은 자동화재탐지설비의 평면도이다. 도면을 보고 다음 각 물음에 답하시오. [9점]

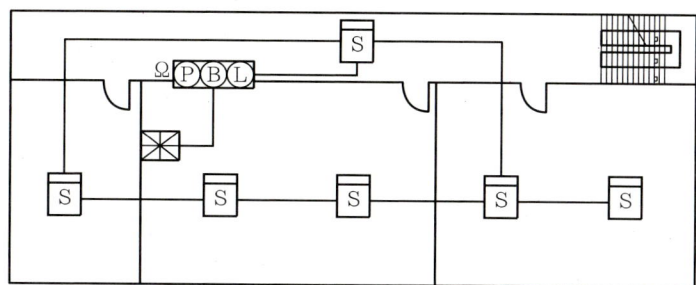

1) 배선의 가닥수를 평면도상에 표기하시오.
2) 다음의 도표상에 명시한 자재를 시공하는 데 필요한 노무비를 주어진 품셈표를 적용하여 산출하시오.(단, 노무비는 수량, 공량, 노임단가의 빈칸을 채우고 산출하며, 층고는 3.5[m]이고, 내선전공의 노임단가는 105,000원을 적용한다.)

품명	규격	단위	수량	공량	노임단가[원]	노무비[원]
감지기	연기감지기	개				
발신기	P형	개				
표시등	DC 24[V]	개				
경종	DC 24[V]	개				
전선관	16C	[m]	76	0.08		
전선	HFIX 1.5[mm²]	[m]	208	0.01		
전선관	28C	[m]	7	0.14		
전선	HFIX 2.5[mm²]	[m]	77	0.01		
P형 수신기	5회로	대				
소계	—	—	—	—	—	

[품셈표]

공종	단위	내선전공	비고
연기감지기	개	0.13	① 천장높이 4[m] 기준 1[m] 증가 시마다 5[%] 가산 ② 매입형 또는 특수구조인 경우 조건에 따라 선정
시험기 (공기관 포함)	개	0.15	① 상동 ② 상동
분포형의 공기관	[m]	0.025	① 상동 ② 상동
검출기	개	0.30	
공기관식의 Booster	개	0.10	
발신기 P형	개	0.30	1급(방수형)

공종	단위	내선전공	비고
회로시험기	개	0.10	
수신기 P형(기본공수) (회선수 공수 산출 가산요)	대	6.0	[회선수에 대한 산정] 매 1회선에 대해서 | 형식 \ 직종 | 내선전공 | |---|---| | P형 | 0.3 | | R형 | 0.2 | ※ R형은 수신반 인입감시 회선수 기준 [참고] 산정 예 P형의 10회선 : 기본공수는 6인 회선당 할증수는 10×0.3=3 ∴ 6+3=9인
부수신기(기본공수)	대	3.0	
소화전 기동 릴레이	대	1.5	
경종	개	0.15	
표시등	개	0.20	
표지판	개	0.15	

해답

1)

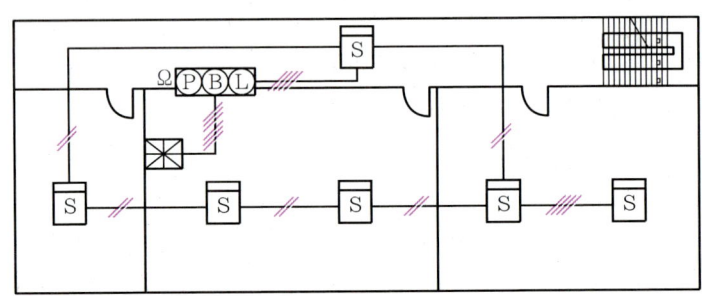

2)

품명	규격	단위	수량	공량	노임단가[원]	노무비[원]
감지기	연기감지기	개	6	0.13	105,000	6×0.13×105,000 =81,900
발신기	P형	개	1	0.3	105,000	1×0.3×105,000 =31,500
표시등	DC 24[V]	개	1	0.2	105,000	1×0.2×105,000 =21,000
경종	DC 24[V]	개	2	0.15	105,000	2×0.15×105,000 =31,500
전선관	16C	[m]	76	0.08	105,000	76×0.08×105,000 =638,400

품명	규격	단위	수량	공량	노임단가[원]	노무비[원]
전선	HFIX 1.5[mm²]	[m]	208	0.01	105,000	208 × 0.01 × 105,000 = 218,400
전선관	28C	[m]	7	0.14	105,000	7 × 0.14 × 105,000 = 102,900
전선	HFIX 2.5[mm²]	[m]	77	0.01	105,000	77 × 0.01 × 105,000 = 80,850
P형 수신기	5회로	대	1	6 + (1 × 0.3) = 6.3	105,000	6 + (1 × 0.3) × 105,000 = 661,500
소계	−	−	−	−	−	1,867,950

해설

1) 배선의 가닥수
   ① 감지기~감지기, 감지기~발신기 간(송배선방식)
   - 루프된 곳 : 2가닥
   - 그 밖의 것 : 4가닥
   ② 발신기~수신기 간
   - 발신기세트 단독형(기본 6가닥)
     회로선, 공통선, 경종선, 표시등선, 경종·표시등공통선, 응답선

2) 노무비 산출
   ① 연기감지기
   - 수량 : 도면에서 연기감지기의 수량(6개)
   - 공량 : 주어진 품셈표에서 연기감지기의 공량(0.13인)
   - 노임단가 : 문제의 조건에서(105,000원)
   - 노무비 = 수량 × 공량 × 노임단가(105,000원)
     = 6 × 0.13 × 105,000 = 81,900원
   ② 발신기
   - 수량 : 도면에서 발신기세트 단독형 내부에 발신기(1개)
   - 나머지 계산방법은 연기감지기와 동일
   ③ 표시등
   - 수량 : 도면에서 발신기세트 단독형 내부에 표시등(1개)
   - 나머지 계산방법은 연기감지기와 동일
   ④ 경종
   - 수량 : 도면에서 발신기세트 단독형 내부에 지구경종(1개), 수신기 내부에 주경종(1개), 총 2개 필요
   - 나머지 계산방법은 연기감지기와 동일
   ⑤ 전선관, 전선
     노무비 = 수량 × 공량 × 노임단가(105,000원)

⑥ P형 수신기
- P형(기본공수) : 품셈표에서 6.0인/대
- 회선수에 대한 할증
  회선수 : 평면도의 발신기세트에 종단저항 1개이므로 1회로
  할증 : 1회로×0.3
- P형 수신기(5회로용)를 1회로만 사용 시 공량=6+(1×0.3)
- 노무비=수량×공량×노임단가(105,000원)={6+(1×0.3)}×105,000=661,500원
⑦ 소계 : 노무비 전체를 합산
  81,900+31,500+21,000+31,500+638,400+218,400+102,900+80,850+661,500
  =1,867,950원

08 도면은 기동용 수압개폐장치를 사용하는 옥내소화전설비의 옥내소화전함에 내장된 P형 발신기 세트를 설치한 계통도이다. 도면을 보고 다음 각 물음에 답하시오. [9점]

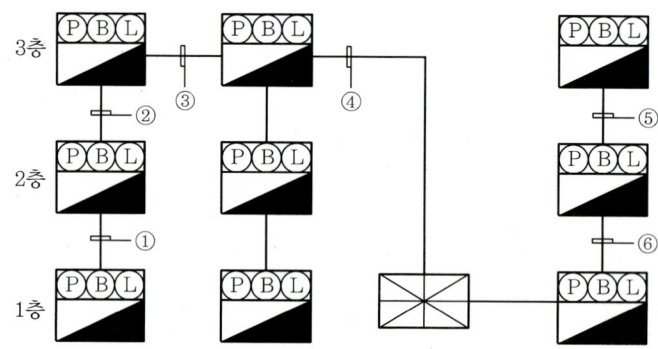

1) 계통도에서 ①~⑥의 전선가닥수를 산출하시오.

번호	①	②	③	④	⑤	⑥
가닥수						

2) 종단에 설치되는 감지기에 접속되는 배선의 전압은 감지기 정격전압의 몇 [%] 이상이어야 하는지 쓰시오.
3) 감지기회로의 전로저항은 몇 [Ω] 이하이어야 하는지 쓰시오.
4) 감지기회로의 종단저항의 설치목적을 쓰시오.

해답 1)

번호	①	②	③	④	⑤	⑥
가닥수	8	10	12	15	8	10

2) 80[%] 이상
3) 50[Ω] 이하
4) 도통시험을 용이하게 하기 위하여

[해설] 1)

번호	가닥수 합계	배선의 용도						
		회로선	회로 공통선	경종선	표시등선	경종 · 표시등 공통선	응답선	기동 확인 표시등
①	8	1	1	1	1	1	1	2
②	10	2	1	2	1	1	1	2
③	12	3	1	3	1	1	1	2
④	15	6	1	3	1	1	1	2
⑤	8	1	1	1	1	1	1	2
⑥	10	2	1	2	1	1	1	2

2), 3) 자동화재탐지설비의 배선
  ① 종단 감지기에 접속되는 배선의 전압 : 정격전압의 80[%] 이상
  ② 자동화재탐지설비의 감지기회로의 전로저항 : 50[Ω] 이하
  ③ 감지기회로 하나의 공통선에 접속할 수 있는 경계구역 : 7개 이하

$$공통선의 가닥수 = \frac{회로수(경계구역수)}{7} (소수점 이하 절상)$$

  ④ 절연저항 : 감지기회로 및 부속회로의 전로와 대지 사이 및 배선 상호 간을 직류 250[V]의 절연저항측정기로 측정하여 0.1[MΩ] 이상이 되도록 할 것
  ⑤ 감지기 사이의 회로의 배선은 송배선식으로 할 것

4) 송배선식 배선회로
  ① 정의 : 배선의 도중에서 분기하지 않고 결선하는 방식
  ② 송배선식의 목적 : 도통시험을 용이하게 하기 위하여
  ③ 종단저항의 설치목적 : 도통시험을 용이하게 하기 위하여
  ④ 송배선식 적용설비 : 자동화재탐지설비, 제연설비

09 감지기회로의 배선에 대한 다음 각 물음에 답하시오. [6점]

1) 송배선식에 대하여 설명하시오.
2) 송배선식의 적용설비를 2가지만 쓰시오.
  •
  •

3) 교차회로의 방식에 대하여 설명하시오.
4) 교차회로방식의 적용설비를 5가지만 쓰시오.
  •   •
  •   •
  •

해답

1) 도통시험을 용이하게 하기 위하여 배선의 도중에서 분기하지 않고 결선하는 방식
2) • 자동화재탐지설비
   • 제연설비
3) 하나의 담당구역 내에 2 이상의 화재감지기회로를 설치하고 인접한 2 이상의 화재감지기가 동시에 감지되는 때에 설비가 작동하는 방식
4) • 이산화탄소소화설비
   • 할론소화설비
   • 분말소화설비
   • 할로겐화합물 및 불활성기체 소화설비
   • 준비작동식 스프링클러설비

해설

1), 2) 송배선식 배선회로(송배전식 → 송배선식으로 용어 개정)
   ① 정의 : 배선의 도중에서 분기하지 않고 결선하는 방식
   ② 송배선식의 목적 : 도통시험을 용이하게 하기 위하여
   ③ 종단저항의 설치목적 : 도통시험을 용이하게 하기 위하여
   ④ 송배선식 적용설비 : 자동화재탐지설비, 제연설비

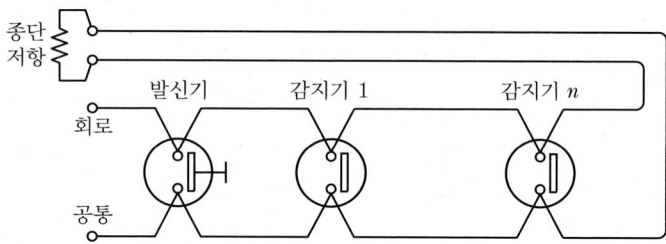

3), 4) 교차회로방식
   ① 정의
      하나의 담당구역 내에 2 이상의 화재감지기회로를 설치하고 인접한 2 이상의 화재감지기가 동시에 감지되는 때에 설비가 작동하는 방식
   ② 목적
      감지기 오동작에 의한 설비의 작동을 방지하기 위하여
   ③ 적용설비
      • 이산화탄소소화설비
      • 할론소화설비
      • 분말소화설비
      • 할로겐화합물 및 불활성기체 소화설비
      • 준비작동식 스프링클러설비
      • 일제살수식 스프링클러설비

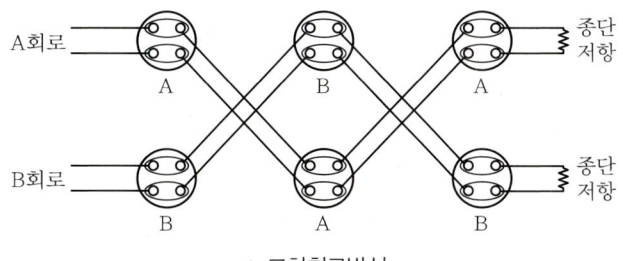

▲ 교차회로방식

> **Reference**
>
> 송배선식과 교차회로방식의 가닥수 산정방법
>
> | 송배선방식 | 교차회로방식 |
> | --- | --- |
> | • 루프된 곳 : 2가닥
• 그 밖의 것 : 4가닥 | • 루프된 곳 : 4가닥
• 말단감지기 : 4가닥
• 그 밖의 것 : 8가닥 |

10 다음은 비상경보설비 및 단독경보형 감지기의 화재안전기술기준에 따른 단독경보형 감지기의 설치기준이다. ( ) 안에 알맞은 내용을 쓰시오. [6점]

- 각 실마다 설치하되, 바닥면적이 (①)[m²]를 초과하는 경우에는 (②)[m²]마다 1개 이상 설치할 것. 이웃하는 실내의 바닥면적이 각각 (③)[m²] 미만이고, 벽체의 상부의 전부 또는 일부가 개방되어 이웃하는 실내와 공기가 상호 유통되는 경우에는 이를 (④)개의 실로 본다.
- 최상층의 (⑤)의 천장(외기가 상통하는 계단실의 경우를 제외한다)에 설치할 것
- 상용전원을 주전원으로 사용하는 단독경보형 감지기의 (⑥)는 법 제40조에 따라 제품검사에 합격한 것을 사용할 것

해답
① 150 ② 150 ③ 30
④ 1 ⑤ 계단실 ⑥ 2차 전지

해설 단독경보형 감지기의 설치기준
① 각 실(이웃하는 실내의 바닥면적이 각각 30[m²] 미만이고 벽체의 상부의 전부 또는 일부가 개방되어 이웃하는 실내와 공기가 상호 유통되는 경우에는 이를 1개의 실로 본다)마다 설치하되, 바닥면적이 150[m²]를 초과하는 경우에는 150[m²]마다 1개 이상 설치할 것
② 최상층의 계단실의 천장(외기가 상통하는 계단실의 경우를 제외한다)에 설치할 것
③ 건전지를 주전원으로 사용하는 단독경보형 감지기는 정상적인 작동상태를 유지할 수 있도록 건전지를 교환할 것
④ 상용전원을 주전원으로 사용하는 단독경보형 감지기의 2차 전지는 법 제40조에 따라 제품검사에 합격한 것을 사용할 것

11 다음은 전실제연설비의 계통도이다. 조건을 보고 다음 표의 구분에 따라 사용전선의 배선수와 소요명세내역을 쓰시오. [5점]

[조건]
- 모든 댐퍼는 모터구동방식이며, 댐퍼는 자동으로 복구되는 형식을 사용한다.
- 급기댐퍼 및 배기댐퍼의 기동은 층별로 동시에 기동되는 방식으로 한다.
- 제어반은 MCC 전원 감시기능이 있는 것으로 한다.
- 그 밖의 사항은 화재안전기술기준에 의한다.

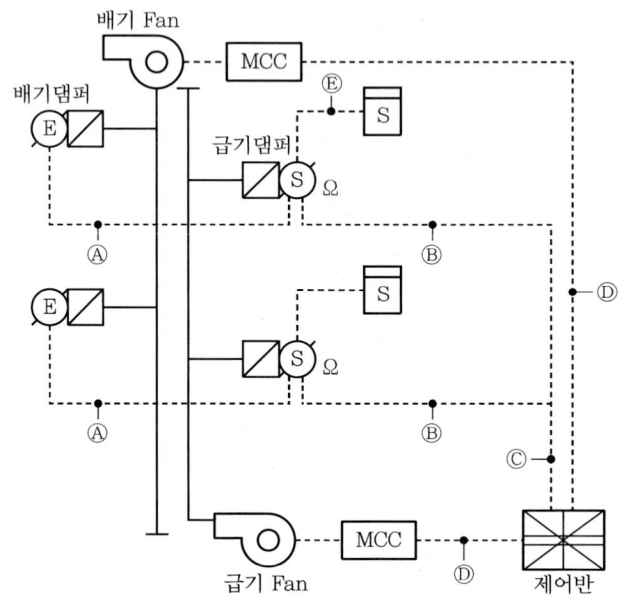

기호	구분	배선수	배선내역
Ⓐ	급기댐퍼 ↔ 배기댐퍼		
Ⓑ	제어반 ↔ 급기댐퍼		
Ⓒ	2 Zone일 경우		
Ⓓ	MCC ↔ 수신반		
Ⓔ	급기댐퍼 ↔ 연기감지기		

해답

기호	구분	배선수	배선내역
Ⓐ	급기댐퍼 ↔ 배기댐퍼	4	전원⊕, 전원⊖, 배기기동, 배기확인
Ⓑ	제어반 ↔ 급기댐퍼	7	전원⊕, 전원⊖, 감지기회로, 기동, 급기확인, 배기확인, 수동기동확인
Ⓒ	2 Zone일 경우	12	전원⊕, 전원⊖, 감지기회로2, 기동2, 급기확인2, 배기확인2, 수동기동확인2
Ⓓ	MCC ↔ 수신반	5	기동, 정지, 공통, 기동표시등, 전원표시등
Ⓔ	급기댐퍼 ↔ 연기감지기	4	회로2, 공통2

해설 ⊕ Ⓐ 급기댐퍼~배기댐퍼 : 4가닥
① 모터방식이므로 전원⊕, 전원⊖가 기본으로 들어간다.
② 배기기동 : 배기댐퍼를 개방한다.
③ 배기확인 : 배기댐퍼가 개방되면 제어반에 배기댐퍼 개방확인신호를 전송한다.

Ⓑ 제어반~급기댐퍼(1개층 1 Zone)
① 기동 : 조건에서 급기댐퍼 및 배기댐퍼의 기동은 층별로 동시에 기동되는 방식이므로 기동선은 1가닥을 사용하여 동일층의 급기댐퍼와 배기댐퍼를 동시 개방한다.
② 수동기동확인 : 기동회로가 1개이므로 수동기동확인도 층당 1가닥만 적용한다.

Ⓒ 제어반~급기댐퍼(2개층 2 Zone)
① Zone이 증가하여도 전원⊕, 전원⊖의 가닥수는 증가하지 않는다.
② Zone이 증가할 때마다 증가 : 감지기회로, 기동, 급기확인, 배기확인, 수동기동확인

Ⓓ 제어반~MCC
① 제어반에서 MCC의 전원을 감시하는 경우 : 5가닥
  기동, 정지, 공통, 기동표시등, 전원표시등
② 제어반에서 MCC 전원의 감시가 되지 않는 경우 : 4가닥
  기동2, 기동확인2

Ⓔ 급기댐퍼~연기감지기
① 종단저항이 급기댐퍼 내부에 있으므로 : 4가닥(회로2, 공통2)
  급기댐퍼에서 회로, 공통선이 출발하여 감지기에 결선한 후 다시 돌아와서 급기댐퍼에 종단저항을 결선한다.
② 종단저항이 연기감지기에 설치된 경우 : 2가닥(회로1, 공통1)

✎ 복구선의 적용
• 수동복구방식 : 복구스위치선 1가닥
• 자동복구방식 : 복구스위치선 적용 안 함

12 자동화재탐지설비 및 시각경보장치의 화재안전기술기준에서 정하는 자동화재탐지설비의 감지기를 설치하지 않는 장소에 대해 5가지를 쓰시오. [5점]

•
•
•
•
•

해답
- 부식성 가스가 체류하고 있는 장소
- 목욕실·욕조나 샤워시설이 있는 화장실·기타 이와 유사한 장소
- 먼지·가루 또는 수증기가 다량으로 체류하는 장소 또는 주방 등 평시에 연기가 발생하는 장소(연기감지기에 한함)
- 헛간 등 외부와 기류가 통하는 장소로서 감지기에 따라 화재 발생을 유효하게 감지할 수 없는 장소
- 파이프 덕트 등 그 밖의 이와 비슷한 것으로서 2개층마다 방화구획된 것이나 수평단면적이 5[m²] 이하인 것

해설 감지기를 설치하지 아니할 수 있는 장소기준
① 천장 또는 반자의 높이가 20[m] 이상인 장소(다만, 제1항 단서 각 호의 감지기로서 부착높이에 따라 적응성이 있는 장소는 제외)
② 헛간 등 외부와 기류가 통하는 장소로서 감지기에 따라 화재 발생을 유효하게 감지할 수 없는 장소
③ 부식성 가스가 체류하고 있는 장소
④ 고온도 및 저온도로서 감지기의 기능이 정지되기 쉽거나 감지기의 유지관리가 어려운 장소
⑤ 목욕실·욕조나 샤워시설이 있는 화장실·기타 이와 유사한 장소
⑥ 파이프 덕트 등 그 밖의 이와 비슷한 것으로서 2개층마다 방화구획된 것이나 수평단면적이 5[m²] 이하인 것
⑦ 먼지·가루 또는 수증기가 다량으로 체류하는 장소 또는 주방 등 평시에 연기가 발생하는 장소(연기감지기에 한함)
⑧ 프레스공장·주조공장 등 화재 발생의 위험이 적은 장소로서 감지기의 유지관리가 어려운 장소

13 다음은 스프링클러 설비의 블록다이어그램이다. 각 구성요소 간 배선을 다음의 보기를 이용하여 표시하시오. [5점]

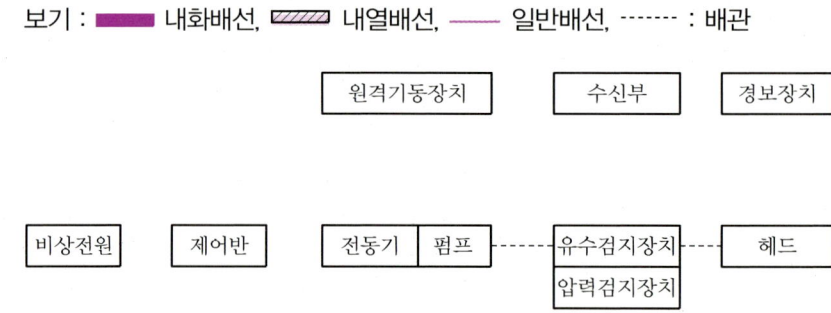

해답

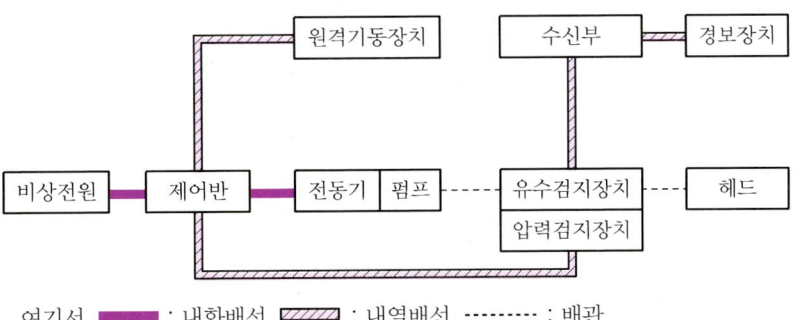

해설 1) 스프링클러설비의 화재안전기술기준(NFTC 103 2.11) 배선 등
① 내화배선
비상전원으로부터 동력제어반 및 가압송수장치에 이르는 전원회로배선은 내화배선으로 할 것
② 내화배선 또는 내열배선
상용전원으로부터 동력제어반에 이르는 배선, 그 밖의 스프링클러설비의 감시・조작 또는 표시등회로의 배선은 내화배선 또는 내열배선으로 할 것

여기서, ▬▬ : 내화배선, ▨▨ : 내열배선, ------ : 배관

2) 옥내소화전설비
① 내화배선 : 비상전원 → 동력제어반 → 가압송수장치(펌프)
② 내화 또는 내열배선 : 상용전원 → 동력제어반, 감시, 조작, 표시등회로

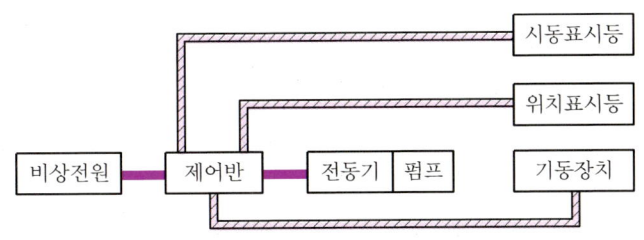

여기서, ▬▬ : 내화배선, ▨▨ : 내열배선

3) 자동화재탐지설비의 배선
　① 전원회로의 배선 : 내화배선
　② 그 밖의 배선 : 내화배선 또는 내열배선
　③ 감지기 상호 간 또는 감지기로부터 수신기에 이르는 감지기회로의 배선
　　• 아날로그식, 다신호식 감지기 및 R형 수신기용 : 전자파 방해를 받지 아니하는 실드선
　　• 그 밖의 일반배선 : 내화배선 또는 내열배선

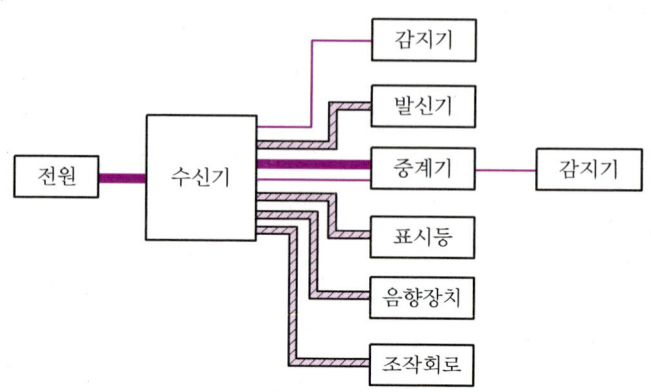

여기서, ■■■ : 내화배선, ▨▨▨ : 내열배선, ──── : 일반배선

4) 가스계 소화설비(CO_2, 할론, 분말, 할로겐화합물 및 불활성기체 소화설비)의 배선
　① 전원회로의 배선 : 내화배선
　② 그 밖의 배선 : 내화배선 또는 내열배선
　③ 감지기 상호 간 또는 감지기로부터 수신기에 이르는 감지기회로의 배선
　　• 아날로그식, 다신호식 감지기 및 R형 수신기용 : 전자파 방해를 받지 아니하는 실드선
　　• 그 밖의 일반배선 : 내화배선 또는 내열배선

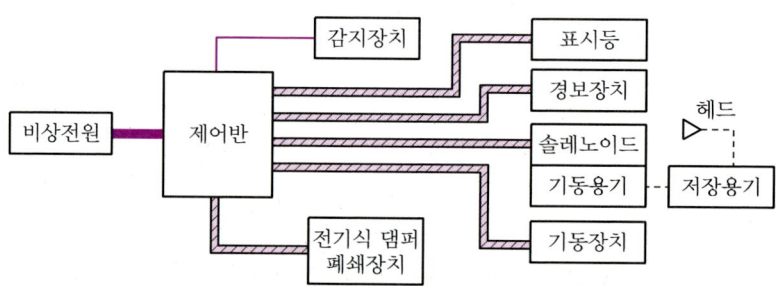

여기서, ■■■ : 내화배선, ▨▨▨ : 내열배선, ──── : 일반배선, ------ : 배관

14 다음 그림과 같은 유접점 시퀀스 회로에 대해 각 물음에 답하시오. [6점]

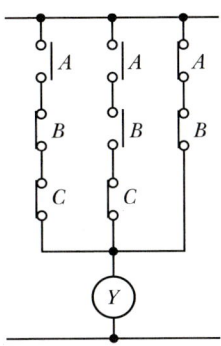

1) 유접점 시퀀스 회로에 대한 논리식을 가장 간단하게 표현하시오.
2) 1)에서 구한 논리식으로 무접점 논리회로를 작성하시오.

해답

1) $Y = A\overline{B}\,\overline{C} + AB\overline{C} + \overline{A}\,\overline{B}$
$= A\overline{C}(\overline{B}+B) + \overline{A}\,\overline{B}$
$= A\overline{C} + \overline{A}\,\overline{B}$

답 $Y = \overline{A}\,\overline{B} + A\overline{C}$

2)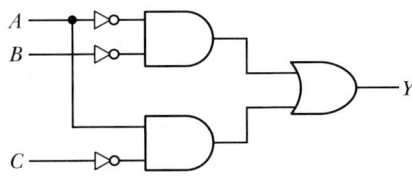

해설

1) 논리식
① $A, \overline{B}, \overline{C}$ 가 직렬로 묶여 있으므로 : $(A \cdot \overline{B} \cdot \overline{C})$
② $A, B, \overline{C}$ 가 직렬로 묶여 있으므로 : $(A \cdot B \cdot \overline{C})$
③ $\overline{A}, \overline{B}$ 가 직렬로 묶여 있으므로 : $(\overline{A} \cdot \overline{B})$
④ 출력 Y는 ①, ②, ③이 병렬로 묶여 있으므로
$Y = A\overline{B}\,\overline{C} + AB\overline{C} + \overline{A}\,\overline{B}$
⑤ 간소화
$Y = A\overline{B}\,\overline{C} + AB\overline{C} + \overline{A}\,\overline{B}$ ($A\overline{C}$로 묶으면)
$= A\overline{C}(\overline{B}+B) + \overline{A}\,\overline{B}$ [$(\overline{B}+B) = 1$이므로]
$= A\overline{C} + \overline{A}\,\overline{B}$ (위치를 교환하면)
$Y = \overline{A}\,\overline{B} + A\overline{C}$

✏️ 참고 : 유접점 시퀀스 회로에서 b접점에 바(Bar)가 써 있지 않더라도 논리식을 만들 때 b접점은 반드시 바(Bar)를 붙여야 한다.

2)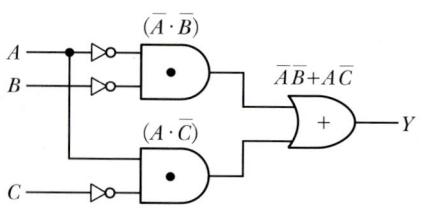

> **Reference**
>
> **시퀀스 제어의 기본용어**
>
> ① 0과 1의 의미
>
> | 구분 | 내용 | 스위치 상태 |
> |---|---|---|
> | 0 | 스위치 개방상태
출력이 없는 상태 | a접점 |
> | 1 | 스위치 폐로상태
출력이 발생하는 상태 | b접점 |
>
> ② (+)와 (·)의 의미
>
> | 구분 | 내용 | 종류 | 논리식 | 논리회로 |
> |---|---|---|---|---|
> | + | 병렬회로를 의미 | OR 회로 | $X=(A+B)$ | |
> | · | 직렬회로를 의미 | AND 회로 | $X=(A \cdot B)$ | |
>
> ③ 부정의 의미(NOT 회로)
>
> 입력과 출력이 반대로 되는 회로 : $A \circ\!\!-\!\!\triangleright\!\circ\!-\!\circ X$
>
> | 부정 전 | 0 | 1 | + | · | A | $\overline{A}$ |
> |---|---|---|---|---|---|---|
> | 부정 후 | 1 | 0 | · | + | $\overline{A}$ | A |

15 그림과 같은 공장의 건축 평면도에 자동화재탐지설비를 설계하고자 한다. 주어진 조건을 이용하여 다음 각 물음에 답하시오. [8점]

[조건]
① 하나의 경계구역은 600[m²] 이내로 한다.
② 바닥으로부터 천장의 높이는 10[m]이다.
③ 방재실에 사용되는 감지기는 공장 내의 감지기와 연결한다.
④ 각 발신기세트에 연결되는 공장 내부의 감지기는 동일한 수량으로 한다.

[평면도]

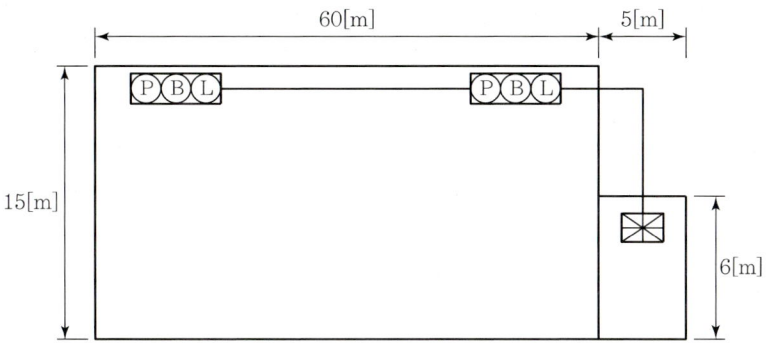

1) 해당 공장에 연기감지기를 제외하고 사용 가능한 감지기를 종류별로 2가지만 쓰시오.
   -
   -

2) 해당 공장의 평면도에 설치하여야 할 연기감지기의 개수를 산정하시오.
   ① 공장
   - 계산과정 :
   - 답 :
   ② 방재실
   - 계산과정 :
   - 답 :

3) 주어진 평면도에 감지기를 그려 넣고 감지기와 감지기 간, 감지기와 발신기 간, 발신기세트와 발신기세트 간, 발신기세트와 수신기 간의 전선가닥수를 표기하시오.

해답 1) • 차동식 분포형 감지기
   • 불꽃감지기

2) ① 공장
   • 계산과정

$$경계구역수 = \frac{(60 \times 15)}{600} = \frac{900}{600} = 1.5 ≒ 2경계구역$$

$$1경계구역의 면적 = \frac{900}{2} = 450[m^2]$$

(조건 ④에 의해서 공장 내 경계구역의 면적을 동일하게 나눈다.)

1경계구역당 연기감지기의 개수 : $\frac{450}{75} = 6개$

공장에 설치해야 할 연기감지기의 개수 : 6개 × 2경계구역 = 12개

- 답 12개

② 방재실
- 계산과정

  연기감지기의 개수 = $\frac{(5 \times 6)}{75} = 0.4 ≒ 1개$

- 답 1개

3)
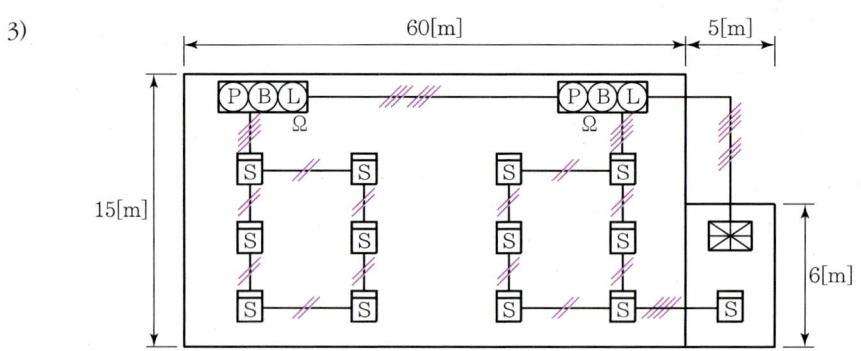

해설 ❶ 1) **부착높이별 적응성 감지기의 종류**

부착높이	감지기의 종류
8[m] 이상 15[m] 미만	• 광전식(스포트형, 분리형, 공기흡입형) 1종 또는 2종 • 연기복합형 • 이온화식 1종 또는 2종 • 불꽃감지기 • 차동식 분포형
15[m] 이상 20[m] 미만	• 광전식(스포트형, 분리형, 공기흡입형) 1종 • 연기복합형 • 이온화식 1종 • 불꽃감지기
20[m] 이상	• 불꽃감지기 • 광전식(분리형, 공기흡입형) 중 아날로그방식
비고	부착높이 20[m] 이상에 설치하는 광전식 중 아날로그방식의 감지기는 공칭감지농도 하한값이 감광율 5[%/m] 미만인 것으로 한다.

① 조건에서 바닥으로부터 천장의 높이는 10[m]이므로 설치 가능한 감지기는 광전식(스포트형, 분리형, 공기흡입형) 1종 또는 2종, 연기복합형, 이온화식 1종 또는 2종, 불꽃감지기, 차동식 분포형이다.

② 문제에서 연기감지기는 제외하라고 하였으므로 불꽃감지기, 차동식 분포형이다.

2) 연기감지기의 개수 산정

① 공장

- 경계구역수 $= \dfrac{(60 \times 15)}{600} = \dfrac{900}{600} = 1.5 ≒ 2$ 경계구역

- 1경계구역의 면적 $= \dfrac{900}{2} = 450[\text{m}^2]$

(조건 ④에 의해서 공장 내 경계구역의 면적을 동일하게 나눈다.)

- 1경계구역당 연기감지기의 개수 : $\dfrac{450}{75} = 6$ 개

▼ 부착높이에 따른 연기감지기 1개의 기준면적

부착높이	감지기의 종류	
	1종, 2종	3종
4[m] 미만	150[m²]	50[m²]
4[m] 이상 20[m] 미만	75[m²]	—

✎ 연기감지기의 종별이 주어지지 않는 경우 2종을 선택한다.

- 공장에 설치해야 할 연기감지기의 개수 : 6개 × 2경계구역 = 12개

② 방재실

연기감지기의 개수 $= \dfrac{(5 \times 6)}{75} = 0.4 ≒ 1$ 개

3) 감지기 배치 및 가닥수 표기

① 감지기~감지기 간, 감지기~발신기 간(송배선방식)

- 루프된 곳 : 2가닥
- 그 밖의 것 : 4가닥

② 발신기~발신기 간

- 발신기세트 단독형(1 Zone) : 6가닥

회로선1, 공통선1, 경종선1, 표시등선1, 경종·표시등공통선1, 응답선1

③ 발신기~수신기 간

- 발신기세트 단독형(2 Zone) : 7가닥

회로선2, 공통선1, 경종선1, 표시등선1, 경종·표시등공통선1, 응답선1

④ 감지기의 배치

- 공장 내부 : 조건 ④에 의해 발신기당 동일하게 6개씩 배치
- 방재실 : 조건 ③에 의해 공장 내부 감지기에 연결

16 비상콘센트의 비상전원으로 자가발전설비나 비상전원수전설비를 설치하지 않아도 되는 경우 2가지를 쓰시오. [5점]

-
-

해답
- 둘 이상의 변전소에서 전력을 동시에 공급받을 수 있는 경우
- 하나의 변전소로부터 전력의 공급이 중단되는 때에는 자동으로 다른 변전소로부터 전력을 공급받을 수 있도록 상용전원을 설치한 경우

해설 비상콘센트의 전원
1) 상용전원회로의 배선
   ① 저압수전인 경우에는 인입개폐기의 직후
   ② 고압수전 또는 특고압수전인 경우에는 전력용 변압기 2차 측의 주차단기 1차 측 또는 2차 측에서 분기하여 전용배선으로 할 것

2) 비상전원
   ① 비상전원 설치대상
   - 지하층을 제외한 층수가 7층 이상으로서 연면적이 2,000[m²] 이상
   - 지하층의 바닥면적의 합계가 3,000[m²] 이상인 특정소방대상물
   ② 비상전원의 종류 : 자가발전설비, 축전지설비, 비상전원수전설비, 전기저장장치
   ③ 비상전원의 제외대상
   - 둘 이상의 변전소에서 전력을 동시에 공급받을 수 있는 경우
   - 하나의 변전소로부터 전력의 공급이 중단되는 때에는 자동으로 다른 변전소로부터 전력을 공급받을 수 있도록 상용전원을 설치한 경우

Reference
비상콘센트설비의 절연저항 및 절연내력
① 절연저항(전원부와 외함 사이)
   500[V] 절연저항계로 측정할 때 20[MΩ] 이상일 것
② 절연내력(전원부와 외함 사이)
   - 정격전압 150[V] 이하 : 1,000[V]의 실효전압을 가하여 1분 이상 견딜 것
   - 정격전압 150[V] 초과 : '(정격전압 × 2) + 1,000[V]' 실효전압을 가하는 시험에서 1분 이상 견딜 것

2016년 제2회(2016. 6. 26)

01 비상전원으로 자가발전설비를 설치하고자 한다. 기동용량은 700[kVA], 허용전압강하는 20[%], 과도리액턴스는 25[%]일 때 다음 각 물음에 답하시오. [5점]

1) 발전기 정격용량은 몇 [kVA] 이상의 것을 선정하여야 하는지 산출하시오.
   - 계산과정 :
   - 답 :

2) 발전기용 차단기의 차단용량은 몇 [MVA] 이상의 것을 선정하여야 하는지 산출하시오.(단, 차단용량의 여유율은 25[%]로 한다.)
   - 계산과정 :
   - 답 :

해답

1) • 계산과정

$$P_n = P \cdot X_d \left(\frac{1}{e} - 1\right) [\text{kVA}]$$

$$P_n = 700 \times 0.25 \times \left(\frac{1}{0.2} - 1\right) = 700 [\text{kVA}]$$

  • 답 700[kVA] 이상

2) • 계산과정

$$P_s = \frac{P_n}{X_d} \times 1.25 [\text{kVA}]$$

$$P_s = \frac{700}{0.25} \times 1.25 = 3,500 [\text{kVA}] = 3.5 [\text{MVA}]$$

  • 답 3.5[MVA]

해설 1) 자가발전기의 용량

$$P_n = P \cdot X_d \left(\frac{1}{e} - 1\right) [\text{kVA}]$$

여기서, P_n : 발전기의 정격용량[kVA], P : 기동용량[kVA], X_d : 과도리액턴스, e : 허용전압강하[V]

2) 발전기용 차단기의 차단용량

$$P_s = \frac{P_n}{X_d} \times 1.25 [\text{kVA}]$$

여기서, P_s : 차단용량[kVA], P_n : 발전기의 정격용량[kVA], X_d : 과도리액턴스

02 1층 수위실에 있는 수신기를 지하 1층의 방재실로 이설하고자 한다. 수신기의 전원선은 배선전용실(EPS Room)을 이용하여 시공하고자 할 때 다음의 물음에 답하시오. [5점]

1) 수신기의 전원선을 수납하는 배선방법을 쓰시오.
2) 사용 가능한 전선관의 종류를 모두 쓰시오.
3) 배선전용실에 전원선을 시공하고자 할 경우 관련된 기준을 3가지 쓰시오.
 -
 -
 -

해답 1) 내화배선
2) 금속관, 2종 금속제 가요전선관, 합성 수지관
3) • 배선을 내화성능을 갖는 배선전용실 또는 배선용 샤프트 · 피트 · 덕트 등에 설치할 것
   • 배선전용실 등에 다른 설비의 배선이 있는 경우 다른 배선과 15[cm] 이상 이격할 것
   • 배선전용실 등에 다른 설비의 배선이 있는 경우 배선지름(가장 큰 것)의 1.5배 이상의 높이의 불연성 격벽을 설치할 것

해설 1) 자동화재탐지설비의 배선
   ① 전원회로의 배선 : 내화배선
   ② 그 밖의 배선 : 내화배선 또는 내열배선
   ③ 감지기 상호 간 또는 감지기로부터 수신기에 이르는 감지기회로의 배선
      • 아날로그식, 다신호식 감지기 및 R형 수신기용 : 전자파 방해를 받지 아니하는 실드선
      • 그 밖의 일반배선 : 내화배선 또는 내열배선

④ 자동화재탐지설비 배선계통도

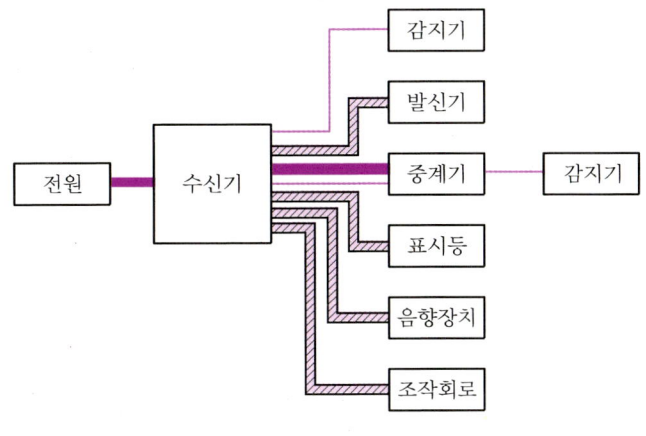

여기서, ■■■ : 내화배선, ▨▨▨ : 내열배선, ─── : 일반배선

2) 내화배선

사용전선의 종류	공사방법
1. 450/750[V] 저독성 난연 가교 폴리올레핀 절연 전선 2. 0.6/1[kV] 가교 폴리에틸렌 절연 저독성 난연 폴리올레핀 시스 전력 케이블 3. 6/10[kV] 가교 폴리에틸렌 절연 저독성 난연 폴리올레핀 시스 전력용 케이블 4. 가교 폴리에틸렌 절연 비닐 시스 트레이용 난연 전력 케이블 5. 0.6/1[kV] EP 고무절연 클로로프렌 시스 케이블 6. 300/500[V] 내열성 실리콘 고무 절연전선(180℃) 7. 내열성 에틸렌-비닐 아세테이트 고무 절연 케이블 8. 버스덕트(Bus Duct) 9. 기타 내화성능이 있다고 인정하는 것	금속관·2종 금속제 가요전선관 또는 합성 수지관에 수납하여 내화구조로 된 벽 또는 바닥 등에 벽 또는 바닥의 표면으로부터 25[mm] 이상의 깊이로 매설하여야 한다. 다만, 다음 기준에 적합하게 설치하는 경우에는 그러하지 아니하다. 1. 배선을 내화성능을 갖는 배선전용실 또는 배선용 샤프트·피트·덕트 등에 설치하는 경우 2. 배선전용실 또는 배선용 샤프트·피트·덕트 등에 다른 설비의 배선이 있는 경우에는 이로부터 15[cm] 이상 떨어지게 하거나 소화설비의 배선과 이웃하는 다른 설비의 배선 사이에 배선지름(배선의 지름이 다른 경우에는 가장 큰 것을 기준으로 한다)의 1.5배 이상의 높이의 불연성 격벽을 설치하는 경우
내화전선	케이블공사의 방법

03 옥상의 수조에 물을 올릴 때 사용되는 양수펌프에 대한 수동 및 자동운전을 할 수 있도록 다음의 조건을 참고하여 주회로와 제어회로를 완성하시오.(단, 회로 작성에 필요한 접점수는 최소수만 사용하며, 접점기호와 약호를 기입하시오.) [5점]

[기계기구 및 접점 사용조건]
- 배선용 차단기(MCCB) 1개
- 자동 · 수동 절환스위치(S/S) 1개
- 누름버튼스위치(PB-on) 1개
- 누름버튼스위치(PB-off) 1개
- 전자접촉기(MC) 1개
- 열동계전기(THR) 1개
- 플로트스위치(FS) 1개

[운전조건]
① 자동운전과 수동운전이 가능하도록 하여야 한다.
② 자동운전은 플로트스위치에 의하여 이루어지도록 한다.
③ 자동운전 시 열동계전기가 동작하면 전동기가 정지하도록 한다.
④ 수동운전인 경우에는 다음과 같이 동작되도록 한다.
- PB-on 스위치에 의하여 전자접촉기가 여자되어 전동기가 기동되도록 한다.
- PB-off 스위치에 의하여 전자접촉기가 소자되어 전동기가 정지되도록 한다.
- 전동기 운전 중 과부하가 발생되면 열동계전기가 동작되어 전동기가 정지되도록 한다.

[회로도]

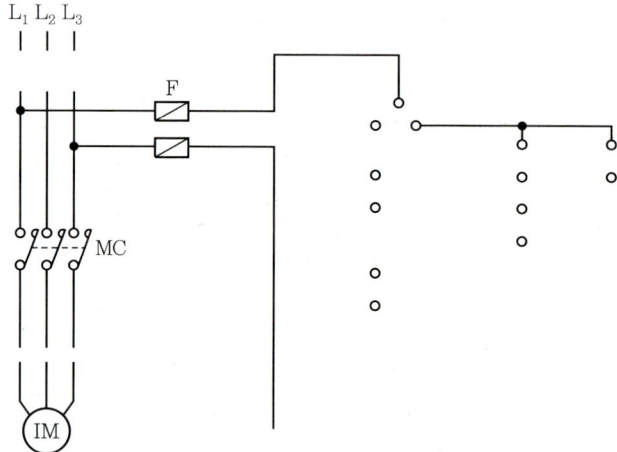

해답

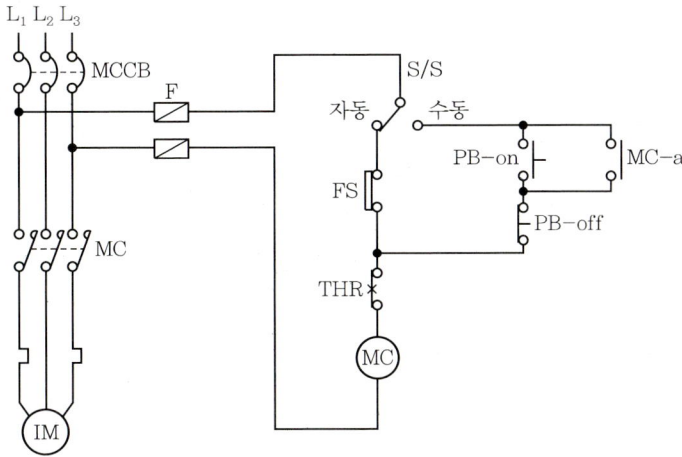

해설 동작설명

1) 자동운전

① MCCB 투입 후 절환스위치(S/S)를 자동상태로 돌린다.

② 저수위상태에서는 플로트스위치(FS)가 폐로상태가 되어 전자접촉기(MC)가 여자되고 MC 주접점이 폐로되어 전동기가 기동한다.

③ 수조에 수위가 만수위가 되면 플로트스위치(FS)가 개로되어 전자접촉기(MC)가 소자되고 MC 주접점이 개로되어 전동기가 정지한다.

2) 수동운전

① MCCB 투입 후 절환스위치(S/S)를 수동상태로 돌린다.

② PB-on 스위치를 누르면 전자접촉기(MC)가 여자되고 MC-a접점이 폐로되어 자기유지되며 MC 주접점이 폐로되어 전동기가 기동한다.

③ 전동기 운전 중 PB-off 스위치를 누르면 전자접촉기(MC)가 소자되고 MC 주접점이 개로되어 전동기가 정지한다.

④ 전동기 운전 중 과부하가 발생되면 열동계전기(THR-b)가 개로되어 전자접촉기(MC)가 소자되고 MC 주접점이 개로되어 전동기가 정지한다.

04 자동화재탐지설비 및 시각경보장치의 화재안전기술기준에서 정하는 광전식 분리형 감지기의 설치기준 중 ( ) 안에 알맞은 내용을 쓰시오. [5점]

- 감지기의 (①)은 햇빛을 직접 받지 않도록 설치할 것
- 광축은 나란한 벽으로부터 (②) 이상 이격하여 설치할 것
- 감지기의 송광부와 수광부는 설치된 (③)으로부터 1[m] 이내 위치에 설치할 것
- 광축의 높이는 천장 등 높이의 (④) 이상일 것
- 감지기의 광축의 길이는 (⑤) 범위 이내일 것

해답
① 수광면   ② 0.6[m]   ③ 뒷벽
④ 80[%]   ⑤ 공칭감시거리

해설
1) 광전식 분리형 감지기 설치기준
   ① 감지기의 **수광면은 햇빛을** 직접 받지 않도록 설치할 것
   ② 광축은 나란한 벽으로부터 **0.6[m] 이상** 이격하여 설치할 것
   ③ 감지기의 송광부와 수광부는 설치된 뒷벽으로부터 **1[m] 이내** 위치에 설치할 것
   ④ 광축의 높이는 천장 등 높이의 **80[%] 이상**일 것
   ⑤ 감지기의 광축의 길이는 **공칭감시거리** 범위 이내일 것
   ⑥ 그 밖의 설치기준은 형식승인 내용에 따르며 형식승인 사항이 아닌 것은 제조사의 시방에 따라 설치할 것

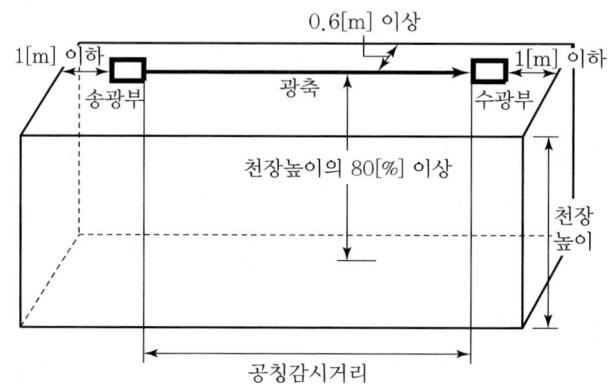

▲ 광전식 분리형 감지기의 설치기준

2) **구성요소** : 송광부, 수광부, 신호증폭회로, 신호변환회로 등
3) **동작원리** : 빛의 감소한 양을 검출하는 **감광식**
4) **동작순서** : 화재 발생 → 광축에 연기 투입 → 광량 감소 → 신호 증폭 → 화재경보

05 다음 그림은 자동화재탐지설비와 준비작동식 스프링클러설비의 간선계통도이다. 그림을 보고 다음 물음에 답하시오. [8점]

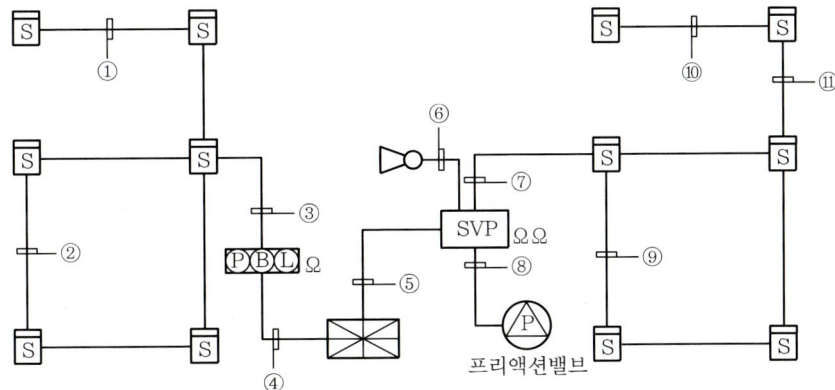

1) 그림의 ①~⑪까지의 배선가닥수를 쓰시오.(프리액션밸브용 감지기공통선과 전원공통선은 분리하여 사용하고 압력스위치, 탬퍼스위치 및 솔레노이드밸브의 공통선은 1가닥을 사용하여 결선한다.)

①	②	③	④	⑤	⑥	⑦	⑧	⑨	⑩	⑪

2) ⑤의 배선별 용도를 쓰시오.

해답

1)
①	②	③	④	⑤	⑥	⑦	⑧	⑨	⑩	⑪
4	2	4	6	9	2	8	4	4	4	8

2) 전원⊕, 전원⊖, 감지기공통, 감지기A, 감지기B, 솔레노이드밸브, 탬퍼스위치, 압력스위치, 사이렌

해설 가닥수 및 배선의 용도

구분	가닥수	배선의 용도
①	4	회로선2, 공통선2
②	2	회로선1, 공통선1
③	4	회로선2, 공통선2
④	6	회로선1, 회로공통선1, 경종선1, 표시등선1, 경종·표시등공통선1, 응답선1
⑤	9	전원⊕, ⊖, 감지기공통, 감지기A, B, 솔레노이드밸브, 탬퍼스위치, 압력스위치, 사이렌
⑥	2	사이렌2
⑦	8	회로선4, 공통선4
⑧	4	솔레노이드밸브, 탬퍼스위치, 압력스위치, 공통선

구분	가닥수	배선의 용도
⑨	4	회로선2, 공통선2
⑩	4	회로선2, 공통선2
⑪	8	회로선4, 공통선4

① 송배선식의 감지기 배선 중 그 밖의 배선 : 4가닥(회로선2, 공통선2)
② 송배선식의 감지기 배선 중 루프된 곳 : 2가닥(회로선1, 공통선1)
③ 송배선식의 감지기 배선 중 그 밖의 배선 : 4가닥(회로선2, 공통선2)
④ 수신기~발신기 간 : 1회로이므로 기본 6가닥
    회로선1, 회로공통선1, 경종선1, 표시등선1, 경종·표시등공통선1, 응답선1
⑤ 수신기~SVP
- 최소가닥수 : 8가닥
    전원⊕, ⊖, 감지기A, B, 솔레노이드밸브, 탬퍼스위치, 압력스위치, 사이렌
- 감지기공통선을 별도로 배선하는 경우 : 9가닥
    전원⊕, ⊖, 감지기공통, 감지기A, B, 솔레노이드밸브, 탬퍼스위치, 압력스위치, 사이렌

⑥ SVP~사이렌 : 사이렌 2가닥
⑦ 교차회로방식의 감지기 배선 중 그 밖의 것 : 8가닥(회로선4, 공통선4)
⑧ SVP~프리액션밸브
- 최소가닥수 : 4가닥
    솔레노이드밸브(S/V), 탬퍼스위치(T/S), 압력스위치(P/S), 공통
- 프리액션밸브의 공통선을 별도로 배선하는 경우 : 6가닥
    솔레노이드밸브(S/V) 2, 탬퍼스위치(T/S) 2, 압력스위치(P/S) 2

⑨ 교차회로방식의 감지기 배선 중 루프된 곳 : 4가닥(회로선2, 공통선2)
⑩ 교차회로방식의 감지기 배선 중 말단감지기 : 4가닥(회로선2, 공통선2)
⑪ 교차회로방식의 감지기 배선 중 그 밖의 것 : 8가닥(회로선4, 공통선4)

Reference

송배선식과 교차회로방식의 가닥수 산정방법

송배선방식	교차회로방식
• 루프된 곳 : 2가닥 • 그 밖의 것 : 4가닥	• 루프된 곳 : 4가닥 • 말단감지기 : 4가닥 • 그 밖의 것 : 8가닥

06 지하 1층, 지상 11층인 공장에 자동화재탐지설비를 설치하고자 한다. P형 수신기에서 공장까지는 300[m] 떨어져 있고, 공장 내 발신기회로는 층별 2회로씩 총 24회로이며, 발신기는 표시등 30[mA/개], 경종 50[mA/개]의 전류를 소모할 때 다음 각 물음에 답하시오. [10점]

1) 표시등 및 경종의 최대소요전류와 총 소요전류[A]를 구하시오.
   - 표시등의 최대소요전류 :
   - 경종의 최대소요전류 :
   - 총 소요전류 :

2) 수신기에서 공장 간 배선의 전압강하[V]를 구하시오. (단, 전선은 2.5[mm²]를 사용한다.)
   - 계산과정 :
   - 답 :

3) 경종 작동 여부를 판단하시오.
   - 판정방법 :
   - 작동 여부 :

해답
1) • 표시등의 최대소요전류 : 30[mA/개] × 24[개] = 720[mA] = 0.72[A]
   • 경종의 최대소요전류 : 50[mA/개] × 12[개] = 600[mA] = 0.6[A]
   • 총 소요전류 : 0.72 + 0.6 = 1.32[A]

2) • 계산과정 : $e = \dfrac{35.6 \times 300 \times 1.32}{1,000 \times 2.5} = 5.64[V]$
   • 답 5.64[V]

3) • 판정방법 : $V_R = V_S - e = 24 - 5.64 = 18.36[V]$
   정격전압(24V)의 80[%](24 × 0.8 = 19.2V) 이하이므로 경종 작동 불가
   • 작동 여부 : 작동 불가

해설
1) 표시등 및 경종의 최대소요전류와 총 소요전류[A]
   ① 표시등의 최대소요전류
      • 표시등의 최대작동수량 : 발신기당 1개씩(상시점등) 총 24개
      • 표시등의 개당 소요전류 : 30[mA/개]
      • 표시등의 최대소요전류(24개 상시점등)
        30[mA/개] × 24[개] = 720[mA] = 0.72[A]
   ② 경종의 최대소요전류
      ㉠ 11층 이상이므로 우선경보방식이다.
        • 1층에서 화재 시 가장 많은 층의 경종이 울리게 된다.

발화층	그 직상 4개층	지하층
1층	2층, 3층, 4층, 5층	지하 1층

ⓒ 1층에서 발화 시 총 6개층에서 경종이 작동한다. 층당 발신기가 2개씩이고 경종도 층당 2개씩이 되므로 경종은 총 12개가 작동한다.
- 경종의 개당 소요전류 : 50[mA/개]
- 경종의 최대소요전류(화재 시 최대 12개 작동)
  50[mA/개] × 12[개] = 600[mA] = 0.6[A]

③ 총 소요전류 : 0.72 + 0.6 = 1.32[A]

2) 전압강하

$$e = \frac{35.6LI}{1,000A}$$

여기서, e : 전압강하[V], A : 전선의 굵기[mm²]
L : 거리[m], I : 전류[A]

$$e = \frac{35.6 \times 300 \times 1.32}{1,000 \times 2.5} = 5.64[V]$$

3) 경종의 작동 여부

$$V_R = V_S - e \qquad V_S = e + V_R$$

여기서, V_S : 송전단 전압, V_R : 수전단 전압, e : 전압강하

- 판정방법 : $V_R = V_S - e = 24 - 5.64 = 18.36$[V]
  정격전압(24V)의 80[%](24 × 0.8 = 19.2V) 이하이므로 경종 작동 불가
- 작동 여부 : 작동 불가

Reference

음향장치의 구조 및 성능
① 음향장치는 정격전압의 80[%] 전압에서 음향을 발할 수 있도록 할 것
② 음량은 부착된 음향장치의 중심으로부터 1[m] 떨어진 위치에서 90[dB] 이상

전압강하
① 정의
  전류가 전선을 타고 이동할 때 전선의 저항에 의해 수전단의 전압이 낮아지는 현상, 즉 송전단 전압과 수전단 전압을 차를 전압강하라 한다.
② 전압강하(e) : 단상교류, 직류 2선식

$$e = V_S - V_R = 2IR$$

여기서, V_S : 송전단 전압, V_R : 수전단 전압, I : 선로전류, R : 선로 1가닥의 저항

③ 전기방식별 전압강하와 전선의 굵기 산정

구분	전압강하	전선의 굵기
단상 2선식	$e = \dfrac{35.6LI}{1{,}000A}$	$A = \dfrac{35.6LI}{1{,}000e}$
3상 3선식	$e = \dfrac{30.8LI}{1{,}000A}$	$A = \dfrac{30.8LI}{1{,}000e}$
단상 3선식 3상 4선식	$e = \dfrac{17.8LI}{1{,}000A}$	$A = \dfrac{17.8LI}{1{,}000e}$

여기서, e : 전압강하[V], A : 전선의 굵기[mm²], L : 거리[m], I : 전류[A]

---

07 자동화재탐지설비 및 시각경보기의 화재안전기준에 따른 청각장애인용 시각경보기의 설치기준 3가지를 쓰시오. [5점]

-
-
-

해답
- 복도·통로·청각장애인용 객실 및 공용으로 사용하는 거실(로비, 회의실, 강의실, 식당, 휴게실, 오락실, 대기실, 체력단련실, 접객실, 안내실, 전시실, 기타 이와 유사한 장소를 말한다)에 설치하며, 각 부분으로부터 유효하게 경보를 발할 수 있는 위치에 설치할 것
- 공연장·집회장·관람장 또는 이와 유사한 장소에 설치하는 경우에는 시선이 집중되는 무대부 부분 등에 설치할 것
- 설치높이는 바닥으로부터 2[m] 이상 2.5[m] 이하의 장소에 설치할 것. 다만, 천장의 높이가 2[m] 이하인 경우에는 천장으로부터 0.15[m] 이내의 장소에 설치하여야 한다.

해설 청각장애인용 시각경보장치의 설치기준
① 복도·통로·청각장애인용 객실 및 공용으로 사용하는 거실(로비, 회의실, 강의실, 식당, 휴게실, 오락실, 대기실, 체력단련실, 접객실, 안내실, 전시실, 기타 이와 유사한 장소를 말한다)에 설치하며, 각 부분으로부터 유효하게 경보를 발할 수 있는 위치에 설치할 것
② 공연장·집회장·관람장 또는 이와 유사한 장소에 설치하는 경우에는 시선이 집중되는 무대부 부분 등에 설치할 것
③ 설치높이는 바닥으로부터 2[m] 이상 2.5[m] 이하의 장소에 설치할 것. 다만, 천장의 높이가 2[m] 이하인 경우에는 천장으로부터 0.15[m] 이내의 장소에 설치하여야 한다.
④ 시각경보장치의 광원은 전용의 축전지설비 또는 전기저장장치(외부 전기에너지를 저장해 두었다가 필요한 때 전기를 공급하는 장치)에 의하여 점등되도록 할 것. 다만, 시각경보기에 작동전원을 공급할 수 있도록 형식승인을 얻은 수신기를 설치한 경우에는 그러하지 아니하다.

08 차동식 스포트형·보상식 스포트형 및 정온식 스포트형 감지기의 부착높이 및 특정소방대상물의 구분에 따른 감지기 1개의 설치면적기준이다. 표의 ①~⑧에 알맞은 답을 쓰시오. [8점]

부착높이 및 특정소방대상물의 구분		감지기의 종류						
		차동식 스포트형		보상식 스포트형		정온식 스포트형		
		1종	2종	1종	2종	특종	1종	2종
4[m] 미만	주요 구조부를 내화구조로 한 특정소방대상물 또는 그 부분	①	70	①	70	70	60	⑦
	기타 구조의 특정소방대상물 또는 그 부분	50	③	50	③	40	30	⑧
4[m] 이상 8[m] 미만	주요 구조부를 내화구조로 한 특정소방대상물 또는 그 부분	②	④	②	④	④	⑤	—
	기타 구조의 특정소방대상물 또는 그 부분	30	25	30	25	25	⑥	—

①	②	③	④	⑤	⑥	⑦	⑧

해답 ⊕

①	②	③	④	⑤	⑥	⑦	⑧
90	45	40	35	30	15	20	15

해설 ⊕ 차동식 스포트형, 보상식 스포트형, 정온식 스포트형 감지기의 부착높이 및 특정소방대상물에 따른 기준면적(단위 : m²)

부착높이 및 특정소방대상물의 구분		감지기의 종류						
		차동식 스포트형		보상식 스포트형		정온식 스포트형		
		1종	2종	1종	2종	특종	1종	2종
4[m] 미만	주요 구조부를 내화구조로 한 특정소방대상물 또는 그 부분	① 90	70	① 90	70	70	60	⑦ 20
	기타 구조의 특정소방대상물 또는 그 부분	50	③ 40	50	③ 40	40	30	⑧ 15
4[m] 이상 8[m] 미만	주요 구조부를 내화구조로 한 특정소방대상물 또는 그 부분	② 45	④ 35	② 45	④ 35	④ 35	⑤ 30	—
	기타 구조의 특정소방대상물 또는 그 부분	30	25	30	25	25	⑥ 15	—

09 다음의 평면도와 같이 지하 1층에서 지상 5층까지 각 층의 평면이 동일하고, 각 층의 높이가 4[m]인 건물에 자동화재탐지설비를 설치한 경우 다음 물음에 답하시오. [7점]

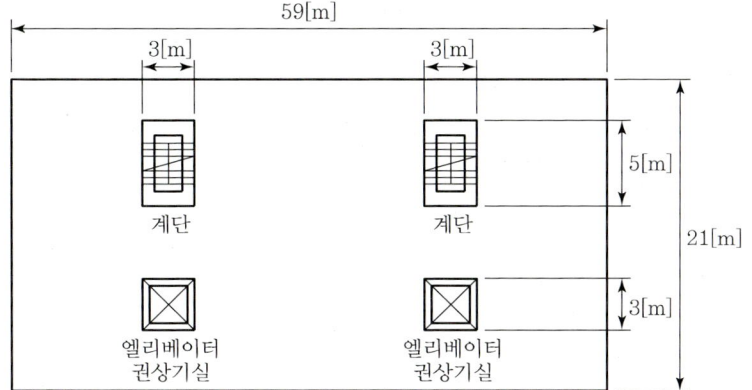

1) 하나의 층에 대한 수평경계구역수를 산출하시오.
   - 계산과정 :
   - 답 :

2) 해당 건축물의 수직 및 수평 경계구역의 총수를 산출하시오.
   ① 수평경계구역
   - 계산과정 :
   - 답 :
   ② 수직경계구역
   - 계산과정 :
   - 답 :
   ③ 경계구역의 총수 :

3) 엘리베이터 권상기실 상부에 설치해야 하는 감지기의 종류를 쓰시오.
4) 계단감지기는 각각 몇 층에 설치해야 하는지 쓰시오.

해답 1) • 계산과정
$$\frac{59 \times 21 - (3 \times 5 \times 2) - (3 \times 3 \times 2)}{600} = \frac{1,191}{600} = 1.99 ≒ 2$$
   • 답 2경계구역

   2) ① 수평경계구역
      • 계산과정 : 2경계구역 × 6개층 = 12경계구역
      • 답 12경계구역

② 수직경계구역
- 계산과정
  엘리베이터 권상기실 : 각 1경계구역×2개=2경계구역

  계단 : $\dfrac{4\times 6}{45} = 0.53 ≒ 1$

  계단 각 1경계구역×2개=2경계구역
  수직경계구역 합=4경계구역
- 답 4경계구역
③ 경계구역의 총수
  12경계구역+4경계구역=16경계구역

3) 연기감지기
4) 지상 2층, 지상 5층

해설 ⊕

1) 하나의 층에 대한 수평경계구역수
   ① 전체 바닥면적 : 59[m]×21[m]=1,239[m²]
   ② 계단 및 엘리베이터 권상기실의 면적
   - 계단 : 3[m]×5[m]×2개=30[m²]
   - 엘리베이터 권상기실 : 3[m]×3[m]×2개=18[m²]
   ③ 수평경계구역 적용 면적
   - 계단 및 엘리베이터 권상기실은 별도의 경계구역으로 설정하여야 하므로 수평경계구역의 면적에서 제외한다.
   - 층당 수평경계구역의 적용면적 : 1,239[m²]−30[m²]−18[m²]=1,191[m²]
   ④ 층당 수평경계구역수

   $\dfrac{1,191}{600} = 1.99 ≒ 2$ 경계구역

   Reference

   층별, 면적별 경계구역 설정기준
   ① 하나의 경계구역이 2개 이상의 건축물에 미치지 아니하도록 할 것
   ② 하나의 경계구역이 2개 이상의 층에 미치지 아니하도록 할 것(다만, 500[m²] 이하의 범위 안에서는 2개의 층을 하나의 경계구역으로 할 수 있다)
   ③ 하나의 경계구역의 면적은 600[m²] 이하로 하고 한 변의 길이는 50[m] 이하로 할 것(다만, 주된 출입구에서 그 내부 전체가 보이는 것은 한 변의 길이가 50[m]의 범위 내에서 1,000[m²] 이하)

2) 수직 및 수평 경계구역의 총수
   ① 수평경계구역
      층당 2경계구역×6개층=12경계구역

② 수직경계구역
- 엘리베이터 권상기실 : 각 1경계구역 × 2개 = 2경계구역
- 계단 : $\dfrac{4[m] \times 6개층}{45[m]} = 0.53 ≒ 1$

  계단 각 1경계구역 × 2개 = 2경계구역
- 수직경계구역 합

  엘리베이터 권상기실(2경계구역) + 계단(2경계구역) = 4경계구역

③ 경계구역의 총수

  12경계구역 + 4경계구역 = 16경계구역

> **Reference**
>
> **수직구역의 경계구역 설정기준**
> ① 별도의 경계구역 설정 : 계단, 경사로, 엘리베이터 승강로, 권상기실, 린넨슈트, 파이프 피트, 파이프 덕트, 기타 이와 유사한 부분
> ② 하나의 경계구역 높이 : 45[m] 이하(계단 및 경사로에 한함)
> ③ 지하층의 계단 및 경사로는 별도로 하나의 경계구역으로 할 것(지하층의 층수가 1일 경우는 제외)

3) 연기감지기 설치장소
① 계단·경사로 및 에스컬레이터 경사로
② 복도(30[m] 미만의 것을 제외)
③ 엘리베이터 승강로(권상기실이 있는 경우에는 권상기실)·린넨슈트·파이프 피트 및 덕트, 기타 이와 유사한 장소
④ 천장 또는 반자의 높이가 15[m] 이상 20[m] 미만의 장소
⑤ 다음 특정소방대상물의 취침·숙박·입원 등 이와 유사한 용도로 사용되는 거실
- 공동주택·오피스텔·숙박시설·노유자시설·수련시설
- 교육연구시설 중 합숙소
- 의료시설, 근린생활시설 중 입원실이 있는 의원·조산원
- 교정 및 군사시설
- 근린생활시설 중 고시원

4) 계단감지기 설치 층
① 계단의 수직거리

  4[m] × 6개층 = 24[m]
② 하나의 계단에 설치하여야 하는 연기감지기 설치수량

  $\dfrac{24}{15} = 1.6 ≒ 2개$
③ 계단 연기감지기 설치위치 : 2층, 5층
- 지하층이 1개층인 경우는 지상층과 합하여 경계구역을 산정한다.

- 최상층 천장에 1개를 먼저 설치하고 지하층을 포함하여 15[m] 이내가 되도록 나머지 1개를 설치한다.
- 국내에서 사용하는 연기감지기는 일반적으로 2종을 사용하므로 수직거리는 15[m] 이내로 한다.

설치장소	감지기의 종류	
	1종, 2종	3종
복도, 통로(보행거리)	30[m]	20[m]
계단, 경사로(수직거리)	15[m]	10[m]

- 도면과 같이 설치위치를 분배하면 2층과 5층 상부가 적당하다.
- 문제에는 없지만 엘리베이터 권상기실에도 별도로 1개씩 설치하여야 한다.

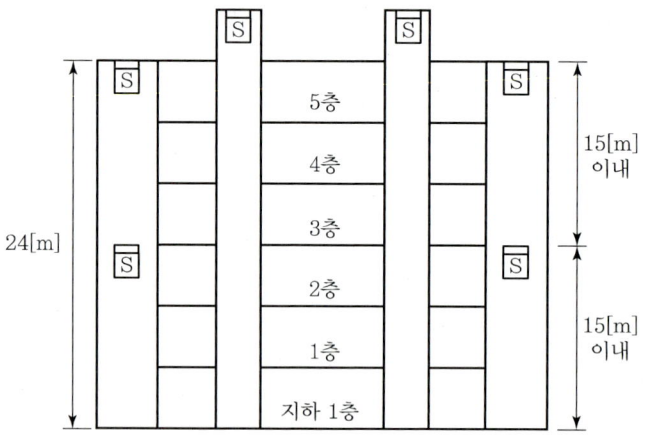

Reference

연기감지기 설치기준

① 부착높이에 따른 연기감지기 1개의 기준면적

부착높이	감지기의 종류	
	1종, 2종	3종
4[m] 미만	150[m²]	50[m²]
4[m] 이상 20[m] 미만	75[m²]	—

② 설치장소에 따른 연기감지기 1개의 거리기준

설치장소	감지기의 종류	
	1종, 2종	3종
복도, 통로(보행거리)	30[m]	20[m]
계단, 경사로(수직거리)	15[m]	10[m]

③ 천장 또는 반자가 낮은 실내 또는 좁은 실내에 있어서는 출입구의 가까운 부분에 설치할 것
④ 천장 또는 반자 부근에 배기구가 있는 경우에는 그 부근에 설치할 것
⑤ 감지기는 벽 또는 보로부터 0.6[m] 이상 떨어진 곳에 설치할 것

10 다음은 내화구조인 지하 1층, 지상 5층인 건물의 지상 1층 평면도이다. 조건을 보고 물음에 답하시오. [7점]

[조건]
- 각 층의 층고는 4.3[m]이다.
- 각 층의 평면은 1층 평면도와 동일하다.
- 각 실에는 반자가 설치되어 있으며 천장과 반자 사이의 높이는 0.5[m]이다.
- 계단감지기는 3층과 5층에 설치되어 있고 계단감지기회로는 3층 발신기 세트에 연결한다.

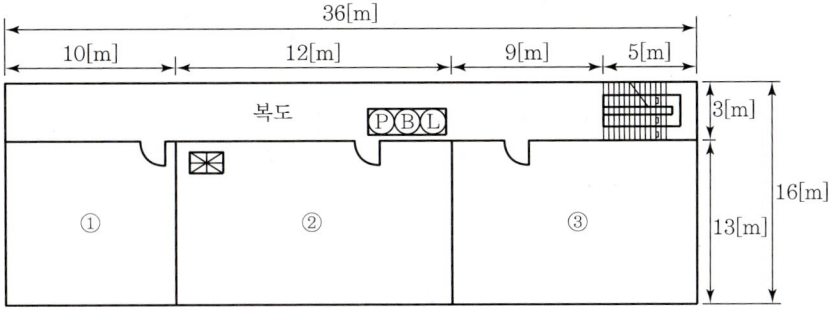

1) 해당 개소에 설치하여야 하는 감지기의 수량을 산출식과 함께 쓰시오.

개소	적용 감지기 종류	산출식	수량
①실	차동식 스포트형 2종		
②실	연기감지기 2종		
③실	정온식 스포트형 1종		
복도	연기감지기 2종		

2) 1)에서 구한 감지기 수량을 위 평면도상에 각 감지기의 도시기호를 이용하여 그려 넣고 각 기기 간을 배선하고 배선수를 표기하시오.(배선수 표기 예 ─//─)

해답 1)

개소	적용 감지기 종류	산출식	수량
①실	차동식 스포트형 2종	$\dfrac{(10\times13)}{70} = 1.86 ≒ 2$	2개
②실	연기감지기 2종	$\dfrac{(12\times13)}{150} = 1.04 ≒ 2$	2개
③실	정온식 스포트형 1종	$\dfrac{(9+5)\times13}{60} = 3.03 ≒ 4$	4개
복도	연기감지기 2종	$\dfrac{(10+12+9)}{30} = 1.03 ≒ 2$	2개

2)

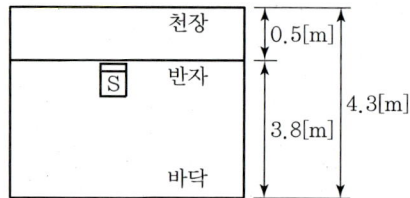

해설

1) ①실 : 차동식 스포트형 2종
   ③실 : 정온식 스포트형 1종

   • 감지기 설치높이
     4.3−0.5＝3.8[m]

   • 차동식 스포트형, 보상식 스포트형, 정온식 스포트형 감지기의 부착높이 및 특정소방대상물에 따른 기준면적(단위 : m²)

부착높이 및 특정소방대상물의 구분		감지기의 종류				
		차동식, 보상식		정온식		
		1종	2종	특종	1종	2종
4[m] 미만	내화구조	90	70	70	60	20
	기타 구조	50	40	40	30	15
4[m] 이상 8[m] 미만	내화구조	45	35	35	30	—
	기타 구조	30	25	25	15	—

   • ①실 : 차동식 스포트형 2종
     $$\frac{(10[m] \times 13[m])}{70[m^2]} = 1.86 \fallingdotseq 2개$$

   • ③실 : 정온식 스포트형 1종
     $$\frac{(9[m]+5[m]) \times 13[m]}{60[m^2]} = 3.03 \fallingdotseq 4개$$

②실, 복도 : 연기감지기 2종
- 감지기 설치높이

  $4.3 - 0.5 = 3.8[m]$

- 부착높이에 따른 연기감지기 1개의 기준면적

부착높이	감지기의 종류	
	1종, 2종	3종
4[m] 미만	150[m²]	50[m²]
4[m] 이상 20[m] 미만	75[m²]	—

- 설치장소에 따른 연기감지기 1개의 거리기준

설치장소	감지기의 종류	
	1종, 2종	3종
복도, 통로(보행거리)	30[m]	20[m]
계단, 경사로(수직거리)	15[m]	10[m]

- ②실 : 연기감지기 2종

  $$\frac{(12[m] \times 13[m])}{150[m^2]} = 1.04 ≒ 2개$$

- 복도 : 연기감지기 2종

  $$\frac{(10[m] + 12[m] + 9[m])}{30[m]} = 1.03 ≒ 2개$$

2) 배선가닥수

① 감지기~감지기, 감지기~발신기 간(송배선식)

배선의 가닥수를 최소화하기 위하여 될 수 있으면 루프배선으로 한다.
- 루프된 곳 : 2가닥
- 그 밖의 것 : 4가닥

② 발신기~수신기 간
- 배선가닥수 : 17가닥

  회로선7, 공통선1, 경종선6, 표시등선1, 경종·표시등공통선1, 응답선1
- 회로선 : 7가닥(6개층+계단)

  $(36m \times 16m) - (5m \times 3m) = 561[m^2]$

  각 층의 바닥면적(계단 제외)이 600[m²] 이하이므로 각 층당 1경계구역(회로)이다. 또한 계단은 별도의 경계구역으로 한다.
- 경종선 : 6가닥

  각 층당 1가닥(B1, 1, 2, 3, 4, 5층)

③ 계통도

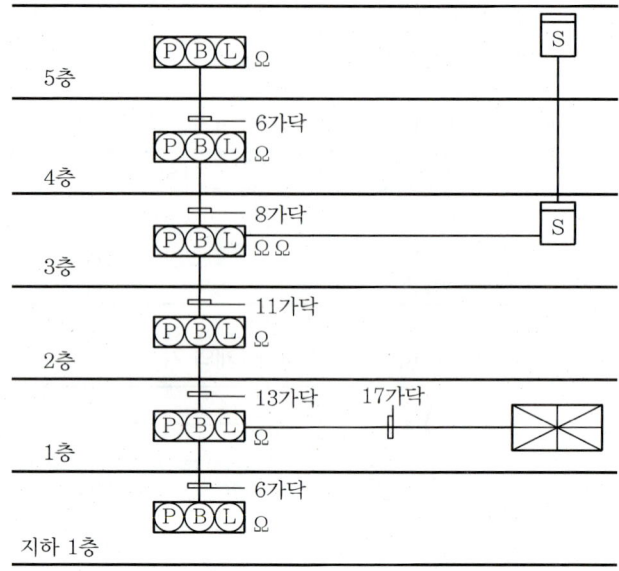

11 다음의 도면은 거실 제연설비의 전기적인 계통도이다. Ⓐ~Ⓔ까지의 배선수와 각 배선의 용도를 쓰시오.(단, 모든 댐퍼는 모터구동방식이며, 복구형 댐퍼방식이며, 배선수는 조작상 필요한 최소 전선수로 한다.) [10점]

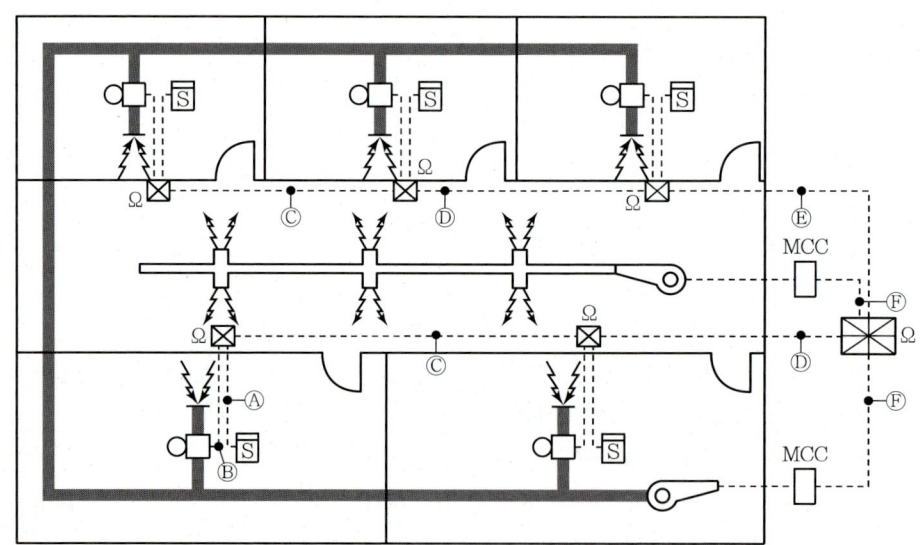

기호	구분	배선수	배선 굵기	배선의 용도
Ⓐ	감지기 ↔ 수동조작함		1.5[mm²]	
Ⓑ	댐퍼 ↔ 수동조작함		2.5[mm²]	
Ⓒ	수동조작함 ↔ 수동조작함		2.5[mm²]	
Ⓓ	수동조작함 ↔ 수동조작함		2.5[mm²]	
Ⓔ	수동조작함 ↔ 수신반		2.5[mm²]	
Ⓕ	MCC ↔ 수신반	5	2.5[mm²]	공통, 기동, 정지, 운전표시등, 전원표시등

해답

기호	구분	배선수	배선 굵기	배선의 용도
Ⓐ	감지기 ↔ 수동조작함	4	1.5[mm²]	회로2, 공통2
Ⓑ	댐퍼 ↔ 수동조작함	5	2.5[mm²]	전원⊕, 전원⊖, 배기기동, 배기확인, 복구
Ⓒ	수동조작함 ↔ 수동조작함	6	2.5[mm²]	전원⊕, 전원⊖, 감지기회로, 배기기동, 배기확인, 복구
Ⓓ	수동조작함 ↔ 수동조작함	9	2.5[mm²]	전원⊕, 전원⊖, (감지기회로, 배기기동, 배기확인)×2, 복구
Ⓔ	수동조작함 ↔ 수신반	12	2.5[mm²]	전원⊕, 전원⊖, (감지기회로, 배기기동, 배기확인)×3, 복구
Ⓕ	MCC ↔ 수신반	5	2.5[mm²]	공통, 기동, 정지, 운전표시등, 전원표시등

해설

1) 복구선이 있는 경우

① 조건에서 복구형 댐퍼방식이므로 복구선이 필요하다.

② 복구선을 1가닥만 추가하여 전체를 한 번에 복구하는 방식이다.

기호	구분	배선내역	배선용도
Ⓐ	감지기~수동조작함	16C(HFIX 1.5−4)	회로2, 공통2
Ⓑ	배기댐퍼~수동조작함	22C(HFIX 2.5−5)	전원⊕, 전원⊖, 배기기동, 배기확인, 복구
Ⓒ	배기댐퍼 1 Zone	22C(HFIX 2.5−6)	전원⊕, 전원⊖, 감지기회로, 배기기동, 배기확인, 복구
Ⓓ	배기댐퍼 2 Zone	28C(HFIX 2.5−9)	전원⊕, 전원⊖, (감지기회로, 배기기동, 배기확인)×2, 복구
Ⓔ	배기댐퍼 3 Zone	36C(HFIX 2.5−12)	전원⊕, 전원⊖, (감지기회로, 배기기동, 배기확인)×3, 복구
Ⓕ	MCC~제어반	22C(HFIX 2.5−5)	기동, 정지, 공통, 기동표시등, 전원표시등

2) 최소가닥수(복구선이 없는 경우)

자동복구방식이나 별도의 조건이 없는 경우 복구선이 없는 것으로 본다.

기호	구분	배선내역	배선용도
Ⓐ	감지기~수동조작함	16C(HFIX 1.5-4)	회로2, 공통2
Ⓑ	배기댐퍼~수동조작함	16C(HFIX 2.5-4)	전원⊕, 전원⊖, 배기기동, 배기확인
Ⓒ	배기댐퍼 1 Zone	22C(HFIX 2.5-5)	전원⊕, 전원⊖, 감지기회로, 배기기동, 배기확인
Ⓓ	배기댐퍼 2 Zone	28C(HFIX 2.5-8)	전원⊕, 전원⊖, (감지기회로, 배기기동, 배기확인)×2
Ⓔ	배기댐퍼 3 Zone	36C(HFIX 2.5-11)	전원⊕, 전원⊖, (감지기회로, 배기기동, 배기확인)×3
Ⓕ	MCC~제어반	22C(HFIX 2.5-5)	기동, 정지, 공통, 기동표시등, 전원표시등

Ⓐ 감지기~댐퍼수동조작함(4가닥 : 회로2, 공통2)
  ① 제연설비의 감지기회로는 송배선식이다.
  ② 종단저항이 댐퍼수동조작함에 있으므로 회로선과 공통선이 감지기로 가서 결선 후 수동조작함으로 돌아와서 종단저항을 결선하여야 한다. 그러므로 회로2, 공통2 가닥이 필요하다.
  ③ 만약 종단저항이 감지기에 설치된다면 2가닥(회로1, 공통1)이다.

Ⓑ 수동조작함~배기댐퍼
  ① 배기댐퍼의 배선이 지나가는 배관이다. 그러므로 전원선과 배기댐퍼용 배선이 포함된다.
  ② 복구선이 없는 경우는 최소가닥수 : 4가닥
    전원⊕, 전원⊖, 배기기동, 배기확인
  ③ 복구선이 있는 경우는 복구선이 추가되므로 : 5가닥
    전원⊕, 전원⊖, 배기기동, 배기확인, 복구

Ⓒ 배기댐퍼 1 Zone의 가닥수
  ① 복구선이 없는 경우 : 5가닥
    Ⓑ에서 감지기회로선 1가닥이 추가된다. 감지기공통선은 전원⊖선을 공용으로 사용하므로 추가하지 않아도 된다.(단, 조건에 따라 감지기공통선이 추가될 수 있음)
    전원⊕, 전원⊖, 감지기회로, 배기기동, 배기확인
  ② 복구선이 있는 경우 : 6가닥
    Ⓒ에서 감지기회로선과 복구선 추가
    전원⊕, 전원⊖, 감지기회로, 배기기동, 배기확인, 복구

Ⓓ 배기댐퍼 2 Zone의 가닥수
  ① 복구선이 없는 경우 : 8가닥
    전원선을 제외한 배선 3가닥이 Zone 수에 비례하여 증가한다.
    전원⊕, 전원⊖, (감지기회로, 배기기동, 배기확인)×2

② 복구선이 있는 경우 : 9가닥

전원선과 복구선은 증가하지 않는다.

복구선은 1가닥으로 전체 Zone을 복구시킨다.

전원⊕, 전원⊖, (감지기회로, 배기기동, 배기확인)×2, 복구

Ⓔ 배기댐퍼 3 Zone의 가닥수

① 복구선이 없는 경우 : 11가닥

전원선을 제외한 배선 3가닥이 Zone 수에 비례하여 증가한다.

전원⊕, 전원⊖, (감지기회로, 배기기동, 배기확인)×3

② 복구선이 있는 경우 : 12가닥

전원선과 복구선은 증가하지 않는다.

복구선은 1가닥으로 전체 Zone을 복구시킨다.

전원⊕, 전원⊖, (감지기회로, 배기기동, 배기확인)×3, 복구

Ⓕ MCC~제어반(수계소화설비와 동일)

① 제어반에서 MCC의 전원을 감시하는 경우 : 5가닥(시험출제용)

기동, 정지, 공통, 기동표시등, 전원표시등

② 제어반에서 MCC 전원의 감시가 되지 않는 경우 : 4가닥(현장결선)

기동2, 기동확인2

12 다음은 금속관공사에서의 유의사항에 관한 내용이다. ( ) 안에 알맞은 내용을 쓰시오. [5점]

- 금속관을 구부릴 때 금속관의 단면이 심하게 변형되지 아니하도록 구부려야 하며, 그 안측의 반지름은 관 안지름의 (①)배 이상이 되어야 한다.(단, 전선관의 안지름이 25[mm] 이하이고 건조물의 구조상 부득이한 경우는 관의 내단면이 현저하게 변형되지 않고 관에 금이 생기지 않을 정도까지 구부릴 수 있다.)
- 전선관의 길이가 (②)[m]를 초과하는 경우에는 (②)[m] 이하마다 풀박스를 설치하여 시공하는 것이 바람직하며, 굴곡부위가 있는 경우에는 (③)[m]를 초과할 수 없다. (④)개소를 초과하는 (⑤) 굴곡개소를 만들어서는 안 된다.

해답 ① 6 ② 25 ③ 15
④ 3 ⑤ 직각 또는 직각에 가까운

해설 금속관공사의 유의사항

① 금속관을 구부릴 때 금속관의 단면이 심하게 변형되지 아니하도록 구부려야 하며, 그 안측의 반지름은 관 안지름의 6배 이상이 되어야 한다.(단, 전선관의 안지름이 25[mm] 이하이고 건조물의 구조상 부득이한 경우는 관의 내단면이 현저하게 변형되지 않고 관에 금이 생기지 않을 정도까지 구부릴 수 있다.)

② 전선관의 길이가 25[m]를 초과하는 경우에는 25[m] 이하마다 풀박스를 설치하여 시공하는 것이 바람직하며, 굴곡부위가 있는 경우에는 15[m]를 초과할 수 없다. 3개소를 초과하는 직각 또는 직각에 가까운 굴곡개소를 만들어서는 안 된다.

13 20[W] 중형 피난구유도등 30개가 AC 220[V] 상용전원에 연결되어 점등되고 있다. 상용전원으로부터 공급되는 전류[A]를 구하시오.(단, 유도등의 역률은 70[%]이며, 축전지의 충전전류는 무시한다.) [4점]

- 계산과정 :
- 답 :

해답
- 계산과정

$$P = VI\cos\theta$$

$$(20 \times 30) = 220 \times I \times 0.7$$

$$I = \frac{(20 \times 30)}{220 \times 0.7} = 3.896 ≒ 3.9[A]$$

- 답 3.9[A]

해설
1) 유효전력 P[W] : 저항(R)에서 소비되는 전력, 실제 일한 전력, 소비전력

$$P = VI\cos\theta$$

여기서, P : 유효전력[W], V : 전압[V], I : 전류[A], $\cos\theta$: 역률

2) 계산과정

① $P = 20$[W] $\times 30$개 $= 600$[W]

$V = 220$[V]

$\cos\theta = 0.7$

② $P = VI\cos\theta$

$(20 \times 30) = 220 \times I \times 0.7$

$I = \frac{(20 \times 30)}{220 \times 0.7} = 3.896 ≒ 3.9$[A]

14 자동화재탐지설비의 수신기에 사용하는 비상전원으로 축전지를 사용하고자 한다. 주어진 조건을 참고하여 다음 각 물음에 답하시오. [5점]

[조건]
- 감시전류는 0.1[A]이다.
- 감시시간에 대한 용량 환산시간계수는 1.8이다.
- 작동전류 및 다른 회선 감시 시의 전류는 0.7[A]이다.
- 작동시간에 대한 용량 환산시간계수는 0.5이다.
- 보수율(경년 용량저하율)은 0.8이다.

1) 60분간 감시 후 10분간 작동하는 경우의 축전지의 용량[Ah]을 구하시오.
   - 계산과정 :
   - 답 :

2) 10분간 작동함과 동시에 다른 회선을 감시하는 경우의 용량[Ah]을 구하시오.
   - 계산과정 :
   - 답 :

해답

1) • 계산과정

$$C = \frac{1}{L}[K_1 I_1 + K_2 (I_2 - I_1)]$$

$$C = \frac{1}{0.8}[1.8 \times 0.1 + 0.5 \times (0.7 - 0.1)] = 0.6[\text{Ah}]$$

- 답 0.6[Ah]

2) • 계산과정

$$C = \frac{1}{L} K_2 I_2$$

$$C = \frac{1}{0.8} \times 0.5 \times 0.7 = 0.44[\text{Ah}]$$

- 답 0.44[Ah]

해설 ⊕ 사용부하의 방전전류 – 시간 특성곡선

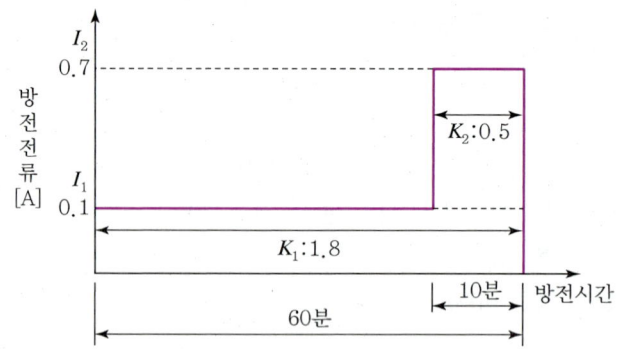

① 60분간 감시 후 10분간 작동하는 경우의 축전지의 용량[Ah]

$$C = \frac{1}{L}[K_1 I_1 + K_2(I_2 - I_1)]$$

$$= \frac{1}{0.8}[1.8 \times 0.1 + 0.5 \times (0.7 - 0.1)] = 0.6[\text{Ah}]$$

여기서, C : 축전지용량[Ah], L : 용량저하율(보수율), K : 용량환산시간[h], I : 방전전류[A]

② 10분간 작동함과 동시에 다른 회선을 감시하는 경우의 용량[Ah]

$$C = \frac{1}{L}K_2 I_2$$

$$= \frac{1}{0.8} \times 0.5 \times 0.7 = 0.44[\text{Ah}]$$

15 자동화재탐지설비의 효율적인 관리를 위하여 인텔리전트시스템으로 구축하고자 한다. 다음 표의 근거리통신망에서 망의 개요를 쓰고 장점 및 단점을 각각 3가지만 쓰시오. [6점]

구분 \ 망의 종류	STAR형	RING형
망의 개요		
장점	• • •	• • •
단점	• • •	• • •

해답

구분 \ 망의 종류	STAR형	RING형
망의 개요	모든 기기가 중앙의 허브에 점대점(Point-to-Point)으로 연결되는 방식	컴퓨터를 하나의 원을 이루도록 연결하며, 각 장치는 고유한 주소를 가지는 방식
장점	• 장애 발견이 쉽다. • 네트워크의 관리가 쉽다. • 하나의 장애가 다른 네트워크 장비에 영향을 주지 않는다.	• 단방향 통신으로 신호 증폭이 가능하여 거리 제약이 적다. • 네트워크 전송상의 충돌이 없다. • 노드의 숫자가 증가해도 전체적인 성능의 저하가 적다.
단점	• 중앙 전송 제어 장치가 고장이 나면 네트워크는 동작이 불가능하다. • 많은 양의 케이블을 사용하므로 설치비용이 고가이다. • 통신량이 많은 경우 전송 지연이 발생한다.	• 버스 방식보다 많은 양의 케이블을 사용하므로 설치비용이 고가이다. • 하나의 컴퓨터에 이상이 발생하면 전체 네트워크에 문제가 생긴다. • 노드의 추가, 삭제가 용이하지 않다.

해설 근거리통신망 LAN(Local Area Network)

구분 \ 망의 종류	STAR형	RING형
망의 구성	(중앙 허브를 중심으로 별 모양으로 연결된 그림)	(원 모양으로 연결된 그림)
망의 개요	모든 기기가 중앙의 허브에 점대점(Point-to-Point)으로 연결되는 방식	컴퓨터를 하나의 원을 이루도록 연결하며, 각 장치는 고유한 주소를 가지는 방식
장점	• 중앙에 허브를 두고 컴퓨터가 별 모양으로 연결되어 있어 설치와 재구성이 쉽다. • 장애 발견이 쉽다. • 네트워크의 관리가 쉽다. • 하나의 장애가 다른 네트워크 장비에 영향을 주지 않는다.	• 모든 장비에 똑같은 접속기회를 제공한다. • 단방향 통신으로 신호 증폭이 가능하여 거리 제약이 적다. • 네트워크 전송상의 충돌이 없다. • 노드의 숫자가 증가해도 전체적인 성능의 저하가 적다.
단점	• 중앙 전송 제어 장치가 고장이 나면 네트워크는 동작이 불가능하다. • 많은 양의 케이블을 사용하므로 설치비용이 고가이다. • 통신량이 많은 경우 전송 지연이 발생한다.	• 버스 방식보다 많은 양의 케이블을 사용하므로 설치비용이 고가이다. • 하나의 컴퓨터에 이상이 발생하면 전체 네트워크에 문제가 생긴다. • 노드의 추가, 삭제가 용이하지 않다. • 노드에 문제가 발생했을 경우에 전체 네트워크가 중단될 수 있다.

16 자동화재탐지설비의 수신기 중 대규모 건축물에 사용하는 R형 수신기는 신호선으로 실드선을 사용한다. 실드선에 대한 다음 각 물음에 답하시오. [5점]

1) 신호선을 실드선으로 사용하는 이유를 쓰시오.
2) 신호선을 서로 꼬아서 사용하는 이유를 쓰시오.
3) 실드선을 접지하는 이유를 쓰시오.

해답
1) 전자파 방해를 받지 아니하도록 하기 위하여
2) 전자유도에 의해 발생한 전류를 상쇄하기 위하여
3) 차폐층에 정전 유도된 전하를 접지를 통해서 대지로 방전시키기 위하여

해설
1) 실드선(CVV-SB : 제어용 편조 차폐케이블)(쉴드선 → 실드선으로 용어 개정)

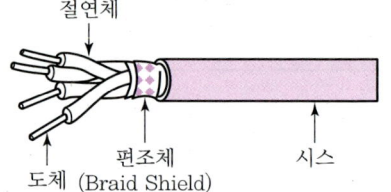

① 설치목적
   전자파 방해를 받지 아니하도록 하기 위하여(외부 노이즈에 의한 간섭 방지)
② 설치장소
   아날로그식, 다신호식 감지기나 R형 수신기용으로 사용되는 것은 **전자파 방해를 받지 아니하는 실드선** 등을 사용하여야 한다.

2) 트위스트 페어(Twist Pair)
① 종류
   • UTP(Unshield Twist Pair) : 차폐가 없는 트위스트 페어 케이블
   • STP(Shield Twist Pair) : 차폐가 있는 트위스트 페어 케이블
② 설치목적
   • 외부 자속이 케이블 내부를 관통하면 전자유도에 의해 전류가 발생한다.
   • 케이블을 꼬아서 만듦으로 인해 전류의 방향은 반대가 되어 서로 상쇄된다.
   • 즉, **자계에 의해 발생한 전류를 상쇄**하기 위해 사용한다.

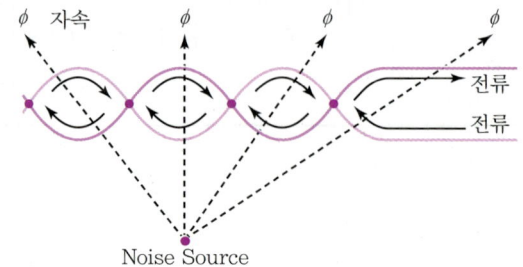

3) 실드선의 접지 이유

차폐층에 정전 유도된 전하를 접지를 통해서 대지로 방전시킨다.

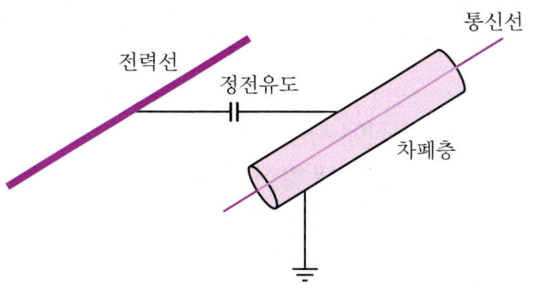

2016년 제4회(2016. 11. 12)

01 지하 1층, 지상 11층인 공장에 자동화재탐지설비를 설치하고자 한다. P형 수신기에서 공장까지는 300[m] 떨어져 있고, 공장 내 발신기회로는 층별 2회로씩 총 24회로이며, 발신기는 표시등 30[mA/개], 경종 50[mA/개]의 전류를 소모할 때 다음 각 물음에 답하시오. [4점]

1) 표시등 및 경종의 최대소요전류와 총 소요전류[A]를 구하시오.
   - 표시등의 최대소요전류 :
   - 경종의 최대소요전류 :
   - 총 소요전류 :

2) 수신기에서 공장 간 배선의 전압강하[V]를 구하시오.(단, 전선은 2.5[mm²]를 사용한다.)
   - 계산과정 :
   - 답 :

해답 1) • 표시등의 최대소요전류 : 30[mA/개] × 24[개] = 720[mA] = 0.72[A]
   - 경종의 최대소요전류 : 50[mA/개] × 12[개] = 600[mA] = 0.6[A]
   - 총 소요전류 : 0.72 + 0.6 = 1.32[A]

2) • 계산과정 : $e = \dfrac{35.6 \times 300 \times 1.32}{1,000 \times 2.5} = 5.64[V]$
   - **답** 5.64[V]

해설 1) 표시등 및 경종의 최대소요전류와 총 소요전류[A]
   ① 표시등의 최대소요전류
       - 표시등의 최대작동수량 : 발신기당 1개씩(상시점등) 총 24개
       - 표시등의 개당 소요전류 : 30[mA/개]
       - 표시등의 최대소요전류(24개 상시점등)
         30[mA/개] × 24[개] = 720[mA] = 0.72[A]
   ② 경종의 최대소요전류
       ㉠ 11층 이상이므로 우선경보방식이다.
           • 1층에서 화재 시 가장 많은 층의 경종이 울리게 된다.

발화층	그 직상 4개층	지하층
1층	2층, 3층, 4층, 5층	지하 1층

       ㉡ 1층에서 발화 시 총 6개층에서 경종이 작동한다. 층당 발신기가 2개씩이고 경종도 층당 2개씩이 되므로 경종은 총 12개가 작동한다.

- 경종의 개당 소요전류 : 50[mA/개]
- 경종의 최대소요전류(화재 시 최대 12개 작동)
  50[mA/개] × 12[개] = 600[mA] = 0.6[A]

③ 총 소요전류 : 0.72 + 0.6 = 1.32[A]

2) 전압강하

$$e = \frac{35.6LI}{1,000A}$$

여기서, e : 전압강하[V], A : 전선의 굵기[mm²]
L : 거리[m], I : 전류[A]

$$e = \frac{35.6 \times 300 \times 1.32}{1,000 \times 2.5} = 5.64[V]$$

02 비상용 조명부하로서 40[W] 120등, 60[W] 50등이 있다. 연축전지 HS형 54셀, 허용최저전압 90[V], 최저축전지온도 5[℃], 방전시간은 30분일 때 다음 각 물음에 답하시오.(단, 전압은 100[V]이며 연축전지의 용량환산시간 K는 표와 같으며 보수율은 0.8이다.) [6점]

형식	온도[℃]	10분			30분		
		1.6[V]	1.7[V]	1.8[V]	1.6[V]	1.7[V]	1.8[V]
CS	25	0.9	1.15	1.6	1.41	1.6	2.0
		0.8	1.06	1.42	1.34	1.55	1.88
	5	1.15	1.35	2.0	1.75	1.85	2.45
		1.1	1.25	1.8	1.75	1.8	2.35
	-5	1.35	1.6	2.55	2.05	2.2	3.1
		1.25	1.5	2.25	2.05	2.2	3.0
HS	25	0.58	0.7	0.93	1.03	1.14	1.38
	5	0.62	0.74	1.05	1.11	1.22	1.54
	-5	0.68	0.82	1.15	1.2	1.35	1.68

1) 조건을 참고하여 축전지용량을 구하시오.
   - 계산과정 :
   - 답 :

2) 자기방전량만 항상 충전하는 방식을 무엇이라 하는지 쓰시오.

3) 연축전지에서 CS형과 HS형은 어떤 방전상태로 구분되는지 쓰시오.
   - CS형 :
   - HS형 :

해답 1) • 계산과정

방전전류 $I = \dfrac{P}{V} = \dfrac{(40 \times 120) + (60 \times 50)}{100} = 78[A]$

축전지용량 $C = \dfrac{1}{L}KI = \dfrac{1}{0.8} \times 1.22 \times 78 = 118.95[Ah]$

• 답 118.95[Ah]

2) 세류충전방식

3) • CS형 : 완만한 방전형
   • HS형 : 급격한 방전형

해설 1) 축전지용량

① 축전지의 용량

$$C = \dfrac{1}{L}KI$$

여기서, C : 축전지용량[Ah], L : 용량저하율(보수율 : 일반적으로 0.8)
K : 용량환산시간[h], I : 방전전류[A]

② 계산과정

• 사용 전력
$P = (40[W] \times 120 등) + (60[W] \times 50 등) = 7,800[W]$

• 방전전류
$P = VI$ 에서
$I = \dfrac{P}{V} = \dfrac{(40 \times 120) + (60 \times 50)}{100} = 78[A]$

• 셀당 최저허용전압(방전종지전압)[V/cell]

$V = \dfrac{90}{54} = 1.666 ≒ 1.7[V/cell]$

• 용량환산시간 K : 1.22

형식	온도[℃]	10분			30분		
		1.6[V]	1.7[V]	1.8[V]	1.6[V]	1.7[V]	1.8[V]
CS	25	0.9	1.15	1.6	1.41	1.6	2.0
		0.8	1.06	1.42	1.34	1.55	1.88
	5	1.15	1.35	2.0	1.75	1.85	2.45
		1.1	1.25	1.8	1.75	1.8	2.35
	−5	1.35	1.6	2.55	2.05	2.2	3.1
		1.25	1.5	2.25	2.05	2.2	3.0
HS	25	0.58	0.7	0.93	1.03	1.14	1.38
	5	0.62	0.74	1.05	1.11	1.22	1.54
	−5	0.68	0.82	1.15	1.2	1.35	1.68

- 축전지용량

$$C = \frac{1}{L}KI$$
$$= \frac{1}{0.8} \times 1.22 \times 78 = 118.95[Ah]$$

2) 축전지 충전방식

① 보통충전 : 필요할 때마다 표준 시간율로 충전하는 방식
② 급속충전 : 단시간에 보통 충전전류의 2~3배의 전류로 충전하는 방식
③ 부동충전 : 전지의 자기방전을 보충함과 동시에 상용부하에 대한 전력공급은 충전기가 부담하고 일시적인 대전류 부하는 축전지가 부담하도록 하는 방식

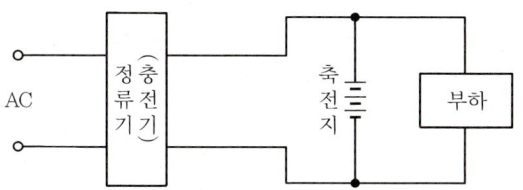

④ 균등충전 : 1~3개월마다 정전압으로 10~12시간 충전하여 전체 셀의 전압을 균일하게 하는 방식
⑤ 세류충전 : 항상 자기방전량만큼만 충전하는 방식
⑥ 회복충전 : 과방전 및 방치상태, 가벼운 설페이션 현상 등이 생겼을 때 기능회복을 위하여 실시하는 충전방식

✏️ 설페이션 : 연축전지를 방전 상태로 오래 방치했을 때, 극판의 표면의 황산납이 회백색으로 변하여 부도체 성질을 갖는 현상

3) 연축전지와 알칼리축전지의 비교

구분	연축전지	알칼리축전지
공칭전압	2.0[V]	1.2[V]
공칭용량	10[Ah]	5[Ah]
수명	짧다	길다
기계적 강도	약하다	강하다
종류	클래드식, 페이스트식	소결식, 포켓식

① CS형(클래드식) : 완만한 방전형
② HS형(페이스트식) : 급격한 방전형

03 차동식 분포형 공기관식 감지기의 유통시험방법에 관한 내용이다. ①과 ②에 알맞은 내용을 쓰시오.
[4점]

- 검출부의 시험구멍 또는 공기관의 한쪽 끝에 (①)을(를) 접속하고 다른 끝에 (②)을(를) 접속시킨다.
- (②)(으)로 공기를 주입하고 (①)의 수위를 100[mm]까지 상승시킨 후 정지한다.
- 시험코크에 의해 송기구를 개방하여 상승수위의 $\frac{1}{2}$(50mm)까지 내려가는 시간을 측정한다.

해답 ① 마노미터
② 공기주입시험기(테스트펌프)

해설 차동식 분포형 공기관식 감지기의 유통시험

1) 목적
   공기관에 공기를 주입하여 공기관의 누설, 변형, 막힘 등의 상태와 공기관 길이의 적정성을 판단한다.

2) 시험방법
   ① P_1 단자의 공기관을 분리한다.
   ② 분리한 공기관에 마노미터를 접속하고, 검출부의 P_1 점에 공기주입시험기를 접속한다.
   ③ 공기주입시험기로 공기를 주입하여 마노미터의 수위를 100[mm]로 유지한다.
   ④ 시험용 레버를 [P.A](작동시험, 유통시험) 위치로 이동시켜 공기가 시험구(T)로 누출되도록 한다.
   ⑤ 마노미터의 수위가 $\frac{1}{2}$(50mm)이 될 때까지의 시간을 측정한다.

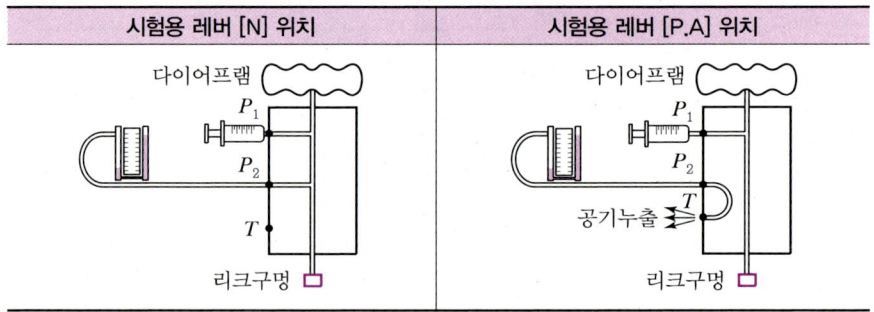

3) 판정
   공기관의 유통상태 및 공기관의 길이의 적정성을 판단한다.

4) 유통시간에 따른 판정기준

측정시간이 규정시간보다 빠른 경우	측정시간이 규정시간보다 느린 경우
공기관의 누설	공기관의 변형, 막힘 상태

04 다음은 건축물의 자동화재탐지설비 평면도이다. 도면을 보고 다음 각 물음에 답하시오. [6점]

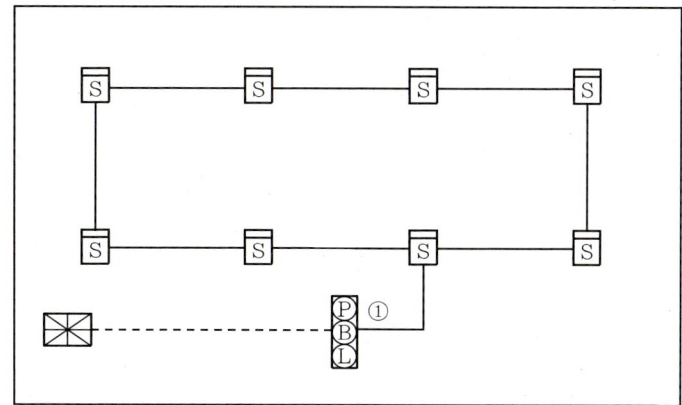

1) 도면의 ①은 발신기세트이다. 발신기세트와 수신기 간의 거리가 15[m]인 경우 전선은 총 몇 [m]가 필요한지 산출하시오.(단, 층고, 할증 및 여유율 등은 무시한다.)
   • 계산과정 :
   • 답 :

2) 도면에 설치된 감지기가 2종인 경우 8개의 감지기가 최대로 감지할 수 있는 감지구역의 바닥면적 [m²] 합계를 구하시오.(단, 천장높이는 5[m]이다.)
   • 계산과정 :
   • 답 :

3) 감지기와 감지기 간, 감지기와 발신기세트 간의 길이가 각각 10[m]인 경우 전선관 및 전선물량을 산출과정과 함께 쓰시오.(단, 층고, 할증 및 여유율 등은 무시한다.)

품명	규격	산출과정	물량
전선관	16C		
전선	1.5[mm²]		

해답

1) • 계산과정 : 15[m] × 6가닥 = 90[m]
   • 답 90[m]

2) • 계산과정 : 75[m²/개] × 8[개] = 600[m²]
   • 답 600[m²]

3)

품명	규격	산출과정	물량
전선관	16C	10 × 9 = 90[m]	90[m]
전선	1.5[mm²]	(10 × 2 × 8) + (10 × 4 × 1) = 200[m]	200[m]

해설 ➕

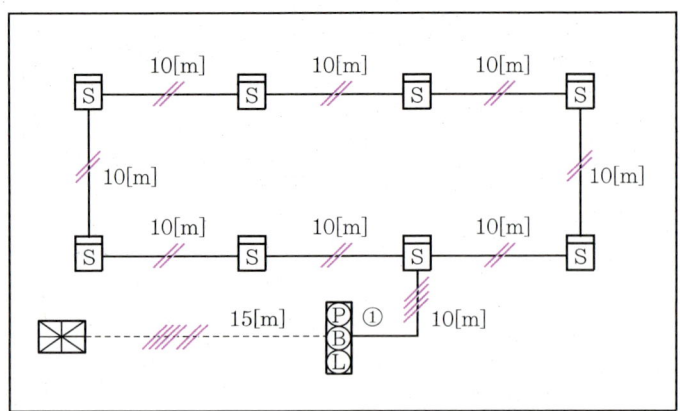

1) 전선의 길이
   ① 발신기세트와 수신기 간의 거리 : 15[m]
   ② 발신기세트와 수신기 간의 배선가닥수 : 6가닥
      회로선, 공통선, 경종선, 표시등선, 경종·표시등공통선, 응답선
   ③ 전선의 길이 = 15[m] × 6가닥 = 90[m]

2) 부착높이에 따른 연기감지기 1개의 기준 면적

부착높이	감지기의 종류	
	1종, 2종	3종
4[m] 미만	150[m²]	50[m²]
4[m] 이상 20[m] 미만	75[m²]	—

   ① 연기감지기 1개의 기준면적 : 75[m²/개]
   ② 연기감지기 수량 : 8개
   ③ 감지구역의 바닥면적 = 75[m²/개] × 8[개] = 600[m²]

3) 전선관 및 전선물량

품명	규격	산출과정	물량
전선관	16C	10[m] × 9구간 = 90[m]	90[m]
전선	1.5[mm²]	(10[m] × 2가닥 × 8구간) + (10[m] × 4가닥 × 1구간) = 200[m]	200[m]

05 열감지기 중 보상식과 열복합형 감지기를 상호 비교하는 다음 항목을 채우시오. [4점]

구분	보상식 감지기	열복합형 감지기
목적		
동작방식		
신호출력		
적응성		

해답

구분	보상식 감지기	열복합형 감지기
목적	실보방지	비화재보방지
동작방식	차동식+정온식(OR 회로)	차동식·정온식(AND 회로)
신호출력	차동식과 정온식 중 1가지만 작동하면 신호출력	차동식과 정온식 모두 작동했을 때만 신호출력
적응성	심부화재 우려 장소	지하층·무창층 등으로서 환기가 잘되지 않는 장소

해설

1) **보상식 스포트형 감지기**

   차동식과 정온식의 기능을 겸한 것으로서 차동식 또는 정온식 성능 중 어느 한 기능이 작동되면 작동신호를 발하는 것

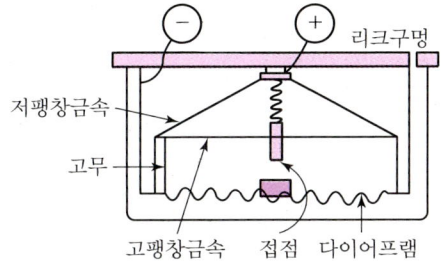

   ① 사용목적 : 실보 또는 지연보의 방지
   ② 동작원리 : (차동식)+(정온식) 중 어느 하나만 동작하면 화재신호 전송
   ③ 정온점 : 감지기 주위의 평상시 최고온도보다 20[℃] 이상 높은 것으로 설치
   ④ 적응성 : 심부화재 우려 장소, 급속한 연소확대가 우려되는 장소

2) **열복합형 감지기**

   차동식과 정온식 두 가지 성능의 감지기능이 함께 작동될 때 화재신호를 발신하거나 또는 두 개의 화재신호를 각각 발신하는 것

   ① 사용목적 : 비화재보 방지
   ② 동작원리 : (차동식)·(정온식) 둘 다 동작하였을 때 화재신호 전송
   ③ 적응성(비화재보 우려 장소)
   • 지하층·무창층 등으로서 환기가 잘되지 않는 장소

- 지하층·무창층 등으로서 실내면적이 40[m²] 미만인 장소
- 감지기의 부착면과 실내바닥과의 거리가 2.3[m] 이하인 장소로서 일시적으로 발생한 열·연기 또는 먼지 등으로 인하여 감지기가 화재신호를 발신할 우려가 있는 장소

06 다음의 유접점 회로를 최소화된 논리식으로 표현하고 최소화된 유접점 회로를 그리시오. [5점]

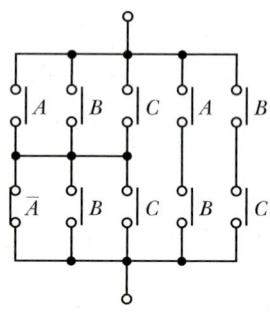

1) 최소화한 논리식
   - 최소화 과정 :
   - 답 :

2) 최소화한 스위칭회로

해답

1) 최소화한 논리식
   - 최소화 과정

   $(A+B+C) \cdot (\overline{A}+B+C) + AB + BC$
   $= A\overline{A} + AB + AC + \overline{A}B + BB + BC + \overline{A}C + BC + CC + AB + BC$
   $= AB + AC + \overline{A}B + B + BC + \overline{A}C + C$
   $= B(A + \overline{A} + 1 + C) + C(A + \overline{A} + 1)$
   $= B + C$

   - 답 $B + C$

2) 최소화한 스위칭회로

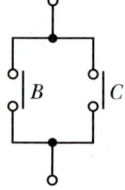

해설 1) 최소화한 논리식

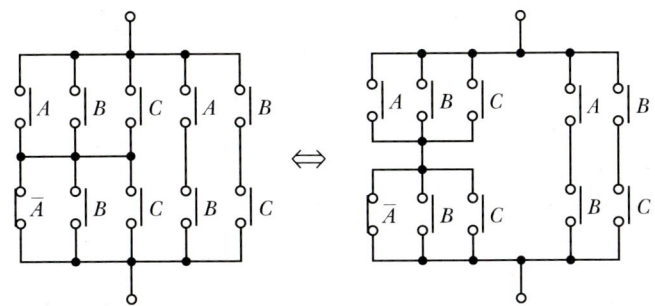

최소화 과정

$(A+B+C) \cdot (\overline{A}+B+C) + AB + BC$ (괄호부분을 분배)

$= \underbrace{A\overline{A}}_{(0)} + AB + AC + \overline{A}B + \underbrace{BB}_{(B)} + BC + \overline{A}C + BC + \underbrace{CC}_{(C)} + AB + BC$

동일한 것이 여러 개 있을 때 1개로 간소화
$(AB + AB = AB,\ BC + BC + BC = BC)$

$= AB + AC + \overline{A}B + B + BC + \overline{A}C + C$ (B로 묶고, C로 묶으면)

$= B\underbrace{(A+\overline{A}+1+C)}_{(1)} + C\underbrace{(A+\overline{A}+1)}_{(1)}$

$= B + C$

2) 최소화한 스위칭회로

$B+C$: B와 C가 논리합(+)으로 묶여 있으므로 병렬회로이다.

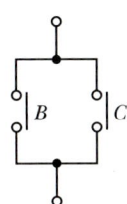

> **Reference**
>
> **시퀀스 제어의 기본용어**
>
> ① 0과 1의 의미
>
> | 구분 | 내용 | 스위치 상태 |
> |---|---|---|
> | 0 | 스위치 개방상태
출력이 없는 상태 | a접점 |
> | 1 | 스위치 폐로상태
출력이 발생하는 상태 | b접점 |

② (+)와 (·)의 의미

구분	내용	종류	논리식	논리회로
+	병렬회로를 의미	OR 회로	$X=(A+B)$	$A, B \to X$ (OR)
·	직렬회로를 의미	AND 회로	$X=(A \cdot B)$	$A, B \to X$ (AND)

③ 부정의 의미(NOT 회로)

입력과 출력이 반대로 되는 회로 : $A \to X$ (NOT)

부정 전	0	1	+	·	A	$\overline{A}$
부정 후	1	0	·	+	$\overline{A}$	A

> **Reference**
>
> **부울대수의 기본 정리**
>
> | 항등법칙 | $A+0=A, \quad A+1=1$ | $A \cdot 1=A, \quad A \cdot 0=0$ |
> |---|---|---|
> | 동일법칙 | $A+A=A$ | $A \cdot A=A$ |
> | 보원법칙 | $A+\overline{A}=1$ | $A \cdot \overline{A}=0$ |
> | 다중부정 | $\overline{\overline{A}}=A$ | |
> | 교환법칙 | $A+B=B+A$ | $A \cdot B=B \cdot A$ |
> | 결합법칙 | $A+(B+C)=(A+B)+C$ | $A \cdot (B \cdot C)=(A \cdot B) \cdot C$ |
> | 분배법칙 | $A \cdot (B+C)=AB+AC$ | $A+B \cdot C=(A+B) \cdot (A+C)$ |
> | 흡수법칙 | $A+A \cdot B=A$ | $A \cdot (A+B)=A$ |

> **Reference**
>
> **드모르간의 정리**
>
> 논리식의 전체 부정을 부분 부정으로, 부분 부정을 전체 부정으로 바꾸는 데 사용한다.
>
> $\overline{A+B} = \overline{A} \cdot \overline{B} \qquad \overline{A \cdot B} = \overline{A} + \overline{B}$
>
> $A+B = \overline{\overline{A} \cdot \overline{B}} \qquad A \cdot B = \overline{\overline{A} + \overline{B}}$

07 다음은 공기관식 차동식 분포형 감지기의 설치도면이다. 다음 각 물음에 답하시오.(단, 주요 구조부는 내화구조이다.) [8점]

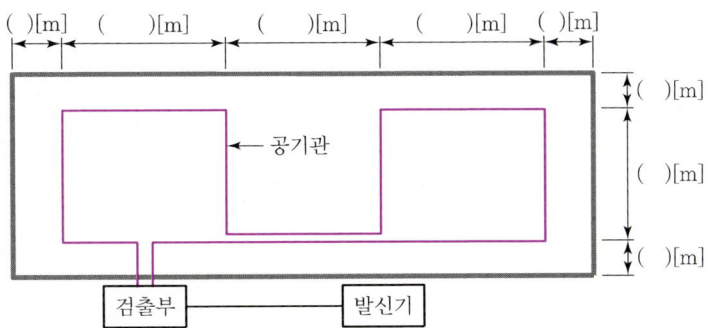

1) 주요 구조부가 내화구조일 경우의 공기관 상호 간의 거리와 감지구역의 각 변과의 거리는 몇 [m] 이하가 되어야 하는지 도면의 ( ) 안에 쓰시오.
2) 공기관의 노출부분의 길이는 몇 [m] 이상이 되어야 하는지 쓰시오.
3) 종단저항을 발신기에 설치할 경우 차동식 분포형 감지기의 검출부와 발신기 간의 전선 가닥수를 도면에 표기하시오.
4) 검출부의 설치높이를 쓰시오.
5) 하나의 검출부분에 접속하는 공기관의 길이는 몇 [m] 이하로 하여야 하는지 쓰시오.
6) 공기관의 재질을 쓰시오.
7) 검출부의 경사도는 몇 도 이하이어야 하는지 쓰시오.

해답 1)

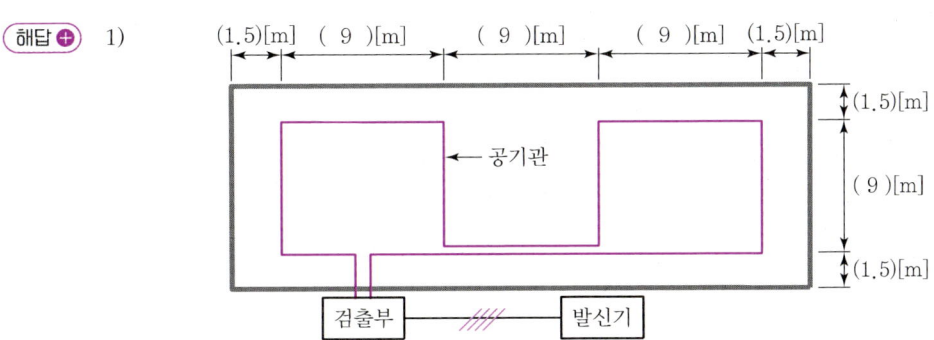

2) 20[m] 이상
3) 4가닥(도면에 표기)
4) 바닥으로부터 0.8[m] 이상 1.5[m] 이하
5) 100[m] 이하
6) 동관
7) 5도

해설 **1) 공기관식 차동식 분포형 감지기 설치기준**

구분	기준
공기관의 최소길이	공기관의 노출부분은 감지구역마다 20[m] 이상
공기관의 최대길이	하나의 검출부분에 접속하는 공기관의 길이는 100[m] 이하
공기관과 각 변의 거리	수평거리 1.5[m] 이하
공기관 상호 간 거리	6[m](내화구조 9[m]) 이하
공기관의 분기	공기관은 도중에서 분기하지 아니할 것
검출부의 경사	검출부는 5° 이상 경사지지 아니할 것
검출부의 높이	검출부는 바닥으로부터 0.8[m] 이상 1.5[m] 이하
공기관의 재질 및 규격	동관으로서 두께 0.3[mm] 이상, 바깥지름 1.9[mm] 이상

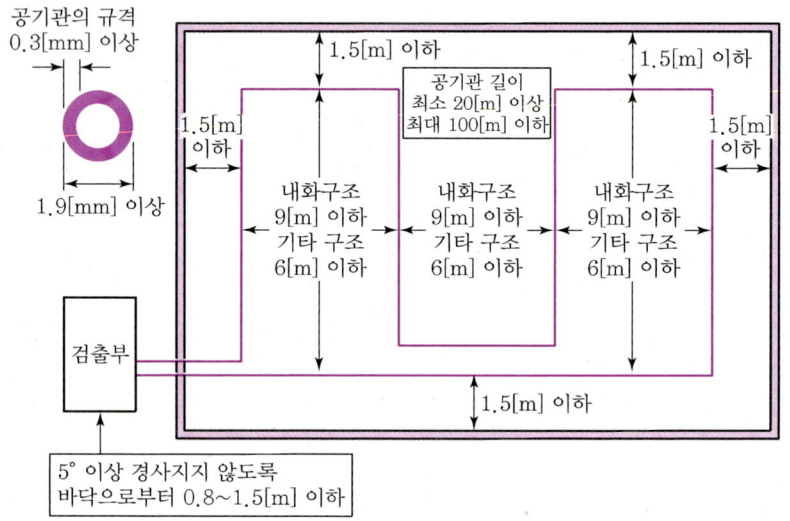

2) 검출부와 발신기 간 가닥수

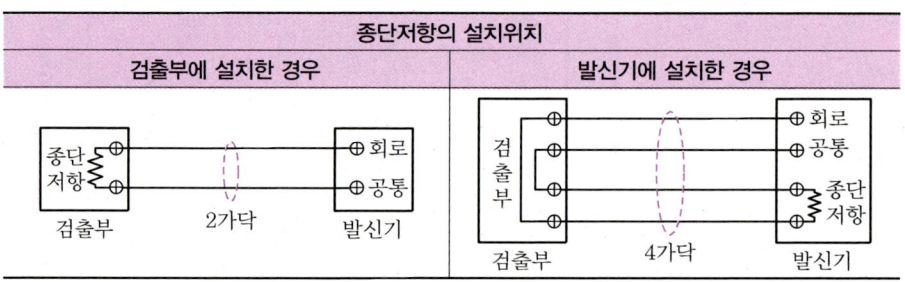

08 다음의 유접점 회로에서 램프 L의 작동을 주어진 타임차트에 표시하시오.(단, PB : 누름버튼스위치, LS : 리미트스위치, X : 릴레이) [5점]

1)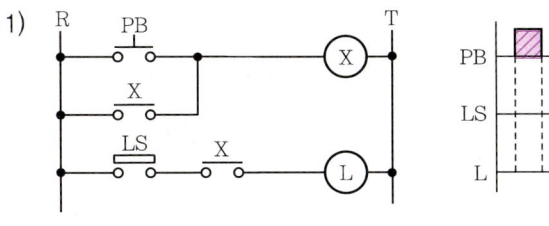

2)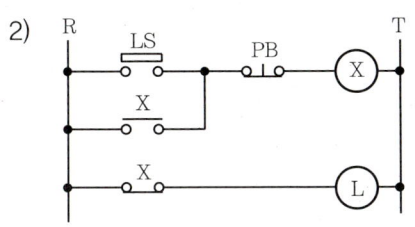

해답

1) 2)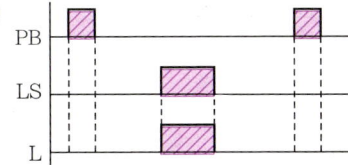

해설 1) 동작설명

① PB를 누르면 릴레이 Ⓧ가 여자되어 X-a접점이 둘 다 폐로된다. 그중 자기유지용 X-a접점에 의해 릴레이 Ⓧ는 자기유지된다.

② 이 상태에서 LS가 동작되면 램프 Ⓛ이 점등된다.

③ 즉, 램프는 PB가 먼저 터치된 상태에서 LS가 동작되어 있는 타임에만 점등된다.

2) 동작설명

① 평상시 아무 행위도 하지 않은 상태에서 램프 Ⓛ은 점등상태이다.

② 램프 Ⓛ 점등상태에서 PB를 눌러도 아무런 상태변화가 없다.

③ 램프 Ⓛ 점등상태에서 LS가 동작되면 릴레이 Ⓧ가 여자되고 X-a접점에 의해 자기유지되며 X-b접점이 개로되어 램프 Ⓛ은 소등된다.

④ 램프 Ⓛ이 소등된 상태에서 PB버튼을 터치하면 릴레이 Ⓧ가 소자되어 X-b접점이 복귀(폐로)하여 램프 Ⓛ이 점등된다.

⑤ 즉, 램프 Ⓛ은 LS가 작동한 시점에서 PB를 누르는 시점까지 소등되며 나머지 시간은 계속 점등된다.

09 다음은 준비작동식 스프링클러설비의 내부결선도 및 계통도이다. 다음 각 물음에 답하시오.

[10점]

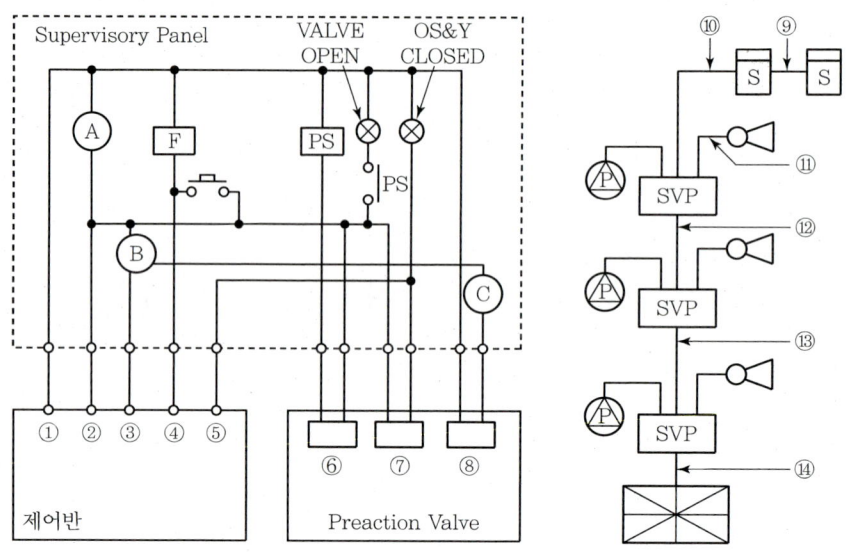

1) 계통도에 표시된 ①~⑧까지의 명칭을 쓰시오.

①		⑤	
②		⑥	
③		⑦	
④		⑧	

2) A, B, C에 들어갈 적당한 그림기호를 표시하시오.
   A :   B :   C :

3) ⑨~⑭의 전선가닥수를 쓰시오.(단, 최소가닥수로 한다.)

⑨	⑩	⑪	⑫	⑬	⑭

해답 1)

①	전원⊖	⑤	밸브주의
②	전원⊕	⑥	압력스위치
③	밸브개방확인	⑦	탬퍼스위치
④	밸브기동	⑧	솔레노이드밸브

2) • A : ⊗   • B : PS   • C : F-a

3)

⑨	⑩	⑪	⑫	⑬	⑭
4	8	2	8	14	20

해설 1), 2)

[계통도]

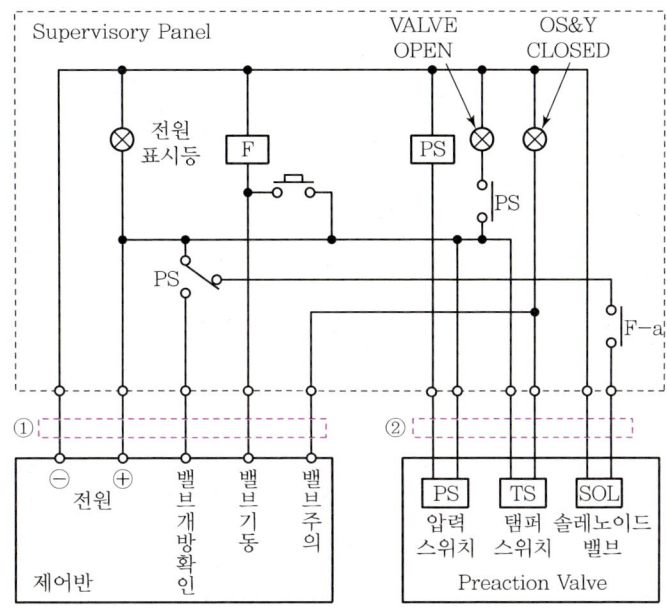

[가닥수]

① 제어반~슈퍼비조리판넬(SVP) 간 배선

　㉠ 최소가닥수 : 8가닥

　　전원⊕, ⊖, 감지기A, B, 솔레노이드밸브, 탬퍼스위치, 압력스위치, 사이렌

　　• 도면 ①에 표시된 선(5가닥)

　　　전원⊕, ⊖, 밸브개방확인(압력스위치), 밸브기동(솔레노이드밸브), 밸브주의(탬퍼스위치)

　　• 도면 ①에 표시되지 않은 선(3가닥)

　　　감지기A, 감지기B, 사이렌

　㉡ 감지기공통선을 별도로 배선하는 경우 : 9가닥

　　전원⊕, ⊖, 감지기공통, 감지기A, B, 솔레노이드밸브, 탬퍼스위치, 압력스위치, 사이렌

　㉢ Zone이 증가하는 경우 추가되는 가닥수 : 6가닥

　　감지기A, 감지기B, 솔레노이드밸브, 탬퍼스위치, 압력스위치, 사이렌

② 슈퍼비조리판넬(SVP)~프리액션밸브(Preaction Valve) 간 배선
　㉠ 최소가닥수 : 4가닥
　　솔레노이드밸브(S/V), 탬퍼스위치(T/S), 압력스위치(P/S), 공통
　㉡ 프리액션밸브의 공통선을 별도로 배선하는 경우 : 6가닥
　　솔레노이드밸브(S/V) 2, 탬퍼스위치(T/S) 2, 압력스위치(P/S) 2

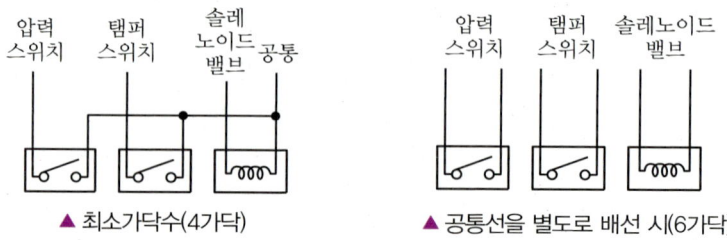

▲ 최소가닥수(4가닥)　　▲ 공통선을 별도로 배선 시(6가닥)

3) 전선가닥수

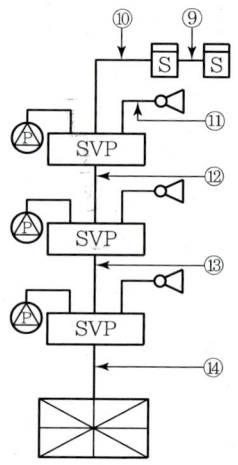

번호	가닥수
⑨	교차회로방식의 감지기 말단 : 4가닥 회로선2, 공통선2
⑩	교차회로방식의 그 밖의 것 : 8가닥 회로선4, 공통선4
⑪	사이렌 : 2가닥
⑫	SVP~SVP(1 Zone) : 8가닥 전원⊕, ⊖, 감지기A, B, 솔레노이드밸브, 탬퍼스위치, 압력스위치, 사이렌
⑬	SVP~SVP(2 Zone) : 14가닥 전원⊕, ⊖, (감지기A, B, 솔레노이드밸브, 탬퍼스위치, 압력스위치, 사이렌)×2
⑭	제어반(수신반)~SVP(3 Zone) : 20가닥 전원⊕, ⊖, (감지기A, B, 솔레노이드밸브, 탬퍼스위치, 압력스위치, 사이렌)×3

> **Reference**
>
> **동일 용어 정리**
> ① 준비작동식 밸브＝프리액션밸브(Preaction Valve)
> ② 솔레노이드밸브(S/V)＝밸브기동＝전자밸브
> ③ 탬퍼스위치(T/S)＝밸브주의
> ④ 압력스위치(P/S)＝밸브개방확인
> ⑤ 슈퍼비조리판넬(SVP)＝준비작동식 밸브 수동조작함

> **Reference**
>
> **각 부속류의 기능**
> ① 솔레노이드밸브(Solenoid Valve)
>   감지기A, B가 작동하면 제어반에서 솔레노이드 기동신호를 보내고 솔레노이드밸브가 작동되면 준비작동식 밸브의 클래퍼가 개방된다.(밸브기동)
> ② 탬퍼스위치(Tamper Switch)
>   준비작동식 밸브의 1차 측과 2차 측에 설치된 개폐표시형 밸브의 개폐상태를 감시하여 밸브가 조금이라도 폐쇄되면 제어반에 신호를 보내어 밸브주의표시등이 점등된다.(밸브주의)
> ③ 압력스위치(Pressure Switch)
>   준비작동식 밸브의 클래퍼가 개방되면 가압수에 의해 압력스위치가 작동되어 제어반에 신호를 보내고 밸브개방표시등이 점등된다.(밸브개방확인)

10 다음은 지하 3층, 지상 14층, 각 층의 층고 3.3[m]인 특정소방대상물이다. 이 건축물에 수직경계구역을 설정할 경우 다음 각 물음에 답하시오. [10점]

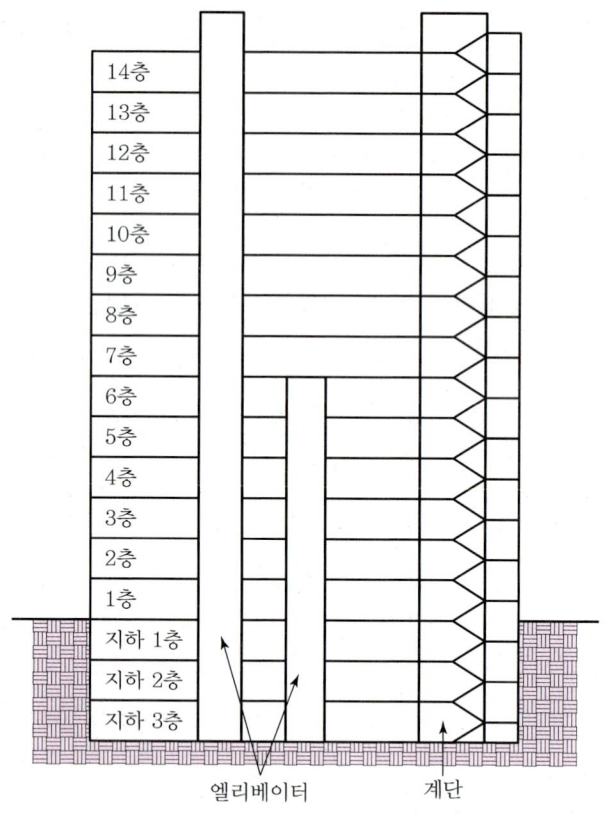

1) 상기 건축물의 엘리베이터 권상기실과 계단실에 감지기를 설치해야 하는 위치를 찾아 연기감지기의 그림기호를 이용하여 도면에 그려 넣으시오.

2) 자동화재탐지설비의 수직경계구역은 총 몇 개의 회로인지 산출하시오.
   엘리베이터 권상기실 (   )회로 + 계단 (   )회로 = 합계 (   )회로

3) 연기가 멀리 이동해서 감지기에 도달하는 장소에 설치하는 연기감지기의 종류를 1가지 쓰시오.

[해답] 1)

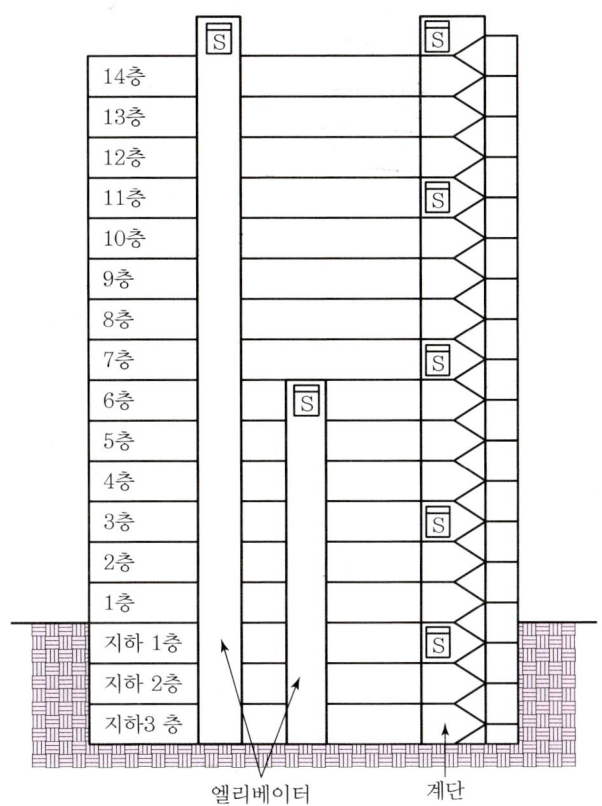

2) 엘리베이터 권상기실 (2)회로 + 계단 (3)회로 = 합계 (5)회로
3) 광전식 분리형 감지기

[해설] 1) 연기감지기 설치위치 및 수량
① 엘리베이터 권상기실 : 2개(엘리베이터는 권상기실이 있는 경우 최상층 권상기실에만 감지기 설치)
② 계단·경사로
  ㉠ 지상층
   • 수직거리 : 3.3[m] × 14층 = 46.2[m]
   • 감지기 수량 : $\dfrac{46.2[m]}{15[m]} = 3.08 ≒ 4개$
   • 경계구역을 분리하여 계산한 경우
     45[m](1경계구역) + 1.2[m](1경계구역) = 46.2[m]
     감지기 수량 : $\dfrac{45[m]}{15[m]} + \dfrac{1.2[m]}{15[m]} = 3.08 ≒ 4개$(동일하다)
  ㉡ 지하층
   • 수직거리 : 3.3[m] × 3층 = 9.9[m]
   • 감지기 수량 = $\dfrac{9.9[m]}{15[m]} = 0.66 ≒ 1개$

▼ 설치장소에 따른 연기감지기 1개의 거리기준

설치장소	감지기의 종류	
	1종, 2종	3종
복도・통로(보행거리)	30[m]	20[m]
계단・경사로(수직거리)	15[m]	10[m]

2) 수직경계구역의 회로수
 ① 엘리베이터 권상기실 : 2경계구역(각각 1경계구역)
 ② 계단
  ㉠ 지상층
   • 수직거리 : 3.3[m] × 14층 = 46.2[m]
   • 경계구역수 : $\frac{46.2[m]}{45[m]}$ = 1.03 ≒ 2경계구역(소수점 이하 절상)
  ㉡ 지하층
   • 수직거리 : 3.3[m] × 3층 = 9.9[m]
   • 경계구역수 : $\frac{9.9[m]}{45[m]}$ = 0.22 ≒ 1경계구역(소수점 이하 절상)
 ③ 수직경계구역의 총수
  엘리베이터 권상기실 (2)회로 + 지상층 계단 (2)회로 + 지하층 계단 (1)회로
  = 합계 (5)회로

Reference

경계구역의 설정기준
① 층별, 면적별 경계구역 설정기준
 • 하나의 경계구역이 2개 이상의 건축물에 미치지 아니하도록 할 것
 • 하나의 경계구역이 2개 이상의 층에 미치지 아니하도록 할 것(다만, 500[m²] 이하의 범위 안에서는 2개의 층을 하나의 경계구역으로 할 수 있다)
 • 하나의 경계구역의 면적은 600[m²] 이하로 하고 한 변의 길이는 50[m] 이하로 할 것(다만, 주된 출입구에서 그 내부 전체가 보이는 것은 한 변의 길이가 50[m]의 범위 내에서 1,000[m²] 이하)
② 수직구역의 경계구역 설정기준
 • 별도의 경계구역 설정 : 계단, 경사로, 엘리베이터 승강로, 권상기실, 린넨슈트, 파이프 피트, 파이프 덕트, 기타 이와 유사한 부분
 • 하나의 경계구역 높이 : 45[m] 이하(계단 및 경사로에 한함)
 • 지하층의 계단 및 경사로는 별도로 하나의 경계구역으로 할 것(지하층의 층수가 1일 경우는 제외)
③ 기타 경계구역 설정
 • 외기에 면하여 상시 개방된 부분이 있는 차고・주차장・창고 등에 있어서는 외기에 면하는 각 부분으로부터 5[m] 미만의 범위 안에 있는 부분은 경계구역의 면적에 산입하지 아니한다.
 • 스프링클러설비・물분무등소화설비 또는 제연설비의 화재감지장치로서 화재감지기를 설치한 경우의 경계구역은 해당 소화설비의 방사구역 또는 제연구역과 동일하게 설정할 수 있다.

3) 연기가 멀리 이동해서 감지기에 도달하는 장소에 설치하는 연기감지기

▼ 설치장소별 감지기 적응성

설치장소		적응열감지기				적응연기감지기					불꽃감지기	비고
환경상태	적응장소	차동식 스포트형	차동식 분포형	보상식 스포트형	정온식	이온화식 스포트형	광전식 스포트형	이온아날로그식 스포트형	광전아날로그식 스포트형	광전식 분리형	광전아날로그식 분리형		
연기가 멀리 이동해서 감지기에 도달하는 장소	계단·경사로						○		○	○	○		광전식 스포트형 감지기 또는 광전아날로그식 스포트형 감지기를 설치하는 경우에는 당해 감지기 회로에 축적기능을 갖지 않는 것으로 할 것

11 금속관공사로서 노출배관을 나타낸 그림이다. 이 그림을 보고 다음 각 물음에 답하시오. [5점]

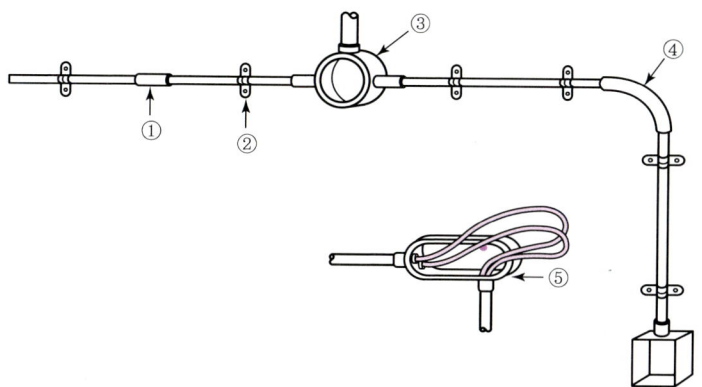

1) 그림에 사용된 ①~④의 명칭을 쓰시오.

①	②	③	④

2) 노출배관공사를 하기 위해 ④ 대신 ⑤에 그려진 부속품을 사용하려고 한다. ⑤의 명칭을 쓰시오.

해답 1)

①	②	③	④
커플링	새들	환형 3방출 정크션 박스	노멀밴드

2) 유니버설 엘보

해설 전선관공사에 사용되는 부속품의 종류

명칭	외형	설명
부싱 (Bushing)		전선의 절연피복을 보호하기 위하여 금속관 끝에 취부하여 사용되는 부품
유니언 커플링 (Union Coupling)		금속전선관 상호 간을 접속하는 데 사용되는 부품 (관이 고정되어 있을 때)
노멀 벤드 (Normal Bend)		매입배관공사를 할 때 직각으로 굽히는 곳에 사용하는 부품
유니버설 엘보 (Universal Elbow)		노출배관공사를 할 때 관을 직각으로 굽히는 곳에 사용하는 부품
링 리듀서 (Ring Reducer)		금속관을 아웃렛 박스에 로크 너트만으로 고정하기 어려울 때 보조적으로 사용되는 부품
커플링 (Coupling)		금속전선관 상호 간을 접속하는 데 사용되는 부품 (관이 고정되어 있지 않을 때)
새들 (Saddle)		관을 지지하는 데 사용하는 재료
로크 너트 (Lock Nut)		금속관과 박스를 접속할 때 사용하는 재료로 최소 2개를 사용한다.
리머 (Reamer)		금속관 말단의 모를 다듬기 위한 기구
파이프 커터 (Pipe Cutter)		금속관을 절단하는 기구
환형 3방출 정크션 박스		배관을 분기할 때 사용하는 박스

명칭	외형	설명
스트레이트 박스 커넥터		가요전선관과 박스의 연결에 사용되는 부품
콤비네이션 커플링		가요전선관과 금속전선관 연결에 사용되는 부품
스플릿 커플링		가요전선관과 가요전선관 연결에 사용되는 부품

12 연기감지기를 설치할 수 없는 경우 차동식 분포형 감지기 1·2종 모두 적응성이 있는 환경상태 5가지를 쓰시오. [5점]

해답
- 먼지 또는 미분 등이 다량으로 체류하는 장소
- 부식성 가스가 발생할 우려가 있는 장소
- 배기가스가 다량으로 체류하는 장소
- 연기가 다량으로 유입할 우려가 있는 장소
- 물방울이 발생하는 장소

해설 설치장소별 감지기 적응성(연기감지기를 설치할 수 없는 경우 적용)

설치장소		적응열감지기								불꽃감지기
		차동식 스포트형		차동식 분포형		보상식 스포트형		정온식		
환경상태	적응장소	1종	2종	1종	2종	1종	2종	특종	1종	열아날로그식	
먼지 또는 미분 등이 다량으로 체류하는 장소	쓰레기장, 하역장, 도장실, 섬유·목재·석재 등 가공공장	○	○	○	○	○	○	○	○	○	○
부식성 가스가 발생할 우려가 있는 장소	도금공장, 축전지실, 오수처리장 등	×	×	○	○	○	○	○	○	○	○
배기가스가 다량으로 체류하는 장소	주차장, 차고, 화물취급소 등	○	○	○	○	○	○	×	×	○	○
연기가 다량으로 유입할 우려가 있는 장소	음식물배급실, 주방전실, 주방 내 식품저장실 등	○	○	○	○	○	○	○	○	○	×
물방울이 발생하는 장소	슬레이트 또는 철판으로 설치한 지붕 창고·공장 등	×	×	○	○	○	○	○	○	○	○

13 공기관식 차동식 분포형 감지기의 시험 중 접점수고(간격)시험 시 수고치가 다음에 해당하는 경우에 각각 나타나는 현상을 쓰시오. [5점]

- 비정상적인 경우 :
- 낮은 경우 :
- 높은 경우 :

해답 ⊕
- 비정상적인 경우 : 실보 또는 비화재보
- 낮은 경우 : 비화재보
- 높은 경우 : 실보 또는 지연보

해설 ⊕ 접점수고시험

1) 목적

   접점의 적정한 수고치를 확인하고자 하는 시험이다.

2) 시험방법

   ① 검출부의 시험용 레버를 [D.L] 위치로 이동시킨다.
   ② P_1 단자의 공기관을 분리하고 그 위치에 공기주입시험기와 마노미터를 접속한다.
   ③ 공기주입시험기로 공기를 서서히 주입한다.
   ④ 접점이 붙는 순간 공기주입을 멈추고, 마노미터의 수고치(물의 높이)를 측정한다.

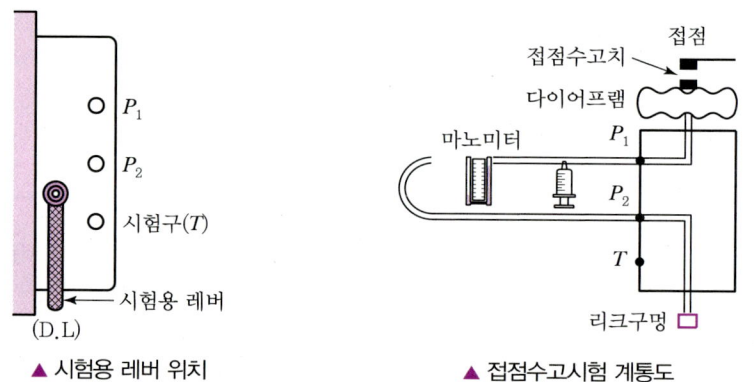

▲ 시험용 레버 위치   ▲ 접점수고시험 계통도

3) 판정

   ① 접점수고치가 규정치의 범위 내에 있는지 비교하여 양·부를 판단한다.
   ② 접점수고치에 따른 판정기준

접점수고치	접점간격	감도	문제점
낮다	가깝다	예민하다	비화재보 우려
높다	멀다	둔감하다	실보(지연보) 우려

14 다음 그림은 옥내소화전설비의 블록다이어그램이다. 각 구성요소 간 배선을 완성하시오.(단, 내화배선 : ▰▰▰, 내열배선 : ▨▨▨, 일반배선 : ──── 으로 표시한다.) [5점]

해답 ⊕

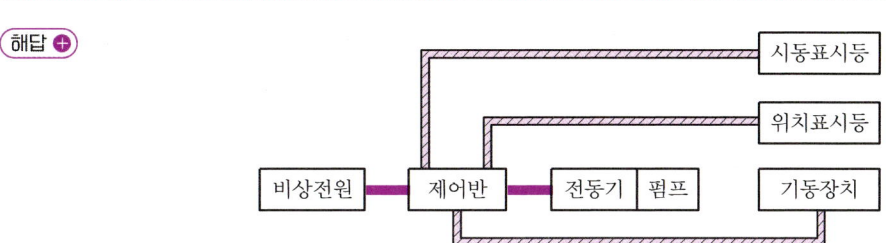

해설 ⊕ 소방시설별 배선 공사방법

1) 옥내소화전설비
   ① 내화배선 : 비상전원 → 동력제어반 → 가압송수장치(펌프)
   ② 내화 또는 내열배선 : 상용전원 → 동력제어반, 감시, 조작, 표시등회로

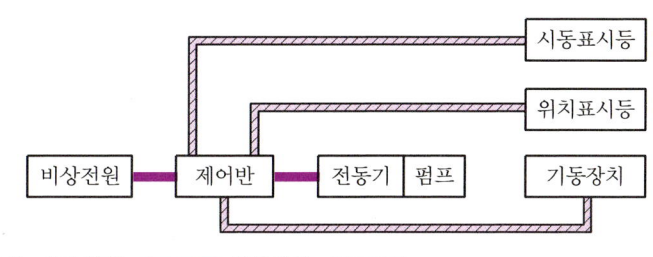

여기서, 내화배선 : ▰▰▰, 내열배선 : ▨▨▨

2) 스프링클러설비
   ① 내화배선 : 비상전원 → 동력제어반 → 가압송수장치(펌프)
   ② 내화 또는 내열배선 : 상용전원 → 동력제어반, 감시, 조작, 표시등회로

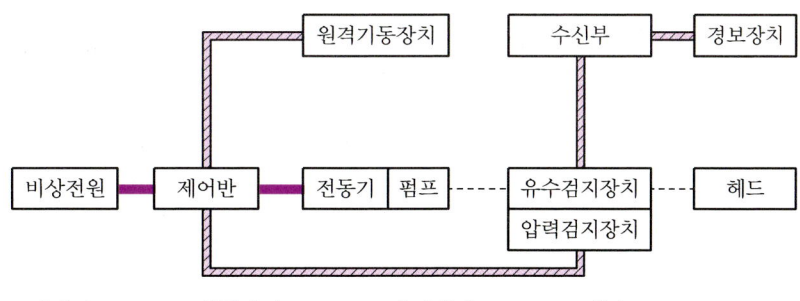

여기서, ▰▰▰ : 내화배선, ▨▨▨ : 내열배선, ┄┄┄ : 배관

3) 자동화재탐지설비의 배선

　① 전원회로의 배선 : 내화배선

　② 그 밖의 배선 : 내화배선 또는 내열배선

　③ 감지기 상호 간 또는 감지기로부터 수신기에 이르는 감지기회로의 배선
　　• 아날로그식, 다신호식 감지기 및 R형 수신기용 : 전자파 방해를 받지 아니하는 실드선
　　• 그 밖의 일반배선 : 내화배선 또는 내열배선

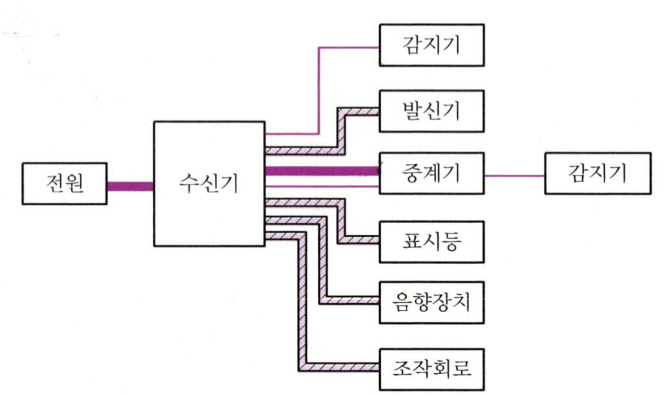

여기서, ▬▬ : 내화배선, ▨▨▨ : 내열배선, ─── : 일반배선

4) 가스계 소화설비(CO_2, 할론, 분말, 할로겐화합물 및 불활성기체 소화설비)의 배선

　① 전원회로의 배선 : 내화배선

　② 그 밖의 배선 : 내화배선 또는 내열배선

　③ 감지기 상호 간 또는 감지기로부터 수신기에 이르는 감지기회로의 배선
　　• 아날로그식, 다신호식 감지기 및 R형 수신기용 : 전자파 방해를 받지 아니하는 실드선
　　• 그 밖의 일반배선 : 내화배선 또는 내열배선

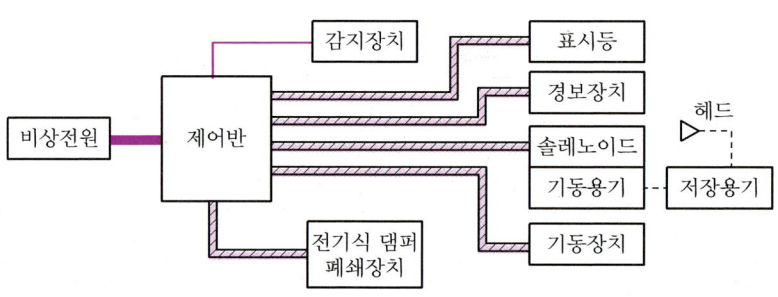

여기서, ▬▬ : 내화배선, ▨▨▨ : 내열배선, ─── : 일반배선, ------ : 배관

15

[조건]
- 공구손료는 내선전공에 대한 인건비의 3[%], 내선전공의 M/D는 100,000원을 적용한다.
- 콘크리트박스는 매입을 원칙으로 하며, 박스커버의 내선전공은 적용하지 않는다.
- 빈칸에 숫자를 적을 필요가 없는 부분은 공란으로 남겨 둔다.

1) 내선전공의 노임요율 및 공량

품명	규격	단위	수량	노임요율	공량
수신기	P형 5회로	EA	1	6.0	6.0
발신기	P형	EA	5	0.9	4.5
경종	DC−24[V]	EA	5	0.15	0.75
표시등	DC−24[V]	EA	5	0.2	1.0
차동식 감지기	스포트형	EA	60	0.13	7.8
전선관(후강)	16호	[m]	70	0.08	5.6
전선관(후강)	22호	[m]	100	0.11	11
전선관(후강)	28호	[m]	400	0.14	56
전선	1.5[mm²]	[m]	10,000	0.010	100
전선	2.5[mm²]	[m]	15,000	0.010	150
콘크리트박스	4각	EA	5	0.12	0.6
콘크리트박스	8각	EA	55	0.12	6.6
박스커버	4각	EA	5	−	−
박스커버	8각	EA	55	−	−
계					349.85

2) 인건비

품명	단위	공량	단가[원]	금액[원]
내선전공	인	349.85	100,000	34,985,000
공구손료	식			1,049,550
계				36,034,550

- 내선전공 인건비 = 349.85 × 100,000 = 34,985,000원
- 공구손료 = 34,985,000 × 0.03 = 1,049,550원
- 합계 = 36,034,550원

[표 1] 전선관(m당)

합성수지전선관		금속(후강)전선관		금속가요전선관	
관의 호칭	내선전공	관의 호칭	내선전공	관의 호칭	내선전공
14	0.04	—	—	—	—
16	0.05	16	0.08	16	0.044
22	0.06	22	0.11	22	0.059
28	0.08	28	0.14	28	0.072
36	0.10	36	0.20	36	0.087
42	0.13	42	0.25	42	0.104
54	0.19	54	0.34	54	0.136
70	0.28	70	0.44	70	0.156

[표 2] 박스(Box) 신설(개당)

종류	내선전공
8각 Concrete Box	0.12
4각 Concrete Box	0.12
8각 Outlet Box	0.20
중형 4각 Outlet Box	0.20
대형 4각 Outlet Box	0.20
1개용 Switch Box	0.20
2~3개용 Switch Box	0.20
4~5개용 Switch Box	0.25
노출형 Box(콘크리트 노출기준)	0.29
플로어박스	0.20

[표 3] 옥내배선(m당, 직종 : 내선전공)

규격	관내배선	규격	관내배선
6[mm^2] 이하	0.010	120[mm^2] 이하	0.077
16[mm^2] 이하	0.023	150[mm^2] 이하	0.088
38[mm^2] 이하	0.031	200[mm^2] 이하	0.107
50[mm^2] 이하	0.043	250[mm^2] 이하	0.130
60[mm^2] 이하	0.052	300[mm^2] 이하	0.148
70[mm^2] 이하	0.061	325[mm^2] 이하	0.160
100[mm^2] 이하	0.064	400[mm^2] 이하	0.197

[표 4] 자동화재경보장치 설치

공종	단위	내선전공	비고
Spot형 감지기 (차동식, 정온식, 보상식) 노출형	개	0.13	① 천장높이 4[m] 기준 1[m] 증가 시마다 5[%] 가산 ② 매입형 또는 특수구조인 경우 조건에 따라 선정
시험기(공기관 포함)		0.15	① 상동 ② 상동
분포형의 공기관		0.025	① 상동 ② 상동
검출기		0.30	
공기관식의 Booster		0.10	
발신기 P형		0.30	
회로시험기		0.10	
수신기 P형(기본공수) (회선수 공수 산출 가산요)	대	6.0	[회선수에 대한 산정] 매 1회선에 대해서 | 형식 \ 직종	내선전공
---	---
P형	0.3
R형	0.2	 ※ R형은 수신반 인입감시 회선수 기준 [참고 산정 예] P형의 10회선 : 기본공수는 6인 회선당 할증수는 10 × 0.3 = 3 ∴ 6 + 3 = 9인
부수신기(기본공수)	대	3.0	
소화전 기동 릴레이	대	1.5	
경종	개	0.15	
표시등	개	0.20	
표지판	개	0.15	

해답 1) 내선전공의 노임요율 및 공량

품명	규격	단위	수량	노임요율	공량
수신기	P형 5회로	EA	1	100,000원	$6+(5\times0.3)=7.5$
발신기	P형	EA	5	100,000원	$0.3\times5=1.5$
경종	DC-24[V]	EA	5	100,000원	$0.15\times5=0.75$
표시등	DC-24[V]	EA	5	100,000원	$0.2\times5=1$
차동식 감지기	스포트형	EA	60	100,000원	$0.13\times60=7.8$
전선관(후강)	16호	[m]	70	100,000원	$0.08\times70=5.6$
전선관(후강)	22호	[m]	100	100,000원	$0.11\times100=11$
전선관(후강)	28호	[m]	400	100,000원	$0.14\times400=56$
전선	1.5[mm²]	[m]	10,000	100,000원	$0.01\times10,000=100$
전선	2.5[mm²]	[m]	15,000	100,000원	$0.01\times15,000=150$
콘크리트박스	4각	EA	5	100,000원	$0.12\times5=0.6$
콘크리트박스	8각	EA	55	100,000원	$0.12\times55=6.6$
박스커버	4각	EA	5	—	—
박스커버	8각	EA	55	—	—
계					348.35

2) 인건비

품명	단위	공량	단가[원]	금액[원]
내선전공	인	348.35	100,000	34,835,000
공구손료	식	3[%]	34,835,000	1,045,050
계				35,880,050

해설 1) 내선전공의 노임요율 및 공량

품명	규격	단위	수량	노임요율	공량
수신기	P형 5회로	EA	1	100,000원	$6+(5\times0.3)=7.5$
발신기	P형	EA	5	100,000원	$0.3\times5=1.5$
경종	DC-24[V]	EA	5	100,000원	$0.15\times5=0.75$
표시등	DC-24[V]	EA	5	100,000원	$0.2\times5=1$
차동식 감지기	스포트형	EA	60	100,000원	$0.13\times60=7.8$
전선관(후강)	16호	[m]	70	100,000원	$0.08\times70=5.6$
전선관(후강)	22호	[m]	100	100,000원	$0.11\times100=11$
전선관(후강)	28호	[m]	400	100,000원	$0.14\times400=56$
전선	1.5[mm²]	[m]	10,000	100,000원	$0.01\times10,000=100$
전선	2.5[mm²]	[m]	15,000	100,000원	$0.01\times15,000=150$
콘크리트박스	4각	EA	5	100,000원	$0.12\times5=0.6$
콘크리트박스	8각	EA	55	100,000원	$0.12\times55=6.6$
박스커버	4각	EA	5	—	—
박스커버	8각	EA	55	—	—
계					$7.5+1.5+0.75+1+7.8+5.6+11$ $+56+100+150+0.6+6.6=348.35$

① 수신기 공량 : 6.0+1.5=7.5인
- 표 4에서 수신기 1대당 내선전공 : 6.0인
- 1회선에 대하여 0.3인씩 증가하므로 : 5회로×0.3=1.5인
  [수신기(P형 5회로), 발신기(5개)이므로 회로수는 5회로로 계산한다.]
② 발신기 공량 : 0.3×5=1.5인
- 표 4에서 발신기 1대당 내선전공 : 0.3인
- 발신기 수량 : 5대
③ 경종 등은 발신기와 동일한 방법으로 계산한다.
④ 전선 1.5[mm²], 2.5[mm²]는 표 3에서 6[mm²] 이하이므로 공량을 0.01로 선정하여 계산한다.
⑤ 조건에서 박스커버의 내선전공은 고려하지 않는다고 하였으므로 박스커버의 공량은 0이다.
⑥ 공량계=7.5+1.5+0.75+1+7.8+5.6+11+56+100+150+0.6+6.6=348.35
각 품명별 공량을 모두 합산한다.

2) 인건비

품명	단위	공량	단가[원]	금액[원]
내선전공	인	348.35	100,000	348.35×100,000=34,835,000
공구손료	식	3[%]	34,835,000	34,835,000×0.03=1,045,050
계				34,835,000+1,045,050=35,880,050

① 내선전공(직접노무비)=공량합계×단가
② 공구손료=직접노무비×0.03 (직접노무비의 3[%])
③ 인건비=직접노무비+공구손료 (간접노무비는 주어지지 않았으므로 무시한다.)

16 다음 그림은 3상 교류회로에 설치된 누전경보기의 결선도이다. 정상상태와 누전 발생 시 a점, b점 및 c점에서 키르히호프의 제1법칙을 적용하여 선전류 $\dot{I_1}$, $\dot{I_2}$, $\dot{I_3}$ 및 선전류의 벡터합 계산과 관련된 각 물음에 답하시오. [8점]

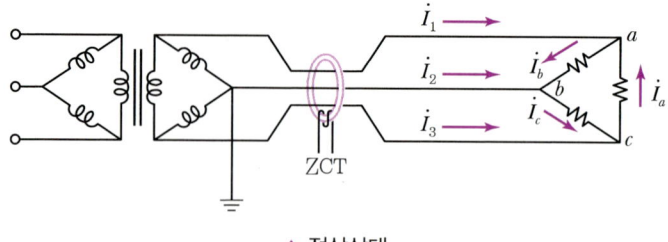

▲ 정상상태

1) 정상상태 시 선전류
   - a점 : $\dot{I_1} =$ (   )
   - b점 : $\dot{I_2} =$ (   )
   - c점 : $\dot{I_3} =$ (   )

2) 정상상태 시 선전류의 벡터합
   $\dot{I_1} + \dot{I_2} + \dot{I_3} =$ (   )

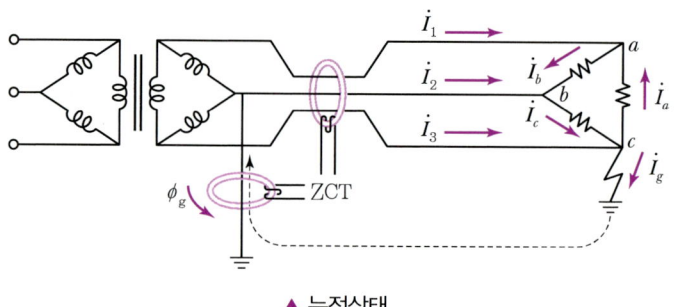

▲ 누전상태

3) 누전 시 선전류
   - a점 : $\dot{I_1} =$ (   )
   - b점 : $\dot{I_2} =$ (   )
   - c점 : $\dot{I_3} =$ (   )

4) 누전 시 선전류의 벡터합
   $\dot{I_1} + \dot{I_2} + \dot{I_3} =$ (   )

해답 1) 정상상태 시 선전류
- a점 : $\dot{I}_1 = (\dot{I}_b - \dot{I}_a)$
- b점 : $\dot{I}_2 = (\dot{I}_c - \dot{I}_b)$
- c점 : $\dot{I}_3 = (\dot{I}_a - \dot{I}_c)$

2) 정상상태 시 선전류의 벡터합

$$\dot{I}_1 + \dot{I}_2 + \dot{I}_3 = (\dot{I}_b - \dot{I}_a) + (\dot{I}_c - \dot{I}_b) + (\dot{I}_a - \dot{I}_c) = 0$$

$$\dot{I}_1 + \dot{I}_2 + \dot{I}_3 = (\ 0\ )$$

3) 누전 시 선전류
- a점 : $\dot{I}_1 = (\dot{I}_b - \dot{I}_a)$
- b점 : $\dot{I}_2 = (\dot{I}_c - \dot{I}_b)$
- c점 : $\dot{I}_3 = (\dot{I}_a - \dot{I}_c + \dot{I}_g)$

4) 누전 시 선전류의 벡터합

$$\dot{I}_1 + \dot{I}_2 + \dot{I}_3 = (\dot{I}_b - \dot{I}_a) + (\dot{I}_c - \dot{I}_b) + (\dot{I}_a - \dot{I}_c + \dot{I}_g) = \dot{I}_g$$

$$\dot{I}_1 + \dot{I}_2 + \dot{I}_3 = (\dot{I}_g)$$

해설 누전경보기 동작원리(3상 3선식 교류회로)

1) 정상상태 시

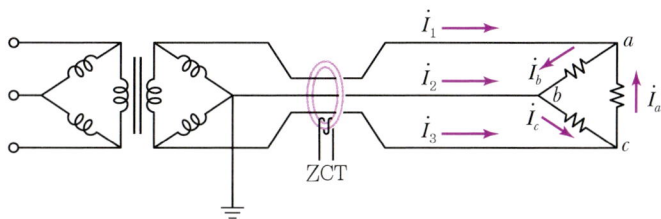

① 정상상태에서 부하의 a, b, c점에서 키르히호프의 법칙을 적용한다.
② 각 점에서 각 선전류의 벡터합은 0이 되므로 ZCT의 2차 출력도 0이 된다.

a점 : $\dot{I}_1 + \dot{I}_a = \dot{I}_b$ $\dot{I}_1 = \dot{I}_b - \dot{I}_a$	b점 : $\dot{I}_2 + \dot{I}_b = \dot{I}_c$ $\dot{I}_2 = \dot{I}_c - \dot{I}_b$	c점 : $\dot{I}_3 + \dot{I}_c = \dot{I}_a$ $\dot{I}_3 = \dot{I}_a - \dot{I}_c$

선전류의 벡터합 : $\dot{I}_1 + \dot{I}_2 + \dot{I}_3 = 0$

2) 누전 발생 시

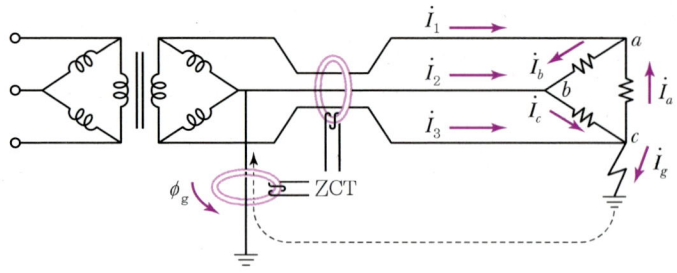

① 그림과 같이 c점에서 누전이 발생하면 $\dot{I}_1 + \dot{I}_2 + \dot{I}_3 = 0$이 되지 못하고 ZCT에는 누설전류 $\dot{I}_g$가 발생한다.
② 누설전류 $\dot{I}_g$는 자속 $\dot{\phi}_g$를 발생시켜 ZCT 2차 측에 유도기전력을 발생시킨다.
③ 발생된 유도기전력을 수신부에서 증폭시켜 경보를 발한다.

- a점 : $\dot{I}_1 + \dot{I}_a = \dot{I}_b$
  $\dot{I}_1 = \dot{I}_b - \dot{I}_a$
- b점 : $\dot{I}_2 + \dot{I}_b = \dot{I}_c$
  $\dot{I}_2 = \dot{I}_c - \dot{I}_b$
- c점 : $\dot{I}_3 + \dot{I}_c = \dot{I}_a + \dot{I}_g$
  $\dot{I}_3 = \dot{I}_a + \dot{I}_g - \dot{I}_c$

선전류의 벡터합 : $\dot{I}_1 + \dot{I}_2 + \dot{I}_3 = \dot{I}_g$

2017년 제1회(2017. 4. 16)

01 광전식 스포트형 감지기와 광전식 분리형 감지기의 검출방식과 작동원리를 구분하여 설명하시오. [4점]

1) 광전식 스포트형 감지기
- 검출방식 :
- 작동원리 :

2) 광전식 분리형 감지기
- 검출방식 :
- 작동원리 :

해답
1) • 검출방식 : 산란광식
   • 작동원리 : 연기입자에 의해 산란된 빛이 수광부에 들어오는 것을 검출하는 방식

2) • 검출방식 : 감광식
   • 작동원리 : 연기입자에 의해 수광부에 전달되는 광량이 감소하는 것을 검출하는 방식

해설
1) 광전식 스포트형 감지기

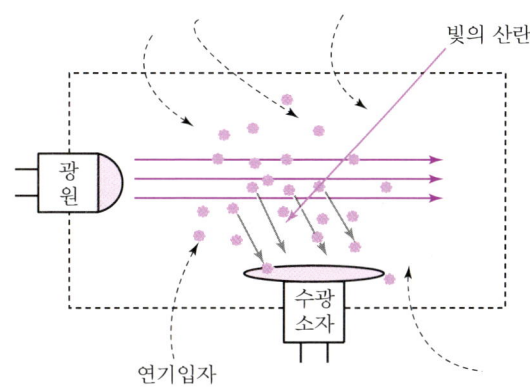

▲ 광전식 스포트형 감지기의 구조

① 구성요소 : 송광부, 수광부, 신호증폭회로, 스위칭회로 등
② 동작원리 : 빛의 산란을 이용한 산란광식
   연기입자에 의해 산란된 빛이 수광부에 들어오는 것을 검출하는 방식
③ 동작순서 : 화재 발생 → 챔버 내 연기 침입 → 빛의 산란 → 수광량 증가 → 신호 증폭 → 스위칭 → 화재 경보

2) 광전식 분리형 감지기
   ① 구성요소 : 송광부, 수광부, 신호증폭회로, 신호변환회로 등
   ② 동작원리 : 빛의 감소한 양을 검출하는 감광식
      연기입자에 의해 수광부에 전달되는 광량이 감소하는 것을 검출하는 방식
   ③ 동작순서 : 화재 발생 → 광축에 연기 투입 → 광량 감소 → 신호 증폭 → 화재 경보
   ④ 설치기준

구분	기준
감지기의 수광면	햇빛을 직접 받지 않도록 설치할 것
광축과 나란한 벽과의 거리	0.6[m] 이상 이격하여 설치할 것
송광부, 수광부와 뒷벽과의 거리	1[m] 이내 위치에 설치할 것
광축의 높이	천장높이의 80[%] 이상일 것
광축의 길이	공칭감시거리 범위(5~100[m] 이하로 하여 5[m] 간격) 이내일 것

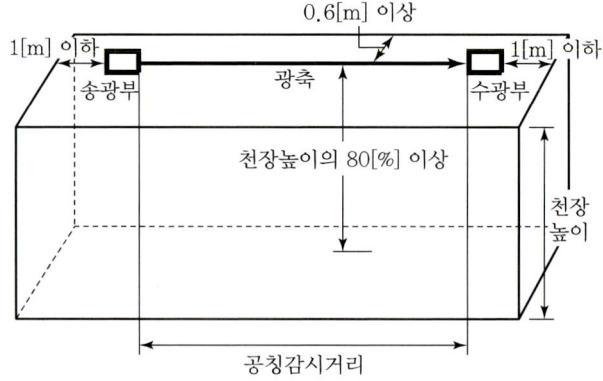

▲ 광전식 분리형 감지기의 설치기준

02 다음은 자동화재탐지설비의 감지기 또는 발신기가 작동하면 지구음향장치가 작동하고 비상방송을 할 때에는 지구음향장치를 정지시킬 수 있는 미완성 결선도이다. 범례 및 조건을 참고하여 도면을 완성하시오. [6점]

[조건]
- 발신기스위치를 누르거나 감지기가 작동되면 계전기 X1이 여자되어 자기유지되고 X1 − a접점에 의하여 경종이 작동된다.
- 발신기스위치나 감지기가 복구된 후 복구스위치를 누르면 계전기 X1이 소자되어 경종이 정지한다.
- 발신기스위치 또는 감지기에 의하여 경종 작동 중 절환스위치를 비상방송설비로 절환하면 계전기 X2가 여자되고 X2 − b접점에 의하여 경종이 정지한다.

[범례]
- ─┴─ : 발신기스위치
- ─○╱○─ : 절환스위치
- ─○╲○─ : 복구스위치
- ─┬─ : 감지기
- Ⓧ : 계전기
- Ⓑ : 지구경종

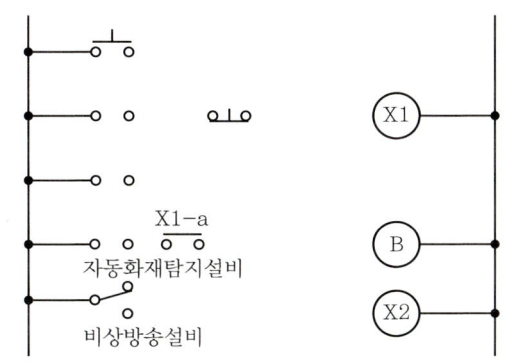

해답

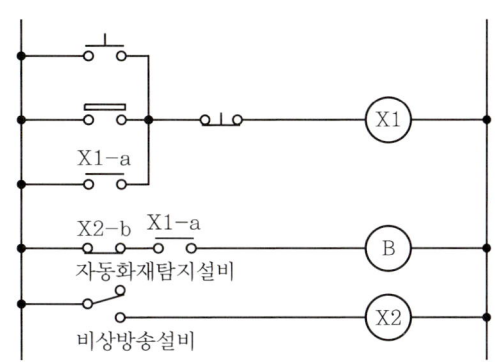

해설

1) 자기유지접점(X1-a), 감지기, 발신기
    ① 자기유지접점(X1-a)과 감지기는 발신기스위치와 병렬로 연결한다.
    ② 감지기나 발신기 둘 중 하나만 작동하면 계전기 X1이 여자된다.
    ③ X1이 여자되면 X1-a접점이 폐로되어 자기유지된다.
    ④ 경종과 직렬로 연결된 X1-a접점이 폐로되어 경종이 작동된다.
    ⑤ 감지기, 발신기스위치, 자기유지접점(X1-a)은 병렬회로이기 때문에 위치가 바뀌어도 문제가 되지 않는다.

2) 복구스위치(-o⊥o-)
    ① 계전기 X1과 복구스위치는 직렬로 연결한다.
    ② 감지기나 발신기스위치가 복구된 후 복구스위치를 누르면 X1이 소자되어 X1-a가 복귀하므로 경종은 정지한다.

3) X2-b접점
    ① 경종과 직렬로 연결한다.
    ② 절환스위치를 비상방송설비 위치로 절환하면 X2가 여자되어 X2-b접점은 개로되므로 경종은 정지한다.

03 다음 도면은 준비작동식 스프링클러설비의 Supervisory Panel에서 감시제어반까지의 내부결선도이다. 도면을 보고 각 물음에 답하시오. [12점]

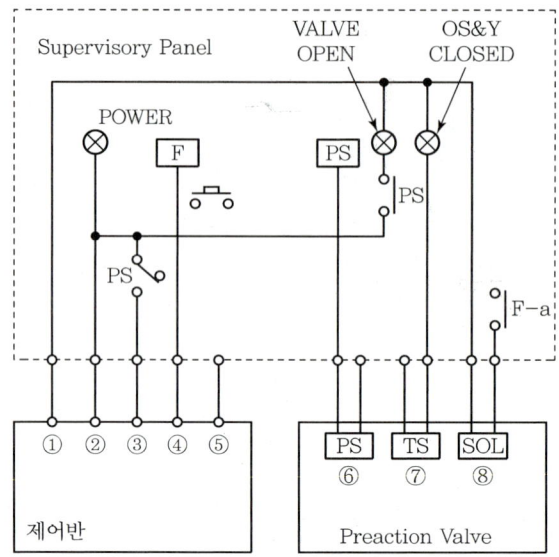

1) 미완성 도면을 완성하시오.
2) ①~⑤의 단자 명칭을 쓰시오.
   ①   ②   ③
   ④   ⑤

3) ⑥~⑧의 명칭을 쓰시오.
   ⑥   ⑦   ⑧

해답 ⊕ 1)

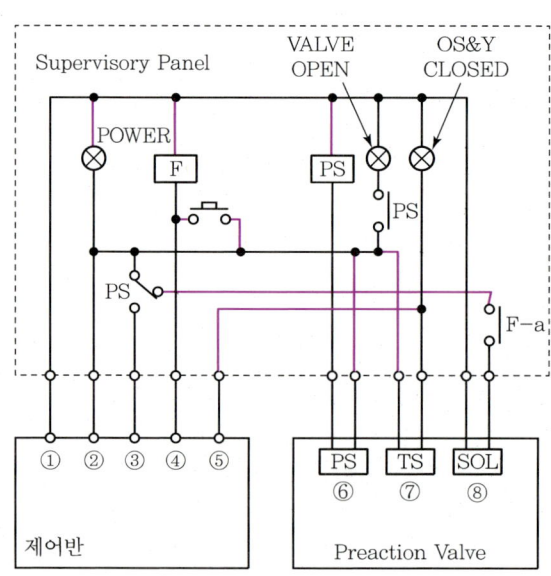

2) ① 전원⊖　　　　② 전원⊕　　　　③ 밸브개방확인
　 ④ 밸브기동　　　⑤ 밸브주의

3) ⑥ 압력스위치　　⑦ 탬퍼스위치　　⑧ 솔레노이드밸브

해설 ⊕　1) 계통도

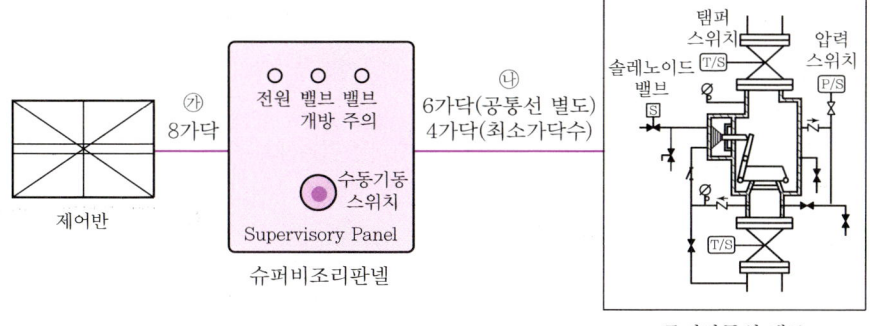

2) 내부결선도

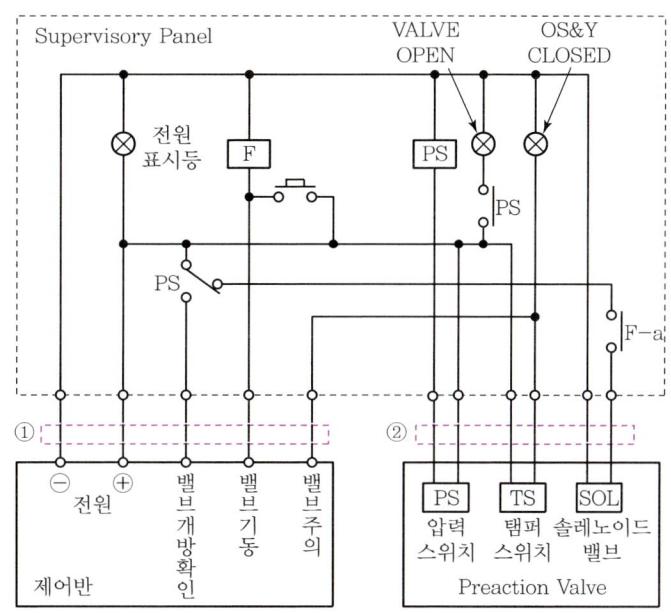

3) 가닥수
　㉮ 제어반~슈퍼비조리판넬(SVP) 간 배선
　　① 최소가닥수 : 8가닥
　　　전원⊕, ⊖, 감지기A, B, 솔레노이드밸브, 탬퍼스위치, 압력스위치, 사이렌
　　• 도면 ①에 표시된 선(5가닥)
　　　전원⊕, ⊖, 밸브개방확인(압력스위치), 밸브기동(솔레노이드밸브), 밸브주의
　　　(탬퍼스위치)

- 도면 ①에 표시되지 않은 선(3가닥)

  감지기A, 감지기B, 사이렌

② 감지기공통선을 별도로 배선하는 경우 : 9가닥

전원⊕, ⊖, 감지기공통, 감지기A, B, 솔레노이드밸브, 탬퍼스위치, 압력스위치, 사이렌

③ Zone이 증가하는 경우 추가되는 가닥수 : 6가닥

감지기A, 감지기B, 솔레노이드밸브, 탬퍼스위치, 압력스위치, 사이렌

㉯ 슈퍼비조리판넬(SVP)~프리액션밸브(Preaction Valve) 간 배선

① 최소가닥수 : 4가닥

솔레노이드밸브(S/V), 탬퍼스위치(T/S), 압력스위치(P/S), 공통

② 프리액션밸브의 공통선을 별도로 배선하는 경우 : 6가닥

솔레노이드밸브(S/V) 2, 탬퍼스위치(T/S) 2, 압력스위치(P/S) 2

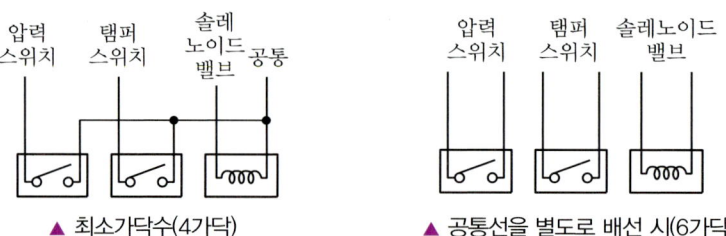

▲ 최소가닥수(4가닥)   ▲ 공통선을 별도로 배선 시(6가닥)

Reference

동일 용어 정리

① 준비작동식 밸브=프리액션밸브(Preaction Valve)
② 솔레노이드밸브(S/V)=밸브기동=전자밸브
③ 탬퍼스위치(T/S)=밸브주의
④ 압력스위치(P/S)=밸브개방확인
⑤ 슈퍼비조리판넬(SVP)=준비작동식 밸브 수동조작함

Reference

각 부속류의 기능

① 솔레노이드밸브(Solenoid Valve)

감지기A, B가 작동하면 제어반에서 솔레노이드 기동신호를 보내고 솔레노이드밸브가 작동되면 준비작동식 밸브의 클래퍼가 개방된다.(밸브기동)

② 탬퍼스위치(Tamper Switch)

준비작동식 밸브의 1차 측과 2차 측에 설치된 개폐표시형 밸브의 개폐상태를 감시하여 밸브가 조금이라도 폐쇄되면 제어반에 신호를 보내어 밸브주의표시등이 점등된다.(밸브주의)

③ 압력스위치(Pressure Switch)

준비작동식 밸브의 클래퍼가 개방되면 가압수에 의해 압력스위치가 작동되어 제어반에 신호를 보내고 밸브개방표시등이 점등된다.(밸브개방확인)

04 스프링클러설비의 감시제어반에서 도통시험 및 작동시험을 할 수 있어야 하는 회로 5가지를 쓰시오. [5점]

해답
- 기동용 수압개폐장치의 압력스위치회로
- 수조 또는 물올림탱크의 저수위감시회로
- 유수검지장치 또는 일제개방밸브의 압력스위치회로
- 일제개방밸브를 사용하는 설비의 화재감지기회로
- 개폐밸브의 폐쇄상태 확인회로

해설
1) 감시제어반에서 도통시험 및 작동시험을 할 수 있어야 하는 회로
   ① 기동용 수압개폐장치의 압력스위치회로
   ② 수조 또는 물올림탱크의 저수위감시회로
   ③ 유수검지장치 또는 일제개방밸브의 압력스위치회로
   ④ 일제개방밸브를 사용하는 설비의 화재감지기회로
   ⑤ 급수배관에 설치되어 급수를 차단할 수 있는 개폐밸브의 폐쇄상태 확인회로
   ⑥ 그 밖의 이와 비슷한 회로

2) 감시제어반의 기능
   ① 각 펌프의 작동 여부를 확인할 수 있는 표시등 및 음향경보기능이 있어야 할 것
   ② 각 펌프를 자동 및 수동으로 작동시키거나 중단시킬 수 있어야 할 것
   ③ 비상전원을 설치한 경우에는 상용전원 및 비상전원의 공급 여부를 확인할 수 있어야 할 것
   ④ 수조 또는 물올림탱크가 저수위로 될 때 표시등 및 음향으로 경보할 것
   ⑤ 예비전원이 확보되고 예비전원의 적합 여부를 시험할 수 있어야 할 것

05 피난구유도등의 설치장소 기준 4가지를 쓰시오. [8점]

해답
① 옥내로부터 직접 지상으로 통하는 출입구 및 그 부속실의 출입구
② 직통계단·직통계단의 계단실 및 그 부속실의 출입구
③ ①과 ②에 따른 출입구에 이르는 복도 또는 통로로 통하는 출입구
④ 안전구획된 거실로 통하는 출입구

해설 ⊕ 피난구유도등
1) 설치위치
피난구의 바닥으로부터 높이 1.5[m] 이상으로서 **출입구에 인접**하도록 설치할 것

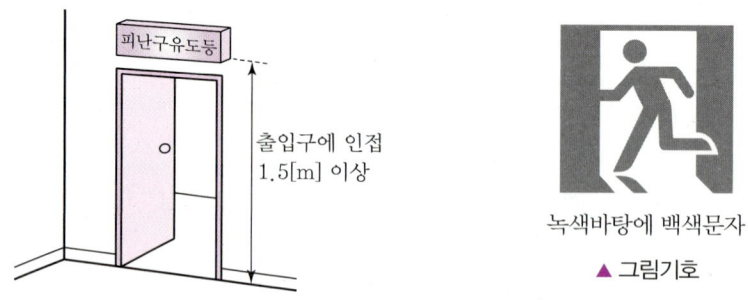

2) 설치장소
① 옥내로부터 **직접 지상으로 통하는 출입구** 및 그 부속실의 출입구
② **직통계단·직통계단의 계단실** 및 그 부속실의 출입구
③ ①과 ②에 따른 **출입구에 이르는 복도 또는 통로**로 통하는 출입구
④ **안전구획된 거실**로 통하는 출입구

3) 피난구유도등의 설치 제외
① 바닥면적이 1,000[m²] 미만인 층으로서 옥내로부터 직접 지상으로 통하는 출입구(외부의 식별이 용이한 경우에 한한다.)
② 대각선 길이가 15[m] 이내인 구획된 실의 출입구
③ 거실 각 부분으로부터 하나의 출입구에 이르는 보행거리가 20[m] 이하이고 비상조명등과 유도표지가 설치된 거실의 출입구
④ 출입구가 3 이상 있는 거실로서 그 거실 각 부분으로부터 하나의 출입구에 이르는 보행거리가 30[m] 이하인 경우에는 주된 출입구 2개소 외의 출입구(유도표지가 부착된 출입구를 말한다). 다만, 공연장·집회장·관람장·전시장·판매시설·운수시설·숙박시설·노유자시설·의료시설·장례식장의 경우에는 그러하지 아니하다.

06 자동화재탐지설비의 수신기에 스위치주의등이 점멸하고 있다. 스위치주의등이 점멸하는 원인을 2가지만 쓰시오. [4점]

•
•

해답 ⊕
• 주경종정지 스위치가 눌려져 있을 때
• 지구경종정지 스위치가 눌려져 있을 때

해설 ❶ P형 수신기의 구조 및 기능

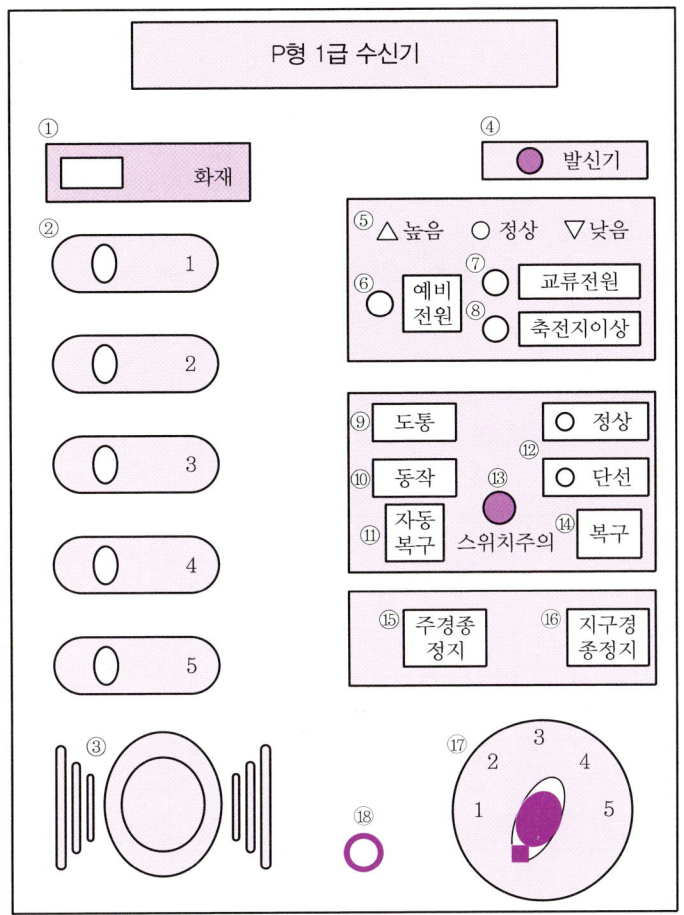

① **화재표시등** : 화재 발생 표시
② **지구표시등** : 해당 경계구역 표시
③ **부저** : 발신기의 전화잭에 휴대용 송수화기를 꽂으면 작동(전화가 있는 경우에 한함)
④ **발신기 작동표시등** : 발신기가 작동했을 때 점등(응답램프)
⑤ **전압상태표시등** : 상용전원 및 예비전원의 전압을 표시하는 것으로 평상시에는 상용전원의 상태를 표시하며, 예비전원으로 전환 시에는 예비전원의 상태를 표시한다.
⑥ **예비전원표시등** : 예비전원 사용 시 점등
⑦ **교류전원표시등** : 교류전원 사용 시 점등
⑧ **축전지 이상표시등** : 축전지에 이상이 있을 때 점등
⑨ **도통시험스위치** : 감지기회로의 도통시험을 위한 스위치
⑩ **작동시험스위치** : 수신기의 작동상태를 점검하기 위한 스위치
⑪ **자동복구스위치** : 신호가 수신될 때만 표시등 및 경보장치가 작동하도록 하는 스위치로서 신호가 들어오지 않으면 자동적으로 복구된다.
⑫ **도통상태표시등** : 도통시험 시 회로의 단선유무를 표시해주는 표시등이다.

⑬ 스위치 주의표시등 : 스위치가 정상의 상태에 놓여져 있지 않을 때 점멸하는 표시등이다. 자동복구·도통·작동·주경종정지·지구경종정지 등의 스위치가 눌러져 있을 때 작동한다.
⑭ 복구스위치 : 감지기와 발신기에서 들어온 신호에 의해 작동된 상태를 복구한다.
⑮ 주경종정지스위치 : 주경종의 작동을 멈추게 한다.
⑯ 지구경종정지스위치 : 지구경종의 작동을 멈추게 한다.
⑰ 회로선택스위치 : 도통·작동시험 시 각 회로를 선택하는 스위치
⑱ 전화잭 : 휴대용 송수화기를 꽂을 수 있는 잭(전화가 있는 경우에 한함)

07 다음은 자동방화문의 결선도 및 계통도이다. 그림을 보고 다음 물음에 답하시오.(단, 전선의 가닥수는 최소로 하며, 방화문 감지기회로는 제외한다.) [7점]

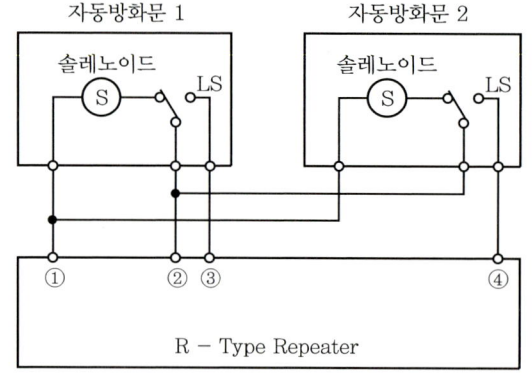
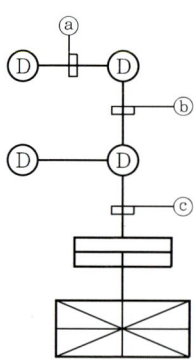

1) 결선도의 ①~④까지의 용도를 쓰시오.

①	②	③	④

2) 계통도의 ⓐ~ⓒ의 전선 가닥수와 배선의 용도를 쓰시오.

기호	가닥수	배선의 용도
ⓐ		
ⓑ		
ⓒ		

해답

1)

①	②	③	④
기동선	공통선	확인선(1)	확인선(2)

2)

기호	가닥수	배선의 용도
ⓐ	3	기동1, 공통1, 확인1
ⓑ	4	기동1, 공통1, 확인2
ⓒ	7	기동2, 공통1, 확인4

해설

1) 배선의 용도
   ① 기동선
   - 화재 발생 시 기동선으로 전원이 공급되면 솔레노이드밸브가 작동하여 방화문이 폐쇄된다.
   - 동일한 방화구획 내의 방화문은 동시에 기동되므로 기동선 1가닥이 필요하다.
   ② 공통선
   - 공통선은 1가닥으로 전체 구역에 공통으로 사용이 가능하다.(허용전류 계산 필요)
   ③, ④ 확인선(2가닥)
   - 방화문이 폐쇄되면 수신기에 방화문 폐쇄확인신호를 전송한다.
   - 확인신호는 각 방화문마다 별도로 신호를 전송한다.

2) 가닥수 산정
   ⓐ 방화문 1개(3가닥)
   - 기동1 : 방화문 폐쇄
     각 방호구역별(층별) 1가닥
   - 확인1 : 방화문 폐쇄확인신호를 수신기로 전송
     각 방화문마다 각각 1가닥
   - 공통1 : 전체 회로 공통으로 1가닥
   ⓑ 1개층(4가닥)
   - 기동1 : 각 방호구역별(층별) 1가닥이므로 1가닥(1개층)
   - 확인2 : 각 방화문마다 각각 1가닥이므로 2가닥(방화문 2개)
   - 공통1 : 전체 회로 공통으로 1가닥
   ⓒ 2개층(7가닥)
   - 기동2 : 각 방호구역별(층별) 1가닥이므로 2가닥(2개층)
   - 확인4 : 각 방화문마다 각각 1가닥이므로 4가닥(방화문 4개)
   - 공통1 : 전체 회로 공통으로 1가닥

08 도면은 배연창 설비의 계통도이다. 도면 및 조건을 참고하여 다음 각 물음에 답하시오. [9점]

[조건]
- 배연창의 구동은 Motor 방식이며, 전선은 HFIX를 사용한다.
- 화재감지기가 작동되거나 수동조작함의 스위치를 기동시키면 배연창이 동작되어 수신기에 동작상태가 표시된다.
- 화재감지기는 자동화재탐지설비용 감지기를 겸용으로 사용하고 감지기 동작 시 배연창은 동시에 개방된다.

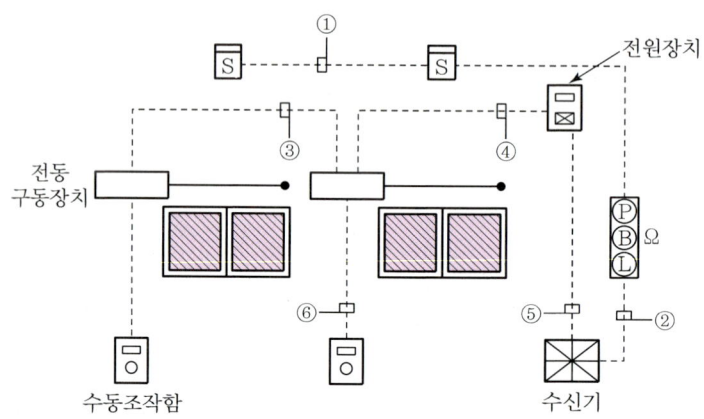

[후강전선관의 굵기 선정표]

도체 단면적 [mm^2]	전선 본수									
	1	2	3	4	5	6	7	8	9	10
	전선관의 최소 굵기[mm]									
2.5	16	16	16	16	22	22	22	28	28	28
4	16	16	16	22	22	22	28	28	28	28
6	16	16	22	22	22	28	28	28	36	36
10	16	22	22	28	28	36	36	36	36	36

1) 배연창 설비는 몇 층 이상의 건축물에 시설하여야 하는지 쓰시오.
2) 배선의 가닥수와 용도를 주어진 표에 작성하시오.

기호	후강전선관의 굵기, 전선의 종류 및 배선의 수	구간	용도
①	16C(HFIX 1.5−4)	감지기 ↔ 감지기	회로2, 공통2
②		발신기 ↔ 수신기	
③	22C(HFIX 2.5−5)	전동구동장치 ↔ 전동구동장치	전원⊕, 전원⊖, 기동1, 복구1, 확인1
④		전동구동장치 ↔ 전원장치	
⑤		전원장치 ↔ 수신기	
⑥		전동구동장치 ↔ 수동조작함	

[해답] 1) 6층 이상의 건축물

2)
기호	후강전선관의 굵기, 전선의 종류 및 배선의 수	구간	용도
①	16C(HFIX 1.5-4)	감지기 ↔ 감지기	회로2, 공통2
②	22C(HFIX 2.5-6)	발신기 ↔ 수신기	회로, 공통, 경종, 표시등, 경종·표시등공통, 응답
③	22C(HFIX 2.5-5)	전동구동장치 ↔ 전동구동장치	전원⊕, 전원⊖, 기동1, 복구1, 확인1
④	22C(HFIX 2.5-6)	전동구동장치 ↔ 전원장치	전원⊕, 전원⊖, 기동, 확인2, 복구
⑤	28C(HFIX 2.5-8)	전원장치 ↔ 수신기	전원⊕, 전원⊖, 기동, 확인2, 복구, 교류전원2
⑥	22C(HFIX 2.5-5)	전동구동장치 ↔ 수동조작함	전원⊕, 전원⊖, 기동(열림), 정지, 복구(닫힘)

[해설] 1) 배연설비의 설치대상(건축법 시행령 제51조)
6층 이상인 건축물로서 다음의 어느 하나에 해당하는 용도로 쓰는 건축물의 거실(피난층의 거실은 제외)에는 배연설비를 설치할 것
① 제2종 근린생활시설 중 공연장, 종교집회장, 인터넷컴퓨터게임시설제공업소 및 다중생활시설(공연장, 종교집회장 및 인터넷컴퓨터게임시설제공업소는 해당 용도로 쓰는 바닥면적의 합계가 각각 300[m²] 이상인 경우만 해당)
② 문화 및 집회시설, 종교시설, 판매시설, 운수시설
③ 의료시설(요양병원 및 정신병원은 제외)
④ 교육연구시설 중 연구소
⑤ 노유자시설 중 아동 관련 시설, 노인복지시설(노인요양시설은 제외)
⑥ 수련시설 중 유스호스텔
⑦ 운동시설, 업무시설, 숙박시설, 위락시설, 관광휴게시설, 장례시설

2) 가닥수 산정
① 감지기~감지기, 감지기~발신기(4가닥)
  • 송배선방식이므로 회로선과 공통선이 감지기에 결선 후 돌아와서 발신기함의 종단저항에 결선되므로 회로2, 공통2가 된다.
  • 종단저항이 1개이므로 회로수도 1회로이다.
② 발신기~수신기
  • 수신기~발신기세트(1회로) : 기본 가닥수(6가닥)
  • 회로, 공통, 경종, 표시등, 경종·표시등공통, 응답
③ 전동구동장치~전동구동장치(모터방식 배연창 1 Zone) : 5가닥
  • 전원 : 모터방식이므로 전원⊕, 전원⊖
  • 기동 : 배연창 열림

- 확인 : 배연창 개방확인
- 복구 : 배연창 닫힘

④ 전동구동장치~전원장치(모터방식 배연창 2 Zone) : 6가닥
- 전원 : 모터방식이므로 전원⊕, 전원⊖
- 기동 : 배연창 열림
- 확인 : 배연창 개방확인 2가닥
- 복구 : 배연창 닫힘

⑤ 전원장치~수신기 : 8가닥
- 배연창 2 Zone(6가닥) : 전원⊕, 전원⊖, 기동, 확인2, 복구
- 교류 220[V] : 2가닥

⑥ 전동구동장치~수동조작함 : 5가닥
- 전원⊕, 전원⊖, 기동(열림), 정지, 복구(닫힘)
- 배선명칭은 위의 5가닥을 암기한다.(결선도의 배선명칭과는 차이가 있음)

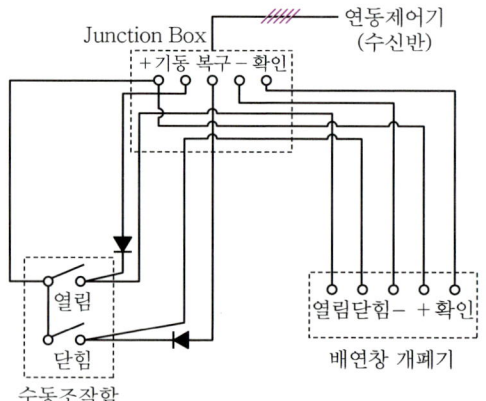

▲ Motor 방식 배연창 결선도

> **Reference**
>
> **배연창(솔레노이드방식)**
>
> ① 조건
> - 전동구동장치는 솔레노이드식이다.
> - 화재감지기가 작동되거나 수동조작함의 스위치를 기동시키면 배연창이 동작되어 수신기에 동작상태를 표시하게 된다.
> - 화재감지기는 자동화재탐지설비용 감지기를 겸용으로 사용한다.
>
>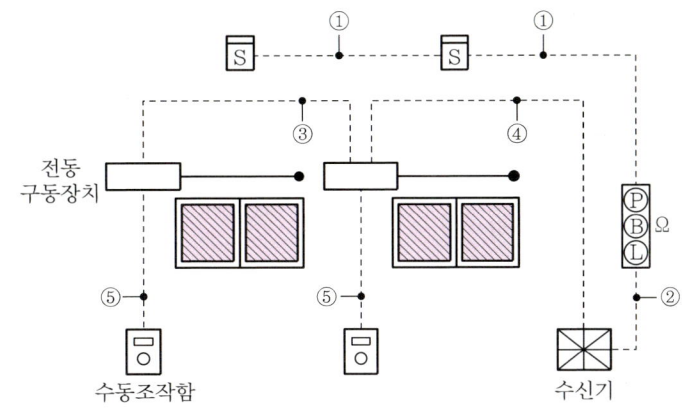
>
> ② 배선가닥수와 배선의 용도
>
> | 기호 | 구분 | 가닥수 | 배선용도 |
> |---|---|---|---|
> | ① | 감지기~감지기, 발신기 | 4 | 회로2, 공통2 |
> | ② | 발신기~수신기 | 6 | 회로, 공통, 경종, 표시등, 경종·표시등 공통, 응답 |
> | ③ | 전동구동장치~전동구동장치 | 3 | 기동, 확인, 공통 |
> | ④ | 전동구동장치~수신기 | 5 | 기동2, 확인2, 공통 |
> | ⑤ | 전동구동장치~수동조작함 | 3 | 기동, 확인, 공통 |

09 비상전원으로 자가발전설비를 설치하고자 한다. 기동용량은 500[kVA], 허용전압강하는 15[%], 과도리액턴스는 20[%]일 때 다음 각 물음에 답하시오. [4점]

1) 발전기 정격용량은 몇 [kVA] 이상의 것을 선정하여야 하는지 산출하시오.
 - 계산과정 :
 - 답 :

2) 발전기용 차단기의 차단용량은 몇 [MVA] 이상의 것을 선정하여야 하는지 산출하시오.(단, 차단용량의 여유율은 25[%]로 한다.)
 - 계산과정 :
 - 답 :

해답

1) • 계산과정

$$P_n = P \cdot X_d \left(\frac{1}{e} - 1\right) [\text{kVA}]$$

$$P_n = 500 \times 0.2 \times \left(\frac{1}{0.15} - 1\right) \fallingdotseq 566.67 [\text{kVA}]$$

• 답 566.67[kVA] 이상

2) • 계산과정

$$P_s = \frac{P_n}{X_d} \times 1.25 [\text{kVA}]$$

$$P_s = \frac{566.67}{0.2} \times 1.25 \fallingdotseq 3,541.69 [\text{kVA}] \fallingdotseq 3.54 [\text{MVA}]$$

• 답 3.54[MVA]

해설

1) 자가발전기의 용량

$$P_n = P \cdot X_d \left(\frac{1}{e} - 1\right) [\text{kVA}]$$

여기서, P_n : 발전기의 정격용량[kVA], P : 기동용량[kVA], X_d : 과도리액턴스, e : 허용전압강하[V]

2) 발전기용 차단기의 차단용량

$$P_s = \frac{P_n}{X_d} \times 1.25 [\text{kVA}]$$

여기서, P_s : 차단용량[kVA], P_n : 발전기의 정격용량[kVA], X_d : 과도리액턴스

10 다음은 배선전용실에 소방용 배선과 다른 설비의 배선을 함께 배선한 경우이다. 다음 ( ) 안을 완성하시오. [4점]

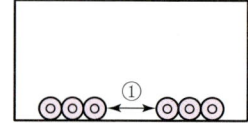 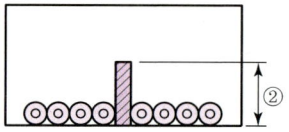

• 배선전용실 또는 배선용 샤프트·피트·덕트 등에 다른 설비의 배선이 있는 경우에는 이로부터 (①) 이상 떨어지게 설치할 것
• 소화설비의 배선과 이웃하는 다른 설비의 배선 사이에 배선지름(배선의 지름이 다른 경우에는 가장 큰 것을 기준으로 한다)의 (②) 이상의 높이의 불연성 격벽을 설치하는 경우

해답 ① 15[cm]
② 1.5배

해설 내화배선

사용전선의 종류	공사방법
1. 450/750[V] 저독성 난연 가교 폴리올레핀 절연 전선 2. 0.6/1[kV] 가교 폴리에틸렌 절연 저독성 난연 폴리올레핀 시스 전력 케이블 3. 6/10[kV] 가교 폴리에틸렌 절연 저독성 난연 폴리올레핀 시스 전력용 케이블 4. 가교 폴리에틸렌 절연 비닐 시스 트레이용 난연 전력 케이블 5. 0.6/1[kV] EP 고무절연 클로로프렌 시스 케이블 6. 300/500[V] 내열성 실리콘 고무 절연전선(180℃) 7. 내열성 에틸렌-비닐 아세테이트 고무 절연케이블 8. 버스덕트(Bus Duct) 9. 기타 내화성능이 있다고 인정하는 것	금속관 · 2종 금속제 가요전선관 또는 합성 수지관에 수납하여 내화구조로 된 벽 또는 바닥 등에 벽 또는 바닥의 표면으로부터 25[mm] 이상의 깊이로 매설하여야 한다. 다만, 다음 기준에 적합하게 설치하는 경우에는 그러하지 아니하다. 1. 배선을 내화성능을 갖는 배선전용실 또는 배선용 샤프트 · 피트 · 덕트 등에 설치하는 경우 2. 배선전용실 또는 배선용 샤프트 · 피트 · 덕트 등에 다른 설비의 배선이 있는 경우에는 이로부터 15[cm] 이상 떨어지게 하거나 소화설비의 배선과 이웃하는 다른 설비의 배선 사이에 배선지름(배선의 지름이 다른 경우에는 가장 큰 것을 기준으로 한다)의 1.5배 이상의 높이의 불연성 격벽을 설치하는 경우
내화전선	케이블공사의 방법

11 다음은 자동화재탐지설비의 수신기와 발신기, 감지기를 배치한 그림이다. 연결의 예에 따라 실제 배선도를 완성하시오. [5점]

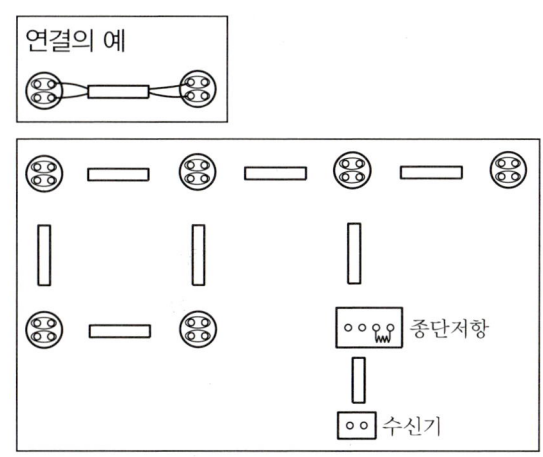

해답

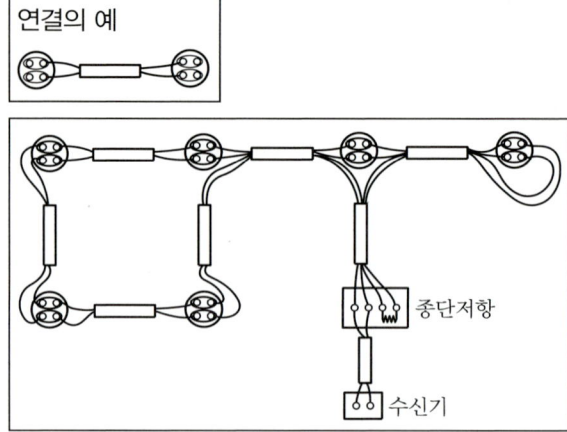

해설 배선도

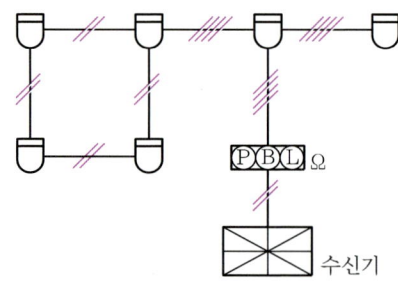

Reference

① 송배선방식(송배전식 → 송배선식으로 용어 개정)
  • 평면도

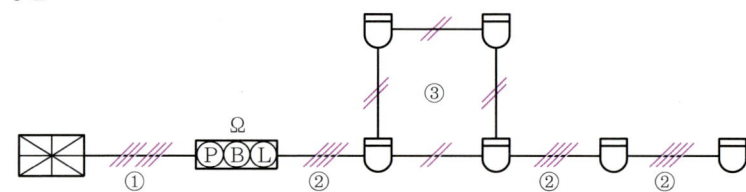

  • 배선내역(루프된 곳 : 2가닥, 그 밖의 것 : 4가닥)

구분	가닥수	배선용도
①	6	회로선1, 공통선1, 경종선1, 표시등선1, 경종·표시등공통선1, 응답선1
②	4	회로선2, 공통선2(그 밖의 것)
③	2	회로선2, 공통선2(루프된 곳)

② 교차회로방식
• 평면도

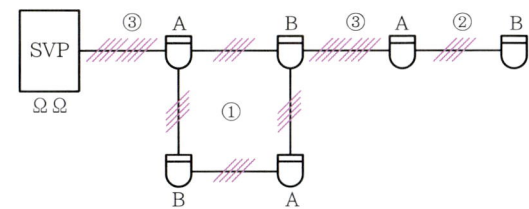

• 배선내역(루프된 곳 : 4가닥, 말단감지기 : 4가닥, 그 밖의 것 : 8가닥)

구분	가닥수	배선용도
①	4	회로선2, 공통선2(A회로 : 회로1, 공통1 / B회로 : 회로1, 공통1)
②	4	회로선2, 공통선2(B회로 : 회로2, 공통2)
③	8	회로선4, 공통선4(A회로 : 회로2, 공통2 / B회로 : 회로2, 공통2)

12 다음의 도면은 준비작동식 스프링클러설비의 계통도이다. 도면을 보고 다음 각 물음에 답하시오.

[10점]

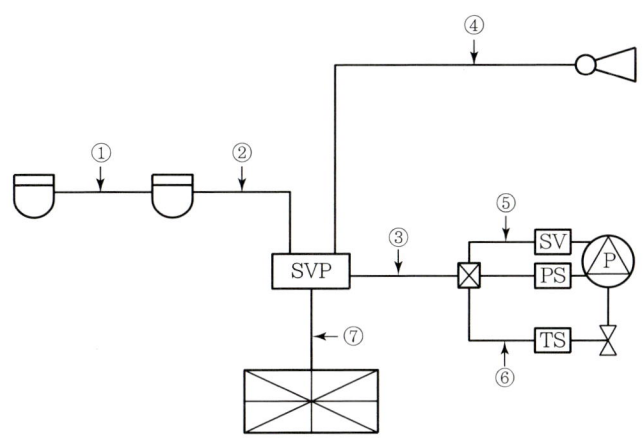

1) ①~⑦까지의 최소가닥수를 산출하시오.

번호	①	②	③	④	⑤	⑥	⑦
가닥수							

2) 감지기를 A회로, B회로로 구분하여 결선하는 회로방식을 무엇이라 하며 그 이유는 무엇인지 쓰시오.

• 회로방식 :

• 이유 :

3) 2)와 같은 회로방식을 적용하지 않고 하나의 회로로 구성할 수 있는 감지기의 종류 3가지를 쓰시오.
   -
   -
   -

4) 준비작동밸브의 전기적 작동방법 2가지를 쓰시오.
   -
   -

5) ④의 음향장치는 어떤 경우에 작동하는지 쓰시오.

해답

1) 최소가닥수

번호	①	②	③	④	⑤	⑥	⑦
가닥수	4	8	4	2	2	2	8

2) • 회로방식 : 교차회로방식
   • 이유 : 감지기 오동작에 의한 설비의 작동을 방지하기 위하여

3) • 축적방식 감지기
   • 복합형 감지기
   • 광전식 분리형 감지기

4) • 감지기 A회로와 B회로를 동시에 작동
   • SVP의 수동기동스위치를 작동

5) 하나의 화재감지기회로가 화재를 감지하는 때

해설

1) 가닥수
   ① 교차회로 감지기의 말단 : 4가닥
      회로선2, 공통선2
   ② 교차회로방식의 그 밖의 것 : 8가닥
      회로선4, 공통선4
   ③ 준비작동밸브 ↔ SVP
      • 최소가닥수 적용 : 4가닥(솔레노이드밸브1, 탬퍼스위치1, 압력스위치1, 공통1)
      • 공통선을 별도로 배선하는 경우 : 6가닥(솔레노이드밸브2, 탬퍼스위치2, 압력스위치2)
   ④ 사이렌 ↔ SVP
      사이렌선 2가닥
   ⑤ 정션박스 ↔ 솔레노이드밸브
      솔레노이드밸브 2가닥

⑥ 정션박스 ↔ 탬퍼스위치
  탬퍼스위치 2가닥
⑦ 제어반 ↔ SVP(1 Zone)
  - 최소가닥수 적용 : 8가닥
    (전원⊕, ⊖, 감지기A, 감지기B, 솔레노이드밸브, 탬퍼스위치, 압력스위치, 사이렌)
  - 조건에서 감지기공통선을 별도로 사용하라고 하는 경우 : 9가닥(전원⊕, ⊖, 감지기공통, 감지기A, 감지기B, 솔레노이드밸브, 탬퍼스위치, 압력스위치, 사이렌)

2) 교차회로방식
  ① 정의
    하나의 담당구역 내에 2 이상의 화재감지기회로를 설치하고 인접한 2 이상의 화재감지기가 동시에 감지되는 때에 설비가 작동되는 방식
  ② 목적
    감지기 오동작에 의한 설비의 작동을 방지하기 위하여
  ③ 적용설비
    - 준비작동식 스프링클러설비
    - 일제살수식 스프링클러설비
    - 이산화탄소소화설비
    - 할론소화설비
    - 할로겐화합물 및 불활성기체 소화설비
    - 분말소화설비

3) 준비작동식 스프링클러설비의 화재감지회로
  준비작동식 스프링클러설비의 화재감지회로는 교차회로방식으로 할 것. 다만, 다음의 어느 하나에 해당하는 경우에는 그러하지 아니하다.
  ① 스프링클러설비의 배관 또는 헤드에 누설경보용 물 또는 압축공기가 채워지거나 부압식 스프링클러설비의 경우
  ② 화재감지기를 다음의 감지기로 설치하는 경우
    - 축적방식 감지기
    - 복합형 감지기
    - 광전식 분리형 감지기
    - 분포형 감지기
    - 불꽃감지기
    - 정온식 감지선형 감지기
    - 아날로그방식 감지기
    - 다신호방식 감지기

4) 준비작동밸브의 기동방법
  ① 해당 방호구역의 감지기 A회로와 B회로를 동시에 작동
  ② SVP의 수동기동스위치를 작동
  ③ 수신반의 수동기동스위치를 작동
  ④ 수신반의 작동시험스위치를 누른 후 회로선택스위치(A회로, B회로) 작동

5) 스프링클러설비의 음향장치 및 기동장치 설치기준
① 습식 유수검지장치 또는 건식 유수검지장치를 사용하는 설비에 있어서는 헤드가 개방되면 유수검지장치가 화재신호를 발신하고 그에 따라 음향장치가 경보되도록 할 것
② 준비작동식 유수검지장치 또는 일제개방밸브를 사용하는 설비에는 화재감지기의 감지에 따라 음향장치가 경보되도록 할 것. 이 경우 화재감지기회로를 교차회로방식(하나의 준비작동식 유수검지장치 또는 일제개방밸브의 담당구역 내에 2 이상의 화재감지기회로를 설치하고 인접한 2 이상의 화재감지기가 동시에 감지되는 때에 준비작동식 유수검지장치 또는 일제개방밸브가 개방·작동되는 방식)으로 하는 때에는 하나의 화재감지기회로가 화재를 감지하는 때에도 음향장치가 경보되도록 하여야 한다.
③ 음향장치는 유수검지장치 및 일제개방밸브 등의 담당구역마다 설치하되 그 구역의 각 부분으로부터 하나의 음향장치까지의 수평거리는 25[m] 이하가 되도록 할 것
④ 음향장치는 경종 또는 사이렌(전자식 사이렌을 포함한다)으로 하되, 주위의 소음 및 다른 용도의 경보와 구별이 가능한 음색으로 할 것. 이 경우 경종 또는 사이렌은 자동화재탐지설비·비상벨설비 또는 자동식사이렌설비의 음향장치와 겸용할 수 있다.
⑤ 주 음향장치는 수신기의 내부 또는 그 직근에 설치할 것
⑥ 음향장치는 다음의 기준에 따른 구조 및 성능의 것으로 할 것
  • 정격전압의 80[%] 전압에서 음향을 발할 수 있는 것으로 할 것
  • 음량은 부착된 음향장치의 중심으로부터 1[m] 떨어진 위치에서 90[dB] 이상이 되는 것으로 할 것

✏️ 실제 현장에서 준비작동식 스프링클러설비의 음향장치는 감지기 1개가 동작하면 경종이 작동되고 유수검지장치의 압력스위치가 작동하면 사이렌이 작동한다.

13 다음은 자동화재탐지설비의 구성요소인 감지기의 개략적인 회로이다. 회로를 참고하여 다음 각 물음에 답하시오. [8점]

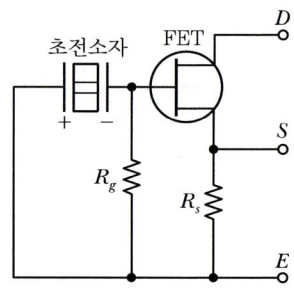

1) 위와 같은 기본회로를 갖는 감지기의 명칭을 쓰시오.
2) 초전소자는 삼황화글리신(TGS), 세라믹의 티탄산납, 폴리플루오르화비닐(PVF₂)이 사용되고 있다. 이들 소자에서 발생되는 초전효과 또는 파이로(Pyro) 효과에 대하여 간단히 쓰시오.
3) 위와 같은 회로의 감지기는 어떤 화재성상에 민감한 응답특성을 가지고 있는지 쓰시오.
4) 다음은 위와 같은 기본회로를 갖는 감지기의 설치기준이다. ( ) 안에 알맞은 말을 쓰시오.
   - 감지기는 (①)와(과) (②)을(를) 기준으로 감시구역이 모두 포용될 수 있도록 설치할 것
   - 감지기는 화재감지를 유효하게 감지할 수 있는 (③) 또는 (④) 등에 설치할 것
   - 감지기를 (⑤)에 설치하는 경우에는 바닥을 향하여 설치할 것

해답
1) 불꽃감지기
2) 빛을 받으면 기전력이 발생하는 현상
3) 불꽃이 있는 연소
4) ① 공칭감시거리 ② 공칭시야각
   ③ 모서리 ④ 벽
   ⑤ 천장

해설 1), 2), 3)

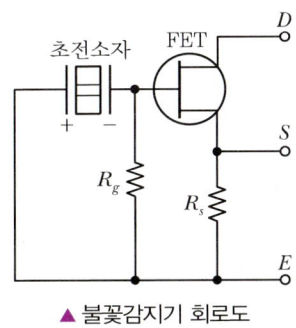

▲ 불꽃감지기 회로도

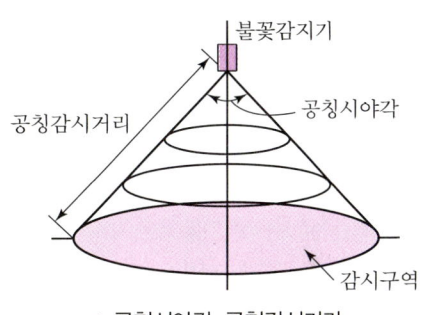

▲ 공칭시야각, 공칭감시거리

① 불꽃감지기의 종류 : 자외선식(UV), 적외선식(IR), 자외선·적외선 겸용식(UV/IR)
② 불꽃감지기 동작원리
   - 불꽃이 발생하면 초전소자가 적외선을 감지하여 기전력이 발생한다. 이 신호에 의해 FET가 동작하여 화재신호를 송신한다.
   - 초전효과(Pyro 효과) : 빛을 받으면 기전력이 발생하는 현상

4) 불꽃감지기의 설치기준
   ① 공칭감시거리 및 공칭시야각은 형식승인 내용에 따를 것
   ② 감지기는 공칭감시거리와 공칭시야각을 기준으로 감시구역이 모두 포용될 수 있을 것
   ③ 감지기는 화재감지를 유효하게 감지할 수 있는 모서리 또는 벽 등에 설치할 것
   ④ 감지기를 천장에 설치하는 경우에는 감지기는 바닥을 향하여 설치할 것
   ⑤ 수분이 많이 발생할 우려가 있는 장소에는 방수형으로 설치할 것

14 도면은 타이머를 이용하여 기동 시 Y로 기동하고 t초 후 자동적으로 △로 운전되는 Y-△기동 회로이다. 이 회로도를 보고 다음 각 물음에 답하시오.

[9점]

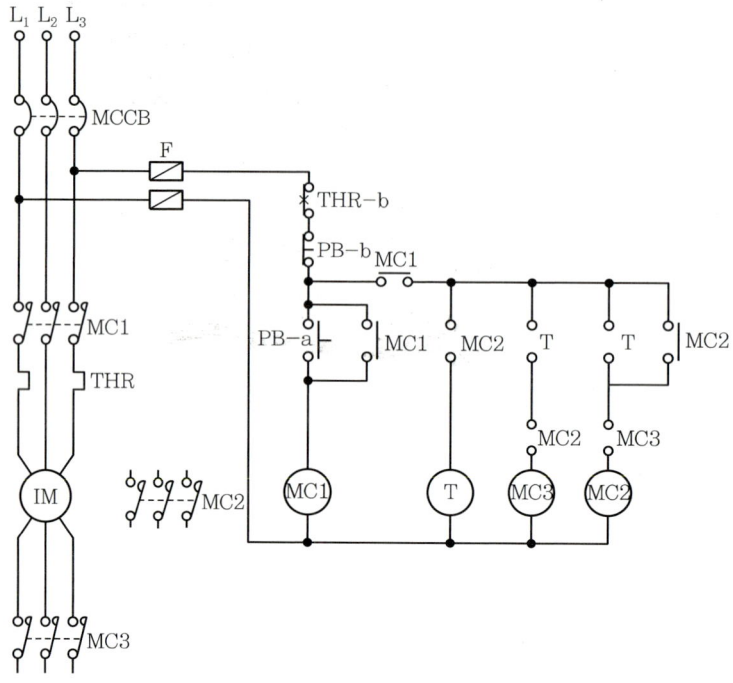

1) Y-△ 기동회로의 미완성 부분을 완성하시오.
2) 전동기의 권선을 기동 시 Y결선으로 하여 기동하고 기동 후 운전 시에는 △결선으로 바꾸어 운전하는 이유를 쓰시오.
3) 다음은 Y-△기동회로의 동작설명이다. (   ) 안에 알맞은 기호 또는 문자를 쓰시오.
   - PB-a를 누르면 (①)과 (②)가 여자되고 주접점 MC1과 MC3가 폐로되어 전동기는 Y결선으로 기동된다. PB-a에서 손을 떼어도 전동기는 계속 Y결선으로 기동된다. 동시에 타이머 코일도 여자된다.
   - 타이머의 설정 시간 t초 후 (③)접점이 개로되고 (④)가 소자되어 Y기동이 정지되고, (⑤)가 폐로되어 (⑥)가 여자되어 △운전으로 전환된다.
   - (⑦)와 (⑧)는 인터록 회로로서 동시투입을 방지한다.
   - 정지용 PB-b를 누르거나 전동기에 과부하가 발생하여 (⑨)이 작동하면 운전 중인 전동기는 정지한다.

[해답]

1)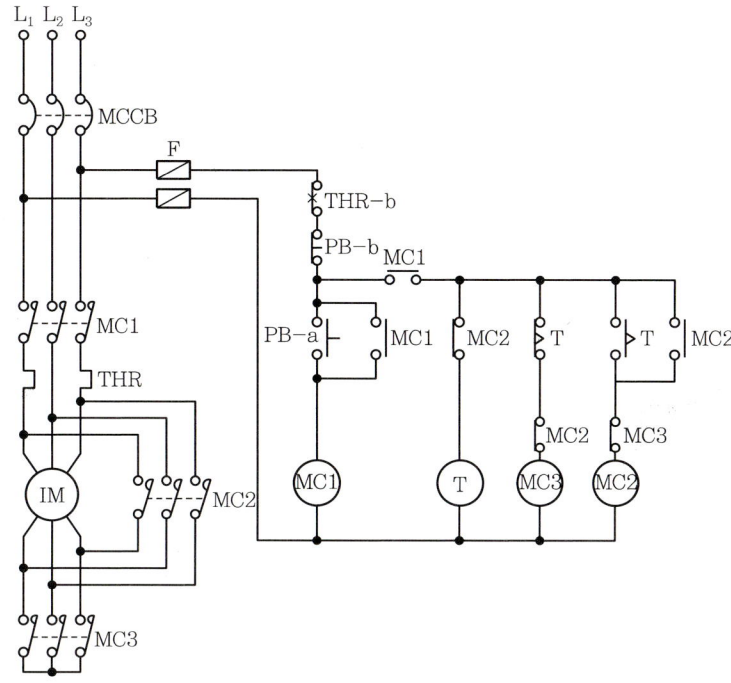

2) 기동전류를 1/3로 줄일 수 있으므로

3) ① MC1   ② MC3   ③ T-b
    ④ MC3   ⑤ T-a   ⑥ MC2
    ⑦ MC2-b   ⑧ MC3-b   ⑨ THR

[해설] Y-△ 기동회로

1) 목적
  - Y결선으로 기동하면 기동전류를 1/3로 제한할 수 있으며 기동토크도 1/3이 된다.
  - 전동기의 용량이 5.5[kW] 이상인 전동기에 사용한다.

2) 운전방법
  - 기동 시 : 유도전동기의 고정자권선을 Y결선
  - 운전 시 : 유도전동기의 고정자권선을 △ 결선

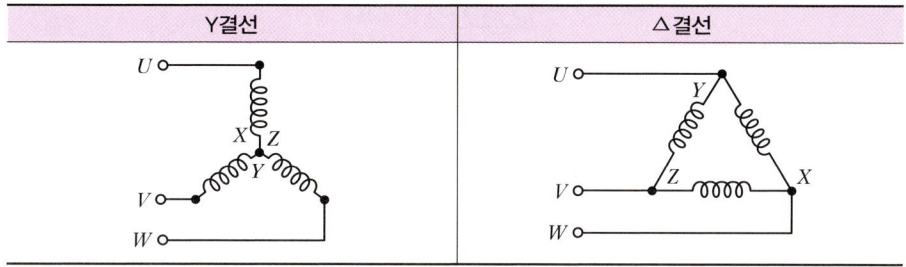

Y결선	△결선

Y결선	△결선

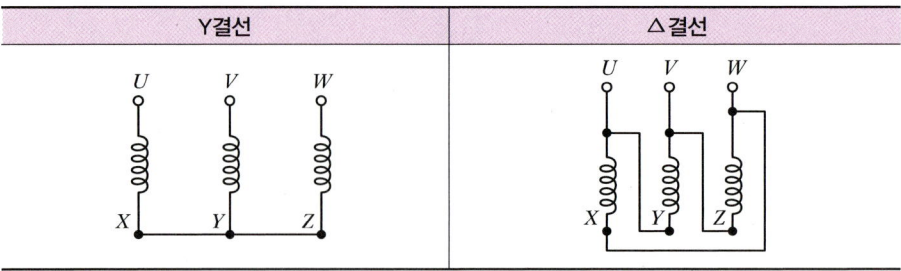

3) 주회로의 Y-△ 결선 방법

Y-△결선 방법 1	Y-△결선 방법 2

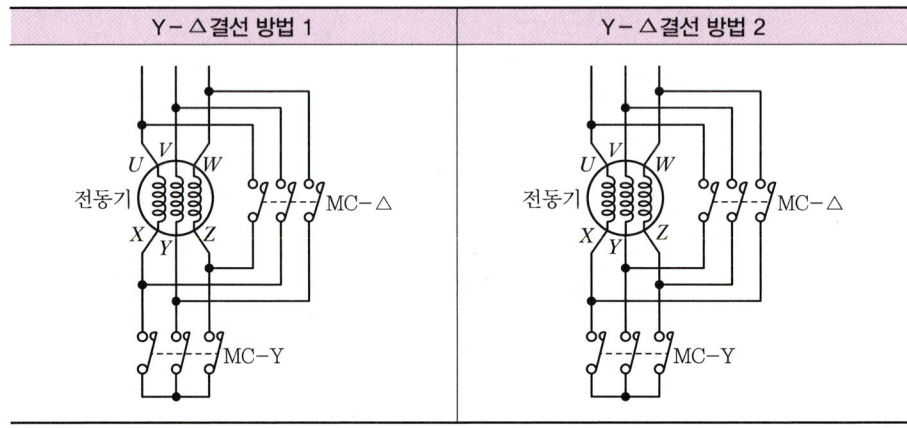

15 다음 자동화재탐지설비의 평면도를 보고 각 물음에 답하시오. [5점]

1) 각 배선의 전선 가닥수를 산출하시오.

기호	①	②	③	④	⑤	⑥	⑦	⑧	⑨	⑩
가닥수										

2) ⑥에 사용해야 하는 후강전선관의 굵기는 최소 몇 [mm]인지 쓰시오.

해답

1)
기호	①	②	③	④	⑤	⑥	⑦	⑧	⑨	⑩
가닥수	4	2	2	2	2	4	6	4	4	6

2) 16[mm]

해설

1) 가닥수

번호	가닥수	배선내역
①	4	회로선2, 회로공통선2 (송배선식의 그 밖의 것)
②	2	회로선1, 회로공통선1 (송배선식의 루프된 곳)
③	2	회로선1, 회로공통선1 (송배선식의 루프된 곳)
④	2	회로선1, 회로공통선1 (송배선식의 루프된 곳)
⑤	2	회로선1, 회로공통선1 (송배선식의 루프된 곳)
⑥	4	회로선2, 회로공통선2 (송배선식의 그 밖의 것)
⑦	6	회로선, 회로공통선, 경종선, 표시등선, 경종·표시등공통선, 응답선
⑧	4	회로선2, 회로공통선2 (송배선식의 그 밖의 것)
⑨	4	회로선2, 회로공통선2 (송배선식의 그 밖의 것)
⑩	6	회로선, 회로공통선, 경종선, 표시등선, 경종·표시등공통선, 응답선

2) 후강전선관의 굵기 선정표

도체 단면적 [mm^2]	전선 본수									
	1	2	3	4	5	6	7	8	9	10
	전선관의 최소 굵기[mm]									
1.5	16	16	16	16	22	22	22	22	28	28
2.5	16	16	16	16	22	22	22	28	28	28
4	16	16	16	22	22	22	28	28	28	28
6	16	16	22	22	22	28	28	28	36	36
10	16	22	22	28	28	36	36	36	36	36

⑥은 감지기선로이므로 전선은 1.5[mm^2]를 사용하고 가닥수는 4가닥이므로 후강전선관은 16[mm]로 선정한다.

2017년 제2회 (2017. 6. 25)

01 옥내소화전설비의 비상전원으로 자가발전설비 또는 축전지설비를 설치하려고 한다. 비상전원 설치기준 5가지를 쓰시오. [5점]

-
-
-
-
-

해답
- 점검에 편리하고 화재 및 침수 등의 재해로 인한 피해를 받을 우려가 없는 곳에 설치할 것
- 옥내소화전설비를 유효하게 20분 이상 작동할 수 있어야 할 것
- 상용전원으로부터 전력의 공급이 중단된 때에는 자동으로 비상전원으로부터 전력을 공급받을 수 있도록 할 것
- 비상전원(내연기관의 기동 및 제어용 축전기를 제외)의 설치장소는 다른 장소와 방화구획할 것. 이 경우 그 장소에는 비상전원의 공급에 필요한 기구나 설비 외의 것(열병합발전설비에 필요한 기구나 설비는 제외)을 두어서는 아니 된다.
- 비상전원을 실내에 설치하는 때에는 그 실내에 비상조명등을 설치할 것

해설
1) 비상전원 설치대상
   ① 지하층을 제외한 층수가 7층 이상으로서 연면적이 2,000[m²] 이상
   ② 지하층의 바닥면적의 합계가 3,000[m²] 이상인 특정소방대상물

2) 설치 가능한 비상전원의 종류(옥내소화전설비)
   ① 자가발전설비   ② 축전지설비   ③ 전기저장장치

3) 비상전원의 설치기준
   ① 점검에 편리하고 화재 및 침수 등의 재해로 인한 피해를 받을 우려가 없는 곳에 설치할 것
   ② 옥내소화전설비를 유효하게 20분 이상 작동할 수 있어야 할 것
   ③ 상용전원으로부터 전력의 공급이 중단된 때에는 자동으로 비상전원으로부터 전력을 공급받을 수 있도록 할 것
   ④ 비상전원(내연기관의 기동 및 제어용 축전기를 제외)의 설치장소는 다른 장소와 방화구획할 것. 이 경우 그 장소에는 비상전원의 공급에 필요한 기구나 설비 외의 것(열병합발전설비에 필요한 기구나 설비는 제외)을 두어서는 아니 된다.
   ⑤ 비상전원을 실내에 설치하는 때에는 그 실내에 비상조명등을 설치할 것

4) 비상전원의 제외대상
　① 둘 이상의 변전소에서 전력을 동시에 공급받을 수 있는 경우
　② 하나의 변전소로부터 전력의 공급이 중단되는 때에는 자동으로 다른 변전소로부터 전력을 공급받을 수 있도록 상용전원을 설치한 경우

5) 소방설비별 비상전원의 종류 및 용량

소방설비	비상전원의 종류	비상전원 용량
• 비상경보설비 　(비상벨설비 또는 자동식 사이렌설비) • 비상방송설비 • 자동화재탐지설비	• 축전지설비 • 전기저장장치	60분 이상 감시상태 지속 10분 이상 경보
• 소화설비 • 제연설비 • 비상조명등	• 자가발전설비 • 축전지설비 • 전기저장장치	20분 이상
• 스프링클러설비 • 포소화설비	• 자가발전설비 • 축전지설비 • 비상전원수전설비 • 전기저장장치	20분 이상
비상콘센트설비	• 자가발전설비 • 축전지설비 • 비상전원수전설비 • 전기저장장치	20분 이상
유도등	축전지	
유도등 및 비상조명등이 설치된 장소로서 • 11층 이상의 층 • 지하층 또는 무창층으로서 용도가 도매시장·소매시장·여객자동차터미널·지하역사 또는 지하상가	유도등 • 축전지 비상조명등 • 자가발전설비 • 축전지설비 • 전기저장장치	60분 이상
무선통신보조설비의 증폭기	축전지설비	30분 이상

02 다음은 청각장애인용 시각경보장치의 설치기준을 나타낸 것이다. ( ) 안에 알맞은 내용을 쓰시오. [6점]

• 복도·통로·청각장애인용 객실 및 공용으로 사용하는 (①)에 설치하며, 각 부분에서 유효하게 경보를 발할 수 있는 위치에 설치할 것
• 공연장·집회장·관람장 또는 이와 유사한 장소에 설치하는 경우에는 시선이 집중되는 (②) 부분 등에 설치할 것
• 설치높이는 바닥으로부터 (③)[m] 이상 (④)[m] 이하의 높이에 설치할 것. 다만, 천장높이가 2[m] 이하는 (⑤)으로부터 (⑥)[m] 이내의 장소에 설치하여야 한다.

[해답] ① 거실
② 무대부
③ 2
④ 2.5
⑤ 천장
⑥ 0.15

[해설] 청각장애인용 시각경보장치의 설치기준
① 복도·통로·청각장애인용 객실 및 공용으로 사용하는 거실(로비, 회의실, 강의실, 식당, 휴게실, 오락실, 대기실, 체력단련실, 접객실, 안내실, 전시실, 기타 이와 유사한 장소를 말한다)에 설치하며, 각 부분으로부터 유효하게 경보를 발할 수 있는 위치에 설치할 것
② 공연장·집회장·관람장 또는 이와 유사한 장소에 설치하는 경우에는 시선이 집중되는 무대부 부분 등에 설치할 것
③ 설치높이는 바닥으로부터 2[m] 이상 2.5[m] 이하의 장소에 설치할 것. 다만, 천장의 높이가 2[m] 이하인 경우에는 천장으로부터 0.15[m] 이내의 장소에 설치하여야 한다.
④ 시각경보장치의 광원은 전용의 축전지설비 또는 전기저장장치(외부 전기에너지를 저장해 두었다가 필요한 때 전기를 공급하는 장치)에 의하여 점등되도록 할 것. 다만, 시각경보기에 작동전원을 공급할 수 있도록 형식승인을 얻은 수신기를 설치한 경우에는 그러하지 아니하다.

03 다음의 그림은 차동식 스포트형 감지기의 구조를 나타낸 것이다. 번호에 대한 명칭 및 역할을 간단히 쓰시오. [8점]

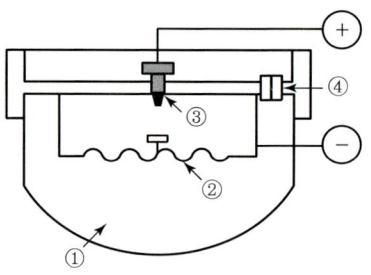

①
②
③
④

해답

① • 명칭 : 감열실
  • 역할 : 화재에 의한 열을 감지하는 공간

② • 명칭 : 다이어프램
  • 역할 : 감열실의 공기가 팽창하여 밀어 올리는 얇은 막

③ • 명칭 : 고정접점
  • 역할 : 가동접점과 단락되어 동작신호를 전송

④ • 명칭 : 리크구멍
  • 역할 : 감열 실내 온도가 서서히 상승하면 리크구멍으로 압력을 배출하여 비화재보 방지

해설 차동식 스포트형 감지기 (공기팽창식)

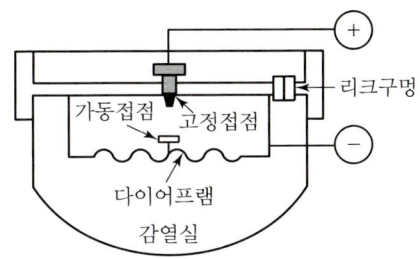

1) **구성요소** : 감열실, 다이어프램, 고정접점, 가동접점, 리크구멍
   ① 감열실 : 화재에 의한 열을 감지하는 공간
   ② 다이어프램 : 감열실의 공기가 팽창하여 밀어 올리는 얇은 막
   ③ 고정접점 : 가동접점과 단락되어 동작신호를 전송
   ④ 가동접점 : 다이어프램이 올라가면 고정접점과 단락되어 동작신호 전송
   ⑤ 리크구멍 : 감열 실내 온도가 서서히 상승하면 리크구멍으로 압력을 배출하여 비화재보 방지

2) **동작순서** : 화재 발생 → 감열실 공기 팽창 → 다이어프램 상승 → 가동접점이 고정접점과 단락 → 수신기에 화재신호 전송

3) **동작원리** : 공기의 부피 팽창

04 다음은 자동화재탐지설비 및 옥내소화전 설비의 계통도의 일부분이다. 조건을 보고 ①~⑦까지의 최소가닥수를 산정하시오. [6점]

[조건]
- 건물의 규모는 지하 3층, 지상 11층이며, 연면적은 5,000[m²]이다.
- 회로공통선과 경종·표시등공통선은 분리하여 배선한다.
- 옥내소화전설비는 기동용 수압개폐장치를 이용한 자동기동방식으로 한다.

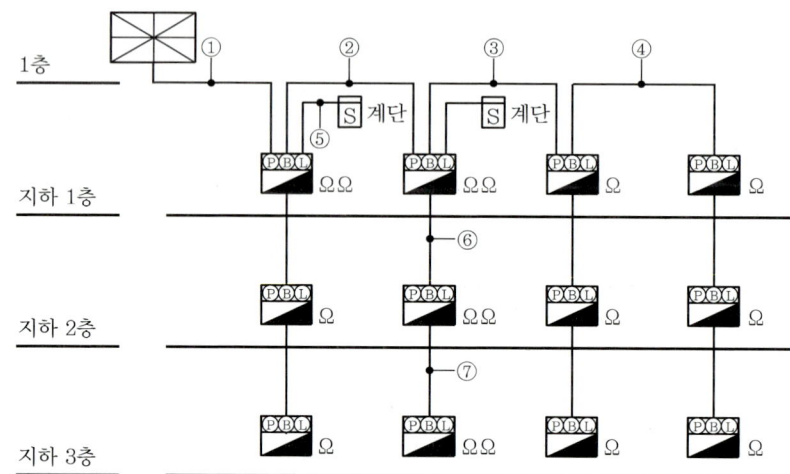

번호	①	②	③	④	⑤	⑥	⑦
가닥수							

해답

번호	①	②	③	④	⑤	⑥	⑦
가닥수	27	22	15	12	4	12	9

해설

1) 가닥수 및 배선내역

번호	가닥수 합계	배선내역						
		회로선	회로 공통선	경종선	표시등선	경종· 표시등 공통선	응답선	기동 확인 표시등
①	27	16	3	3	1	1	1	2
②	22	12	2	3	1	1	1	2
③	15	6	1	3	1	1	1	2
④	12	3	1	3	1	1	1	2
⑤	4	2	2					
⑥	12	4	1	2	1	1	1	2
⑦	9	2	1	1	1	1	1	2

① ㉠ 회로선 : 16가닥
- 수신기에서 출발하여 ①배관을 경유한 발신기세트 옥내소화전 내장형의 내부에 설치된 종단저항의 수가 회로수가 된다.
- 종단저항이 표시되지 않은 경우 발신기세트의 수가 회로수이다.

㉡ 회로공통선 : 3가닥
- 회로공통선 $= \dfrac{16}{7} = 2.29 ≒ 3$가닥
- 회로의 수가 7개 초과 시 1가닥씩 증가

㉢ 경종선 : 3가닥
- 화재로 인하여 하나의 층의 지구음향장치 또는 배선이 단락되어도 다른 층의 화재통보에 지장이 없도록 각 층 배선상에 유효한 조치를 할 것(2022년 이후)
- 각 층 배선상에 유효한 조치로 단선단락 자동감시형 수신기를 사용하거나 수신기에 퓨즈 또는 차단기 등을 설치할 것(2025년 이후)
- 경종선은 단선단락 자동감시형 수신기나 퓨즈 또는 차단기 등으로부터 각 층에 각각 1가닥씩 배선하여야 한다.
- 일제경보방식과 우선경보방식의 배선방식이 동일하다.

㉣ 기동확인표시등 : 2가닥
발신기세트 옥내소화전 내장형(기동용 수압개폐장치 사용)이므로 발신기 기본 가닥수 + 기동확인표시등(2가닥)이 필요하다.

㉤ 표시등선, 경종·표시등공통선, 응답선 : 각 1가닥

② ㉠ 회로선 : 12가닥
- 수신기에서 출발하여 ②배관을 경유한 발신기세트 옥내소화전 내장형의 내부에 설치된 종단저항의 수가 회로수가 된다.
- 종단저항이 표시되지 않은 경우 발신기세트의 수가 회로수이다.

㉡ 회로공통선 : 2가닥
- 회로공통선 $= \dfrac{12}{7} = 1.71 ≒ 2$가닥
- 회로의 수가 7개 초과 시 1가닥씩 증가

㉢ 나머지는 ①과 동일하게 산출한다.

⑤ 4가닥 : 회로선2, 회로공통선2
종단저항이 발신기세트 내부에 설치되어 있으므로 회로선과 회로공통선이 발신기세트에서 나와서 계단용 연기감지기에 결선 후 다시 돌아가서 종단저항에 결선한다.

③, ④, ⑥, ⑦ : ①과 동일한 방법으로 산출한다.

05 다음은 지하 1층, 지상 8층인 건물의 지상 1층 평면도이다. 이 건축물에 자동화재탐지설비를 설치할 때 다음 각 물음에 답하시오.(단, 건축물은 주요 구조부는 내화구조이고 층고는 3[m]이며 경보방식은 일제경보방식이다.) [9점]

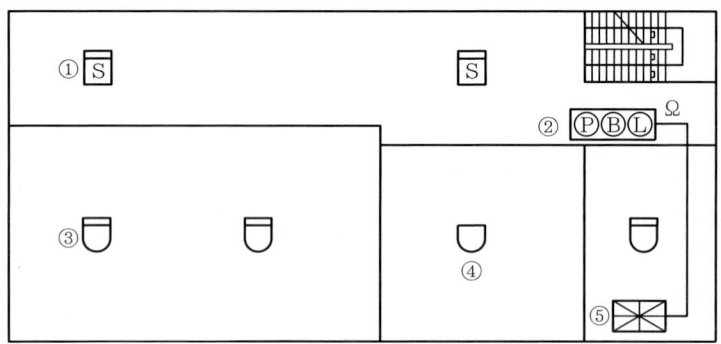

1) 평면도에 표시된 감지기를 루프배선방식을 사용하여 발신기에 연결하고 배선가닥수를 표시하시오.

2) ①~⑤에 표시된 기호에 맞는 명칭과 형별의 빈칸을 완성하시오.

항목	명칭	형별
①		
②	발신기	P형
③		
④		
⑤	수신기	P형

3) 발신기와 수신기 사이의 배관길이가 20[m]일 경우 전선은 몇 [m]가 필요한지 소요량을 산출하시오.(단, 전선의 할증률은 10[%]로 계산한다.)
- 계산과정 :
- 답 :

해답 1) 배선 및 가닥수 표시

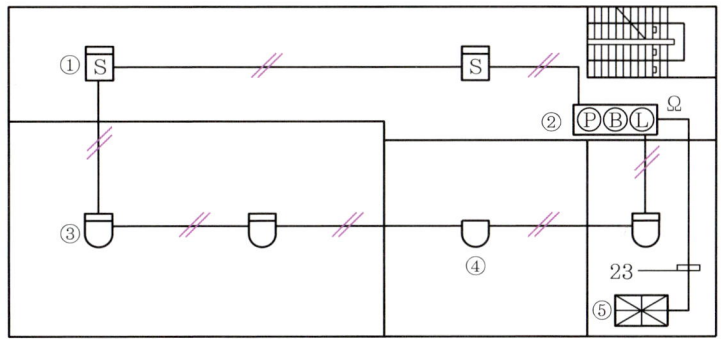

2)
항목	명칭	형별
①	연기감지기	스포트형
②	발신기	P형
③	차동식 감지기	스포트형
④	정온식 감지기	스포트형
⑤	수신기	P형

3) • 계산과정 : 전선의 길이 = (20[m] × 23가닥) × 1.1(할증) = 506[m]
   • 답 506[m]

해설 1) 배선 및 가닥수 표시
① 문제에서 루프배선방식으로 감지기를 결선하라고 하였으므로 반드시 루프배선방식으로 배선한다.
② 루프배선방식이 아닌 경우 배선의 가닥수가 증가하므로 배선의 양이 더 필요하게 된다.

> **Reference**
>
> **송배선방식의 감지기선로 가닥수**
> • 루프된 곳 : 2가닥
> • 그 밖의 것 : 4가닥

2) 도시기호

명칭	도시기호	적용
차동식 스포트형 감지기	 ⌐⌐	필요에 따라 종별을 표기한다.
보상식 스포트형 감지기	 ⌐⌐	필요에 따라 종별을 표기한다.
정온식 스포트형 감지기	 ⌒	• 필요에 따라 종별을 표기한다. • 방수형  : ⌒ • 내산형  : ⌒ • 내알칼리형  : ⌒ • 방폭형 : EX 표기
연기감지기	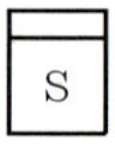 S	• 필요에 따라 종별을 표기한다. • 점검박스붙이 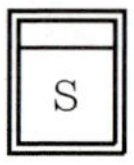 : S • 매입 : S 

3) 전선의 길이

① 배관길이 : 20[m](조건에서)

② 가닥수 : 23가닥(회로9, 공통2, 경종9, 표시등1, 경종·표시등1, 응답1)

- 회로선 : 9가닥(지하 1층, 지상 1층~8층 각각 1가닥)
- 회로공통선 : $\frac{9}{7}$ = 1.29 ≒ 2가닥

  회로의 수가 7개 초과 시 1가닥씩 증가
- 경종선 : 9가닥(지하 1층, 지상 1~8층 각각 1가닥)
- 표시등선, 경종·표시등공통선, 응답선 : 각 1가닥

③ 전선의 할증률 : 10[%] 할증

④ 필요전선의 길이

  (20[m] × 23가닥) × 1.1(할증) = 506[m]

4) 계통도

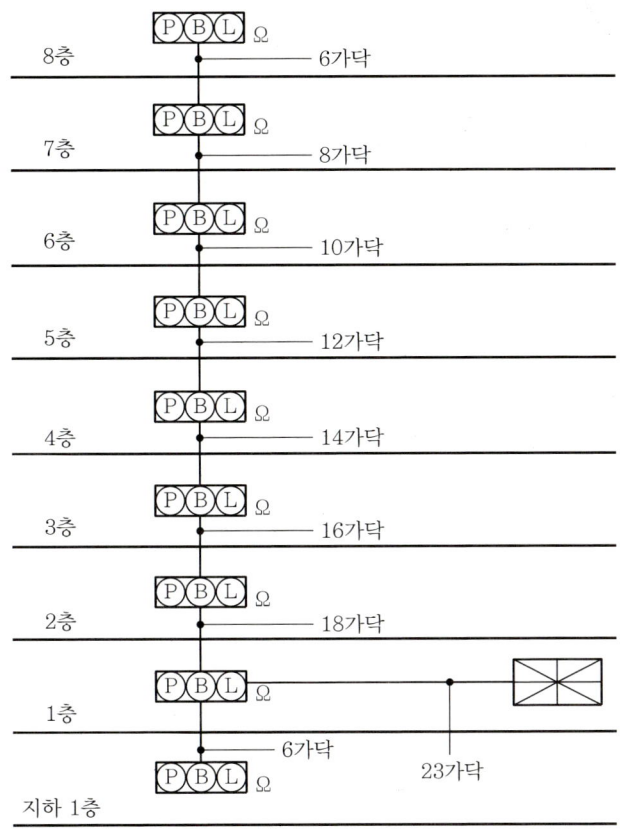

5) 가닥수 및 배선내역

구분	가닥수 합계	배선내역					
		회로선	회로 공통선	경종선	표시등선	경종·표시등 공통선	응답선
8층	6	1	1	1	1	1	1
7층	8	2	1	2	1	1	1
6층	10	3	1	3	1	1	1
5층	12	4	1	4	1	1	1
4층	14	5	1	5	1	1	1
3층	16	6	1	6	1	1	1
2층	18	7	1	7	1	1	1
1층	23	9	2	9	1	1	1
지하 1층	6	1	1	1	1	1	1

06 아래의 기존 도면을 누름버튼스위치 PB1 또는 PB2 중 먼저 조작된 측의 램프만 점등되는 병렬 우선회로가 되도록 고쳐서 그리시오.(단, PB1 측의 계전기는 Ⓡ1, 램프는 Ⓛ1이며, PB2 측 계전기는 Ⓡ2, 램프는 Ⓛ2이다. 또한 추가되는 접점은 최소로 적용하여 그리도록 한다.) [6점]

[기존 도면]

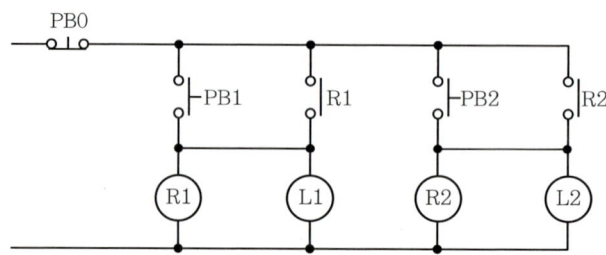

[병렬우선회로]

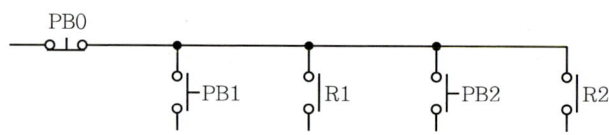

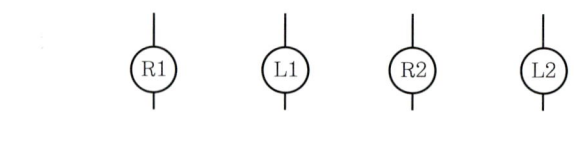

해답

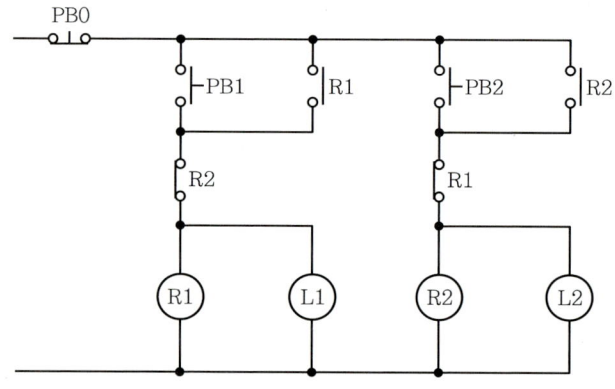

해설 1) 인터록 회로(병렬우선회로)
① 선행동작우선회로 또는 상대동작금지회로라 한다.
② 계전기의 b접점을 이용하여 상대계전기 코일에 직렬로 연결시켜 선행동작된 계전기 코일만 여자되고 다른 계전기에는 입력을 금지시킨다.

③ 도면에서 R1과 R2 중 선행동작된 계전기가 먼저 동작하면 다른 계전기는 동작하지 못하게 되어 동시투입을 방지한다.

2) 기존 도면 동작설명
① 누름버튼스위치 PB1을 누르면 계전기 R1이 여자되고 R1-a접점이 폐로되어 자기유지되고 램프 L1이 점등된다.
② 누름버튼스위치 PB2를 누르면 계전기 R2가 여자되고 R2-a접점이 폐로되어 자기유지되고 램프 L2가 점등된다.
③ 즉, 순서에 상관없이 누름버튼스위치를 누르면 해당 램프가 점등된다.
④ PB0를 누르면 계전기가 모두 소자되어 모든 램프는 소등된다.

3) 병렬우선회로 동작설명

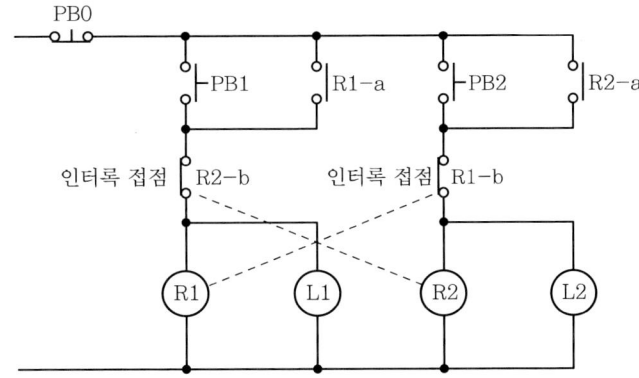

① 누름버튼스위치 PB1을 누르면 계전기 R1이 여자되고 R1-a접점이 폐로되어 자기유지되고 램프 L1이 점등된다. 동시에 R1-b접점이 개로된다.
② 계전기 R1이 여자된 상태에서 누름버튼스위치 PB2를 누르면 R1-b가 개로되어 있기 때문에 R2와 L2는 동작하지 못한다.
③ L1이 점등된 상태에서 누름버튼스위치 PB0를 누르면 R1이 소자되어 L1이 소등되고 초기상태가 된다.
④ 초기상태에서 누름버튼스위치 PB2를 누르면 계전기 R2가 여자되고 R2-a접점이 폐로되어 자기유지되고 램프 L2가 점등된다. 동시에 R2-b접점이 개로된다.
⑤ 계전기 R2가 여자된 상태에서 누름버튼스위치 PB1을 누르면 R2-b가 개로되어 있기 때문에 R1과 L1은 동작하지 못한다.
⑥ 즉, 둘 중 하나가 먼저 작동하고 있으면 다른 계전기는 작동하지 못하는 병렬우선회로(인터록 회로)이다. 여기서, 인터록 접점은 R1-b와 R2-b이다.
⑦ 램프 점등상태에서 누름버튼스위치 PB0를 누르면 램프는 소등되고 초기상태로 돌아온다.

07 논리식 $Y = (A+B+C) \cdot (A \cdot B \cdot C + D)$가 주어졌을 때 다음 물음에 답하시오. [6점]

1) 유접점 릴레이회로를 그리시오.
2) 무접점 논리회로를 그리시오.

해답

1) 유접점 릴레이회로

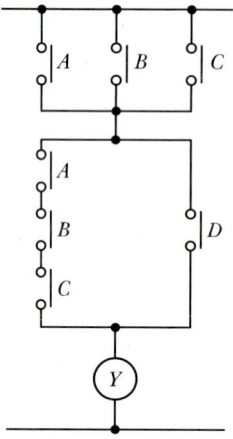

2) 무접점 논리회로

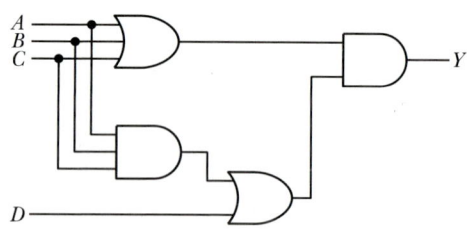

해설

1) 유접점 릴레이회로

$Y = (A+B+C) \cdot (A \cdot B \cdot C + D)$

① $(A+B+C)$

  A, B, C 3개의 접점이 논리합(병렬회로)으로 구성되어 있다.

② $(A \cdot B \cdot C)$

  A, B, C 3개의 접점이 논리곱(직렬회로)으로 구성되어 있다.

③ $(A \cdot B \cdot C + D)$

  $(A \cdot B \cdot C)$와 D가 논리합(병렬회로)으로 구성되어 있다.

④ $Y = (A+B+C) \cdot (A \cdot B \cdot C + D)$

  출력 Y는 $(A+B+C)$와 $(A \cdot B \cdot C + D)$가 논리곱(직렬회로)으로 구성되어 있다.

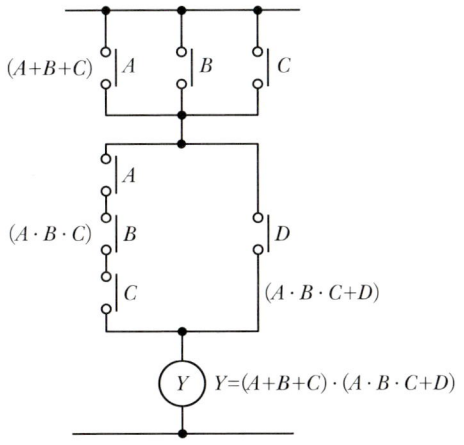

2) 무접점 논리회로

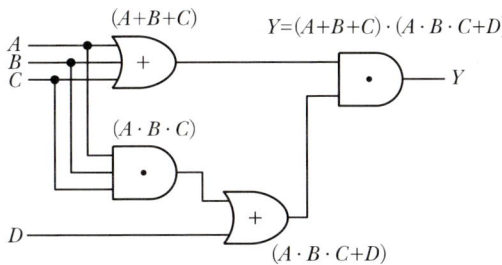

08 다음 도면과 같은 장소에 차동식 스포트형 감지기 2종을 설치하는 경우와 광전식 스포트형 2종을 설치하는 경우 다음 각 물음에 답하시오.(단, 주요 구조부는 내화구조이며, 감지기의 부착높이는 3[m]이다.) [6점]

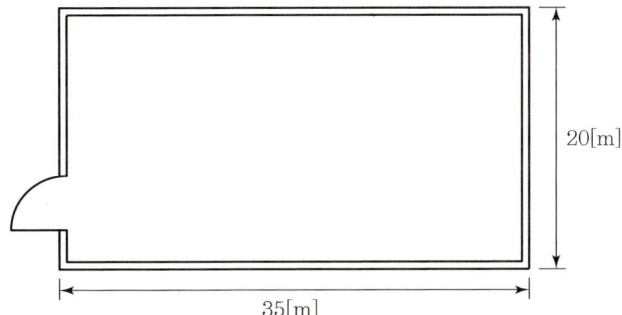

1) 차동식 스포트형 감지기 2종의 최소소요개수를 산출하시오.
- 계산과정 :
- 답 :

2) 광전식 스포트형 감지기 2종의 최소소요개수를 산출하시오.
   • 계산과정 :
   • 답 :

해답 1) • 계산과정

바닥면적 : $20 \times 35 = 700[m^2]$

경계구역 : $\dfrac{700}{600} = 1.17 ≒ 2$ 경계구역

감지기의 개수 $= \dfrac{350}{70} + \dfrac{350}{70} = 10$ 개

• **답** 10개

2) • 계산과정

바닥면적 : $20 \times 35 = 700[m^2]$

경계구역 : $\dfrac{700}{600} = 1.17 ≒ 2$ 경계구역

감지기의 개수 $= \dfrac{350}{150} + \dfrac{350}{150} = 4.67 ≒ 5$ 개

• **답** 5개

해설 1) 차동식 스포트형, 보상식 스포트형, 정온식 스포트형 감지기의 부착높이 및 특정소방대상물에 따른 기준면적(단위 : m²)

부착높이 및 특정소방대상물의 구분		감지기의 종류				
		차동식, 보상식		정온식		
		1종	2종	특종	1종	2종
4[m] 미만	내화구조	90	70	70	60	20
	기타 구조	50	40	40	30	15
4[m] 이상 8[m] 미만	내화구조	45	35	35	30	—
	기타 구조	30	25	25	15	—

① 위 표에서 기준면적 산정 : $70[m^2]$

② 바닥면적 : $20 \times 35 = 700[m^2]$

③ 경계구역 산정 : $\dfrac{700[m^2]}{600[m^2]} = 1.67 ≒ 2$ 구역

④ 감지기 개수 산정 시 경계구역별로 구해서 합산한다. 반드시 경계구역을 1/2로 나누는 것은 아니지만 일반적으로 1/2로 나누어 계산한다.

하나의 경계구역 면적 : $\dfrac{700[m^2]}{2} = 350[m^2]$

⑤ 2경계구역의 감지기의 개수 $= \dfrac{350}{70} + \dfrac{350}{70} = 10$ 개

⑥ 경계구역을 나누지 않는 경우 감지기의 개수 = $\dfrac{700}{70} = 10$개

⑦ 경계구역을 나누지 않고 계산하여도 감지기의 수는 같다.

2) 부착높이에 따른 연기감지기 1개의 기준면적

부착높이	감지기의 종류	
	1종, 2종	3종
4[m] 미만	150[m²]	50[m²]
4[m] 이상 20[m] 미만	75[m²]	—

① 위 표에서 기준면적 산정 : 150[m²]

② 바닥면적 : $20 \times 35 = 700$[m²]

③ 경계구역 산정 : $\dfrac{700[\text{m}^2]}{600[\text{m}^2]} = 1.67 ≒ 2$구역

④ 감지기 개수 산정 시 경계구역별로 구해서 합산한다. 반드시 경계구역을 1/2로 나누는 것은 아니지만 일반적으로 1/2로 나누어 계산한다.

하나의 경계구역 면적 : $\dfrac{700[\text{m}^2]}{2} = 350[\text{m}^2]$

⑤ 2경계구역의 감지기의 개수 = $\dfrac{350}{150} + \dfrac{350}{150} = 4.67 ≒ 5$개

⑥ 경계구역을 나누지 않고 계산한 경우

- 연기감지기의 개수 = $\dfrac{700}{150} = 4.67 ≒ 5$개

- 경계구역을 1/2로 나누어 각각 별도로 계산하는 경우 $\left(\dfrac{350}{150} ≒ 3\text{개}\right) + \left(\dfrac{350}{150} ≒ 3\text{개}\right)$

  =6개가 되고 경계구역을 나누지 않고 계산한 경우는 5개가 되므로 경계구역을 적절하게 나누어 5개가 되도록 한다.

⑦ 경계구역을 적절하게 나누어 5개로 맞춘 경우

- $\dfrac{450}{150} = 3$개, $\dfrac{250}{150} = 1.67 ≒ 2$개 (3+2=5개)

- $\dfrac{300}{150} = 2$개, $\dfrac{400}{150} = 2.67 ≒ 3$개 (2+3=5개) 등

09 다음은 우선경보방식의 비상방송설비의 계통도이다. 각 층 사이의 ①~⑤까지의 배선수와 각 배선의 용도를 쓰시오.(단, 긴급용 방송과 업무용 방송을 겸용으로 하는 설비로서 음량조정기를 설치하였다.) [10점]

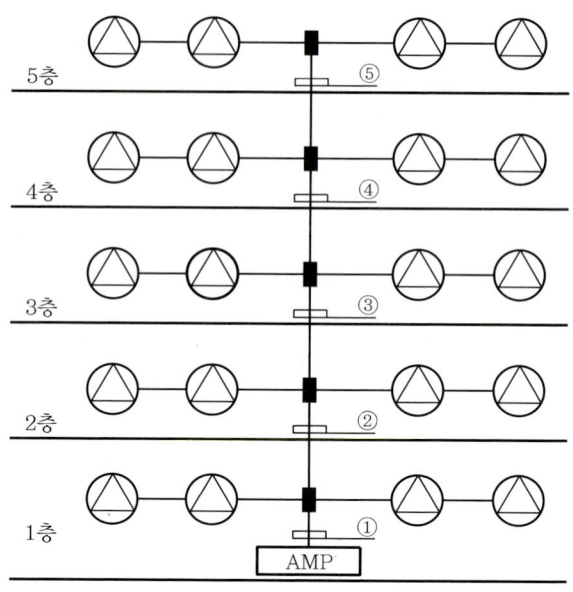

번호	배선수	배선의 용도
①		
②		
③		
④		
⑤		

해답 ⊕

번호	배선수	배선의 용도
①	11	긴급용 배선5, 업무용 배선1, 공통선5
②	9	긴급용 배선4, 업무용 배선1, 공통선4
③	7	긴급용 배선3, 업무용 배선1, 공통선3
④	5	긴급용 배선2, 업무용 배선1, 공통선2
⑤	3	긴급용 배선1, 업무용 배선1, 공통선1

해설 ⊕ 1) 3선식 배선(겸용으로서 음량조정기 설치한 경우)

화재로 인하여 하나의 층의 확성기 또는 배선이 단락 또는 단선되어도 다른 층의 화재통보에 지장이 없도록 할 것(NFTC202 2.2.1.1)

- 긴급용 배선 : 각 층마다 1선씩 증가
- 업무용 배선 : 1선(단선되어도 화재통보에 지장 없음)

• 공통선 : 각 층마다 1선씩 증가

번호	배선수	배선의 용도
①	11	긴급용 배선5, 업무용 배선1, 공통선5
②	9	긴급용 배선4, 업무용 배선1, 공통선4
③	7	긴급용 배선3, 업무용 배선1, 공통선3
④	5	긴급용 배선2, 업무용 배선1, 공통선2
⑤	3	긴급용 배선1, 업무용 배선1, 공통선1

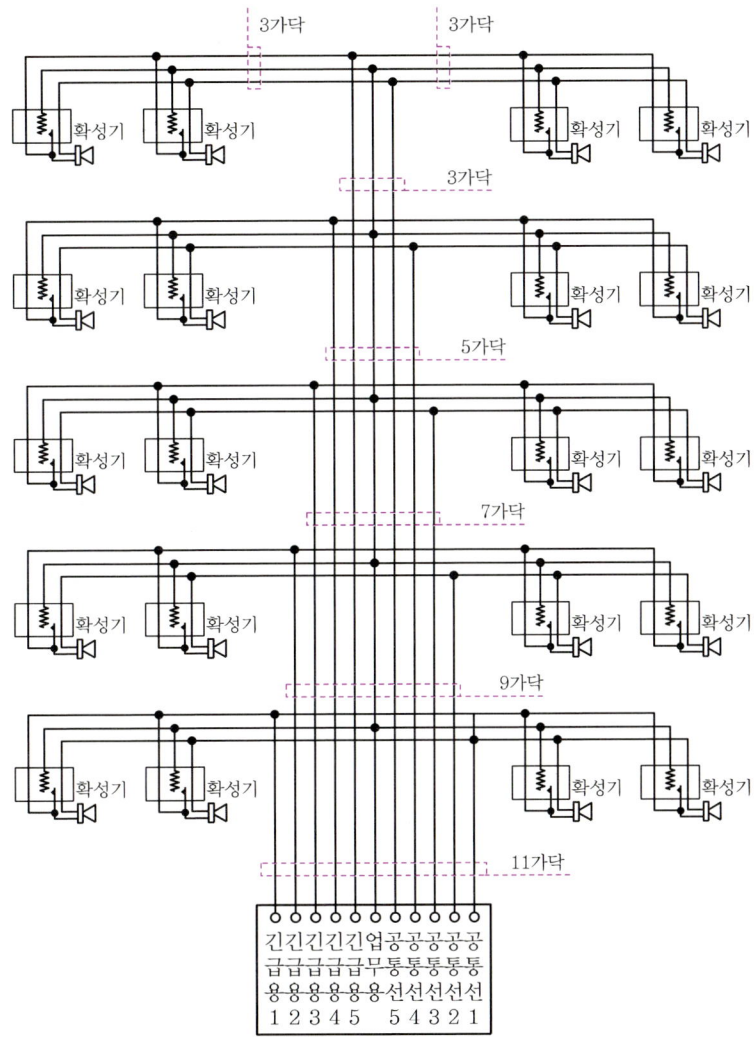

2) 2선식 배선(전용으로서 음량조정기가 설치되지 않은 경우)

"화재로 인하여 하나의 층의 확성기 또는 배선이 단락 또는 단선되어도 다른 층의 화재통보에 지장이 없도록 할 것(NFTC202 2.2.1.1)"의 기준에 따라 공통선과 방송선이 각 층마다 각각 1가닥씩 증가한다.

번호	배선수	배선의 용도
①	10	방송선5, 공통선5
②	8	방송선4, 공통선4
③	6	방송선3, 공통선3
④	4	방송선2, 공통선2
⑤	2	방송선1, 공통선1

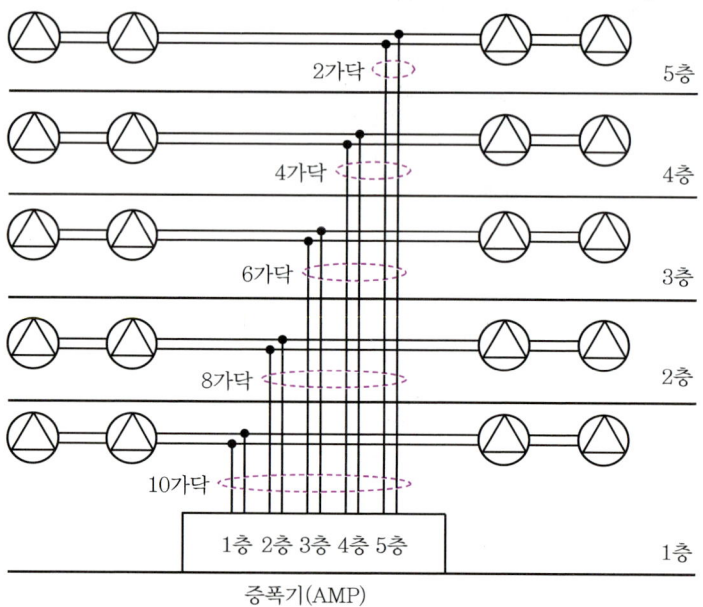

10 다음은 통로유도등에 관한 기준이다. 다음 각 물음에 답하시오. [6점]

1) 다음 표의 ①~③에 알맞은 내용을 쓰시오.

구분	복도통로유도등	거실통로유도등	계단통로유도등
설치장소	복도	(①)	계단
설치방법	구부러진 모퉁이 및 보행거리 20[m]마다	(②)	각 층의 경사로참 또는 계단참마다
설치높이	(③)	바닥으로부터 높이 1.5[m] 이상	바닥으로부터 높이 1[m] 이하

2) 계단통로유도등은 비상전원의 성능에 따라 유효점등시간 동안 등을 켠 후 주위 조도가 0[lx]인 상태에서 조도의 측정방법과 조도기준에 대하여 쓰시오.
3) 통로유도등 바탕색의 색상은 어떤 색인지 쓰시오.

해답 1) ① 거실의 통로
② 구부러진 모퉁이 및 보행거리 20[m]마다
③ 바닥으로부터 높이 1[m] 이하

2) 바닥면 또는 디딤 바닥면으로부터 높이 2.5[m]의 위치에 그 유도등을 설치하고 그 유도등의 바로 밑으로부터 수평거리로 10[m] 떨어진 위치에서의 법선조도가 0.5[lx] 이상일 것
3) 백색

해설

1) 통로유도등의 설치기준
   ① 복도통로유도등
   - 복도에 설치하되 피난구유도등이 설치된 출입구의 맞은편 복도에는 입체형으로 설치하거나 바닥에 설치할 것
   - 구부러진 모퉁이 및 통로유도등을 기점으로 보행거리 20[m]마다 설치할 것
   - 바닥으로부터 높이 1[m] 이하의 위치에 설치할 것(단, 지하층 또는 무창층의 용도가 도매시장·소매시장·여객자동차터미널·지하역사 또는 지하상가인 경우에는 복도·통로 중앙부분의 바닥에 설치할 것)
   - 바닥에 설치하는 통로유도등은 하중에 따라 파괴되지 아니하는 강도의 것으로 할 것
   ② 거실통로유도등
   - 거실의 통로에 설치할 것
   - 구부러진 모퉁이 및 보행거리 20[m]마다 설치할 것
   - 바닥으로부터 높이 1.5[m] 이상의 위치에 설치할 것(단, 거실통로에 기둥이 설치된 경우에는 기둥부분의 바닥으로부터 높이 1.5[m] 이하의 위치에 설치할 수 있다.)
   ③ 계단통로유도등
   - 각 층의 경사로참 또는 계단참마다(1개층에 경사로참 또는 계단참이 2 이상 있는 경우에는 2개의 계단참마다) 설치할 것
   - 바닥으로부터 높이 1[m] 이하의 위치에 설치할 것
   ④ 통행에 지장이 없도록 설치할 것
   ⑤ 주위에 이와 유사한 등화광고물·게시물 등을 설치하지 아니할 것

2) 조도시험
   ① 계단통로유도등
   바닥면 또는 디딤 바닥면으로부터 높이 2.5[m]의 위치에 그 유도등을 설치하고 그 유도등의 바로 밑으로부터 수평거리로 10[m] 떨어진 위치에서의 법선조도가 0.5[lx] 이상일 것
   ② 복도통로유도등
   바닥면으로부터 1[m] 높이에, 거실통로유도등은 바닥면으로부터 2[m] 높이에 설치하고 그 유도등의 중앙으로부터 0.5[m] 떨어진 위치의 바닥면 조도와 유도등의 전면 중앙으로부터 0.5[m] 떨어진 위치의 조도가 1[lx] 이상이어야 한다. 다만, 바닥면에 설치하는 통로유도등은 그 유도등의 바로 윗부분 1[m]의 높이에서 법선조도가 1[lx] 이상이어야 한다.

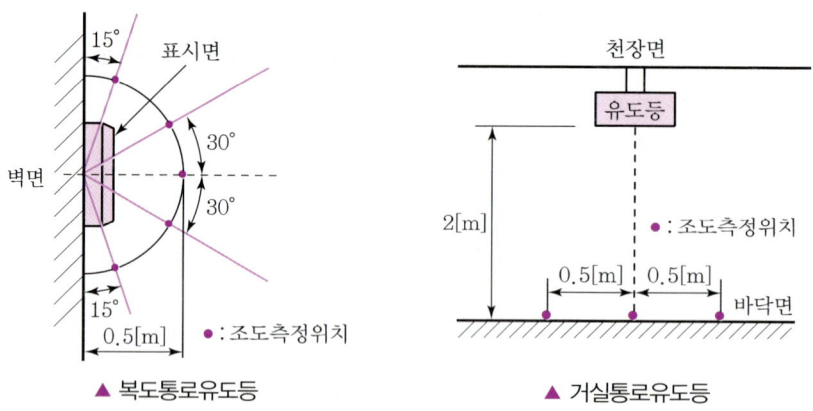

③ 객석유도등

바닥면 또는 디딤 바닥면에서 높이 0.5[m]의 위치에 설치하고 그 유도등의 바로 밑에서 0.3[m] 떨어진 위치에서의 수평조도가 0.2[lx] 이상이어야 한다.

3) 유도등의 색상

피난구유도등	통로유도등
녹색바탕에 백색문자	백색바탕에 녹색문자

11 다음은 기동용 수압개폐장치를 이용한 옥내소화전설비의 감시 및 동력제어반의 연결계통도이다. 도면을 참고하여 다음 각 물음에 답하시오. [9점]

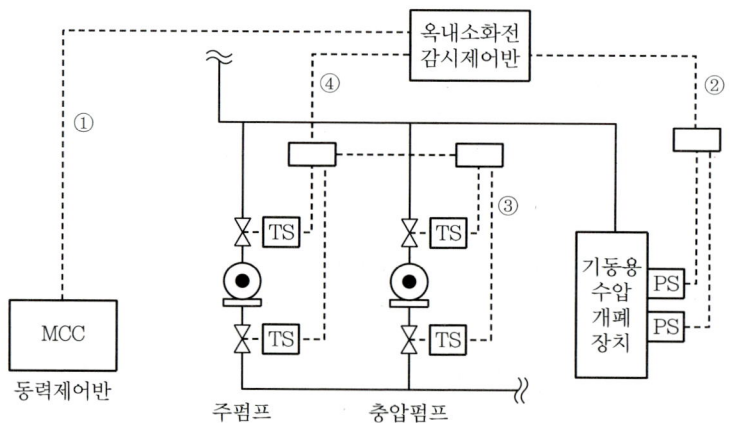

1) ①~④의 최소 배선가닥수를 산출하시오.

①	②	③	④

2) 다음은 옥내소화전설비의 감시제어반의 기능에 대한 기준이다. ( ) 안에 알맞은 말을 쓰시오.
   - 각 펌프의 작동 여부를 확인할 수 있는 (①) 및 (②)기능이 있어야 할 것
   - 각 펌프를 자동 및 수동으로 작동시키거나 작동을 중단시킬 수 있어야 할 것
   - 비상전원을 설치한 경우에는 상용전원 및 비상전원 공급 여부를 확인할 수 있을 것
   - 수조 또는 물올림탱크가 (③)로 될 때 표시등 및 음향으로 경보할 것
   - 기동용 수압개폐장치의 압력스위치회로, 수조 또는 물올림탱크의 감시회로마다 (④)시험 및 (⑤)시험을 할 수 있어야 할 것

해답

1)
①	②	③	④
5	3	2	5

2) ① 표시등   ② 음향경보   ③ 저수위
   ④ 도통   ⑤ 작동

해설

1) 최소가닥수

번호	가닥수	배선내역
①	5	기동1, 정지1, 공통1, 기동표시등1, 전원표시등1
②	3	압력스위치2, 공통1
③	2	탬퍼스위치2
④	5	탬퍼스위치4, 공통1

2) 감시제어반의 기능
   ① 각 펌프의 작동 여부를 확인할 수 있는 표시등 및 음향경보기능이 있어야 할 것
   ② 각 펌프를 자동 및 수동으로 작동시키거나 중단시킬 수 있어야 할 것
   ③ 비상전원을 설치한 경우에는 상용전원 및 비상전원의 공급 여부를 확인할 수 있어야 할 것
   ④ 수조 또는 물올림탱크가 저수위로 될 때 표시등 및 음향으로 경보할 것
   ⑤ 예비전원이 확보되고 예비전원의 적합 여부를 시험할 수 있어야 할 것

3) 감시제어반에서 도통시험 및 작동시험을 할 수 있어야 하는 회로
   ① 기동용 수압개폐장치의 압력스위치회로
   ② 수조 또는 물올림탱크의 저수위감시회로
   ③ 유수검지장치 또는 일제개방밸브의 압력스위치회로
   ④ 일제개방밸브를 사용하는 설비의 화재감지기회로
   ⑤ 급수배관에 설치되어 급수를 차단할 수 있는 개폐밸브의 폐쇄상태 확인회로
   ⑥ 그 밖의 이와 비슷한 회로

12 다음은 배선전용실에 소방용 배선과 다른 설비의 배선을 함께 배선한 경우이다. 다음 ( ) 안을 완성하시오. [4점]

- 배선전용실 또는 배선용 샤프트·피트·덕트 등에 다른 설비의 배선이 있는 경우에는 이로부터 (①) 이상 떨어지게 설치할 것
- 소화설비의 배선과 이웃하는 다른 설비의 배선 사이에 배선지름(배선의 지름이 다른 경우에는 가장 큰 것을 기준으로 한다)의 (②) 이상의 높이의 불연성 격벽을 설치하는 경우

해답⊕ ① 15[cm]   ② 1.5배

해설⊕ 내화배선

사용전선의 종류	공사방법
1. 450/750[V] 저독성 난연 가교 폴리올레핀 절연 전선 2. 0.6/1[kV] 가교 폴리에틸렌 절연 저독성 난연 폴리올레핀 시스 전력 케이블 3. 6/10[kV] 가교 폴리에틸렌 절연 저독성 난연 폴리올레핀 시스 전력용 케이블 4. 가교 폴리에틸렌 절연 비닐 시스 트레이용 난연 전력 케이블 5. 0.6/1[kV] EP 고무절연 클로로프렌 시스 케이블 6. 300/500[V] 내열성 실리콘 고무 절연전선(180℃) 7. 내열성 에틸렌-비닐 아세테이트 고무 절연케이블 8. 버스덕트(Bus Duct) 9. 기타 내화성능이 있다고 인정하는 것	금속관·2종 금속제 가요전선관 또는 합성 수지관에 수납하여 내화구조로 된 벽 또는 바닥 등에 벽 또는 바닥의 표면으로부터 25[mm] 이상의 깊이로 매설 하여야 한다. 다만, 다음 기준에 적합하게 설치하는 경우에는 그러하지 아니하다. 1. 배선을 내화성능을 갖는 배선전용실 또는 배선용 샤프트·피트·덕트 등에 설치하는 경우 2. 배선전용실 또는 배선용 샤프트·피트·덕트 등에 다른 설비의 배선이 있는 경우에는 이로부터 15[cm] 이상 떨어지게 하거나 소화설비의 배선과 이웃하는 다른 설비의 배선 사이에 배선지름(배선의 지름이 다른 경우에는 가장 큰 것을 기준으로 한다)의 1.5배 이상의 높이의 불연성 격벽을 설치하는 경우
내화전선	케이블공사의 방법

13 다음은 가스누설경보기에 관한 내용이다. 각 물음에 답하시오. [8점]

1) 가스누설경보기가 가스누설 신호를 수신한 경우
   - 수신 개시로부터 가스누설표시까지의 소요시간은 몇 초 이내인지 쓰시오.
   - 가스누설표시등은 어떤 색으로 표시되어야 하는지 쓰시오.

2) 가스누설경보기의 예비전원으로 사용할 수 있는 축전지의 종류 3가지를 쓰시오.
   -
   -
   -

3) 다음의 예비전원 용량에 대하여 쓰시오.
   - 1회선용 :
   - 2회로 이상 :

4) 가스누설경보기의 절연된 충전부와 외함 간 및 절연된 선로 간의 절연저항은 직류 500[V] 절연저항계로 측정한 값이 각각 몇 [MΩ] 이상이어야 하는지 쓰시오.
   - 절연된 충전부와 외함 간 :
   - 절연된 선로 간 :

해답

1) • 60초
   • 황색

2) • 알칼리계 2차 축전지
   • 리튬계 2차 축전지
   • 무보수밀폐형 연축전지

3) • 1회선용 : 감시상태를 20분간 계속한 후 유효하게 작동되어 10분간 경보할 수 있는 용량
   • 2회로 이상 : 연결된 모든 회로에 대하여 감시상태를 10분간 계속한 후 2회선을 유효하게 작동시키고 10분간 경보를 발할 수 있는 용량

4) • 절연된 충전부와 외함 간 : 5[MΩ] 이상
   • 절연된 선로 간 : 20[MΩ] 이상

해설 가스누설경보기

1) 수신부의 구조 및 기능
   ① 가스누설표시등의 색상 : 황색
   ② 수신 개시부터 가스누설표시까지 소요시간 : 60초 이내

2) 예비전원의 종류
   • 알칼리계 2차 축전지
   • 리튬계 2차 축전지
   • 무보수밀폐형 연축전지

3) 예비전원의 용량

분류	용량
1회로용(단독형 포함)	감시상태를 20분간 계속한 후 유효하게 작동되어 10분간 경보
2회로 이상 용도	연결된 모든 회로에 대하여 감시상태를 10분간 계속한 후 2회선을 유효하게 작동시키고 10분간 경보를 발할 수 있는 용량

4) 절연저항(DC 500[V]의 절연저항계로 측정한 값)

측정 위치	절연 저항치[MΩ]
절연된 충전부와 외함 간	5 이상
교류입력 측과 외함 간	20 이상
절연된 선로 간	20 이상

Reference

가스누설경보기의 분류

① 구조에 따른 분류 : 단독형, 분리형
② 용도에 따른 분류 : 가정용, 영업용, 공업용

---

14 다음은 소방시설용 비상전원수전설비 중 고압 또는 특고압으로 수전하는 설비의 계통도이다. 도면을 보고 다음 각 물음에 답하시오. [6점]

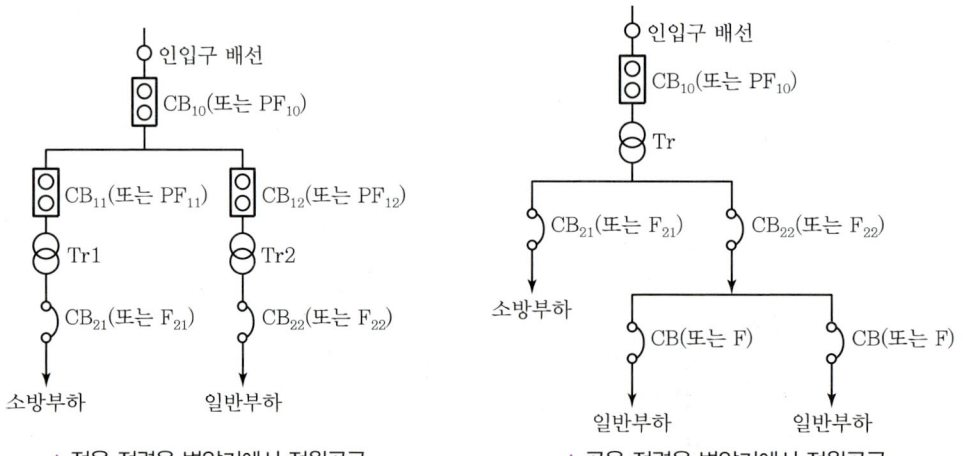

▲ 전용 전력용 변압기에서 전원공급   ▲ 공용 전력용 변압기에서 전원공급

1) 다음 약호의 명칭을 쓰시오.

약호	명칭
CB	
PF	
F	
Tr	

2) 전용 전력용 변압기에서 전원을 공급받는 비상전원수전설비에서 일반회로의 과부하 또는 단락사고 시에 CB_{10}(또는 PF_{10})이 어떤 기기보다 먼저 차단되어서는 안 되는지 쓰시오.

3) 전용 전력용 변압기에서 전원을 공급받는 비상전원수전설비에서 CB_{11}(또는 PF_{11})은 어느 것과 동등 이상의 차단용량이어야 하는지 쓰시오.

해답

1)
약호	명칭
CB	전력차단기
PF	전력퓨즈(고압용 또는 특별고압용)
F	퓨즈(저압용)
Tr	전력용 변압기

2) CB_{12}(또는 PF_{12}) 및 CB_{22}(또는 F_{22})

3) CB_{12}(또는 PF_{12})

해설

1) 약호 및 명칭

약호	명칭
CB	전력차단기
PF	전력퓨즈(고압용 또는 특별고압용)
F	퓨즈(저압용)
Tr	전력용 변압기

2) 고압 또는 특고압으로 수전하는 설비

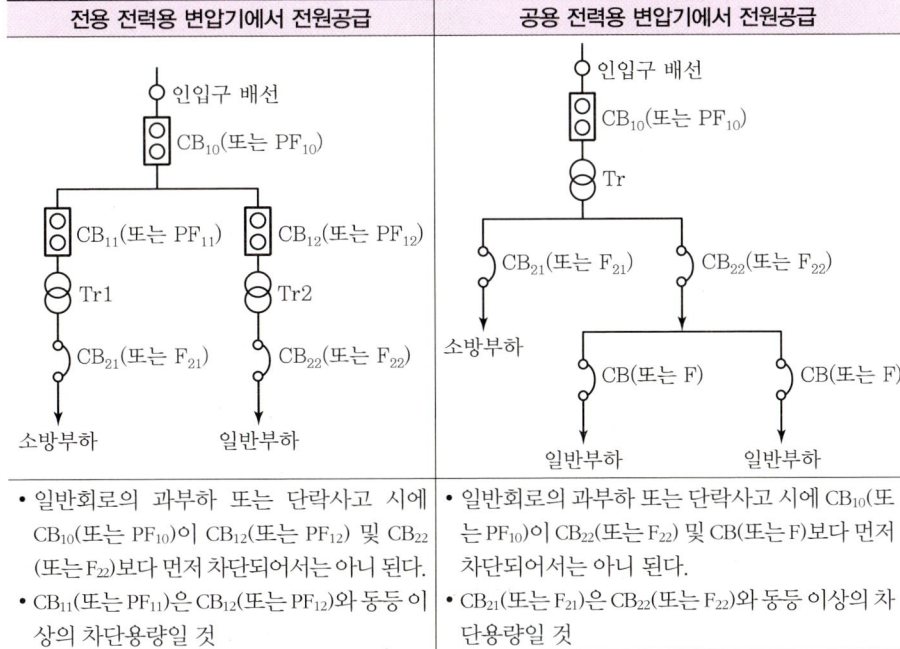

15 수신기로부터 100[m] 떨어진 위치에 사이렌이 접속되어 있다. 사이렌의 정격출력은 48[W]일 때 사이렌의 단자전압을 구하시오.(단, 수신기는 정전압출력이고 사용전선은 2.5[mm²] HFIX전선이며, 2.5[mm²] 동선의 전기저항은 8.75[Ω/km]라고 한다.) [5점]

- 계산과정 :
- 답 :

해답
- 계산과정

① 전류 : $I = \dfrac{P}{V} = \dfrac{48}{24} = 2[A]$

② 배선저항 : $8.75[\Omega/\text{km}] = \dfrac{8.75}{1,000}[\Omega/\text{m}] = 0.00875[\Omega/\text{m}]$

$R = 0.00875[\Omega/\text{m}] \times 100[\text{m}] = 0.875[\Omega]$

③ 전압강하 : $e = 2IR = 2 \times 2 \times 0.875 = 3.5[V]$

④ 단자전압 : $V_R = V_S - e = 24 - 3.5 = 20.5[V]$

- **답** 20.5[V]

해설

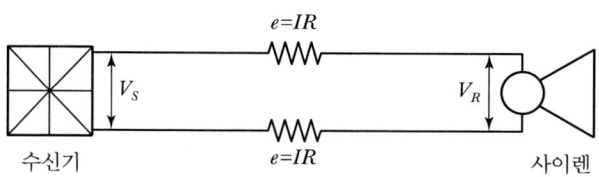

1) 전류

$I = \dfrac{P}{V} = \dfrac{48}{24} = 2[A]$

여기서, I : 전류[A], V : 수신기 정격전압(24 V), P : 전력[W]

2) 배선저항

① $8.75[\Omega/\text{km}] = \dfrac{8.75}{1,000}[\Omega/\text{m}] = 0.00875[\Omega/\text{m}]$

② $R = 0.00875[\Omega/\text{m}] \times 100[\text{m}] = 0.875[\Omega]$

3) 전압강하(e) : 단상교류, 직류 2선식

$$e = V_S - V_R = 2IR$$

여기서, V_S : 송전단 전압, V_R : 수전단 전압, I : 선로전류, R : 선로 1가닥의 저항

$e = 2IR = 2 \times 2 \times 0.875 = 3.5[V]$

4) 사이렌의 단자전압(수전단 전압)

① $V_S = e + V_R$(송전단 전압=전압강하+수전단 전압)

② $V_R = V_S - e = 24 - 3.5 = 20.5[V]$

2017년 제4회(2017. 11. 11)

01 다음 도면은 어느 특정소방대상물의 평면도이다. 건축물은 비내화구조이며 차동식 스포트형 감지기 1종을 설치하는 경우 다음 각 물음에 답하시오.(단, 천장의 높이는 3.8[m]이다.) [7점]

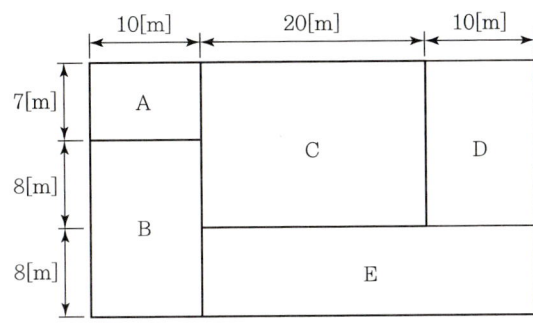

1) 각 실에 설치되는 감지기의 개수를 구하시오.

구분	계산과정	감지기의 개수
A		
B		
C		
D		
E		

2) 해당 특정소방대상물의 경계구역수를 산출하시오.
- 계산과정 :
- 답 :

해답 1) 감지기의 개수

구분	계산과정	감지기의 개수
A	$\dfrac{10 \times 7}{50} = 1.4$	2개
B	$\dfrac{10 \times (8+8)}{50} = 3.2$	4개
C	$\dfrac{20 \times (7+8)}{50} = 6$	6개
D	$\dfrac{10 \times (7+8)}{50} = 3$	3개
E	$\dfrac{(20+10) \times 8}{50} = 4.8$	5개

2) • 계산과정

$$N = \frac{(10+20+10) \times (7+8+8)}{600} = \frac{920}{600} = 1.533$$

• 답 2경계구역

해설 1) 감지기의 개수 산정

▼ 차동식 보상식, 정온식 스포트형 감지기의 기준면적(단위 : m²)

부착높이 및 특정소방대상물의 구분		감지기의 종류				
		차동식, 보상식		정온식		
		1종	2종	특종	1종	2종
4[m] 미만	내화구조	90	70	70	60	20
	기타 구조	50	40	40	30	15
4[m] 이상 8[m] 미만	내화구조	45	35	35	30	—
	기타 구조	30	25	25	15	—

① 조건에 따라 기준면적을 표에서 찾으면 50[m²]이다.

② 각 실의 면적을 기준면적으로 나눈다.

③ 계산된 값에서 소수점 이하는 올려서 감지기 수량을 산정한다.

2) 경계구역수 산출

① 평면도의 전체 바닥면적 산출

$A = (10+20+10) \times (7+8+8) = 920[m^2]$

② 전체 바닥면적을 600[m²]로 나눈다.

$N = \frac{920}{600} = 1.533$

③ 소수점 이하는 올려서 경계구역수를 산출한다.

∴ 2경계구역

Reference

경계구역의 설정기준

① 층별, 면적별 경계구역 설정기준
- 하나의 경계구역이 2개 이상의 건축물에 미치지 아니하도록 할 것
- 하나의 경계구역이 2개 이상의 층에 미치지 아니하도록 할 것(다만, 500[m²] 이하의 범위 안에서는 2개의 층을 하나의 경계구역으로 할 수 있다)
- 하나의 경계구역의 면적은 600[m²] 이하로 하고 한 변의 길이는 50[m] 이하로 할 것(다만, 주된 출입구에서 그 내부 전체가 보이는 것은 한 변의 길이가 50[m]의 범위 내에서 1,000[m²] 이하)

② 수직구역의 경계구역 설정기준
- 별도의 경계구역 설정 : 계단, 경사로, 엘리베이터 승강로, 권상기실, 린넨슈트, 파이프 피트, 파이프 덕트, 기타 이와 유사한 부분
- 하나의 경계구역 높이 : 45[m] 이하(계단 및 경사로에 한함)

- 지하층의 계단 및 경사로는 별도로 하나의 경계구역으로 할 것(지하층의 층수가 1일 경우는 제외)

③ 기타 경계구역 설정
- 외기에 면하여 상시 개방된 부분이 있는 차고·주차장·창고 등에 있어서는 외기에 면하는 각 부분으로부터 5[m] 미만의 범위 안에 있는 부분은 경계구역의 면적에 산입하지 아니한다.
- 스프링클러설비·물분무등소화설비 또는 제연설비의 화재감지장치로서 화재감지기를 설치한 경우의 경계구역은 해당 소화설비의 방사구역 또는 제연구역과 동일하게 설정할 수 있다.

---

02 자동화재탐지설비 P형 수신기의 화재표시 작동시험 후 화재가 발생하지 않았는데도 화재표시등과 지구표시등이 점등되어 복구스위치를 눌렀으나 복구되지 않는 경우 3가지를 쓰시오.(단, 복구스위치를 누르면 복구되며, 손을 떼면 즉시 동작되는 경우이다.) [5점]

-
-
-

해답
- 회로선택스위치가 단락된 경우
- 릴레이 접점이 단락된 경우
- 릴레이 배선이 단락된 경우

해설
1) 화재표시 작동시험
① 목적 : 감지기, 발신기 작동 시 수신기의 정상작동 여부 확인
② 시험방법
- 작동시험스위치와 자동복구스위치를 누른다.
- 회로선택스위치를 순차적으로 1회로씩 회전시킨다.
- 화재표시등, 지구표시등, 음향장치 등의 동작상태 확인
③ 판정
- 화재표시등, 지구표시등, 음향장치가 정상작동할 것
- 경계구역과 지구표시등의 일치 여부 확인

2) 화재표시 작동시험 후 복구되지 않는 경우
① 회로선택스위치의 단락
화재표시 작동시험을 위해 회로선택스위치를 회전시켜서 시험 후 다시 원상태로 하였으나 접점이 단락되어 동작상태가 유지되는 경우
② 릴레이 접점의 단락
화재표시 작동시험 시 릴레이가 작동하여 화재표시등과 지구표시등이 점등된 후 복구스위치를 누르면 릴레이가 소자되어 릴레이 접점이 원위치가 되어야 하나 릴레이 접점이 단락되어 복구되지 않는 경우

③ 릴레이 접점의 배선 단락

복구스위치에 의해 릴레이가 소자되어 릴레이 접점이 개로되더라도 배선이 단락되어 있으면 복구되지 않는다.

03 다음 도면은 누전경보기의 결선도이다. 이 도면를 보고 다음 각 물음에 답하시오.(단, 도면의 잘못된 부분은 모두 정상회로로 수정한 것으로 가정하고 물음에 답할 것) [10점]

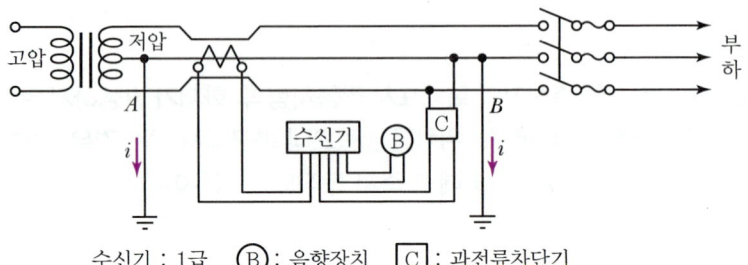

수신기 : 1급   Ⓑ : 음향장치   C : 과전류차단기

1) 회로에서 잘못된 부분을 3가지만 지적하여 올바른 방법을 설명하시오.
   ① • 잘못된 부분 :
      • 올바른 방법 :
   ② • 잘못된 부분 :
      • 올바른 방법 :
   ③ • 잘못된 부분 :
      • 올바른 방법 :

2) 회로에서 C 에 사용하는 과전류차단기의 용량은 몇 [A] 이하이어야 하는지 쓰시오.
3) 회로에서 Ⓑ음향장치는 정격전압의 몇 [%] 전압에서 음향을 발할 수 있어야 하는지 쓰시오.
4) 회로에서 변류기의 절연저항을 측정하였을 경우 절연저항값은 몇 [MΩ] 이상이어야 하는지 쓰시오.(단, 절연된 충전부와 외함 사이의 절연저항으로 DC 500[V] 절연저항계를 사용한다.)
5) 누전경보기의 공칭작동전류치는 몇 [mA] 이하이어야 하는지 쓰시오.

해답 1) 회로에서 잘못된 부분
   ① • 잘못된 부분 : 영상변류기가 저압 측 선로의 1선만 관통
      • 올바른 방법 : 저압 측 선로의 3선을 모두 관통할 것
   ② • 잘못된 부분 : 영상변류기의 입력 측(A)과 부하 측(B)이 모두 접지됨
      • 올바른 방법 : 영상변류기의 입력 측(A)만 접지하고 부하 측(B)의 접지는 제거할 것
   ③ • 잘못된 부분 : 개폐기 2차 측 중성선에 퓨즈가 설치됨
      • 올바른 방법 : 개폐기 2차 측 중성선은 동선으로 직결할 것

2) 15[A] 이하
3) 80[%]
4) 5[MΩ] 이상
5) 200[mA] 이하

해설 1) 회로에서 잘못된 부분 수정

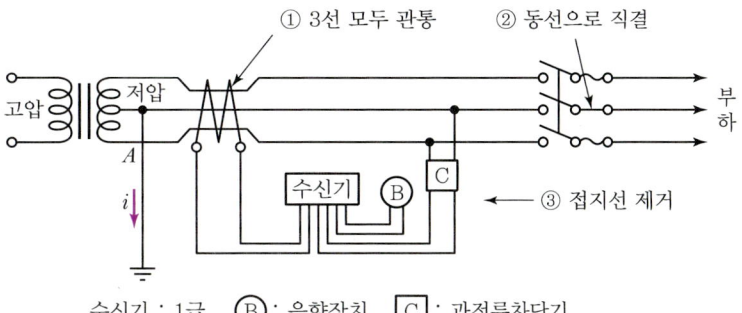

수신기 : 1급   Ⓑ : 음향장치   Ⓒ : 과전류차단기

① 영상변류기(ZCT)는 선로의 모든 선이 관통되어야 누설전류를 검출할 수 있다.
- 단상 2선식 : 2선 관통
- 단상 3선식 : 3선 관통
- 3상 3선식 : 3선 관통
- 3상 4선식 : 4선 관통

✏️ 변류기(CT)는 1선만 관통하여 해당 선로의 전류를 측정한다.

② 영상변류기의 부하 측에도 접지하는 경우 누설전류가 계속 발생하게 되어 계속 영상변류기가 작동한다. 그러므로 접지는 반드시 영상변류기의 입력 측에만 설치하여야 한다.

③ 중성선에 퓨즈를 연결하여 사용하던 중 퓨즈가 단선되는 경우 부하에 높은 전압이 유기되어 부하의 소손을 발생시킨다. 그러므로 중선선은 단선되지 않도록 동선으로 직결하여야 한다.

2) 회로에서 Ⓒ에 사용하는 과전류차단기의 용량
① 전원 : 분전반으로부터 전용회로로 할 것
② 전원의 개폐 : 각 극에 개폐기 및 15[A] 이하의 과전류차단기(20[A] 이하의 배선용 차단기)
③ 전원의 분기 : 다른 차단기에 따라 전원이 차단되지 아니하도록 할 것
④ 표지 : 전원의 개폐기에는 누전경보기용임을 표시한 표지를 할 것

3) 회로에서 Ⓑ음향장치
[경보기구에 내장하는 음향장치의 기준(형식승인 제4조)]
① 사용전압의 80[%]인 전압에서 소리를 내어야 한다.
② 사용전압에서의 음압은 무향실 내에서 정위치에 부착된 음향장치의 중심으로부터

1[m] 떨어진 지점에서 누전경보기는 70[dB] 이상이어야 한다. 다만, 고장표시장치용 등의 음압은 60[dB] 이상이어야 한다.

4) 각 설비별 절연저항시험

절연저항계	설비	절연저항	측정위치
직류 250[V]	• 비상경보설비 • 비상방송설비 • 자동화재탐지설비	0.1[MΩ] 이상	• 부속회로의 전로와 대지 사이 • 배선 상호 간
직류 500[V]	누전경보기	5[MΩ] 이상	절연된 충전부와 외함 간
	시각경보장치	5[MΩ] 이상	• 전원부 양단자 • 양선을 단락시킨 부분과 비충전부
	비상콘센트설비	20[MΩ] 이상	전원부와 외함 사이
	자동화재탐지설비의 감지기	50[MΩ] 이상	• 감지기의 절연된 단자 간 • 단자와 외함 간
	정온식 감지선형 감지기	1,000[MΩ] 이상	정온식 감지선형 감지기는 선간에서 1[m]당 1,000[MΩ] 이상
	• 가스누설경보기	5[MΩ] 이상	절연된 충전부와 외함 간
	• 자동화재탐지설비의 수신기	20[MΩ] 이상	교류입력 측과 외함 간
	• 자동화재속보설비의 속보기	20[MΩ] 이상	절연된 선로 간

5) 공칭작동전류치

① 정의

누전경보기를 작동시키기 위하여 필요한 누설전류의 값으로서 제조자에 의하여 표시된 값

② 공칭작동전류치 및 감도조절장치의 조정범위

구분	전류[mA]
공칭작동전류	200 이하
감도조절장치의 조정범위	1,000(1A) 이하

③ 경계전로의 정격전류에 의한 분류

경계전로의 정격전류	60[A] 초과	60[A] 이하
누전경보기 종류	1급	1급 또는 2급

04 다음은 할론소화설비의 수동조작함으로부터 할론제어반까지의 결선도 및 계통도이다. 다음의 조건과 도면을 참조하여 각 물음에 답하시오. [8점]

[조건]
• 전선의 가닥수는 최소가닥수로 한다.
• 복구스위치 및 도어스위치는 없는 것으로 한다.
• 감지기공통선은 전원 (−)를 사용한다.

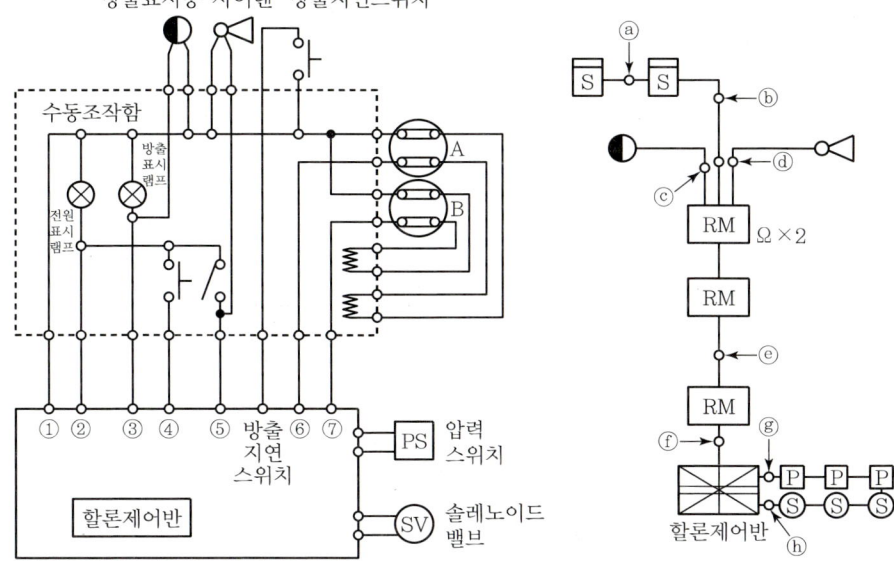

1) 할론제어반의 ①~⑦에 해당하는 전선의 용도를 쓰시오.

①	②	③	④	⑤	⑥	⑦

2) 계통도에서 ⓐ~ⓗ의 가닥수를 산정하시오.

ⓐ	ⓑ	ⓒ	ⓓ	ⓔ	ⓕ	ⓖ	ⓗ

해답 1)

①	②	③	④	⑤	⑥	⑦
전원⊖	전원⊕	방출표시등	기동스위치	사이렌	감지기A	감지기B

2)

ⓐ	ⓑ	ⓒ	ⓓ	ⓔ	ⓕ	ⓖ	ⓗ
4가닥	8가닥	2가닥	2가닥	13가닥	18가닥	4가닥	4가닥

해설 가스계 소화설비의 가닥수 산정

기호	가닥수	배선용도
ⓐ	4	회로2, 공통2 (교차회로방식의 말단 : 4가닥)
ⓑ	8	회로4, 공통4 (교차회로방식의 그 밖의 것 : 8가닥)
ⓒ	2	방출표시등2
ⓓ	2	사이렌2
ⓔ	13	전원⊕, 전원⊖, 방출지연스위치, (감지기A, 감지기B, 방출표시등, 기동스위치, 사이렌) × 2 (2 Zone : 1 Zone당 5가닥씩 증가하므로 8+5=13가닥)

ⓕ	18	전원⊕, 전원⊖, 방출지연스위치, (감지기A, 감지기B, 방출표시등, 기동스위치, 사이렌) × 3 (3 Zone : 1 Zone당 5가닥씩 증가하므로 8+5+5=18가닥)
ⓖ	4	압력스위치3, 공통1
ⓗ	4	솔레노이드밸브3, 공통1

※ 기존의 비상스위치가 방출지연스위치로 용어 개정

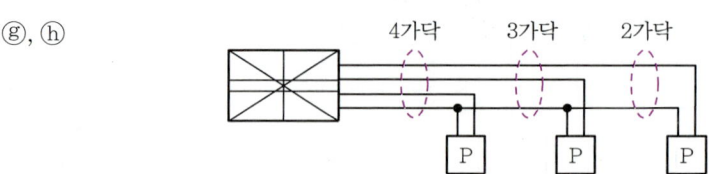

05 다음은 기동용 수압개폐장치를 사용하는 옥내소화전설비의 소화전함과 습식 스프링클러설비가 설치된 지상 6층 건축물의 계통도이다. 도면을 보고 다음 각 물음에 답하시오.(단, 건축물의 연면적은 6,000[m²]이다.) [8점]

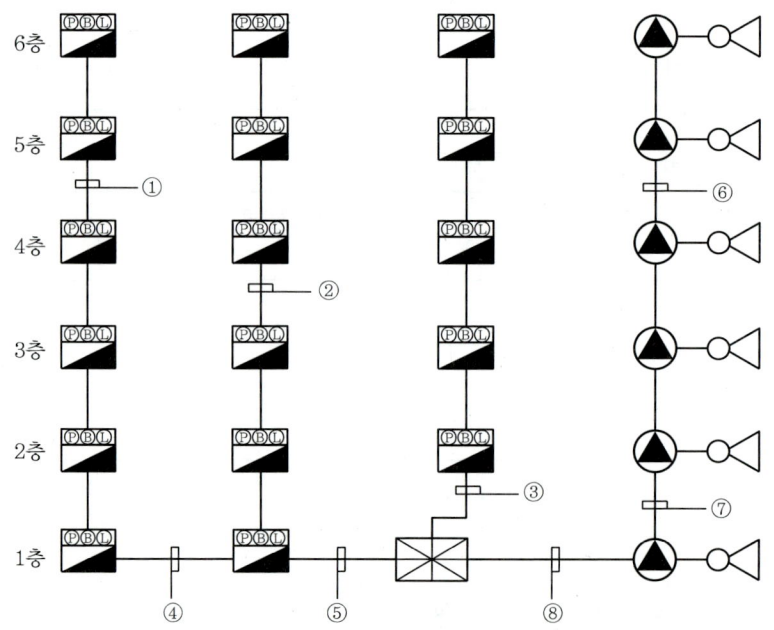

1) ①~⑧의 가닥수를 쓰시오.

기호	①	②	③	④	⑤	⑥	⑦	⑧
가닥수								

2) 경계구역이 7경계구역을 초과할 경우 추가되는 배선의 명칭을 쓰시오.

3) 기호 ④에 들어가는 경종선은 몇 가닥인지 쓰시오.

4) 기호 ⑤에 들어가는 회로선은 몇 가닥인지 쓰시오.

5) 기호 ⑤에 들어가는 경종선은 몇 가닥인지 쓰시오.

해답

1)
기호	①	②	③	④	⑤	⑥	⑦	⑧
가닥수	10	12	16	18	25	7	16	19

2) 회로공통선
3) 6가닥
4) 12가닥
5) 6가닥

해설

1) 가닥수

번호	가닥수 합계	배선의 용도						
		회로선	회로 공통선	경종선	표시등선	경종·표시등 공통선	응답선	기동 확인 표시등
①	10	2	1	2	1	1	1	2
②	12	3	1	3	1	1	1	2
③	16	5	1	5	1	1	1	2
④	18	6	1	6	1	1	1	2
⑤	25	12	2	6	1	1	1	2
⑥	7	압력스위치2, 탬퍼스위치2, 사이렌2, 공통1						
⑦	16	압력스위치5, 탬퍼스위치5, 사이렌5, 공통1						
⑧	19	압력스위치6, 탬퍼스위치6, 사이렌6, 공통1						

①~⑤

㉠ 발신기세트 옥내소화전 내장형

- 기본 가닥수 : 8가닥

  회로선, 회로공통선, 경종선, 표시등선, 경종·표시등공통선, 응답선, 펌프기동확인표시등2

㉡ 회로수 : 발신기세트의 개수(종단저항이 있는 경우 종단저항의 수)

㉢ 회로공통선

- 회로수가 7개 이하인 경우 회로공통선 1선
- 회로수가 7개 초과할 때마다 회로공통선 1선씩 증가
- 회로공통선 = $\dfrac{회로수}{7}$ (소수점 이하 절상)

㉣ 경종선 : 각 층마다 1가닥씩 증가

- 화재로 인하여 하나의 층의 지구음향장치 또는 배선이 단락되어도 다른 층의 화재통보에 지장이 없도록 각 층 배선상에 유효한 조치를 할 것(2022년 이후)
- 각 층 배선상에 유효한 조치로 단선단락 자동감시형 수신기를 사용하거나 수신기에 퓨즈 또는 차단기 등을 설치할 것(2025년 이후)
- 경종선은 단선단락 자동감시형 수신기나 퓨즈 또는 차단기 등으로부터 각 층에 각각 1가닥씩 배선하여야 한다.

- 일제경보방식과 우선경보방식의 배선방식이 동일하다.
  ⓜ 표시등선, 경종·표시등공통선, 응답선
  특별한 조건이 없는 한 각각 1가닥으로 배선하며 증가하지 않는다.
  ⓑ 기동확인표시등(=펌프기동확인, 기동확인, 기동표시등)
  - 기동용 수압개폐장치를 사용하는 옥내소화전설비의 소화전함이므로 반드시 기본 발신기세트 단독형에서 2가닥을 추가하여야 한다.
  - 기동확인표시등선은 2가닥에서 증가하지 않는다.

⑥~⑧
  ㉠ 도면에는 표시되지 않았지만 습식 스프링클러설비에는 알람밸브에 압력스위치가 설치되어 있고 개폐표시형 밸브에는 탬퍼스위치가 설치되어 있는 것으로 하여 결선한다.

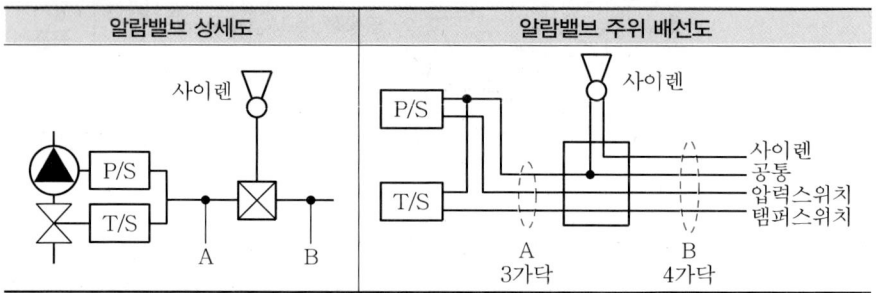

  ㉡ 습식 스프링클러설비 1 Zone : 4가닥
  압력스위치1, 탬퍼스위치1, 사이렌1, 공통1
  ㉢ 습식 스프링클러설비 2 Zone : 7가닥
  압력스위치2, 탬퍼스위치2, 사이렌2, 공통1
  ㉣ 압력스위치, 탬퍼스위치, 사이렌은 Zone이 증가할 때마다 각각 증가하고 공통선은 증가하지 않는다.

2) 회로공통선
  - 회로수가 7개 이하인 경우 회로공통선 1선
  - 회로수가 7개 초과할 때마다 회로공통선 1선씩 증가
  - 회로공통선 = $\dfrac{회로수}{7}$ (소수점 이하 절상)

3) 기호 ④에 들어가는 경종선 : 6가닥
  ④배관 후단의 층수(1~6층)

4) 기호 ⑤에 들어가는 회로선 : 12가닥
  기호 ⑤를 경유하여 지나간 부분의 발신기세트수가 12개이므로 회로선은 12가닥

5) 기호 ⑤에 들어가는 경종선 : 6가닥
  - ⑤배관 후단의 층수(1~6층)
  - ⑤배관 후단의 배선은 2라인이지만 경종은 각 층별로 경보하므로 층의 개수가 답이 된다.

06 20[W] 중형 피난구유도등 30개가 AC 220[V] 상용전원에 연결되어 점등되고 있다. 상용전원으로부터 공급되는 전류[A]를 구하시오.(단, 유도등의 역률은 70[%]이며, 축전지의 충전전류는 무시한다.) [4점]

- 계산과정 :
- 답 :

해답
- 계산과정

$$P = VI\cos\theta$$
$$(20 \times 30) = 220 \times I \times 0.7$$
$$I = \frac{(20 \times 30)}{220 \times 0.7} = 3.896 ≒ 3.9[A]$$

- 답 3.9[A]

해설
1) 유효전력 P[W] : 저항(R)에서 소비되는 전력, 실제 일한 전력, 소비전력

$$P = VI\cos\theta$$

여기서, P : 유효전력[W], V : 전압[V], I : 전류[A], $\cos\theta$: 역률

2) 계산과정
① $P = 20[W] \times 30개 = 600[W]$
  $V = 220[V]$
  $\cos\theta = 0.7$
② $P = VI\cos\theta$
  $(20 \times 30) = 220 \times I \times 0.7$
  $I = \frac{(20 \times 30)}{220 \times 0.7} = 3.896 ≒ 3.9[A]$

07 작동표시장치를 설치하지 않아도 되는 감지기 3가지를 쓰시오. [6점]

-
-
-

해답
- 방폭구조인 감지기
- 차동식 분포형 감지기
- 정온식 감지선형 감지기

해설 감지기의 구조 및 기능(형식승인 및 제품검사의 기술기준 제5조)
감지기에는 작동표시장치를 설치하여야 한다. 다만, 방폭구조인 감지기, 수신기에 작동한 내용이 표시되는 감지기(무선식 감지기는 제외), 차동식 분포형 감지기 및 정온식 감지선형 감지기는 작동표시장치를 설치하지 아니할 수 있다.

방폭구조인 감지기	차동식 분포형 감지기의 공기관	정온식 감지선형 감지기

08 다음은 분말소화설비의 배선기준에 대한 블록다이어그램이다. 배선기준에 맞게 그림에 표시하시오.(단, ▬▬ : 내화배선, ▨▨ : 내열배선, ─── : 일반배선, ┈┈ : 배관으로 표시한다.)

[5점]

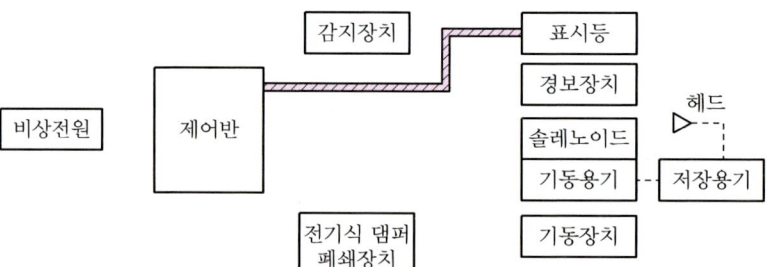

해답

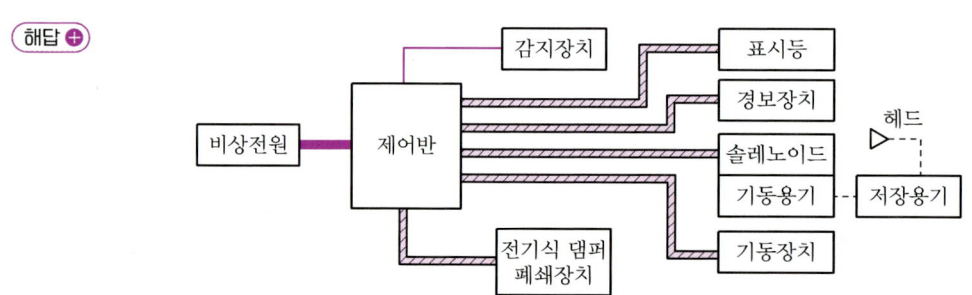

해설 1) 가스계 소화설비(CO_2, 할론, 분말, 할로겐화합물 및 불활성기체 소화설비)의 배선
① 전원회로의 배선 : 내화배선
② 그 밖의 배선 : 내화배선 또는 내열배선
③ 감지기 상호 간 또는 감지기로부터 수신기에 이르는 감지기회로의 배선
  • 아날로그식, 다신호식 감지기 및 R형 수신기용 : 전자파 방해를 받지 아니하는 실드선
  • 그 밖의 일반배선 : 내화배선 또는 내열배선

④ 제어반~기동용기
  • 배선이 없으므로 결선하지 않는다.(기동용기에 솔레노이드밸브가 체결되어 있다.)
  • 제어반에서 솔레노이드밸브 간에 결선이 되어 있고 기동신호가 들어오면 솔레노이드의 파개침이 작동하여 기동용기를 개방한다.

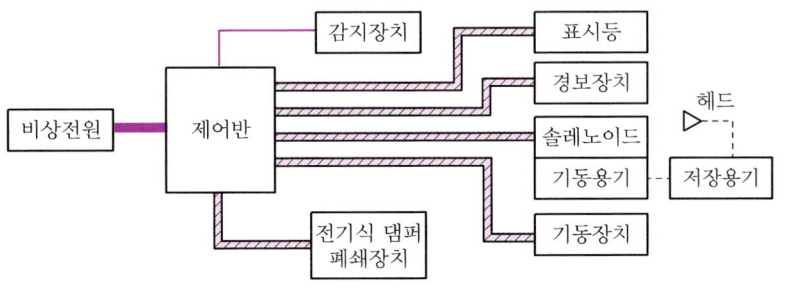

여기서, ■■■ : 내화배선, ▭▭▭ : 내열배선, ─── : 일반배선, ┄┄┄ : 배관

2) 옥내소화전설비
  ① 내화배선 : 비상전원 → 동력제어반 → 가압송수장치(펌프)
  ② 내화 또는 내열배선 : 상용전원 → 동력제어반, 감시, 조작, 표시등회로

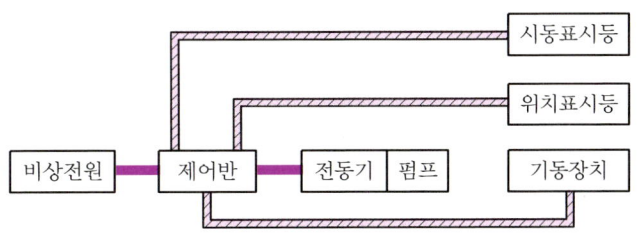

여기서, ■■■ : 내화배선, ▭▭▭ : 내열배선

3) 스프링클러설비
  ① 내화배선 : 비상전원 → 동력제어반 → 가압송수장치(펌프)
  ② 내화 또는 내열배선 : 상용전원 → 동력제어반, 감시, 조작, 표시등회로

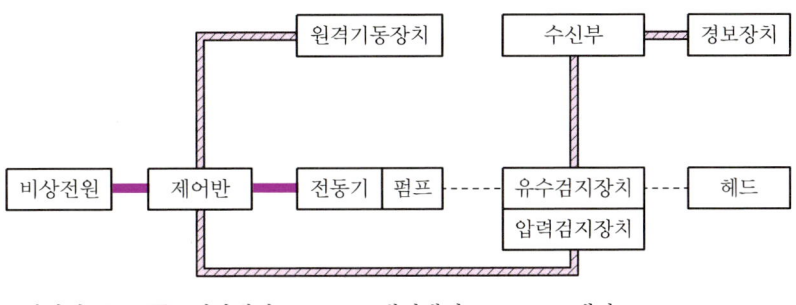

여기서, ■■■ : 내화배선, ▭▭▭ : 내열배선, ┄┄┄ : 배관

4) 자동화재탐지설비의 배선
① 전원회로의 배선 : 내화배선
② 그 밖의 배선 : 내화배선 또는 내열배선
③ 감지기 상호 간 또는 감지기로부터 수신기에 이르는 감지기회로의 배선
- 아날로그식, 다신호식 감지기 및 R형 수신기용 : 전자파 방해를 받지 아니하는 실드선
- 그 밖의 일반배선 : 내화배선 또는 내열배선

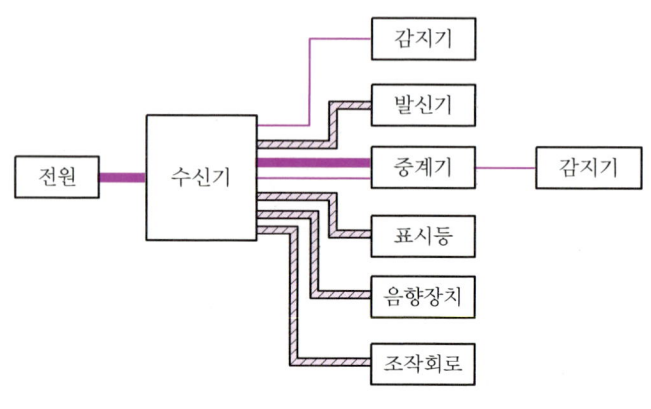

여기서, ■ : 내화배선, ▨ : 내열배선, ── : 일반배선

09 다음의 도면은 6층 이상의 사무실 건물에 설치하는 배연창 설비이다. 계통도 및 조건을 참고하여 다음 표를 작성하시오. [10점]

[조건]
- 전동구동장치는 솔레노이드식이다.
- 화재감지기가 작동되거나 수동조작함의 스위치를 ON시키면 배연창이 동작되어 수신기에 동작상태를 표시하게 된다.
- 화재감지기는 자동화재탐지설비용 감지기를 겸용으로 사용한다.

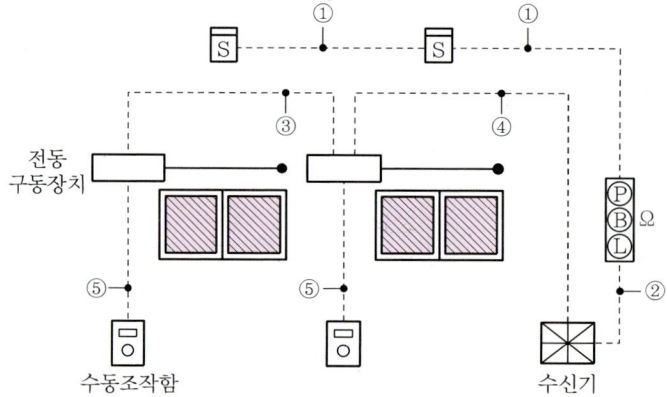

기호	구분	배선수	배선의 용도
①	감지기 ↔ 감지기		
②	발신기 ↔ 수신기		
③	전동구동장치 ↔ 전동구동장치		
④	전동구동장치 ↔ 수신기		
⑤	전동구동장치 ↔ 수동조작함		

해답

기호	구분	배선수	배선의 용도
①	감지기~감지기, 발신기	4	회로2, 공통2
②	발신기~수신기	6	회로, 공통, 경종, 표시등, 경종·표시등공통, 응답
③	전동구동장치~전동구동장치	3	기동, 확인, 공통
④	전동구동장치~수신기	5	기동2, 확인2, 공통
⑤	전동구동장치~수동조작함	3	기동, 확인, 공통

해설

① 감지기~감지기, 감지기~발신기(4가닥)
- 송배선방식이므로 회로선과 공통선이 감지기에 결선 후 돌아와서 발신기함의 종단저항에 결선되므로 회로2, 공통2가 된다.
- 종단저항이 1개이므로 회로수도 1회로이다.

② 발신기~수신기

수신기~발신기세트(1회로) : 6가닥(발신기세트 기본 가닥수)

회로, 공통, 경종, 표시등, 경종·표시등공통, 응답

③ 전동구동장치~전동구동장치

솔레노이드방식 배연창 1 Zone : 3가닥
- 기동1 : 배연창 개방 1가닥
- 확인1 : 배연창 개방확인 1가닥
- 공통1 : 공통 1가닥

④ 전동구동장치~수신기

솔레노이드방식 배연창 2 Zone : 5가닥
- 확인2 : 각 배연창마다 별도 확인하므로 2가닥
- 기동2 : 2가닥
- 공통1 : 공통 1가닥

✎ 배연창 2개를 동시에 개방하면 기동선 1선만으로 가능하고, 배연창을 1개씩 각각 제어할 경우 기동선이 2가닥이 필요하다. 솔레노이드방식은 별도제어로 간주하여 기동선을 2가닥으로 암기한다.

> **Reference**
>
> Motor 방식

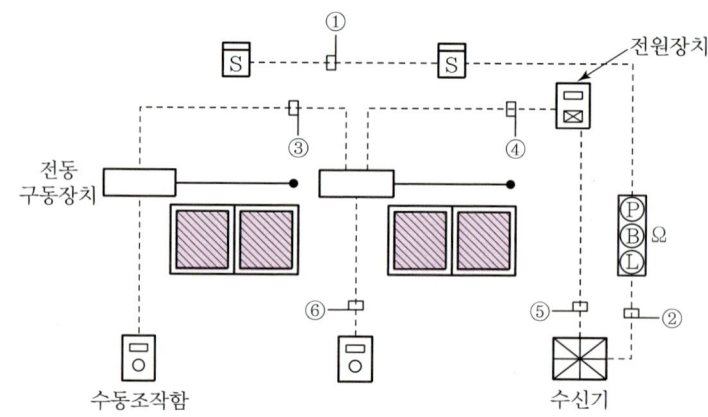

기호	구분	가닥수	배선용도
①	감지기~감지기, 발신기	4	회로2, 공통2
②	발신기~수신기	6	회로, 공통, 경종, 표시등, 경종·표시등공통, 응답
③	전동구동장치~전동구동장치	5	전원⊕, 전원⊖, 기동, 확인, 복구
④	전동구동장치~전원장치	6	전원⊕, 전원⊖, 기동, 확인2, 복구
⑤	전원장치~수신기	8	전원⊕, 전원⊖, 기동, 확인2, 복구, 교류전원2
⑥	전동구동장치~수동조작함	5	전원⊕, 전원⊖, 기동(열림), 정지, 복구(닫힘)

10 다음의 도면은 어느 사무실 건물의 1층에 설치된 자동화재탐지설비의 미완성 평면도이다. 이 건물은 지상 3층이고 각 층의 평면이 1층과 동일할 경우 평면도 및 주어진 조건을 이용하여 다음 각 물음에 답하시오. [10점]

[조건]
- 계통도 작성 시 각 층 수동발신기는 1개씩 설치하는 것으로 한다.
- 계통도 작성 시 가닥수는 최소로 한다.
- 간선의 사용전선은 HFIX 2.5[mm^2]이며, 공통선은 발신기공통 1선, 경종·표시등공통 1선을 각각 사용한다.
- 전선관공사는 후강전선관으로 콘크리트 내 매입 시공한다.
- 각 실은 이중천장이 없는 구조이며, 천장에 감지기를 바로 취부한다.
- 각 실의 바닥으로부터 천장까지 높이는 2.8[m]이다.
- 계단실의 감지기는 설치를 제외한다.
- 후강전선관의 굵기표는 다음과 같다.

도체 단면적 [mm²]	전선본수									
	1	2	3	4	5	6	7	8	9	10
	전선관의 최소 굵기[mm]									
2.5	16	16	16	16	22	22	22	28	28	28
4	16	16	16	22	22	22	28	28	28	28
6	16	16	22	22	22	28	28	28	36	36
10	16	22	22	28	28	36	36	36	36	36

[도면]

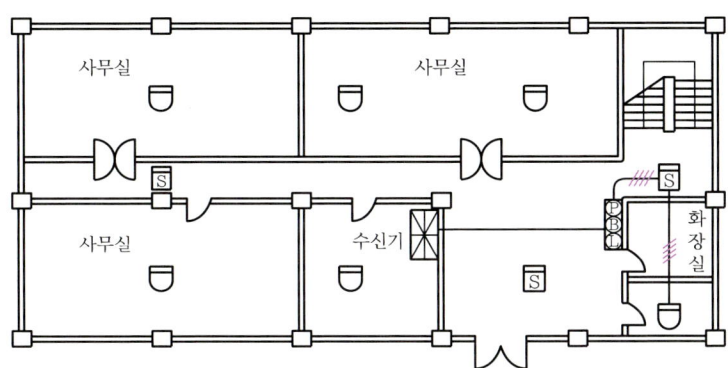

1) 도면의 P형 수신기는 최소 몇 회로용을 사용하여야 하는가?

2) 수신기에서 발신기세트까지의 배선가닥수는 몇 가닥이며, 여기에 사용되는 후강전선관은 몇 [mm]를 사용하는가?
   • 가닥수 :
   • 후강전선관 :

3) 연기감지기를 매입인 것으로 사용한다고 하면 그림기호는 어떻게 표시하는가?
4) 배관 및 배선을 하여 자동화재탐지설비의 도면을 완성하고 배선가닥수를 표기하시오.
5) 간선계통도를 그리고 간선가닥수를 표기하시오.

해답 1) 회로수가 3회로이므로 5회로용 수신기 선정
2) • 가닥수 : 10가닥
   • 후강전선관 : 28[mm]
3)

4)

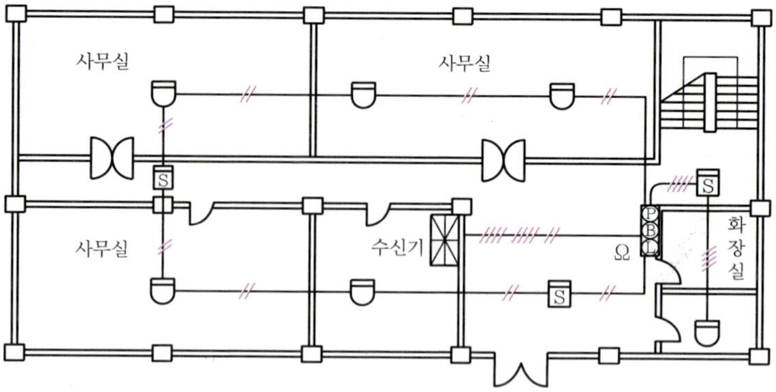

5)

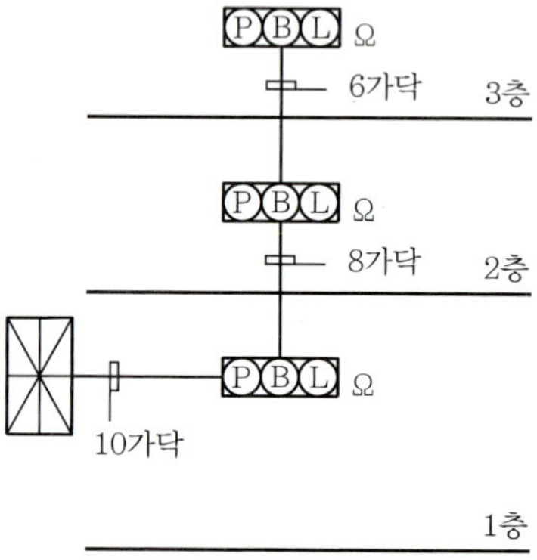

해설 1) P형 수신기 선정
① 조건에서 각 층에 수동발신기를 1개씩 설치하였으므로 회로수는 층당 1회로이다. 그러므로 전체 회로수는 3회로가 된다.
② P형 수신기는 최소 5회로부터 생산되므로 5회로용을 선정한다.

2) 가닥수 및 후강전선관의 굵기
① 1층의 수신기~발신기세트 간 가닥수
- 계통도에 나타나듯이 1층의 수신기와 발신기 간 가닥수는 10가닥이 된다.
- 배선내역

구분	가닥수 합계	배선용도					
		회로선	회로 공통선	경종선	표시등 선	경종·표시등 공통선	응답선
3층	6	1	1	1	1	1	1
2층	8	2	1	2	1	1	1
1층	10	3	1	3	1	1	1

② 후강전선관의 굵기
조건의 후강전선관 굵기 표에서 전선본수 10가닥, 도체 단면적 2.5[mm²]를 찾으면 28[mm]이다.

3) 도시기호

명칭	그림기호	적용
차동식 스포트형 감지기		필요에 따라 종별을 표기한다.
보상식 스포트형 감지기		필요에 따라 종별을 표기한다.
정온식 스포트형 감지기		• 필요에 따라 종별을 표기한다. • 방수인 것은 로 한다. • 내산인 것은 로 한다. • 내알칼리인 것은 로 한다. • 방폭인 것은 EX를 표기한다.
연기감지기	S	• 필요에 따라 종별을 표기한다. • 점검박스붙이인 경우는 S 로 한다. • 매입인 것은 S 로 한다.

4) 평면도 완성

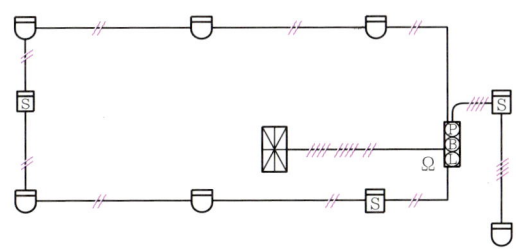

① 감지기 결선은 여러 가지 방법이 있을 수 있으나 전선수를 최소로 하기 위해서는 배선을 루프하여 결선한다.
② 송배선식에서는 루프된 곳 2가닥, 그 밖의 것 4가닥이므로 그에 맞게 가닥수를 표기한다.
③ 수신기와 발신기 간 배선에 10가닥을 표기한다.

5) 문제에서 간선계통도를 그리라고 하였으므로 감지기는 그리지 않았다. 감지기까지 나타낸 계통도는 다음과 같다.

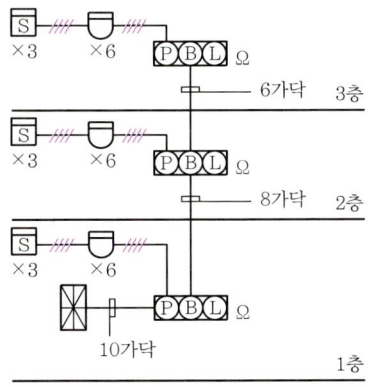

11 자동화재탐지설비 및 시각경보기의 화재안전기준에 따른 청각장애인용 시각경보기의 설치기준 3가지를 쓰시오. [6점]

-
-
-

> **해답** ⊕
> - 복도·통로·청각장애인용 객실 및 공용으로 사용하는 거실(로비, 회의실, 강의실, 식당, 휴게실, 오락실, 대기실, 체력단련실, 접객실, 안내실, 전시실, 기타 이와 유사한 장소를 말한다)에 설치하며, 각 부분으로부터 유효하게 경보를 발할 수 있는 위치에 설치할 것
> - 공연장·집회장·관람장 또는 이와 유사한 장소에 설치하는 경우에는 시선이 집중되는 무대부 부분 등에 설치할 것
> - 설치높이는 바닥으로부터 2[m] 이상 2.5[m] 이하의 장소에 설치할 것. 다만, 천장의 높이가 2[m] 이하인 경우에는 천장으로부터 0.15[m] 이내의 장소에 설치하여야 한다.

> **해설** ⊕ 청각장애인용 시각경보장치의 설치기준
> ① 복도·통로·청각장애인용 객실 및 공용으로 사용하는 거실(로비, 회의실, 강의실, 식당, 휴게실, 오락실, 대기실, 체력단련실, 접객실, 안내실, 전시실, 기타 이와 유사한 장소를 말한다)에 설치하며, 각 부분으로부터 유효하게 경보를 발할 수 있는 위치에 설치할 것
> ② 공연장·집회장·관람장 또는 이와 유사한 장소에 설치하는 경우에는 시선이 집중되는 무대부 부분 등에 설치할 것
> ③ 설치높이는 바닥으로부터 2[m] 이상 2.5[m] 이하의 장소에 설치할 것. 다만, 천장의 높이가 2[m] 이하인 경우에는 천장으로부터 0.15[m] 이내의 장소에 설치하여야 한다.
> ④ 시각경보장치의 광원은 전용의 축전지설비 또는 전기저장장치(외부 전기에너지를 저장해 두었다가 필요한 때 전기를 공급하는 장치)에 의하여 점등되도록 할 것. 다만, 시각경보기에 작동전원을 공급할 수 있도록 형식승인을 얻은 수신기를 설치한 경우에는 그러하지 아니하다.

12 비상콘센트설비에 대한 다음 각 물음에 답하시오. [7점]

1) 전원회로와 전원회로의 공급용량에 대한 ( ) 안을 완성하시오.

   전원회로는 (①)교류 (②)[V]인 것으로서, 그 공급용량은 (③)[kVA] 이상인 것으로 할 것

2) 전원부와 외함 사이의 절연저항값과 절연내력의 방법에 대해 쓰시오.
   - 절연저항값 :
   - 절연내력의 방법(150[V] 초과) :

해답 1) ① 단상
   ② 220
   ③ 1.5

2) • 절연저항값 : 20[MΩ] 이상
   • 절연내력의 방법(150[V] 초과) : 그 정격전압에 2를 곱하여 1,000을 더한 실효전압을 가하는 시험에서 1분 이상 견디는 것

해설 1) 비상콘센트설비의 전원회로
   ① 비상콘센트설비의 전원

전원	전압	공급용량
단상교류	220[V]	1.5[kVA] 이상

   ② 전원회로는 각 층에 2 이상이 되도록 설치할 것(다만, 설치하여야 할 층의 비상콘센트가 1개인 때에는 하나의 회로로 할 수 있다.)
   ③ 전원회로는 주배전반에서 전용회로로 할 것
   ④ 전원으로부터 각 층의 비상콘센트에 분기되는 경우에는 분기배선용 차단기를 보호함 안에 설치할 것
   ⑤ 콘센트마다 배선용 차단기를 설치하여야 하며, 충전부가 노출되지 아니하도록 할 것
   ⑥ 개폐기에는 "비상콘센트"라고 표시한 표지를 할 것
   ⑦ 비상콘센트용의 풀박스 등은 방청도장을 한 것으로서, 두께 1.6[mm] 이상의 철판으로 할 것
   ⑧ 하나의 전용회로에 설치하는 비상콘센트는 10개 이하로 할 것. 이 경우 전선의 용량은 각 비상콘센트(비상콘센트가 3개 이상인 경우에는 3개)의 공급용량을 합한 용량 이상의 것으로 할 것

2) 비상콘센트설비의 절연저항 및 절연내력
   ① 절연저항(전원부와 외함 사이)
      직류 500[V] 절연저항계로 측정할 때 20[MΩ] 이상일 것
   ② 절연내력(전원부와 외함 사이)
      • 정격전압 150[V] 이하 : 1,000[V]의 실효전압을 가하여 1분 이상 견딜 것

- 정격전압 150[V] 초과 : 그 정격전압에 2를 곱하여 1,000을 더한 실효전압을 가하는 시험에서 1분 이상 견디는 것['(정격전압×2)+1,000[V]' 실효전압을 가하는 시험에서 1분 이상 견딜 것]

> **Reference**
>
> 각 설비별 절연저항시험
>
> | 절연저항계 | 설비 | 절연저항 | 측정위치 |
> |---|---|---|---|
> | 직류 250[V] | • 비상경보설비
• 비상방송설비
• 자동화재탐지설비 | 0.1[MΩ] 이상 | • 부속회로의 전로와 대지 사이
• 배선 상호 간 |
> | 직류 500[V] | 누전경보기 | 5[MΩ] 이상 | 절연된 충전부와 외함 간 |
> | | 시각경보장치 | 5[MΩ] 이상 | • 전원부 양단자
• 양선을 단락시킨 부분과 비충전부 |
> | | 비상콘센트설비 | 20[MΩ] 이상 | 전원부와 외함 사이 |
> | | 자동화재탐지설비의 감지기 | 50[MΩ] 이상 | • 감지기의 절연된 단자 간
• 단자와 외함 간 |
> | | 정온식 감지선형 감지기 | 1,000[MΩ] 이상 | 정온식 감지선형 감지기는 선간에서 1[m]당 1,000[MΩ] 이상 |
> | | • 가스누설경보기
• 자동화재탐지설비의 수신기
• 자동화재속보설비의 속보기 | 5[MΩ] 이상
20[MΩ] 이상
20[MΩ] 이상 | 절연된 충전부와 외함 간
교류입력 측과 외함 간
절연된 선로 간 |

13 다음은 소화설비별로 적용 가능한 비상전원의 종류를 표로 나타낸 것이다. 각 소화설비별로 적용 가능한 비상전원을 찾아 빈칸에 ●표 하시오. [4점]

설비명	자가발전설비	축전지설비	비상전원수전설비
옥내소화전설비, 물분무소화설비, 이산화탄소소화설비, 할론소화설비, 비상조명등, 제연설비, 연결송수관설비			
스프링클러설비, 포소화설비			
자동화재탐지설비, 비상경보설비, 유도등, 비상방송설비			
비상콘센트설비			

해답 ⊕

설비명	자가발전설비	축전지설비	비상전원수전설비
옥내소화전설비, 물분무소화설비, 이산화탄소소화설비, 할론소화설비, 비상조명등, 제연설비, 연결송수관설비	●	●	
스프링클러설비, 포소화설비	●	●	●
자동화재탐지설비, 비상경보설비, 유도등, 비상방송설비		●	
비상콘센트설비	●	●	●

해설 ⊕ 소방설비별 비상전원의 종류 및 용량

소방설비	비상전원의 종류	비상전원 용량
• 비상경보설비 (비상벨설비 또는 자동식 사이렌설비) • 비상방송설비 • 자동화재탐지설비	• 축전지설비 • 전기저장장치	60분 이상 감시상태 지속 10분 이상 경보
• 소화설비 • 제연설비 • 비상조명등	• 자가발전설비 • 축전지설비 • 전기저장장치	20분 이상
• 스프링클러설비 • 포소화설비	• 자가발전설비 • 축전지설비 • 비상전원수전설비 • 전기저장장치	20분 이상
비상콘센트설비	• 자가발전설비 • 축전지설비 • 비상전원수전설비 • 전기저장장치	20분 이상
유도등	축전지	
유도등 및 비상조명등이 설치된 장소로서 • 11층 이상의 층 • 지하층 또는 무창층으로서 용도가 도매시장 · 소매시장 · 여객자동차터미널 · 지하역사 또는 지하상가	유도등 • 축전지 비상조명등 • 자가발전설비 • 축전지설비 • 전기저장장치	60분 이상
무선통신보조설비의 증폭기	축전지설비	30분 이상

✎ 스프링클러설비, 포소화설비의 비상전원
- 자가발전설비, 축전지설비, 전기저장장치
- 차고 · 주차장으로서 스프링클러설비, 호스릴 방식의 포소화설비, 포소화전설비가 설치된 부분의 바닥면적(차고 · 주차장의 바닥면적을 포함한다)의 합계가 1,000[m²] 미만인 경우 비상전원수전설비를 설치할 수 있다.

14 객석유도등을 설치하지 않아도 되는 경우를 2가지 쓰시오. [4점]

•
•

해답 ⊕
- 주간에만 사용하는 장소로서 채광이 충분한 객석
- 거실 등의 각 부분으로부터 하나의 거실출입구에 이르는 보행거리가 20[m] 이하인 객석의 통로로서 그 통로에 통로유도등이 설치된 객석

해설 ⊕ 객석유도등

1) 설치 제외
   ① 주간에만 사용하는 장소로서 **채광이 충분한 객석**
   ② 거실 등의 각 부분으로부터 하나의 거실출입구에 이르는 보행거리가 **20[m] 이하**인 객석의 통로로서 그 통로에 통로유도등이 설치된 객석

2) 설치기준
   ① 객석유도등의 설치위치 : 객석의 **통로, 바닥, 벽**
   ② 객석유도등의 수량 산정(소수점 이하의 수는 1로 본다.)

   $$\text{설치개수} = \frac{\text{객석 통로의 직선 부분의 길이[m]}}{4} - 1$$

   ③ 객석 내의 통로가 옥외 또는 이와 유사한 부분에 있는 경우에는 해당 통로 전체에 미칠 수 있는 수의 유도등을 설치할 것

3) 유도등, 유도표지의 설치개수 산정

종류	설치개수
객석유도등	$N = \dfrac{\text{직선부분의 보행거리[m]}}{4[m]} - 1$
복도통로유도등, 거실통로유도등	$N = \dfrac{\text{직선부분의 보행거리[m]}}{20[m]} - 1$
유도표지	$N = \dfrac{\text{직선부분의 보행거리[m]}}{15[m]} - 1$

---

15 자동화재탐지설비의 수신기 시험방법 중 공통선시험의 목적과 그 시험방법에 대해 쓰시오.
[6점]

- 목적 :
- 시험방법 :

해답
- 목적 : 하나의 공통선이 담당하는 경계구역이 7개 이하인지 확인
- 시험방법 :
  - 수신기 내부의 단자대에서 공통선 1선을 분리한다.
  - 도통시험스위치를 누른다.
  - 회로선택스위치를 순차적으로 1회로씩 회전시킨다.
  - 단선된 회로수를 확인한다.

해설

1) 공통선시험
   ① 목적 : 하나의 공통선이 담당하는 경계구역이 7개 이하인지 확인
   ② 시험방법
   - 수신기 내부의 단자대에서 공통선 1선을 분리한다.
   - 도통시험스위치를 누른다.
   - 회로선택스위치를 순차적으로 1회로씩 회전시킨다.
   - 단선된 회로수를 확인한다.
   ③ 판정
   하나의 공통선이 담당하는 경계구역수가 7개 이하일 것

2) 동시작동시험
   ① 목적 : 동시에 수회선을 작동시켰을 때 수신기의 기능에 이상이 없는지를 확인
   ② 시험방법
   - 작동시험스위치를 누른다.
   - 회로선택스위치를 순차적으로 돌려서 5회선을 동작시킨다.
   - 화재표시등, 지구표시등, 음향장치 등의 동작상태 확인
   ③ 판정
   5회선 이상 동작하였을 때 화재표시등, 지구표시등, 음향장치가 정상작동할 것

3) 예비전원시험
   ① 목적 : 상용전원 정전 시 예비전원으로 자동절환되며, 복구 시 상용전원으로 자동절환되는지 여부 확인
   ② 시험방법
   - 예비전원시험스위치를 누른다.
   - 전압계의 지시치가 정상범위(24V) 내에 있을 것(LED 표시제품 : 정상, 높음, 낮음으로 표시)
   - 교류전원 개방 시 예비전원으로 자동절환상태 확인
   ③ 판정
   예비전원의 전압, 용량이 정상이고 자동절환 및 복구작동이 정상일 것

2018년 제1회(2018. 4. 14)

01 다음의 도면은 자동화재탐지설비의 P형 수신기의 미완성 결선도이다. 결선도를 완성하시오.
(단, 발신기에 설치된 단자는 왼쪽으로부터 응답, 지구, 공통이다.) [6점]

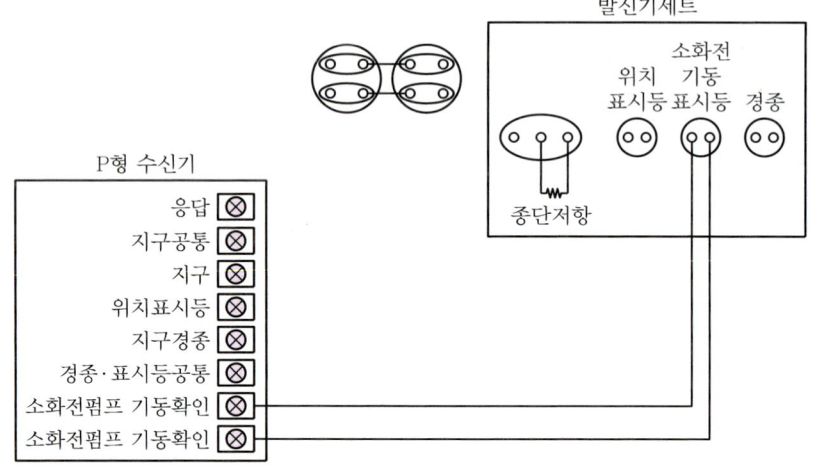

해답 ⊕

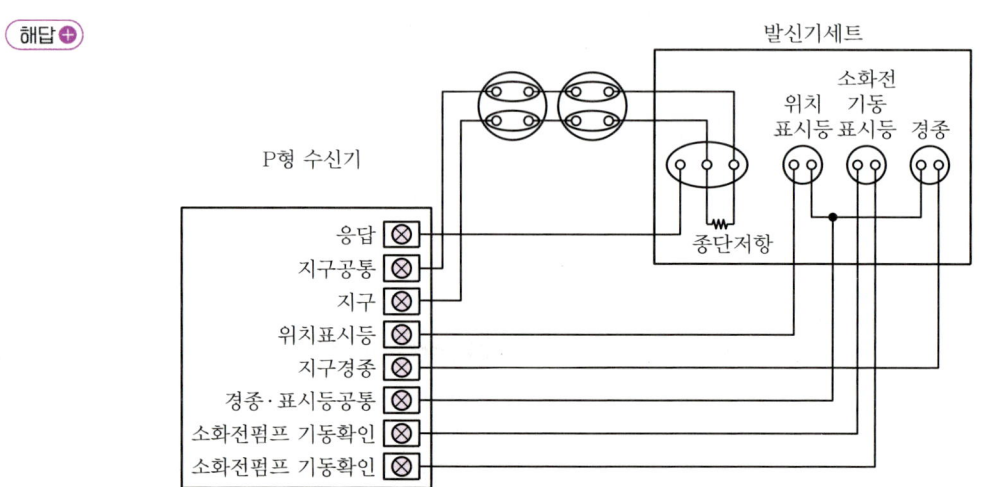

해설 ⊕ P형 수신기~발신기세트 간 내부배선도
① 기본 가닥수 : 6가닥
회로선1, 공통선1, 경종선1, 표시등선1, 경종·표시등공통선1, 응답선1
② 펌프기동확인표시등이 설치된 경우 : 2가닥 추가
(펌프기동확인표시등＝기동확인표시등＝소화전기동표시등＝펌프기동표시등)

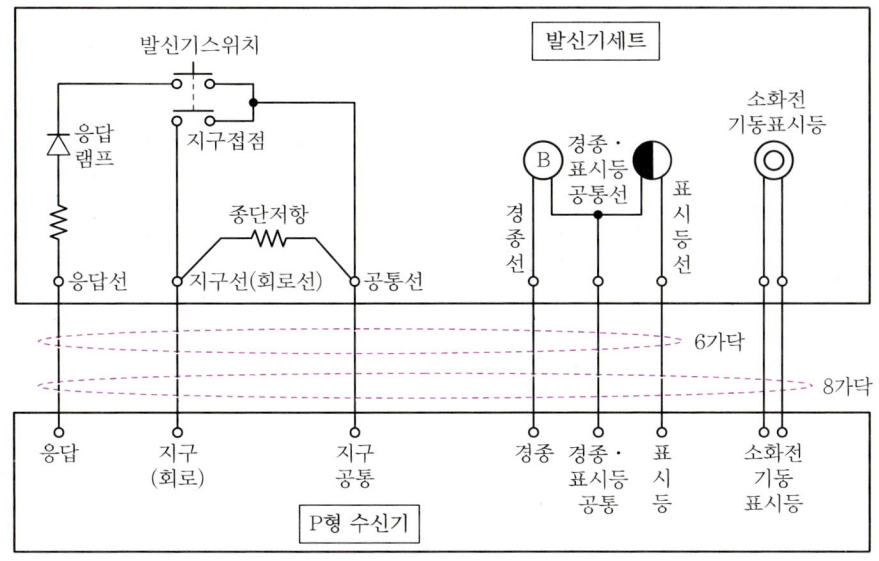

02 자동화재탐지설비의 P형 수신기시험에서 공통선시험을 하는 목적과 시험방법을 설명하시오.

[6점]

- 목적 :
- 시험방법 :

(해답)
- 목적 : 하나의 공통선이 담당하는 경계구역이 7개 이하인지 확인
- 시험방법 :
  - 수신기 내부의 단자대에서 공통선 1선을 분리한다.
  - 도통시험스위치를 누른다.
  - 회로선택스위치를 순차적으로 1회로씩 회전시킨다.
  - 단선된 회로수를 확인한다.

(해설)
1) 공통선시험
   ① 목적 : 하나의 공통선이 담당하는 경계구역이 **7개 이하**인지 확인
   ② 시험방법
   - 수신기 내부의 단자대에서 공통선 1선을 분리한다.
   - 도통시험스위치를 누른다.
   - 회로선택스위치를 순차적으로 1회로씩 회전시킨다.
   - 단선된 회로수를 확인한다.
   ③ 판정
      하나의 공통선이 담당하는 경계구역수가 **7개 이하**일 것
2) 동시작동시험
   ① 목적 : 동시에 수회선을 작동시켰을 때 수신기의 기능에 이상이 없는지를 확인

② 시험방법
- 작동시험스위치를 누른다.
- 회로선택스위치를 순차적으로 돌려서 5회선을 동작시킨다.
- 화재표시등, 지구표시등, 음향장치 등의 동작상태 확인
③ 판정
- 5회선 이상 동작하였을 때 화재표시등, 지구표시등, 음향장치가 정상작동할 것

3) **예비전원시험**
① 목적 : 상용전원 정전 시 예비전원으로 자동절환되며, 복구 시 상용전원으로 자동절환 되는지 여부 확인
② 시험방법
- 예비전원시험스위치를 누른다.
- 전압계의 지시치가 정상범위(24V) 내에 있을 것(LED 표시제품 : 정상, 높음, 낮음으로 표시)
- 교류전원 개방 시 예비전원으로 자동절환상태 확인
③ 판정
   예비전원의 전압, 용량이 정상이고 자동절환 및 복구작동이 정상일 것

03 다음 도면의 부하특성곡선과 같이 소방부하의 비상전원을 설치하고자 한다. 주어진 조건을 참고하여 연축전지의 용량[Ah]을 구하시오. [5점]

[조건]
- 형식 : CS형
- 보수율 : 0.8
- 용량환산시간
- 최저허용전압[V/셀] : 1.7[V]
- 최저축전지온도 : 5[℃]

시간	10분	20분	30분	60분	100분	110분	120분	170분	180분	200분
용량환산 시간계수(K)	1.30	1.45	1.75	2.55	3.45	3.65	3.85	4.85	5.05	5.30

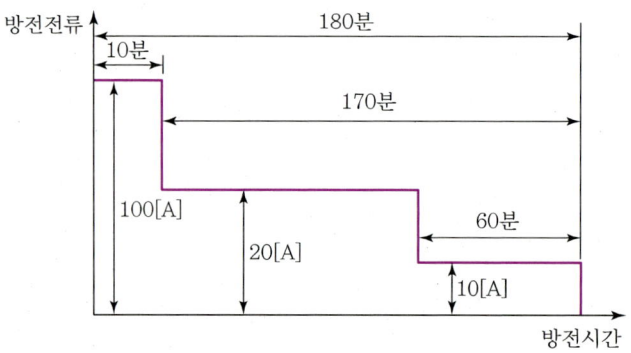

- 계산과정 :
- 답 :

해답
- 계산과정

  ⓐ $C_a = \dfrac{1}{0.8} \times 1.3 \times 100 = 162.5 [\text{Ah}]$

  ⓑ $C_b = \dfrac{1}{0.8}[3.85 \times 100 + 3.65(20-100)] = 116.25 [\text{Ah}]$

  ⓒ $C_c = \dfrac{1}{0.8}[5.05 \times 100 + 4.85(20-100) + 2.55(10-20)] = 114.38 [\text{Ah}]$

  ⓐ, ⓑ, ⓒ 중 가장 큰 값을 축전지용량으로 선정

- **답** 162.5[Ah]

해설
1) 계단식 감소부하에서 축전지용량 산정

   ⓐ $C_a = \dfrac{1}{L} K_1 I_1$

   ⓑ $C_b = \dfrac{1}{L}[K_1 I_1 + K_2(I_2 - I_1)]$

   ⓒ $C_c = \dfrac{1}{L}[K_1 I_1 + K_2(I_2 - I_1) + K_3(I_3 - I_2)]$

   여기서, C : 축전지용량[Ah], L : 용량저하율(보수율 : 일반적으로 0.8)
   K : 용량환산시간[h], I : 방전전류[A]

   ⓐ, ⓑ, ⓒ를 별도로 계산하여 그중 가장 큰 값을 축전지용량으로 선정한다.

2)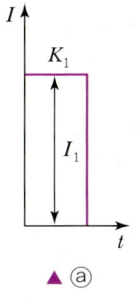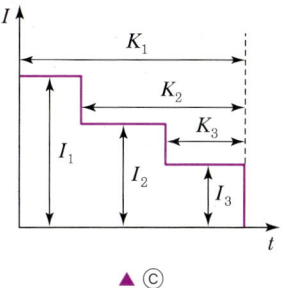

   ▲ ⓐ   ▲ ⓑ   ▲ ⓒ

   ⓐ $C_a = \dfrac{1}{L} K_1 I_1$

   여기서, $K_1 = 1.3$, $I_1 = 100[\text{A}]$

   $C_a = \dfrac{1}{0.8} \times 1.3 \times 100 = 162.5 [\text{Ah}]$

   ⓑ $C_b = \dfrac{1}{L}[K_1 I_1 + K_2(I_2 - I_1)]$

   여기서, $K_1 = 3.85$, $K_2 = 3.65$, $I_1 = 100[\text{A}]$, $I_2 = 20[\text{A}]$

   $C_b = \dfrac{1}{0.8}[3.85 \times 100 + 3.65(20-100)] = 116.25 [\text{Ah}]$

ⓒ $C_c = \dfrac{1}{L}[K_1 I_1 + K_2(I_2 - I_1) + K_3(I_3 - I_2)]$

여기서, $K_1 = 5.05$, $K_2 = 4.85$, $K_3 = 2.55$, $I_1 = 100[A]$, $I_2 = 20[A]$, $I_3 = 10[A]$

$C_c = \dfrac{1}{0.8}[5.05 \times 100 + 4.85(20-100) + 2.55(10-20)] = 114.38[Ah]$

ⓐ, ⓑ, ⓒ 중 가장 큰 값인 162.5[Ah]를 축전지용량으로 선정

04 그림과 같은 건축물의 평면도에 객석유도등을 설치하고자 한다. 다음 각 물음에 답하시오.

[6점]

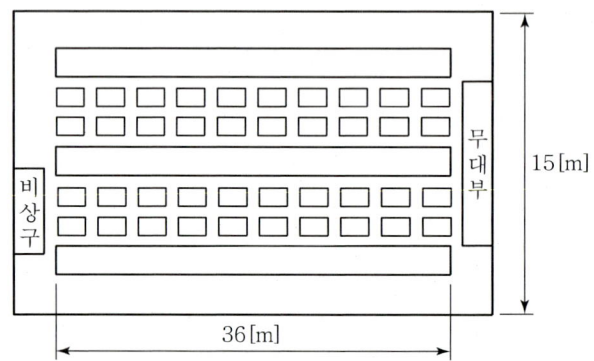

1) 모든 통로에 설치하여야 할 객석유도등의 수량을 산출하시오.
　• 계산과정 :
　• 답 :

2) 강당의 중앙 및 좌우 통로에 객석유도등을 설치하시오.(단, 유도등 표시는 ●로 표기할 것)

해답
• 계산과정

　1개 통로의 객석유도등의 수 $= \dfrac{36}{4} - 1 = 8$개(소수점 이하 절상)

　3개 통로의 객석유도등의 수 $= 8 \times 3 = 24$개

• **답** 24개

2)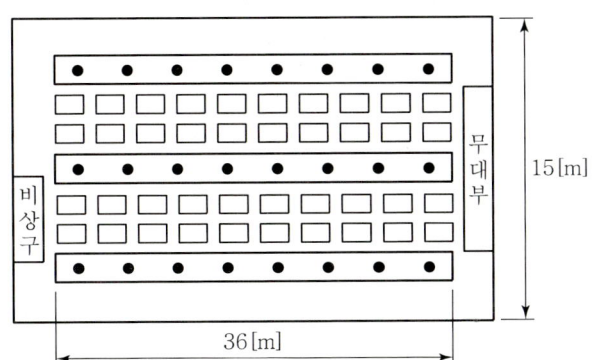

해설 1) 모든 통로에 설치하여야 할 객석유도등의 수량

① 1개 통로의 객석유도등의 수 = $\frac{36}{4} - 1 = 8$개(소수점 이하 절상)

② 3개 통로의 객석유도등의 수 = $8 \times 3 = 24$개

③ 통로가 3군데이므로 반드시 3군데를 적용하여 계산하여야 한다.

2) 강당의 중앙 및 좌우 통로에 객석유도등 설치

통로가 3개이므로 8개씩 3군데의 통로에 모두 표기한다.

Reference

객석유도등의 설치기준 등

① 설치기준
- 객석유도등의 설치위치 : 객석의 통로, 바닥, 벽
- 객석유도등의 수량 산정(소수점 이하의 수는 1로 본다)

$$설치개수 = \frac{객석 통로의 직선 부분의 길이[m]}{4} - 1$$

- 객석 내의 통로가 옥외 또는 이와 유사한 부분에 있는 경우에는 해당 통로 전체에 미칠 수 있는 수의 유도등을 설치할 것

② 설치 제외
- 주간에만 사용하는 장소로서 채광이 충분한 객석
- 거실 등의 각 부분으로부터 하나의 거실출입구에 이르는 보행거리가 20[m] 이하인 객석의 통로로서 그 통로에 통로유도등이 설치된 객석

> **Reference**
>
> 유도등, 유도표지의 설치개수 산정
>
> | 종류 | 설치개수 |
> |---|---|
> | 객석 유도등 | $N = \dfrac{\text{직선부분의 보행거리[m]}}{4[m]} - 1$ |
> | 복도통로유도등
거실통로유도등 | $N = \dfrac{\text{직선부분의 보행거리[m]}}{20[m]} - 1$ |
> | 유도표지 | $N = \dfrac{\text{직선부분의 보행거리[m]}}{15[m]} - 1$ |

05 비상콘센트설비를 설치하여야 할 특정소방대상물 3가지를 쓰시오. [6점]

-
-
-

해답
- 층수가 11층 이상인 특정소방대상물의 경우에는 11층 이상의 층
- 지하 3층 이상이고 지하층의 바닥면적의 합계가 1,000[m²] 이상인 것은 지하층의 모든 층
- 지하가 중 터널로서 길이가 500[m] 이상인 것

해설
1) 설치대상
   ① 층수가 11층 이상인 특정소방대상물의 경우에는 11층 이상의 층
   ② 지하 3층 이상이고 지하층의 바닥면적의 합계가 1,000[m²] 이상인 것은 지하층의 모든 층
   ③ 지하가 중 터널로서 길이가 500[m] 이상인 것

2) 비상콘센트의 전원
   ① 상용전원회로의 배선
      ㉠ 저압수전인 경우에는 인입개폐기의 직후
      ㉡ 고압수전 또는 특고압수전인 경우에는 전력용 변압기 2차 측의 주차단기 1차 측 또는 2차 측에서 분기하여 전용배선으로 할 것
   ② 비상전원
      ㉠ 비상전원 설치대상
         • 지하층을 제외한 층수가 7층 이상으로서 연면적이 2,000[m²] 이상
         • 지하층의 바닥면적의 합계가 3,000[m²] 이상인 특정소방대상물
      ㉡ 비상전원의 종류 : 자가발전설비, 축전지설비, 비상전원수전설비, 전기저장장치
      ㉢ 비상전원의 제외대상
         • 둘 이상의 변전소에서 전력을 동시에 공급받을 수 있는 경우

• 하나의 변전소로부터 전력의 공급이 중단되는 때에는 자동으로 다른 변전소로부터 전력을 공급받을 수 있도록 상용전원을 설치한 경우

3) 비상콘센트설비의 절연저항 및 절연내력
① 절연저항(전원부와 외함 사이)
직류 500[V] 절연저항계로 측정할 때 20[MΩ] 이상일 것
② 절연내력(전원부와 외함 사이)
㉠ 정격전압 150[V] 이하 : 1,000[V]의 실효전압을 가하여 1분 이상 견딜 것
㉡ 정격전압 150[V] 초과 : '(정격전압×2)+1,000[V]' 실효전압을 가하는 시험에서 1분 이상 견딜 것

06 다음의 도면은 6층 이상의 사무실 건물에 설치하는 배연창 설비이다. 계통도 및 조건을 참고하여 다음 표를 작성하시오. [5점]

[조건]
• 전동구동장치는 솔레노이드식이다.
• 화재감지기가 작동되거나 수동조작함의 스위치를 ON시키면 배연창이 동작되어 수신기에 동작상태를 표시하게 된다.
• 화재감지기는 자동화재탐지설비용 감지기를 겸용으로 사용한다.

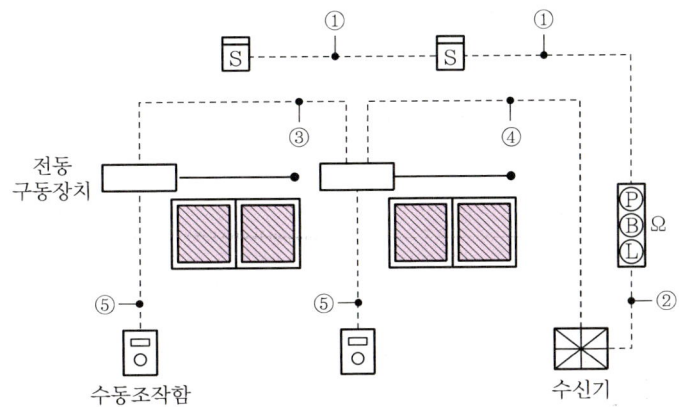

기호	구분	가닥수	배선의 용도
①	감지기 ↔ 감지기		
②	발신기 ↔ 수신기		
③	전동구동장치 ↔ 전동구동장치		
④	전동구동장치 ↔ 수신기		
⑤	전동구동장치 ↔ 수동조작함		

해답

기호	구분	가닥수	배선의 용도
①	감지기~감지기, 발신기	4	회로2, 공통2
②	발신기~수신기	6	회로, 공통, 경종, 표시등, 경종·표시등공통, 응답
③	전동구동장치~전동구동장치	3	기동, 확인, 공통
④	전동구동장치~수신기	5	기동2, 확인2, 공통
⑤	전동구동장치~수동조작함	3	기동, 확인, 공통

해설

① 감지기~감지기, 감지기~발신기(4가닥)
  - 송배선방식이므로 회로선과 공통선이 감지기에 결선 후 돌아와서 발신기함의 종단저항에 결선되므로 회로2, 공통2가 된다.
  - 종단저항이 1개이므로 회로수도 1회로이다.

② 발신기~수신기
  수신기~발신기세트(1회로) : 6가닥(발신기세트 기본 가닥수)
  회로, 공통, 경종, 표시등, 경종·표시등공통, 응답

③ 전동구동장치~전동구동장치
  솔레노이드방식 배연창 1 Zone : 3가닥
  - 기동1 : 배연창 개방 1가닥
  - 확인1 : 배연창 개방확인 1가닥
  - 공통1 : 공통 1가닥

④ 전동구동장치~수신기
  솔레노이드방식 배연창 2 Zone : 5가닥
  - 확인2 : 각 배연창마다 별도 확인하므로 2가닥
  - 기동2 : 2가닥
  - 공통1 : 공통 1가닥

  📝 배연창 2개를 동시에 개방하면 기동선 1선만으로 가능하고, 배연창을 1개씩 각각 제어할 경우 기동선이 2가닥이 필요하다. 솔레노이드방식은 별도제어로 간주하여 기동선을 2가닥으로 암기한다.

Reference

Motor 방식

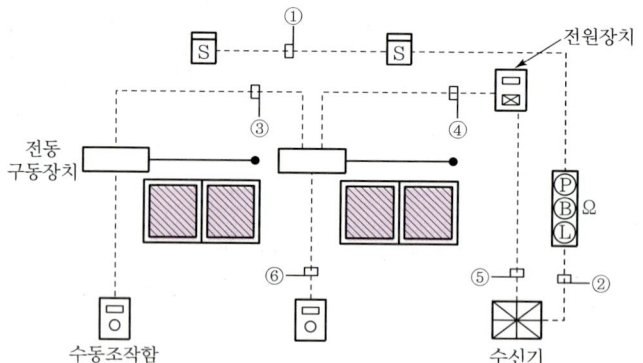

기호	구분	가닥수	배선용도
①	감지기~감지기, 발신기	4	회로2, 공통2
②	발신기~수신기	6	회로, 공통, 경종, 표시등, 경종·표시등공통, 응답
③	전동구동장치~전동구동장치	5	전원⊕, 전원⊖, 기동, 확인, 복구
④	전동구동장치~전원장치	6	전원⊕, 전원⊖, 기동, 확인2, 복구
⑤	전원장치~수신기	8	전원⊕, 전원⊖, 기동, 확인2, 복구, 교류전원2
⑥	전동구동장치~수동조작함	5	전원⊕, 전원⊖, 기동(열림), 정지, 복구(닫힘)

①, ② 솔레노이드방식과 동일
③ 전동구동장치~전동구동장치(모터방식 배연창 1 Zone) : 5가닥
- 전원 : 모터방식이므로 전원⊕, 전원⊖
- 기동 : 배연창 열림
- 확인 : 배연창 개방확인
- 복구 : 배연창 닫힘

④ 전동구동장치~전원장치(모터방식 배연창 2 Zone) : 6가닥
- 전원 : 모터방식이므로 전원⊕, 전원⊖
- 기동 : 배연창 열림
- 확인 : 배연창 개방확인 2가닥
- 복구 : 배연창 닫힘

⑤ 전원장치~수신기 : 8가닥
- 배연창 2 Zone(6가닥) : 전원⊕, 전원⊖, 기동, 확인2, 복구
- 교류 220[V] : 2가닥

⑥ 전동구동장치~수동조작함 : 5가닥
- 전원⊕, 전원⊖, 기동(열림), 정지, 복구(닫힘)
- 배선명칭은 위의 5가닥을 암기한다.(결선도의 배선명칭과는 차이가 있음)

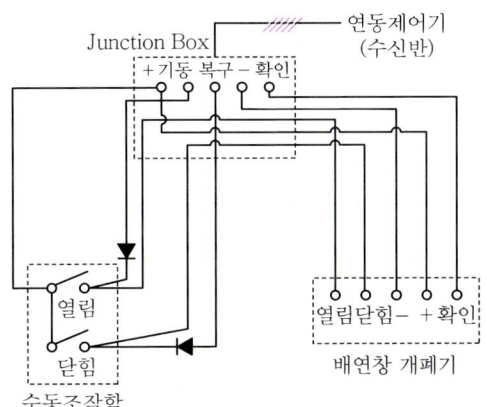

▲ Motor 방식 배연창 결선도

07 자동화재탐지설비의 P형 수신기 시험에서 예비전원 시험방법과 양부판단의 기준에 대하여 설명하시오. [6점]

- 시험방법 :
- 양부판단의 기준 :

해답
- 시험방법 : − 예비전원시험스위치를 누른다.
  − 전압계의 지시치가 정상범위(24V) 내에 있을 것(LED 표시제품 : 정상, 높음, 낮음으로 표시)
  − 교류전원 개방 시 예비전원으로 자동절환상태 확인
- 양부판단의 기준 : 예비전원의 전압, 용량이 정상이고 자동절환 및 복구작동이 정상일 것

해설
1) 예비전원시험
   ① 목적 : 상용전원 정전 시 예비전원으로 자동절환되며, 복구 시 상용전원으로 자동절환되는지 여부 확인
   ② 시험방법
      - 예비전원시험스위치를 누른다.
      - 전압계의 지시치가 정상범위(24V) 내에 있을 것(LED 표시제품 : 정상, 높음, 낮음으로 표시)
      - 교류전원 개방 시 예비전원으로 자동절환상태 확인
   ③ 판정 : 예비전원의 전압, 용량이 정상이고 자동절환 및 복구작동이 정상일 것

2) 공통선시험
   ① 목적 : 하나의 공통선이 담당하는 경계구역이 7개 이하인지 확인
   ② 시험방법
      - 수신기 내부의 단자대에서 공통선 1선을 분리한다.
      - 도통시험스위치를 누른다.
      - 회로선택스위치를 순차적으로 1회로씩 회전시킨다.
      - 단선된 회로수를 확인한다.
   ③ 판정 : 하나의 공통선이 담당하는 경계구역수가 7개 이하일 것

3) 동시작동시험
   ① 목적 : 동시에 수회선을 작동시켰을 때 수신기의 기능에 이상이 없는지를 확인
   ② 시험방법
      - 작동시험스위치를 누른다.
      - 회로선택스위치를 순차적으로 돌려서 5회선을 동작시킨다.
      - 화재표시등, 지구표시등, 음향장치 등의 동작상태 확인
   ③ 판정 : 5회선 이상 동작하였을 때 화재표시등, 지구표시등, 음향장치가 정상작동할 것

08 옥내소화전용 가압송수장치를 기동용 수압개폐방식으로 사용하는 1층 공장 내부에 옥내소화전함과 자동화재탐지설비용 발신기를 다음과 같이 설치하였다. 도면을 보고 다음 각 물음에 답하시오. [7점]

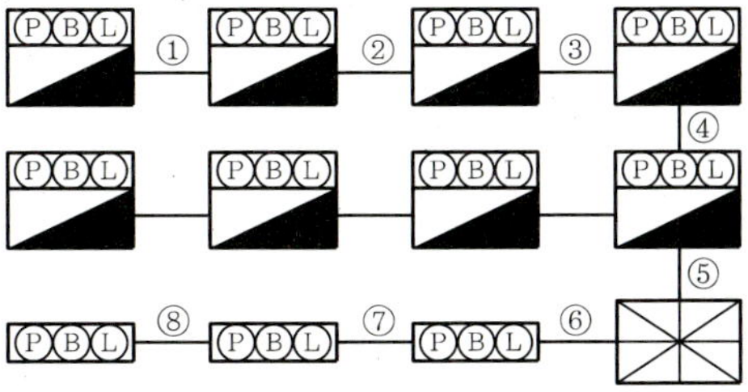

1) ①~⑧의 전선 가닥수를 산정하시오.

번호	①	②	③	④	⑤	⑥	⑦	⑧
가닥수								

2) 도시기호 ▨ 와 (P)(B)(L) 의 차이점의 쓰고, 각 함의 전면에 부착되는 전기적인 기기장치의 명칭을 모두 쓰시오.

① 차이점
- ▨ :
- (P)(B)(L) :

② 각 함의 전면에 부착되는 전기적인 기기장치의 명칭
- ▨ :
- (P)(B)(L) :

3) 발신기함의 상부에 설치하는 표시등의 색깔을 쓰시오.
4) 발신기표시등의 불빛 식별조건을 쓰시오.

해답 1)

번호	①	②	③	④	⑤	⑥	⑦	⑧
가닥수	8	9	10	11	16	8	7	6

2) ① 차이점
- ▰(PBL) : 발신기세트 옥내소화전 내장형
- (PBL) : 발신기세트 단독형

② 각 함의 전면에 부착되는 전기적인 기기장치의 명칭
- ▰(PBL) : 발신기, 경종, 위치표시등, 기동확인표시등
- (PBL) : 발신기, 경종, 위치표시등

3) 적색

4) 부착면으로부터 15° 이상 범위 안에서 10[m] 이내의 어느 곳에서도 쉽게 식별할 수 있는 적색등으로 할 것

해설 ⊕

1) 가닥수

번호	가닥수 합계	배선의 용도						
		회로선	회로공통선	경종선	표시등선	경종·표시등공통선	응답선	기동확인표시등
①	8	1	1	1	1	1	1	2
②	9	2	1	1	1	1	1	2
③	10	3	1	1	1	1	1	2
④	11	4	1	1	1	1	1	2
⑤	16	8	2	1	1	1	1	2
⑥	8	3	1	1	1	1	1	—
⑦	7	2	1	1	1	1	1	—
⑧	6	1	1	1	1	1	1	—

①~⑤
- 발신기세트 옥내소화전 내장형(기동용 수압개폐장치 사용)
- 가닥수 : 발신기세트 단독형(6가닥) + 펌프기동표시등(2가닥) = 8가닥
- 발신기세트 옥내소화전 내장형마다 회로수가 1가닥씩 증가한다.
- 경종선 : 도면은 1층의 계통도이므로 층수는 1개층이며 경종선은 1가닥이 된다.

⑤ 회로공통선 = $\frac{8}{7}$ = 1.14 ≒ 2가닥

⑧ 발신기세트 단독형(6가닥)

⑦, ⑥ 발신기세트 단독형마다 회로수가 1가닥씩 증가한다.

2) 기기장치의 명칭

명칭	도시기호	부속기기 명칭
발신기세트 옥내소화전 내장형	◯P◯B◯L ▨	• ◯P : 발신기 • ◯B : 경종 • ◯L : 위치표시등 • ● : 기동확인표시등
발신기세트 단독형	◯P◯B◯L	• ◯P : 발신기 • ◯B : 경종 • ◯L : 위치표시등

① 발신기세트 옥내소화전 내장형의 도시기호에는 기동확인표시등이 표시되지 않는다.
② 실물의 발신기세트 옥내소화전 내장형에는 적색의 기동확인표시등이 설치되어 있다.

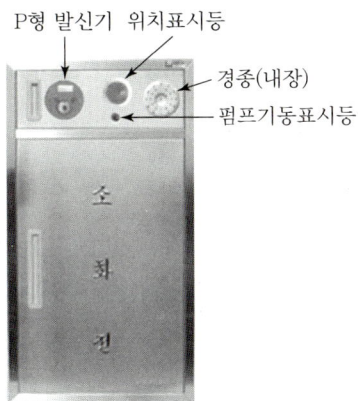

▲ 발신기세트 옥내소화전 내장형

3) 발신기

① 발신기의 위치표시등

발신기의 위치를 표시하는 표시등은 함의 상부에 설치하되, 그 불빛은 부착면으로부터 15° 이상의 범위 안에서 부착지점으로부터 10[m] 이내의 어느 곳에서도 쉽게 식별할 수 있는 적색등으로 하여야 한다.

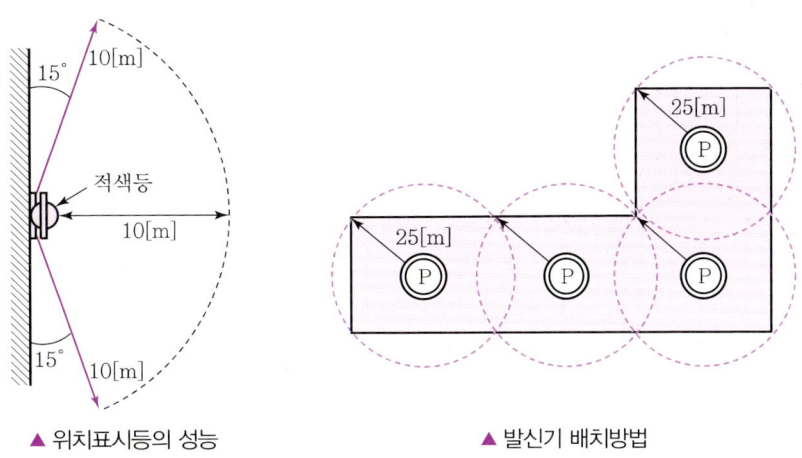

▲ 위치표시등의 성능   ▲ 발신기 배치방법

② 발신기의 설치기준
  ㉠ 조작이 쉬운 장소에 설치하고, 스위치는 바닥으로부터 0.8[m] 이상 1.5[m] 이하의 높이에 설치할 것
  ㉡ 특정소방대상물의 층마다 설치하되, 해당 특정소방대상물의 각 부분으로부터 하나의 발신기까지의 수평거리가 25[m] 이하가 되도록 할 것. 다만, 복도 또는 별도로 구획된 실로서 보행거리가 40[m] 이상일 경우에는 추가로 설치하여야 한다.
  ㉢ ㉡의 기준을 초과하는 경우로서 기둥 또는 벽이 설치되지 아니한 대형공간의 경우 발신기는 설치대상장소의 가장 가까운 장소의 벽 또는 기둥 등에 설치할 것

09
특정소방대상물에 설치된 소방시설 등을 구성하는 전부 또는 일부를 개설, 이전 또는 정비하는 소방시설공사의 착공신고 대상 3가지를 쓰시오.(단, 고장 또는 파손 등으로 인하여 작동시킬 수 없는 소방시설을 긴급히 교체하거나 보수하여야 하는 경우에는 신고하지 않을 수 있다.) [6점]

-
-
-

해답
- 수신반
- 소화펌프
- 동력(감시)제어반

해설 소방시설공사의 착공신고 대상
1) 특정소방대상물에 다음의 하나에 해당하는 설비를 신설하는 공사
   ① 옥내소화전설비(호스릴 방식의 옥내소화전설비 포함), 옥외소화전설비, 스프링클러설비·간이스프링클러설비(캐비닛형 간이스프링클러설비 포함) 및 화재조기진압용 스프링클러설비, 물분무소화설비·포소화설비·이산화탄소소화설비·할론소화설비·할로겐화합물 및 불활성기체 소화설비·미분무소화설비·강화액소화설비 및 분말소화설비, 연결송수관설비, 연결살수설비, 제연설비, 소화용수설비 또는 연소방지설비
   ② 자동화재탐지설비, 비상경보설비, 비상방송설비, 비상콘센트설비 또는 무선통신보조설비

2) 특정소방대상물에 다음의 하나에 해당하는 설비 또는 구역 등을 증설하는 공사
   ① 옥내·옥외소화전설비
   ② 스프링클러설비·간이스프링클러설비 또는 물분무등소화설비의 방호구역, 자동화재탐지설비의 경계구역, 제연설비의 제연구역, 연결살수설비의 살수구역, 연결송수관설비의 송수구역, 비상콘센트설비의 전용회로, 연소방지설비의 살수구역

3) 특정소방대상물에 설치된 소방시설 등을 구성하는 다음의 어느 하나에 해당하는 것의 전부 또는 일부를 개설(改設), 이전(移轉) 또는 정비(整備)하는 공사. 다만, 고장 또는 파손 등으로 인하여 작동시킬 수 없는 소방시설을 긴급히 교체하거나 보수하여야 하는 경우에는 신고하지 않을 수 있다.
① 수신반(受信盤)
② 소화펌프
③ 동력(감시)제어반

10 휴대용 비상조명등을 설치하여야 하는 특정소방대상물에 대한 사항이다. 소방시설 적용기준으로 알맞은 내용을 (　) 안에 쓰시오. [4점]

- (①)시설
- 수용인원 (②)명 이상의 영화상영관, 판매시설 중 (③), 철도 및 도시철도시설 중 지하역사, 지하가 중 (④)

해답 ① 숙박
② 100
③ 대규모점포
④ 지하상가

해설 휴대용 비상조명등
1) 정의
화재 발생 등으로 정전 시 안전하고 원활한 피난을 위하여 피난자가 휴대할 수 있는 조명등이다.

2) 설치대상
① 숙박시설
② 수용인원 100명 이상의 영화상영관
③ 판매시설 중 대규모점포
④ 철도 및 도시철도 시설 중 지하역사, 지하가 중 지하상가

3) 설치장소 및 수량
① 숙박시설 또는 다중이용업소 : 객실 또는 영업장 안의 구획된 실마다 잘 보이는 곳에 1개 이상 설치(외부에 설치 시 출입문 손잡이로부터 1[m] 이내 부분)
② 대규모점포, 영화상영관 : 보행거리 50[m] 이내마다 3개 이상 설치
③ 지하상가 및 지하역사 : 보행거리 25[m] 이내마다 3개 이상 설치

4) 설치기준
  ① 설치높이는 바닥으로부터 0.8[m] 이상 1.5[m] 이하의 높이에 설치할 것
  ② 어둠 속에서 위치를 확인할 수 있도록 할 것
  ③ 사용 시 자동으로 점등되는 구조일 것
  ④ 외함은 난연성능이 있을 것
  ⑤ 건전지를 사용하는 경우에는 방전방지조치를 하여야 하고, 충전식 배터리의 경우에는 상시 충전되도록 할 것
  ⑥ 건전지 및 충전식 배터리의 용량은 20분 이상 유효하게 사용할 수 있는 것으로 할 것

11 지하 3층, 지상 11층 이상인 건축물의 각 층에서 다음 표와 같이 화재가 발생했을 경우 자동화재탐지설비의 경종이 경보하여야 하는 층을 표기하시오.(단, 경보표시는 ●를 사용한다.) [6점]

화재 발생 층	① 3층	② 2층	③ 1층	④ 지하 1층	⑤ 지하 2층	⑥ 지하 3층
11층						
10층						
9층						
8층						
7층						
6층						
5층						
4층						
3층	화재(●)					
2층	●	화재(●)				
1층	●	●	화재(●)	●	●	●
지하 1층			●	화재(●)	●	●
지하 2층				●	화재(●)	●
지하 3층				●	●	화재(●)

해답

화재 발생 층	① 3층	② 2층	③ 1층	④ 지하 1층	⑤ 지하 2층	⑥ 지하 3층
11층						
10층						
9층						
8층						
7층	●					
6층	●	●				
5층	●	●	●			
4층	●	●	●			
3층	화재(●)	●	●			
2층		화재(●)	●			
1층			화재(●)	●		
지하 1층			●	화재(●)	●	●
지하 2층			●	●	화재(●)	●
지하 3층			●	●	●	화재(●)

해설 발화층 · 직상층 우선경보방식

1) 대상

　 층수가 11층(공동주택의 경우에는 16층) 이상의 특정소방대상물

2) 경보방식

발화층	경보하여야 하는 층
2층 이상의 층	발화층 및 그 직상 4개층
1층	발화층 · 그 직상 4개층 및 지하층
지하층	발화층 · 그 직상층 및 기타의 지하층

12 지하 1층, 지상 11층인 공장에 자동화재탐지설비를 설치하고자 한다. P형 수신기에서 공장까지는 300[m] 떨어져 있고, 공장 내 발신기회로는 층별 2회로씩 총 24회로이며, 발신기는 표시등 30[mA/개], 경종 50[mA/개]의 전류를 소모할 때 다음 각 물음에 답하시오. [7점]

1) 표시등 및 경종의 최대소요전류와 총 소요전류[A]를 구하시오.
　• 표시등의 최대소요전류 :
　• 경종의 최대소요전류 :
　• 총 소요전류 :

2) 수신기에서 공장 간 배선의 전압강하[V]를 구하시오.(단, 전선은 2.5[mm²]를 사용한다.)
　• 계산과정 :
　• 답 :

3) 경종 작동 여부를 판단하시오.
- 판정방법 :
- 작동 여부 :

해답

1) - 표시등의 최대소요전류 : 30[mA/개]×24[개]=720[mA]=0.72[A]
   - 경종의 최대소요전류 : 50[mA/개]×12[개]=600[mA]=0.6[A]
   - 총 소요전류 : 0.72+0.6=1.32[A]

2) - 계산과정 : $e = \dfrac{35.6 \times 300 \times 1.32}{1,000 \times 2.5} = 5.64[V]$
   - **답** 5.64[V]

3) - 판정방법 : $V_R = V_S - e = 24 - 5.64 = 18.36[V]$
     정격전압(24V)의 80[%](24×0.8=19.2V) 이하이므로 경종 작동 불가
   - 작동 여부 : 작동 불가

해설

1) 표시등 및 경종의 최대소요전류와 총 소요전류[A]
   ① 표시등의 최대소요전류
   - 표시등의 최대작동수량 : 발신기당 1개씩(상시점등) 총 24개
   - 표시등의 개당 소요전류 : 30[mA/개]
   - 표시등의 최대소요전류(24개 상시점등)
     30[mA/개]×24[개]=720[mA]=0.72[A]
   ② 경종의 최대소요전류
   ㉠ 11층 이상이므로 우선경보방식이다.
   - 1층에서 화재 시 가장 많은 층의 경종이 울리게 된다.

발화층	그 직상 4개층	지하층
1층	2층, 3층, 4층, 5층	지하 1층

   ㉡ 1층에서 발화 시 총 6개층에서 경종이 작동한다. 층당 발신기가 2개씩이고 경종도 층당 2개씩이 되므로 경종은 총 12개가 작동한다.
   - 경종의 개당 소요전류 : 50[mA/개]
   - 경종의 최대소요전류(화재 시 최대 12개 작동)
     50[mA/개]×12[개]=600[mA]=0.6[A]
   ③ 총 소요전류 : 0.72+0.6=1.32[A]

2) 전압강하

$$e = \frac{35.6LI}{1,000A}$$

여기서, e : 전압강하[V], A : 전선의 굵기[mm²]
L : 거리[m], I : 전류[A]

$$e = \frac{35.6 \times 300 \times 1.32}{1,000 \times 2.5} = 5.64 [V]$$

3) 경종의 작동 여부

$$V_R = V_S - e \qquad V_S = e + V_R$$

여기서, V_S : 송전단 전압, V_R : 수전단 전압, e : 전압강하

- 판정방법 : $V_R = V_S - e = 24 - 5.64 = 18.36 [V]$
  정격전압(24V)의 80[%]($24 \times 0.8 = 19.2V$) 이하이므로 경종 작동 불가
- 작동 여부 : 작동 불가

13 다음은 자동방화문설비의 자동방화문에서 R형 중계기까지의 결선도 및 계통도에 대한 것이다. 주어진 조건을 참조하여 각 물음에 답하시오. [6점]

[조건]
- 전선의 가닥수는 최소로 한다.
- 방화문 감지기회로는 고려하지 않는다.
- Door Release 1과 Door Release 2의 확인선은 별도로 배선한다.

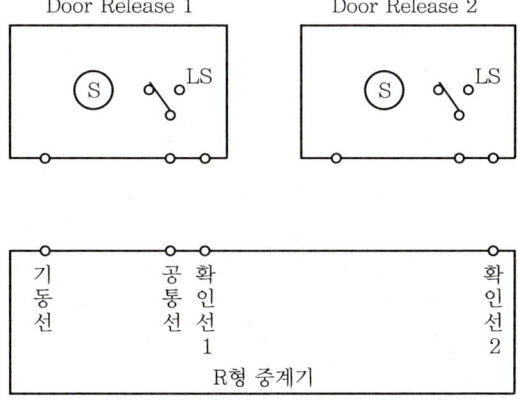

1) 미완성된 도면을 완성하시오.
2) Door Release의 설치목적을 쓰시오.

해답 ⊕ 1) 미완성 도면 완성

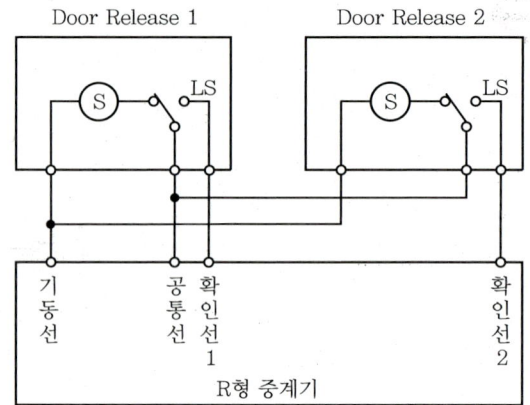

2) 방화문이 평상시 개방된 상태로 관리되고 있다가 화재 발생 시 자동으로 폐쇄되어 방화구획을 형성함으로써 화재의 확산 방지

해설 ⊕ 1) 자동방화문설비 결선도
  ① 기동선
    • 화재 발생 시 기동선으로 전원이 공급되면 솔레노이드가 작동하여 방화문이 폐쇄된다.
    • 동일한 방화구획 내의 방화문은 동시에 기동되므로 기동선 1가닥이 필요하다.
  ② 공통선
    • 공통선은 1가닥으로 전체 구역에 공통으로 사용이 가능하다.(허용전류 계산 필요)
  ③ 확인선1, 2
    • 방화문이 폐쇄되면 수신기에 방화문 폐쇄확인신호를 전송한다.
    • 확인신호는 각 방화문마다 별도로 신호를 전송할 수 있다.
  ④ Ⓢ : 솔레노이드
    기동신호에 의해 솔레노이드가 동작하여 보장력을 풀어줌으로써 방화문을 폐쇄한다.
  ⑤ LS : 리미트스위치
    방화문 폐쇄 시 스위치가 폐로되어 확인신호를 수신기로 보낸다.

2) 방화문은 건축물의 방화구획선상에 설치되어 평상시 닫힌 상태를 유지하여 화재 발생 시 화재 확산을 방지한다. 그러나 사용의 편의상 평상시 개방상태로 유지하다가 화재 발생 시 도어릴리즈에 의해 폐쇄되어 방화구획을 형성한다. 방화구획의 목적은 화재 발생 시 화재를 하나의 구역으로 한정하여 다른 구역에 열·연기 등의 침입을 방지하기 위함이다.

> **Reference**
>
> 자동방화문설비 계통도

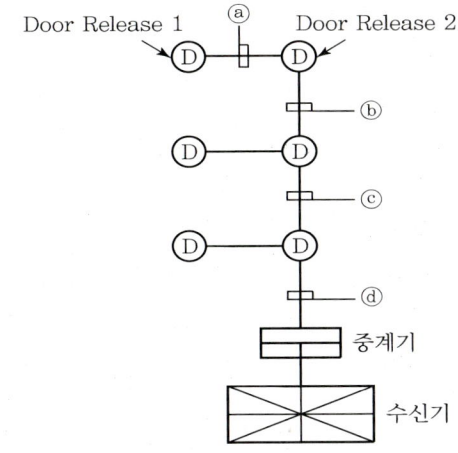

기호	가닥수	배선용도
ⓐ	3	기동1, 공통1, 확인1
ⓑ	4	기동1, 공통1, 확인2
ⓒ	7	기동2, 공통1, 확인4
ⓓ	10	기동3, 공통1, 확인6

14 이산화탄소소화설비의 배선범위를 그림에 표시하시오.(단, ▬▬ : 내화배선, ▨▨ : 내열배선, ── : 일반배선, ┄┄┄ : 배관으로 표시한다.) [6점]

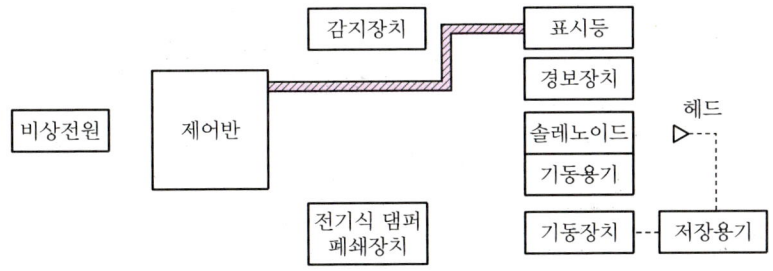

해답 ⊕

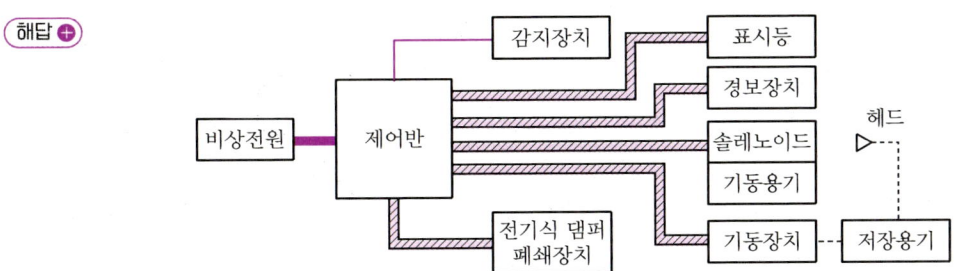

해설 ⊕ 가스계 소화설비(CO_2, 할론, 분말, 할로겐화합물 및 불활성기체 소화설비)의 배선
① 전원회로의 배선 : **내화배선**
② 그 밖의 배선 : **내화배선 또는 내열배선**
③ 감지기 상호 간 또는 감지기로부터 수신기에 이르는 감지기회로의 배선
  - 아날로그식, 다신호식 감지기 및 R형 수신기용 : 전자파 방해를 받지 아니하는 **실드선**
  - 그 밖의 일반배선 : **내화배선 또는 내열배선**
④ 제어반~기동용기 간
  - 배선이 없으므로 결선하지 않는다.(기동용기에 솔레노이드밸브가 체결되어 있다.)
  - 제어반에서 솔레노이드밸브 간에 결선이 되어있고 기동신호가 들어오면 솔레노이드의 파개침이 작동하여 기동용기를 개방한다.

Reference

이산화탄소소화설비 계통도

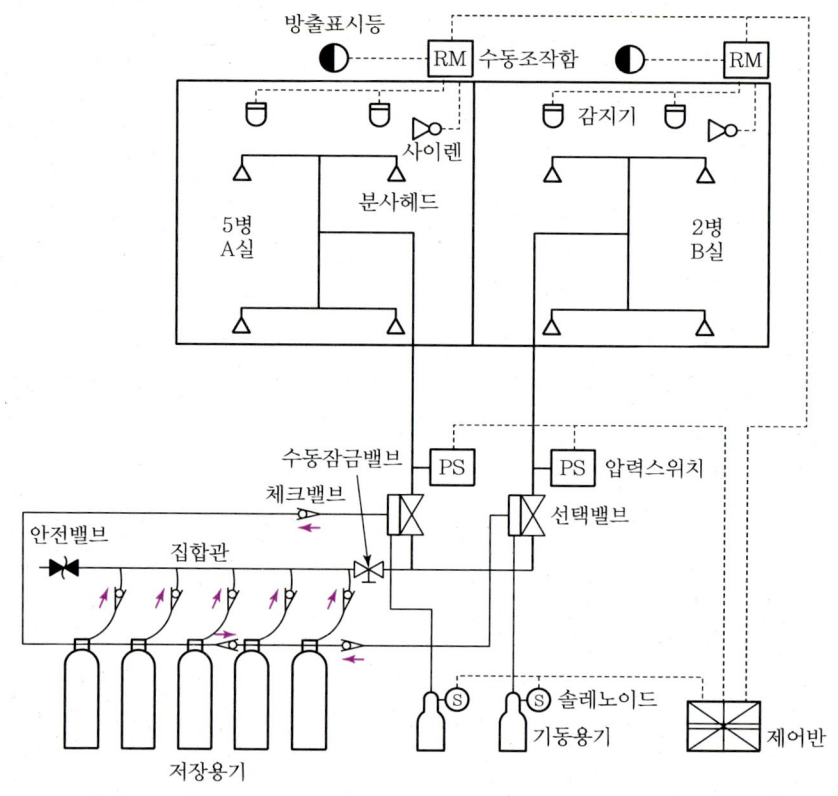

15 다음 각 논리식을 이용하여 유접점 회로와 무접점 회로를 그리시오. [8점]

1) $Y = AB + \overline{A+B}$

유접점 회로	무접점 회로

2) $Z = (A+B)(\overline{AB})$

유접점 회로	무접점 회로

해답 1) 논리식 간소화

$$Y = AB + \overline{A+B}$$
$$= AB + (\overline{A} \cdot \overline{B})$$
$$= AB + \overline{A}\,\overline{B}$$

유접점 회로	무접점 회로
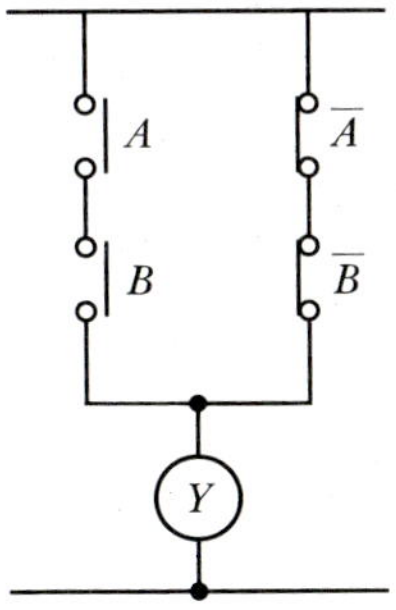	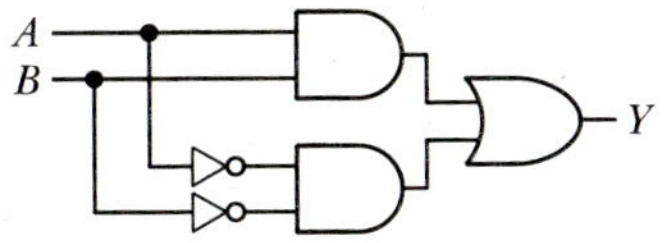

2) 논리식 간소화

$Z = (A+B)(\overline{AB})$
$= (A+B)(\overline{A}+\overline{B})$
$= A\overline{A} + A\overline{B} + \overline{A}B + B\overline{B}$
  여기서, $A\overline{A}=0$, $B\overline{B}=0$
$= A\overline{B} + \overline{A}B$

유접점 회로	무접점 회로
(회로도)	(회로도)

[해설]

1) $Y = AB + \overline{A+B}$

① 드모르간의 정리

논리식의 전체 부정을 부분 부정으로, 부분 부정을 전체 부정으로 바꾸는 데 사용한다.

$\overline{A+B} = \overline{A} \cdot \overline{B}$	$\overline{A \cdot B} = \overline{A} + \overline{B}$
$A+B = \overline{\overline{A} \cdot \overline{B}}$	$A \cdot B = \overline{\overline{A} + \overline{B}}$

② 드모르간의 정리를 이용하여 간소화

$Y = AB + \overline{A+B}$
$= AB + (\overline{A} \cdot \overline{B})$
$= AB + \overline{A}\,\overline{B}$ (Exclusive NOR 회로)

③ 유접점 회로
- $Y = (A \cdot B) + (\overline{A} \cdot \overline{B})$
- $(A \cdot B)$: A와 B가 직렬로 구성
- $(\overline{A} \cdot \overline{B})$: $\overline{A}$와 $\overline{B}$가 직렬로 구성
- $(A \cdot B) + (\overline{A} \cdot \overline{B})$: $(A \cdot B)$와 $(\overline{A} \cdot \overline{B})$가 병렬로 구성

④ 무접점 회로

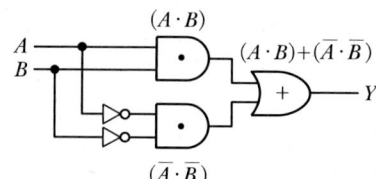

⑤ Exclusive NOR 회로의 진리표

A	B	Y
0	0	1
0	1	0
1	0	0
1	1	1

2) $Z=(A+B)(\overline{AB})$

① 드모르간의 정리를 이용하여 간소화

$Z=(A+B)(\overline{AB}) = (A+B)(\overline{A}+\overline{B})$

② 식을 분배하면

$Z=(A+B)(\overline{A}+\overline{B})$
$= A\overline{A}+ A\overline{B}+ \overline{A}B+ B\overline{B}$

여기서, $A\overline{A}=0$, $B\overline{B}=0$

$= A\overline{B}+ \overline{A}B$ (Exclusive OR 회로)

③ 유접점 회로

- $Z= A\overline{B}+ \overline{A}B$
- $(A \cdot \overline{B})$: A와 $\overline{B}$가 직렬로 구성
- $(\overline{A} \cdot B)$: $\overline{A}$와 B가 직렬로 구성
- $(A \cdot \overline{B})+(\overline{A} \cdot B)$: $(A \cdot \overline{B})$와 $(\overline{A} \cdot B)$가 병렬로 구성

④ 무접점 회로

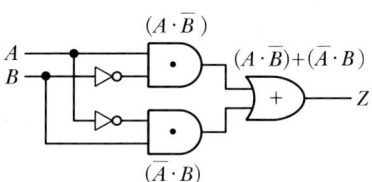

⑤ Exclusive OR 회로의 진리표

A	B	Z
0	0	0
0	1	1
1	0	1
1	1	0

16 자동화재탐지설비의 계통도와 주어진 조건을 이용하여 다음 각 물음에 답하시오. [10점]

[조건]
종단저항은 감지기 말단에 설치한다.

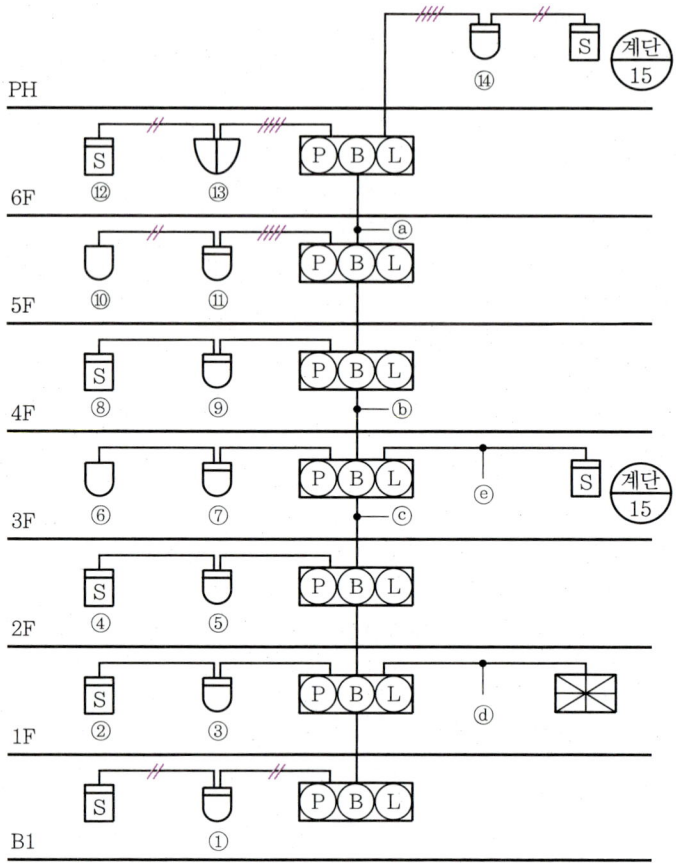

1) ⓐ~ⓓ에 해당하는 배선의 가닥수를 쓰시오.
   ⓐ
   ⓑ
   ⓒ
   ⓓ

2) ⓓ의 배선가닥수에 대한 상세내역을 쓰시오.

3) ⓔ의 배선가닥수와 배선내역을 쓰시오.
   • 가닥수 :
   • 배선내역 :

4) 그림기호 ⊖계단/15 의 의미를 상세히 기술하시오.

5) ⛉ 감지기는 어떤 종류의 감지기인지 그 명칭을 쓰시오.

6) 전체 회로수는 모두 몇 회로인지 쓰시오.

해답

1) ⓐ : 9가닥   ⓑ : 16가닥   ⓒ : 19가닥   ⓓ : 28가닥

2) 회로선15, 회로공통선3, 경종선7, 표시등선1, 경종·표시등공통선1, 응답선1

3) • 가닥수 : 4가닥
   • 배선내역 : 회로선2, 회로공통선2

4) 경계구역의 명칭은 계단이고 경계구역번호는 15번

5) 정온식 스포트형 감지기(방수형)

6) 15회로

해설

1) 배선가닥수

① 도면에서 ◯ 안에 숫자가 들어 있는 것은 경계구역의 번호이다.

   예 ⑦은 7번 경계구역을 의미한다. 즉, ◯ 경계구역마다 하나의 회로이다.

② 조건에서 종단저항은 감지기 말단에 설치한다고 하였으므로 감지기선(회로선, 회로공통선)은 각 경계구역의 감지기까지 가서 결선 후 돌아오지 않는다.

번호	가닥수 합계	배선의 용도					
		회로선	회로 공통선	경종선	표시등선	경종·표시등 공통선	응답선
ⓐ	9	4	1	1	1	1	1
ⓑ	16	8	2	3	1	1	1
ⓒ	19	10	2	4	1	1	1
ⓓ	28	15	3	7	1	1	1
ⓔ	4	2	2	—	—	—	—

ⓐ 가닥수 : 9가닥
  • 회로선 : 4가닥(경계구역번호 ⑫, ⑬, ⑭, ⑮)
  • 경종선 : 1가닥(6층)
  • 나머지 기본 1선씩

ⓑ 가닥수 : 16가닥
  • 회로선 : 8가닥(경계구역번호 ⑧, ⑨, ⑩, ⑪, ⑫, ⑬, ⑭, ⑮)
  • 회로공통선 : $\frac{8}{7}$ = 1.14 ≒ 2가닥
  • 경종선 : 3가닥(4, 5, 6층)
  • 나머지 기본 1선씩

ⓒ 가닥수 : 19가닥
  • 회로선 : 10가닥(경계구역번호 ⑥, ⑦, ⑧, ⑨, ⑩, ⑪, ⑫, ⑬, ⑭, ⑮)

- 회로공통선 : $\dfrac{10}{7} = 1.43 ≒ 2$가닥
- 경종선 : 4가닥(3, 4, 5, 6층)
- 나머지 기본 1선씩

2) ⓓ의 배선내역(28가닥)
- 회로선 : 15가닥(경계구역번호 ①, ②, ③, ④, ⑤, ⑥, ⑦, ⑧, ⑨, ⑩, ⑪, ⑫, ⑬, ⑭, ⑮)
- 회로공통선 : $\dfrac{15}{7} = 2.14 ≒ 3$가닥
- 경종선 : 7가닥(B1, 1, 2, 3, 4, 5, 6층)
- 나머지 기본 1선씩
- 상세내역
  회로선15, 회로공통선3, 경종선7, 표시등선1, 경종·표시등공통선1, 응답선1

3) ⓔ의 배선가닥수와 배선내역
- 가닥수 : 4가닥
- 배선내역 : 회로선2, 회로공통선2
- 계단경계구역 ⑮ 의 감지기는 3층과 PH층에 설치되어 있다.(동일경계구역)
- 조건에 의해 종단저항을 말단에 설치해야 하므로 종단저항은 PH층에 설치한다.
- 감지기 배선(회로선, 공통선)은 3층 발신기에서 출발하여 3층 계단감지기로 배선하여 결선한 후 다시 돌아와서 발신기 측 배관을 타고 올라가 PH층 감지기에 결선 후 종단저항 처리한다.
- 그러므로 회로선 2가닥, 회로공통선 2가닥이다.

4) 그림기호의 의미
경계구역의 명칭은 계단이고 경계구역번호는 15번이다.

명칭	그림기호	적용
경계구역번호	◯	• ◯ 안에 경계구역 번호를 넣는다. • 필요에 따라 ⊖ 로 하고 상부에 필요사항, 하부에 경계구역 번호를 넣는다. 보기 : 계단 샤프트

5) 감지기의 종류

명칭	그림기호	적용
차동식 스포트형 감지기		필요에 따라 종별을 표기한다.
보상식 스포트형 감지기		필요에 따라 종별을 표기한다.
정온식 스포트형 감지기	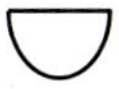	• 필요에 따라 종별을 표기한다. • 방수인 것인  ▭ 로 한다. • 내산인 것은  ▭ 로 한다. • 내알칼리인 것은  ▭ 로 한다. • 방폭인 것은 EX로 표기한다.
연기감지기	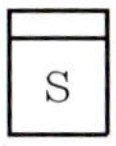 S	• 필요에 따라 종별을 표기한다. • 점검박스붙이인 경우는  [S] 로 한다. • 매입인 것은 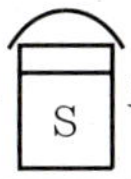 [S] 로 한다.

6) 전체 회로수

경계구역번호가 ①~⑮번까지 있으므로 15경계구역이다.

2018년 제2회(2018. 6. 30)

01 비상방송설비의 화재안전기술기준에 따른 비상방송설비의 설치기준이다. 다음 각 물음에 답하시오.

[5점]

1) 확성기의 음성입력은 실내에 설치하는 것에 있어서는 몇 [W] 이상이어야 하는지 쓰시오.
2) 음량조정기를 설치하는 경우 음량조정기의 배선은 몇 선식으로 하여야 하는지 쓰시오.
3) 조작부의 조작스위치는 바닥으로부터 몇 [m] 높이에 설치하여야 하는지 쓰시오.
4) 확성기는 각 층마다 설치하되, 그 층의 각 부분으로부터 하나의 확성기까지의 수평거리가 몇 [m] 이하가 되도록 하여야 하는지 쓰시오.
5) 수위실 등 상시 사람이 근무하는 장소로서 점검이 편리하고 방화상 유효한 곳에 설치하여야 하는 것 2가지를 쓰시오.
   -
   -

해답
1) 1[W]
2) 3선식
3) 0.8[m] 이상 1.5[m] 이하
4) 25[m]
5) • 증폭기
   • 조작부

해설
1) 비상방송설비의 음향장치
   ① 확성기의 음성입력 : **실외 3[W], 실내 1[W], 아파트 등의 실내 2[W]** 이상
   ② 확성기는 **각 층마다** 설치할 것
   ③ 그 층의 각 부분으로부터 하나의 확성기까지의 **수평거리가 25[m]** 이하가 되도록 하고, 해당 층의 각 부분에 유효하게 경보를 발할 수 있도록 설치할 것
   ④ 음량조정기를 설치하는 경우 음량조정기의 배선은 **3선식**으로 할 것
   ⑤ 음향장치의 구조 및 성능
      • 정격전압의 **80[%] 전압**에서 음향을 발할 수 있는 것으로 할 것
      • **자동화재탐지설비의 작동과 연동**하여 작동할 수 있는 것으로 할 것

2) **증폭기 및 조작부 등**
   ① 조작부의 조작스위치 높이 : 바닥으로부터 **0.8[m] 이상 1.5[m] 이하**
   ② 조작부는 기동장치가 작동한 **층 또는 구역을 표시**할 수 있을 것
   ③ **증폭기 및 조작부**는 수위실 등 **상시 사람이 근무하는 장소**로서 점검이 편리하고 방화상 유효한 곳에 설치할 것

④ 다른 방송설비와 공용하는 것에 있어서는 화재 시 비상경보 외의 방송을 차단할 수 있는 구조로 할 것
⑤ 다른 전기회로에 따라 유도장애가 생기지 아니하도록 할 것
⑥ 하나의 특정소방대상물에 2 이상의 조작부가 설치되어 있는 때에는 각각의 조작부가 있는 장소 상호 간에 동시통화가 가능한 설비를 설치하고, 어느 조작부에서도 해당 특정소방대상물의 전 구역에 방송을 할 수 있도록 할 것

3) 화재감지 후 방송개시 소요시간
기동장치에 따른 화재신고를 수신한 후 필요한 음량으로 화재 발생 상황 및 피난에 유효한 방송이 자동으로 개시될 때까지의 소요시간은 10초 이하로 할 것

02 다음은 가스누설경보기에 대한 내용이다. 각 물음에 답하시오. [4점]

1) 가스의 누설을 표시하는 표시등 및 가스가 누설된 경계구역의 위치를 표시하는 표시등의 색깔을 쓰시오.
2) 가스누설경보기는 구조에 따라 어떻게 분류되는지 쓰시오.
   - ( )형
   - ( )형
3) 가스누설경보기 중 가스누설을 검지하여 중계기 또는 수신부에 가스누설의 신호를 발신하는 부분 또는 가스누설을 검지하여 이를 음향으로 경보하고 동시에 중계기 또는 수신부에 가스누설의 신호를 발신하는 부분을 무엇이라 하는지 쓰시오.

해답
1) 황색
2) • 단독형
   • 분리형
3) 탐지부

해설
1) 수신부의 구조 및 기능
   ① 가스누설표시등의 색상 : 황색
   ② 수신 개시부터 가스누설표시까지 소요시간 : 60초 이내

2) 가스누설경보기의 분류

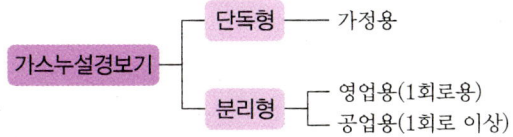

① 구조에 따른 분류 : 단독형, 분리형
② 용도에 따른 분류 : 가정용, 영업용, 공업용

3) 용어의 정의
① 가스누설경보기 : 가스시설이 설치된 장소에서 LPG, LNG, CO, CH_4, C_4H_{10}, H_2 등의 가연성 가스를 탐지하여 경보하는 것
② 탐지부 : 가스누설경보기 중 가스누설을 검지하여 중계기 또는 수신부에 가스누설의 신호를 발신하는 부분 또는 가스누설을 검지하여 이를 음향으로 경보하고 동시에 중계기 또는 수신부에 가스누설의 신호를 발신하는 부분
③ 수신부 : 경보기 중 탐지부에서 발하여진 가스누설신호를 직접 또는 중계기를 통하여 수신하고 이를 관계자에게 음향으로서 경보하여 주는 장치
④ 분리형 : 탐지부와 수신부가 분리되어 있는 형태의 경보기
⑤ 단독형 : 탐지부와 수신부가 1개의 상자에 넣어 일체로 되어 있는 형태의 경보기

> **Reference**
>
> ① 가스누설경보기의 예비전원
> - 예비전원의 종류
>   알칼리계 2차 축전지, 리튬계 2차 축전지 또는 무보수밀폐형 연축전지
> - 예비전원의 용량
>
> | 분류 | 용량 |
> |---|---|
> | 1회로용
(단독형 포함) | 감시상태를 20분간 계속한 후 유효하게 작동되어 10분간 경보 |
> | 2회로 이상 용도 | 연결된 모든 회로에 대하여 감시상태를 10분간 계속한 후 2회선을 유효하게 작동시키고 10분간 경보를 발할 수 있는 용량 |
>
> ② 가스누설경보기의 음압
>
> | 분류 | | 음압[dB] |
> |---|---|---|
> | 단독형(가정용) | | 70 이상 |
> | 분리형 | 영업용 | 70 이상 |
> | | 공업용 | 90 이상 |
> | 고장표시용 | | 60 이상 |
>
> ③ 절연저항(DC 500[V]의 절연저항계로 측정한 값)
>
> | 측정위치 | 절연저항치[MΩ] |
> |---|---|
> | 절연된 충전부와 외함 간 | 5 이상 |
> | 교류입력 측과 외함 간 | 20 이상 |
> | 절연된 선로 간 | 20 이상 |

03 자동화재탐지설비 및 시각경보장치의 화재안전기술기준에서 정하는 광전식 분리형 감지기의 설치기준 중 ( ) 안에 알맞은 내용을 쓰시오. [5점]

- 감지기의 (①)은 햇빛을 직접 받지 않도록 설치할 것
- 광축은 나란한 벽으로부터 (②) 이상 이격하여 설치할 것
- 감지기의 송광부와 수광부는 설치된 (③)으로부터 1[m] 이내 위치에 설치할 것
- 광축의 높이는 천장 등 높이의 (④) 이상일 것
- 감지기의 광축의 길이는 (⑤) 범위 이내일 것

해답
① 수광면 ② 0.6[m] ③ 뒷벽
④ 80[%] ⑤ 공칭감시거리

해설
1) 광전식 분리형 감지기 설치기준
① 감지기의 수광면은 햇빛을 직접 받지 않도록 설치할 것
② 광축은 나란한 벽으로부터 0.6[m] 이상 이격하여 설치할 것
③ 감지기의 송광부와 수광부는 설치된 뒷벽으로부터 1[m] 이내 위치에 설치할 것
④ 광축의 높이는 천장 등 높이의 80[%] 이상일 것
⑤ 감지기의 광축의 길이는 공칭감시거리 범위 이내일 것
⑥ 그 밖의 설치기준은 형식승인 내용에 따르며 형식승인 사항이 아닌 것은 제조사의 시방에 따라 설치할 것

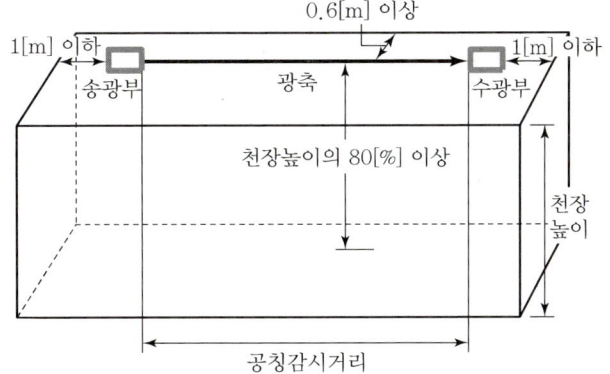

▲ 광전식 분리형 감지기의 설치기준

2) **구성요소** : 송광부, 수광부, 신호증폭회로, 신호변환회로 등
3) **동작원리** : 빛의 감소한 양을 검출하는 감광식
연기입자에 의해 수광부에 전달되는 광량이 감소하는 것을 검출하는 방식
4) **동작순서** : 화재 발생 → 광축에 연기 투입 → 광량 감소 → 신호 증폭 → 화재 경보

04 다음은 자동화재탐지설비의 미완성 결선도이다. 도면을 보고 다음 각 물음에 답하시오. [8점]

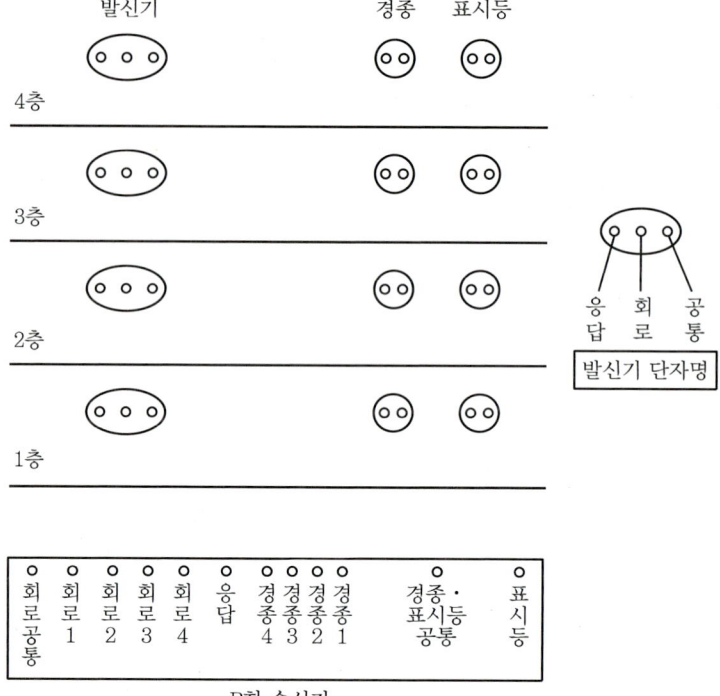

1) P형 수신기와 발신기세트 간 결선을 완성하시오.(단, 건축물은 지상 4층, 연면적 2,000[m²]이다.)
2) 종단저항은 어느 선과 어느 선 사이에 연결하여야 하는지 쓰시오.
3) 발신기세트의 상부에 설치하는 표시등의 색깔을 쓰시오.
4) 발신기표시등은 그 불빛의 부착면으로부터 몇 도 이상의 범위 안에서 부착지점으로부터 몇 [m]의 어느 곳에서도 쉽게 식별할 수 있는 적색등으로 하여야 하는지 쓰시오.

해답 1)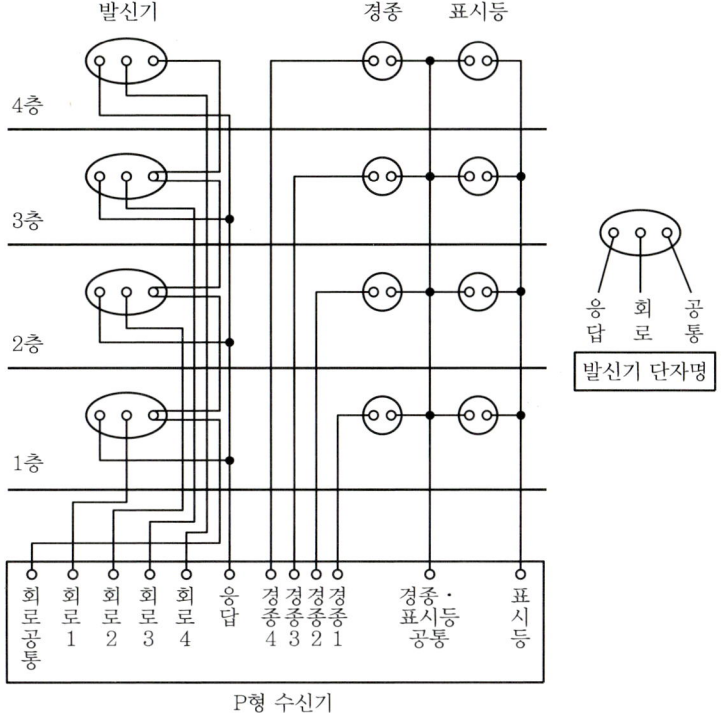

2) 회로선, 회로공통선
3) 적색
4) 15°, 10[m] 이내

해설 1) P형 수신기~발신기세트 간 결선

① 회로선

각 층별 1경계구역이므로 층별 각각 1가닥씩 올라간다.(4가닥)

② 회로공통선

7경계구역까지 1가닥이므로 1가닥만 올라간다.

✏️ 공통선은 발신기단자대에 결선 후 다음 층 발신기로 전달해서 넘어갔는데 이것은 큰 의미는 없다. 응답선처럼 결선해도 무방하나 공통선의 주요도를 고려하여 대부분의 교재들이 이와 같이 결선모양을 그리고 있다.

③ 경종선 : 각 층마다 1가닥씩 증가

- 화재로 인하여 하나의 층의 지구음향장치 또는 배선이 단락되어도 다른 층의 화재통보에 지장이 없도록 각 층 배선상에 유효한 조치를 할 것(2022년 이후)
- 각 층 배선상에 유효한 조치로 단선단락 자동감시형 수신기를 사용하거나 수신기에 퓨즈 또는 차단기 등을 설치할 것(2025년 이후)
- 경종선은 단선단락 자동감시형 수신기나 퓨즈 또는 차단기 등으로부터 각 층에 각각 1가닥씩 배선하여야 한다.

- 일제경보방식과 우선경보방식의 배선방식이 동일하다.

④ 표시등선, 경종·표시등공통선, 응답선
각각 1선씩 올라가서 분기하여 사용한다.

2) 종단저항의 연결
도통시험을 원활히 하기 위하여 각 층 발신기의 회로선과 회로공통선에 연결한다.

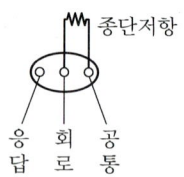

3) 발신기의 위치표시등
발신기의 위치를 표시하는 표시등은 함의 상부에 설치하되, 그 불빛은 부착면으로부터 15° 이상의 범위 안에서 부착지점으로부터 10[m] 이내의 어느 곳에서도 쉽게 식별할 수 있는 적색등으로 하여야 한다.

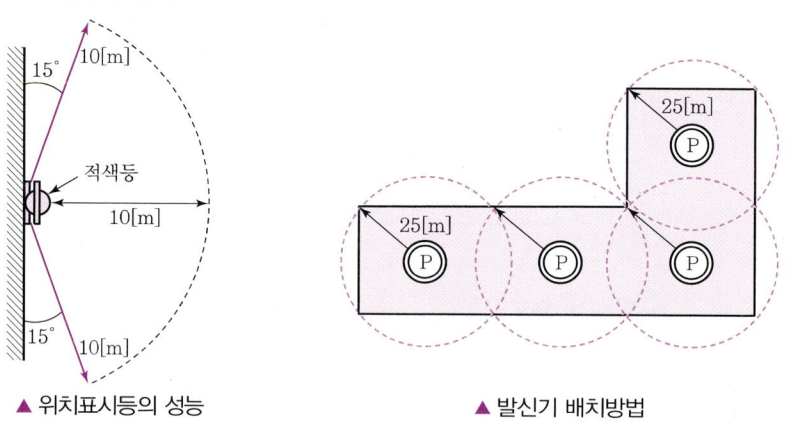

▲ 위치표시등의 성능   ▲ 발신기 배치방법

05 비상콘센트설비의 전원회로에 대한 기준이다. 다음 빈칸을 완성하시오.   [5점]

- 전원회로는 각 층에 있어서 (①) 이상 되도록 설치할 것. 다만, 설치하여야 할 층의 비상콘센트가 1개인 때에는 하나의 회로로 할 수 있다.
- 전원회로는 (②)에서 전용회로로 할 것, 다만, 다른 설비의 회로의 사고에 따른 영향을 받지 아니하도록 되어 있는 것에 있어서는 그러하지 아니하다.
- 콘센트마다 (③)를 설치하여야 하며, (④)가 노출되지 아니하도록 할 것
- 하나의 전용회로에 설치하는 비상콘센트는 (⑤)개 이하로 할 것

해답 ① 2   ② 주배전반   ③ 배선용 차단기
④ 충전부   ⑤ 10

해설 비상콘센트설비의 전원회로

① 비상콘센트설비의 전원

전원	전압	공급용량
단상교류	220[V]	1.5[kVA] 이상

② 전원회로는 각 층에 2 이상이 되도록 설치할 것(다만, 설치하여야 할 층의 비상콘센트가 1개인 때에는 하나의 회로로 할 수 있다.)
③ 전원회로는 주배전반에서 전용회로로 할 것
④ 전원으로부터 각 층의 비상콘센트에 분기되는 경우에는 분기배선용 차단기를 보호함 안에 설치할 것
⑤ 콘센트마다 배선용 차단기를 설치하여야 하며, 충전부가 노출되지 아니하도록 할 것
⑥ 개폐기에는 "비상콘센트"라고 표시한 표지를 할 것
⑦ 비상콘센트용의 풀박스 등은 방청도장을 한 것으로서, 두께 1.6[mm] 이상의 철판으로 할 것
⑧ 하나의 전용회로에 설치하는 비상콘센트는 10개 이하로 할 것. 이 경우 전선의 용량은 각 비상콘센트(비상콘센트가 3개 이상인 경우에는 3개)의 공급용량을 합한 용량 이상의 것으로 할 것

06 자동화재탐지설비의 감지기회로 및 음향장치에 대한 사항이다. 다음 각 물음에 답하시오. [5점]

1) 자동화재탐지설비 감지기회로의 배선에 있어서 하나의 공통선이 담당하는 구역은 몇 개 이하로 하여야 하는지 쓰시오.
2) 자동화재탐지설비 감지기회로의 전로저항은 몇 [Ω] 이하가 되도록 하여야 하는지 쓰시오.
3) 지구음향장치의 시험방법 및 판정기준을 쓰시오.
   • 시험방법 :
   • 판정기준 :

해답 1) 7개 이하
2) 50[Ω] 이하
3) • 시험방법 : 수신기에서 작동시험을 하거나 경계구역의 감지기, 발신기를 동작시킨다.
   • 판정기준 : 지구음향장치가 정상작동하고, 음량은 부착된 음향장치의 중심으로부터 1[m] 떨어진 위치에서 90[dB] 이상일 것

해설 ⊕　1), 2) 자동화재탐지설비의 배선
① 감지기회로 하나의 공통선에 접속할 수 있는 경계구역 : 7개 이하

$$공통선의 가닥수 = \frac{회로수(경계구역수)}{7} (소수점 이하 절상)$$

② 자동화재탐지설비의 감지기회로의 전로저항 : 50[Ω] 이하
③ 종단감지기에 접속되는 배선의 전압 : 정격전압의 80[%] 이상
④ 절연저항 : 감지기회로 및 부속회로의 전로와 대지 사이 및 배선 상호 간을 직류 250[V]의 절연저항측정기로 측정하여 0.1[MΩ] 이상이 되도록 할 것
⑤ 감지기 사이의 회로의 배선은 송배선식으로 할 것

3) 지구음향장치 작동시험
① 목적 : 수신기에 입력신호가 들어왔을 때 지구음향장치의 연동 여부를 확인
② 시험방법
　수신기에서 작동시험을 하거나 경계구역의 감지기, 발신기를 동작시킨다.
③ 판정
　• 지구음향장치가 정상작동할 것
　• 음량은 부착된 음향장치의 중심으로부터 1[m] 떨어진 위치에서 90[dB] 이상일 것

07 자동화재탐지설비의 감지기회로에서 도통시험을 위한 종단저항의 설치기준 3가지를 쓰시오.

[3점]

-
-
-

해답 ⊕　• 점검 및 관리가 쉬운 장소에 설치할 것
　　• 전용함을 설치하는 경우 그 설치높이는 바닥으로부터 1.5[m] 이내로 할 것
　　• 감지기회로의 끝부분에 설치하며, 종단감지기에 설치할 경우에는 구별이 쉽도록 해당 감지기의 기판 및 감지기 외부 등에 별도의 표시를 할 것

해설 ⊕　감지기회로의 도통시험을 위한 종단저항의 설치기준
① 점검 및 관리가 쉬운 장소에 설치할 것
② 전용함을 설치하는 경우 그 설치높이는 바닥으로부터 1.5[m] 이내로 할 것
③ 감지기회로의 끝부분에 설치하며, 종단감지기에 설치할 경우에는 구별이 쉽도록 해당 감지기의 기판 및 감지기 외부 등에 별도의 표시를 할 것

08 어느 특정소방대상물에 할론소화설비를 설치하였다. 도면과 조건을 참고하여 다음 각 물음에 답하시오. [11점]

[조건]
- 배관은 후강전선관을 사용하며 콘크리트 매입공사이다.
- 3방출 이상은 4각박스를 사용하고, 3방출 미만은 8각박스를 사용한다.

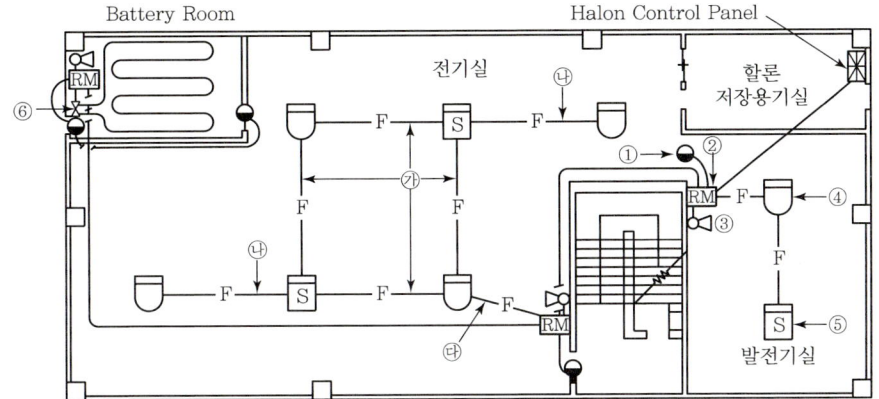

1) 도면에 표시된 ①~⑥의 명칭을 쓰시오.
   ①   ②   ③
   ④   ⑤   ⑥

2) 도면에 표시된 ㉮~㉰의 배선가닥수를 쓰시오.
   ㉮   ㉯   ㉰

3) 도면에서 물량 산출 시 필요한 박스의 수량을 각각 산출하시오.(단, 할론제어반과 수동조작함의 박스는 산출하지 아니한다.)
   - 4각박스 :
   - 8각박스 :

4) 도면에서 필요한 부싱의 수량을 산출하시오.

해답 ➕
1) ① 방출표시등   ② 가스계 소화설비의 수동조작함
   ③ 사이렌   ④ 차동식 스포트형 감지기
   ⑤ 연기감지기   ⑥ 차동식 분포형 감지기의 검출기
2) ㉮ 4가닥   ㉯ 4가닥
   ㉰ 8가닥
3) • 4각박스 : 3개
   • 8각박스 : 13개
4) 40개

해설 ⊕ 1) 도시기호

명칭	도시기호	내용
방출표시등	◐	
가스계 소화설비의 수동조작함	RM	프리액션밸브 수동조작함 : SVP
사이렌	⊂◯	• 전자사이렌 : Ⓢ • 모터사이렌 : Ⓜ
차동식 스포트형 감지기	▽	보상식 스포트형 감지기 : ▽
정온식 스포트형 감지기	▽	• 방수형 : ▽ • 내산형 : ▽ • 내알칼리형 : ▽ • 방폭형 : EX 표기
연기감지기	S	• 매입 : Ⓢ • 점검박스붙이 : Ⓢ
차동식 분포형 감지기의 검출기	⋈	• 공기관 : ——— • 열전대 : ━━ • 열반도체 : ∞

2) 감지기선로의 가닥수

도면에서 할론소화설비임을 확인할 수 있으므로 감지기회로는 교차회로방식이다.

㉮ 루프된 곳 : 4가닥

㉯ 말단감지기 : 4가닥

㉰ 그 밖의 것 : 8가닥

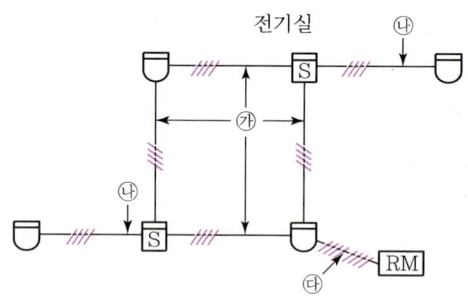

3) 박스의 수량
   ① 4각박스 : 3개
      감지기박스의 3방출 이상을 찾으면 3개이다.(조건에 따름)
   ② 8각박스 : 13개(3방출 미만)
      • 감지기 : 5개
      • 사이렌 : 3개
      • 방출표시등 : 4개
      • 차동식 분포형 감지기의 검출기 : 1개
   ③ 각 설비마다 박스를 사용한다면 박스의 총 개수는 20개이다. 조건을 잘 확인하여 수량을 산출한다.

4) 부싱의 수량
   ① 도면에서 기기와 기기 사이의 배관 수량을 산출한다.(배관 20개)
   ② 부싱수
      • 배관 1개당 부싱은 2개이다.
      • 부싱수=배관수×2=20개×2=40개
   ③ 로크 너트수
      • 부싱 1개당 로크 너트는 2개이다.
      • 부싱수×2=40개×2=80개
   ④ 다음 도면에서 ●────● 은 배관에 부싱이 2개 붙어있는 것을 표현한 것이다. 즉, ●의 숫자가 부싱의 개수이다.

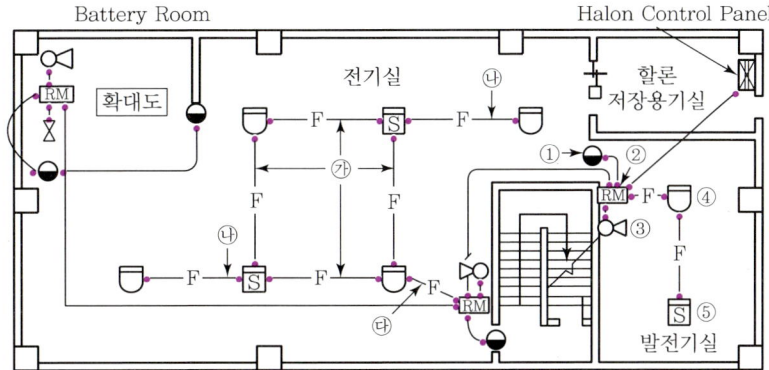

09 그림과 같이 사무실 용도로 사용되고 있는 건축물의 통로에 복도통로유도등을 설치하고자 한다. 다음 각 물음에 답하시오. [5점]

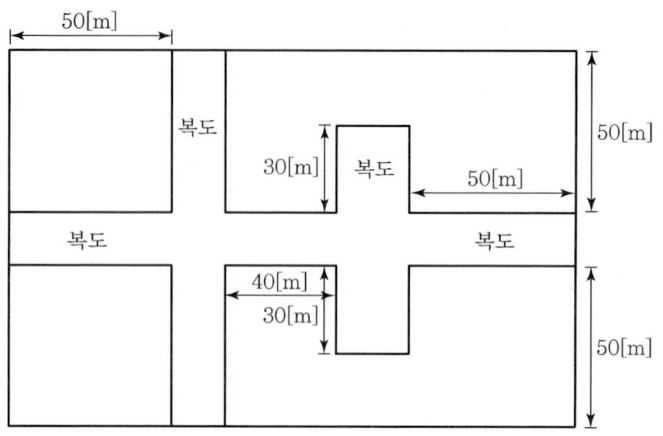

1) 복도통로유도등의 총 소요개수를 쓰시오.
2) 복도통로유도등을 설치하여야 할 위치를 작은 점(•)으로 표시하시오.

해답 1) 13개
2)

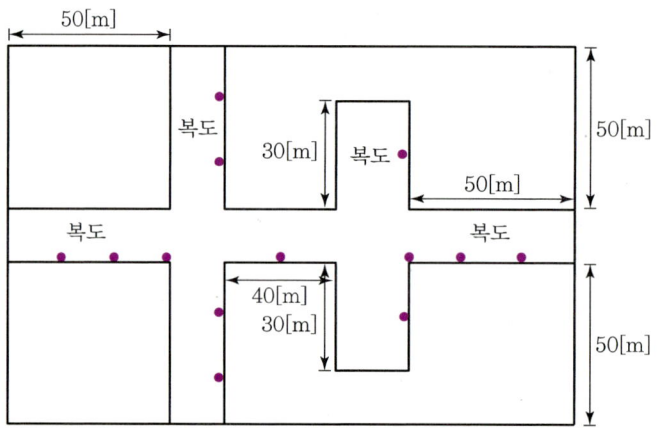

해설 1) 복도통로유도등의 총 소요개수
① 4거리의 구부러진 모퉁이에 설치하는 유도등은 중복되므로 1개만 설치한다.
② 직선 복도부분은 복도통로유도등 설치개수 산정식으로 산정한다. 유도등은 임의의 한 쪽 면만 설치한다.

- 50[m] 구간 : $N = \dfrac{50[\text{m}]}{20[\text{m}]} - 1 = 1.5 ≒ 2$개
- 40[m] 구간 : $N = \dfrac{40[\text{m}]}{20[\text{m}]} - 1 = 1$개
- 30[m] 구간 : $N = \dfrac{30[\text{m}]}{20[\text{m}]} - 1 = 0.5 ≒ 1$개

2) 계산된 유도등의 수량을 보행거리 20[m] 이내로 배치하고 구부러진 모퉁이에 1개씩 배치한다.

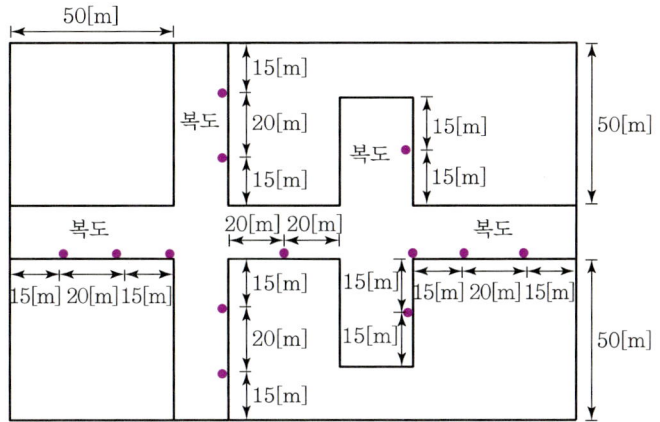

① 복도통로유도등의 설치기준
- **복도**에 설치하되 피난구유도등이 설치된 출입구의 맞은편 복도에는 입체형으로 설치하거나 바닥에 설치할 것
- **구부러진 모퉁이** 및 통로유도등을 기점으로 보행거리 **20[m]**마다 설치할 것
- 바닥으로부터 높이 **1[m] 이하**의 위치에 설치할 것(단, 지하층 또는 무창층의 용도가 도매시장·소매시장·여객자동차터미널·지하역사 또는 지하상가인 경우에는 복도·통로 중앙부분의 바닥에 설치할 것)
- 바닥에 설치하는 통로유도등은 **하중**에 따라 파괴되지 아니하는 강도의 것으로 할 것

② 유도등, 유도표지의 설치개수 산정

종류	설치개수
복도통로유도등, 거실통로유도등	$N = \dfrac{직선부분의\ 보행거리[m]}{20[m]} - 1$
객석유도등	$N = \dfrac{직선부분의\ 보행거리[m]}{4[m]} - 1$
유도표지	$N = \dfrac{직선부분의\ 보행거리[m]}{15[m]} - 1$

10 다음은 할론(Halon) 소화설비의 평면도이다. 도면을 보고 다음 각 물음에 답하시오. [13점]

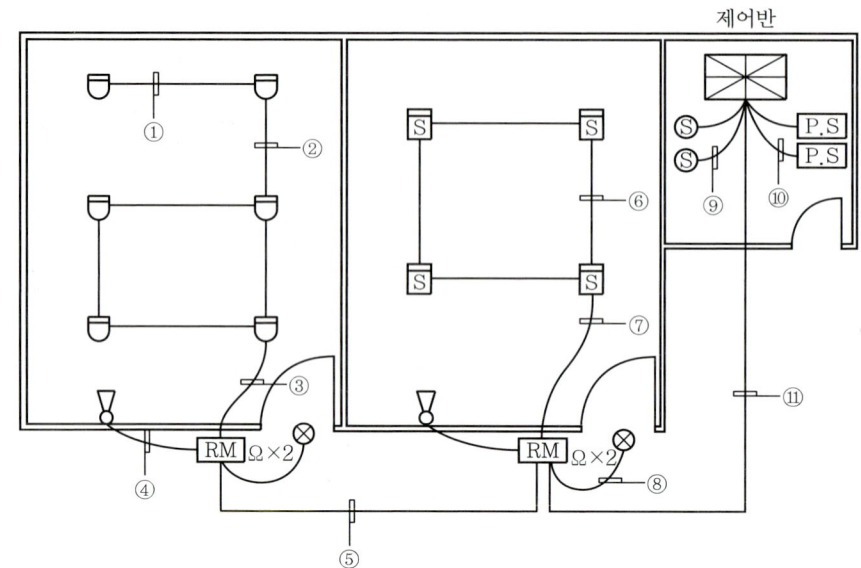

1) ①~⑪까지의 가닥수를 쓰시오.(단, 감지기는 별도의 공통선을 사용한다.)

번호	①	②	③	④	⑤	⑥	⑦	⑧	⑨	⑩	⑪
가닥수											

2) ⑤의 배선의 용도를 쓰시오.
3) ⑪의 배선에서 구역(Zone)이 추가됨에 따라 늘어나는 배선의 명칭을 쓰시오.

해답 1)

번호	①	②	③	④	⑤	⑥	⑦	⑧	⑨	⑩	⑪
가닥수	4	8	8	2	9	4	8	2	2	2	14

2) 전원⊕, 전원⊖, 방출지연스위치, 감지기공통, 감지기A, 감지기B, 방출표시등, 기동스위치, 사이렌

3) 감지기A, 감지기B, 방출표시등, 기동스위치, 사이렌

해설 1), 2), 3)

기호	가닥수	배선용도
①	4	회로2, 공통2 (교차회로방식의 말단 : 4가닥)
②	8	회로4, 공통4 (교차회로방식의 그 밖의 것 : 8가닥)
③	8	회로4, 공통4 (교차회로방식의 그 밖의 것 : 8가닥)
④	2	사이렌2
⑤	9	전원⊕, 전원⊖, 방출지연스위치, 감지기공통, 감지기A, 감지기B, 방출표시등, 기동스위치, 사이렌(기본 8가닥+조건에서 감지기공통 별도)
⑥	4	회로2, 공통2 (교차회로방식의 루프된 곳 : 4가닥)

기호	가닥수	배선용도
⑦	8	회로4, 공통4 (교차회로방식의 그 밖의 것 : 8가닥)
⑧	2	방출표시등2
⑨	2	솔레노이드밸브2
⑩	2	압력스위치2
⑪	14	전원⊕, 전원⊖, 방출지연스위치, 감지기공통, (감지기A, 감지기B, 방출표시등, 기동스위치, 사이렌) × 2 (2 Zone : 1 Zone당 5가닥씩 증가하므로 9+5=14가닥)

※ 기존의 비상스위치가 방출지연스위치로 용어 개정

①, ②, ③, ⑥, ⑦ : 교차회로방식 감지기 배선의 가닥수 산정

송배선방식	교차회로방식
• 루프된 곳 : 2가닥 • 그 밖의 것 : 4가닥	• 루프된 곳 : 4가닥 • 말단감지기 : 4가닥 • 그 밖의 것 : 8가닥

⑤ 수동조작함~수동조작함(1 Zone)
- 기본 가닥수(8가닥)
  전원⊕, 전원⊖, 방출지연스위치, 감지기A, 감지기B, 방출표시등, 기동스위치, 사이렌
- 조건에서 감지기는 별도의 공통선 사용(9가닥)
  전원⊕, 전원⊖, 방출지연스위치, 감지기공통, 감지기A, 감지기B, 방출표시등, 기동스위치, 사이렌

⑧ 방출표시등
- 방출표시등 : 2가닥
- 도시기호 : ⊗ 또는 ◐

⑨ 솔레노이드밸브
- 솔레노이드밸브 : 2가닥
- 배관방식에 따라 가닥수가 달라진다.

Reference

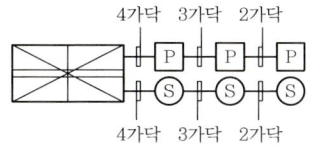

- 2가닥 : 솔레노이드1, 공통1
- 3가닥 : 솔레노이드2, 공통1
- 4가닥 : 솔레노이드3, 공통1

⑩ 압력스위치
- 압력스위치 : 2가닥
- ⑨번과 산정방법 동일

⑪ 수동조작함~수동조작함(2 Zone)
- 기본 가닥수(13가닥)
  전원⊕, 전원⊖, 방출지연스위치, (감지기A, 감지기B, 방출표시등, 기동스위치, 사이렌)×2
- 조건에서 감지기는 별도의 공통선 사용(14가닥)
  전원⊕, 전원⊖, 방출지연스위치, 감지기공통, (감지기A, 감지기B, 방출표시등, 기동스위치, 사이렌)×2

11 사무실(1동)과 공장(2동)으로 구분되어 있는 특정소방대상물에 자동화재탐지설비의 발신기세트가 내장된 옥내소화전설비와 습식 스프링클러설비를 설치하고자 한다. 경보방식은 동별 구분경보방식을 적용하며, 옥내소화전의 가압송수장치는 기동용 수압개폐장치를 사용하는 방식이다. 다음 물음에 답하시오.   [8점]

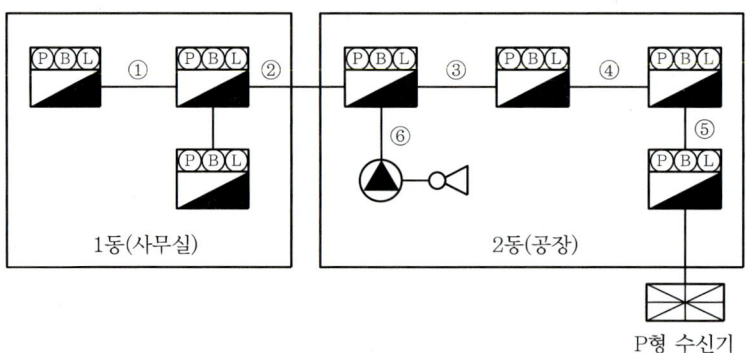

1) 다음 표의 ①, ③, ④, ⑤ 안에 배선의 가닥수 및 배선의 용도를 쓰시오.(단, 스프링클러설비와 자동화재탐지설비의 공통선은 각각 별도로 사용하며, 전선은 최소가닥수로 산정한다.)

기호	가닥수	자동화재탐지설비 및 옥내소화전설비							스프링클러설비			
		용도1	용도2	용도3	용도4	용도5	용도6	용도7	용도1	용도2	용도3	용도4
①												
②	10	지구3	지구공통	경종	표시등	경종표시등공통	응답	기동확인표시등2				
③												
④												
⑤												
⑥	4								압력스위치	탬퍼스위치	사이렌	공통

2) 공장동에 설치한 습식 스프링클러의 유수검지장치용 음향장치는 어떤 경우에 작동하는지 쓰시오.

3) 습식 스프링클러 유수검지장치용 음향장치는 담당구역의 각 부분으로부터 하나의 음향장치까지의 수평거리를 몇 [m] 이하로 하여야 하는가?

해답 1)

기호	가닥수	자동화재탐지설비 및 옥내소화전설비							스프링클러설비			
		용도1	용도2	용도3	용도4	용도5	용도6	용도7	용도1	용도2	용도3	용도4
①	8	지구1	지구공통	경종	표시등	경종표시등공통	응답	기동확인표시등 2				
②	10	지구3	지구공통	경종	표시등	경종표시등공통	응답	기동확인표시등 2				
③	16	지구4	지구공통	경종2	표시등	경종표시등공통	응답	기동확인표시등 2	압력스위치	탬퍼스위치	사이렌	공통
④	17	지구5	지구공통	경종2	표시등	경종표시등공통	응답	기동확인표시등 2	압력스위치	탬퍼스위치	사이렌	공통
⑤	18	지구6	지구공통	경종2	표시등	경종표시등공통	응답	기동확인표시등 2	압력스위치	탬퍼스위치	사이렌	공통
⑥	4								압력스위치	탬퍼스위치	사이렌	공통

2) 헤드가 개방되어 유수검지장치의 압력스위치가 작동하였을 경우
3) 25[m]

해설 1) 가닥수

①, ② 발신기세트 옥내소화전 내장형(기동용 수압개폐장치 사용)
- 기본 가닥수 : 발신기세트 단독형(6가닥) + 기동확인표시등(2가닥) = 8가닥
- 발신기세트 옥내소화전 내장형마다 회로수가 1가닥씩 증가한다.
- 동별 구분방식이므로 동일한 동에서는 경종선이 증가하지 않는다.

명칭	도시기호	부속기기 명칭
발신기세트 옥내소화전 내장형	ⓅⒷⓁ	• Ⓟ : 발신기 • Ⓑ : 경종 • Ⓛ : 위치표시등 • ● : 펌프기동확인표시등(도시기호에는 표시되지 않음)
발신기세트 단독형	ⓅⒷⓁ	• Ⓟ : 발신기 • Ⓑ : 경종 • Ⓛ : 위치표시등

- 발신기세트 옥내소화전 내장형의 도시기호에는 기동확인표시등이 표시되지 않는다.
- 실물의 발신기세트 옥내소화전 내장형에는 적색의 기동확인표시등이 설치되어 있다.

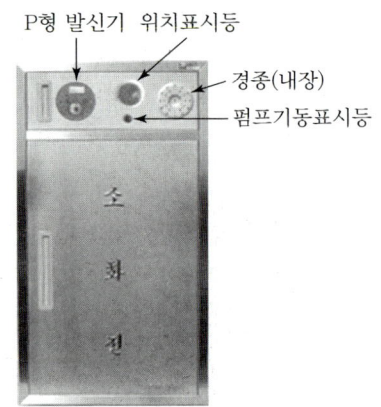

▲ 발신기세트 옥내소화전 내장형

③~⑤
- 발신기세트 단독형 + 기동확인표시등(2가닥) + 알람밸브(4가닥)
- 동별 구분방식이므로 동수에 따라 경종선도 증가한다.
⑥ 알람밸브(압력스위치, 탬퍼스위치, 사이렌, 공통) 4가닥

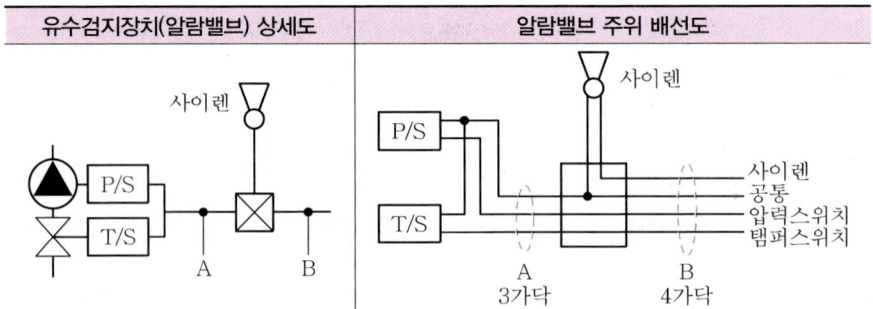

2) 유수검지장치용 음향장치 경보
① 화재 발생 → 헤드 개방 → 알람밸브 2차 측 배관의 압력저하 → 클래퍼 개방 → 압력스위치 작동 → 제어반에 화재신호 전송 → 밸브개방표시등 점등 → 사이렌 작동
② 헤드가 개방되어 압력스위치가 작동해야 음향경보장치(사이렌)가 작동한다.

3) 스프링클러설비의 음향장치 및 기동장치 설치기준
① 습식 유수검지장치 또는 건식 유수검지장치를 사용하는 설비에 있어서는 헤드가 개방되면 유수검지장치가 화재신호를 발신하고 그에 따라 음향장치가 경보되도록 할 것
② 준비작동식 유수검지장치 또는 일제개방밸브를 사용하는 설비에는 화재감지기의 감지에 따라 음향장치가 경보되도록 할 것. 이 경우 화재감지기회로를 교차회로방식(하나의 준비작동식 유수검지장치 또는 일제개방밸브의 담당구역 내에 2 이상의 화재감지기회로를 설치하고 인접한 2 이상의 화재감지기가 동시에 감지되는 때에 준비작동식 유수검지장치 또는 일제개방밸브가 개방·작동되는 방식)으로 하는 때에는 하나의 화재감지기회로가 화재를 감지하는 때에도 음향장치가 경보되도록 하여야 한다.
③ 음향장치는 유수검지장치 및 일제개방밸브 등의 담당구역마다 설치하되 그 구역의 각 부분으로부터 하나의 음향장치까지의 수평거리는 25[m] 이하가 되도록 할 것
④ 음향장치는 경종 또는 사이렌으로 하되, 주위의 소음 및 다른 용도의 경보와 구별이 가능한 음색으로 할 것. 이 경우 경종 또는 사이렌은 자동화재탐지설비·비상벨설비 또는 자동식 사이렌설비의 음향장치와 겸용할 수 있다.
⑤ 주 음향장치는 수신기의 내부 또는 그 직근에 설치할 것

12 다음은 피난구유도등의 설치 제외 장소에 대한 기준이다. 다음 (   ) 안에 알맞은 말을 쓰시오. [6점]

- 바닥면적이 (①)[m²] 미만인 층으로서 옥내로부터 직접 지상으로 통하는 출입구(외부의 식별이 용이한 경우에 한한다.)
- 거실 각 부분으로부터 하나의 출입구에 이르는 보행거리가 (②)[m] 이하이고 비상조명등과 유도표지가 설치된 거실의 출입구
- 출입구가 3 이상 있는 거실로서 그 거실 각 부분으로부터 하나의 출입구에 이르는 보행거리가 (③)[m] 이하인 경우에는 주된 출입구 2개소 외의 출입구(유도표지가 부착된 출입구를 말한다). 다만, 공연장, 집회장, 관람장, 전시장, 판매시설, 운수시설, 숙박시설, 노유자시설, 의료시설, 장례식장의 경우에는 그러하지 아니하다.

해답 ① 1,000 ② 20 ③ 30

해설
1) 피난구유도등의 설치 제외
① 바닥면적이 1,000[m²] 미만인 층으로서 옥내로부터 직접 지상으로 통하는 출입구(외부의 식별이 용이한 경우에 한한다.)

② 대각선 길이가 15[m] 이내인 구획된 실의 출입구
③ 거실 각 부분으로부터 하나의 출입구에 이르는 보행거리가 20[m] 이하이고 비상조명등과 유도표지가 설치된 거실의 출입구
④ 출입구가 3 이상 있는 거실로서 그 거실 각 부분으로부터 하나의 출입구에 이르는 보행거리가 30[m] 이하인 경우에는 주된 출입구 2개소 외의 출입구(유도표지가 부착된 출입구를 말한다). 다만, 공연장·집회장·관람장·전시장·판매시설·운수시설·숙박시설·노유자시설·의료시설·장례식장의 경우에는 그러하지 아니하다.

2) 통로유도등의 설치 제외
① 구부러지지 아니한 복도 또는 통로로서 길이가 30[m] 미만인 복도 또는 통로
② ①에 해당하지 않는 복도 또는 통로로서 보행거리가 20[m] 미만이고 그 복도 또는 통로와 연결된 출입구 또는 그 부속실의 출입구에 피난구유도등이 설치된 복도 또는 통로

3) 객석유도등의 설치 제외
① 주간에만 사용하는 장소로서 채광이 충분한 객석
② 거실 등의 각 부분으로부터 하나의 거실출입구에 이르는 보행거리가 20[m] 이하인 객석의 통로로서 그 통로에 통로유도등이 설치된 객석

13 비상용 조명부하로서 40[W] 120등, 60[W] 50등이 있다. 연축전지 HS형 54셀, 허용최저전압 90[V], 최저축전지온도 5[℃], 방전시간은 30분일 때 다음 각 물음에 답하시오.(단, 전압은 100[V]이며 연축전지의 용량환산시간 K는 표와 같으며 보수율은 0.8이다.) [6점]

형식	온도[℃]	10분			30분		
		1.6[V]	1.7[V]	1.8[V]	1.6[V]	1.7[V]	1.8[V]
CS	25	0.9	1.15	1.6	1.41	1.6	2.0
		0.8	1.06	1.42	1.34	1.55	1.88
	5	1.15	1.35	2.0	1.75	1.85	2.45
		1.1	1.25	1.8	1.75	1.8	2.35
	−5	1.35	1.6	2.55	2.05	2.2	3.1
		1.25	1.5	2.25	2.05	2.2	3.0
HS	25	0.58	0.7	0.93	1.03	1.14	1.38
	5	0.62	0.74	1.05	1.11	1.22	1.54
	−5	0.68	0.82	1.15	1.2	1.35	1.68

1) 조건을 참고하여 축전지용량을 구하시오.
• 계산과정 :
• 답 :

2) 자기방전량만 항상 충전하는 방식을 무엇이라 하는지 쓰시오.
3) 연축전지와 알칼리축전지의 공칭전압을 쓰시오.
   - 연축전지 :
   - 알칼리축전지 :

해답

1) • 계산과정

$$\text{방전전류 } I = \frac{P}{V} = \frac{(40 \times 120) + (60 \times 50)}{100} = 78[A]$$

$$\text{축전지용량 } C = \frac{1}{L}KI = \frac{1}{0.8} \times 1.22 \times 78 = 118.95[Ah]$$

• 답 118.95[Ah]

2) 세류충전방식

3) • 연축전지 : 2.0[V]
   • 알칼리축전지 : 1.2[V]

해설

1) 축전지용량

① 축전지의 용량

$$C = \frac{1}{L}KI$$

여기서, C : 축전지용량[Ah], L : 용량저하율(보수율 : 일반적으로 0.8)
K : 용량환산시간[h], I : 방전전류[A]

② 계산과정

• 사용전력 : $P = (40[W] \times 120등) + (60[W] \times 50등) = 7,800[W]$

• 방전전류 : $P = VI$에서 $I = \frac{P}{V} = \frac{(40 \times 120) + (60 \times 50)}{100} = 78[A]$

• 셀당 최저허용전압(방전종지전압)[V/Cell] : $V = \frac{90}{54} = 1.666 ≒ 1.7[V/Cell]$

• 용량환산시간 K : 1.22

형식	온도[℃]	10분			30분		
		1.6[V]	1.7[V]	1.8[V]	1.6[V]	1.7[V]	1.8[V]
CS	25	0.9	1.15	1.6	1.41	1.6	2.0
		0.8	1.06	1.42	1.34	1.55	1.88
	5	1.15	1.35	2.0	1.75	1.85	2.45
		1.1	1.25	1.8	1.75	1.8	2.35
	−5	1.35	1.6	2.55	2.05	2.2	3.1
		1.25	1.5	2.25	2.05	2.2	3.0
HS	25	0.58	0.7	0.93	1.03	1.14	1.38
	5	0.62	0.74	1.05	1.11	1.22	1.54
	−5	0.68	0.82	1.15	1.2	1.35	1.68

- 축전지용량 : $C = \dfrac{1}{L}KI = \dfrac{1}{0.8} \times 1.22 \times 78 = 118.95 [\text{Ah}]$

2) 축전지 충전방식

① **보통충전** : 필요할 때마다 표준 시간율로 충전하는 방식
② **급속충전** : 단시간에 보통 충전전류의 2~3배의 전류로 충전하는 방식
③ **부동충전** : 전지의 자기방전을 보충함과 동시에 상용부하에 대한 전력공급은 충전기가 부담하고 일시적인 대전류 부하는 축전지가 부담하도록 하는 방식

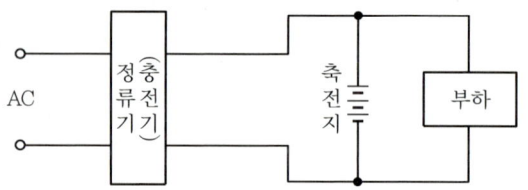

④ **균등충전** : 1~3개월마다 정전압으로 10~12시간 충전하여 전체 셀의 전압을 균일하게 하는 방식
⑤ **세류충전** : 항상 자기방전량만큼만 충전하는 방식
⑥ **회복충전** : 과방전및 방치상태, 가벼운 설페이션 현상 등이 생겼을 때 기능회복을 위하여 실시하는 충전방식

✏️ 설페이션 : 연축전지를 방전 상태로 오래 방치했을 때, 극판의 표면의 황산납이 회백색으로 변하여 부도체 성질을 갖는 현상

3) 연축전지와 알칼리축전지의 비교

구분	연축전지	알칼리축전지
공칭전압	2.0[V]	1.2[V]
공칭용량	10[Ah]	5[Ah]
수명	짧다	길다
기계적 강도	약하다	강하다
종류	클래드식, 페이스트식	소결식, 포켓식

14 다음 건축물의 지하 주차장에 준비작동식 스프링클러설비를 설치하고자 한다. 조건을 참고하여 각 물음에 답하시오. [4점]

[조건]
- 감지기는 차동식 스포트형 감지기 2종을 설치하였다.
- 건축물은 주요 구조부는 내화구조이고, 각 층의 층고는 3.8[m]이다.

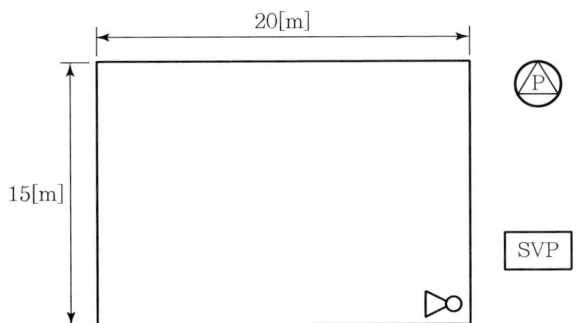

1) 지하 주차장에 필요한 감지기 수량을 계산하시오.
   - 계산과정 :
   - 답 :

2) 계산된 감지기를 평면도에 표시하고 각 설비 및 감지기 간 배선도를 작성한 후 배선에 필요한 가닥수를 표시하시오.(단, SVP와 준비작동밸브 간의 공통선은 각각 별도로 사용한다.)

해답 1) • 계산과정

$$N = \frac{20 \times 15}{70} = 4.29 ≒ 5개$$

5개 × 2회로(교차회로) = 10개

- **답** 10개

2)

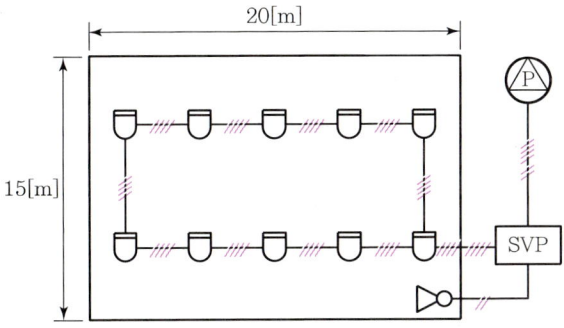

해설 1) 차동식 스포트형 감지기 수량 산정

① 기준면적(단위 : m²)

부착높이 및 특정소방대상물의 구분		감지기의 종류				
		차동식, 보상식		정온식		
		1종	2종	특종	1종	2종
4[m] 미만	내화구조	90	70	70	60	20
	기타 구조	50	40	40	30	15
4[m] 이상 8[m] 미만	내화구조	45	35	35	30	—
	기타 구조	30	25	25	15	—

② 지하 주차장의 바닥면적

$A = 20 \times 15 = 300 [m^2]$

③ 감지기 수량

- $N = \dfrac{20 \times 15}{70} = 4.29 ≒ 5$개

- 5개 × 2회로(교차회로) = 10개

- 준비작동식 스프링클러설비는 교차회로방식(2회로)을 사용하므로 감지기수는 반드시 2배로 계산하여야 한다.

2) 배선도 및 가닥수

① 교차회로방식

㉠ 정의

하나의 담당구역 내에 2 이상의 화재감지기회로를 설치하고 인접한 2 이상의 화재감지기가 동시에 감지되는 때에 설비가 작동하는 방식

㉡ 목적

감지기 오동작에 의한 설비의 작동을 방지하기 위하여

㉢ 적용설비

- 이산화탄소소화설비
- 할론소화설비
- 분말소화설비
- 할로겐화합물 및 불활성기체 소화설비
- 준비작동식 스프링클러설비
- 일제살수식 스프링클러설비

㉣ 교차회로방식 감지기선로 가닥수

- 루프된 곳 : 4가닥
- 말단감지기 : 4가닥
- 그 밖의 것 : 8가닥

② 슈퍼비조리판넬(SVP)~프리액션밸브(Preaction Valve) 간 배선

㉠ **최소가닥수 : 4가닥**

솔레노이드밸브(S/V), 탬퍼스위치(T/S), 압력스위치(P/S), 공통

㉡ **프리액션밸브의 공통선을 별도로 배선하는 경우 : 6가닥**

솔레노이드밸브(S/V) 2, 탬퍼스위치(T/S) 2, 압력스위치(P/S) 2

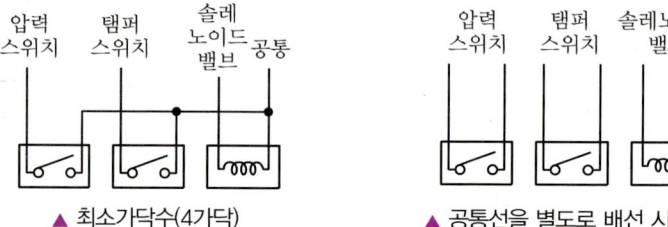

▲ 최소가닥수(4가닥)   ▲ 공통선을 별도로 배선 시(6가닥)

15 다음의 도면은 준비작동식 스프링클러설비의 전기적 계통도이다. 다음 표의 ⓐ~ⓕ까지에 대한 알맞은 배선의 가닥수와 배선의 용도를 쓰시오.(단, 배선수는 운전조작상 필요한 최소전선수로 한다.) [12점]

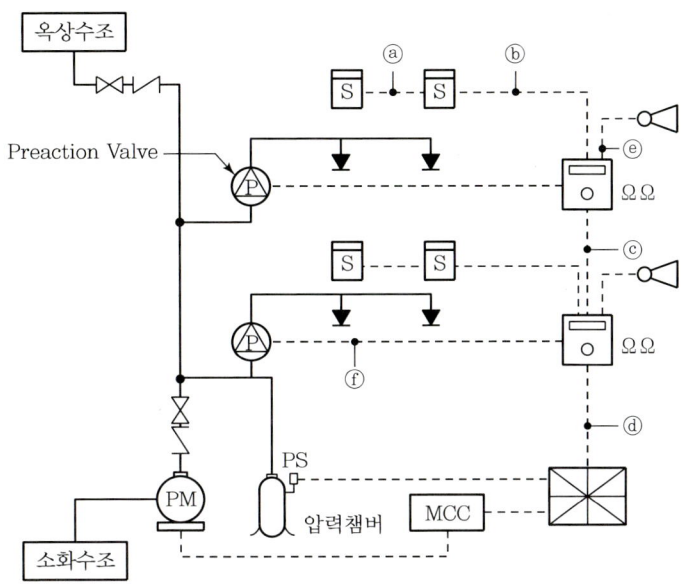

기호	구분	가닥수	배선굵기	배선용도
ⓐ	감지기 ↔ 감지기		1.5[mm²]	
ⓑ	감지기 ↔ SVP		1.5[mm²]	
ⓒ	SVP ↔ SVP		2.5[mm²]	
ⓓ	2 Zone일 경우		2.5[mm²]	
ⓔ	사이렌 ↔ SVP		2.5[mm²]	
ⓕ	프리액션밸브 ↔ SVP		2.5[mm²]	

해답

기호	구분	가닥수	배선굵기	배선용도
ⓐ	감지기 ↔ 감지기	4	1.5[mm²]	회로2, 공통2
ⓑ	감지기 ↔ SVP	8	1.5[mm²]	회로4, 공통4
ⓒ	SVP ↔ SVP	8	2.5[mm²]	전원⊕, ⊖, 감지기A, 감지기B, 솔레노이드밸브, 탬퍼스위치, 압력스위치, 사이렌
ⓓ	2 Zone일 경우	14	2.5[mm²]	전원⊕, ⊖, (감지기A, 감지기B, 솔레노이드밸브, 탬퍼스위치, 압력스위치, 사이렌)×2
ⓔ	사이렌 ↔ SVP	2	2.5[mm²]	사이렌2
ⓕ	프리액션밸브 ↔ SVP	4	2.5[mm²]	솔레노이드밸브, 탬퍼스위치, 압력스위치, 공통

해설

ⓐ 교차회로 감지기의 말단 : 4가닥
프리액션밸브이므로 감지기회로는 교차회로방식을 적용한다.

ⓑ 교차회로방식의 그 밖의 것 : 8가닥

> **Reference**
>
> **교차회로방식 감지기선로 가닥수 산정방법**
> ① 루프된 곳 : 4가닥
> ② 말단감지기 : 4가닥
> ③ 그 밖의 것 : 8가닥

ⓒ SVP ↔ SVP(1 Zone)
- 최소가닥수 적용 : 8가닥
  전원⊕, 전원⊖, 감지기A, 감지기B, 솔레노이드밸브, 탬퍼스위치, 압력스위치, 사이렌
- 조건에서 감지기공통선을 별도로 사용하라고 하는 경우 : 9가닥
  전원⊕, 전원⊖, 감지기공통, 감지기A, 감지기B, 솔레노이드밸브, 탬퍼스위치, 압력스위치, 사이렌

ⓓ 2 Zone일 경우
- 최소가닥수 : 14가닥(8가닥+6가닥)
  전원⊕, 전원⊖, (감지기A, 감지기B, 솔레노이드밸브, 탬퍼스위치, 압력스위치, 사이렌)×2
- 조건에서 감지기공통선을 별도로 사용하라고 하는 경우 : 15가닥(9가닥+6가닥)
  전원⊕, 전원⊖, 감지기공통, (감지기A, 감지기B, 솔레노이드밸브, 탬퍼스위치, 압력스위치, 사이렌)×2

  ✎ 문제의 조건에 따라 가닥수가 달라지므로 조건을 꼼꼼히 확인할 것

ⓔ 사이렌 ↔ SVP
  사이렌선 2가닥

ⓕ 프리액션밸브 ↔ SVP
- 조건이 없으면 최소가닥수 적용 : 4가닥
  솔레노이드밸브(S/V), 탬퍼스위치(T/S), 압력스위치(P/S), 공통
- 공통선을 별도로 배선하는 경우 : 6가닥
  솔레노이드밸브(S/V) 2, 탬퍼스위치(T/S) 2, 압력스위치(P/S) 2

2018년 제4회(2018. 11. 10)

01 다음은 비상방송설비의 화재안전기술기준에 따른 비상방송설비에 대한 설치기준이다. ( ) 안에 알맞은 말을 쓰시오. [4점]

- 확성기의 음성입력은 실내에 설치하는 것에 있어서는 (①)[W] 이상일 것
- 음량조정기를 설치하는 경우 음량조정기의 배선은 (②)으로 할 것
- 조작부의 조작스위치는 바닥으로부터 (③)[m] 이상 (④)[m] 이하의 높이에 설치할 것
- 확성기는 각 층마다 설치하되, 그 층의 각 부분으로부터 하나의 확성기까지의 수평거리가 (⑤)[m] 이하가 되도록 할 것

해답 ① 1   ② 3선식   ③ 0.8
       ④ 1.5   ⑤ 25

해설 1) 비상방송설비의 음향장치
    ① 확성기의 음성입력 : 실외 3[W], 실내 1[W], 아파트 등의 실내 2[W] 이상
    ② 확성기는 각 층마다 설치할 것
    ③ 그 층의 각 부분으로부터 하나의 확성기까지의 수평거리가 25[m] 이하가 되도록 하고, 해당 층의 각 부분에 유효하게 경보를 발할 수 있도록 설치할 것
    ④ 음량조정기를 설치하는 경우 음량조정기의 배선은 3선식으로 할 것
    ⑤ 음향장치의 구조 및 성능
       • 정격전압의 80[%] 전압에서 음향을 발할 수 있는 것으로 할 것
       • 자동화재탐지설비의 작동과 연동하여 작동할 수 있는 것으로 할 것

   2) 조작부 및 증폭기
    ① 조작부의 조작스위치 높이 : 바닥으로부터 0.8[m] 이상 1.5[m] 이하
    ② 조작부는 기동장치가 작동한 층 또는 구역을 표시할 수 있을 것
    ③ 증폭기 및 조작부는 수위실 등 상시 사람이 근무하는 장소로서 점검이 편리하고 방화상 유효한 곳에 설치할 것
    ④ 다른 방송설비와 공용하는 것에 있어서는 화재 시 비상경보 외의 방송을 차단할 수 있는 구조로 할 것
    ⑤ 다른 전기회로에 따라 유도장애가 생기지 아니하도록 할 것
    ⑥ 하나의 특정소방대상물에 2 이상의 조작부가 설치되어 있는 때에는 각각의 조작부가 있는 장소 상호 간에 동시통화가 가능한 설비를 설치하고, 어느 조작부에서도 해당 특정소방대상물의 전 구역에 방송을 할 수 있도록 할 것

3) 화재감지 후 방송개시 소요시간

기동장치에 따른 화재신고를 수신한 후 필요한 음량으로 화재 발생 상황 및 피난에 유효한 방송이 자동으로 개시될 때까지의 소요시간은 10초 이하로 할 것

02 다음은 누전경보기에 대한 내용이다. 각 물음에 답하시오. [6점]

1) 누전경보기는 경계전로의 정격전류 값에 따라 1급과 2급으로 구분되는데 누전경보기를 구분하는 전류[A] 기준을 쓰시오.
2) 전원은 분전반으로부터 전용회로로 하고 각 극에 각 극을 개폐할 수 있는 무엇을 설치해야 하는가?(단, 배선용 차단기는 제외하고 답하시오.)
3) ZCT의 명칭과 기능을 쓰시오.
   - 명칭 :
   - 기능 :

해답

1) 60
2) 개폐기 및 15[A] 이하의 과전류차단기
3) • 명칭 : 영상변류기
   • 기능 : 누설전류의 검출

해설

1) 누전경보기의 설치기준

① 경계전로의 정격전류에 의한 분류

경계전로의 정격전류	60[A] 초과	60[A] 이하
누전경보기 종류	1급	1급 또는 2급

② 변류기 : 옥외 인입선의 제1지점의 부하 측 또는 제2종 접지선 측의 점검이 쉬운 위치에 설치할 것
③ 변류기를 옥외의 전로에 설치하는 경우에는 옥외형으로 설치할 것

2) 전원

① 전원 : 분전반으로부터 전용회로로 할 것
② 전원의 개폐 : 각 극에 개폐기 및 15[A] 이하의 과전류차단기(20[A] 이하의 배선용 차단기)
③ 전원의 분기 : 다른 차단기에 따라 전원이 차단되지 아니하도록 할 것
④ 표지 : 전원의 개폐기에는 누전경보기용임을 표시한 표지를 할 것

3) 기기류의 명칭 및 약호

명칭	약호	기능
영상변류기	ZCT (Zero Current Transformer)	누설전류의 검출
누전차단기	ELB (Earth Leakage Breaker)	누설전류 발생 시 전로 차단
전자접촉기	MC (Magnetic Contactor)	전자석에 의해 접점을 동작시켜, 회로를 개폐하는 장치
누전경보기	ELD (Earth Leakage Detector)	누설전류를 검출하여 경보하는 장치
열동계전기	THR (Thermal Relay)	과부하 시 전동기 보호
변류기	CT (Current Transformer)	부하전류의 검출
배선용 차단기	MCCB (Molded Case Circuit Breaker)	과부하, 단락사고 시 전로 차단
배선용 차단기	NFB (No Fuse Breaker)	과부하, 단락사고 시 전로 차단

03 다음의 도면은 Y-△ 기동회로의 미완성 회로이다. 도면을 보고 각 물음에 답하시오. [12점]

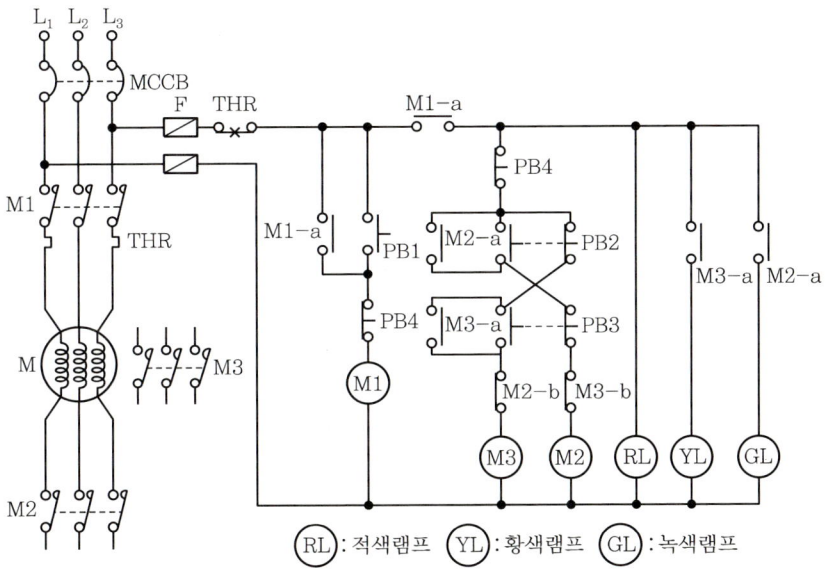

1) 주회로 부분의 미완성된 Y-△ 회로를 완성하시오.
2) 누름버튼스위치 PB1을 누르면 점등되는 램프를 쓰시오.
3) 전자개폐기 M1이 동작되고 있는 상태에서 누름버튼스위치 PB2를 눌렀을 때 점등되는 램프를 쓰시오.

4) 전자개폐기 M1이 동작되고 있는 상태에서 누름버튼스위치 PB3를 눌렀을 때 점등되는 램프를 쓰시오.

5) 제어회로의 THR(⚡)은 무엇을 나타내는지 쓰시오.

6) MCCB의 우리말 명칭을 쓰시오.

해답

1)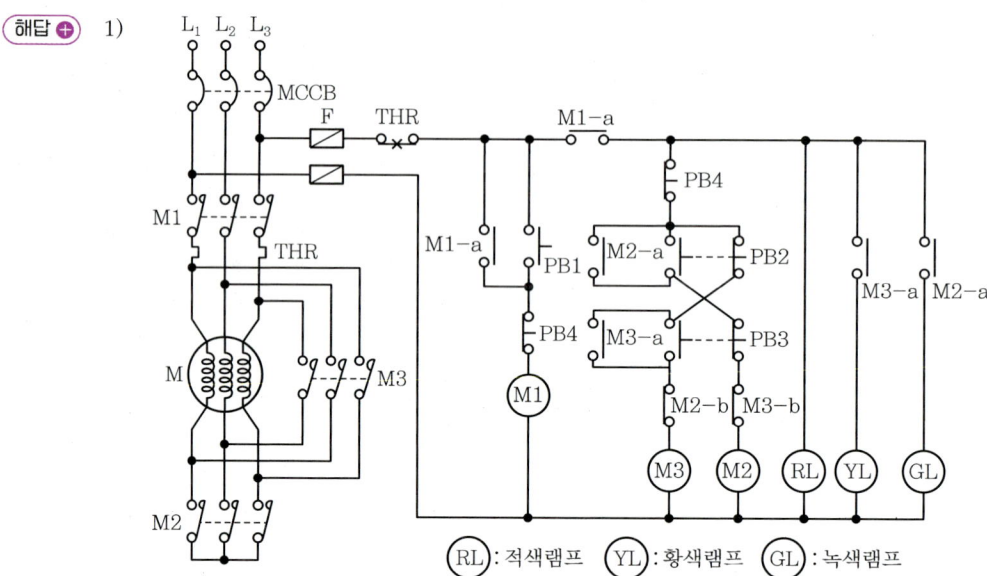

2) RL

3) GL

4) YL

5) 열동계전기 수동복귀 b접점

6) 배선용 차단기

해설

1) Y-△ 기동회로
   ① 목적
      - Y결선으로 기동하면 기동전류를 1/3로 제한할 수 있으며 기동토크도 1/3이 된다.
      - 전동기의 용량이 5.5[kW] 이상인 전동기에 사용한다.
   ② 운전방법
      - 기동 시 : 유도전동기의 고정자권선을 Y결선
      - 운전 시 : 유도전동기의 고정자권선을 △결선

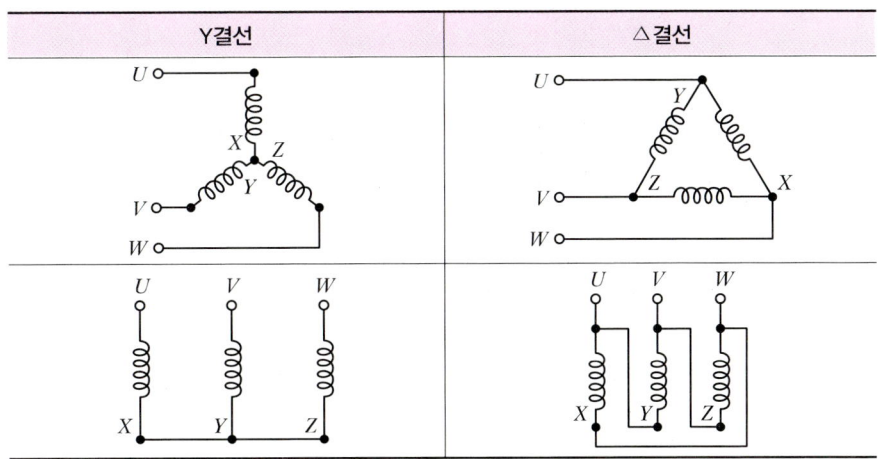

③ 주회로의 Y-△ 결선 방법

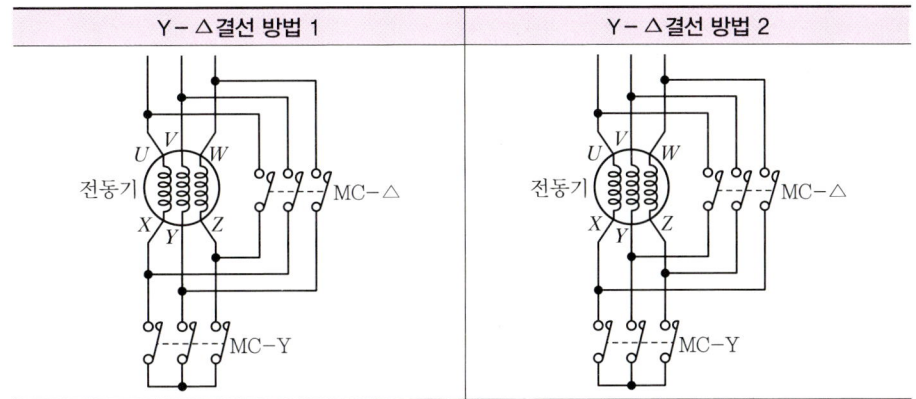

2), 3), 4) 동작설명
① MCCB가 투입된 상태에서 푸시버튼스위치 PB1을 누르면 전자접촉기 M1이 여자되고 자기유지접점 M1-a접점이 폐로된다. 동시에 위쪽의 M1-a접점이 폐로되어 RL램프가 점등된다. 이때 주접점 M1도 폐로된다.
② 이 상태에서 푸시버튼스위치 PB2를 누르면 M2가 여자되고 M2-a가 폐로되어 자기유지되고 GL램프도 점등된다. 동시에 주접점 M2가 폐로되어 전동기는 Y결선으로 기동된다.
③ 일정시간 후 PB3를 누르면 전자접촉기 M2가 소자되어 GL램프가 소등되고 주접점 M2도 개로되어 Y기동상태는 멈추게 된다.
④ 동시에 M3가 여자되고 M3-a접점이 폐로되어 자기유지되고 YL램프가 점등된다. 이때 주접점 M3도 폐로되어 전동기는 △결선으로 운전된다.
⑤ PB4를 누르면 전자접촉기 M1, M3가 소자되어 RL, YL램프가 소등되고 주접점 M1, M3도 개로되어 전동기는 정지한다.
⑥ 전동기 운전 중 THR이 동작하여도 전동기는 정지한다.
⑦ 인터록 접점 M2-b, M3-b를 사용하여 Y와 △의 동시투입을 방지한다.

⑧ 램프의 기능

램프	RL	GL	YL
기능	전원투입표시등 (운전표시등)	Y결선 기동표시등	△결선 운전표시등

04 다음은 연기감지기의 설치기준 중 제1종 연기감지기에 대한 내용이다. ( ) 안을 채우시오.

[4점]

- 계단 및 경사로에 있어서는 수직거리 (①)[m]마다 1개 이상으로 할 것
- 복도 및 통로에 있어서는 보행거리 (②)[m]마다 1개 이상으로 할 것
- 감지기는 벽 또는 보로부터 (③)[m] 이상 떨어진 곳에 설치할 것
- 천장 또는 반자 부근에 (④)가 있는 경우에는 그 부근에 설치할 것

해답 ① 15　② 30　③ 0.6　④ 배기구

해설 연기감지기 설치기준

① 부착높이에 따른 연기감지기 1개의 기준면적

부착높이	감지기의 종류	
	1종, 2종	3종
4[m] 미만	150[m²]	50[m²]
4[m] 이상 20[m] 미만	75[m²]	—

② 설치장소에 따른 연기감지기 1개의 거리기준

설치장소	감지기의 종류	
	1종, 2종	3종
복도, 통로(보행거리)	30[m]	20[m]
계단, 경사로(수직거리)	15[m]	10[m]

③ 천장 또는 반자가 낮은 실내 또는 좁은 실내에 있어서는 출입구의 가까운 부분에 설치할 것
④ 천장 또는 반자 부근에 배기구가 있는 경우에는 그 부근에 설치할 것
⑤ 감지기는 벽 또는 보로부터 0.6[m] 이상 떨어진 곳에 설치할 것

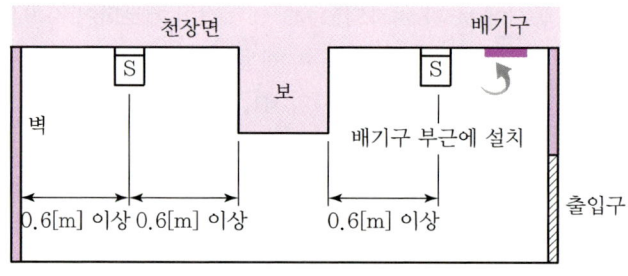

05 다음은 감지기의 형식승인 및 제품검사의 기술기준에 따른 아날로그식 분리형 광전식 감지기의 시험방법이다. 다음 ( ) 안을 완성하시오. [8점]

공칭감시거리는 (①)[m] 이상 (②)[m] 이하로 하여 (③)[m] 간격으로 한다.

해답
① 5
② 100
③ 5

해설
1) 아날로그식 분리형 광전식 감지기의 시험
  ① 공칭감시거리는 5[m] 이상 100[m] 이하로 하여 5[m] 간격으로 한다.
  ② 송광부와 수광부 사이에 감광필터를 설치할 때 공칭감지농도 범위(설계치)의 최저농도값에 해당하는 감광율에서 최고농도값에 해당하는 감광율에 도달할 때까지 공칭감시거리의 최댓값까지 분당 30[%] 이하로 일정하게 분할한 감광필터를 직선상승하도록 설치할 경우 각 감광필터값의 변화에 대응하는 화재정보신호를 발신하여야 한다.
  ③ 공칭감지농도 범위의 임의의 농도에서 규정에 준하는 시험을 실시하는 경우 30초 이내에 작동하여야 한다.

2) 광전식 분리형 감지기 설치기준
  ① 감지기의 수광면은 햇빛을 직접 받지 않도록 설치할 것
  ② 광축은 나란한 벽으로부터 0.6[m] 이상 이격하여 설치할 것
  ③ 감지기의 송광부와 수광부는 설치된 뒷벽으로부터 1[m] 이내 위치에 설치할 것
  ④ 광축의 높이는 천장 등 높이의 80[%] 이상일 것
  ⑤ 감지기의 광축의 길이는 공칭감시거리 범위 이내일 것
  ⑥ 그 밖의 설치기준은 형식승인 내용에 따르며 형식승인 사항이 아닌 것은 제조사의 시방에 따라 설치할 것

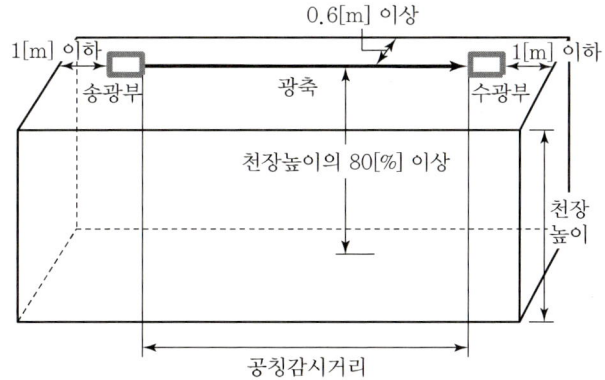

▲ 광전식 분리형 감지기의 설치기준

06 P형 수신기와 감지기와의 배선회로에서 배선저항은 50[Ω], 릴레이저항은 550[Ω], 종단저항은 11[kΩ]이며 회로전압이 DC 24[V]일 때 다음 각 물음에 답하시오. [4점]

1) 평상시 감시전류는 몇 [mA]인가?
- 계산과정 :
- 답 :

2) 화재 시 감지기의 동작전류는 몇 [mA]인가?(단, 배선저항은 무시한다.)
- 계산과정 :
- 답 :

해답

1) • 계산과정 : $I = \dfrac{V}{R_1 + R_2 + R_3}$

$= \dfrac{24}{50 + 11,000 + 550} = 0.002069[A] ≒ 2.07[mA]$

- 답 2.07[mA]

2) • 계산과정 : $I = \dfrac{V}{R_1 + R_3}$ (R_1 : 조건에서 무시)

$= \dfrac{24}{0 + 550} = 0.043636[A] ≒ 43.64[mA]$

- 답 43.64[mA]

해설 1) 감시전류

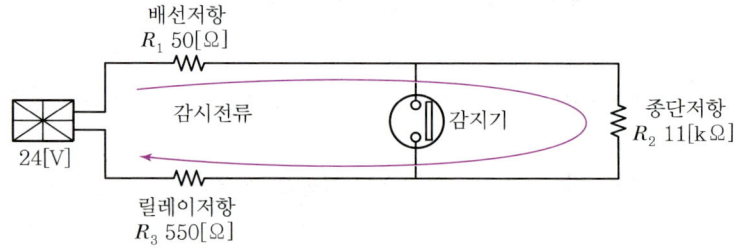

• 감시전류 I

$I = \dfrac{V}{R_1 + R_2 + R_3}$

$= \dfrac{24}{50 + 11,000 + 550} = 0.002069[A] ≒ 2.07[mA]$

여기서, R_1 : 배선저항(50Ω)
R_2 : 종단저항(11kΩ = 11,000Ω)
R_3 : 릴레이저항(550Ω)
V : 수신기전압(24V)

2) 감지기 동작전류

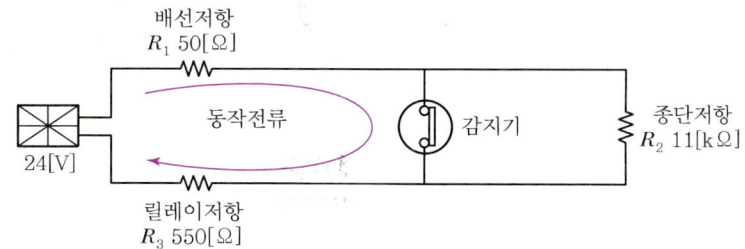

- 동작전류 I

$$I = \frac{V}{R_1 + R_3} \ (R_1 : \text{조건에서 무시})$$

$$= \frac{24}{0 + 550} = 0.043636[A] ≒ 43.64[mA]$$

여기서, R_1 : 배선저항(50Ω) 무시
R_3 : 릴레이저항(550Ω)
V : 수신기전압(24V)

07 유도등 및 유도표지의 화재안전기술기준에 따른 복도통로유도등의 설치기준을 4가지 쓰시오. [4점]

-
-
-
-

해답
- 복도에 설치하되 피난구유도등이 설치된 출입구의 맞은편 복도에는 입체형으로 설치하거나 바닥에 설치할 것
- 구부러진 모퉁이 및 통로유도등을 기점으로 보행거리 20[m]마다 설치할 것
- 바닥으로부터 높이 1[m] 이하의 위치에 설치할 것
- 바닥에 설치하는 통로유도등은 하중에 따라 파괴되지 아니하는 강도의 것으로 할 것

해설 통로유도등의 설치기준

1) 복도통로유도등
① 복도에 설치하되 피난구유도등이 설치된 출입구의 맞은편 복도에는 입체형으로 설치하거나 바닥에 설치할 것
② 구부러진 모퉁이 및 통로유도등을 기점으로 보행거리 20[m]마다 설치할 것
③ 바닥으로부터 높이 1[m] 이하의 위치에 설치할 것(단, 지하층 또는 무창층의 용도가 도매시장·소매시장·여객자동차터미널·지하역사 또는 지하상가인 경우에는 복도·통로 중앙부분의 바닥에 설치할 것)
④ 바닥에 설치하는 통로유도등은 하중에 따라 파괴되지 아니하는 강도의 것으로 할 것

2) 거실통로유도등

① 거실의 통로에 설치할 것

② 구부러진 모퉁이 및 보행거리 20[m]마다 설치할 것

③ 바닥으로부터 높이 1.5[m] 이상의 위치에 설치할 것(단, 거실통로에 기둥이 설치된 경우에는 기둥부분의 바닥으로부터 높이 1.5[m] 이하의 위치에 설치할 수 있다.)

3) 계단통로유도등

① 각 층의 경사로참 또는 계단참마다(1개층에 경사로참 또는 계단참이 2 이상 있는 경우에는 2개의 계단참마다) 설치할 것

② 바닥으로부터 높이 1[m] 이하의 위치에 설치할 것

08 3개의 동으로 분리된 공장건물에 자동화재탐지설비용 발신기와 기동용 수압개폐장치로 기동하는 옥내소화전설비를 설치하였다. 평면도를 참고하여 다음의 각 물음에 답하시오.(단, 경보는 동별 구분 경보방식을 적용한다.) [13점]

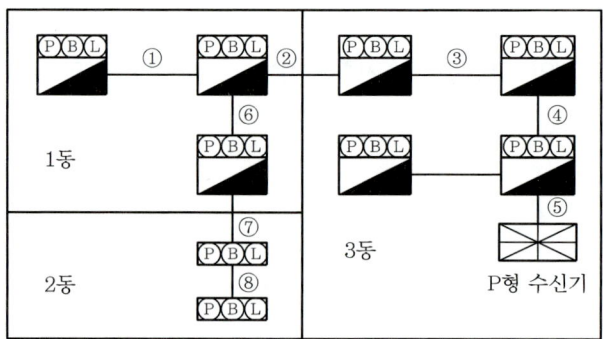

1) 다음은 ①~⑧의 배선내역을 표시한 도표이다. 전선가닥수를 표 안에 숫자로 쓰시오.(단, 가닥수가 필요 없는 곳은 공란으로 둘 것)

번호	회로선	회로 공통선	경종선	표시등선	경종 · 표시등 공통선	응답선	기동 확인 표시등	합계
①								
②								
③								
④								
⑤								
⑥								
⑦								
⑧								

2) 도면의 P형 수신기는 최소 몇 회로용으로 설치하여야 하는지 쓰시오.(단, 수신기의 회로수 산정 시 10[%]의 여유율을 두는 것으로 한다.)
3) 수신기를 상시 사람이 근무하는 장소에 설치하지 못하는 경우 어디에 설치하여야 하는지 쓰시오.
4) 수신기가 설치된 장소에 반드시 비치하여야 하는 것을 쓰시오.

해답

1)

번호	회로선	회로공통선	경종선	표시등선	경종·표시등공통선	응답선	기동확인표시등	합계
①	1	1	1	1	1	1	2	8
②	5	1	2	1	1	1	2	13
③	6	1	3	1	1	1	2	15
④	7	1	3	1	1	1	2	16
⑤	9	2	3	1	1	1	2	19
⑥	3	1	2	1	1	1	2	11
⑦	2	1	1	1	1	1	−	7
⑧	1	1	1	1	1	1	−	6

2) 9회로 × 1.1 = 9.9회로
   답 10회로
3) 관계인이 쉽게 접근할 수 있고 관리가 용이한 장소
4) 경계구역일람도

해설

1) 가닥수
   ① 8가닥
   - 발신기세트 옥내소화전 내장형(기동용 수압개폐장치 사용)
   - 발신기세트(6가닥) + 기동확인표시등(2가닥) = 8가닥

   ② 13가닥
   - 회로선 : 5가닥(발신기세트 단독형2, 옥내소화전 내장형3)
   - 경종선 : 2가닥(동별 구분방식이므로 1동 1가닥, 2동 1가닥)
   - 회로공통선1, 표시등선1, 경종·표시등공통선1, 응답선1, 기동확인표시등선2

   ③ 15가닥
   - 회로선 : 6가닥(발신기세트 단독형2, 옥내소화전 내장형4)
   - 경종선 : 3가닥(동별 구분방식이므로 1동 1가닥, 2동 1가닥, 3동 1가닥)
   - 회로공통선1, 표시등선1, 경종·표시등공통선1, 응답선1, 기동확인표시등선2

   ④ 16가닥
   - 회로선 : 7가닥(발신기세트 단독형2, 옥내소화전 내장형5)
   - 경종선 : 3가닥(동별 구분방식이므로 1동 1가닥, 2동 1가닥, 3동 1가닥)
   - 회로공통선1, 표시등선1, 경종·표시등공통선1, 응답선1, 기동확인표시등선2

⑤ 19가닥
- 회로선 : 9가닥(발신기세트 단독형2, 옥내소화전 내장형7)
- 경종선 : 3가닥(동별 구분방식이므로 1동 1가닥, 2동 1가닥, 3동 1가닥)
- 회로공통선 : $\dfrac{9}{7} = 1.29 ≒ 2$가닥
- 표시등선1, 경종·표시등공통선1, 응답선1, 기동확인표시등선2

⑥ 11가닥
- 회로선 : 3가닥(발신기세트 단독형2, 옥내소화전 내장형1)
- 경종선 : 2가닥(동별 구분방식이므로 1동 1가닥, 2동 1가닥)
- 회로공통선1, 표시등선1, 경종·표시등공통선1, 응답선1, 기동확인표시등선2

⑦ 7가닥
- 회로선 : 2가닥(발신기세트 단독형2)
- 경종선 : 1가닥(2동 1가닥)
- 회로공통선1, 표시등선1, 경종·표시등공통선1, 응답선1

⑧ 6가닥
- 회로선 : 1가닥(발신기세트 단독형1)
- 경종선 : 1가닥(2동 1가닥)
- 회로공통선1, 표시등선1, 경종·표시등공통선1, 응답선1

2) • 회로수 : 발신기세트 단독형 2회로 + 옥내소화전 내장형 7회로 = 9회로
- 조건의 여유율 10[%]를 고려하여 계산
  9회로 × 1.1 = 9.9회로
  ∴ 10회로

3), 4) **자동화재탐지설비의 수신기 설치기준**
① 수위실 등 상시 사람이 근무하는 장소에 설치할 것. 다만, 사람이 상시 근무하는 장소가 없는 경우에는 관계인이 쉽게 접근할 수 있고 관리가 용이한 장소에 설치할 수 있다.
② 수신기가 설치된 장소에는 경계구역 일람도를 비치할 것. 다만, 모든 수신기와 연결되어 각 수신기의 상황을 감시하고 제어할 수 있는 수신기(이하 "주수신기"라 한다)를 설치하는 경우에는 주수신기를 제외한 기타 수신기는 그러하지 아니하다.
③ 수신기의 음향기구는 그 음량 및 음색이 다른 기기의 소음 등과 명확히 구별될 수 있는 것으로 할 것
④ 수신기는 감지기·중계기 또는 발신기가 작동하는 경계구역을 표시할 수 있는 것으로 할 것
⑤ 화재·가스·전기 등에 대한 종합방재반을 설치한 경우에는 해당 조작반에 수신기의 작동과 연동하여 감지기·중계기 또는 발신기가 작동하는 경계구역을 표시할 수 있는 것으로 할 것
⑥ 하나의 경계구역은 하나의 표시등 또는 하나의 문자로 표시되도록 할 것

⑦ 수신기의 조작스위치는 바닥으로부터의 높이가 0.8[m] 이상 1.5[m] 이하인 장소에 설치할 것
⑧ 하나의 특정소방대상물에 2 이상의 수신기를 설치하는 경우에는 수신기를 상호 간 연동하여 화재 발생 상황을 각 수신기마다 확인할 수 있도록 할 것
⑨ 화재로 인하여 하나의 층의 지구음향장치 또는 배선이 단락되어도 다른 층의 화재통보에 지장이 없도록 각 층 배선 상에 유효한 조치를 할 것

09 다음에 주어진 동작설명에 적합하도록 미완성된 시퀀스 회로를 완성하시오.(단, 각 접점 및 스위치의 명칭을 기입하시오.) [10점]

[동작설명]
- MCCB를 투입하면 GL램프가 점등된다.
- 전동기 운전용 누름버튼스위치 PB-on을 누르면 전자접촉기 MC가 여자되고 MC-a접점에 의해 자기유지되며 전동기가 기동되고, 동시에 MC-a접점에 의하여 전동기 운전표시등 RL이 점등된다. 이때 MC-b에 의하여 GL램프는 소등된다.
- 전동기 운전 중 누름버튼스위치 PB-off를 누르면 PBS-on을 누르기 전의 상태로 된다.
- 전동기에 과전류가 흘러 열동계전기 THR이 작동하면 전동기는 정지하고 모든 접점은 초기 상태로 복귀한다.

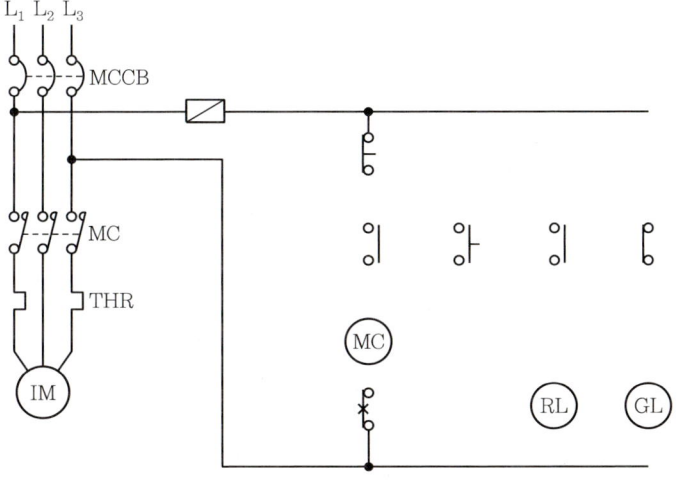

해답

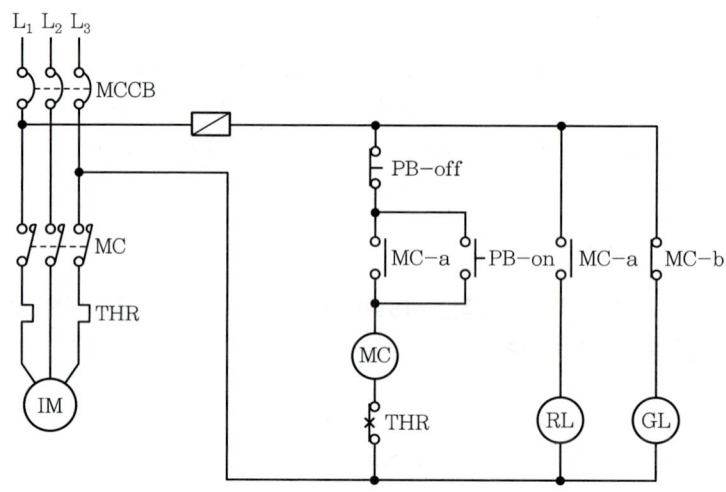

해설 각 기기의 기호 및 명칭

기호	명칭	해설
	PB-on 푸시버튼스위치 a접점	• 평상시 개로상태 • 손으로 누른 상태에서만 폐로, 손을 떼면 개로
	PB-off 푸시버튼스위치 b접점	• 평상시 폐로상태 • 손으로 누른 상태에서만 개로, 손을 떼면 폐로
GL	Green Lamp 정지(전원)표시등	평상시 점등상태이고 전동기가 기동되면 소등된다.
RL	Red Lamp 기동표시등	평상시 소등상태이고 전동기가 기동되면 점등된다.
MC	MC 전자접촉기 코일	코일에 전원이 입력되면 코일이 여자되어 주접점과 보조접점을 동작시킨다.
	MC 전자접촉기 주접점	전자접촉기 코일이 여자되면 주접점이 폐로되어 전동기를 기동시킨다.
	MC-a 전자접촉기 보조접점	• 평상시 개로상태 • 전자접촉기 코일이 여자되면 폐로
	MC-b 전자접촉기 보조접점(b접점)	• 평상시 폐로상태 • 전자접촉기 코일이 여자되면 개로
	MCCB 배선용 차단기 (Molded Case Circuit Breaker)	• 과부하 및 단락사고 시 선로를 차단 • NFB(No Fuse Breaker)
	THR 열동계전기 (Thermal Relay)	• 과전류 발생 시 선로를 차단하여 전동기를 보호 • 전동기 소손 방지 목적
	THR-b 열동계전기 수동복귀 b접점	• 평상시 폐로상태 • 열동계전기가 작동하면 개로되어 선로 차단 • 동작편을 손으로 눌러서 수동으로 복귀시킨다.

10 3선식 배선에 의하여 상시 충전되는 유도등의 전기회로에 점멸기를 설치하는 경우에는 어느 때에 점등되도록 하여야 하는지 5가지 쓰시오. [5점]

-
-
-
-
-

해답
- 자동화재탐지설비의 감지기 또는 발신기가 작동되는 때
- 비상경보설비의 발신기가 작동되는 때
- 상용전원이 정전되거나 전원선이 단선되는 때
- 방재업무를 통제하는 곳 또는 전기실의 배전반에서 수동으로 점등하는 때
- 자동소화설비가 작동되는 때

해설 유도등의 배선

구분	2선식	3선식
평상시	점등	소등
화재 시	점등	점등
결선도	(AC 220[V], MCCB, 유도등 백색·흑색·적색)	(AC 220[V], MCCB, R-a, 공통선/충전선/점등선, 유도등 백색·흑색·적색)

1) 3선식 배선 시 점등되어야 하는 경우
   ① 자동화재탐지설비의 감지기 또는 발신기가 작동되는 때
   ② 비상경보설비의 발신기가 작동되는 때
   ③ 상용전원이 정전되거나 전원선이 단선되는 때
   ④ 방재업무를 통제하는 곳 또는 전기실의 배전반에서 수동으로 점등하는 때
   ⑤ 자동소화설비가 작동되는 때

2) 3선식 배선이 가능한 장소
   ① 외부광에 따라 피난구 또는 피난방향을 쉽게 식별할 수 있는 장소
   ② 공연장, 암실 등으로서 어두워야 할 필요가 있는 장소
   ③ 특정소방대상물의 관계인 또는 종사원이 주로 사용하는 장소

11 높이가 지상 20[m] 되는 위치에 500[m³]의 저수조가 있다. 여기에 15[kW] 용량의 전동기를 사용하여 양수할 경우 몇 분 후에 저수조에 물이 가득 차겠는지 쓰시오.(단, 전동기의 효율은 70[%]이고 여유계수는 1.2이다.) [4점]

- 계산과정 :
- 답 :

해답
- 계산과정

유량 : $Q[\text{m}^3/\text{s}] = \dfrac{V[\text{m}^3]}{t[\text{s}]} = \dfrac{500[\text{m}^3]}{t[\text{s}]}$

동력 : 15[kW]

$P[\text{kW}] = \dfrac{9.8\,QH}{\eta}K$

$15 = \dfrac{9.8 \times 20 \times 1.2}{0.7} \times \dfrac{500}{t[\text{s}]}$ [kW]

$t = 11{,}200[\text{s}]$

$t = 11{,}200[\text{s}] \times \dfrac{1[\min]}{60[\text{s}]} = 186.67[\min]$

- **답** 186.67[min]

해설

1) 전동기의 동력

$$P[\text{kW}] = \dfrac{9.8\,QH}{\eta}K$$

여기서, 9.8 : 물의 비중량[kN/m³], Q : 유량[m³/s] H : 양정[m], η : 효율, K : 전달계수

2) 풀이

① Q : 유량[m³/s]

$Q[\text{m}^3/\text{s}] = \dfrac{V[\text{m}^3]}{t[\text{s}]} = \dfrac{500[\text{m}^3]}{t[\text{s}]}$

② 전동기 동력

$P = 15[\text{kW}]$

③ $H = 20[\text{m}]$, $\eta = 0.7$, $K = 1.2$

④ 시간 계산
- ①, ②, ③의 값을 동력 계산식에 대입한다.

$P[\text{kW}] = \dfrac{9.8\,QH}{\eta}K$

$15 = \dfrac{9.8 \times 20 \times 1.2}{0.7} \times \dfrac{500}{t[\text{s}]}$ [kW]

$t = 11{,}200[\text{s}]$

- 문제에서 시간을 분[min]으로 구하라고 하였으므로 초[s]를 분[min]으로 환산

$$t = 11,200[s] \times \frac{1[\min]}{60[s]} = 186.67[\min]$$

12 무선통신보조설비의 화재안전기술기준에서 정하는 분배기·분파기·혼합기 등의 설치기준에 대하여 3가지를 쓰시오. [6점]

-
-
-

해답
- 먼지·습기 및 부식 등에 따라 기능에 이상을 가져오지 아니하도록 할 것
- 임피던스는 50[Ω]의 것으로 할 것
- 점검에 편리하고 화재 등의 재해로 인한 피해의 우려가 없는 장소에 설치할 것

해설
1) 용어의 정의
   ① 누설동축케이블 : 동축케이블의 외부도체에 가느다란 홈을 만들어서 전파가 외부로 새어나갈 수 있도록 한 케이블
   ② 분배기 : 신호의 전송로가 분기되는 장소에 설치하는 것으로 임피던스 매칭(Matching)과 신호 균등분배를 위해 사용하는 장치
   ③ 분파기 : 서로 다른 주파수의 합성된 신호를 분리하기 위해서 사용하는 장치
   ④ 혼합기 : 두 개 이상의 입력신호를 원하는 비율로 조합한 출력이 발생하도록 하는 장치
   ⑤ 증폭기 : 신호 전송 시 신호가 약해져 수신이 불가능해지는 것을 방지하기 위해서 증폭하는 장치
   ⑥ 무선중계기 : 안테나를 통하여 수신된 무전기 신호를 증폭한 후 음영지역에 재방사하여 무전기 상호 간 송수신이 가능하도록 하는 장치
   ⑦ 옥외안테나 : 감시제어반 등에 설치된 무선중계기의 입력과 출력포트에 연결되어 송수신 신호를 원활하게 방사·수신하기 위해 옥외에 설치하는 장치

2) 도시기호

누설동축케이블	분배기	분파기	혼합기	증폭기
———	⊐⊏	F	Y	AMP

3) 분배기·분파기 및 혼합기 등의 설치기준
   ① 먼지·습기 및 부식 등에 따라 기능에 이상을 가져오지 아니하도록 할 것
   ② 임피던스는 50[Ω]의 것으로 할 것
   ③ 점검에 편리하고 화재 등의 재해로 인한 피해의 우려가 없는 장소에 설치할 것

13 화재에 의한 열, 연기 또는 불꽃 이외의 요인에 의하여 자동화재탐지설비가 작동하여 화재경보를 발하는 것을 "비화재보(Unwanted Alarm)"라 한다. 즉, 자동화재탐지설비가 정상적으로 작동하였다고 하더라도 화재가 아닌 경우의 경보를 "비화재보"라 하며 비화재보의 종류는 다음과 같이 구분할 수 있다. [8점]

1) 설비 자체의 결함이나 오동작 등에 의한 경우(False Alarm)
   ① 설비 자체의 기능상 결함
   ② 설비의 유지관리 불량
   ③ 실수나 고의적인 행위가 있을 때

2) 주위 상황이 대부분 순간적으로 화재와 같은 상태(실제 화재와 유사한 환경이나 상황)로 되었다가 정상상태로 복귀하는 경우(일과성 비화재보 : Nuisance Alarm)

위 설명 중 "2)"항의 일과성 비화재보로 볼 수 있는 Nuisance Alarm에 대한 방지책을 4가지만 쓰시오.

-
-
-
-

해답
- 축적방식의 감지기 사용
- 축적방식의 수신기 사용
- 다신호식 감지기 사용
- 인텔리전트 수신기 사용

해설 1) 비화재보 방지대책

감지기 대책	수신기 대책
• 축적방식의 감지기 사용 • 복합형 감지기 사용 • 광전식 분리형 감지기 사용 • 아날로그 감지기 사용 • 다신호식 감지기 사용	• 축적방식의 수신기 사용 • 다신호식 수신기 사용 • 인텔리전트 수신기 사용

2) 비화재보 우려 장소
   ① 지하층·무창층 등으로서 환기가 잘되지 않는 장소
   ② 지하층·무창층 등으로서 실내면적이 40[m²] 미만인 장소
   ③ 감지기의 부착면과 실내바닥과의 거리가 2.3[m] 이하인 장소로서 일시적으로 발생한 열·연기 또는 먼지 등으로 인하여 감지기가 화재신호를 발신할 우려가 있는 장소

14 길이가 20[m]인 통로에 객석유도등을 설치하고자 한다. 이 통로에 필요한 객석유도등의 수량은 최소 몇 개인지 산출하시오. [4점]

- 계산과정 :
- 답 :

해답
- 계산과정 : 객석유도등의 수 $= \dfrac{20}{4} - 1 = 4$개
- **답** 4개

해설 객석유도등

1) 설치기준
   ① 객석유도등의 설치위치 : 객석의 통로, 바닥, 벽
   ② 객석유도등의 수량 산정(소수점 이하의 수는 1로 본다.)

   $$\text{설치개수} = \dfrac{\text{객석 통로의 직선 부분의 길이[m]}}{4} - 1$$

   ③ 객석 내의 통로가 옥외 또는 이와 유사한 부분에 있는 경우에는 해당 통로 전체에 미칠 수 있는 수의 유도등을 설치할 것

2) 설치 제외
   ① 주간에만 사용하는 장소로서 채광이 충분한 객석
   ② 거실 등의 각 부분으로부터 하나의 거실출입구에 이르는 보행거리가 20[m] 이하인 객석의 통로로서 그 통로에 통로유도등이 설치된 객석

3) 유도등, 유도표지의 설치개수 산정

종류	설치개수
객석유도등	$N = \dfrac{\text{직선부분의 보행거리[m]}}{4[\text{m}]} - 1$
복도통로유도등, 거실통로유도등	$N = \dfrac{\text{직선부분의 보행거리[m]}}{20[\text{m}]} - 1$
유도표지	$N = \dfrac{\text{직선부분의 보행거리[m]}}{15[\text{m}]} - 1$

15 소방 관련법상 사용하는 비상전원의 종류 3가지를 쓰시오. [4점]

-
-
-

해답
- 자가발전설비
- 축전지설비
- 비상전원수전설비

해설

1) 소방시설용 비상전원의 종류
   자가발전설비, 축전지설비, 비상전원수전설비, 전기저장장치

2) 소방설비별 비상전원의 종류 및 용량

소방설비	비상전원의 종류	비상전원 용량
• 비상경보설비 (비상벨설비 또는 자동식 사이렌설비) • 비상방송설비 • 자동화재탐지설비	• 축전지설비 • 전기저장장치	60분 이상 감시상태 지속 10분 이상 경보
• 소화설비 • 제연설비 • 비상조명등	• 자가발전설비 • 축전지설비 • 전기저장장치	20분 이상
비상콘센트설비	• 자가발전설비 • 축전지설비 • 비상전원수전설비 • 전기저장장치	20분 이상
유도등	축전지	
유도등 및 비상조명등이 설치된 장소로서 • 11층 이상의 층 • 지하층 또는 무창층으로서 용도가 도매시장·소매시장·여객자동차터미널·지하역사 또는 지하상가	유도등 • 축전지 비상조명등 • 자가발전설비 • 축전지설비 • 전기저장장치	60분 이상
무선통신보조설비의 증폭기	축전지설비	30분 이상

16 비상방송설비가 설치된 지하 2층, 지상 11층, 연면적 5,000[m²]의 특정소방대상물이 있다. 다음의 층에서 화재가 발생했을 때 우선적으로 경보할 층을 쓰시오. [4점]

- 2층 발화 :
- 지하 1층 발화 :

해답
- 2층 발화 : 지상 2층, 지상 3층, 지상 4층, 지상 5층, 지상 6층
- 지하 1층 발화 : 지상 1층, 지하 1층, 지하 2층

해설

1) 비상경보설비의 발화층 · 직상층 우선경보방식
   ① 대상
   　층수가 11층(공동주택의 경우에는 16층) 이상의 특정소방대상물

   ② 경보방식

발화층	경보하여야 하는 층
2층 이상의 층	발화층 및 그 직상 4개층
1층	발화층 · 그 직상 4개층 및 지하층
지하층	발화층 · 그 직상층 및 기타의 지하층

2) 비상방송설비의 음향장치
   ① 확성기의 음성입력 : 실외 3[W], 실내 1[W], 아파트 등의 실내 2[W] 이상
   ② 확성기는 각 층마다 설치할 것
   ③ 그 층의 각 부분으로부터 하나의 확성기까지의 수평거리가 25[m] 이하가 되도록 하고, 해당 층의 각 부분에 유효하게 경보를 발할 수 있도록 설치할 것
   ④ 음량조정기를 설치하는 경우 음량조정기의 배선은 3선식으로 할 것
   ⑤ 음향장치의 구조 및 성능
   　· 정격전압의 80[%] 전압에서 음향을 발할 수 있는 것으로 할 것
   　· 자동화재탐지설비의 작동과 연동하여 작동할 수 있는 것으로 할 것

3) 조작부 및 증폭기
   ① 조작부의 조작스위치 높이 : 바닥으로부터 0.8[m] 이상 1.5[m] 이하
   ② 조작부는 기동장치가 작동한 층 또는 구역을 표시할 수 있을 것
   ③ 증폭기 및 조작부는 수위실 등 상시 사람이 근무하는 장소로서 점검이 편리하고 방화상 유효한 곳에 설치할 것
   ④ 다른 방송설비와 공용하는 것에 있어서는 화재 시 비상경보 외의 방송을 차단할 수 있는 구조로 할 것
   ⑤ 다른 전기회로에 따라 유도장애가 생기지 아니하도록 할 것
   ⑥ 하나의 특정소방대상물에 2 이상의 조작부가 설치되어 있는 때에는 각각의 조작부가 있는 장소 상호 간에 동시통화가 가능한 설비를 설치하고, 어느 조작부에서도 해당 특정소방대상물의 전 구역에 방송을 할 수 있도록 할 것

4) 화재감지 후 방송개시 소요시간
   기동장치에 따른 화재신고를 수신한 후 필요한 음량으로 화재 발생 상황 및 피난에 유효한 방송이 자동으로 개시될 때까지의 소요시간은 10초 이하로 할 것

2019년 제1회(2019. 4. 14)

01 자동화재탐지설비 및 시각경보장치의 화재안전기술기준에 따른 청각장애인용 시각경보장치의 설치기준 4가지를 쓰시오. [8점]

-
-
-
-

해답
- 복도·통로·청각장애인용 객실 및 공용으로 사용하는 거실에 설치하며, 각 부분으로부터 유효하게 경보를 발할 수 있는 위치에 설치할 것
- 공연장·집회장·관람장 또는 이와 유사한 장소에 설치하는 경우에는 시선이 집중되는 무대부 부분 등에 설치할 것
- 설치높이는 바닥으로부터 2[m] 이상 2.5[m] 이하의 장소에 설치할 것. 다만, 천장의 높이가 2[m] 이하인 경우에는 천장으로부터 0.15[m] 이내의 장소에 설치하여야 한다.
- 시각경보장치의 광원은 전용의 축전지설비 또는 전기저장장치(외부 전기에너지를 저장해 두었다가 필요한 때 전기를 공급하는 장치)에 의하여 점등되도록 할 것

해설 청각장애인용 시각경보장치의 설치기준
① 복도·통로·청각장애인용 객실 및 공용으로 사용하는 거실(로비, 회의실, 강의실, 식당, 휴게실, 오락실, 대기실, 체력단련실, 접객실, 안내실, 전시실, 기타 이와 유사한 장소를 말한다)에 설치하며, 각 부분으로부터 유효하게 경보를 발할 수 있는 위치에 설치할 것
② 공연장·집회장·관람장 또는 이와 유사한 장소에 설치하는 경우에는 시선이 집중되는 무대부 부분 등에 설치할 것
③ 설치높이는 바닥으로부터 2[m] 이상 2.5[m] 이하의 장소에 설치할 것. 다만, 천장의 높이가 2[m] 이하인 경우에는 천장으로부터 0.15[m] 이내의 장소에 설치하여야 한다.
④ 시각경보장치의 광원은 전용의 축전지설비 또는 전기저장장치(외부 전기에너지를 저장해 두었다가 필요한 때 전기를 공급하는 장치)에 의하여 점등되도록 할 것. 다만, 시각경보기에 작동전원을 공급할 수 있도록 형식승인을 얻은 수신기를 설치한 경우에는 그러하지 아니하다.

02 다음의 시퀀스 도면은 유도전동기 기동·정지회로의 미완성 도면이다. 다음 각 물음에 답하시오. [8점]

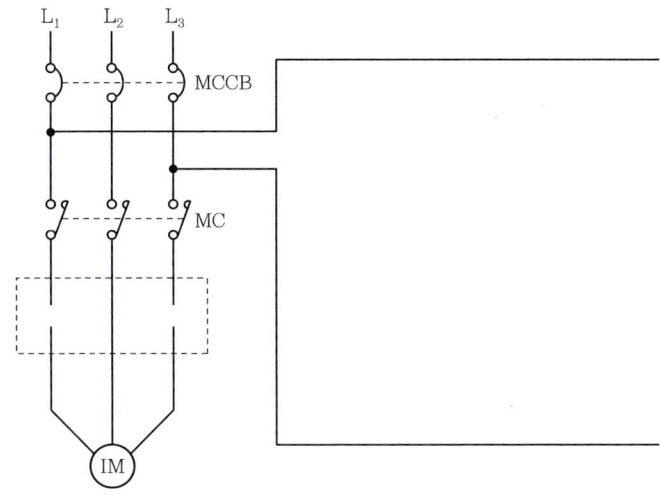

1) 다음의 기계기구를 이용하여 제어회로의 미완성 회로를 완성하시오.(단, 전동기는 자기유지가 되어야 하며, 기구의 개수 및 접점 등은 최소개수를 사용하도록 한다.)
   - 누름버튼스위치 PB-on
   - 누름버튼스위치 PB-off
   - 전자접촉기 MC
   - 기동표시등 RL
   - 정지표시등 GL
   - 열동계전기 THR

2) 주회로의 점선부분을 완성하고 이것은 어떤 경우에 작동하는지 2가지만 쓰시오.
   -
   -

해답 1)

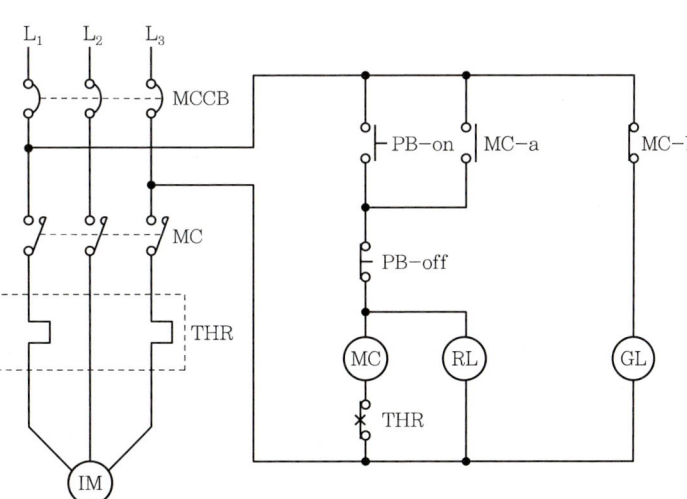

2) • 전동기에 과전류가 흐를 때
   • THR의 전류 세팅치가 전동기의 정격전류보다 낮을 때

해설 ⊕

1) 동작설명

   ① MCCB를 투입하면 ⓖⓛ램프가 점등된다.

   ② 누름버튼스위치 PB-on을 누르면 전자접촉기 ⓜⓒ가 여자되고 MC-a접점이 폐로되어 자기유지되며, ⓡⓛ램프는 점등되고 ⓖⓛ램프는 소등된다. 동시에 MC 주접점이 폐로되어 유도전동기가 기동된다.

   ③ 전동기 운전 중 PB-off 스위치를 누르거나 열동계전기 THR이 작동하면 ⓜⓒ가 소자되어 전동기는 정지한다.

2) 열동계전기(THR : Thermal Relay)

   ① 사용목적
      과부하나 단락 등에 인한 과전류 발생 시 전동기 보호

   ② 동작원리
      열동계전기 내부에 바이메탈을 설치하여 온도상승 시 열팽창계수 차에 의한 바이메탈의 굴곡이 접점을 작동시킨다.

   ③ 열동계전기가 동작하는 경우
      • 전동기에 과전류가 흐를 때
      • THR의 전류 세팅치가 전동기의 정격전류보다 낮을 때(열동계전기의 세팅전류는 전동기 정격전류의 1.2배 정도로 세팅한다.)

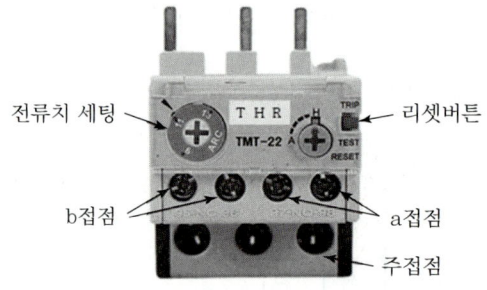

▲ 열동계전기(THR)의 구조

03
다음은 누전경보기의 화재안전기술기준에 따른 누전경보기의 용어 정의이다. 다음 ( ) 안에 알맞은 용어를 쓰시오. [5점]

1) ( )란 내화구조가 아닌 건축물로서 벽, 바닥 또는 천장의 전부나 일부를 불연재료 또는 준불연재료가 아닌 재료에 철망을 넣어 만든 건물의 전기설비로부터 누설전류를 탐지하여 경보를 발하며 변류기와 수신부로 구성된 것을 말한다.
2) ( )란 변류기로부터 검출된 신호를 수신하여 누전의 발생을 해당 특정소방대상물의 관계인에게 경보하여 주는 것(차단기구를 갖는 것을 포함)을 말한다.
3) ( )란 경계전로의 누설전류를 자동적으로 검출하여 이를 누전경보기의 수신부에 송신하는 것을 말한다.

해답 1) 누전경보기   2) 수신부   3) 변류기

해설 1) 누전경보기 용어의 정의
① 누전경보기
내화구조가 아닌 건축물로서 벽, 바닥 또는 천장의 전부나 일부를 불연재료 또는 준불연재료가 아닌 재료에 철망을 넣어 만든 건물의 전기설비로부터 누설전류를 탐지하여 경보를 발하며 변류기와 수신부로 구성된 것
② 수신부
변류기로부터 검출된 신호를 수신하여 누전의 발생을 해당 특정소방대상물의 관계인에게 경보하여 주는 것(차단기구를 갖는 것을 포함)
③ 변류기
경계전로의 누설전류를 자동적으로 검출하여 이를 누전경보기의 수신부에 송신하는 것
④ 집합형 누전경보기의 수신부
2개 이상의 변류기를 연결하여 사용하는 수신부로서 하나의 전원장치 및 음향장치 등으로 구성된 것
⑤ 차단기구
누설전류가 발생하면 자동으로 누전된 회로를 차단하는 장치
⑥ 음향장치
누설전류가 발생하면 벨 또는 부저로 경보를 발하는 장치

2) 누전경보기의 설치기준
① 경계전로의 정격전류에 의한 분류

경계전로의 정격전류	60[A] 초과	60[A] 이하
누전경보기 종류	1급	1급 또는 2급

② 변류기 : 옥외 인입선의 제1지점의 부하 측 또는 제2종 접지선 측의 점검이 쉬운 위치에 설치할 것
③ 변류기를 옥외의 전로에 설치하는 경우에는 옥외형으로 설치할 것

3) 전원
① 전원 : 분전반으로부터 **전용회로**로 할 것
② 전원의 개폐 : 각 극에 개폐기 및 **15[A] 이하의** 과전류차단기(**20[A] 이하의** 배선용 차단기)
③ 전원의 분기 : 다른 차단기에 따라 전원이 차단되지 아니하도록 할 것
④ 표지 : 전원의 개폐기에는 누전경보기용임을 표시한 표지를 할 것

04 접지공사에서 접지봉과 접지선을 연결하는 방법을 3가지 쓰고, 그중 내구성이 가장 양호한 방법은 어떤 것인지 쓰시오. [4점]

1) 접지봉과 접지선의 연결방법
-
-
-

2) 내구성이 가장 양호한 방법

해답
1) • 발열용접
   • 압착슬리브접속
   • 납땜용접
2) 발열용접

해설 접지봉과 접지선의 연결방법

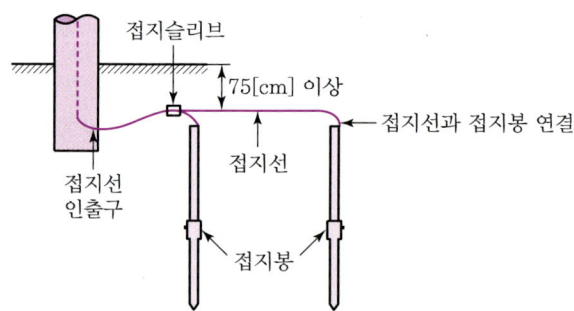

1) 발열용접
   탄소로 제작된 주물 속에 금속알갱이를 넣고 화약으로 점화시켜 접속하는 방식이다. 금속 간의 열을 이용하여 접속하는 방식으로 구리와 구리, 철과 구리 등을 열적으로 용융시켜 분자적으로 연결한다. 금속의 분자 간 결합으로 매우 우수한 결합특성을 갖는다.

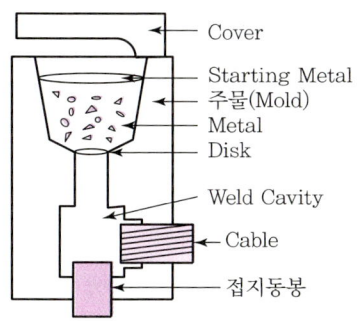

2) 압착슬리브 접속

C형 슬리브를 이용하여 유압식 압착기로 동선과 접지봉을 연결하는 방식이다. 매설 시 사용되는 접지선에는 부식과 접지체의 손상이 발생할 수 있으므로 지상 노출 위치의 금속에 주로 사용한다.

3) 그 밖에 납땜용접, 금속용접, 볼트접속, 황동용접 등이 있다.

05 다음의 도면은 연면적 5,500[m²](1개층의 면적은 550[m²])이고 지하 3층, 지상 7층인 사무실 건물에 자동화재탐지설비를 설치한 계통도이다. 다음 각 물음에 답하시오.(단, 지상층의 층고는 각 3[m]이고, 지하층의 층고는 각 3.5[m]이다.) [7점]

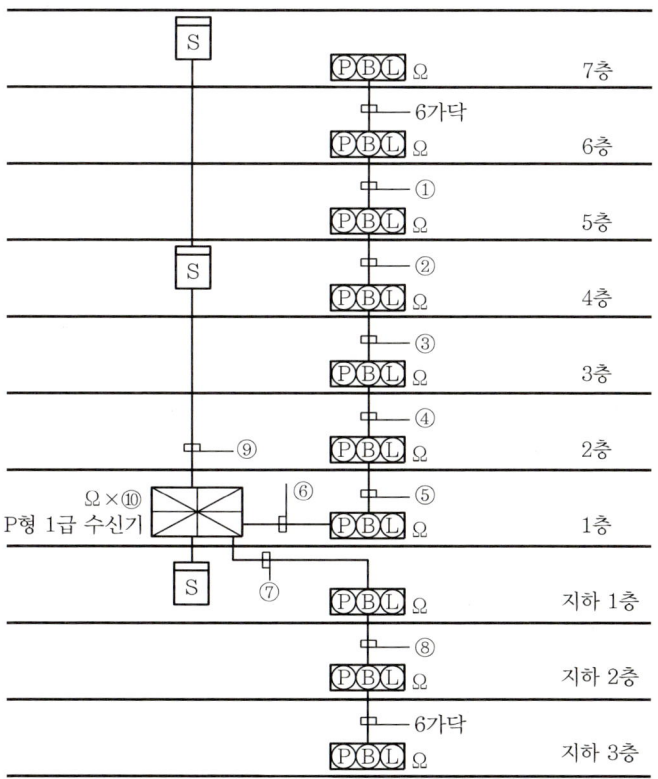

1) ①~⑨까지 배선되는 배선의 최소가닥수를 쓰시오.

구분	①	②	③	④	⑤	⑥	⑦	⑧	⑨
가닥수									

2) P형 1급 수신기의 ⑩에 필요한 종단저항의 개수를 쓰시오.
3) 도시기호 ⓟⒷⓁ의 명칭을 쓰시오.

해답 1)

구분	①	②	③	④	⑤	⑥	⑦	⑧	⑨
가닥수	8	10	12	14	16	18	10	8	4

2) 2개
3) 발신기세트 단독형

해설 1) 최소가닥수

번호	가닥수 합계	배선의 용도					
		회로선	회로 공통선	경종선	표시등 선	경종 · 표시등 공통선	응답선
①	8	2	1	2	1	1	1
②	10	3	1	3	1	1	1
③	12	4	1	4	1	1	1
④	14	5	1	5	1	1	1
⑤	16	6	1	6	1	1	1
⑥	18	7	1	7	1	1	1
⑦	10	3	1	3	1	1	1
⑧	8	2	1	2	1	1	1
⑨	4	2	2	—	—	—	—

2) 계단용 감지기선로의 종단저항의 개수
   ① 지하층(계단)
      지하층의 층수가 2개층 이상이면 지하층을 별도의 경계구역으로 하여야 하므로 지하층 1경계구역(종단저항 1개)이다.
   ② 지상층(계단)
      하나의 경계구역 높이가 45[m] 이하이므로 $\dfrac{3[\text{m}] \times 7개층}{45[\text{m}]} = 0.47$ (소수점 이하 절상)
      ∴ 1경계구역(종단저항 1개)
   ③ 계단용 감지기선로의 종단저항의 개수
      지하층 1개 + 지상층 1개 = 2개

3) 도시기호

발신기세트 단독형	발신기세트 옥내소화전 내장형

> **Reference**
>
> **경계구역의 설정기준**
>
> ① 층별, 면적별 경계구역 설정기준
> - 하나의 경계구역이 2개 이상의 건축물에 미치지 아니하도록 할 것
> - 하나의 경계구역이 2개 이상의 층에 미치지 아니하도록 할 것(다만, 500[m²] 이하의 범위 안에서는 2개의 층을 하나의 경계구역으로 할 수 있다)
> - 하나의 경계구역의 면적은 600[m²] 이하로 하고 한 변의 길이는 50[m] 이하로 할 것(다만, 주된 출입구에서 그 내부 전체가 보이는 것은 한 변의 길이가 50[m]의 범위 내에서 1,000[m²] 이하)
>
> ② 수직구역의 경계구역 설정기준
> - 별도의 경계구역 설정 : 계단, 경사로, 엘리베이터 승강로, 권상기실, 린넨슈트, 파이프 피트, 파이프 덕트, 기타 이와 유사한 부분
> - 하나의 경계구역 높이 : 45[m] 이하(계단 및 경사로에 한함)
> - 지하층의 계단 및 경사로는 별도로 하나의 경계구역으로 할 것(지하층의 층수가 1일 경우는 제외)
>
> ③ 기타 경계구역 설정
> - 외기에 면하여 상시 개방된 부분이 있는 차고 · 주차장 · 창고 등에 있어서는 외기에 면하는 각 부분으로부터 5[m] 미만의 범위 안에 있는 부분은 경계구역의 면적에 산입하지 아니한다.
> - 스프링클러설비 · 물분무등소화설비 또는 제연설비의 화재감지장치로서 화재감지기를 설치한 경우의 경계구역은 해당 소화설비의 방사구역 또는 제연구역과 동일하게 설정할 수 있다.

06 다음 도면은 전실제연설비의 급·배기 댐퍼를 나타낸 것이다. 도면을 보고 각 물음에 답하시오.

[8점]

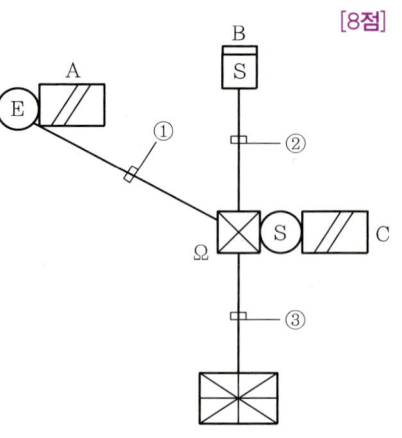

[조건]
- 댐퍼의 기동방식은 모터기동방식이다.
- 댐퍼의 복구는 자동복구방식이다.
- 기동확인과 수동기동확인은 동시에 확인되도록 한다.
- 댐퍼의 기동은 층별 동시기동으로 한다.
- 감지기공통은 전원⊖와 공용으로 사용한다.

1) 도면에서 A, B, C는 무엇을 나타내는지 그 명칭을 쓰시오.
   A :   B :   C :

2) ①~③에 대한 전선의 가닥수를 쓰시오.
   ①   ②   ③

해답

1) A : 배기댐퍼   B : 연기감지기   C : 급기댐퍼

2) ① 4가닥   ② 4가닥   ③ 6가닥

해설

1) 도시기호

기호		기호		기호	
A	배기댐퍼 (Exhaust Air Damper)	B	연기감지기 (Smoke Detector)	C	급기댐퍼 (Supply Air Damper)

2) 가닥수 및 배선내역

기호	가닥수	배선용도
①	4	전원⊕, 전원⊖, 배기기동, 배기확인
②	4	회로2, 공통2
③	6	전원⊕, 전원⊖, 기동, 배기확인, 급기확인, 감지기회로

① 급기댐퍼~배기댐퍼
   모터방식 배기댐퍼의 기본 가닥수 : 4가닥
② 급기댐퍼~연기감지기
   - 종단저항이 급기댐퍼 쪽에 설치된 경우 : 4가닥(회로2, 공통2)
   - 종단저항이 감지기 쪽에 설치된 경우 : 2가닥(회로1, 공통1)

③ 제어반~급기댐퍼
- 기동선 : 조건에서 층별 동시기동이므로 1가닥으로 급기, 배기 동시기동
- 수동기동확인 : 조건에서 자동기동과 수동기동에 의한 확인은 동시에 확인되므로 급기확인선으로 수동기동확인을 같이 사용한다. 그러므로 수동기동확인선은 생략할 수 있다.(실제 수동기동확인선을 생략하는 것은 화재안전기준에 위배된다.)
- 감지기공통은 전원⊖를 공용으로 사용한다.

07 자동화재탐지설비와 관련된 다음 각 물음의 ( )에 알맞은 내용을 쓰시오. [9점]

1) (   )란 감지기 또는 발신기로부터 발하여지는 신호를 직접 또는 중계기를 통하여 공통신호로서 수신하여 화재의 발생을 당해 소방대상물의 관계자에게 경보하여 주는 것을 말한다.
2) (   )란 감지기 또는 발신기로부터 발하여지는 신호를 직접 또는 중계기를 통하여 고유신호로서 수신하여 화재의 발생을 당해 소방대상물의 관계자에게 경보하여 주는 것을 말한다.
3) (   )란 감지기 또는 발신기로부터 발하여지는 신호를 직접 또는 중계기를 통하여 공통신호로서 수신하여 화재의 발생을 당해 소방대상물의 관계자에게 경보하여 주고 자동 또는 수동으로 옥내·외소화전설비, 스프링클러설비, 물분무소화설비, 포소화설비, 이산화탄소소화설비, 할로겐화물소화설비, 분말소화설비, 배연설비 등의 가압송수장치 또는 기동장치 등을 제어하는(이하 "제어기능"이라 한다) 것을 말한다.
4) (   )란 감지기 또는 발신기로부터 발하여지는 신호를 직접 또는 중계기를 통하여 고유신호로서 수신하여 화재의 발생을 당해 소방대상물의 관계자에게 경보하여 주고 제어기능을 수행하는 것을 말한다.
5) (   )란 특정소방대상물 중 화재신호를 발신하고 그 신호를 수신 및 유효하게 제어할 수 있는 구역을 말한다.
6) (   )란 감지기·발신기 또는 전기적 접점 등의 작동에 따른 신호를 받아 이를 수신기의 제어반에 전송하는 장치를 말한다.
7) (   )란 화재 시 발생하는 열, 연기, 불꽃 또는 연소생성물을 자동적으로 감지하여 수신기에 발신하는 장치를 말한다.
8) (   )란 화재 발생 신호를 수신기에 수동으로 발신하는 장치를 말한다.
9) (   )란 자동화재탐지설비에서 발하는 화재신호를 시각경보기에 전달하여 청각장애인에게 점멸형태의 시각경보를 하는 것을 말한다.

해답
1) P형 수신기   2) R형 수신기   3) P형 복합식 수신기
4) R형 복합식 수신기   5) 경계구역   6) 중계기
7) 감지기   8) 발신기   9) 시각경보장치

해설 1) 수신기 형식승인 및 제품검사의 기술기준 제2조(용어의 정의)
① P형 수신기

　　감지기 또는 발신기로부터 발하여지는 신호를 직접 또는 중계기를 통하여 공통신호로서 수신하여 화재의 발생을 당해 소방대상물의 관계자에게 경보하여 주는 것을 말한다.

② R형 수신기

　　감지기 또는 발신기로부터 발하여지는 신호를 직접 또는 중계기를 통하여 고유신호로서 수신하여 화재의 발생을 당해 소방대상물의 관계자에게 경보하여 주는 것을 말한다.

③ P형 복합식 수신기

　　감지기 또는 발신기로부터 발하여지는 신호를 직접 또는 중계기를 통하여 공통신호로서 수신하여 화재의 발생을 당해 소방대상물의 관계자에게 경보하여 주고 자동 또는 수동으로 옥내·외소화전설비, 스프링클러설비, 물분무소화설비, 포소화설비, 이산화탄소소화설비, 할로겐화물소화설비, 분말소화설비, 배연설비 등의 가압송수장치 또는 기동장치 등을 제어하는(이하 "제어기능"이라 한다) 것을 말한다.

④ R형 복합식 수신기

　　감지기 또는 발신기로부터 발하여지는 신호를 직접 또는 중계기를 통하여 고유신호로서 수신하여 화재의 발생을 당해 소방대상물의 관계자에게 경보하여 주고 제어기능을 수행하는 것을 말한다.

2) 자동화재탐지설비 및 시각경보장치의 화재안전기술기준(용어의 정의)
① 경계구역

　　특정소방대상물 중 화재신호를 발신하고 그 신호를 수신 및 유효하게 제어할 수 있는 구역을 말한다.

② 중계기

　　감지기·발신기 또는 전기적 접점 등의 작동에 따른 신호를 받아 이를 수신기의 제어반에 전송하는 장치를 말한다.

③ 감지기

　　화재 시 발생하는 열, 연기, 불꽃 또는 연소생성물을 자동적으로 감지하여 수신기에 발신하는 장치를 말한다.

④ 발신기

　　화재 발생 신호를 수신기에 수동으로 발신하는 장치를 말한다.

⑤ 시각경보장치

　　자동화재탐지설비에서 발하는 화재신호를 시각경보기에 전달하여 청각장애인에게 점멸형태의 시각경보를 하는 것을 말한다.

⑥ 수신기

　　감지기나 발신기에서 발하는 화재신호를 직접 수신하거나 중계기를 통하여 수신하여 화재의 발생을 표시 및 경보하여 주는 장치를 말한다.

08 공사비 산출내역서 작성 시 표준품셈표에서 정하는 공구손료, 잡재료비 등을 계상하고자 한다. 다음 각 물음에 답하시오. [6점]

1) 공구손료는 직접노무비의 몇 [%] 이내로 적용하여야 하는지 쓰시오.
2) 잡자재비는 전선과 배관자재 등의 몇 [%] 범위 이내로 적용하여야 하는지 쓰시오.

해답 1) 3[%]
2) 2~5[%]

해설 1) 공구손료
① 공사 중 상시 사용되는 일반공구 및 시험용 계측기구류의 손료를 말한다.
② 직접노무비의 3[%]까지 계상하며 특수공구 및 특수계측기류는 별도로 계상한다.

2) 소모 · 잡자재비
잡자재 및 소모재료는 설계내역에 표시하여 계상하되 주재료비의 2~5[%]까지 계상한다.

09 다음은 자동화재탐지설비 및 시각경보장치의 화재안전기술기준에서 정하는 감지기 설치기준에 관한 사항이다. ( ) 안에 알맞은 답을 쓰시오. [4점]

- 감지기(차동식 분포형은 제외한다)는 실내로의 공기유입구로부터 (①)[m] 이상 떨어진 위치에 설치할 것
- 보상식 스포트형 감지기는 정온점이 감지기 주위의 평상시 최고온도보다 (②)[℃] 이상 높은 것으로 설치할 것
- 스포트형 감지기는 (③)도 이상 경사되지 아니하도록 부착할 것
- (④) 감지기는 주방 · 보일러실 등으로서 다량의 화기를 취급하는 장소에 설치할 것

해답 ① 1.5　　② 20
③ 45　　④ 정온식

해설 1) 스포트형 감지기의 설치기준(공통사항)
① 실내로의 공기유입구로부터 1.5[m] 이상 떨어진 위치에 설치
② 천장 또는 반자의 옥내에 면하는 부분에 설치할 것
③ 45° 이상 경사되지 아니하도록 부착할 것

2) 정온식 감지기의 설치기준

구분	기준
설치장소	주방, 보일러실 등으로서 다량의 화기를 취급하는 장소에 설치
공칭작동온도	최고 주위온도보다 20[℃] 이상

3) 보상식 스포트형 감지기의 설치기준
   ① 사용목적 : 실보 또는 지연보의 방지
   ② 동작원리 : (차동식)+(정온식) 중 어느 하나만 동작하면 화재신호 전송
   ③ 정온점 : 감지기 주위의 평상시 최고온도보다 20[℃] 이상 높은 것으로 설치

10 P형 수신기에서 스위치주의등에 대한 각 물음에 답하시오. [4점]

1) 도통시험스위치를 누른 경우 스위치주의등 점등 여부
2) 예비전원시험스위치를 누른 경우 스위치주의등 점등 여부

해답
1) 점등
2) 점등되지 않음

해설
1) 도통시험스위치, 화재표시작동시험스위치, 자동복구스위치, 주경종정지, 지구경종정지스위치
   ① 위의 스위치들은 손으로 스위치를 누르면 눌린 상태를 유지하는 스위치이다.
   ② 즉, 스위치 동작상태를 계속 유지하므로 스위치주의등을 점등하여 스위치 상태를 확인하도록 하는 것이다.

2) 예비전원시험스위치, 복구스위치
   ① 예비전원스위치와 복구스위치는 손으로 누르고 있을 때만 동작하고 손을 떼면 스위치는 자동복구된다.
   ② 그러므로 스위치주의등의 점등이 불필요하다.

Reference

P형 1급 수신기
① 정의
   감지기 또는 발신기로부터 발하여지는 신호를 공통신호로서 수신하여 화재의 발생을 당해 소방대상물의 관계자에게 경보하는 수신기
② 발신기
   P형 1급 발신기를 사용하며 발신기 동작 시 응답램프 점등
③ 표시등의 종류
   화재표시등, 지구표시등, 전원표시등, 예비전원고장표시등, 발신기동작표시등, 스위치주의등, 회로단선표시등, 펌프기동표시등
④ 조작스위치의 종류
   화재표시작동시험스위치, 복구스위치, 자동복구스위치, 도통시험스위치, 예비전원시험스위치, 주경종정지, 지구경종정지스위치 등
⑤ 스위치주의등
   조작스위치가 동작되어있는 경우 스위치주의등이 점등된다.(복구스위치, 예비전원시험스위치는 제외)

11 특정소방대상물에 비상전원설비로 축전지설비를 하고자 한다. 다음 각 물음에 답하시오. [6점]

1) 연축전지의 정격용량이 100[Ah]이고, 상시부하가 15[kW], 표준전압이 100[V]인 부동충전방식 충전기의 2차 충전전류[A]를 구하시오.(단, 상시부하의 역률은 1로 가정한다.)
   - 계산과정 :
   - 답 :

2) 축전지에 수명이 있고 또한 그 말기에 있어서도 부하를 만족하는 용량을 결정하기 위한 계수로 보통 0.8을 사용하는데 이를 무엇이라 하는지 쓰시오.

3) 축전지의 과방전 및 방치상태, 설페이션(Sulphation) 현상 등이 생겼을 때 기능 회복을 위하여 실시하는 충전방식의 명칭을 쓰시오.

해답
1) • 계산과정
$$I_2 = \frac{100[\text{Ah}]}{10[\text{Ah}]} + \frac{15 \times 10^3[\text{W}]}{100[\text{V}]} = 160[\text{A}]$$
   - 답 160[A]

2) 보수율(경년용량저하율)
3) 회복충전방식

해설
1) ① 부동충전 시 충전기의 2차 충전전류

$$I_2 = \frac{축전지의\ 정격용량[\text{Ah}]}{축전지의\ 공칭용량[\text{Ah}]} + \frac{상시부하[\text{W}]}{표준전압[\text{V}]}\ [\text{A}]$$

② 연축전지와 알칼리축전지의 비교

구분	연축전지	알칼리축전지
공칭전압	2.0[V]	1.2[V]
공칭용량	10[Ah]	5[Ah]
수명	짧다	길다
기계적 강도	약하다	강하다
종류	클래드식, 페이스트식	소결식, 포켓식

③ 계산과정
   - 축전지의 정격용량 : 100[Ah]
   - 상시부하 : 15[kW] = 15×10^3[W]
   - 연축전지의 공칭용량 : 10[Ah](필수암기)
   - 표준전압 : 100[V]

$$I_2 = \frac{100[\text{Ah}]}{10[\text{Ah}]} + \frac{15 \times 10^3[\text{W}]}{100[\text{V}]} = 160[\text{A}]$$

2) 보수율(경년용량저하율)
   ① 해가 거듭할수록 축전지의 용량이 저하되므로 그 말기에 부하를 만족시키기 위하여 여유 있게 축전지용량을 산정한다.
   ② 보수율은 용량이 저하되는 것을 고려하여 미리 보상을 해주는 계수로서 보통 0.8을 사용한다.

3) 축전지 충전방식
   ① **보통충전** : 필요할 때마다 표준 시간율로 충전하는 방식
   ② **급속충전** : 단시간에 보통 충전전류의 2~3배의 전류로 충전하는 방식
   ③ **부동충전** : 전지의 자기방전을 보충함과 동시에 상용부하에 대한 전력공급은 충전기가 부담하고 일시적인 대전류 부하는 축전지가 부담하도록 하는 방식

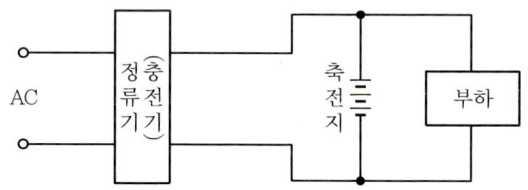

   ④ **균**등충전 : 1~3개월마다 정전압으로 10~12시간 충전하여 전체 셀의 전압을 균일하게 하는 방식
   ⑤ **세**류충전 : 항상 자기방전량만큼만 충전하는 방식
   ⑥ **회**복충전 : 과방전 및 방치상태, 가벼운 설페이션 현상 등이 생겼을 때 기능회복을 위하여 실시하는 충전방식

   ✎ 설페이션 : 연축전지를 방전 상태로 오래 방치했을 때, 극판의 표면의 황산납이 회백색으로 변하여 부도체 성질을 갖는 현상

12 비상콘센트설비의 전원회로에 대한 다음 물음에 답하시오. [3점]

1) 전원회로는 단상교류 몇 [V]인지 쓰시오.
2) 전원의 공급용량은 몇 [kVA]인지 쓰시오.

해답
1) 220[V]
2) 1.5[kVA]

해설 비상콘센트설비의 전원회로
① 비상콘센트설비의 전원

전원	전압	공급용량
단상교류	220[V]	1.5[kVA] 이상

② 전원회로는 각 층에 2 이상이 되도록 설치할 것(다만, 설치하여야 할 층의 비상콘센트가 1개인 때에는 하나의 회로로 할 수 있다.)
③ 전원회로는 주배전반에서 전용회로로 할 것
④ 전원으로부터 각 층의 비상콘센트에 분기되는 경우에는 분기배선용 차단기를 보호함 안에 설치할 것
⑤ 콘센트마다 배선용 차단기를 설치하여야 하며, 충전부가 노출되지 아니하도록 할 것
⑥ 개폐기에는 "비상콘센트"라고 표시한 표지를 할 것
⑦ 비상콘센트용의 풀박스 등은 방청도장을 한 것으로서, 두께 1.6[mm] 이상의 철판으로 할 것
⑧ 하나의 전용회로에 설치하는 비상콘센트는 10개 이하로 할 것. 이 경우 전선의 용량은 각 비상콘센트(비상콘센트가 3개 이상인 경우에는 3개)의 공급용량을 합한 용량 이상의 것으로 할 것

13 옥내소화전설비가 설치된 특정소방대상물에 옥내소화전설비용 비상전원을 설치하였다. 설치 가능한 비상전원의 종류 3가지를 쓰시오. [4점]

-
-
-

해답
- 자가발전설비
- 축전지설비
- 전기저장장치

해설
1) 비상전원 설치대상
   ① 지하층을 제외한 층수가 7층 이상으로서 연면적이 2,000[m²] 이상
   ② 지하층의 바닥면적의 합계가 3,000[m²] 이상인 특정소방대상물

2) 설치 가능한 비상전원의 종류(옥내소화전설비)
   ① 자가발전설비
   ② 축전지설비
   ③ 전기저장장치

3) 비상전원의 설치기준
   ① 점검에 편리하고 화재 및 침수 등의 재해로 인한 피해를 받을 우려가 없는 곳에 설치할 것
   ② 옥내소화전설비를 유효하게 20분 이상 작동할 수 있어야 할 것
   ③ 상용전원으로부터 전력의 공급이 중단된 때에는 자동으로 비상전원으로부터 전력을 공급받을 수 있도록 할 것

④ 비상전원(내연기관의 기동 및 제어용 축전기를 제외)의 설치장소는 다른 장소와 **방화구획**할 것. 이 경우 그 장소에는 비상전원의 공급에 필요한 기구나 설비 외의 것(열병합발전설비에 필요한 기구나 설비는 제외)을 두어서는 아니 된다.

⑤ 비상전원을 실내에 설치하는 때에는 그 실내에 **비상조명등**을 설치할 것

4) 비상전원의 제외대상

① 둘 이상의 변전소에서 전력을 동시에 공급받을 수 있는 경우
② 하나의 변전소로부터 전력의 공급이 중단되는 때에는 자동으로 다른 변전소로부터 전력을 공급받을 수 있도록 상용전원을 설치한 경우

5) 소방설비별 비상전원의 종류 및 용량

소방설비	비상전원의 종류	비상전원 용량
• 비상경보설비 (비상벨설비 또는 자동식 사이렌설비) • 비상방송설비 • 자동화재탐지설비	• 축전지설비 • 전기저장장치	60분 이상 감시상태 지속 10분 이상 경보
• 소화설비 • 제연설비 • 비상조명등	• 자가발전설비 • 축전지설비 • 전기저장장치	20분 이상
비상콘센트설비	• 자가발전설비 • 축전지설비 • 비상전원수전설비 • 전기저장장치	20분 이상
유도등	축전지	
유도등 및 비상조명등이 설치된 장소로서 • 11층 이상의 층 • 지하층 또는 무창층으로서 용도가 도매시장·소매시장·여객자동차터미널·지하역사 또는 지하상가	유도등 • 축전지 비상조명등 • 자가발전설비 • 축전지설비 • 전기저장장치	60분 이상
무선통신보조설비의 증폭기	축전지설비	30분 이상

14 다음은 비상콘센트보호함의 설치기준이다. ( ) 안의 알맞은 내용을 쓰시오. [5점]

• 보호함에는 쉽게 개폐할 수 있는 (①)을(를) 설치할 것
• 보호함 (②)에 "비상콘센트"라고 표시한 표지를 할 것
• 보호함 상부에 (③)색의 (④)을(를) 설치할 것(다만, 비상콘센트보호함을 옥내소화전함 등과 접속하여 설치하는 경우에는 (⑤) 등의 표시등과 겸용할 수 있다.

해답 ① 문 ② 표면 ③ 적
④ 표시등 ⑤ 옥내소화전함

해설 ➕ 비상콘센트보호함의 설치기준
① 보호함에는 쉽게 개폐할 수 있는 문을 설치할 것
② 보호함 표면에 "비상콘센트"라고 표시한 표지를 할 것
③ 보호함 상부에 적색의 표시등을 설치할 것. 다만, 비상콘센트의 보호함을 옥내소화전함 등과 접속하여 설치하는 경우에는 옥내소화전함 등의 표시등과 겸용할 수 있다.

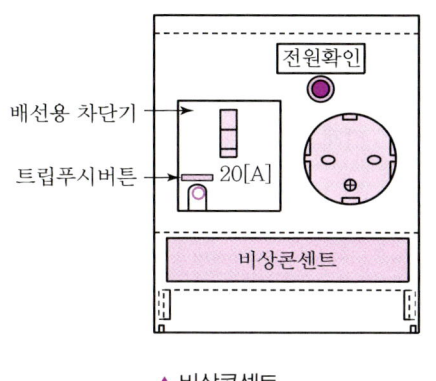

▲ 비상콘센트

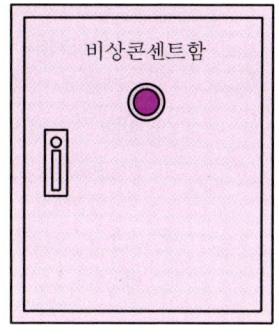

▲ 비상콘센트함

15 다음과 같은 비상방송설비의 확성기 회로에 음량조정기를 설치하고자 할 때 미완성 결선도를 완성하시오. [5점]

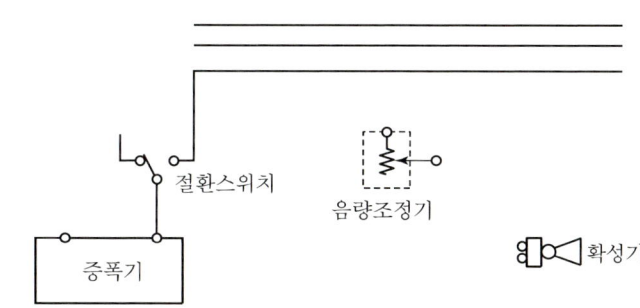

해답 ➕

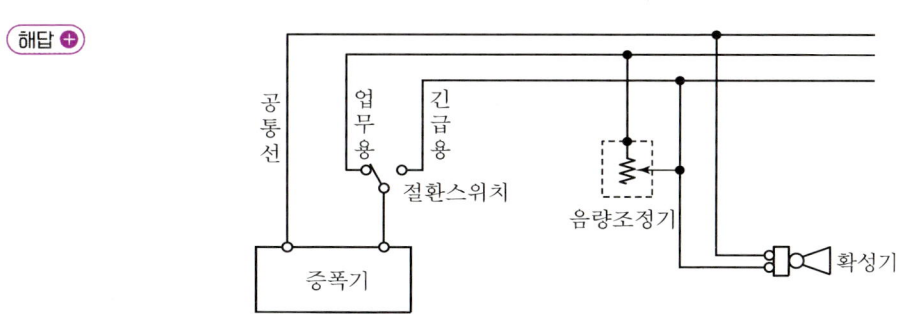

해설 ⊕ 1) 동작설명
    ① 업무용 방송
        • 확성기(스피커)에 공통선과 업무용 배선(음량조정기(ATT) 경유)이 연결된다.
        • 방송 시 음량조정기에 의해 음량을 조절할 수 있다.
    ② 긴급용 방송
        • 확성기(스피커)에 공통선과 긴급용 배선이 직접 연결되어 있다.
        • 수신기로부터 화재신호를 수신하면 절환스위치가 긴급용으로 절환된다.
        • 긴급용 방송은 음량조정이 불가능하다.
    ③ 절환스위치에 배선의 용도가 적혀 있지 않을 경우 반드시 배선의 용도(공통선, 업무용, 긴급용)를 적어주어야 한다.

2) 동일한 3선식 배선
    ① 배선도 1

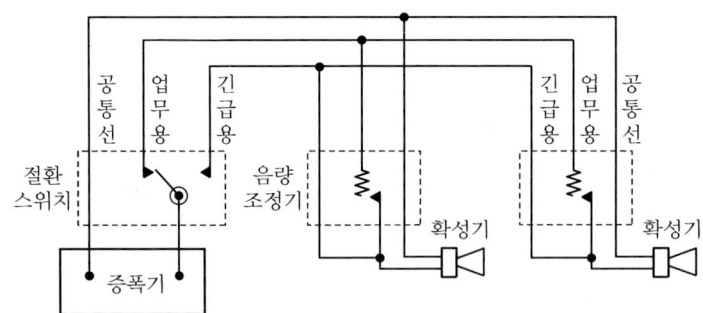

    ② 배선도 2

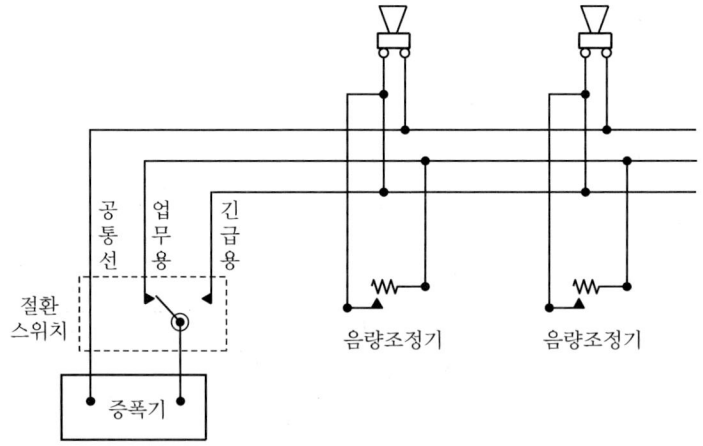

16 20[W], 중형 피난구유도등 10개가 AC 220[V] 상용전원에 연결되어 점등되고 있다. 상용전원으로부터 공급되는 전류[A]를 구하시오.(단, 유도등의 역률은 50[%]이며, 유도등 축전지의 충전전류는 무시한다.) [3점]

- 계산과정 :
- 답 :

해답
- 계산과정

  $P = VI\cos\theta$

  $(20 \times 10) = 220 \times I \times 0.5$

  $I = \dfrac{(20 \times 10)}{220 \times 0.5} = 1.82[A]$

- 답 1.82[A]

해설
1) 유효전력 $P[W]$: 저항(R)에서 소비되는 전력, 실제 일한 전력, 소비전력

   $$P = VI\cos\theta$$

   여기서, P : 유효전력[W], V : 전압[V], I : 전류[A], $\cos\theta$: 역률

2) 계산과정

   ① $P = 20[W] \times 10[개] = 200[W]$

   $V = 220[V]$

   $\cos\theta = 0.5$

   ② $P = VI\cos\theta$

   $(20 \times 10) = 220 \times I \times 0.5$

   $I = \dfrac{(20 \times 10)}{220 \times 0.5} = 1.82[A]$

---

17 어느 특정소방대상물에 옥내소화전설비를 설치하고 상용전원과 비상전원을 설치하였다. 전원설치기준에 대한 ( ) 안에 알맞은 내용을 쓰시오. [6점]

- 상용전원이 저압수전인 경우에는 (①)의 직후에서 분기하여 전용배선으로 하여야 하며, 전용의 전선관에 보호되도록 할 것
- 비상전원은 옥내소화전설비를 유효하게 (②)분 이상 작동할 수 있어야 할 것
- 비상전원을 실내에 설치하는 때에는 그 실내에 (③)을(를) 설치할 것

해답
① 인입개폐기
② 20분
③ 비상조명등

해설 ⊕ 옥내소화전설비의 전원

1) 상용전원회로의 배선 설치기준
   ① 저압수전
      인입개폐기의 직후에서 분기하여 전용배선으로 하여야 하며, 전용의 전선관에 보호되도록 할 것
   ② 특별고압수전 또는 고압수전
      전력용 변압기 2차 측의 주차단기 1차 측에서 분기하여 전용배선으로 하되, 상용전원의 상시공급에 지장이 없을 경우에는 주차단기 2차 측에서 분기하여 전용배선으로 할 것

2) 비상전원의 설치대상
   ① 층수가 **7층 이상**으로서 연면적이 **2,000[m²] 이상**인 것
   ② 지하층의 바닥면적의 합계가 **3,000[m²] 이상**인 것

3) 비상전원의 설치 제외
   ① 2 이상의 변전소에서 전력을 동시에 공급받을 수 있는 경우
   ② 하나의 변전소로부터 전력의 공급이 중단되는 때에는 자동으로 다른 변전소로부터 전원을 공급받을 수 있도록 상용전원을 설치한 경우

4) 비상전원의 종류(옥내소화전설비)
   ① **자**가발전설비
   ② **축**전지설비
   ③ **전**기저장장치

5) 비상전원의 설치기준
   ① **점검**에 편리하고 화재 및 침수 등의 재해로 인한 피해를 받을 우려가 없는 곳에 설치할 것
   ② 옥내소화전설비를 유효하게 **20분 이상** 작동할 수 있어야 할 것
   ③ 상용전원으로부터 전력의 공급이 중단된 때에는 **자동으로** 비상전원으로부터 전력을 공급받을 수 있도록 할 것
   ④ 비상전원의 설치장소는 다른 장소와 **방화구획**할 것. 이 경우 그 장소에는 비상전원의 공급에 필요한 기구나 설비 외의 것(열병합발전설비에 필요한 기구나 설비는 제외한다)을 두어서는 아니 된다.
   ⑤ 비상전원을 실내에 설치하는 때에는 그 실내에 **비상조명등**을 설치할 것

18 비상콘센트설비에 대한 다음 각 물음에 답하시오. [5점]

1) 비상콘센트설비의 설치목적을 쓰시오.
2) 비상콘센트 1개당 전선수는 접지선을 포함해서 최소 몇 가닥인지 쓰시오.
3) 단상교류 220[V] 전원에 1[kW] 송풍기를 연결 운전하는 경우 회로에 흐르는 전류[A]를 구하시오.(단, 역률은 90[%]이다.)
   • 계산과정 :
   • 답 :

해답

1) 화재 발생 시 소방대의 소화활동에 필요한 조명 또는 장비에 전원을 공급하기 위하여 설치
2) 3가닥
3) • 계산과정

   $P = VI\cos\theta$

   $1,000 = 220 \times I \times 0.9$

   $I = \dfrac{1,000}{220 \times 0.9} = 5.05[A]$

   • 답 5.05[A]

해설

1) 비상콘센트의 설치목적
   ① 비상콘센트는 소화활동설비로서 소방대가 화재를 진압하거나 인명구조활동을 위하여 사용하는 설비이다.
   ② 건축물에 상용전원이 정전되어도 비상콘센트에 의해 소방대의 소화활동상 필요한 조명 또는 장비에 전원을 공급하여 소화활동을 원활히 하는 데 목적이 있다.

2) 비상콘센트 1개당 가닥수
   ① 비상콘센트의 플러그접속기
      • 비상콘센트의 플러그접속기는 접지형 2극 플러그접속기를 사용할 것
      • 비상콘센트의 플러그접속기의 칼받이의 접지극에는 접지공사를 할 것
   ② 비상콘센트의 구조 및 가닥수
      2극 플러그접속기(2가닥) + 접지극(1가닥) = 3가닥

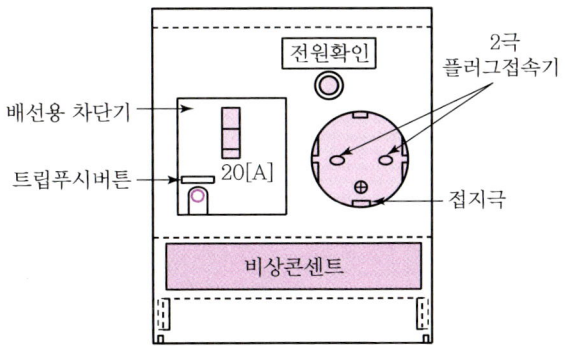

3) 전류[A]

① 유효전력 P[W] : 저항(R)에서 소비되는 전력, 실제 일한 전력, 소비전력

$$P = VI\cos\theta$$

여기서, P : 유효전력[W], V : 전압[V], I : 전류[A], $\cos\theta$: 역률

② 계산과정
- P : $1[\text{kW}] = 1 \times 10^3[\text{W}] = 1,000[\text{W}]$
- V : 220[V]
- 역률 : $\cos\theta = 0.9$

$1,000 = 220 \times I \times 0.9$

$I = \dfrac{1,000}{220 \times 0.9} = 5.05[\text{A}]$

2019년 제2회(2019. 6. 29)

01 지상 11층, 지하 2층, 연면적 5,000[m²]인 빌딩에 비상방송설비를 설치하고자 한다. 설치기준에 대한 다음 각 물음에 답하시오. [6점]

1) 확성기를 실외에 설치한 경우 음성입력은 몇 [W] 이상의 것을 설치하여야 하는가?
2) 경보방식은 어떤 방식으로 하여야 하는지 쓰고, 2층 이상 발화, 1층 발화, 지하층 발화 시 경보를 하여야 하는 층의 기준을 쓰시오.
   - 경보방식 :
   - 경보하여야 하는 층
     - 2층 이상 발화 시 :
     - 1층 발화 시 :
     - 지하층 발화 시 :
3) 기동장치에 의해 화재신고를 수신한 후 필요한 음량으로 방송이 개시될 때까지의 소요시간은 몇 초 이하로 하여야 하는지 쓰시오.

해답
1) 3[W]
2) • 경보방식 : 발화층·직상층 우선경보방식
   • 경보하여야 하는 층
     - 2층 이상 발화 시 : 발화층 및 그 직상 4개층
     - 1층 발화 시 : 발화층·그 직상 4개층 및 지하층
     - 지하층 발화 시 : 발화층·그 직상층 및 기타의 지하층
3) 10초 이하

해설
1) 비상방송설비의 음향장치
   ① 확성기의 음성입력 : 실외 3[W], 실내 1[W], 아파트 등의 실내 2[W] 이상
   ② 확성기는 각 층마다 설치할 것
   ③ 그 층의 각 부분으로부터 하나의 확성기까지의 수평거리가 25[m] 이하가 되도록 하고, 해당 층의 각 부분에 유효하게 경보를 발할 수 있도록 설치할 것
   ④ 음량조정기를 설치하는 경우 음량조정기의 배선은 3선식으로 할 것
   ⑤ 음향장치의 구조 및 성능
     • 정격전압의 80[%] 전압에서 음향을 발할 수 있는 것으로 할 것
     • 자동화재탐지설비의 작동과 연동하여 작동할 수 있는 것으로 할 것

2) 증폭기 및 조작부 등
   ① 조작부의 조작스위치 높이 : 바닥으로부터 0.8[m] 이상 1.5[m] 이하
   ② 조작부는 기동장치가 작동한 층 또는 구역을 표시할 수 있을 것
   ③ 증폭기 및 조작부는 수위실 등 상시 사람이 근무하는 장소로서 점검이 편리하고 방화상 유효한 곳에 설치할 것
   ④ 다른 방송설비와 공용하는 것에 있어서는 화재 시 비상경보 외의 방송을 차단할 수 있는 구조로 할 것
   ⑤ 다른 전기회로에 따라 유도장애가 생기지 아니하도록 할 것
   ⑥ 하나의 특정소방대상물에 2 이상의 조작부가 설치되어 있는 때에는 각각의 조작부가 있는 장소 상호 간에 동시통화가 가능한 설비를 설치하고, 어느 조작부에서도 해당 특정소방대상물의 전 구역에 방송을 할 수 있도록 할 것

3) 화재감지 후 방송개시 소요시간
   기동장치에 따른 화재신고를 수신한 후 필요한 음량으로 화재 발생 상황 및 피난에 유효한 방송이 자동으로 개시될 때까지의 소요시간은 10초 이하로 할 것

4) 비상방송설비의 발화층·직상층 우선경보방식
   ① 대상
      층수가 11층(공동주택의 경우에는 16층) 이상의 특정소방대상물
   ② 경보방식

발화층	경보하여야 하는 층
2층 이상의 층	발화층 및 그 직상 4개층
1층	발화층·그 직상 4개층 및 지하층
지하층	발화층·그 직상층 및 기타의 지하층

02 다음은 자동화재탐지설비의 구성요소 중 중계기에 대한 내용이다. 중계기의 종류별 특징에 대한 다음 표를 완성하시오. [4점]

구분	집합형	분산형
입력전원	①	②
전원공급	③	전원 및 비상전원은 수신기에서 공급
회로수용능력	④	소용량(5회로 미만)
전원공급 사고 시	내장된 예비전원에 의해 정상작동	중계기 기능 상실
설치위치	2~3층당 1개씩 전기피트실 등에 설치	발신기함, 옥내소화전함, SVP, 수동조작함 등의 내부에 설치하거나 별도의 격납함에 설치

해답

구분	집합형	분산형
입력전원	① AC 220[V]	② DC 24[V]
전원공급	③ 외부전원 이용(예비전원 내장)	전원 및 비상전원은 수신기에서 공급
회로수용능력	④ 대용량(30~40회로)	소용량(5회로 미만)
전원공급 사고 시	내장된 예비전원에 의해 정상작동	중계기 기능 상실
설치위치	2~3층당 1개씩 전기피트실 등에 설치	발신기함, 옥내소화전함, SVP, 수동조작함 등의 내부에 설치하거나 별도의 격납함에 설치

해설 중계기

1) 정의

 감지기·발신기 또는 전기적 접점 등의 작동에 따른 신호를 받아 이를 수신기의 제어반에 전송하는 장치이다.

2) 중계기의 종류

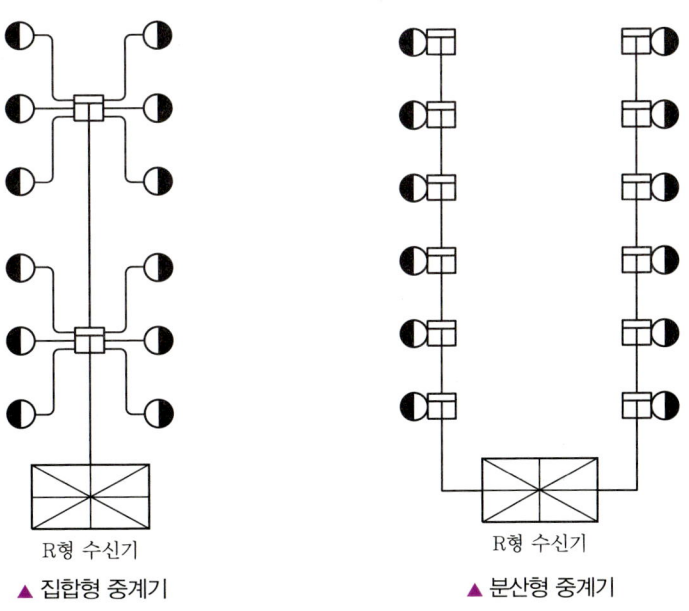

▲ 집합형 중계기   ▲ 분산형 중계기

3) 중계기의 종류별 특징

구분	집합형	분산형
입력전원	AC 220[V]	DC 24[V]
전원공급	외부전원 이용(예비전원 내장)	수신기의 예비전원을 이용
정류장치	정류장치 내장	불필요
회로수용능력	대용량(30~40회로)	소용량(5회로 미만)
외형	대형	소형
전원공급 사고 시	내장된 예비전원에 의해 정상작동	중계기 기능 상실
설치위치	2~3층당 1개씩 전기피트실 등에 설치	발신기함, 옥내소화전함, SVP, 수동조작함 등의 내부에 설치하거나 별도의 격납함에 설치

4) 중계기의 설치기준
   ① 수신기에서 직접 감지기회로의 도통시험을 행하지 아니하는 것에 있어서는 수신기와 감지기 사이에 설치할 것
   ② 조작 및 점검에 편리하고 화재 및 침수 등의 재해로 인한 피해를 받을 우려가 없는 장소에 설치할 것
   ③ 수신기에 따라 감시되지 아니하는 배선을 통하여 전력을 공급받는 것에 있어서는 전원 입력 측의 배선에 과전류차단기를 설치하고 해당 전원의 정전이 즉시 수신기에 표시되는 것으로 하며, 상용전원 및 예비전원의 시험을 할 수 있도록 할 것

03 다음은 금속관공사에서의 유의사항에 관한 내용이다. (   ) 안에 알맞은 내용을 쓰시오. [5점]

- 금속관을 구부릴 때 금속관의 단면이 심하게 변형되지 아니하도록 구부려야 하며, 그 안측의 반지름은 관 안지름의 (①)배 이상이 되어야 한다.(단, 전선관의 안지름이 25[mm] 이하이고 건조물의 구조상 부득이한 경우는 관의 내단면이 현저하게 변형되지 않고 관에 금이 생기지 않을 정도까지 구부릴 수 있다.)
- 전선관의 길이가 (②)[m]를 초과하는 경우에는 (②)[m] 이하마다 풀박스를 설치하여 시공하는 것이 바람직하며, 굴곡부위가 있는 경우에는 (③)[m]를 초과할 수 없다. (④)개소를 초과하는 (⑤) 굴곡개소를 만들어서는 안 된다.

해답 ① 6
② 25
③ 15
④ 3
⑤ 직각 또는 직각에 가까운

해설 금속관공사의 유의사항

① 금속관을 구부릴 때 금속관의 단면이 심하게 변형되지 아니하도록 구부려야 하며, 그 안측의 반지름은 관 안지름의 6배 이상이 되어야 한다.(단, 전선관의 안지름이 25[mm] 이하이고 건조물의 구조상 부득이한 경우는 관의 내단면이 현저하게 변형되지 않고 관에 금이 생기지 않을 정도까지 구부릴 수 있다.)

② 전선관의 길이가 25[m]를 초과하는 경우에는 25[m] 이하마다 풀박스를 설치하여 시공하는 것이 바람직하며, 굴곡부위가 있는 경우에는 15[m]를 초과할 수 없다. 3개소를 초과하는 직각 또는 직각에 가까운 굴곡개소를 만들어서는 안 된다.

04 바닥면적이 500[m²]이고, 천장높이가 3.5[m]인 사무실에 차동식 스포트형(2종) 감지기를 설치하려고 한다. 감지기의 최소수량을 구하시오.(단, 건축물은 철근콘크리트조의 내화구조이다.)

[4점]

- 계산과정 :
- 답 :

해답
- 계산과정 : $N = \dfrac{500}{70} = 7.14 ≒ 8$개
- **답** 8개

해설 감지기의 개수 산정

▼ 차동식 스포트형, 보상식 스포트형, 정온식 스포트형 감지기의 부착높이 및 특정소방대상물에 따른 기준면적(단위 : m²)

부착높이 및 특정소방대상물의 구분		감지기의 종류				
		차동식, 보상식		정온식		
		1종	2종	특종	1종	2종
4[m] 미만	내화구조	90	70	70	60	20
	기타 구조	50	40	40	30	15
4[m] 이상 8[m] 미만	내화구조	45	35	35	30	—
	기타 구조	30	25	25	15	—

① 조건에 따라 기준면적을 표에서 찾으면 70[m²]이다.
② 사무실의 면적을 기준면적으로 나눈다.
③ 계산된 값에서 소수점 이하는 올려서 감지기 수량을 산정한다.

$N = \dfrac{500}{70} = 7.14 ≒ 8$개

05 자동화재탐지설비 및 시각경보장치의 화재안전기술기준에서 정하는 광전식 분리형 감지기의 설치기준 중 ( ) 안에 알맞은 내용을 쓰시오. [5점]

- 감지기의 (①)은 햇빛을 직접 받지 않도록 설치할 것
- 광축은 나란한 벽으로부터 (②) 이상 이격하여 설치할 것
- 감지기의 송광부와 수광부는 설치된 (③)으로부터 1[m] 이내 위치에 설치할 것
- 광축의 높이는 천장 등 높이의 (④) 이상일 것
- 감지기의 광축의 길이는 (⑤) 범위 이내일 것

해답 ① 수광면 ② 0.6[m] ③ 뒷벽
④ 80[%] ⑤ 공칭감시거리

해설 1) 광전식 분리형 감지기 설치기준
① 감지기의 수광면은 햇빛을 직접 받지 않도록 설치할 것
② 광축은 나란한 벽으로부터 0.6[m] 이상 이격하여 설치할 것
③ 감지기의 송광부와 수광부는 설치된 뒷벽으로부터 1[m] 이내 위치에 설치할 것
④ 광축의 높이는 천장 등 높이의 80[%] 이상일 것
⑤ 감지기의 광축의 길이는 공칭감시거리 범위 이내일 것
⑥ 그 밖의 설치기준은 형식승인 내용에 따르며 형식승인 사항이 아닌 것은 제조사의 시방에 따라 설치할 것

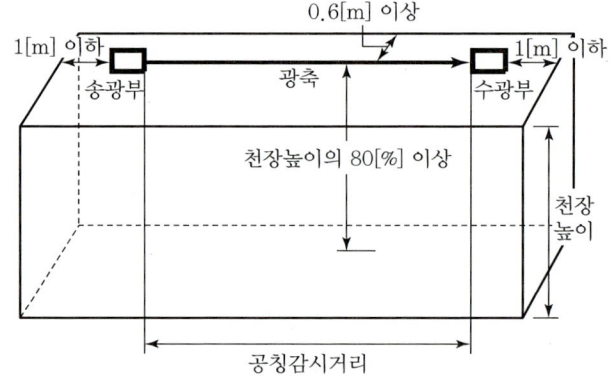

▲ 광전식 분리형 감지기의 설치기준

2) **구성요소** : 송광부, 수광부, 신호증폭회로, 신호변환회로 등
3) **동작원리** : 빛의 감소한 양을 검출하는 감광식
4) **동작순서** : 화재 발생 → 광축에 연기 투입 → 광량 감소 → 신호 증폭 → 화재경보

06 다음은 피난구유도등의 미완성 결선도이다. 도면에서 2선식 배선방식과 3선식 배선방식의 결선도를 완성하고, 배선방식의 차이점을 2가지만 쓰시오. [7점]

1) 미완성 결선도

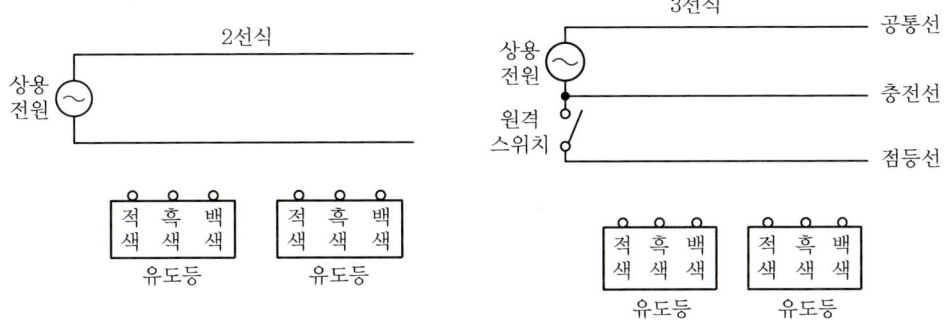

2) 배선방식의 차이점

구분	2선식	3선식
점등상태		
충전상태		

해답

1) 결선도

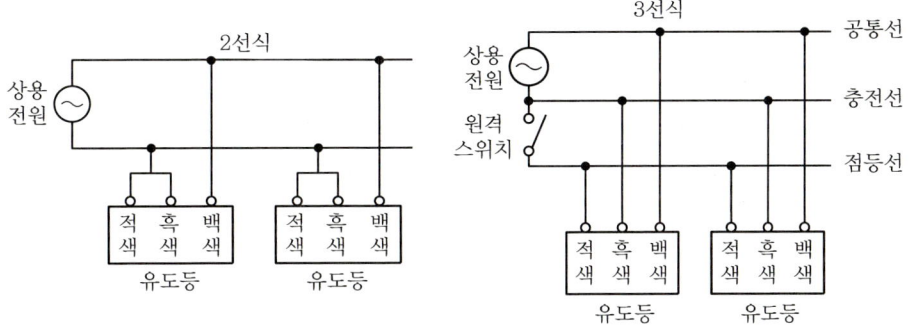

2) 배선방식의 차이점

구분	2선식	3선식
점등상태	• 평상시 : 점등 • 화재 시 : 점등	• 평상시 : 소등 • 화재 시 : 점등
충전상태	전원공급 시 상시충전	전원공급 시 상시충전

07 풍량이 720[m³/min]이며, 전압이 100[mmHg]인 제연설비용 송풍기를 설치할 경우, 이 송풍기를 운전하는 전동기의 동력[kW]을 구하시오.(단, 효율은 55[%]이며, 여유계수 K는 1.2이다.)

[4점]

- 계산과정 :
- 답 :

해답

- 계산과정

    풍량 : $720\dfrac{[\text{m}^3]}{[\text{min}]} \times \dfrac{1[\text{min}]}{60[\text{s}]} = \dfrac{720}{60}[\text{m}^3/\text{s}]$

    전압 : $P_T = 100[\text{mmHg}] \times \dfrac{10332[\text{mmAq}]}{760[\text{mmHg}]} = 1359.47[\text{mmAq}]$

    전동기 동력 : $P = \dfrac{P_T\,Q}{102\,\eta}K$

    $= \dfrac{1359.47 \times (720/60)}{102 \times 0.55} \times 1.2 = 348.95[\text{kW}]$

- **답** 348.95[kW]

해설

1) 송풍기의 동력

$$P[\text{kW}] = \dfrac{P_T Q}{102\,\eta}K$$

여기서, P_T : 전압[mmAq], Q : 유량[m³/s], η : 효율, K : 전달계수

2) 풀이

① Q : 풍량[m³/s]

- 단위환산 : $720\dfrac{[\text{m}^3]}{[\text{min}]} \times \dfrac{1[\text{min}]}{60[\text{s}]} = \dfrac{720}{60}[\text{m}^3/\text{s}]$

    📝 본 교재의 유량 단위는 [m³/s]를 기본단위로 하여 풀이하고 있다. 단위에 따라 식이 달라지니 반드시 단위를 확인하여야 한다.

② P_T : 전압(Total Pressure) [mmAq]

- 식에서 전압의 기본단위는 [mmAq]이다. 문제에서는 전압의 단위가 [mmHg]로 주어졌으므로 단위환산이 필요하다.
- $P_T = 100[\text{mmHg}] \times \dfrac{10332[\text{mmAq}]}{760[\text{mmHg}]} = 1359.47[\text{mmAq}]$
- 여기서, 표준 대기압은 암기하여야 한다.

    표준대기압 $1[\text{atm}] = 10.332[\text{mAq}] = 10332[\text{mmAq}]$
    $= 760[\text{mmHg}] = 76[\text{cmHg}]$
    $= 101325[\text{Pa}]\ [\text{N/m}^2]$
    $= 101.325[\text{kPa}]\ [\text{kN/m}^2]$
    $= 0.101325[\text{MPa}]\ [\text{MN/m}^2]$

③ η : 55[%] = 0.55
　K : 1.2(여유계수, 전달계수)
④ 전동기 동력
$$P = \frac{P_T Q}{102\eta} K = \frac{1359.47 \times (720/60)}{102 \times 0.55} \times 1.2 = 348.95 [kW]$$

08 다음은 무선통신보조설비의 누설동축케이블에 관한 내용이다. (　) 안에 알맞은 답을 쓰시오.
[6점]

- 누설동축케이블은 (①)의 것으로서 습기에 따라 전기의 특성이 변질되지 아니하는 것으로 하고, 노출하여 설치한 경우에는 피난 및 통행에 장애가 없도록 할 것
- 누설동축케이블은 화재에 따라 해당 케이블의 피복이 소실된 경우에 케이블 본체가 떨어지지 아니하도록 (②)[m] 이내마다 금속제 또는 자기제 등의 지지금구로 벽·천장·기둥 등에 견고하게 고정시킬 것. 다만, 불연재료로 구획된 반자 안에 설치하는 경우에는 그러하지 아니하다.
- 누설동축케이블 및 안테나는 고압의 전로로부터 (③)[m] 이상 떨어진 위치에 설치할 것. 다만, 해당 전로에 (④)를 유효하게 설치한 경우에는 그러하지 아니하다.
- 누설동축케이블의 끝부분에는 (⑤)을 견고하게 설치할 것
- 누설동축케이블 또는 동축케이블의 임피던스는 (⑥)[Ω]으로 하고, 이에 접속하는 안테나·분배기 기타의 장치는 해당 임피던스에 적합한 것으로 하여야 한다.

해답
① 불연 또는 난연성　② 4　③ 1.5
④ 정전기 차폐장치　⑤ 무반사 종단저항　⑥ 50

해설 누설동축케이블의 설치기준
① 소방전용 주파수대에서 전파의 전송 또는 복사에 적합한 것으로서 소방전용의 것으로 할 것
② 누설동축케이블과 이에 접속하는 안테나 또는 동축케이블과 이에 접속하는 안테나로 구성할 것
③ 누설동축케이블 및 동축케이블은 불연 또는 난연성의 것으로서 습기에 따라 전기의 특성이 변질되지 아니하는 것으로 하고, 노출하여 설치한 경우에는 피난 및 통행에 장애가 없도록 할 것
④ 누설동축케이블 및 동축케이블은 화재에 따라 해당 케이블의 피복이 소실된 경우에 케이블 본체가 떨어지지 아니하도록 4[m] 이내마다 금속제 또는 자기제 등의 지지금구로 벽·천장·기둥 등에 견고하게 고정시킬 것. 다만, 불연재료로 구획된 반자 안에 설치하는 경우에는 그러하지 아니하다.
⑤ 누설동축케이블 및 안테나는 금속판 등에 따라 전파의 복사 또는 특성이 현저하게 저하되지 아니하는 위치에 설치할 것
⑥ 누설동축케이블 및 안테나는 고압의 전로로부터 1.5[m] 이상 떨어진 위치에 설치할 것. 다만, 해당 전로에 정전기 차폐장치를 유효하게 설치한 경우에는 그러하지 아니하다.

⑦ 누설동축케이블의 끝부분에는 무반사 종단저항을 견고하게 설치할 것
⑧ 누설동축케이블 또는 동축케이블의 임피던스는 50[Ω]으로 하고, 이에 접속하는 안테나·분배기 기타의 장치는 해당 임피던스에 적합한 것으로 하여야 한다.

09 다음의 유접점 시퀀스 회로를 보고 각 물음에 답하시오. [9점]

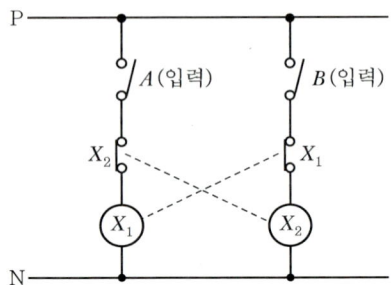

1) 주어진 회로에 대한 논리회로를 그리시오.

2) 주어진 회로의 동작에 대한 타임차트를 완성하시오.

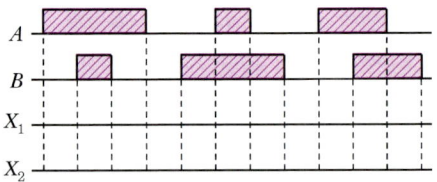

3) 유접점 회로에서 X_1과 X_2 b접점의 사용목적을 쓰시오.

해답 ⊕ 1) 논리회로

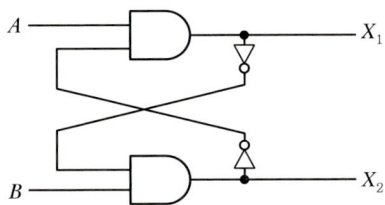

2) 타임차트

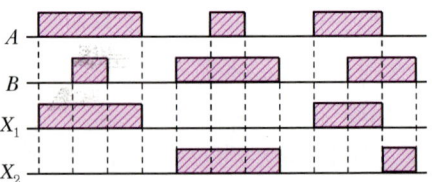

3) X_1과 X_2의 동시투입을 방지하기 위하여(인터록 회로)

해설 ➕ 1) 논리회로

① 논리식

$X_1 = A \cdot \overline{X_2}$

$X_2 = B \cdot \overline{X_1}$

② • 논리회로(1)

부정(▷∘ : Inverter)의 위치에 따라 여러 가지 형태로 논리회로를 구성할 수 있다.

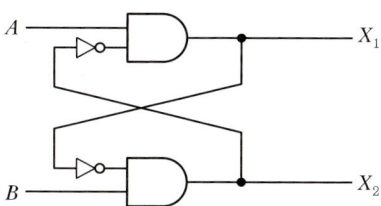

• 논리회로(2)

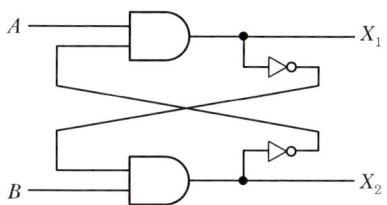

2) 타임차트

유접점 회로나 무접점 회로를 보고 타임차트를 작성한다.

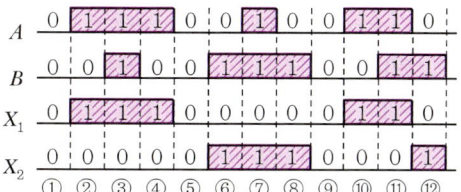

- ①, ⑤, ⑨시점

  입력 $A=0$, $B=0$이므로 출력 X_1, X_2는 0이다. (출력이 나오지 않는다.)

- ②시점

  입력 $A=1$, $B=0$이므로 출력 $X_1 = 1$ (X_1만 출력이 나온다.)

- ③시점

  입력 A에 의해 X_1이 출력된 상태에서는 입력($B=1$)이 들어와도 X_2는 출력되지 않고 X_1만 계속 출력된다. (인터록 회로)

- ④시점

  ②시점의 상태가 그대로 유지된다.

- ⑤시점

  입력 $A=0$이 되어 X_1이 소자($X_1=0$)된다. (출력 X_1, X_2는 0이다.)

- ⑥시점
  입력 $A=0$, $B=1$이므로 출력 $X_2=1$ (X_2만 출력이 나온다.)
- ⑦시점
  입력 B에 의해 X_2가 출력된 상태에서는 입력($A=1$)이 들어와도 X_1은 출력되지 않고 X_2만 계속 출력된다.(인터록 회로)
- ⑧시점
  ⑥시점의 상태가 그대로 유지된다.
- ⑨시점
  입력 $B=0$이 되어 X_2가 소자($X_2=0$)된다.(출력 X_1, X_2는 0이다.)
- ⑩시점
  입력 $A=1$, $B=0$이므로 출력 $X_1=1$ (X_1만 출력이 나온다.)
- ⑪시점
  입력 A에 의해 X_1이 출력된 상태에서는 입력($B=1$)이 들어와도 X_2는 출력되지 않고 X_1만 계속 출력된다.(인터록 회로)
- ⑫시점
  입력 $A=0$이 되어 X_1이 소자($X_1=0$)된다. $B=1$이므로 출력 $X_2=1$ (X_2만 출력이 나온다.)

3) 인터록 회로
   ① 선행동작우선회로 또는 상대동작금지회로라 한다.
   ② 계전기의 b접점을 이용하여 상대계전기 코일에 직렬로 연결시켜 선행동작된 계전기 코일만 여자되고 다른 계전기에는 입력을 금지시킨다.
   ③ 도면에서 X_1과 X_2의 선행동작된 계전기가 먼저 동작하면 다른 계전기는 동작하지 못하게 되어 동시투입을 방지한다.

10 자동화재탐지설비 및 시각경보장치의 화재안전기술기준에서 정하는 불꽃감지기의 설치기준을 3가지만 쓰시오. [5점]

-
-
-

해답
- 감지기는 화재감지를 유효하게 감지할 수 있는 모서리 또는 벽 등에 설치할 것
- 감지기를 천장에 설치하는 경우에는 감지기는 바닥을 향하여 설치할 것
- 수분이 많이 발생할 우려가 있는 장소에는 방수형으로 설치할 것

해설 1) 불꽃감지기의 설치기준
  ① 공칭감시거리 및 공칭시야각은 형식승인 내용에 따를 것
  ② 감지기는 공칭감시거리와 공칭시야각을 기준으로 감시구역이 모두 포용될 수 있도록 설치할 것
  ③ 감지기는 화재감지를 유효하게 감지할 수 있는 모서리 또는 벽 등에 설치할 것
  ④ 감지기를 천장에 설치하는 경우에는 감지기는 바닥을 향하여 설치할 것
  ⑤ 수분이 많이 발생할 우려가 있는 장소에는 방수형으로 설치할 것
  ⑥ 그 밖의 설치기준은 형식승인 내용에 따르며 형식승인 사항이 아닌 것은 제조사의 시방에 따라 설치할 것

2) 불꽃감지기의 회로도 및 공칭시야각, 공칭감시거리

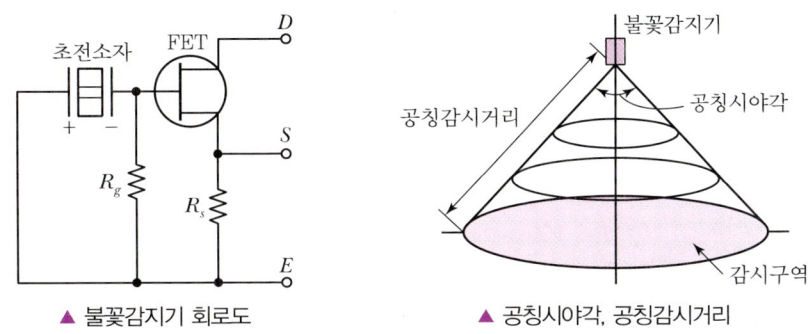

▲ 불꽃감지기 회로도   ▲ 공칭시야각, 공칭감시거리

3) 불꽃감지기 동작원리
  ① 불꽃이 발생하면 초전소자가 적외선을 감지하여 기전력이 발생한다. 이 신호에 의해 FET가 동작하여 화재신호를 송신한다.
  ② 초전효과(Pyro 효과)
     빛을 받으면 기전력이 발생하는 현상

11 높이 18[m]인 물탱크에 매분 15[m³]의 물을 양수하려고 한다. 주어진 조건을 이용하여 다음 각 물음에 답하시오. [5점]

[조건]
- 펌프와 전동기의 합성효율은 60[%]이다.
- 전동기의 역률은 80[%]이다.
- 펌프의 축동력은 15[%]의 여유를 둔다.

1) 전동기의 용량[kW]을 구하시오.
  • 계산과정 :
  • 답 :

2) 부하용량[kVA]을 구하시오.
- 계산과정 :
- 답 :

3) 단상 변압기 2대를 사용하여 V결선으로 3상 동력을 전동기에 공급한다면 변압기 1대의 용량[kVA]을 구하시오.
- 계산과정 :
- 답 :

해답

1) • 계산과정

$$P[\text{kW}] = \frac{9.8\,QH}{\eta}K$$

$$P = \frac{9.8 \times (15/60) \times 18}{0.6} \times 1.15 = 84.525 \fallingdotseq 84.53[\text{kW}]$$

- 답 84.53[kW]

2) • 계산과정

$$P = VI\cos\theta = P_a \cos\theta$$

$$P_a = \frac{P}{\cos\theta} = \frac{84.53}{0.8} = 105.66[\text{kVA}]$$

- 답 105.66[kVA]

3) • 계산과정

$$P_a = P_V$$

$$P_V[\text{kVA}] = \sqrt{3}\,P_1$$

$$105.66 = \sqrt{3}\,P_1$$

$$P_1 = \frac{105.66}{\sqrt{3}} = 61.00[\text{kVA}]$$

- 답 61[kVA]

해설

1) 전동기의 동력(물사용 펌프용 전동기)

$$P[\text{kW}] = \frac{9.8\,QH}{\eta}K$$

여기서, 9.8 : 물의 비중량[kN/m³], Q : 유량[m³/s], H : 양정[m], η : 효율, K : 전달계수

① Q : 유량[m³/s]

문제에서 매분 15[m³]이므로

$$Q = \frac{15[\text{m}^3]}{1[\text{min}]} = \frac{15}{60}[\text{m}^3/\text{s}]$$

② $H = 18$[m], $\eta = 0.6$, $\cos\theta = 0.8$, $K = 1.15$

③ $P[\text{kW}] = \dfrac{9.8\,QH}{\eta}K$

$P = \dfrac{9.8 \times (15/60) \times 18}{0.6} \times 1.15 = 84.525 ≒ 84.53[\text{kW}]$

2) 부하용량[kVA]

① 전동기의 유효전력

$P[\text{kW}] = VI\cos\theta = P_a \cos\theta$

여기서, $VI = P_a$(피상전력 : kVA)

② 피상전력[kVA] = 부하용량[kVA]

$P_a = \dfrac{P}{\cos\theta} = \dfrac{84.53}{0.8} = 105.66[\text{kVA}]$

3) V결선 시 변압기 1대 용량

① 2)에서 구한 부하용량 만큼 V결선하여 전동기에 공급하여야 하므로

$P_a[\text{kVA}] = P_V[\text{kVA}]$

② V결선 시 출력

$$P_V[\text{kVA}] = \sqrt{3}\,V_P I_P = \sqrt{3}\,P_1$$

여기서, P_V : V결선 시 출력, V_P : 상전압, I_P : 상전류

$V_P I_P = P_1$: 변압기 1대의 용량

③ $P_V[\text{kVA}] = \sqrt{3}\,P_1$

$105.66 = \sqrt{3} \times P_1$

$P_1 = \dfrac{105.66}{\sqrt{3}} = 61.00[\text{kVA}]$

12 3상 유도전동기의 기동방식을 2가지만 쓰시오. [6점]

-
-

해답
- 전전압 기동법
- Y−△ 기동법

해설 유도전동기의 기동방법

1) 농형 유도전동기의 기동방법

① **전전압 기동법(직입기동)**

기동전류는 전 부하전류의 4~6배(전동기 용량 5.5[kW] 이하에서 사용)

② Y-△ 기동법
　기동전류 $\frac{1}{3}$배 감소, 기동 토크 $\frac{1}{3}$배 감소(5.5[kW] 이상)
③ 리액터 기동법
　전원과 전동기 사이에 직렬 리액터를 삽입하여 기동전류 제한
④ 기동 보상기법
　3상 단권 변압기로 기동전류를 제한(15[kW] 이상)

2) 권선형 유도전동기의 기동방법
① 2차 저항 기동법
② 게르게스법

13
자동화재탐지설비 및 시각경보장치의 화재안전기술기준에서 정하는 음향장치에 대한 구조 및 성능기준을 2가지만 쓰시오. [6점]

-
-

해답
- 음향장치는 정격전압의 80[%] 전압에서 음향을 발할 수 있도록 할 것
- 음량은 부착된 음향장치의 중심으로부터 1[m] 떨어진 위치에서 90[dB] 이상인 것으로 할 것

해설 음향경보장치
① 주음향장치는 수신기의 내부 또는 그 직근에 설치할 것(주경종)
② 특정소방대상물의 층마다 설치할 것(지구경종)
③ 각 부분으로부터 하나의 음향장치까지의 수평거리 : 25[m] 이하
④ 음향장치의 구조 및 성능
　• 음향장치는 정격전압의 80[%] 전압에서 음향을 발할 수 있도록 할 것
　• 음량은 부착된 음향장치의 중심으로부터 1[m] 떨어진 위치에서 90[dB] 이상인 것으로 할 것
　• 감지기 및 발신기의 작동과 연동하여 작동할 수 있는 것으로 할 것
⑤ 기둥 또는 벽이 설치되지 아니한 대형공간의 경우 지구음향장치는 설치대상장소의 가장 가까운 장소의 벽 또는 기둥 등에 설치할 것

14
다음은 어떤 현상을 설명한 것인지 쓰시오. [3점]

전기제품 등에서 충전전극 사이의 절연물 표면에 경년변화나 습기, 수분, 먼지, 기타 오염물질 등으로 유기절연체의 표면에 발생하는 미소한 불꽃에 의해 탄화(숯) 도전로가 생기는 현상

해답 트래킹 현상

해설 트래킹 현상(Tracking Effect)
① 정의
전기기기 등에 묻어 있는 습기, 수분, 먼지, 기타 오염물질이 부착된 표면을 따라서 전류가 흘러 주변의 절연물질을 탄화시키는 것
② 영향
오랜 시간 탄화가 지속되면 결국 이 부분에 지락 및 단락으로 진행되어 전기적인 열 스트레스와 플러그 양극 간에 불꽃방전이 반복 발생하여 화재가 발생한다.
③ 예방대책
전기기기나 분전함을 주기적으로 열어서 먼지를 제거하고 수분침투를 억제하도록 한다.

15 다음 그림은 습식 스프링클러설비의 전기적 계통도이다. 그림을 보고 답란의 A~D까지의 배선수와 각 배선의 용도를 쓰시오.(단, 배선수는 운전조작상 필요한 최소전선수로 할 것) [10점]

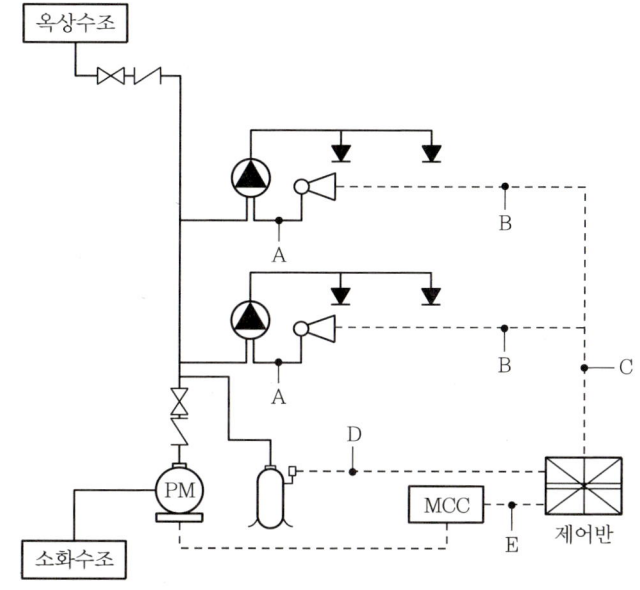

기호	구분	배선수	배선굵기	배선의 용도
A	알람밸브 ↔ 사이렌		2.5[mm²] 이상	
B	사이렌 ↔ 제어반		2.5[mm²] 이상	
C	2개 구역일 경우		2.5[mm²] 이상	
D	압력챔버 ↔ 제어반		2.5[mm²] 이상	
E	MCC ↔ 제어반	5	2.5[mm²] 이상	

해답

기호	구분	배선수	배선굵기	배선의 용도
A	알람밸브 ↔ 사이렌	3	2.5[mm²] 이상	압력스위치1, 탬퍼스위치1, 공통1
B	사이렌 ↔ 제어반	4	2.5[mm²] 이상	압력스위치1, 탬퍼스위치1, 사이렌1, 공통1
C	2개 구역일 경우	7	2.5[mm²] 이상	압력스위치2, 탬퍼스위치2, 사이렌2, 공통1
D	압력챔버 ↔ 제어반	2	2.5[mm²] 이상	압력스위치2
E	MCC ↔ 제어반	5	2.5[mm²] 이상	기동1, 정지1, 공통1, 전원표시등1, 기동확인표시등1

해설

A : 도면에는 표시되지 않았지만 습식 스프링클러설비에는 알람밸브에 압력스위치가 설치되어 있고 개폐표시형 밸브에는 탬퍼스위치가 설치되어 있는 것으로 하여 결선한다. A배선은 사이렌을 지나쳐온 구간이므로 사이렌선은 계산하지 아니한다.(그림모양을 잘 확인할 것) : 3가닥(압력스위치1, 탬퍼스위치1, 공통1)

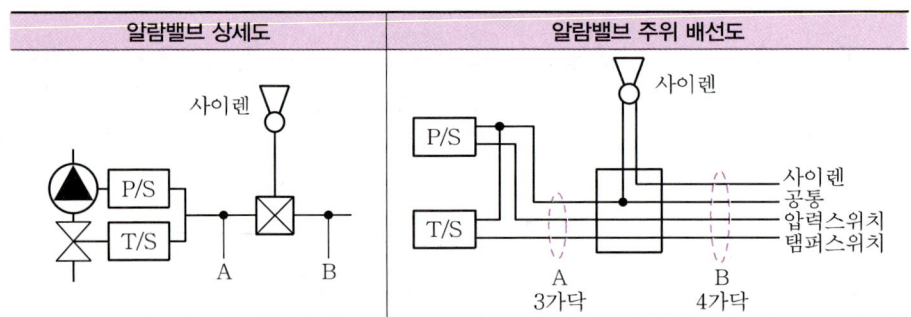

B : 습식 스프링클러설비 1 Zone : 4가닥(압력스위치1, 탬퍼스위치1, 사이렌1, 공통1)

C : 습식 스프링클러설비 2 Zone : 7가닥(압력스위치2, 탬퍼스위치2, 사이렌2, 공통1)
압력스위치, 탬퍼스위치, 사이렌은 Zone이 증가할 때마다 각각 증가하고 공통선은 증가하지 않는다.

D : 기동용 수압개폐장치(압력챔버)용 압력스위치2

E : 제어반 ↔ MCC 간 배선
- 제어반에서 MCC의 전원을 감시하는 경우 : 5가닥
  기동, 정지, 공통, 기동표시등, 전원표시등
- 제어반에서 MCC 전원의 감시가 되지 않는 경우 : 4가닥
  기동2, 기동확인2

> **Reference**
>
> **조건이 다른 경우의 풀이**
> 문제의 조건에서 밸브개폐감시용 스위치가 부착되어 있지 않은 경우로 출제되는 경우가 있는데 이는 현행 화재안전기준에 맞지 않는 내용이다. 현행 화재안전기준에는 밸브개폐감시용 스위치(탬퍼스위치)를 반드시 설치하여야 한다. 그래도 만약 또 출제된다면 다음과 같이 풀이하여야 한다.
>
> | 기호 | 구분 | 배선수 | 배선굵기 | 배선의 용도 |
> |---|---|---|---|---|
> | A | 알람밸브 ↔ 사이렌 | 2 | 2.5[mm²] 이상 | 압력스위치1, 공통1 |
> | B | 사이렌 ↔ 제어반 | 3 | 2.5[mm²] 이상 | 압력스위치1, 사이렌1, 공통1 |
> | C | 2개 구역일 경우 | 5 | 2.5[mm²] 이상 | 압력스위치2, 사이렌2, 공통1 |
> | D | 압력챔버 ↔ 제어반 | 2 | 2.5[mm²] 이상 | 압력스위치2 |
> | E | MCC ↔ 제어반 | 5 | 2.5[mm²] 이상 | 기동1, 정지1, 공통1, 전원표시등1, 기동확인표시등1 |

16 이산화탄소소화설비의 제어반에서 수동으로 기동스위치를 조작하였으나 기동용기가 개방되지 않았다. 기동용기가 개방되지 않은 이유에 대하여 전기적 원인을 4가지만 쓰시오.(단, 제어반의 내부회로 기판은 정상이다.) [4점]

-
-
-
-

해답
- 제어반에서 기동용 솔레노이드 간 배선의 단선
- 기동용 솔레노이드의 코일 단선
- 제어반 전원공급용 차단기 트립
- 제어반의 기동스위치 접점 불량

해설 ➕ 1) 이산화탄소소화설비 계통도

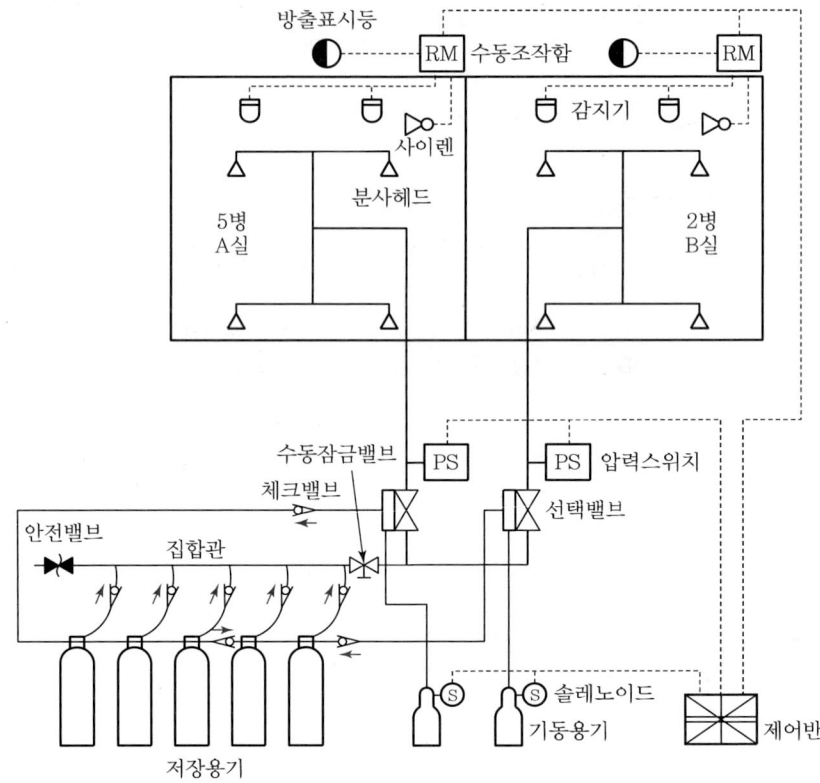

2) 기동용기가 개방되지 않은 이유(전기적 요인)
   ① 제어반에서 기동용 솔레노이드 간 배선의 단선
   ② 제어반에서 기동용 솔레노이드 간 배선의 오접속(타 구역과 바뀜)
   ③ 기동용 솔레노이드의 코일 단선
   ④ 제어반 전원공급용 차단기 트립
   ⑤ 제어반의 기동스위치 접점 불량
   ⑥ 제어반의 연동스위치가 연동정지 위치에 있는 경우

3) 기동용기가 개방되지 않은 이유(기계적 요인)
   ① 솔레노이드의 파괴침이 손상된 경우
   ② 솔레노이드의 안전핀이 체결되어 있는 경우
   ③ 솔레노이드가 기동용기에 체결되어 있지 않은 경우

17 다음은 상용전원 정전 시 예비전원으로 절환되고 상용전원 복구 시 자동으로 예비전원에서 상용전원으로 절환되는 시퀀스 제어회로의 미완성도이다. 다음의 제어동작에 적합하도록 시퀀스 회로를 완성하시오. [8점]

① MCCB를 투입한 후 PB1을 누르면 MC1이 여자되고 주접점 MC1이 폐로되고 상용전원에 의해 전동기 M이 기동하고 상용전원 운전표시등 RL이 점등된다. 또한 보조접점 MC1-a가 폐로되어 자기유지회로가 구성되고 MC1-b가 개로되어 MC2는 작동하지 않는다.

② 상용전원으로 운전 중 PB3를 누르면 MC1이 소자되어 전동기는 정지하고 상용전원 운전표시등 RL은 소등된다.

③ 상용전원의 정전 시 PB2를 누르면 MC2가 여자되고 주접점 MC2가 폐로되어 예비전원에 의해 전동기 M이 기동하고 예비전원 운전표시등 GL이 점등된다. 또한 보조접점 MC2-a가 폐로되어 자기유지회로가 구성되고 MC2-b가 개로되어 MC1이 작동하지 않는다.

④ 예비전원으로 운전 중 PB4를 누르면 MC2가 소자되어 전동기는 정지하고 예비전원 운전표시등 GL은 소등된다.

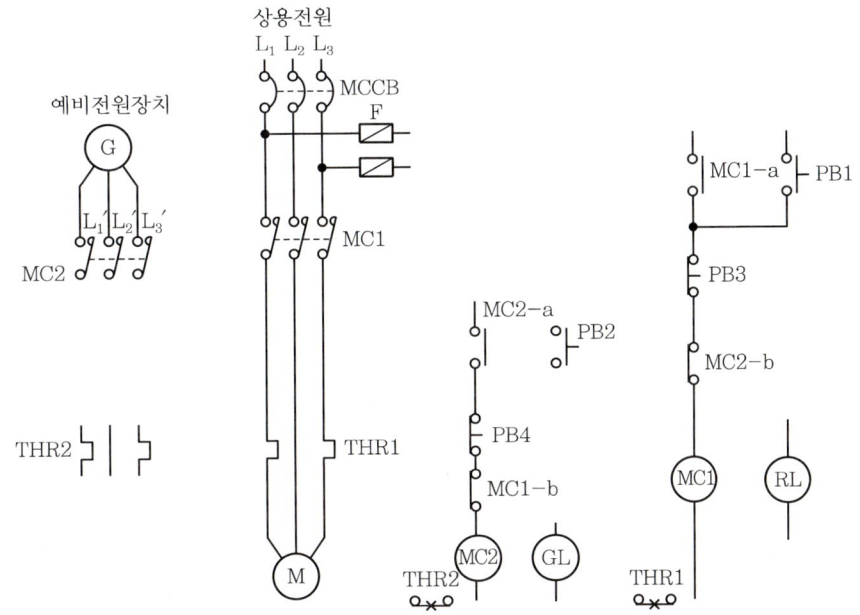

해답

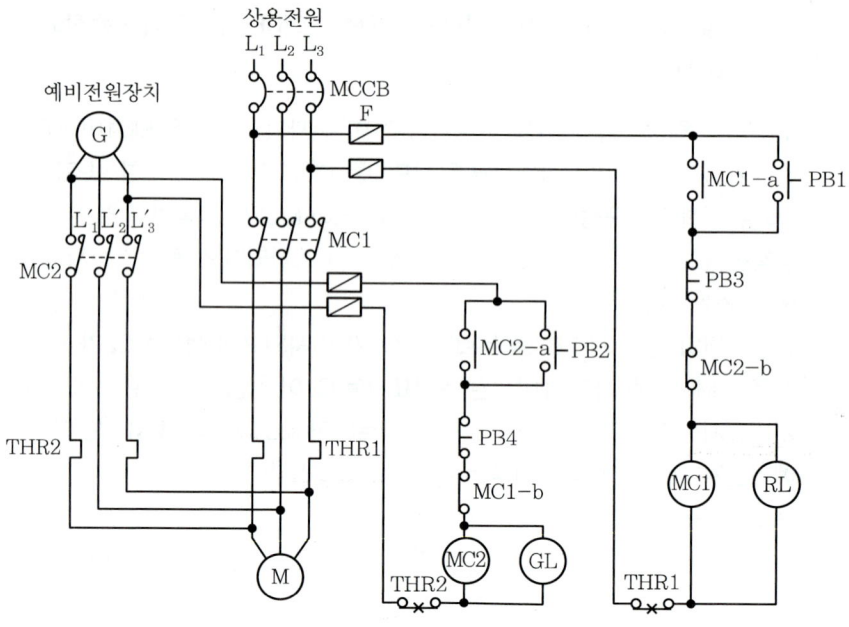

해설 각 기기의 기호 및 명칭

기호	명칭	해설
○│○│	PB−on 푸시버튼스위치 a접점	• 평상시 개로상태 • 손으로 누른 상태에서만 폐로, 손을 떼면 개로
│ │	PB−off 푸시버튼스위치 b접점	• 평상시 폐로상태 • 손으로 누른 상태에서만 개로, 손을 떼면 폐로
GL	Green Lamp 정지(전원)표시등	평상시 점등상태이고 전동기가 기동되면 소등된다.
RL	Red Lamp 기동표시등	평상시 소등상태이고 전동기가 기동되면 점등된다.
MC	MC 전자접촉기 코일	코일에 전원이 입력되면 코일이 여자되어 주접점과 보조접점을 동작시킨다.
╱╱╱	MC 전자접촉기 주접점	전자접촉기 코일이 여자되면 주접점이 폐로되어 전동기를 기동시킨다.
○│ ○│	MC−a 전자접촉기 보조접점(a접점)	• 평상시 개로상태 • 전자접촉기 코일이 여자되면 폐로
│ │	MC−b 전자접촉기 보조접점(b접점)	• 평상시 폐로상태 • 전자접촉기 코일이 여자되면 개로
╱╱╱	**MCCB 배선용 차단기** **(Molded Case Circuit Breaker)**	• 과부하 및 단락사고 시 선로를 차단 • NFB(No Fuse Breaker)

기호	명칭	해설
ㅂㅣㅏ	THR 열동계전기 (Thermal Relay)	• 과전류 발생 시 선로를 차단하여 전동기를 보호 • 전동기 소손 방지 목적
(기호)	THR-b 열동계전기 수동복귀 b접점	• 평상시 폐로상태 • 열동계전기가 작동하면 개로되어 선로 차단 • 동작핀을 손으로 눌러서 수동으로 복귀시킨다.

18 상용전원으로부터 전력의 공급이 중단된 때에는 자동으로 비상전원으로부터 전력을 공급받을 수 있도록 자가발전설비, 축전지설비 또는 전기저장장치를 설치하여야 한다. 상용전원이 정전되어 비상전원이 자동으로 기동되는 경우, 옥내소화전설비 등과 같은 비상용 부하에 전력을 공급하기 위해 사용되는 스위치의 명칭을 쓰시오. [3점]

해답 자동절환스위치

해설 1) 자동절환스위치(ATS : Automatic Transfer Switch)
　　상용전원과 비상전원 사이에 설치하여 평상시에는 상용전원을 부하 측과 연결하여 사용하던 중 상용전원의 이상이나 정전이 발생하면 비상전원 측으로 자동으로 절환하여 연결해주는 스위치

2) 소방전원 보존형 발전기의 예

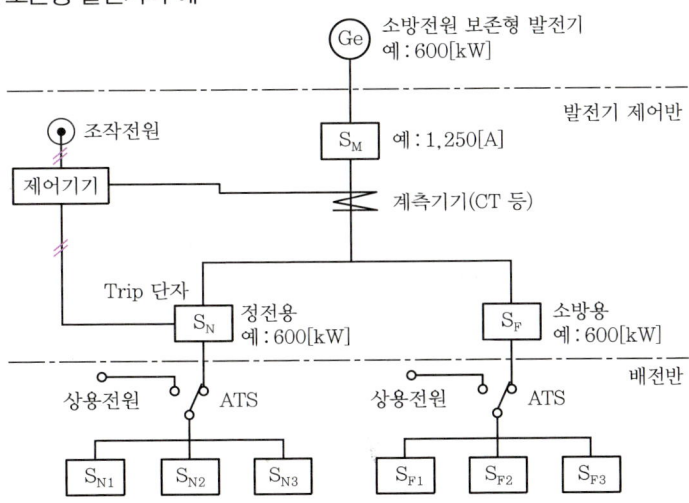

① 상용전원 정전 시 ATS에 의해 소방용과 정전용 부하 모두 자가발전설비로 절환된다.
② 자가발전기로 부하에 전력을 공급할 때 선로의 부하전류를 CT가 감지하여 설정값 이상이 되면 정전용 차단기(SN)를 차단한다.
③ 정전용 부하에 공급되는 전원을 차단시켜 자가발전기의 용량 내에서 운전할 수 있도록 하여 소방용 부하를 우선 보존하는 발전기이다.

2019년 제4회(2019. 11. 9)

01 다음은 자동화재탐지설비의 수신기에 대한 내용이다. 각 물음에 답하시오. [4점]

1) P형 수신기
- 신호전달방식 :
- 신호의 종류 :

2) R형 수신기
- 신호전달방식 :
- 신호의 종류 :

해답
1) P형 수신기
- 신호전달방식 : 1 : 1접점방식
- 신호의 종류 : 공통신호

2) R형 수신기
- 신호전달방식 : 다중전송방식
- 신호의 종류 : 고유신호

해설
1) P형 수신기와 R형 수신기의 비교

구분	P형 수신기	R형 수신기
신호전달방식	1 : 1접점방식	다중전송방식
신호의 종류	공통신호	고유신호
선로의 수	많이 필요	적게 필요
중계기	불필요	필요
화재표시방법	램프 점등	문자 또는 숫자(LCD)
배선공사비용	선로수가 많아 고비용	선로수가 적어 저비용
수신기비용	저가	고가
유지관리의 용이성	유지관리 어려움	유지관리 용이

2) R형 수신기의 장점
① 선로수가 적어서 경제적이다.
② 전압강하가 적어서 선로의 길이를 길게 할 수 있다.
③ 증설 및 이설이 용이하다.
④ 화재 발생구역을 선명하게 숫자 또는 문자로 표시한다.
⑤ 신호의 전달이 명확하다.

02 자동화재탐지설비 수신기의 시험방법 중 동시작동시험의 목적에 대하여 쓰시오. [3점]

해답 ⊕ 동시에 수회선(5회선 이상)을 작동시켰을 때 수신기의 기능에 이상이 없는지를 확인

해설 ⊕ 1) **동시작동시험**
① 목적 : 동시에 수회선(5회선 이상)을 작동시켰을 때 수신기의 기능에 이상이 없는지를 확인
② 시험방법
• 작동시험스위치를 누른다.
• 회로선택스위치를 순차적으로 돌려서 5회선을 동작시킨다.
• 화재표시등, 지구표시등, 음향장치 등의 동작상태 확인
③ 판정
5회선 이상 동작하였을 때 화재표시등, 지구표시등, 음향장치가 정상작동할 것

2) **공통선시험**
① 목적 : 하나의 공통선이 담당하는 경계구역이 7개 이하인지 확인
② 시험방법
• 수신기 내부의 단자대에서 공통선 1선을 분리한다.
• 도통시험스위치를 누른다.
• 회로선택스위치를 순차적으로 1회로씩 회전시킨다.
• 단선된 회로수를 확인한다.
③ 판정
하나의 공통선이 담당하는 경계구역수가 7개 이하일 것

3) **회로도통시험**
① 목적 : 감지기회로의 단선유무 확인과 기기 등의 접속상태 확인
② 시험방법
• 도통시험스위치를 누른다.
• 회로선택스위치를 순차적으로 1회로씩 회전시킨다.
• 전압계의 지시치 또는 단선표시램프(LED)의 점등 확인
③ 판정
• 전압계방식 : 전압의 지시치가 적정범위 내에 있을 것
정상 : 2~6[V], 단선 : 0[V], 단락 : 화재경보
• 표시램프방식 : 단선표시램프(LED) 점등

03 자동화재탐지설비 및 시각경보장치의 화재안전기준에서 정하는 공기관식 차동식 분포형 감지기의 설치기준과 감지기의 형식승인 및 제품검사의 기술기준에서 정하는 바에 따라 공기관을 설치할 때 다음 물음에 답하시오. [5점]

1) 공기관의 노출부분은 감지구역마다 몇 [m] 이상 거리가 되도록 설치하여야 하는지 쓰시오.
2) 하나의 검출부에 접속하는 공기관의 길이는 몇 [m] 이하이어야 하는지 쓰시오.
3) 공기관과 감지구역의 각 변과의 수평거리는 몇 [m] 이하이어야 하는지 쓰시오.
4) 공기관 상호 간의 거리는 몇 [m] 이하이어야 하는지 쓰시오.(단, 주요 구조부는 비내화구조이다.)
5) 공기관의 두께 및 바깥지름은 몇 [mm] 이상으로 하여야 하는지 쓰시오.
   • 공기관의 두께 :
   • 공기관의 바깥지름 :

해답
1) 20[m] 이상
2) 100[m] 이하
3) 1.5[m] 이하
4) 6[m] 이하
5) • 공기관의 두께 : 0.3[mm] 이상
   • 공기관의 바깥지름 : 1.9[mm] 이상

해설 공기관식 차동식 분포형 감지기 설치기준

구분	기준
공기관의 최소길이	공기관의 노출부분은 감지구역마다 20[m] 이상
공기관의 최대길이	하나의 검출부분에 접속하는 공기관의 길이는 100[m] 이하
공기관과 각 변의 거리	수평거리 1.5[m] 이하
공기관 상호 간 거리	6[m](내화구조 9[m]) 이하
공기관의 분기	공기관은 도중에서 분기하지 아니할 것
검출부의 경사	검출부는 5° 이상 경사지지 아니할 것
검출부의 높이	검출부는 바닥으로부터 0.8[m] 이상 1.5[m] 이하
공기관의 재질 및 규격	동관으로서 두께 0.3[mm] 이상, 바깥지름 1.9[mm] 이상

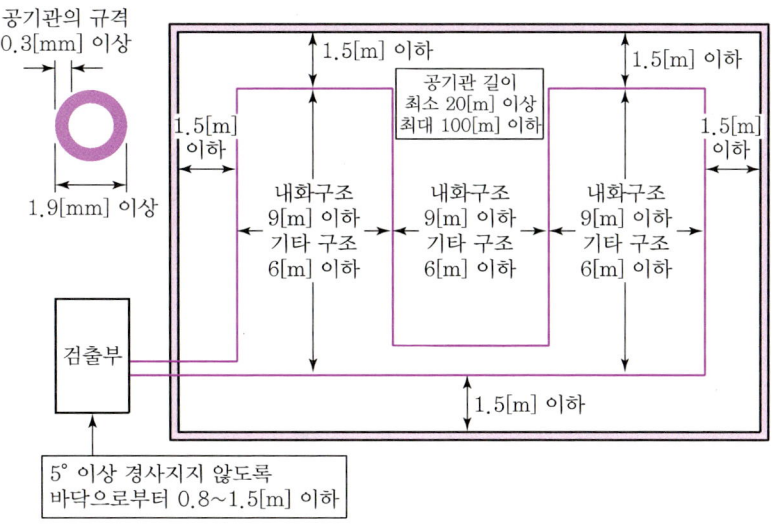

04 다음의 금속관공사에 사용되는 부품의 명칭을 쓰시오. [6점]

1) 금속 상호 간을 연결할 때 쓰이는 배관부속자재
2) 전선의 절연피복을 보호하기 위해 금속관 끝에 취부하는 것
3) 금속관과 박스를 고정시킬 때 쓰이는 배관부속자재

해답
1) 커플링
2) 부싱
3) 로크 너트

해설 전선관공사에 사용되는 부속품의 종류

명칭	외형	설명
부싱 (Bushing)		전선의 절연피복을 보호하기 위하여 금속관 끝에 취부하여 사용되는 부품
유니언 커플링 (Union Coupling)		금속전선관 상호 간을 접속하는 데 사용되는 부품 (관이 고정되어 있을 때)
노멀 벤드 (Normal Bend)		매입배관공사를 할 때 직각으로 굽히는 곳에 사용하는 부품
유니버설 엘보 (Universal Elbow)		노출배관공사를 할 때 관을 직각으로 굽히는 곳에 사용하는 부품

명칭	외형	설명
링 리듀서 (Ring Reducer)		금속관을 아웃렛 박스에 로크 너트만으로 고정하기 어려울 때 보조적으로 사용되는 부품
커플링 (Coupling)		금속전선관 상호 간을 접속하는 데 사용되는 부품 (관이 고정되어 있지 않을 때)
새들 (Saddle)		관을 지지하는 데 사용하는 재료
로크 너트 (Lock Nut)		금속관과 박스를 접속할 때 사용하는 재료로 최소 2개를 사용한다.
리머 (Reamer)	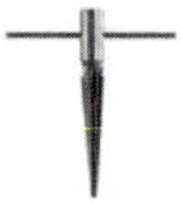	금속관 말단의 모를 다듬기 위한 기구
파이프 커터 (Pipe Cutter)		금속관을 절단하는 기구
환형 3방출 정크션 박스		배관을 분기할 때 사용하는 박스
스트레이트 박스 커넥터		가요전선관과 박스의 연결에 사용되는 부품
콤비네이션 커플링	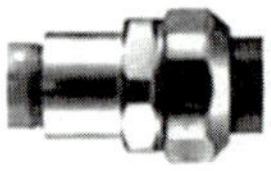	가요전선관과 금속전선관 연결에 사용되는 부품
스플릿 커플링		가요전선관과 가요전선관 연결에 사용되는 부품

05 자동화재탐지설비의 감지기에 대한 절연저항시험을 하고자 한다. 절연저항 측정에 사용되는 사용기기와 판정기준 및 측정위치를 쓰시오.(단, 정온식 감지선형 감지기는 제외한다.) [6점]

- 사용기기 :
- 판정기준 :
- 측정위치 :

해답
- 사용기기 : 직류 500[V]의 절연저항계
- 판정기준 : 50[MΩ] 이상
- 측정위치 : 감지기의 절연된 단자 간 및 단자와 외함 간

해설
1) 감지기의 절연저항시험(감지기의 형식승인 및 제품검사의 기술기준 제35조)
   감지기의 절연된 단자 간의 절연저항 및 단자와 외함 간의 절연저항은 직류 500[V]의 절연저항계로 측정한 값이 50[MΩ](정온식 감지선형 감지기는 선간에서 1[m]당 1,000[MΩ]) 이상이어야 한다.

2) 각 설비별 절연저항시험

절연저항계	설비	절연저항	측정위치
직류 250[V]	• 비상경보설비 • 비상방송설비 • 자동화재탐지설비	0.1[MΩ] 이상	• 부속회로의 전로와 대지 사이 • 배선 상호 간
직류 500[V]	누전경보기	5[MΩ] 이상	절연된 충전부와 외함 간
	시각경보장치	5[MΩ] 이상	• 전원부 양단자 • 양선을 단락시킨 부분과 비충전부
	비상콘센트설비	20[MΩ] 이상	전원부와 외함 사이
	자동화재탐지설비의 감지기	50[MΩ] 이상	• 감지기의 절연된 단자 간 • 단자와 외함 간
	정온식 감지선형 감지기	1,000[MΩ] 이상	정온식 감지선형 감지기는 선간에서 1[m]당 1,000[MΩ] 이상
	• 가스누설경보기	5[MΩ] 이상	절연된 충전부와 외함 간
	• 자동화재탐지설비의 수신기	20[MΩ] 이상	교류입력 측과 외함 간
	• 자동화재속보설비의 속보기	20[MΩ] 이상	절연된 선로 간

06 그림은 플로트스위치를 이용한 양수펌프의 제어회로 중 미완성 도면이다. 다음 각 물음에 답하시오. [7점]

[동작조건]

① MCCB가 투입되면 GL램프가 점등된다.

② 셀렉터스위치가 자동위치에 있는 상태에서 플로트스위치가 폐로되면 전자접촉기 88이 여자되어 RL램프가 점등되고, GL램프가 소등되며, 펌프모터가 기동된다.

③ 셀렉터스위치가 수동일 경우 누름버튼스위치 PB-on을 누르면 전자접촉기 88이 여자되어 RL램프가 점등되고 GL램프가 소등되며, 펌프모터가 기동된다.

④ 수동일 경우 누름버튼스위치 PB-off를 누르거나 49가 동작하면 전자접촉기 88이 소자되어 RL램프가 소등되고, GL램프가 점등되며, 펌프모터가 정지한다.

[기구 및 접점 사용조건]

플로트스위치 FS 1개(심벌 ⌷), ⑧⑧ 1개, 88-a접점 1개, 88-b접점 1개, PB-on 접점 1개, PB-off 접점 1개, ㉾램프 1개, ㉾램프 1개, 계전기 49 b접점 1개

1) 조건을 이용하여 미완성 도면을 완성하시오.

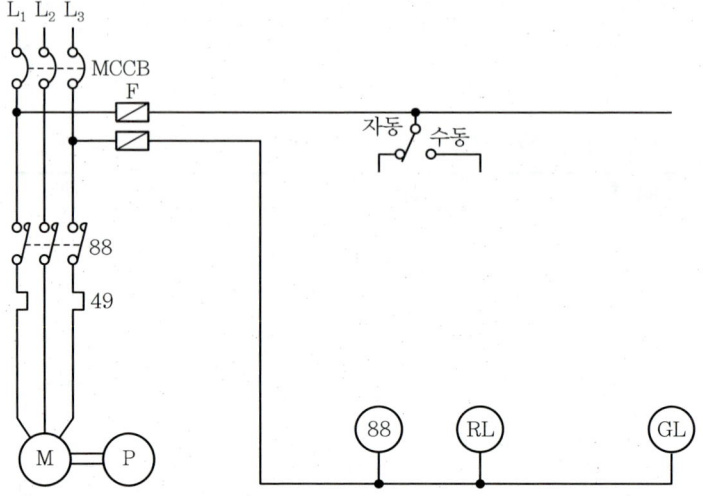

2) MCCB와 49의 우리말 명칭을 쓰시오.
   - MCCB :
   - 49 :

해답 1) 미완성 도면 완성

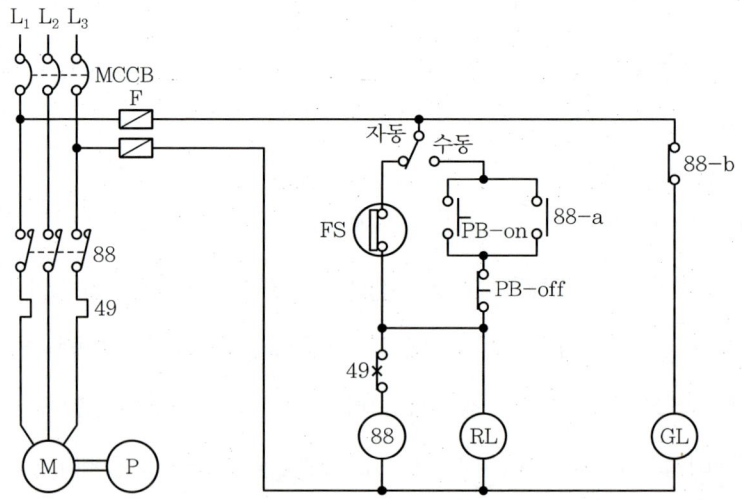

2) • MCCB : 배선용 차단기
   • 49 : 열동계전기

해설 자동제어 기구의 기호 및 명칭

기호	명칭	해설
88	88 전자접촉기 코일	코일에 전원이 입력되면 코일이 여자되어 주접점과 보조 접점을 동작시킨다.
	88 전자접촉기 주접점	전자접촉기 코일이 여자되면 주접점이 폐로되어 전동기를 기동시킨다.
	MCCB 배선용 차단기 (Molded Case Circuit Breaker)	• 과부하 및 단락사고 시 전로를 차단 • NFB(No Fuse Breaker)
	THR 열동계전기(49) (Thermal Relay)	• 과전류 발생 시 선로를 차단하여 전동기를 보호 • 전동기 소손 방지 목적
	THR-b 열동계전기(49) 수동복귀 b접점	• 평상시 폐로상태 • 열동계전기가 작동하면 개로되어 선로 차단 • 동작편을 손으로 눌러서 수동으로 복귀시킨다.
	플로트스위치 (Float Switch b접점)	물의 수위가 올라가면 접점이 떨어지고, 물의 수위가 내려가면 접점이 붙는다.(급수용)
	플로트스위치 (Float Switch a접점)	물의 수위가 올라가면 접점이 붙고, 물의 수위가 내려가면 접점이 떨어진다.(배수용)

07 바닥면적이 500[m²]이고, 천장높이가 4.2[m]인 사무실에 차동식 스포트형(1종) 감지기를 설치하려고 한다. 감지기의 최소수량을 구하시오.(단, 건축물은 철근콘크리트조의 내화구조이다.)

[10점]

• 계산과정 :
• 답 :

해답
• 계산과정 : $N = \dfrac{500}{45} = 11.1 ≒ 12$개

• 답 12개

해설 감지기의 개수 산정

▼ 차동식 스포트형, 보상식 스포트형, 정온식 스포트형 감지기의 부착높이 및 특정소방대상물에 따른 기준 면적(단위 : m²)

부착높이 및 특정소방대상물의 구분		감지기의 종류				
		차동식, 보상식		정온식		
		1종	2종	특종	1종	2종
4[m] 미만	내화구조	90	70	70	60	20
	기타 구조	50	40	40	30	15
4[m] 이상 8[m] 미만	내화구조	45	35	35	30	—
	기타 구조	30	25	25	15	—

① 조건에 따라 기준면적을 표에서 찾으면 45[m²]이다.
② 사무실의 면적을 기준면적으로 나눈다.
③ 계산된 값에서 소수점 이하는 올려서 감지기 수량을 산정한다.

$$N = \frac{500}{45} = 11.1 ≒ 12개$$

08 다음의 그림은 차동식 스포트형 감지기의 구조를 나타낸 것이다. 번호에 대한 명칭 및 역할을 간단히 쓰시오. [4점]

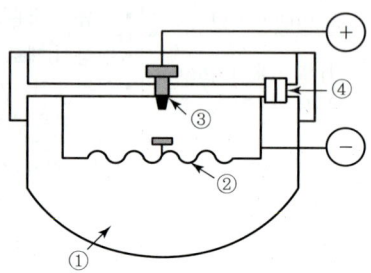

①
②
③
④

해답 ① • 명칭 : 감열실
　　　• 역할 : 화재에 의한 열을 감지하는 공간
② • 명칭 : 다이어프램
　　　• 역할 : 감열실의 공기가 팽창하여 밀어 올리는 얇은 막
③ • 명칭 : 고정접점
　　　• 역할 : 가동접점과 단락되어 동작신호를 전송
④ • 명칭 : 리크구멍
　　　• 역할 : 감열 실내 온도가 서서히 상승하면 리크구멍으로 압력을 배출하여 비화재보 방지

해설 차동식 스포트형 감지기(공기팽창식)

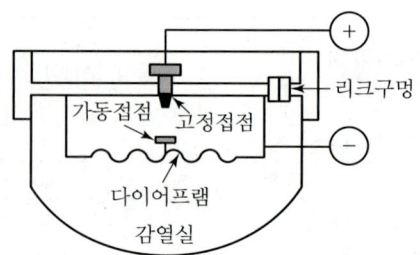

1) 구성요소 : 감열실, 다이어프램, 고정접점, 가동접점, 리크구멍
   ① **감열실** : 화재에 의한 열을 감지하는 공간
   ② **다이어프램** : 감열실의 공기가 팽창하여 밀어 올리는 얇은 막
   ③ **고정접점** : 가동접점과 단락되어 동작신호를 전송
   ④ **가동접점** : 다이어프램이 올라가면 고정접점과 단락되어 동작신호 전송
   ⑤ **리크구멍** : 감열 실내 온도가 서서히 상승하면 리크구멍으로 압력을 배출하여 비화재보 방지
2) 동작순서 : 화재 발생 → 감열실 공기 팽창 → 다이어프램 상승 → 가동접점이 고정접점과 단락 → 수신기에 화재신호 전송
3) 동작원리 : 공기의 부피 팽창

09 다음 그림은 옥내소화전설비의 블록다이어그램이다. 각 구성요소 간 배선을 완성하시오.(단, 내화배선 : ▰▰▰, 내열배선 : ▨▨▨, 일반배선 : ──── 으로 표시한다.) [5점]

해답

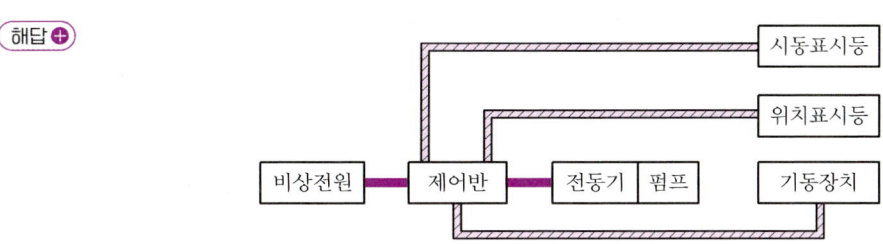

해설 소방시설별 배선 공사방법
1) 옥내소화전설비
   ① 내화배선 : 비상전원 → 동력제어반 → 가압송수장치(펌프)
   ② 내화 또는 내열배선 : 상용전원 → 동력제어반, 감시, 조작, 표시등회로

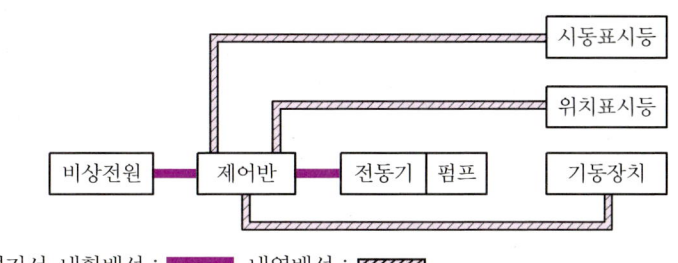

여기서, 내화배선 : ▰▰▰, 내열배선 : ▨▨▨

2) 스프링클러설비
   ① 내화배선 : 비상전원 → 동력제어반 → 가압송수장치(펌프)
   ② 내화 또는 내열배선 : 상용전원 → 동력제어반, 감시, 조작, 표시등회로

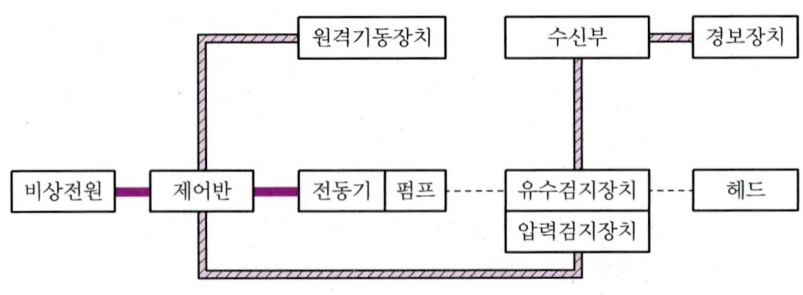

여기서, ■■■ : 내화배선, ▨▨▨ : 내열배선, ┈┈┈ : 배관

3) 자동화재탐지설비의 배선
   ① 전원회로의 배선 : 내화배선
   ② 그 밖의 배선 : 내화배선 또는 내열배선
   ③ 감지기 상호 간 또는 감지기로부터 수신기에 이르는 감지기회로의 배선
      • 아날로그식, 다신호식 감지기 및 R형 수신기용 : 전자파 방해를 받지 아니하는 실드선
      • 그 밖의 일반배선 : 내화배선 또는 내열배선

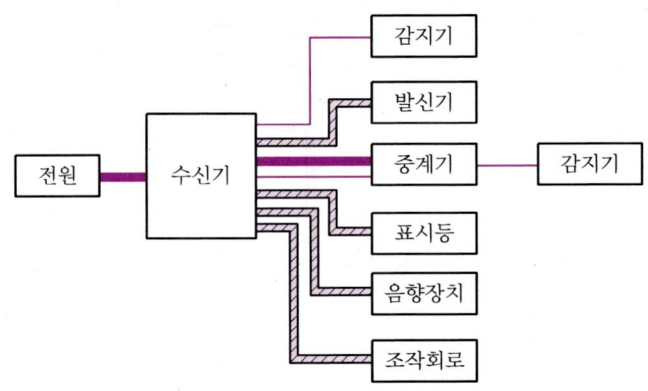

여기서, ■■■ : 내화배선, ▨▨▨ : 내열배선, ─── : 일반배선

4) 가스계 소화설비(CO_2, 할론, 분말, 할로겐화합물 및 불활성기체 소화설비)의 배선
   ① 전원회로의 배선 : 내화배선
   ② 그 밖의 배선 : 내화배선 또는 내열배선
   ③ 감지기 상호 간 또는 감지기로부터 수신기에 이르는 감지기회로의 배선
      • 아날로그식, 다신호식 감지기 및 R형 수신기용 : 전자파 방해를 받지 아니하는 실드선
      • 그 밖의 일반배선 : 내화배선 또는 내열배선

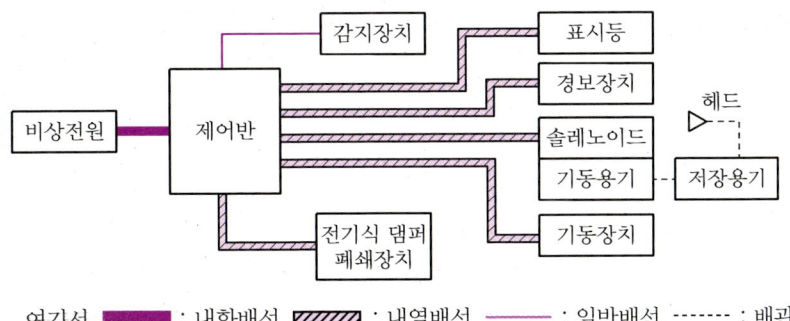

여기서, ▬▬ : 내화배선, ▨▨▨ : 내열배선, ──── : 일반배선, ------ : 배관

10 다음 기기의 내용을 영문 약자로 쓰시오. [4점]

1) 영상변류기 :
2) 누전차단기 :
3) 전자접촉기 :
4) 누전경보기 :

해답
1) 영상변류기 : ZCT
2) 누전차단기 : ELB
3) 전자접촉기 : MC
4) 누전경보기 : ELD

해설

명칭	약호	기능
영상변류기	ZCT (Zero Current Transformer)	누설전류의 검출
누전경보기	ELD (Earth Leakage Detector)	누설전류를 검출하여 경보하는 장치
누전차단기	ELB (Earth Leakage Breaker)	누설전류 발생 시 전로 차단
전자접촉기	MC (Magnetic Contactor)	전자석에 의해 접점을 동작시켜, 회로를 개폐하는 장치
열동계전기	THR (Thermal Relay)	과부하 시 전동기 보호
변류기	CT (Current Transformer)	부하전류의 검출
배선용 차단기	MCCB (Molded Case Circuit Breaker)	과부하, 단락사고 시 전로 차단
배선용 차단기	NFB (No Fuse Breaker)	과부하, 단락사고 시 전로 차단

11 다음 그림은 자동화재탐지설비와 준비작동식 스프링클러설비의 간선계통도이다. 그림을 보고 다음 물음에 답하시오.

[8점]

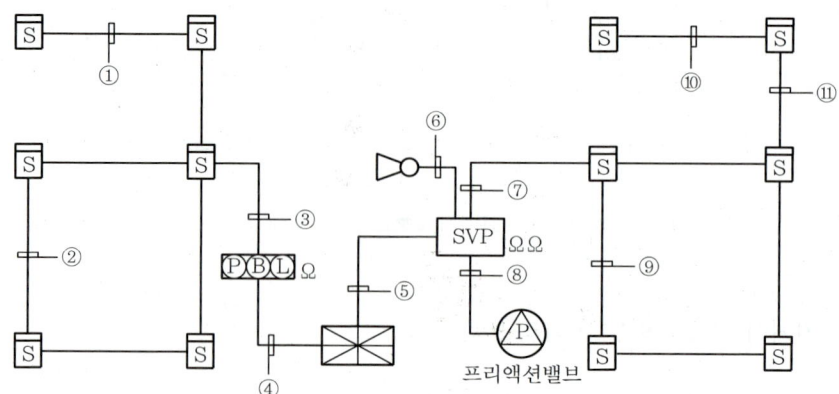

1) 그림의 ①~⑪까지의 배선가닥수를 쓰시오.(프리액션밸브용 감지기공통선과 전원공통선은 분리하여 사용하고 압력스위치, 탬퍼스위치 및 솔레노이드밸브의 공통선은 1가닥을 사용하여 결선한다.)

①	②	③	④	⑤	⑥	⑦	⑧	⑨	⑩	⑪

2) ⑤의 배선별 용도를 쓰시오.

해답 1)

①	②	③	④	⑤	⑥	⑦	⑧	⑨	⑩	⑪
4	2	4	6	9	2	8	4	4	4	8

2) 전원(+), 전원(-), 감지기공통, 감지기A, 감지기B, 솔레노이드밸브, 탬퍼스위치, 압력스위치, 사이렌

해설 가닥수 및 배선의 용도

구분	가닥수	배선의 용도
①	4	회로선2, 공통선2
②	2	회로선1, 공통선1
③	4	회로선2, 공통선2
④	6	회로선1, 회로공통선1, 경종선1, 표시등선1, 경종·표시등공통선1, 응답선1
⑤	9	전원⊕, ⊖, 감지기공통, 감지기A, B, 솔레노이드밸브, 탬퍼스위치, 압력스위치, 사이렌
⑥	2	사이렌2
⑦	8	회로선4, 공통선4
⑧	4	솔레노이드밸브, 탬퍼스위치, 압력스위치, 공통선

구분	가닥수	배선의 용도
⑨	4	회로선2, 공통선2
⑩	4	회로선2, 공통선2
⑪	8	회로선4, 공통선4

① 자동화재탐지설비의 감지기 배선 중 그 밖의 배선 : 4가닥(회로선2, 공통선2)
② 자동화재탐지설비의 감지기 배선 중 루프된 곳 : 2가닥(회로선1, 공통선1)
③ 자동화재탐지설비의 감지기 배선 중 그 밖의 배선 : 4가닥(회로선2, 공통선2)
④ 수신기~발신기 간 : 1회로이므로 기본 6가닥
　　회로선1, 회로공통선1, 경종선1, 표시등선1, 경종·표시등공통선1, 응답선1
⑤ 수신기~SVP

- **최소가닥수 : 8가닥**
　　전원⊕, ⊖, 감지기A, B, 솔레노이드밸브, 탬퍼스위치, 압력스위치, 사이렌
- **감지기공통선을 별도로 배선하는 경우 : 9가닥**
　　전원⊕, ⊖, 감지기공통, 감지기A, B, 솔레노이드밸브, 탬퍼스위치, 압력스위치, 사이렌

⑥ SVP~사이렌 : 사이렌 2가닥
⑦ 교차회로방식의 감지기 배선 중 그 밖의 것 : 8가닥(회로선4, 공통선4)
⑧ SVP~프리액션밸브

- **최소가닥수 : 4가닥**
　　솔레노이드밸브(S/V), 탬퍼스위치(T/S), 압력스위치(P/S), 공통
- **프리액션밸브의 공통선을 별도로 배선하는 경우 : 6가닥**
　　솔레노이드밸브(S/V) 2, 탬퍼스위치(T/S) 2, 압력스위치(P/S) 2

⑨ 교차회로방식의 감지기 배선 중 루프된 곳 : 4가닥(회로선2, 공통선2)
⑩ 교차회로방식의 감지기 배선 중 말단감지기 : 4가닥(회로선2, 공통선2)
⑪ 교차회로방식의 감지기 배선 중 그 밖의 것 : 8가닥(회로선4, 공통선4)

Reference

송배선식과 교차회로방식의 가닥수 산정방법

송배선방식	교차회로방식
• 루프된 곳 : 2가닥 • 그 밖의 것 : 4가닥	• 루프된 곳 : 4가닥 • 말단감지기 : 4가닥 • 그 밖의 것 : 8가닥

12 3상 380[V], 30[kW] 옥내소화전펌프용 유도전동기가 있다. 기동방식은 일반적으로 어떤 방식이 이용되는지 쓰시오. 또한, 전동기의 역률이 60[%]일 때 역률을 90[%]로 개선하고자 한다. 이 경우 필요한 전력용 콘덴서의 용량은 몇 [kVA]인지 구하시오. [4점]

1) 기동방식 :
2) 전력용 콘덴서 용량
  • 계산과정 :
  • 답 :

해답
1) 기동방식 : Y−△ 기동방식
2) 전력용 콘덴서 용량
   • 계산과정

   $$Q = 30 \times \left(\frac{\sqrt{1-0.6^2}}{0.6} - \frac{\sqrt{1-0.9^2}}{0.9} \right) = 25.47 \, [\text{kVA}]$$

   • 답 25.47[kVA]

해설
1) 유도전동기의 기동방법
  ① 농형 유도전동기의 기동방법
   • **전전압 기동법(직입기동)**
     기동전류는 전 부하전류의 4~6배(전동기 용량 5.5[kW] 이하에서 사용)
   • **Y−△ 기동법**
     기동전류 $\frac{1}{3}$배 감소, 기동 토크 $\frac{1}{3}$배 감소(5.5[kW] 이상)
   • **리액터 기동법** : 전원과 전동기 사이에 직렬 리액터를 삽입하여 기동전류 제한
   • **기동 보상기법** : 3상 단권 변압기로 기동전류를 제한(15[kW] 이상)
  ② 권선형 유도전동기의 기동방법
   • 2차 저항 기동법
   • 게르게스법

2) 콘덴서 용량
  ① $Q_C = P(\tan\theta_1 - \tan\theta_2) = P\left(\dfrac{\sin\theta_1}{\cos\theta_1} - \dfrac{\sin\theta_2}{\cos\theta_2}\right)$ [kVA]

  $$Q_C = P\left(\frac{\sqrt{1-\cos^2\theta_1}}{\cos\theta_1} - \frac{\sqrt{1-\cos^2\theta_2}}{\cos\theta_2} \right) [\text{kVA}]$$

  여기서, Q_C : 콘덴서의 용량[kVA], P : 유효전력[kW], $\cos\theta_1$: 개선 전 역률, $\cos\theta_2$: 개선 후 역률

  ② $Q = 30 \times \left(\dfrac{\sqrt{1-0.6^2}}{0.6} - \dfrac{\sqrt{1-0.9^2}}{0.9} \right) = 25.47 \, [\text{kVA}]$

13 그림은 자동화재탐지설비의 광전식 공기흡입형 감지기에 대한 개략도이다. 그림을 보고 다음의 각 물음에 답하시오. [8점]

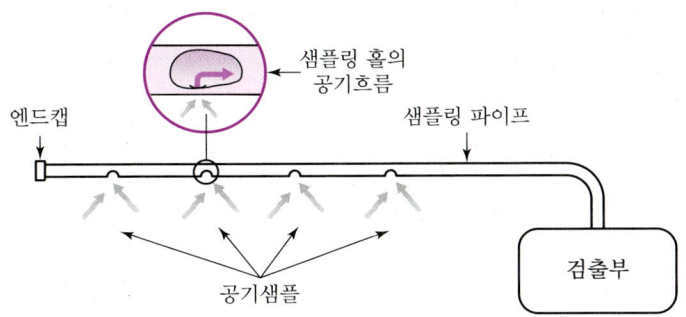

1) 그림의 감지기 동작원리를 간단히 쓰시오.
2) 공기흡입장치는 공기배관망에 설치된 가장 먼 샘플링 지점에서 감지부분까지 몇 초 이내에 연기를 이송할 수 있어야 하는지 쓰시오.

해답
1) 감지기 내부에 장착된 공기흡입장치로 감지하고자 하는 위치의 공기를 흡입하고 흡입된 공기에 일정한 농도의 연기가 포함된 경우 작동
2) 120초

해설
1) 감지기의 형식승인 및 제품검사의 기술기준(제3조) 감지기의 구분
   ① 열감지기
   • 차동식 스포트형
     주위 온도가 일정 상승률 이상이 되는 경우에 작동하는 것으로서 일국소에서의 열 효과에 의하여 작동되는 것
   • 차동식 분포형
     주위 온도가 일정 상승률 이상이 되는 경우에 작동하는 것으로서 넓은 범위 내에서의 열 효과의 누적에 의하여 작동되는 것
   • 정온식 감지선형
     일국소의 주위 온도가 일정한 온도 이상이 되는 경우에 작동하는 것으로서 외관이 전선으로 되어 있는 것
   • 정온식 스포트형
     일국소의 주위 온도가 일정한 온도 이상이 되는 경우에 작동하는 것으로서 외관이 전선으로 되어 있지 아니한 것
   • 보상식 스포트형
     차동식과 정온식의 성능을 겸한 것으로서 차동식의 성능 또는 정온식의 성능 중 어느 한 기능이 작동되면 작동신호를 발하는 것

② 연기감지기
- 이온화식 스포트형
  주위의 공기가 일정한 농도의 연기를 포함하게 되는 경우에 작동하는 것으로서 일국소의 연기에 의하여 이온전류가 변화하여 작동하는 것
- 광전식 스포트형
  주위의 공기가 일정한 농도의 연기를 포함하게 되는 경우에 작동하는 것으로서 일국소의 연기에 의하여 광전소자에 접하는 광량의 변화로 작동하는 것
- 광전식 분리형
  발광부와 수광부로 구성된 구조로 발광부와 수광부 사이의 공간에 일정한 농도의 연기를 포함하게 되는 경우에 작동하는 것
- **공기흡입형**
  감지기 내부에 장착된 공기흡입장치로 감지하고자 하는 위치의 공기를 흡입하고 흡입된 공기에 일정한 농도의 연기가 포함된 경우 작동하는 것

2) 감지기의 형식승인 및 제품검사의 기술기준(제19조)
공기흡입형 광전식 감지기의 공기흡입장치는 공기배관망에 설치된 가장 먼 샘플링 지점에서 감지부분까지 120초 이내에 연기를 이송할 수 있어야 할 것

14 무선통신보조설비의 화재안전기술기준에서 정하는 분배기, 분파기, 혼합기의 용어의 정의에 대하여 쓰시오. [3점]

- 분배기 :
- 분파기 :
- 혼합기 :

해답
- 분배기 : 신호의 전송로가 분기되는 장소에 설치하는 것으로 임피던스 매칭(Matching)과 신호 균등분배를 위해 사용하는 장치
- 분파기 : 서로 다른 주파수의 합성된 신호를 분리하기 위해서 사용하는 장치
- 혼합기 : 두 개 이상의 입력신호를 원하는 비율로 조합한 출력이 발생하도록 하는 장치

해설 1) 용어의 정의
① 누설동축케이블
동축케이블의 외부 도체에 가느다란 홈을 만들어서 전파가 외부로 새어나갈 수 있도록 한 케이블
② 분배기
신호의 전송로가 분기되는 장소에 설치하는 것으로 임피던스 매칭(Matching)과 신호 균등분배를 위해 사용하는 장치
③ 분파기
서로 다른 주파수의 합성된 신호를 분리하기 위해서 사용하는 장치
④ 혼합기
두 개 이상의 입력신호를 원하는 비율로 조합한 출력이 발생하도록 하는 장치
⑤ 증폭기
신호 전송 시 신호가 약해져 수신이 불가능해지는 것을 방지하기 위해서 증폭하는 장치
⑥ 무선중계기
안테나를 통하여 수신된 무전기 신호를 증폭한 후 음영지역에 재방사하여 무전기 상호간 송수신이 가능하도록 하는 장치
⑦ 옥외안테나
감시제어반 등에 설치된 무선중계기의 입력과 출력포트에 연결되어 송수신 신호를 원활하게 방사·수신하기 위해 옥외에 설치하는 장치

누설동축케이블	분배기	혼합기
도체 절연체 외부도체 슬롯	입력 → 출력	입력 → 출력

2) 도시기호

누설동축케이블	분배기	분파기	혼합기	증폭기
——		F		AMP

15 다음은 비상조명등의 화재안전기준에 따른 비상조명등의 설치기준이다. ( ) 안에 알맞은 말을 쓰시오.
[5점]

- 예비전원을 내장하는 비상조명등에는 평상시 점등 여부를 확인할 수 있는 (①)를 설치하고 해당 조명등을 유효하게 작동시킬 수 있는 용량의 축전지와 예비전원 충전장치를 내장할 것
- 예비전원을 내장하지 아니하는 비상조명등의 비상전원은 자가발전설비, (②) 또는 (③)(외부 전기에너지를 저장해 두었다가 필요한 때 전기를 공급하는 장치)를 기준에 따라 설치하여야 한다.
- 비상전원은 비상조명등을 (④)분 이상 유효하게 작동시킬 수 있는 용량으로 할 것. 다만, 다음의 특정소방대상물의 경우에는 그 부분에서 피난층에 이르는 부분의 비상조명등을 (⑤)분 이상 유효하게 작동시킬 수 있는 용량으로 하여야 한다.
  - 지하층을 제외한 층수가 11층 이상의 층
  - 지하층 또는 무창층으로서 용도가 도매시장·소매시장·여객자동차터미널·지하역사 또는 지하상가

해답 ① 점검스위치 ② 축전지설비 ③ 전기저장장치
④ 20 ⑤ 60

해설 비상조명등의 설치기준
1) 특정소방대상물의 각 거실과 그로부터 지상에 이르는 복도·계단 및 그 밖의 통로에 설치할 것
2) 조도는 비상조명등이 설치된 장소의 각 부분의 바닥에서 1[lx] 이상이 되도록 할 것
3) 예비전원을 내장하는 비상조명등에는 평상시 점등 여부를 확인할 수 있는 점검스위치를 설치하고 해당 조명등을 유효하게 작동시킬 수 있는 용량의 축전지와 예비전원 충전장치를 내장할 것
4) 예비전원을 내장하지 아니하는 비상조명등의 비상전원은 자가발전설비, 축전지설비 또는 전기저장장치를 다음의 기준에 따라 설치하여야 한다.
   ① 점검에 편리하고 화재 및 침수 등의 재해로 인한 피해를 받을 우려가 없는 곳에 설치할 것
   ② 상용전원으로부터 전력의 공급이 중단된 때에는 자동으로 비상전원으로부터 전력을 공급받을 수 있도록 할 것
   ③ 비상전원의 설치장소는 다른 장소와 방화구획할 것. 이 경우 그 장소에는 비상전원의 공급에 필요한 기구나 설비 외의 것(열병합발전설비에 필요한 기구나 설비는 제외한다)을 두어서는 아니 된다.
   ④ 비상전원을 실내에 설치하는 때에는 그 실내에 비상조명등을 설치할 것
   ⑤ 비상전원은 비상조명등을 20분 이상 유효하게 작동시킬 수 있는 용량으로 할 것. 다만, 다음 특정소방대상물의 경우에는 그 부분에서 피난층에 이르는 부분의 비상조명등을 60분 이상 유효하게 작동시킬 수 있는 용량으로 하여야 한다.
     - 지하층을 제외한 층수가 11층 이상의 층
     - 지하층 또는 무창층으로서 용도가 도매시장·소매시장·여객자동차터미널·지하역사 또는 지하상가

16 다음은 감지기회로의 배선에 대한 내용이다. 각 물음에 답하시오. [6점]

1) 자동화재탐지설비에 사용되는 송배선식에 대하여 설명하시오.
2) 자동소화설비에 사용되는 교차회로방식에 대하여 설명하시오.
3) 교차회로방식의 적용하여야 하는 자동소화설비를 5가지만 쓰시오.

-
-
-
-
-

해답
1) 도통시험을 용이하게 하기 위하여 배선의 도중에서 분기하지 않고 결선하는 방식
2) 하나의 담당구역 내에 2 이상의 화재감지기회로를 설치하고 인접한 2 이상의 화재감지기가 동시에 감지되는 때에 설비가 작동하는 방식
3) • 이산화탄소소화설비
   • 할론소화설비
   • 분말소화설비
   • 할로겐화합물 및 불활성기체 소화설비
   • 준비작동식 스프링클러설비

해설
1) 송배선식 배선회로(송배전식 → 송배선식으로 용어 개정)
   ① 정의 : 배선의 도중에서 분기하지 않고 결선하는 방식
   ② 송배선식의 목적 : 도통시험을 용이하게 하기 위하여
   ③ 종단저항의 설치목적 : 도통시험을 용이하게 하기 위하여
   ④ 송배선식 적용설비 : 자동화재탐지설비, 제연설비

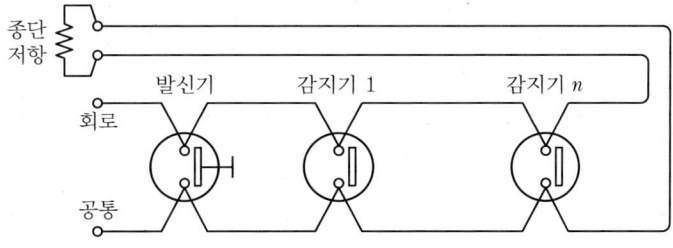

▲ 감지기회로의 송배선방식

2) 교차회로방식
   ① 정의
      하나의 담당구역 내에 2 이상의 화재감지기회로를 설치하고 인접한 2 이상의 화재감지기가 동시에 감지되는 때에 설비가 작동하는 방식

② 목적
　감지기 오동작에 의한 설비의 작동을 방지하기 위하여
③ 적용설비
- 이산화탄소소화설비
- 할론소화설비
- 분말소화설비
- 할로겐화합물 및 불활성기체 소화설비
- 준비작동식 스프링클러설비
- 일제살수식 스프링클러설비

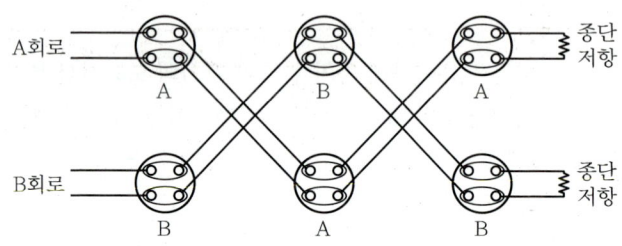

▲ 교차회로방식

3) 송배선식과 교차회로방식의 가닥수 산정방법

송배선방식	교차회로방식
• 루프된 곳 : 2가닥 • 그 밖의 것 : 4가닥	• 루프된 곳 : 4가닥 • 말단감지기 : 4가닥 • 그 밖의 것 : 8가닥

17 자동화재탐지설비의 수신기 시험방법 중 공통선시험의 목적과 그 시험방법에 대해 쓰시오.

[5점]

- 목적 :
- 시험방법 :

해답
- 목적 : 하나의 공통선이 담당하는 경계구역이 7개 이하인지 확인
- 시험방법 : – 수신기 내부의 단자대에서 공통선 1선을 분리한다.
　　　　　　– 도통시험스위치를 누른다.
　　　　　　– 회로선택스위치를 순차적으로 1회로씩 회전시킨다.
　　　　　　– 단선된 회로수를 확인한다.

해설 1) 공통선시험
   ① 목적 : 하나의 공통선이 담당하는 경계구역이 7개 이하인지 확인
   ② 시험방법
   - 수신기 내부의 단자대에서 공통선 1선을 분리한다.
   - 도통시험스위치를 누른다.
   - 회로선택스위치를 순차적으로 1회로씩 회전시킨다.
   - 단선된 회로수를 확인한다.
   ③ 판정
   하나의 공통선이 담당하는 경계구역수가 7개 이하일 것

2) 동시작동시험
   ① 목적 : 동시에 수회선(5회선 이상)을 작동시켰을 때 수신기의 기능에 이상이 없는지를 확인
   ② 시험방법
   - 작동시험스위치를 누른다.
   - 회로선택스위치를 순차적으로 돌려서 5회선을 동작시킨다.
   - 화재표시등, 지구표시등, 음향장치 등의 동작상태 확인
   ③ 판정
   5회선 이상 동작하였을 때 화재표시등, 지구표시등, 음향장치가 정상작동할 것

3) 회로도통시험
   ① 목적 : 감지기회로의 단선유무 확인과 기기 등의 접속상태 확인
   ② 시험방법
   - 도통시험스위치를 누른다.
   - 회로선택스위치를 순차적으로 1회로씩 회전시킨다.
   - 전압계의 지시치 또는 단선표시램프(LED)의 점등 확인
   ③ 판정
   - 전압계방식 : 전압의 지시치가 적정범위 내에 있을 것
     정상 : 2~6[V], 단선 : 0[V], 단락 : 화재경보
   - 표시램프방식 : 단선표시램프(LED) 점등

18 다음 도면은 연면적이 4,000[m²]이고, 지상 6층, 지하 2층인 특정소방대상물의 자동화재탐지설비 계통도이다. ①~⑦의 최소가닥수를 산출하시오. [7점]

[조건]
- 선로수 산정 시 회로공통선 1선, 경종·표시등공통선 1선으로 한다.
- 7경계구역 초과 시 회로공통선과 경종·표시등공통선은 각각 1선씩 추가되는 것으로 한다.

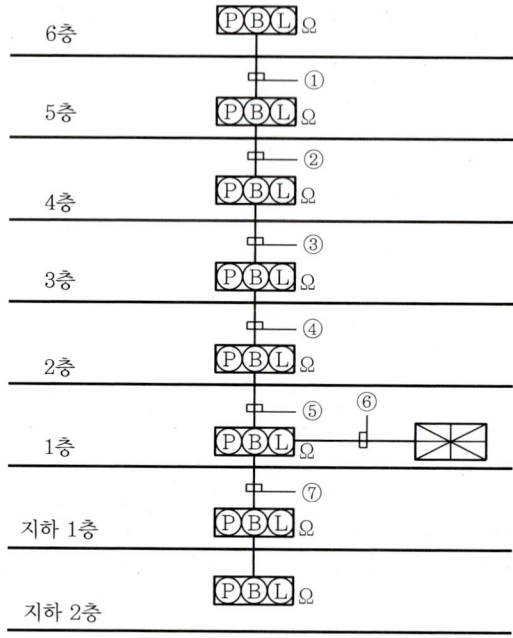

번호	①	②	③	④	⑤	⑥	⑦
가닥수							

해답 ⊕

번호	①	②	③	④	⑤	⑥	⑦
가닥수	6	8	10	12	14	22	8

[해설] 1) • 건물의 층수는 지상 6층, 지하 2층이고, 연면적은 4,000[m²]이다.
- 11층 미만이므로 일제경보방식이다.
- 7경계구역 초과 시 회로공통선과 경종·표시등공통선은 각각 1선씩 추가

번호	가닥수	배선의 용도					
		회로선	회로공통선	경종선	표시등선	경종·표시등공통선	응답선
①	6	1	1	1	1	1	1
②	8	2	1	2	1	1	1
③	10	3	1	3	1	1	1
④	12	4	1	4	1	1	1
⑤	14	5	1	5	1	1	1
⑥	22	8	2	8	1	2	1
⑦	8	2	1	2	1	1	1

2) 가닥수 산정방법

① 발신기세트 단독형 : 기본 6가닥

②~⑤
- 회로선 : 해당 배관을 경유한 후단의 종단저항수
- 경종선 : 각 층마다 1선씩 증가
- 그 밖의 선은 가닥수 변화 없이 기본1선이다.

⑥ • 회로선 : ⑥번 배관을 경유한 후단의 종단저항수(8가닥)
- 회로공통선 : 하나의 공통선이 담당하는 회로수가 7가닥을 초과하였으므로 회로공통선 추가
- 회로공통선 = $\frac{8}{7}$ = 1.14 ≒ 2가닥(소수점 이하 절상)
- 경종선 : 8가닥(지하 1, 2층, 지상 1, 2, 3, 4, 5, 6층)
- 경종·표시등공통선 : 문제의 조건에 의해 회로수가 7가닥을 초과하였으므로 가닥수 추가
- 경종·표시등공통선 = $\frac{8}{7}$ = 1.14 ≒ 2가닥(소수점 이하 절상)
- 표시등선, 응답선 가닥수 변화 없이 기본1선이다.

⑦ • 회로선 : ⑦번 배관을 경유한 후단의 종단저항수(2가닥)
- 경종선 : 2가닥(지하 1층, 지하 2층)
- 그 밖의 선은 가닥수 변화 없이 기본1선이다.

2020년 제1회(2020. 5. 24)

01 다음 그림과 같이 NOR Gate로 구성된 무접점 논리회로를 유접점 시퀀스 회로로 변환하고자 한다. 주어진 회로에 대하여 다음 각 물음에 답하시오. [9점]

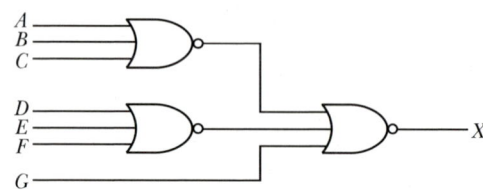

1) 주어진 논리회로를 AND Gate, OR Gate, NOT Gate만으로 구성하기 위한 논리식을 구하시오. (단, NOT Gate는 입력신호에만 사용할 수 있다.)
2) 1)에서 구한 논리식을 무접점 논리회로로 표현하시오.
3) 1)에서 구한 논리식을 유접점 시퀀스 회로로 표현하시오.

해답

1) $X = \overline{\overline{(A+B+C)} + \overline{(D+E+F)} + G}$
$= (A+B+C) \cdot (D+E+F) \cdot \overline{G}$

답 $X = (A+B+C) \cdot (D+E+F) \cdot \overline{G}$

2)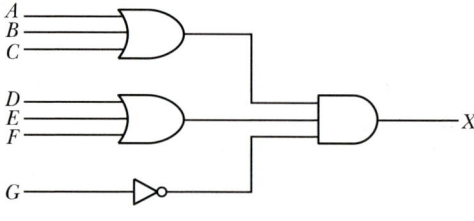

3)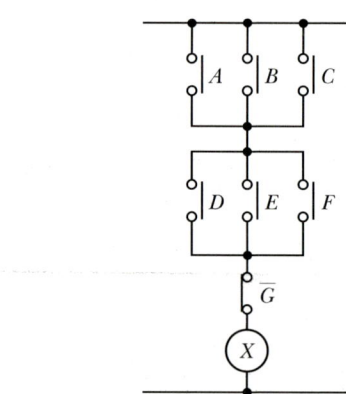

해설 1) 논리식

①

A, B, C가 NOR 게이트에 접속되어 있으므로 $\overline{A+B+C}$이다.

②

D, E, F가 NOR 게이트에 접속되어 있으므로 $\overline{D+E+F}$이다.

③

$(\overline{A+B+C})$, $(\overline{D+E+F})$, G가 NOR 게이트에 접속되어 있으므로
$X = \overline{(\overline{A+B+C}) + (\overline{D+E+F}) + G}$ 가 된다.

④ 논리식을 AND 게이트, OR 게이트, NOT 게이트만으로 구성하기 위해 드모르간의 정리를 이용하여 간소화한다.

$X = \overline{(\overline{A+B+C}) + (\overline{D+E+F}) + G}$

여기서, 전체부정을 없애는 대신 전체부정 속에 들어 있는 각 부분을 부정한다.

∴ $X = (A+B+C) \cdot (D+E+F) \cdot \overline{G}$

2) 무접점 논리회로

$X = (A+B+C) \cdot (D+E+F) \cdot \overline{G}$

① $(A+B+C)$: A, B, C가 논리합(+)으로 묶여 있으므로 OR 게이트이다.

② $(D+E+F)$: D, E, F가 논리합(+)으로 묶여 있으므로 OR 게이트이다.

③ $(A+B+C) \cdot (D+E+F) \cdot \overline{G}$: $(A+B+C)$, $(D+E+F)$, $\overline{G}$가 논리곱(·)으로 묶여 있으므로 AND 게이트이다.

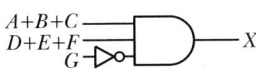

④ 위의 ①, ②, ③ 게이트를 합치면

$X = (A+B+C) \cdot (D+E+F) \cdot \overline{G}$

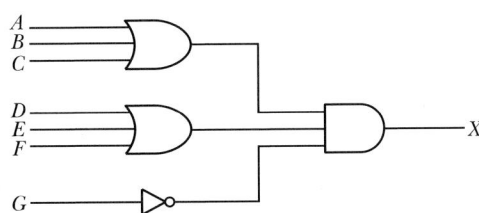

3) 유접점 시퀀스 회로

$X = (A+B+C) \cdot (D+E+F) \cdot \overline{G}$

① $(A+B+C)$: 논리합(+)으로 묶여 있으므로 병렬회로이다.
② $(D+E+F)$: 논리합(+)으로 묶여 있으므로 병렬회로이다.
③ $(A+B+C) \cdot (D+E+F) \cdot \overline{G}$
　세 부분 $[(A+B+C), (D+E+F), \overline{G}]$이 논리곱(·)으로 묶여 있으므로 직렬회로이다.
④ 위의 ①, ②, ③으로 유접점 회로를 구성하여 출력(X)을 구해보면

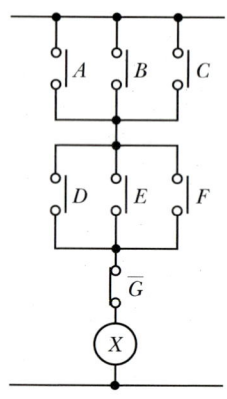

02
펌프의 유량이 1.6[m³/min]이고 양정이 80[m], 효율은 75[%], 여유율은 10[%]일 때 필요한 전동기의 동력은 몇 [kW]인지 구하시오. [5점]

• 계산과정 :
• 답 :

해답
• 계산과정

$$P[\text{kW}] = \frac{9.8\,QH}{\eta}K$$

$$P[\text{kW}] = \frac{9.8 \times (1.6/60) \times 80}{0.75} \times 1.1 = 30.66$$

• 답 30.66[kW]

해설 1) 전동기의 동력

$$P[\text{kW}] = \frac{9.8\,QH}{\eta}K$$

여기서, 9.8 : 물의 비중량[kN/m³], Q : 유량[m³/s], H : 양정[m], η : 효율, K : 전달계수

2) 풀이
① Q : 유량[m³/s]

$$1.6\frac{[\text{m}^3]}{[\text{min}]} \times \frac{1[\text{min}]}{60[\text{s}]} = \frac{1.6}{60}[\text{m}^3/\text{s}]$$

② 양정 H : 80[m]

효율 η : 75[%] = 0.75

전달계수 : 여유율이 10[%]이므로 $K=1.1$

③ 전동기 동력

$$P[\text{kW}] = \frac{9.8 \times (1.6/60) \times 80}{0.75} \times 1.1 = 30.66$$

03 자동화재탐지설비의 음향장치는 상용전원일 경우 정격전압의 몇 [%] 이상의 전압에서 음향을 발할 수 있는 구조 및 성능이어야 하는지 쓰시오. [3점]

해답 80[%]

해설 자동화재탐지설비의 음향경보장치
① 주음향장치는 수신기의 내부 또는 그 직근에 설치할 것(주경종)
② 특정소방대상물의 층마다 설치할 것(지구경종)
③ 각 부분으로부터 하나의 음향장치까지의 수평거리 : 25[m] 이하
④ 음향장치의 구조 및 성능
  • 음향장치는 정격전압의 80[%] 전압에서 음향을 발할 수 있도록 할 것
  • 음량은 부착된 음향장치의 중심으로부터 1[m] 떨어진 위치에서 90[dB] 이상인 것으로 할 것
  • 감지기 및 발신기의 작동과 연동하여 작동할 수 있는 것으로 할 것
⑤ 기둥 또는 벽이 설치되지 아니한 대형공간의 경우 지구음향장치는 설치대상장소의 가장 가까운 장소의 벽 또는 기둥 등에 설치할 것

04 다음 P형 수신기의 1경계구역에 대한 결선도를 완성하시오.(단, ① 벨 및 표시등공통선, ② 지구벨선, ③ 표시등선, ④ 발신기선(응답선), ⑤ 신호공통선, ⑥ 신호선) [5점]

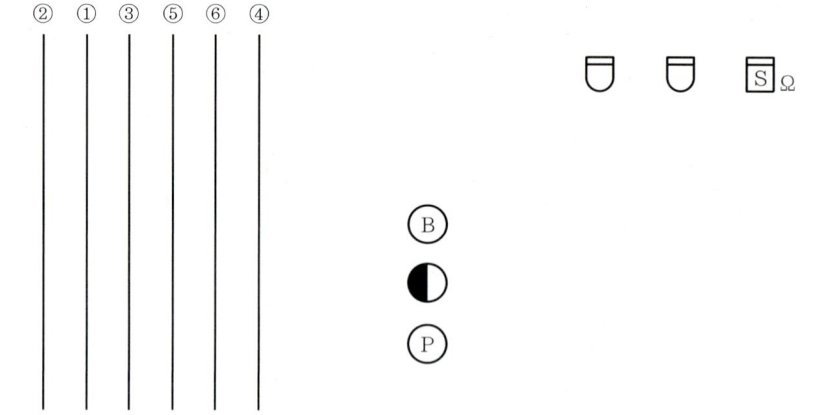

해답 ⊕

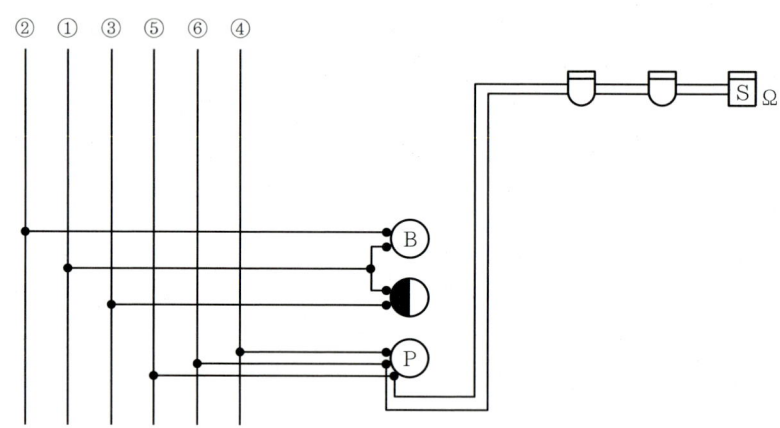

해설 ⊕ 1) 결선도

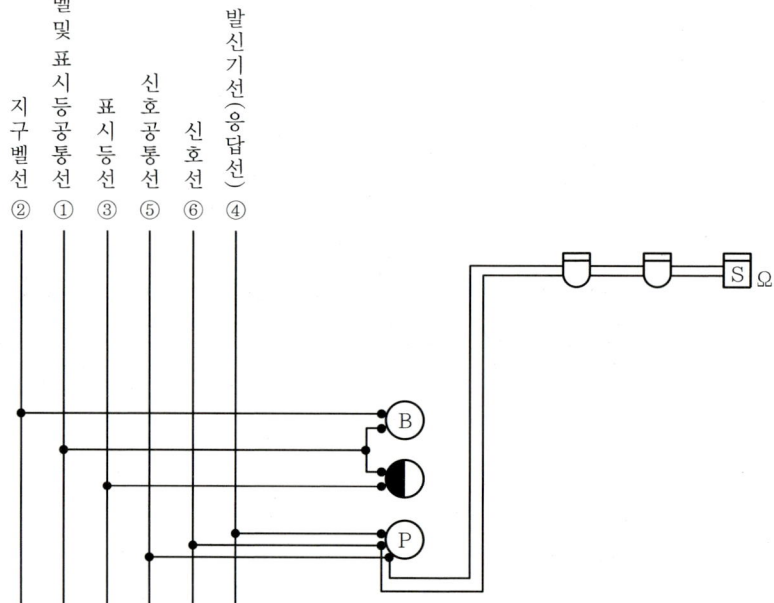

① 벨 및 표시등공통선＝경종·표시등공통선
② 지구벨선＝경종선
③ 표시등선
④ 발신기선＝응답선
⑤ 신호공통선＝지구공통선＝회로공통선
⑥ 신호선＝지구선＝회로선

※ ⓟ(발신기)의 결선 순서(응답선, 신호선, 신호공통선)는 조건에 없으면 임의로 정한다.

2) P형 수신기의 결선도

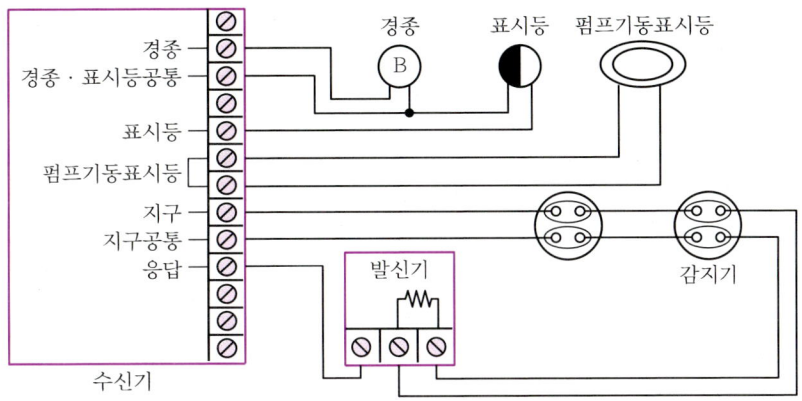

3) P형 수신기~발신기세트 간 내부배선도
① 기본 가닥수 : 6가닥
② 펌프기동표시등이 설치된 경우 : 2가닥 추가

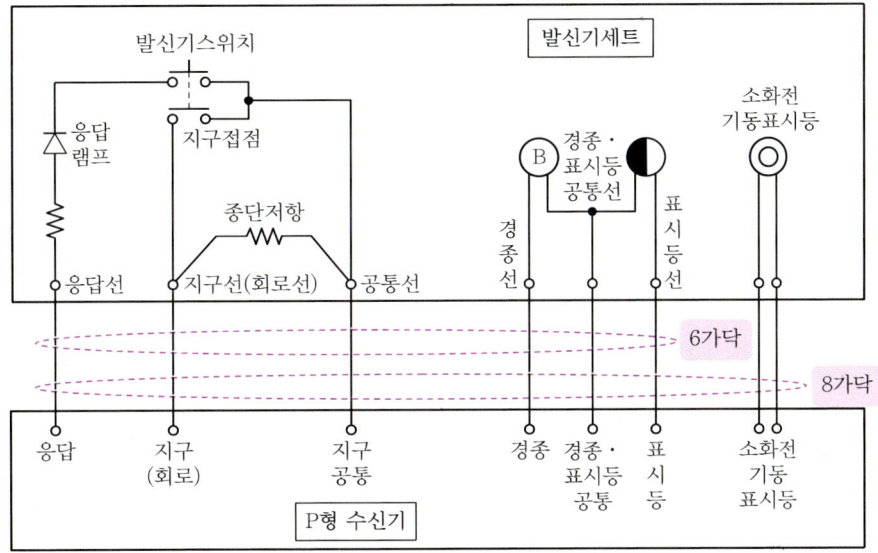

05 누전경보기의 구성요소 4가지와 각각의 기능을 쓰시오. [4점]

구성요소	기능

해답

구성요소	기능
영상변류기	누설전류를 자동으로 검출
수신부	검출된 신호를 수신
음향장치	벨 또는 부저로 경보하는 장치
차단기구	누전된 회로를 차단하는 장치

해설 용어의 정의

① 누전경보기
   내화구조가 아닌 건축물로서 벽, 바닥 또는 천장의 전부나 일부를 불연재료 또는 준불연재료가 아닌 재료에 철망을 넣어 만든 건물의 전기설비로부터 누설전류를 탐지하여 경보를 발하며 변류기와 수신부로 구성된 것

② 수신부
   변류기로부터 검출된 신호를 수신하여 누전의 발생을 해당 특정소방대상물의 관계인에게 경보하여 주는 것(차단기구를 갖는 것을 포함)

③ 변류기
   경계전로의 누설전류를 자동적으로 검출하여 이를 누전경보기의 수신부에 송신하는 것

④ 집합형 누전경보기의 수신부
   2개 이상의 변류기를 연결하여 사용하는 수신부로서 하나의 전원장치 및 음향장치 등으로 구성된 것

⑤ 차단기구
   누설전류가 발생하면 자동으로 누전된 회로를 차단하는 장치

⑥ 음향장치
   누설전류가 발생하면 벨 또는 부저로 경보를 발하는 장치

06 자동화재탐지설비 및 시각경보장치의 화재안전기준에서 정하는 공기관식 차동식 분포형 감지기의 설치기준과 감지기의 형식승인 및 제품검사의 기술기준에서 정하는 바에 따라 공기관을 설치할 때 다음 물음에 답하시오. [5점]

1) 공기관의 노출부분은 감지구역마다 몇 [m] 이상 거리가 되도록 설치하여야 하는지 쓰시오.

2) 하나의 검출부에 접속하는 공기관의 길이는 몇 [m] 이하이어야 하는지 쓰시오.
3) 공기관과 감지구역의 각 변과의 수평거리는 몇 [m] 이하이어야 하는지 쓰시오.
4) 공기관 상호 간의 거리는 몇 [m] 이하이어야 하는지 쓰시오.(단, 주요 구조부는 비내화구조이다.)
5) 공기관의 두께 및 바깥지름은 몇 [mm] 이상으로 하여야 하는지 쓰시오.
- 공기관의 두께 :
- 공기관의 바깥지름 :

해답
1) 20[m] 이상
2) 100[m] 이하
3) 1.5[m] 이하
4) 6[m] 이하
5) • 공기관의 두께 : 0.3[mm] 이상
   • 공기관의 바깥지름 : 1.9[mm] 이상

해설 공기관식 차동식 분포형 감지기 설치기준

구분	기준
공기관의 최소길이	공기관의 노출부분은 감지구역마다 20[m] 이상
공기관의 최대길이	하나의 검출부분에 접속하는 공기관의 길이는 100[m] 이하
공기관과 각 변의 거리	수평거리 1.5[m] 이하
공기관 상호 간 거리	6[m](내화구조 9[m]) 이하
공기관의 분기	공기관은 도중에서 분기하지 아니할 것
검출부의 경사	검출부는 5° 이상 경사지지 아니할 것
검출부의 높이	검출부는 바닥으로부터 0.8[m] 이상 1.5[m] 이하
공기관의 재질 및 규격	동관으로서 두께 0.3[mm] 이상, 바깥지름 1.9[mm] 이상

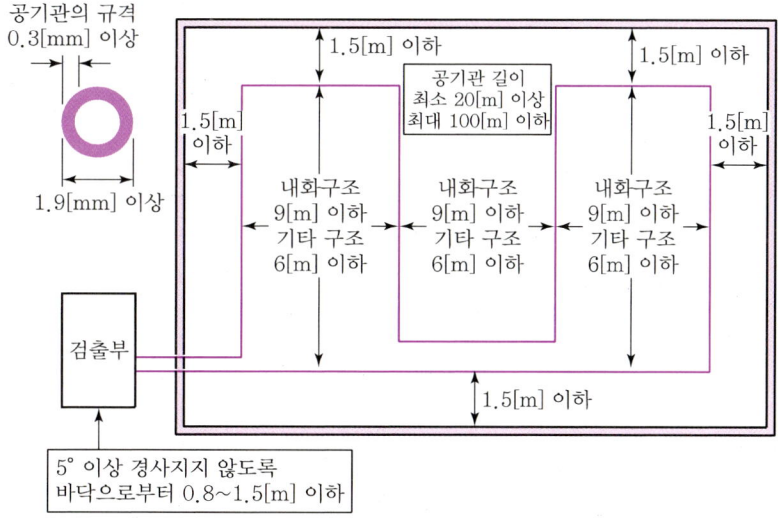

07 차동식 분포형 감지기의 종류를 3가지 쓰시오. [4점]

-
-
-

해답 • 공기관식 감지기   • 열전대식 감지기   • 열반도체식 감지기

해설 1) 열감지기의 분류

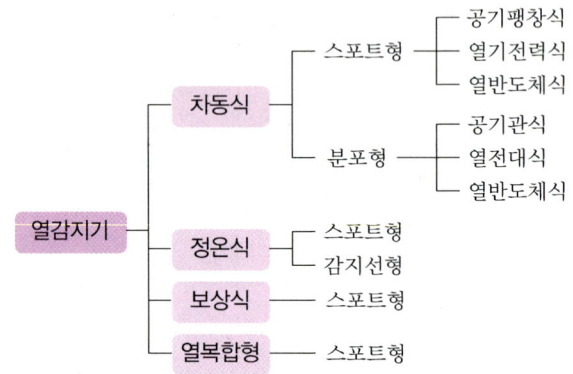

2) 차동식 분포형 감지기의 종류

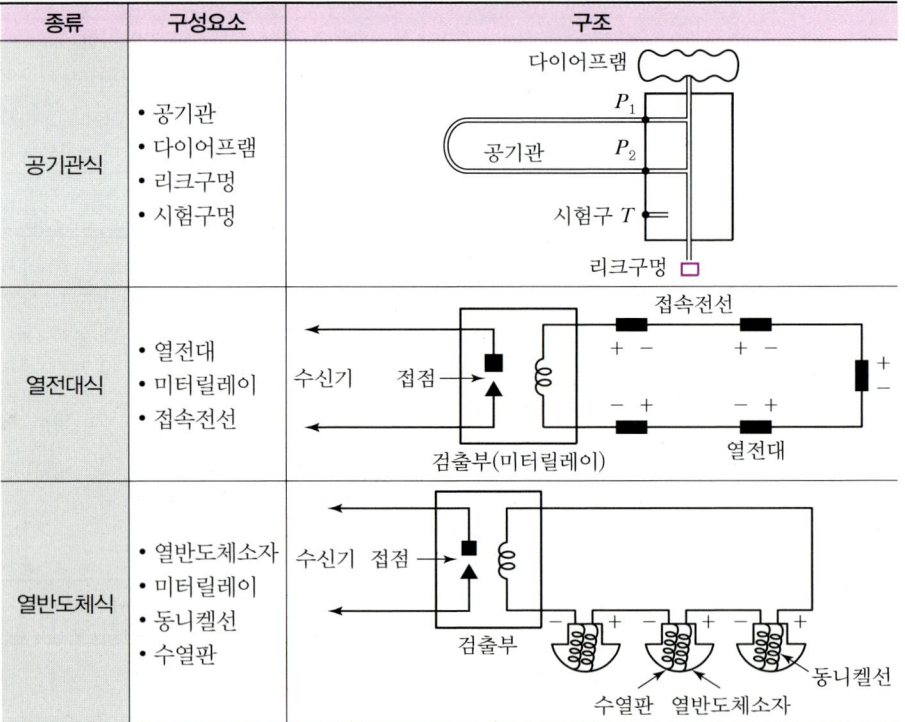

08 비상조명등의 화재안전기술기준에서 정하는 비상조명등 설치기준을 3가지만 쓰시오.

[4점]

-
-
-

해답
- 특정소방대상물의 각 거실과 그로부터 지상에 이르는 복도·계단 및 그 밖의 통로에 설치할 것
- 조도는 비상조명등이 설치된 장소의 각 부분의 바닥에서 1[lx] 이상이 되도록 할 것
- 예비전원을 내장하는 비상조명등에는 평상시 점등 여부를 확인할 수 있는 점검스위치를 설치하고 해당 조명등을 유효하게 작동시킬 수 있는 용량의 축전지와 예비전원 충전장치를 내장할 것

해설 비상조명등의 설치기준

1) 특정소방대상물의 각 거실과 그로부터 지상에 이르는 복도·계단 및 그 밖의 통로에 설치할 것
2) 조도는 비상조명등이 설치된 장소의 각 부분의 바닥에서 1[lx] 이상이 되도록 할 것
3) 예비전원을 내장하는 비상조명등에는 평상시 점등 여부를 확인할 수 있는 점검스위치를 설치하고 해당 조명등을 유효하게 작동시킬 수 있는 용량의 축전지와 예비전원 충전장치를 내장할 것
4) 예비전원을 내장하지 아니하는 비상조명등의 비상전원은 자가발전설비, 축전지설비 또는 전기저장장치를 다음의 기준에 따라 설치하여야 한다.
   ① 점검에 편리하고 화재 및 침수 등의 재해로 인한 피해를 받을 우려가 없는 곳에 설치할 것
   ② 상용전원으로부터 전력의 공급이 중단된 때에는 자동으로 비상전원으로부터 전력을 공급받을 수 있도록 할 것
   ③ 비상전원의 설치장소는 다른 장소와 방화구획할 것. 이 경우 그 장소에는 비상전원의 공급에 필요한 기구나 설비 외의 것(열병합발전설비에 필요한 기구나 설비는 제외한다)을 두어서는 아니 된다.
   ④ 비상전원을 실내에 설치하는 때에는 그 실내에 비상조명등을 설치할 것
   ⑤ 비상전원은 비상조명등을 20분 이상 유효하게 작동시킬 수 있는 용량으로 할 것. 다만, 다음의 특정소방대상물의 경우에는 그 부분에서 피난층에 이르는 부분의 비상조명등을 60분 이상 유효하게 작동시킬 수 있는 용량으로 하여야 한다.
   - 지하층을 제외한 층수가 11층 이상의 층
   - 지하층 또는 무창층으로서 용도가 도매시장·소매시장·여객자동차터미널·지하역사 또는 지하상가

09 다음 그림은 PB-on 스위치 동작 후 일정시간 경과 후 전동기 Ⓜ이 기동하는 시퀀스 제어회로이다. 전동기 기동 후 릴레이 Ⓧ와 타이머 Ⓣ가 여자되지 않은 상태로 유지하면서 전동기를 운전하기 위한 시퀀스 제어회로를 구성하고자 한다. 이 시퀀스 제어회로가 어떻게 수정하여야 하는지 주어진 시퀀스 회로를 이용하여 그리시오. [5점]

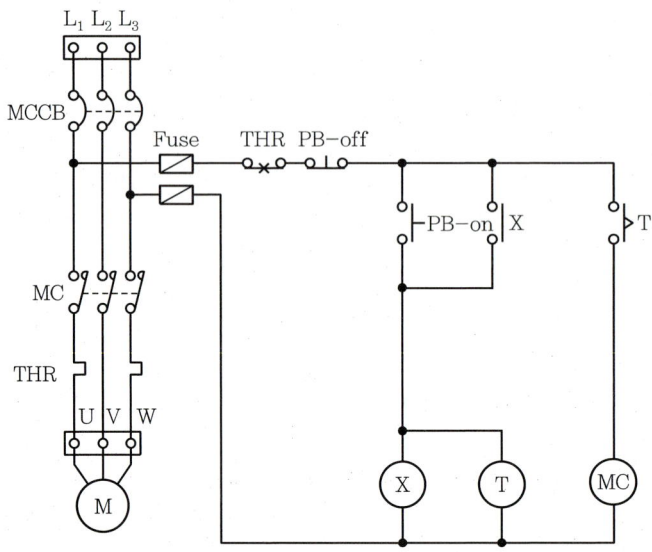

• 수정할 시퀀스 제어 회로도

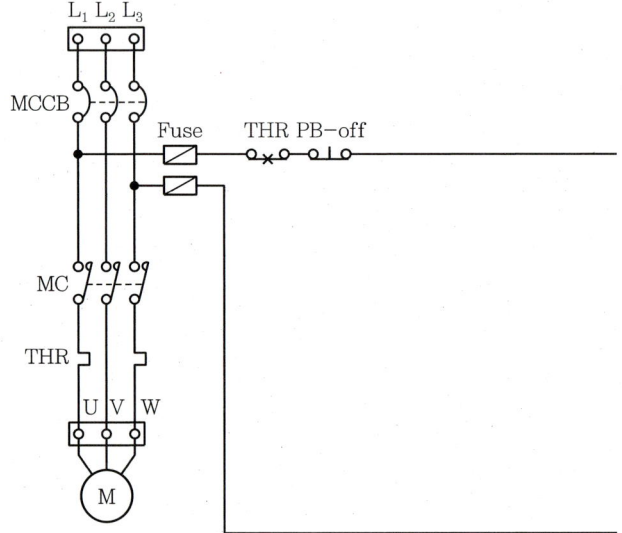

해답

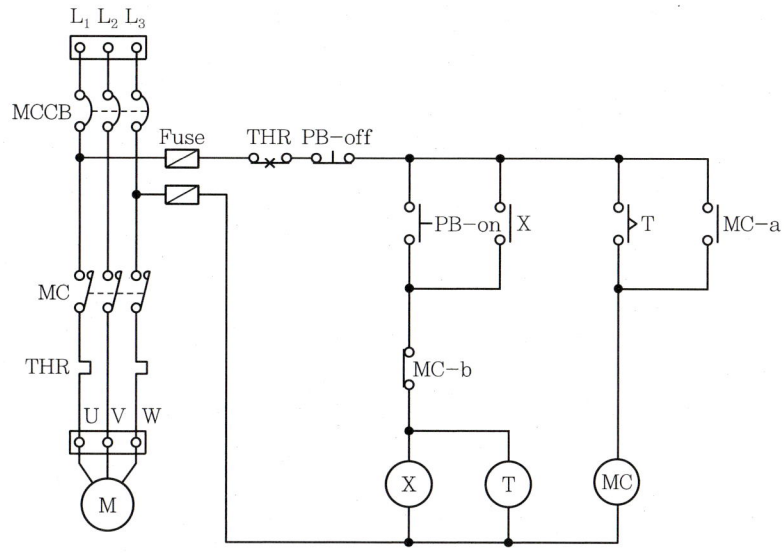

해설

1) 수정 전 시퀀스 동작설명

① PB-on을 누르면 릴레이 코일 Ⓧ가 여자되고 타이머 코일 Ⓣ도 여자된다. 동시에 X-a접점이 폐로되어 자기유지된다.

② 설정시간 후 타이머 한시접점(T-a)이 폐로되어 ⓂⒸ가 여자되고 MC 주접점이 폐로되어 전동기가 기동한다.

③ 전동기 기동 중에도 릴레이 코일 Ⓧ와 타이머 코일 Ⓣ는 계속 여자된 상태가 유지된다.

2) 수정 후 시퀀스 동작설명

① PB-on을 누르면 릴레이 코일 Ⓧ가 여자되고 타이머 코일 Ⓣ도 여자된다. 동시에 X-a접점이 폐로되어 자기유지된다.

② 설정시간 후 타이머 한시접점(T-a)이 폐로되어 ⓂⒸ가 여자되고 MC 주접점이 폐로되어 전동기가 기동한다.

③ 동시에 MC-a접점이 폐로되어 자기유지되고, MC-b접점이 개로되어 릴레이 코일 Ⓧ와 타이머 코일 Ⓣ는 소자된다.

④ 운전 중 PB-off 스위치를 누르거나 과부하에 의해 THR이 작동하면 ⓂⒸ가 소자되어 전동기는 정지한다.

10 청각장애인용 시각경보장치의 설치기준을 3가지만 쓰시오. [6점]

-
-
-

해답
- 복도·통로·청각장애인용 객실 및 공용으로 사용하는 거실(로비, 회의실, 강의실, 식당, 휴게실, 오락실, 대기실, 체력단련실, 접객실, 안내실, 전시실, 기타 이와 유사한 장소를 말한다)에 설치하며, 각 부분으로부터 유효하게 경보를 발할 수 있는 위치에 설치할 것
- 공연장·집회장·관람장 또는 이와 유사한 장소에 설치하는 경우에는 시선이 집중되는 무대부 부분 등에 설치할 것
- 설치높이는 바닥으로부터 2[m] 이상 2.5[m] 이하의 장소에 설치할 것. 다만, 천장의 높이가 2[m] 이하인 경우에는 천장으로부터 0.15[m] 이내의 장소에 설치하여야 한다.

해설 청각장애인용 시각경보장치의 설치기준
① 복도·통로·청각장애인용 객실 및 공용으로 사용하는 거실(로비, 회의실, 강의실, 식당, 휴게실, 오락실, 대기실, 체력단련실, 접객실, 안내실, 전시실, 기타 이와 유사한 장소를 말한다)에 설치하며, 각 부분으로부터 유효하게 경보를 발할 수 있는 위치에 설치할 것
② 공연장·집회장·관람장 또는 이와 유사한 장소에 설치하는 경우에는 시선이 집중되는 무대부 부분 등에 설치할 것
③ 설치높이는 바닥으로부터 2[m] 이상 2.5[m] 이하의 장소에 설치할 것. 다만, 천장의 높이가 2[m] 이하인 경우에는 천장으로부터 0.15[m] 이내의 장소에 설치하여야 한다.
④ 시각경보장치의 광원은 전용의 축전지설비 또는 전기저장장치(외부 전기에너지를 저장해 두었다가 필요한 때 전기를 공급하는 장치)에 의하여 점등되도록 할 것. 다만, 시각경보기에 작동전원을 공급할 수 있도록 형식승인을 얻은 수신기를 설치한 경우에는 그러하지 아니하다.

11 차동식 스포트형 · 보상식 스포트형 및 정온식 스포트형 감지기의 부착높이 및 특정소방대상물의 구분에 따른 감지기 1개의 설치면적기준이다. 표의 ①~⑧에 알맞은 답을 쓰시오. [6점]

부착높이 및 특정소방대상물의 구분		감지기의 종류						
		차동식 스포트형		보상식 스포트형		정온식 스포트형		
		1종	2종	1종	2종	특종	1종	2종
4[m] 미만	주요 구조부를 내화구조로 한 특정소방대상물 또는 그 부분	90	70	①	70	②	60	⑦
	기타 구조의 특정소방대상물 또는 그 부분	③	40	50	40	40	30	15
4[m] 이상 8[m] 미만	주요 구조부를 내화구조로 한 특정소방대상물 또는 그 부분	45	④	45	35	35	⑤	―
	기타 구조의 특정소방대상물 또는 그 부분	30	25	30	⑧	25	⑥	―

①	②	③	④	⑤	⑥	⑦	⑧

해답

①	②	③	④	⑤	⑥	⑦	⑧
90	70	50	35	30	15	20	25

해설 차동식 스포트형, 보상식 스포트형, 정온식 스포트형 감지기의 부착높이 및 특정소방대상물에 따른 기준면적(단위 : m²)

부착높이 및 특정소방대상물의 구분		감지기의 종류						
		차동식 스포트형		보상식 스포트형		정온식 스포트형		
		1종	2종	1종	2종	특종	1종	2종
4[m] 미만	주요 구조부를 내화구조로 한 특정소방대상물 또는 그 부분	90	70	① 90	70	② 70	60	⑦ 20
	기타 구조의 특정소방대상물 또는 그 부분	③ 50	40	50	40	40	30	15
4[m] 이상 8[m] 미만	주요 구조부를 내화구조로 한 특정소방대상물 또는 그 부분	45	④ 35	45	35	35	⑤ 30	―
	기타 구조의 특정소방대상물 또는 그 부분	30	25	30	⑧ 25	25	⑥ 15	―

12 다음 도면은 P형 수동발신기의 내부회로 미완성 도면이다. 도면을 보고 다음 물음에 답하시오.

[8점]

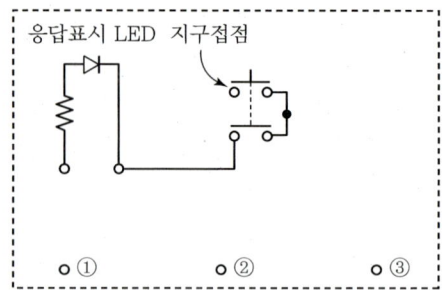

1) 다음에 대하여 설명하시오.
   - 응답표시 LED :
   - 누름버튼스위치 :

2) ①~③ 각 단자의 명칭을 쓰시오.

①	②	③

3) 발신기 결선의 미완성 부분을 도면에 완성하시오.

해답
1) • 응답표시 LED : 발신기에서 누름버튼스위치를 눌렀을 때 신호가 수신기에 전달되었는지를 확인하는 표시등
   • 누름버튼스위치 : 화재 발생 시 수동조작에 의해 수신기에 신호를 발신하는 스위치

2)
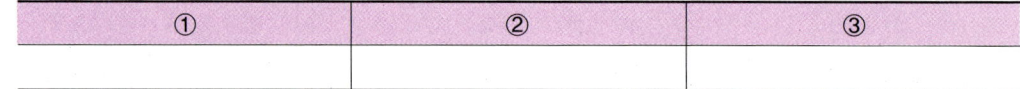

①	②	③
응답선	회로선(지구선)	공통선

3)
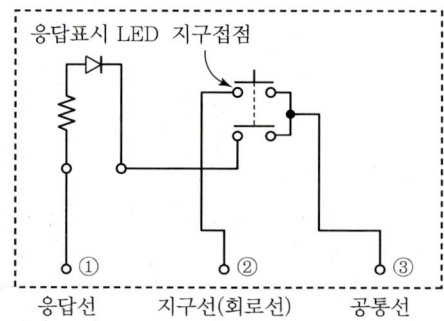

해설 ⊕ 발신기

1) 정의
   화재 발생신호를 수신기에 수동으로 발신하는 장치이다.

2) P형 1급 발신기
   ① P형 1급 수신기, R형 수신기에 사용
   ② 구성 : 응답램프, 누름버튼스위치
   ③ 배선내역 : 회로선, 공통선, 응답선

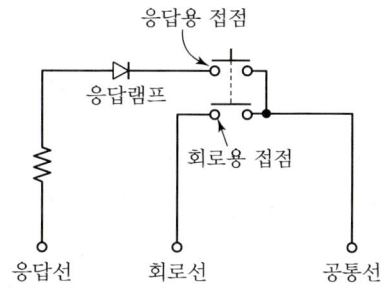

3) 구성기기의 기능
   ① 응답램프 : 발신기에서 누름버튼스위치를 눌렀을 때 신호가 수신기에 전달되었는지를 확인하는 표시등
   ② 누름버튼스위치 : 화재 발생 시 수동조작에 의해 수신기에 신호를 발신하는 스위치

4) 내부회로 배선도(응답접점과 회로(지구)접점의 위치가 다른 경우)

13 다음 그림은 자동화재탐지설비와 준비작동식 스프링클러설비의 간선계통도이다. 그림을 보고 다음 물음에 답하시오. [8점]

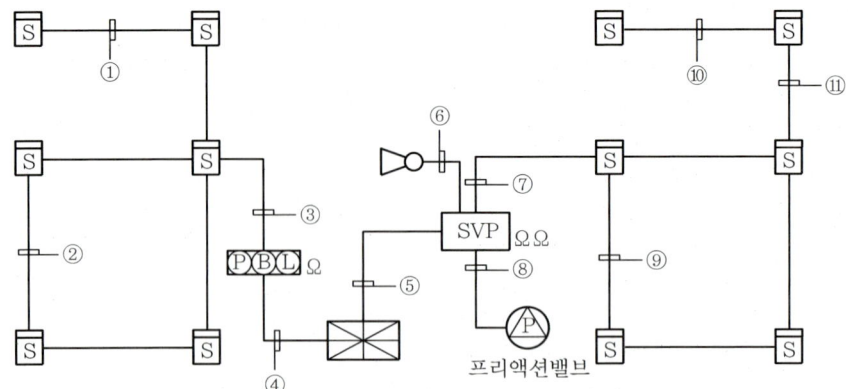

1) 그림의 ①~⑪까지의 배선가닥수를 쓰시오.(프리액션밸브용 감지기공통선과 전원공통선은 분리하여 사용하고 압력스위치, 탬퍼스위치 및 솔레노이드밸브의 공통선은 1가닥을 사용하여 결선한다.)

①	②	③	④	⑤	⑥	⑦	⑧	⑨	⑩	⑪

2) ⑤의 배선별 용도를 쓰시오.

해답 1)

①	②	③	④	⑤	⑥	⑦	⑧	⑨	⑩	⑪
4	2	4	6	9	2	8	4	4	4	8

2) 전원⊕, 전원⊖, 감지기공통, 감지기A, 감지기B, 솔레노이드밸브, 탬퍼스위치, 압력스위치, 사이렌

해설 가닥수 및 배선의 용도

구분	가닥수	배선의 용도
①	4	회로선2, 공통선2
②	2	회로선1, 공통선1
③	4	회로선2, 공통선2
④	6	회로선1, 회로공통선1, 경종선1, 표시등선1, 경종·표시등공통선1, 응답선1
⑤	9	전원⊕, ⊖, 감지기공통, 감지기A, B, 솔레노이드밸브, 탬퍼스위치, 압력스위치, 사이렌
⑥	2	사이렌2
⑦	8	회로선4, 공통선4
⑧	4	솔레노이드밸브, 탬퍼스위치, 압력스위치, 공통선

구분	가닥수	배선의 용도
⑨	4	회로선2, 공통선2
⑩	4	회로선2, 공통선2
⑪	8	회로선4, 공통선4

① 자동화재탐지설비의 감지기 배선 중 그 밖의 배선 : 4가닥(회로선2, 공통선2)
② 자동화재탐지설비의 감지기 배선 중 루프된 곳 : 2가닥(회로선1, 공통선1)
③ 자동화재탐지설비의 감지기 배선 중 그 밖의 배선 : 4가닥(회로선2, 공통선2)
④ 수신기~발신기 간 : 1회로이므로 기본 6가닥
    회로선1, 회로공통선1, 경종선1, 표시등선1, 경종·표시등공통선1, 응답선1
⑤ 수신기~SVP
- 최소가닥수 : 8가닥
    전원⊕, ⊖, 감지기A, B, 솔레노이드밸브, 탬퍼스위치, 압력스위치, 사이렌
- 감지기공통선을 별도로 배선하는 경우 : 9가닥
    전원⊕, ⊖, 감지기공통, 감지기A, B, 솔레노이드밸브, 탬퍼스위치, 압력스위치, 사이렌

⑥ SVP~사이렌 : 사이렌 2가닥
⑦ 교차회로방식의 감지기 배선 중 그 밖의 것 : 8가닥(회로선4, 공통선4)
⑧ SVP~프리액션밸브
- 최소가닥수 : 4가닥
    솔레노이드밸브(S/V), 탬퍼스위치(T/S), 압력스위치(P/S), 공통
- 프리액션밸브의 공통선을 별도로 배선하는 경우 : 6가닥
    솔레노이드밸브(S/V) 2, 탬퍼스위치(T/S) 2, 압력스위치(P/S) 2

⑨ 교차회로방식의 감지기 배선 중 루프된 곳 : 4가닥(회로선2, 공통선2)
⑩ 교차회로방식의 감지기 배선 중 말단감지기 : 4가닥(회로선2, 공통선2)
⑪ 교차회로방식의 감지기 배선 중 그 밖의 것 : 8가닥(회로선4, 공통선4)

Reference

송배선식과 교차회로방식의 가닥수 산정방법

송배선방식	교차회로방식
• 루프된 곳 : 2가닥 • 그 밖의 것 : 4가닥	• 루프된 곳 : 4가닥 • 말단감지기 : 4가닥 • 그 밖의 것 : 8가닥

14 다음은 자동방화문의 결선도 및 계통도이다. 그림을 보고 다음 물음에 답하시오.(단, 전선의 가닥수는 최소로 하며, 방화문 감지기회로는 제외한다.) [6점]

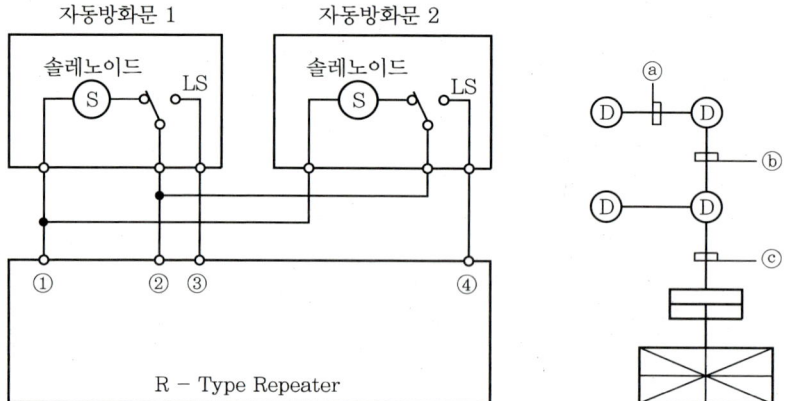

1) 결선도의 ①~④까지의 용도를 쓰시오.

①	②	③	④

2) 계통도의 ⓐ~ⓒ의 전선 가닥수와 배선의 용도를 쓰시오.

기호	가닥수	배선의 용도
ⓐ		
ⓑ		
ⓒ		

해답

1)

①	②	③	④
기동선	공통선	확인선(1)	확인선(2)

2)

기호	가닥수	배선의 용도
ⓐ	3	기동1, 공통1, 확인1
ⓑ	4	기동1, 공통1, 확인2
ⓒ	7	기동2, 공통1, 확인4

해설

1) 배선의 용도

① 기동선
- 화재 발생 시 기동선으로 전원이 공급되면 솔레노이드가 작동하여 방화문이 폐쇄된다.
- 동일한 방화구획 내의 방화문은 동시에 기동되므로 기동선 1가닥이 필요하다.

② 공통선
- 공통선은 1가닥으로 전체 구역에 공통으로 사용이 가능하다.(허용전류 계산 필요)

③, ④ 확인선(2가닥)
- 방화문이 폐쇄되면 수신기에 방화문 폐쇄확인신호를 전송한다.
- 확인신호는 각 방화문마다 별도로 신호를 전송한다.

2) 가닥수 산정

ⓐ 방화문 1개(3가닥)
- 기동1 : 방화문 폐쇄
  각 방호구역별(층별) 1가닥
- 확인1 : 방화문 폐쇄확인신호를 수신기로 전송
  각 방화문마다 각각 1가닥
- 공통1 : 전체 회로 공통으로 1가닥

ⓑ 1개층(4가닥)
- 기동1 : 각 방호구역별(층별) 1가닥이므로 1가닥(1개층)
- 확인2 : 각 방화문마다 각각 1가닥이므로 2가닥(방화문 2개)
- 공통1 : 전체 회로 공통으로 1가닥

ⓒ 2개층(7가닥)
- 기동2 : 각 방호구역별(층별) 1가닥이므로 2가닥(2개층)
- 확인4 : 각 방화문마다 각각 1가닥이므로 4가닥(방화문 4개)
- 공통1 : 전체 회로 공통으로 1가닥

15 계단에 설치된 전등을 계단 아래와 계단 위쪽 두 장소에서 점멸할 수 있도록 설치하는 스위치의 명칭을 쓰고 아래 주어진 배선도에 전선의 가닥수를 각각 표시하시오. [5점]

1) 스위치의 명칭 :
2) 배선도 : (표기 예 : ─//─)

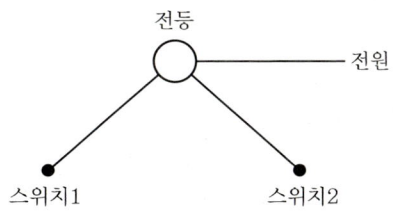

해답 1) 스위치의 명칭 : 3로 스위치

2) 배선도

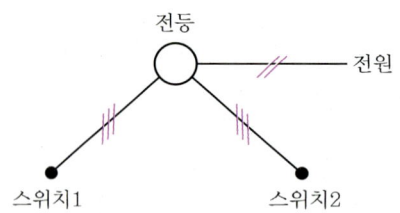

해설 1) 3로 스위치
   전등 1개에 스위치 2개를 설치하여 두 장소에서 점멸할 수 있도록 설치하는 스위치

2) 3로 스위치 결선

① 기본결선도

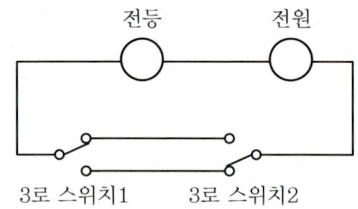

② 배관을 고려한 결선도

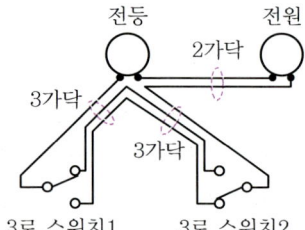

16 다음은 누설동축케이블에 표기되어 있는 기호이다. 기호의 의미를 보기에서 찾아 (예)를 참조하여 쓰시오. [6점]

$$\underset{①}{\text{LCX}} - \underset{②}{\text{FR}} - \underset{③}{\text{SS}} - \underset{④}{20} \quad \underset{⑤}{D} - \underset{⑥}{14} \quad \underset{⑦}{6}$$

(예) ⑦ 결합손실 표시

[보기]
자기지지, 누설동축케이블, 특성임피던스, 절연체 외경[mm], 사용주파수, 난연성(내열성)

① ② ③
④ ⑤ ⑥

해답 ① 누설동축케이블 ② 난연성(내열성) ③ 자기지지
④ 절연체 외경[mm] ⑤ 특성임피던스 ⑥ 사용주파수

해설 　LCX － FR － SS － 20 　D － 14 　6
　　　　 ① 　　②　　③　　④　　⑤　　⑥　　⑦

1) 기호의 의미
   ① LCX : 누설동축케이블(Leaky Coaxial Cable)
   ② FR : 내열성(Flame Resistance)
   ③ SS : 자기지지(Self Supporting)
   ④ 20 : 절연제 외경(20mm)
   ⑤ D : 특성임피던스(50Ω)
   ⑥ 14 : 사용주파수(MHz)
   ⑦ 6 : 결합손실

2) 누설동축케이블의 구조

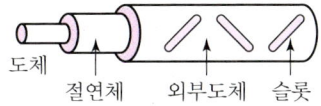

▲ 누설동축케이블

17 정격용량이 200[Ah]인 연(납)축전지로 구성된 비상전원설비가 상시부하용량이 8[kW]이고, 표준전압이 100[V]인 부하에 연결되어 있다. 조건을 참조하여 다음 물음에 답하시오. [6점]

1) 비상전원 설비에 필요한 연축전의 셀 수를 구하시오.
2) 충전부족 및 관리상태가 좋지 않을 때 극판에 생기는 현상을 무엇이라 하는가?
3) 충전 시 발생하는 가스의 종류는 무엇인지 쓰시오.

해답

1) $N[\text{cell}] = \dfrac{\text{표준전압[V]}}{\text{공칭전압[V/cell]}}$

   $= \dfrac{100[\text{V}]}{2[\text{V/cell}]} = 50[\text{cell}]$

   답 50셀

2) 설페이션 현상

3) 수소가스

해설

1) $N[\text{cell}] = \dfrac{\text{표준전압[V]}}{\text{공칭전압[V/cell]}}$

   ① 연축전지의 셀당 공칭전압 : 2[V/cell](필수암기)
   ② 표준전압 : 100[V]

   $N[\text{cell}] = \dfrac{100[\text{V}]}{2[\text{V/cell}]} = 50[\text{cell}]$

> **Reference**
>
> 연축전지와 알칼리축전지의 비교
>
> | 구분 | 연축전지 | 알칼리축전지 |
> |---|---|---|
> | 공칭전압 | 2.0[V] | 1.2[V] |
> | 공칭용량 | 10[Ah] | 5[Ah] |
> | 수명 | 짧다 | 길다 |
> | 기계적 강도 | 약하다 | 강하다 |
> | 종류 | 클래드식, 페이스트식 | 소결식, 포켓식 |

2) 설페이션 : 연축전지를 방전 상태로 오래 방치했을 때, 극판의 표면의 황산납이 회백색으로 변하여 부도체 성질을 갖는 현상
3) 연축전지의 충전 시 수소가스 발생

18 정격전압이 24[V]인 P형 수신기와 감지기의 회로에서 감지기가 작동할 때 동작전류는 몇 [mA]인지 계산하시오.(단, 종단저항은 감지기 말단에 설치하고, 감시전류는 1.17[mA], 릴레이저항은 500[Ω], 종단저항은 20[kΩ]이다.) [5점]

- 계산과정 :
- 답 :

해답 • 계산과정

- 배선저항 R_1, 종단저항 R_2, 릴레이저항 R_3, 정격전압 V, 감시전류를 I_1이라 하면

$$I_1 = \frac{V}{R_1 + R_2 + R_3}$$

$$1.17 \times 10^{-3} = \frac{24}{R_1 + 20,000 + 500}$$

$$R_1 + 20,500 = \frac{24}{1.17 \times 10^{-3}}$$

$$R_1 = 12.82[\Omega]$$

- 동작전류 I_2

$$I_2 = \frac{V}{R_1 + R_3}$$

$$= \frac{24}{12.82 + 500} = 0.04680[A] = 46.80[mA]$$

• 답 46.8[mA]

해설 1) 감시전류

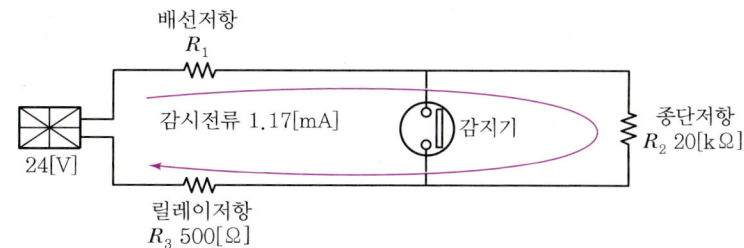

① 감시전류 I

$$I = \frac{V}{R_1 + R_2 + R_3}$$

여기서, R_1 : 배선저항, R_2 : 종단저항, R_3 : 릴레이저항, V : 수신기전압

• 배선저항 R_1

$$1.17 \times 10^{-3} = \frac{24}{R_1 + 20,000 + 500}$$

$$R_1 + 20,500 = \frac{24}{1.17 \times 10^{-3}}$$

$$R_1 = 12.82[\Omega]$$

2) 감지기 동작전류

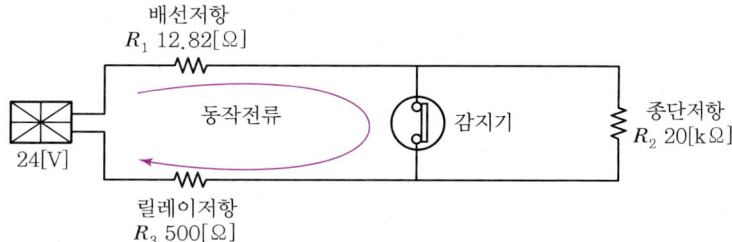

• 동작전류 I

$$I = \frac{V}{R_1 + R_3}$$

여기서, R_1 : 배선저항, R_3 : 릴레이저항, V : 수신기전압

$$I = \frac{24}{12.82 + 500} = 0.04680[A] = 46.80[mA]$$

2020년 제2회(2020. 7. 25)

01 내화구조의 건축물에 자동화재탐지설비 및 시각경보장치의 화재안전기준에 따라 공기관식 차동식 분포형 감지기를 설치하고자 한다. 다음 물음에 답하시오.   [8점]

1) 공기관의 노출부분은 감지구역마다 몇 [m] 이상 거리가 되도록 설치하여야 하는지 쓰시오.
2) 하나의 검출부에 접속하는 공기관의 길이는 몇 [m] 이하이어야 하는지 쓰시오.
3) 공기관과 감지구역의 각 변과의 수평거리는 몇 [m] 이하이어야 하는지 쓰시오.
4) 공기관 상호 간의 거리는 몇 [m] 이하이어야 하는지 쓰시오.
5) 검출부는 몇 도 이상 경사되지 아니하도록 설치하여야 하는가?

해답
1) 20[m] 이상   2) 100[m] 이하   3) 1.5[m] 이하
4) 9[m] 이하   5) 5° 이상

해설 공기관식 차동식 분포형 감지기 설치기준

구분	기준
공기관의 최소길이	공기관의 노출부분은 감지구역마다 20[m] 이상
공기관의 최대길이	하나의 검출부분에 접속하는 공기관의 길이는 100[m] 이하
공기관과 각 변의 거리	수평거리 1.5[m] 이하
공기관 상호 간 거리	6[m](내화구조 9[m]) 이하
공기관의 분기	공기관은 도중에서 분기하지 아니할 것
검출부의 경사	검출부는 5° 이상 경사지지 아니할 것
검출부의 높이	검출부는 바닥으로부터 0.8[m] 이상 1.5[m] 이하
공기관의 재질 및 규격	동관으로서 두께 0.3[mm] 이상, 바깥지름 1.9[mm] 이상

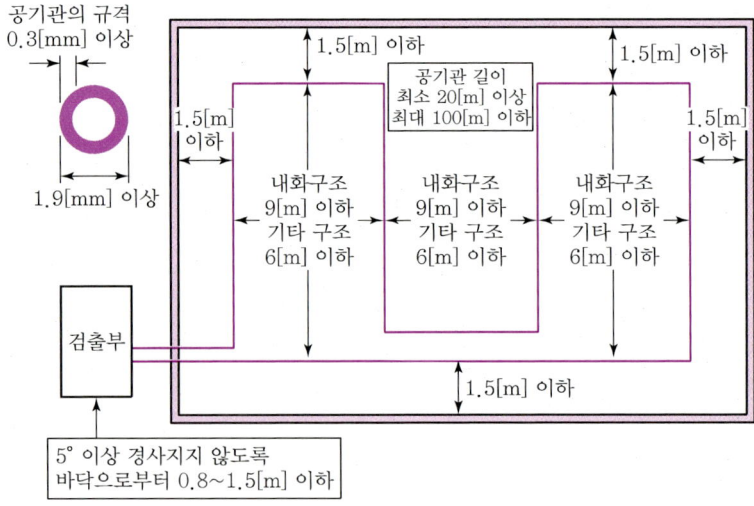

02 다음의 그림은 배선용 차단기의 심벌이다. 각 기호가 의미하는 내용을 쓰시오. [5점]

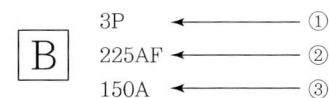

①	②	③

해답

①	②	③
극수(3극)	프레임의 크기(225AF)	정격전류(150A)

해설

1) 배선용 차단기(MCCB : Molded Case Circuit Breaker)
   저전압 배전선로에서 과부하 및 단락사고가 발생하였을 때 전류를 차단하여 배선을 보호하는 기기이다.

2) 프레임의 크기(AF : Ampere Frame)
   AF는 같은 형명으로 제작할 수 있는 최대정격전류를 의미하며, 배선용 차단기의 제품 크기를 좌우한다. 한국산업규격(KS)에서 AF는 정격전압, 절연성능, 차단용량 등 차단기의 주요한 기능을 동일한 크기에서 구현 가능한 최대 정격전류값을 의미한다.

3) 정격전류(AT : Ampere Trip), [A]
   배선용 차단기의 과전류트립 기준치로 정격전류를 의미한다.

4) 정격차단용량[kA]
   선로에 단락사고와 같은 사고 발생 시 단락전류가 흐르게 되는데 이때 차단기가 작동하여 선로를 안전하게 보호할 수 있는 능력을 의미한다.

03 다음의 그림은 Y-△ 기동회로의 미완성 도면이다. 이 도면과 주어진 조건을 이용하여 다음 각 물음에 답하시오. [6점]

[기계 · 기구]

- Ⓐ : 전류계
- ⓅⓁ : 표시등
- Ⓣ : 와이델타 타이머
- ⦿ : 누름버튼스위치 ON용(PB-on)
- ⦿ : 누름버튼스위치 OFF용(PB-off)
- MC1 : 전자접촉기(Y기동)
- MC2 : 전자접촉기(△기동)

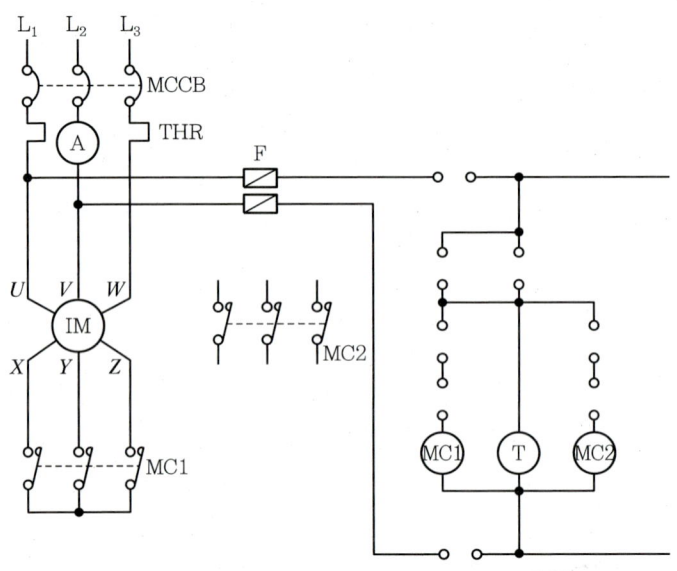

1) Y-△ 운전이 가능하도록 주회로 부분을 미완성 도면에 완성하시오.
2) Y-△ 운전이 가능하도록 보조회로(제어회로) 부분을 미완성 도면에 완성하시오.
3) MCCB를 투입하면 표시등 (PL)이 점등되도록 미완성 도면에 회로를 구성하시오.

해답

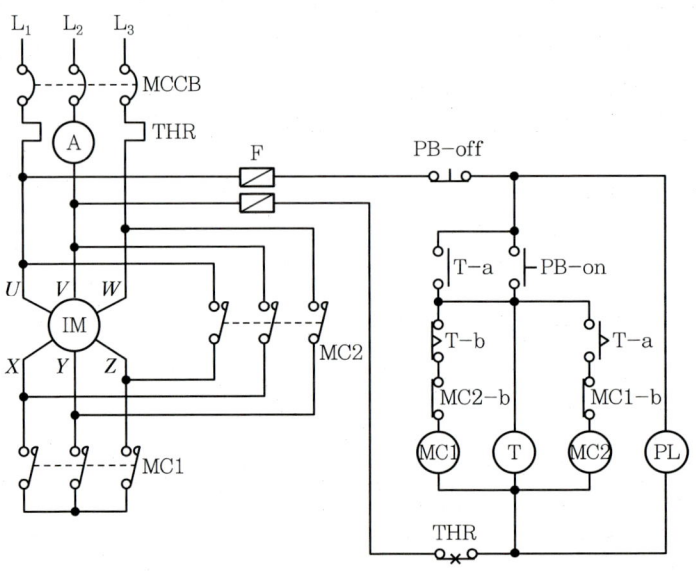

[해설] 1) 주회로 Y-△결선
① 기동 시 : 유도전동기의 고정자권선을 Y결선
② 운전 시 : 유도전동기의 고정자권선을 △결선

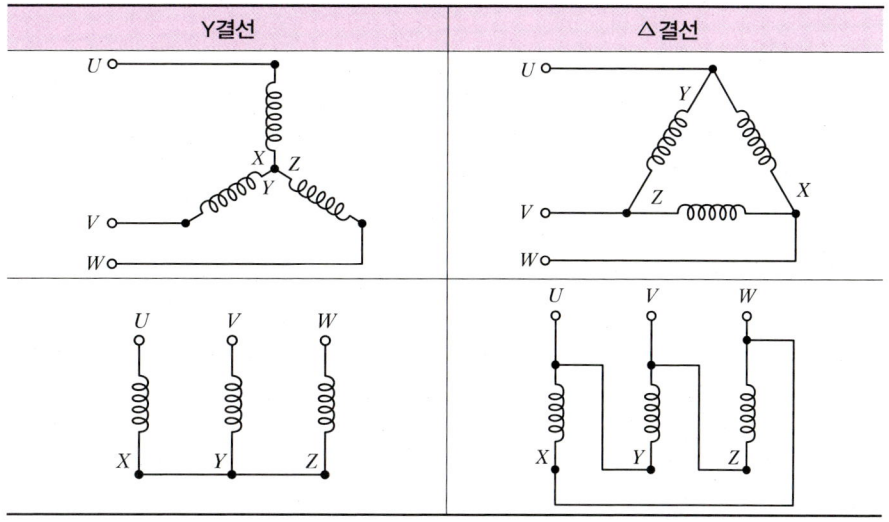

③ 주회로의 Y-△결선 방법

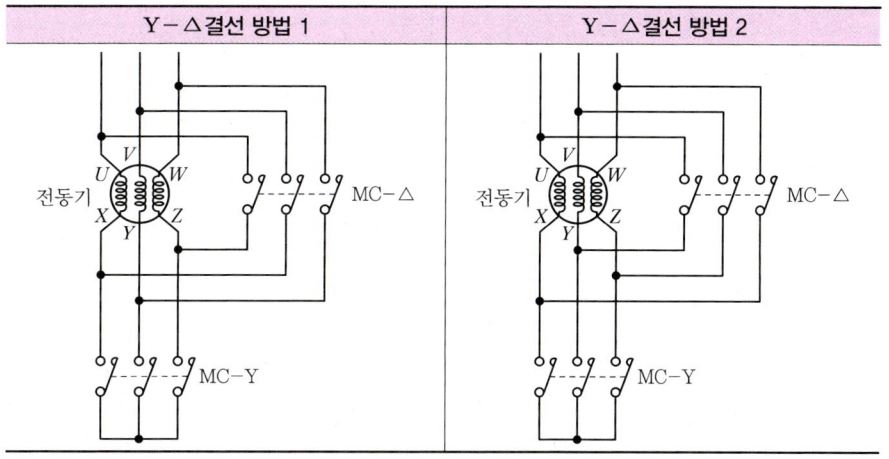

2) 동작설명
① MCCB를 투입하면 파일럿램프 PL이 점등된다.
② 기동용 누름버튼스위치 PB-on을 누르면 타이머 코일(T)이 여자되고 T-a가 폐로되어 자기유지된다. 동시에 MC1이 여자되고 MC1 주접점이 폐로되어 전동기는 Y결선으로 기동된다. MC1-b는 개로되어 인터록 회로가 구성된다.
③ 설정시간 후 타이머 한시동작 b접점(T-b)이 개로되어 MC1이 소자되고 주접점이 개로되어 Y기동상태는 멈추게 된다. 동시에 MC1-b는 복귀하여 폐로된다.
④ 이때, 타이머 한시동작 a접점(T-a)은 폐로되어 MC2가 여자되고 MC2 주접점이 폐로되어 전동기는 델타(△)결선으로 운전하게 된다. 동시에 MC2-b는 개로되어 인터록 회로가 구성된다.

⑤ 인터록 접점 MC1-b, MC2-b에 의해 전자접촉기 MC1, MC2가 동시에 투입되는 것을 방지한다.
⑥ 전동기 운전 중 PB-off를 누르거나 과부하에 의해서 THR이 작동하면 전동기는 정지한다.

04 옥내소화전설비의 비상전원에 대한 다음 물음에 답하시오. [6점]

1) 옥내소화전설비에 비상전원을 설치하려고 한다. ( ) 안에 알맞은 내용을 쓰시오.
   - 층수가 7층으로서 연면적이 (①)[m²] 이상인 것
   - 위에 해당하지 않는 경우로서 지하층의 바닥면적의 합계가 (②)[m²] 이상인 것

2) 다음은 옥내소화전설비 비상전원의 설치기준에 대한 사항이다. ( ) 안에 알맞은 내용을 쓰시오.
   - 옥내소화전설비를 유효하게 (③)분 이상 작동할 수 있어야 할 것
   - 상용전원으로부터 전력의 공급이 중단된 때에는 (④)으로 비상전원으로부터 전력을 공급받을 수 있도록 할 것
   - 비상전원(내연기관의 기동 및 제어용 축전기 제외)의 설치장소는 다른 장소와 (⑤)할 것. 이 경우 그 장소에는 비상전원의 공급에 필요한 기구나 설비 외의 것(열병합발전설비에 필요한 기구나 설비 제외)을 두어서는 아니 된다.
   - 비상전원을 실내에 설치하는 때에는 그 실내에 (⑥)을 설치할 것

해답
① 2,000   ② 3,000   ③ 20
④ 자동   ⑤ 방화구획 ⑥ 비상조명등

해설
1) 비상전원 설치대상
   ① 지하층을 제외한 층수가 7층 이상으로서 연면적이 2,000[m²] 이상
   ② 지하층의 바닥면적의 합계가 3,000[m²] 이상인 특정소방대상물

2) 비상전원의 설치기준
   ① 점검에 편리하고 화재 및 침수 등의 재해로 인한 피해를 받을 우려가 없는 곳에 설치할 것
   ② 옥내소화전설비를 유효하게 20분 이상 작동할 수 있어야 할 것
   ③ 상용전원으로부터 전력의 공급이 중단된 때에는 자동으로 비상전원으로부터 전력을 공급받을 수 있도록 할 것
   ④ 비상전원(내연기관의 기동 및 제어용 축전기를 제외)의 설치장소는 다른 장소와 방화구획할 것. 이 경우 그 장소에는 비상전원의 공급에 필요한 기구나 설비 외의 것(열병합발전설비에 필요한 기구나 설비는 제외)을 두어서는 아니 된다.
   ⑤ 비상전원을 실내에 설치하는 때에는 그 실내에 비상조명등을 설치할 것

3) 비상전원의 제외대상
   ① 둘 이상의 변전소에서 전력을 동시에 공급받을 수 있는 경우

② 하나의 변전소로부터 전력의 공급이 중단되는 때에는 자동으로 다른 변전소로부터 전력을 공급받을 수 있도록 상용전원을 설치한 경우

4) 소방설비별 비상전원의 종류 및 용량

소방설비	비상전원의 종류	비상전원 용량
• 비상경보설비 (비상벨설비 또는 자동식 사이렌설비) • 비상방송설비 • 자동화재탐지설비	• 축전지설비 • 전기저장장치	60분 이상 감시상태 지속 10분 이상 경보
• 소화설비 • 제연설비 • 비상조명등	• 자가발전설비 • 축전지설비 • 전기저장장치	20분 이상
• 스프링클러설비 • 포소화설비	• 자가발전설비 • 축전지설비 • 비상전원수전설비 • 전기저장장치	20분 이상
비상콘센트설비	• 자가발전설비 • 축전지설비 • 비상전원수전설비 • 전기저장장치	20분 이상
유도등	축전지	
유도등 및 비상조명등이 설치된 장소로서 • 11층 이상의 층 • 지하층 또는 무창층으로서 용도가 도매시장 · 소매시장 · 여객자동차터미널 · 지하역사 또는 지하상가	유도등 • 축전지 비상조명등 • 자가발전설비 • 축전지설비 • 전기저장장치	60분 이상
무선통신보조설비의 증폭기	축전지설비	30분 이상

05 통로유도등의 설치 제외 장소 2가지를 쓰시오. [5점]

-
-

해답
- 구부러지지 아니한 복도 또는 통로로서 길이가 30[m] 미만인 복도 또는 통로
- 위에 해당하지 않는 복도 또는 통로로서 보행거리가 20[m] 미만이고 그 복도 또는 통로와 연결된 출입구 또는 그 부속실의 출입구에 피난구유도등이 설치된 복도 또는 통로

해설 1) 통로유도등 설치 제외
① 구부러지지 아니한 복도 또는 통로로서 길이가 30[m] 미만인 복도 또는 통로
② ①에 해당하지 않는 복도 또는 통로로서 보행거리가 20[m] 미만이고 그 복도 또는 통로와 연결된 출입구 또는 그 부속실의 출입구에 피난구유도등이 설치된 복도 또는 통로

2) 통로유도등의 설치기준
   ① 복도통로유도등
   - 복도에 설치하되 피난구유도등이 설치된 출입구의 맞은편 복도에는 입체형으로 설치하거나 바닥에 설치할 것
   - 구부러진 모퉁이 및 통로유도등을 기점으로 보행거리 20[m]마다 설치할 것
   - 바닥으로부터 높이 1[m] 이하의 위치에 설치할 것(단, 지하층 또는 무창층의 용도가 도매시장·소매시장·여객자동차터미널·지하역사 또는 지하상가인 경우에는 복도·통로 중앙부분의 바닥에 설치할 것)
   - 바닥에 설치하는 통로유도등은 하중에 따라 파괴되지 아니하는 강도의 것으로 할 것
   ② 거실통로유도등
   - 거실의 통로에 설치할 것
   - 구부러진 모퉁이 및 보행거리 20[m]마다 설치할 것
   - 바닥으로부터 높이 1.5[m] 이상의 위치에 설치할 것(단, 거실통로에 기둥이 설치된 경우에는 기둥부분의 바닥으로부터 높이 1.5[m] 이하의 위치에 설치할 수 있다.)
   ③ 계단통로유도등
   - 각 층의 경사로참 또는 계단참마다(1개층에 경사로참 또는 계단참이 2 이상 있는 경우에는 2개의 계단참마다) 설치할 것
   - 바닥으로부터 높이 1[m] 이하의 위치에 설치할 것

06 다음은 중계기의 설치기준이다. ( ) 안에 알맞은 내용을 쓰시오. [6점]

- 수신기에서 직접 감지기회로의 (①)을 행하지 아니하는 것에 있어서는 수신기와 감지기 사이에 설치할 것
- 수신기에 따라 감시되지 아니하는 배선을 통하여 전력을 공급받는 것에 있어서는 전원입력 측의 배선에 (②)를 설치하고 해당 전원의 정전이 즉시 수신기에 표시되는 것으로 하며, (③) 및 (④)의 시험을 할 수 있도록 할 것

해답
① 도통시험　　　② 과전류차단기
③ 상용전원　　　④ 예비전원

해설
1) 중계기의 설치기준
   ① 수신기에서 직접 감지기회로의 도통시험을 행하지 아니하는 것에 있어서는 수신기와 감지기 사이에 설치할 것
   ② 조작 및 점검에 편리하고 화재 및 침수 등의 재해로 인한 피해를 받을 우려가 없는 장소에 설치할 것
   ③ 수신기에 따라 감시되지 아니하는 배선을 통하여 전력을 공급받는 것에 있어서는 전원입력 측의 배선에 과전류차단기를 설치하고 해당 전원의 정전이 즉시 수신기에 표시되는 것으로 하며, 상용전원 및 예비전원의 시험을 할 수 있도록 할 것

2) 중계기의 종류

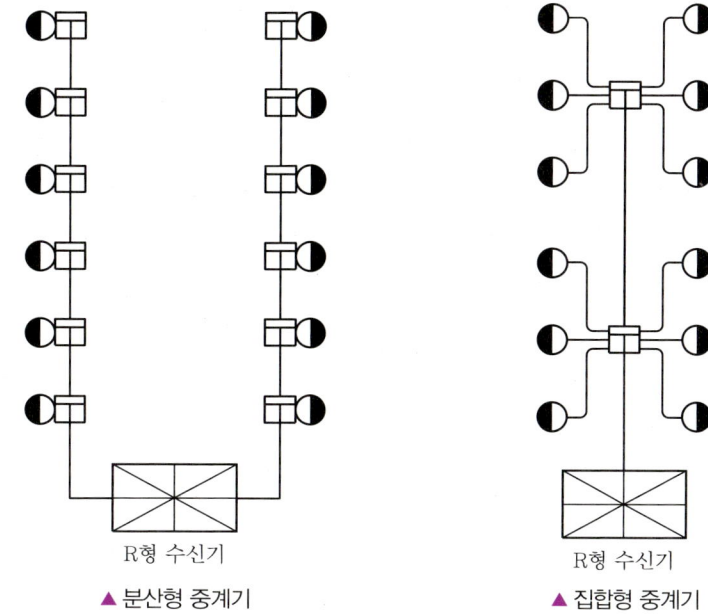

▲ 분산형 중계기   ▲ 집합형 중계기

3) 중계기의 종류별 특징

구분	분산형	집합형
입력전원	DC 24[V]	AC 220[V]
전원공급	수신기의 예비전원을 이용	외부전원 이용(예비전원 내장)
정류장치	불필요	정류장치 내장
회로수용능력	소용량(5회로 미만)	대용량(30~40회로)
외형	소형	대형
전원공급 사고 시	중계기 기능 상실	내장된 예비전원에 의해 정상작동
설치위치	발신기함, 옥내소화전함, SVP, 수동조작함 등의 내부에 설치하거나 별도의 격납함에 설치	2~3층당 1개씩 전기피트실 등에 설치

07 다음은 자동화재속보설비의 속보기의 성능인증 및 제품검사의 기술기준의 내용이다. ( ) 안의 적합한 내용을 쓰시오. [4점]

자동화재속보설비의 절연된 (①)와 외함 간의 절연저항은 직류 500[V]의 절연저항계로 측정한 값은 (②)[MΩ] 이상이어야 하고 교류입력 측과 외함 간에는 (③)[MΩ] 이상이어야 한다. 그리고 절연된 선로 간의 절연저항은 직류 500[V]의 절연저항계로 측정한 값이 (④)[MΩ] 이상이어야 한다.

해답 ① 충전부　② 5[MΩ]
　　 ③ 20[MΩ]　④ 20[MΩ]

해설 ⊕ 1) 절연저항시험(성능인증 및 제품검사의 기술기준 제10조)
① 절연된 충전부와 외함 간의 절연저항은 직류 500[V]의 절연저항계로 측정한 값이 5[MΩ] (교류입력 측과 외함 간에는 20[MΩ]) 이상이어야 한다.
② 절연된 선로 간의 절연저항은 직류 500[V]의 절연저항계로 측정한 값이 20[MΩ] 이상이어야 한다.

2) 각 설비별 절연저항시험

절연저항계	설비	절연저항	측정위치
직류 250[V]	• 비상경보설비 • 비상방송설비 • 자동화재탐지설비	0.1[MΩ] 이상	• 부속회로의 전로와 대지 사이 • 배선 상호 간
직류 500[V]	누전경보기	5[MΩ] 이상	• 절연된 충전부와 외함 간
	시각경보장치	5[MΩ] 이상	• 전원부 양단자 • 양선을 단락시킨 부분과 비충전부
	비상콘센트설비	20[MΩ] 이상	• 전원부와 외함 사이
	자동화재탐지설비의 감지기	50[MΩ] 이상	• 감지기의 절연된 단자 간 • 단자와 외함 간
	정온식 감지선형 감지기	1,000[MΩ] 이상	정온식 감지선형 감지기는 선간에서 1[m]당 1,000[MΩ] 이상
	• 가스누설경보기	5[MΩ] 이상	절연된 충전부와 외함 간
	• 자동화재탐지설비의 수신기	20[MΩ] 이상	교류입력 측과 외함 간
	• 자동화재속보설비의 속보기	20[MΩ] 이상	절연된 선로 간

08 AC 220[V] 전원에 40[W] 중형 피난구유도등이 연결되어 있다. 전원에 연결된 유도등은 10개이고 유도등의 역률은 60[%]이다. 유도등의 공급전류[A]를 구하시오.(단, 유도등의 축전지 충전전류는 무시하며 전원공급방식은 단상 2선식이다.) [3점]

• 계산과정 :

• 답 :

해답 ⊕ • 계산과정

$P = VI\cos\theta$

$(40 \times 10) = 220 \times I \times 0.6$

$I = \dfrac{(40 \times 10)}{220 \times 0.6} = 3.03[A]$

• 답 3.03[A]

해설
1) 유효전력 P[W] : 저항(R)에서 소비되는 전력, 실제 일한 전력, 소비전력

$$P = VI\cos\theta$$

여기서, P : 유효전력[W], V : 전압[V], I : 전류[A], $\cos\theta$: 역률

2) 계산과정
① $P = 40[\text{W}] \times 40[\text{개}] = 400[\text{W}]$
   $V = 220[\text{V}]$
   $\cos\theta = 0.6$
② $P = VI\cos\theta$
   $(40 \times 10) = 220 \times I \times 0.6$
   $I = \dfrac{(40 \times 10)}{220 \times 0.6} = 3.03[\text{A}]$

---

09 자동화재탐지설비 및 시각경보장치의 화재안전기준에 따른 경계구역의 설정기준이다. ( ) 안에 알맞은 내용을 쓰시오. [6점]

- 하나의 경계구역의 면적은 (①)[m²] 이하로 하고 한 변의 길이는 (②)[m] 이하로 할 것. 단, 해당 특정소방대상물의 주된 출입구에서 그 내부 전체가 보이는 것에 있어서는 한 변의 길이가 (②)[m] 이하의 범위 내에서 (③)[m²] 이하로 할 수 있다.
- 하나의 경계구역이 2개 이상의 층에 미치지 아니하도록 할 것(다만, (④)[m²] 이하의 범위 안에서는 2개의 층을 하나의 경계구역으로 할 수 있다.)
- 스프링클러설비·물분무등소화설비 또는 (⑤)의 화재감지장치로서 화재감지기를 설치한 경우의 경계구역은 해당 소화설비의 방사구역 또는 (⑥)과 동일하게 설정할 수 있다.

해답
① 600　　② 50　　③ 1,000
④ 500　　⑤ 제연설비　　⑥ 제연구역

해설 경계구역의 설정기준
1) 층별, 면적별 경계구역 설정기준
   ① 하나의 경계구역이 2개 이상의 건축물에 미치지 아니하도록 할 것
   ② 하나의 경계구역이 2개 이상의 층에 미치지 아니하도록 할 것(다만, 500[m²] 이하의 범위 안에서는 2개의 층을 하나의 경계구역으로 할 수 있다)
   ③ 하나의 경계구역의 면적은 600[m²] 이하로 하고 한 변의 길이는 50[m] 이하로 할 것(다만, 주된 출입구에서 그 내부 전체가 보이는 것은 한 변의 길이가 50[m]의 범위 내에서 1,000[m²] 이하)

2) 수직구역의 경계구역 설정기준
   ① 별도의 경계구역 설정 : 계단, 경사로, 엘리베이터 승강로, 권상기실, 린넨슈트, 파이프

피트, 파이프 덕트, 기타 이와 유사한 부분
② 하나의 경계구역 높이 : 45[m] 이하(계단 및 경사로에 한함)
③ 지하층의 계단 및 경사로는 별도로 하나의 경계구역으로 할 것(지하층의 층수가 1일 경우는 제외)

3) 기타 경계구역 설정
① 외기에 면하여 상시 개방된 부분이 있는 차고·주차장·창고 등에 있어서는 외기에 면하는 각 부분으로부터 5[m] 미만의 범위 안에 있는 부분은 경계구역의 면적에 산입하지 아니한다.
② 스프링클러설비·물분무등소화설비 또는 제연설비의 화재감지장치로서 화재감지기를 설치한 경우의 경계구역은 해당 소화설비의 방사구역 또는 제연구역과 동일하게 설정할 수 있다.

10 축전지를 사용하는 예비전원설비에 대한 다음 각 물음에 답하시오. [6점]

1) 부동충전방식에 대한 회로를 개략적으로 그리시오.
2) 축전지의 과방전 또는 방치상태에서 기능회복을 위하여 실시하는 충전방식의 명칭을 쓰시오.
3) 연축전지의 정격용량은 250[Ah], 상시부하가 8[kW]이며 표준전압이 100[V]인 부동충전방식의 충전기 2차 충전전류는 몇 [A]인지 구하시오.
 • 계산과정 :
 • 답 :

---

 1)

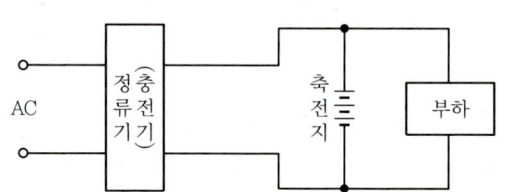

2) 회복충전

3) • 계산과정

$$I_2 = \frac{250[\text{Ah}]}{10[\text{Ah}]} + \frac{8 \times 10^3[\text{W}]}{100[\text{V}]} = 105[\text{A}]$$

• 답 105[A]

해설 1) 축전지 충전방식
① 보통충전 : 필요할 때마다 표준 시간율로 충전하는 방식
② 급속충전 : 단시간에 보통 충전전류의 2~3배의 전류로 충전하는 방식
③ 부동충전 : 전지의 자기방전을 보충함과 동시에 상용부하에 대한 전력공급은 충전기가 부담하고 일시적인 대전류 부하는 축전지가 부담하도록 하는 방식

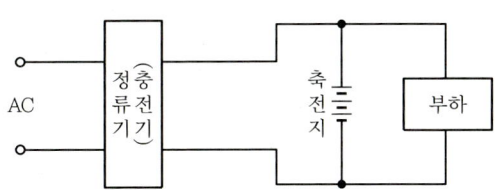

④ 균등충전 : 1~3개월마다 정전압으로 10~12시간 충전하여 전체 셀의 전압을 균일하게 하는 방식

⑤ 세류충전 : 항상 자기방전량만큼만 충전하는 방식

⑥ 회복충전 : 과방전 및 방치상태, 가벼운 설페이션 현상 등이 생겼을 때 기능회복을 위하여 실시하는 충전방식

　✎ 설페이션 : 연축전지를 방전 상태로 오래 방치했을 때, 극판의 표면의 황산납이 회백색으로 변하여 부도체 성질을 갖는 현상

2) 부동충전 시 충전기의 2차 충전전류

$$I_2 = \frac{축전지의\ 정격용량[Ah]}{축전지의\ 공칭용량[Ah]} + \frac{상시부하[W]}{표준전압[V]}\ [A]$$

① 축전지의 정격용량 : 250[Ah], 연축전지의 공칭용량 : 10[Ah](암기)

　상시부하 : 8[kW]=8×10³[W], 표준전압 : 100[V]

② $I_2 = \dfrac{250[Ah]}{10[Ah]} + \dfrac{8\times 10^3[W]}{100[V]} = 105[A]$

3) 연축전지와 알칼리축전지의 비교

구분	연축전지	알칼리축전지
공칭전압	2.0[V]	1.2[V]
공칭용량	10[Ah]	5[Ah]
수명	짧다	길다
기계적 강도	약하다	강하다
종류	클래드식, 페이스트식	소결식, 포켓식

11 다음의 도면은 자동화재탐지설비의 P형 수신기의 미완성 결선도이다. 결선도를 완성하시오.(단, 발신기에 설치된 단자는 왼쪽으로부터 응답, 지구, 공통이다.) [6점]

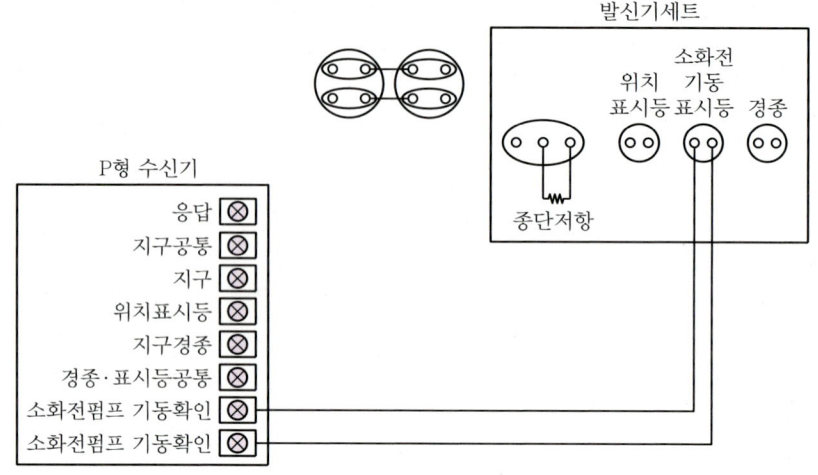

해답 ⊕

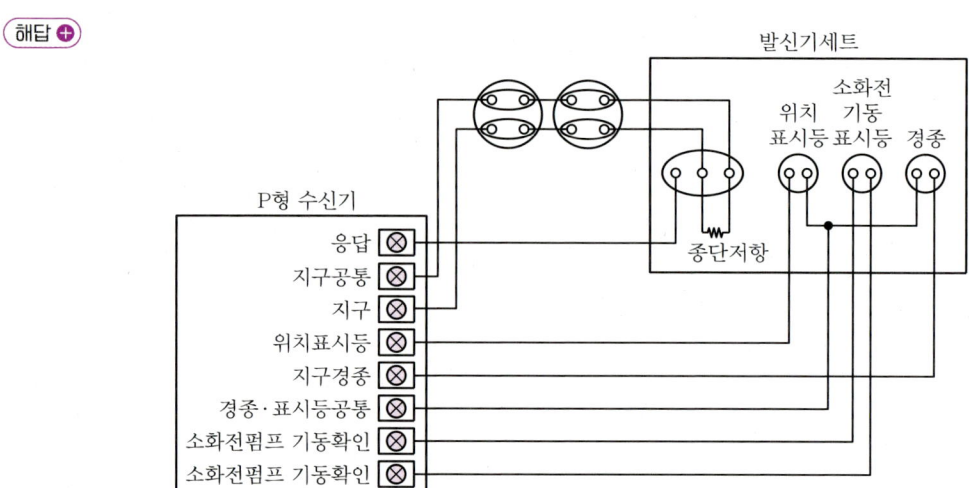

해설 ⊕ P형 수신기~발신기세트 간 내부배선도
① 기본 가닥수 : 6가닥
회로선1, 공통선1, 경종선1, 표시등선1, 경종·표시등공통선1, 응답선1
② 펌프기동확인표시등이 설치된 경우 : 2가닥 추가
(펌프기동확인표시등＝기동확인표시등＝소화전기동표시등＝펌프기동표시등)

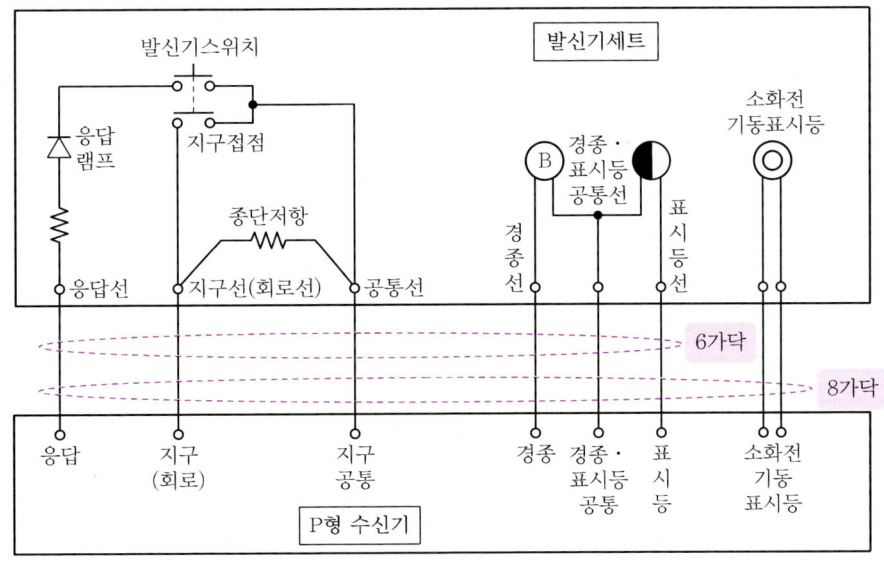

12 지하 4층, 지상 11층의 특정소방대상물에 비상콘센트설비를 설치하려고 한다. 다음 각 물음에 답하시오.(단, 각 층의 바닥면적은 500[m²]이며, 각 층의 출입구는 1개소이고, 계단에서 가장 먼 부분까지의 수평거리는 20[m]이다.) [6점]

1) 비상콘센트의 설치대상에 관한 사항이다. ( ) 안에 알맞은 말을 쓰시오.
  • 지하층의 층수가 (①) 이상이고 지하층의 바닥면적의 합계가 (②)[m²] 이상인 것은 지하층의 모든 층

2) 이 특정소방대상물에 설치하여야 하는 비상콘센트의 설치개수를 쓰시오.

해답 1) ① 3층
  ② 1,000[m²] 이상

2) 지상층 1개 + 지하층 4개 = 5개
  답 5개

해설 1) 비상콘센트 설치대상
  ① 층수가 11층 이상인 특정소방대상물의 경우에는 11층 이상의 층
  ② 지하 3층 이상이고 지하층의 바닥면적의 합계가 1,000[m²] 이상인 것은 지하층의 모든 층
  ③ 지하가 중 터널로서 길이가 500[m] 이상인 것

2) 비상콘센트 설치기준
   ① 설치높이
      바닥으로부터 0.8[m] 이상 1.5[m] 이하
   ② 비상콘센트로부터 그 층의 각 부분까지의 거리
      • 지하상가 또는 지하층의 바닥면적의 합계가 3,000[m²] 이상인 것 : 수평거리 25[m]
      • 그 밖의 것 : 수평거리 50[m]
   ③ 비상콘센트의 배치

아파트 또는 바닥면적이 1,000[m²] 미만인 층	바닥면적이 1,000[m²] 이상인 층
계단의 출입구로부터 5[m] 이내	각 계단의 출입구 또는 계단부속실의 출입구로부터 5[m] 이내

3) 계산과정
   ① 지상층
      • 11층 이상층은 1개층(11층)만 해당
      • 설치개수 $= \dfrac{20[m]}{50[m]} = 0.4 ≒ 1$개(소수점 이하 절상)
   ② 지하층
      • 지하층수 : 4개층
      • 지하층 바닥면적 합계 : 500[m²] × 4개층 = 2,000[m²]이므로 비상콘센트를 지하의 모든 층에 설치
      • 지하 각 층별 설치개수 $= \dfrac{20[m]}{50[m]} = 0.4 ≒ 1$개(소수점 이하 절상)
      지하층의 바닥면적의 합계가 3,000[m²] 미만이므로 수평거리는 50[m]이다.
      • 지하 전 층의 비상콘센트 개수
      각 층 1개 × 4개층 = 4개
   ③ 전 층에 설치되는 비상콘센트 개수
      지상층 1개 + 지하층 4개 = 5개

13 차동식 스포트형 감지기의 리크구멍이 축소되었을 경우와 리크구멍이 확대되었을 경우에 나타나는 동작특성에 대하여 쓰시오. [4점]

- 리크구멍이 축소되었을 경우 :
- 리크구멍이 확대되었을 경우 :

해답
- 리크구멍이 축소되었을 경우 : 감지기의 동작시간이 빨라져서 비화재보의 원인이 된다.
- 리크구멍이 확대되었을 경우 : 감지기의 동작시간이 느려져서 실보의 원인이 된다.

해설 차동식 스포트형 감지기(공기팽창식)

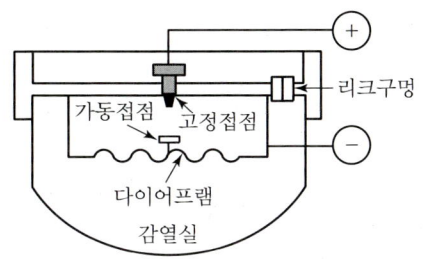

1) 구성요소 : 감열실, 다이어프램, 고정접점, 가동접점, 리크구멍
   ① 감열실 : 화재에 의한 열을 감지하는 공간
   ② 다이어프램 : 감열실의 공기가 팽창하여 밀어 올리는 얇은 막
   ③ 고정접점 : 가동접점과 단락되어 동작신호를 전송
   ④ 가동접점 : 다이어프램이 올라가면 고정접점과 단락되어 동작신호 전송
   ⑤ 리크구멍 : 감열 실내 온도가 서서히 상승하면 리크구멍으로 압력을 배출하여 비화재보 방지

리크구멍이 작은 경우	리크구멍이 큰 경우
• 감지기의 동작시간이 빨라진다. • 비화재보의 원인이 된다.	• 감지기의 동작시간이 느려진다. • 실보, 지연보의 원인이 된다.

2) 동작순서 : 화재 발생 → 감열실 공기 팽창 → 다이어프램 상승 → 가동접점이 고정접점과 단락 → 수신기에 화재신호 전송

3) 동작원리 : 공기의 부피 팽창

14 다음의 도면은 어느 사무실 건물의 1층에 설치된 자동화재탐지설비의 미완성 평면도이다. 이 건물은 지상 3층이고 각 층의 평면이 1층과 동일할 경우 평면도 및 주어진 조건을 이용하여 다음 각 물음에 답하시오. [9점]

[조건]
- 계통도 작성 시 각 층 수동발신기는 1개씩 설치하는 것으로 한다.
- 계통도 작성 시 가닥수는 최소로 한다.
- 간선의 사용전선은 HFIX 2.5[mm²]이며, 공통선은 발신기공통 1선, 경종·표시등공통 1선을 각각 사용한다.
- 전선관공사는 후강전선관으로 콘크리트 내 매입 시공한다.
- 각 실은 이중천장이 없는 구조이며, 천장에 감지기를 바로 취부한다.
- 각 실의 바닥으로부터 천장까지 높이는 2.8[m]이다.
- 계단실의 감지기는 설치를 제외한다.
- 후강전선관의 굵기표는 다음과 같다.

도체 단면적 [mm²]	전선본수									
	1	2	3	4	5	6	7	8	9	10
	전선관의 최소 굵기[mm]									
2.5	16	16	16	16	22	22	22	28	28	28
4	16	16	16	22	22	22	28	28	28	28
6	16	16	22	22	22	28	28	28	36	36
10	16	22	22	28	28	36	36	36	36	36

[도면]

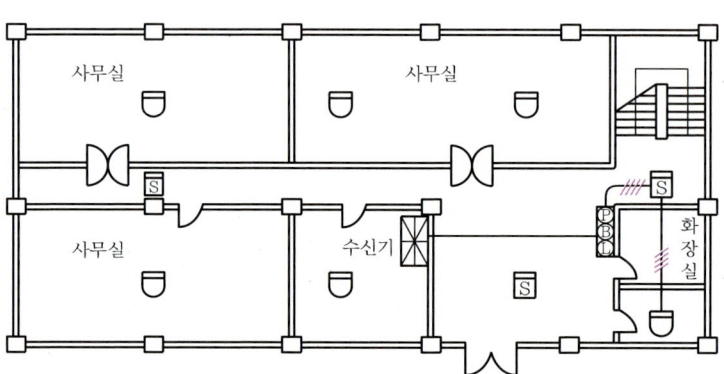

1) 도면의 P형 수신기는 최소 몇 회로용을 사용하여야 하는가?

2) 수신기에서 발신기세트까지의 배선가닥수는 몇 가닥이며, 여기에 사용되는 후강전선관은 몇 [mm]를 사용하는가?
- 가닥수 :
- 후강전선관 :

3) 연기감지기를 매입인 것으로 사용한다고 하면 그림기호는 어떻게 표시하는가?
4) 배관 및 배선을 하여 자동화재탐지설비의 도면을 완성하고 배선가닥수를 표기하시오.
5) 간선계통도를 그리고 간선가닥수를 표기하시오.

해답

1) 회로수가 3회로이므로 5회로용 수신기 선정

2) • 가닥수 : 10가닥
   • 후강전선관 : 28[mm]

3)

4) (도면)

5) (계통도)
   - 3층 : 6가닥
   - 2층 : 8가닥
   - 1층 : 10가닥

해설

1) P형 수신기 선정
   ① 조건에서 각 층에 수동발신기를 1개씩 설치하였으므로 회로수는 층당 1회로이다. 그러므로 전체 회로수는 3회로가 된다.
   ② P형 수신기는 최소 5회로부터 생산되므로 5회로용을 선정한다.

2) 가닥수 및 후강전선관의 굵기
   ① 1층의 수신기~발신기세트 간 가닥수
      • 계통도에 나타나듯이 1층의 수신기와 발신기 간 가닥수는 10가닥이 된다.

• 배선내역

구분	가닥수 합계	배선용도					
		회로선	회로 공통선	경종선	표시등선	경종·표시등 공통선	응답선
3층	6	1	1	1	1	1	1
2층	8	2	1	2	1	1	1
1층	10	3	1	3	1	1	1

② 후강전선관의 굵기

조건의 후강전선관 굵기 표에서 전선본수 10가닥, 도체 단면적 2.5[mm²]를 찾으면 28[mm]이다.

3) 도시기호

명칭	그림기호	적용
차동식 스포트형 감지기	⌒	필요에 따라 종별을 표기한다.
보상식 스포트형 감지기	⌒	필요에 따라 종별을 표기한다.
정온식 스포트형 감지기	⌒	• 필요에 따라 종별을 표기한다. • 방수인 것은 ⌒ 로 한다. • 내산인 것은 ⌒ 로 한다. • 내알칼리인 것은 ⌒ 로 한다. • 방폭인 것은 EX를 표기한다.
연기감지기	S	• 필요에 따라 종별을 표기한다. • 점검박스붙이인 경우는 S 로 한다. • 매입인 것은 S 로 한다.

4) 평면도 완성

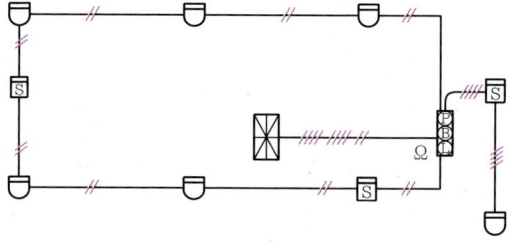

① 감지기 결선은 여러 가지 방법이 있을 수 있으나 전선수를 최소로 하기 위해서는 배선을 루프하여 결선한다.
② 송배선식에서는 루프된 곳 2가닥, 그 밖의 것 4가닥이므로 그에 맞게 가닥수를 표기한다.
③ 수신기와 발신기 간 배선에 10가닥을 표기한다.

5) 문제에서 간선계통도를 그리라고 하였으므로 감지기는 그리지 않았다. 감지기까지 나타낸 계통도는 다음과 같다.

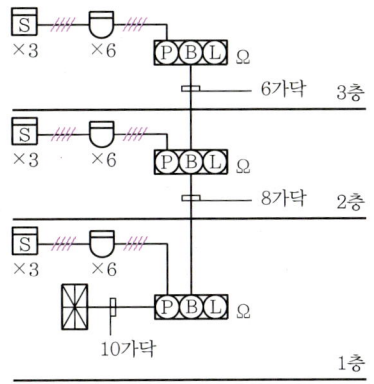

15 유도전동기가 극수 4이고 50[Hz]의 주파수에서 회전속도가 1,440[rpm]이다. 주파수를 60[Hz]로 하면 회전속도는 몇 [rpm]이 되는가?(단, 슬립은 일정하다.) [4점]

- 계산과정 :
- 답 :

해답 ⊕ · 계산과정

① 슬립

$$1{,}440 = \frac{120 \times 50}{4}(1-S)$$

$S = 0.04$

② 60[Hz]에서의 회전속도

$$N = \frac{120 \times 60}{4}(1-0.04) = 1{,}728\,[\text{rpm}]$$

- 답 1,728[rpm]

해설 ⊕ 1) 전동기의 속도

동기속도	회전속도
$N_S = \dfrac{120f}{p}$	$N = \dfrac{120f}{p}(1-S)$

여기서, N_S : 동기속도[rpm], N : 회전속도[rpm],
p : 극수, f : 주파수[Hz], S : 슬립

2) 계산과정

① 50[Hz]로 운전할 때의 슬립

$$N_1 = \frac{120f}{p}(1-S)$$

$$1,440 = \frac{120 \times 50}{4}(1-S)$$

$$0.96 = 1-S$$

$$S = 1-0.96$$

$$S = 0.04$$

② 60[Hz]에서의 회전속도(조건에서 슬립은 일정)

$$N_2 = \frac{120 \times 60}{4}(1-0.04) = 1,728[\text{rpm}]$$

16 논리식 $Y = (A \cdot B \cdot C) + (A \cdot \overline{B} \cdot \overline{C})$과 진리표가 다음과 같이 주어져 있을 때 다음 물음에 답하시오.   [9점]

A	B	C	Y
0	0	0	
0	0	1	
0	1	0	
1	0	0	
1	1	0	
1	0	1	
0	1	1	
1	1	1	

1) 릴레이회로(유접점 회로)를 그리시오.
2) 논리회로(무접점 회로)를 그리시오.
3) 진리표를 완성하시오.

해답 1) 릴레이회로(유접점 회로)

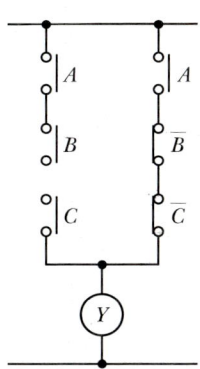

2) 논리회로(무접점 회로)

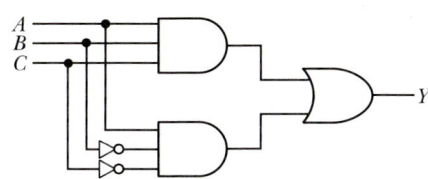

3) 진리표

A	B	C	Y
0	0	0	0
0	0	1	0
0	1	0	0
1	0	0	1
1	1	0	0
1	0	1	0
0	1	1	0
1	1	1	1

해설 1) 릴레이회로(유접점 회로)

$$Y = (A \cdot B \cdot C) + (A \cdot \overline{B} \cdot \overline{C})$$

① $(A \cdot B \cdot C)$

　A, B, C가 논리곱(·)으로 묶여 있으므로 직렬회로이다.

② $(A \cdot \overline{B} \cdot \overline{C})$

　A, $\overline{B}$, $\overline{C}$가 논리곱(·)으로 묶여 있으므로 직렬회로이다.

③ $(A \cdot B \cdot C) + (A \cdot \overline{B} \cdot \overline{C})$

　$(A \cdot B \cdot C)$와 $(A \cdot \overline{B} \cdot \overline{C})$가 논리합(+)으로 묶여 있으므로 병렬회로이다.

④ 문자에 바(Bar)가 없으면 a접점이고, 바(Bar)가 있으면 b접점이다.

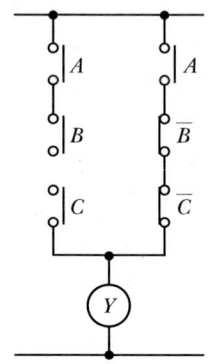

2) 논리회로(무접점 회로)

$$Y = (A \cdot B \cdot C) + (A \cdot \overline{B} \cdot \overline{C})$$

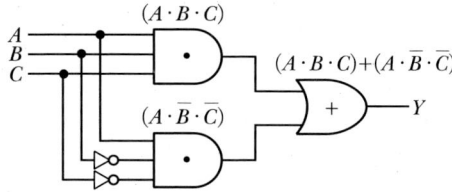

> **Reference**
>
> **시퀀스 제어의 기본용어**
>
> ① 0과 1의 의미
>
> | 구분 | 내용 | 스위치 상태 |
> |---|---|---|
> | 0 | 스위치 개방상태
출력이 없는 상태 | a접점 |
> | 1 | 스위치 폐로상태
출력이 발생하는 상태 | b접점 |
>
> ② (+)와 (·)의 의미
>
> | 구분 | 내용 | 종류 | 논리식 | 논리회로 |
> |---|---|---|---|---|
> | + | 병렬회로를 의미 | OR 회로 | $X=(A+B)$ | |
> | · | 직렬회로를 의미 | AND 회로 | $X=(A \cdot B)$ | |
>
> ③ 부정의 의미(NOT 회로)
>
> 입력과 출력이 반대로 되는 회로 : $A \multimap \triangleright\!\circ\!\!- X$
>
> | 부정 전 | 0 | 1 | + | · | A | $\overline{A}$ |
> |---|---|---|---|---|---|---|
> | 부정 후 | 1 | 0 | · | + | $\overline{A}$ | A |

3) 진리표

A	B	C	Y
0	0	0	0
0	0	1	0
0	1	0	0
1	0	0	1
1	1	0	0
1	0	1	0
0	1	1	0
1	1	1	1

① $Y=(A \cdot B \cdot C)+(A \cdot \overline{B} \cdot \overline{C})$ 논리식에서 입력이 $(A \cdot B \cdot C)$ 일 때와 $(A \cdot \overline{B} \cdot \overline{C})$ 일 때 2번 출력이 나온다.

② $(A \cdot B \cdot C)$는 입력이 $A=1, B=1, C=1$일 때 출력 $Y=1$이 되는 것을 의미한다.

③ $(A \cdot \overline{B} \cdot \overline{C})$는 입력이 $A=1, B=0, C=0$일 때 출력 $Y=1$이 되는 것을 의미한다.

17 통로의 길이가 18[m]인 장소에 객석유도등을 설치하려고 한다. 필요한 객석유도등의 최소수량을 계산하시오. [3점]

- 계산과정 :
- 답 :

해답 ● • 계산과정

$$객석유도등의 수 = \frac{18}{4} - 1 = 3.5 ≒ 4개(소수점 이하 절상)$$

- **답** 4개

해설 ● 객석유도등

1) 설치기준
   ① 객석유도등의 설치위치 : 객석의 통로, 바닥, 벽
   ② 객석유도등의 수량 산정(소수점 이하의 수는 1로 본다.)

$$설치개수 = \frac{객석\ 통로의\ 직선\ 부분의\ 길이[m]}{4} - 1$$

   ③ 객석 내의 통로가 옥외 또는 이와 유사한 부분에 있는 경우에는 해당 통로 전체에 미칠 수 있는 수의 유도등을 설치할 것

2) 설치 제외
   ① 주간에만 사용하는 장소로서 채광이 충분한 객석
   ② 거실 등의 각 부분으로부터 하나의 거실출입구에 이르는 보행거리가 20[m] 이하인 객석의 통로로서 그 통로에 통로유도등이 설치된 객석

3) 유도등, 유도표지의 설치개수 산정

종류	설치개수
복도통로유도등, 거실통로유도등	$N = \dfrac{직선부분의\ 보행거리[m]}{20[m]} - 1$
객석유도등	$N = \dfrac{직선부분의\ 보행거리[m]}{4[m]} - 1$
유도표지	$N = \dfrac{직선부분의\ 보행거리[m]}{15[m]} - 1$

18 펌프의 유량이 2,400[lpm], 양정 90[m]인 전동기의 동력은 몇 [kW]인지 구하시오.(단, 효율 : 70[%], 전달계수 : 1.1이다.) [4점]

- 계산과정 :
- 답 :

해답
- 계산과정

$$P[\text{kW}] = \frac{9.8\,QH}{\eta} K$$

$$P = \frac{9.8 \times (2.4/60) \times 90}{0.7} \times 1.1 = 55.44\,[\text{kW}]$$

- 답 55.44[kW]

해설
1) 전동기의 동력

$$P[\text{kW}] = \frac{9.8\,QH}{\eta} K$$

여기서, 9.8 : 물의 비중량[kN/m³], Q : 유량[m³/s], H : 양정[m], η : 효율, K : 전달계수

2) 풀이

① Q : 유량[m³/s]

$$2{,}400\frac{[\text{L}]}{[\text{min}]} \times \frac{1[\text{m}^3]}{1{,}000[\text{L}]} \times \frac{1[\text{min}]}{60[\text{s}]} = \frac{2.4}{60}[\text{m}^3/\text{s}]$$

여기서, LPM(Liter Per Minute) = [L/min]

② 양정 H : 90[m]

효율 η : 70[%] = 0.7

전달계수 : $K = 1.1$

③ 전동기 동력

$$P = \frac{9.8 \times (2.4/60) \times 90}{0.7} \times 1.1 = 55.44\,[\text{kW}]$$

2020년 제3회(2020. 10. 17)

01 3상 380[V], 주파수 60[Hz], 극수 4P, 50[HP]의 전동기가 있다. 다음 각 물음에 답하시오.(단, 슬립은 5[%]이다.) [4점]

1) 동기속도는 몇 [rpm]인지 구하시오.
   - 계산과정 :
   - 답 :

2) 회전속도는 몇 [rpm]인지 구하시오.
   - 계산과정 :
   - 답 :

해답 1) 동기속도

- 계산과정 : $N_S = \dfrac{120f}{p}$

  $= \dfrac{120 \times 60}{4} = 1{,}800\,[\text{rpm}]$

- 답 1,800[rpm]

2) 회전속도

- 계산과정 : $N = \dfrac{120f}{p}(1-S)$

  $= \dfrac{120 \times 60}{4}(1-0.05) = 1{,}710\,[\text{rpm}]$

- 답 1,710[rpm]

해설 전동기의 속도

동기속도	회전속도
$N_S = \dfrac{120f}{p}$	$N = \dfrac{120f}{p}(1-S)$

여기서, N_S : 동기속도[rpm], N : 회전속도[rpm], p : 극수, f : 주파수[Hz], S : 슬립

02 높이 20[m] 이상 되는 곳에 설치할 수 있는 감지기를 2가지 쓰시오. [4점]

•
•

해답
- 불꽃감지기
- 광전식(분리형, 공기흡입형) 중 아날로그방식

해설 부착높이별 적응성 감지기의 종류

부착높이	감지기의 종류
8[m] 이상 15[m] 미만	• 광전식(스포트형, 분리형, 공기흡입형) 1종 또는 2종 • 연기복합형 • 이온화식 1종 또는 2종 • 불꽃감지기 • 차동식 분포형
15[m] 이상 20[m] 미만	• 광전식(스포트형, 분리형, 공기흡입형) 1종 • 연기복합형 • 이온화식 1종 • 불꽃감지기
20[m] 이상	• 불꽃감지기 • 광전식(분리형, 공기흡입형) 중 아날로그방식
비고	부착높이 20[m] 이상에 설치하는 광전식 중 아날로그방식의 감지기는 공칭감지농도 하한값이 감광율 5[%/m] 미만인 것으로 한다.

03 내화구조인 건축물의 사무실에 차동식 스포트형 2종 감지기를 설치하려고 한다. 사무실의 바닥면적은 700[m²]이고, 천장높이가 4[m]일 때 감지기의 최소 개수를 구하시오. [4점]

• 계산과정 :
• 답 :

해답
- 계산과정 : 감지기의 개수 = $\frac{350}{35} + \frac{350}{35} = 20$개
- **답** 20개

해설 ➕

1) 차동식 스포트형, 보상식 스포트형, 정온식 스포트형 감지기의 부착높이 및 특정소방대상물에 따른 기준면적(단위 : m²)

부착높이 및 특정소방대상물의 구분		감지기의 종류				
		차동식, 보상식		정온식		
		1종	2종	특종	1종	2종
4[m] 미만	내화구조	90	70	70	60	20
	기타 구조	50	40	40	30	15
4[m] 이상 8[m] 미만	내화구조	45	35	35	30	—
	기타 구조	30	25	25	15	—

2) 감지기의 개수 산정

① 위 표에서 기준면적 산정 : 35[m²]

② 사무실의 경계구역 산정 : $\dfrac{700[\text{m}^2]}{600[\text{m}^2]} = 1.67 ≒ 2$구역

③ 감지기 개수 산정 시 경계구역별로 구해서 합산한다. 반드시 경계구역을 1/2로 나누는 것은 아니지만 일반적으로 1/2로 나누어 계산한다.

하나의 경계구역 면적 : $\dfrac{700[\text{m}^2]}{2} = 350[\text{m}^2]$

④ 감지기의 개수 $= \dfrac{350}{35} + \dfrac{350}{35} = 20$개

⑤ 경계구역을 나누지 않고 계산하여도 감지기 수량은 같다.

감지기의 개수 $= \dfrac{700}{35} = 20$개

04 다음 그림은 3상 교류회로에 설치된 누전경보기의 결선도이다. 정상상태와 누전 발생 시 a점, b점 및 c점에서 키르히호프의 제1법칙을 적용하여 선전류 $\dot{I}_1$, $\dot{I}_2$, $\dot{I}_3$ 및 선전류의 벡터합 계산과 관련된 각 물음에 답하시오.

[8점]

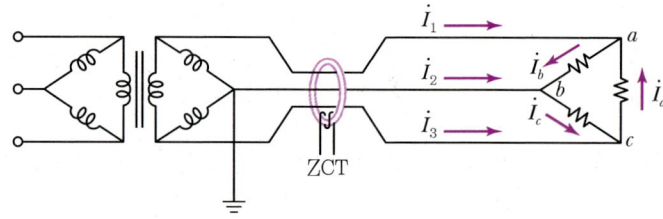

▲ 정상상태

1) 정상상태 시 선전류
- a점 : $\dot{I}_1 =($ $)$
- b점 : $\dot{I}_2 =($ $)$
- c점 : $\dot{I}_3 =($ $)$

2) 정상상태 시 선전류의 벡터합

$\dot{I}_1 + \dot{I}_2 + \dot{I}_3 = ($ $)$

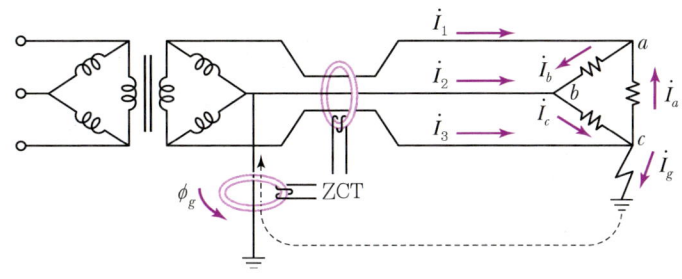

▲ 누전상태

3) 누전 시 선전류

- a점 : $\dot{I}_1 = ($ $)$
- b점 : $\dot{I}_2 = ($ $)$
- c점 : $\dot{I}_3 = ($ $)$

4) 누전 시 선전류의 벡터합

$\dot{I}_1 + \dot{I}_2 + \dot{I}_3 = ($ $)$

해답

1) 정상상태 시 선전류
- a점 : $\dot{I}_1 = (\dot{I}_b - \dot{I}_a)$
- b점 : $\dot{I}_2 = (\dot{I}_c - \dot{I}_b)$
- c점 : $\dot{I}_3 = (\dot{I}_a - \dot{I}_c)$

2) 정상상태 시 선전류의 벡터합

$\dot{I}_1 + \dot{I}_2 + \dot{I}_3 = (\dot{I}_b - \dot{I}_a) + (\dot{I}_c - \dot{I}_b) + (\dot{I}_a - \dot{I}_c) = 0$

$\dot{I}_1 + \dot{I}_2 + \dot{I}_3 = (\ 0\ )$

3) 누전 시 선전류
- a점 : $\dot{I}_1 = (\dot{I}_b - \dot{I}_a)$
- b점 : $\dot{I}_2 = (\dot{I}_c - \dot{I}_b)$
- c점 : $\dot{I}_3 = (\dot{I}_a - \dot{I}_c + \dot{I}_g)$

4) 누전 시 선전류의 벡터합

$\dot{I}_1 + \dot{I}_2 + \dot{I}_3 = (\dot{I}_b - \dot{I}_a) + (\dot{I}_c - \dot{I}_b) + (\dot{I}_a - \dot{I}_c + \dot{I}_g) = \dot{I}_g$

$\dot{I}_1 + \dot{I}_2 + \dot{I}_3 = (\dot{I}_g)$

해설 ⊕ 누전경보기 동작원리(3상 3선식 교류회로)

1) 정상상태 시

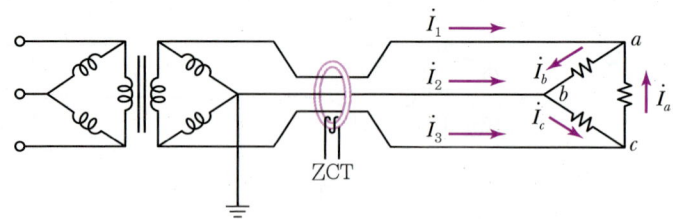

① 정상상태에서 부하의 a, b, c점에서 키르히호프의 법칙을 적용한다.
② 각 점에서 각 선전류의 벡터합은 0이 되므로 ZCT의 2차 출력도 0이 된다.

- a점 : $\dot{I}_1 + \dot{I}_a = \dot{I}_b$
  $\dot{I}_1 = \dot{I}_b - \dot{I}_a$
- b점 : $\dot{I}_2 + \dot{I}_b = \dot{I}_c$
  $\dot{I}_2 = \dot{I}_c - \dot{I}_b$
- c점 : $\dot{I}_3 + \dot{I}_c = \dot{I}_a$
  $\dot{I}_3 = \dot{I}_a - \dot{I}_c$

선전류의 벡터합 : $\dot{I}_1 + \dot{I}_2 + \dot{I}_3 = 0$

2) 누전 발생 시

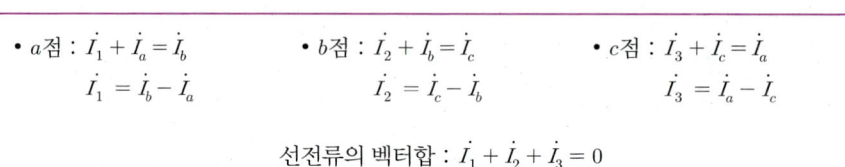

① 그림과 같이 c점에서 누전이 발생하면 $\dot{I}_1 + \dot{I}_2 + \dot{I}_3 = 0$이 되지 못하고 ZCT에는 누설전류 $\dot{I}_g$ 가 발생한다.
② 누설전류 $\dot{I}_g$ 는 자속 $\dot{\phi}_g$ 를 발생시켜 ZCT 2차 측에 유도기전력을 발생시킨다.
③ 발생된 유도기전력을 수신부에서 증폭시켜 경보를 발한다.

- a점 : $\dot{I}_1 + \dot{I}_a = \dot{I}_b$
  $\dot{I}_1 = \dot{I}_b - \dot{I}_a$
- b점 : $\dot{I}_2 + \dot{I}_b = \dot{I}_c$
  $\dot{I}_2 = \dot{I}_c - \dot{I}_b$
- c점 : $\dot{I}_3 + \dot{I}_c = \dot{I}_a + \dot{I}_g$
  $\dot{I}_3 = \dot{I}_a + \dot{I}_g - \dot{I}_c$

선전류의 벡터합 : $\dot{I}_1 + \dot{I}_2 + \dot{I}_3 = \dot{I}_g$

05 다음은 자동화재탐지설비의 평면도이다. ①~⑤의 전선 가닥수를 주어진 표의 빈칸에 적으시오.

[5점]

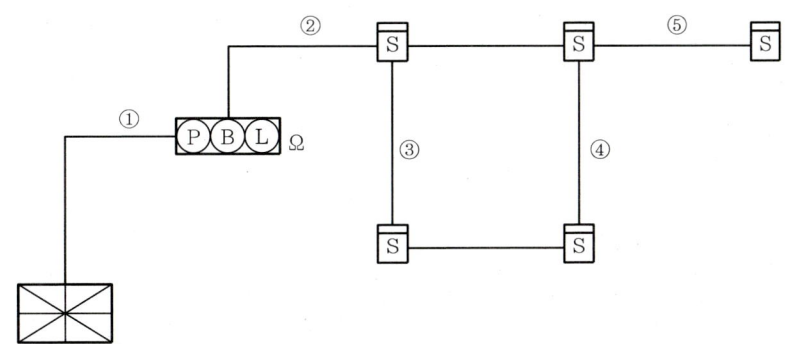

구분	①	②	③	④	⑤
가닥수					

해답

구분	①	②	③	④	⑤
가닥수	6	4	2	2	4

해설
① 수신기~발신기 간(기본 1회로) : 6가닥
회로1, 회로공통1, 경종1, 표시등1, 경종·표시등공통1, 응답1
② 감지기 송배선방식의 그 밖의 것 : 4가닥
회로2, 공통2
③ 감지기 송배선방식의 루프된 곳 : 2가닥
회로1, 공통1
④ 감지기 송배선방식의 루프된 곳 : 2가닥
회로1, 공통1
⑤ 감지기 송배선방식의 그 밖의 것 : 4가닥
회로2, 공통2

> Reference

① 송배선식
- 평면도

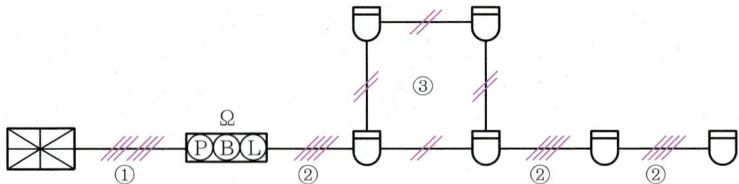

- 배선내역

구분	가닥수	배선용도
①	6	회로선1, 공통선1, 경종선1, 표시등선1, 경종·표시등공통선1, 응답선1
②	4	회로선2, 공통선2
③	2	회로선2, 공통선2

② 교차회로방식
- 평면도

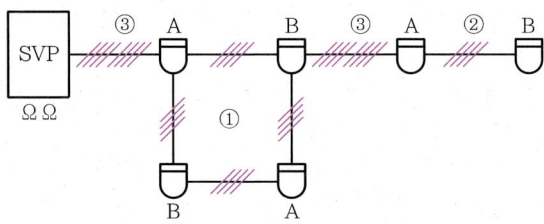

- 배선내역

구분	가닥수	배선용도
①	4	회로선2, 공통선2(A회로 : 회로1, 공통1 / B회로 : 회로1, 공통1)
②	4	회로선2, 공통선2(B회로 : 회로2, 공통2)
③	8	회로선4, 공통선4(A회로 : 회로2, 공통2 / B회로 : 회로2, 공통2)

③ 송배선식과 교차회로방식의 가닥수 산정방법

송배선방식	교차회로방식
• 루프된 곳 : 2가닥 • 그 밖의 것 : 4가닥	• 루프된 곳 : 4가닥 • 말단감지기 : 4가닥 • 그 밖의 것 : 8가닥

06

다음의 시퀀스 회로는 옥상에 설치된 소화수조에 물을 올리는 데 사용되는 양수펌프의 수동 및 자동제어 운전회로도이다. 다음 각 물음에 답하시오. [7점]

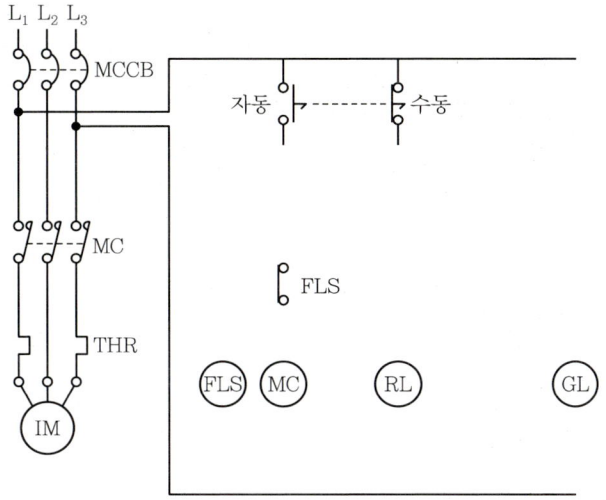

[기계기구 사용조건]
- 운전용 누름버튼스위치(on, off) 각 1개
- 전자접촉기 a접점 1개
- 전자접촉기 b접점 1개
- 열동계전기(THR) 1개

[운전조건]
- 자동운전과 수동운전이 가능하도록 한다.
- 자동운전 조건
  FLS가 저수위를 검출하여 전자접촉기가 여자되고 전동기가 운전된다. 이때 RL램프는 점등되고 GL램프는 소등된다.
- 수동운전 조건
  운전용 누름버튼스위치에 의하여 전자접촉기가 여자되어 전동기가 운전한다. 이때 RL램프는 점등되며 GL램프는 소등된다.
- 전동기의 자동운전과 수동운전 중 과부하에 의해 열동계전기가 동작하면 전동기는 정지한다.

1) 미완성된 회로를 완성하시오.
2) 다음 약호의 명칭을 쓰시오.
   - MCCB :
   - THR :

해답 1)

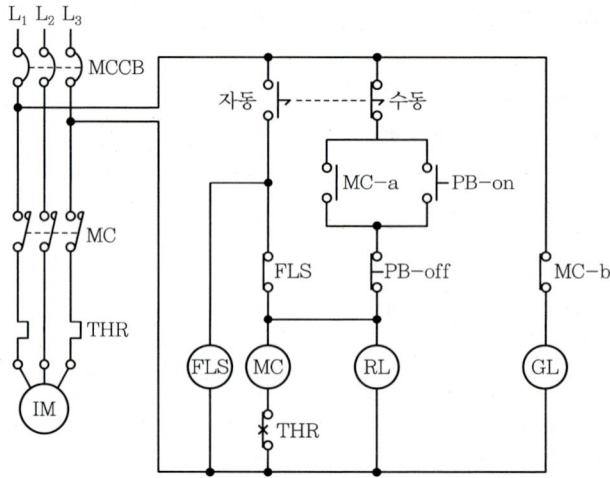

2) • MCCB : 배선용 차단기
   • THR : 열동계전기

해설 1) 자동운전
   ① MCCB를 투입하면 GL램프가 점등한다.
   ② 셀렉터스위치를 자동으로 돌리면 FLS(Floatless Level Switch)에 전원이 인가된다.
   ③ 소화수조의 수위가 일정 수위 이상이면 FLS-b접점은 개로되어 있다가 수위가 일정부분까지 감소하면 FLS-b접점이 폐로되어 MC 코일이 여자된다. 이때 MC 주접점이 폐로되어 전동기가 기동한다. 동시에 RL램프는 점등되고 GL램프는 소등된다. 고수위가 되면 FLS-b접점이 개로되어 전동기는 정지한다.
   ④ 과부하에 의해 THR이 작동하면 MC가 소자되어 전동기는 정지한다.

2) 수동운전
   ① MCCB를 투입하면 GL램프가 점등한다.
   ② 셀렉터스위치를 수동으로 돌리고 PB-on 스위치를 누르면 MC 코일이 여자된다. 이때 MC 주접점이 폐로되어 전동기가 기동한다. 동시에 RL램프는 점등되고 GL램프는 소등된다.
   ③ 전동기 운전 중 PB-off 스위치를 누르면 MC가 소자되어 전동기는 정지한다.
   ④ 과부하에 의해 THR이 작동하면 MC가 소자되어 전동기는 정지한다.

3) 플로트레스 스위치(FLS : Floatless Level Switch)
   ① 급수제어
   • 수조의 수위가 감소하여 E2레벨까지 떨어지면 단자결선도의 ②번과 ④번이 폐로되어 MC를 여자시켜 전동기가 기동한다.
   • 펌프의 작동에 의해 수위가 올라가서 E1레벨까지 올라가면 단자결선도의 ②번과 ④번이 개로되어 MC가 소자되어 전동기는 정지한다.

- E3는 공통단자로서 접지한다.
② 배수제어
- 배수조의 수위가 올라가서 E1레벨까지 올라가면 단자결선도의 ③번과 ④번이 폐로되어 MC를 여자시켜 전동기가 기동한다.
- 펌프의 작동에 의해 배수되어 E2레벨까지 내려가면 단자결선도의 ③번과 ④번이 개로되어 MC가 소자되어 전동기는 정지한다.
- E3는 공통단자로서 접지한다.

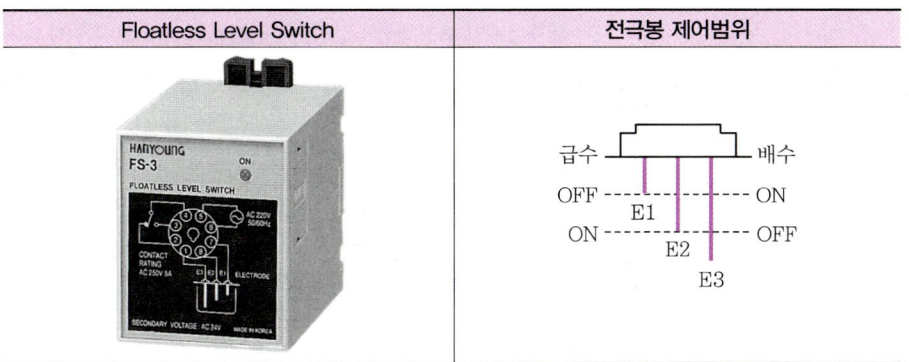

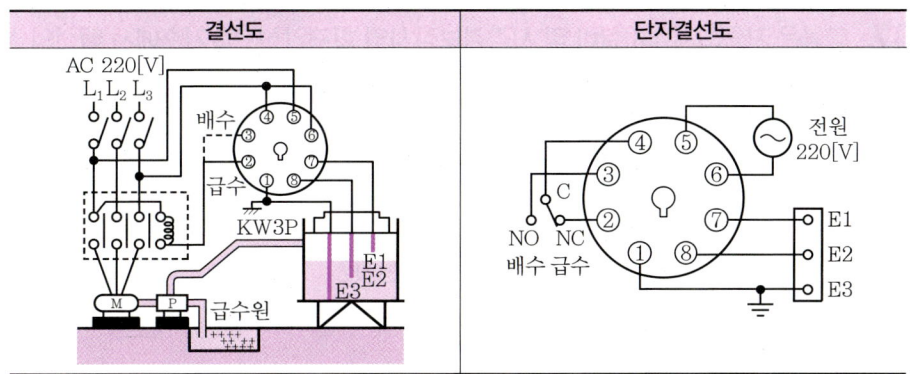

4) 각 기기의 기호 및 명칭

기호	명칭	해설
○╎	PB-on 푸시버튼스위치 a접점	• 평상시 개로상태 • 손으로 누른 상태에서만 폐로, 손을 떼면 개로
╒╛	PB-off 푸시버튼스위치 b접점	• 평상시 폐로상태 • 손으로 누른 상태에서만 개로, 손을 떼면 폐로
(GL)	Green Lamp 정지(전원)표시등	평상시 점등상태이고 전동기가 기동되면 소등된다.
(RL)	Red Lamp 기동표시등	평상시 소등상태이고 전동기가 기동되면 점등된다.

기호	명칭	해설
MC	MC 전자접촉기 코일	코일에 전원이 입력되면 코일이 여자되어 주접점과 보조접점을 동작시킨다.
⦈⦈⦈	MC 전자접촉기 주접점	전자접촉기 코일이 여자되면 주접점이 폐로되어 전동기를 기동시킨다.
⦈	MC-a 전자접촉기 보조접점(a접점)	• 평상시 개로상태 • 전자접촉기 코일이 여자되면 폐로
⦈	MC-b 전자접촉기 보조접점(b접점)	• 평상시 폐로상태 • 전자접촉기 코일이 여자되면 개로
⦈⦈⦈	MCCB 배선용 차단기 (Molded Case Circuit Breaker)	• 과부하 및 단락사고 시 선로를 차단 • NFB(No Fuse Breaker)
⦈ ⦈	THR 열동계전기 (Thermal Relay)	• 과전류 발생 시 선로를 차단하여 전동기를 보호 • 전동기 소손 방지 목적
⦈	THR-b 열동계전기 수동복귀 b접점	• 평상시 폐로상태 • 열동계전기가 작동하면 개로되어 선로 차단 • 동작편을 손으로 눌러서 수동으로 복귀시킨다.

07 다음은 자동화재탐지설비 및 시각경보장치의 화재안전기술기준에서 배선의 설치기준이다. 다음 각 물음에 답하시오. [6점]

1) 감지기회로 및 부속회로의 전로와 대지 사이 및 배선 상호 간의 절연저항은 1경계구역마다 직류 250[V]의 절연저항측정기를 사용하여 측정한 절연저항이 몇 [MΩ] 이상이 되도록 하여야 하는가?
2) 피(P)형 수신기 및 지피(G.P)형 수신기의 감지기회로의 배선에 있어서 하나의 공통선에 접속할 수 있는 경계구역은 몇 개 이하로 하여야 하는가?
3) 감지기회로의 도통시험을 위한 종단저항 설치기준 3가지를 쓰시오.

-
-
-

해답

1) 0.1[MΩ] 이상
2) 7개 이하
3) • 점검 및 관리가 쉬운 장소에 설치할 것
   • 전용함을 설치하는 경우 그 설치높이는 바닥으로부터 1.5[m] 이내로 할 것
   • 감지기회로의 끝부분에 설치하며, 종단감지기에 설치할 경우에는 구별이 쉽도록 해당 감지기의 기판 및 감지기 외부 등에 별도의 표시를 할 것

해설 ➕ 자동화재탐지설비의 배선

① 전원회로의 배선 : 내화배선

그 밖의 배선 : 내화배선 또는 내열배선

② 감지기 상호 간 또는 감지기로부터 수신기에 이르는 감지기회로의 배선
- 아날로그식, 다신호식 감지기 및 R형 수신기용 : 전자파 방해를 받지 아니하는 실드선
- 그 밖의 일반배선 : 내화배선 또는 내열배선

③ 감지기 사이의 회로의 배선은 송배선식으로 할 것

④ 절연저항 : 감지기회로 및 부속회로의 전로와 대지 사이 및 배선 상호 간을 직류 250[V]의 절연저항측정기로 측정하여 0.1[MΩ] 이상이 되도록 할 것

⑤ 자동화재탐지설비의 배선은 다른 전선과 별도의 관·덕트·몰드 또는 풀박스 등에 설치할 것(다만, 60[V] 미만의 약전류회로에 사용하는 전선으로서 각각의 전압이 같을 때에는 제외)

⑥ 감지기회로 하나의 공통선에 접속할 수 있는 경계구역 : 7개 이하

공통선의 가닥수 = $\dfrac{\text{회로수(경계구역수)}}{7}$ (소수점 이하 절상)

⑦ 자동화재탐지설비의 감지기회로의 전로저항 : 50[Ω] 이하

⑧ 종단감지기에 접속되는 배선의 전압 : 정격전압의 80[%] 이상

⑨ 도통시험을 위한 종단저항의 설치기준
- 점검 및 관리가 쉬운 장소에 설치할 것
- 전용함을 설치하는 경우 그 설치높이는 바닥으로부터 1.5[m] 이내로 할 것
- 감지기회로의 끝부분에 설치하며, 종단감지기에 설치할 경우에는 구별이 쉽도록 해당 감지기의 기판 및 감지기 외부 등에 별도의 표시를 할 것

08 높이가 지상 20[m]의 위치에 37[m³]의 저수조가 있다. 여기에 10[HP]의 전동기를 사용하여 양수할 경우 저수조에는 약 몇 분 후에 물이 가득 차겠는가?(단, 효율은 70[%]이고, 여유계수는 1.2이다.) [5점]

- 계산과정 :
- 답 :

해답 ➕ • 계산과정

- 유량 : $Q[\text{m}^3/\text{s}] = \dfrac{V[\text{m}^3]}{t[\text{s}]} = \dfrac{37[\text{m}^3]}{t[\text{s}]}$

- 동력 : $10[\text{HP}] \times \dfrac{0.746[\text{kW}]}{1[\text{HP}]} = 7.46[\text{kW}]$

- $P[\text{kW}] = \dfrac{9.8\,QH}{\eta}K$

$7.46 = \dfrac{9.8 \times 20 \times 1.2}{0.7} \times \dfrac{37}{t[\text{s}]}\,[\text{kW}]$

$t = 1,666.49[\text{s}]$

$t = 1,666.49[\text{s}] \times \dfrac{1[\text{min}]}{60[\text{s}]} = 27.77[\text{min}] ≒ 28[\text{min}]$

- 답 28[min]

해설

1) 전동기의 동력

$$P[\text{kW}] = \dfrac{9.8\,QH}{\eta}K$$

여기서, 9.8 : 물의 비중량[kN/m³], Q : 유량[m³/s], H : 양정[m], η : 효율, K : 전달계수

2) 풀이

① Q : 유량[m³/s]

$Q[\text{m}^3/\text{s}] = \dfrac{V[\text{m}^3]}{t[\text{s}]} = \dfrac{37[\text{m}^3]}{t[\text{s}]}$

② 전동기 동력

1[HP] = 0.746[kW]이므로 10[HP]를 [kW]로 환산

$10[\text{HP}] \times \dfrac{0.746[\text{kW}]}{1[\text{HP}]} = 7.46[\text{kW}]$

③ $H = 20[\text{m}]$, $\eta = 0.7$, $K = 1.2$

④ 시간 계산

- ①, ②, ③에서 계산한 값을 동력계산식에 대입한다.

$P[\text{kW}] = \dfrac{9.8\,QH}{\eta}K$

$7.46 = \dfrac{9.8 \times 20 \times 1.2}{0.7} \times \dfrac{37}{t[\text{s}]}\,[\text{kW}]$

$t = 1,666.49[\text{s}]$

- 문제에서 시간을 분[min]으로 구하라고 하였으므로 초[s]를 분[min]으로 환산

$t = 1,666.49[\text{s}] \times \dfrac{1[\text{min}]}{60[\text{s}]} = 27.77[\text{min}] ≒ 28[\text{min}]$

09 차동식 분포형 공기관식 감지기의 유통시험방법에 관한 내용이다. ①과 ②에 알맞은 내용을 쓰시오.

[4점]

- 검출부의 시험구멍 또는 공기관의 한쪽 끝에 (①)을(를) 접속하고 다른 끝에 (②)을(를) 접속시킨다.
- (②)(으)로 공기를 주입하고 (①)의 수위를 100[mm]까지 상승시킨 후 정지한다.
- 시험코크에 의해 송기구를 개방하여 상승수위의 $\dfrac{1}{2}$(50mm)까지 내려가는 시간을 측정한다.

해답 ① 마노미터
② 공기주입시험기(테스트펌프)

해설 차동식 분포형 공기관식 감지기의 유통시험
1) 목적
   공기관에 공기를 주입하여 공기관의 누설, 변형, 막힘 등의 상태와 공기관 길이의 적정성을 판단한다.

2) 시험방법
   ① P_1 단자의 공기관을 분리한다.
   ② 분리한 공기관에 마노미터를 접속하고, 검출부의 P_1점에 공기주입시험기를 접속한다.
   ③ 공기주입시험기로 공기를 주입하여 마노미터의 수위를 100[mm]로 유지한다.
   ④ 시험용 레버를 [P.A](작동시험, 유통시험) 위치로 이동시켜 공기가 시험구(T)로 누출되도록 한다.
   ⑤ 마노미터의 수위가 $\frac{1}{2}$(50mm)이 될 때까지의 시간을 측정한다.

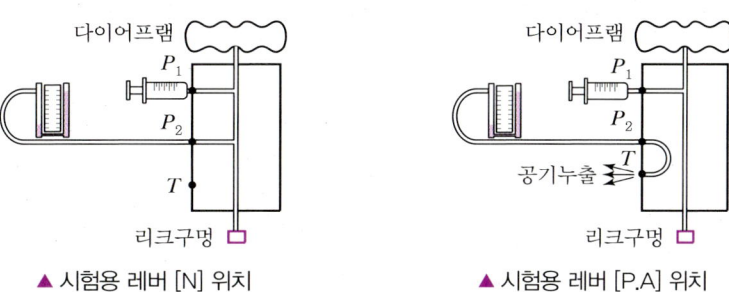

▲ 시험용 레버 [N] 위치   ▲ 시험용 레버 [P.A] 위치

3) 판정
   공기관의 유통상태 및 공기관의 길이의 적정성을 판단한다.

4) 유통시간에 따른 판정기준

측정시간이 규정시간보다 빠른 경우	측정시간이 규정시간보다 느린 경우
공기관의 누설	공기관의 변형, 막힘 상태

10 P형 수신기와 감지기 사이의 배선회로에서 배선저항은 10[Ω], 릴레이저항은 50[Ω], 종단저항은 10[kΩ]이고 회로전압이 직류 24[V]일 때 다음 각 물음에 답하시오. [4점]

1) 평상시 감시전류는 몇 [mA]인가?
   - 계산과정 :
   - 답 :

2) 화재 시 감지기의 동작전류는 몇 [mA]인가?
   - 계산과정 :
   - 답 :

해답

1) • 계산과정

$$I = \frac{V}{R_1 + R_2 + R_3}$$

$$= \frac{24}{10 + 10{,}000 + 50} = 0.002385\,[\text{A}] = 2.39\,[\text{mA}]$$

  • 답 2.39[mA]

2) • 계산과정

$$I = \frac{V}{R_1 + R_3}$$

$$= \frac{24}{10 + 50} = 0.4\,[\text{A}] = 400\,[\text{mA}]$$

  • 답 400[mA]

해설

1) 감시전류

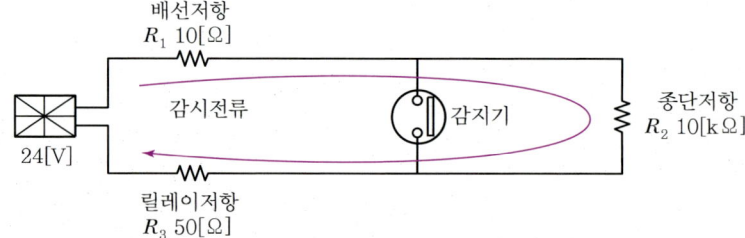

• 감시전류 I

$$I = \frac{V}{R_1 + R_2 + R_3}$$

$$= \frac{24}{10 + 10{,}000 + 50} = 0.002385\,[\text{A}] = 2.39\,[\text{mA}]$$

여기서, R_1 : 배선저항(10Ω), R_2 : 종단저항(10kΩ = 10,000Ω), R_3 : 릴레이저항(50Ω),
V : 수신기전압(24V)

2) 감지기 동작전류

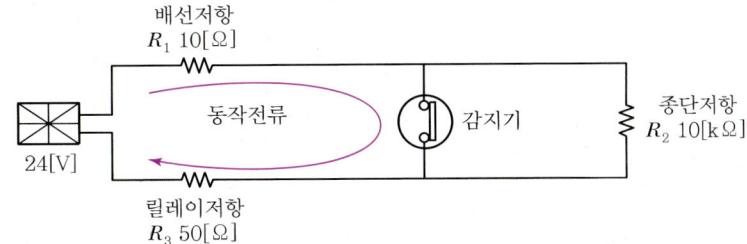

- 동작전류 I

$$I = \frac{V}{R_1 + R_3}$$

$$= \frac{24}{10 + 50} = 0.4[A] = 400[mA]$$

여기서, R_1 : 배선저항(10Ω), R_3 : 릴레이저항(50Ω), V : 수신기전압(24V)

11 구부러지지 않은 통로의 보행거리가 35[m]일 때 유도표지의 최소 설치개수를 구하시오. [4점]

- 계산과정 :
- 답 :

해답
- 계산과정

$$N = \frac{35}{15} - 1 = 1.33 ≒ 2개 (소수점 이하 절상)$$

- **답** 2개

해설
1) 유도등, 유도표지의 종류별 설치위치 및 설치높이

유도등의 종류	설치위치	설치높이
피난구유도등	출입구 상단에 인접하게 설치	바닥으로부터 1.5[m] 이상
거실통로유도등	거실의 구부러진 모퉁이 및 보행거리 20[m]마다	바닥으로부터 1.5[m] 이상
복도통로유도등	복도의 구부러진 모퉁이 및 보행거리 20[m]마다	바닥으로부터 1.0[m] 이하
계단통로유도등	각 층의 계단참, 경사로참마다	바닥으로부터 1.0[m] 이하
통로유도표지	구부러진 모퉁이의 벽과 보행거리 15[m]마다	바닥으로부터 1.0[m] 이하
피난구유도표지	출입구 상단	-
객석유도등	객석의 통로, 바닥, 벽(보행거리 4[m]마다)	-

2) 유도등, 유도표지의 설치개수 산정

종류	설치개수
복도통로유도등, 거실통로유도등	$N = \dfrac{\text{직선부분의 보행거리[m]}}{20[\text{m}]} - 1$
객석유도등	$N = \dfrac{\text{직선부분의 보행거리[m]}}{4[\text{m}]} - 1$
유도표지	$N = \dfrac{\text{직선부분의 보행거리[m]}}{15[\text{m}]} - 1$

12 다음은 복도통로유도등의 설치기준이다. 다음 (   ) 안을 완성하시오. [6점]

- 구부러진 모퉁이 및 보행거리 (①)[m]마다 설치할 것
- 바닥으로부터 높이 (②)[m] 이하의 위치에 설치할 것

해답
① 20
② 1

해설
1) 통로유도등의 설치기준
   ① 복도통로유도등
   - 복도에 설치하되 피난구유도등이 설치된 출입구의 맞은편 복도에는 입체형으로 설치하거나 바닥에 설치할 것
   - 구부러진 모퉁이 및 통로유도등을 기점으로 보행거리 20[m]마다 설치할 것
   - 바닥으로부터 높이 1[m] 이하의 위치에 설치할 것(단, 지하층 또는 무창층의 용도가 도매시장·소매시장·여객자동차터미널·지하역사 또는 지하상가인 경우에는 복도·통로 중앙부분의 바닥에 설치할 것)
   - 바닥에 설치하는 통로유도등은 하중에 따라 파괴되지 아니하는 강도의 것으로 할 것
   ② 거실통로유도등
   - 거실의 통로에 설치할 것
   - 구부러진 모퉁이 및 보행거리 20[m]마다 설치할 것
   - 바닥으로부터 높이 1.5[m] 이상의 위치에 설치할 것(단, 거실통로에 기둥이 설치된 경우에는 기둥부분의 바닥으로부터 높이 1.5[m] 이하의 위치에 설치할 수 있다.)
   ③ 계단통로유도등
   - 각 층의 경사로참 또는 계단참마다(1개층에 경사로참 또는 계단참이 2 이상 있는 경우에는 2개의 계단참마다) 설치할 것
   - 바닥으로부터 높이 1[m] 이하의 위치에 설치할 것
   ④ 통행에 지장이 없도록 설치할 것
   ⑤ 주위에 이와 유사한 등화광고물·게시물 등을 설치하지 아니할 것

2) 통로유도등 설치 제외
　　① 구부러지지 아니한 복도 또는 통로로서 길이가 30[m] 미만인 복도 또는 통로
　　② ①에 해당하지 않는 복도 또는 통로로서 보행거리가 20[m] 미만이고 그 복도 또는 통로와 연결된 출입구 또는 그 부속실의 출입구에 피난구유도등이 설치된 복도 또는 통로

13 다음은 비상콘센트에 대한 내용이다. 각 물음에 답하시오. [4점]

1) 단상교류 220[V]인 비상콘센트 전원회로의 공급용량은 몇 [kVA] 이상인가?
2) 비상콘센트의 플러그접속기는 어떤 종류의 플러그접속기를 사용하여야 하는가?

해답
1) 1.5[kVA]
2) 접지형 2극 플러그접속기

해설
1) 비상콘센트설비의 전원회로
　① 비상콘센트설비의 전원

전원	전압	공급용량
단상교류	220[V]	1.5[kVA] 이상

　② 전원회로는 각 층에 2 이상이 되도록 설치할 것(다만, 설치하여야 할 층의 비상콘센트가 1개인 때에는 하나의 회로로 할 수 있다.)
　③ 전원회로는 주배전반에서 전용회로로 할 것
　④ 전원으로부터 각 층의 비상콘센트에 분기되는 경우에는 분기배선용 차단기를 보호함 안에 설치할 것
　⑤ 콘센트마다 배선용 차단기를 설치하여야 하며, 충전부가 노출되지 아니하도록 할 것
　⑥ 개폐기에는 "비상콘센트"라고 표시한 표지를 할 것
　⑦ 비상콘센트용의 풀박스 등은 방청도장을 한 것으로서, 두께 1.6[mm] 이상의 철판으로 할 것
　⑧ 하나의 전용회로에 설치하는 비상콘센트는 10개 이하로 할 것. 이 경우 전선의 용량은 각 비상콘센트(비상콘센트가 3개 이상인 경우에는 3개)의 공급용량을 합한 용량 이상의 것으로 할 것

2) 비상콘센트의 플러그접속기
　① 비상콘센트의 플러그접속기는 접지형 2극 플러그접속기를 사용할 것
　② 비상콘센트의 플러그접속기의 칼받이의 접지극에는 접지공사를 할 것

14 다음은 축전지설비에 대한 내용이다. 다음 각 물음에 답하시오. [6점]

1) 비상용 조명부하로서 220[V]용, 100[W] 80등, 60[W] 70등이 있다. 축전지용량[Ah]을 구하시오. (단, 보수율은 0.8, 용량환산시간 1.1[h], 방전시간 30[분], 축전지는 HS형 110[cell]이며, 허용최저전압은 190[V], 최저축전지온도가 5[℃]이다.)
   - 계산과정 :
   - 답 :

2) 연축전지와 알칼리축전지의 공칭전압[V]을 쓰시오.
   - 연축전지 :
   - 알칼리축전지 :

3) 보수율의 의미를 쓰시오.

해답

1) • 계산과정

   방전전류 $I = \dfrac{P}{V} = \dfrac{(100 \times 80) + (60 \times 70)}{220} = 55.45\,[\text{A}]$

   축전지용량 $C = \dfrac{1}{L}KI = \dfrac{1}{0.8} \times 1.1 \times 55.45 = 76.24\,[\text{Ah}]$

   • 답 76.24[Ah]

2) • 연축전지 : 2.0[V]
   • 알칼리축전지 : 1.2[V]

3) 축전지의 사용시간 길어짐에 따라 용량이 감소하게 되므로 이를 고려하여 여유율로 주는 계수

해설

1) 축전지용량

   ① 축전지의 용량

   $$C = \dfrac{1}{L}KI$$

   여기서, C : 축전지용량[Ah], L : 용량저하율(보수율 : 일반적으로 0.8), K : 용량환산시간[h], I : 방전전류[A]

   ② 계산과정
   - 사용전력
     $P = (100[\text{W}] \times 80등) + (60[\text{W}] \times 70등) = 12{,}200\,[\text{W}]$
   - 방전전류
     $P = VI$ 에서
     $I = \dfrac{P}{V} = \dfrac{(100 \times 80) + (60 \times 70)}{220} = 55.45\,[\text{A}]$

- 축전지용량

$$C = \frac{1}{L}KI = \frac{1}{0.8} \times 1.1 \times 55.45 = 76.24[\text{Ah}]$$

2) 연축전지와 알칼리축전지의 비교

구분	연축전지	알칼리축전지
공칭전압	2.0[V]	1.2[V]
공칭용량	10[Ah]	5[Ah]
수명	짧다	길다
기계적 강도	약하다	강하다
종류	클래드식, 페이스트식	소결식, 포켓식

3) 보수율(경년용량저하율)
① 해가 거듭할수록 축전지의 용량이 저하되므로 그 말기에 부하를 만족시키기 위하여 여유 있게 축전지용량을 산정한다.
② 보수율은 용량이 저하되는 것을 고려하여 미리 보상을 해주는 계수로서 보통 0.8을 사용한다.

15 다음 그림은 습식 스프링클러설비의 전기적 계통도이다. 그림을 보고 답란의 A~D까지의 배선수와 각 배선의 용도를 쓰시오.(단, 배선수는 운전조작상 필요한 최소전선수로 할 것) [8점]

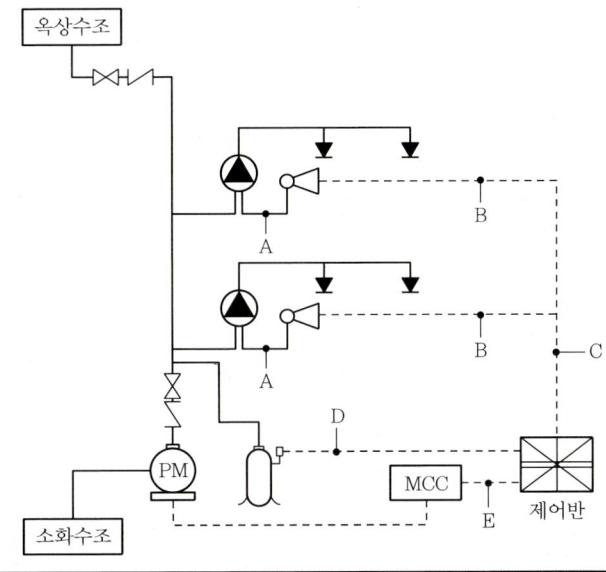

기호	구분	배선수	배선굵기	배선의 용도
A	알람밸브 ↔ 사이렌		2.5[mm²] 이상	
B	사이렌 ↔ 제어반		2.5[mm²] 이상	
C	2개 구역일 경우		2.5[mm²] 이상	
D	압력챔버 ↔ 제어반		2.5[mm²] 이상	
E	MCC ↔ 제어반	5	2.5[mm²] 이상	기동1, 정지1, 공통1, 전원표시등1, 기동확인표시등1

[해답]

기호	구분	배선수	배선굵기	배선의 용도
A	알람밸브 ↔ 사이렌	3	2.5[mm²] 이상	압력스위치1, 탬퍼스위치1, 공통1
B	사이렌 ↔ 제어반	4	2.5[mm²] 이상	압력스위치1, 탬퍼스위치1, 사이렌1, 공통1
C	2개 구역일 경우	7	2.5[mm²] 이상	압력스위치2, 탬퍼스위치2, 사이렌2, 공통1
D	압력챔버 ↔ 제어반	2	2.5[mm²] 이상	압력스위치2
E	MCC ↔ 제어반	5	2.5[mm²] 이상	기동1, 정지1, 공통1, 전원표시등 1, 기동확인표시등1

[해설]

A : 도면에는 표시되지 않았지만 습식 스프링클러설비에는 알람밸브에 압력스위치가 설치되어 있고 개폐표시형 밸브에는 탬퍼스위치가 설치되어 있는 것으로 하여 결선한다. A배선은 사이렌을 지나쳐온 구간이므로 사이렌선은 계산하지 아니한다.(그림모양을 잘 확인할 것) : 3가닥(압력스위치1, 탬퍼스위치1, 공통1)

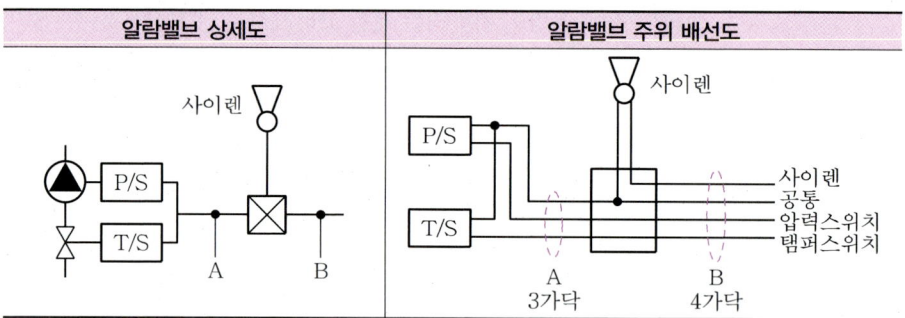

B : 습식 스프링클러설비 1 Zone : 4가닥(압력스위치1, 탬퍼스위치1, 사이렌1, 공통1)

C : 습식 스프링클러설비 2 Zone : 7가닥(압력스위치2, 탬퍼스위치2, 사이렌2, 공통1)
압력스위치, 탬퍼스위치, 사이렌은 Zone이 증가할 때마다 각각 증가하고 공통선은 증가하지 않는다.

D : 기동용 수압개폐기용 압력스위치 : 2가닥

E : 제어반 ↔ MCC 간 배선
- 제어반에서 MCC의 전원을 감시하는 경우 : 5가닥
  기동, 정지, 공통, 기동표시등, 전원표시등
- 제어반에서 MCC 전원의 감시가 되지 않는 경우 : 4가닥
  기동2, 기동확인2

> **Reference**
>
> **조건이 다른 경우의 풀이**
>
> 문제의 조건에서 밸브개폐감시용 스위치가 부착되어 있지 않은 경우로 출제되는 경우가 있는데 이는 현행 화재안전기준에 맞지 않는 내용이다. 현행 화재안전기준에는 밸브개폐감시용 스위치(탬퍼스위치)를 반드시 설치하여야 한다. 그래도 만약 또 출제된다면 다음과 같이 풀이하여야 한다.
>
> | 기호 | 구분 | 배선수 | 배선굵기 | 배선의 용도 |
> |---|---|---|---|---|
> | A | 알람밸브 ↔ 사이렌 | 2 | 2.5[mm²] 이상 | 압력스위치1, 공통1 |
> | B | 사이렌 ↔ 제어반 | 3 | 2.5[mm²] 이상 | 압력스위치1, 사이렌1, 공통1 |
> | C | 2개 구역일 경우 | 5 | 2.5[mm²] 이상 | 압력스위치2, 사이렌2, 공통1 |
> | D | 압력챔버 ↔ 제어반 | 2 | 2.5[mm²] 이상 | 압력스위치2 |
> | E | MCC ↔ 제어반 | 5 | 2.5[mm²] 이상 | 기동1, 정지1, 공통1, 전원표시등1, 기동확인표시등1 |

16 푸시버튼스위치에 의한 입력이 $A \sim C$로 주어지면 출력이 X_A, X_B, X_C 상태의 타임차트(Time Chart)로 나타났을 때 다음 각 물음에 답하시오. [9점]

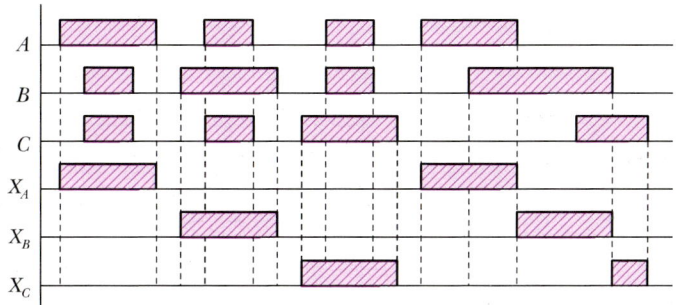

1) 타임차트에 적합하게 논리식을 쓰시오.
- $X_A =$
- $X_B =$
- $X_C =$

2) 타임차트에 적합하게 유접점 회로를 그리시오.
3) 타임차트에 적합하게 무접점 논리회로를 그리시오.

해답 1) • $X_A = A \cdot \overline{X_B} \cdot \overline{X_C}$
- $X_B = B \cdot \overline{X_A} \cdot \overline{X_C}$
- $X_C = C \cdot \overline{X_A} \cdot \overline{X_B}$

2)

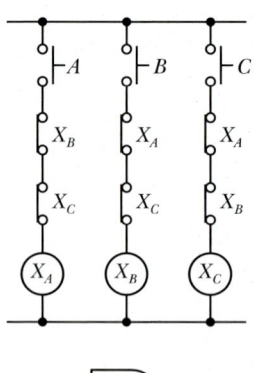

3)

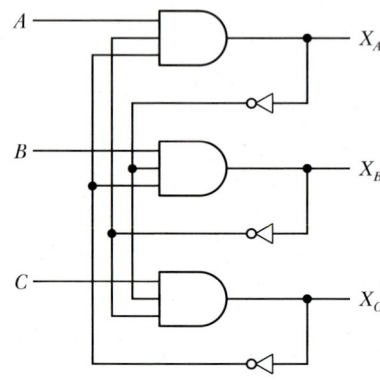

해설 1) 논리식

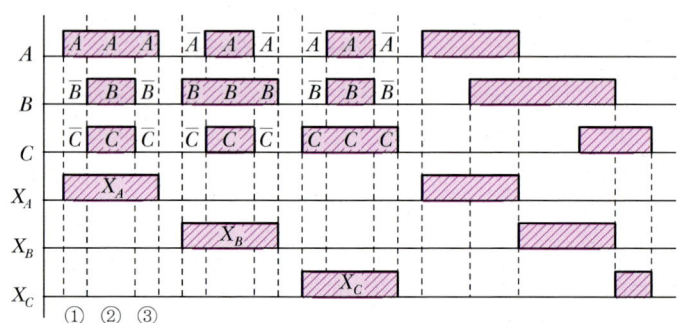

① 시점

입력 $A(1)$, $\overline{B}(0)$, $\overline{C}(0)$가 들어가면 X_A가 출력된다.

② 시점

X_A가 출력된 상태에서 입력 B, C를 눌러도 다른 출력은 나오지 않고 X_A만 유지된다.

③ 시점

① 시점과 동일하게 입력 $A(1)$, $\overline{B}(0)$, $\overline{C}(0)$가 들어가면 X_A가 출력된다.

- 즉, 먼저 들어오는 입력에 의해 출력된 신호가 유지되는 동안 다른 입력이 들어와도 그 신호에 의한 출력은 나오지 않는 인터록 회로임을 알 수 있다.
- 그 뒤의 시점도 동일한 의미이다.

2) 유접점 회로

① 입력 A, B, C는 푸시버튼이므로 푸시버튼의 도시기호( )를 사용한다.

② 인터록 회로는 서로 다른 계전기의 b접점( )을 이용하여 직렬로 구성한다.

③ 유접점 회로를 완성하고 논리식을 구한다.

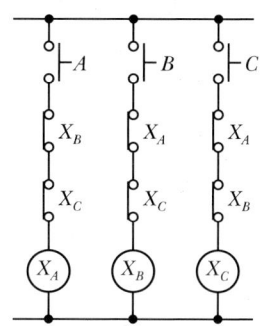

④ 논리식

- $X_A = A \cdot \overline{X_B} \cdot \overline{X_C}$
- $X_B = B \cdot \overline{X_A} \cdot \overline{X_C}$
- $X_C = C \cdot \overline{X_A} \cdot \overline{X_B}$

3) 무접점 논리회로

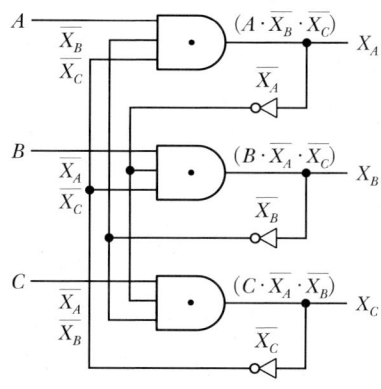

17 특정소방대상물에 휴대용 비상조명등을 설치하려 한다. 휴대용 비상조명등의 설치대상에 대한 알맞은 내용을 ( ) 안에 쓰시오. [6점]

- (①)시설
- 수용인원 (②)명 이상의 영화상영관, 판매시설 중 (③), 철도 및 도시철도시설 중 지하역사, 지하가 중 (④)

해답 ① 숙박
② 100
③ 대규모점포
④ 지하상가

해설 휴대용 비상조명등

1) 정의
   화재 발생 등으로 정전 시 안전하고 원활한 피난을 위하여 피난자가 휴대할 수 있는 조명등이다.

2) 설치대상
   ① 숙박시설
   ② 수용인원 100명 이상의 영화상영관
   ③ 판매시설 중 대규모점포
   ④ 철도 및 도시철도 시설 중 지하역사, 지하가 중 지하상가

3) 설치장소 및 수량
   ① 숙박시설 또는 다중이용업소 : 객실 또는 영업장 안의 구획된 실마다 잘 보이는 곳에 1개 이상 설치(외부에 설치 시 출입문 손잡이로부터 1[m] 이내 부분)
   ② 대규모점포, 영화상영관 : 보행거리 50[m] 이내마다 3개 이상 설치
   ③ 지하상가 및 지하역사 : 보행거리 25[m] 이내마다 3개 이상 설치

4) 설치기준
   ① 설치높이는 바닥으로부터 0.8[m] 이상 1.5[m] 이하의 높이에 설치할 것
   ② 어둠 속에서 위치를 확인할 수 있도록 할 것
   ③ 사용 시 자동으로 점등되는 구조일 것
   ④ 외함은 난연성능이 있을 것
   ⑤ 건전지를 사용하는 경우에는 방전방지조치를 하여야 하고, 충전식 배터리의 경우에는 상시충전되도록 할 것
   ⑥ 건전지 및 충전식 배터리의 용량은 20분 이상 유효하게 사용할 수 있는 것으로 할 것

18 연면적 6,000[m²], 지상 16층, 지하 5층의 특정소방대상물에 자동화재탐지설비의 음향장치를 설치하고자 한다. 다음 각 물음에 답하시오. [6점]

1) 11층에서 발화한 경우 경보를 발하여야 하는 층을 쓰시오.
2) 1층에서 발화한 경우 경보를 발하여야 하는 층을 쓰시오.
3) 지하 1층에서 발화한 경우 경보를 발하여야 하는 층을 쓰시오.

해답
1) 11층, 12층, 13층, 14층, 15층
2) 1층, 2층, 3층, 4층, 5층, 지하 1층, 지하 2층, 지하 3층, 지하 4층, 지하 5층
3) 지하 1층, 1층, 지하 2층, 지하 3층, 지하 4층, 지하 5층

해설
1) 11층에서 발화한 경우
   ① 발화층(11층)
   ② 그 직상4개층(12층, 13층, 14층, 15층)
2) 1층에서 발화한 경우
   ① 발화층(1층)
   ② 그 직상4개층(2층, 3층, 4층, 5층)
   ③ 지하층(지하 1층, 지하 2층, 지하 3층, 지하 4층, 지하 5층)
3) 지하 1층에서 발화한 경우
   ① 발화층(지하1층)
   ② 그 직상층(1층)
   ③ 기타의 지하층(지하 2층, 지하 3층, 지하 4층, 지하 5층)

Reference

발화층 · 직상층 우선경보방식

1) 대상
   층수가 11층(공동주택의 경우에는 16층) 이상의 특정소방대상물

2) 경보방식

발화층	경보하여야 하는 층
2층 이상의 층	발화층 및 그 직상 4개층
1층	발화층 · 그 직상 4개층 및 지하층
지하층	발화층 · 그 직상층 및 기타의 지하층

2020년 제4회(2020. 11. 15)

01 비상콘센트설비의 화재안전기술기준에 따른 비상콘센트설비에 대한 다음 각 물음에 답하시오.
[6점]

1) 하나의 전용회로에 설치하는 비상콘센트가 7개이다. 이때 전선의 용량은 비상콘센트 몇 개의 공급용량을 합한 용량 이상의 것으로 하여야 하는지 쓰시오.(단, 각 비상콘센트의 공급용량은 모두 같다.)

2) 비상콘센트설비의 전원부와 외함 사이의 절연저항을 500[V] 절연저항계로 측정하였더니 30[MΩ] 이었다. 이 설비에 대한 절연저항의 적합성 여부를 구분하고 그 사유를 설명하시오.
   - 적합성 여부 :
   - 사유 :

3) 비상콘센트보호함의 상부에는 무슨 색의 표시등을 설치해야 하는지 쓰시오.

해답
1) 3개
2) • 적합성 여부 : 적합
   • 사유 : 20[MΩ] 이상이므로
3) 적색

해설
1) 비상콘센트설비의 전원회로
   ① 비상콘센트설비의 전원

전원	전압	공급용량
단상교류	220[V]	1.5[kVA] 이상

   ② 전원회로는 각 층에 2 이상이 되도록 설치할 것(다만, 설치하여야 할 층의 비상콘센트가 1개인 때에는 하나의 회로로 할 수 있다.)
   ③ 전원회로는 주배전반에서 전용회로로 할 것
   ④ 전원으로부터 각 층의 비상콘센트에 분기되는 경우에는 분기배선용 차단기를 보호함 안에 설치할 것
   ⑤ 콘센트마다 배선용 차단기를 설치하여야 하며, 충전부가 노출되지 아니하도록 할 것
   ⑥ 개폐기에는 "비상콘센트"라고 표시한 표지를 할 것

⑦ 비상콘센트용의 풀박스 등은 방청도장을 한 것으로서, 두께 1.6[mm] 이상의 철판으로 할 것
⑧ 하나의 전용회로에 설치하는 비상콘센트는 10개 이하로 할 것. 이 경우 전선의 용량은 각 비상콘센트(비상콘센트가 3개 이상인 경우에는 3개)의 공급용량을 합한 용량 이상의 것으로 할 것

2) 비상콘센트보호함
　① 보호함의 문 : 쉽게 개폐할 수 있는 문
　② 보호함 표지 : 보호함 표면에 "비상콘센트" 표지
　③ 보호함 표시등 : 상부에 적색의 표시등(단, 옥내소화전함 등의 표시등과 겸용 가능)

3) 각 설비별 절연저항시험

절연저항계	설비	절연저항	측정위치
직류 250[V]	• 비상경보설비 • 비상방송설비 • 자동화재탐지설비	0.1[MΩ] 이상	• 부속회로의 전로와 대지 사이 • 배선 상호 간
직류 500[V]	누전경보기	5[MΩ] 이상	절연된 충전부와 외함 간
	시각경보장치	5[MΩ] 이상	• 전원부 양단자 • 양선을 단락시킨 부분과 비충전부
	비상콘센트설비	20[MΩ] 이상	전원부와 외함 사이
	자동화재탐지설비의 감지기	50[MΩ] 이상	• 감지기의 절연된 단자 간 • 단자와 외함 간
	정온식 감지선형 감지기	1,000[MΩ] 이상	정온식 감지선형 감지기는 선간에서 1[m]당 1,000[MΩ] 이상
	• 가스누설경보기	5[MΩ] 이상	절연된 충전부와 외함 간
	• 자동화재탐지설비의 수신기	20[MΩ] 이상	교류입력 측과 외함 간
	• 자동화재속보설비의 속보기	20[MΩ] 이상	절연된 선로 간

02 지하층 또는 무창층으로서 용도가 도매시장·소매시장·여객자동차터미널·지하역사 또는 지하상가에서 피난층에 이르는 부분에 유도등을 설치하려고 한다. 이때 사용해야 하는 비상전원의 종류를 쓰고 비상전원에 의해 유도등을 몇 분 이상 유효하게 동작시킬 수 있어야 하는지 쓰시오.

[5점]

• 비상전원의 종류 :
• 유효동작시간 :

해답
• 비상전원의 종류 : 축전지
• 유효동작시간 : 60분

해설
1) 유도등의 비상전원
   ① 비상전원의 종류 : **축전지**
   ② 비상전원의 용량 : 20분 이상
   ③ 비상전원의 용량을 **60분 이상**으로 하여야 하는 특정소방대상물
      - 지하층을 제외한 층수가 **11층 이상의 층**
      - 지하층 또는 무창층으로서 용도가 **도매시장·소매시장·여객자동차터미널·지하역사** 또는 **지하상가**

2) 상용전원
   ① 전원의 종류
      - 축전지
      - 전기저장장치
      - 교류전압의 옥내간선
   ② 전원까지의 배선 : 전용으로 할 것

---

03 지상 31[m]가 되는 높이에 있는 수조에 분당 12[m³]의 물을 양수하는 펌프용 전동기를 설치하여 3상 전력을 공급하려고 한다. 펌프효율이 65[%]이고, 펌프 측 동력에 10[%]의 여유를 둔다고 할 때 다음 각 물음에 답하시오.(단, 펌프용 3상 농형 유도전동기의 역률은 100[%]로 가정한다.)

[6점]

1) 펌프용 전동기의 용량은 몇 [kW]인지 구하시오.
   - 계산과정 :
   - 답 :

2) 3상 전력을 공급하기 위해 단상변압기 2대를 [V]결선하여 이용하고자 할 때, 단상변압기 1대의 용량은 몇 [kVA]인지 구하시오.
   - 계산과정 :
   - 답 :

해답
1) • 계산과정

$$P[\mathrm{kW}] = \frac{9.8\,QH}{\eta}K$$

$$P = \frac{9.8 \times (12/60) \times 31}{0.65} \times 1.1 = 102.82[\mathrm{kW}]$$

- **답** 102.82[kW]

2) • 계산과정

$$P_V[\text{kW}] = \sqrt{3}\, V_P I_P \cos\theta = \sqrt{3}\, P_1 \cos\theta$$

여기서, $\cos\theta = 1$이므로

$$P_V[\text{kW}] = \sqrt{3}\, P_1$$

$$102.82\,[\text{kW}] = \sqrt{3}\, P_1$$

$$P_1 = \frac{102.82}{\sqrt{3}} = 59.36\,[\text{kVA}]$$

• 답 59.36[kVA]

해설 ⊕ 1) 전동기의 동력(물사용 펌프용 전동기)

$$P[\text{kW}] = \frac{9.8\,QH}{\eta}K$$

여기서, 9.8 : 물의 비중량[kN/m³], Q : 유량[m³/s]
H : 양정[m], η : 효율, K : 전달계수

① Q : 유량[m³/s]

문제에서 분당 12[m³]이므로

$$Q = \frac{12\,[\text{m}^3]}{1\,[\text{min}]} = \frac{12}{60}\,[\text{m}^3/\text{s}]$$

② $H=31$[m], $\eta=0.65$, $K=1.1$

③ $P[\text{kW}] = \dfrac{9.8\,QH}{\eta}K$

$$P = \frac{9.8 \times (12/60) \times 31}{0.65} \times 1.1 = 102.82\,[\text{kW}]$$

2) V결선 시 출력

$$P_V[\text{kW}] = \sqrt{3}\, V_P I_P \cos\theta = \sqrt{3}\, P_1 \cos\theta$$

여기서, $P_V[\text{kW}]$: V결선 시 출력
$V_P I_P = P_1$: 변압기 1대의 용량

① 문제에서 $\cos\theta = 1$이므로(역률 100[%])

$$P_V[\text{kW}] = \sqrt{3}\, P_1$$

② V결선하여 펌프에 동력을 공급해야 하므로 1)에서 구한 $P[\text{kW}]$가 V결선 시 출력용량이 된다.

$$P_V = 102.82\,[\text{kW}]$$

$$102.82\,[\text{kW}] = \sqrt{3}\, P_1$$

$$P_1 = \frac{102.82}{\sqrt{3}} = 59.36\,[\text{kVA}]$$

04 다음은 브리지 정류회로(전파정류회로)의 미완성 회로이다. 정류다이오드 4개를 사용하여 미완성 부분을 완성하고, 회로의 커패시터(C)의 역할을 쓰시오. [4점]

1) 회로도

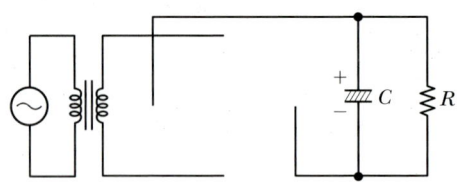

2) 도면에서 C의 역할

해답 1) 회로도

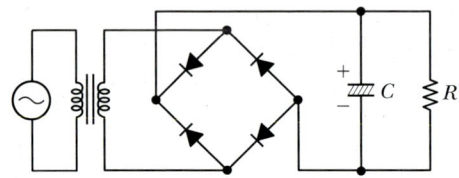

2) 직류전압을 일정하게 유지하기 위하여 설치

해설 1) 브리지 정류회로

브리지 정류회로 1	브리지 정류회로 2
교류입력 ＋ ◇ － 교류입력	교류입력 － ◇ ＋ 교류입력

① 다이오드의 화살표 방향이 모이는 점이 (＋)이다.
② 다이오드의 화살표 방향이 벌어지는 점이 (－)이다.
③ 그 밖의 2점은 교류입력 측이다.
✎ 문제에 따라 다이오드의 방향이 달라질 수 있으니 2가지 유형 모두 암기할 것

2)

구분	전파정류	반파정류
회로 구성		
입력전압파형		
정류 후 전압파형		
평활회로 후 전압파형		리플 전압

3) 평활회로
커패시터(콘덴서)를 설치하여 충방전을 반복함으로써 산모양의 맥동전압을 평평하게 다듬어 직류전압을 일정하게 유지시킨다.

05
다음은 공기관식 차동식 분포형 감지기의 설치도면이다. 다음 각 물음에 답하시오.(단, 주요 구조부는 내화구조이다.) [8점]

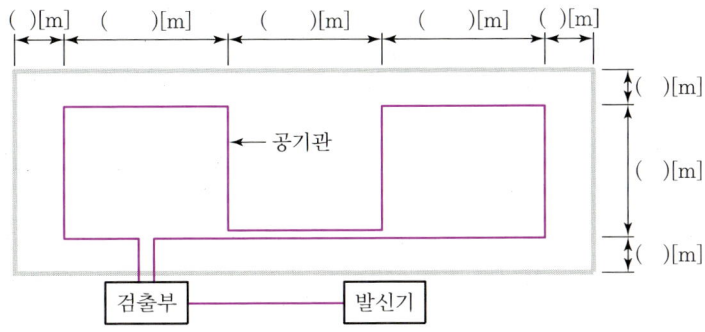

1) 주요 구조부가 내화구조일 경우의 공기관 상호 간의 거리와 감지구역의 각 변과의 거리는 몇 [m] 이하가 되어야 하는지 도면의 ( ) 안에 쓰시오.
2) 공기관의 노출부분의 길이는 몇 [m] 이상이 되어야 하는지 쓰시오.
3) 종단저항을 발신기에 설치할 경우 차동식 분포형 감지기의 검출부와 발신기 간의 전선 가닥수를 도면에 표기하시오.
4) 검출부의 설치높이를 쓰시오.
5) 하나의 검출부분에 접속하는 공기관의 길이는 몇 [m] 이하로 하여야 하는지 쓰시오.
6) 공기관의 재질을 쓰시오.
7) 검출부의 경사도는 몇 도 이하이어야 하는지 쓰시오.

해답 1)

```
        (1.5)[m]  ( 9 )[m]   ( 9 )[m]   ( 9 )[m]  (1.5)[m]
       ┌────────┬─────────┬──────────┬─────────┬────────┐
       │                                                │  (1.5)[m]
       │        ┌─────────┐         ┌──────────┐        │
       │        │         │ ←공기관  │          │        │  ( 9 )[m]
       │        │         │         │          │        │
       │        │         └────┬────┘          │        │  (1.5)[m]
       └────────┴──────────────┼───────────────┴────────┘
                          ┌────┴────┐    ////   ┌──────┐
                          │  검출부  │──────────│ 발신기│
                          └─────────┘           └──────┘
```

2) 20[m] 이상

3) 4가닥(도면에 표기)

4) 바닥으로부터 0.8[m] 이상 1.5[m] 이하

5) 100[m] 이하

6) 동관

7) 5도

해설 1) 공기관식 차동식 분포형 감지기 설치기준

구분	기준
공기관의 최소길이	공기관의 노출부분은 감지구역마다 20[m] 이상
공기관의 최대길이	하나의 검출부분에 접속하는 공기관의 길이는 100[m] 이하
공기관과 각 변의 거리	수평거리 1.5[m] 이하
공기관 상호 간 거리	6[m](내화구조 9[m]) 이하
공기관의 분기	공기관은 도중에서 분기하지 아니할 것
검출부의 경사	검출부는 5° 이상 경사지지 아니할 것
검출부의 높이	검출부는 바닥으로부터 0.8[m] 이상 1.5[m] 이하
공기관의 재질 및 규격	동관으로서 두께 0.3[mm] 이상, 바깥지름 1.9[mm] 이상

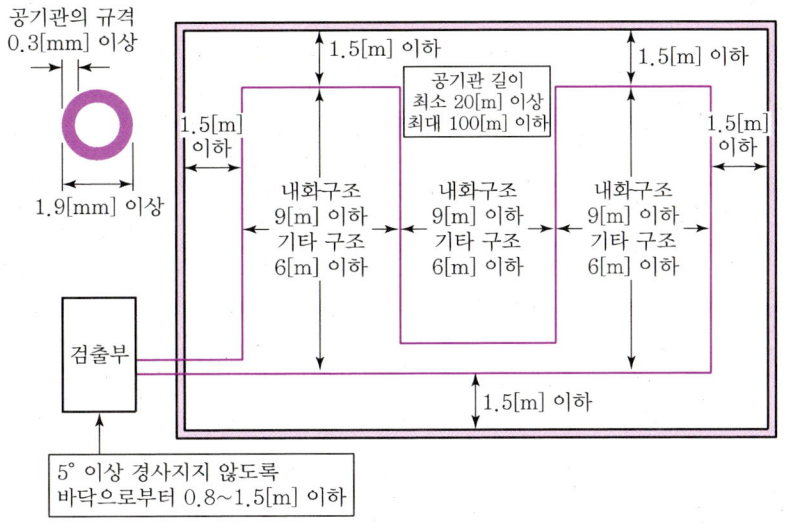

2) 검출부와 발신기 간 가닥수

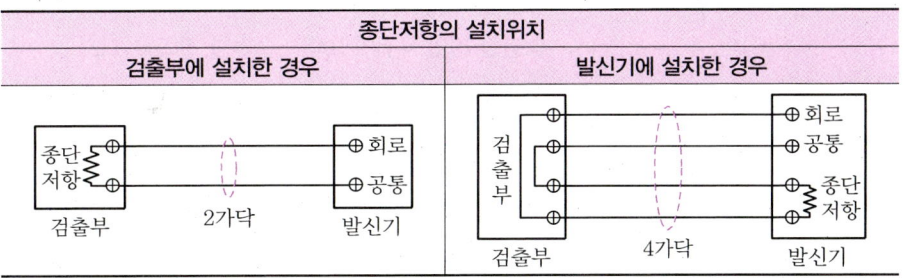

06 감시제어반으로부터 90[m] 떨어진 위치에 이산화탄소소화설비의 기동용 솔레노이드밸브가 설치되어 있다. 감시제어반 출력단자에서 전압이 26[V]일 때 솔레노이드의 단자 전압을 구하시오.(단, 솔레노이드밸브의 정격전류는 2.0[A]이고 배선의 1[m]당 전기저항은 0.008[Ω]이다.)

[5점]

• 계산과정 :

• 답 :

해답 • 계산과정

배선저항 : $R = 0.008[\Omega/m] \times 90[m] = 0.72[\Omega]$

전압강하 : $e = 2IR = 2 \times 2[A] \times 0.72[\Omega] = 2.88[V]$

솔레노이드의 단자전압 : $V_R = V_S - e = 26[V] - 2.88[V] = 23.12[V]$

• **답** 23.12[V]

해설

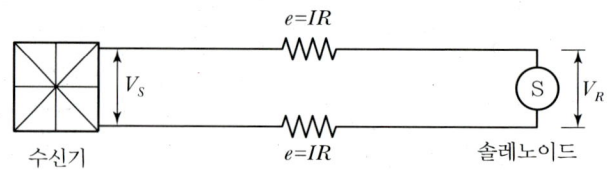

1) 배선저항 : $R = \dfrac{0.008[\Omega]}{1[m]} = 0.008[\Omega/m]$

   $R = 0.008[\Omega/m] \times 90[m] = 0.72[\Omega]$

2) 전압강하(e) : 단상교류, 직류 2선식

   $$e = V_S - V_R = 2IR$$

   여기서, V_S : 송전단 전압, V_R : 수전단 전압, I : 선로전류, R : 선로 1가닥의 저항

   $e = 2IR = 2 \times 2[A] \times 0.72[\Omega] = 2.88[V]$

3) 솔레노이드의 단자전압(수전단 전압)

   $V_S = e + V_R$ (송전단 전압 = 전압강하 + 수전단 전압)이므로

   $V_R = V_S - e = 26[V] - 2.88[V] = 23.12[V]$

07 자동화재탐지설비의 감지기와 수신기 간 신호전달방식의 차이점을 각 수신기별로 쓰시오. [4점]

- P형 수신기 :
- R형 수신기 :

해답
- P형 수신기 : 1 : 1접점방식
- R형 수신기 : 다중전송방식

해설 1) P형 수신기와 R형 수신기의 비교

구분	P형 수신기	R형 수신기
신호전달방식	1 : 1접점방식	다중전송방식
신호의 종류	공통신호	고유신호
선로의 수	많이 필요	적게 필요
중계기	불필요	필요
화재표시방법	램프 점등	문자 또는 숫자(LCD)
배선공사비용	선로수가 많아 고비용	선로수가 적어 저비용
수신기비용	저가	고가
유지관리의 용이성	유지관리 어려움	유지관리 용이

2) R형 수신기의 장점
   ① 선로수가 적어서 경제적이다.
   ② 전압강하가 적어서 선로의 길이를 길게 할 수 있다.
   ③ 증설 및 이설이 용이하다.
   ④ 화재 발생구역을 선명하게 숫자 또는 문자로 표시한다.
   ⑤ 신호의 전달이 명확하다.

08 객석통로의 직선길이가 50[m]일 경우 객석유도등의 수량은 최소 몇 개인가? [4점]

- 계산과정 :
- 답 :

해답
- 계산과정

   객석유도등의 수 $= \dfrac{50}{4} - 1 = 11.5 ≒ 12$개(소수점 이하 절상)

- **답** 12개

해설 객석유도등

1) 설치기준
   ① 객석유도등의 설치위치 : 객석의 통로, 바닥, 벽
   ② 객석유도등의 수량 산정(소수점 이하의 수는 1로 본다.)

   $$설치개수 = \dfrac{객석\ 통로의\ 직선\ 부분의\ 길이[m]}{4} - 1$$

   ③ 객석 내의 통로가 옥외 또는 이와 유사한 부분에 있는 경우에는 해당 통로 전체에 미칠 수 있는 수의 유도등을 설치할 것

2) 설치 제외
   ① 주간에만 사용하는 장소로서 채광이 충분한 객석
   ② 거실 등의 각 부분으로부터 하나의 거실출입구에 이르는 보행거리가 20[m] 이하인 객석의 통로로서 그 통로에 통로유도등이 설치된 객석

3) 유도등, 유도표지의 설치개수 산정

종류	설치개수
객석유도등	$N = \dfrac{직선부분의\ 보행거리[m]}{4[m]} - 1$
복도통로유도등, 거실통로유도등	$N = \dfrac{직선부분의\ 보행거리[m]}{20[m]} - 1$
유도표지	$N = \dfrac{직선부분의\ 보행거리[m]}{15[m]} - 1$

09 다음은 청각장애인용 시각경보장치의 설치기준을 나타낸 것이다. ( ) 안에 알맞은 내용을 쓰시오. [4점]

- 공연장 · 집회장 · 관람장 또는 이와 유사한 장소에 설치하는 경우에는 시선이 집중되는 (①) 부분 등에 설치할 것
- 바닥으로부터 (②)[m] 이상 (③)[m] 이하의 높이에 설치할 것. 다만, 천장의 높이가 2[m] 이하인 경우에는 천장으로부터 (④)[m] 이내의 장소에 설치하여야 한다.

해답 ⊕
① 무대부
② 2
③ 2.5
④ 0.15

해설 ⊕ 청각장애인용 시각경보장치의 설치기준
① 복도 · 통로 · 청각장애인용 객실 및 공용으로 사용하는 거실(로비, 회의실, 강의실, 식당, 휴게실, 오락실, 대기실, 체력단련실, 접객실, 안내실, 전시실, 기타 이와 유사한 장소를 말한다)에 설치하며, 각 부분으로부터 유효하게 경보를 발할 수 있는 위치에 설치할 것
② 공연장 · 집회장 · 관람장 또는 이와 유사한 장소에 설치하는 경우에는 시선이 집중되는 무대부 부분 등에 설치할 것
③ 설치높이는 바닥으로부터 2[m] 이상 2.5[m] 이하의 장소에 설치할 것. 다만, 천장의 높이가 2[m] 이하인 경우에는 천장으로부터 0.15[m] 이내의 장소에 설치하여야 한다.
④ 시각경보장치의 광원은 전용의 축전지설비 또는 전기저장장치(외부 전기에너지를 저장해 두었다가 필요한 때 전기를 공급하는 장치)에 의하여 점등되도록 할 것. 다만, 시각경보기에 작동전원을 공급할 수 있도록 형식승인을 얻은 수신기를 설치한 경우에는 그러하지 아니하다.

10 유연성이 좋고 연결작업이 수월하여 굴곡이 많은 장소나 전동기의 동력선을 보호하기 위하여 사용되는 배관공사 방법을 쓰시오. [4점]

해답 ⊕ 금속제 가요전선관 공사

해설 ⊕ 금속제 가요전선관
굴곡이 심한 장소에 적합하게 사용할 수 있도록 구부러지기 쉬운 구조로 만들어진 금속제 전선관

1) 전선관의 구조
① 1종 금속제 가요전선관
아연도금한 금속을 세로 방향의 파상으로 성형하고 나선형으로 감은 것
② 2종 금속제 가요전선관
내층에 비금속조편, 중간층에 금속조편, 외층에 금속조편으로 조합하여 균일한 간격의 3층 구조로 겹쳐서 감은 구조이다.(강도가 1종보다 우수)

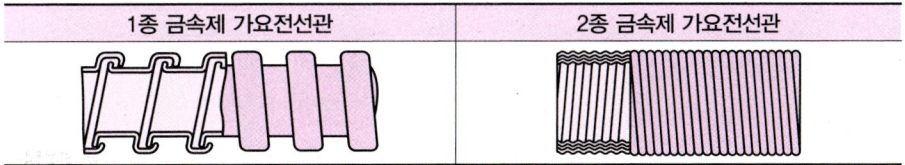

2) 시공장소
① 굴곡장소가 많거나 금속관공사를 시공하기 어려운 곳
② 전동기와 옥내배선을 연결할 경우
③ 조명기구의 인입선 배관 등 비교적 짧은 거리에 적용되는 배선공사방법

11 자동화재탐지설비 및 시각경보장치의 화재안전기술기준에서 정하는 광전식 분리형 감지기의 설치기준을 3가지만 쓰시오. [2점]

-
-
-

해답 ⊕
- 감지기의 수광면은 햇빛을 직접 받지 않도록 설치할 것
- 광축은 나란한 벽으로부터 0.6[m] 이상 이격하여 설치할 것
- 감지기의 송광부와 수광부는 설치된 뒷벽으로부터 1[m] 이내 위치에 설치할 것

해설 1) 광전식 분리형 감지기 설치기준
① 감지기의 수광면은 햇빛을 직접 받지 않도록 설치할 것
② 광축은 나란한 벽으로부터 0.6[m] 이상 이격하여 설치할 것
③ 감지기의 송광부와 수광부는 설치된 뒷벽으로부터 1[m] 이내 위치에 설치할 것
④ 광축의 높이는 천장 등 높이의 80[%] 이상일 것
⑤ 감지기의 광축의 길이는 공칭감시거리 범위 이내일 것
⑥ 그 밖의 설치기준은 형식승인 내용에 따르며 형식승인 사항이 아닌 것은 제조사의 시방에 따라 설치할 것

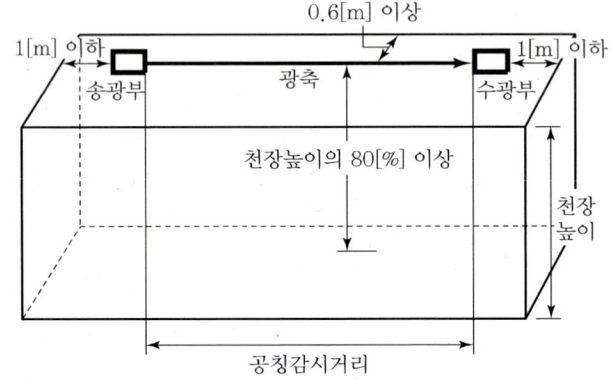

▲ 광전식 분리형 감지기의 설치기준

2) 구성요소 : 송광부, 수광부, 신호증폭회로, 신호변환회로 등
3) 동작원리 : 빛의 감소한 양을 검출하는 감광식
4) 동작순서 : 화재 발생 → 광축에 연기 투입 → 광량 감소 → 신호 증폭 → 화재경보

12 다음은 3상 유도전동기의 전전압 기동방식 제어회로의 미완성 도면이다. 주어진 조건에 따라 도면을 완성하시오. [5점]

[제어회로의 동작조건]
- 제어회로의 전원 전압은 220[V]이다.
- 누름버튼스위치는 PB-on 1개, PB-off 1개를 사용한다.
- 전자접촉기 (MC) 및 (MC)의 보조접점을 사용한다.
- (GL)램프는 정지표시등으로서 전동기 운전 중에는 소등되도록 한다.
- (RL)램프는 운전지시표시등으로 사용한다.
- 보조회로의 과전류 보호를 위해 제어회로에 퓨즈심벌 ▱ 을 사용한다.
- 열동계전기 THR이 동작하면 제어회로가 차단되고 리셋할 때까지 부저가 울리도록 한다.

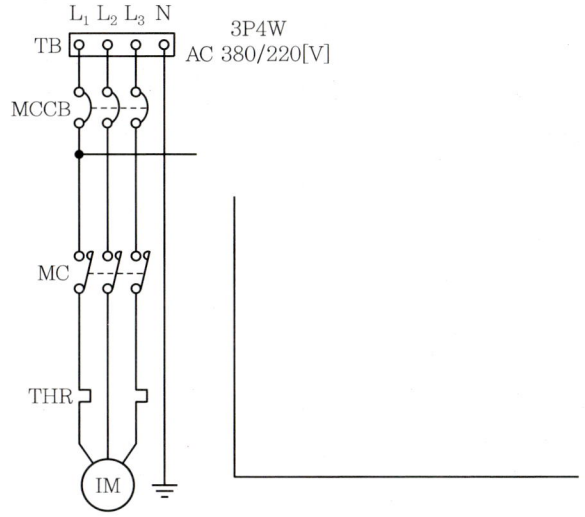

해답

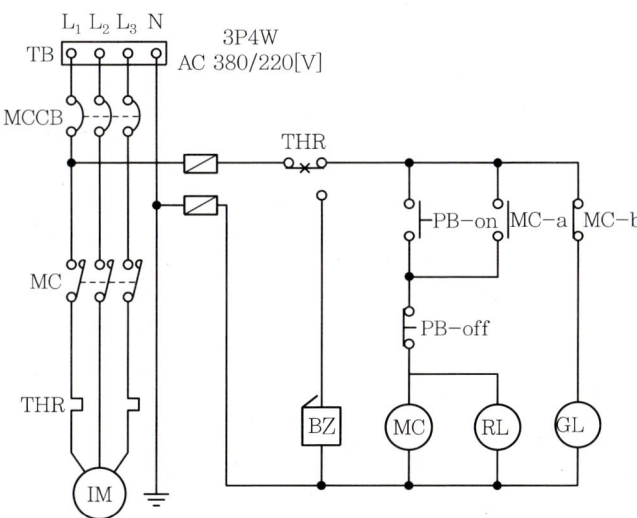

해설

1) 제어회로의 전원

   입력전원이 3상 4선식 AC 380/220[V]이므로

   ① L_1, L_2, L_3 각 선간의 전압 : 380[V]

   ② L_1, L_2, L_3상 중 하나와 N상 간의 전압 : 220[V]

   ③ 제어회로의 전원은 주어진 도면에서 L_1과 N에 연결하여 220[V]를 공급

2) 조건에 따라 퓨즈의 심벌 ▱ 을 삽입한다.

3) 열동계전기는 c접점을 사용하여 평상시(b접점)에는 제어회로에 전원이 공급되고 과전류 발생 시(a접점)는 부저가 울리도록 한다. 부저를 정지하기 위해서는 열동계전기에서 수동 복귀하여야 한다.

4) c접점(Change-over Contact)

공통(Common) ─○── b접점(NC)
　　　　　　　　 ─○── a접점(NO)

① a접점과 b접점이 하나의 공간 안에 있는 접점으로, 필요에 따라 a접점과 b접점을 선택하여 사용할 수 있다.
② 기본적으로 b접점 쪽으로 전기가 흐르는 상태에서 어떤 동작을 하면 b접점은 떨어지고 a접점은 붙어 전기가 흐르는 접점이 달라진다.

5) 동작설명
① MCCB를 투입하면 GL램프가 점등된다.
② PB-on 스위치를 누르면 MC 코일이 여자되어 MC-a접점이 폐로되어 자기유지됨과 동시에 MC 주접점이 폐로되어 전동기가 기동되고, RL램프는 점등, GL램프는 소등된다.
③ 전동기 운전 중 PB-off 스위치를 누르면 MC 코일이 소자되어 전동기는 정지한다.
④ 전동기 운전 중 과전류에 의해 THR이 작동하면 제어회로의 전원은 차단되어 전동기는 정지하고 부저가 작동한다.
⑤ 열동계전기(THR)의 수동복귀 접점을 누르면 제어회로는 리셋되고 부저는 정지한다.

13 다음은 자동화재탐지설비의 미완성 결선도이다. 도면을 참고하여 각 물음에 답하시오. [10점]

1) 각 기구의 단자를 수신기의 단자에 연결하시오.(단, 발신기에 설치된 단자는 왼쪽부터 ① 응답, ② 지구, ③ 공통이다.)

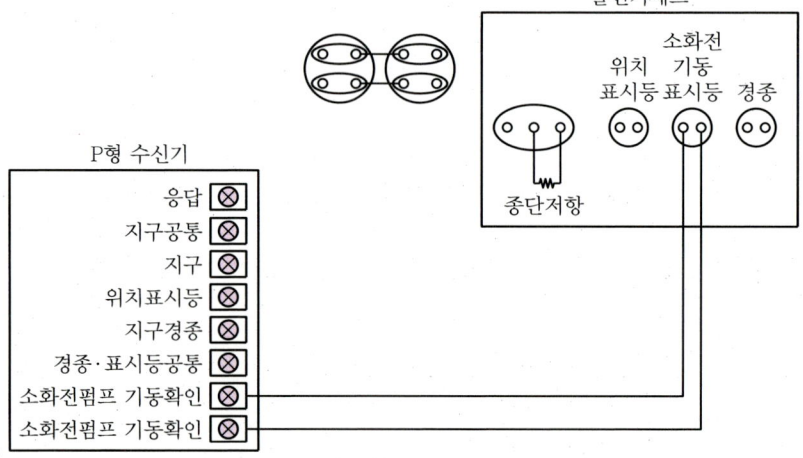

2) 종단저항을 연결해야 하는 기기의 명칭과 단자의 명칭을 쓰시오.
  • 기기 명칭 :
  • 연결하는 곳 :

3) 소화전 기동표시등의 색깔을 쓰시오.
4) 발신기의 위치표시등에 대한 각 물음에 답하시오.
- 불빛의 식별범위 :
- 표시등의 색상 :

[해답]

1)

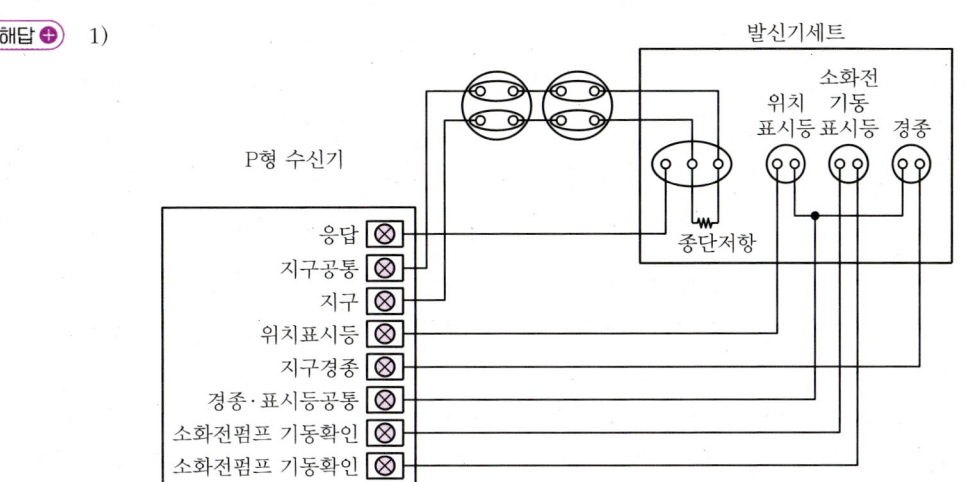

2) • 기기 명칭 : P형 1급 발신기
   • 연결하는 곳 : 지구(회로), 지구공통(회로공통)

3) 적색

4) • 불빛의 식별범위 : 부착면으로부터 15° 이상의 범위 안에서 부착지점으로부터 10[m] 이내의 어느 곳에서도 쉽게 식별
   • 표시등의 색상 : 적색

[해설]

1) P형 수신기~발신기세트 간 내부배선도
   ① 기본 가닥수 : 6가닥
   ② 펌프기동표시등이 설치된 경우 : 2가닥 추가

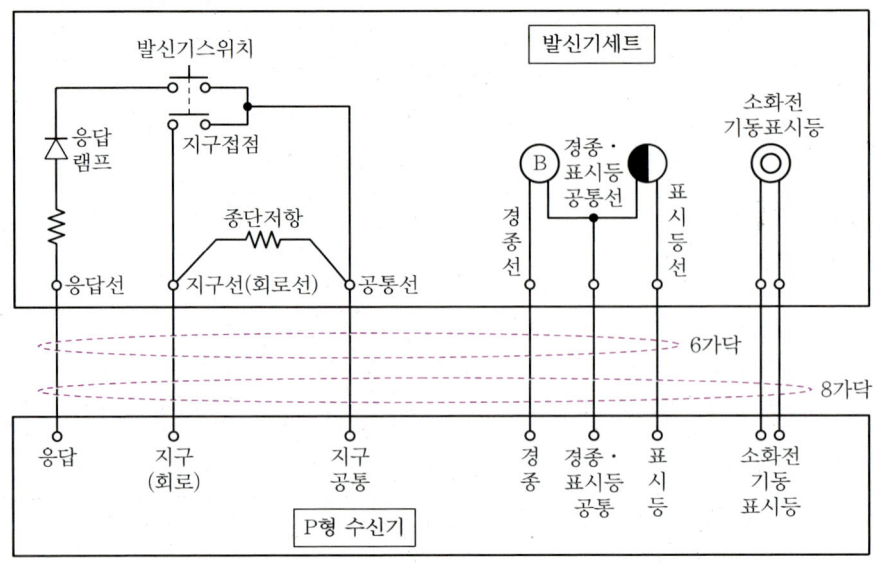

2) 종단저항을 연결해야 하는 기기의 명칭과 단자의 명칭

① P형 1급 발신기

종단저항은 P형 1급 발신기의 지구선과 지구공통선에 연결하여 설치한다.

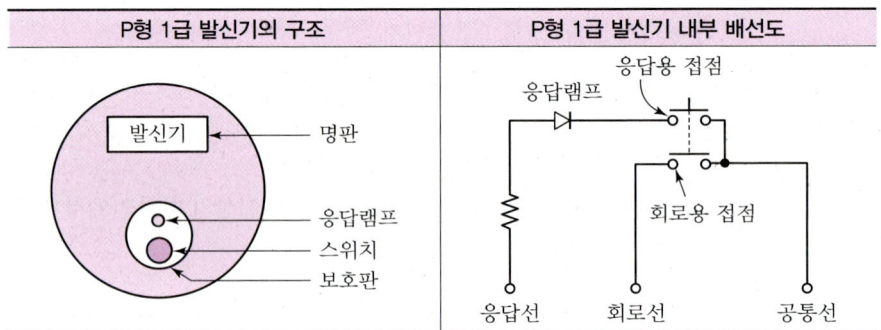

② 도통시험을 위한 종단저항의 설치기준
- **점검 및 관리**가 쉬운 장소에 설치할 것
- 전용함을 설치하는 경우 그 설치**높이**는 바닥으로부터 **1.5[m] 이내**로 할 것
- 감지기회로의 **끝부분**에 설치하며, 종단감지기에 설치할 경우에는 구별이 쉽도록 해당 감지기의 기판 및 감지기 외부 등에 **별도의 표시**를 할 것

3) 옥내소화전설비의 표시등

① 옥내소화전설비의 위치를 표시하는 표시등

함의 상부에 설치하되, 소방청장이 고시하는 「표시등의 성능인증 및 제품검사의 기술기준」에 적합한 것으로 할 것

② 가압송수장치의 기동을 표시하는 표시등(펌프기동표시등＝소화전기동표시등)

옥내소화전함의 **상부 또는 그 직근**에 설치하되 **적색등**으로 할 것. 다만, 자체 소방대를 구성하여 운영하는 경우 가압송수장치의 기동표시등을 설치하지 않을 수 있다.

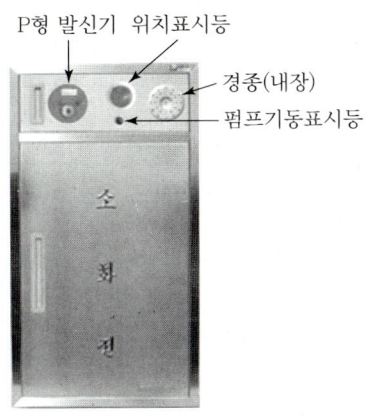

▲ 발신기세트 옥내소화전 내장형

4) 발신기 설치기준
   ① 특정소방대상물의 층마다 설치
   ② 조작스위치 설치높이 : 바닥으로부터 0.8[m] 이상 1.5[m] 이하
   ③ 각 부분으로부터 하나의 발신기까지의 수평거리 : 25[m] 이하(다만, 복도 또는 별도로 구획된 실로서 보행거리가 40[m] 이상일 경우 추가 설치)
   ④ 발신기 위치표시등은 함의 상부에 설치할 것
   ⑤ 발신기 불빛은 부착면으로부터 15° 이상의 범위 안에서 부착지점으로부터 10[m] 이내의 어느 곳에서도 쉽게 식별할 수 있는 적색등으로 할 것

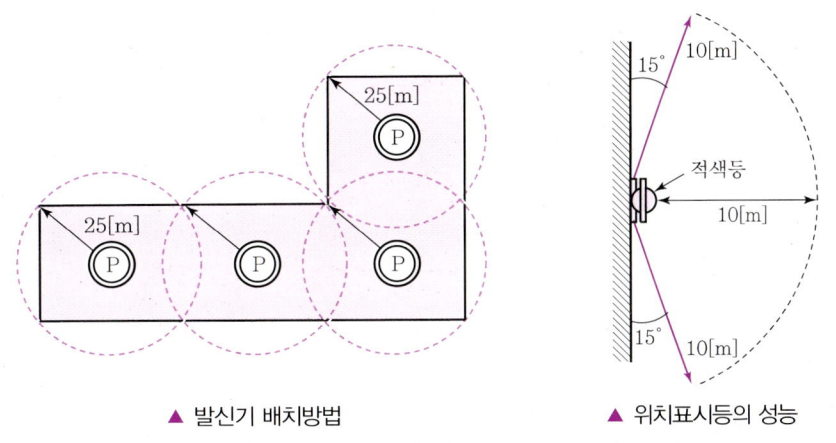

▲ 발신기 배치방법   ▲ 위치표시등의 성능

14 다음의 그림과 같은 유접점 시퀀스 회로에 대해 각 물음에 답하시오. [8점]

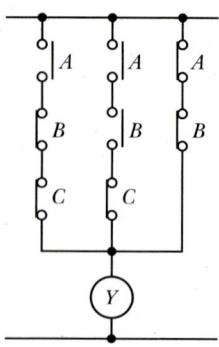

1) 유접점 시퀀스 회로에 대한 논리식을 가장 간단하게 표현하시오.
2) 1)에서 구한 논리식으로 무접점 논리회로를 작성하시오.
3) 유접점 시퀀스 회로에 다음의 타임차트와 같이 A, B, C가 입력되었을 때 출력 Y를 타임차트에 나타내시오.

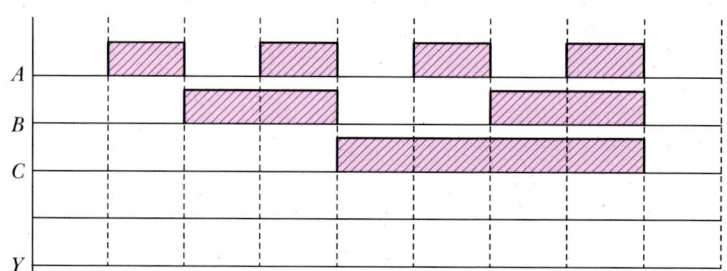

해답

1) $Y = A\overline{B}\,\overline{C} + AB\overline{C} + \overline{A}\,\overline{B}$
$= A\overline{C}(\overline{B}+B) + \overline{A}\,\overline{B}$
$= A\overline{C} + \overline{A}\,\overline{B}$

답 $Y = \overline{A}\,\overline{B} + A\overline{C}$

2)

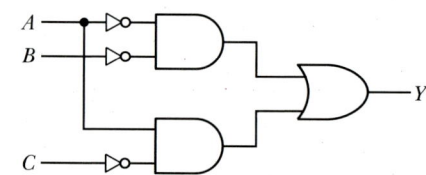

3)

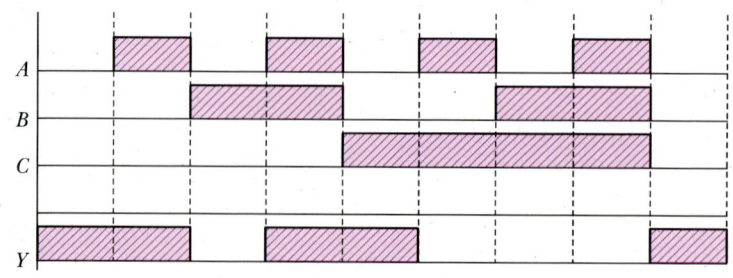

해설 1) 논리식

① $A, \overline{B}, \overline{C}$ 가 직렬로 묶여 있으므로 : $(A \cdot \overline{B} \cdot \overline{C})$

② $A, B, \overline{C}$ 가 직렬로 묶여 있으므로 : $(A \cdot B \cdot \overline{C})$

③ $\overline{A}, \overline{B}$ 가 직렬로 묶여 있으므로 : $(\overline{A} \cdot \overline{B})$

④ 출력 Y는 ①, ②, ③이 병렬로 묶여 있으므로 : $Y = A\overline{B}\,\overline{C} + AB\overline{C} + \overline{A}\,\overline{B}$

⑤ 간소화

$Y = A\overline{B}\,\overline{C} + AB\overline{C} + \overline{A}\,\overline{B}$ ($A\overline{C}$ 로 묶으면)

$= A\overline{C}(\overline{B} + B) + \overline{A}\,\overline{B}$ ($\overline{B} + B$) = 1이므로

$= A\overline{C} + \overline{A}\,\overline{B}$ (위치를 교환하면)

$Y = \overline{A}\,\overline{B} + A\overline{C}$

✎ 유접점 시퀀스 회로에서 b접점에 바(Bar)가 써 있지 않더라도 논리식을 만들 때 b접점은 반드시 바(Bar)를 붙여야 한다.

2) 무접점 논리회로

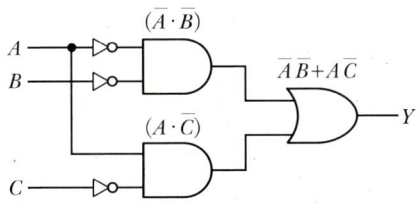

① 0과 1의 의미

구분	내용	스위치 상태
0	스위치 개방상태 출력이 없는 상태	a접점
1	스위치 폐로상태 출력이 발생하는 상태	b접점

② (+)와 (·)의 의미

구분	내용	종류	논리식	논리회로
+	병렬회로를 의미	OR 회로	$X = (A+B)$	
·	직렬회로를 의미	AND 회로	$X = (A \cdot B)$	

③ 부정의 의미(NOT 회로)

입력과 출력이 반대로 되는 회로 : $A \multimap\!\!\triangleright\!\!\multimap X$

부정 전	0	1	+	·	A	$\overline{A}$
부정 후	1	0	·	+	$\overline{A}$	A

3)

	①	②	③	④	⑤	⑥	⑦	⑧	⑨
A	0	1	0	1	0	1	0	1	0
B	0	0	1	1	0	0	1	1	0
C	0	0	0	0	1	1	1	1	0
Y	1	1		1	1				1

- 논리식 $Y = \overline{A}\,\overline{B} + A\overline{C}$ 에서 출력 Y가 나올 수 있는 경우는 $(\overline{A}\,\overline{B})$와 $(A\overline{C})$이다.
- 즉, 타임차트에서 $\overline{A}(A=0)$, $\overline{B}(B=0)$일 때와 $A(A=1)$, $\overline{C}(C=0)$일 때 출력이 나오게 된다.
  $A=0$, $B=0$일 때 : ①, ⑤, ⑨
  $A=1$, $C=0$일 때 : ②, ④
- 간소화하기 전의 논리식을 사용하거나 유접점 회로 또는 무접점 회로를 사용해도 결과는 같다.

15 지하층·무창층 등으로서 환기가 잘되지 아니하거나 감지기의 부착면과 실내바닥과의 거리가 2.3[m] 이하인 곳으로서 일시적으로 발생한 열·연기 또는 먼지 등으로 인하여 화재신호를 발신할 우려가 있는 장소에 설치 가능한 자동화재탐지설비의 감지기 5가지를 쓰시오.(단, 축적형 수신기가 설치되지 않은 장소이다.) [5점]

-
-
-
-
-

해답
- 축적방식 감지기
- 복합형 감지기
- 광전식 분리형 감지기
- 불꽃감지기
- 정온식 감지선형 감지기

해설 1) 축적기능이 있는 수신기 설치장소(비화재보 우려 장소)
① 지하층·무창층 등으로서 환기가 잘되지 않는 장소
② 지하층·무창층 등으로서 실내면적이 40[m²] 미만인 장소
③ 감지기의 부착면과 실내바닥과의 거리가 2.3[m] 이하인 장소로서 일시적으로 발생한 열·연기 또는 먼지 등으로 인하여 감지기가 화재신호를 발신할 우려가 있는 장소

2) 비화재보 우려 장소에 설치할 수 있는 감지기
   ① 축적방식 감지기
   ② 복합형 감지기
   ③ 광전식 분리형 감지기
   ④ 분포형 감지기
   ⑤ 불꽃감지기
   ⑥ 정온식 감지선형 감지기
   ⑦ 아날로그방식 감지기
   ⑧ 다신호방식 감지기

3) 축적기능이 없는 감지기를 설치하여야 하는 경우(실보 우려 장소)
   ① 급속한 연소 확대가 우려되는 장소에 사용하는 감지기
   ② 교차회로방식에 사용하는 감지기
   ③ 축적기능이 있는 수신기에 연결하여 사용하는 감지기

16 다음 표는 어느 건물의 자동화재탐지설비 공사에 소요되는 자재물량이다. 주어진 품셈을 이용하여 내선전공의 노임요율과 공량의 빈칸을 채우고 인건비를 산출하시오. [10점]

[조건]
- 공구손료는 내선전공에 대한 인건비의 3[%], 내선전공의 M/D는 100,000원을 적용한다.
- 콘크리트박스는 매입을 원칙으로 하며, 박스커버의 내선전공은 적용하지 않는다.
- 빈칸에 숫자를 적을 필요가 없는 부분은 공란으로 남겨 둔다.

1) 내선전공의 노임요율 및 공량

품명	규격	단위	수량	노임요율	공량
수신기	P형 5회로	EA	1		
발신기	P형	EA	5		
경종	DC-24[V]	EA	5		
표시등	DC-24[V]	EA	5		
차동식 감지기	스포트형	EA	60		
전선관(후강)	16호	[m]	70		
전선관(후강)	22호	[m]	100		
전선관(후강)	28호	[m]	400		
전선	1.5[mm²]	[m]	10,000		
전선	2.5[mm²]	[m]	15,000		
콘크리트박스	4각	EA	5		
콘크리트박스	8각	EA	55		
박스커버	4각	EA	5		
박스커버	8각	EA	55		
계					

2) 인건비

품명	단위	공량	단개[원]	금액[원]
내선전공	인			
공구손료	식			
계				

[표 1] 전선관(m당)

합성수지전선관		금속(후강)전선관		금속가요전선관	
관의 호칭	내선전공	관의 호칭	내선전공	관의 호칭	내선전공
14	0.04	–	–	–	–
16	0.05	16	0.08	16	0.044
22	0.06	22	0.11	22	0.059
28	0.08	28	0.14	28	0.072
36	0.10	36	0.20	36	0.087
42	0.13	42	0.25	42	0.104
54	0.19	54	0.34	54	0.136
70	0.28	70	0.44	70	0.156

[표 2] 박스(Box) 신설(개당)

종류	내선전공
8각 Concrete Box	0.12
4각 Concrete Box	0.12
8각 Outlet Box	0.20
중형 4각 Outlet Box	0.20
대형 4각 Outlet Box	0.20
1개용 Switch Box	0.20
2~3개용 Switch Box	0.20
4~5개용 Switch Box	0.25
노출형 Box(콘크리트 노출기준)	0.29
플로어박스	0.20

[표 3] 옥내배선(m당, 직종 : 내선전공)

규격	관내배선	규격	관내배선
6[mm²] 이하	0.010	120[mm²] 이하	0.077
16[mm²] 이하	0.023	150[mm²] 이하	0.088
38[mm²] 이하	0.031	200[mm²] 이하	0.107
50[mm²] 이하	0.043	250[mm²] 이하	0.130
60[mm²] 이하	0.052	300[mm²] 이하	0.148
70[mm²] 이하	0.061	325[mm²] 이하	0.160
100[mm²] 이하	0.064	400[mm²] 이하	0.197

[표 4] 자동화재경보장치 설치

공종	단위	내선전공	비고
Spot형 감지기 (차동식, 정온식, 보상식) 노출형	개	0.13	① 천장높이 4[m] 기준 1[m] 증가 시마다 5[%] 가산 ② 매입형 또는 특수구조인 경우 조건에 따라 선정
시험기(공기관 포함)		0.15	① 상동 ② 상동
분포형의 공기관		0.025	① 상동 ② 상동
검출기		0.30	
공기관식의 Booster		0.10	
발신기 P형		0.30	
회로시험기		0.10	
수신기 P형(기본공수) (회선수 공수 산출 가산요)	대	6.0	[회선수에 대한 산정] 매 1회선에 대해서 | 형식 \\ 직종 | 내선전공 | | P형 | 0.3 | | R형 | 0.2 |
부수신기(기본공수)	대	3.0	※ R형은 수신반 인입감시 회선수 기준 [참고] 산정 예 P형의 10회선 : 기본공수는 6인 회선당 할증수는 10 × 0.3 = 3 ∴ 6 + 3 = 9인
소화전 기동 릴레이	대	1.5	
경종	개	0.15	
표시등	개	0.20	
표지판	개	0.15	

해답 1) 내선전공의 노임요율 및 공량

품명	규격	단위	수량	노임요율	공량
수신기	P형 5회로	EA	1	100,000원	$6+(5\times0.3)=7.5$
발신기	P형	EA	5	100,000원	$0.3\times5=1.5$
경종	DC-24[V]	EA	5	100,000원	$0.15\times5=0.75$
표시등	DC-24[V]	EA	5	100,000원	$0.2\times5=1$
차동식 감지기	스포트형	EA	60	100,000원	$0.13\times60=7.8$
전선관(후강)	16호	[m]	70	100,000원	$0.08\times70=5.6$
전선관(후강)	22호	[m]	100	100,000원	$0.11\times100=11$
전선관(후강)	28호	[m]	400	100,000원	$0.14\times400=56$
전선	1.5[mm²]	[m]	10,000	100,000원	$0.01\times10,000=100$
전선	2.5[mm²]	[m]	15,000	100,000원	$0.01\times15,000=150$
콘크리트박스	4각	EA	5	100,000원	$0.12\times5=0.6$
콘크리트박스	8각	EA	55	100,000원	$0.12\times55=6.6$
박스커버	4각	EA	5	-	-
박스커버	8각	EA	55	-	-
계					348.35

2) 인건비

품명	단위	공량	단가[원]	금액[원]
내선전공	인	348.35	100,000	34,835,000
공구손료	식	3[%]	34,835,000	1,045,050
계				35,880,050

해설 1) 내선전공의 노임요율 및 공량

품명	규격	단위	수량	노임요율	공량
수신기	P형 5회로	EA	1	100,000원	$6+(5\times0.3)=7.5$
발신기	P형	EA	5	100,000원	$0.3\times5=1.5$
경종	DC-24[V]	EA	5	100,000원	$0.15\times5=0.75$
표시등	DC-24[V]	EA	5	100,000원	$0.2\times5=1$
차동식 감지기	스포트형	EA	60	100,000원	$0.13\times60=7.8$
전선관(후강)	16호	[m]	70	100,000원	$0.08\times70=5.6$
전선관(후강)	22호	[m]	100	100,000원	$0.11\times100=11$
전선관(후강)	28호	[m]	400	100,000원	$0.14\times400=56$
전선	1.5[mm²]	[m]	10,000	100,000원	$0.01\times10,000=100$
전선	2.5[mm²]	[m]	15,000	100,000원	$0.01\times15,000=150$
콘크리트박스	4각	EA	5	100,000원	$0.12\times5=0.6$
콘크리트박스	8각	EA	55	100,000원	$0.12\times55=6.6$
박스커버	4각	EA	5	-	-
박스커버	8각	EA	55	-	-
계					$7.5+1.5+0.75+1+7.8+5.6+11$ $+56+100+150+0.6+6.6=348.35$

① 수신기 공량 : 6.0+1.5=7.5인
- 표 4에서 수신기 1대당 내선전공 : 6.0인
- 1회선에 대하여 0.3인씩 증가하므로 : 5회로×0.3=1.5인
 [수신기(P형 5회로), 발신기(5개)이므로 회로수는 5회로로 계산한다.]
② 발신기 공량 : 0.3×5=1.5인
- 표 4에서 발신기 1대당 내선전공 : 0.3인
- 발신기 수량 : 5대
③ 경종 등은 발신기와 동일한 방법으로 계산한다.
④ 전선 1.5[mm²], 2.5[mm²]는 표 3에서 6[mm²] 이하이므로 공량을 0.01로 선정하여 계산한다.
⑤ 조건에서 박스커버의 내선전공은 고려하지 않는다고 하였으므로 박스커버의 공량은 0이다.
⑥ 공량계=7.5+1.5+0.75+1+7.8+5.6+11+56+100+150+0.6+6.6=348.35
각 품명별 공량을 모두 합산한다.

2) 인건비

품명	단위	공량	단가[원]	금액[원]
내선전공	인	348.35	100,000	348.35×100,000=34,835,000
공구손료	식	3[%]	34,835,000	34,835,000×0.03=1,045,050
계				34,835,000+1,045,050=35,880,050

① 내선전공(직접노무비)=공량합계×단가
② 공구손료=직접노무비×0.03(직접노무비의 3[%])
③ 인건비=직접노무비+공구손료 (간접노무비는 주어지지 않았으므로 무시한다.)

17 경동선의 저항이 상온 20[℃]에서 100[Ω]이고, 이 온도에서 저항온도계수가 0.00393이다. 화재로 인하여 경동선의 온도가 100[℃]로 상승할 때 저항값[Ω]을 구하시오. [4점]

- 계산과정 :
- 답 :

해답 • 계산과정

$R_2 = R_1[1+\alpha_t(T_2-T_1)]$

$R_2 = 100 \times [1+0.00393 \times (100-20)] = 131.44[\Omega]$

- 답 131.44[Ω]

해설 ➕

1) 계산식

도체의 온도가 $T_1[℃]$에서 R_1인 저항이 $T_2[℃]$로 상승했다면 나중 온도에서의 저항 R_2

$$R_2 = R_1 + \alpha_t R_1(T_2 - T_1) = R_1[1+\alpha_t(T_2 - T_1)]$$

여기서, R_1 : $T_1[℃]$에서 도체의 저항[Ω]
R_2 : $T_2[℃]$에서 도체의 저항[Ω]
T_1 : 상승 전 도체의 온도[℃]
T_2 : 상승 후 도체의 온도[℃]
α_t : $T_1[℃]$에서 1[℃] 상승 시 저항의 증가계수 $\alpha_t = \dfrac{1}{234.5+t_1}$

2) 계산과정

$R_2 = R_1[1+\alpha_t(T_2 - T_1)]$
$R_2 = 100 \times [1+0.00393 \times (100-20)] = 131.44[\Omega]$

18 지하 3층, 지상 11층 이상인 건축물의 각 층에서 다음 표와 같이 화재가 발생했을 경우 자동화재탐지설비의 경종이 경보하여야 하는 층을 표기하시오.(단, 경보표시는 ●를 사용한다.)

[6점]

화재 발생 층	① 3층	② 2층	③ 1층	④ 지하 1층	⑤ 지하 2층	⑥ 지하 3층
11층						
10층						
9층						
8층						
7층	●					
6층	●	●				
5층	●	●	●			
4층	●	●	●			
3층	화재(●)	●	●			
2층		화재(●)	●			
1층			화재(●)	●		
지하 1층			●	화재(●)	●	●
지하 2층			●	●	화재(●)	●
지하 3층			●	●	●	화재(●)

해답

화재 발생 층	① 3층	② 2층	③ 1층	④ 지하 1층	⑤ 지하 2층	⑥ 지하 3층
11층						
10층						
9층						
8층						
7층	●					
6층	●	●				
5층	●	●	●			
4층	●	●	●			
3층	화재(●)	●	●			
2층		화재(●)	●			
1층			화재(●)	●		
지하 1층			●	화재(●)	●	●
지하 2층			●	●	화재(●)	●
지하 3층			●	●	●	화재(●)

해설 발화층·직상층 우선경보방식

1) 대상

   층수가 11층(공동주택의 경우에는 16층) 이상의 특정소방대상물

2) 경보방식

발화층	경보하여야 하는 층
2층 이상의 층	발화층 및 그 직상 4개층
1층	발화층·그 직상 4개층 및 지하층
지하층	발화층·그 직상층 및 기타의 지하층

2021년 제1회(2021. 4. 25)

01 P형 발신기의 누름스위치를 손으로 눌렀더니 음향장치가 작동하였다. 수신기에서 복구스위치를 작동시켰으나 화재신호가 복구되지 않았다. 그 원인과 해결방법을 쓰시오. [3점]

- 원인 :
- 해결방법 :

해답 ⊕
- 원인 : P형 발신기의 누름스위치가 눌려 있는 상태이므로
- 해결방법 : P형 발신기의 누름스위치를 원상태로 복구시킨 후, 수신기의 복구스위치를 누른다.

해설 ⊕

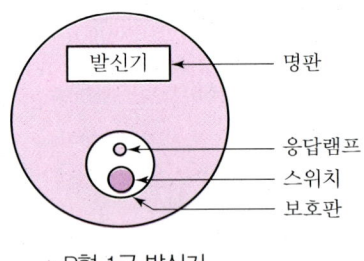

▲ P형 1급 발신기

① 발신기의 누름스위치는 한 번 누르면 자동복귀되지 않고 누름상태를 유지한다.
② 이때 수신기에서 복구스위치를 눌러도 수신기는 복구되지 않는다.
③ 발신기의 누름스위치를 먼저 복구시킨 후 수신기에서 복구스위치를 눌러야 수신기가 복구된다.
④ 발신기의 누름스위치를 복구하는 방법은 제품에 따라 2가지 형태가 있다.
  - 누름스위치를 한 번 더 누르면 복구되는 제품
  - 눌려 있는 스위치를 손으로 당겨서 복구시키는 제품

02 수조에 분당 12[m³]의 물을 양수하는 펌프를 설치하여 3상 전력을 공급하고자 한다. 수조는 지상 31[m]의 높이에 위치하고 펌프의 효율은 65[%], 펌프 측 동력에 10[%]의 여유를 둔다고 할 때 다음 각 물음에 답하시오.(단, 전동기의 역률은 1로 가정한다.) [6점]

1) 펌프용 전동기의 용량은 몇 [kW]인가?
  - 계산과정 :
  - 답 :

2) 3상 전력을 공급하던 중 변압기 1대가 고장이 발생하여 단상변압기 2대를 V결선하여 이용하고자 한다. 단상변압기 1대의 용량은 몇 [kVA]인가?
  • 계산과정 :
  • 답 :

[해답]

1) • 계산과정

$$P[\text{kW}] = \frac{9.8\,QH}{\eta}K$$

$$P = \frac{9.8 \times (12/60) \times 31}{0.65} \times 1.1 = 102.82\,[\text{kW}]$$

  • 답 102.82[kW]

2) • 계산과정

$$P_V[\text{kW}] = \sqrt{3}\,V_P I_P \cos\theta = \sqrt{3}\,P_1 \cos\theta$$

여기서, $\cos\theta = 1$이므로

$$P_V[\text{kW}] = \sqrt{3}\,P_1$$

$$102.82\,[\text{kW}] = \sqrt{3}\,P_1$$

$$P_1 = \frac{102.82}{\sqrt{3}} = 59.36\,[\text{kVA}]$$

  • 답 59.36[kVA]

[해설]

1) 전동기의 동력(물사용 펌프용 전동기)

$$P[\text{kW}] = \frac{9.8\,QH}{\eta}K$$

여기서, 9.8 : 물의 비중량[kN/m³], Q : 유량[m³/s], H : 양정[m], η : 효율, K : 전달계수

① Q : 유량[m³/s]

문제에서 분당 12[m³]이므로

$$Q = \frac{12\,[\text{m}^3]}{1\,[\text{min}]} = \frac{12}{60}\,[\text{m}^3/\text{s}]$$

② $H = 30[\text{m}]$, $\eta = 0.65$, $K = 1.1$

③ $P[\text{kW}] = \dfrac{9.8\,QH}{\eta}K$

$$P = \frac{9.8 \times (12/60) \times 31}{0.65} \times 1.1 = 102.82\,[\text{kW}]$$

2) V결선 시 출력

$$P_V[\text{kW}] = \sqrt{3}\,V_P I_P \cos\theta = \sqrt{3}\,P_1 \cos\theta$$

여기서, $P_V[\text{kW}]$: V결선 시 출력, $V_P I_P = P_1$: 변압기 1대의 용량

① 문제에서 $\cos\theta = 1$이므로(역률 100[%])

$P_V[\text{kW}] = \sqrt{3}\,P_1$

② V결선하여 펌프에 동력을 공급해야 하므로 1)에서 구한 $P[\text{kW}]$가 V결선 시 출력용량이 된다.

$P_V = 102.82[\text{kW}]$

$102.82[\text{kW}] = \sqrt{3}\,P_1$

$P_1 = \dfrac{102.82}{\sqrt{3}} = 59.36[\text{kVA}]$

03 3상 380[V] 100[HP]의 스프링클러펌프용 유도전동기를 사용 중이다. 전동기의 역률이 60[%]일 때 역률을 90[%]로 개선하고자 한다. 이 경우 필요한 전력용 콘덴서의 용량은 몇 [kVA]인지 구하시오. [4점]

- 계산과정 :
- 답 :

해답

- 계산과정

$P = 100[\text{HP}] \times \dfrac{0.746[\text{kW}]}{1[\text{HP}]} = 74.6[\text{kW}]$

$Q = 74.6 \times \left(\dfrac{\sqrt{1-0.6^2}}{0.6} - \dfrac{\sqrt{1-0.9^2}}{0.9}\right) = 63.34[\text{kVA}]$

- 답 63.34[kVA]

해설

1) 유도전동기의 동력

① 1[HP] = 0.746[kW]이므로

② $100[\text{HP}] \times \dfrac{0.746[\text{kW}]}{1[\text{HP}]} = 74.6[\text{kW}]$

2) 콘덴서의 용량

① $Q_C = P(\tan\theta_1 - \tan\theta_2) = P\left(\dfrac{\sin\theta_1}{\cos\theta_1} - \dfrac{\sin\theta_2}{\cos\theta_2}\right)[\text{VA}]$

$$Q_C = P\left(\dfrac{\sqrt{1-\cos^2\theta_1}}{\cos\theta_1} - \dfrac{\sqrt{1-\cos^2\theta_2}}{\cos\theta_2}\right)[\text{kVA}]$$

여기서, Q_C : 콘덴서의 용량[kVA], P : 유효전력[kW], $\cos\theta_1$: 개선 전 역률, $\cos\theta_2$: 개선 후 역률

② $Q = 74.6 \times \left(\dfrac{\sqrt{1-0.6^2}}{0.6} - \dfrac{\sqrt{1-0.9^2}}{0.9}\right) = 63.34[\text{kVA}]$

04 다음은 배선의 공사방법 중 내화배선의 공사방법에 대한 내용이다. 다음 ( ) 안에 알맞은 내용을 써 넣으시오. [7점]

금속관·(①) 또는 (②)에 수납하여 (③)로 된 벽 또는 바닥 등에 벽 또는 바닥의 표면으로부터 (④)의 깊이로 매설하여야 한다.
- 배선을 내화성능을 갖는 배선전용실 또는 배선용 샤프트·피트·덕트 등에 설치하는 경우
- 배선전용실 또는 배선용 샤프트·피트·덕트 등에 다른 설비의 배선이 있는 경우에는 이로부터 (⑤) 이상 떨어지게 하거나 소화설비의 배선과 이웃하는 다른 설비의 배선 사이에 배선지름(배선의 지름이 다른 경우에는 지름이 가장 큰 것을 기준으로 한다)의 (⑥)배 이상의 높이의 (⑦)을 설치하는 경우

해답
① 2종 금속제 가요전선관　② 합성 수지관　③ 내화구조
④ 25[mm]　⑤ 15[cm]　⑥ 1.5배
⑦ 불연성 격벽

해설 내화배선

사용전선의 종류	공사방법
1. 450/750[V] 저독성 난연 가교 폴리올레핀 절연전선 2. 0.6/1[kV] 가교 폴리에틸렌 절연 저독성 난연 폴리올레핀 시스 전력 케이블 3. 6/10[kV] 가교 폴리에틸렌 절연 저독성 난연 폴리올레핀 시스 전력용 케이블 4. 가교 폴리에틸렌 절연 비닐 시스 트레이용 난연 전력 케이블 5. 0.6/1[kV] EP 고무절연 클로로프렌 시스 케이블 6. 300/500[V] 내열성 실리콘 고무 절연전선(180℃) 7. 내열성 에틸렌-비닐 아세테이트 고무 절연케이블 8. 버스덕트(Bus Duct) 9. 기타 내화성능이 있다고 인정하는 것	금속관·2종 금속제 가요전선관 또는 합성 수지관에 수납하여 내화구조로 된 벽 또는 바닥 등에 벽 또는 바닥의 표면으로부터 25[mm] 이상의 깊이로 매설하여야 한다. 다만 다음의 기준에 적합하게 설치하는 경우에는 그러하지 아니하다. 1. 배선을 내화성능을 갖는 배선전용실 또는 배선용 샤프트·피트·덕트 등에 설치하는 경우 2. 배선전용실 또는 배선용 샤프트·피트·덕트 등에 다른 설비의 배선이 있는 경우에는 이로부터 15[cm] 이상 떨어지게 하거나 소화설비의 배선과 이웃하는 다른 설비의 배선 사이에 배선지름(배선의 지름이 다른 경우에는 가장 큰 것을 기준으로 한다)의 1.5배 이상의 높이의 불연성 격벽을 설치하는 경우
내화전선	케이블공사의 방법

05 다음의 조건에서 설명하는 감지기의 명칭을 쓰시오.(단, 감지기 종별은 제외한다.) [2점]

[조건]
- 공칭작동온도 : 70[℃]
- 작동방식 : 바이메탈식, DC 24[V], 0.02[A]
- 부착높이 : 8[m] 미만

해답⊕ 정온식 스포트형 감지기

해설⊕ 정온식 스포트형 감지기

구분	내용	정온식 스포트형 감지기
형식	특종, 1종, 2종 70[℃], 보통형, 재용형	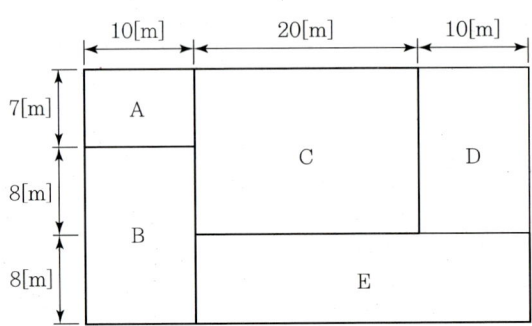
정격전압	DC 24[V]	
소비전류	감지기 동작 시 20[mA]	
감지방식	바이메탈에 의한 공칭작동온도 감지	
부착높이	8[m] 미만	

06 다음 도면은 어느 특정소방대상물의 평면도이다. 건축물은 비내화구조이며 차동식 스포트형 감지기 1종을 설치하는 경우 다음 각 물음에 답하시오.(단, 천장의 높이는 3.8[m]이다.) [7점]

```
        10[m]    20[m]    10[m]
      ┌──────┬──────────┬──────┐
 7[m] │  A   │          │      │
      ├──────┤    C     │  D   │
 8[m] │      │          │      │
      │  B   ├──────────┴──────┤
 8[m] │      │        E        │
      └──────┴─────────────────┘
```

1) 각 실에 설치되는 감지기의 개수를 구하시오.

구분	계산과정	감지기의 개수
A		
B		
C		
D		
E		

2) 해당 특정소방대상물의 경계구역수를 산출하시오.
  • 계산과정 :
  • 답 :

해답 1) 감지기의 개수

구분	계산과정	감지기의 개수
A	$\dfrac{10 \times 7}{50} = 1.4$	2개
B	$\dfrac{10 \times (8+8)}{50} = 3.2$	4개
C	$\dfrac{20 \times (7+8)}{50} = 6$	6개
D	$\dfrac{10 \times (7+8)}{50} = 3$	3개
E	$\dfrac{(20+10) \times 8}{50} = 4.8$	5개

2) • 계산과정

$$N = \frac{(10+20+10) \times (7+8+8)}{600} = \frac{920}{600} = 1.533$$

• **답** 2경계구역

해설 1) 감지기의 개수 산정

▼ 차동식 보상식, 정온식 스포트형 감지기의 기준면적(단위 : m²)

부착높이 및 특정소방대상물의 구분		감지기의 종류				
		차동식, 보상식		정온식		
		1종	2종	특종	1종	2종
4[m] 미만	내화구조	90	70	70	60	20
	기타 구조	50	40	40	30	15
4[m] 이상 8[m] 미만	내화구조	45	35	35	30	—
	기타 구조	30	25	25	15	—

① 조건에 따라 기준면적을 표에서 찾으면 50[m²]이다.
② 각 실의 면적을 기준면적으로 나눈다.
③ 계산된 값에서 소수점 이하는 올려서 감지기 수량을 산정한다.

2) 경계구역수 산출
  ① 평면도의 전체 바닥면적 산출
  $A = (10+20+10) \times (7+8+8) = 920[\text{m}^2]$
  ② 전체 바닥면적을 600[m²]로 나눈다.
  $N = \dfrac{920}{600} = 1.533$

③ 소수점 이하는 올려서 경계구역수를 산출한다.
∴ 2경계구역

> **Reference**
>
> **경계구역의 설정기준**
> ① 층별, 면적별 경계구역 설정기준
> - 하나의 경계구역이 2개 이상의 건축물에 미치지 아니하도록 할 것
> - 하나의 경계구역이 2개 이상의 층에 미치지 아니하도록 할 것(다만, 500[m²] 이하의 범위 안에서는 2개의 층을 하나의 경계구역으로 할 수 있다)
> - 하나의 경계구역의 면적은 600[m²] 이하로 하고 한 변의 길이는 50[m] 이하로 할 것(다만, 주된 출입구에서 그 내부 전체가 보이는 것은 한 변의 길이가 50[m]의 범위 내에서 1,000[m²] 이하)
>
> ② 수직구역의 경계구역 설정기준
> - 별도의 경계구역 설정 : 계단, 경사로, 엘리베이터 승강로, 권상기실, 린넨슈트, 파이프 피트, 파이프 덕트, 기타 이와 유사한 부분
> - 하나의 경계구역 높이 : 45[m] 이하(계단 및 경사로에 한함)
> - 지하층의 계단 및 경사로는 별도로 하나의 경계구역으로 할 것(지하층의 층수가 1일 경우는 제외)
>
> ③ 기타 경계구역 설정
> - 외기에 면하여 상시 개방된 부분이 있는 차고·주차장·창고 등에 있어서는 외기에 면하는 각 부분으로부터 5[m] 미만의 범위 안에 있는 부분은 경계구역의 면적에 산입하지 아니한다.
> - 스프링클러설비·물분무등소화설비 또는 제연설비의 화재감지장치로서 화재감지기를 설치한 경우의 경계구역은 해당 소화설비의 방사구역 또는 제연구역과 동일하게 설정할 수 있다.

07 다음은 이산화탄소소화설비의 음향경보장치에 관한 내용이다. 다음 각 물음에 답하시오. [4점]

1) 방호구역 또는 방호대상물이 있는 구획의 각 부분으로부터 하나의 확성기까지의 수평거리는 몇 [m] 이하로 하여야 하는지 쓰시오.
2) 소화약제의 방사개시 후 몇 분 이상 경보를 발하여야 하는지 쓰시오.

해답 1) 25[m] 이하
2) 1분 이상

해설 이산화탄소소화설비의 음향경보장치 설치기준
1) 이산화탄소소화설비의 음향경보장치는 다음 각 호의 기준에 따라 설치하여야 한다.
① 수동식 기동장치를 설치한 것은 그 기동장치의 조작과정에서, 자동식 기동장치를 설치한 것은 화재감지기와 연동하여 자동으로 경보를 발하는 것으로 할 것
② 소화약제의 방사개시 후 1분 이상 경보를 계속할 수 있는 것으로 할 것

③ 방호구역 또는 방호대상물이 있는 구획 안에 있는 자에게 유효하게 경보할 수 있는 것으로 할 것

2) 방송에 따른 경보장치를 설치할 경우에는 다음 각 호의 기준에 따라야 한다.
① 증폭기 재생장치는 화재 시 연소의 우려가 없고, 유지관리가 쉬운 장소에 설치할 것
② 방호구역 또는 방호대상물이 있는 구획의 각 부분으로부터 하나의 확성기까지의 수평거리는 25[m] 이하가 되도록 할 것
③ 제어반의 복구스위치를 조작하여도 경보를 계속 발할 수 있는 것으로 할 것

08 AC 220[V]에서 20[W] 피난구 유도등 30개가 점등된 경우 소요되는 전류는 몇 [A]인가?(단, 유도등의 역률은 70[%]이다.) [4점]

- 계산과정 :
- 답 :

해답
- 계산과정

$$P = VI\cos\theta$$

$$(20 \times 30) = 220 \times I \times 0.7$$

$$I = \frac{(20 \times 30)}{220 \times 0.7} = 3.895 ≒ 3.90[\text{A}]$$

- **답** 3.9[A]

해설 1) 유효전력 P[W] : 저항(R)에서 소비되는 전력, 실제 일한 전력, 소비전력

$$P = VI\cos\theta$$

여기서, P : 유효전력[W], V : 전압[V], I : 전류[A], $\cos\theta$: 역률

2) 계산과정
① $P = 20[\text{W}] \times 30[\text{개}] = 600[\text{W}]$

$V = 220[\text{V}]$

$\cos\theta = 0.7$

② $P = VI\cos\theta$

$(20 \times 30) = 220 \times I \times 0.7$

$I = \frac{(20 \times 30)}{220 \times 0.7} = 3.895 ≒ 3.90[\text{A}]$

09 입력이 A, B, C 3개가 주어졌을 때 출력 X_A, X_B, X_C의 논리식은 다음과 같다. 주어진 논리식을 참고하여 다음 각 물음에 답하시오. [9점]

- $X_A = A \cdot \overline{X_B} \cdot \overline{X_C}$
- $X_B = B \cdot \overline{X_A} \cdot \overline{X_C}$
- $X_C = C \cdot \overline{X_A} \cdot \overline{X_B}$

1) 논리식을 참고하여 동일한 동작이 되도록 유접점 회로를 그리시오.(단, A, B, C는 누름버튼스위치이다.)
2) 논리식을 참고하여 동일한 동작이 되도록 무접점 회로를 그리시오.
3) 논리식을 참고하여 타임차트를 완성하시오.

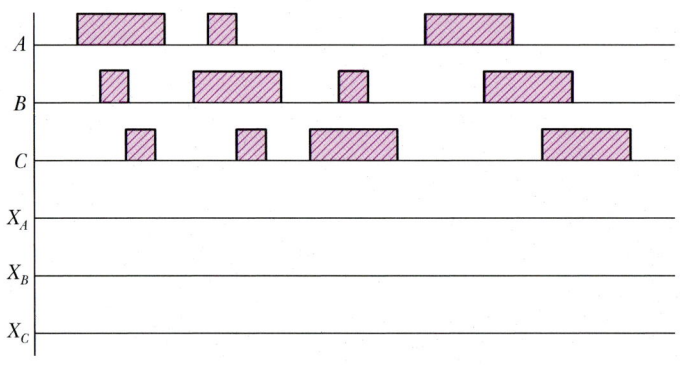

해답 1) 유접점 회로

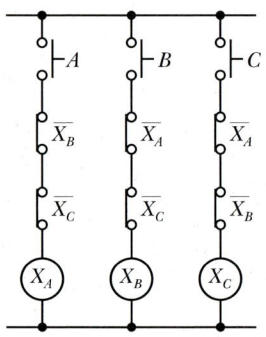

2) 무접점 회로

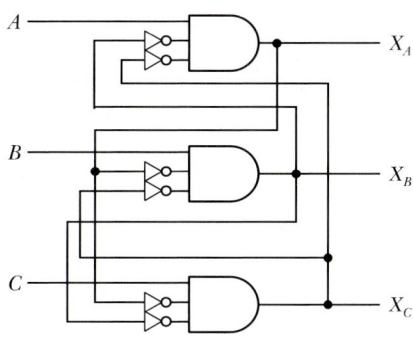

3) 타임차트

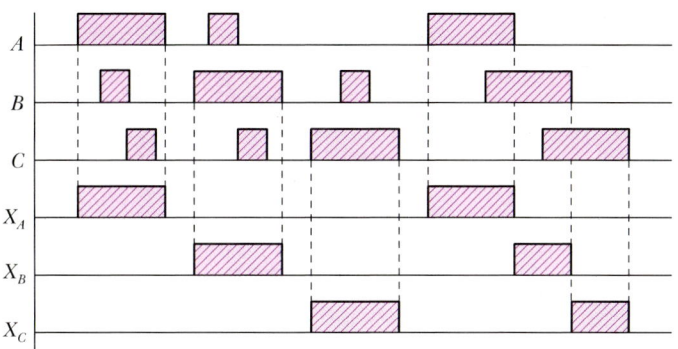

해설 1) 유접점 회로

- $X_A = A \cdot \overline{X_B} \cdot \overline{X_C}$
- $X_B = B \cdot \overline{X_A} \cdot \overline{X_C}$
- $X_C = C \cdot \overline{X_A} \cdot \overline{X_B}$

① $X_A = A$와 $\overline{X_B}$와 $\overline{X_C}$가 논리곱(·)으로 연결되어 있으므로 직렬회로이다.
② $X_B = B$와 $\overline{X_A}$와 $\overline{X_C}$가 논리곱(·)으로 연결되어 있으므로 직렬회로이다.
③ $X_C = C$와 $\overline{X_A}$와 $\overline{X_B}$가 논리곱(·)으로 연결되어 있으므로 직렬회로이다.

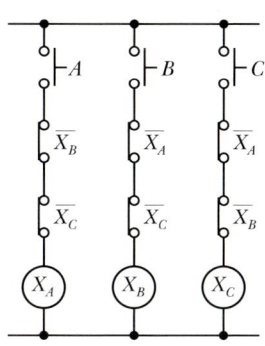

2) 무접점 회로

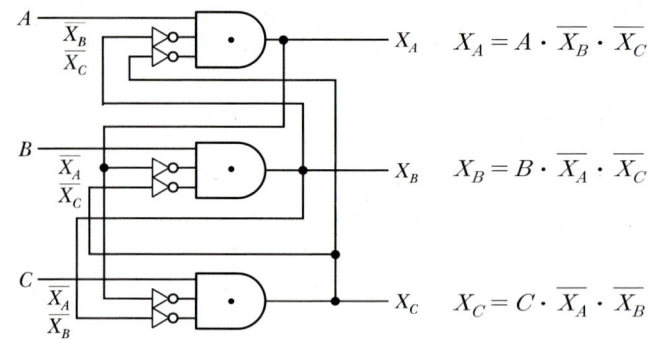

3) 타임차트

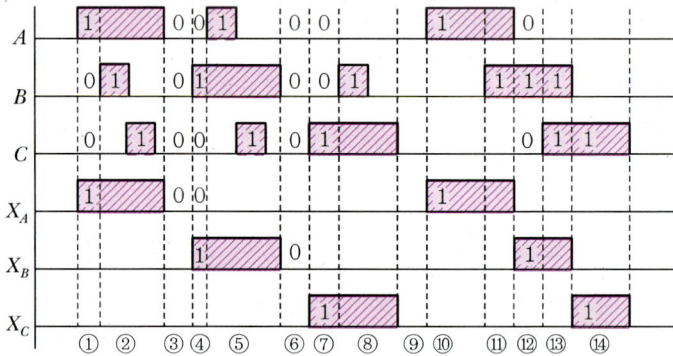

① 시점 : 누름버튼스위치 A를 누르면 계전기 X_A가 여자(1)된다.

② 시점 : X_A가 여자(1)된 상태에서 누름버튼스위치 B나 C를 눌러도 다른 계전기는 작동하지 않는다. 즉, 인터록 회로임을 알 수 있다.

③ 시점 : 누름버튼스위치 A에서 손을 떼면 X_A가 소자(0)된다.

④ 시점 : 누름버튼스위치 B를 누르면 계전기 X_B가 여자(1)된다.

⑤ 시점 : X_B가 여자(1)된 상태에서 누름버튼스위치 A나 C를 눌러도 다른 계전기는 작동하지 않는다.(인터록 회로)

⑥ 시점 : 누름버튼스위치 B에서 손을 떼면 X_B가 소자(0)된다.

⑦ 시점 : 누름버튼스위치 C를 누르면 계전기 X_C가 여자(1)된다.

⑧ 시점 : X_C가 여자(1)된 상태에서 누름버튼스위치 B를 눌러도 계전기 X_B는 작동하지 않는다.(인터록 회로)

⑨ 시점 : 누름버튼스위치 C에서 손을 떼면 X_C가 소자(0)된다.

⑩ 시점 : 누름버튼스위치 A를 누르면 계전기 X_A가 여자(1)된다.

⑪ 시점 : X_A가 여자(1)된 상태에서 누름버튼스위치 B를 눌러도 계전기 X_B는 작동하지 않는다.(인터록 회로)

⑫ 시점 : 누름버튼스위치 A에서는 손을 떼면 계전기 X_A는 소자(0)되고 누름버튼스위치 B는 눌러 있는 상태이므로 계전기 X_B가 여자(1)된다.

⑬시점 : X_B가 여자(1)된 상태에서 누름버튼스위치 C를 눌러도 계전기 X_C는 작동하지 않는다.(인터록 회로)

⑭시점 : 누름버튼스위치 B에서는 손을 떼면 계전기 X_B는 소자(0)되고 누름버튼스위치 C는 눌려 있는 상태이므로 계전기 X_C가 여자(1)된다.

> **Reference**
>
> **시퀀스 제어의 기본용어**
>
> ① 0과 1의 의미
>
> | 구분 | 내용 | 스위치 상태 |
> |---|---|---|
> | 0 | 스위치 개방상태
출력이 없는 상태 | a접점 |
> | 1 | 스위치 폐로상태
출력이 발생하는 상태 | b접점 |
>
> ② (+)와 (·)의 의미
>
> | 구분 | 내용 | 종류 | 논리식 | 논리회로 |
> |---|---|---|---|---|
> | + | 병렬회로를 의미 | OR 회로 | $X=(A+B)$ | A, B 입력 X 출력 |
> | · | 직렬회로를 의미 | AND 회로 | $X=(A \cdot B)$ | A, B 입력 X 출력 |
>
> ③ 부정의 의미(NOT 회로)
>
> 입력과 출력이 반대로 되는 회로 : $A \longrightarrow X$
>
> | 부정 전 | 0 | 1 | + | · | A | $\overline{A}$ |
> |---|---|---|---|---|---|---|
> | 부정 후 | 1 | 0 | · | + | $\overline{A}$ | A |

10 비상콘센트설비를 설치하여야 할 특정소방대상물 3가지를 쓰시오. [6점]

-
-
-

해답
- 층수가 11층 이상인 특정소방대상물의 경우에는 11층 이상의 층
- 지하 3층 이상이고 지하층의 바닥면적의 합계가 1,000[m²] 이상인 것은 지하층의 모든 층
- 지하가 중 터널로서 길이가 500[m] 이상인 것

해설
1) 설치대상
   ① 층수가 11층 이상인 특정소방대상물의 경우에는 11층 이상의 층
   ② 지하 3층 이상이고 지하층의 바닥면적의 합계가 1,000[m²] 이상인 것은 지하층의 모든 층
   ③ 지하가 중 터널로서 길이가 500[m] 이상인 것

2) 비상콘센트의 전원
   ① 상용전원회로의 배선
      ㉠ 저압수전인 경우에는 인입개폐기의 직후
      ㉡ 고압수전 또는 특고압수전인 경우에는 전력용 변압기 2차 측의 주차단기 1차 측 또는 2차 측에서 분기하여 전용배선으로 할 것
   ② 비상전원
      ㉠ 비상전원 설치대상
         • 지하층을 제외한 층수가 7층 이상으로서 연면적이 2,000[m²] 이상
         • 지하층의 바닥면적의 합계가 3,000[m²] 이상인 특정소방대상물
      ㉡ 비상전원의 종류 : 자가발전설비, 축전지설비, 비상전원수전설비, 전기저장장치
      ㉢ 비상전원의 제외대상
         • 둘 이상의 변전소에서 전력을 동시에 공급받을 수 있는 경우
         • 하나의 변전소로부터 전력의 공급이 중단되는 때에는 자동으로 다른 변전소로부터 전력을 공급받을 수 있도록 상용전원을 설치한 경우

3) 비상콘센트설비의 절연저항 및 절연내력
   ① 절연저항(전원부와 외함 사이)
      직류 500[V] 절연저항계로 측정할 때 20[MΩ] 이상일 것
   ② 절연내력(전원부와 외함 사이)
      ㉠ 정격전압 150[V] 이하 : 1,000[V]의 실효전압을 가하여 1분 이상 견딜 것
      ㉡ 정격전압 150[V] 초과 : '(정격전압×2)+1,000[V]' 실효전압을 가하는 시험에서 1분 이상 견딜 것

11 다음의 도면은 전동기의 Y−△ 기동에 대한 시퀀스 회로도이다. 도면을 보고 다음 각 물음에 답하시오. [5점]

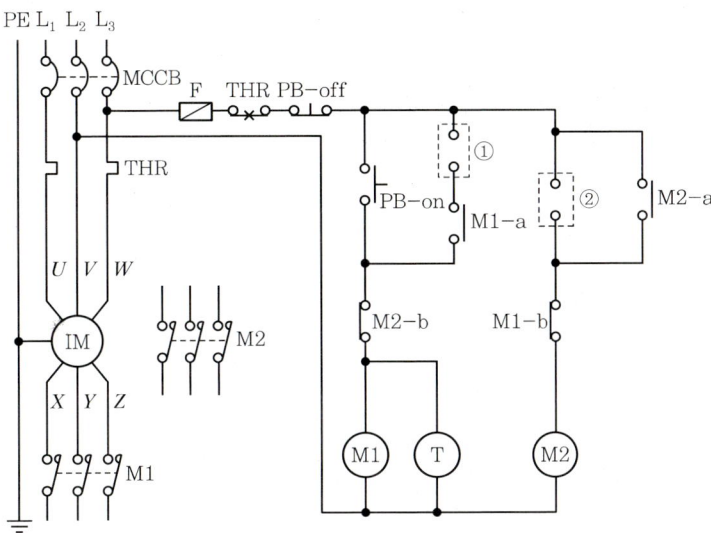

1) 도면의 주회로에서 미완성된 부분이 Y−△ 기동회로를 완성하시오.
2) 제어회로의 미완성 부분 ①, ②에 Y−△ 운전이 가능하도록 접점 및 접점기호를 표시하시오.
3) ①, ②의 접점 명칭을 쓰시오.

해답 1)

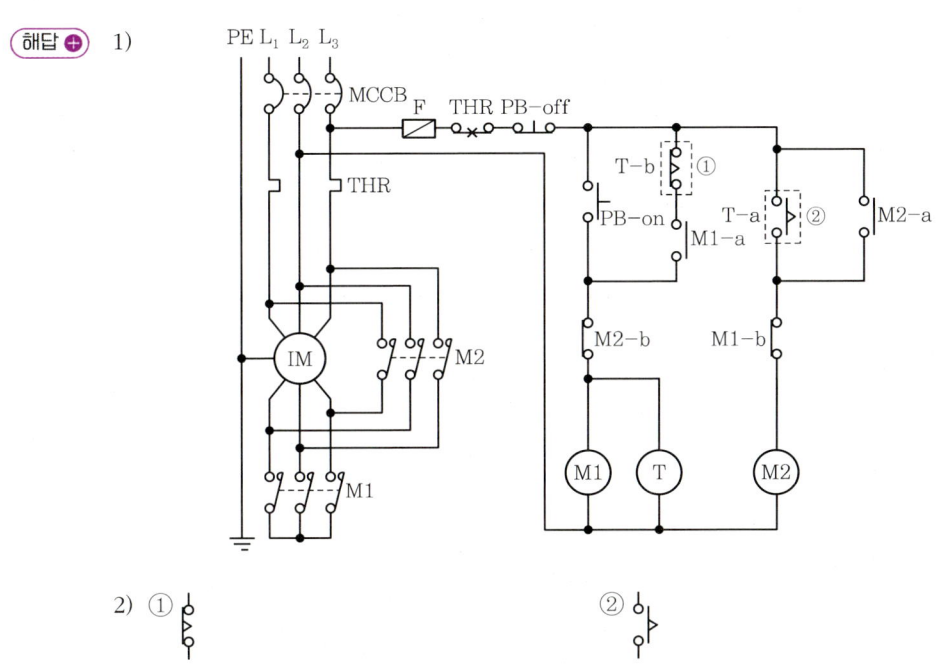

2) ① (b접점 기호) ② (a접점 기호)

3) ① 한시동작 순시복귀 b접점
   ② 한시동작 순시복귀 a접점

해설

1) Y-△ 기동회로
   ① 목적
      - Y결선으로 기동하면 기동전류를 1/3로 제한할 수 있으며 기동토크도 1/3이 된다.
      - 전동기의 용량이 5.5[kW] 이상인 전동기에 사용한다.
   ② 운전방법
      - 기동 시 : 유도전동기의 고정자권선을 Y결선
      - 운전 시 : 유도전동기의 고정자권선을 △ 결선

   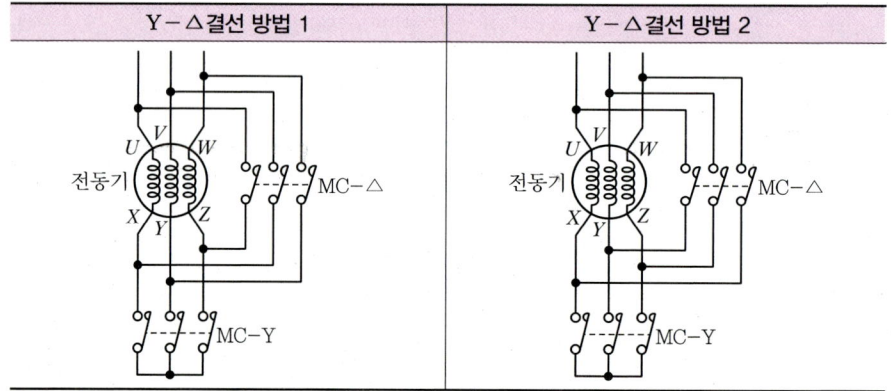

   ③ 주회로의 Y-△ 결선 방법

2) 도면설명
   ① 전원입력
      - L_1, L_2, L_3 : 3상 220[V]
      - PE(Protective Earth) : 보호도체(외함접지)
   ② 동작설명
      - 배선용 차단기 MCCB를 투입하면 제어회로에 전원(220V)이 투입되고 PB-ON 스위치를 누르면 M1 전자접촉기가 여자되어 전동기는 Y결선으로 기동된다. 동시에 M1 -a접점이 폐로되어 자기유지되고 M1-b접점이 열리면서 인터록 회로가 구성된다. 또한 타이머 코일도 여자된다.

- 설정시간 후 타이머의 한시동작 b접점(T-b)이 개로되어 M1이 소자되고 Y기동했던 전동기도 정지된다. 이때 M1-a접점, M1-b접점도 복귀한다.
- 동시에 타이머의 한시동작 a접점(T-a)이 폐로되어 M2가 여자되어 전동기는 △ 결선으로 운전된다. 또한 M2-a접점이 폐로되어 자기유지되고 M1-b접점이 열리면서 인터록 회로가 구성된다.
- 열동계전기 THR이 작동하거나 PB-off 스위치를 누르면 전동기는 정지한다.

3) 접점의 심볼

출력 신호					
	유지형 접점	a접점			접점조직을 개로나 폐로로 손으로 넣고 끊는 것(유지형)
		b접점			
	수동조작 자동복귀	a접점			수동조작하면 폐로 또는 개로하지만 손을 떼면 스프링 등의 힘으로 복귀하는 접점(누름형, 당김형)
		b접점			
	계전기 및 전자접촉기 보조접점	a접점			계전기나 전자접촉기의 보조접점으로 전자코일에 전류가 흐르거나 그렇지 않음에 따라 개로 또는 폐로하는 접점
		b접점			
	한시동작 순시복귀	a접점			타이머 등 한시계전기의 접점으로 접점이 개로 또는 폐로하는 데 시간이 걸리는 접점
		b접점			
	전자접촉기 주접점	a접점			전자접촉기의 주접점
		b접점			
	수동복귀	a접점			열동계전기 접점(인위적으로 복귀되는 것, 전자석으로 복귀되는 것도 포함)
		b접점			

12 다음의 도면은 타이머를 사용하여 전동기 M1, M2를 교대로 운전이 가능하도록 설계된 시퀀스 회로이다. 도면을 보고 다음 각 물음에 답하시오. [6점]

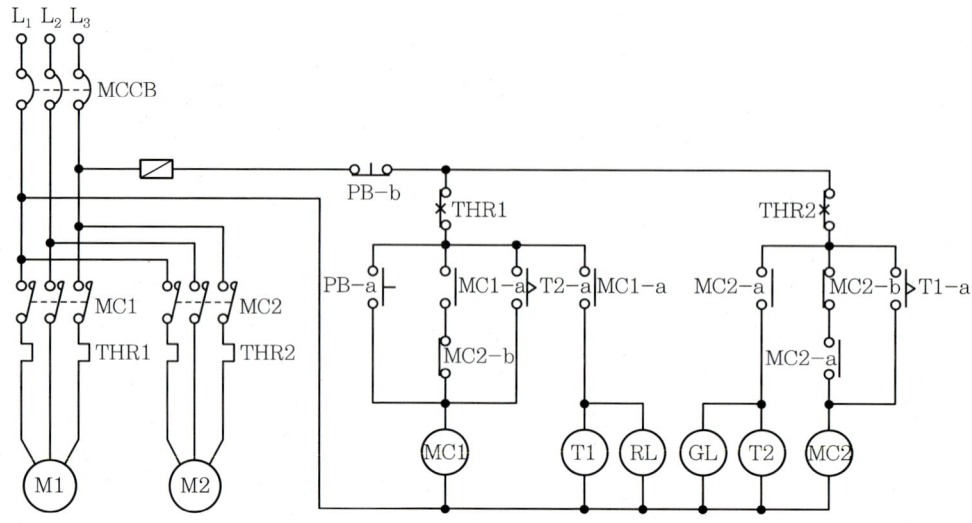

1) 제어회로 중에 잘못된 부분을 지적하고 어떻게 고쳐야 하는지 쓰시오.
2) 타이머 T1이 2시간으로 세팅되고, 타이머 T2가 4시간으로 각각 세팅이 되어 있다면 하루 동안 전동기 M1과 M2는 몇 시간씩 운전되는지 쓰시오.
   • M1 :
   • M2 :

3) RL램프와 GL램프의 용도를 쓰시오.
   • RL램프 :
   • GL램프 :

해답 1) MC2회로의 MC2-b를 MC1-b로 수정

2) • M1 : 8시간
   • M2 : 16시간

3) • RL램프 : M1전동기 기동표시등
   • GL램프 : M2전동기 기동표시등

해설 1) 수정도면

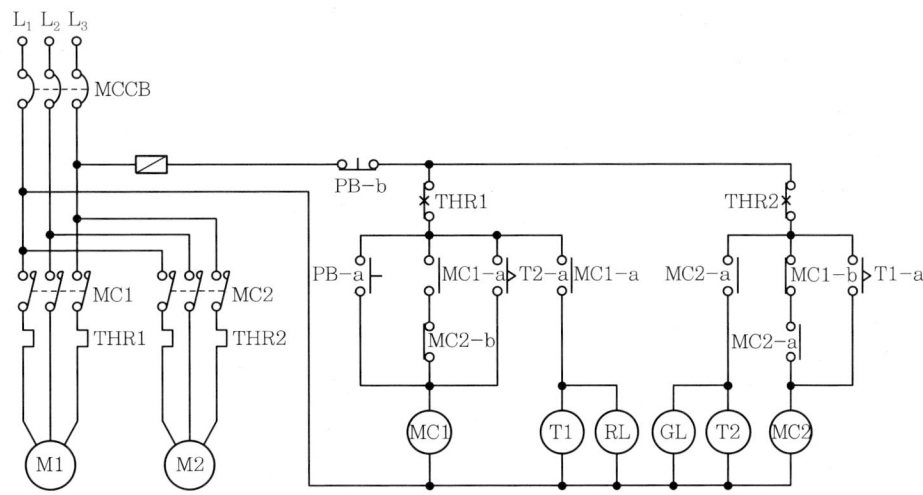

2) ① 동작설명
- 배선용 차단기 MCCB를 투입하고 푸시버튼스위치 PB-a를 누르면 전자접촉기 MC1이 여자되고 주접점 MC1이 폐로되어 M1전동기가 기동된다. 또한 MC1-a접점이 폐로되어 자기유지되고, T1타이머가 여자됨과 동시에 RL램프가 점등된다. 그리고 MC1-b접점은 개로상태가 된다.
- 2시간(T1세팅시간) 후
  T1-a접점이 폐로되어 전자접촉기 MC2가 여자되고 주접점 MC2가 폐로되어 M2전동기가 기동된다. 동시에 MC2-a접점이 폐로되어 자기유지, T2 여자, GL램프가 점등된다. 이때, MC2-b접점이 개로되어 MC1 소자, M1전동기 정지, T1 소자, RL램프가 소등된다. 또한 MC1-b접점은 복귀하여 폐로된다.
- 4시간(T2세팅시간) 후
  T2-a접점이 폐로되어 전자접촉기 MC1이 여자되어 M1전동기가 기동되고, MC1-a접점이 폐로되어 자기유지되며, T1타이머가 여자됨과 동시에 RL램프가 점등된다. 동시에 MC1-b접점은 개로되어 MC2 소자, M2전동기가 정지되며, MC2-a접점이 개로되어 T2 소자, GL램프가 소등된다. 또한 MC2-b접점은 복귀하여 폐로된다.

② 전동기 M1과 M2의 운전시간
- 한 번 기동 시 운전시간
  M1 : 2시간, M2 : 4시간
- 두 전동기의 합산 운전시간 : 6시간
- 하루 동안 각 전동기의 운전횟수
  24시간 / 6시간 = 4회
- 각 전동기의 운전시간
  M1 : 2시간 × 4회 = 8시간
  M2 : 4시간 × 4회 = 16시간

13 공기관식 차동식 분포형 감지기의 공기관 길이가 370[m]이다. 검출부의 수량을 구하시오.(단, 하나의 검출부에 접속하는 공기관의 길이는 최대길이를 적용할 것) [4점]

- 계산과정 :
- 답 :

해답
- 계산과정
 하나의 검출부에 접속하는 공기관의 길이는 최대길이 : 100[m] 이하
 검출부 수량 = $\dfrac{370[\text{m}]}{100[\text{m}]}$ = 3.7(소수점 이하 절상)
- **답** 4개

해설 공기관식 차동식 분포형 감지기의 설치기준

구분	기준
공기관의 최소길이	공기관의 노출부분은 감지구역마다 20[m] 이상
공기관의 최대길이	하나의 검출부분에 접속하는 공기관의 길이는 100[m] 이하
공기관과 각 변의 거리	수평거리 1.5[m] 이하
공기관 상호 간 거리	6[m](내화구조 9[m]) 이하
공기관의 분기	공기관은 도중에서 분기하지 아니할 것
검출부의 경사	검출부는 5° 이상 경사지지 아니할 것
검출부의 높이	검출부는 바닥으로부터 0.8[m] 이상 1.5[m] 이하
공기관의 재질 및 규격	동관으로서 두께 0.3[mm] 이상, 바깥지름 1.9[mm] 이상

14

다음은 할론소화설비의 수동조작함으로부터 할론제어반까지의 결선도 및 계통도이다. 다음의 조건과 도면을 참조하여 각 물음에 답하시오. [8점]

[조건]
- 전선의 가닥수는 최소가닥수로 한다.
- 복구스위치 및 도어스위치는 없는 것으로 한다.
- 감지기공통선은 전원 (-)를 사용한다.

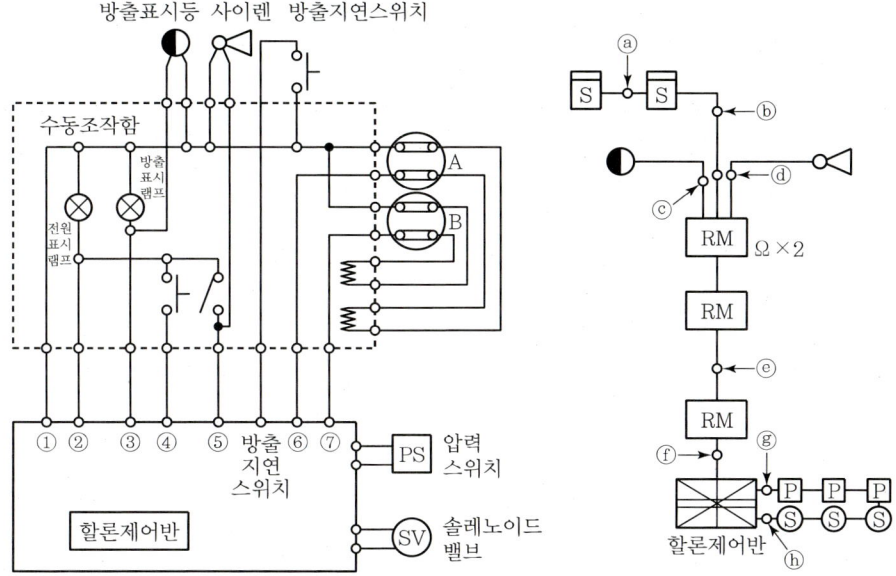

1) 할론제어반의 ①~⑦에 해당하는 전선의 용도를 쓰시오.

①	②	③	④	⑤	⑥	⑦

2) 계통도에서 ⓐ~ⓗ의 가닥수를 산정하시오.

ⓐ	ⓑ	ⓒ	ⓓ	ⓔ	ⓕ	ⓖ	ⓗ

해답

1)

①	②	③	④	⑤	⑥	⑦
전원⊖	전원⊕	방출표시등	기동스위치	사이렌	감지기A	감지기B

2)

ⓐ	ⓑ	ⓒ	ⓓ	ⓔ	ⓕ	ⓖ	ⓗ
4가닥	8가닥	2가닥	2가닥	13가닥	18가닥	4가닥	4가닥

해설 가스계 소화설비의 가닥수 산정

기호	가닥수	배선용도
ⓐ	4	회로2, 공통2 (교차회로방식의 말단 : 4가닥)
ⓑ	8	회로4, 공통4 (교차회로방식의 그 밖의 것 : 8가닥)
ⓒ	2	방출표시등2
ⓓ	2	사이렌2
ⓔ	13	전원⊕, 전원⊖, 방출지연스위치, (감지기A, 감지기B, 방출표시등, 기동스위치, 사이렌)×2 (2 Zone : 1 Zone당 5가닥씩 증가하므로 8+5=13가닥)
ⓕ	18	전원⊕, 전원⊖, 방출지연스위치, (감지기A, 감지기B, 방출표시등, 기동스위치, 사이렌)×3 (3 Zone : 1 Zone당 5가닥씩 증가하므로 8+5+5=18가닥)
ⓖ	4	압력스위치3, 공통1
ⓗ	4	솔레노이드밸브3, 공통1

※ 기존의 비상스위치가 방출지연스위치로 용어 개정

ⓖ, ⓗ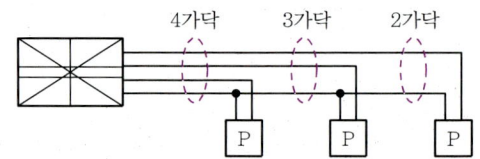

15 다음은 유도등에 대한 내용이다. 다음 각 물음에 답하시오. [4점]

1) 거실통로유도등의 설치높이를 바닥으로부터 1.5[m] 이하의 위치에 설치할 수 있는 경우에 대하여 쓰시오.
2) 피난구유도등과 복도통로유도등의 표시면의 색은 무엇인지 쓰시오.
   - 피난구유도등 :
   - 통로유도등 :

해답 1) 거실통로에 기둥이 설치된 경우에는 기둥부분의 바닥으로부터 높이 1.5[m] 이하의 위치에 설치할 수 있다.
2) • 피난구유도등 : 녹색바탕에 백색문자
   • 통로유도등 : 백색바탕에 녹색문자

해설 1) 통로유도등의 설치기준
  ① 복도통로유도등
   • 복도에 설치하되 피난구유도등이 설치된 출입구의 맞은편 복도에는 입체형으로 설치하거나 바닥에 설치할 것
   • 구부러진 모퉁이 및 통로유도등을 기점으로 보행거리 20[m]마다 설치할 것
   • 바닥으로부터 높이 1[m] 이하의 위치에 설치할 것(단, 지하층 또는 무창층의 용도가

도매시장·소매시장·여객자동차터미널·지하역사 또는 지하상가인 경우에는 복도·통로 중앙부분의 바닥에 설치할 것)
- 바닥에 설치하는 통로유도등은 하중에 따라 파괴되지 아니하는 강도의 것으로 할 것

② 거실통로유도등
- 거실의 통로에 설치할 것
- 구부러진 모퉁이 및 보행거리 20[m]마다 설치할 것
- 바닥으로부터 높이 1.5[m] 이상의 위치에 설치할 것(단, 거실통로에 기둥이 설치된 경우에는 기둥부분의 바닥으로부터 높이 1.5[m] 이하의 위치에 설치할 수 있다.)

③ 계단통로유도등
- 각 층의 경사로참 또는 계단참마다(1개층에 경사로참 또는 계단참이 2 이상 있는 경우에는 2개의 계단참마다) 설치할 것
- 바닥으로부터 높이 1[m] 이하의 위치에 설치할 것

2) 유도등의 색상

피난구유도등	통로유도등
녹색바탕에 백색문자	백색바탕에 녹색문자

16 화재안전기술기준에 따른 경계구역, 감지기, 시각경보장치의 용어의 정의에 대하여 쓰시오. [6점]

- 경계구역 :
- 감지기 :
- 시각경보장치 :

해답
- 경계구역 : 특정소방대상물 중 화재신호를 발신하고 그 신호를 수신 및 유효하게 제어할 수 있는 구역을 말한다.
- 감지기 : 화재 시 발생하는 열, 연기, 불꽃 또는 연소생성물을 자동적으로 감지하여 수신기에 발신하는 장치를 말한다.
- 시각경보장치 : 자동화재탐지설비에서 발하는 화재신호를 시각경보기에 전달하여 청각장애인에게 점멸형태의 시각경보를 하는 것을 말한다.

해설 자동화재탐지설비 및 시각경보장치의 화재안전기술기준(용어의 정의)
① 경계구역
특정소방대상물 중 화재신호를 발신하고 그 신호를 수신 및 유효하게 제어할 수 있는 구역을 말한다.

② 수신기

　감지기나 발신기에서 발하는 화재신호를 직접 수신하거나 중계기를 통하여 수신하여 화재의 발생을 표시 및 경보하여 주는 장치를 말한다.

③ 중계기

　감지기·발신기 또는 전기적 접점 등의 작동에 따른 신호를 받아 이를 수신기의 제어반에 전송하는 장치를 말한다.

④ 감지기

　화재 시 발생하는 열, 연기, 불꽃 또는 연소생성물을 자동적으로 감지하여 수신기에 발신하는 장치를 말한다.

⑤ 발신기

　화재 발생신호를 수신기에 수동으로 발신하는 장치를 말한다.

⑥ 시각경보장치

　자동화재탐지설비에서 발하는 화재신호를 시각경보기에 전달하여 청각장애인에게 점멸 형태의 시각경보를 하는 것을 말한다.

⑦ 거실

　거주·집무·작업·집회·오락 그 밖에 이와 유사한 목적을 위하여 사용하는 방을 말한다.

17 다음은 스프링클러설비의 블록다이어그램이다. 각 구성요소 간 배선을 다음의 보기를 이용하여 표시하시오. [5점]

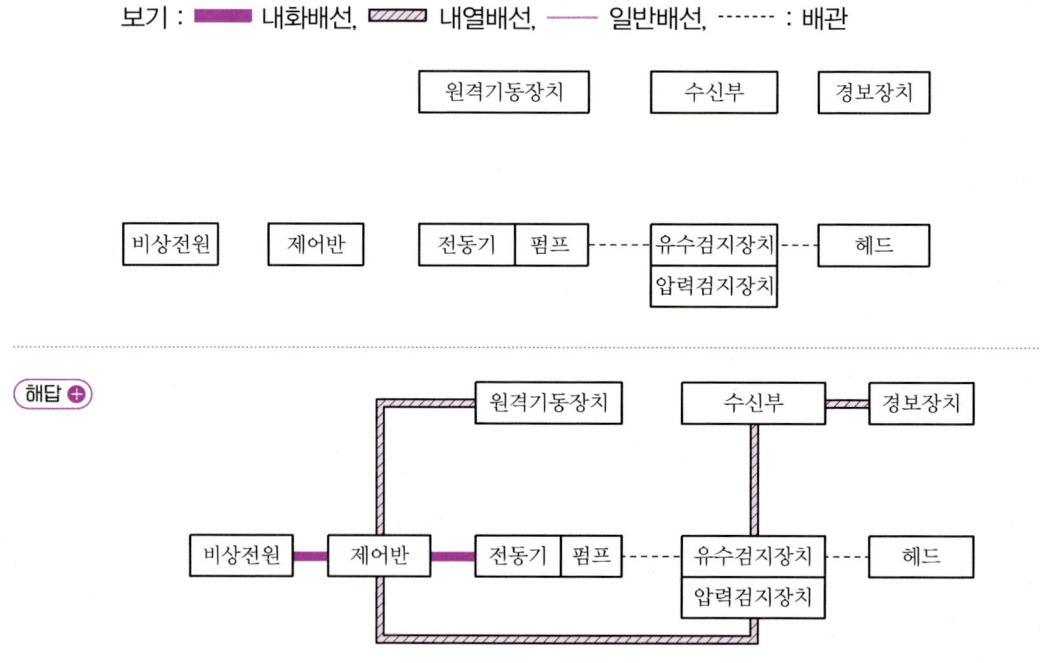

해설 ➕ 1) 스프링클러설비의 배선 등
　① 내화배선
　　비상전원으로부터 동력제어반 및 가압송수장치에 이르는 전원회로배선은 내화배선으로 할 것
　② 내화배선 또는 내열배선
　　상용전원으로부터 동력제어반에 이르는 배선, 그 밖의 스프링클러설비의 감시·조작 또는 표시등회로의 배선은 내화배선 또는 내열배선으로 할 것

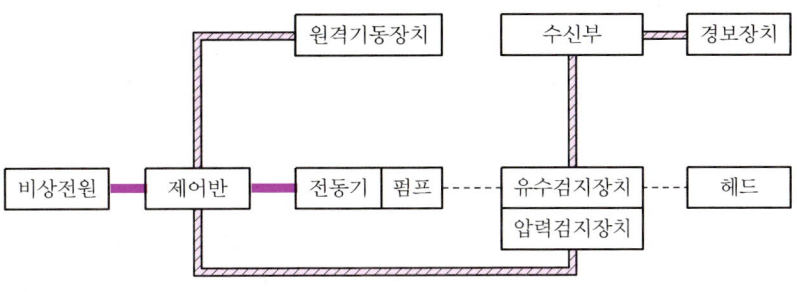

여기서, ▬▬ : 내화배선, ▨▨ : 내열배선, ------ : 배관

2) 옥내소화전설비
　① 내화배선 : 비상전원 → 동력제어반 → 가압송수장치(펌프)
　② 내화 또는 내열배선 : 상용전원 → 동력제어반, 감시, 조작, 표시등회로

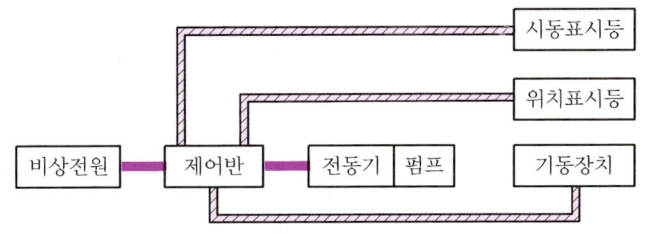

여기서, ▬▬ : 내화배선, ▨▨ : 내열배선

3) 자동화재탐지설비의 배선
　① 전원회로의 배선 : 내화배선
　② 그 밖의 배선 : 내화배선 또는 내열배선
　③ 감지기 상호 간 또는 감지기로부터 수신기에 이르는 감지기회로의 배선
　　• 아날로그식, 다신호식 감지기 및 R형 수신기용 : 전자파 방해를 받지 아니하는 실드선
　　• 그 밖의 일반배선 : 내화배선 또는 내열배선

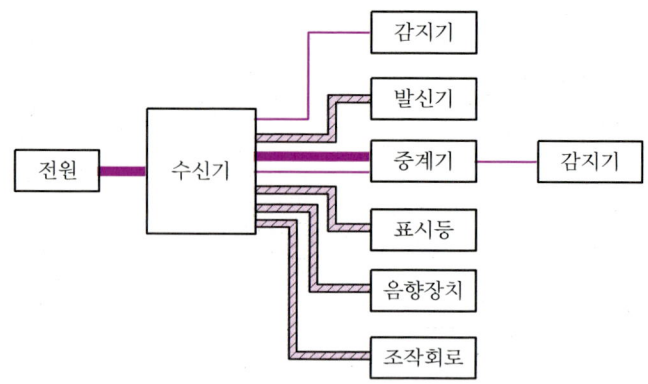

여기서, ■ : 내화배선, ▨ : 내열배선, ── : 일반배선

4) 가스계 소화설비(CO_2, 할론, 분말, 할로겐화합물 및 불활성기체 소화설비)의 배선
  ① 전원회로의 배선 : 내화배선
  ② 그 밖의 배선 : 내화배선 또는 내열배선
  ③ 감지기 상호 간 또는 감지기로부터 수신기에 이르는 감지기회로의 배선
    • 아날로그식, 다신호식 감지기 및 R형 수신기용 : 전자파 방해를 받지 아니하는 실드선
    • 그 밖의 일반배선 : 내화배선 또는 내열배선

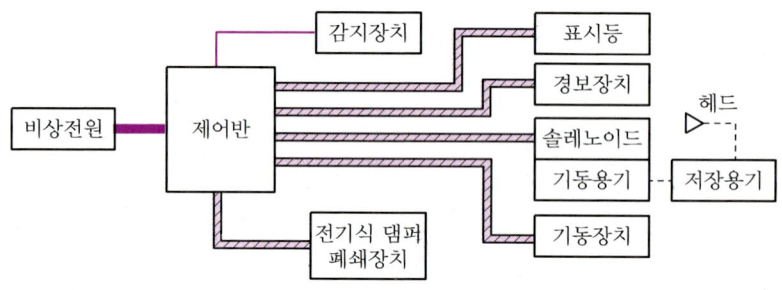

여기서, ■ : 내화배선, ▨ : 내열배선, ── : 일반배선, ┈┈ : 배관

18 다음의 도면은 지하 1층, 지상 5층 건축물의 자동화재탐지설비의 계통도이다. 아래 조건을 참조하여 다음 각 물음에 답하시오. [10점]

[조건]
- 건축물의 연면적은 5,000[m²]이다.
- 감지기공통선과 경종·표시등공통선은 별도로 한다.

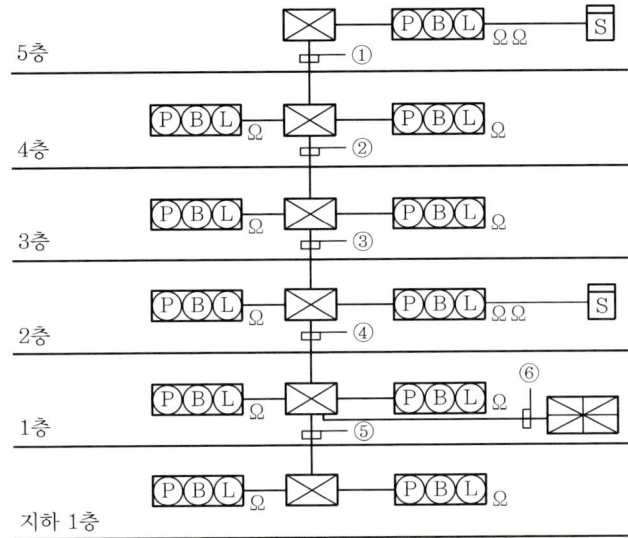

1) 계통도에서 ①~⑥의 전선가닥수를 각각 산정하시오.
   ①   ②   ③
   ④   ⑤   ⑥

2) 발신기세트에 기동용 수압개폐장치를 사용하는 옥내소화전이 설치될 경우 추가되는 배선의 가닥수와 배선의 명칭을 쓰시오.
   - 추가되는 배선의 가닥수 :
   - 배선의 명칭 :

3) 발신기세트에 ON-OFF 방식의 옥내소화전이 설치될 경우 소요되는 총 가닥수와 배선내역을 쓰시오.(단, ON-OFF 스위치의 공통선과 펌프기동표시등 공통선을 별도로 배선한다.)

가닥수	배선내역

해답 ➕ 1) ① 7가닥   ② 10가닥   ③ 13가닥
         ④ 18가닥   ⑤ 7가닥   ⑥ 24가닥

2) • 추가되는 배선의 가닥수 : 2가닥
   • 배선의 명칭 : 펌프기동표시등

3)

가닥수	배선내역
11가닥	회로선1, 회로공통선1, 경종선1, 표시등선1, 경종·표시등공통선1, 응답선1, 기동1, 공통1, 정지1, 펌프기동표시등2

해설 ⊕ 1) 최소가닥수

번호	가닥수 합계	배선의 용도					
		회로선	회로 공통선	경종선	표시등선	경종·표시등 공통선	응답선
①	7	2	1	1	1	1	1
②	10	4	1	2	1	1	1
③	13	6	1	3	1	1	1
④	18	9	2	4	1	1	1
⑤	7	2	1	1	1	1	1
⑥	24	13	2	6	1	1	1

- 회로선 : 해당 배관을 경유한 후단에 설치된 종단저항의 개수이다.(종단저항이 없으면 발신기의 개수로 산정한다.)
- 경종선 : 해당 배관을 경유한 후단의 층수이다.
- 회로공통선 : 회로선 7가닥 초과 시 1선씩 추가된다.
  - ④번 공통선 : $\frac{9}{7} = 1.29 ≒ 2$가닥(소수점 이하 절상)
  - ⑥번 공통선 : $\frac{13}{7} = 1.86 ≒ 2$가닥(소수점 이하 절상)
- 표시등선, 경종·표시등공통선, 응답선은 별도의 조건이 없으면 각각 1선씩 배선한다.

2) 발신기세트 단독형, 옥내소화전 내장형

① 발신기세트 단독형
- 도시기호

  ⓟⒷⓁ

- 기본 가닥수

가닥수 합계	배선의 용도					
	회로선	회로 공통선	경종선	표시등선	경종·표시등 공통선	응답선
6	1	1	1	1	1	1

② 발신기세트 옥내소화전 내장형(기동용 수압개폐장치 사용)
- 도시기호

- 기본 가닥수

가닥수 합계	배선의 용도						
	회로선	회로 공통선	경종선	표시등선	경종·표시등 공통선	응답선	펌프 기동 표시등
8	1	1	1	1	1	1	2

3) 발신기세트 단독형+(ON-OFF) 방식의 옥내소화전

① 발신기세트 단독형 기본 가닥수

가닥수 합계	배선의 용도					
	회로선	회로 공통선	경종선	표시등선	경종·표시등 공통선	응답선
6	1	1	1	1	1	1

② (ON-OFF) 방식의 옥내소화전
- 제어반 ↔ 소화전함 : 5가닥(기동, 공통, 정지, 펌프기동표시등2)
- 소화전함 ↔ 다음 소화전함 : 5가닥(기동, 공통, 정지, 펌프기동표시등2)

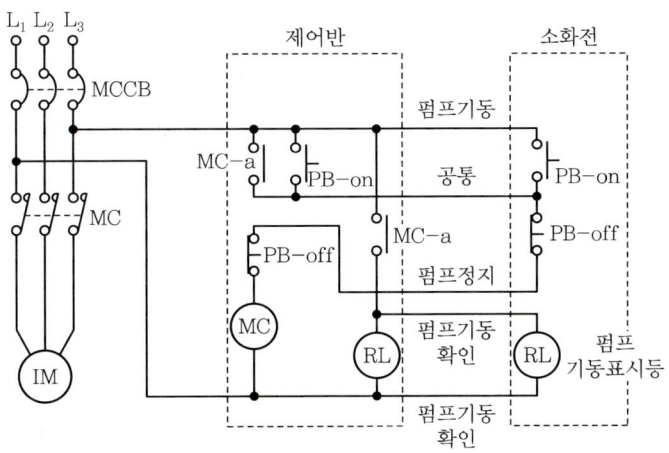

✎ 펌프기동표시등 = 기동확인표시등 = 펌프기동확인표시등

③ 발신기세트 단독형+ON-OFF 방식의 옥내소화전
  6가닥+5가닥=11가닥

2021년 제2회(2021. 7. 10)

01 무선통신보조설비에 사용되는 무반사 종단저항의 설치위치 및 목적을 쓰시오. [5점]

- 설치위치 :
- 설치목적 :

해답 ⊕
- 설치위치 : 누설동축케이블의 끝부분
- 설치목적 : 누설동축케이블의 말단에서 전파가 반사되어 통신장애가 발생하는 것을 방지하기 위하여

해설 ⊕ 무선통신보조설비의 누설동축케이블 설치기준
① 소방전용 주파수대에서 전파의 전송 또는 복사에 적합한 것으로서 소방전용으로 할 것
② 케이블의 구성
  - 누설동축케이블과 이에 접속하는 안테나
  - 동축케이블과 이에 접속하는 안테나
③ 누설동축케이블은 불연 또는 난연성의 것으로서 습기에 따라 전기의 특성이 변질되지 아니하는 것으로 하고, 노출하여 설치한 경우에는 피난 및 통행에 장애가 없도록 할 것
④ 누설동축케이블은 화재에 따라 해당 케이블의 피복이 소실된 경우에 케이블 본체가 떨어지지 아니하도록 4[m] 이내마다 금속제 또는 자기제 등의 지지금구로 벽·천장·기둥 등에 견고하게 고정시킬 것. 다만, 불연재료로 구획된 반자 안에 설치하는 경우에는 그러하지 아니하다.
⑤ 누설동축케이블 및 안테나는 금속판 등에 따라 전파의 복사 또는 특성이 현저하게 저하되지 아니하는 위치에 설치할 것
⑥ 누설동축케이블 및 안테나는 고압의 전로로부터 1.5[m] 이상 떨어진 위치에 설치할 것. 다만, 해당 전로에 정전기 차폐장치를 유효하게 설치한 경우에는 그러하지 아니하다.
⑦ 누설동축케이블의 끝부분에는 무반사 종단저항을 견고하게 설치할 것
⑧ 누설동축케이블 또는 동축케이블의 임피던스는 50[Ω]으로 할 것

02. 다음 도면과 같이 독립된 1층 건물에 P형 1급 수신기는 경비실에 설치하고 공장 1, 2, 3동에는 옥내소화전함과 자동화재탐지설비용 발신기함을 설치하였다. 다음 물음에 답하시오.(단, 옥내소화전은 기동용 수압개폐장치를 이용한 자동기동방식이고, 경보방식은 동별 구분 경보방식을 적용한다.) [8점]

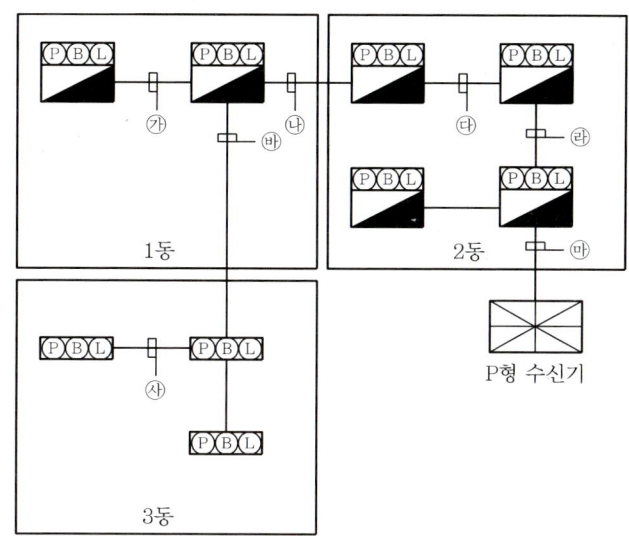

1) 다음의 도표 안에 ㉮~㉯의 가닥수를 숫자로 적으시오.(단, 가닥수가 필요 없는 곳은 공란으로 둘 것)

구분	회로선	회로공통선	경종선	기동확인표시등
㉮				
㉯				
㉰				
㉱				
㉲				
㉳				
㉴				

2) 다음은 자동화재탐지설비의 수신기 설치기준이다. ( ) 안에 알맞은 말을 적으시오.
- 수위실 등 상시 사람이 근무하는 장소에 설치할 것. 다만, 사람이 상시 근무하는 장소가 없는 경우에는 관계인이 쉽게 접근할 수 있고 관리가 용이한 장소에 설치할 수 있다.
- 수신기가 설치된 장소에는 (①)를 비치할 것. 다만, 모든 수신기와 연결되어 각 수신기의 상황을 감시하고 제어할 수 있는 수신기를 설치하는 경우에는 주수신기를 제외한 기타 수신기는 그러하지 아니하다.
- 수신기의 (②)는 그 음량 및 음색이 다른 기기의 소음 등과 명확히 구별될 수 있는 것으로 할 것
- 수신기는 (③), (④) 또는 (⑤)가 작동하는 경계구역을 표시할 수 있는 것으로 할 것

- 화재·가스·전기 등에 대한 종합방재반을 설치한 경우에는 해당 조작반에 수신기의 작동과 연동하여 감지기·중계기 또는 발신기가 작동하는 경계구역을 표시할 수 있는 것으로 할 것
- 하나의 경계구역은 하나의 표시등 또는 하나의 문자로 표시되도록 할 것
- 수신기의 조작스위치는 바닥으로부터의 높이가 0.8[m] 이상 1.5[m] 이하인 장소에 설치할 것
- 하나의 특정소방대상물에 2 이상의 수신기를 설치하는 경우에는 수신기를 상호 간 연동하여 화재 발생 상황을 각 수신기마다 확인할 수 있도록 할 것

해답

1)

구분	회로선	회로공통선	경종선	기동확인표시등
㉮	1	1	1	2
㉯	5	1	2	2
㉰	6	1	3	2
㉱	7	1	3	2
㉲	9	2	3	2
㉳	3	1	1	—
㉴	1	1	1	—

2)

①	②	③	④	⑤
경계구역 일람도	음향기구	감지기	중계기	발신기

해설

1) 가닥수 산정

구분	회로선	회로공통선	경종선	표시등선	경종·표시등 공통선	응답선	기동확인 표시등	합계
㉮	1	1	1	1	1	1	2	8
㉯	5	1	2	1	1	1	2	13
㉰	6	1	3	1	1	1	2	15
㉱	7	1	3	1	1	1	2	16
㉲	9	2	3	1	1	1	2	19
㉳	3	1	1	1	1	1	—	8
㉴	1	1	1	1	1	1	—	6

㉮ 발신기세트 옥내소화전 내장형(기동용 수압개폐장치 사용)
- 가닥수 : 발신기세트 단독형(6가닥) + 펌프기동확인표시등(2가닥) = 8가닥

㉯ • 회로수 : 1동(2회로) + 3동(3회로) = 5가닥
  발신기세트수가 회로수이다.(종단저항이 있으면 종단저항수)
- 경종선 : 1동(1가닥) + 3동(1가닥) = 2가닥
  조건에서 동별 구분 경보방식이라 하였으므로 각 동별 경종선을 별도로 설치하여, 화재 시 각 동에서 경보할 수 있도록 한다.

㉔ • 회로수 : 1동(2회로)+3동(3회로)+2동(1회로)=6가닥
  • 경종선 : 1동(1가닥)+3동(1가닥)+2동(1가닥)=3가닥
㉕ • 회로수 : 1동(2회로)+3동(3회로)+2동(2회로)=7가닥
  • 경종선 : 1동(1가닥)+3동(1가닥)+2동(1가닥)=3가닥
㉖ • 회로수 : 1동(2회로)+3동(3회로)+2동(4회로)=9가닥
  • 경종선 : 1동(1가닥)+3동(1가닥)+2동(1가닥)=3가닥
  • 공통선 : $\frac{9회로}{7회로}$ = 1.29 ≒ 2가닥(하나의 공통선이 담당하는 회로수는 7회로 이하일 것)
㉗ • 회로수 : 3동의 발신기세트 단독형 3개(3가닥)
  • 경종선 : 3동(1가닥)
㉘ 발신기세트 단독형 1개 : 기본 6가닥

✏️ 표시등선, 경종·표시등공통선, 응답선 : 증감 없이 1가닥이다.
  기동확인표시등선 : 발신기세트 옥내소화전 내장형에만 설치되며 증감 없이 2가닥이다.

2) 수신기의 설치기준
  ① 수위실 등 상시 사람이 근무하는 장소에 설치할 것. 다만, 사람이 상시 근무하는 장소가 없는 경우에는 관계인이 쉽게 접근할 수 있고 관리가 용이한 장소에 설치할 수 있다.
  ② 수신기가 설치된 장소에는 경계구역 일람도를 비치할 것. 다만, 모든 수신기와 연결되어 각 수신기의 상황을 감시하고 제어할 수 있는 수신기(이하 "주수신기"라 한다)를 설치하는 경우에는 주수신기를 제외한 기타 수신기는 그러하지 아니하다.
  ③ 수신기의 음향기구는 그 음량 및 음색이 다른 기기의 소음 등과 명확히 구별될 수 있는 것으로 할 것
  ④ 수신기는 감지기·중계기 또는 발신기가 작동하는 경계구역을 표시할 수 있는 것으로 할 것
  ⑤ 화재·가스·전기 등에 대한 종합방재반을 설치한 경우에는 해당 조작반에 수신기의 작동과 연동하여 감지기·중계기 또는 발신기가 작동하는 경계구역을 표시할 수 있는 것으로 할 것
  ⑥ 하나의 경계구역은 하나의 표시등 또는 하나의 문자로 표시되도록 할 것
  ⑦ 수신기의 조작스위치는 바닥으로부터의 높이가 0.8[m] 이상 1.5[m] 이하인 장소에 설치할 것
  ⑧ 하나의 특정소방대상물에 2 이상의 수신기를 설치하는 경우에는 수신기를 상호 간 연동하여 화재 발생 상황을 각 수신기마다 확인할 수 있도록 할 것
  ⑨ 화재로 인하여 하나의 층의 지구음향장치 또는 배선이 단락되어도 다른 층의 화재통보에 지장이 없도록 각 층 배선 상에 유효한 조치를 할 것

03 일시적으로 발생된 열, 연기 또는 먼지 등으로 인하여 감지기가 화재신호를 발신할 우려가 있는 장소에 축적기능이 있는 수신기를 설치하여야 한다. 이에 해당하는 장소 3가지를 쓰시오. [5점]

-
-
-

해답 ⊕
- 지하층·무창층 등으로서 환기가 잘되지 아니하는 장소
- 지하층·무창층 등으로서 실내면적이 40[m²] 미만인 장소
- 감지기의 부착면과 실내바닥과의 거리가 2.3[m] 이하인 장소

해설 ⊕ 1) 축적기능이 있는 수신기 설치장소(비화재보 우려 장소)
① 지하층·무창층 등으로서 환기가 잘되지 않는 장소
② 지하층·무창층 등으로서 실내면적이 40[m²] 미만인 장소
③ 감지기의 부착면과 실내바닥과의 거리가 2.3[m] 이하인 장소로서 일시적으로 발생한 열·연기 또는 먼지 등으로 인하여 감지기가 화재신호를 발신할 우려가 있는 장소

2) 비화재보 우려 장소에 설치할 수 있는 감지기
① 축적방식 감지기   ⑤ 불꽃감지기
② 복합형 감지기   ⑥ 정온식 감지선형 감지기
③ 광전식 분리형 감지기   ⑦ 아날로그방식 감지기
④ 분포형 감지기   ⑧ 다신호방식 감지기

3) 축적기능이 없는 감지기를 설치하여야 하는 경우(실보 우려 장소)
① 급속한 연소 확대가 우려되는 장소에 사용하는 감지기
② 교차회로방식에 사용하는 감지기
③ 축적기능이 있는 수신기에 연결하여 사용하는 감지기

04 P형 1급 수신기와 감지기와의 배선회로에서 감지기선로의 종단저항은 11[kΩ], 릴레이저항은 950[Ω], 감시전류는 2[mA], 수신기 전압은 DC 24[V]일 때 다음 각 물음에 답하시오. [6점]

[물음]
1) 배선저항[Ω]을 구하시오.
  - 계산과정 :
  - 답 :

2) 감지기 동작 시 전류[mA]를 구하시오.
  - 계산과정 :
  - 답 :

해답 1) • 계산과정

$$I = \frac{V}{R_1 + R_2 + R_3}$$

$$2 \times 10^{-3} = \frac{24}{R_1 + 11,000 + 950}$$

$$R_1 + 11,950 = \frac{24}{2 \times 10^{-3}}$$

$$R_1 = 50[\Omega]$$

• **답** 50[Ω]

2) • 계산과정

$$I = \frac{V}{R_1 + R_3}$$

$$I = \frac{24}{50 + 950} = 0.024[A] = 24[mA]$$

• **답** 24[mA]

해설 1) 감시전류

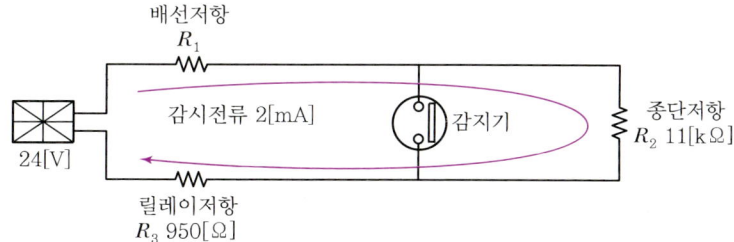

① 감시전류 I

$$I = \frac{V}{R_1 + R_2 + R_3}$$

여기서, R_1 : 배선저항, R_2 : 종단저항, R_3 : 릴레이저항, V : 수신기전압

② 배선저항 R_1

$$2 \times 10^{-3} = \frac{24}{R_1 + 11,000 + 950}$$

$$R_1 + 11,950 = \frac{24}{2 \times 10^{-3}}$$

$$R_1 = 50[\Omega]$$

2) 감지기 동작전류

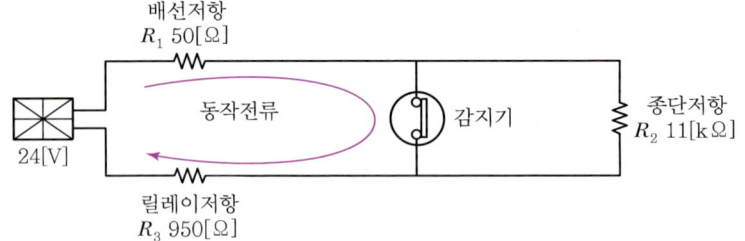

- 동작전류 I

$$I = \frac{V}{R_1 + R_3}$$

여기서, R_1 : 배선저항, R_3 : 릴레이저항, V : 수신기전압

$$I = \frac{24}{50+950} = 0.024[\text{A}] = 24[\text{mA}]$$

05 다음의 미완성 도면은 브리지형 전파정류회로이다. 미완성 부분을 완성하고 출력전압의 파형을 그리시오.(단, 입력전압은 상용전원이고 권수비는 1 : 1로 하며, 평활회로는 없는 것으로 한다.)

[6점]

1) 도면에서 전파정류회로를 완성하시오.

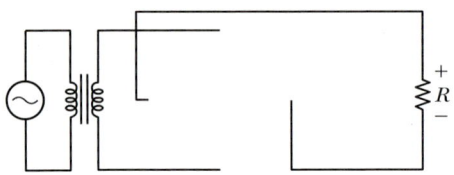

2) 다음은 정류 전 교류전압파형이다. 정류 후의 출력전압파형을 그리시오.

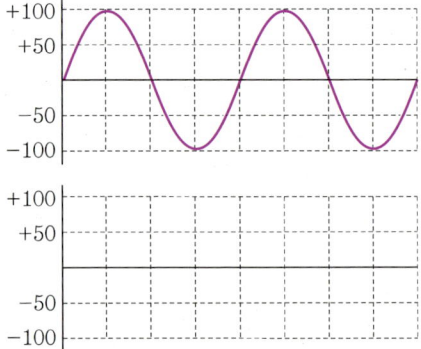

해답 1)

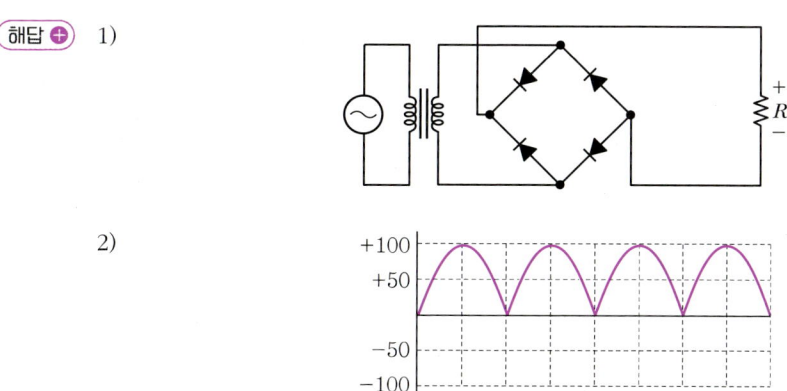

2)

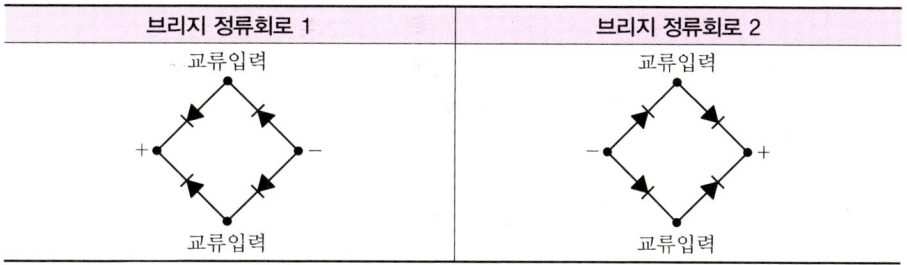

해설 1) 브리지 정류회로

브리지 정류회로 1	브리지 정류회로 2
교류입력 + − 교류입력	교류입력 − + 교류입력

① 다이오드의 화살표 방향이 모이는 점이 (+)이다.
② 다이오드의 화살표 방향이 벌어지는 점이 (−)이다.
③ 그 밖의 2점은 교류입력 측이다.
✏️ 문제에 따라 다이오드의 방향이 달라질 수 있으니 2가지 유형 모두 암기할 것

2) 전파정류와 반파정류

구분	전파정류	반파정류
회로 구성	(브리지 정류회로)	(반파 정류회로)
입력전압파형	사인파	사인파
정류 후 전압파형	전파정류 파형	반파정류 파형
평활회로 후 전압파형	평활된 DC	평활된 DC (리플 전압)

3) 평활회로
커패시터(콘덴서)를 설치하여 충방전을 반복함으로써 산모양의 맥동전압을 평평하게 다듬어 직류전압을 일정하게 유지시킨다.

06 다음의 진리표를 보고 각 물음에 답하시오. [10점]

A	B	C	Y_1	Y_2
0	0	0	1	0
0	0	1	0	1
0	1	0	1	1
0	1	1	0	1
1	0	0	1	0
1	0	1	0	1
1	1	0	0	1
1	1	1	0	1

1) 논리식을 가장 간략화하여 적으시오.
- $Y_1 =$
- $Y_2 =$

2) 무접점 회로를 완성하시오.

$A \circ$

$\circ Y_1$

$B \circ$

$\circ Y_2$

$C \circ$

3) 유접점 회로를 그리시오.

해답

1) • $Y_1 = \overline{A}\,\overline{B}\,\overline{C} + \overline{A}\,B\,\overline{C} + A\overline{B}\,\overline{C}$

$= \overline{B}\,\overline{C}(\overline{A} + A) + \overline{A}\,B\,\overline{C}$

$= \overline{B}\,\overline{C} + \overline{A}\,B\,\overline{C}$

$= \overline{C}(\overline{B} + \overline{A}\,B)$

$= \overline{C}[(\overline{B} + \overline{A}) \cdot (\overline{B} + B)]$

$= \overline{C} \cdot (\overline{B} + \overline{A})$

$= (\overline{A} + \overline{B}) \cdot \overline{C}$

답 $Y_1 = (\overline{A} + \overline{B}) \cdot \overline{C}$

• $Y_2 = \overline{A}\,\overline{B}\,C + \overline{A}\,B\,\overline{C} + \overline{A}\,B\,C + A\overline{B}\,C + A\,B\,\overline{C} + A\,B\,C$

$= \overline{B}\,C(\overline{A} + A) + \overline{A}\,B(\overline{C} + C) + A\,B(\overline{C} + C)$

$= \overline{B}\,C + \overline{A}\,B + A\,B$

$= \overline{B}\,C + B(\overline{A} + A)$

$= \overline{B}\,C + B$

$= (B + \overline{B}) \cdot (B + C)$

$= (B + C)$

답 $Y_2 = (B + C)$

2)

3)

해설

1) $Y_1 = \overline{A}\,\overline{B}\,\overline{C} + \overline{A}\,B\,\overline{C} + A\overline{B}\,\overline{C}$　　　$\overline{B}\,\overline{C}$로 묶으면

   $= \overline{B}\,\overline{C}(\overline{A}+A) + \overline{A}\,B\,\overline{C}$　　　$(\overline{A}+A)=1$이므로

   $= \overline{B}\,\overline{C} + \overline{A}\,B\,\overline{C}$　　　$\overline{C}$로 묶으면

   $= \overline{C}(\overline{B}+\overline{A}B)$　　　괄호 안을 분배하면

   $= \overline{C}[(\overline{B}+\overline{A})\cdot(\overline{B}+B)]$　　　$(\overline{B}+B)=1$이므로

   $= \overline{C}\cdot(\overline{B}+\overline{A})$　　　위치를 교환하면

   $= (\overline{A}+\overline{B})\cdot\overline{C}$

2) $Y_2 = \overline{A}\,\overline{B}\,C + \overline{A}\,B\,\overline{C} + \overline{A}\,B\,C + A\overline{B}\,C + AB\overline{C} + ABC$

   　　　　　　　　　　　$(\overline{B}\,C),(\overline{A}\,B),(AB)$로 묶으면

   $= \overline{B}\,C(\overline{A}+A) + \overline{A}\,B(\overline{C}+C) + AB(\overline{C}+C)$

   　　　　　　　　　　　$(\overline{A}+A)=1,\ (\overline{C}+C)=1$이므로

   $= \overline{B}\,C + \overline{A}\,B + AB$　　　B로 묶으면

   $= \overline{B}\,C + B(\overline{A}+A)$　　　$(\overline{A}+A)=1$이므로

   $= \overline{B}\,C + B$　　　식을 분배하면

   $= (B+\overline{B})\cdot(B+C)$　　　$(\overline{B}+B)=1$이므로

   $= (B+C)$

07 자동화재탐지설비 및 시각경보기의 화재안전기술기준에 따른 청각장애인용 시각경보기의 설치 기준 3가지를 쓰시오. [6점]

-
-
-

해답
- 복도·통로·청각장애인용 객실 및 공용으로 사용하는 거실(로비, 회의실, 강의실, 식당, 휴게실, 오락실, 대기실, 체력단련실, 접객실, 안내실, 전시실, 기타 이와 유사한 장소를 말한다)에 설치하며, 각 부분으로부터 유효하게 경보를 발할 수 있는 위치에 설치할 것
- 공연장·집회장·관람장 또는 이와 유사한 장소에 설치하는 경우에는 시선이 집중되는 무대부 부분 등에 설치할 것
- 설치높이는 바닥으로부터 2[m] 이상 2.5[m] 이하의 장소에 설치할 것. 다만, 천장의 높이가 2[m] 이하인 경우에는 천장으로부터 0.15[m] 이내의 장소에 설치하여야 한다.

해설 청각장애인용 시각경보장치의 설치기준
① 복도·통로·청각장애인용 객실 및 공용으로 사용하는 거실(로비, 회의실, 강의실, 식당, 휴게실, 오락실, 대기실, 체력단련실, 접객실, 안내실, 전시실, 기타 이와 유사한 장소를 말한다)에 설치하며, 각 부분으로부터 유효하게 경보를 발할 수 있는 위치에 설치할 것
② 공연장·집회장·관람장 또는 이와 유사한 장소에 설치하는 경우에는 시선이 집중되는 무대부 부분 등에 설치할 것
③ 설치높이는 바닥으로부터 2[m] 이상 2.5[m] 이하의 장소에 설치할 것. 다만, 천장의 높이가 2[m] 이하인 경우에는 천장으로부터 0.15[m] 이내의 장소에 설치하여야 한다.
④ 시각경보장치의 광원은 전용의 축전지설비 또는 전기저장장치(외부 전기에너지를 저장해 두었다가 필요한 때 전기를 공급하는 장치)에 의하여 점등되도록 할 것. 다만, 시각경보기에 작동전원을 공급할 수 있도록 형식승인을 얻은 수신기를 설치한 경우에는 그러하지 아니하다.

08 다음은 단독경보형 감지기의 설치기준이다. ( ) 안에 알맞은 내용을 쓰시오. [5점]

- 각 실(이웃하는 실내의 바닥면적이 각각 30[m²] 미만이고 벽체의 상부의 전부 또는 일부가 개방되어 이웃하는 실내와 공기가 상호 유통되는 경우에는 이를 1개의 실로 본다)마다 설치하되, 바닥면적이 (①)[m²]를 초과하는 경우에는 (①)[m²]마다 (②)개 이상 설치할 것
- 최상층의 (③)의 천장[외기가 상통하는 (③)의 경우를 제외한다]에 설치할 것
- 건전지를 주전원으로 사용하는 단독경보형 감지기는 정상적인 (④)를 유지할 수 있도록 건전지를 교환할 것
- 상용전원을 주전원으로 사용하는 단독경보형 감지기의 (⑤)는 법 제40조에 따라 제품검사에 합격한 것을 사용할 것

해답 ① 150 ② 1 ③ 계단실
④ 작동상태 ⑤ 2차 전지

해설 단독경보형 감지기의 설치기준
① 각 실(이웃하는 실내의 바닥면적이 각각 30[m²] 미만이고 벽체의 상부의 전부 또는 일부가 개방되어 이웃하는 실내와 공기가 상호 유통되는 경우에는 이를 1개의 실로 본다)마다 설치하되, 바닥면적이 150[m²]를 초과하는 경우에는 150[m²]마다 1개 이상 설치할 것
② 최상층의 계단실의 천장(외기가 상통하는 계단실의 경우를 제외한다)에 설치할 것
③ 건전지를 주전원으로 사용하는 단독경보형 감지기는 정상적인 작동상태를 유지할 수 있도록 건전지를 교환할 것
④ 상용전원을 주전원으로 사용하는 단독경보형 감지기의 2차 전지는 법 제40조에 따라 제품검사에 합격한 것을 사용할 것

09 다음 전선관 부속품의 용도에 대하여 간단히 설명하시오. [3점]

1) 부싱
2) 유니언 커플링
3) 유니버설 엘보

해답

1) 부싱 : 전선의 절연피복을 보호하기 위해 금속관 끝에 취부하여 사용되는 부속품
2) 유니언 커플링 : 배관이 고정되어 있을 때 금속관 상호 간을 접속하는 데 사용되는 부속품
3) 유니버설 엘보 : 노출배관공사 시 배관을 직각으로 굽히는 곳에 사용되는 부속품

해설 전선관공사에 사용되는 부속품의 종류

명칭	외형	설명
부싱 (Bushing)		전선의 절연피복을 보호하기 위하여 금속관 끝에 취부하여 사용되는 부품
유니언 커플링 (Union Coupling)		금속전선관 상호 간을 접속하는 데 사용되는 부품 (관이 고정되어 있을 때)
노멀 벤드 (Normal Bend)		매입배관공사를 할 때 직각으로 굽히는 곳에 사용하는 부품
유니버설 엘보 (Universal Elbow)		노출배관공사를 할 때 관을 직각으로 굽히는 곳에 사용하는 부품
링 리듀서 (Ring Reducer)		금속관을 아웃렛 박스에 로크 너트만으로 고정하기 어려울 때 보조적으로 사용되는 부품
커플링 (Coupling)		금속전선관 상호 간을 접속하는 데 사용되는 부품 (관이 고정되어 있지 않을 때)
새들 (Saddle)		관을 지지하는 데 사용하는 재료
로크 너트 (Lock Nut)		금속관과 박스를 접속할 때 사용하는 재료로 최소 2개를 사용한다.
리머 (Reamer)		금속관 말단의 모를 다듬기 위한 기구

명칭	외형	설명
파이프 커터 (Pipe Cutter)		금속관을 절단하는 기구
환형 3방출 정크션 박스		배관을 분기할 때 사용하는 박스
스트레이트 박스 커넥터		가요전선관과 박스의 연결에 사용되는 부품
콤비네이션 커플링		가요전선관과 금속전선관 연결에 사용되는 부품
스플릿 커플링		가요전선관과 가요전선관 연결에 사용되는 부품

10 다음 도시기호의 명칭을 쓰시오. [4점]

1)    2)

3) 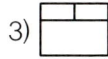   4) Ⓑ

해답
1) 감지선   2) 정온식 스포트형 감지기
3) 중계기   4) 비상벨

해설 소방시설 도시기호

도시기호	명칭	도시기호	명칭
	차동식 스포트형 감지기	Ⓜ	모터사이렌
	보상식 스포트형 감지기		수신기
	정온식 스포트형 감지기		부수신기
S	연기감지기		중계기
⊙	감지선	Ⓔ	기동누름버튼
───	공기관	───	누설동축케이블

도시기호	명칭	도시기호	명칭
▬	열전대	┤□├	분배기
Ⓑ	비상벨	F	분파기
◁	사이렌	Y	혼합기
Ⓢ◁	전자사이렌	AMP	증폭기

11 지상 31층의 특정소방대상물에 비상콘센트를 설치하고자 한다. 비상콘센트를 각 층에 한 개씩 설치할 경우 최소회로수를 계산하시오. [4점]

- 계산과정 :
- 답 :

해답
- 계산과정
  - 비상콘센트의 설치층 : 11층~31층
  - 비상콘센트 설치개수 : 21개
  - 최소회로수
    하나의 전용회로에 설치하는 비상콘센트는 10개 이하로 할 것
    ∴ 최소회로수 = $\frac{21}{10}$ = 2.1(소수점 이하 절상)
- **답** 3회로

해설
1) 비상콘센트의 설치대상
   ① 층수가 11층 이상인 특정소방대상물의 경우에는 11층 이상의 층
   ② 지하 3층 이상이고 지하층의 바닥면적의 합계가 1,000[m²] 이상인 것은 지하층의 모든 층
   ③ 지하가 중 터널로서 길이가 500[m] 이상인 것

2) 비상콘센트설비의 전원회로
   ① 비상콘센트설비의 전원

전원	전압	공급용량
단상교류	220[V]	1.5[kVA] 이상

   ② 전원회로는 각 층에 2 이상이 되도록 설치할 것(다만, 설치하여야 할 층의 비상콘센트가 1개인 때에는 하나의 회로로 할 수 있다.)
   ③ 전원회로는 주배전반에서 전용회로로 할 것

④ 전원으로부터 각 층의 비상콘센트에 분기되는 경우에는 분기배선용 차단기를 보호함 안에 설치할 것
⑤ 콘센트마다 배선용 차단기를 설치하여야 하며, 충전부가 노출되지 아니하도록 할 것
⑥ 개폐기에는 "비상콘센트"라고 표시한 표지를 할 것
⑦ 비상콘센트용의 풀박스 등은 방청도장을 한 것으로서, 두께 1.6[mm] 이상의 철판으로 할 것
⑧ 하나의 전용회로에 설치하는 비상콘센트는 10개 이하로 할 것. 이 경우 전선의 용량은 각 비상콘센트(비상콘센트가 3개 이상인 경우에는 3개)의 공급용량을 합한 용량 이상의 것으로 할 것

12 다음은 누전경보기에 대한 내용이다. 각 물음에 답하시오. [6점]

1) 누전경보기에서 1급 누전경보기와 2급 누전경보기를 구분하는 정격전류는 몇 [A]인지 쓰시오.

2) 누전경보기의 전원은 분전반으로부터 전용회로로 하고 각 극에 설치해야 하는 각 극을 개폐할 수 있는 장치 2가지를 쓰시오.
   -
   -

3) 변류기의 용어의 정의를 쓰시오.

해답 1) 60[A]
2) • 개폐기 및 15[A] 이하의 과전류차단기
   • 20[A] 이하의 배선용 차단기
3) 경계전로의 누설전류를 자동적으로 검출하여 이를 누전경보기의 수신부에 송신하는 것

해설 1) 누전경보기의 설치기준
① 경계전로의 정격전류에 의한 분류

경계전로의 정격전류	60[A] 초과	60[A] 이하
누전경보기 종류	1급	1급 또는 2급

② 변류기 : 옥외 인입선의 제1지점의 부하 측 또는 제2종 접지선 측의 점검이 쉬운 위치에 설치할 것
③ 변류기를 옥외의 전로에 설치하는 경우에는 옥외형으로 설치할 것

2) 전원
① 전원 : 분전반으로부터 전용회로로 할 것
② 전원의 개폐 : 각 극에 개폐기 및 15[A] 이하의 과전류차단기(20[A] 이하의 배선용 차단기)
③ 전원의 분기 : 다른 차단기에 따라 전원이 차단되지 아니하도록 할 것
④ 표지 : 전원의 개폐기에는 누전경보기용임을 표시한 표지를 할 것

3) 용어의 정의

① 누전경보기

내화구조가 아닌 건축물로서 벽, 바닥 또는 천장의 전부나 일부를 불연재료 또는 준불연재료가 아닌 재료에 철망을 넣어 만든 건물의 전기설비로부터 누설전류를 탐지하여 경보를 발하며 변류기와 수신부로 구성된 것

② 수신부

변류기로부터 검출된 신호를 수신하여 누전의 발생을 해당 특정소방대상물의 관계인에게 경보하여 주는 것(차단기구를 갖는 것을 포함)

③ 변류기

경계전로의 누설전류를 자동적으로 검출하여 이를 누전경보기의 수신부에 송신하는 것

④ 집합형 누전경보기의 수신부

2개 이상의 변류기를 연결하여 사용하는 수신부로서 하나의 전원장치 및 음향장치 등으로 구성된 것

⑤ 차단기구

누설전류가 발생하면 자동으로 누전된 회로를 차단하는 장치

⑥ 음향장치

누설전류가 발생하면 벨 또는 부저로 경보를 발하는 장치

13 유도전동기의 운전을 현장 측과 제어실 측에서도 가능하도록 회로를 구성하시오.(단, 사용기구는 푸시버튼스위치 기동용(PB-on) 2개, 정지용(PB-off) 2개, 전자접촉기 a접점(자기유지용) 1개를 사용할 것) [5점]

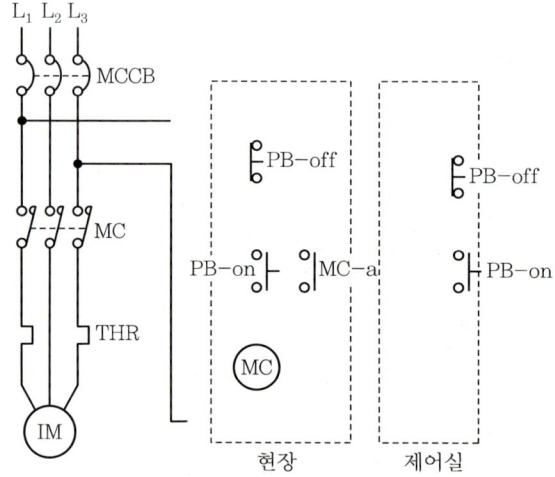

[해답]

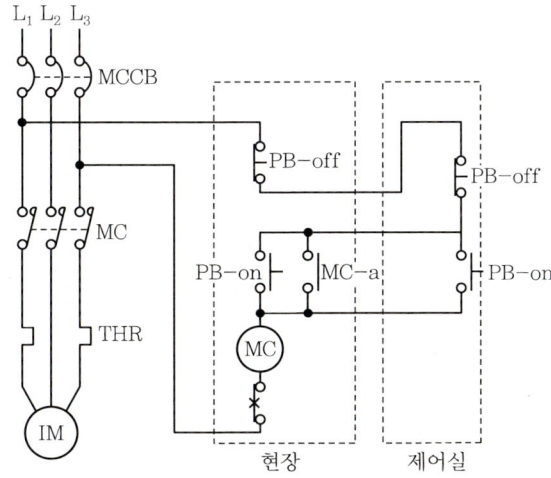

[해설]

1) 2개소 기동정지회로
   현장 측과 제어실 측에서 모두 기동, 정지가 가능하다.

2) 결선방법
   ① 현장 측에서 제어실 측으로 PB-on 스위치는 병렬로 접속한다.
   ② 제어실 측에서 현장 측으로 PB-off 스위치는 직렬로 접속한다.
   ③ 자기유지접점 MC-a는 언제나 PB-on 스위치와 병렬로 접속한다.
   ④ 주회로 측에 열동계전기(THR)가 있으므로 보조회로에도 열동계전기 수동복귀 b접점을 그려주어야 한다.

3) 동일한 2개소 기동정지회로

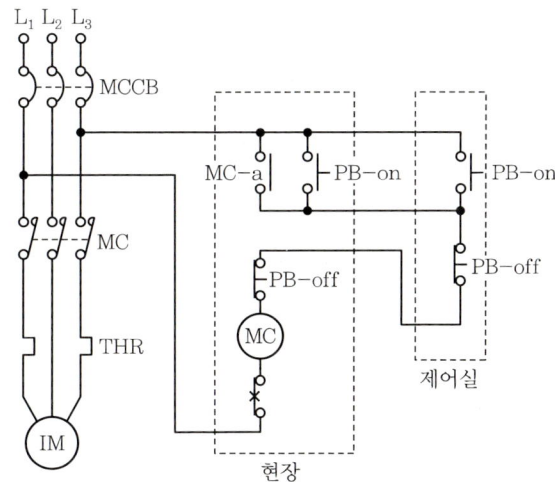

[동작설명]
① 현장 측
- MCCB가 투입된 상태에서 현장 측 PB-on 스위치를 누르면 전류는 제어실 측 PB-off 스위치를 지나 현장 측 PB-off를 거쳐 MC 코일이 여자된다.
- 동시에 MC-a접점이 폐로되어 자기유지회로가 구성되고 주회로의 MC 접점이 폐로되어 전동기가 기동된다. 이때 PB-on 스위치에서 손을 떼어도 전동기는 계속 운전된다.
- 전동기 운전 중 현장 측 PB-off 스위치를 누르면 MC 코일이 소자되어 주회로의 MC 접점이 열리므로 전동기는 정지한다.

② 제어실 측
- MCCB가 투입된 상태에서 제어실 측 PB-on 스위치를 누르면 전류는 제어실 측 PB-off 스위치를 지나 현장 측 PB-off를 거쳐 MC 코일이 여자된다.
- 동시에 MC-a접점이 폐로되어 자기유지회로가 구성되고 주회로의 MC 접점이 폐로되어 전동기가 기동된다. 이때 PB-on 스위치에서 손을 떼어도 전동기는 계속 운전된다.
- 전동기 운전 중 제어실 측 PB-off 스위치를 누르면 MC 코일이 소자되어 주회로의 MC접점이 열리므로 전동기는 정지한다.

14 다음은 자동화재탐지설비의 화재안전기술기준에 의한 감지기의 설치기준이다. ( ) 안에 알맞은 내용을 적으시오. [4점]

- 감지기(차동식 분포형의 것을 제외한다)는 실내로의 공기유입구로부터 (①)[m] 이상 떨어진 위치에 설치할 것
- 보상식 스포트형 감지기는 정온점이 감지기 주위의 평상시 최고온도보다 (②)[℃] 이상 높은 것으로 설치할 것
- 정온식 감지기는 주방·보일러실 등으로서 다량의 화기를 취급하는 장소에 설치하되, 공칭작동온도가 최고주위온도보다 (③)[℃] 이상 높은 것으로 설치할 것
- 스포트형 감지기는 (④)[°] 이상 경사되지 아니하도록 부착할 것

해답
① 1.5
② 20
③ 20
④ 45

해설
1) 스포트형 감지기의 설치기준(공통사항)
① 실내로의 공기유입구로부터 1.5[m] 이상 떨어진 위치에 설치
② 천장 또는 반자의 옥내에 면하는 부분에 설치할 것
③ 45° 이상 경사되지 아니하도록 부착할 것

2) 정온식 감지기의 설치기준

구분	기준
설치장소	주방, 보일러실 등으로서 다량의 화기를 취급하는 장소에 설치
공칭작동온도	최고 주위온도보다 20[℃] 이상

3) 보상식 스포트형 감지기의 설치기준
　① 사용목적 : 실보 또는 지연보의 방지
　② 동작원리 : (차동식)+(정온식) 중 어느 하나만 동작하면 화재신호 전송
　③ 정온점 : 감지기 주위의 평상시 최고온도보다 20[℃] 이상 높은 것으로 설치

15 다음의 미완성 도면은 비상방송설비의 확성기회로에 음량조정기를 설치하기 위한 회로이다. 미완성된 부분을 완성하시오.　　　　　　　　　　　　　　　　　　　　　　　　　　　　　[5점]

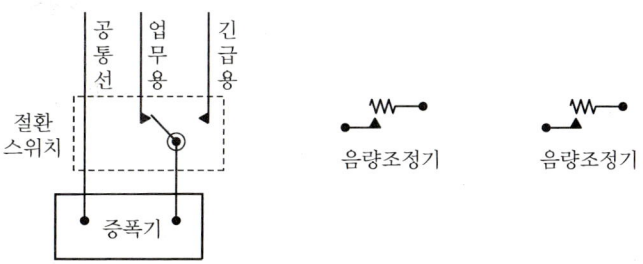

해답 ⊕

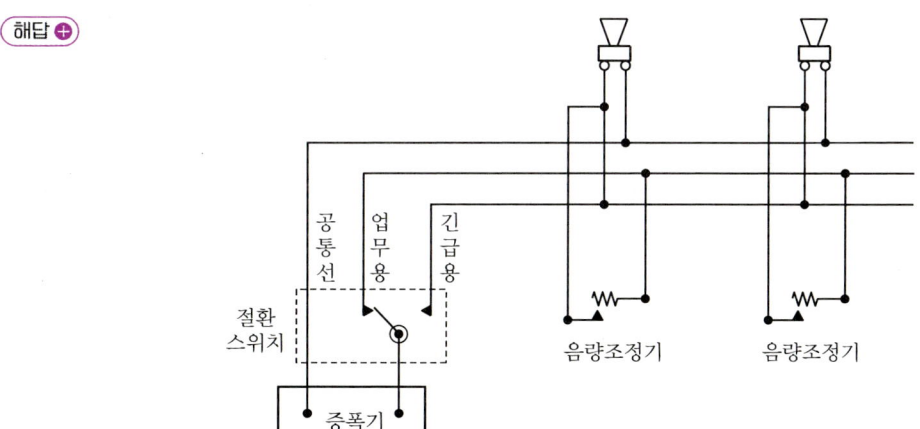

해설 ⊕ 1) 동작설명
① 업무용 방송
  • 확성기(스피커)에 공통선과 업무용 배선(음량조정기(ATT) 경유)이 연결된다.
  • 업무용 방송 시 음량조정기에 의해 음량을 조절할 수 있다.
② 긴급용 방송
  • 확성기(스피커)에 공통선과 긴급용 배선이 직접 연결되어 있다.
  • 수신기로부터 화재신호를 수신하면 절환스위치가 긴급용으로 절환된다.
  • 긴급용 방송은 음량조정이 불가능하다.
③ 절환스위치에 배선의 용도가 적혀 있지 않을 경우 반드시 배선의 용도(공통선, 업무용, 긴급용)를 적어주어야 한다.

2) 동일한 3선식 배선

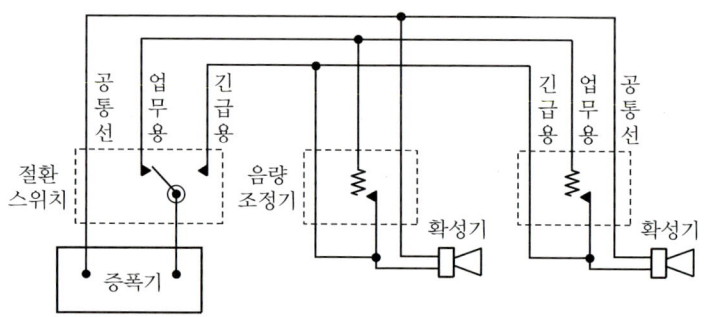

16 다음의 도면은 어느 특정소방대상물의 평면도이다. 각 실에는 차동식 스포트형 1종 감지기를 설치하고자 한다. 다음 물음에 답하시오.(단, 건축물의 구조는 내화구조이고 감지기의 부착높이는 4.5[m]이다.) [8점]

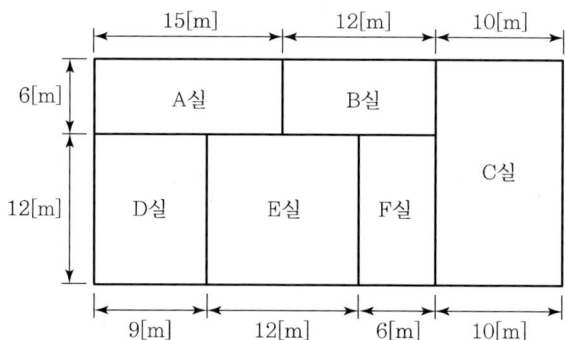

- 각 실에 필요한 감지기 수량을 계산하시오.

실명	계산과정	수량
A		
B		
C		
D		
E		
F		

해답

실명	계산과정	수량
A	$\dfrac{15 \times 6}{45} = 2$	2개
B	$\dfrac{12 \times 6}{45} = 1.6 ≒ 2$	2개
C	$\dfrac{10 \times (6+12)}{45} = 4$	4개
D	$\dfrac{9 \times 12}{45} = 2.4 ≒ 3$	3개
E	$\dfrac{12 \times 12}{45} = 3.2 ≒ 4$	4개
F	$\dfrac{6 \times 12}{45} = 1.6 ≒ 2$	2개

해설

1) 차동식 스포트형, 보상식 스포트형, 정온식 스포트형 감지기의 부착높이 및 특정소방대상물에 따른 기준면적(단위 : m²)

부착높이 및 특정소방대상물의 구분		감지기의 종류				
		차동식, 보상식		정온식		
		1종	2종	특종	1종	2종
4[m] 미만	내화구조	90	70	70	60	20
	기타 구조	50	40	40	30	15
4[m] 이상 8[m] 미만	내화구조	45	35	35	30	—
	기타 구조	30	25	25	15	—

2) 감지기의 수량 산정

$$감지기 수량 = \dfrac{바닥면적[m^2]}{기준면적[m^2]} (소수점 이하 절상)$$

17 특정소방대상물에 설치하는 자동화재탐지설비에 대한 설치대상(바닥면적 등의 기준)을 적으시오.(단, 대상물의 전체인 경우 전부 또는 면적 조건 없음으로 답한다.) [5점]

1) 근린생활시설(목욕장 제외)
2) 근린생활시설 중 목욕장
3) 의료시설(정신의료기관 또는 요양병원은 제외)
4) 정신의료기관(창살은 설치되지 않음)
5) 요양병원(정신병원과 의료재활시설은 제외)

해답
1) 연면적 600[m²] 이상
2) 연면적 1,000[m²] 이상
3) 연면적 600[m²] 이상
4) 바닥면적의 합계가 300[m²] 이상
5) 전부

해설 자동화재탐지설비의 설치대상

특정소방대상물	설치대상
공동주택 중 아파트 등·기숙사, 숙박시설, 노유자생활시설, 지하구, 판매시설 중 전통시장, 층수가 6층 이상인 건축물, 산후조리원, 조산원, 숙박시설이 있는 수련시설로서 수용인원 100명 이상인 것, 요양병원(의료재활시설 제외)	모든 층
노유자시설	연면적 400m² 이상
근린생활시설(목욕장 제외), 의료시설, 위락시설, 장례시설 및 복합건축물	연면적 600m² 이상
근린생활시설 중 목욕장, 문화 및 집회시설, 종교시설, 판매시설, 운수시설, 운동시설, 업무시설, 공장, 창고시설, 위험물 저장 및 처리시설, 항공기 및 자동차 관련 시설, 교정 및 군사시설 중 국방·군사시설, 방송통신시설, 발전시설, 관광 휴게시설, 지하가	연면적 1,000m² 이상
교육연구시설(시설 내의 기숙사 및 합숙소 포함), 수련시설(시설 내의 기숙사 및 합숙소 포함, 숙박시설이 있는 수련시설 제외), 동물 및 식물 관련 시설, 분뇨 및 쓰레기 처리시설, 교정 및 군사시설 또는 묘지 관련 시설	연면적 2,000m² 이상인 것
정신의료기관 또는 의료재활시설	바닥면적 300m² 이상
정신의료기관 또는 의료재활시설로서 창살이 설치된 시설	바닥면적 300m² 미만
지하가 중 터널	길이가 1,000m 이상인 것
특수가연물	500배 이상

18 비상방송설비의 화재안전기술기준에 따른 비상방송설비의 설치기준에 대한 각 물음에 답하시오.
[5점]

1) 확성기의 음성입력은 실내인 경우 몇 [W] 이상으로 하여야 하는가?
2) 조작부의 조작스위치는 바닥으로부터 얼마의 높이에 설치하여야 하는가?
3) 음향장치는 정격전압의 몇 [%]에서 음향을 발할 수 있어야 하는가?
4) 기동장치에 따른 화재신고를 수신한 후 필요한 음량으로 화재 발생 상황 및 피난에 유효한 방송이 자동으로 개시될 때까지의 소요시간은 얼마 이하로 하여야 하는가?
5) 지상 11층, 연면적 3,000[m²]를 초과하는 특정소방대상물에 자동화재탐지설비의 음향장치를 설치하였다. 이 건물의 5층에서 화재가 발생하였을 때 경보하여야 하는 층수를 쓰시오.

해답
1) 1[W]
2) 0.8[m] 이상 1.5[m] 이하
3) 80[%]
4) 10초
5) 지상 5층, 지상 6층, 지상 7층, 지상 8층, 지상 9층

해설
1) 비상방송설비의 음향장치
 ① 확성기의 음성입력 : 실외 3[W], 실내 1[W], 아파트 등의 실내 2[W] 이상
 ② 확성기는 각 층마다 설치할 것
 ③ 그 층의 각 부분으로부터 하나의 확성기까지의 수평거리가 25[m] 이하가 되도록 하고, 해당 층의 각 부분에 유효하게 경보를 발할 수 있도록 설치할 것
 ④ 음량조정기를 설치하는 경우 음량조정기의 배선은 3선식으로 할 것
 ⑤ 음향장치의 구조 및 성능
  • 정격전압의 80[%] 전압에서 음향을 발할 수 있는 것으로 할 것
  • 자동화재탐지설비의 작동과 연동하여 작동할 수 있는 것으로 할 것

2) 증폭기 및 조작부 등
 ① 조작부의 조작스위치 높이 : 바닥으로부터 0.8[m] 이상 1.5[m] 이하
 ② 조작부는 기동장치가 작동한 층 또는 구역을 표시할 수 있을 것
 ③ 증폭기 및 조작부는 수위실 등 상시 사람이 근무하는 장소로서 점검이 편리하고 방화상 유효한 곳에 설치할 것
 ④ 다른 방송설비와 공용하는 것에 있어서는 화재 시 비상경보 외의 방송을 차단할 수 있는 구조로 할 것
 ⑤ 다른 전기회로에 따라 유도장애가 생기지 아니하도록 할 것
 ⑥ 하나의 특정소방대상물에 2 이상의 조작부가 설치되어 있는 때에는 각각의 조작부가 있는 장소 상호 간에 동시통화가 가능한 설비를 설치하고, 어느 조작부에서도 해당 특정소방대상물의 전 구역에 방송을 할 수 있도록 할 것

3) 화재감지 후 방송개시 소요시간

기동장치에 따른 화재신고를 수신한 후 필요한 음량으로 화재 발생 상황 및 피난에 유효한 방송이 자동으로 개시될 때까지의 소요시간은 10초 이하로 할 것

4) 비상방송설비의 발화층·직상층 우선경보방식

① 대상

층수가 11층(공동주택의 경우에는 16층) 이상의 특정소방대상물

② 경보방식

발화층	경보하여야 하는 층
2층 이상의 층	발화층 및 그 직상 4개층
1층	발화층·그 직상 4개층 및 지하층
지하층	발화층·그 직상층 및 기타의 지하층

2021년 제4회(2021. 11. 14)

01 다음 도면과 같은 장소에 차동식 스포트형 감지기 2종을 설치하는 경우와 광전식 스포트형 감지기 2종을 설치하는 경우 다음 각 물음에 답하시오.(단, 주요 구조부는 내화구조이며, 감지기의 부착높이는 6[m]이다.) [5점]

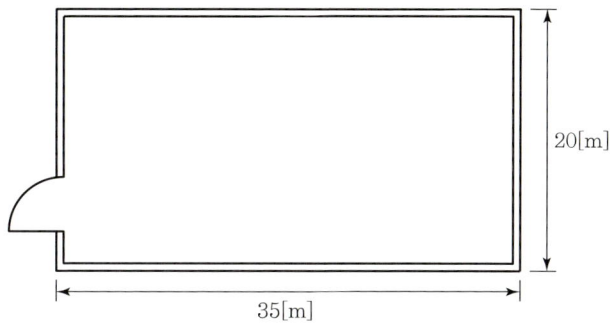

1) 차동식 스포트형 감지기 2종의 소요개수를 산출하시오.
   - 계산과정 :
   - 답 :

2) 광전식 스포트형 감지기 2종의 소요개수를 산출하시오.
   - 계산과정 :
   - 답 :

해답

1) • 계산과정

   감지기의 개수 $= \dfrac{350}{35} + \dfrac{350}{35} = 20$개

   • 답 20개

2) • 계산과정

   감지기의 개수 $= \dfrac{350}{75} + \dfrac{350}{75} = 9.33 ≒ 10$개

   • 답 10개

해설 1) 차동식 스포트형, 보상식 스포트형, 정온식 스포트형 감지기의 부착높이 및 특정소방대상물에 따른 기준면적(단위 : m²)

부착높이 및 특정소방대상물의 구분		감지기의 종류				
		차동식, 보상식		정온식		
		1종	2종	특종	1종	2종
4[m] 미만	내화구조	90	70	70	60	20
	기타 구조	50	40	40	30	15
4[m] 이상 8[m] 미만	내화구조	45	35	35	30	—
	기타 구조	30	25	25	15	—

① 위 표에서 기준면적 산정 : 35[m²]

② 바닥면적 : 20 × 35 = 700[m²]

③ 경계구역 산정 : $\frac{700[m^2]}{600[m^2]} = 1.67 ≒ 2구역$

④ 감지기 개수 산정 시 경계구역별로 구해서 합산한다. 반드시 경계구역을 1/2로 나누는 것은 아니지만 일반적으로 1/2로 나누어 계산한다.

하나의 경계구역 면적 : $\frac{700[m^2]}{2} = 350[m^2]$

⑤ 2경계구역의 감지기의 개수 = $\frac{350}{35} + \frac{350}{35} = 20개$

⑥ 경계구역을 나누지 않는 경우 감지기의 개수 = $\frac{700}{35} = 20개$

⑦ 경계구역을 나누지 않고 계산하여도 감지기의 수는 같다.

2) 부착높이에 따른 연기감지기 1개의 기준면적

부착높이	감지기의 종류	
	1종, 2종	3종
4[m] 미만	150[m²]	50[m²]
4[m] 이상 20[m] 미만	75[m²]	—

① 위 표에서 기준면적 산정 : 75[m²]

② 바닥면적 : 20 × 35 = 700[m²]

③ 경계구역 산정 : $\frac{700[m^2]}{600[m^2]} = 1.67 ≒ 2구역$

④ 감지기 개수 산정 시 경계구역별로 구해서 합산한다. 반드시 경계구역을 1/2로 나누는 것은 아니지만 일반적으로 1/2로 나누어 계산한다.

하나의 경계구역 면적 : $\frac{700[m^2]}{2} = 350[m^2]$

⑤ 2경계구역의 감지기의 개수 = $\frac{350}{75} + \frac{350}{75} = 9.33 ≒ 10개$

⑥ 경계구역을 나누지 않고 계산한 경우 = $\frac{700}{75}$ = 9.33 ≒ 10개

⑦ 경계구역을 나누지 않고 계산하여도 감지기의 수는 같다.

02 다음의 특정소방대상물에 자동화재탐지설비를 설치하였다. 조건을 참고하여 물음에 답하시오. [7점]

[조건]
- 건축물은 지하 2층, 지상 4층이다.
- 각 층의 층고는 4[m]이다.
- 경계구역 계산에서 계단 및 수직경계구역은 제외한다.

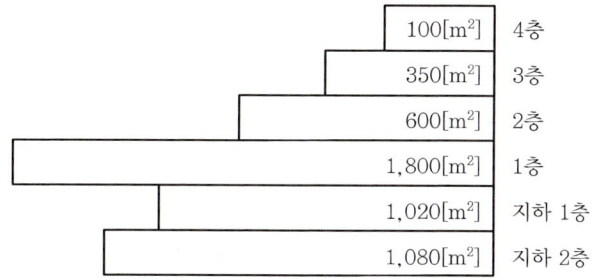

1) 층별 바닥면적이 그림과 같을 경우 자동화재탐지설비의 경계구역은 최소 몇 개로 구분하여야 하는지 산출식과 경계구역수를 계산하여 빈칸에 쓰시오.

층수	계산과정	경계구역수
4층		
3층		
2층		
1층		
지하 1층		
지하 2층		

2) 이 특정소방대상물에 계단과 엘리베이터가 각각 1개씩 설치되어 있는 경우 P형 1급 수신기는 몇 회로용을 설치해야 하는지 산출내역과 회로수를 쓰시오.
- 산출내역 :
- 회로수 :

해답

1)

층수	계산과정	경계구역수
4층	$\dfrac{100+350}{500}=0.9 ≒ 1$	1경계구역
3층		
2층	$\dfrac{600}{600}=1$	1경계구역
1층	$\dfrac{1,800}{600}=3$	3경계구역
지하 1층	$\dfrac{1,020}{600}=1.7 ≒ 2$	2경계구역
지하 2층	$\dfrac{1,080}{600}=1.8 ≒ 2$	2경계구역

2) • 산출내역
　① 수평경계구역수 : 1+1+3+2+2=9경계구역
　② 수직경계구역수 : 1+1+1=3경계구역
　　－엘리베이터 : 엘리베이터 별도 1경계구역
　　－지상층 계단 : $\dfrac{4개층 \times 4[m]}{45[m]}=0.355 ≒ 1경계구역$
　　－지하층 계단 : $\dfrac{2개층 \times 4[m]}{45[m]}=0.17 ≒ 1경계구역$
　③ 총 경계구역의 수 : 12경계구역
　• 회로수 : 15회로용 수신기

해설

1) 수평경계구역수

① 3층, 4층
- 하나의 경계구역이 2개 이상의 층에 미치지 아니하도록 할 것(다만, 500[m²] 이하의 범위 안에서는 2개의 층을 하나의 경계구역으로 할 수 있다)
- 3층과 4층 바닥면적 합이 500[m²] 이하이므로 하나의 경계구역으로 할 수 있다.
- 문제에서 최소경계구역으로 구하라고 하였으므로 반드시 3, 4층을 합산하여 구한다.
- $\dfrac{100+350}{500}=0.9 ≒ 1경계구역$

② 2층, 1층, 지하 1층, 지하 2층
- 하나의 경계구역의 면적은 600[m²] 이하로 하고 한 변의 길이는 50[m] 이하로 할 것(다만, 주된 출입구에서 그 내부 전체가 보이는 것은 한 변의 길이가 50[m]의 범위 내에서 1,000[m²] 이하)
- 2층 : $\dfrac{600}{600}=1경계구역$
- 1층 : $\dfrac{1,800}{600}=3경계구역$

- 지하 1층 : $\dfrac{1,020}{600} = 1.7 ≒ 2$경계구역

- 지하 2층 : $\dfrac{1,080}{600} = 1.8 ≒ 2$경계구역

2) 총 경계구역의 수

① 수평경계구역수 : 1)에서 계산

$1+1+3+2+2=9$경계구역

② 수직경계구역수 : $1+1+1=3$경계구역

- 엘리베이터 : 엘리베이터 별도 1경계구역
- 지상층 계단 : $\dfrac{4개층 \times 4[m]}{45[m]} = 0.355 ≒ 1$경계구역
- 지하층 계단 : $\dfrac{2개층 \times 4[m]}{45[m]} = 0.17 ≒ 1$경계구역

③ 총 경계구역의 수 : 12경계구역

④ 회로수 : 15회로용 수신기

수신기는 5회로 단위로 생산되므로 15회로용 수신기 선정

✏️ 수신기 회로수 산정
- 회로수를 물어보는 경우 : 산출된 회로수
- 몇 회로용인지를 물어보는 경우 : 반드시 5회로 단위로 답할 것

> **Reference**
>
> **수직구역의 경계구역 설정기준**
> ① 별도의 경계구역 설정 : 계단, 경사로, 엘리베이터 승강로, 권상기실, 린넨슈트, 파이프 피트, 파이프 덕트, 기타 이와 유사한 부분
> ② 하나의 경계구역 높이 : 45[m] 이하(계단 및 경사로에 한함)
> ③ 지하층의 계단 및 경사로는 별도로 하나의 경계구역으로 할 것(지하층의 층수가 1일 경우는 제외)

03 누전경보기의 공칭작동전류치의 정의를 쓰고 공칭작동전류치는 몇 [mA] 이하이어야 하는지 쓰시오. [4점]

- 정의 :
- 공칭작동전류치 :

해답
- 정의 : 누전경보기를 작동시키기 위하여 필요한 누설전류값으로 제조자에 의해 표시된 값
- 공칭작동전류치 : 200[mA]

해설 1) 공칭작동전류치
   ① 정의
      누전경보기를 작동시키기 위하여 필요한 누설전류의 값으로서 제조자에 의하여 표시된 값
   ② 공칭작동전류치 및 감도조절장치의 조정범위

구분	전류[mA]
공칭작동전류	200 이하
감도조절장치의 조정범위	1,000(1A) 이하

2) 경계전로의 정격전류에 의한 분류

경계전로의 정격전류	60[A] 초과	60[A] 이하
누전경보기 종류	1급	1급 또는 2급

3) 전원
   ① 전원 : 분전반으로부터 전용회로로 할 것
   ② 전원의 개폐 : 각 극에 개폐기 및 15[A] 이하의 과전류차단기(20[A] 이하의 배선용 차단기)
   ③ 전원의 분기 : 다른 차단기에 따라 전원이 차단되지 아니하도록 할 것
   ④ 표지 : 전원의 개폐기에는 누전경보기용임을 표시한 표지를 할 것

04 감지기회로의 도통시험을 위한 종단저항 설치기준 3가지를 쓰시오. [4점]

-
-
-

해답
- 점검 및 관리가 쉬운 장소에 설치할 것
- 전용함을 설치하는 경우 그 설치높이는 바닥으로부터 1.5[m] 이내로 할 것
- 감지기회로의 끝부분에 설치하며, 종단감지기에 설치할 경우에는 구별이 쉽도록 해당 감지기의 기판 및 감지기 외부 등에 별도의 표시를 할 것

해설 자동화재탐지설비의 배선
① 도통시험을 위한 종단저항의 설치기준
   - 점검 및 관리가 쉬운 장소에 설치할 것
   - 전용함을 설치하는 경우 그 설치높이는 바닥으로부터 1.5[m] 이내로 할 것
   - 감지기회로의 끝부분에 설치하며, 종단감지기에 설치할 경우에는 구별이 쉽도록 해당 감지기의 기판 및 감지기 외부 등에 별도의 표시를 할 것
② 전원회로의 배선 : 내화배선
   그 밖의 배선 : 내화배선 또는 내열배선

③ 감지기 상호 간 또는 감지기로부터 수신기에 이르는 감지기회로의 배선
  • 아날로그식, 다신호식 감지기 및 R형 수신기용 : 전자파 방해를 받지 아니하는 실드선
  • 그 밖의 일반배선 : 내화배선 또는 내열배선
④ 감지기 사이의 회로의 배선은 송배선식으로 할 것
⑤ 절연저항 : 감지기회로 및 부속회로의 전로와 대지 사이 및 배선 상호 간을 직류 250[V]의 절연저항측정기로 측정하여 0.1[MΩ] 이상이 되도록 할 것
⑥ 자동화재탐지설비의 배선은 다른 전선과 별도의 관·덕트·몰드 또는 풀박스 등에 설치할 것(다만, 60[V] 미만의 약전류회로에 사용하는 전선으로서 각각의 전압이 같을 때에는 제외)
⑦ 감지기회로 하나의 공통선에 접속할 수 있는 경계구역 : 7개 이하

$$공통선의 가닥수 = \frac{회로수(경계구역수)}{7}(소수점 이하 절상)$$

⑧ 자동화재탐지설비의 감지기회로의 전로저항 : 50[Ω] 이하
⑨ 종단감지기에 접속되는 배선의 전압 : 정격전압의 80[%] 이상

05 다음의 시퀀스 회로에서 X접점이 닫혀서 폐회로를 구성할 때 타이머 T1(설정시간 t_1), 타이머 T2(설정시간 t_2), 릴레이(R), 표시등(PL)에 대한 타임차트를 완성하시오.(단, 설정시간 이외의 지연시간은 없다.) [6점]

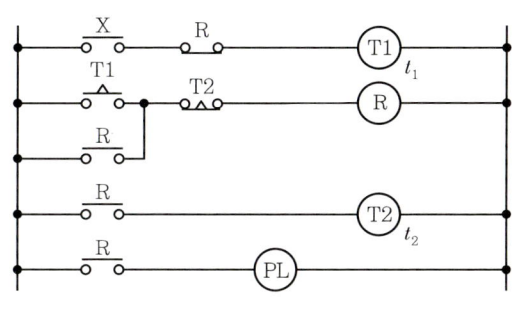

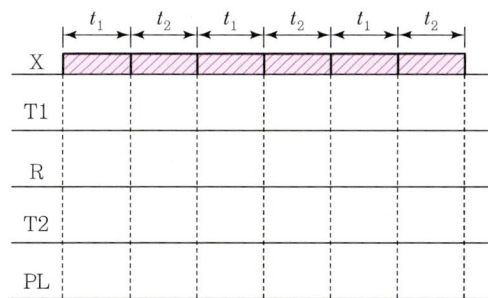

해답 ⊕

```
         | t₁ | t₂ | t₁ | t₂ | t₁ | t₂ |
    X    |////|////|////|////|////|////|
    T1   |////|    |////|    |////|    |
    R    |    |////|    |////|    |////|
    T2   |    |////|    |////|    |////|
    PL   |    |////|    |////|    |////|
```

해설 ⊕ 1) 동작설명

　　① X접점이 폐로되면 타이머(T1)가 여자된다.
　　② t_1시간 후 T1의 한시동작 a접점이 폐로되어 릴레이 R이 여자되고 R－a접점에 의해 자기유지된다.
　　③ 동시에 타이머(T2)가 여자되고, PL램프가 점등, T1은 소자된다.
　　④ t_2시간 후 T2의 한시동작 b접점이 개로되어 릴레이 R이 소자된다.
　　⑤ 동시에 타이머(T2)가 소자되고, PL램프가 소등, T1은 여자된다.
　　⑥ T1과 R은 서로 엇갈리게 작동하고 R, T2, PL은 동일하게 작동한다.

2) 용어해설

용어	해설	
여자	코일에 전류를 흘리면 전자석이 되어 자력을 가지는 현상	(상태 : 1)
소자	코일에 전류가 차단되어 자력이 소멸되는 현상	(상태 : 0)
폐로	스위치가 닫힌 상태(ON)	(상태 : 1)
개로	스위치가 열린 상태(OFF)	(상태 : 0)

06 자동화재탐지설비의 P형 수신기에 예비전원 이상표시등이 점등되어 있다. 예비전원 이상표시등이 점등될 수 있는 원인을 4가지만 쓰시오. [4점]

-
-
-
-

해답 ⊕
- 축전지가 방전되어서 완충이 되지 않은 경우
- 축전지 자체 불량으로 충전되지 않는 경우
- 충전기가 고장인 경우
- 축전지와 충전기의 접속단자가 접촉불량인 경우

해설 수신기의 전원표시등

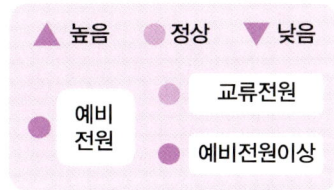

① 교류전원 : 교류전원 사용 시 점등
② 예비전원 : 예비전원 사용 시 점등
③ 예비전원이상 : 예비전원 이상 시 점등

07 3상 380[V]에서 정격소비전력이 100[kW]인 전기기구의 부하전류를 측정하기 위하여 변류비가 300/5인 변류기를 사용하였다. 변류기 2차 전류를 구하시오.(단, 역률은 70[%]이다.) [4점]

• 계산과정 :

• 답 :

해답 • 계산과정

$P = \sqrt{3}\, VI\cos\theta$

$100 \times 10^3 = \sqrt{3} \times 380 \times I_1 \times 0.7$

$I_1 = \dfrac{100 \times 10^3}{\sqrt{3} \times 380 \times 0.7} = 217.05\,[\text{A}]$

변류비 $= \dfrac{I_1}{I_2} = \dfrac{300}{5}$

$\dfrac{217.05}{I_2} = \dfrac{300}{5}$

$I_2 = 217.05 \times \dfrac{5}{300} = 3.62\,[\text{A}]$

• 답 3.62[A]

해설 1) 변류기(CT : Current Transformer)

변류기는 전류의 크기를 변환하는 장치로, 대전류가 흐르는 전로의 전류를 적은 용량의 전류계를 사용하여 측정하거나 또는 보호계전기를 동작시키기 위해 사용한다.

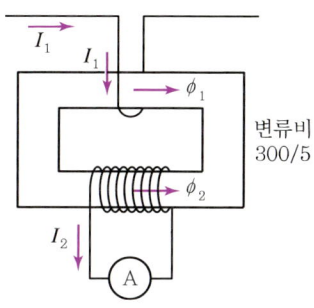

2) 3상 유효전력 $P[\text{W}]$

$$P[\text{W}] = \sqrt{3}\, VI\cos\theta$$

여기서, V : 선간전압[V], I : 선간전류[A], $\cos\theta$: 역률

3) 변류기 2차 전류 계산

변류비 $= \dfrac{I_1}{I_2} = \dfrac{300}{5}$

$\dfrac{217.05}{I_2} = \dfrac{300}{5}$

$I_2 = 217.05 \times \dfrac{5}{300} = 3.62[\text{A}]$

여기서, I_1 : 변류기 1차 전류, I_2 : 변류기 2차 전류, 변류비 : 300/5

08 피난유도선이란 햇빛이나 전등불에 따라 축광하거나(축광방식) 전류에 따라 빛을 발하는(광원점등방식) 유도체로서 어두운 상태에서 피난을 유도할 수 있도록 띠 형태로 설치되는 피난유도시설을 말한다. 이러한 피난유도선 중 축광방식의 피난유도선에 대한 설치기준을 3가지만 쓰시오.

[5점]

-
-
-

해답
- 구획된 각 실로부터 주출입구 또는 비상구까지 설치할 것
- 바닥으로부터 높이 50[cm] 이하의 위치 또는 바닥면에 설치할 것
- 피난유도 표시부는 50[cm] 이내의 간격으로 연속되도록 설치할 것

해설
1) 축광방식의 피난유도선
① 구획된 각 실로부터 주출입구 또는 비상구까지 설치할 것
② 바닥으로부터 높이 50[cm] 이하의 위치 또는 바닥면에 설치할 것
③ 피난유도 표시부는 50[cm] 이내의 간격으로 연속되도록 설치할 것
④ 부착대에 의하여 견고하게 설치할 것
⑤ 외광 또는 조명장치에 의하여 상시 조명이 제공되거나 비상조명등에 의한 조명이 제공되도록 설치할 것

▲ 축광방식의 피난유도선

2) 광원점등방식의 피난유도선
   ① 구획된 각 실로부터 주출입구 또는 비상구까지 설치할 것
   ② 피난유도 표시부는 바닥으로부터 높이 1[m] 이하의 위치 또는 바닥면에 설치할 것
   ③ 피난유도 표시부는 50[cm] 이내의 간격으로 연속되도록 설치하되 실내장식물 등으로 설치가 곤란할 경우 1[m] 이내로 설치할 것
   ④ 수신기로부터의 화재신호 및 수동조작에 의하여 광원이 점등되도록 설치할 것
   ⑤ 비상전원이 상시 충전상태를 유지하도록 설치할 것
   ⑥ 바닥에 설치되는 피난유도 표시부는 매립하는 방식을 사용할 것
   ⑦ 피난유도 제어부는 조작 및 관리가 용이하도록 바닥으로부터 0.8[m] 이상 1.5[m] 이하의 높이에 설치할 것

09 다음은 특정소방대상물의 용도별로 설치하여야 할 유도등 및 유도표지의 종류에 관한 내용이다. 빈칸에 알맞은 유도등 및 유도표지를 쓰시오. [5점]

설치장소	유도등 및 유도표지의 종류
공연장, 집회장, 관람장, 운동시설	• 대형피난구유도등
유흥주점영업시설(유흥주점 중 손님이 춤을 출 수 있는 무대가 설치된 카바레, 나이트클럽 또는 그 밖에 이와 비슷한 영업시설)	• •
위락시설, 판매시설, 운수시설, 관광숙박업, 의료시설, 장례식장, 방송통신시설, 전시장, 지하상가, 지하철역사	• •
숙박시설(관광숙박업 제외), 오피스텔	•
그 밖의 건축물로서 지하층, 무창층, 11층 이상인 특정소방대상물	•
근린생활시설, 노유자시설, 업무시설, 발전시설, 종교시설, 교육연구시설, 수련시설, 공장, 교정 및 군사시설, 자동차정비공장, 운전학원, 정비학원, 다중이용업소, 복합건축물, 공동주택(아파트 등 및 기숙사)	•

해답 ⊕

설치장소	유도등 및 유도표지의 종류
공연장, 집회장, 관람장, 운동시설	• 대형피난구유도등 • 통로유도등 • 객석유도등
유흥주점영업시설(유흥주점 중 손님이 춤을 출 수 있는 무대가 설치된 카바레, 나이트클럽 또는 그 밖에 이와 비슷한 영업시설)	
위락시설, 판매시설, 운수시설, 관광숙박업, 의료시설, 장례식장, 방송통신시설, 전시장, 지하상가, 지하철역사	• 대형피난구유도등 • 통로유도등
숙박시설(관광숙박업 제외), 오피스텔	• 중형피난구유도등 • 통로유도등
그 밖의 건축물로서 지하층, 무창층, 11층 이상인 특정소방대상물	
근린생활시설, 노유자시설, 업무시설, 발전시설, 종교시설, 교육연구시설, 수련시설, 공장, 교정 및 군사시설, 자동차정비공장, 운전학원, 정비학원, 다중이용업소, 복합건축물, 공동주택(아파트 등 및 기숙사)	• 소형피난구유도등 • 통로유도등
그 밖의 것	• 피난구유도표지 • 통로유도표지

비고 : 복합건축물과 공동주택(아파트 등 및 기숙사)의 경우 세대 내에는 유도등을 설치하지 아니할 수 있다.

해설 ① 대형피난구유도등 : 불특정 다수가 출입하는 대부분의 장소에 해당
② 객석유도등 : 객석이 설치된 특정소방대상물에만 해당
③ 통로유도등 : 유도등이 설치되는 모든 특정소방대상물에 해당
④ 중형피난구유도등 : 숙박시설(관광숙박업 제외), 오피스텔, 그 밖의 건축물 중 지하층, 무창층, 11층 이상인 특정소방대상물

10 이산화탄소소화설비에서 사용되는 사이렌과 방출표시등의 설치위치와 설치목적을 쓰시오.

[4점]

1) 사이렌
- 설치위치 :
- 설치목적 :

2) 방출표시등
- 설치위치 :
- 설치목적 :

해답 1) 사이렌
- 설치위치 : 방호구역 내부
- 설치목적 : 음향으로 경보함으로써 실내의 인명을 대피하는 기능

2) 방출표시등
- 설치위치 : 방호구역 외부
- 설치목적 : 외부인이 방호구역으로의 진입을 금지하는 기능

해설 가스계 소화설비에서 주요 기기의 기능

명칭	기능
사이렌	방호구역 내에 설치하며 음향으로 경보함으로써 실내의 인명을 대피하는 기능
방출표시등	방호구역 밖에 설치하여 외부인이 방호구역으로의 진입을 금지하는 기능
솔레노이드밸브	제어반의 기동신호에 의해 솔레노이드밸브가 작동하여 기동용기를 개방한다.
압력스위치	소화약제가 방출되면 압력스위치가 작동되어 방출표시등이 점등된다.
수동조작함 (RM)	방호구역 밖의 출입구 부근에 설치하여 화재 발생 시 수동으로 설비를 기동시키는 기능
감지기 배선	교차회로배선 사용

11 다음은 두 입력상태가 서로 다를 때만 출력을 발생하고 입력상태가 서로 같을 때는 출력을 발생하지 않는 배타적 논리회로(Exclusive OR)이다. 이 논리회로를 보고 각 물음에 답하시오. [6점]

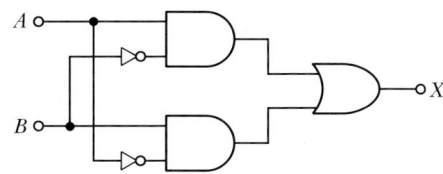

1) 배타적 논리회로(Exclusive OR)의 논리식을 쓰시오.
2) 배타적 논리회로(Exclusive OR)의 유접점 릴레이회로를 그리시오.
3) 배타적 논리회로(Exclusive OR)에 대한 다음의 타임차트를 완성하시오.

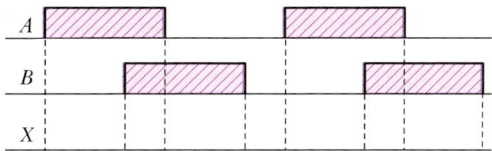

4) 배타적 논리회로(Exclusive OR)에 대한 진리표를 완성하시오.

A	B	X
0	0	
0	1	
1	0	
1	1	

해답 1) $X = A \cdot \overline{B} + \overline{A} \cdot B$

2)

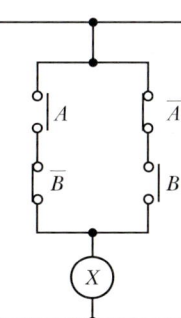

3)

A	B	X
0	0	0
0	1	1
1	0	1
1	1	0

해설 ⊕ 1) 배타적 논리회로(Exclusive OR)의 논리식

$X = A \cdot \overline{B} + \overline{A} \cdot B$

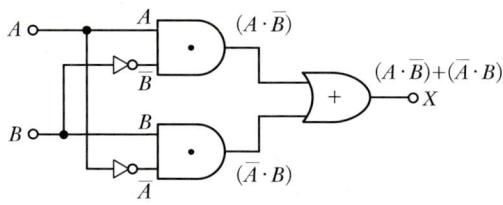

2) 유접점 릴레이회로

$X = A \cdot \overline{B} + \overline{A} \cdot B$

① $(A \cdot \overline{B})$: A와 $\overline{B}$가 논리곱으로 연결되어 있으므로 직렬회로
② $(\overline{A} \cdot B)$: $\overline{A}$와 B가 논리곱으로 연결되어 있으므로 직렬회로
③ $(A \cdot \overline{B}) + (\overline{A} \cdot B)$: $(A \cdot \overline{B})$와 $(\overline{A} \cdot B)$가 논리합으로 연결되어 있으므로 병렬회로이다.

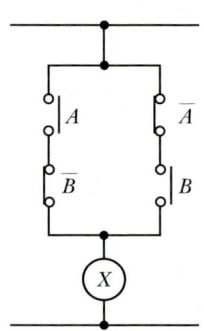

3) 배타적 논리회로(Exclusive OR)의 타임차트

배타적 논리회로(Exclusive OR)는 두 입력상태가 서로 다를 때만 출력을 발생하고 입력상태가 서로 같을 때는 출력을 발생하지 않는다.

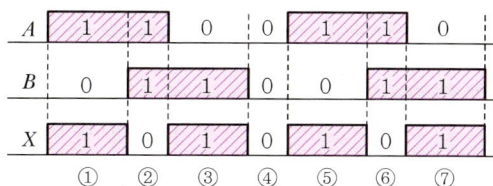

①시점 : 입력 $A=1$, $B=0$으로 입력이 서로 다르므로 출력 $X=1$
②시점 : 입력 $A=1$, $B=1$로 입력이 서로 같으므로 출력 $X=0$
③시점 : 입력 $A=0$, $B=1$로 입력이 서로 다르므로 출력 $X=1$
④시점 : 입력 $A=0$, $B=0$으로 입력이 서로 같으므로 출력 $X=0$
⑤시점 : 입력 $A=1$, $B=0$으로 입력이 서로 다르므로 출력 $X=1$
⑥시점 : 입력 $A=1$, $B=1$로 입력이 서로 같으므로 출력 $X=0$
⑦시점 : 입력 $A=0$, $B=1$로 입력이 서로 다르므로 출력 $X=1$

12 다음의 도면은 Y-△ 기동회로의 미완성 회로이다. 도면을 보고 각 물음에 답하시오. [7점]

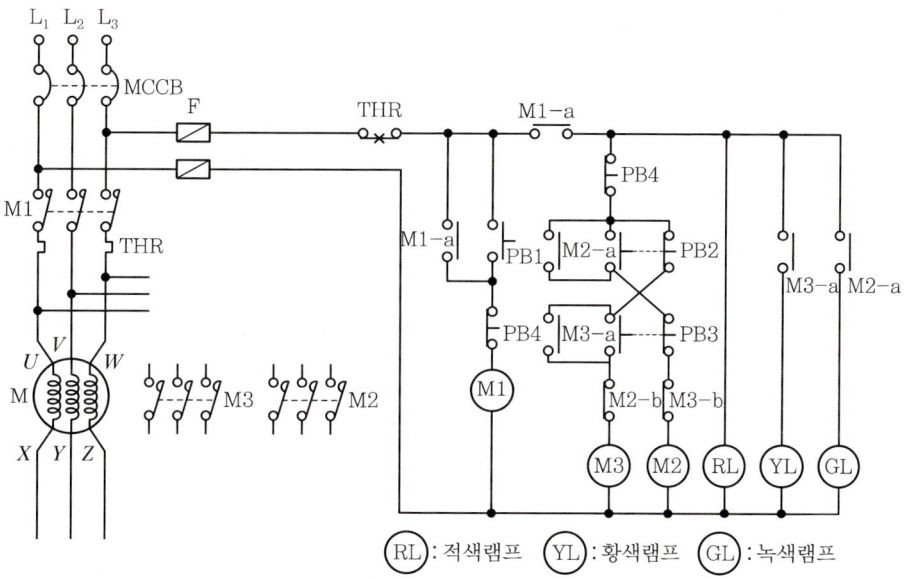

1) 주회로 부분의 미완성된 Y-△ 회로를 완성하시오.
2) 도면에서 각각의 표시등은 어떤 상태를 나타내는지 쓰시오.
- RL :
- GL :
- YL :

해답 1)

2) • RL : 전원투입표시등
   • GL : Y결선 기동표시등
   • YL : △결선 운전표시등

해설 1) Y−△ 기동회로
   ① 목적
      • Y결선으로 기동하면 기동전류를 1/3로 제한할 수 있으며 기동토크도 1/3이 된다.
      • 전동기의 용량이 5.5[kW] 이상인 전동기에 사용한다.
   ② 운전방법
      • 기동 시 : 유도전동기의 고정자권선을 Y결선
      • 운전 시 : 유도전동기의 고정자권선을 △결선

Y결선	△결선

③ 주회로의 Y-△ 결선 방법

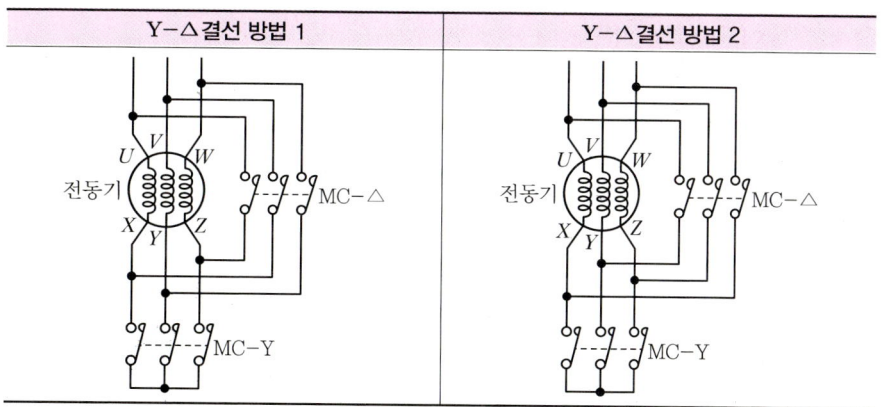

2), 3), 4) 동작설명

① MCCB가 투입된 상태에서 푸시버튼스위치 PB1을 누르면 전자접촉기 M1이 여자되고 자기유지접점 M1-a접점이 폐로된다. 동시에 위쪽의 M1-a접점이 폐로되어 RL램프가 점등된다. 이때 주접점 M1도 폐로되어 전동기에 전원이 투입된다.

② 이 상태에서 푸시버튼스위치 PB2를 누르면 M2가 여자되고 M2-a가 폐로되어 자기유지되고 GL램프도 점등된다. 동시에 주접점 M2가 폐로되어 전동기는 Y결선으로 기동된다.

③ 일정시간 후 PB3를 누르면 전자접촉기 M2가 소자되어 GL램프가 소등되고 주접점 M2도 개로되어 Y기동상태는 멈추게 된다.

④ 동시에 M3가 여자되고 M3-a접점이 폐로되어 자기유지되고 YL램프가 점등된다. 이때 주접점 M3도 폐로되어 전동기는 △결선으로 운전된다.

⑤ PB4를 누르면 전자접촉기 M1, M3가 소자되어 RL, YL램프가 소등되고 주접점 M1, M3도 개로되어 전동기는 정지한다.

⑥ 전동기 운전 중 THR이 동작하여도 전동기는 정지한다.

⑦ 인터록 접점 M2-b, M3-b를 사용하여 Y와 △의 동시투입을 방지한다.

⑧ 램프의 기능

램프	RL	GL	YL
기능	전원투입표시등(운전표시등)	Y결선 기동표시등	△결선 운전표시등

13 축전지설비에 의한 비상전원을 설치하고자 한다. 사용부하의 방전전류-시간 특성곡선과 용량환산시간이 다음과 같을 때 조건을 참고하여 각 물음에 답하시오. [6점]

[조건]
- 축전지는 알칼리(AH형)축전지를 사용하고, 사용개수는 83개이다.
- 최저허용전압(방전종지전압)은 1.06[V]이다.
- 보수율은 0.8을 적용한다.

• 용량환산시간(K)

형식	최저허용 전압[V/셀]	0.1분	1분	5분	10분	20분	30분	60분	120분
AH형	1.10	0.30	0.46	0.56	0.66	0.87	1.04	1.56	2.60
	1.06	0.24	0.33	0.45	0.53	0.70	0.85	1.40	2.45
	1.00	0.20	0.20	0.37	0.45	0.60	0.77	1.30	2.30

• 사용부하의 방전전류 – 시간 특성곡선

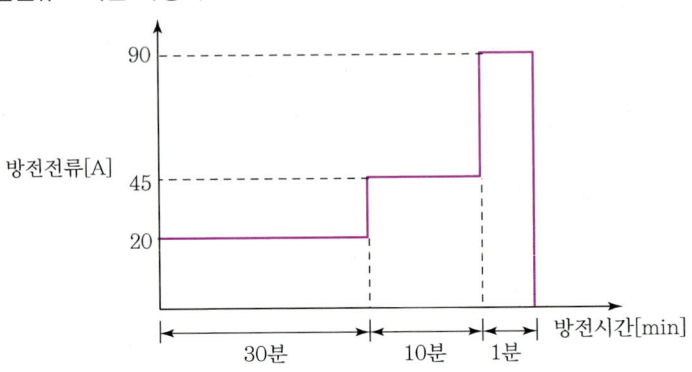

1) 축전지의 용량을 구하시오.
   • 계산과정 :
   • 답 :

2) 축전지의 전해액이 변색되고 충전 중이 아닌 상태에서도 다량의 가스가 발생하는 원인은 무엇인지 쓰시오.

3) 부동충전방식을 그림으로 나타내시오.(단, 정류기, 축전지, 부하를 포함하여 표현할 것)

해답 1) • 계산과정

$$C = \frac{1}{L}(K_1 I_1 + K_2 I_2 + K_3 I_3)$$

$$C = \frac{1}{0.8}(0.85 \times 20 + 0.53 \times 45 + 0.33 \times 90)$$

$$= 88.1875 ≒ 88.19 [\text{Ah}]$$

• 답 88.19[Ah]

2) 불순물 혼입

3)

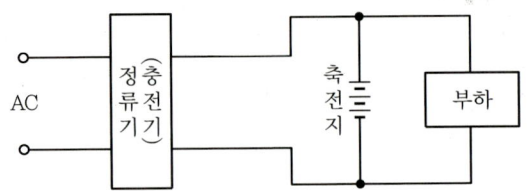

[해설] 1) 축전지용량

형식	최저허용전압[V/셀]	0.1분	1분	5분	10분	20분	30분	60분	120분
AH형	1.10	0.30	0.46	0.56	0.66	0.87	1.04	1.56	2.60
	1.06	0.24	0.33	0.45	0.53	0.70	0.85	1.40	2.45
	1.00	0.20	0.20	0.37	0.45	0.60	0.77	1.30	2.30

① 용량환산시간

$K_1 = 0.85, \quad K_2 = 0.53, \quad K_3 = 0.33$

② 방전전류

$I_1 = 20[A], \quad I_2 = 45[A], \quad I_3 = 90[A]$

③ 계산과정

$$C = \frac{1}{L}(K_1 I_1 + K_2 I_2 + K_3 I_3)$$

여기서, C : 축전지용량[Ah], L : 용량저하율(보수율 : 일반적으로 0.8), K : 용량환산시간[h], I : 방전전류[A]

$$C = \frac{1}{0.8}(0.85 \times 20 + 0.53 \times 45 + 0.33 \times 90)$$

$= 88.1875 ≒ 88.19[Ah]$

Reference

축전지용량 산출

① 계단식 증가부하 1

용량환산시간(K)이 각 구간별로 주어지는 경우

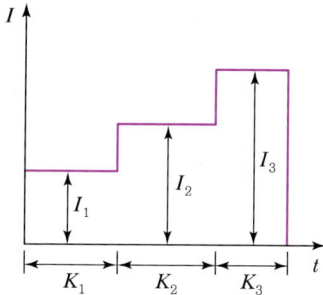

$$C = \frac{1}{L}(K_1 I_1 + K_2 I_2 + K_3 I_3)$$

여기서, C : 축전지용량[Ah], L : 용량저하율(보수율 : 일반적으로 0.8)
K : 용량환산시간[h], I : 방전전류[A]

② 계단식 증가부하 2
　용량환산시간(K)이 아래와 같이 주어지는 경우

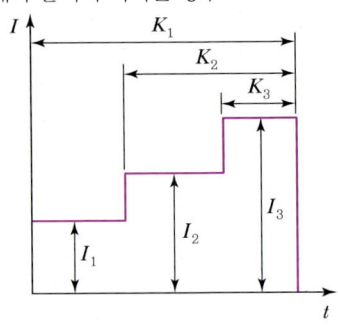

$$C = \frac{1}{L}[K_1 I_1 + K_2(I_2 - I_1) + K_3(I_3 - I_2)]$$

여기서, C : 축전지용량[Ah], L : 용량저하율(보수율 : 일반적으로 0.8)
　　　　K : 용량환산시간[h], I : 방전전류[A]

2) 축전지의 고장현상과 원인

고장현상	원인
전체 셀 전압의 불균형이 크고 비중이 낮음	충전 부족
전압계의 역전	역접속
특정 셀의 전압, 비중이 극히 낮음	국부 단락
전체 셀의 전압은 정상이고 비중이 높음	액면 저하
전해액의 변색, 다량의 가스 발생	불순물 혼입
전해액의 감소가 빠름	• 충전전압이 높음 • 실내온도가 높음
축전지의 온도 상승	• 과충전 • 액면저하 • 충전장치고장 등

3) 부동충전방식
　전지의 자기방전을 보충함과 동시에 상용부하에 대한 전력공급은 충전기가 부담하고 일시적인 대전류 부하는 축전지가 부담하도록 하는 방식(충전기 = 정류기)

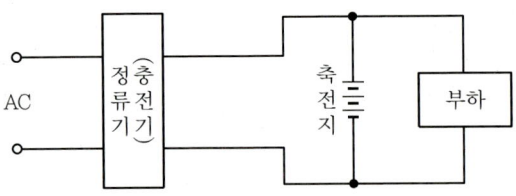

14 P형 1급 수신기와 감지기 사이의 배선회로에서 감지기선로의 배선저항은 10[Ω], 종단저항은 10[kΩ], 릴레이저항은 950[Ω]이고 감시전류는 2.4[mA]일 때 수신기 단자전압[V]과 감지기 동작 시 동작전류[mA]를 구하시오. [6점]

1) 수신기 단자전압[V]
   - 계산과정 :
   - 답 :

2) 동작전류[mA]
   - 계산과정 :
   - 답 :

해답 1) 수신기 단자전압[V]
- 계산과정

$$I = \frac{V}{R_1 + R_2 + R_3}$$

$$2.4 \times 10^{-3} = \frac{V}{10 + 10,000 + 950}$$

$$V = 2.4 \times 10^{-3} \times (10 + 10,000 + 950) = 26.304 ≒ 26.3[V]$$

- 답 26.3[V]

2) 동작전류[mA]
- 계산과정

$$I = \frac{V}{R_1 + R_3}$$

$$I = \frac{26.3}{10 + 950} = 0.027396[A] ≒ 27.4[mA]$$

- 답 27.4[mA]

해설 1) 수신기 단자전압[V]

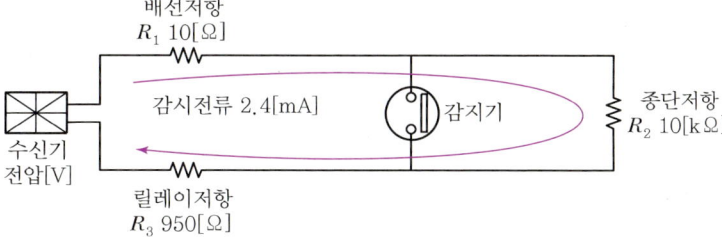

① 감시전류

$$I = \frac{V}{R_1 + R_2 + R_3}$$

여기서, R_1 : 배선저항, R_2 : 종단저항, R_3 : 릴레이저항, V : 수신기전압

② 수신기 단자전압[V]

$$2.4 \times 10^{-3} = \frac{V}{10 + 10,000 + 950}$$

$$V = 2.4 \times 10^{-3} \times (10 + 10,000 + 950) = 26.304 ≒ 26.3 [V]$$

2) 감지기 동작전류

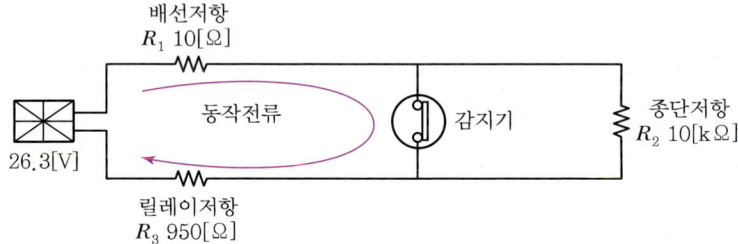

• 동작전류 I

$$I = \frac{V}{R_1 + R_3}$$

여기서, R_1 : 배선저항, R_3 : 릴레이저항, V : 수신기전압

$$I = \frac{26.3}{10 + 950} = 0.027396 [A] ≒ 27.4 [mA]$$

15 다음은 배선의 공사방법 중 내화배선의 공사방법에 대한 내용이다. 다음 ( ) 안에 알맞은 내용을 써 넣으시오. [7점]

금속관·2종 금속제 (①) 또는 (②)에 수납하여 내화구조로 된 벽 또는 바닥 등에 벽 또는 바닥의 표면으로부터 (③) 이상의 깊이로 매설하여야 한다. 다만, 다음 각 목의 기준에 적합하게 설치하는 경우에는 그러지 아니하다.

• 배선을 (④)을 갖는 배선전용실 또는 배선용 샤프트·피트·덕트 등에 설치하는 경우
• 배선전용실 또는 배선용 샤프트·피트·덕트 등에 다른 설비의 배선이 있는 경우에는 이로부터 (⑤) 이상 떨어지게 하거나 소화설비의 배선과 이웃하는 다른 설비의 배선 사이에 배선지름(배선의 지름이 다른 경우에는 지름이 가장 큰 것을 기준으로 한다)의 (⑥)배 이상의 높이의 (⑦)을 설치하는 경우

해답
① 가요전선관　② 합성 수지관　③ 25[mm]
④ 내화성능　⑤ 15[cm]　⑥ 1.5
⑦ 불연성 격벽

해설 내화배선

사용전선의 종류	공사방법
1. 450/750[V] 저독성 난연 가교 폴리올레핀 절연전선 2. 0.6/1[kV] 가교 폴리에틸렌 절연 저독성 난연 폴리올레핀 시스 전력 케이블 3. 6/10[kV] 가교 폴리에틸렌 절연 저독성 난연 폴리올레핀 시스 전력용 케이블 4. 가교 폴리에틸렌 절연 비닐 시스 트레이용 난연 전력 케이블 5. 0.6/1[kV] EP 고무절연 클로로프렌 시스 케이블 6. 300/500[V] 내열성 실리콘 고무 절연전선(180℃) 7. 내열성 에틸렌-비닐 아세테이트 고무 절연케이블 8. 버스덕트(Bus Duct) 9. 기타 내화성능이 있다고 인정하는 것	금속관·2종 금속제 가요전선관 또는 합성 수지관에 수납하여 내화구조로 된 벽 또는 바닥 등에 벽 또는 바닥의 표면으로부터 25[mm] 이상의 깊이로 매설하여야 한다. 다만, 다음의 기준에 적합하게 설치하는 경우에는 그러하지 아니하다. 1. 배선을 내화성능을 갖는 배선전용실 또는 배선용 샤프트·피트·덕트 등에 설치하는 경우 2. 배선전용실 또는 배선용 샤프트·피트·덕트 등에 다른 설비의 배선이 있는 경우에는 이로부터 15[cm] 이상 떨어지게 하거나 소화설비의 배선과 이웃하는 다른 설비의 배선 사이에 배선지름(배선의 지름이 다른 경우에는 가장 큰 것을 기준으로 한다)의 1.5배 이상의 높이의 불연성 격벽을 설치하는 경우
내화전선	케이블공사의 방법

16 3선식 배선에 의하여 상시 충전되는 유도등의 전기회로에 점멸기를 설치하는 경우에는 어느 때에 점등되도록 하여야 하는지 5가지 쓰시오. [5점]

-
-
-
-
-

해답
- 자동화재탐지설비의 감지기 또는 발신기가 작동되는 때
- 비상경보설비의 발신기가 작동되는 때
- 상용전원이 정전되거나 전원선이 단선되는 때
- 방재업무를 통제하는 곳 또는 전기실의 배전반에서 수동으로 점등하는 때
- 자동소화설비가 작동되는 때

해설

1) 유도등의 배선

구분	2선식	3선식
평상시	점등	소등
화재 시	점등	점등
결선도	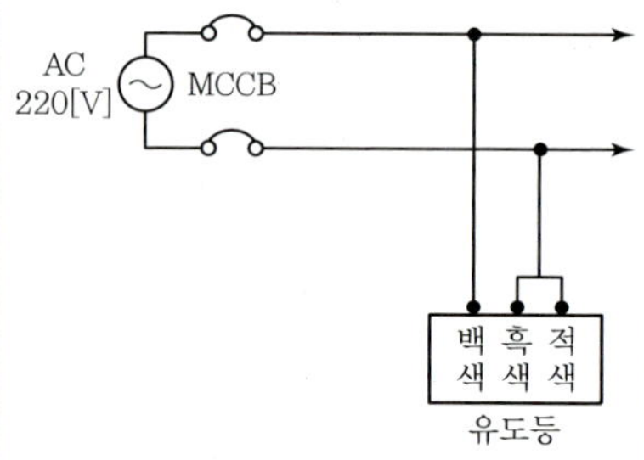 (AC 220[V], MCCB, 백색·흑색·적색, 유도등)	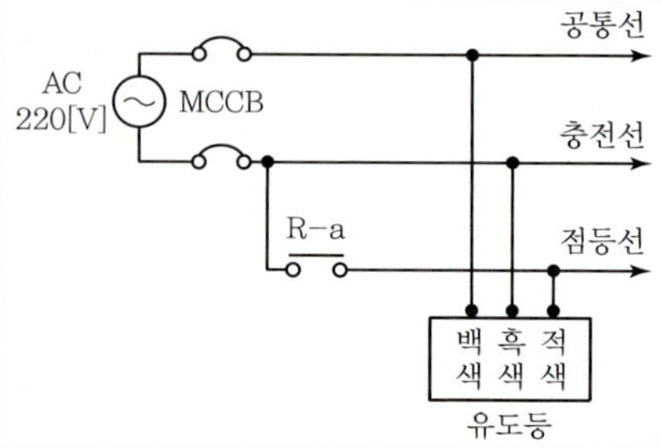 (AC 220[V], MCCB, R-a, 공통선·충전선·점등선, 백색·흑색·적색, 유도등)

2) 3선식 배선 시 점등되어야 하는 경우
　① 자동화재탐지설비의 감지기 또는 발신기가 작동되는 때
　② 비상경보설비의 발신기가 작동되는 때
　③ 상용전원이 정전되거나 전원선이 단선되는 때
　④ 방재업무를 통제하는 곳 또는 전기실의 배전반에서 수동으로 점등하는 때
　⑤ 자동소화설비가 작동되는 때

17 다음의 도면은 자동화재탐지설비의 평면도이다. 도면과 조건을 보고 물음에 답하시오. [10점]

[조건]
- 천장은 이중천장이 없는 구조이다.
- 전선관은 후강전선관을 사용하고 콘크리트 내에 매입한다.

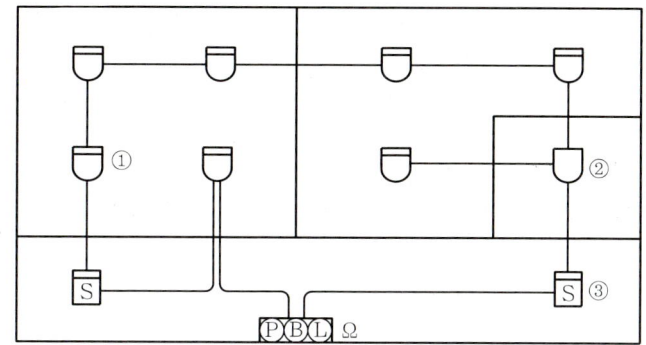

1) 도면에서 시공에 필요한 부싱과 로크 너트의 수량을 산출하시오.
   - 부싱 :
   - 로크 너트 :

2) 각 감지기와 감지기 간과 감지기와 수동발신기 간의 전선가닥수를 산출하여 도면에 표기하시오.

3) 도면에 표기된 ①, ②, ③의 명칭을 쓰시오.
   ①
   ②
   ③

해답 1) • 부싱 : 22개
   • 로크 너트 : 44개

2)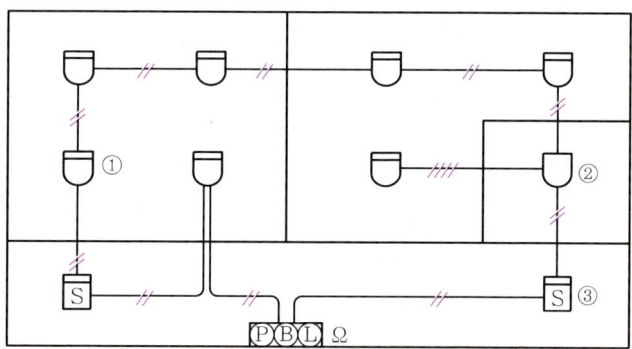

3) ① 차동식 스포트형 감지기
   ② 정온식 스포트형 감지기
   ③ 연기감지기

해설 1) 부싱 및 로크 너트의 개수

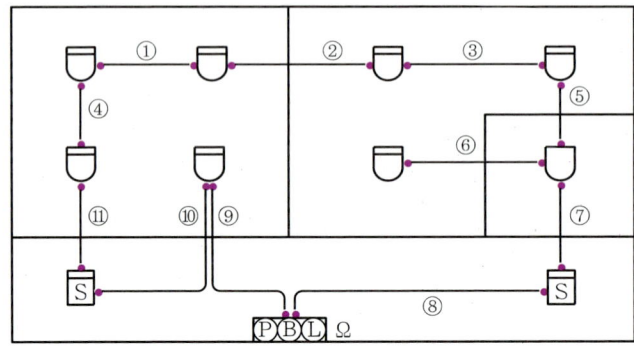

- 배관의 개수 : 11개(―――)
- 부싱의 개수 : 배관의 개수(11개) × 2배 = 22개
  ●―――● [배관 1개에 부싱(●)이 2개씩이다.]
- 로크 너트의 개수 : 부싱의 개수(22개) × 2배 = 44개

2) 도시기호

명칭	도시기호	적용
차동식 스포트형 감지기	⌒	• 필요에 따라 종별을 표기한다.
보상식 스포트형 감지기	⌒	• 필요에 따라 종별을 표기한다.
정온식 스포트형 감지기	⌒	• 필요에 따라 종별을 표기한다. • 방수형 : ⌒ • 내산형 : ⌒ • 내알칼리형 : ⌒ • 방폭형 : EX 표기
연기감지기	S	• 필요에 따라 종별을 표기한다. • 점검박스붙이 : S • 매입 : S

18 다음 도면은 자동화재탐지설비의 발화층·직상층 우선경보방식을 표현하고 있다. 정상동작이 가능하도록 다이오드를 그려 넣으시오. [5점]

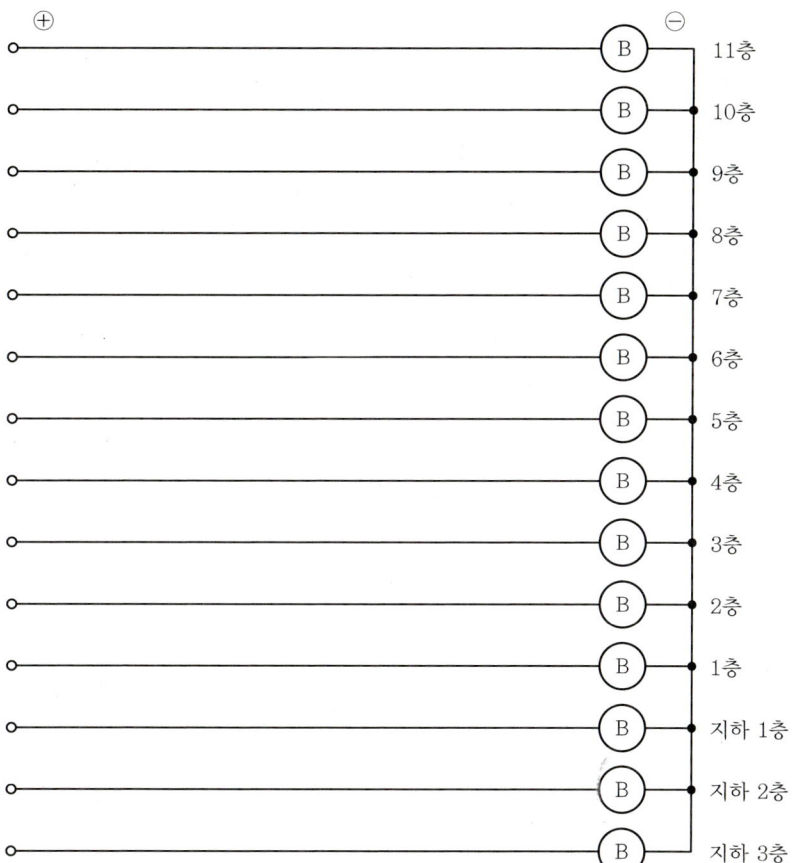

해답

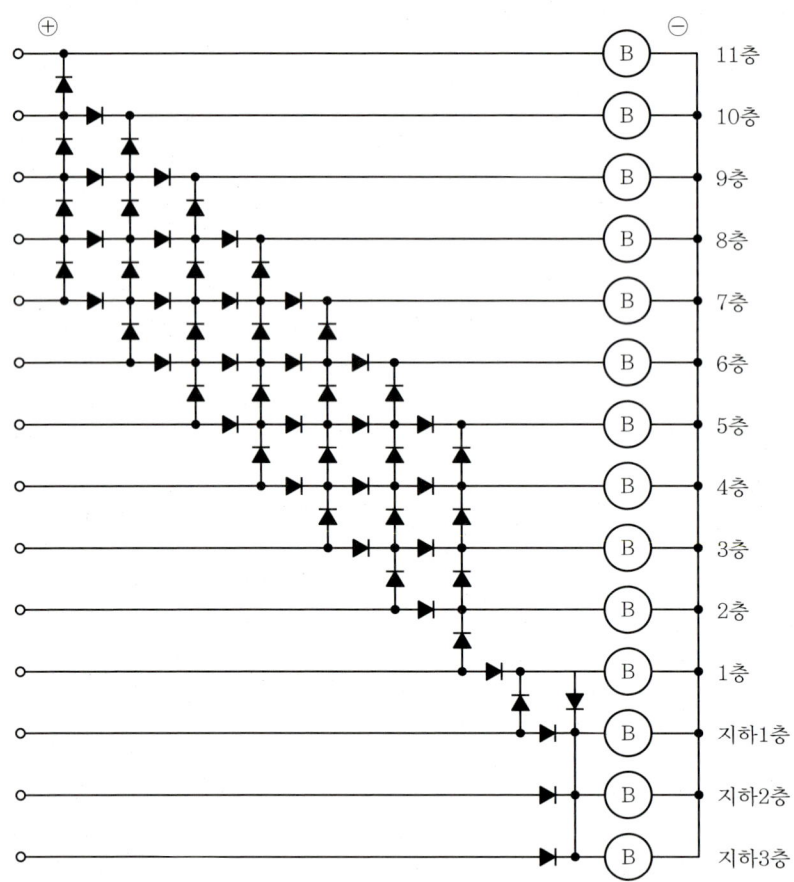

해설

1) 회로해설
   ① 다이오드 : (+)에서 (-)로 전류가 흐른다.

   Anode ─▶┤─ Cathode
   (+)   (-)

   ② 경종 Ⓑ의 한쪽은 공통⊖으로 연결되어 있다. 나머지 한쪽으로 ⊕신호가 들어오면 경종이 동작한다.
   ③ 다이오드의 Anode에 ⊕신호가 들어오면 Cathode 쪽으로 흘러 경종을 작동시킨다.
   ④ 화재가 발생하면 수신기에서 화재 발생 층의 선로에 ⊕신호를 보낸다.

2) 2층 이상의 층
   ① ⊕신호가 들어오면 발화층 다이오드(──▶──)를 타고 전류가 흘러 발화층 경종이 동작한다.
   ② 동시에 위쪽으로 올려 그려진 다이오드(▲)를 타고 전류가 흘러 직상 4개층까지의 경종도 동작한다.(직상층이 4개층 미만인 경우는 최상층까지)

3) 1층

① ⊕신호가 들어오면 발화층 다이오드(▶—)를 타고 전류가 흘러 발화층(1층) 경종이 동작한다.

② 동시에 위쪽으로 올려 그려진 다이오드(▲)를 타고 전류가 흘러 직상 4개층(2층, 3층, 4층, 5층)의 경종도 동작한다.

③ 또한 아래쪽으로 그려진 다이오드(▼)를 거친 후 지하 1층의 경종이 동작하고 지하 1층에서 지하 2층과 지하 3층의 선로가 직결되어 있으므로 지하층 전체의 경종이 동작한다.

4) 지하 1층

① ⊕신호가 들어오면 발화층 다이오드(▶—)를 타고 전류가 흘러 발화층(지하 1층) 경종이 동작한다.

② 동시에 위쪽으로 그려진 다이오드(▲)를 타고 전류가 흘러 직상층(1층) 경종도 동한다.

③ 지하 1층에서 지하 2층과 지하 3층의 선로가 직결되어 있으므로 지하층 전체의 경종이 동작한다.

5) 지하 2층, 지하 3층

① ⊕신호가 들어오면 발화층 다이오드(▶—)를 타고 전류가 흘러 발화층 경종이 동작한다.

② 지하 1층에서 지하 2층과 지하 3층의 선로가 직결되어 있으므로 지하층 전체의 경종이 동작한다.

③ 지하 1층에서 1층으로는 다이오드가 역방향(▼)으로 결선되어 있으므로 전류가 흐지 못한다. 그러므로 1층 경종은 동작하지 않는다.

> **Reference**
>
> **발화층 · 직상층 우선경보방식**
>
> ① 대상
>   층수가 11층(공동주택의 경우에는 16층) 이상의 특정소방대상물
>
> ② 경보방식
>
> | 발화층 | 경보하여야 하는 층 |
> |---|---|
> | 2층 이상의 층 | 발화층 및 그 직상 4개층 |
> | 1층 | 발화층 · 그 직상 4개층 및 지하층 |
> | 지하층 | 발화층 · 그 직상층 및 기타의 지하층 |

2022년 제1회(2022. 5. 7)

01 다음 도면은 준비작동식 스프링클러설비의 Supervisory Panel에서 감시제어반까지의 내부결선도이다. 도면을 보고 각 물음에 답하시오. [9점]

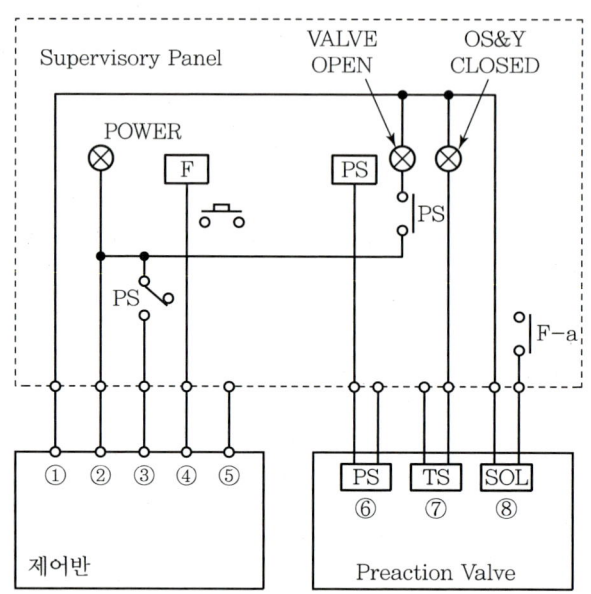

1) 미완성 도면을 완성하시오.

2) ①~⑤의 단자 명칭을 쓰시오.
   ①   ②   ③
   ④   ⑤

3) ⑥~⑧의 명칭을 쓰시오.
   ⑥   ⑦   ⑧

해답 1)

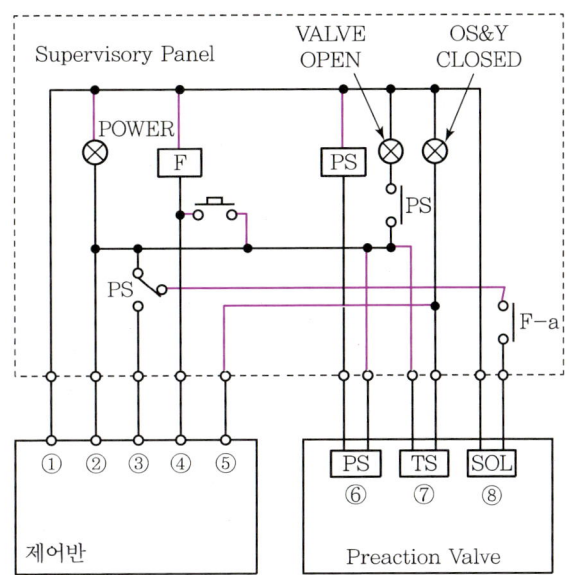

2) ① 전원⊖　　② 전원⊕　　③ 밸브개방확인
　 ④ 밸브기동　　⑤ 밸브주의

3) ⑥ 압력스위치　　⑦ 탬퍼스위치　　⑧ 솔레노이드밸브

해설 1) 계통도

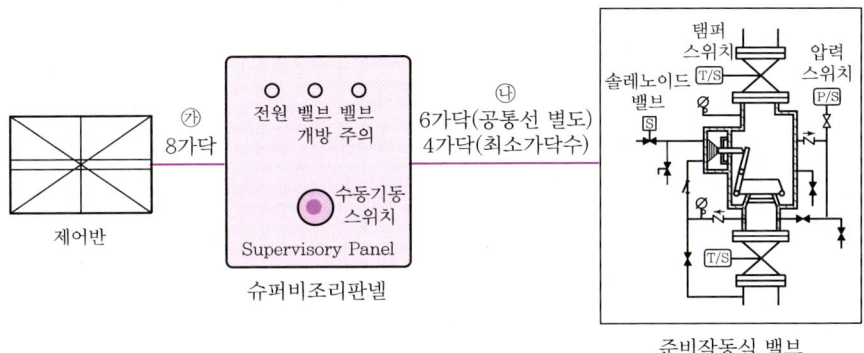

준비작동식 밸브

2) 내부결선도

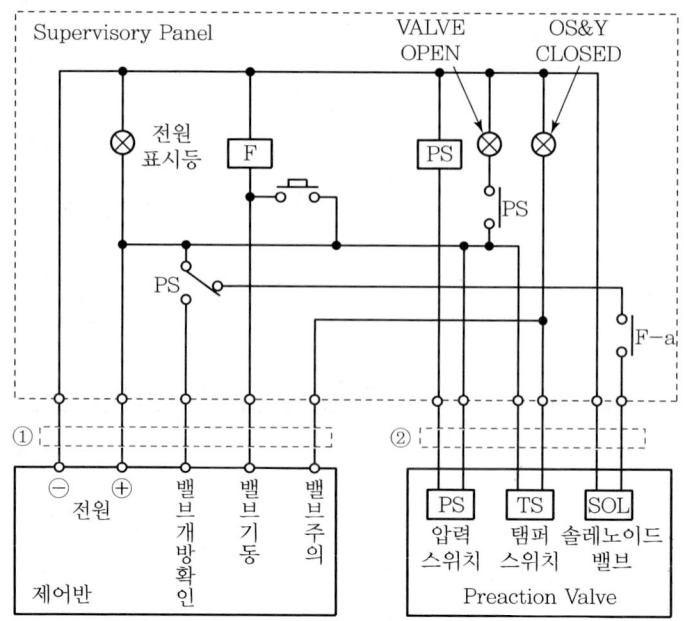

3) 가닥수

㉮ 제어반~슈퍼비조리판넬(SVP) 간 배선

① 최소가닥수 : 8가닥

전원⊕, ⊖, 감지기A, B, 솔레노이드밸브, 탬퍼스위치, 압력스위치, 사이렌

- 도면 ①에 표시된 선(5가닥)

전원⊕, ⊖, 밸브개방확인(압력스위치), 밸브기동(솔레노이드밸브), 밸브주의(탬퍼스위치)

- 도면 ①에 표시되지 않은 선(3가닥)

감지기A, 감지기B, 사이렌

② 감지기공통선을 별도로 배선하는 경우 : 9가닥

전원⊕, ⊖, 감지기공통, 감지기A, B, 솔레노이드밸브, 탬퍼스위치, 압력스위치, 사이렌

③ Zone이 증가하는 경우 추가되는 가닥수 : 6가닥

감지기A, 감지기B, 솔레노이드밸브, 탬퍼스위치, 압력스위치, 사이렌

㉯ 슈퍼비조리판넬(SVP)~프리액션밸브(Preaction Valve) 간 배선

① 최소가닥수 : 4가닥

솔레노이드밸브(S/V), 탬퍼스위치(T/S), 압력스위치(P/S), 공통

② 프리액션밸브의 공통선을 별도로 배선하는 경우 : 6가닥

솔레노이드밸브(S/V) 2, 탬퍼스위치(T/S) 2, 압력스위치(P/S) 2

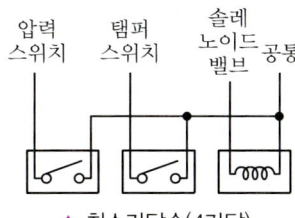

▲ 최소가닥수(4가닥)

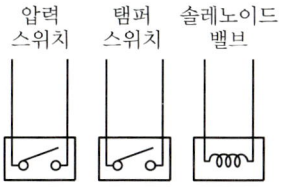

▲ 공통선을 별도로 배선 시(6가닥)

> **Reference**
>
> **동일 용어 정리**
> ① 준비작동식 밸브 = 프리액션밸브(Preaction Valve)
> ② 솔레노이드밸브(S/V) = 밸브기동 = 전자밸브
> ③ 탬퍼스위치(T/S) = 밸브주의
> ④ 압력스위치(P/S) = 밸브개방확인
> ⑤ 슈퍼비조리판넬(SVP) = 준비작동식 밸브 수동조작함

> **Reference**
>
> **각 부속류의 기능**
> ① 솔레노이드밸브(Solenoid Valve)
>   감지기 A, B가 작동하면 제어반에서 솔레노이드 기동신호를 보내고 솔레노이드밸브가 작동되면 준비작동식 밸브의 클래퍼가 개방된다.(밸브기동)
> ② 탬퍼스위치(Tamper Switch)
>   준비작동식 밸브의 1차 측과 2차 측에 설치된 개폐표시형 밸브의 개폐상태를 감시하여 밸브가 조금이라도 폐쇄되면 제어반에 신호를 보내어 밸브주의표시등이 점등된다.(밸브주의)
> ③ 압력스위치(Pressure Switch)
>   준비작동식 밸브의 클래퍼가 개방되면 가압수에 의해 압력스위치가 작동되어 제어반에 신호를 보내고 밸브개방표시등이 점등된다.(밸브개방확인)

02 특정소방대상물에 설치하는 자동화재탐지설비에 대한 설치대상(연면적등의 기준)을 적으시오. (단, 대상물의 전체인 경우 전부 또는 면적 조건 없음으로 답한다.) [5점]

1) 업무시설 :
2) 복합건축물 :
3) 교육연구시설 :
4) 판매시설 :
5) 판매시설 중 전통시장 :

해답
1) 업무시설 : 연면적 1,000[m^2] 이상
2) 복합건축물 : 연면적 600[m^2] 이상
3) 교육연구시설 : 연면적 2,000[m^2] 이상
4) 판매시설 : 연면적 1,000[m^2] 이상
5) 판매시설 중 전통시장 : 전부

해설 자동화재탐지설비의 설치대상

특정소방대상물	설치대상
공동주택 중 아파트 등·기숙사, 숙박시설, 노유자생활시설, 지하구, 판매시설 중 전통시장, 층수가 6층 이상인 건축물, 산후조리원, 조산원, 숙박시설이 있는 수련시설로서 수용인원 100명 이상인 것, 요양병원 (의료재활시설 제외)	모든 층
노유자시설	연면적 400[m^2] 이상
근린생활시설(목욕장 제외), 의료시설, 위락시설, 장례시설 및 복합건축물	연면적 600[m^2] 이상
근린생활시설 중 목욕장, 문화 및 집회시설, 종교시설, 판매시설, 운수시설, 운동시설, 업무시설, 공장, 창고시설, 위험물 저장 및 처리시설, 항공기 및 자동차 관련 시설, 교정 및 군사시설 중 국방·군사시설, 방송통신시설, 발전시설, 관광 휴게시설, 지하가	연면적 1,000[m^2] 이상
교육연구시설(시설 내의 기숙사 및 합숙소 포함), 수련시설(시설내이 기숙사 및 합숙소포함, 숙박시설이 있는 수련시설 제외), 동물 및 식물 관련 시설, 분뇨 및 쓰레기 처리시설, 교정 및 군사시설 또는 묘지 관련 시설	연면적 2,000[m^2] 이상인 것
정신의료기관 또는 의료재활시설	바닥면적 300[m^2] 이상
정신의료기관 또는 의료재활시설로서 창살이 설치된 시설	바닥면적 300[m^2] 미만
지하가 중 터널	길이가 1,000[m] 이상인 것
특수가연물	500배 이상

03 아래에 주어진 동작설명에 적합하도록 미완성된 시퀀스 제어회로를 완성하시오.(단, 각 접점 및 스위치의 명칭을 기입하고, 사용 가능한 접점은 PB-on 스위치 1개, PB-off 스위치 1개, MC-a 접점 1개, MC-b접점 1개, THR-a접점 1개, THR-b접점 1개, T-a 순시접점 1개, T-b 한시 접점 1개, MC 1개, RL램프 1개, GL램프 1개, YL램프 1개이다.) [5점]

[동작설명]
- MCCB를 투입하면 표시램프 GL이 점등된다.
- 누름버튼스위치 PBS-on을 누르면 전자접촉기 MC가 여자되고 주접점 MC가 폐로되어 전동기가 기동되며, 동시에 전자접촉기보조접점 MC-a에 의하여 전동기 운전등인 RL이 점등된다.
- 이때 전자접촉기 보조접점 MC-b에 의하여 GL이 소등된다.
- 또한 타이머 T가 여자되어 타이머 설정시간 후에 전자접촉기 MC가 소자되어 전동기는 정지되며 모든 상태는 누름버튼스위치를 누르기 전의 상태로 복귀한다.
- 전동기 운전 중 정지용 누름버튼스위치 PBS-off를 누르면 PBS-on을 누르기 전의 상태로 복귀한다.
- 전동기에 과전류가 흐르면 열동계전기 접점인 THR-b에 의하여 전동기는 정지하고 모든 접점은 최초의 상태로 복귀한다. 이때 THR-a에 의하여 고장표시등 YL이 점등된다.

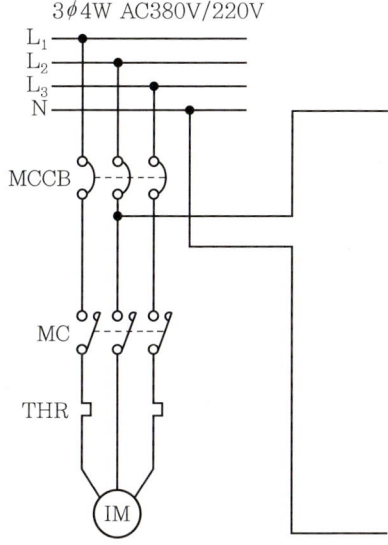

해답

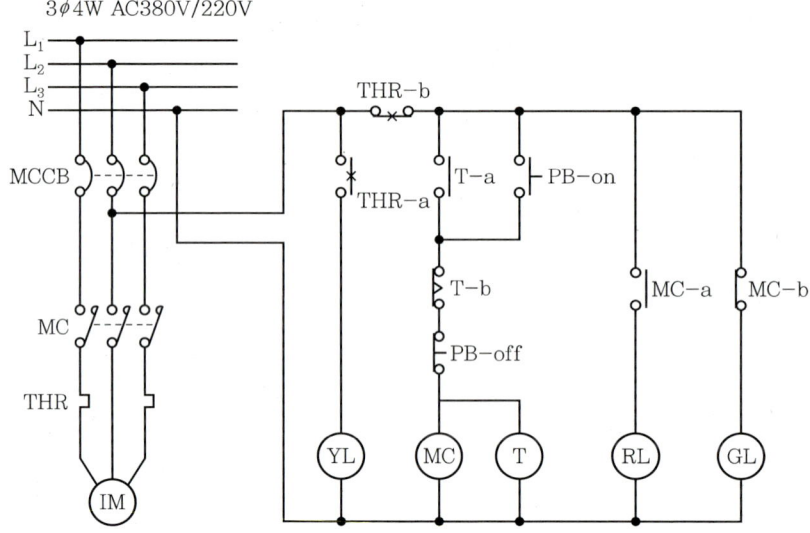

해설

1) 타이머
   ① 순시 a접점 1개, 한시 a접점 1개, 한시 b접점 1개를 사용할 수 있다.
   ② 평상시 순시 a접점과 한시 a접점은 개로상태, 한시 b접점은 폐로상태이다.
   ③ 타이머 코일에 전원이 인가되는 순간에 순시 a접점이 폐로되고, 설정시간 후 한시 a접점은 폐로되며, 한시 b접점은 개로된다.

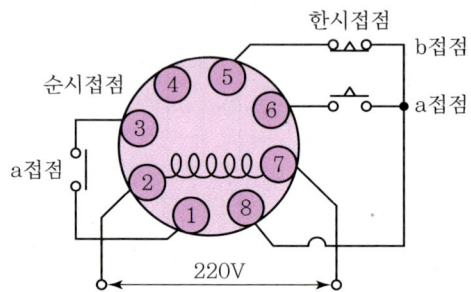

2) 각 기기의 기호 및 명칭

기호	명칭	해설
○|○	PB-on 푸시버튼스위치 a접점	• 평상시 개로상태 • 손으로 누른 상태에서만 폐로, 손을 떼면 개로
||	PB-off 푸시버튼스위치 b접점	• 평상시 폐로상태 • 손으로 누른 상태에서만 개로, 손을 떼면 폐로
GL	Green Lamp 정지(전원)표시등	평상시 점등상태이고 전동기가 기동되면 소등된다.
RL	Red Lamp 기동표시등	평상시 소등상태이고 전동기가 기동되면 점등된다.

기호	명칭	해설
MC	MC 전자접촉기 코일	코일에 전원이 입력되면 코일이 여자되어 주접점과 보조접점을 동작시킨다.
YL	Yellow Lamp 고장표시등	과전류 발생 시 열동계전기가 작동하여 고장표시등을 점등시킨다.
	MC 전자접촉기 주접점	전자접촉기 코일이 여자되면 주접점이 폐로되어 전동기를 기동시킨다.
	MC-a 전자접촉기 보조접점(a접점)	• 평상시 개로상태 • 전자접촉기 코일이 여자되면 폐로
	MC-b 전자접촉기 보조접점(b접점)	• 평상시 폐로상태 • 전자접촉기 코일이 여자되면 개로
	MCCB 배선용 차단기 (Molded Case Circuit Breaker)	• 과부하 및 단락사고 시 선로를 차단 • NFB(No Fuse Breaker)
	THR 열동계전기 (Thermal Relay)	• 과전류 발생 시 선로를 차단하여 전동기를 보호 • 전동기 소손 방지 목적
	THR-b 열동계전기 수동복귀 b접점	• 평상시 폐로상태 • 열동계전기가 작동하면 개로되어 선로 차단 • 동작핀을 손으로 눌러서 수동으로 복귀시킨다.
T	타이머 코일	코일에 전원이 입력되면 설정시간 후 타이머 접점을 작동시킨다.
	타이머 한시동작 b접점	타이머 코일에 전원이 입력되고 설정시간 후 개로되어 선로를 차단한다.

04 저압옥내배선의 가요전선관공사에서 다음에 사용되는 재료의 명칭은 무엇인지 쓰시오. [3점]

1) 가요전선관과 박스의 연결 :
2) 가요전선관과 금속관의 연결 :
3) 가요전선관과 가요전선관의 연결 :

 1) 스트레이트 박스 커넥터
2) 콤비네이션 커플링
3) 스플릿 커플링

해설 전선관공사에 사용되는 부속품의 종류

명칭	외형	설명
부싱 (Bushing)		전선의 절연피복을 보호하기 위하여 금속관 끝에 취부하여 사용되는 부품
유니언 커플링 (Union Coupling)		금속전선관 상호 간을 접속하는 데 사용되는 부품 (관이 고정되어 있을 때)
노멀 벤드 (Normal Bend)		매입배관공사를 할 때 직각으로 굽히는 곳에 사용하는 부품
유니버설 엘보 (Universal Elbow)		노출배관공사를 할 때 관을 직각으로 굽히는 곳에 사용하는 부품
링 리듀서 (Ring Reducer)		금속관을 아웃렛 박스에 로크 너트만으로 고정하기 어려울 때 보조적으로 사용되는 부품
커플링 (Coupling)		금속전선관 상호 간을 접속하는 데 사용되는 부품 (관이 고정되어 있지 않을 때)
새들 (Saddle)		관을 지지하는 데 사용하는 재료
로크 너트 (Lock Nut)		금속관과 박스를 접속할 때 사용하는 재료로 최소 2개를 사용한다.
리머 (Reamer)		금속관 말단의 모를 다듬기 위한 기구
파이프 커터 (Pipe Cutter)		금속관을 절단하는 기구
환형 3방출 정크션 박스		배관을 분기할 때 사용하는 박스
스트레이트 박스 커넥터		가요전선관과 박스의 연결에 사용되는 부품
콤비네이션 커플링		가요전선관과 금속전선관 연결에 사용되는 부품
스플릿 커플링		가요전선관과 가요전선관 연결에 사용되는 부품

05 비상콘센트설비에 대한 다음 각 물음에 답하시오. [4점]

1) 전원회로와 전원회로의 공급용량에 대한 (   ) 안을 완성하시오.

   • 전원회로는 (①)교류 (②)[V]인 것으로서, 그 공급용량은 (③)[kVA] 이상인 것으로 할 것

2) 전원으로부터 각 층의 비상콘센트에 분기되는 경우에 보호함 안에 설치하여야 하는 기구를 쓰시오.
3) 비상콘센트의 플러그접속기는 어떤 종류의 플러그접속기를 사용하여야 하는지 쓰시오.
4) 비상콘센트설비의 배선은 어떤 배선으로 공사하여야 하는지 쓰시오.

해답 ⊕
1) ① 단상   ② 220   ③ 1.5
2) 분기배선용 차단기
3) 접지형 2극 플러그접속기
4) 내화배선

해설 ⊕
1) 비상콘센트설비의 전원회로
   ① 비상콘센트설비의 전원

전원	전압	공급용량
단상교류	220[V]	1.5[kVA] 이상

   ② 전원회로는 각 층에 2 이상이 되도록 설치할 것(다만, 설치하여야 할 층의 비상콘센트가 1개인 때에는 하나의 회로로 할 수 있다.)
   ③ 전원회로는 주배전반에서 전용회로로 할 것
   ④ 전원으로부터 각 층의 비상콘센트에 분기되는 경우에는 분기배선용 차단기를 보호함 안에 설치할 것
   ⑤ 콘센트마다 배선용 차단기를 설치하여야 하며, 충전부가 노출되지 아니하도록 할 것
   ⑥ 개폐기에는 "비상콘센트"라고 표시한 표지를 할 것
   ⑦ 비상콘센트용의 풀박스 등은 방청도장을 한 것으로서, 두께 1.6[mm] 이상의 철판으로 할 것
   ⑧ 하나의 전용회로에 설치하는 비상콘센트는 10개 이하로 할 것. 이 경우 전선의 용량은 각 비상콘센트(비상콘센트가 3개 이상인 경우에는 3개)의 공급용량을 합한 용량 이상의 것으로 할 것

2) 비상콘센트의 플러그접속기
   ① 비상콘센트의 플러그접속기는 접지형 2극 플러그접속기를 사용할 것
   ② 비상콘센트의 플러그접속기의 칼받이의 접지극에는 접지공사를 할 것

3) 비상콘센트설비의 배선
   전원회로의 배선은 내화배선으로, 그 밖의 배선은 내화배선 또는 내열배선으로 할 것

06 다음 도면은 어느 특정소방대상물의 평면도이다. 건축물은 비내화구조이며 차동식 스포트형 감지기 1종을 설치하는 경우 다음 각 물음에 답하시오.(단, 천장의 높이는 3.8[m]이다.) [7점]

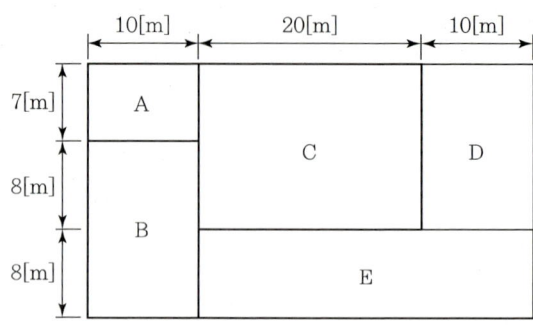

1) 각 실에 설치되는 감지기의 개수를 구하시오.

구분	계산과정	감지기의 개수
A		
B		
C		
D		
E		

2) 해당 특정소방대상물의 경계구역수를 산출하시오.
  • 계산과정 :
  • 답 :

해답 1) 감지기의 개수

구분	계산과정	감지기의 개수
A	$\dfrac{10 \times 7}{50} = 1.4$	2개
B	$\dfrac{10 \times (8+8)}{50} = 3.2$	4개
C	$\dfrac{20 \times (7+8)}{50} = 6$	6개
D	$\dfrac{10 \times (7+8)}{50} = 3$	3개
E	$\dfrac{(20+10) \times 8}{50} = 4.8$	5개

2) • 계산과정
  $N = \dfrac{(10+20+10) \times (7+8+8)}{600} = \dfrac{920}{600} = 1.533$

  • 답 2경계구역

해설 　1) 감지기의 개수 산정

▼ 차동식, 보상식, 정온식 스포트형 감지기의 기준면적(단위 : m²)

부착높이 및 특정소방대상물의 구분		감지기의 종류				
		차동식, 보상식		정온식		
		1종	2종	특종	1종	2종
4[m] 미만	내화구조	90	70	70	60	20
	기타 구조	50	40	40	30	15
4[m] 이상 8[m] 미만	내화구조	45	35	35	30	—
	기타 구조	30	25	25	15	—

① 조건에 따라 기준면적을 표에서 찾으면 50[m²]이다.
② 각 실의 면적을 기준면적으로 나눈다.
③ 계산된 값에서 소수점 이하는 올려서 감지기 수량을 산정한다.

2) 경계구역수 산출
① 평면도의 전체 바닥면적 산출
　　$A = (10+20+10) \times (7+8+8) = 920[m^2]$
② 전체 바닥면적을 600[m²]로 나눈다.
　　$N = \dfrac{920}{600} = 1.533$
③ 소수점 이하는 올려서 경계구역수를 산출한다.
　　∴ 2경계구역

> **Reference**
>
> **경계구역의 설정기준**
> ① 층별, 면적별 경계구역 설정기준
> • 하나의 경계구역이 2개 이상의 건축물에 미치지 아니하도록 할 것
> • 하나의 경계구역이 2개 이상의 층에 미치지 아니하도록 할 것(다만, 500[m²] 이하의 범위 안에서는 2개의 층을 하나의 경계구역으로 할 수 있다)
> • 하나의 경계구역의 면적은 600[m²] 이하로 하고 한 변의 길이는 50[m] 이하로 할 것(다만, 주된 출입구에서 그 내부 전체가 보이는 것은 한 변의 길이가 50[m]의 범위 내에서 1,000[m²] 이하)
> ② 수직구역의 경계구역 설정기준
> • 별도의 경계구역 설정 : 계단, 경사로, 엘리베이터 승강로, 권상기실, 린넨슈트, 파이프 피트, 파이프 덕트, 기타 이와 유사한 부분
> • 하나의 경계구역 높이 : 45[m] 이하(계단 및 경사로에 한함)
> • 지하층의 계단 및 경사로는 별도로 하나의 경계구역으로 할 것(지하층의 층수가 1일 경우는 제외)
> ③ 기타 경계구역 설정
> • 외기에 면하여 상시 개방된 부분이 있는 차고·주차장·창고 등에 있어서는 외기에 면하는 각 부분으로부터 5[m] 미만의 범위 안에 있는 부분은 경계구역의 면적에 산입하지 아니한다.
> • 스프링클러설비·물분무등소화설비 또는 제연설비의 화재감지장치로서 화재감지기를 설치한 경우의 경계구역은 해당 소화설비의 방사구역 또는 제연구역과 동일하게 설정할 수 있다.

07 객석통로의 직선길이가 60[m]일 경우 객석유도등의 최소 수량을 산출하시오. [4점]

- 계산과정 :
- 답 :

해답
- 계산과정 : 객석유도등의 수 $= \dfrac{60}{4} - 1 = 14$개
- **답** 14개

해설 객석유도등

1) 설치기준
   ① 객석유도등의 설치 위치 : 객석의 **통로, 바닥, 벽**
   ② 객석유도등의 수량 산정(소수점 이하의 수는 1로 본다.)

   $$설치개수 = \dfrac{객석\ 통로의\ 직선\ 부분의\ 길이[m]}{4} - 1$$

   ③ 객석 내의 통로가 옥외 또는 이와 유사한 부분에 있는 경우에는 해당 통로 전체에 미칠 수 있는 수의 유도등을 설치할 것

2) 설치 제외
   ① **주간**에만 사용하는 장소로서 **채광이 충분한 객석**
   ② 거실 등의 각 부분으로부터 하나의 거실출입구에 이르는 **보행거리가 20[m] 이하**인 객석의 통로로서 그 통로에 통로유도등이 설치된 객석

3) 유도등, 유도표지의 설치개수 산정

종류	설치개수
객석유도등	$N = \dfrac{직선부분의\ 보행거리[m]}{4[m]} - 1$
복도통로유도등 거실통로유도등	$N = \dfrac{직선부분의\ 보행거리[m]}{20[m]} - 1$
유도표지	$N = \dfrac{직선부분의\ 보행거리[m]}{15[m]} - 1$

08 다음 소방시설 도시기호의 명칭을 쓰시오. [4점]

1) 　　2) 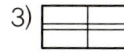　　3) 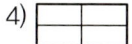　　4)

해답
1) 수신기
2) 제어반
3) 표시반
4) 부수신기

해설 소방시설 도시기호

도시기호	명칭	도시기호	명칭
	차동식 스포트형 감지기	Ⓜ	모터사이렌
	보상식 스포트형 감지기		수신기
	정온식 스포트형 감지기		부수신기
S	연기감지기		중계기
⊙	감지선		제어반
──	공기관		표시반

09 다음의 그림과 같은 복도에 연기감지기를 설치하고자 한다. 각각의 도면에 연기감지기 2종과 연기감지기 3종을 도시기호를 이용하여 배치하고 감지기 간 및 복도와 감지기 간 거리를 각각 표시하시오. [6점]

1) 연기감지기 2종

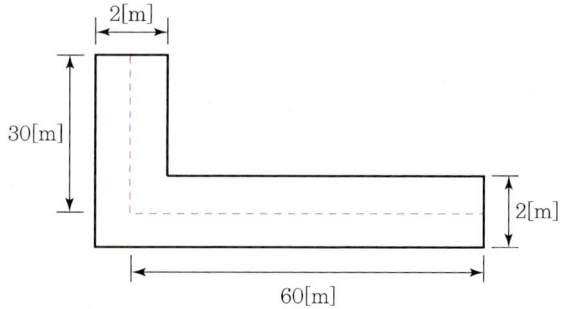

2) 연기감지기 3종

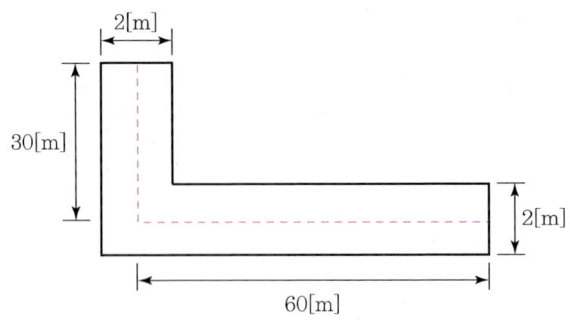

해답 1) 연기감지기 2종

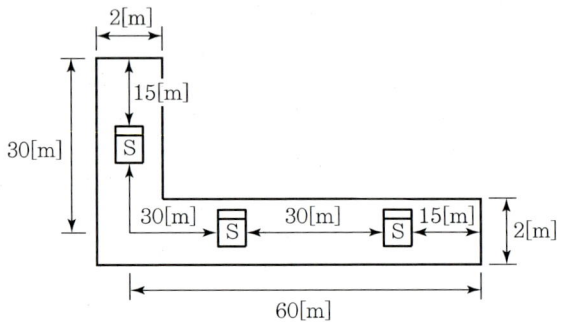

2) 연기감지기 3종

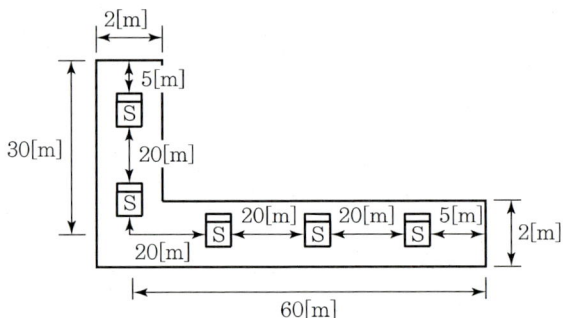

해설 1) 연기감지기 2종의 수량

① 연기감지기 개수 = $\dfrac{복도의\ 보행중심선\ 거리[m]}{30[m]}$ (소수점 이하 절상)

② 연기감지기 개수 = $\dfrac{90[m]}{30[m]} = 3개$

③ 3개를 30[m]가 넘지 않도록 배치한다. 이때 복도 안쪽부터 30[m]씩 배치하고 복도 끝부분은 남은 거리를 배분한다.

2) 연기감지기 3종의 수량

① 연기감지기 개수 = $\dfrac{90[\text{m}]}{20[\text{m}]}$ = 4.5 ≒ 5개

② 5개를 20[m]가 넘지 않도록 배치한다. 이때 복도 안쪽부터 20[m]씩 배치하고 복도 끝부분은 남은 거리를 배분한다.

③ 연기감지기 설치기준
- 부착높이에 따른 연기감지기 1개의 기준면적

부착높이	감지기의 종류	
	1종, 2종	3종
4[m] 미만	150[m²]	50[m²]
4[m] 이상 20[m] 미만	75[m²]	—

- 설치장소에 따른 연기감지기 1개의 거리기준

설치장소	감지기의 종류	
	1종, 2종	3종
복도, 통로(보행거리)	30[m]	20[m]
계단, 경사로(수직거리)	15[m]	10[m]

- 천장 또는 반자가 낮은 실내 또는 좁은 실내에 있어서는 출입구의 가까운 부분에 설치할 것
- 천장 또는 반자 부근에 배기구가 있는 경우에는 그 부근에 설치할 것
- 감지기는 벽 또는 보로부터 0.6[m] 이상 떨어진 곳에 설치할 것

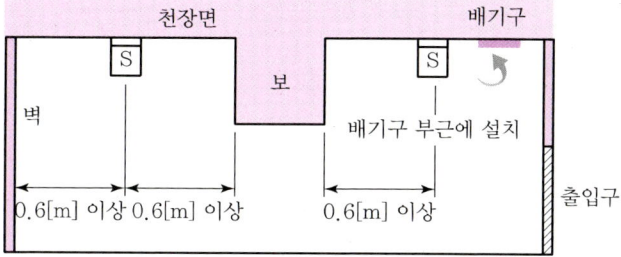

10 3선식 배선에 의하여 상시 충전되는 유도등의 전기회로에 점멸기를 설치하는 경우에는 어느 때에 점등되도록 하여야 하는지 5가지 쓰시오. [5점]

-
-
-
-
-

해답
- 자동화재탐지설비의 감지기 또는 발신기가 작동되는 때
- 비상경보설비의 발신기가 작동되는 때
- 상용전원이 정전되거나 전원선이 단선되는 때
- 방재업무를 통제하는 곳 또는 전기실의 배전반에서 수동으로 점등하는 때
- 자동소화설비가 작동되는 때

해설 유도등의 배선

구분	2선식	3선식
평상시	점등	소등
화재 시	점등	점등
결선도	(AC 220[V], MCCB, 유도등 백색·흑색·적색)	(AC 220[V], MCCB, R-a, 공통선·충전선·점등선, 유도등 백색·흑색·적색)

1) 3선식 배선 시 점등되어야 하는 경우
   ① 자동화재탐지설비의 감지기 또는 발신기가 작동되는 때
   ② 비상경보설비의 발신기가 작동되는 때
   ③ 상용전원이 정전되거나 전원선이 단선되는 때
   ④ 방재업무를 통제하는 곳 또는 전기실의 배전반에서 수동으로 점등하는 때
   ⑤ 자동소화설비가 작동되는 때

2) 3선식 배선이 가능한 장소
   ① 외부광에 따라 피난구 또는 피난방향을 쉽게 식별할 수 있는 장소
   ② 공연장, 암실 등으로서 어두워야 할 필요가 있는 장소
   ③ 특정소방대상물의 관계인 또는 종사원이 주로 사용하는 장소

11 자동화재탐지설비의 화재안전기술기준(NFTC 203)에 따른 중계기 설치기준 3가지를 쓰시오.

[6점]

-
-
-

해답
- 수신기에서 직접 감지기회로의 도통시험을 행하지 아니하는 것에 있어서는 수신기와 감지기 사이에 설치할 것
- 조작 및 점검에 편리하고 화재 및 침수 등의 재해로 인한 피해를 받을 우려가 없는 장소에 설치할 것
- 수신기에 따라 감시되지 아니하는 배선을 통하여 전력을 공급받는 것에 있어서는 전원입력 측의 배선에 과전류차단기를 설치하고, 해당 전원의 정전이 즉시 수신기에 표시되는 것으로 하며, 상용전원 및 예비전원의 시험을 할 수 있도록 할 것

해설

1) 중계기의 설치기준
   ① 수신기에서 직접 감지기회로의 도통시험을 행하지 아니하는 것에 있어서는 수신기와 감지기 사이에 설치할 것
   ② 조작 및 점검에 편리하고 화재 및 침수 등의 재해로 인한 피해를 받을 우려가 없는 장소에 설치할 것
   ③ 수신기에 따라 감시되지 아니하는 배선을 통하여 전력을 공급받는 것에 있어서는 전원입력 측의 배선에 과전류차단기를 설치하고 해당 전원의 정전이 즉시 수신기에 표시되는 것으로 하며, 상용전원 및 예비전원의 시험을 할 수 있도록 할 것

2) 중계기의 종류별 특징

구분	분산형	집합형
입력전원	DC 24[V]	AC 220[V]
전원공급	수신기의 예비전원을 이용	외부전원 이용(예비전원 내장)
정류장치	불필요	정류장치 내장
회로수용능력	소용량(5회로 미만)	대용량(30~40회로)
외형	소형	대형
전원공급 사고 시	중계기 기능 상실	내장된 예비전원에 의해 정상작동
설치위치	발신기함, 옥내소화전함, SVP, 수동조작함 등의 내부에 설치하거나 별도의 격납함에 설치	2~3층당 1개씩 전기피트실 등에 설치

12 다음의 유접점 회로를 보고 다음 물음에 답하시오. [10점]

1) 램프 L의 동작을 주어진 타임차트에 표시하시오.(단, PB : 누름버튼스위치, LS : 리미트스위치, X : 릴레이)

①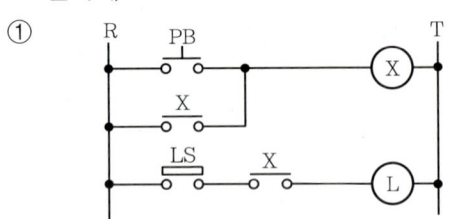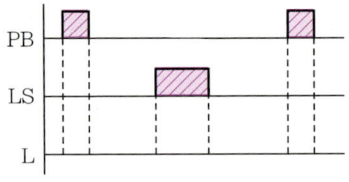

②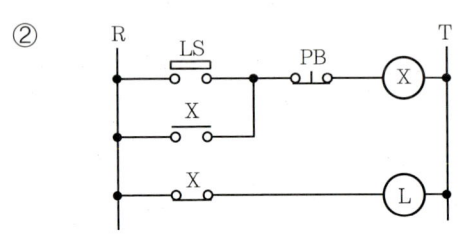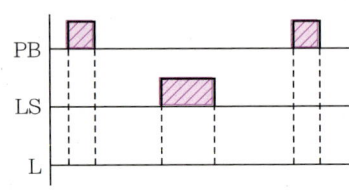

2) 각 회로의 무접점 논리회로를 그리시오.

①  ②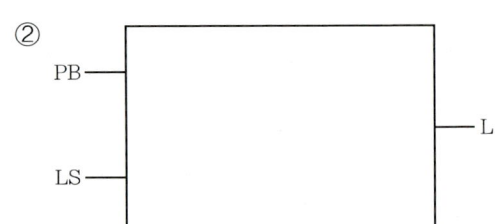

해답 ➕

1) ① 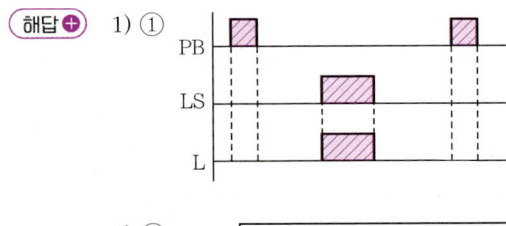 ②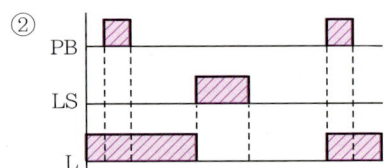

2) ① 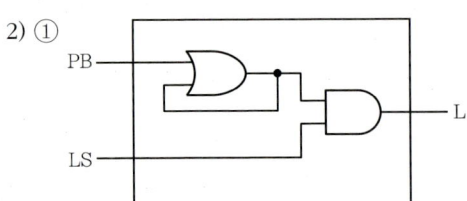 ②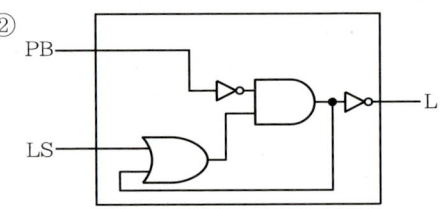

해설 ➕ 1) ① 동작설명
- PB를 누르면 릴레이 Ⓧ가 여자되어 X-a접점이 둘 다 폐로된다. 그 중 자기유지용 X-a접점에 의해 릴레이 Ⓧ는 자기유지된다.
- 이 상태에서 LS가 동작되면 램프 Ⓛ이 점등된다.
- 즉, 램프는 PB가 먼저 터치된 상태에서 LS가 동작되어 있는 타임에만 점등된다.

② 동작설명
- 평상시 아무 행위도 하지 않은 상태에서 램프 Ⓛ은 점등상태이다.
- 램프 Ⓛ 점등상태에서 PB를 눌러도 아무런 상태변화가 없다.
- 램프 Ⓛ 점등상태에서 LS가 동작되면 릴레이 Ⓧ가 여자되고 X-a접점에 의해 자기유지되며 X-b접점이 개로되어 램프 Ⓛ은 소등된다.
- 램프 Ⓛ이 소등된 상태에서 PB버튼을 터치하면 릴레이 Ⓧ가 소자되어 X-b접점이 복귀(폐로)하여 램프 Ⓛ이 점등된다.
- 즉, 램프 Ⓛ은 LS가 작동한 시점에서 PB를 누르는 시점까지 소등되며 나머지 시간은 계속 점등된다.

2) 유접점회로에의해 논리식을 세우면
① 논리식
- $X = PB + X$
- $L = X \cdot LS$
- $L = (PB + X) \cdot LS$

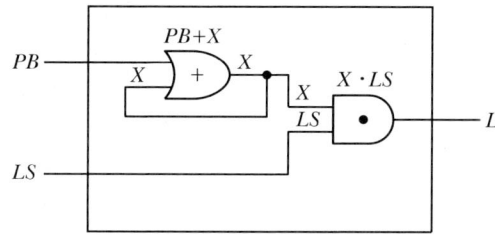

② 논리식
- $X = \overline{PB} \cdot (LS + X)$
- $L = \overline{X}$
- $L = \overline{\overline{PB} \cdot (LS + X)}$

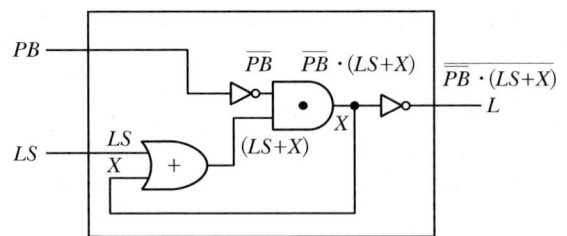

> **Reference**
>
> **시퀀스 제어의 기본용어**
>
> ① 0과 1의 의미
>
> | 구분 | 내용 | 스위치 상태 |
> |---|---|---|
> | 0 | 스위치 개방상태
출력이 없는 상태 | a접점 |
> | 1 | 스위치 폐로상태
출력이 발생하는 상태 | b접점 |
>
> ② (+)와 (·)의 의미
>
> | 구분 | 내용 | 종류 | 논리식 | 논리회로 |
> |---|---|---|---|---|
> | + | 병렬회로를 의미 | OR 회로 | $X = (A+B)$ | |
> | · | 직렬회로를 의미 | AND 회로 | $X = (A \cdot B)$ | |
>
> ③ 부정의 의미(NOT 회로)
>
> 입력과 출력이 반대로 되는 회로 : $A \multimap\!\!\!\triangleright\!\circ\!\!\multimap X$
>
> | 부정 전 | 0 | 1 | + | · | A | $\overline{A}$ |
> |---|---|---|---|---|---|---|
> | 부정 후 | 1 | 0 | · | + | $\overline{A}$ | A |

13 다음 그림과 같은 건물에서 각 건물의 경계구역 수를 계산하시오. [6점]

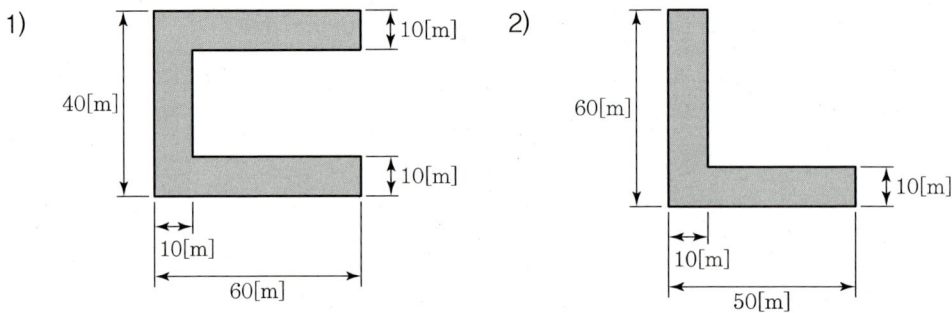

[해답] 1) 3경계구역   2) 2경계구역

[해설] 1)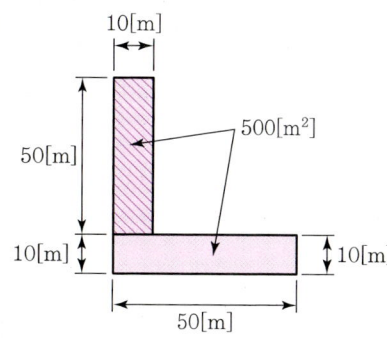

① 하나의 경계구역에서 한 변의 길이는 50[m] 이하로 하여야 하므로 반드시 50[m] 이하가 되도록 잘라야 한다.
② 하나의 경계구역의 면적은 600[m²] 이하가 되도록 경계구역을 잘라서 설정한다.

Reference

경계구역의 설정기준

① 층별, 면적별 경계구역 설정기준
- 하나의 경계구역이 2개 이상의 건축물에 미치지 아니하도록 할 것
- 하나의 경계구역이 2개 이상의 층에 미치지 아니하도록 할 것(다만, 500[m²] 이하의 범위 안에서는 2개의 층을 하나의 경계구역으로 할 수 있다)
- 하나의 경계구역의 면적은 600[m²] 이하로 하고 한 변의 길이는 50[m] 이하로 할 것(다만, 주된 출입구에서 그 내부 전체가 보이는 것은 한 변의 길이가 50[m]의 범위 내에서 1,000[m²] 이하)

② 수직구역의 경계구역 설정기준
- 별도의 경계구역 설정 : 계단, 경사로, 엘리베이터 승강로, 권상기실, 린넨슈트, 파이프 피트, 파이프 덕트, 기타 이와 유사한 부분
- 하나의 경계구역 높이 : 45[m] 이하(계단 및 경사로에 한함)
- 지하층의 계단 및 경사로는 별도로 하나의 경계구역으로 할 것(지하층의 층수가 1일 경우는 제외)

③ 기타 경계구역 설정
- 외기에 면하여 상시 개방된 부분이 있는 차고·주차장·창고 등에 있어서는 외기에 면하는 각 부분으로부터 5[m] 미만의 범위 안에 있는 부분은 경계구역의 면적에 산입하지 아니한다.
- 스프링클러설비·물분무등소화설비 또는 제연설비의 화재감지장치로서 화재감지기를 설치한 경우의 경계구역은 해당 소화설비의 방사구역 또는 제연구역과 동일하게 설정할 수 있다.

14 다음은 비상전원수전설비 중 큐비클형의 설치기준이다. ( ) 안에 알맞은 말을 쓰시오. [7점]

- (①) 또는 공용큐비클식으로 설치할 것
- 외함은 두께 (②)[mm] 이상의 강판과 이와 동등 이상의 강도와 (③)이 있는 것으로 제작하여야 하며, 개구부에는 (④) 방화문, (⑤) 방화문을 설치할 것
- 외함의 바닥에서 (⑥)[cm](시험단자, 단자대 등의 충전부는 (⑦)[cm]) 이상의 높이에 설치할 것

해답 ① 전용큐비클 ② 2.3[mm] ③ 내화성능 ④ 60분+
⑤ 60분 방화문 또는 30분 방화문 ⑥ 10[cm] ⑦ 15[cm]

해설 큐비클형 비상전원수전설비의 설치기준
1) 전용큐비클 또는 공용큐비클식으로 설치할 것
2) 외함은 두께 2.3[mm] 이상의 강판과 이와 동등 이상의 강도와 내화성능이 있는 것으로 제작하여야 하며, 개구부에는 60분+ 방화문, 60분 방화문 또는 30분 방화문을 설치할 것
3) 다음에 해당하는 것은 외함에 노출하여 설치할 수 있다.
   ① 표시등(불연성 또는 난연성재료로 덮개를 설치한 것에 한한다)
   ② 전선의 인입구 및 인출구
   ③ 환기장치
   ④ 전압계(퓨즈 등으로 보호한 것에 한한다)
   ⑤ 전류계(변류기의 2차 측에 접속된 것에 한한다)
   ⑥ 계기용 전환스위치(불연성 또는 난연성재료로 제작된 것에 한한다)
4) 외함은 건축물의 바닥 등에 견고하게 고정할 것
5) 외함에 수납하는 수전설비, 변전설비, 그 밖의 기기 및 배선은 다음 각 목에 적합하게 설치할 것
   ① 외함 또는 프레임(Frame) 등에 견고하게 고정할 것
   ② 외함의 바닥에서 10[cm](시험단자, 단자대 등의 충전부는 15[cm]) 이상의 높이에 설치할 것
6) 전선 인입구 및 인출구에는 금속관 또는 금속제 가요전선관을 쉽게 접속할 수 있도록 할 것
7) 환기장치는 다음 각 목에 적합하게 설치할 것
   ① 내부의 온도가 상승하지 않도록 환기장치를 할 것
   ② 자연환기구의 개부구 면적의 합계는 외함의 한 면에 대하여 해당 면적의 3분의 1 이하로 할 것. 이 경우 하나의 통기구의 크기는 직경 10[mm] 이상의 둥근 막대가 들어가서는 아니 된다.
   ③ 자연환기구에 따라 충분히 환기할 수 없는 경우에는 환기설비를 설치할 것
   ④ 환기구에는 금속망, 방화댐퍼 등으로 방화조치를 하고, 옥외에 설치하는 것은 빗물 등이 들어가지 않도록 할 것
8) 공용큐비클식의 소방회로와 일반회로에 사용되는 배선 및 배선용기기는 불연재료로 구획할 것

15 다음은 기동용 수압개폐장치를 이용하는 옥내소화전설비와 자동화재탐지설비가 설치된 계통도이다. 도면 ①~⑤의 최소 전선가닥수를 쓰시오. [5점]

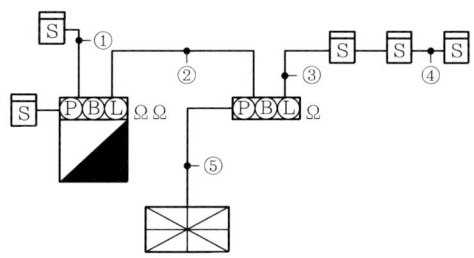

①	②	③	④	⑤

해답

①	②	③	④	⑤
4	9	4	4	10

해설

1) 가닥수

번호	가닥수 합계	배선의 용도						
		회로선	회로 공통선	경종선	표시등선	경종·표시등 공통선	응답선	기동 확인 표시등
①	4	2	2					
②	9	2	1	1	1	1	1	2
③	4	2	2					
④	4	2	2					
⑤	10	3	1	1	1	1	1	2

①, ③, ④ 송배선방식의 그 밖의 것 : 4가닥(회로2, 공통2)

Reference

자동화재탐지설비 평면도 및 배선내역(송배선방식)
① 평면도

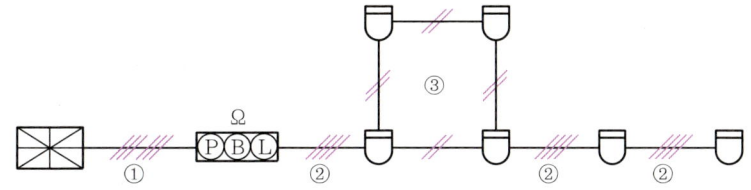

② 배선내역(루프된 곳 : 2가닥, 그 밖의 것 : 4가닥)

구분	가닥수	배선용도
①	6	회로선1, 공통선1, 경종선1, 표시등선1, 경종·표시등공통선1, 응답선1
②	4	회로선2, 공통선2
③	2	회로선2, 공통선2

2) 발신기세트 가닥수 산정

②번 : 발신기세트 옥내소화전 내장형~발신기세트 단독형(9가닥)
- 발신기세트 옥내소화전 내장형에 종단저항이 2개이므로 회로선이 2개가 된다.
- 회로선2, 회로공통선1, 경종선1, 표시등선1, 경종·표시등공통선1, 응답선1, 기동확인표시등선2

⑤번 : 발신기세트 단독형~수신기(10가닥)
- 발신기세트 옥내소화전 내장형에 종단저항 2개와 발신기세트 단독형에 종단저항 1개가 있으므로 회로선은 3가닥이 된다.
- 회로선3, 회로공통선1, 경종선1, 표시등선1, 경종·표시등공통선1, 응답선1, 기동확인표시등선2

3) 발신기세트의 구성

명칭	도시기호	부속기기 명칭
발신기세트 옥내소화전 내장형	 ⓟⒷⓛ▨	• Ⓟ : 발신기 • Ⓑ : 경종 • Ⓛ : 위치표시등 • ● : 기동확인표시등
발신기세트 단독형	 ⓟⒷⓛ	• Ⓟ : 발신기 • Ⓑ : 경종 • Ⓛ : 위치표시등

- 발신기세트 옥내소화전 내장형의 도시기호에는 기동확인표시등이 표시되지 않는다.
- 실물의 발신기세트 옥내소화전 내장형에는 적색의 기동확인표시등이 설치되어 있다.

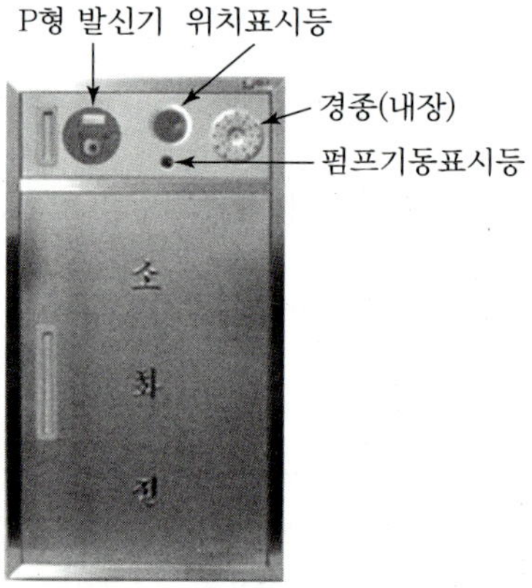

▲ 발신기세트 옥내소화전 내장형

16 다음과 같은 비상방송설비의 확성기 회로에 음량조정기를 설치하고자 할 때 미완성 결선도를 완성하시오. [5점]

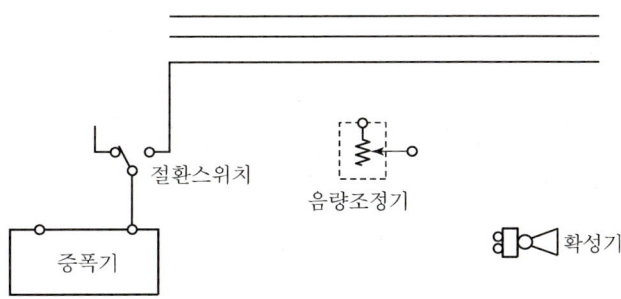

해답

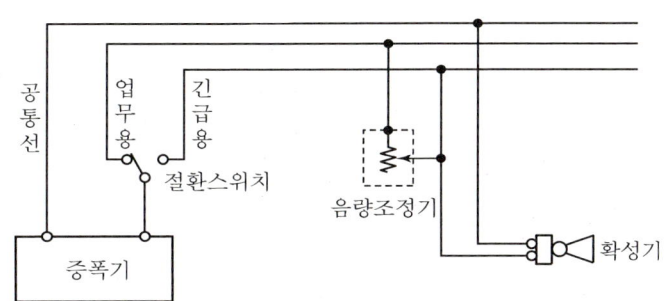

해설
1) 동작설명
   ① 업무용 방송
   - 확성기(스피커)에 공통선과 업무용 배선(음량조정기(ATT) 경유)이 연결된다.
   - 방송 시 음량조정기에 의해 음량을 조절할 수 있다.
   ② 긴급용 방송
   - 확성기(스피커)에 공통선과 긴급용 배선이 직접 연결되어 있다.
   - 수신기로부터 화재신호를 수신하면 절환스위치가 긴급용으로 절환된다.
   - 긴급용 방송은 음량조정이 불가능하다.
   ③ 절환스위치에 배선의 용도가 적혀 있지 않을 경우 반드시 배선의 용도(공통선, 업무용, 긴급용)를 적어주어야 한다.

2) 동일한 3선식 배선

① 배선도 1

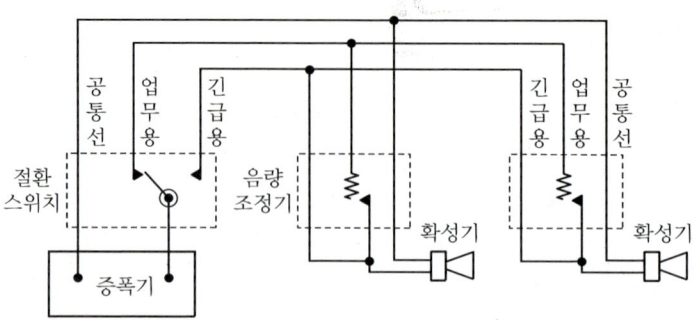

② 배선도 2

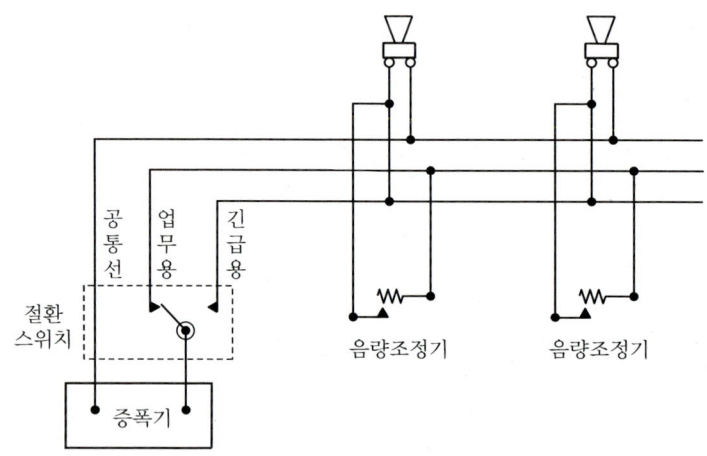

17 수신기로부터 배선거리 100[m]의 위치에 제연설비의 댐퍼가 설치되어 있다. 댐퍼가 동작할 때 선로의 전압강하[V]를 구하시오.(단, 수신기의 전압은 단상이며, 정전압출력이고, 전선은 1.5[mm] HFIX 전선을 사용하며, 댐퍼의 동작전류는 1[A]이다.) [5점]

• 계산과정 :

• 답 :

해답 • 계산과정

$$A = \frac{\pi \times d^2}{4} = \frac{\pi \times 1.5^2}{4} = 1.767 [\mathrm{mm}^2]$$

$$e = \frac{35.6 LI}{1,000 A} = \frac{35.6 \times 100 \times 1}{1,000 \times 1.767} = 2.0147 ≒ 2.01 [\mathrm{V}]$$

• **답** 2.01[V]

해설 1) 전선의 굵기

① 전선의 굵기는 일반적으로 $A[\text{mm}^2]$로 주어진다. 이 경우 바로 전압강하식에 대입하면 된다.

② 그러나 이 문제에서 전선 굵기는 $d[\text{mm}]$로 주어졌다. 그러므로 반드시 $A[\text{mm}^2]$로 환산하여 대입하여야 한다.

③ $A = \dfrac{\pi \times d^2}{4} = \dfrac{\pi \times 1.5^2}{4} = 1.767[\text{mm}^2]$

2) 거리 : $L = 100[\text{m}]$
3) 전류 : $I = 1[\text{A}]$
4) 전압강하

$e = \dfrac{35.6 LI}{1,000 A} = \dfrac{35.6 \times 100 \times 1}{1,000 \times 1.767} = 2.0147 ≒ 2.01[\text{V}]$

Reference

전압강하

① 정의

전류가 전선을 타고 이동할 때 전선의 저항에 의해 수전단의 전압이 낮아지는 현상, 즉 송전단 전압과 수전단 전압을 차를 전압강하라 한다.

② 전압강하(e) : 단상교류, 직류 2선식

$$e = V_S - V_R = 2IR$$

여기서, V_S : 송전단 전압, V_R : 수전단 전압, I : 선로전류, R : 선로 1가닥의 저항

③ 전기방식별 전압강하와 전선의 굵기 산정

구분	전압강하	전선의 굵기
단상 2선식	$e = \dfrac{35.6 LI}{1,000 A}$	$A = \dfrac{35.6 LI}{1,000 e}$
3상 3선식	$e = \dfrac{30.8 LI}{1,000 A}$	$A = \dfrac{30.8 LI}{1,000 e}$
단상 3선식 3상 4선식	$e = \dfrac{17.8 LI}{1,000 A}$	$A = \dfrac{17.8 LI}{1,000 e}$

여기서, e : 전압강하[V], A : 전선의 굵기[mm²], L : 거리[m], I : 전류[A]

18 다음은 누전경보기의 형식승인 및 제품검사 기술기준에 관한 내용이다. 다음 각 물음에 답하시오. [4점]

1) 누전경보기의 공칭작동 전류치는 몇 [mA] 이하이어야 하는지 쓰시오.
2) 감도조정장치 조정범위에서 최솟값과 최댓값을 쓰시오.
3) 변류기의 절연저항을 측정할 때 사용하는 기구의 명칭을 쓰시오.
4) 변류기의 절연저항을 측정하였을 경우 절연저항값은 몇 [MΩ] 이상이어야 하는지 쓰시오.

해답
1) 200[mA] 이하
2) 최솟값 : 200[mA], 최댓값 : 1[A]
3) DC 500[V]의 절연저항계
4) 5[MΩ] 이상

해설
1) 공칭작동전류치
   ① 누전경보기의 공칭작동전류치(누전경보기를 작동시키기 위하여 필요한 누설전류의 값으로서 제조자에 의하여 표시된 값)는 200[mA] 이하이어야 한다.
   ② 감도조정장치를 가지고 있는 누전경보기에 있어서도 그 조정범위의 최소치에 대하여 이를 적용한다.

2) 감도조정장치
   감도조정장치를 갖는 누전경보기에 있어서 감도조정장치의 조정범위는 최대치가 1[A]이어야 한다.

3), 4) 절연저항시험
   변류기는 DC 500[V]의 절연저항계로 다음의 각 부분을 시험을 하는 경우 5[MΩ] 이상이어야 한다.
   ① 절연된 1차 권선과 2차 권선 간의 절연저항
   ② 절연된 1차 권선과 외부금속부 간의 절연저항
   ③ 절연된 2차 권선과 외부금속부 간의 절연저항

2022년 제2회(2022. 7. 24)

01 다음은 유도등의 비상전원 설치기준이다. ( ) 안에 알맞은 말을 쓰시오. [3점]

1) 유도등의 비상전원 종류는 (①)로 할 것
2) 유도등을 (②)분 이상 유효하게 작동시킬 수 있는 용량으로 할 것. 다만, 다음 각 목의 특정소방대상물의 경우에는 그 부분에서 피난층에 이르는 부분의 유도등을 (③)분 이상 유효하게 작동시킬 수 있는 용량으로 하여야 한다.
   - 지하층을 제외한 층수가 11층 이상의 층
   - 지하층 또는 무창층으로서 용도가 도매시장 · 소매시장 · 여객자동차터미널 · 지하역사 또는 지하상가

해답 ① 축전지　　② 20분　　③ 60분

해설
1) 유도등의 비상전원
   ① 비상전원의 종류 : 축전지
   ② 비상전원의 용량 : 20분 이상
   ③ 비상전원의 용량을 60분 이상으로 하여야 하는 특정소방대상물
      - 지하층을 제외한 층수가 11층 이상의 층
      - 지하층 또는 무창층으로서 용도가 도매시장 · 소매시장 · 여객자동차터미널 · 지하역사 또는 지하상가
2) 상용전원
   ① 전원의 종류
      - 축전지
      - 전기저장장치
      - 교류전압의 옥내간선
   ② 전원까지의 배선 : 전용으로 할 것
3) 소방설비별 비상전원의 종류 및 용량

소방설비	비상전원의 종류	비상전원 용량
· 비상경보설비 　(비상벨설비 또는 자동식 사이렌설비) · 비상방송설비 · 자동화재탐지설비	· 축전지설비 · 전기저장장치	60분 이상 감시상태 지속 10분 이상 경보
· 소화설비 · 제연설비 · 비상조명등	· 자가발전설비 · 축전지설비 · 전기저장장치	20분 이상

소방설비	비상전원의 종류	비상전원 용량
• 스프링클러설비 • 포소화설비	• 자가발전설비 • 축전지설비 • 비상전원수전설비 • 전기저장장치	20분 이상
비상콘센트설비	• 자가발전설비 • 축전지설비 • 비상전원수전설비 • 전기저장장치	20분 이상
유도등	축전지	
유도등 및 비상조명등이 설치된 장소로서 • 11층 이상의 층 • 지하층 또는 무창층으로서 용도가 도매시장 · 소매시장 · 여객자동차터미널 · 지하역사 또는 지하상가	유도등 • 축전지 비상조명등 • 자가발전설비 • 축전지설비 • 전기저장장치	60분 이상
무선통신보조설비의 증폭기	• 축전지설비	30분 이상

02 다음은 비상방송설비의 설치기준이다. ( ) 안에 알맞은 말을 쓰시오. [5점]

- 확성기의 음성입력은 실내에 설치하는 것에 있어서는 (①)[W] 이상일 것
- 음량조정기를 설치하는 경우 음량조정기의 배선은 (②)으로 할 것
- 조작부의 조작스위치는 바닥으로부터 (③)[m] 이상 (④)[m] 이하의 높이에 설치할 것
- 확성기는 각 층마다 설치하되, 그 층의 각 부분으로부터 하나의 확성기까지의 수평거리가 (⑤)[m] 이하가 되도록 할 것

해답 ① 1[W]　　② 3선식　　③ 0.8[m]
　　　④ 1.5[m]　　⑤ 25[m]

해설 1) 비상방송설비의 음향장치
　　　① 확성기의 음성입력 : 실외 3[W], 실내 1[W], 아파트 등의 실내 2[W] 이상
　　　② 확성기는 각 층마다 설치할 것
　　　③ 그 층의 각 부분으로부터 하나의 확성기까지의 수평거리가 25[m] 이하가 되도록 하고,
　　　　 해당 층의 각 부분에 유효하게 경보를 발할 수 있도록 설치할 것
　　　④ 음량조정기를 설치하는 경우 음량조정기의 배선은 3선식으로 할 것
　　　⑤ 음향장치의 구조 및 성능
　　　　 • 정격전압의 80[%] 전압에서 음향을 발할 수 있는 것으로 할 것
　　　　 • 자동화재탐지설비의 작동과 연동하여 작동할 수 있는 것으로 할 것

2) 조작부 및 증폭기
   ① 조작부의 조작스위치 높이 : 바닥으로부터 0.8[m] 이상 1.5[m] 이하
   ② 조작부는 기동장치가 작동한 층 또는 구역을 표시할 수 있을 것
   ③ 증폭기 및 조작부는 수위실 등 상시 사람이 근무하는 장소로서 점검이 편리하고 방화상 유효한 곳에 설치할 것
   ④ 다른 방송설비와 공용하는 것에 있어서는 화재 시 비상경보 외의 방송을 차단할 수 있는 구조로 할 것
   ⑤ 다른 전기회로에 따라 유도장애가 생기지 아니하도록 할 것
   ⑥ 하나의 특정소방대상물에 2 이상의 조작부가 설치되어 있는 때에는 각각의 조작부가 있는 장소 상호 간에 동시통화가 가능한 설비를 설치하고, 어느 조작부에서도 해당 특정소방대상물의 전 구역에 방송을 할 수 있도록 할 것

3) 화재감지 후 방송개시 소요시간
   기동장치에 따른 화재신고를 수신한 후 필요한 음량으로 화재 발생 상황 및 피난에 유효한 방송이 자동으로 개시될 때까지의 소요시간은 10초 이하로 할 것

03 다음 그림과 같은 건물에서 경계구역수를 계산하시오. [6점]

1)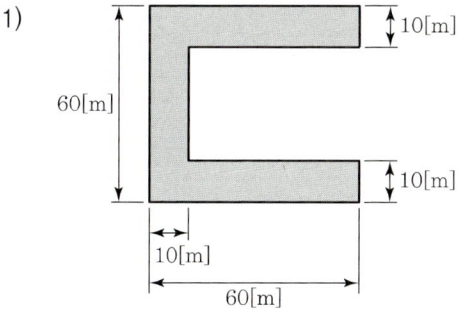

2)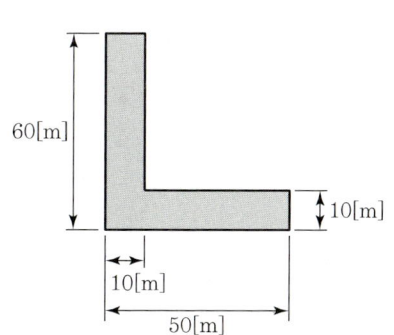

 1) 4경계구역   2) 2경계구역

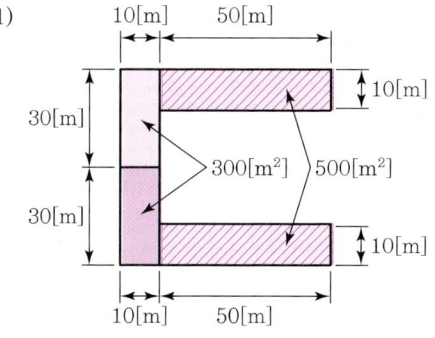

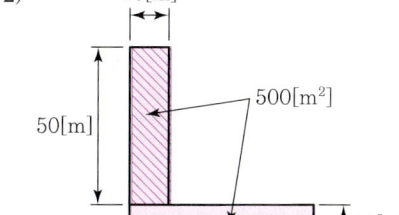

① 하나의 경계구역에서 한 변의 길이는 50[m] 이하로 하여야 하므로 반드시 50[m] 이하가 되도록 잘라야 한다.
② 하나의 경계구역의 면적은 600[m²] 이하가 되도록 경계구역을 잘라서 설정한다.

> **Reference**
>
> **경계구역의 설정기준**
> ① 층별, 면적별 경계구역 설정기준
> - 하나의 경계구역이 2개 이상의 건축물에 미치지 아니하도록 할 것
> - 하나의 경계구역이 2개 이상의 층에 미치지 아니하도록 할 것(다만, 500[m²] 이하의 범위 안에서는 2개의 층을 하나의 경계구역으로 할 수 있다)
> - 하나의 경계구역의 면적은 600[m²] 이하로 하고 한 변의 길이는 50[m] 이하로 할 것(다만, 주된 출입구에서 그 내부 전체가 보이는 것은 한 변의 길이가 50[m]의 범위 내에서 1,000[m²] 이하)
> ② 수직구역의 경계구역 설정기준
> - 별도의 경계구역 설정 : 계단, 경사로, 엘리베이터 승강로, 권상기실, 린넨슈트, 파이프 피트, 파이프 덕트, 기타 이와 유사한 부분
> - 하나의 경계구역 높이 : 45[m] 이하(계단 및 경사로에 한함)
> - 지하층의 계단 및 경사로는 별도로 하나의 경계구역으로 할 것(지하층의 층수가 1일 경우는 제외)
> ③ 기타 경계구역 설정
> - 외기에 면하여 상시 개방된 부분이 있는 차고·주차장·창고 등에 있어서는 외기에 면하는 각 부분으로부터 5[m] 미만의 범위 안에 있는 부분은 경계구역의 면적에 산입하지 아니한다.
> - 스프링클러설비·물분무등소화설비 또는 제연설비의 화재감지장치로서 화재감지기를 설치한 경우의 경계구역은 해당 소화설비의 방사구역 또는 제연구역과 동일하게 설정할 수 있다.

04 다음 소방시설 도시기호의 명칭을 쓰시오. [4점]

①  :

② Ⓑ :

③  :

④ ⬛S⬛ :

해답 ⊕
① 사이렌
② 비상벨
③ 정온식 감지기
④ 연기감지기

해설 ⊕ 소방시설 도시기호

도시기호	명칭	도시기호	명칭
∪	차동식 스포트형 감지기	Ⓜ️	모터사이렌
∪	보상식 스포트형 감지기	⊠	수신기
∪	정온식 스포트형 감지기	▭	부수신기
S	연기감지기	▭	중계기
─●─	감지선	Ⓔ	기동누름버튼
──	공기관	◇	시각경보기 (스트로브)
─■─	열전대	◐	표시등
Ⓑ	비상벨	⊙	회로시험기
◁	사이렌	ⓅⒷⓁ	발신기세트 단독형
Ⓢ◁	전자사이렌	ⓅⒷⓁ	발신기세트 옥내소화전 내장형

05 3상 380[V], 60[Hz], 15[kW]인 옥내소화전용 유도전동기가 있다. 이 전동기의 역률이 85[%]일 때 역률을 95[%]로 개선하고자 한다. 다음 물음에 답하시오. [8점]

1) 역률 개선을 위한 전력용 콘덴서의 용량은 몇 [kVA]인지 구하시오.
   - 계산과정 :
   - 답 :

2) 콘덴서를 델타(△)결선할 때 콘덴서의 충전용량은 몇 [μF]인지 구하시오.
   - 계산과정 :
   - 답 :

해답 ⊕ 1) • 계산과정

$$Q = 15 \times \left(\frac{\sqrt{1-0.85^2}}{0.85} - \frac{\sqrt{1-0.95^2}}{0.95} \right) = 4.37 [\text{kVA}]$$

• 답 4.37[kVA]

2) • 계산과정

$$Q_\Delta = 3\omega CE^2$$

$$4.37 \times 10^3 = 3 \times 2\pi \times 60 \times C \times 380^2$$

$$C = \frac{4.37 \times 10^3}{3 \times 2\pi \times 60 \times 380^2} = 0.000026758[\text{F}] = 26.76[\mu\text{F}]$$

• 답 $26.76[\mu\text{F}]$

해설

1) 콘덴서 용량[kVA]

① $Q_C = P(\tan\theta_1 - \tan\theta_2) = P\left(\dfrac{\sin\theta_1}{\cos\theta_1} - \dfrac{\sin\theta_2}{\cos\theta_2}\right)$[kVA]

$$Q_C = P\left(\frac{\sqrt{1-\cos^2\theta_1}}{\cos\theta_1} - \frac{\sqrt{1-\cos^2\theta_2}}{\cos\theta_2}\right)[\text{kVA}]$$

여기서, Q_C : 콘덴서의 용량[kVA], P : 유효전력[kW]

$\cos\theta_1$: 개선 전 역률, $\cos\theta_2$: 개선 후 역률

② $Q = 15 \times \left(\dfrac{\sqrt{1-0.85^2}}{0.85} - \dfrac{\sqrt{1-0.95^2}}{0.95}\right) = 4.37[\text{kVA}]$

2) 콘덴서 델타(Δ)결선 시 콘덴서의 충전용량

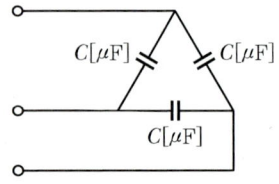

① 콘덴서 1개의 용량

$$Q_1 = \omega CE^2 [\text{kVA}]$$

② 델타(Δ)결선 시 콘덴서 3개의 용량 합계

$$Q_\Delta = 3Q_1 = 3\omega CE^2 = 3\omega CV^2[\text{kVA}]$$

③ 델타(Δ)결선 시 콘덴서의 충전용량 $[\mu\text{F}]$

$Q_\Delta = 3\omega CV^2$ [Δ 결선에서 상전압(E) = 선간전압(V)]

$$4.37 \times 10^3 = 3 \times 2\pi \times 60 \times C \times 380^2$$

$$C = \frac{4.37 \times 10^3}{3 \times 2\pi \times 60 \times 380^2} = 0.000026758[\text{F}] = 26.76[\mu\text{F}]$$

06 펌프의 유량이 2,400[lpm], 양정 100[m]인 전동기의 동력은 몇 [kW]인지 구하시오.(단, 효율 : 65[%], 전달계수 : 1.1이다.) [4점]

- 계산과정 :
- 답 :

해답
- 계산과정

$$P[\text{kW}] = \frac{9.8\,QH}{\eta} K$$

$$P = \frac{9.8 \times (2.4/60) \times 100}{0.65} \times 1.1 = 66.34\,[\text{kW}]$$

- 답 66.34 [kW]

해설
1) 전동기의 동력

$$P[\text{kW}] = \frac{9.8\,QH}{\eta} K$$

여기서, 9.8 : 물의 비중량[kN/m³], Q : 유량[m³/s]
H : 양정[m], η : 효율, K : 전달계수

2) 풀이

① Q : 유량[m³/s]

$$2{,}400\frac{[\text{L}]}{[\text{min}]} \times \frac{1[\text{m}^3]}{1{,}000[\text{L}]} \times \frac{1[\text{min}]}{60[\text{s}]} = \frac{2.4}{60}[\text{m}^3/\text{s}]$$

여기서, LPM(Liter Per Minute) = [L/min]

② 양정 H : 100[m]

효율 η : 65[%] = 0.65

전달계수 : K = 1.1

③ 전동기 동력

$$P = \frac{9.8 \times (2.4/60) \times 100}{0.65} \times 1.1 = 66.34\,[\text{kW}]$$

07 P형 수신기와 감지기의 배선회로에서 배선저항은 40[Ω], 릴레이저항은 500[Ω], 종단저항은 11[kΩ]이며 회로전압이 DC 24[V]일 때 다음 각 물음에 답하시오. [6점]

1) 평상시 감시전류는 몇 [mA]인가?
   - 계산과정 :
   - 답 :
2) 화재 시 감지기의 동작전류는 몇 [mA]인가?
   - 계산과정 :
   - 답 :

해답 1) • 계산과정

$$I = \frac{V}{R_1 + R_2 + R_3}$$

$$= \frac{24}{40 + 11{,}000 + 500} = 0.002079[A] \fallingdotseq 2.08[mA]$$

- **답** 2.08[mA]

2) • 계산과정

$$I = \frac{V}{R_1 + R_3}$$

$$= \frac{24}{40 + 500} = 0.04444[A] \fallingdotseq 44.44[mA]$$

- **답** 44.44[mA]

해설 1) 감시전류

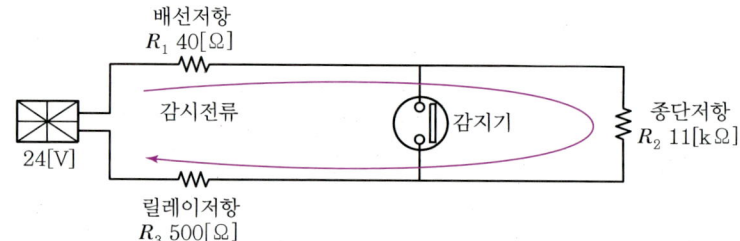

- 감시전류 I

$$I = \frac{V}{R_1 + R_2 + R_3}$$

$$= \frac{24}{40 + 11{,}000 + 500} = 0.002079[A] \fallingdotseq 2.08[mA]$$

여기서, R_1 : 배선저항(40Ω), R_2 : 종단저항(11kΩ = 11,000Ω)
R_3 : 릴레이저항(500Ω), V : 수신기전압(24V)

2) 감지기 동작전류

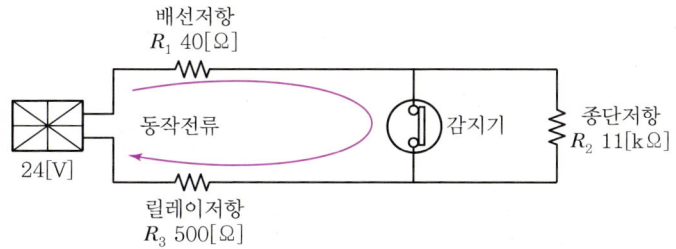

• 동작전류 I

$$I = \frac{V}{R_1 + R_3}$$
$$= \frac{24}{40+500} = 0.04444[A] ≒ 44.44[mA]$$

여기서, R_1 : 배선저항(40Ω), R_3 : 릴레이저항(500Ω), V : 수신기전압(24V)

08 다음 도면과 같은 장소에 차동식 스포트형 감지기 2종을 설치하는 경우와 광전식 스포트형 2종을 설치하는 경우 다음 각 물음에 답하시오.(단, 주요 구조부는 내화구조이며, 감지기의 부착높이는 3[m]이다.)   [6점]

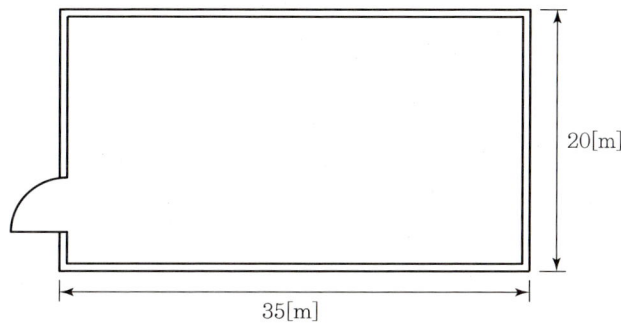

1) 차동식 스포트형 감지기 2종의 최소소요개수를 산출하시오.
  • 계산과정 :
  • 답 :
2) 광전식 스포트형 감지기 2종의 최소소요개수를 산출하시오.
  • 계산과정 :
  • 답 :

해답

1) • 계산과정

    바닥면적 : $20 \times 35 = 700[m^2]$

    경계구역 : $\dfrac{700}{600} = 1.17 ≒ 2$ 경계구역

    감지기의 개수 $= \dfrac{350}{70} + \dfrac{350}{70} = 10$ 개

    • **답** 10개

2) • 계산과정

    바닥면적 : $20 \times 35 = 700[m^2]$

    경계구역 : $\dfrac{700}{600} = 1.17 ≒ 2$ 경계구역

    감지기의 개수 $= \dfrac{350}{150} + \dfrac{350}{150} = 4.67 ≒ 5$ 개

    • **답** 5개

해설

1) 차동식 스포트형, 보상식 스포트형, 정온식 스포트형 감지기의 부착높이 및 특정소방대상물에 따른 기준면적(단위 : m²)

부착높이 및 특정소방대상물의 구분		감지기의 종류				
		차동식, 보상식		정온식		
		1종	2종	특종	1종	2종
4[m] 미만	내화구조	90	70	70	60	20
	기타 구조	50	40	40	30	15
4[m] 이상 8[m] 미만	내화구조	45	35	35	30	―
	기타 구조	30	25	25	15	―

① 위 표에서 기준면적 산정 : $70[m^2]$

② 바닥면적 : $20 \times 35 = 700[m^2]$

③ 경계구역 산정 : $\dfrac{700[m^2]}{600[m^2]} = 1.67 ≒ 2$ 구역

④ 감지기 개수 산정 시 경계구역별로 구해서 합산한다. 반드시 경계구역을 1/2로 나누는 것은 아니지만 일반적으로 1/2로 나누어 계산한다.

   하나의 경계구역 면적 : $\dfrac{700[m^2]}{2} = 350[m^2]$

⑤ 2경계구역의 감지기의 개수 $= \dfrac{350}{70} + \dfrac{350}{70} = 10$ 개

⑥ 경계구역을 나누지 않는 경우 감지기의 개수 $= \dfrac{700}{70} = 10$ 개

⑦ 경계구역을 나누지 않고 계산하여도 감지기의 수는 같다.

2) 부착높이에 따른 연기감지기 1개의 기준면적

부착높이	감지기의 종류	
	1종, 2종	3종
4[m] 미만	150[m²]	50[m²]
4[m] 이상 20[m] 미만	75[m²]	—

① 위 표에서 기준면적 산정 : 150[m²]
② 바닥면적 : 20 × 35 = 700[m²]
③ 경계구역 산정 : $\frac{700[m^2]}{600[m^2]} = 1.67 ≒ 2구역$
④ 감지기 개수 산정 시 경계구역별로 구해서 합산한다. 반드시 경계구역을 1/2로 나누는 것은 아니지만 일반적으로 1/2로 나누어 계산한다.

하나의 경계구역 면적 : $\frac{700[m^2]}{2} = 350[m^2]$

⑤ 2경계구역의 감지기의 개수 = $\frac{350}{150} + \frac{350}{150} = 4.67 ≒ 5개$
⑥ 경계구역을 나누지 않고 계산한 경우

- 연기감지기의 개수 = $\frac{700}{150} = 4.67 ≒ 5개$

- 경계구역을 1/2로 나누어 각각 별도로 계산하는 경우 $\left(\frac{350}{150} ≒ 3개\right) + \left(\frac{350}{150} ≒ 3개\right)$
= 6개가 되고 경계구역을 나누지 않고 계산한 경우는 5개가 되므로 경계구역을 적절하게 나누어 5개가 되도록 한다.

⑦ 경계구역을 적절하게 나누어 5개로 맞춘 경우

- $\frac{450}{150} = 3개$, $\frac{250}{150} = 1.67 ≒ 2개$ (3 + 2 = 5개)

- $\frac{300}{150} = 2개$, $\frac{400}{150} = 2.67 ≒ 3개$ (2 + 3 = 5개) 등

09 다음은 스프링클러설비의 제어반 설치기준이다. ( ) 안에 알맞은 말을 쓰시오. [6점]

스프링클러설비에는 제어반을 설치하되, 감시제어반과 동력제어반으로 구분하여 설치하여야 한다. 다만, 다음 각 호의 어느 하나에 해당하는 경우에는 감시제어반과 동력제어반으로 구분하여 설치하지 아니할 수 있다.

1) 다음 각 목의 어느 하나에 해당하지 않는 특정소방대상물에 설치되는 스프링클러설비
   ㉮ 지하층을 제외한 층수가 (①)층 이상으로서 연면적이 (②)[m²] 이상인 것
   ㉯ "㉮"에 해당하지 않는 특정소방대상물로서 지하층의 바닥면적의 합계가 (③)[m²] 이상인 것
2) (④)에 따른 가압송수장치를 사용하는 스프링클러설비
3) (⑤)에 따른 가압송수장치를 사용하는 스프링클러설비
4) (⑥)에 따른 가압송수장치를 사용하는 스프링클러설비

해답 ① 7 　　② 2,000 　　③ 3,000
　　　　④ 내연기관 　⑤ 고가수조 　⑥ 가압수조

해설 스프링클러설비의 제어반 설치기준
스프링클러설비에는 제어반을 설치하되, 감시제어반과 동력제어반으로 구분하여 설치해야 한다. 다만, 다음의 어느 하나에 해당하는 경우에는 감시제어반과 동력제어반으로 구분하여 설치하지 않을 수 있다.

1) 다음의 어느 하나에 해당하지 않는 특정소방대상물에 설치되는 경우
　㉮ 지하층을 제외한 층수가 **7층 이상**으로서 연면적이 **2,000[m²] 이상**인 것
　㉯ "㉮"에 해당하지 않는 특정소방대상물로서 **지하층**의 바닥면적 합계가 **3,000[m²] 이상**인 것
2) **내연기관**에 따른 가압송수장치를 사용하는 경우
3) **고가수조**에 따른 가압송수장치를 사용하는 경우
4) **가압수조**에 따른 가압송수장치를 사용하는 경우

10 다음은 비상방송설비에서 사용하는 용어의 정의이다. ( ) 안에 알맞은 용어를 쓰시오. [3점]

1) ( )란 소리를 크게 하여 멀리까지 전달될 수 있도록 하는 장치로서 일명 스피커를 말한다.
2) ( )란 가변저항을 이용하여 전류를 변화시켜 음량을 크게 하거나 작게 조절할 수 있는 장치를 말한다.
3) ( )란 전압전류의 진폭을 늘려 감도를 좋게 하고 미약한 음성전류를 커다란 음성전류로 변화시켜 소리를 크게 하는 장치를 말한다.

해답 1) 확성기
　　　 2) 음량조절기
　　　 3) 증폭기

해설 용어의 정의
1) **확성기** : 소리를 크게 하여 멀리까지 전달될 수 있도록 하는 장치(스피커)
2) **음량조절기** : 가변저항을 이용하여 전류를 변화시켜 음량을 조절할 수 있는 장치
3) **증폭기** : 전압전류의 진폭을 늘려 감도를 좋게 하고 미약한 음성전류를 커다란 음성전류로 변화시켜 소리를 크게 하는 장치

11 다음의 진리표를 보고 각 물음에 답하시오. [9점]

A	B	C	Y_1	Y_2
0	0	0	0	1
0	0	1	0	1
0	1	0	1	0
0	1	1	0	1
1	0	0	0	1
1	0	1	0	1
1	1	0	1	0
1	1	1	1	1

1) 논리식을 가장 간략화하여 적으시오.

- $Y_1 =$
- $Y_2 =$

2) 무접점 회로를 완성하시오.

3) 유접점 회로를 그리시오.

해답 1) • $Y_1 = \overline{A}B\overline{C} + AB\overline{C} + ABC$
$= AB(\overline{C} + C) + \overline{A}B\overline{C}$
$= AB + \overline{A}B\overline{C}$
$= B(A + \overline{A}\,\overline{C})$
$= B[(A+\overline{A})(A+\overline{C})]$
$= B(A+\overline{C})$
$= (A+\overline{C})B$

• $Y_2 = \overline{A}\,\overline{B}\,\overline{C} + \overline{A}\,\overline{B}C + \overline{A}BC + A\overline{B}\,\overline{C} + A\overline{B}C + ABC$
$= \overline{A}\,\overline{B}(\overline{C}+C) + A\overline{B}(\overline{C}+C) + BC(\overline{A}+A)$
$= \overline{A}\,\overline{B} + A\overline{B} + BC$
$= \overline{B}(\overline{A}+A) + BC$
$= \overline{B} + BC$
$= (\overline{B}+B)\cdot(\overline{B}+C)$
$= \overline{B} + C$

2)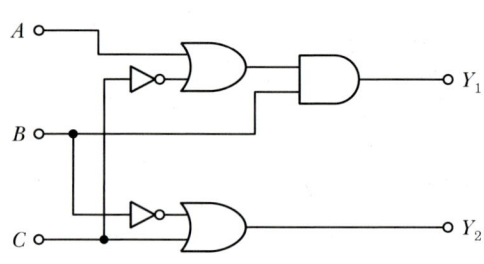

3)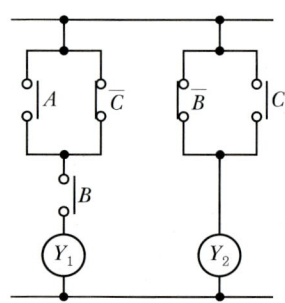

해설 1) 논리식 간소화

① Y_1의 논리식
- 진리표에서 A, B, C는 입력이고 Y_1이 출력이다. 그러므로 출력 $Y_1 = 1$일 때만 출력이 나온다.
- 진리표를 보고 $Y_1 = 1$일 때를 적어 보면 다음과 같다.

- $Y_1 = \overline{A}B\overline{C} + AB\overline{C} + ABC$ (AB로 묶으면)
  - $= AB(\overline{C} + C) + \overline{A}B\overline{C}$ $(\overline{C} + C) = 1$
  - $= AB + \overline{A}B\overline{C}$ (B로 묶으면)
  - $= B(A + \overline{A}\,\overline{C})$ (괄호 안을 분배하면)
  - $= B[(A + \overline{A})(A + \overline{C})]$ $(A + \overline{A}) = 1$
  - $= B(A + \overline{C})$ B의 위치를 이동하면
  - $= (A + \overline{C})B$

② Y_2의 논리식
- 진리표를 보고 $Y_2 = 1$일 때를 적어 보면 다음과 같다.
- $Y_2 = \overline{A}\,\overline{B}\,\overline{C} + \overline{A}\,\overline{B}C + \overline{A}BC + A\overline{B}\,\overline{C} + A\overline{B}C + ABC$
  ($\overline{A}\,\overline{B}$, $A\overline{B}$, BC로 각각 묶으면)
  - $= \overline{A}\,\overline{B}(\overline{C} + C) + A\overline{B}(\overline{C} + C) + BC(\overline{A} + A)$
    $(\overline{C} + C) = 1$, $(\overline{C} + C) = 1$, $(\overline{A} + A) = 1$이므로
  - $= \overline{A}\,\overline{B} + A\overline{B} + BC$
    $\overline{B}$로 묶으면
  - $= \overline{B}(\overline{A} + A) + BC$
    $(\overline{A} + A) = 1$이므로
  - $= \overline{B} + BC$
    위 식을 분배하면
  - $= (\overline{B} + B) \cdot (\overline{B} + C)$
    $(\overline{B} + B) = 1$이므로
  - $= \overline{B} + C$

2) 무접점 회로

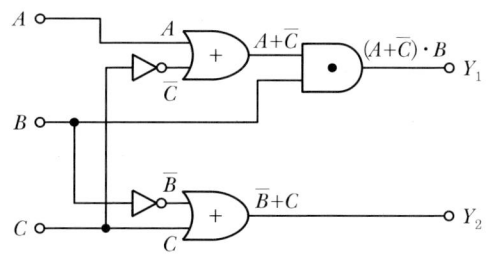

3) 유접점회로

① $Y_1 = (A + \overline{C}) \cdot B$

- $(A + \overline{C})$: A와 $\overline{C}$는 (+)로 묶여 있으므로 병렬회로이다.
- $(A + \overline{C})$와 B는 (·)로 묶여 있으므로 직렬회로이다.

② $Y_2 = \overline{B} + C$

- $\overline{B}$와 C가 (+)로 묶여 있으므로 병렬회로이다.
- 논리식을 조합한 유접점회로는 아래와 같다.

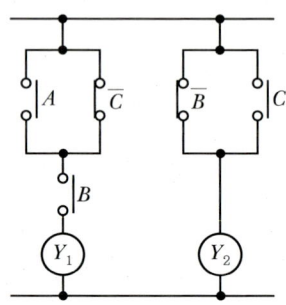

12 자동화재탐지설비의 P형 수신기의 예비전원시험에서 시험의 목적을 쓰고 예비전원 시험방법과 양부판단의 기준에 대하여 설명하시오. [6점]

1) 시험목적 :
2) 시험방법 :
3) 양부판단의 기준 :

해답 ⊕ 1) 목적
   상용전원 정전 시 예비전원으로 자동절환되며, 복구 시 상용전원으로 자동절환되는지 여부 확인

2) 시험방법
   - 예비전원시험 스위치를 누른다.
   - 전압계의 지시치가 정상범위(24V) 내에 있을 것(LED 표시제품 : 정상, 높음, 낮음으로 표시)
   - 교류전원 개방 시 예비전원으로 자동절환상태 확인

3) 양부판단의 기준
   예비전원의 전압, 용량이 정상이고 자동절환 및 복구작동이 정상일 것

해설

1) **예비전원시험**
   ① 목적 : 상용전원 정전 시 예비전원으로 자동절환되며, 복구 시 상용전원으로 자동절환되는지 여부 확인
   ② 시험방법
   - 예비전원시험 스위치를 누른다.
   - 전압계의 지시치가 정상범위(24V) 내에 있을 것(LED 표시제품 : 정상, 높음, 낮음으로 표시)
   - 교류전원 개방 시 예비전원으로 자동절환상태 확인
   ③ 판정 : 예비전원의 전압, 용량이 정상이고 자동절환 및 복구작동이 정상일 것

2) **공통선시험**
   ① 목적 : 하나의 공통선이 담당하는 경계구역이 7개 이하인지 확인
   ② 시험방법
   - 수신기 내부의 단자대에서 공통선 1선을 분리한다.
   - 도통시험 스위치를 누른다.
   - 회로선택 스위치를 순차적으로 1회로씩 회전시킨다.
   - 단선된 회로수를 확인한다.
   ③ 판정 : 하나의 공통선이 담당하는 경계구역수가 7개 이하일 것

3) **동시작동시험**
   ① 목적 : 동시에 수회선을 작동시켰을 때 수신기의 기능에 이상이 없는지를 확인
   ② 시험방법
   - 작동시험 스위치를 누른다.
   - 회로선택 스위치를 순차적으로 돌려서 5회선을 동작시킨다.
   - 화재표시등, 지구표시등, 음향장치 등의 동작상태 확인
   ③ 판정 : 5회선 이상 동작하였을 때 화재표시등, 지구표시등, 음향장치가 정상작동할 것

13 다음은 3상 유도전동기를 기동하기 위한 시퀀스 도면이다. 전동기의 기동, 정지 및 자기유지가 가능하도록 도면을 완성하시오. [4점]

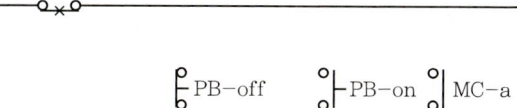

해답

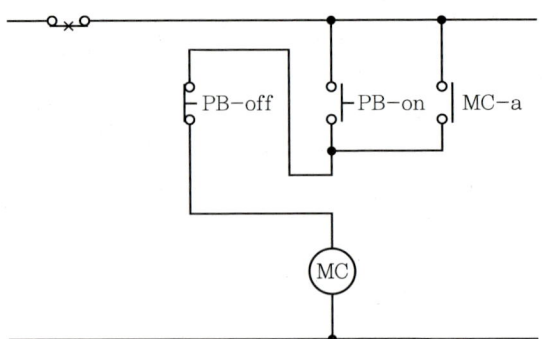

해설
1) 자기유지회로를 구성하기 위해서는 PB-on 스위치와 MC-a접점을 병렬로 연결한다.
2) 회로를 정지하기 위해서는 자기유지회로와 PB-off 스위치를 직렬로 연결한다.

① 다른 형태의 결선도

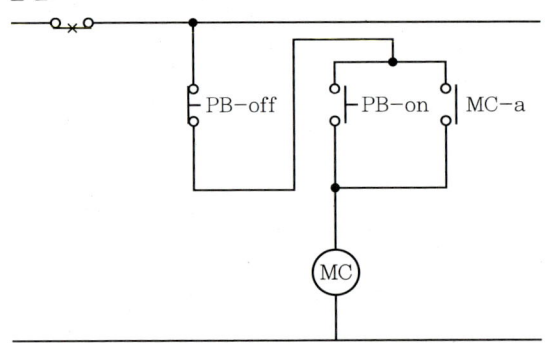

② 자기유지회로의 기본결선도

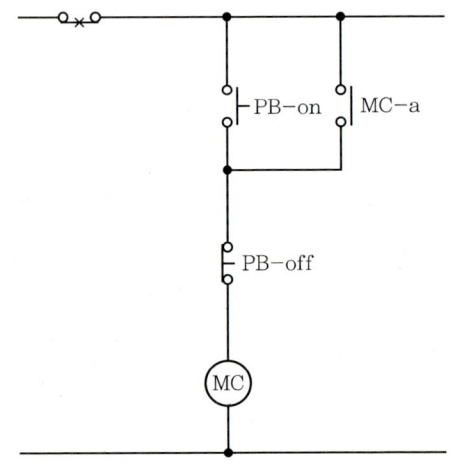

14 하나의 담당구역 내에 2 이상의 화재감지기회로를 설치하고 인접한 2 이상의 화재감지기가 동시에 감지되는 때에 설비가 작동되는 방식을 적용하는 소화설비 5가지를 쓰시오. [5점]

-
-
-
-
-

해답
- 준비작동식 스프링클러설비
- 일제살수식 스프링클러설비
- 이산화탄소소화설비
- 할론소화설비
- 분말소화설비

해설 교차회로방식

1) **정의**
   하나의 담당구역 내에 2 이상의 화재감지기회로를 설치하고 인접한 2 이상의 화재감지기가 동시에 감지되는 때에 설비가 작동되는 방식

2) **목적**
   감지기 오동작에 의한 설비의 작동을 방지하기 위하여

3) **적용설비**
   ① 준비작동식 스프링클러설비
   ② 일제살수식 스프링클러설비
   ③ 이산화탄소소화설비
   ④ 할론소화설비
   ⑤ 할로겐화합물 및 불활성기체 소화설비
   ⑥ 분말소화설비

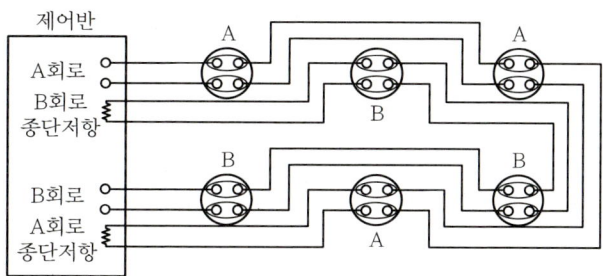

▲ 교차회로방식의 배선

4) 평면도 및 배선내역

① 평면도

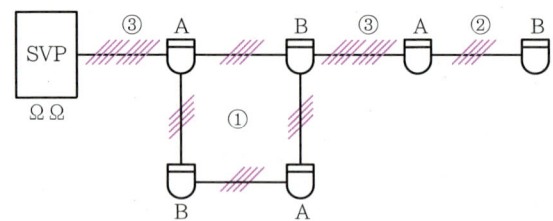

② 배선내역(루프된 곳 : 4가닥, 말단감지기 : 4가닥, 그 밖의 것 : 8가닥)

구분	가닥수	배선용도
①	4	회로선2, 공통선2(A회로 : 회로1, 공통1 / B회로 : 회로1, 공통1)
②	4	회로선2, 공통선2(B회로 : 회로2, 공통2)
③	8	회로선4, 공통선4(A회로 : 회로2, 공통2 / B회로 : 회로2, 공통2)

15 수신기에서 60[m] 떨어진 장소의 사이렌이 작동할 때 사이렌의 소비전류가 400[mA]라 하면 선로의 전압강하[V]를 구하시오.(단, 전선 굵기는 1.5[mm]이다.) [4점]

• 계산과정 :
• 답 :

해답 • 계산과정

$$A = \frac{\pi \times d^2}{4} = \frac{\pi \times 1.5^2}{4} = 1.767 [\text{mm}^2]$$

$$e = \frac{35.6LI}{1,000A} = \frac{35.6 \times 60 \times (400 \times 10^{-3})}{1,000 \times 1.767} = 0.483 ≒ 0.48[\text{V}]$$

• **답** 0.48[V]

해설 1) 전선의 굵기

① 전선의 굵기는 일반적으로 $A[\text{mm}^2]$로 주어진다. 이 경우 바로 전압강하식에 대입하면 된다.

② 그러나 이 문제에서 전선굵기는 $d[\text{mm}]$로 주어졌다. 그러므로 반드시 $A[\text{mm}^2]$로 환산하여 대입하여야 한다.

③ $A = \frac{\pi \times d^2}{4} = \frac{\pi \times 1.5^2}{4} = 1.767[\text{mm}^2]$

2) 거리 : $L = 60[\text{m}]$

3) 전류 : $I = 400[\text{mA}] = 400 \times 10^{-3}[\text{A}]$

4) 전압강하

$$e = \frac{35.6LI}{1,000A} = \frac{35.6 \times 60 \times (400 \times 10^{-3})}{1,000 \times 1.767} = 0.483 ≒ 0.48[\text{V}]$$

> **Reference**
>
> **전압강하**
>
> ① 정의
>
> 전류가 전선을 타고 이동할 때 전선의 저항에 의해 수전단의 전압이 낮아지는 현상, 즉 송전단 전압과 수전단 전압의 차를 전압강하라 한다.
>
> ② 전압강하(e) : 단상교류, 직류 2선식
>
> $$e = V_S - V_R = 2IR$$
>
> 여기서, V_S : 송전단 전압, V_R : 수전단 전압, I : 선로전류, R : 선로 1가닥의 저항
>
> ③ 전기방식별 전압강하와 전선의 굵기 산정
>
> | 구분 | 전압강하 | 전선의 굵기 |
> |---|---|---|
> | 단상 2선식 | $e = \dfrac{35.6LI}{1,000A}$ | $A = \dfrac{35.6LI}{1,000e}$ |
> | 3상 3선식 | $e = \dfrac{30.8LI}{1,000A}$ | $A = \dfrac{30.8LI}{1,000e}$ |
> | 단상 3선식
3상 4선식 | $e = \dfrac{17.8LI}{1,000A}$ | $A = \dfrac{17.8LI}{1,000e}$ |
>
> 여기서, e : 전압강하[V], A : 전선의 굵기[mm²], L : 거리[m], I : 전류[A]

16 다음은 옥내소화전설비의 감시제어반의 기능에 대한 기준이다. ( ) 안에 알맞은 말을 쓰시오.

[5점]

- 각 펌프의 작동 여부를 확인할 수 있는 (①) 및 (②) 기능이 있어야 할 것
- 각 펌프를 자동 및 수동으로 작동시키거나 작동을 중단시킬 수 있어야 할 것
- 비상전원을 설치한 경우에는 상용전원 및 비상전원 공급 여부를 확인할 수 있을 것
- 수조 또는 물올림수조가 (③)로 될 때 표시등 및 음향으로 경보할 것
- 기동용 수압개폐장치의 압력스위치회로, 수조 또는 물올림탱크의 감시회로마다 (④)시험 및 (⑤) 시험을 할 수 있어야 할 것

해답 ① 표시등　② 음향경보　③ 저수위
　　　④ 도통　⑤ 작동

해설 1) 감시제어반의 기능
① 각 펌프의 작동 여부를 확인할 수 있는 표시등 및 음향경보 기능이 있어야 할 것

② 각 펌프를 자동 및 수동으로 작동시키거나 중단시킬 수 있어야 할 것
③ 비상전원을 설치한 경우에는 상용전원 및 비상전원의 공급 여부를 확인할 수 있어야 할 것
④ 수조 또는 물올림수조가 저수위로 될 때 표시등 및 음향으로 경보할 것
⑤ 예비전원이 확보되고 예비전원의 적합 여부를 시험할 수 있어야 할 것

2) 감시제어반에서 도통시험 및 작동시험을 할 수 있어야 하는 회로
① 기동용 수압개폐장치의 압력스위치회로
② 수조 또는 물올림수조의 저수위감시회로
③ 유수검지장치 또는 일제개방밸브의 압력스위치회로
④ 일제개방밸브를 사용하는 설비의 화재감지기회로
⑤ 급수배관에 설치되어 급수를 차단할 수 있는 개폐밸브의 폐쇄상태 확인회로
⑥ 그 밖의 이와 비슷한 회로

17 다음은 자동화재탐지설비의 수신기와 발신기, 감지기를 배치한 그림이다. 연결의 예에 따라 실제 배선도를 완성하시오. [6점]

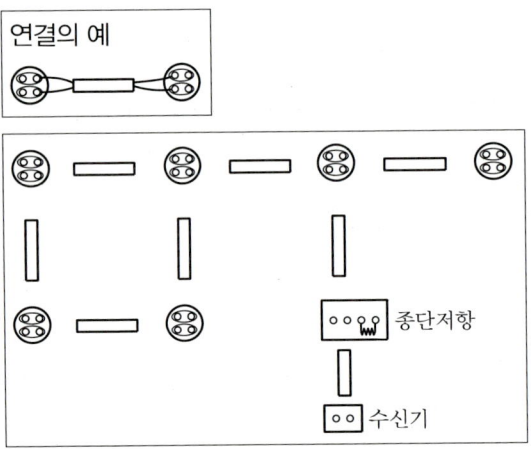

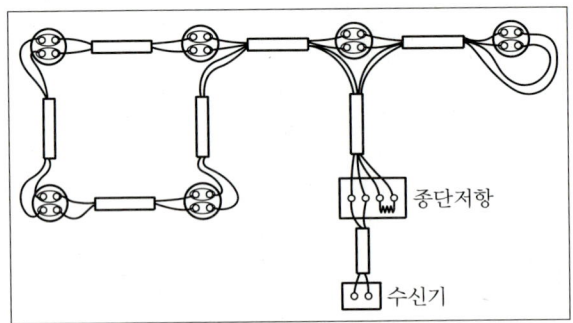

해설 배선도

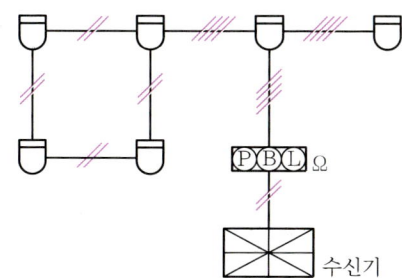

> **Reference**

① 송배선방식
- 평면도

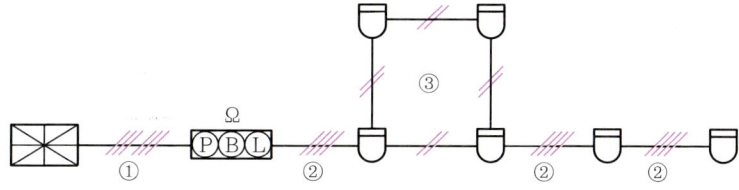

- 배선내역(루프된 곳 : 2가닥, 그 밖의 것 : 4가닥)

구분	가닥수	배선용도
①	6	회로선1, 공통선1, 경종선1, 표시등선1, 경종·표시등공통선1, 응답선1
②	4	회로선2, 공통선2(그 밖의 것)
③	2	회로선2, 공통선2(루프된 곳)

② 교차회로방식
- 평면도

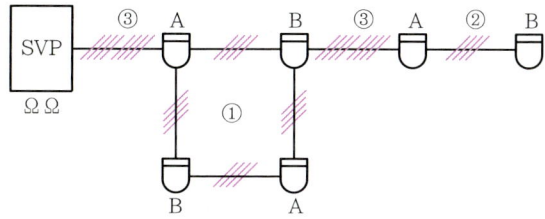

- 배선내역(루프된 곳 : 4가닥, 말단감지기 : 4가닥, 그 밖의 것 : 8가닥)

구분	가닥수	배선용도
①	4	회로선2, 공통선2(A회로 : 회로1, 공통1 / B회로 : 회로1, 공통1)
②	4	회로선2, 공통선2(B회로 : 회로2, 공통2)
③	8	회로선4, 공통선4(A회로 : 회로2, 공통2 / B회로 : 회로2, 공통2)

18 다음 도면은 기동용 수압개폐장치를 설치한 자동기동방식의 옥내소화전설비와 P형 1급 발신기 세트를 설치한 것이다. 도면을 보고 다음 각 물음에 답하시오. [10점]

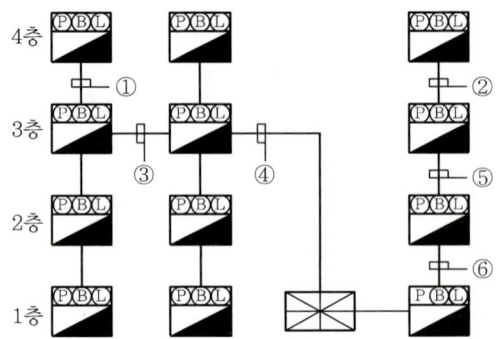

1) ①~⑥의 전선 가닥수를 쓰시오.

번호	①	②	③	④	⑤	⑥
가닥수						

2) 감지기회로의 도통시험을 위한 종단저항의 설치기준 3가지를 쓰시오.
   •
   •
   •

3) 감지기 회로의 전로저항은 몇 [Ω] 이하이어야 하는가?

4) 수신기의 각 회로별 종단에 설치되는 감지기에 접속되는 배선의 전압은 감지기 정격전압의 몇 [%] 이상이어야 하는가?

해답

1)

번호	①	②	③	④	⑤	⑥
가닥수	8	8	14	19	10	12

2) • 점검 및 관리가 쉬운 장소에 설치할 것
   • 전용함을 설치하는 경우 그 설치 높이는 바닥으로부터 1.5[m] 이내로 할 것
   • 감지기 회로의 끝부분에 설치하며, 종단감지기에 설치할 경우에는 구별이 쉽도록 해당 감지기의 기판 및 감지기 외부 등에 별도의 표시를 할 것

3) 50[Ω] 이하

4) 80[%] 이상

해설 1) 가닥수

번호	가닥수 합계	배선의 용도						
		회로선	회로 공통선	경종선	표시등선	경종·표시등 공통선	응답선	기동 확인 표시등
①	8	1	1	1	1	1	1	2
②	8	1	1	1	1	1	1	2
③	14	4	1	4	1	1	1	2
④	19	8	2	4	1	1	1	2
⑤	10	2	1	2	1	1	1	2
⑥	12	3	1	3	1	1	1	2

①, ② : 발신기세트 기본가닥수(6가닥)+펌프기동확인표시등(2가닥)=8가닥

③ • 회로선 : 해당 배관을 경유한 후단에 설치된 발신기세트의 개수(4회로)
  • 경종선 : 해당 배관을 경유한 후단의 층수(1, 2, 3, 4층)
  • 그 밖의 배선은 증가하지 않는다.

④ • 회로선 : 해당 배관을 경유한 후단에 설치된 발신기세트의 개수(8회로)
  • 경종선 : 해당 배관을 경유한 후단의 층수(1, 2, 3, 4층)
  • 회로공통선 : 회로선 7가닥 초과 시 1선씩 추가된다.

  공통선 $= \dfrac{8}{7} = 1.14 ≒ 2$가닥(소수점 이하 절상)

⑤, ⑥ : ③의 계산방식과 동일

2), 3), 4) 자동화재탐지설비의 배선

① 도통시험을 위한 종단저항의 설치기준
  • 점검 및 관리가 쉬운 장소에 설치할 것
  • 전용함을 설치하는 경우 그 설치높이는 바닥으로부터 1.5[m] 이내로 할 것
  • 감지기회로의 끝부분에 설치하며, 종단감지기에 설치할 경우에는 구별이 쉽도록 해당 감지기의 기판 및 감지기 외부 등에 별도의 표시를 할 것

② 자동화재탐지설비의 감지기회로의 전로저항 : 50[Ω] 이하

③ 종단감지기에 접속되는 배선의 전압 : 정격전압의 80[%] 이상

④ 전원회로의 배선 : 내화배선
   그 밖의 배선 : 내화배선 또는 내열배선

⑤ 감지기 상호 간 또는 감지기로부터 수신기에 이르는 감지기회로의 배선
  • 아날로그식, 다신호식 감지기 및 R형 수신기용 : 전자파 방해를 받지 아니하는 실드선
  • 그 밖의 일반배선 : 내화배선 또는 내열배선

⑥ 감지기 사이의 회로의 배선은 송배선식으로 할 것

⑦ 절연저항 : 감지기회로 및 부속회로의 전로와 대지 사이 및 배선 상호 간을 직류 250[V]의 절연저항측정기로 측정하여 0.1[MΩ] 이상이 되도록 할 것

⑧ 자동화재탐지설비의 배선은 다른 전선과 별도의 관·덕트·몰드 또는 풀박스 등에 설치할 것(다만, 60[V] 미만의 약전류회로에 사용하는 전선으로서 각각의 전압이 같을 때에는 제외)

⑨ 감지기회로 하나의 공통선에 접속할 수 있는 경계구역 : 7개 이하

$$공통선의\ 가닥수 = \frac{회로수(경계구역수)}{7}\ (소수점\ 이하\ 절상)$$

2022년 제4회(2022. 11. 19)

01 다음의 평면도와 같이 지하 1층에서 지상 5층까지 각 층의 평면이 동일하고, 각 층의 높이가 4[m]인 건물에 자동화재탐지설비를 설치한 경우 다음 물음에 답하시오. [7점]

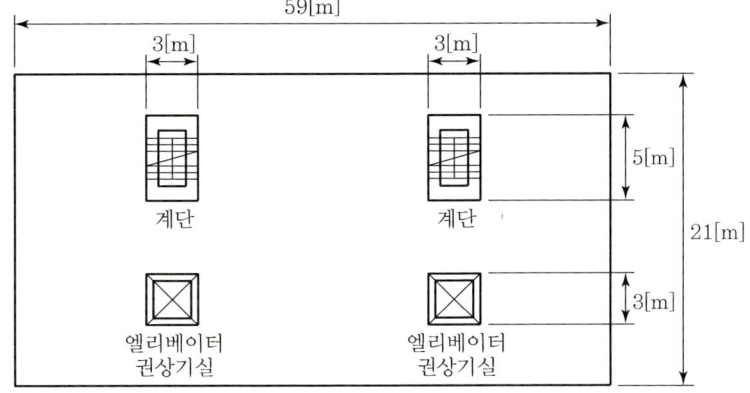

1) 하나의 층에 대한 수평경계구역수를 산출하시오.
   - 계산과정 :
   - 답 :

2) 해당 건축물의 수직 및 수평 경계구역의 총수를 산출하시오.
   ① 수평경계구역
   - 계산과정 :
   - 답 :
   ② 수직경계구역
   - 계산과정 :
   - 답 :
   ③ 경계구역의 총수 :

3) 엘리베이터 권상기실 상부에 설치해야 하는 감지기의 종류를 쓰시오.

4) 계단감지기는 각각 몇 층에 설치해야 하는지 쓰시오.

해답 1) • 계산과정
$$\frac{59 \times 21 - (3 \times 5 \times 2) - (3 \times 3 \times 2)}{600} = \frac{1,191}{600} = 1.99 = 2$$
   • **답** 2경계구역

2) ① 수평경계구역
- 계산과정 : 2경계구역 × 6개층 = 12경계구역
- 답 12경계구역

② 수직경계구역
- 계산과정
  엘리베이터 권상기실 : 각 1경계구역 × 2개 = 2경계구역

  계단 : $\dfrac{4 \times 6}{45} = 0.53 ≒ 1$

  계단 각 1경계구역 × 2개 = 2경계구역
  수직경계구역 합 = 4경계구역
- 답 4경계구역

③ 경계구역의 총수
  12경계구역 + 4경계구역 = 16경계구역

3) 연기감지기

4) 지상 2층, 지상 5층

해설 1) 하나의 층에 대한 수평경계구역수
① 전체 바닥면적 : 59[m] × 21[m] = 1,239[m²]
② 계단 및 엘리베이터 권상기실의 면적
- 계단 : 3[m] × 5[m] × 2개 = 30[m²]
- 엘리베이터 권상기실 : 3[m] × 3[m] × 2개 = 18[m²]

③ 수평경계구역 적용 면적
- 계단 및 엘리베이터 권상기실은 별도의 경계구역으로 설정하여야 하므로 수평경계구역의 면적에서 제외한다.
- 층당 수평경계구역의 적용면적 : 1,239[m²] − 30[m²] − 18[m²] = 1,191[m²]

④ 층당 수평경계구역수
$\dfrac{1,191}{600} = 1.99 ≒ 2$경계구역

Reference

층별, 면적별 경계구역 설정기준
① 하나의 경계구역이 2개 이상의 건축물에 미치지 아니하도록 할 것
② 하나의 경계구역이 2개 이상의 층에 미치지 아니하도록 할 것(다만, 500[m²] 이하의 범위 안에서는 2개의 층을 하나의 경계구역으로 할 수 있다)
③ 하나의 경계구역의 면적은 600[m²] 이하로 하고 한 변의 길이는 50[m] 이하로 할 것(다만, 주된 출입구에서 그 내부 전체가 보이는 것은 한 변의 길이가 50[m]의 범위 내에서 1,000[m²] 이하)

2) 수직 및 수평 경계구역의 총수
   ① 수평경계구역
      층당 2경계구역 × 6개층 = 12경계구역
   ② 수직경계구역
      - 엘리베이터 권상기실 : 각 1경계구역 × 2개 = 2경계구역
      - 계단 : $\dfrac{4[m] \times 6개층}{45[m]} = 0.53 ≒ 1$

         계단 각 1경계구역 × 2개 = 2경계구역
      - 수직경계구역 합
         엘리베이터 권상기실(2경계구역) + 계단(2경계구역) = 4경계구역
   ③ 경계구역의 총수
      12경계구역 + 4경계구역 = 16경계구역

   > **Reference**
   >
   > **수직구역의 경계구역 설정기준**
   > ① 별도의 경계구역 설정 : 계단, 경사로, 엘리베이터 승강로, 권상기실, 린넨슈트, 파이프 피트, 파이프 덕트, 기타 이와 유사한 부분
   > ② 하나의 경계구역 높이 : 45[m] 이하(계단 및 경사로에 한함)
   > ③ 지하층의 계단 및 경사로는 별도로 하나의 경계구역으로 할 것(지하층의 층수가 1일 경우는 제외)

3) 연기감지기 설치장소
   ① 계단·경사로 및 에스컬레이터 경사로
   ② 복도(30[m] 미만의 것을 제외)
   ③ 엘리베이터 승강로(권상기실이 있는 경우에는 권상기실)·린넨슈트·파이프 피트 및 덕트, 기타 이와 유사한 장소
   ④ 천장 또는 반자의 높이가 15[m] 이상 20[m] 미만의 장소
   ⑤ 다음 특정소방대상물의 취침·숙박·입원 등 이와 유사한 용도로 사용되는 거실
      - 공동주택·오피스텔·숙박시설·노유자시설·수련시설
      - 교육연구시설 중 합숙소
      - 의료시설, 근린생활시설 중 입원실이 있는 의원·조산원
      - 교정 및 군사시설
      - 근린생활시설 중 고시원

4) 계단감지기 설치 층
   ① 계단의 수직거리
      4[m] × 6개층 = 24[m]

② 하나의 계단에 설치하여야 하는 연기감지기 설치수량

$\dfrac{24}{15} = 1.6 ≒ 2$개

③ 계단 연기감지기 설치위치 : 2층, 5층
- 지하층이 1개층인 경우는 지상층과 합하여 경계구역을 산정한다.
- 최상층 천장에 1개를 먼저 설치하고 지하층을 포함하여 15[m] 이내가 되도록 나머지 1개를 설치한다.
- 국내에서 사용하는 연기감지기는 일반적으로 2종을 사용하므로 수직거리는 15[m] 이내로 한다.

설치장소	감지기의 종류	
	1종, 2종	3종
복도, 통로(보행거리)	30[m]	20[m]
계단, 경사로(수직거리)	15[m]	10[m]

- 도면과 같이 설치위치를 분배하면 2층과 5층 상부가 적당하다.
- 문제에는 없지만 엘리베이터 권상기실에도 별도로 1개씩 설치하여야 한다.

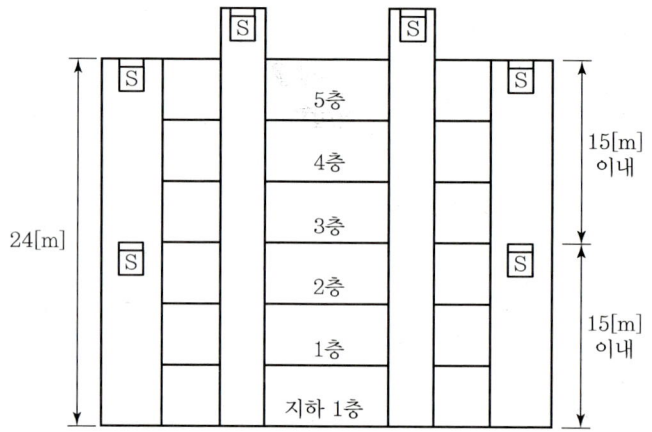

> **Reference**
>
> 연기감지기 설치기준
> ① 부착높이에 따른 연기감지기 1개의 기준면적
>
> | 부착높이 | 감지기의 종류 | |
> |---|---|---|
> | | 1종, 2종 | 3종 |
> | 4[m] 미만 | 150[m²] | 50[m²] |
> | 4[m] 이상 20[m] 미만 | 75[m²] | — |
>
> ② 설치장소에 따른 연기감지기 1개의 거리기준
>
> | 설치장소 | 감지기의 종류 | |
> |---|---|---|
> | | 1종, 2종 | 3종 |
> | 복도, 통로(보행거리) | 30[m] | 20[m] |
> | 계단, 경사로(수직거리) | 15[m] | 10[m] |
>
> ③ 천장 또는 반자가 낮은 실내 또는 좁은 실내에 있어서는 출입구의 가까운 부분에 설치할 것
> ④ 천장 또는 반자 부근에 배기구가 있는 경우에는 그 부근에 설치할 것
> ⑤ 감지기는 벽 또는 보로부터 0.6[m] 이상 떨어진 곳에 설치할 것

02 3상 380[V], 30[kW] 옥내소화전펌프용 유도전동기가 있다. 기동방식은 일반적으로 어떤 방식이 이용되는지 쓰시오. 또한, 전동기의 역률이 60[%]일 때 역률을 90[%]로 개선하고자 한다. 이 경우 필요한 전력용 콘덴서의 용량은 몇 [kVA]인지 구하시오. [4점]

1) 기동방식 :
2) 전력용 콘덴서 용량
   - 계산과정 :
   - 답 :

해답 1) 기동방식 : Y − △ 기동방식
2) 전력용 콘덴서 용량
   - 계산과정
   $$Q = 30 \times \left(\frac{\sqrt{1-0.6^2}}{0.6} - \frac{\sqrt{1-0.9^2}}{0.9} \right) = 25.47 \, [\text{kVA}]$$
   - 답 25.47[kVA]

해설

1) 유도전동기의 기동방법
   ① 농형 유도전동기의 기동방법
   - **전전압 기동법(직입기동)**
     기동전류는 전 부하전류의 4~6배(전동기 용량 5.5[kW] 이하에서 사용)
   - **Y-△ 기동법**
     기동전류 $\frac{1}{3}$배 감소, 기동 토크 $\frac{1}{3}$배 감소(5.5[kW] 이상)
   - **리액터 기동법** : 전원과 전동기 사이에 직렬 리액터를 삽입하여 기동전류 제한
   - **기동 보상기법** : 3상 단권 변압기로 기동전류를 제한(15[kW] 이상)
   ② 권선형 유도전동기의 기동방법
   - 2차 저항 기동법
   - 게르게스법

2) 콘덴서 용량
   ① $Q_C = P(\tan\theta_1 - \tan\theta_2) = P\left(\dfrac{\sin\theta_1}{\cos\theta_1} - \dfrac{\sin\theta_2}{\cos\theta_2}\right)$[kVA]

   $$Q_C = P\left(\dfrac{\sqrt{1-\cos^2\theta_1}}{\cos\theta_1} - \dfrac{\sqrt{1-\cos^2\theta_2}}{\cos\theta_2}\right)\text{[kVA]}$$

   여기서, Q_C : 콘덴서의 용량[kVA], P : 유효전력[kW], $\cos\theta_1$: 개선 전 역률, $\cos\theta_2$: 개선 후 역률

   ② $Q = 30 \times \left(\dfrac{\sqrt{1-0.6^2}}{0.6} - \dfrac{\sqrt{1-0.9^2}}{0.9}\right) = 25.47$[kVA]

---

03 다음 도면은 할론소화설비의 수동조작함에서 할론제어반까지의 결선도이다. 주어진 도면과 조건을 참고하여 각 물음에 답하시오. [5점]

[조건]
- 전선의 가닥수는 최소로 한다.
- 복구스위치 및 도어스위치는 없는 것으로 본다.

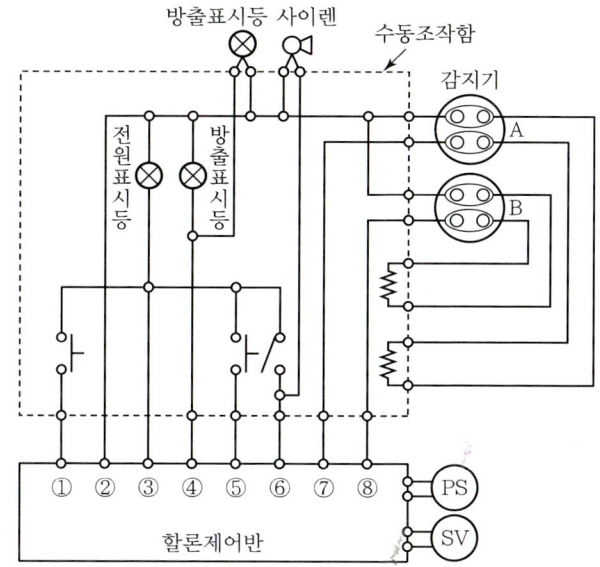

1) ①~⑧의 배선 명칭을 쓰시오.
2) 도면의 PS와 SV에 사용하는 배선의 굵기를 쓰시오.

해답

1) ① 방출지연스위치 ② 전원⊖ ③ 전원⊕ ④ 방출표시등
　⑤ 기동스위치　　 ⑥ 사이렌 ⑦ 감지기A ⑧ 감지기B

2) 2.5[mm²]

해설

1) ① 방출지연스위치
　주어진 도면에서 ①번의 스위치와 ⑤번의 스위치를 구분할 수 없다. 어느 하나의 명칭이 주어지지 않으면 임의로 선택한다. 본 교재에서는 ①번을 방출지연스위치로 선택하였다. 설비의 오동작이나 또는 재실자의 피난시간이 부족한 경우 방출지연스위치를 누르면 수동기동장치의 타이머 동작을 정지시켜서 가스방출시간을 지연시킬 수 있다.

② 전원⊖
　배선을 따라 올라가면 여러 가지 기기들의 배선이 한 가닥씩 이 배선에 묶여 있는 것을 알 수 있다. 즉, 이 배선이 공통선이고 전원⊖을 공통선으로 사용한다.

③ 전원⊕
　전원표시등의 ⊕쪽이 결선되어 있으므로 전원⊕ 선이 된다.

④ 방출표시등
　배선을 따라 올라가면 방출표시등과 연결되어 있다. 방출표시등은 가스 방출 시 점등되어 실외 사람들의 실내 출입을 금지한다.

⑤ 기동스위치
　위에서 ①번을 방출지연스위치로 선택하였으므로 ⑤번 스위치는 기동스위치가 된다. 화재 발생 시 기동스위치를 누르면 지연타이머가 작동되고 일정시간 후 가스가 방출된다.

⑥ 사이렌

　배선을 따라 올라가면 사이렌과 결선되어 있다. 감지기가 하나라도 작동하면 사이렌이 동작하여 재실자의 피난을 유도한다.

⑦ 감지기A

　배선을 따라 올라가면 감지기A와 결선되어 있다.

⑧ 감지기B

　배선을 따라 올라가면 감지기B와 결선되어 있다.

2) 전선의 굵기

　① 전원 및 제어용배선 : 2.5[mm^2]

　② 감지기 배선 : 1.5[mm^2]

> **Reference**
>
> **배선순서가 다른 할론제어반 결선도**

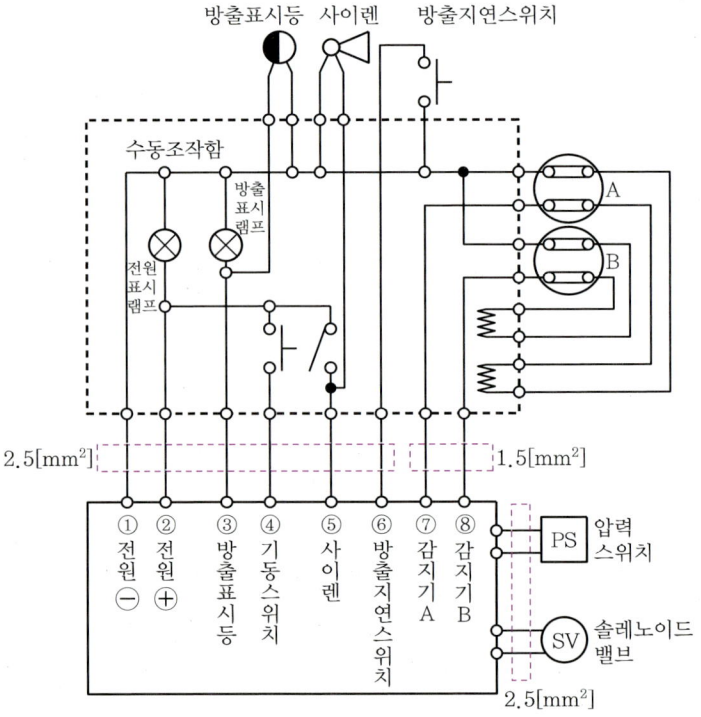

04 다음은 유도등의 비상전원에 대한 내용이다. ( ) 안에 알맞은 말을 쓰시오. [3점]

비상전원은 다음의 기준에 적합하게 설치해야 한다.
1) 축전지로 할 것
2) 유도등을 (①) 유효하게 작동시킬 수 있는 용량으로 할 것. 다만, 다음의 특정소방대상물의 경우에는 그 부분에서 피난층에 이르는 부분의 유도등을 (②) 유효하게 작동시킬 수 있는 용량으로 해야 한다.
   - 지하층을 제외한 층수가 (③)의 층
   - 지하층 또는 무창층으로서 용도가 도매시장·소매시장·여객자동차터미널·지하역사 또는 지하상가

해답 ① 20분 이상   ② 60분 이상   ③ 11층 이상

해설
1) 유도등의 비상전원
   ① 비상전원의 종류 : 축전지
   ② 비상전원의 용량 : 20분 이상
   ③ 비상전원의 용량을 60분 이상으로 하여야 하는 특정소방대상물
      - 지하층을 제외한 층수가 11층 이상의 층
      - 지하층 또는 무창층으로서 용도가 도매시장·소매시장·여객자동차터미널·지하역사 또는 지하상가

2) 상용전원
   ① 전원의 종류
      - 축전지
      - 전기저장장치
      - 교류전압의 옥내간선
   ② 전원까지의 배선 : 전용으로 할 것

3) 소방설비별 비상전원의 종류 및 용량

소방설비	비상전원의 종류	비상전원 용량
• 비상경보설비 (비상벨설비 또는 자동식 사이렌설비) • 비상방송설비 • 자동화재탐지설비	• 축전지설비 • 전기저장장치	60분 이상 감시상태 지속 10분 이상 경보
• 소화설비 • 제연설비 • 비상조명등	• 자가발전설비 • 축전지설비 • 전기저장장치	20분 이상
• 스프링클러설비 • 포소화설비	• 자가발전설비 • 축전지설비 • 비상전원수전설비 • 전기저장장치	20분 이상

소방설비	비상전원의 종류	비상전원 용량
비상콘센트설비	• 자가발전설비 • 축전지설비 • 비상전원수전설비 • 전기저장장치	20분 이상
유도등	축전지	
유도등 및 비상조명등이 설치된 장소로서 • 11층 이상의 층 • 지하층 또는 무창층으로서 용도가 도매시장 · 소매시장 · 여객자동차터미널 · 지하역사 또는 지하상가	유도등 • 축전지 비상조명등 • 자가발전설비 • 축전지설비 • 전기저장장치	60분 이상
무선통신보조설비의 증폭기	• 축전지설비	30분 이상

05 무선통신보조설비에 사용되는 무반사 종단저항의 설치목적을 쓰시오. [5점]

해답 ● 선로의 종단에서 신호가 반사되어 통신신호를 왜곡하는 것을 방지하기 위하여

해설 ● 누설동축케이블의 설치기준
① 소방전용 주파수대에서 전파의 전송 또는 복사에 적합한 것으로서 소방전용의 것으로 할 것
② 누설동축케이블과 이에 접속하는 안테나 또는 동축케이블과 이에 접속하는 안테나로 구성할 것
③ 누설동축케이블 및 동축케이블은 불연 또는 난연성의 것으로서 습기에 따라 전기의 특성이 변질되지 아니하는 것으로 하고, 노출하여 설치한 경우에는 피난 및 통행에 장애가 없도록 할 것
④ 누설동축케이블 및 동축케이블은 화재에 따라 해당 케이블의 피복이 소실된 경우에 케이블 본체가 떨어지지 아니하도록 4[m] 이내마다 금속제 또는 자기제 등의 지지금구로 벽·천장·기둥 등에 견고하게 고정시킬 것. 다만, 불연재료로 구획된 반자 안에 설치하는 경우에는 그러하지 아니하다.

⑤ 누설동축케이블 및 안테나는 금속판 등에 따라 전파의 복사 또는 특성이 현저하게 저하되지 아니하는 위치에 설치할 것
⑥ 누설동축케이블 및 안테나는 고압의 전로로부터 1.5[m] 이상 떨어진 위치에 설치할 것. 다만, 해당 전로에 정전기 차폐장치를 유효하게 설치한 경우에는 그러하지 아니하다.
⑦ 누설동축케이블의 끝부분에는 무반사 종단저항을 견고하게 설치할 것
⑧ 누설동축케이블 또는 동축케이블의 임피던스는 50[Ω]으로 하고, 이에 접속하는 안테나·분배기 기타의 장치는 해당 임피던스에 적합한 것으로 하여야 한다.

06 다음의 유접점 회로를 최소화된 논리식으로 표현하고 최소화된 유접점 회로를 그리시오. [5점]

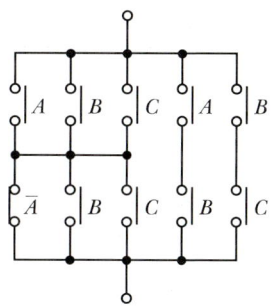

1) 최소화한 논리식
   - 최소화 과정 :
   - 답 :

2) 최소화한 스위칭회로

해답 ➕ 1) 최소화한 논리식
- 최소화 과정

$$(A+B+C) \cdot (\overline{A}+B+C)+AB+BC$$
$$= A\overline{A}+AB+AC+\overline{A}B+BB+BC+\overline{A}C+BC+CC+AB+BC$$
$$= AB+AC+\overline{A}B+B+BC+\overline{A}C+C$$
$$= B(A+\overline{A}+1+C)+C(A+\overline{A}+1)$$
$$= B+C$$

- 답 $B+C$

2) 최소화한 스위칭회로

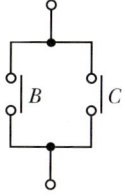

해설 1) 최소화한 논리식

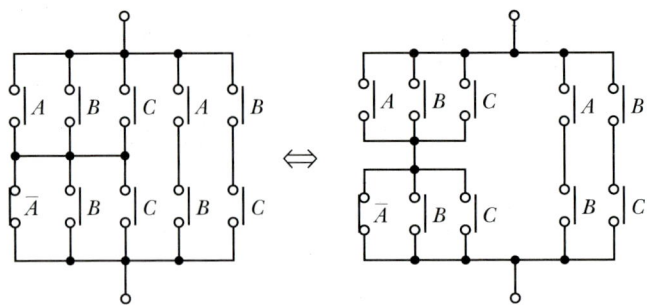

최소화 과정

$(A+B+C) \cdot (\overline{A}+B+C) + AB + BC$ (괄호부분을 분배)

$= \underbrace{A\overline{A}}_{(0)} + AB + AC + \overline{A}B + \underbrace{BB}_{(B)} + BC + \overline{A}C + BC + \underbrace{CC}_{(C)} + AB + BC$

동일한 것이 여러 개 있을 때 1개로 간소화

$(AB + AB = AB,\ BC + BC + BC = BC)$

$= AB + AC + \overline{A}B + B + BC + \overline{A}C + C$ (B로 묶고, C로 묶으면)

$= B\underbrace{(A + \overline{A} + 1 + C)}_{(1)} + C\underbrace{(A + \overline{A} + 1)}_{(1)}$

$= B + C$

2) 최소화한 스위칭회로

$B + C$: B와 C가 논리합($+$)으로 묶여 있으므로 병렬회로이다.

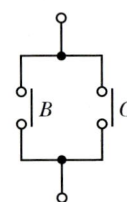

Reference

시퀀스 제어의 기본용어

① 0과 1의 의미

구분	내용	스위치 상태
0	스위치 개방상태 출력이 없는 상태	a접점
1	스위치 폐로상태 출력이 발생하는 상태	b접점

② (+)와 (·)의 의미

구분	내용	종류	논리식	논리회로
+	병렬회로를 의미	OR 회로	$X=(A+B)$	
·	직렬회로를 의미	AND 회로	$X=(A \cdot B)$	

③ 부정의 의미(NOT 회로)

입력과 출력이 반대로 되는 회로 : $A \multimap \triangleright \multimap X$

부정 전	0	1	+	·	A	$\overline{A}$
부정 후	1	0	·	+	$\overline{A}$	A

> **Reference**
>
> **부울대수의 기본 정리**
>
> | 항등법칙 | $A+0=A, \quad A+1=1$ | $A \cdot 1=A, \quad A \cdot 0=0$ |
> |---|---|---|
> | 동일법칙 | $A+A=A$ | $A \cdot A=A$ |
> | 보원법칙 | $A+\overline{A}=1$ | $A \cdot \overline{A}=0$ |
> | 다중부정 | $\overline{\overline{A}}=A$ | |
> | 교환법칙 | $A+B=B+A$ | $A \cdot B=B \cdot A$ |
> | 결합법칙 | $A+(B+C)=(A+B)+C$ | $A \cdot (B \cdot C)=(A \cdot B) \cdot C$ |
> | 분배법칙 | $A \cdot (B+C)=AB+AC$ | $A+B \cdot C=(A+B) \cdot (A+C)$ |
> | 흡수법칙 | $A+A \cdot B=A$ | $A \cdot (A+B)=A$ |

> **Reference**
>
> **드모르간의 정리**
>
> 논리식의 전체 부정을 부분 부정으로, 부분 부정을 전체 부정으로 바꾸는 데 사용한다.
>
> $\overline{A+B} = \overline{A} \cdot \overline{B}$ $\overline{A \cdot B} = \overline{A} + \overline{B}$
>
> $A+B = \overline{\overline{A} \cdot \overline{B}}$ $A \cdot B = \overline{\overline{A} + \overline{B}}$

07 다음 조건을 참고하여 조건에 해당되는 배선을 그림기호로 나타내시오. [5점]

[조건]
- 배선의 종류 : 천장은폐배선
- 전선의 종류 : 450/750[V] 저독성 난연 가교 폴리올레핀 절연전선
- 전선의 규격 및 가닥수 : 2.5[mm²], 4가닥
- 전선관의 종류 및 규격 : 후강전선관 22[mm]

해답 ⊕

HFIX 2.5(22)

해설 ⊕ 1) 배선도의 의미

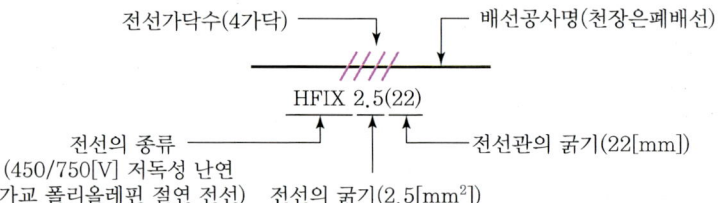

2) 전선의 종류

약호	전선 명칭
HFIX	450/750[V] 저독성 난연 가교 폴리올레핀 절연 전선
DV	인입용 비닐절연전선
OW	옥외용 비닐절연전선
CV	가교 폴리에틸렌 절연 비닐 시스 케이블
MI	미네랄 인슐레이션 케이블
FR-8	소방용 내화전선
FR-3	소방용 내열전선
GV	접지용 절연전선

3) 배선 기호

명칭	그림기호	적요
천장은폐배선	────────	천장은폐배선 중 천장 안쪽 배선을 구별하는 경우에는 천장 안쪽 배선에 ─·─·─를 이용해도 된다.
바닥은폐배선	─ ─ ─ ─	
노출배선	----------	노출배선 중 바닥면 노출배선을 구별하는 경우에는 바닥면 노출배선에 ─·─·─을 이용해도 된다.
지중매설배선	─·─·─	

08 다음은 배선전용실에 소방용 배선과 다른 설비의 배선을 함께 배선한 경우이다. 다음 ( ) 안을 완성하시오. [4점]

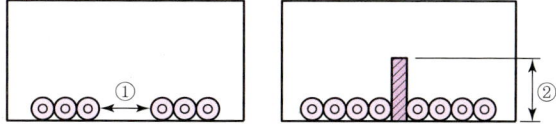

- 배선전용실 또는 배선용 샤프트 · 피트 · 덕트 등에 다른 설비의 배선이 있는 경우에는 이로부터 (①) 이상 떨어지게 설치할 것
- 소화설비의 배선과 이웃하는 다른 설비의 배선 사이에 배선지름(배선의 지름이 다른 경우에는 가장 큰 것을 기준으로 한다)의 (②) 이상의 높이의 불연성 격벽을 설치하는 경우

해답 ① 15[cm]
② 1.5배

해설 내화배선

사용전선의 종류	공사방법
1. 450/750[V] 저독성 난연 가교 폴리올레핀 절연 전선 2. 0.6/1[kV] 가교 폴리에틸렌 절연 저독성 난연 폴리올레핀 시스 전력 케이블 3. 6/10[kV] 가교 폴리에틸렌 절연 저독성 난연 폴리올레핀 시스 전력용 케이블 4. 가교 폴리에틸렌 절연 비닐 시스 트레이용 난연 전력 케이블 5. 0.6/1[kV] EP 고무절연 클로로프렌 시스 케이블 6. 300/500[V] 내열성 실리콘 고무 절연전선(180℃) 7. 내열성 에틸렌-비닐 아세테이트 고무 절연케이블 8. 버스덕트(Bus Duct) 9. 기타 내화성능이 있다고 인정하는 것	금속관 · 2종 금속제 가요전선관 또는 합성 수지관에 수납하여 내화구조로 된 벽 또는 바닥 등에 벽 또는 바닥의 표면으로부터 25[mm] 이상의 깊이로 매설하여야 한다. 다만, 다음 기준에 적합하게 설치하는 경우에는 그러하지 아니하다. 1. 배선을 내화성능을 갖는 배선전용실 또는 배선용 샤프트 · 피트 · 덕트 등에 설치하는 경우 2. 배선전용실 또는 배선용 샤프트 · 피트 · 덕트 등에 다른 설비의 배선이 있는 경우에는 이로부터 15[cm] 이상 떨어지게 하거나 소화설비의 배선과 이웃하는 다른 설비의 배선 사이에 배선지름(배선의 지름이 다른 경우에는 가장 큰 것을 기준으로 한다)의 1.5배 이상의 높이의 불연성 격벽을 설치하는 경우
내화전선	케이블공사의 방법

09 감지기는 설치장소에 따라 적응성이 있는 감지기를 설치하여야 한다. 이때 축적기능이 없는 감지기로 설치하여야 하는 경우를 3가지만 쓰시오. [3점]

-
-
-

해답
- 급속한 연소 확대가 우려되는 장소에 사용하는 감지기
- 교차회로방식에 사용하는 감지기
- 축적기능이 있는 수신기에 연결하여 사용하는 감지기

해설
1) 축적기능이 있는 수신기 설치장소(비화재보 우려 장소)
   ① 지하층·무창층 등으로서 환기가 잘되지 않는 장소
   ② 지하층·무창층 등으로서 실내면적이 40[m²] 미만인 장소
   ③ 감지기의 부착면과 실내바닥과의 거리가 2.3[m] 이하인 장소로서 일시적으로 발생한 열·연기 또는 먼지 등으로 인하여 감지기가 화재신호를 발신할 우려가 있는 장소

2) 비화재보 우려 장소에 설치할 수 있는 감지기
   ① 축적방식 감지기   ⑤ 불꽃감지기
   ② 복합형 감지기   ⑥ 정온식 감지선형 감지기
   ③ 광전식 분리형 감지기   ⑦ 아날로그방식 감지기
   ④ 분포형 감지기   ⑧ 다신호방식 감지기

3) 축적기능이 없는 감지기를 설치하여야 하는 경우(실보 우려 장소)
   ① 급속한 연소 확대가 우려되는 장소에 사용하는 감지기
   ② 교차회로방식에 사용하는 감지기
   ③ 축적기능이 있는 수신기에 연결하여 사용하는 감지기

10 다음과 같이 총 길이 2,800[m]인 지하구에 자동화재탐지설비를 설치하는 경우 다음 물음에 답하시오. [6점]

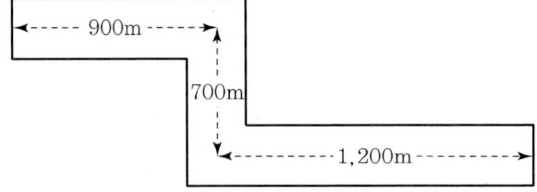

1) 지하구의 최소경계구역은 몇 개인지 계산하시오.
2) 지하구에 설치하는 감지기는 먼지·습기 등의 영향을 받지 않고 무엇을 확인할 수 있는 감지기를 설치하여야 하는지 쓰시오.
3) 지하구에 설치할 수 있는 감지기를 3가지만 쓰시오.

해답

1) 경계구역수 = $\dfrac{2,800[\text{m}]}{700[\text{m}]}$ = 4경계구역

   답 4개

2) 발화지점(1[m] 단위)과 온도

3) 정온식 감지선형 감지기, 불꽃감지기, 광전식 분리형 감지기

해설

1) 지하구의 경계구역
   ① "지하구의 경우 하나의 경계구역의 길이는 700[m] 이하로 할 것"의 화재안전기준은 2021년 1월 15일에 삭제되었다.
   ② 화재안전성능기준의 부칙에 다음과 같은 내용이 남아 있다.
      특고압 케이블이 포설된 송·배전 전용의 기존 지하구(공동구를 제외)에는 온도 확인 기능 없이 최대 700[m]의 경계구역을 설정하여 발화지점(1[m] 단위)을 확인할 수 있는 감지기를 설치할 수 있다.
   ③ 지하구의 최소경계구역수 산정 문제는 2022년 출제시점에서는 유효하지 않은 문제로서 출제 오류로 판단된다.

2) 지하구의 감지기 설치기준
   「자동화재탐지설비 및 시각경보장치의 화재안전기술기준(NFTC 203)」 2.4.1(1)부터 2.4.1(8)의 감지기 중 먼지·습기 등의 영향을 받지 않고 발화지점(1[m] 단위)과 온도를 확인할 수 있는 것을 설치할 것

3) 「자동화재탐지설비 및 시각경보장치의 화재안전기술기준(NFTC 203)」 2.4.1(1)부터 2.4.1(8)의 감지기
   ① 축적방식 감지기   ⑤ 불꽃감지기
   ② 복합형 감지기   ⑥ 정온식 감지선형 감지기
   ③ 광전식 분리형 감지기   ⑦ 아날로그방식 감지기
   ④ 분포형 감지기   ⑧ 다신호방식 감지기

   중 3가지 이상을 답으로 작성할 것

11 지상 15층, 지하 2층, 연면적 30,000[m²]인 빌딩에 자동화재탐지설비를 설치하고자 한다. 설치 기준에 대한 다음 각 물음에 답하시오. [4점]

1) 경보방식은 우선경보방식을 사용하여야 한다. 우선경보방식으로 경보하여야 하는 특정소방대상물의 기준을 쓰시오.
2) 우선경보방식에서 발화층에 대해 경보하여야 하는 층의 기준을 3가지로 구분하여 쓰시오.
   - 2층 이상 발화 시 :
   - 1층 발화 시 :
   - 지하층 발화 시 :

해답

1) 층수가 11층(공동주택의 경우에는 16층) 이상의 특정소방대상물
2) • 2층 이상 발화 시 : 발화층 및 그 직상 4개층
   • 1층 발화 시 : 발화층 · 그 직상 4개층 및 지하층
   • 지하층 발화 시 : 발화층 · 그 직상층 및 기타의 지하층

해설

1) 발화층 · 직상층 우선경보방식
   ① 대상
      층수가 11층(공동주택의 경우에는 16층) 이상의 특정소방대상물
   ② 경보방식

발화층	경보하여야 하는 층
2층 이상의 층	발화층 및 그 직상 4개층
1층	발화층 · 그 직상 4개층 및 지하층
지하층	발화층 · 그 직상층 및 기타의 지하층

2) 음향경보장치
   ① 주음향장치는 수신기의 내부 또는 그 직근에 설치할 것(주경종)
   ② 특정소방대상물의 층마다 설치할 것(지구경종)
   ③ 각 부분으로부터 하나의 음향장치까지의 수평거리 : 25[m] 이하
   ④ 음향장치의 구조 및 성능
      • 음향장치는 정격전압의 80[%] 전압에서 음향을 발할 수 있도록 할 것
      • 음량은 부착된 음향장치의 중심으로부터 1[m] 떨어진 위치에서 90[dB] 이상인 것으로 할 것
      • 감지기 및 발신기의 작동과 연동하여 작동할 수 있는 것으로 할 것
   ⑤ 기둥 또는 벽이 설치되지 아니한 대형공간의 경우 지구음향장치는 설치대상장소의 가장 가까운 장소의 벽 또는 기둥 등에 설치할 것

12 자동화재탐지설비 및 시각경보장치의 화재안전기준에서 정하는 공기관식 차동식 분포형 감지기의 설치기준과 감지기의 형식승인 및 제품검사의 기술기준에서 정하는 바에 따라 공기관을 설치할 때 다음 물음에 답하시오. [5점]

1) 공기관의 노출부분은 감지구역마다 몇 [m] 이상 거리가 되도록 설치하여야 하는지 쓰시오.
2) 하나의 검출부에 접속하는 공기관의 길이는 몇 [m] 이하이어야 하는지 쓰시오.
3) 공기관과 감지구역의 각 변과의 수평거리는 몇 [m] 이하이어야 하는지 쓰시오.
4) 공기관 상호 간의 거리는 몇 [m] 이하이어야 하는지 쓰시오.(단, 주요 구조부는 비내화구조이다.)
5) 공기관의 두께 및 바깥지름은 몇 [mm] 이상으로 하여야 하는지 쓰시오.
   - 공기관의 두께 :
   - 공기관의 바깥지름 :

해답
1) 20[m] 이상
2) 100[m] 이하
3) 1.5[m] 이하
4) 6[m] 이하
5) • 공기관의 두께 : 0.3[mm] 이상
   • 공기관의 바깥지름 : 1.9[mm] 이상

해설 공기관식 차동식 분포형 감지기 설치기준

구분	기준
공기관의 최소길이	공기관의 노출부분은 감지구역마다 20[m] 이상
공기관의 최대길이	하나의 검출부분에 접속하는 공기관의 길이는 100[m] 이하
공기관과 각 변의 거리	수평거리 1.5[m] 이하
공기관 상호 간 거리	6[m](내화구조 9[m]) 이하
공기관의 분기	공기관은 도중에서 분기하지 아니할 것
검출부의 경사	검출부는 5° 이상 경사지지 아니할 것
검출부의 높이	검출부는 바닥으로부터 0.8[m] 이상 1.5[m] 이하
공기관의 재질 및 규격	동관으로서 두께 0.3[mm] 이상, 바깥지름 1.9[mm] 이상

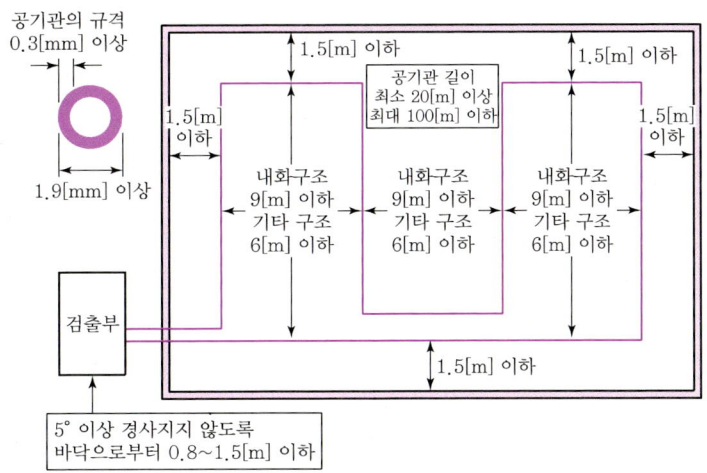

13 다음의 평면도와 같은 철근콘크리트 건축물에 다음 표에 따라 자동화재탐지설비의 감지기를 설치하고자 한다. 다음 각 물음에 답하시오. [10점]

1) 다음 표에 맞게 감지기 수량을 산출하시오.

구역	설치높이[m]	감지기 종류	계산과정	감지기 수량
A실	3.5	연기감지기 2종		
B실	3.5	연기감지기 2종		
C실	4.5	연기감지기 2종		
D실	3.8	정온식 스포트형 1종		
E실	3.8	차동식 스포트형 2종		

2) 산출된 감지기를 도면에 배치하시오.

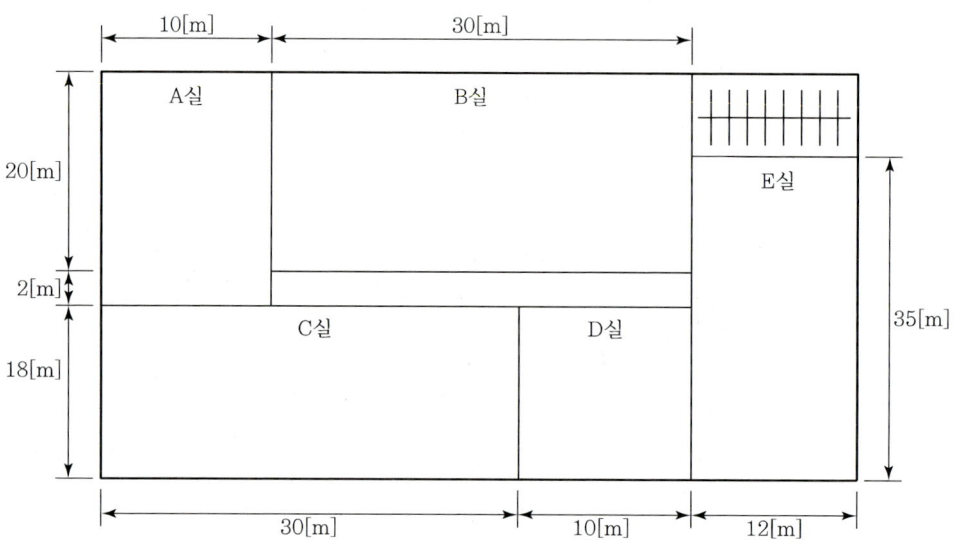

해답 1) 감지기의 수량 산출

구역	설치높이[m]	감지기 종류	계산과정	감지기 수량
A실	3.5	연기감지기 2종	$\dfrac{10 \times (20+2)}{150} = 1.47$	2개
B실	3.5	연기감지기 2종	$\dfrac{30 \times 20}{150} = 4$	4개
C실	4.5	연기감지기 2종	$\dfrac{30 \times 18}{75} = 7.2$	8개
D실	3.8	정온식 스포트형 1종	$\dfrac{10 \times 18}{60} = 3$	3개
E실	3.8	차동식 스포트형 2종	$\dfrac{12 \times 35}{70} = 6$	6개

2) 감지기 배치

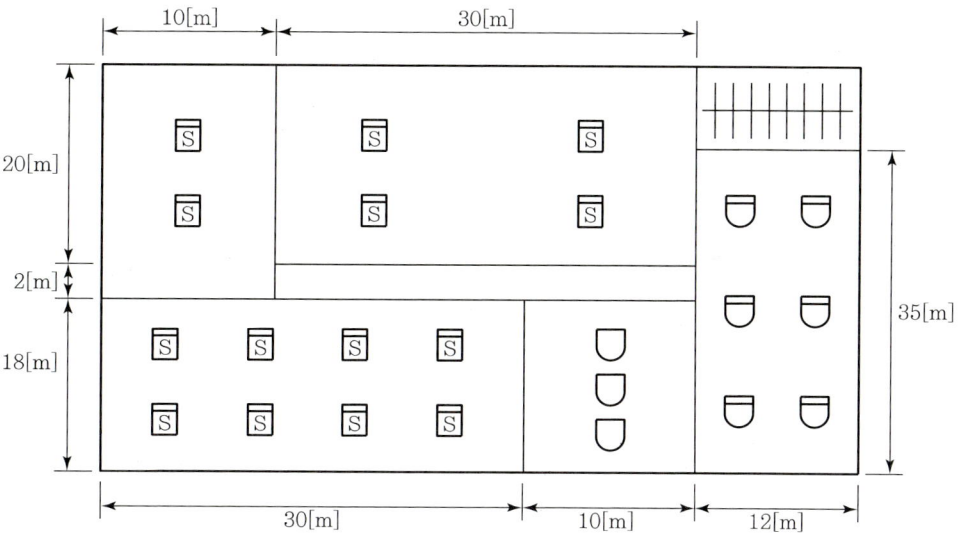

해설 1) 감지기 수량 산출

▼ 부착높이에 따른 연기감지기 1개의 기준면적(단위 : m²)

부착높이	감지기의 종류	
	1종, 2종	3종
4[m] 미만	150[m²](A실, B실)	50[m²]
4[m] 이상 20[m] 미만	75[m²](C실)	-

① A실
- 감지기의 종류 : 연기감지기 2종
- 건축물의 구조 : 철근콘크리트조(내화구조)
- 감지기 설치높이 : 3.5[m](4[m] 미만)
- 기준면적 : 150[m²]
- $\dfrac{10 \times (20+2)}{150} = 1.47 ≒ 2$개(소수점 이하 절상)

② B실
- 감지기의 종류 : 연기감지기 2종
- 건축물의 구조 : 철근콘크리트조(내화구조)
- 감지기 설치높이 : 3.5[m](4[m] 미만)
- 기준면적 : 150[m²]
- $\dfrac{30 \times 20}{150} = 4$개

③ C실
- 감지기의 종류 : 연기감지기 2종
- 건축물의 구조 : 철근콘크리트조(내화구조)
- 감지기 설치높이 : 4.5[m](4[m] 이상 20[m] 미만)
- 기준면적 : 75[m²]
- $\dfrac{30 \times 18}{75} = 7.2 ≒ 8$개(소수점 이하 절상)

▼ 차동식 스포트형, 보상식 스포트형, 정온식 스포트형 감지기의 부착높이 및 특정소방대상물에 따른 기준면적(단위 : m²)

부착높이 및 특정소방대상물의 구분		감지기의 종류				
		차동식, 보상식		정온식		
		1종	2종	특종	1종	2종
4[m] 미만	내화구조	90	70(E실)	70	60(D실)	20
	기타 구조	50	40	40	30	15
4[m] 이상 8[m] 미만	내화구조	45	35	35	30	—
	기타 구조	30	25	25	15	—

④ D실
- 감지기의 종류 : 정온식 스포트형 1종
- 건축물의 구조 : 철근콘크리트조(내화구조)
- 감지기 설치높이 : 3.8[m](4[m] 미만)
- 기준면적 : 60[m²]
- $\dfrac{10 \times 18}{60} = 3$개

⑤ E실
- 감지기의 종류 : 차동식 스포트형 2종
- 건축물의 구조 : 철근콘크리트조(내화구조)
- 감지기 설치높이 : 3.8[m](4[m] 미만)
- 기준면적 : 70[m²]
- $\dfrac{12 \times 35}{70} = 6$개

2) 감지기 배치
① "1)"에서 계산된 감지기 수량 및 종류에 따라 평면도에 배치한다.
② 감지기를 배치하라고만 하였으므로 각 실과 실 사이의 감지기 배선은 결선하지 않아도 무방할 것으로 판단된다.

14 다음의 도면은 이산화탄소 소화설비의 간선계통도이다. 도면을 참고하여 다음 각 물음에 답하시오.(단, 감지기공통선은 전원공통선과 분리하여 사용한다.) [13점]

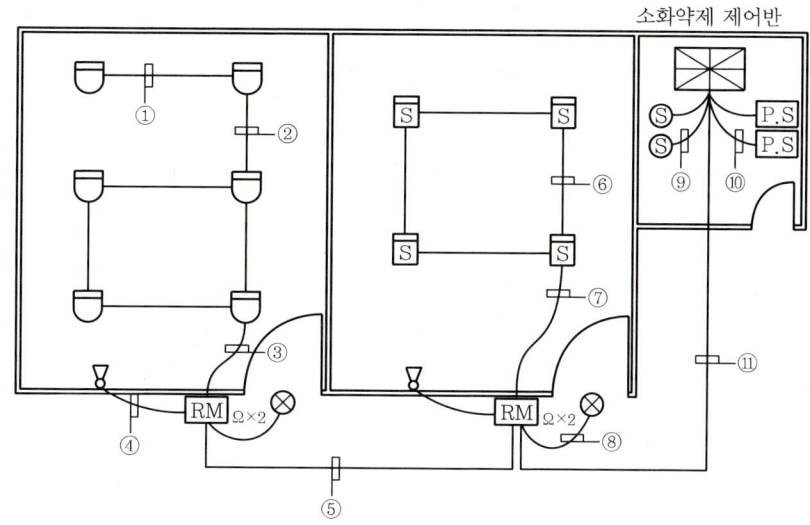

1) 도면의 ① ~ ⑪까지의 배선가닥수를 쓰시오.

번호	①	②	③	④	⑤	⑥	⑦	⑧	⑨	⑩	⑪
가닥수											

2) ⑤의 배선용도를 쓰시오.

번호	배선용도	번호	배선용도
1		6	
2		7	
3		8	
4		9	
5		10	

3) ⑪의 배선 중 ⑤의 배선과 병렬로 접속하지 않고 추가하여야 하는 배선의 명칭을 모두 쓰시오.

번호	배선용도
1	
2	
3	
4	
5	

해답

1)

번호	①	②	③	④	⑤	⑥	⑦	⑧	⑨	⑩	⑪
가닥수	4	8	8	2	9	4	8	2	2	2	14

2)

번호	배선용도	번호	배선용도
1	전원⊕	6	감지기B
2	전원⊖	7	방출표시등
3	방출지연스위치	8	기동스위치
4	감지기공통	9	사이렌
5	감지기A	10	

3)

번호	배선용도
1	감지기A
2	감지기B
3	방출표시등
4	기동스위치
5	사이렌

해설

1) 감지기공통선과 전원공통선을 각각 분리하여 배선하는 경우의 가닥수

기호	가닥수	배선용도
①	4	회로2, 공통2
②	8	회로4, 공통4
③	8	회로4, 공통4
④	2	사이렌2
⑤	9	전원⊕, 전원⊖, 방출지연스위치, 감지기공통, 감지기A, 감지기B, 방출표시등, 기동스위치, 사이렌
⑥	4	회로2, 공통2
⑦	8	회로4, 공통4
⑧	2	방출표시등2
⑨	2	솔레노이드밸브2
⑩	2	압력스위치2
⑪	14	전원⊕, 전원⊖, 방출지연스위치, 감지기공통, (감지기A, 감지기B, 방출표시등, 기동스위치, 사이렌)×2

2) 최소가닥수

기호	가닥수	배선용도
⑤	8	전원⊕, 전원⊖, 방출지연스위치, 감지기A, 감지기B, 방출표시등, 기동스위치, 사이렌
⑪	13	전원⊕, 전원⊖, 방출지연스위치, (감지기A, 감지기B, 방출표시등, 기동스위치, 사이렌)×2

3) Zone이 증가함에 따른 가닥수 산정방법
   ① Zone이 증가하여도 추가되지 않는 배선
      전원⊕, 전원⊖, 방출지연스위치, 감지기공통
   ② Zone이 증가함에 따라 추가되어야 하는 배선
      감지기A, 감지기B, 방출표시등, 기동스위치, 사이렌

15 다음 그림은 PB-on 스위치 동작 후 일정시간 경과 후 전동기 Ⓜ이 기동하는 시퀀스 제어회로이다. 전동기 기동 후 릴레이 Ⓧ와 타이머 Ⓣ가 여자되지 않은 상태로 유지하면서 전동기를 운전하기 위한 시퀀스 제어회로를 구성하고자 한다. 이 시퀀스 제어회로가 어떻게 수정하여야 하는지 주어진 시퀀스 회로를 이용하여 그리시오. [5점]

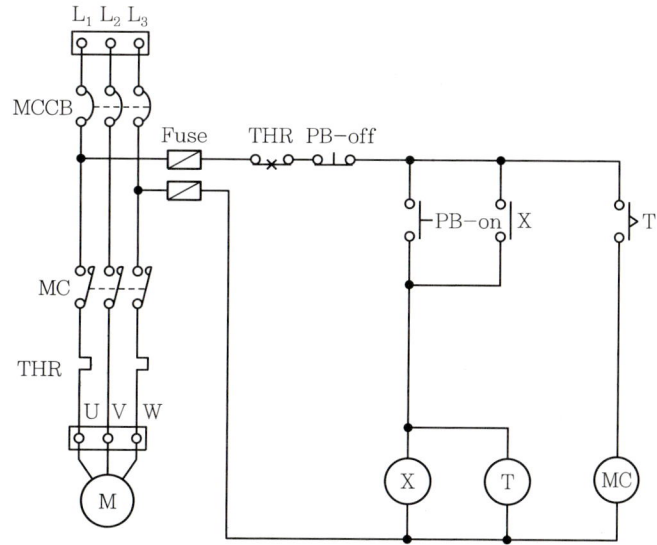

• 수정할 시퀀스 제어 회로도

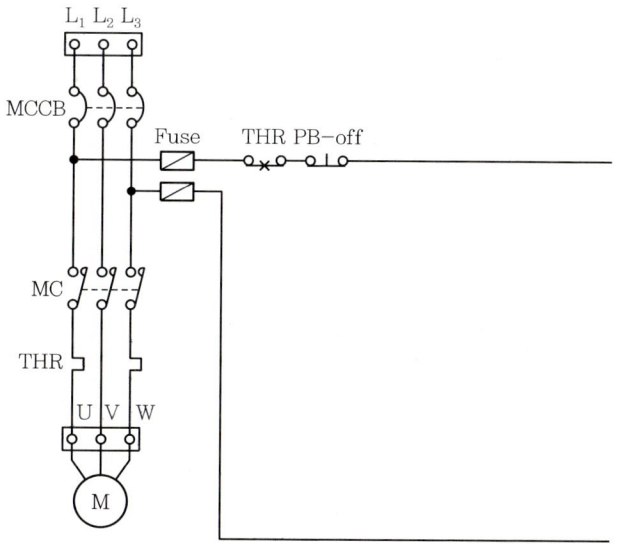

해답

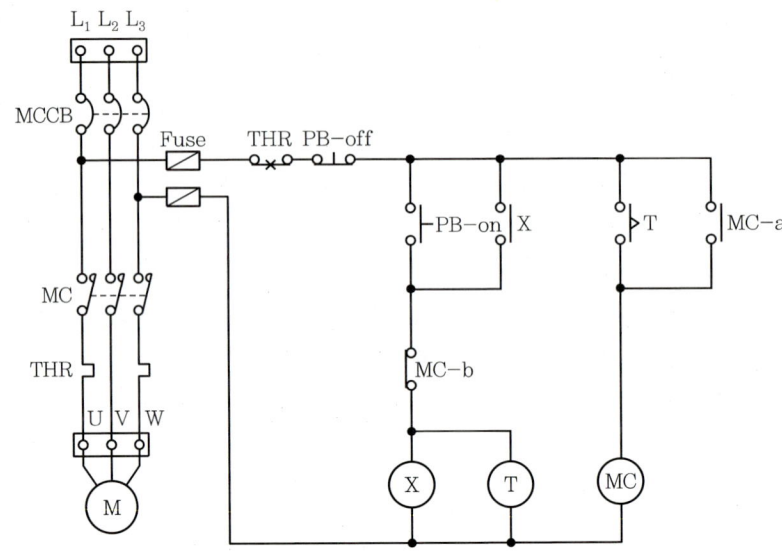

해설 1) 수정 전 시퀀스 동작설명

① PB-on을 누르면 릴레이 코일 Ⓧ가 여자되고 타이머 코일 Ⓣ도 여자된다. 동시에 X-a접점이 폐로되어 자기유지된다.

② 설정시간 후 타이머 한시접점(T-a)이 폐로되어 ⓂⒸ가 여자되고 MC 주접점이 폐로되어 전동기가 기동한다.

③ 전동기 기동 중에도 릴레이 코일 Ⓧ와 타이머 코일 Ⓣ는 계속 여자된 상태가 유지된다.

2) 수정 후 시퀀스 동작설명

① PB-on을 누르면 릴레이 코일 Ⓧ가 여자되고 타이머 코일 Ⓣ도 여자된다. 동시에 X-a접점이 폐로되어 자기유지된다.

② 설정시간 후 타이머 한시접점(T-a)이 폐로되어 ⓂⒸ가 여자되고 MC 주접점이 폐로되어 전동기가 기동한다.

③ 동시에 MC-a접점이 폐로되어 자기유지되고, MC-b접점이 개로되어 릴레이 코일 Ⓧ와 타이머 코일 Ⓣ는 소자된다.

④ 운전 중 PB-off 스위치를 누르거나 과부하에 의해 THR이 작동하면 ⓂⒸ가 소자되어 전동기는 정지한다.

16 다음 도면의 부하특성곡선과 같이 소방부하의 비상전원을 설치하고자 한다. 주어진 조건을 참고하여 연축전지의 용량[Ah]을 구하시오. [5점]

[조건]
- 형식 : CS형
- 보수율 : 0.8
- 용량환산시간
- 최저허용전압[V/셀] : 1.7[V]
- 최저축전지온도 : 5[℃]

시간	10분	20분	30분	60분	100분	110분	120분	170분	180분	200분
용량환산 시간계수(K)	1.30	1.45	1.75	2.55	3.45	3.65	3.85	4.85	5.05	5.30

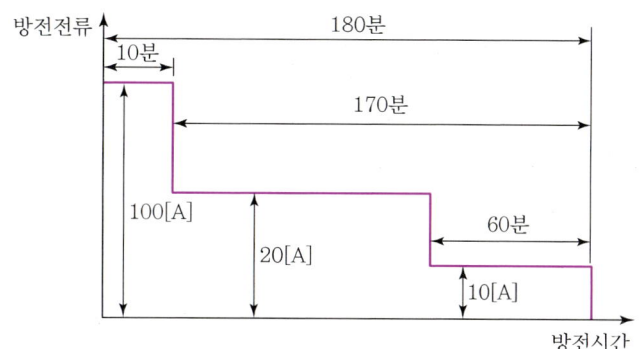

- 계산과정 :
- 답 :

해답 • 계산과정

ⓐ $C_a = \dfrac{1}{0.8} \times 1.3 \times 100 = 162.5[Ah]$

ⓑ $C_b = \dfrac{1}{0.8}[3.85 \times 100 + 3.65(20-100)] = 116.25[Ah]$

ⓒ $C_c = \dfrac{1}{0.8}[5.05 \times 100 + 4.85(20-100) + 2.55(10-20)] = 114.38[Ah]$

ⓐ, ⓑ, ⓒ 중 가장 큰 값을 축전지용량으로 선정

- **답** 162.5[Ah]

해설 1) 계단식 감소부하에서 축전지용량 산정

ⓐ $C_a = \dfrac{1}{L} K_1 I_1$

ⓑ $C_b = \dfrac{1}{L}[K_1 I_1 + K_2(I_2 - I_1)]$

ⓒ $C_c = \dfrac{1}{L}[K_1 I_1 + K_2(I_2 - I_1) + K_3(I_3 - I_2)]$

여기서, C : 축전지용량[Ah], L : 용량저하율(보수율 : 일반적으로 0.8)
K : 용량환산시간[h], I : 방전전류[A]

ⓐ, ⓑ, ⓒ를 별도로 계산하여 그중 가장 큰 값을 축전지용량으로 선정한다.

2)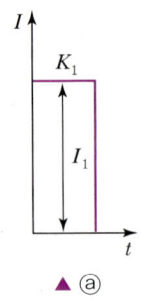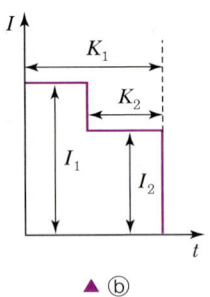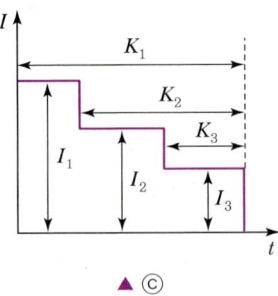

　▲ ⓐ　　　　　　　▲ ⓑ　　　　　　　▲ ⓒ

ⓐ $C_a = \dfrac{1}{L} K_1 I_1$

　여기서, $K_1 = 1.3$, $I_1 = 100[A]$

　$C_a = \dfrac{1}{0.8} \times 1.3 \times 100 = 162.5[Ah]$

ⓑ $C_b = \dfrac{1}{L}[K_1 I_1 + K_2(I_2 - I_1)]$

　여기서, $K_1 = 3.85$, $K_2 = 3.65$, $I_1 = 100[A]$, $I_2 = 20[A]$

　$C_b = \dfrac{1}{0.8}[3.85 \times 100 + 3.65(20 - 100)] = 116.25[Ah]$

ⓒ $C_c = \dfrac{1}{L}[K_1 I_1 + K_2(I_2 - I_1) + K_3(I_3 - I_2)]$

　여기서, $K_1 = 5.05$, $K_2 = 4.85$, $K_3 = 2.55$, $I_1 = 100[A]$, $I_2 = 20[A]$, $I_3 = 10[A]$

　$C_c = \dfrac{1}{0.8}[5.05 \times 100 + 4.85(20 - 100) + 2.55(10 - 20)] = 114.38[Ah]$

ⓐ, ⓑ, ⓒ 중 가장 큰 값인 162.5[Ah]를 축전지용량으로 선정

17 펌프의 유량이 3,000[lpm], 양정 80[m]인 전동기의 동력은 몇 [kW]인지 구하시오.(단, 효율 : 70[%], 전달계수 : 1.15이다.)　　　　　　　　　　　　　　　　　　　　　　　　　[5점]

• 계산과정 :

• 답 :

해답 ➕　• 계산과정

$$P[kW] = \dfrac{9.8\,QH}{\eta} K$$

$P = \dfrac{9.8 \times (3/60) \times 80}{0.7} \times 1.15 = 64.4[kW]$

• 답 64.4[kW]

해설 1) 전동기의 동력

$$P[\text{kW}] = \frac{9.8\,QH}{\eta}K$$

여기서, 9.8 : 물의 비중량[kN/m³], Q : 유량[m³/s], H : 양정[m], η : 효율, K : 전달계수

2) 풀이

① Q : 유량[m³/s]

$$3{,}000\frac{[\text{L}]}{[\text{min}]} \times \frac{1[\text{m}^3]}{1{,}000[\text{L}]} \times \frac{1[\text{min}]}{60[\text{s}]} = \frac{3}{60}[\text{m}^3/\text{s}]$$

여기서, LPM(Liter Per Minute)=[L/min]

② 양정 H : 80[m]

효율 η : 70[%]=0.7

전달계수 : K=1.15

③ 전동기 동력

$$P = \frac{9.8 \times (3/60) \times 80}{0.7} \times 1.15 = 64.4[\text{kW}]$$

18 다음은 할론소화설비의 평면도를 나타낸 것이다. 주어진 도면을 이용하여 다음 각 물음에 답하시오. [6점]

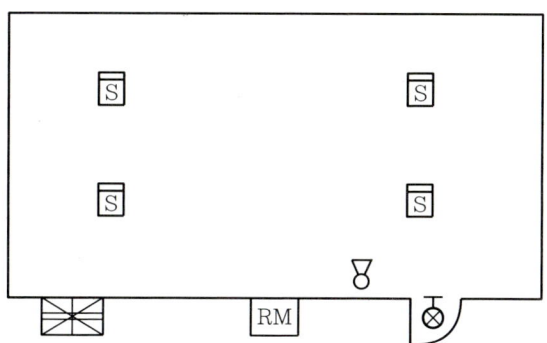

1) 할론소화설비 평면도의 각 개소마다 최소전선 가닥수를 표시하시오.
2) 수동조작함과 제어반 사이의 배선에 대한 전선의 명칭을 쓰시오.

해답 1)

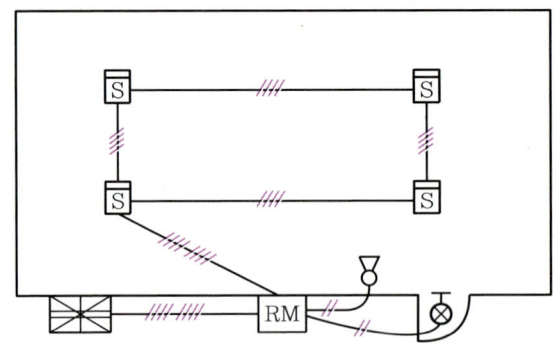

2) 전원⊕, 전원⊖, 방출지연스위치, 감지기A, 감지기B, 방출표시등, 기동스위치, 사이렌

해설 1), 2) 할론소화설비의 가닥수 및 배선용도

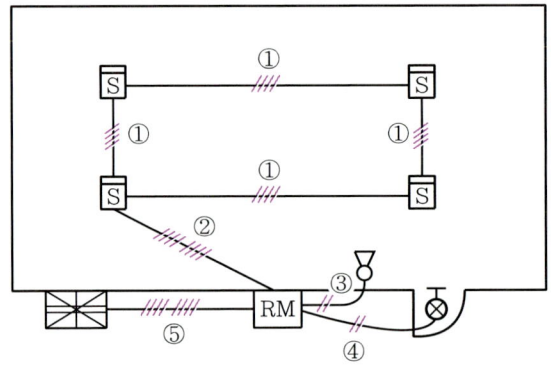

기호	가닥수	배선용도
①	4	회로2, 공통2(교차회로방식의 루프된 곳 : 4가닥)
②	8	회로4, 공통4(교차회로방식의 그 밖의 것 : 8가닥)
③	2	사이렌2
④	2	방출표시등2
⑤	8	전원⊕, 전원⊖, 방출지연스위치, 감지기A, 감지기B, 방출표시등, 기동스위치, 사이렌

2023년 제1회(2023. 4. 22)

01 비상콘센트설비에 대한 다음 각 물음에 답하시오. [8점]

1) 비상콘센트설비의 설치목적을 쓰시오.
2) 전원회로는 단상교류 220[V]인 것으로서 공급용량은 몇 [kVA] 이상이어야 하는가?
3) 비상콘센트의 플러그접속기는 어떤 접지공사를 해야 하는가?
4) 단상교류 220[V] 전원에 1[kW] 송풍기를 연결 운전하는 경우 회로에 흐르는 전류[A]를 구하시오.(단, 역률은 90[%]이다.)
   - 계산과정 :
   - 답 :

해답 1) 화재 발생 시 소방대의 소화활동에 필요한 조명 또는 장비에 전원을 공급하기 위하여 설치
2) 1.5[kVA]
3) 접지형 2극 플러그접속기에 의한 보호접지
4) • 계산과정

$$P = VI\cos\theta$$

$$1{,}000 = 220 \times I \times 0.9$$

$$I = \frac{1{,}000}{220 \times 0.9} = 5.05[\text{A}]$$

• 답 5.05[A]

해설 1) 비상콘센트의 설치목적
① 비상콘센트는 소화활동설비로서 소방대가 화재를 진압하거나 인명구조활동을 위하여 사용하는 설비이다.
② 건축물에 상용전원이 정전되어도 비상콘센트에 의해 소방대의 소화활동상 필요한 조명 또는 장비에 전원을 공급하여 소화활동을 원활히 하는 데 목적이 있다.

2) 비상콘센트설비의 전원회로
① 비상콘센트설비의 전원

전원	전압	공급용량
단상교류	220[V]	1.5[kVA] 이상

② 전원회로는 각 층에 2 이상이 되도록 설치할 것(다만, 설치하여야 할 층의 비상콘센트가 1개인 때에는 하나의 회로로 할 수 있다.)
③ 전원회로는 주배전반에서 전용회로로 할 것
④ 전원으로부터 각 층의 비상콘센트에 분기되는 경우에는 분기배선용 차단기를 보호함 안에 설치할 것

⑤ 콘센트마다 배선용 차단기를 설치하여야 하며, 충전부가 노출되지 아니하도록 할 것
⑥ 개폐기에는 "비상콘센트"라고 표시한 표지를 할 것
⑦ 비상콘센트용의 풀박스 등은 방청도장을 한 것으로서, 두께 1.6[mm] 이상의 철판으로 할 것
⑧ 하나의 전용회로에 설치하는 비상콘센트는 10개 이하로 할 것. 이 경우 전선의 용량은 각 비상콘센트(비상콘센트가 3개 이상인 경우에는 3개)의 공급용량을 합한 용량 이상의 것으로 할 것

3) 비상콘센트의 플러그접속기
   ① 비상콘센트의 플러그접속기는 접지형 2극 플러그접속기를 사용할 것
   ② 비상콘센트의 플러그접속기의 칼받이의 접지극에는 접지공사를 할 것
   ③ 비상콘센트의 구조 및 가닥수
      • 2극 플러그접속기(2가닥) + 접지극(1가닥) = 3가닥
   ④ 보호접지
      • 고장 시 감전에 대한 보호를 목적으로 하며 접지방법은 한 점 또는 여러 점을 접지한다.
      • 비상콘센트의 접지는 고장 시 감전방지 목적이므로 보호접지를 한다.

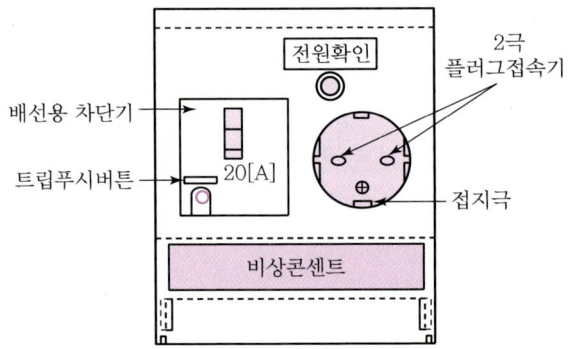

4) 전류[A]
   ① 유효전력 P[W] : 저항(R)에서 소비되는 전력, 실제 일한 전력, 소비전력

   $$P = VI\cos\theta$$

   여기서, P : 유효전력[W], V : 전압[V], I : 전류[A], $\cos\theta$: 역률

   ② 계산과정
      • P : 1[kW] = 1×10^3[W] = 1,000[W]
      • V : 220[V]
      • 역률 : $\cos\theta = 0.9$

      $1,000 = 220 \times I \times 0.9$

      $I = \dfrac{1,000}{220 \times 0.9} = 5.05$[A]

02 자동화재탐지설비의 감지기에 대한 각 물음에 답하시오. [5점]

1) 공기관식 차동식 분포형 감지기의 공기관의 재질은 무엇인지 쓰시오.
2) 아래 그림과 같이 차동식 스포트형 감지기 A, B, C, D가 있다. 배선을 전부 보내기 배선으로 할 경우 풀박스와 감지기 C 사이의 배선 가닥수는 몇 가닥인가?

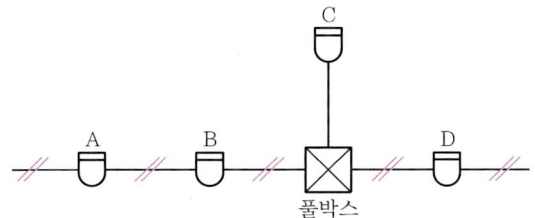

해답
1) 동관
2) 4가닥

해설
1) 공기관의 재질 및 규격
   ① 공기관의 재질
      동관, 구리관, 중공동관 모두 가능하다.
   ② 공기관의 규격
      • 두께 0.3[mm] 이상
      • 바깥지름 1.9[mm] 이상

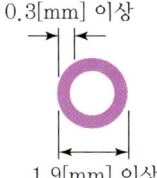

   ③ 공기관식 차동식 분포형 감지기 설치기준

구분	기준
공기관의 최소길이	공기관의 노출부분은 감지구역마다 20[m] 이상
공기관의 최대길이	하나의 검출부분에 접속하는 공기관의 길이는 100[m] 이하
공기관과 각 변의 거리	수평거리 1.5[m] 이하
공기관 상호 간 거리	6[m](내화구조 9[m]) 이하
공기관의 분기	공기관은 도중에서 분기하지 아니할 것
검출부의 경사	검출부는 5° 이상 경사지지 아니할 것
검출부의 높이	검출부는 바닥으로부터 0.8[m] 이상 1.5[m] 이하
공기관의 재질 및 규격	동관으로서 두께 0.3[mm] 이상, 바깥지름 1.9[mm] 이상

2) 보내기 배선 = 송배선식 배선

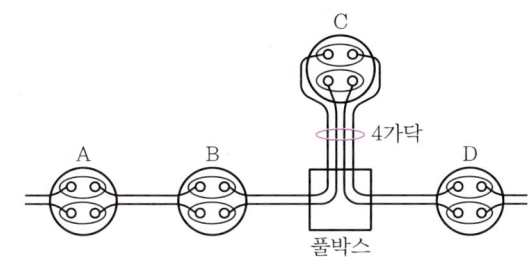

① A감지기로부터 결선하여 D감지기 방향으로 결선하는 것으로 한다.
② 2가닥(회로1, 공통1)을 A감지기에 결선 후 B감지기에도 결선한다.
③ B감지기 결선 후 2가닥(회로1, 공통1)이 풀박스 속으로 들어온 후 C감지기 방향으로 나간다.
④ C감지기에 결선 후 2가닥(회로1, 공통1)이 다시 풀박스로 돌아온다.
⑤ 풀박스에서 D감지기 방향으로 2가닥(회로1, 공통1)이 나가서 D감지기에 결선한다.

03 다음의 도면은 자동화재탐지설비의 P형 수신기의 미완성 결선도이다. 결선도를 완성하시오.(단, 발신기에 설치된 단자는 왼쪽으로부터 응답, 지구, 공통이다.) [6점]

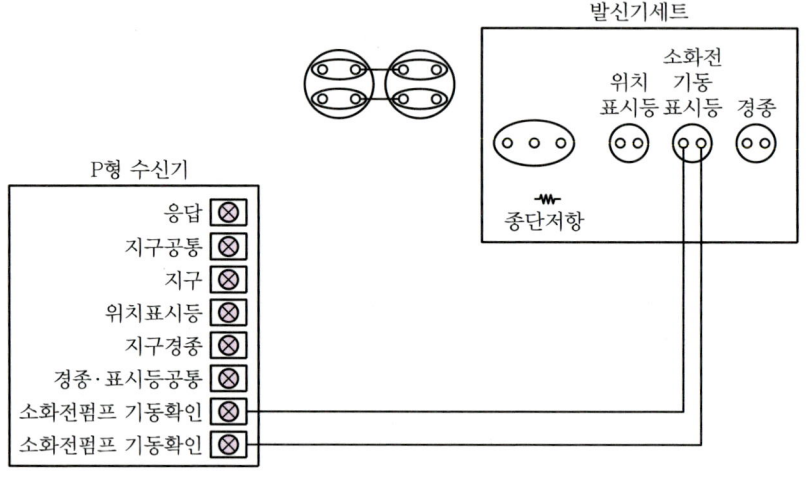

해답

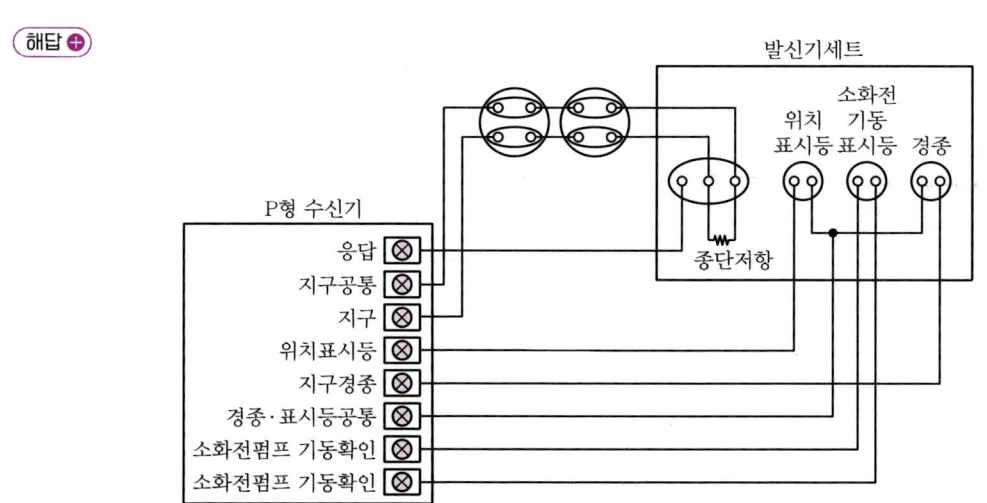

해설 P형 수신기~발신기세트 간 내부배선도

① 기본 가닥수 : 6가닥

회로선1, 공통선1, 경종선1, 표시등선1, 경종·표시등공통선1, 응답선1

② 펌프기동확인표시등이 설치된 경우 : 2가닥 추가

(펌프기동확인표시등＝기동확인표시등＝소화전기동표시등＝펌프기동표시등)

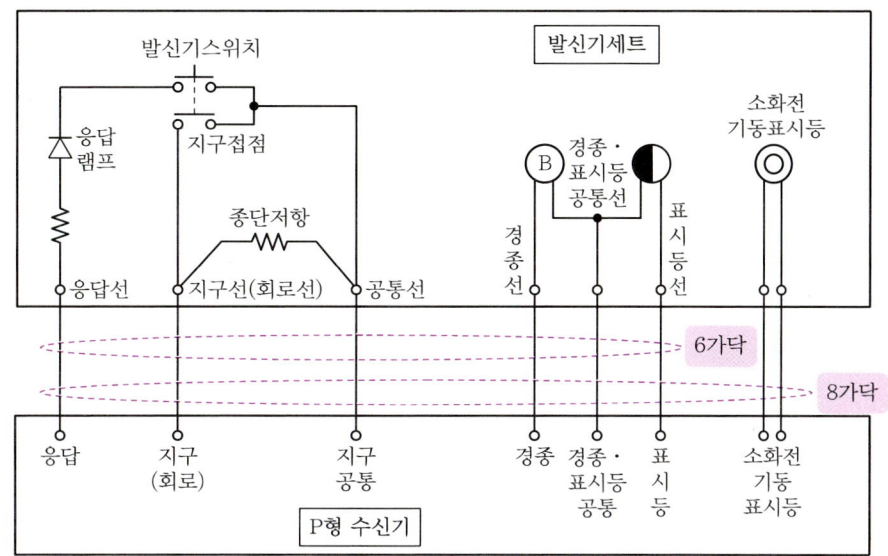

04 펌프를 이용하여 높이가 30[m]인 탱크에 매분당 5[m³]의 물을 양수하려고 한다. 이때 전동기의 용량은 몇 [kW]인지 구하시오.(단, 펌프용 전동기의 효율은 72[%], 여유계수는 1.25이다.) [5점]

- 계산과정 :
- 답 :

해답 • 계산과정

$$P[\text{kW}] = \frac{9.8\,QH}{\eta}K$$

$$P = \frac{9.8 \times (5/60) \times 30}{0.72} \times 1.25 = 42.53[\text{kW}]$$

- **답** 42.53[kW]

해설 전동기의 동력(물사용 펌프용 전동기)

$$P[\text{kW}] = \frac{9.8\,QH}{\eta}K$$

여기서, 9.8 : 물의 비중량[kN/m³], Q : 유량[m³/s]
H : 양정[m], η : 효율, K : 전달계수

① Q : 유량[m³/s]

문제에서 분당 5m³이므로 $Q = \dfrac{5[\text{m}^3]}{1[\text{min}]} = \dfrac{5}{60}[\text{m}^3/\text{s}]$

② $H = 30[\text{m}]$, $\eta = 0.72$, $K = 1.25$

③ $P[\text{kW}] = \dfrac{9.8\,QH}{\eta}K = \dfrac{9.8 \times (5/60) \times 30}{0.72} \times 1.25 = 42.53[\text{kW}]$

05 유도등 및 유도표지의 화재안전기술기준에 따른 복도통로유도등의 설치기준을 4가지 쓰시오.

[8점]

-
-
-
-

해답
- 복도에 설치하되 피난구유도등이 설치된 출입구의 맞은편 복도에는 입체형으로 설치하거나 바닥에 설치할 것
- 구부러진 모퉁이 및 통로유도등을 기점으로 보행거리 20[m]마다 설치할 것
- 바닥으로부터 높이 1[m] 이하의 위치에 설치할 것
- 바닥에 설치하는 통로유도등은 하중에 따라 파괴되지 아니하는 강도의 것으로 할 것

해설 통로유도등의 설치기준

1) 복도통로유도등
   ① **복도**에 설치하되 피난구유도등이 설치된 출입구의 맞은편 복도에는 입체형으로 설치하거나 바닥에 설치할 것
   ② **구부러진 모퉁이** 및 통로유도등을 기점으로 보행거리 **20[m]**마다 설치할 것
   ③ 바닥으로부터 높이 **1[m] 이하**의 위치에 설치할 것(단, 지하층 또는 무창층의 용도가 도매시장·소매시장·여객자동차터미널·지하역사 또는 지하상가인 경우에는 복도·통로 중앙부분의 바닥에 설치할 것)
   ④ 바닥에 설치하는 통로유도등은 하중에 따라 파괴되지 아니하는 강도의 것으로 할 것

2) 거실통로유도등
   ① **거실의 통로**에 설치할 것
   ② **구부러진 모퉁이** 및 **보행거리 20[m]**마다 설치할 것
   ③ 바닥으로부터 높이 **1.5[m] 이상**의 위치에 설치할 것(단, 거실통로에 기둥이 설치된 경우에는 기둥부분의 바닥으로부터 높이 **1.5[m] 이하**의 위치에 설치할 수 있다.)

3) 계단통로유도등
    ① 각 층의 경사로참 또는 계단참마다(1개층에 경사로참 또는 계단참이 2 이상 있는 경우에는 2개의 계단참마다) 설치할 것
    ② 바닥으로부터 높이 1[m] 이하의 위치에 설치할 것

06 비상콘센트설비의 전원 및 콘센트 등에 대한 내용이다. 빈칸에 알맞은 내용을 쓰시오. [4점]

- 하나의 전용회로에 설치하는 비상콘센트는 (①)개 이하로 할 것. 이 경우 전선의 용량은 각 비상콘센트(비상콘센트가 (②)개 이상인 경우에는 (②)개)의 공급용량을 합한 용량 이상의 것으로 할 것
- 전원회로의 배선은 (③)으로, 그 밖의 배선은 (③) 또는 (④)으로 할 것

[해답]
① 10 ② 3
③ 내화배선 ④ 내열배선

[해설]
1) 비상콘센트설비의 전원회로
    ① 하나의 전용회로에 설치하는 비상콘센트는 10개 이하로 할 것. 이 경우 전선의 용량은 각 비상콘센트(비상콘센트가 3개 이상인 경우에는 3개)의 공급용량을 합한 용량 이상의 것으로 할 것
    ② 비상콘센트설비의 전원

전원	전압	공급용량
단상교류	220[V]	1.5[kVA] 이상

    ③ 전원회로는 각 층에 2 이상이 되도록 설치할 것(다만, 설치하여야 할 층의 비상콘센트가 1개인 때에는 하나의 회로로 할 수 있다)
    ④ 전원회로는 주배전반에서 전용회로로 할 것
    ⑤ 전원으로부터 각 층의 비상콘센트에 분기되는 경우에는 분기배선용 차단기를 보호함 안에 설치할 것
    ⑥ 콘센트마다 배선용 차단기를 설치하여야 하며, 충전부가 노출되지 아니하도록 할 것
    ⑦ 개폐기에는 "비상콘센트"라고 표시한 표지를 할 것
    ⑧ 비상콘센트용의 풀박스 등은 방청도장을 한 것으로서, 두께 1.6[mm] 이상의 철판으로 할 것

2) 비상콘센트의 배선
    ① 전원회로의 배선은 내화배선으로, 그 밖의 배선은 내화배선 또는 내열배선으로 할 것
    ② 내화배선 및 내열배선에 사용하는 전선의 종류 및 설치방법은 「옥내소화전설비의 화재안전기술기준의 표 2.7.2」에 따를 것

07 다음은 단상 2선식 회로를 나타낸 것이다. V_A가 100[V]일 때, V_B와 V_C의 단자전압을 구하시오.(단, 한 선당 저항은 R_{AB}=0.03[Ω], R_{BC}=0.06[Ω]이다.) [5점]

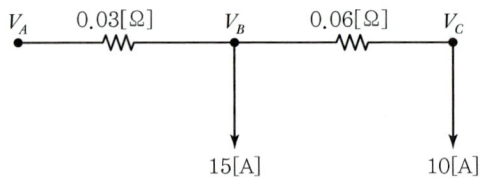

1) V_B
   - 계산과정 :
   - 답 :

2) V_C
   - 계산과정 :
   - 답 :

해답

1) V_B
   - 계산과정 : $V_B = V_A - e = V_A - 2IR = 100 - (2 \times 25 \times 0.03) = 98.5[V]$
   - 답 98.5[V]

2) V_C
   - 계산과정 : $V_C = V_B - e = V_B - 2IR = 98.5 - (2 \times 10 \times 0.06) = 97.3[V]$
   - 답 97.3[V]

해설

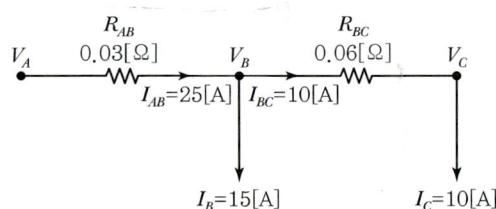

1) 전압강하
   ① 정의 : 전류가 전선을 타고 이동할 때 전선의 저항에 의해 수전단의 전압이 낮아지는 현상, 즉 송전단 전압과 수전단 전압을 차를 전압강하라 한다.
   ② 전압강하(e) : 단상교류, 직류 2선식

   $$e = V_S - V_R = 2IR$$

   ③ 수전단 전압

   $$V_R = V_S - e \qquad V_R = V_S - 2IR$$

   여기서, V_S : 송전단 전압, V_R : 수전단 전압, I : 선로전류, R : 선로 1가닥의 저항

2) 각 부분에서의 전류

① $I_{AB} = I_B + I_{BC} = 15 + 10 = 25[\text{A}]$

② $I_{BC} = I_C = 10[\text{A}]$

3) 각 부분에서의 전압

① $V_A = 100[\text{V}]$

② $V_B = V_A - e = V_A - 2IR$
$= V_A - 2 \times I_{AB} \times R_{AB}$
$= 100 - (2 \times 25 \times 0.03) = 98.5[\text{V}]$

③ $V_C = V_B - e = V_B - 2IR$
$= V_B - 2 \times I_{BC} \times R_{BC}$
$= 98.5 - (2 \times 10 \times 0.06) = 97.3[\text{V}]$

08 축전지설비에 의한 비상전원을 설치하고자 한다. 사용부하의 방전전류 – 시간 특성곡선과 용량환산시간이 다음과 같을 때 조건을 참고하여 각 물음에 답하시오. [7점]

[조건]
- 축전지는 알칼리(AH형)축전지를 사용한다.
- 최저허용전압(방전종지전압)은 1.06[V]이다.
- 최저축전지온도는 5[℃]이다.
- 용량환산시간계수(K)는 표와 같다.

형식	최저허용전압 [V/셀]	0.1분	1분	5분	10분	20분	30분	60분	120분
	1.10	0.30	0.46	0.56	0.66	0.87	1.04	1.56	2.60
AH형	1.06	0.24	0.33	0.45	0.53	0.70	0.85	1.40	2.45
	1.00	0.20	0.20	0.37	0.45	0.60	0.77	1.30	2.30

- 사용부하의 방전전류 – 시간 특성곡선

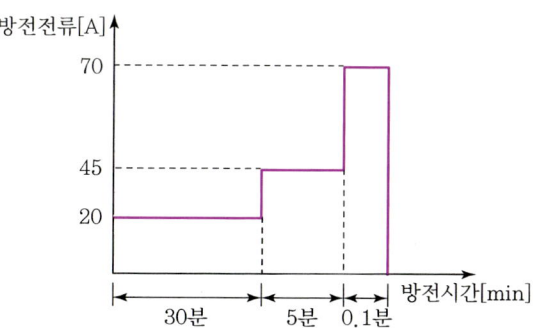

1) 축전지의 용량을 구하시오.
   - 계산과정 :
   - 답 :

2) 연축전지와 알칼리축전지의 공칭전압[V]을 쓰시오.
   - 연축전지 :
   - 알칼리축전지 :

3) 보수율이란 무엇이며 일반적으로 보수율의 값은 얼마를 적용하는가?
   - 보수율 :
   - 보수율의 값 :

해답

1) • 계산과정

$$C = \frac{1}{L}(K_1 I_1 + K_2 I_2 + K_3 I_3)$$

$$C = \frac{1}{0.8}(0.85 \times 20 + 0.45 \times 45 + 0.24 \times 70)$$

$$= 67.56[\text{Ah}]$$

• 답 67.56[Ah]

2) • 연축전지 : 2.0[V]
   • 알칼리축전지 : 1.2[V]

3) • 보수율 : 축전지의 사용시간 길어짐에 따라 용량이 감소하게 되므로 이를 고려하여 여유율로 주는 계수
   • 보수율의 값 : 0.8

해설

1) 축전지용량

형식	최저허용전압 [V/셀]	0.1분	1분	5분	10분	20분	30분	60분	120분
AH형	1.10	0.30	0.46	0.56	0.66	0.87	1.04	1.56	2.60
	1.06	0.24	0.33	0.45	0.53	0.70	0.85	1.40	2.45
	1.00	0.20	0.20	0.37	0.45	0.60	0.77	1.30	2.30

① 용량환산시간
   $K_1 = 0.85$, $K_2 = 0.45$, $K_3 = 0.24$

② 방전전류
   $I_1 = 20[\text{A}]$, $I_2 = 45[\text{A}]$, $I_3 = 70[\text{A}]$

③ 계산과정

$$C = \frac{1}{L}(K_1 I_1 + K_2 I_2 + K_3 I_3)$$

여기서, C : 축전지용량[Ah], L : 용량저하율(보수율 : 일반적으로 0.8)
K : 용량환산시간[h], I : 방전전류[A]

$$= \frac{1}{0.8}(0.85 \times 20 + 0.45 \times 45 + 0.24 \times 70)$$

$$= 67.56 \text{[Ah]}$$

> **Reference**
>
> ① 축전지용량 산출
> - 계단식 증가부하 1
>   용량환산시간(K)이 각 구간별로 주어지는 경우
>
>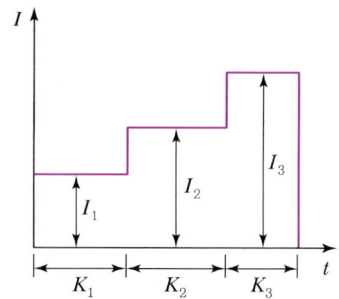
>
> $$C = \frac{1}{L}(K_1 I_1 + K_2 I_2 + K_3 I_3)$$
>
> 여기서, C : 축전지용량[Ah], L : 용량저하율(보수율 : 일반적으로 0.8)
> K : 용량환산시간[h], I : 방전전류[A]
>
> - 계단식 증가부하 2
>   용량환산시간(K)이 아래와 같이 주어지는 경우
>
>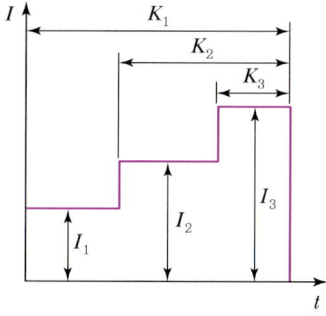
>
> $$C = \frac{1}{L}[K_1 I_1 + K_2(I_2 - I_1) + K_3(I_3 - I_2)]$$
>
> 여기서, C : 축전지용량[Ah], L : 용량저하율(보수율 : 일반적으로 0.8)
> K : 용량환산시간[h], I : 방전전류[A]

② 연축전지와 알칼리축전지의 비교

구분	연축전지	알칼리축전지
공칭전압	2.0[V]	1.2[V]
공칭용량	10[Ah]	5[Ah]
수명	짧다	길다
기계적 강도	약하다	강하다
종류	클래드식, 페이스트식	소결식, 포켓식

③ 보수율(경년용량저하율)
- 해가 거듭할수록 축전지의 용량이 저하되므로 그 말기에 부하를 만족시키기 위하여 여유 있게 축전지용량을 산정한다.
- 보수율은 용량이 저하되는 것을 고려하여 미리 보상을 해주는 계수로서 보통 0.8을 사용한다.

09 자동화재탐지설비에서 P형 수신기와 R형 수신기의 기능을 각각 2가지만 쓰시오. [4점]

1) P형 수신기의 기능
-
-

2) R형 수신기의 기능
-
-

해답 1) P형 수신기의 기능
- 회로 도통시험 기능
- 화재표시 작동시험 기능

2) R형 수신기의 기능
- 선로의 단선 시 자동으로 수신반에 표시 및 경보기능
- 방재 관련 기기장치의 작동을 기록하는 기능

해설 1) P형 수신기의 기능
① 회로 도통시험 기능
② 화재표시 작동시험 기능
③ 예비전원 양부시험 기능
④ 비상방송설비와의 연동기능
⑤ 소방용 수조의 저수위 감시기능 등

2) R형 수신기의 기능
  ① 선로의 단선 시 자동으로 수신반에 표시 및 경보기능
  ② 방재 관련 기기장치의 작동기록 기능
  ③ 시스템 자기진단 기능
  ④ 방범감시반과의 연동기능 등

3) P형 수신기와 R형 수신기의 비교

구분	P형 수신기	R형 수신기
신호전달방식	1 : 1접점방식	다중전송방식
신호의 종류	공통신호	고유신호
선로의 수	많이 필요	적게 필요
중계기	불필요	필요
화재표시방법	램프 점등	문자 또는 숫자(LCD)
배선공사비용	선로수가 많아 고비용	선로수가 적어 저비용
수신기비용	저가	고가
유지관리의 용이성	유지관리 어려움	유지관리 용이

10 다음은 가스누설경보기에 대한 내용이다. 각 물음에 답하시오. [4점]

1) 가스의 누설을 표시하는 표시등 및 가스가 누설된 경계구역의 위치를 표시하는 표시등의 색깔을 쓰시오.

2) 가스누설경보기는 구조에 따라 어떻게 분류되는지 쓰시오.
  • (   )형
  • (   )형

3) 가스누설경보기 중 가스누설을 검지하여 중계기 또는 수신부에 가스누설의 신호를 발신하는 부분 또는 가스누설을 검지하여 이를 음향으로 경보하고 동시에 중계기 또는 수신부에 가스누설의 신호를 발신하는 부분을 무엇이라 하는지 쓰시오.

해답
1) 황색
2) • 단독형
   • 분리형
3) 탐지부

해설 ⊕　1) 수신부의 구조 및 기능
① 가스누설표시등의 색상 : **황색**
② 수신 개시부터 가스누설표시까지 소요시간 : **60초 이내**

2) 가스누설경보기의 분류

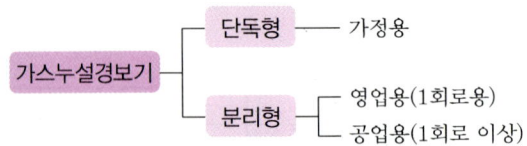

① 구조에 따른 분류 : 단독형, 분리형
② 용도에 따른 분류 : 가정용, 영업용, 공업용

3) 용어의 정의
① **가스누설경보기** : 가스시설이 설치된 장소에서 LPG, LNG, CO, CH_4, C_4H_{10}, H_2 등의 가연성 가스를 탐지하여 경보하는 것
② **탐지부** : 가스누설경보기 중 가스누설을 검지하여 중계기 또는 수신부에 가스누설의 신호를 발신하는 부분 또는 가스누설을 검지하여 이를 음향으로 경보하고 동시에 중계기 또는 수신부에 가스누설의 신호를 발신하는 부분
③ **수신부** : 경보기 중 탐지부에서 발하여진 가스누설신호를 직접 또는 중계기를 통하여 수신하고 이를 관계자에게 음향으로서 경보하여 주는 장치
④ **분리형** : 탐지부와 수신부가 분리되어 있는 형태의 경보기
⑤ **단독형** : 탐지부와 수신부가 1개의 상자에 넣어 일체로 되어 있는 형태의 경보기

Reference

① 가스누설경보기의 예비전원
- 예비전원의 종류
  알칼리계 2차 축전지, 리튬계 2차 축전지 또는 무보수밀폐형 연축전지
- 예비전원의 용량

분류	용량
1회로용 (단독형 포함)	감시상태를 20분간 계속한 후 유효하게 작동되어 10분간 경보
2회로 이상 용도	연결된 모든 회로에 대하여 감시상태를 10분간 계속한 후 2회선을 유효하게 작동시키고 10분간 경보를 발할 수 있는 용량

② 가스누설경보기의 음압

분류		음압[dB]
단독형(가정용)		70 이상
분리형	영업용	70 이상
	공업용	90 이상
고장표시용		60 이상

③ 절연저항(DC 500[V]의 절연저항계로 측정한 값)

측정위치	절연저항치[MΩ]
절연된 충전부와 외함 간	5 이상
교류입력 측과 외함 간	20 이상
절연된 선로 간	20 이상

---

11 다음은 피난구유도등에 대한 내용이다. 각 물음에 답하시오. [5점]

1) 피난구유도등을 설치해야 되는 장소의 기준을 3가지만 쓰시오.
   -
   -
   -

2) 피난구유도등의 설치높이를 쓰시오.

3) 피난구유도등의 바탕색과 문자색을 쓰시오.
   - 바탕색 :
   - 문자색 :

해답
1) • 옥내로부터 직접 지상으로 통하는 출입구 및 그 부속실의 출입구
   • 직통계단 · 직통계단의 계단실 및 그 부속실의 출입구
   • 안전구획된 거실로 통하는 출입구
2) 피난구의 바닥으로부터 높이 1.5[m] 이상으로서 출입구에 인접하도록 설치할 것
3) • 바탕색 : 녹색
   • 문자색 : 백색

해설 피난구유도등
1) 설치장소
   ① 옥내로부터 직접 지상으로 통하는 출입구 및 그 부속실의 출입구
   ② 직통계단 · 직통계단의 계단실 및 그 부속실의 출입구
   ③ ①과 ②에 따른 출입구에 이르는 복도 또는 통로로 통하는 출입구
   ④ 안전구획된 거실로 통하는 출입구

2) 설치위치
   피난구의 바닥으로부터 높이 1.5[m] 이상으로서 출입구에 인접하도록 설치할 것

3) 유도등의 색상

피난구유도등	통로유도등
녹색바탕에 백색문자	백색바탕에 녹색문자

4) 피난구유도등의 설치 제외
① 바닥면적이 1,000[m²] 미만인 층으로서 옥내로부터 직접 지상으로 통하는 출입구(외부의 식별이 용이한 경우에 한한다)
② 대각선 길이가 15[m] 이내인 구획된 실의 출입구
③ 거실 각 부분으로부터 하나의 출입구에 이르는 보행거리가 20[m] 이하이고 비상조명등과 유도표지가 설치된 거실의 출입구
④ 출입구가 3 이상 있는 거실로서 그 거실 각 부분으로부터 하나의 출입구에 이르는 보행거리가 30[m] 이하인 경우에는 주된 출입구 2개소 외의 출입구(유도표지가 부착된 출입구를 말한다). 다만, 공연장·집회장·관람장·전시장·판매시설·운수시설·숙박시설·노유자시설·의료시설·장례식장의 경우에는 그러하지 아니하다.

12 다음은 비상경보설비 및 비상방송설비의 화재안전기술기준에 대한 내용이다. 각 물음에 답하시오.
[8점]

1) 바닥면적 600[m²]인 특정소방대상물에 단독경보형 감지기를 설치하고자 한다. 몇 개 이상의 단독경보형 감지기를 설치하여야 하는가?
2) 비상방송설비에서 조작부 조작스위치의 설치 높이를 쓰시오.
3) 비상방송설비에서 증폭기의 정의를 쓰시오.
4) 지하 2층, 지상 7층인 특정소방대상물에서, 5층이 단선되었을 경우 일제경보방식일 때 비상방송설비가 작동하는 층을 모두 쓰시오.

해답

1) $N = \dfrac{600}{150} = 4$개

    4개

2) 0.8[m] 이상 1.5[m] 이하
3) 전압전류의 진폭을 늘려 감도를 좋게 하고 미약한 음성전류를 커다란 음성전류로 변화시켜 소리를 크게 하는 장치
4) 지하 1층, 지하 2층, 지상 1층~4층, 지상 6층, 지상 7층

해설 ➕ 1) 단독경보형 감지기의 수량

각 실(이웃하는 실내의 바닥면적이 각각 30[m²] 미만이고 벽체의 상부의 전부 또는 일부가 개방되어 이웃하는 실내와 공기가 상호 유통되는 경우에는 이를 1개의 실로 본다)마다 설치하되, 바닥면적이 150[m²]를 초과하는 경우에는 150[m²]마다 1개 이상 설치할 것

$$N = \frac{600\text{m}^2}{150\text{m}^2} = 4개$$

2) 증폭기 및 조작부 등
   ① 조작부의 조작스위치 높이 : 바닥으로부터 0.8[m] 이상 1.5[m] 이하
   ② 조작부는 기동장치가 작동한 층 또는 구역을 표시할 수 있을 것
   ③ 증폭기 및 조작부는 수위실 등 상시 사람이 근무하는 장소로서 점검이 편리하고 방화상 유효한 곳에 설치할 것
   ④ 다른 방송설비와 공용하는 것에 있어서는 화재 시 비상경보 외의 방송을 차단할 수 있는 구조로 할 것

3) 용어의 정의
   ① 증폭기 : 전압전류의 진폭을 늘려 감도를 좋게 하고 미약한 음성전류를 커다란 음성전류로 변화시켜 소리를 크게 하는 장치
   ② 확성기 : 소리를 크게 하여 멀리까지 전달될 수 있도록 하는 장치로서 일명 스피커
   ③ 음량조절기 : 가변저항을 이용하여 전류를 변화시켜 음량을 크게 하거나 작게 조절할 수 있는 장치

4) 비상방송설비의 배선
   ① 화재로 인하여 하나의 층의 확성기 또는 배선이 단락 또는 단선되어도 다른 층의 화재 통보에 지장이 없도록 할 것
   ② ①의 규정에 의하여 단선된 층인 5층을 제외한 모든 층에 정상적으로 화재통보되어야 한다.
   ③ 경보되어야 하는 층 : 지하 1층, 지하 2층, 지상 1층~4층, 지상 6층, 지상 7층

13 시각경보기를 설치해야 하는 특정소방대상물을 3가지만 쓰시오. [3점]

•
•
•

해답 ➕ • 근린생활시설
• 판매시설
• 의료시설 등

해설 시각경보기를 설치해야 하는 특정소방대상물

자동화재탐지설비를 설치해야 하는 특정소방대상물 중 다음의 어느 하나에 해당하는 것
1) 근린생활시설, 문화 및 집회시설, 종교시설, 판매시설, 운수시설, 의료시설, 노유자 시설
2) 운동시설, 업무시설, 숙박시설, 위락시설, 창고시설 중 물류터미널, 발전시설 및 장례시설
3) 교육연구시설 중 도서관, 방송통신시설 중 방송국
4) 지하가 중 지하상가

14 다음은 비상조명등의 화재안전기준에 따른 비상조명등의 설치기준이다. (   ) 안에 알맞은 말을 쓰시오. [5점]

- 예비전원을 내장하는 비상조명등에는 평상시 점등 여부를 확인할 수 있는 (①)를 설치하고 해당 조명등을 유효하게 작동시킬 수 있는 용량의 (②)와 (③)를 내장할 것
- 비상전원은 비상조명등을 (④)분 이상 유효하게 작동시킬 수 있는 용량으로 할 것. 다만, 다음의 특정소방대상물의 경우에는 그 부분에서 피난층에 이르는 부분의 비상조명등을 (⑤)분 이상 유효하게 작동시킬 수 있는 용량으로 하여야 한다.
  - 지하층을 제외한 층수가 11층 이상의 층
  - 지하층 또는 무창층으로서 용도가 도매시장 · 소매시장 · 여객자동차터미널 · 지하역사 또는 지하상가

해답 ① 점검스위치   ② 축전지   ③ 예비전원충전장치
④ 20   ⑤ 60

해설 비상조명등의 설치기준
1) 특정소방대상물의 각 거실과 그로부터 지상에 이르는 복도 · 계단 및 그 밖의 통로에 설치할 것
2) 조도는 비상조명등이 설치된 장소의 각 부분의 바닥에서 1[lx] 이상이 되도록 할 것
3) 예비전원을 내장하는 비상조명등에는 평상시 점등 여부를 확인할 수 있는 점검스위치를 설치하고 해당 조명등을 유효하게 작동시킬 수 있는 용량의 축전지와 예비전원 충전장치를 내장할 것
4) 예비전원을 내장하지 아니하는 비상조명등의 비상전원은 자가발전설비, 축전지설비 또는 전기저장장치를 다음의 기준에 따라 설치하여야 한다.
   ① 점검에 편리하고 화재 및 침수 등의 재해로 인한 피해를 받을 우려가 없는 곳에 설치할 것
   ② 상용전원으로부터 전력의 공급이 중단된 때에는 자동으로 비상전원으로부터 전력을 공급받을 수 있도록 할 것
   ③ 비상전원의 설치장소는 다른 장소와 방화구획할 것. 이 경우 그 장소에는 비상전원의 공급에 필요한 기구나 설비 외의 것(열병합발전설비에 필요한 기구나 설비는 제외한다)을 두어서는 아니 된다.

④ 비상전원을 실내에 설치하는 때에는 그 실내에 비상조명등을 설치할 것
⑤ 비상전원은 비상조명등을 20분 이상 유효하게 작동시킬 수 있는 용량으로 할 것. 다만, 다음 특정소방대상물의 경우에는 그 부분에서 피난층에 이르는 부분의 비상조명등을 60분 이상 유효하게 작동시킬 수 있는 용량으로 하여야 한다.
- 지하층을 제외한 층수가 11층 이상의 층
- 지하층 또는 무창층으로서 용도가 도매시장·소매시장·여객자동차터미널·지하역사 또는 지하상가

15 다음은 무선통신보조설비의 화재안전기술기준에 관한 내용이다. 빈칸에 알맞은 내용을 쓰시오. [8점]

1) 누설동축케이블 및 동축케이블은 화재에 따라 해당 케이블의 피복이 소실된 경우에 케이블 본체가 떨어지지 않도록 (①)[m] 이내마다 금속제 또는 자기제 등의 지지금구로 벽, 천장, 기둥 등에 견고하게 고정시킬 것(불연재료로 구획된 반자 안에 설치하는 경우에는 그러하지 아니하다.)
2) 누설동축케이블 및 안테나는 고압의 전로로부터 (②)[m] 이상 떨어진 위치에 설치할 것. 다만, 해당 전로에 정전기 차폐장치를 유효하게 설치한 경우에는 그러하지 아니하다.
3) 누설동축케이블의 끝부분에는 (③)을 견고하게 설치할 것
4) 증폭기의 전면에는 주회로의 전원의 정상 여부를 표시할 수 있는 (④) 및 (⑤)를 설치할 것

해답
① 4
② 1.5
③ 무반사 종단저항
④ 표시등
⑤ 전압계

해설 1) 무선통신보조설비의 누설동축케이블 등
① 소방전용주파수대에서 전파의 전송 또는 복사에 적합한 것으로서 소방전용의 것으로 할 것
② 누설동축케이블과 이에 접속하는 안테나 또는 동축케이블과 이에 접속하는 안테나로 구성할 것
③ 누설동축케이블 및 동축케이블은 불연 또는 난연성의 것으로서 습기 등의 환경조건에 따라 전기의 특성이 변질되지 않는 것으로 하고, 노출하여 설치한 경우에는 피난 및 통행에 장애가 없도록 할 것
④ 누설동축케이블 및 동축케이블은 화재에 따라 해당 케이블의 피복이 소실된 경우에 케이블 본체가 떨어지지 않도록 4[m] 이내마다 금속제 또는 자기제 등의 지지금구로 벽·천장·기둥 등에 견고하게 고정할 것. 다만, 불연재료로 구획된 반자 안에 설치하는 경우에는 그렇지 않다.
⑤ 누설동축케이블 및 안테나는 금속판 등에 따라 전파의 복사 또는 특성이 현저하게 저하되지 않는 위치에 설치할 것

⑥ 누설동축케이블 및 안테나는 고압의 전로로부터 1.5[m] 이상 떨어진 위치에 설치할 것. 다만, 해당 전로에 정전기 차폐장치를 유효하게 설치한 경우에는 그렇지 않다.
⑦ 누설동축케이블의 끝부분에는 무반사 종단저항을 견고하게 설치할 것
⑧ 누설동축케이블 및 동축케이블의 임피던스는 50[Ω]으로 하고, 이에 접속하는 안테나·분배기 기타의 장치는 해당 임피던스에 적합한 것으로 해야 한다.

2) 증폭기 및 무선중계기 설치기준
① 상용전원은 전기가 정상적으로 공급되는 축전지설비, 전기저장장치(외부 전기에너지를 저장해 두었다가 필요한 때 전기를 공급하는 장치) 또는 교류전압의 옥내 간선으로 하고, 전원까지의 배선은 전용으로 할 것
② 증폭기의 전면에는 주 회로 전원의 정상 여부를 표시할 수 있는 표시등 및 전압계를 설치할 것
③ 증폭기에는 비상전원이 부착된 것으로 하고 해당 비상전원 용량은 무선통신보조설비를 유효하게 30분 이상 작동시킬 수 있는 것으로 할 것

16 다음은 감지기의 형식별 특성에 대한 내용이다. 각 설명에 해당하는 감지기를 쓰시오. [4점]

1) 1개의 감지기 내에 서로 다른 종별 또는 감도 등의 기능을 갖춘 것으로서 일정시간 간격을 두고 각각 다른 2개 이상의 화재신호를 발하는 감지기
2) 주위의 온도 또는 연기의 양의 변화에 따라 각각 다른 전류 또는 전압 등의 출력을 발하는 방식의 감지기

해답 1) 다신호식
2) 아날로그식

해설 감지기의 형식 및 형식별 특성
1) 감지기 형식
① 방수형 유무에 따라 방수형 및 비방수형
② 내식성 유무에 따라 내산형, 내알칼리형 및 보통형
③ 재용성 유무에 따라 재용형 및 비재용형
④ 연기의 축적에 따라 축적형 및 비축적형
⑤ 방폭구조 여부에 따라 방폭형 및 비방폭형
⑥ 화재신호의 발신방법에 따라 단신호식, 다신호식 또는 아날로그식
⑦ 화재신호 전달방법에 따라 무선식, 유선식
⑧ 불꽃감지기는 설치장소에 따라 옥내형, 옥내·옥외형, 도로형으로 구분

2) 감지기의 형식별 특성
① 다신호식 : 1개의 감지기 내에 서로 다른 종별 또는 감도 등의 기능을 갖춘 것으로서 일정시간 간격을 두고 각각 다른 2개 이상의 화재신호를 발하는 감지기

② 아날로그식 : 주위의 온도 또는 연기의 양의 변화에 따라 각각 다른 전류 또는 전압 등의 출력을 발하는 방식의 감지기

③ 방폭형 : 폭발성 가스가 용기 내부에서 폭발하였을 때 용기가 그 압력에 견디거나 또는 외부의 폭발성 가스에 인화될 우려가 없도록 만들어진 형태의 감지기

④ 방수형 : 그 구조가 방수구조로 되어 있는 감지기

⑤ 재용형 : 다시 사용할 수 있는 성능을 가진 감지기

⑥ 축적형 : 일정농도 이상의 연기가 일정시간(공칭축적시간) 연속하는 것을 전기적으로 검출함으로써 작동하는 감지기(다만, 단순히 작동시간만을 지연시키는 것은 제외)

⑦ 연동식 : 단독경보형 감지기가 작동할 때 화재를 경보하며 유·무선으로 주위의 다른 감지기에 신호를 발신하고 신호를 수신한 감지기도 화재를 경보하며 다른 감지기에 신호를 발신하는 방식의 것

⑧ 무선식 : 전파에 의해 신호를 송수신하는 방식의 것

17 다음은 비상방송설비의 화재안전기술기준의 내용이다. 다음 각 물음에 답하시오. [5점]

1) 음량조절기의 정의를 쓰시오.

2) 다음은 비상방송설비의 음향장치에 대한 내용이다. ( ) 안에 알맞은 말을 쓰시오.
   - 확성기의 음성입력은 3[W](실내에 설치하는 것에 있어서는 (①)[W]) 이상일 것
   - 확성기는 각 층마다 설치하되, 그 층의 각 부분으로부터 하나의 확성기까지의 수평거리가 (②)[m] 이하가 되도록 하고, 해당 층의 각 부분에 유효하게 경보를 발할 수 있도록 설치할 것
   - 음량조정기를 설치하는 경우 음량조정기의 배선은 (③)선식으로 할 것

3) 기동장치에 따른 화재신호를 수신한 후 필요한 음량으로 화재 발생 상황 및 피난에 유효한 방송이 자동으로 개시될 때까지의 소요시간은 몇 초 이하로 하여야 하는가?

해답
1) 가변저항을 이용하여 전류를 변화시켜 음량을 크게 하거나 작게 조절할 수 있는 장치
2) ① 1   ② 25   ③ 3
3) 10

해설
1) 용어의 정의
   ① 음량조절기 : 가변저항을 이용하여 전류를 변화시켜 음량을 크게 하거나 작게 조절할 수 있는 장치(음량조절기 = 음량조정기)
   ② 증폭기 : 전압전류의 진폭을 늘려 감도를 좋게 하고 미약한 음성전류를 커다란 음성전류로 변화시켜 소리를 크게 하는 장치
   ③ 확성기 : 소리를 크게 하여 멀리까지 전달될 수 있도록 하는 장치로서 일명 스피커

2) 비상방송설비의 음향장치
  ① 확성기의 음성입력 : 실외 3[W], 실내 1[W], 아파트 등의 실내 2[W] 이상
  ② 확성기는 각 층마다 설치할 것
  ③ 그 층의 각 부분으로부터 하나의 확성기까지의 수평거리가 25[m] 이하가 되도록 하고, 해당 층의 각 부분에 유효하게 경보를 발할 수 있도록 설치할 것
  ④ 음량조정기를 설치하는 경우 음량조정기의 배선은 3선식으로 할 것
  ⑤ 음향장치의 구조 및 성능
    • 정격전압의 80[%] 전압에서 음향을 발할 수 있는 것으로 할 것
    • 자동화재탐지설비의 작동과 연동하여 작동할 수 있는 것으로 할 것

3) 화재감지 후 방송개시 소요시간
  기동장치에 따른 화재신고를 수신한 후 필요한 음량으로 화재 발생 상황 및 피난에 유효한 방송이 자동으로 개시될 때까지의 소요시간은 10초 이하로 할 것

18 축전지를 사용하는 예비전원설비에 대한 다음 각 물음에 답하시오. [6점]

1) 부동충전방식에 대한 회로를 개략적으로 그리시오.
2) 축전지의 과방전 또는 방치상태에서 기능회복을 위하여 실시하는 충전방식의 명칭을 쓰시오.
3) 연축전지의 정격용량은 250[Ah], 상시부하가 8[kW]이며 표준전압이 100[V]인 부동충전방식의 충전기 2차 충전전류는 몇 [A]인지 구하시오.
  • 계산과정 :
  • 답 :

해답 1)

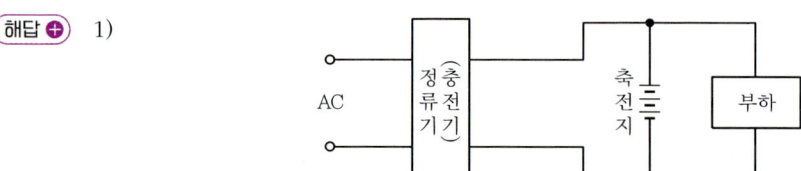

2) 회복충전

3) • 계산과정

$$I_2 = \frac{250[Ah]}{10[Ah]} + \frac{8 \times 10^3[W]}{100[V]} = 105[A]$$

• **답** 105[A]

[해설] 1) 축전지 충전방식

① 보통충전 : 필요할 때마다 표준 시간율로 충전하는 방식
② 급속충전 : 단시간에 보통 충전전류의 2~3배의 전류로 충전하는 방식
③ 부동충전 : 전지의 자기방전을 보충함과 동시에 상용부하에 대한 전력공급은 충전기가 부담하고 일시적인 대전류 부하는 축전지가 부담하도록 하는 방식

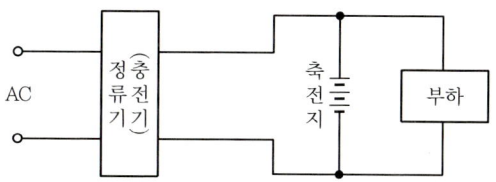

④ 균등충전 : 1~3개월마다 정전압으로 10~12시간 충전하여 전체 셀의 전압을 균일하게 하는 방식
⑤ 세류충전 : 항상 자기방전량만큼만 충전하는 방식
⑥ 회복충전 : 과방전 및 방치상태, 가벼운 설페이션 현상 등이 생겼을 때 기능회복을 위하여 실시하는 충전방식

✎ 설페이션 : 연축전지를 방전 상태로 오래 방치했을 때, 극판의 표면의 황산납이 회백색으로 변하여 부도체 성질을 갖는 현상

2) 부동충전 시 충전기의 2차 충전전류

$$I_2 = \frac{축전지의\ 정격용량[Ah]}{축전지의\ 공칭용량[Ah]} + \frac{상시부하[W]}{표준전압[V]}\ [A]$$

① 축전지의 정격용량 : 250[Ah], 연축전지의 공칭용량 : 10[Ah](암기)
  상시부하 : 8[kW]=8×10³[W], 표준전압 : 100[V]

② $I_2 = \dfrac{250[Ah]}{10[Ah]} + \dfrac{8 \times 10^3[W]}{100[V]} = 105[A]$

3) 연축전지와 알칼리축전지의 비교

구분	연축전지	알칼리축전지
공칭전압	2.0[V]	1.2[V]
공칭용량	10[Ah]	5[Ah]
수명	짧다	길다
기계적 강도	약하다	강하다
종류	클래드식, 페이스트식	소결식, 포켓식

2023년 제2회(2023. 7. 22)

01 다음은 P형 1급 수신기에서 1개의 경계구역에 대한 결선도를 나타낸 것이다. ①~⑤에 알맞은 내용을 쓰시오.
[5점]

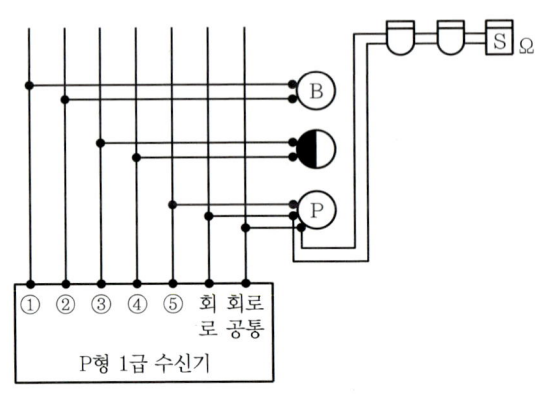

①　　　　　　　　　②　　　　　　　　　③
④　　　　　　　　　⑤

해답 ① 경종　　　　② 경종공통　　　　③ 표시등
　　　④ 표시등공통　⑤ 응답

해설 1) 배선내역

① 경종 : 비상벨(경종)의 도시기호 Ⓑ에 결선되어 있으므로 경종선이다.

② 경종공통 : 비상벨(경종)의 도시기호 Ⓑ에 결선되어 있는 또 다른 선은 경종공통선이다.(결선도에서 경종공통과 표시등공통이 각각 분리되어 있다)

③ 표시등 : 표시등의 도시기호 ◐에 결선되어 있으므로 표시등선이다.

④ 표시등공통 : 표시등의 도시기호 ◐에 결선되어 있는 또 다른 선은 표시등공통선이다.(결선도에서 경종공통과 표시등공통이 각각 분리되어 있다)

⑤ 응답 : 발신기의 도시기호 Ⓟ에는 회로, 회로공통, 응답선이 결선된다. 도면에서 회로선과 회로공통선은 감지기에 결선되어 있으므로 나머지 한 선은 응답선이 된다.

2) P형 수신기의 결선도

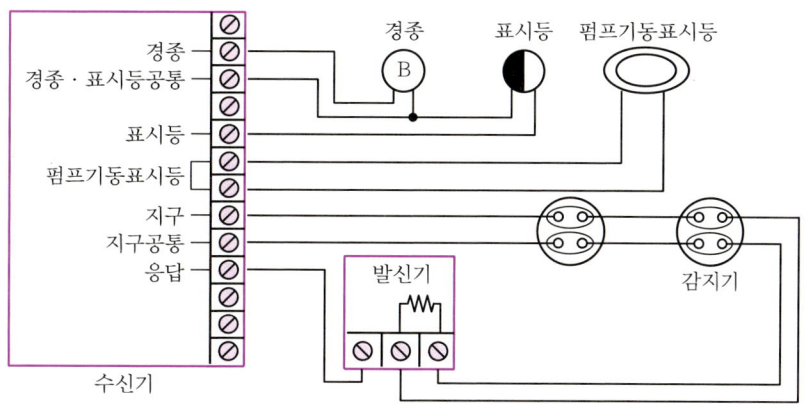

3) P형 수신기~발신기세트 간 내부배선도
   ① 기본 가닥수 : 6가닥
   ② 펌프기동표시등이 설치된 경우 : 2가닥 추가

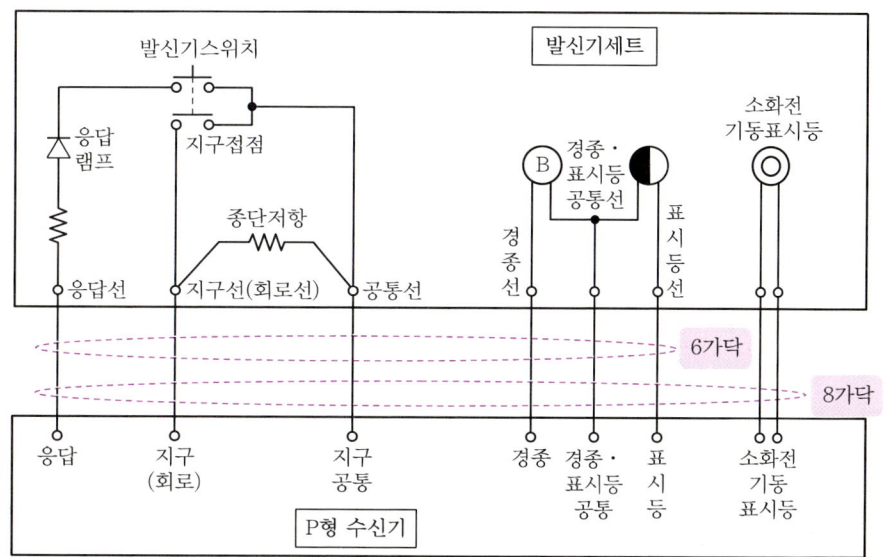

02 단상 2선식 220[V]로 수전하는 곳의 부하전력이 2.2[kW]이고, 구내배선의 길이는 60[m]이며 전압강하를 1[%]까지 허용하는 경우 전선의 최소단면적[mm²]은 얼마 이상으로 하여야 하는지 계산하시오. [4점]

- 계산과정 :
- 답 :

[해답]

- 계산과정 : $P = VI$

$$I = \frac{P}{V} = \frac{2.2 \times 10^3}{220} = 10[\text{A}]$$

$$A = \frac{35.6\,LI}{1,000\,e} = \frac{35.6 \times 60 \times 10}{1,000 \times (220 \times 0.01)} = 9.709 ≒ 9.71[\text{mm}^2]$$

- [답] 9.71[mm²]

[해설]

1) 허용전류 I

   ① 부하전력

   $P = VI$

   여기서, P : 부하전력[W], V : 전압[V], I : 허용전류[A]

   ② 허용전류

   $$I = \frac{P}{V} = \frac{2.2 \times 10^3}{220} = 10[\text{A}]$$

2) 전선의 최소단면적[mm²]

   ① 전압강하 (1% 이내)

   $e = 220[\text{V}] \times 0.01 = 2.2[\text{V}]$ 이내

   ② 전선의 최소단면적

   $$A = \frac{35.6\,LI}{1,000\,e} = \frac{35.6 \times 60 \times 10}{1,000 \times (220 \times 0.01)} = 9.709 ≒ 9.71[\text{mm}^2]$$

   여기서, e : 전압강하[V], A : 전선의 굵기[mm²], L : 거리[m], I : 전류[A]

   ③ 이 문제에서는 최소단면적을 계산하라고 하라고 하였으므로 계산된 수치인 9.71[mm²]가 답이 된다. 공칭단면적으로 답하라고 하는 경우 10[mm²]가 답이 된다.

3) 전기방식별 전압강하와 전선의 굵기 산정

구분	전압강하	전선의 굵기
단상 2선식	$e = \dfrac{35.6\,LI}{1,000\,A}$	$A = \dfrac{35.6\,LI}{1,000\,e}$
3상 3선식	$e = \dfrac{30.8\,LI}{1,000\,A}$	$A = \dfrac{30.8\,LI}{1,000\,e}$
단상 3선식 3상 4선식	$e = \dfrac{17.8\,LI}{1,000\,A}$	$A = \dfrac{17.8\,LI}{1,000\,e}$

여기서, e : 전압강하[V], A : 전선의 굵기[mm²], L : 거리[m], I : 전류[A]

4) 전선의 공칭단면적

- 0.5[mm²]
- 0.75[mm²]
- 1.0[mm²]
- 1.5[mm²]
- 2.5[mm²]
- 4[mm²]
- 6[mm²]
- 10[mm²]
- 16[mm²]
- 25[mm²]
- 35[mm²]
- 50[mm²]
- 70[mm²]
- 95[mm²]
- 120[mm²]
- 150[mm²]

03 피난유도선이란 햇빛이나 전등불에 따라 축광(축광방식)하거나 전류에 따라 빛을 발하는(광원점등방식) 유도체로서 어두운 상태에서 피난을 유도할 수 있도록 띠 형태로 설치되는 피난유도시설을 말한다. 이러한 피난유도선 중 광원점등방식의 피난유도선에 대한 설치기준을 3가지만 쓰시오. [3점]

-
-
-

해답
- 구획된 각 실로부터 주출입구 또는 비상구까지 설치할 것
- 피난유도 표시부는 바닥으로부터 높이 1[m] 이하의 위치 또는 바닥면에 설치할 것
- 피난유도 표시부는 50[cm] 이내의 간격으로 연속되도록 설치하되 실내장식물 등으로 설치가 곤란할 경우 1[m] 이내로 설치할 것

해설
1) 광원점등방식의 피난유도선
   ① 구획된 각 실로부터 주출입구 또는 비상구까지 설치할 것
   ② 피난유도 표시부는 바닥으로부터 높이 1[m] 이하의 위치 또는 바닥면에 설치할 것
   ③ 피난유도 표시부는 50[cm] 이내의 간격으로 연속되도록 설치하되 실내장식물 등으로 설치가 곤란할 경우 1[m] 이내로 설치할 것
   ④ 수신기로부터의 화재신호 및 수동조작에 의하여 광원이 점등되도록 설치할 것
   ⑤ 비상전원이 상시 충전상태를 유지하도록 설치할 것
   ⑥ 바닥에 설치되는 피난유도 표시부는 매립하는 방식을 사용할 것
   ⑦ 피난유도 제어부는 조작 및 관리가 용이하도록 바닥으로부터 0.8[m] 이상 1.5[m] 이하의 높이에 설치할 것

2) 축광방식의 피난유도선
   ① 구획된 각 실로부터 주출입구 또는 비상구까지 설치할 것
   ② 바닥으로부터 높이 50[cm] 이하의 위치 또는 바닥면에 설치할 것
   ③ 피난유도 표시부는 50[cm] 이내의 간격으로 연속되도록 설치할 것
   ④ 부착대에 의하여 견고하게 설치할 것
   ⑤ 외광 또는 조명장치에 의하여 상시 조명이 제공되거나 비상조명등에 의한 조명이 제공되도록 설치할 것

▲ 축광방식의 피난유도선

04 다음은 화재안전성능기준의 연기감지기 설치기준에 대한 내용이다. (   ) 안을 채우시오. [8점]

1) 감지기의 부착높이에 따라 다음 표에 따른 바닥면적마다 1개 이상으로 할 것

부착높이	감지기의 종류	
	1종 및 2종	3종
4[m] 미만	(①)[m²]	(②)[m²]
4[m] 이상 (③)[m] 미만	75[m²]	—

2) 감지기는 복도 및 통로에 있어서는 보행거리 (④)[m](3종에 있어서는 (⑤)[m])마다, 계단 및 경사로에 있어서는 수직거리 (⑥)[m](3종에 있어서는 (⑦)[m])마다 1개 이상으로 할 것

3) 감지기는 벽 또는 보로부터 (⑧)[m] 이상 떨어진 곳에 설치할 것

해답 ⊕ ① 150 ② 50 ③ 20 ④ 30
　　　　　⑤ 20 ⑥ 15 ⑦ 10 ⑧ 0.6

해설 ⊕ 연기감지기 설치기준

① 부착높이에 따른 연기감지기 1개의 기준면적

부착높이	감지기의 종류	
	1종, 2종	3종
4[m] 미만	150[m²]	50[m²]
4[m] 이상 20[m] 미만	75[m²]	—

② 설치장소에 따른 연기감지기 1개의 거리기준

설치장소	감지기의 종류	
	1종, 2종	3종
복도, 통로(보행거리)	30[m]	20[m]
계단, 경사로(수직거리)	15[m]	10[m]

③ 천장 또는 반자가 낮은 실내 또는 좁은 실내에 있어서는 **출입구의 가까운 부분**에 설치할 것
④ 천장 또는 반자 부근에 **배기구가 있는 경우에는 그 부근**에 설치할 것
⑤ 감지기는 벽 또는 보로부터 **0.6[m] 이상** 떨어진 곳에 설치할 것

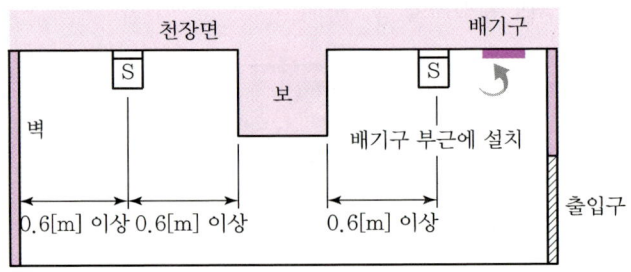

05
다음은 제연설비의 화재안전기술기준 중 제연설비의 설치장소 및 제연구역의 구획에 대한 내용이다. ( ) 안에 알맞은 내용을 쓰시오. [8점]

1) 하나의 제연구역의 면적은 (①)[m²] 이내로 할 것
2) 통로상의 제연구역은 보행중심선의 길이가 (②)[m]를 초과하지 않을 것
3) 하나의 제연구역은 직경 (③)[m] 원 내에 들어갈 수 있을 것
4) 하나의 제연구역은 (④) 이상의 층에 미치지 않도록 할 것. 다만, 층의 구분이 불분명한 부분은 그 부분을 다른 부분과 별도로 제연구획해야 한다.
5) 제연구역의 구획은 보·제연경계벽 및 벽(화재 시 자동으로 구획되는 가동벽·방화셔터·방화문을 포함한다)으로 하되, 다음 기준에 적합해야 한다.
   - 재질은 (⑤), (⑥) 또는 제연경계벽으로 성능을 인정받은 것으로서 화재 시 쉽게 변형·파괴되지 아니하고 연기가 누설되지 않는 기밀성 있는 재료로 할 것
   - 제연경계는 제연경계의 폭이 (⑦)[m] 이상이고, 수직거리는 (⑧)[m] 이내일 것

해답
① 1,000 ② 60 ③ 60
④ 2 ⑤ 내화재료 ⑥ 불연재료
⑦ 0.6 ⑧ 2

해설
1) 제연설비의 설치장소 기준
   ① 하나의 제연구역의 면적은 1,000[m²] 이내로 할 것
   ② 거실과 통로(복도를 포함)는 각각 제연구획 할 것
   ③ 통로상의 제연구역은 보행중심선의 길이가 60[m]를 초과하지 않을 것
   ④ 하나의 제연구역은 직경 60[m] 원 내에 들어갈 수 있을 것
   ⑤ 하나의 제연구역은 2 이상의 층에 미치지 않도록 할 것. 다만, 층의 구분이 불분명한 부분은 그 부분을 다른 부분과 별도로 제연구획해야 한다.

2) 제연구역의 구획
   보·제연경계벽(이하 "제연경계") 및 벽(화재 시 자동으로 구획되는 가동벽·방화셔터·방화문을 포함)으로 하되, 다음의 기준에 적합해야 한다.
   ① 재질은 내화재료, 불연재료 또는 제연경계벽으로 성능을 인정받은 것으로서 화재 시 쉽게 변형·파괴되지 아니하고 연기가 누설되지 않는 기밀성 있는 재료로 할 것
   ② 제연경계는 제연경계의 폭이 0.6[m] 이상이고, 수직거리는 2[m] 이내이어야 한다. 다만, 구조상 불가피한 경우는 2[m]를 초과할 수 있다.
   ③ 제연경계벽은 배연 시 기류에 따라 그 하단이 쉽게 흔들리지 않고, 가동식의 경우에는 급속히 하강하여 인명에 위해를 주지 않는 구조일 것

06 그림과 같은 논리회로를 보고 다음 각 물음에 답하시오. [6점]

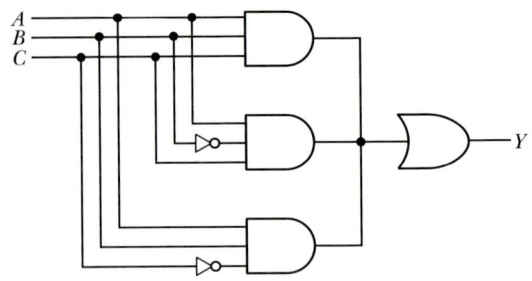

1) 논리회로를 가장 간단한 논리식으로 표현하시오.
2) 논리식을 이용하여 아래 그림의 유접점회로를 완성하시오.(단, 접점은 최소개수로 한다.)

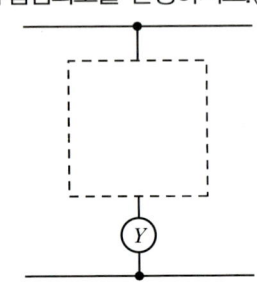

3) 논리식을 이용하여 아래 그림의 무접점 논리회로를 완성하시오.

해답 1) 논리식

$$Y = ABC + A\overline{B}C + AB\overline{C}$$
$$= AB(C+\overline{C}) + A\overline{B}C$$
$$= AB + A\overline{B}C$$
$$= A(B+\overline{B}C)$$
$$= A[(B+\overline{B})\cdot(B+C)]$$
$$= A(B+C)$$

답 $Y = A(B+C)$

2) 유접점회로

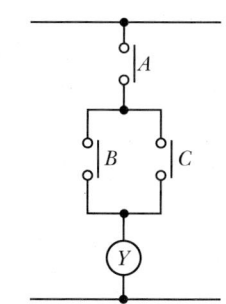

3) 무접점 논리회로

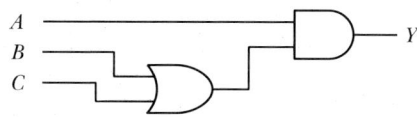

해설 ⊕ 1) 논리식

$Y = ABC + A\overline{B}C + AB\overline{C}$ (AB로 묶으면)

$\quad = AB(C + \overline{C}) + A\overline{B}C$ $(C + \overline{C}) = 1$이므로

$\quad = AB + A\overline{B}C$ (A로 묶으면)

$\quad = A(B + \overline{B}C)$ $[B + (\overline{B} \cdot C)]$를 분배하면

$\quad = A[(B + \overline{B}) \cdot (B + C)]$ $(B + \overline{B}) = 1$이므로

$\quad = A(B + C)$

2) 유접점회로

① $Y = A(B + C)$

② $(B + C)$: B와 C는 $(+)$이므로 병렬회로이다.

③ $A \cdot (B + C)$: A와 $(B + C)$는 $(\cdot)$이므로 직렬회로이다.

④ 회로를 조합하면 다음과 같다.

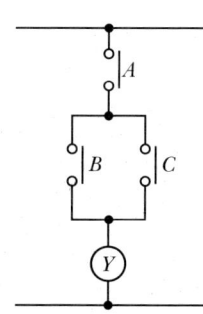

3) 무접점 논리회로

① $Y = A(B + C)$

② $(B + C)$: B와 C는 $(+)$이므로 OR 게이트(⫐⎯)이다.

③ $A \cdot (B+C)$: A와 $(B+C)$는 (·)이므로 AND 게이트( ) 이다.
  (논리식에서 (·)는 생략하여 쓰는 경우가 많다)
④ 논리회로를 조합하면 다음과 같다.

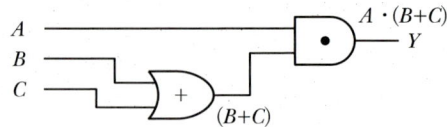

07 무선통신보조설비의 화재안전기술기준에서 정하는 분배기, 분파기, 혼합기의 용어의 정의에 대하여 쓰시오. [6점]

- 분배기 :
- 분파기 :
- 혼합기 :

해답
- 분배기 : 신호의 전송로가 분기되는 장소에 설치하는 것으로 임피던스 매칭(Matching)과 신호 균등분배를 위해 사용하는 장치
- 분파기 : 서로 다른 주파수의 합성된 신호를 분리하기 위해서 사용하는 장치
- 혼합기 : 두 개 이상의 입력신호를 원하는 비율로 조합한 출력이 발생하도록 하는 장치

해설
1) 용어의 정의
  ① 누설동축케이블 : 동축케이블의 외부 도체에 가느다란 홈을 만들어서 전파가 외부로 새어나갈 수 있도록 한 케이블
  ② 분배기 : 신호의 전송로가 분기되는 장소에 설치하는 것으로 임피던스 매칭(Matching)과 신호 균등분배를 위해 사용하는 장치
  ③ 분파기 : 서로 다른 주파수의 합성된 신호를 분리하기 위해서 사용하는 장치
  ④ 혼합기 : 두 개 이상의 입력신호를 원하는 비율로 조합한 출력이 발생하도록 하는 장치
  ⑤ 증폭기 : 신호 전송 시 신호가 약해져 수신이 불가능해지는 것을 방지하기 위해서 증폭하는 장치
  ⑥ 무선중계기 : 안테나를 통하여 수신된 무전기 신호를 증폭한 후 음영지역에 재방사하여 무전기 상호 간 송수신이 가능하도록 하는 장치
  ⑦ 옥외안테나 : 감시제어반 등에 설치된 무선중계기의 입력과 출력포트에 연결되어 송수신 신호를 원활하게 방사 · 수신하기 위해 옥외에 설치하는 장치

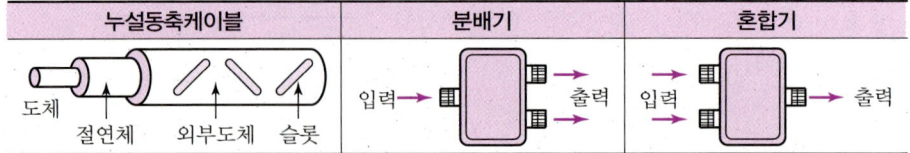

2) 도시기호

누설동축케이블	분배기	분파기	혼합기	증폭기
———	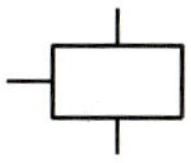 ⊟	F	 Y	AMP

08 다음 도시기호의 명칭을 쓰시오. [4점]

1) AMP   2) SVP   3) RM   4) PAC

해답
1) 증폭기
2) 프리액션밸브 수동조작함
3) 가스계 소화설비의 수동조작함
4) 소화가스 패키지

해설

명칭	도시기호	명칭	도시기호
증폭기	AMP	수신기	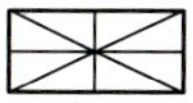 ⊠
프리액션밸브 수동조작함	SVP	부수신기	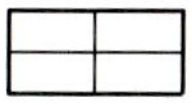 ▯
가스계 소화설비의 수동조작함	RM	제어반	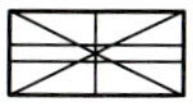 ⊠
소화가스 패키지	PAC	중계기	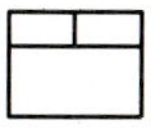 ▯
비상벨	Ⓑ	표시반	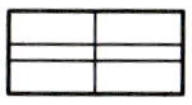 ▤
사이렌	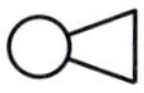 ◁	기동누름버튼	Ⓔ
발신기세트 단독형	Ⓟ Ⓑ Ⓛ	회로시험기	 ⊙
발신기세트 옥내소화전 내장형	 Ⓟ Ⓑ Ⓛ	시각경보기 (스트로브)	 ◇

09 다음은 소화설비별로 적용 가능한 비상전원의 종류를 표로 나타낸 것이다. 각 소화설비별로 적용 가능한 비상전원을 찾아 빈칸에 ●표 하시오. [4점]

설비명	자가발전설비	축전지설비	비상전원수전설비
옥내소화전설비, 물분무소화설비, 이산화탄소소화설비, 할론소화설비, 비상조명등, 제연설비, 연결송수관설비			
스프링클러설비, 포소화설비			
자동화재탐지설비, 비상경보설비, 유도등, 비상방송설비			
비상콘센트설비			

해답 ⊕

설비명	자가발전설비	축전지설비	비상전원수전설비
옥내소화전설비, 물분무소화설비, 이산화탄소소화설비, 할론소화설비, 비상조명등, 제연설비, 연결송수관설비	●	●	
스프링클러설비, 포소화설비	●	●	●
자동화재탐지설비, 비상경보설비, 유도등, 비상방송설비		●	
비상콘센트설비	●	●	●

해설 ⊕ 소방설비별 비상전원의 종류 및 용량

소방설비	비상전원의 종류	비상전원 용량
• 비상경보설비 　(비상벨설비 또는 자동식 사이렌설비) • 비상방송설비 • 자동화재탐지설비	• 축전지설비 • 전기저장장치	60분 이상 감시상태 지속 10분 이상 경보
• 소화설비 • 제연설비 • 비상조명등	• 자가발전설비 • 축전지설비 • 전기저장장치	20분 이상
• 스프링클러설비 • 포소화설비	• 자가발전설비 • 축전지설비 • 비상전원수전설비 • 전기저장장치	20분 이상
비상콘센트설비	• 자가발전설비 • 축전지설비 • 비상전원수전설비 • 전기저장장치	20분 이상
유도등	축전지	
유도등 및 비상조명등이 설치된 장소로서 • 11층 이상의 층 • 지하층 또는 무창층으로서 용도가 도매시장 · 소매시장 · 여객자동차터미널 · 지하역사 또는 지하상가	유도등 • 축전지 비상조명등 • 자가발전설비 • 축전지설비 • 전기저장장치	60분 이상
무선통신보조설비의 증폭기	축전지설비	30분 이상

✏️ 스프링클러설비, 포소화설비의 비상전원
  - 자가발전설비, 축전지설비, 전기저장장치
  - 차고·주차장으로서 스프링클러설비, 호스릴 방식의 포소화설비, 포소화전설비가 설치된 부분의 바닥면적(차고·주차장의 바닥면적을 포함한다)의 합계가 1,000[m²] 미만인 경우 비상전원수전설비를 설치할 수 있다.

10 다음은 감지기회로의 배선에 대한 내용이다. 각 물음에 답하시오. [6점]

1) 자동화재탐지설비에 사용되는 송배선식에 대하여 설명하시오.
2) 자동소화설비에 사용되는 교차회로방식에 대하여 설명하시오.
3) 교차회로방식에 적용하여야 하는 자동소화설비를 2가지만 쓰시오.
   •
   •

해답
1) 도통시험을 용이하게 하기 위하여 배선의 도중에서 분기하지 않고 결선하는 방식
2) 하나의 담당구역 내에 2 이상의 화재감지기회로를 설치하고 인접한 2 이상의 화재감지기가 동시에 감지되는 때에 설비가 작동하는 방식
3) • 이산화탄소소화설비
   • 할론소화설비

해설
1) 송배선식 배선회로(송배전식 → 송배선식으로 용어 개정)
   ① 정의 : 배선의 도중에서 분기하지 않고 결선하는 방식
   ② 송배선식의 목적 : 도통시험을 용이하게 하기 위하여
   ③ 종단저항의 설치목적 : 도통시험을 용이하게 하기 위하여
   ④ 송배선식 적용설비 : 자동화재탐지설비, 제연설비

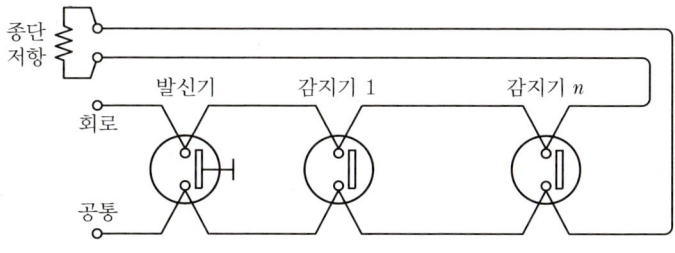

▲ 감지기회로의 송배선방식

2) 교차회로방식
   ① 정의 : 하나의 담당구역 내에 2 이상의 화재감지기회로를 설치하고 인접한 2 이상의 화재감지기가 동시에 감지되는 때에 설비가 작동하는 방식
   ② 목적 : 감지기 오동작에 의한 설비의 작동을 방지하기 위하여

③ 적용설비
- 이산화탄소소화설비
- 분말소화설비
- 준비작동식 스프링클러설비
- 할론소화설비
- 할로겐화합물 및 불활성기체 소화설비
- 일제살수식 스프링클러설비

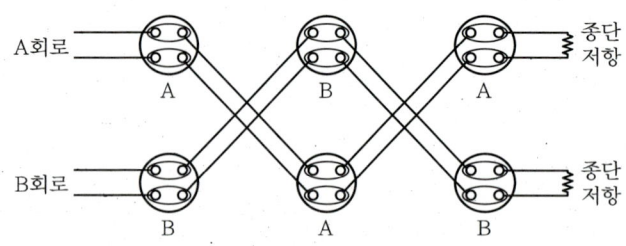

▲ 교차회로방식

3) 송배선식과 교차회로방식의 가닥수 산정방법

송배선방식	교차회로방식
• 루프된 곳 : 2가닥 • 그 밖의 것 : 4가닥	• 루프된 곳 : 4가닥 • 말단감지기 : 4가닥 • 그 밖의 것 : 8가닥

11 P형 1급 수신기와 감지기와의 배선회로에서 배선회로의 저항은 50[Ω], 릴레이저항은 1,000[Ω], 감시전류는 2[mA], 수신기 전압은 DC 24[V]일 때 다음 각 물음에 답하시오. [5점]

1) 감지기회로의 종단저항[Ω]은 얼마인지 구하시오.
- 계산과정 :
- 답 :

2) 감지기가 작동한 때 회로에 흐르는 전류[mA]를 구하시오.
- 계산과정 :
- 답 :

해답 1) • 계산과정

$$I = \frac{V}{R_1 + R_2 + R_3}$$

$$2 \times 10^{-3} = \frac{24}{50 + R_2 + 1,000}$$

$$R_2 + 1,050 = \frac{24}{2 \times 10^{-3}}$$

$$R_2 = 12,000 - 1,050 = 10,950[\Omega]$$

• 답 10,950[Ω]

2) • 계산과정

$$I = \frac{V}{R_1 + R_3}$$

$$I = \frac{24}{50 + 1,000} = 0.022857[A] ≒ 22.86[mA]$$

• 답 22.86[mA]

해설 1) 감시전류

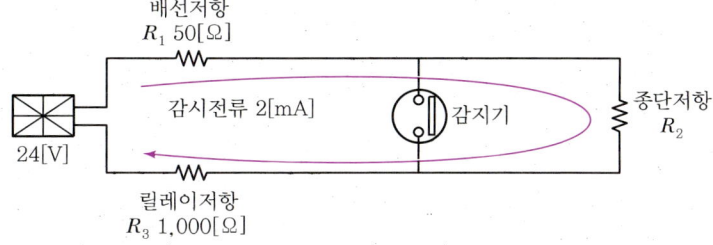

① 감시전류 I

$$I = \frac{V}{R_1 + R_2 + R_3}$$

여기서, R_1 : 배선저항, R_2 : 종단저항, R_3 : 릴레이저항, V : 수신기전압

② 종단저항 R_2

$$2 \times 10^{-3} = \frac{24}{50 + R_2 + 1,000}$$

$$R_2 + 1,050 = \frac{24}{2 \times 10^{-3}}$$

$$R_2 = 12,000 - 1,050 = 10,950[\Omega]$$

2) 감지기 동작전류

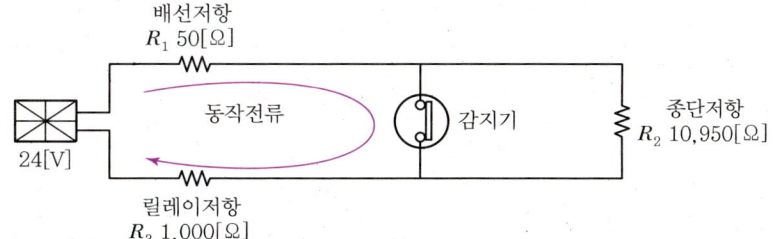

① 동작전류 I

$$I = \frac{V}{R_1 + R_3}$$

여기서, R_1 : 배선저항, R_3 : 릴레이저항, V : 수신기전압

$$I = \frac{24}{50 + 1,000} = 0.022857[A] ≒ 22.86[mA]$$

12 다음 도면은 어느 특정소방대상물의 평면도이다. 건축물은 비내화구조이며 차동식 스포트형 감지기 1종을 설치하는 경우 다음 각 물음에 답하시오.(단, 천장의 높이는 3.8[m]이다.) [7점]

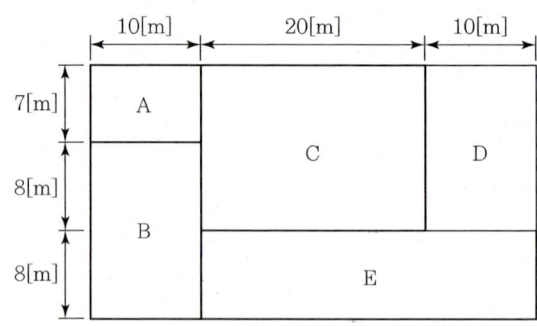

1) 각 실에 설치되는 감지기의 개수를 구하시오.

구분	계산과정	감지기의 개수
A		
B		
C		
D		
E		

2) 해당 특정소방대상물의 경계구역수를 산출하시오.
   - 계산과정 :
   - 답 :

해답 1) 감지기의 개수

구분	계산과정	감지기의 개수
A	$\dfrac{10 \times 7}{50} = 1.4$	2개
B	$\dfrac{10 \times (8+8)}{50} = 3.2$	4개
C	$\dfrac{20 \times (7+8)}{50} = 6$	6개
D	$\dfrac{10 \times (7+8)}{50} = 3$	3개
E	$\dfrac{(20+10) \times 8}{50} = 4.8$	5개

2) • 계산과정
$$N = \frac{(10+20+10) \times (7+8+8)}{600} = \frac{920}{600} = 1.533$$
   - **답** 2경계구역

해설

1) 감지기의 개수 산정

▼ 차동식, 보상식, 정온식 스포트형 감지기의 기준면적(단위 : m²)

부착높이 및 특정소방대상물의 구분		감지기의 종류				
		차동식, 보상식		정온식		
		1종	2종	특종	1종	2종
4[m] 미만	내화구조	90	70	70	60	20
	기타 구조	50	40	40	30	15
4[m] 이상 8[m] 미만	내화구조	45	35	35	30	—
	기타 구조	30	25	25	15	—

① 조건에 따라 기준면적을 표에서 찾으면 50[m²]이다.
② 각 실의 면적을 기준면적으로 나눈다.
③ 계산된 값에서 소수점 이하는 올려서 감지기 수량을 산정한다.

2) 경계구역수 산출

① 평면도의 전체 바닥면적 산출
$A = (10+20+10) \times (7+8+8) = 920[m^2]$

② 전체 바닥면적을 600[m²]로 나눈다.
$N = \dfrac{920}{600} = 1.533$

③ 소수점 이하는 올려서 경계구역수를 산출한다.
∴ 2경계구역

Reference

경계구역의 설정기준

① 층별, 면적별 경계구역 설정기준
- 하나의 경계구역이 2개 이상의 건축물에 미치지 아니하도록 할 것
- 하나의 경계구역이 2개 이상의 층에 미치지 아니하도록 할 것(다만, 500[m²] 이하의 범위 안에서는 2개의 층을 하나의 경계구역으로 할 수 있다)
- 하나의 경계구역의 면적은 600[m²] 이하로 하고 한 변의 길이는 50[m] 이하로 할 것(다만, 주된 출입구에서 그 내부 전체가 보이는 것은 한 변의 길이가 50[m]의 범위 내에서 1,000[m²] 이하)

② 수직구역의 경계구역 설정기준
- 별도의 경계구역 설정 : 계단, 경사로, 엘리베이터 승강로, 권상기실, 린넨슈트, 파이프 피트, 파이프 덕트, 기타 이와 유사한 부분
- 하나의 경계구역 높이 : 45[m] 이하(계단 및 경사로에 한함)
- 지하층의 계단 및 경사로는 별도로 하나의 경계구역으로 할 것(지하층의 층수가 1일 경우는 제외)

③ 기타 경계구역 설정
- 외기에 면하여 상시 개방된 부분이 있는 차고·주차장·창고 등에 있어서는 외기에 면하는 각 부분으로부터 5[m] 미만의 범위 안에 있는 부분은 경계구역의 면적에 산입하지 아니한다.
- 스프링클러설비·물분무등소화설비 또는 제연설비의 화재감지장치로서 화재감지기를 설치한 경우의 경계구역은 해당 소화설비의 방사구역 또는 제연구역과 동일하게 설정할 수 있다.

13 특정소방대상물에 설치하는 자동화재탐지설비의 설치대상(바닥면적 등의 기준)을 쓰시오.(단, 대상물의 전체인 경우 전부 또는 면적 조건 없음으로 답한다.) [5점]

1) 노유자생활시설 :
2) 노유자시설(노유자생활시설은 제외) :
3) 근린생활시설(목욕장 제외) :
4) 장례시설 :
5) 묘지관련시설 :

해답 ⊕
1) 전부
2) 400[m²] 이상
3) 600[m²] 이상
4) 600[m²] 이상
5) 2,000[m²] 이상

해설 ⊕ 자동화재탐지설비의 설치대상

특정소방대상물	설치대상
공동주택 중 아파트 등 · 기숙사, 숙박시설, 노유자생활시설, 지하구, 판매시설 중 전통시장, 층수가 6층 이상인 건축물, 산후조리원, 조산원, 숙박시설이 있는 수련시설로서 수용인원 100명 이상인 것, 요양병원(의료재활시설 제외)	모든 층
노유자시설	연면적 400[m²] 이상
근린생활시설(목욕장 제외), 의료시설, 위락시설, 장례시설 및 복합건축물	연면적 600[m²] 이상
근린생활시설 중 목욕장, 문화 및 집회시설, 종교시설, 판매시설, 운수시설, 운동시설, 업무시설, 공장, 창고시설, 위험물 저장 및 처리시설, 항공기 및 자동차 관련 시설, 교정 및 군사시설 중 국방 · 군사시설, 방송통신시설, 발전시설, 관광 휴게시설, 지하가	연면적 1,000[m²] 이상
교육연구시설(시설 내의 기숙사 및 합숙소 포함), 수련시설(시설 내의 기숙사 및 합숙소 포함, 숙박시설이 있는 수련시설 제외), 동물 및 식물 관련 시설, 분뇨 및 쓰레기 처리시설, 교정 및 군사시설 또는 묘지 관련 시설	연면적 2,000[m²] 이상인 것
정신의료기관 또는 의료재활시설	바닥면적 300[m²] 이상
정신의료기관 또는 의료재활시설로서 창살이 설치된 시설	바닥면적 300[m²] 미만
지하가 중 터널	길이가 1,000[m] 이상인 것
특수가연물	500배 이상

14 다음은 상용전원 정전 시 예비전원으로 절환하고 상용전원 복구 시 예비전원에서 상용전원으로 절환하는 시퀀스 제어회로의 미완성도이다. 다음의 제어동작에 적합하도록 시퀀스 회로를 완성하시오. [5점]

① MCCB를 투입한 후 PB1을 누르면 MC1이 여자되고 주접점 MC1이 폐로되고 상용전원에 의해 전동기 IM이 기동하고 상용전원 운전표시등 RL이 점등된다. 또한 보조접점 MC1-a가 폐로되어 자기유지회로가 구성되고 MC1-b가 개로되어 MC2는 작동하지 않는다.

② 상용전원으로 운전 중 PB3를 누르면 MC1이 소자되어 전동기는 정지하고 상용전원 운전표시등 RL은 소등된다.

③ 상용전원의 정전 시 PB2를 누르면 MC2가 여자되고 주접점 MC2가 폐로되어 예비전원에 의해 전동기 IM이 기동하고 예비전원 운전표시등 GL이 점등된다. 또한 보조접점 MC2-a가 폐로되어 자기유지회로가 구성되고 MC2-b가 개로되어 MC1이 작동하지 않는다.

④ 예비전원으로 운전 중 PB4를 누르면 MC2가 소자되어 전동기는 정지하고 예비전원 운전표시등 GL은 소등된다.

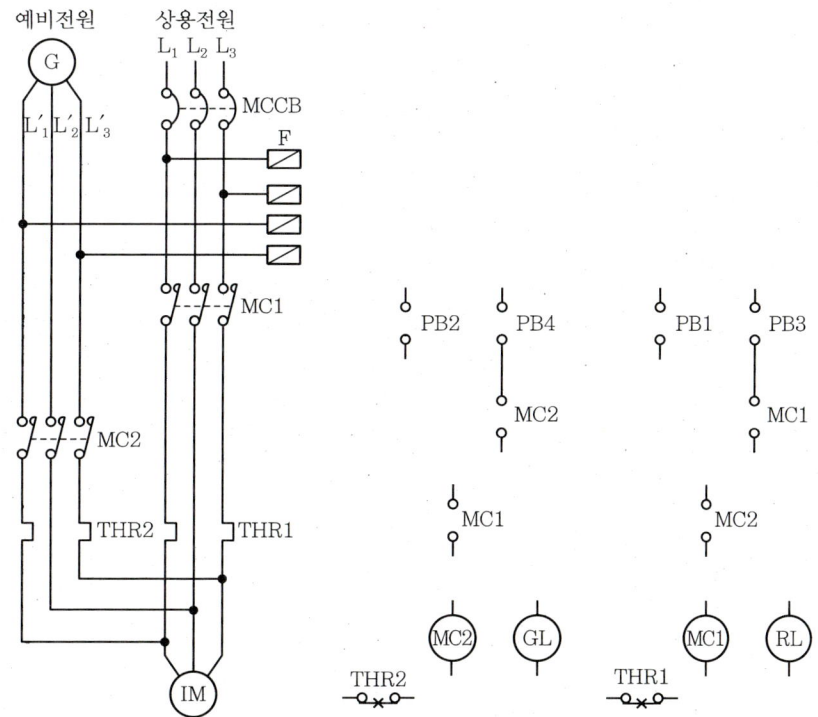

해답

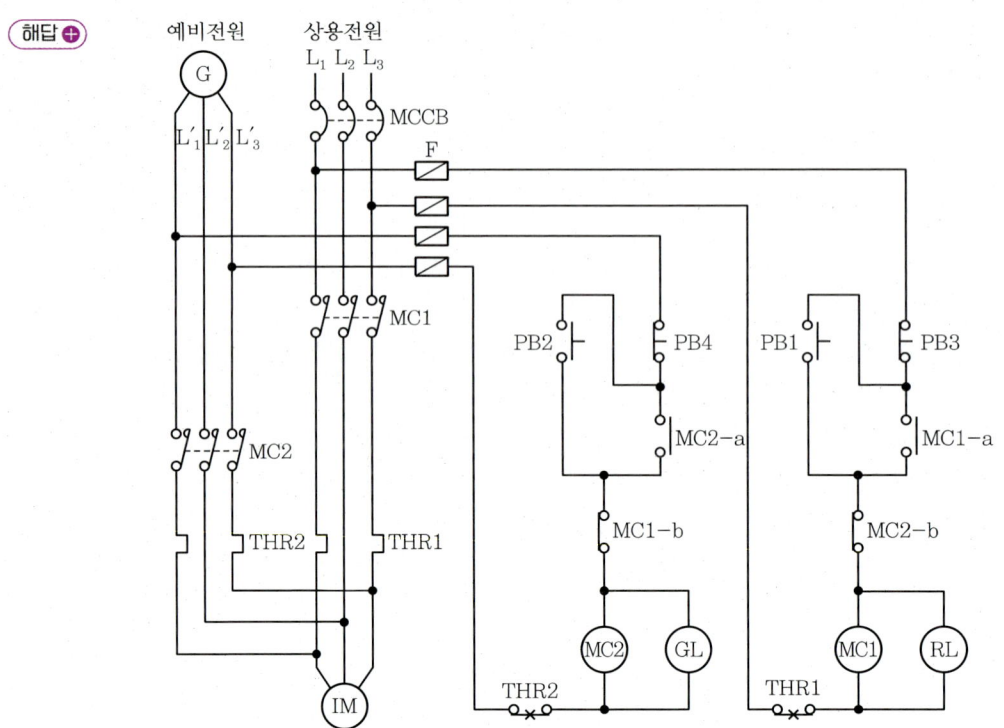

해설 각 기기의 기호 및 명칭

기호	명칭	해설
○|○|┤	PB−on 푸시버튼스위치 a접점	• 평상시 개로상태 • 손으로 누른 상태에서만 폐로, 손을 떼면 개로
┤├	PB−off 푸시버튼스위치 b접점	• 평상시 폐로상태 • 손으로 누른 상태에서만 개로, 손을 떼면 폐로
GL	Green Lamp 정지(전원)표시등	평상시 점등상태이고 전동기가 기동되면 소등된다.
RL	Red Lamp 기동표시등	평상시 소등상태이고 전동기가 기동되면 점등된다.
MC	MC 전자접촉기 코일	코일에 전원이 입력되면 코일이 여자되어 주접점과 보조접점을 동작시킨다.
○○○|○○○	MC 전자접촉기 주접점	전자접촉기 코일이 여자되면 주접점이 폐로되어 전동기를 기동시킨다.
○|○	MC−a 전자접촉기 보조접점(a접점)	• 평상시 개로상태 • 전자접촉기 코일이 여자되면 폐로

기호	명칭	해설
⏚	MC-b 전자접촉기 보조접점(b접점)	• 평상시 폐로상태 • 전자접촉기 코일이 여자되면 개로
⏚⏚⏚	MCCB 배선용 차단기 (Molded Case Circuit Breaker)	• 과부하 및 단락사고 시 선로를 차단 • NFB(No Fuse Breaker)
⏚ ⏚	THR 열동계전기 (Thermal Relay)	• 과전류 발생 시 선로를 차단하여 전동기를 보호 • 전동기 소손 방지 목적
⏚	THR-b 열동계전기 수동복귀 b접점	• 평상시 폐로상태 • 열동계전기가 작동하면 개로되어 선로 차단 • 동작핀을 손으로 눌러서 수동으로 복귀시킨다.

15 정격용량이 200[Ah]인 연(납)축전지로 구성된 비상전원설비가 상시부하용량이 8[kW]이고, 표준전압이 100[V]인 부하에 연결되어 있다. 조건을 참조하여 다음 물음에 답하시오. [6점]

1) 비상전원설비에 필요한 연축전지에 1개의 여류를 둔다고 할때 셀[cell]수를 구하시오.
   • 계산과정 :
   • 답 :
2) 연축전지를 방전 상태로 오래 방치하거나 충전 시 전해액에 불순물이 혼입되었을 때 극판 표면의 황산납이 회백색으로 변하여 부도체 성질을 갖는 현상을 무엇이라 하는지 쓰시오.
3) 충전 시 발생하는 가스의 종류를 쓰시오.

해답 1) • 계산과정

① 비상전원설비에 필요한 연축전지 수량

$$N[\text{cell}] = \frac{\text{표준전압}[V]}{\text{공칭전압}[V/\text{cell}]}$$

$$= \frac{100[V]}{2[V/\text{cell}]} = 50[\text{cell}]$$

② 여유율을 적용한 연축전지 수량

$N = 50 + 1 = 51[\text{cell}]$

• 답 51[cell]

2) 설페이션 현상
3) 수소가스

해설 1) 연축전지의 수량 산정

① 비상전원설비에 필요한 연축전지 수량

$$N[\text{cell}] = \frac{\text{표준전압}[V]}{\text{공칭전압}[V/\text{cell}]} = \frac{100[V]}{2[V/\text{cell}]} = 50[\text{cell}]$$

- 연축전지의 셀당 공칭전압 : 2[V/cell](필수암기)
- 표준전압 : 100[V]

② 여유율을 적용한 연축전지 수량

문제의 조건에서 1개의 여유를 둔다고 하였으므로 산출된 수량에 1을 가산한다.

$N = 50 + 1 = 51[\text{cell}]$

Reference

연축전지와 알칼리축전지의 비교

구분	연축전지	알칼리축전지
공칭전압	2.0[V]	1.2[V]
공칭용량	10[Ah]	5[Ah]
수명	짧다	길다
기계적 강도	약하다	강하다
종류	클래드식, 페이스트식	소결식, 포켓식

2) 설페이션

연축전지를 방전 상태로 오래 방치했을 때, 극판의 표면의 황산납이 회백색으로 변하여 부도체 성질을 갖는 현상

3) 연축전지의 충전 시 수소가스 발생

16 다음의 금속관공사에 사용되는 부품의 명칭을 쓰시오. [4점]

1) 전선의 절연피복을 보호하기 위하여 금속관 끝에 취부하여 사용되는 부품
2) 관이 고정되어 있을 때 금속관 상호 간을 접속하는 데 사용하는 부품
3) 매입배관공사를 할 때 직각으로 굽히는 곳에 사용하는 부품
4) 노출배관공사를 할 때 관을 직각으로 굽히는 곳에 사용하는 부품

해답 1) 부싱
2) 유니언 커플링
3) 노멀 벤드
4) 유니버설 엘보

해설 전선관공사에 사용되는 부속품의 종류

명칭	외형	설명
부싱 (Bushing)		전선의 절연피복을 보호하기 위하여 금속관 끝에 취부하여 사용되는 부품
유니언 커플링 (Union Coupling)		금속전선관 상호 간을 접속하는 데 사용되는 부품(관이 고정되어 있을 때)
노멀 벤드 (Normal Bend)		매입배관공사를 할 때 직각으로 굽히는 곳에 사용하는 부품
유니버설 엘보 (Universal Elbow)		노출배관공사를 할 때 관을 직각으로 굽히는 곳에 사용하는 부품
링 리듀서 (Ring Reducer)		금속관을 아웃렛 박스에 로크 너트만으로 고정하기 어려울 때 보조적으로 사용되는 부품
커플링 (Coupling)		금속전선관 상호 간을 접속하는 데 사용되는 부품(관이 고정되어 있지 않을 때)
새들 (Saddle)		관을 지지하는 데 사용하는 재료
로크 너트 (Lock Nut)		금속관과 박스를 접속할 때 사용하는 재료로 최소 2개를 사용한다.
리머 (Reamer)		금속관 말단의 모를 다듬기 위한 기구
파이프 커터 (Pipe Cutter)		금속관을 절단하는 기구
환형 3방출 정크션 박스		배관을 분기할 때 사용하는 박스
스트레이트 박스 커넥터		가요전선관과 박스의 연결에 사용되는 부품
콤비네이션 커플링		가요전선관과 금속전선관 연결에 사용되는 부품
스플릿 커플링		가요전선관과 가요전선관 연결에 사용되는 부품

17 다음 그림과 같은 건물에서 각 건물의 경계구역수를 계산하시오.(단, 각 경계구역의 계산과정을 나타내시오.) [6점]

1)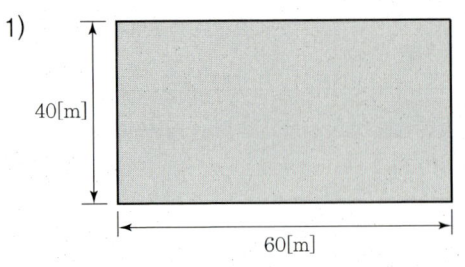

2)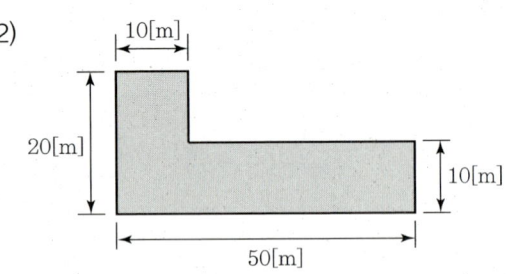

해답

1) • 계산과정

$$N = \frac{(60 \times 40)[\text{m}^2]}{600[\text{m}^2]} = 4$$

• 답 4경계구역

2) • 계산과정

$$N = \frac{[(50 \times 10) + (10 \times 10)][\text{m}^2]}{600[\text{m}^2]} = 1$$

• 답 1경계구역

해설

1) $N = \dfrac{(60 \times 40)[\text{m}^2]}{600[\text{m}^2]} = 4$ 경계구역

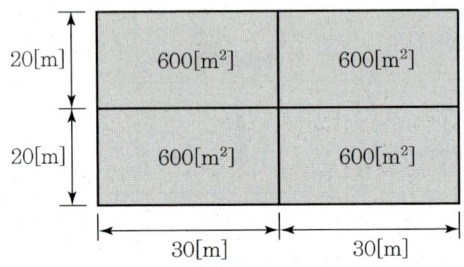

2) $N = \dfrac{[(50 \times 10) + (10 \times 10)][\text{m}^2]}{600[\text{m}^2]} = 1$ 경계구역

경계구역의 면적이 600[m²] 이하이고 한 변의 길이가 50[m] 이하이므로 1경계구역으로 할 수 있다.

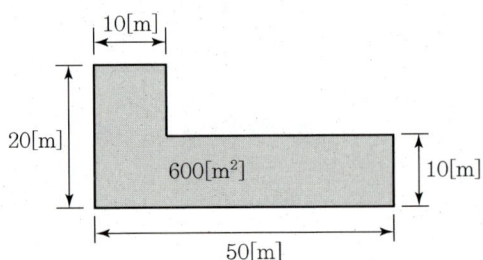

① 하나의 경계구역에서 한 변의 길이는 50[m] 이하로 하여야 하므로 반드시 50[m] 이하가 되도록 잘라야 한다.

② 하나의 경계구역의 면적은 600[m²] 이하가 되도록 경계구역을 잘라서 설정한다.

> **Reference**
>
> **경계구역의 설정기준**
>
> ① 층별, 면적별 경계구역 설정기준
> - 하나의 경계구역이 2개 이상의 건축물에 미치지 아니하도록 할 것
> - 하나의 경계구역이 2개 이상의 층에 미치지 아니하도록 할 것(다만, 500[m²] 이하의 범위 안에서는 2개의 층을 하나의 경계구역으로 할 수 있다)
> - 하나의 경계구역의 면적은 600[m²] 이하로 하고 한 변의 길이는 50[m] 이하로 할 것(다만, 주된 출입구에서 그 내부 전체가 보이는 것은 한 변의 길이가 50[m]의 범위 내에서 1,000[m²] 이하)
>
> ② 수직구역의 경계구역 설정기준
> - 별도의 경계구역 설정 : 계단, 경사로, 엘리베이터 승강로, 권상기실, 린넨슈트, 파이프 피트, 파이프 덕트, 기타 이와 유사한 부분
> - 하나의 경계구역 높이 : 45[m] 이하(계단 및 경사로에 한함)
> - 지하층의 계단 및 경사로는 별도로 하나의 경계구역으로 할 것(지하층의 층수가 1일 경우는 제외)
>
> ③ 기타 경계구역 설정
> - 외기에 면하여 상시 개방된 부분이 있는 차고 · 주차장 · 창고 등에 있어서는 외기에 면하는 각 부분으로부터 5[m] 미만의 범위 안에 있는 부분은 경계구역의 면적에 산입하지 아니한다.
> - 스프링클러설비 · 물분무등소화설비 또는 제연설비의 화재감지장치로서 화재감지기를 설치한 경우의 경계구역은 해당 소화설비의 방사구역 또는 제연구역과 동일하게 설정할 수 있다.

18 그림은 자동화재탐지설비와 준비작동식 스프링클러설비의 간선계통도이다. 그림을 보고 다음 각 물음에 답하시오.(단, 발신기의 경우 화재가 발생하여 단락되었을 경우 경보에 지장을 주지 않을 유효한 조치를 하였다고 본다. 또한, 수신기와 SVP 사이에는 전화선은 없다.) [8점]

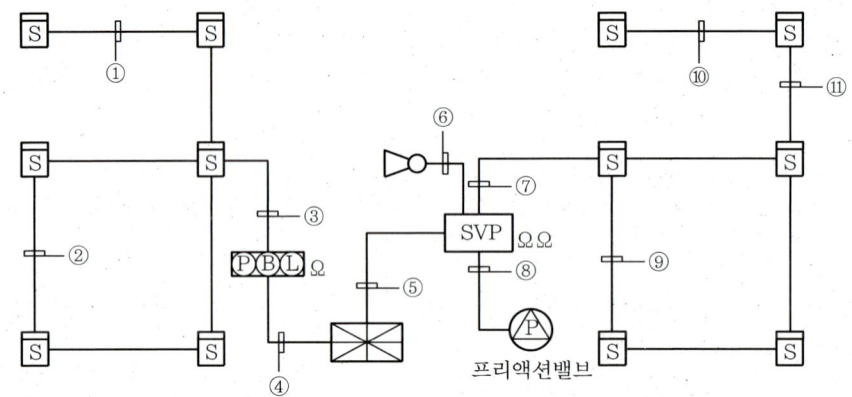

1) 그림의 ①~⑪까지의 배선가닥수를 쓰시오.(프리액션밸브용 감지기공통선과 전원공통선은 분리하여 사용하고 압력스위치, 탬퍼스위치 및 솔레노이드밸브의 공통선은 1가닥을 사용하여 결선한다.)

①	②	③	④	⑤	⑥	⑦	⑧	⑨	⑩	⑪

2) ⑤의 배선별 용도를 쓰시오.

해답 ➕ 1)

①	②	③	④	⑤	⑥	⑦	⑧	⑨	⑩	⑪
4	2	4	6	9	2	8	4	4	4	8

2) 전원⊕, 전원⊖, 감지기공통, 감지기A, 감지기B, 솔레노이드밸브, 탬퍼스위치, 압력스위치, 사이렌

해설 ➕ 가닥수 및 배선의 용도

구분	가닥수	배선의 용도
①	4	회로선2, 공통선2
②	2	회로선1, 공통선1
③	4	회로선2, 공통선2
④	6	회로선1, 회로공통선1, 경종선1, 표시등선1, 경종·표시등공통선1, 응답선1
⑤	9	전원⊕, ⊖, 감지기공통, 감지기A, B, 솔레노이드밸브, 탬퍼스위치, 압력스위치, 사이렌
⑥	2	사이렌2
⑦	8	회로선4, 공통선4
⑧	4	솔레노이드밸브, 탬퍼스위치, 압력스위치, 공통선

구분	가닥수	배선의 용도
⑨	4	회로선2, 공통선2
⑩	4	회로선2, 공통선2
⑪	8	회로선4, 공통선4

① 자동화재탐지설비의 감지기 배선 중 그 밖의 배선 : 4가닥(회로선2, 공통선2)
② 자동화재탐지설비의 감지기 배선 중 루프된 곳 : 2가닥(회로선1, 공통선1)
③ 자동화재탐지설비의 감지기 배선 중 그 밖의 배선 : 4가닥(회로선2, 공통선2)
④ 수신기~발신기 간 : 1회로이므로 기본 6가닥
  회로선1, 회로공통선1, 경종선1, 표시등선1, 경종·표시등공통선1, 응답선1
⑤ 수신기~SVP
  • 최소가닥수 : 8가닥
   전원⊕, ⊖, 감지기A, B, 솔레노이드밸브, 탬퍼스위치, 압력스위치, 사이렌
  • 감지기공통선을 별도로 배선하는 경우 : 9가닥
   전원⊕, ⊖, 감지기공통, 감지기A, B, 솔레노이드밸브, 탬퍼스위치, 압력스위치, 사이렌
⑥ SVP~사이렌 : 사이렌 2가닥
⑦ 교차회로방식의 감지기 배선 중 그 밖의 것 : 8가닥(회로선4, 공통선4)
⑧ SVP~프리액션밸브
  • 최소가닥수 : 4가닥
   솔레노이드밸브(S/V), 탬퍼스위치(T/S), 압력스위치(P/S), 공통
  • 프리액션밸브의 공통선을 별도로 배선하는 경우 : 6가닥
   솔레노이드밸브(S/V) 2, 탬퍼스위치(T/S) 2, 압력스위치(P/S) 2
⑨ 교차회로방식의 감지기 배선 중 루프된 곳 : 4가닥(회로선2, 공통선2)
⑩ 교차회로방식의 감지기 배선 중 말단감지기 : 4가닥(회로선2, 공통선2)
⑪ 교차회로방식의 감지기 배선 중 그 밖의 것 : 8가닥(회로선4, 공통선4)

Reference

송배선식과 교차회로방식의 가닥수 산정방법

송배선방식	교차회로방식
• 루프된 곳 : 2가닥 • 그 밖의 것 : 4가닥	• 루프된 곳 : 4가닥 • 말단감지기 : 4가닥 • 그 밖의 것 : 8가닥

2023년 제4회(2023. 11. 4)

01 다음의 회로를 보고 각 물음에 답하시오.(단, R_S : 전원의 내부저항, R_L : 부하저항) [6점]

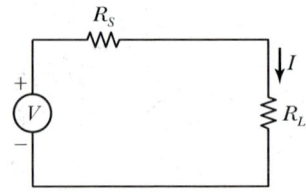

1) 부하저항에 최대전력을 전달하기 위한 조건을 쓰시오.
2) 부하저항에 최대전력을 전달하기 위한 식을 쓰시오.
   - 계산과정 :
   - 답 :

해답 1) $R_S = R_L$

2) • 계산과정

$$P = I^2 R_L$$
$$= \left(\frac{V}{R_0}\right)^2 \cdot R_L = \left(\frac{V}{R_S + R_L}\right)^2 \cdot R_L$$
$$= \left(\frac{V}{R_L + R_L}\right)^2 \cdot R_L = \left(\frac{V}{2R_L}\right)^2 \cdot R_L$$
$$= \frac{V^2}{4R_L^2} \cdot R_L = \frac{V^2}{4R_L}$$

• 답 $P = \dfrac{V^2}{4R_L}$

해설 1) 최대전력 전달의 조건
  ① 전원의 내부저항과 부하저항의 값이 같을 때 최대전력이 전달된다.
  ② 즉, $R_S = R_L$일 때 최대전력이 전달된다.

2) 최대전력 전달식
  ① 전류
$$I = \frac{V}{R_0} = \frac{V}{R_S + R_L}$$

   여기서, R_0 : 합성저항[Ω], R_S : 전원의 내부저항[Ω], R_L : 부하저항[Ω], V : 전압[V]

② 최대전력

$$P = I^2 R_L$$
$$= \left(\frac{V}{R_0}\right)^2 \cdot R_L \qquad R_0 = R_S + R_L \text{이므로}$$
$$= \left(\frac{V}{R_S + R_L}\right)^2 \cdot R_L \qquad \text{최대전력 전달조건 } R_S = R_L \text{이므로}$$
$$= \left(\frac{V}{R_L + R_L}\right)^2 \cdot R_L = \left(\frac{V}{2R_L}\right)^2 \cdot R_L$$
$$= \frac{V^2}{4R_L^2} \cdot R_L$$
$$= \frac{V^2}{4R_L}$$

02 이산화탄소소화설비에서 자동식 기동장치의 화재감지기는 교차회로방식으로 설치하여야 한다. 감지기 A, B를 교차회로방식으로 구성하는 경우 다음 각 물음에 답하시오. [3점]

1) 작동신호 출력을 C라 했을 경우 논리식을 쓰시오.
2) 상기 논리식에 대응하는 논리기호를 그리시오.

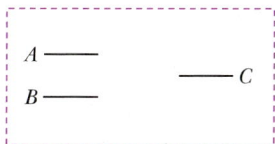

3) 상기 논리식에 대응하는 진리표를 작성하시오.

입력신호		출력신호
A	B	C

해답 1) $A \cdot B = C$

2)

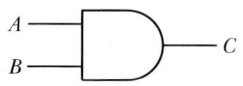

3)

입력신호		출력신호
A	B	C
0	0	0
0	1	0
1	0	0
1	1	1

해설 ⊕

1) 논리식
   ① 교차회로방식이란 하나의 경계구역 내에 2 이상의 화재감지기회로를 설치하고 인접한 2 이상의 화재감지기가 동시에 감지되는 때에 이산화탄소소화설비가 작동하여 소화약제가 방출되는 방식이다.
   ② 그러므로 교차회로방식은 A감지기와 B감지기가 동시에 작동하였을 때만 이산화탄소 소화설비를 작동시키는 AND 회로이다.
   ③ $A \cdot B = C$ (입력 : A, B 출력 : C)

2) AND Gate의 논리기호
   ① 입력 : A, B
   ② 출력 : C

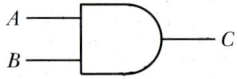

3) AND 회로의 진리표

입력신호		출력신호
A	B	C
0	0	0
0	1	0
1	0	0
1	1	1

03 유도등 및 비상조명등의 화재안전기술기준에 따른 비상전원을 60분 이상 유효하게 작동시킬 수 있어야 하는 특정소방대상물 두가지를 쓰시오. [4점]

·
·

해답 ⊕
- 지하층을 제외한 층수가 11층 이상의 층
- 지하층 또는 무창층으로서 용도가 도매시장·소매시장·여객자동차터미널·지하역사 또는 지하상가

해설

1) 유도등 및 비상조명등의 비상전원
   ① 비상전원의 종류
   - 유도등 : 축전지
   - 비상조명등 : 자가발전설비, 축전지설비, 전기저장장치
   ② 비상전원의 용량 : 20분 이상
   ③ 비상전원의 용량을 60분 이상으로 하여야 하는 특정소방대상물
   - 지하층을 제외한 층수가 11층 이상의 층
   - 지하층 또는 무창층으로서 용도가 도매시장 · 소매시장 · 여객자동차터미널 · 지하역사 또는 지하상가

2) 소방설비별 비상전원의 종류 및 용량

소방설비	비상전원의 종류	비상전원 용량
• 비상경보설비 　(비상벨설비 또는 자동식 사이렌설비) • 비상방송설비 • 자동화재탐지설비	• 축전지설비 • 전기저장장치	60분 이상 감시상태 지속 10분 이상 경보
• 소화설비 • 제연설비 • 비상조명등	• 자가발전설비 • 축전지설비 • 전기저장장치	20분 이상
• 스프링클러설비 • 포소화설비	• 자가발전설비 • 축전지설비 • 비상전원수전설비 • 전기저장장치	20분 이상
비상콘센트설비	• 자가발전설비 • 축전지설비 • 비상전원수전설비 • 전기저장장치	20분 이상
유도등	축전지	20분 이상
유도등 및 비상조명등이 설치된 장소로서 • 11층 이상의 층 • 지하층 또는 무창층으로서 용도가 도매시장 · 소매시장 · 여객자동차터미널 · 지하역사 또는 지하상가	유도등 • 축전지 비상조명등 • 자가발전설비 • 축전지설비 • 전기저장장치	60분 이상
무선통신보조설비의 증폭기	축전지설비	30분 이상

04 정온식 스포트형 감지기의 열감지방식을 5가지만 쓰시오. [5점]

-
-
-
-
-

해답
- 바이메탈을 이용하는 방식(바이메탈 활곡, 반전)
- 액체팽창을 이용하는 방식
- 반도체소자를 이용하는 방식
- 가용절연물을 이용하는 방식
- 금속의 팽창계수차를 이용하는 방식

해설

1) 정온식 스포트형 감지기의 종류
   ① 바이메탈을 이용하는 방식(바이메탈 활곡, 반전) : 팽창계수가 다른 두 금속을 서로 붙여 온도가 상승하면 팽창계수차에 의해 바이메탈이 구부러져서 접점을 동작시키는 방식
   ② 액체팽창을 이용하는 방식 : 액체가 기화되면서 팽창하여 그 힘에 의해 접점을 동작시키는 방식
   ③ 반도체소자를 이용하는 방식 : 서미스터를 1개 사용하여 일정온도에 도달하면 검출하는 방식
   ④ 가용절연물을 이용하는 방식(감지선형과 동일한 원리)
   ⑤ 금속의 팽창계수차를 이용하는 방식

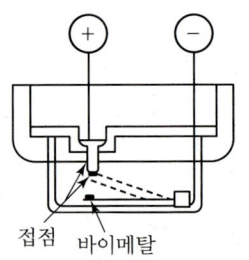

▲ 바이메탈의 활곡을 이용한 것

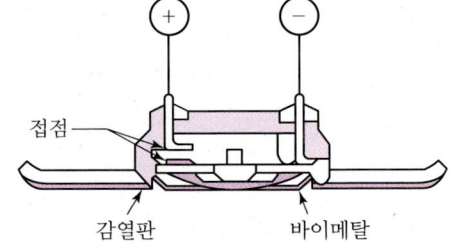

▲ 바이메탈의 반전을 이용한 것

2) 정온식 스포트형 감지기의 설치기준

구분	설치기준
설치장소	주방, 보일러실 등으로서 다량의 화기를 취급하는 장소에 설치
공칭작동온도	최고 주위온도보다 20[℃] 이상

05 다음은 자동화재탐지설비의 발신기와 기동용 수압개폐장치를 사용하는 옥내소화전함이 설치된 8층의 건축물의 계통도이다. 도면을 보고 각 물음에 답하시오.(단, 화재로 인하여 지구음향장치 또는 배선이 단락되어도 다른 층의 화재통보에 지장을 주지 않도록 조치가 되어 있는 수신기를 사용한다. 또한 전화선은 제외한다.) [10점]

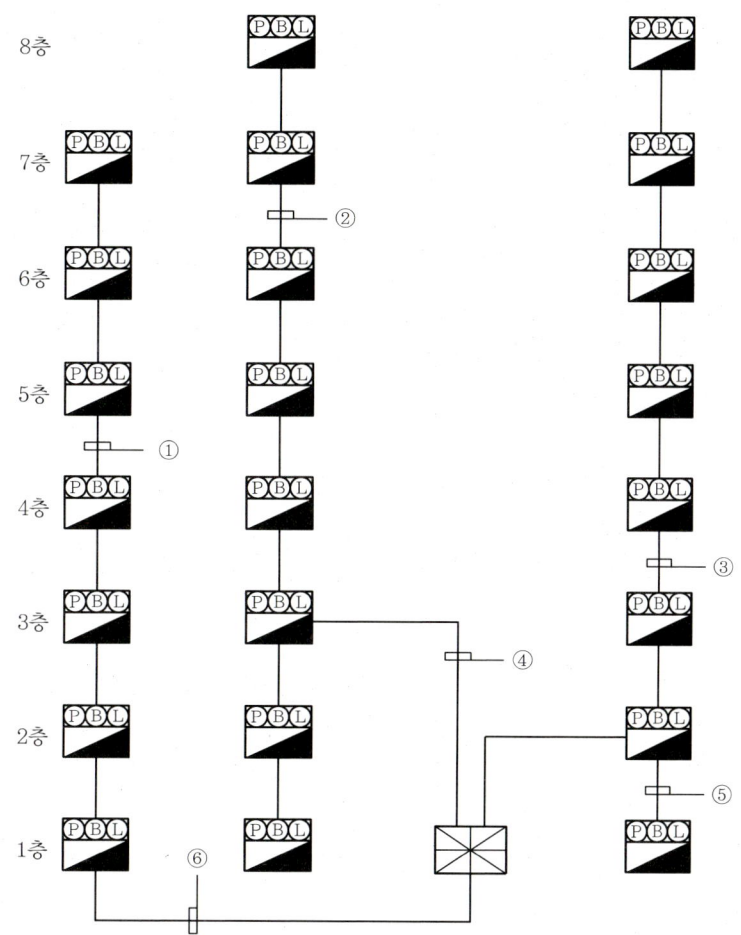

1) ①~⑥의 최소가닥수를 다음 표에 쓰시오.

번호	①	②	③	④	⑤	⑥
가닥수						

2) 수신기는 몇 회로용을 설치하여야 하는가?
3) 계통도에서 5층의 지구음향장치 또는 배선의 단락사고 발생 시 경보하여야 하는 층을 모두 쓰시오.
4) 음향장치의 구조 및 성능기준에 대한 각 물음에 답하시오.
   ① 정격전압의 몇 % 전압에서 음향을 발할 수 있는 것으로 해야 하는가?
   ② 음향의 크기는 부착된 음향장치의 중심으로부터 1[m] 떨어진 위치에서 몇 [dB] 이상이 되는 것으로 해야 하는가?

해답

1)

번호	①	②	③	④	⑤	⑥
가닥수	12	10	16	23	8	20

2) 25회로용

3) 1층, 2층, 3층, 4층, 6층, 7층, 8층 (5층을 제외한 모든 층)

4) ① 80[%]
   ② 90[dB]

해설

1) 가닥수

번호	가닥수 합계	배선의 용도						
		회로선	회로 공통선	경종선	표시등 선	경종· 표시등공통선	응답선	기동확인 표시등
①	12	3	1	3	1	1	1	2
②	10	2	1	2	1	1	1	2
③	16	5	1	5	1	1	1	2
④	23	8	2	8	1	1	1	2
⑤	8	1	1	1	1	1	1	2
⑥	20	7	1	7	1	1	1	2

①~⑥번의 가닥수

㉠ 발신기세트 옥내소화전 내장형

- 기본 가닥수 : 8가닥
  회로선, 회로공통선, 경종선, 표시등선, 경종·표시등공통선, 응답선, 펌프기동확인 표시등2

㉡ 회로수 : 해당 배관 후단의 발신기세트의 개수(종단저항이 있는 경우 종단저항의 수)

㉢ 회로공통선
- 회로수가 7개 이하인 경우 회로공통선 1선
- 회로수가 7개 초과할 때마다 회로공통선 1선씩 증가
- 회로공통선 = $\dfrac{회로수}{7}$ (소수점 이하 올림)

㉣ 경종선 : **각 층마다 1가닥씩 증가**
- 화재로 인하여 하나의 층의 지구음향장치 또는 배선이 단락되어도 다른 층의 화재통보에 지장이 없도록 각 층 배선상에 유효한 조치를 할 것(2022년 이후)
- 각 층 배선상에 유효한 조치로 단선단락 자동감시형 수신기를 사용하거나 수신기에 퓨즈 또는 차단기 등을 설치할 것(2025년 이후)
- 경종선은 단선단락 자동감시형 수신기나 퓨즈 또는 차단기 등으로부터 각 층에 각각 1가닥씩 배선하여야 한다.
- 일제경보방식과 우선경보방식의 배선방식이 동일하다.

ⓜ 표시등선, 경종·표시등공통선, 응답선
특별한 조건이 없는 한 각각 1가닥으로 배선하며 증가하지 않는다.
ⓗ 기동확인표시등(=펌프기동확인, 기동확인, 기동표시등)
- 기동용 수압개폐장치를 사용하는 옥내소화전설비의 소화전함이므로 반드시 기본 발신기세트 단독형에서 2가닥을 추가하여야 한다.
- 기동확인표시등선은 2가닥에서 증가하지 않는다.

2) 수신기의 회로수
① 발신기세트 옥내소화전 내장형(PBL)의 개수가 23개이므로 회로수는 23회로이다.
② 수신기는 5단위로 생산되므로 25회로용을 선정한다.

3) 단락보호
① 화재로 인하여 하나의 층의 지구음향장치 또는 배선이 단락되어도 다른 층의 화재통보에 지장이 없도록 각 층 배선상에 유효한 조치를 할 것(2022년 이후)
② ①의 규정으로 인하여 경종단락보호장치 또는 각 층의 경종선에 퓨즈 설치, 예비배선 추가시공, 단락보호기능이 있는 중계기 설치, 아이솔레이터 시공 등의 방법으로 다른 층의 화재통보에 지장이 없도록 하였다.(2022년~2024년)
③ 단선단락 자동감시형 수신기를 사용하거나 수신기에 퓨즈 또는 차단기 등을 설치하여 경종선의 단락에 의해 퓨즈 또는 차단기가 차단된 경우 200초 이내에 표시 및 음향장치가 작동하고 차단된 회로 이외의 다른 회로에 영향을 미치지 아니할 것(2025년 이후)
④ 그러므로 단락사고가 발생한 층인 5층을 제외한 모든 층에서 정상적으로 경보하여야 한다.

4) 음향장치의 구조 및 성능
① 정격전압의 80[%] 전압에서 음향을 발할 수 있는 것으로 할 것. 다만, 건전지를 주전원으로 사용하는 음향장치는 그렇지 않다.
② 음향의 크기는 부착된 음향장치의 중심으로부터 1[m] 떨어진 위치에서 90[dB] 이상이 되는 것으로 할 것
③ 감지기 및 발신기의 작동과 연동하여 작동할 수 있는 것으로 할 것

06 피난유도선이란 햇빛이나 전등불에 따라 축광하거나(축광방식) 전류에 따라 빛을 발하는(광원점등방식) 유도체로서 어두운 상태에서 피난을 유도할 수 있도록 띠 형태로 설치되는 피난유도시설을 말한다. 이러한 피난유도선 중 광원점등방식의 피난유도선에 대한 설치기준 5가지를 쓰시오.
[5점]

-
-
-
-
-

해답 ⊕
- 구획된 각 실로부터 주출입구 또는 비상구까지 설치할 것
- 피난유도 표시부는 바닥으로부터 높이 1[m] 이하의 위치 또는 바닥면에 설치할 것
- 피난유도 표시부는 50[cm] 이내의 간격으로 연속되도록 설치하되 실내장식물 등으로 설치가 곤란할 경우 1[m] 이내로 설치할 것
- 수신기로부터의 화재신호 및 수동조작에 의하여 광원이 점등되도록 설치할 것
- 비상전원이 상시 충전상태를 유지하도록 설치할 것

해설 ⊕
1) 광원점등방식의 피난유도선
   ① 구획된 각 실로부터 주출입구 또는 비상구까지 설치할 것
   ② 피난유도 표시부는 바닥으로부터 높이 1[m] 이하의 위치 또는 바닥면에 설치할 것
   ③ 피난유도 표시부는 50[cm] 이내의 간격으로 연속되도록 설치하되 실내장식물 등으로 설치가 곤란할 경우 1[m] 이내로 설치할 것
   ④ 수신기로부터의 화재신호 및 수동조작에 의하여 광원이 점등되도록 설치할 것
   ⑤ 비상전원이 상시 충전상태를 유지하도록 설치할 것
   ⑥ 바닥에 설치되는 피난유도 표시부는 매립하는 방식을 사용할 것
   ⑦ 피난유도 제어부는 조작 및 관리가 용이하도록 바닥으로부터 0.8[m] 이상 1.5[m] 이하의 높이에 설치할 것

2) 축광방식의 피난유도선
   ① 구획된 각 실로부터 주출입구 또는 비상구까지 설치할 것
   ② 바닥으로부터 높이 50[cm] 이하의 위치 또는 바닥면에 설치할 것
   ③ 피난유도 표시부는 50[cm] 이내의 간격으로 연속되도록 설치할 것
   ④ 부착대에 의하여 견고하게 설치할 것
   ⑤ 외광 또는 조명장치에 의하여 상시 조명이 제공되거나 비상조명등에 의한 조명이 제공되도록 설치할 것

07 다음의 평면도 A~D실에 차동식 스포트형 감지기 1종을 설치하고 복도에는 연기감지기 2종을 설치하고자 한다. 다음 각 물음에 답하시오.(단, 건물의 주요 구조부는 내화구조이고, 감지기의 설치높이는 3[m]이다.) [5점]

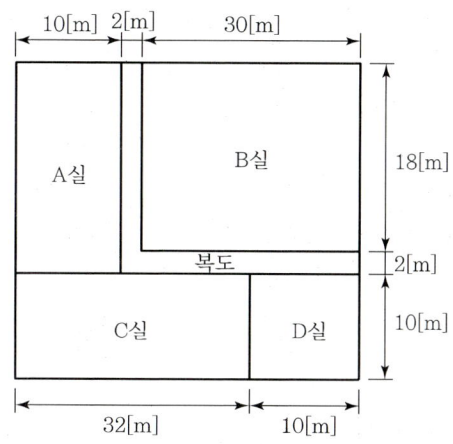

1) 차동식 스포트형 감지기 1종에 대한 수량을 산출하시오.

설치장소	계산과정	감지기 개수
A실		
B실		
C실		
D실		

2) 복도에 설치하는 연기감지기 2종에 대한 수량을 산출하시오.

설치장소	계산과정	감지기 개수
복도		

해답 1)

설치장소	계산과정	감지기 개수
A실	$N = \dfrac{10 \times (18+2)}{90} = 2.22 ≒ 3$	3개
B실	$N = \dfrac{30 \times 18}{90} = 6$	6개
C실	$N = \dfrac{32 \times 10}{90} = 3.56 ≒ 4$	4개
D실	$N = \dfrac{10 \times 10}{90} = 1.11 ≒ 2$	2개

2)

설치장소	계산과정	감지기 개수
복도	$N = \dfrac{50}{30} = 1.67 ≒ 2$	2개

해설 1) 차동식 스포트형 감지기 1종

① 차동식 보상식, 정온식 스포트형 감지기의 기준면적(단위 : m²)

부착높이 및 특정소방대상물의 구분		감지기의 종류				
		차동식, 보상식		정온식		
		1종	2종	특종	1종	2종
4[m] 미만	내화구조	90	70	70	60	20
	기타 구조	50	40	40	30	15
4[m] 이상 8[m] 미만	내화구조	45	35	35	30	—
	기타 구조	30	25	25	15	—

② 층고 : 4[m] 미만(3m)

③ 주요 구조부 : 내화구조

④ 기준면적 : 90[m²] (표에서 찾는다)

⑤ 감지기 수량 = $\dfrac{\text{바닥면적}[m^2]}{\text{기준면적}[m^2]}$ (소수점 이하 절상)

2) 연기감지기 2종

① 연기감지기 1개의 거리기준

설치장소	감지기의 종류	
	1종, 2종	3종
복도, 통로(보행거리)	30[m]	20[m]
계단, 경사로(수직거리)	15[m]	10[m]

② 복도의 보행거리

- 보행중심선의 길이로 구한다.
- 가로(30m + 1m) + 세로(18m + 1m) = 50[m]
- 기준거리 : 30[m] (표에서 찾는다)
- 감지기 수량 = $\dfrac{\text{보행중심선 길이의 합계}}{\text{기준거리}}$ (소수점 이하 절상)
- $N = \dfrac{(30+1)+(18+1)}{30} = \dfrac{50}{30} = 1.67 ≒ 2$개

08 다음의 경보설비에 관한 물음에 답하시오. [3점]

1) 경보설비의 정의를 쓰시오.
2) 경보설비의 종류 6가지를 쓰시오.
   -
   -
   -
   -
   -
   -

해답

1) 화재발생 사실을 통보하는 기계·기구 또는 설비
2)
   - 비상경보설비(비상벨설비, 자동식 사이렌설비)
   - 비상방송설비
   - 자동화재탐지설비
   - 자동화재속보설비
   - 누전경보기
   - 가스누설경보기

해설

1) 경보설비의 정의
   화재발생 사실을 통보하는 기계·기구 또는 설비

2) 경보설비의 종류
   ① 단독경보형 감지기
   ② 비상경보설비
      - 비상벨설비
      - 자동식 사이렌설비
   ③ 자동화재탐지설비
   ④ 시각경보기
   ⑤ 화재알림설비
   ⑥ 비상방송설비
   ⑦ 자동화재속보설비
   ⑧ 통합감시시설
   ⑨ 누전경보기
   ⑩ 가스누설경보기

09 다음의 시퀀스 회로는 3상 유도전동기를 기동하기 위한 Y-△ 회로이다. 도면을 보고 다음 각 물음에 답하시오.

[8점]

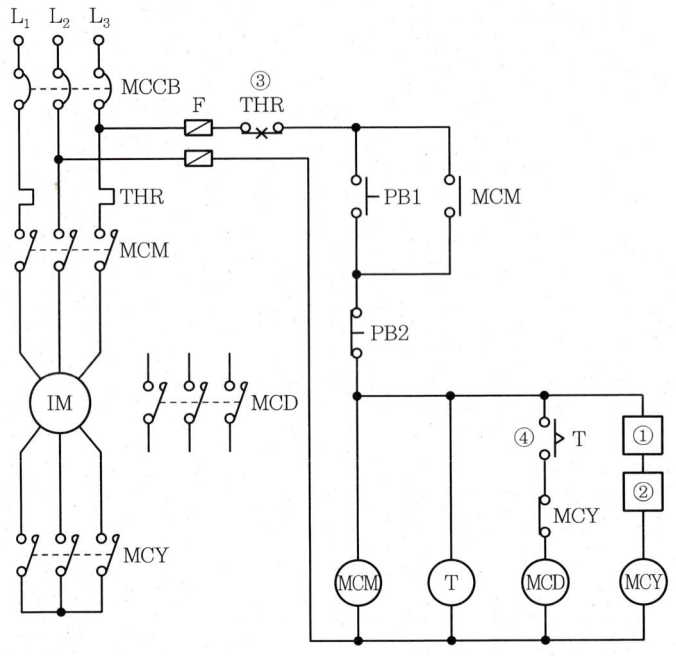

1) Y-△ 회로를 사용하는 목적을 쓰시오.
2) 도면의 ①과 ②에 들어갈 기호를 그리시오.

①	②

3) 도면의 ③과 ④에 대한 우리말 명칭을 쓰시오.
   ③
   ④
4) 도면에서 주접점회로를 완성하시오.

해답

1) 기동전류를 1/3로 줄일 수 있으므로

2)

①	②
T (한시동작 b접점)	MCD (b접점)

3) ③ 열동계전기 수동복귀 b접점
   ④ 한시동작 순시복귀 a접점

4)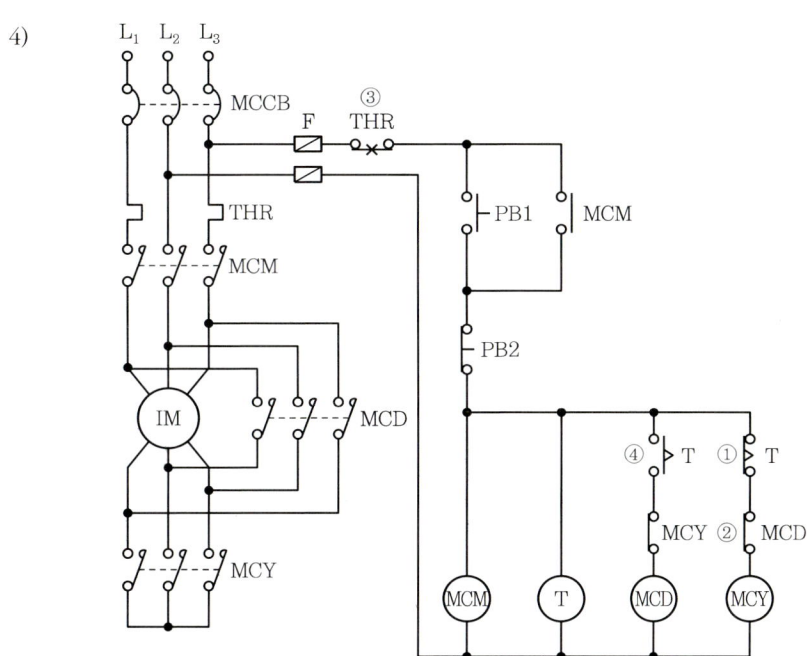

해설

1) Y-△ 회로
   ① 목적
      - Y결선으로 기동하면 기동전류를 1/3로 제한할 수 있으며 기동토크도 1/3이 된다.
      - 전동기의 용량이 5.5[kW] 이상인 전동기에 사용한다.
   ② 운전방법
      - 기동 시 : 유도전동기의 고정자권선을 Y결선
      - 운전 시 : 유도전동기의 고정자권선을 △결선

2), 3) 도면 설명
   - 배선용 차단기 MCCB를 투입하면 제어회로에 전원(220V)이 투입되고 PB1 스위치를 누르면 전자접촉기 MCM이 여자되어 주접점 MCM이 폐로된다. 또한 전자접촉기 MCY가 여자된다. 이때 주접점 MCY가 폐로되어 유도전동기는 Y결선으로 기동된다. 또한 타이머 코일 T도 여자상태가 된다.

- 동시에 MCM-a접점이 폐로되어 자기유지회로가 구성된다. 그러므로 기동스위치 PB1에서 손을 떼어도 기동상태가 유지된다. 또한 MCY-b접점이 개로되어 전자접촉기 MCD는 작동할 수 없다. (인터록 회로)
- 타이머 설정시간 후 T-b접점이 개로된다. 이때 전자접촉기 MCY가 소자되므로 주접점 MCY가 개로되어 Y결선으로 기동하던 유도전동기는 정지하게 된다. 동시에 개로되어 있던 MCY-b접점이 복귀하여 폐로된다.
- 동시에 T-a접점이 폐로된다. 이때 전자접촉기 MCD가 여자되고 주접점 MCD가 폐로되어 유도전동기는 △결선으로 운전하게 된다. 또한 MCD-b접점이 개로되어 전자접촉기 MCY는 작동할 수 없다. (인터록 회로)
- PB2 스위치를 누르거나 THR-b접점이 개로되면 전자접촉기 MCM과 MCD가 소자되어 주접점 MCM과 MCD가 개로되므로 유도전동기는 정지한다.

4) Y-△ 회로 결선방법

① Y결선으로 기동, △결선으로 운전

Y결선	△결선
(U, V, W 권선이 중성점에서 결선)	(U, V, W 권선이 삼각형으로 결선)
(X, Y, Z 단자가 하단에서 단락)	(X, Y, Z 단자가 하단에서 U, V, W와 교차 결선)

② 주회로의 Y-△ 결선 방법

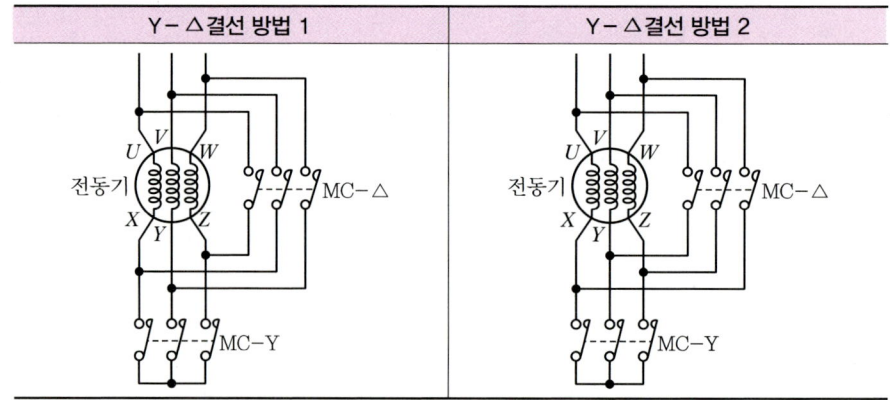

10 높이 20[m] 이상 되는 곳에 설치할 수 있는 감지기를 2가지 쓰시오. [3점]

-
-

해답
- 불꽃감지기
- 광전식(분리형, 공기흡입형) 중 아날로그방식

해설 : 부착높이별 적응성 감지기의 종류

부착높이	감지기의 종류
8[m] 이상 15[m] 미만	• 광전식(스포트형, 분리형, 공기흡입형) 1종 또는 2종 • 연기복합형 • 이온화식 1종 또는 2종 • 불꽃감지기 • 차동식 분포형
15[m] 이상 20[m] 미만	• 광전식(스포트형, 분리형, 공기흡입형) 1종 • 연기복합형 • 이온화식 1종 • 불꽃감지기
20[m] 이상	• 불꽃감지기 • 광전식(분리형, 공기흡입형) 중 아날로그방식
비고	부착높이 20[m] 이상에 설치하는 광전식 중 아날로그방식의 감지기는 공칭감지농도 하한값이 감광율 5[%/m] 미만인 것으로 한다.

11 무선통신보조설비의 화재안전기술기준에 대한 다음 물음에 답하시오. [6점]

1) 증폭기에 사용하는 상용전원의 종류 및 배선에 대해 쓰시오.
2) 주회로 전원의 정상 여부를 표시할 수 있는 것으로 증폭기의 전면에 설치하는 것 2가지를 쓰시오.
   -
   -
3) 증폭기의 비상전원 용량은 무선통신보조설비를 유효하게 몇 분 이상 작동시킬 수 있는 것으로 해야 하는가?

해답
1) 전기가 정상적으로 공급되는 축전지설비, 전기저장장치 또는 교류전압의 옥내 간선으로 하고, 전원까지의 배선은 전용으로 할 것
2) • 표시등
   • 전압계
3) 30분

해설 ⊕ 증폭기 및 무선중계기의 설치기준

① 상용전원은 전기가 정상적으로 공급되는 축전지설비, 전기저장장치(외부 전기에너지를 저장해 두었다가 필요한 때 전기를 공급하는 장치) 또는 교류전압의 옥내 간선으로 하고, 전원까지의 배선은 전용으로 할 것
② 증폭기의 전면에는 주회로 전원의 정상 여부를 표시할 수 있는 표시등 및 전압계를 설치할 것
③ 증폭기에는 비상전원이 부착된 것으로 하고 해당 비상전원 용량은 무선통신보조설비를 유효하게 30분 이상 작동시킬 수 있는 것으로 할 것
④ 증폭기 및 무선중계기를 설치하는 경우에는 「전파법」 제58조의2에 따른 적합성 평가를 받은 제품으로 설치하고 임의로 변경하지 않도록 할 것
⑤ 디지털 방식의 무전기를 사용하는 데 지장이 없도록 설치할 것

12 다음의 도면은 자동화재탐지설비의 평면도이다. 도면과 조건을 보고 물음에 답하시오. [7점]

[조건]
- 천장은 이중천장이 없는 구조이다.
- 전선관은 후강전선관을 사용하고 콘크리트 내에 매입한다.

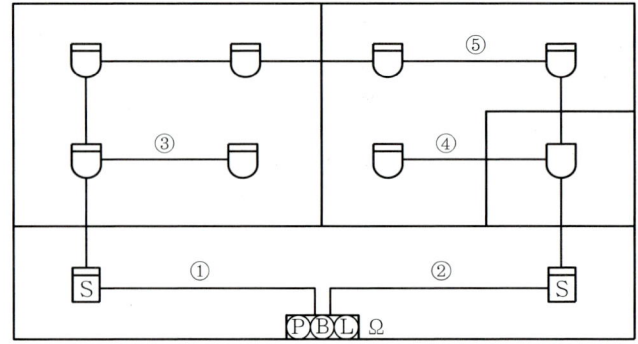

1) 도면에서 시공에 필요한 부싱과 로크 너트의 수량을 산출하시오.
   - 부싱 :
   - 로크 너트 :

2) 각 감지기와 감지기 간과 감지기와 수동발신기 간의 전선가닥수(①~⑤)를 산출하시오.

번호	①	②	③	④	⑤
가닥수					

해답

1) • 부싱 : 22개
   • 로크 너트 : 44개

2)
번호	①	②	③	④	⑤
가닥수	2	2	4	4	2

해설

1) 부싱 및 로크 너트의 개수

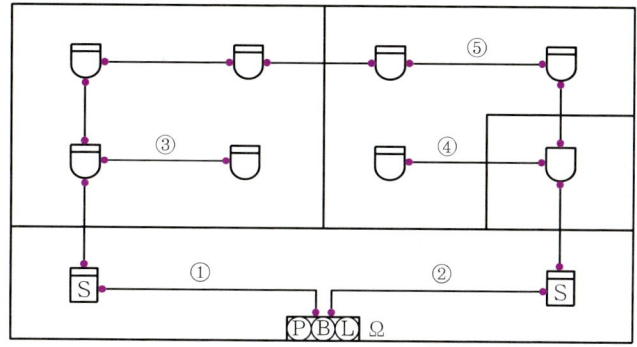

- 배관의 개수 : 11개(───)
- 부싱의 개수 : 배관의 개수(11개) × 2배 = 22개
  ●───● [배관 1개에 부싱(●)이 2개씩이다.]
- 로크 너트의 개수 : 부싱의 개수(22개) × 2배 = 44개

2) 전선가닥수
- 자동화재탐지설비의 배선은 송배선식이다.
- 루프된 곳 : 2가닥, 그 밖의 것 : 4가닥
- 도면에서 루프된 곳은 ①, ②, ⑤이다.
- 도면에서 그 밖의 것은 ③, ④이다.

번호	①	②	③	④	⑤
가닥수	2	2	4	4	2

✎ 송배선식과 교차회로방식의 가닥수 산정방법

송배선방식	교차회로방식
• 루프된 곳 : 2가닥 • 그 밖의 것 : 4가닥	• 루프된 곳 : 4가닥 • 말단감지기 : 4가닥 • 그 밖의 것 : 8가닥

13 다음은 자동화재탐지설비 및 시각경보장치의 화재안전기술기준에 따른 감지기의 설치 제외장소에 대한 내용이다. ( ) 안에 알맞은 말을 쓰시오. [8점]

- 천장 또는 반자의 높이가 (①)[m] 이상인 장소. 다만, 부착높이에 따라 적응성이 있는 장소는 제외한다.
- 헛간 등 외부와 기류가 통하는 장소로서 감지기에 따라 (②)을 유효하게 감지할 수 없는 장소
- (③)가 체류하고 있는 장소
- 고온도 및 (④)로서 감지기의 기능이 정지되기 쉽거나 감지기의 유지관리가 어려운 장소
- 목욕실·욕조나 샤워시설이 있는 화장실·기타 이와 유사한 장소
- 파이프덕트 등 그 밖의 이와 비슷한 것으로서 (⑤)개층마다 방화구획된 것이나 수평단면적이 (⑥) 이하인 것
- 먼지·가루 또는 (⑦)가 다량으로 체류하는 장소 또는 주방 등 평상시 연기가 발생하는 장소(연기감지기에 한한다)
- 프레스공장·주조공장 등 (⑧)로서 감지기의 유지관리가 어려운 장소

해답 ① 20　　② 화재 발생　　③ 부식성 가스
④ 저온도　　⑤ 2　　⑥ 5[m²]
⑦ 수증기　　⑧ 화재 발생의 위험이 적은 장소

해설 감지기를 설치하지 아니할 수 있는 장소기준(NFSC 203 제7조)
① 천장 또는 반자의 높이가 20[m] 이상인 장소(다만, 제1항 단서 각 호의 감지기로서 부착높이에 따라 적응성이 있는 장소는 제외)
② 헛간 등 외부와 기류가 통하는 장소로서 감지기에 따라 화재 발생을 유효하게 감지할 수 없는 장소
③ 부식성 가스가 체류하고 있는 장소
④ 고온도 및 저온도로서 감지기의 기능이 정지되기 쉽거나 감지기의 유지관리가 어려운 장소
⑤ 목욕실·욕조나 샤워시설이 있는 화장실·기타 이와 유사한 장소
⑥ 파이프덕트 등 그 밖의 이와 비슷한 것으로서 2개층마다 방화구획된 것이나 수평단면적이 5[m²] 이하인 것
⑦ 먼지·가루 또는 수증기가 다량으로 체류하는 장소 또는 주방 등 평시에 연기가 발생하는 장소(연기감지기에 한함)
⑧ 프레스공장·주조공장 등 화재 발생의 위험이 적은 장소로서 감지기의 유지관리가 어려운 장소

14
다음은 이산화탄소소화설비의 화재안전성능기준에 따른 음향경보장치의 설치기준에 대한 내용이다. (   ) 안에 알맞은 말을 쓰시오. [4점]

- (①)를 설치한 것은 그 기동장치의 조작과정에서, (②)를 설치한 것은 화재감지기와 연동하여 (③)으로 경보를 발하는 것으로 할 것
- 소화약제의 방출개시 후 (④) 경보를 계속할 수 있는 것으로 할 것

해답
① 수동식 기동장치
② 자동식 기동장치
③ 자동
④ 1분 이상

해설 이산화탄소소화설비의 음향경보장치 설치기준
1) 이산화탄소소화설비의 음향경보장치는 다음 각 호의 기준에 따라 설치하여야 한다.
   ① 수동식 기동장치를 설치한 것은 그 기동장치의 조작과정에서, 자동식 기동장치를 설치한 것은 화재감지기와 연동하여 자동으로 경보를 발하는 것으로 할 것
   ② 소화약제의 방사개시 후 1분 이상 경보를 계속할 수 있는 것으로 할 것
   ③ 방호구역 또는 방호대상물이 있는 구획 안에 있는 자에게 유효하게 경보할 수 있는 것으로 할 것
2) 방송에 따른 경보장치를 설치할 경우에는 다음 각 호의 기준에 따라야 한다.
   ① 증폭기 재생장치는 화재 시 연소의 우려가 없고, 유지관리가 쉬운 장소에 설치할 것
   ② 방호구역 또는 방호대상물이 있는 구획의 각 부분으로부터 하나의 확성기까지의 수평거리는 25[m] 이하가 되도록 할 것
   ③ 제어반의 복구스위치를 조작하여도 경보를 계속 발할 수 있는 것으로 할 것

15
극수변환식 3상 농형 유도전동기에서 고속 측의 극수는 4극이고 정격출력은 90[kW]이다. 저속 측의 속도가 고속 측의 1/3이라면 저속 측의 극수와 정격출력은 몇 [kW]인지 계산하시오.(단, 슬립 및 토크는 저속 측과 고속 측이 같다.) [6점]

1) 극수
   - 계산과정 :
   - 답 :

2) 정격출력
   - 계산과정 :
   - 답 :

해답

1) • 계산과정

$$\frac{N_H}{N_L} = \frac{p_l}{p_h}, \quad \frac{N_H}{\frac{1}{3}N_H} = \frac{p_l}{4}$$

$$\frac{p_l}{4} = 3, \quad p_l = 12\text{극}$$

• **답** 12극

2) • 계산과정

$$P_H : N_H = P_L : N_L$$

$$90 : N_H = P_L : \frac{1}{3}N_H$$

$$N_H \times P_L = 90 \times \frac{1}{3}N_H$$

$$P_L = 90 \times \frac{1}{3} = 30\,[\text{kW}]$$

• **답** 30[kW]

해설

1) 전동기의 속도

동기속도	회전속도
$N_S = \dfrac{120f}{p}$	$N = \dfrac{120f}{p}(1-S)$

여기서, N_S : 동기속도[rpm], N : 회전속도[rpm]
   p : 극수, f : 주파수[Hz], S : 슬립

① 전동기 회전속도와 극수와의 관계

$$N \propto \frac{1}{p}$$

회전속도는 극수에 반비례한다.

② 비례식을 세워서 저속 측 극수를 구하면

$$N_H : \frac{1}{p_h} = N_L : \frac{1}{p_l}$$

여기서, N_H : 고속 측 회전속도[rpm], N_L : 저속 측 회전속도[rpm]
   p_h : 고속 측 극수, p_l : 저속 측 극수

$$\frac{N_L}{p_h} = \frac{N_H}{p_l}, \quad \frac{N_H}{N_L} = \frac{p_l}{p_h} \text{ (여기서, } N_L = \frac{1}{3}N_H \text{이고, } p_h = 4\text{이므로)}$$

$$\frac{N_H}{\frac{1}{3}N_H} = \frac{p_l}{4}, \quad \frac{p_l}{4} = 3$$

$$p_l = 12\text{극}$$

2) 전동기의 정격출력

$$P[\text{W}] = 9.8\,\omega\tau = 9.8 \times 2\pi n\tau = 9.8 \times 2\pi \times \frac{N}{60} \times \tau$$

여기서, P : 출력[W], ω : 각속도[rad/s], τ : 토크[N·m]
n : 회전속도[rps], N : 회전속도[rpm]

① 전동기 출력과 회전속도와의 관계

$P \propto N$

전동기 출력은 회전속도에 비례한다.

② 비례식을 세워서 저속 측 정격출력을 구하면

$P_H : N_H = P_L : N_L$

여기서, P_H : 고속 측 정격출력[kW], P_L : 저속 측 정격출력[kW]
N_H : 고속 측 회전속도[rpm], N_L : 저속 측 회전속도[rpm]

$90 : N_H = P_L : \frac{1}{3}N_H$ (여기서, $P_H = 90[\text{kW}]$, $N_L = \frac{1}{3}N_H$)

$N_H \times P_L = 90 \times \frac{1}{3}N_H$

$P_L = 90 \times \frac{1}{3} = 30[\text{kW}]$

16

다음은 자동화재탐지설비 및 시각경보장치의 화재안전성능기준에 따른 배선에 대한 내용이다. ( ) 안에 알맞은 말을 쓰시오. [5점]

- 감지기 상호 간 또는 감지기로부터 수신기에 이르는 감지기회로의 배선의 경우에는 아날로그방식, R형 수신기용 등으로 사용되는 것은 (①)의 방해를 받지 않는 것으로 배선하고, 그 외의 일반배선을 사용할 때에는 내화배선 또는 내열배선으로 할 것
- 감지기 사이의 회로의 배선은 (②)으로 할 것
- 전원회로의 전로와 대지 사이 및 배선 상호 간의 절연저항은 「전기사업법」 제67조에 따른 기술기준이 정하는 바에 의하고, 감지기회로 및 부속회로의 전로와 대지 사이 및 배선 상호 간의 절연저항은 1경계구역마다 (③)의 절연저항측정기를 사용하여 측정한 절연저항이 (④) 이상이 되도록 할 것
- 자동화재탐지설비의 감지기회로의 전로저항은 (⑤) 이하가 되도록 해야 하며, 수신기의 각 회로별 종단에 설치되는 감지기에 접속되는 배선의 전압은 감지기 정격전압의 80[%] 이상이어야 할 것

해답 ① 전자파   ② 송배선식
③ 직류 250[V]   ④ 0.1[MΩ]
⑤ 50[Ω]

해설 ➕ 배선의 설치기준
① 감지기 상호 간 또는 감지기로부터 수신기에 이르는 감지기회로의 배선의 경우에는 아날로그방식, R형 수신기용 등으로 사용되는 것은 전자파의 방해를 받지 않는 것으로 배선하고, 그 외의 일반배선을 사용할 때에는 내화배선또는 내열배선으로 할 것
② 감지기 사이의 회로의 배선은 송배선식으로 할 것
③ 전원회로의 전로와 대지 사이 및 배선 상호 간의 절연저항은 전기사업법에 의하고, 감지기회로 및 부속회로의 전로와 대지 사이 및 배선 상호 간의 절연저항은 1경계구역마다 직류 250[V]의 절연저항측정기를 사용하여 측정한 절연저항이 0.1[MΩ] 이상이 되도록 할 것
④ 자동화재탐지설비의 감지기회로의 전로저항은 50[Ω] 이하가 되도록 해야 하며, 수신기의 각 회로별 종단에 설치되는 감지기에 접속되는 배선의 전압은 감지기 정격전압의 80[%] 이상이어야 할 것
⑤ 전원회로의 배선은 내화배선으로 하고, 그 밖의 배선은 내화배선 또는 내열배선에 따를 것
⑥ 피(P)형 수신기 및 지피(GP)형 수신기의 감지기 회로의 배선에 있어서 하나의 공통선에 접속할 수 있는 경계구역은 7개 이하로 할 것
⑦ 감지기회로에는 도통시험을 위한 종단저항을 설치할 것
⑧ 자동화재탐지설비의 배선은 다른 전선과 별도의 관·덕트·몰드 또는 풀박스 등에 설치할 것. 다만, 60[V] 미만의 약전류회로에 사용하는 전선으로서 각각의 전압이 같을 때에는 그러하지 아니하다.

17 다음은 누설동축케이블에 표기되어 있는 기호이다. 기호의 의미를 보기에서 찾아 (예)를 참조하여 쓰시오. [6점]

$$\underset{①}{LCX} - \underset{②}{FR} - \underset{③}{SS} - \underset{④}{20} \quad \underset{⑤}{D} - \underset{⑥}{14} \quad \underset{⑦}{6}$$

(예) ⑦ 결합손실 표시

[보기]
자기지지, 누설동축케이블, 특성임피던스, 절연체 외경[mm], 사용주파수, 난연성(내열성)

① ② ③
④ ⑤ ⑥

해답 ➕ ① 누설동축케이블 ② 난연성(내열성) ③ 자기지지
④ 절연체 외경[mm] ⑤ 특성임피던스 ⑥ 사용주파수

해설
$$\underbrace{LCX}_{①} - \underbrace{FR}_{②} - \underbrace{SS}_{③} - \underbrace{20}_{④} \underbrace{D}_{⑤} - \underbrace{14}_{⑥} \underbrace{6}_{⑦}$$

1) 기호의 의미
   ① LCX : 누설동축케이블(Leaky Coaxial Cable)
   ② FR : 내열성(Flame Resistance)
   ③ SS : 자기지지(Self Supporting)
   ④ 20 : 절연체 외경(20mm)
   ⑤ D : 특성임피던스(50Ω)
   ⑥ 14 : 사용주파수(MHz)
   ⑦ 6 : 결합손실

2) 누설동축케이블의 구조

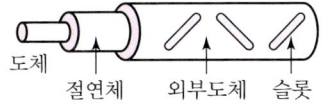

▲ 누설동축케이블

18 특정소방대상물에 설치된 소방시설 등을 구성하는 전부 또는 일부를 개설, 이전 또는 정비하는 소방시설공사의 착공신고 대상 3가지를 쓰시오.(단, 고장 또는 파손 등으로 인하여 작동시킬 수 없는 소방시설을 긴급히 교체하거나 보수하여야 하는 경우에는 신고하지 않을 수 있다.) [6점]

•
•
•

해답
- 수신반
- 소화펌프
- 동력(감시)제어반

해설 소방시설공사의 착공신고 대상
1) 특정소방대상물에 다음의 하나에 해당하는 설비를 신설하는 공사
   ① 옥내소화전설비(호스릴 방식의 옥내소화전설비 포함), 옥외소화전설비, 스프링클러설비 · 간이스프링클러설비(캐비닛형 간이스프링클러설비 포함) 및 화재조기진압용 스프링클러설비, 물분무소화설비 · 포소화설비 · 이산화탄소소화설비 · 할론소화설비 · 할로겐화합물 및 불활성기체 소화설비 · 미분무소화설비 · 강화액소화설비 및 분말소화설비, 연결송수관설비, 연결살수설비, 제연설비, 소화용수설비 또는 연소방지설비
   ② 자동화재탐지설비, 비상경보설비, 비상방송설비, 비상콘센트설비 또는 무선통신보조설비

2) 특정소방대상물에 다음의 하나에 해당하는 설비 또는 구역 등을 증설하는 공사
   ① 옥내 · 옥외소화전설비
   ② 스프링클러설비 · 간이스프링클러설비 또는 물분무등소화설비의 방호구역, 자동화재탐지설비의 경계구역, 제연설비의 제연구역, 연결살수설비의 살수구역, 연결송수관설비의 송수구역, 비상콘센트설비의 전용회로, 연소방지설비의 살수구역
3) 특정소방대상물에 설치된 소방시설 등을 구성하는 다음의 어느 하나에 해당하는 것의 전부 또는 일부를 개설(改設), 이전(移轉) 또는 정비(整備)하는 공사. 다만, 고장 또는 파손 등으로 인하여 작동시킬 수 없는 소방시설을 긴급히 교체하거나 보수하여야 하는 경우에는 신고하지 않을 수 있다.
   ① 수신반(受信盤)
   ② 소화펌프
   ③ 동력(감시)제어반

2024년 제1회(2024. 4. 27)

01 다음은 비상콘센트설비의 화재안전기술기준에 관한 내용이다. ( ) 안에 알맞은 내용을 쓰시오.

[3점]

- 비상콘센트설비의 전원회로는 단상교류 (①)인 것으로서, 그 공급용량은 1.5[kVA] 이상인 것으로 할 것
- 비상콘센트의 플러그접속기는 (②) 플러그접속기(KS C 8305)를 사용해야 한다.
- 비상콘센트의 플러그접속기의 (③)에는 접지공사를 해야 한다.

해답 ① 220[V]
② 접지형 2극
③ 칼받이의 접지극

해설 1) 비상콘센트의 플러그접속기
① 비상콘센트의 플러그접속기는 접지형 2극 플러그접속기를 사용할 것
② 비상콘센트의 플러그접속기의 칼받이의 접지극에는 접지공사를 할 것

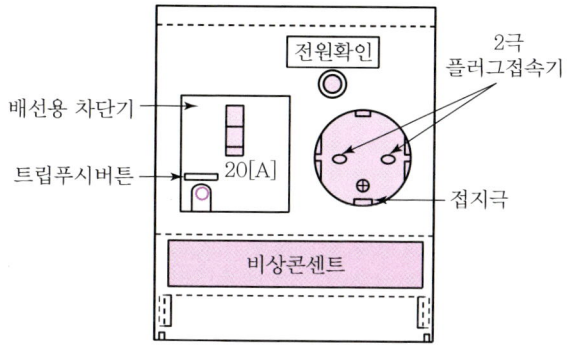

2) 비상콘센트설비의 전원회로
① 비상콘센트설비의 전원

전원	전압	공급용량
단상교류	220[V]	1.5[kVA] 이상

② 전원회로는 각 층에 2 이상이 되도록 설치할 것(다만, 설치하여야 할 층의 비상콘센트가 1개인 때에는 하나의 회로로 할 수 있다.)
③ 전원회로는 주배전반에서 전용회로로 할 것
④ 전원으로부터 각 층의 비상콘센트에 분기되는 경우에는 분기배선용 차단기를 보호함 안에 설치할 것

⑤ 콘센트마다 배선용 차단기를 설치하여야 하며, 충전부가 노출되지 아니하도록 할 것
⑥ 개폐기에는 "비상콘센트"라고 표시한 표지를 할 것
⑦ 비상콘센트용의 풀박스 등은 방청도장을 한 것으로서, 두께 1.6[mm] 이상의 철판으로 할 것
⑧ 하나의 전용회로에 설치하는 비상콘센트는 10개 이하로 할 것. 이 경우 전선의 용량은 각 비상콘센트(비상콘센트가 3개 이상인 경우에는 3개)의 공급용량을 합한 용량 이상의 것으로 할 것

3) 비상콘센트설비의 절연저항 및 절연내력
① 절연저항(전원부와 외함 사이)
직류 500[V] 절연저항계로 측정할 때 20[MΩ] 이상일 것
② 절연내력(전원부와 외함 사이)
  • 정격전압 150[V] 이하 : 1,000[V]의 실효전압을 가하여 1분 이상 견딜 것
  • 정격전압 150[V] 초과 : '(정격전압×2)+1,000[V]' 실효전압을 가하는 시험에서 1분 이상 견딜 것

02 3상 380[V], 주파수 60[Hz], 극수 4인 유도전동기를 사용할 경우 다음 물음에 답하시오. [5점]

1) 동기속도는 몇 [rpm]인지 구하시오.
  • 계산과정 :
  • 답 :

2) 회전수가 1,730[rpm]일 때, 슬립은 몇 [%]인지 구하시오.
  • 계산과정 :
  • 답 :

해답 1) 동기속도
  • 계산과정 : $N_S = \dfrac{120f}{p} = \dfrac{120 \times 60}{4} = 1,800[\text{rpm}]$
  • 답 1,800[rpm]

2) 슬립
  • 계산과정

  $$N = \dfrac{120f}{p}(1-S)$$

  $$1,730 = \dfrac{120 \times 60}{4}(1-S)$$

  $$1,730 = 1,800(1-S)$$

  $$1,730 = 1,800 - 1,800S$$

$$1{,}800\,S = 1{,}800 - 1{,}730$$

$$S = \frac{70}{1{,}800} = 0.03888$$

- 답 3.89[%]

해설 전동기의 속도

동기속도	회전속도
$N_S = \dfrac{120f}{p}$	$N = \dfrac{120f}{p}(1-S)$

여기서, N_S : 동기속도[rpm], N : 회전속도[rpm]
p : 극수, f : 주파수[Hz], S : 슬립

03 다음은 자동화재탐지설비의 감지기 또는 발신기가 작동하면 지구음향장치가 작동하고 비상방송을 할 때에는 지구음향장치를 정지시킬 수 있는 미완성 결선도이다. 범례 및 조건을 참고하여 도면을 완성하시오. [6점]

[조건]
- 발신기스위치를 누르거나 감지기가 작동되면 계전기 X1이 여자되어 자기유지되고 X1-a접점에 의하여 경종이 작동된다.
- 발신기스위치나 감지기가 복구된 후 복구스위치를 누르면 계전기 X1이 소자되어 경종이 정지한다.
- 발신기스위치 또는 감지기에 의하여 경종 작동 중 절환스위치를 비상방송설비로 절환하면 계전기 X2가 여자되고 X2-b접점에 의하여 경종이 정지한다.

[범례]
- ─o̅ o̅─ : 발신기스위치
- ─o o̸─ : 절환스위치
- ─o⊥o─ : 복구스위치
- ─o̿ o̿─ : 감지기
- Ⓧ : 계전기
- Ⓑ : 지구경종

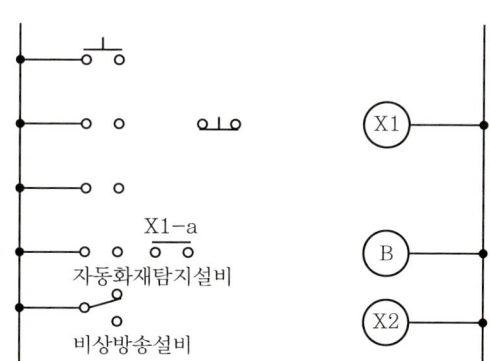

해답

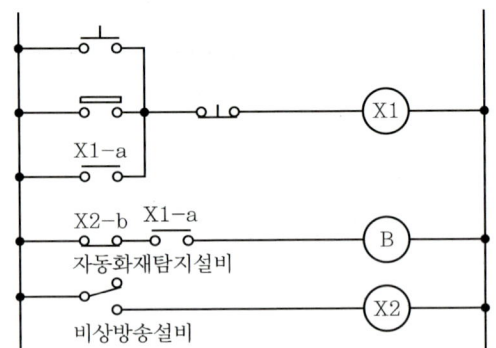

해설

1) 자기유지접점(X1-a), 감지기, 발신기
   ① 자기유지접점(X1-a)과 감지기는 발신기스위치와 병렬로 연결한다.
   ② 감지기나 발신기 둘 중 하나만 작동하면 계전기 X1이 여자된다.
   ③ X1이 여자되면 X1-a접점이 폐로되어 자기유지된다.
   ④ 경종과 직렬로 연결된 X1-a접점이 폐로되어 경종이 작동된다.
   ⑤ 감지기, 발신기스위치, 자기유지접점(X1-a)은 병렬회로이기 때문에 위치가 바뀌어도 문제가 되지 않는다.

2) 복구스위치(-o o-)
   ① 계전기 X1과 복구스위치는 직렬로 연결한다.
   ② 감지기나 발신기스위치가 복구된 후 복구스위치를 누르면 X1이 소자되어 X1-a가 복귀하므로 경종은 정지한다.

3) X2-b접점
   ① 경종과 직렬로 연결한다.
   ② 절환스위치를 비상방송설비 위치로 절환하면 X2가 여자되어 X2-b접점은 개로되므로 경종은 정지한다.

04 부착높이 15[m] 이상 20[m] 미만이 되는 곳에 설치할 수 있는 감지기를 4가지 쓰시오. [4점]

-
-
-
-

해답
- 광전식(스포트형, 분리형, 공기흡입형) 1종
- 연기복합형
- 이온화식 1종
- 불꽃감지기

해설 부착높이별 적응성 감지기의 종류

부착높이	감지기의 종류
8[m] 이상 15[m] 미만	• 광전식(스포트형, 분리형, 공기흡입형) 1종 또는 2종 • 연기복합형 • 이온화식 1종 또는 2종 • 불꽃감지기 • 차동식 분포형
15[m] 이상 20[m] 미만	• 광전식(스포트형, 분리형, 공기흡입형) 1종 • 연기복합형 • 이온화식 1종 • 불꽃감지기
20[m] 이상	• 불꽃감지기 • 광전식(분리형, 공기흡입형) 중 아날로그방식
비고	부착높이 20[m] 이상에 설치하는 광전식 중 아날로그방식의 감지기는 공칭감지농도 하한값이 감광율 5[%/m] 미만인 것으로 한다.

05 다음의 시퀀스 회로에서 PB(푸시버튼스위치)를 누르고 있을 때 T1, T2(타이머), X1, X2(릴레이), PL(표시등)에 대한 타임차트를 완성하시오.(단, T1은 1초, T2는 2초이며 버튼을 누를 때 기계적인 시간지연은 없다.) [6점]

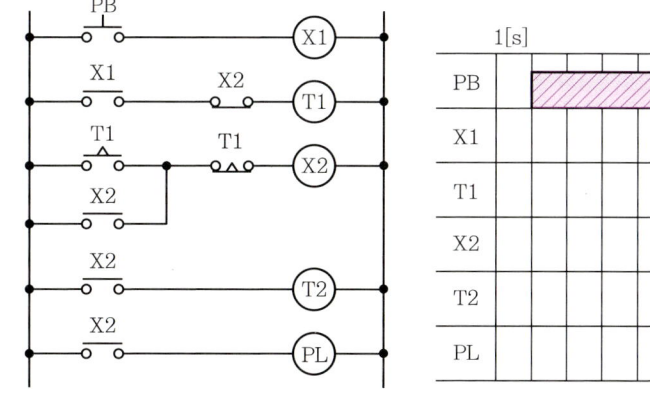
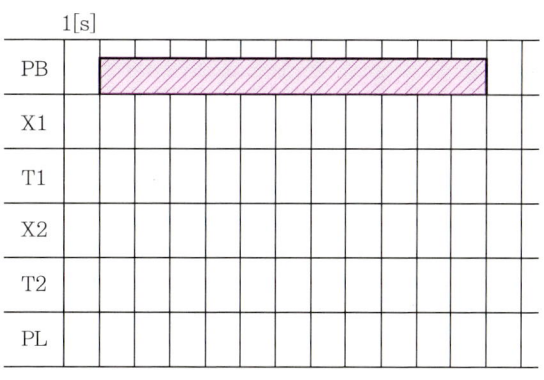

해답 ⊕

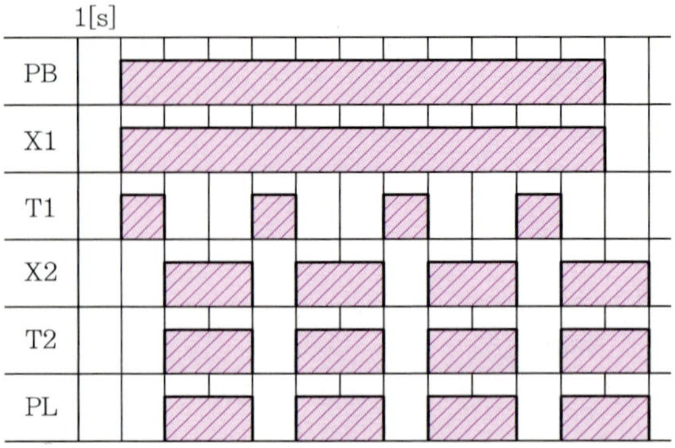

해설 ⊕ 1) 동작설명

① PB를 누르면 X1이 여자된다. 그러므로 PB와 X1은 동일한 시간대에서 작동한다.

② 동시에 X1−a접점이 폐로되어 T1이 여자된다.

③ t_1초(1초) 이후에 T1−a접점(한시동작 순시복귀접점)이 폐로되어 X2가 여자된다.

④ 동시에 X2−b접점이 개로되어 T1이 소자되고, X2−a접점이 폐로되어 X2는 자기유지되며, 또다른 X2−a접점이 폐로되어 T2가 여자되고 PL램프도 점등된다.

⑤ t_2초(2초) 이후에 T2−b접점(한시동작 순시복귀접점)이 개로되어 X2가 소자된다.

⑥ X2가 소자되면 X2−a접점이 개로되어 T2가 소자되고 PL램프는 소등된다.

⑦ 동시에 개로되어 있던 X2−b접점이 다시 폐로되어 T1이 여자된다.

⑧ PB를 누르고 있는 동안은 위와 같은 동작을 반복한다.

2) 용어해설

용어	해설	
여자	코일에 전류를 흘리면 전자석이 되어 자력을 가지는 현상	(상태 : 1)
소자	코일에 전류가 차단되어 자력이 소멸되는 현상	(상태 : 0)
폐로	스위치가 닫힌 상태(ON)	(상태 : 1)
개로	스위치가 열린 상태(OFF)	(상태 : 0)

06 감지기회로의 도통시험을 위한 종단저항 설치기준 3가지를 쓰시오. [3점]

•
•
•

해답
- 점검 및 관리가 쉬운 장소에 설치할 것
- 전용함을 설치하는 경우 그 설치높이는 바닥으로부터 1.5[m] 이내로 할 것
- 감지기회로의 끝부분에 설치하며, 종단감지기에 설치할 경우에는 구별이 쉽도록 해당 감지기의 기판 및 감지기 외부 등에 별도의 표시를 할 것

해설 자동화재탐지설비의 배선

① 도통시험을 위한 종단저항의 설치기준
- 점검 및 관리가 쉬운 장소에 설치할 것
- 전용함을 설치하는 경우 그 설치높이는 바닥으로부터 1.5[m] 이내로 할 것
- 감지기회로의 끝부분에 설치하며, 종단감지기에 설치할 경우에는 구별이 쉽도록 해당 감지기의 기판 및 감지기 외부 등에 별도의 표시를 할 것

② 전원회로의 배선 : 내화배선
그 밖의 배선 : 내화배선 또는 내열배선

③ 감지기 상호 간 또는 감지기로부터 수신기에 이르는 감지기회로의 배선
- 아날로그식, 다신호식 감지기 및 R형 수신기용 : 전자파 방해를 받지 아니하는 실드선
- 그 밖의 일반배선 : 내화배선 또는 내열배선

④ 감지기 사이의 회로의 배선은 송배선식으로 할 것

⑤ 절연저항 : 감지기회로 및 부속회로의 전로와 대지 사이 및 배선 상호 간을 직류 250[V]의 절연저항측정기로 측정하여 0.1[MΩ] 이상이 되도록 할 것

⑥ 자동화재탐지설비의 배선은 다른 전선과 별도의 관·덕트·몰드 또는 풀박스 등에 설치할 것(다만, 60[V] 미만의 약전류회로에 사용하는 전선으로서 각각의 전압이 같을 때에는 제외)

⑦ 감지기회로 하나의 공통선에 접속할 수 있는 경계구역 : 7개 이하

$$공통선의\ 가닥수 = \frac{회로수(경계구역수)}{7}(소수점\ 이하\ 절상)$$

⑧ 자동화재탐지설비의 감지기회로의 전로저항 : 50[Ω] 이하

⑨ 종단감지기에 접속되는 배선의 전압 : 정격전압의 80[%] 이상

07 다음은 누전경보기의 화재안전기술기준에 따른 누전경보기 설치방법에 대한 내용이다. ( ) 안에 알맞은 내용을 쓰시오. [6점]

경계전로의 정격전류가 (①)를 초과하는 전로에 있어서는 1급 누전경보기를, (①) 이하의 전로에 있어서는 (②) 누전경보기 또는 (③) 누전경보기를 설치할 것. 다만, 정격전류가 (①)를 초과하는 경계전로가 분기되어 각 분기회로의 정격전류가 (①) 이하로 되는 경우 당해 분기회로마다 (③) 누전경보기를 설치한 때에는 당해 경계전로에 (②) 누전경보기를 설치한 것으로 본다.

해답 ① 60[A]   ② 1급   ③ 2급

해설 ⊕

1) 누전경보기의 설치기준
   ① 경계전로의 정격전류에 의한 분류

경계전로의 정격전류	60[A] 초과	60[A] 이하
누전경보기 종류	1급	1급 또는 2급

   ② 변류기 : 옥외 인입선의 제1지점의 부하 측 또는 제2종 접지선 측의 점검이 쉬운 위치에 설치할 것
   ③ 변류기를 옥외의 전로에 설치하는 경우에는 옥외형으로 설치할 것

2) 전원
   ① 전원 : 분전반으로부터 전용회로로 할 것
   ② 전원의 개폐 : 각 극에 개폐기 및 15[A] 이하의 과전류차단기(20[A] 이하의 배선용 차단기)
   ③ 전원의 분기 : 다른 차단기에 따라 전원이 차단되지 아니하도록 할 것
   ④ 표지 : 전원의 개폐기에는 누전경보기용임을 표시한 표지를 할 것

3) 용어의 정의
   ① 누전경보기
   내화구조가 아닌 건축물로서 벽, 바닥 또는 천장의 전부나 일부를 불연재료 또는 준불연재료가 아닌 재료에 철망을 넣어 만든 건물의 전기설비로부터 누설전류를 탐지하여 경보를 발하며 변류기와 수신부로 구성된 것
   ② 수신부
   변류기로부터 검출된 신호를 수신하여 누전의 발생을 해당 특정소방대상물의 관계인에게 경보하여 주는 것(차단기구를 갖는 것을 포함)
   ③ 변류기
   경계전로의 누설전류를 자동적으로 검출하여 이를 누전경보기의 수신부에 송신하는 것
   ④ 집합형 누전경보기의 수신부
   2개 이상의 변류기를 연결하여 사용하는 수신부로서 하나의 전원장치 및 음향장치 등으로 구성된 것
   ⑤ 차단기구
   누설전류가 발생하면 자동으로 누전된 회로를 차단하는 장치
   ⑥ 음향장치
   누설전류가 발생하면 벨 또는 부저로 경보를 발하는 장치

08 지상 10[m]의 높이에 체적이 1,000[m³]의 저수조가 있다. 이 저수조에 동력이 15[kW], 펌프효율이 80[%], 여유계수가 1.2인 전동기를 사용하여 양수한다면 몇 분 후에 저수조에 물이 가득 차는지 계산하시오.(단, 답란 작성 시 소수점을 내림하여 작성하시오.) [4점]

• 계산과정 :

• 답 :

해답 • 계산과정

$$Q[\text{m}^3/\text{s}] = \frac{V[\text{m}^3]}{t[\text{s}]} = \frac{1,000[\text{m}^3]}{t[\text{s}]}$$

$$P[\text{kW}] = \frac{9.8\,QH}{\eta}K = \frac{9.8\,HK}{\eta} \cdot \frac{V}{t}$$

$$15 = \frac{9.8 \times 10 \times 1.2}{0.8} \times \frac{1,000}{t[\text{s}]}$$

$$t = \frac{9.8 \times 10 \times 1.2}{0.8} \times \frac{1,000}{15} = 9,800[\text{s}]$$

$$t = 9,800[\text{s}] \times \frac{1[\text{min}]}{60[\text{s}]} = 163.33[\text{min}]$$

조건에서 소수점을 내림하므로 163분

• **답** 163분

해설 1) 전동기의 동력

$$P[\text{kW}] = \frac{9.8\,QH}{\eta}K$$

여기서, 9.8 : 물의 비중량[kN/m³], Q : 유량[m³/s], H : 양정[m], η : 효율, K : 전달계수

2) 풀이

① Q : 유량[m³/s]

$$Q[\text{m}^3/\text{s}] = \frac{V[\text{m}^3]}{t[\text{s}]} = \frac{1,000[\text{m}^3]}{t[\text{s}]}$$

② 전동기 동력

$P = 15[\text{kW}]$

③ $H = 10[\text{m}]$, $\eta = 0.8$, $K = 1.2$

④ 시간 계산

• ①, ②, ③의 값을 동력 계산식에 대입한다.

$$P[\text{kW}] = \frac{9.8\,QH}{\eta}K = \frac{9.8\,HK}{\eta} \cdot \frac{V}{t}$$

$$15 = \frac{9.8 \times 10 \times 1.2}{0.8} \times \frac{1,000}{t[\text{s}]}[\text{kW}]$$

$$t = \frac{9.8 \times 10 \times 1.2}{0.8} \times \frac{1,000}{15} = 9,800[\text{s}]$$

• 문제에서 시간을 분[min]으로 구하라고 하였으므로 초[s]를 분[min]으로 환산

$$t = 9,800[\text{s}] \times \frac{1[\text{min}]}{60[\text{s}]} = 163.33[\text{min}]$$

• 조건에 의해 소수점을 내림하므로 163분

09 비상콘센트설비의 화재안전기술기준에 따른 비상콘센트설비에 대한 다음 각 물음에 답하시오.

[6점]

1) 하나의 전용회로에 설치하는 비상콘센트가 7개이다. 이때 전선의 용량은 비상콘센트 몇 개의 공급용량을 합한 용량 이상의 것으로 하여야 하는지 쓰시오.(단, 각 비상콘센트의 공급용량은 모두 같다.)

2) 비상콘센트설비의 전원부와 외함 사이의 절연저항을 500[V] 절연저항계로 측정하였더니 30[MΩ]이었다. 이 설비에 대한 절연저항의 적합성 여부를 구분하고 그 사유를 설명하시오.
  • 적합성 여부 :
  • 사유 :

3) 비상콘센트보호함의 상부에는 무슨 색의 표시등을 설치해야 하는지 쓰시오.

해답
1) 3개
2) • 적합성 여부 : 적합
   • 사유 : 20[MΩ] 이상이므로
3) 적색

해설
1) 비상콘센트설비의 전원회로
   ① 비상콘센트설비의 전원

전원	전압	공급용량
단상교류	220[V]	1.5[kVA] 이상

   ② 전원회로는 각 층에 2 이상이 되도록 설치할 것(다만, 설치하여야 할 층의 비상콘센트가 1개인 때에는 하나의 회로로 할 수 있다.)
   ③ 전원회로는 주배전반에서 전용회로로 할 것
   ④ 전원으로부터 각 층의 비상콘센트에 분기되는 경우에는 분기배선용 차단기를 보호함 안에 설치할 것
   ⑤ 콘센트마다 배선용 차단기를 설치하여야 하며, 충전부가 노출되지 아니하도록 할 것
   ⑥ 개폐기에는 "비상콘센트"라고 표시한 표지를 할 것
   ⑦ 비상콘센트용의 풀박스 등은 방청도장을 한 것으로서, 두께 1.6[mm] 이상의 철판으로 할 것
   ⑧ 하나의 전용회로에 설치하는 비상콘센트는 10개 이하로 할 것. 이 경우 전선의 용량은 각 비상콘센트(비상콘센트가 3개 이상인 경우에는 3개)의 공급용량을 합한 용량 이상의 것으로 할 것

2) 비상콘센트보호함
   ① 보호함의 문 : 쉽게 개폐할 수 있는 문
   ② 보호함 표지 : 보호함 표면에 "비상콘센트" 표지
   ③ 보호함 표시등 : 상부에 적색의 표시등(단, 옥내소화전함 등의 표시등과 겸용 가능)

3) 각 설비별 절연저항시험

절연저항계	설비	절연저항	측정위치
직류 250[V]	• 비상경보설비 • 비상방송설비 • 자동화재탐지설비	0.1[MΩ] 이상	• 부속회로의 전로와 대지 사이 • 배선 상호 간
직류 500[V]	누전경보기	5[MΩ] 이상	절연된 충전부와 외함 간
	시각경보장치	5[MΩ] 이상	• 전원부 양단자 • 양선을 단락시킨 부분과 비충전부
	비상콘센트설비	20[MΩ] 이상	전원부와 외함 사이
	자동화재탐지설비의 감지기	50[MΩ] 이상	• 감지기의 절연된 단자 간 • 단자와 외함 간
	정온식 감지선형 감지기	1,000[MΩ] 이상	정온식 감지선형 감지기는 선간에서 1[m]당 1,000[MΩ] 이상
	• 가스누설경보기	5[MΩ] 이상	절연된 충전부와 외함 간
	• 자동화재탐지설비의 수신기	20[MΩ] 이상	교류입력 측과 외함 간
	• 자동화재속보설비의 속보기	20[MΩ] 이상	절연된 선로 간

10 다음은 비상전원으로 사용되는 연축전지와 알칼리축전지에 내용이다. 다음 각 물음에 알맞은 답을 쓰시오. [8점]

1) 아래의 연축전지에 대한 반응식에서 빈칸에 알맞은 답을 쓰시오.

$$PbO_2 + 2H_2SO_4 + Pb \xrightleftharpoons[\text{충전}]{\text{방전}} (\quad\quad) + 2H_2O + PbSO_4$$

2) 연축전지와 알칼리축전지의 셀당 공칭전압은 각각 몇 [V/cell]인지 쓰시오.
   - 연축전지 :
   - 알칼리축전지 :

3) 다음 도면이 나타내는 충전방식을 쓰시오.

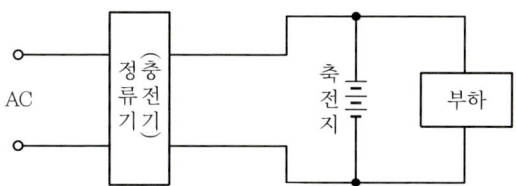

4) 교류 200[V]이고 60[W]인 비상용 조명부하를 100[등], 30[W]인 비상용 조명부하를 70[등]을 설치하고자 한다. 연축전지 HS형 100[cell], 방전시간은 30[분], 축전지 최저온도는 5[℃], 최저허용전압은 195[V]일 때 비상용 조명부하를 점등시키기 위한 축전지의 최소 용량을 계산하시오.(단, 보수율은 0.8, 용량환산시간계수는 1.2이다.)
   - 계산과정 :
   - 답 :

해답

1) $PbSO_4$

2) • 연축전지 : 2[V/cell]
   • 알칼리축전지 : 1.2[V/cell]

3) 부동충전방식

4) • 계산과정

$$I = \frac{(60 \times 100) + (30 \times 70)}{200} = 40.5[A]$$

$$C = \frac{1}{L}KI = \frac{1}{0.8} \times 1.2 \times 40.5 = 60.75[Ah]$$

   • **답** 60.75[Ah]

해설

1) 2차 전지 : 전지가 방전한 후 충전하여 재사용이 가능한 전지(납축전지, 알칼리축전지 등)

   ① 납(연)축전지

   ㉠ 충방전 화학반응식

   $$PbO_2 + 2H_2SO_4 + Pb \underset{\text{충전}}{\overset{\text{방전}}{\rightleftarrows}} PbSO_4 + 2H_2O + PbSO_4$$
   (+) (전해액) (−)　　　　　(+) (물) (−)
   (이산화납)(묽은 황산)(납)　(황산납)　　(황산납)

   ㉡ 충전 시 상태
   • 양극 : 이산화납　• 음극 : 납　• 전해액 : 묽은 황산

   ② 알칼리축전지

   ㉠ 충방전 화학반응식

   $$2NiOOH + 2H_2O + Cd \underset{\text{충전}}{\overset{\text{방전}}{\rightleftarrows}} 2Ni(OH)_2 + Cd(OH)_2$$

   ㉡ 충전 시 상태
   • 양극 : 수산화니켈　• 음극 : 카드뮴　• 전해액 : 물

2) 연축전지와 알칼리축전지의 비교

구분	연축전지	알칼리축전지
공칭전압	2.0[V]	1.2[V]
공칭용량	10[Ah]	5[Ah]
수명	짧다	길다
기계적 강도	약하다	강하다
종류	클래드식, 페이스트식	소결식, 포켓식

3) 축전지 충전방식

① 보통충전 : 필요할 때마다 표준 시간율로 충전하는 방식

② 급속충전 : 단시간에 보통 충전전류의 2~3배의 전류로 충전하는 방식

③ 부동충전 : 전지의 자기방전을 보충함과 동시에 상용부하에 대한 전력공급은 충전기가 부담하고 일시적인 대전류 부하는 축전지가 부담하도록 하는 방식

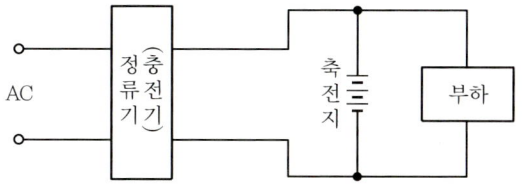

④ 균등충전 : 1~3개월마다 정전압으로 10~12시간 충전하여 전체 셀의 전압을 균일하게 하는 방식

⑤ 세류충전 : 항상 자기방전량만큼만 충전하는 방식(부동충전방식의 일종)

⑥ 회복충전 : 과방전 및 방치상태, 가벼운 설페이션 현상 등이 생겼을 때 기능회복을 위하여 실시하는 충전방식

📝 설페이션 : 연축전지를 방전상태로 오래 방치했을 때, 극판의 표면의 황산납이 회백색으로 변하여 부도체 성질을 갖는 현상

4) 축전지의 용량

$$C = \frac{1}{L}KI$$

여기서, C : 축전지용량[Ah], L : 용량저하율(보수율 : 일반적으로 0.8)
K : 용량환산시간[h], I : 방전전류[A]

- 사용전력 : $P = (60 \times 100) + (30 \times 70) = 8,100[W]$
- 방전전류

  $P = VI$에서 $I = \dfrac{P}{V}$

  여기서, P : 사용전력[W], I : 방전전류[A], V : 교류전압[V]

  $I = \dfrac{8,100}{200} = 40.5[A]$

- 축전지의 용량

  $C = \dfrac{1}{L}KI = \dfrac{1}{0.8} \times 1.2 \times 40.5 = 60.75[Ah]$

11 다음은 비상경보설비 및 단독경보형 감지기의 화재안전기술기준에 따른 단독경보형 감지기의 설치기준에 관련된 내용이다. ( ) 안에 알맞은 내용을 쓰시오. [5점]

- 각 실마다 설치하되, 바닥면적이 (①)[m²]를 초과하는 경우에는 (①)[m²]마다 (②)개 이상 설치할 것
- 최상층의 (③) 천장(외기가 상통하는 (③)의 경우를 제외한다)에 설치할 것
- (④)를 주전원으로 사용하는 단독경보형 감지기는 정상적인 작동상태를 유지할 수 있도록 주기적으로 건전지를 교환할 것
- 상용전원을 주전원으로 사용하는 단독경보형 감지기의 (⑤)는 법 제40조에 따라 제품검사에 합격한 것을 사용할 것

해답
① 150　　② 1　　③ 계단실
④ 건전지　　⑤ 2차 전지

해설 단독경보형 감지기의 설치기준
① 각 실(이웃하는 실내의 바닥면적이 각각 30[m²] 미만이고 벽체의 상부의 전부 또는 일부가 개방되어 이웃하는 실내와 공기가 상호 유통되는 경우에는 이를 1개의 실로 본다)마다 설치하되, 바닥면적이 150[m²]를 초과하는 경우에는 150[m²]마다 1개 이상 설치할 것
② 계단실은 최상층의 계단실 천장(외기가 상통하는 계단실의 경우를 제외한다)에 설치할 것
③ 건전지를 주전원으로 사용하는 단독경보형 감지기는 정상적인 작동상태를 유지할 수 있도록 주기적으로 건전지를 교환할 것
④ 상용전원을 주전원으로 사용하는 단독경보형 감지기의 2차 전지는 법 제40조에 따라 제품검사에 합격한 것을 사용할 것

12 화재에 의한 열, 연기 또는 불꽃 이외의 요인에 의하여 자동화재탐지설비가 작동하여 화재경보를 발하는 것을 "비화재보(Unwanted Alarm)"라 한다. 즉, 자동화재탐지설비가 정상적으로 작동하였다고 하더라도 화재가 아닌 경우의 경보를 "비화재보"라 하며 비화재보의 종류는 다음과 같이 구분할 수 있다. [8점]

1) 설비 자체의 결함이나 오동작 등에 의한 경우(False Alarm)
   ① 설비 자체의 기능상 결함
   ② 설비의 유지관리 불량
   ③ 실수나 고의적인 행위가 있을 때

2) 주위 상황이 대부분 순간적으로 화재와 같은 상태(실제 화재와 유사한 환경이나 상황)로 되었다가 정상상태로 복귀하는 경우(일과성 비화재보 : Nuisance Alarm)

위 설명 중 "2)"항의 일과성 비화재보로 볼 수 있는 Nuisance Alarm에 대한 방지책을 4가지만 쓰시오.

-
-
-
-

해답
- 축적방식의 감지기 사용
- 축적방식의 수신기 사용
- 다신호식 감지기 사용
- 인텔리전트 수신기 사용

해설

1) 비화재보 방지대책

감지기 대책	수신기 대책
• 축적방식의 감지기 사용 • 복합형 감지기 사용 • 광전식 분리형 감지기 사용 • 아날로그 감지기 사용 • 다신호식 감지기 사용	• 축적방식의 수신기 사용 • 다신호식 수신기 사용 • 인텔리전트 수신기 사용

2) 비화재보 우려 장소
① 지하층·무창층 등으로서 환기가 잘되지 않는 장소
② 지하층·무창층 등으로서 실내면적이 40[m²] 미만인 장소
③ 감지기의 부착면과 실내바닥과의 거리가 2.3[m] 이하인 장소로서 일시적으로 발생한 열·연기 또는 먼지 등으로 인하여 감지기가 화재신호를 발신할 우려가 있는 장소

13 자동화재탐지설비 및 시각경보장치의 화재안전기술기준에서 정하는 공기관식 차동식 분포형 감지기의 설치기준에 따라 공기관을 설치할 때 다음 물음에 답하시오. [8점]

1) 공기관의 노출 부분은 감지구역마다 몇 [m] 이상이어야 하는지 쓰시오.

2) 하나의 검출 부분에 접속하는 공기관의 길이는 몇 [m] 이하이어야 하는지 쓰시오.

3) 일반구조일 경우와 내화구조일 경우의 공기관 상호 간의 거리는 각각 몇 [m] 이하이어야 하는지 쓰시오
- 일반구조 :
- 내화구조 :

4) 검출부의 설치높이를 쓰시오.

해답

1) 20[m] 이상
2) 100[m] 이하
3) • 일반구조 : 6[m] 이하
   • 내화구조 : 9[m] 이하
4) 바닥으로부터 0.8[m] 이상 1.5[m] 이하

해설 공기관식 차동식 분포형 감지기 설치기준

구분	기준
공기관의 최소길이	공기관의 노출부분은 감지구역마다 20[m] 이상
공기관의 최대길이	하나의 검출부분에 접속하는 공기관의 길이는 100[m] 이하
공기관과 각 변의 거리	수평거리 1.5[m] 이하
공기관 상호 간 거리	6[m](내화구조 9[m]) 이하
공기관의 분기	공기관은 도중에서 분기하지 아니할 것
검출부의 경사	검출부는 5° 이상 경사지지 아니할 것
검출부의 높이	검출부는 바닥으로부터 0.8[m] 이상 1.5[m] 이하
공기관의 재질 및 규격	동관으로서 두께 0.3[mm] 이상, 바깥지름 1.9[mm] 이상

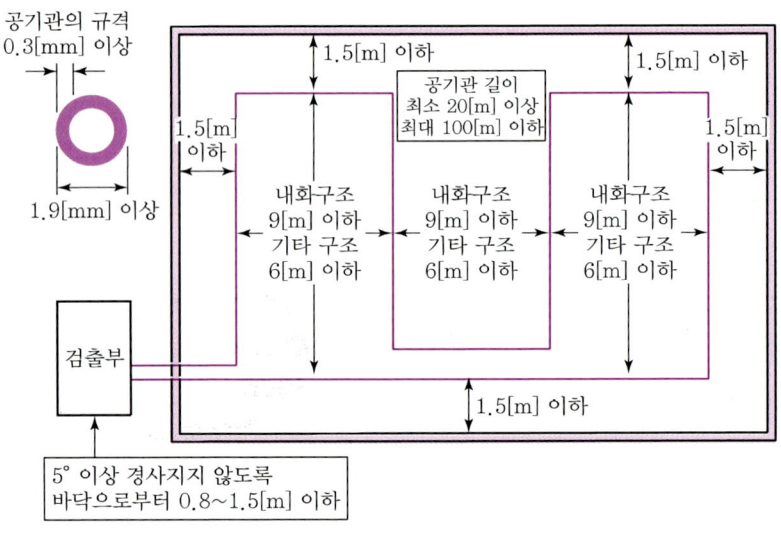

14 다음의 표와 같이 두 입력 A와 B가 주어질 때 주어진 논리소자(Logic Gate)의 명칭과 출력에 대한 진리표를 완성하시오.(단, 명칭 옆의 AND 게이트는 "예시"이며 빈칸에는 알맞은 기능의 명칭을 쓰고 진리표를 완성하시오.) [7점]

명칭	[예시]AND	① :	② :	③ :	④ :	⑤ :	⑥ :	⑦ :
입력 A B								
0 0	0							
0 1	0							
1 0	0							
1 1	1							

해답

명칭	[예시]AND	① : NAND	② : OR	③ : NOR	④ : NOR	⑤ : OR	⑥ : NAND	⑦ : AND
입력 A B								
0 0	0	1	0	1	1	0	1	0
0 1	0	1	1	0	0	1	1	0
1 0	0	1	1	0	0	1	1	0
1 1	1	0	1	0	0	1	0	1

해설 [예시] AND 회로

㉠ 의미 : 입력신호 A, B가 동시에 1일 때만 출력신호가 1이 되는 회로

㉡ 논리식 : $X = A \cdot B$ ㉢ 논리회로 :

㉣ 유접점 회로   ㉤ 진리표

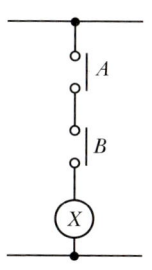

A	B	X
0	0	0
0	1	0
1	0	0
1	1	1

① NAND 회로

㉠ 의미 : AND 회로의 부정회로로서 입력신호 A, B가 동시에 1일 때만 출력신호가 0이 되는 회로

㉡ 논리식 : $L = \overline{A \cdot B}$ ㉢ 논리회로 :

ⓔ 유접점 회로　　　　　　　　　ⓜ 진리표

A	B	L
0	0	1
0	1	1
1	0	1
1	1	0

② OR 회로

　ⓖ 의미 : 입력신호 A, B 중 어느 하나라도 1이면 출력신호가 1이 되는 회로

　ⓛ 논리식 : $X = A + B$　　　　　ⓒ 논리회로 : 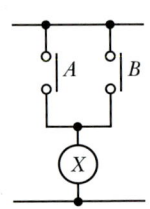X

　ⓔ 유접점 회로　　　　　　　　　ⓜ 진리표

A	B	X
0	0	0
0	1	1
1	0	1
1	1	1

③ NOR 회로

　ⓖ 의미 : OR 회로의 부정회로로서 입력신호 A, B가 동시에 0일 때만 출력신호가 1이 되는 회로

　ⓛ 논리식 : $L = \overline{A + B}$　　　　ⓒ 논리회로 :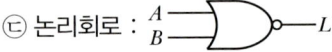

　ⓔ 유접점 회로　　　　　　　　　ⓜ 진리표

A	B	L
0	0	1
0	1	0
1	0	0
1	1	0

④ NOR 회로

　ⓖ 논리식 : $X = \overline{A} \cdot \overline{B}$　　　　ⓛ 논리회로 :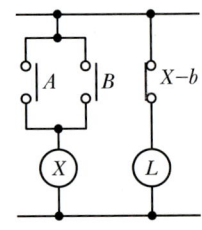

　ⓒ 논리식을 드모르간의 정리로 간소화시키면 $X = \overline{A} \cdot \overline{B} = \overline{A + B}$

　ⓔ ($\overline{A} \cdot \overline{B}$) = ($\overline{A+B}$)와 동일하다.

⑤ OR 회로

　㉠ 논리식 : $X = \overline{\overline{A} \cdot \overline{B}}$　　㉡ 논리회로 :

　㉢ 논리식을 드모르간의 정리로 간소화시키면

　　$X = \overline{\overline{A} \cdot \overline{B}} = A + B$

　㉣ ($\overline{\overline{A} \cdot \overline{B}}$) = ─(A+B)와 동일하다.

⑥ NAND 회로

　㉠ 논리식 : $X = \overline{A} + \overline{B}$　　㉡ 논리회로 :

　㉢ 논리식을 드모르간의 정리로 간소화시키면

　　$X = \overline{A} + \overline{B} = \overline{A \cdot B}$

　㉣ ($\overline{A} + \overline{B}$) = ($\overline{A \cdot B}$)와 동일하다.

⑦ AND 회로

　㉠ 논리식 : $X = \overline{\overline{A} + \overline{B}}$　　㉡ 논리회로 :

　㉢ 논리식을 드모르간의 정리로 간소화시키면

　　$X = \overline{\overline{A} + \overline{B}} = A \cdot B$

　㉣ ($\overline{\overline{A} + \overline{B}}$) = (A · B)와 동일하다.

15 누전경보기의 화재안전기술기준에서 정하는 누전경보기 전원의 설치기준 3가지를 쓰시오. [5점]

·
·
·

해답
- 전원은 분전반으로부터 전용회로로 하고, 각 극에 개폐기 및 15[A] 이하의 과전류차단기(배선용 차단기에 있어서는 20[A] 이하의 것으로 각 극을 개폐할 수 있는 것)를 설치할 것
- 전원을 분기할 때는 다른 차단기에 따라 전원이 차단되지 않도록 할 것
- 전원의 개폐기에는 "누전경보기용"이라고 표시한 표지를 할 것

해설
1) 누전경보기 전원의 설치기준
　① 전원은 분전반으로부터 전용회로로 하고, 각 극에 개폐기 및 15[A] 이하의 과전류차단기(배선용 차단기에 있어서는 20[A] 이하의 것으로 각 극을 개폐할 수 있는 것)를 설치할 것
　② 전원을 분기할 때는 다른 차단기에 따라 전원이 차단되지 않도록 할 것
　③ 전원의 개폐기에는 "누전경보기용"이라고 표시한 표지를 할 것

2) 누전경보기의 설치기준

① 경계전로의 정격전류에 의한 분류

경계전로의 정격전류	60[A] 초과	60[A] 이하
누전경보기 종류	1급	1급 또는 2급

② 변류기 : 옥외 인입선의 제1지점의 부하 측 또는 제2종 접지선 측의 점검이 쉬운 위치에 설치할 것

③ 변류기를 옥외의 전로에 설치하는 경우에는 옥외형으로 설치할 것

16 다음은 지하 3층, 지상 11층인 특정소방대상물에 설치된 자동화재탐지설비의 지구 음향장치 설치기준에 관한 사항이다. 아래의 표에서 ●표시된 층에 화재가 발생하였을 경우 우선적으로 경보해야 하는 층을 빈칸에 ●로 표시하시오.(단, 화재가 발생한 특정소방대상물이 공동주택은 아닌 것으로 한다.) [6점]

구분	3층 화재 시	2층 화재 시	1층 화재 시	지하 1층 화재 시	지하 2층 화재 시	지하 3층 화재 시
11층						
10층						
9층						
8층						
7층	●					
6층	●	●				
5층	●	●	●			
4층	●	●	●			
3층	●	●	●			
2층		●	●			
1층			●	●		
지하 1층			●	●	●	●
지하 2층			●	●	●	●
지하 3층			●	●	●	●

해답

구분	3층 화재 시	2층 화재 시	1층 화재 시	지하 1층 화재 시	지하 2층 화재 시	지하 3층 화재 시
11층						
10층						
9층						
8층						
7층	●					
6층	●	●				
5층	●	●	●			
4층	●	●	●			
3층	●	●	●			
2층		●	●			
1층			●	●		
지하 1층			●	●	●	●
지하 2층			●	●	●	●
지하 3층			●	●	●	●

해설

1) 3층 화재 시
   ① 발화층(3층)
   ② 그 직상 4개층(4층, 5층, 6층, 7층)

2) 2층 화재 시
   ① 발화층(2층)
   ② 그 직상 4개층(3층, 4층, 5층, 6층)

3) 1층 화재 시
   ① 발화층(1층)
   ② 그 직상 4개층(2층, 3층, 4층, 5층)
   ③ 지하층(지하 1층, 지하 2층, 지하 3층)

4) 지하 1층 화재 시
   ① 발화층(지하 1층)
   ② 그 직상층(1층)
   ③ 기타의 지하층(지하 2층, 지하 3층)

5) 지하 2층 화재 시
   ① 발화층(지하 2층)
   ② 그 직상층(지하 1층)
   ③ 기타의 지하층(지하 3층)

6) 지하 3층 화재 시
　① 발화층(지하 3층)
　② 그 직상층(지하 2층)
　③ 기타의 지하층(지하 1층)

> **Reference**
>
> **발화층 · 직상층 우선경보방식**
> ① 대상
> 　층수가 11층(공동주택의 경우에는 16층) 이상의 특정소방대상물
> ② 경보방식
>
> | 발화층 | 경보하여야 하는 층 |
> |---|---|
> | 2층 이상의 층 | 발화층 및 그 직상 4개층 |
> | 1층 | 발화층 · 그 직상 4개층 및 지하층 |
> | 지하층 | 발화층 · 그 직상층 및 기타의 지하층 |

17 면적이 가로 20[m], 세로 15[m]인 방재센터에 동일한 조명이 40개가 설치되어 있다. 이 방제센터에 조명률을 50[%], 조도를 100[lx]로 유지하기 위한 광속[lm]을 구하시오.(단, 조명 유지율은 85[%]이다.)　　[4점]

• 계산과정 :

• 답 :

해답 • 계산과정

$$F = \frac{EAD}{UN} = \frac{100 \times (20 \times 15) \times (1/0.85)}{0.5 \times 40} = 1764.71[\text{lm}]$$

• 답 1764.71[lm]

해설 조명설비의 계산

$$FUN = EAD$$

여기서, F : 광속[lm], U : 조명률, N : 조명의 개수
E : 조도[lx], A : 실의 면적[m²]
D : 감광보상률$\left(D=\dfrac{1}{M}\right)$, M : 유지율

18 다음은 3로 스위치 2개를 설치하여 램프를 점등 및 소등하기 위한 미완성 배선도이다. 접속과 미접속 예시를 참고하여 배선도를 완성하시오. [6점]

[배선도]

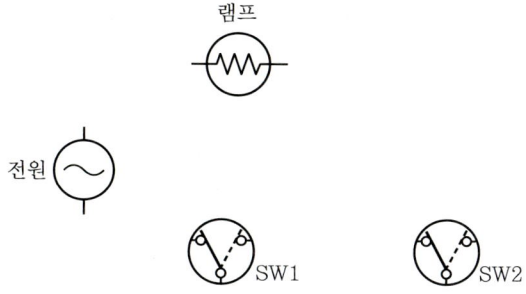

[접속과 미접속 예시]

접속	미접속
─•─	─┼─

해답

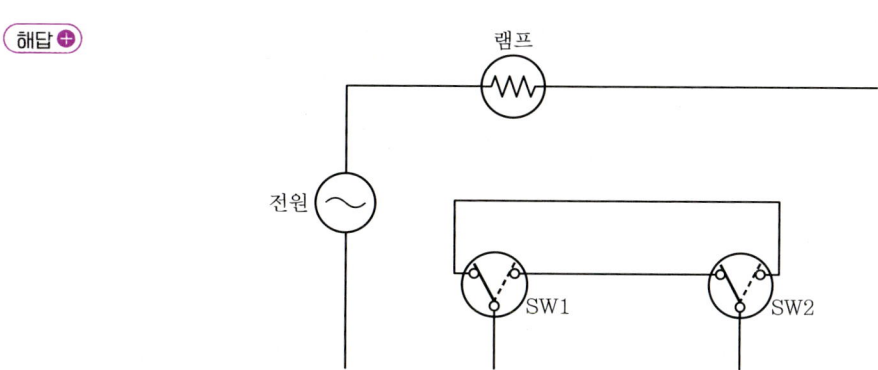

해설

1) 3로 스위치

전등 1개에 스위치 2개를 설치하여 두 장소에서 점멸할 수 있도록 설치하는 스위치

2) 3로 스위치 결선

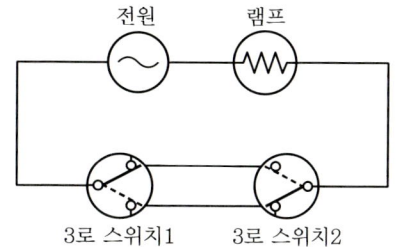

2024년 제2회(2024. 7. 28)

01 다음은 비상콘센트를 보호하기 위한 비상콘센트 보호함의 설치기준이다. (   ) 안에 알맞은 내용을 쓰시오.
[5점]

- 보호함에는 쉽게 개폐할 수 있는 (①)을 설치할 것
- 보호함 표면에 "(②)"라고 표시한 표지를 할 것
- 보호함 상부에 (③)색의 (④)을 설치할 것. 다만, 비상콘센트의 보호함을 옥내소화전함 등과 접속하여 설치하는 경우에는 (⑤) 등의 표시등과 겸용할 수 있다.

해답
① 문 ② 비상콘센트 ③ 적
④ 표시등 ⑤ 옥내소화전함

해설 비상콘센트보호함의 설치기준
① 보호함에는 쉽게 개폐할 수 있는 문을 설치할 것
② 보호함 표면에 "비상콘센트"라고 표시한 표지를 할 것
③ 보호함 상부에 적색의 표시등을 설치할 것. 다만, 비상콘센트의 보호함을 옥내소화전함 등과 접속하여 설치하는 경우에는 옥내소화전함 등의 표시등과 겸용할 수 있다.

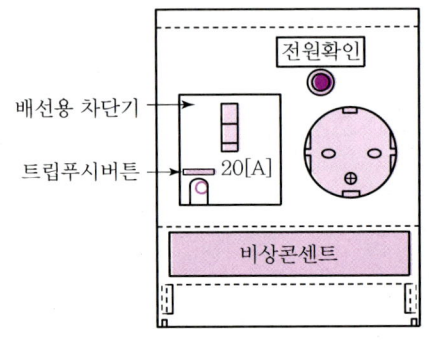

▲ 비상콘센트

▲ 비상콘센트함

02 다음 그림과 같이 NOR Gate로 구성된 무접점 논리회로를 유접점 시퀀스 회로로 변환하고자 한다. 주어진 회로에 대하여 다음 각 물음에 답하시오. [9점]

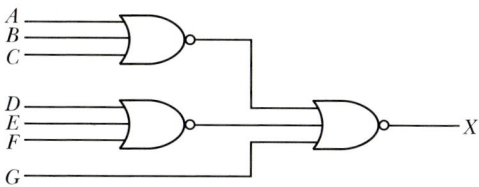

1) 주어진 논리회로를 AND Gate, OR Gate, NOT Gate만으로 구성하기 위한 논리식을 구하시오. (단, NOT Gate는 입력신호에만 사용할 수 있다.)
2) 1)에서 구한 논리식을 무접점 논리회로로 표현하시오.
3) 1)에서 구한 논리식을 유접점 시퀀스 회로로 표현하시오.

해답

1) $X = \overline{\overline{(A+B+C)} + \overline{(D+E+F)} + G}$
$= (A+B+C) \cdot (D+E+F) \cdot \overline{G}$

답 $X = (A+B+C) \cdot (D+E+F) \cdot \overline{G}$

2)

3)

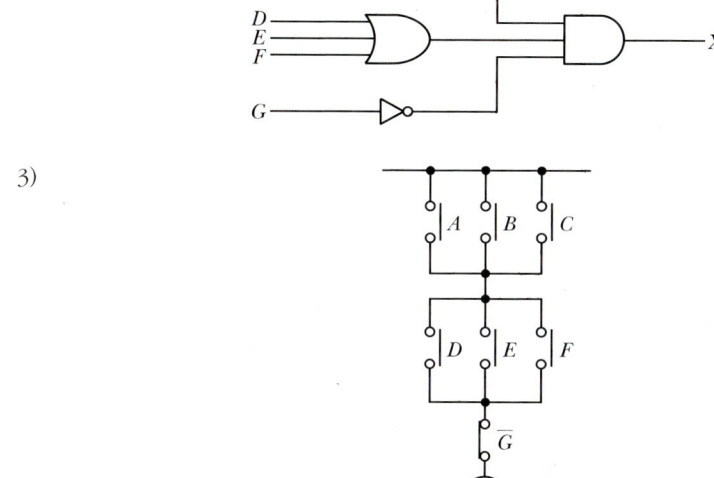

해설 ➕ 1) 논리식

①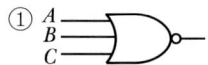

A, B, C가 NOR 게이트에 접속되어 있으므로 $\overline{A+B+C}$이다.

②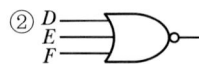

D, E, F가 NOR 게이트에 접속되어 있으므로 $\overline{D+E+F}$이다.

③

$(\overline{A+B+C})$, $(\overline{D+E+F})$, G가 NOR 게이트에 접속되어 있으므로
$X = \overline{\overline{(A+B+C)} + \overline{(D+E+F)} + G}$ 가 된다.

④ 논리식을 AND 게이트, OR 게이트, NOT 게이트만으로 구성하기 위해 드모르간의 정리를 이용하여 간소화한다.

$X = \overline{\overline{(A+B+C)} + \overline{(D+E+F)} + G}$

여기서, 전체부정을 없애는 대신 전체부정 속에 들어 있는 각 부분을 부정한다.

∴ $X = (A+B+C) \cdot (D+E+F) \cdot \overline{G}$

2) 무접점 논리회로

$X = (A+B+C) \cdot (D+E+F) \cdot \overline{G}$

① $(A+B+C)$: A, B, C가 논리합(+)으로 묶여 있으므로 OR 게이트이다.

② $(D+E+F)$: D, E, F가 논리합(+)으로 묶여 있으므로 OR 게이트이다.

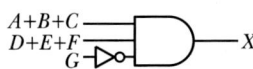

③ $(A+B+C) \cdot (D+E+F) \cdot \overline{G}$: $(A+B+C)$, $(D+E+F)$, $\overline{G}$가 논리곱(·)으로 묶여 있으므로 AND 게이트이다.

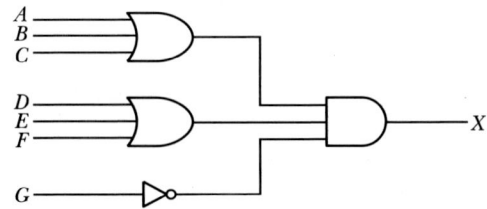

④ 위의 ①, ②, ③ 게이트를 합치면

$X = (A+B+C) \cdot (D+E+F) \cdot \overline{G}$

3) 유접점 시퀀스 회로

$X = (A+B+C) \cdot (D+E+F) \cdot \overline{G}$

① $(A+B+C)$: 논리합(+)으로 묶여 있으므로 병렬회로이다.

② $(D+E+F)$: 논리합(+)으로 묶여 있으므로 병렬회로이다.

③ $(A+B+C) \cdot (D+E+F) \cdot \overline{G}$

　세 부분[$(A+B+C)$, $(D+E+F)$, $\overline{G}$]이 논리곱(·)으로 묶여 있으므로 직렬회로이다.

④ 위의 ①, ②, ③으로 유접점 회로를 구성하여 출력(X)을 구해보면

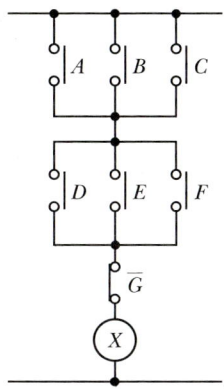

03 다음은 화재안전기준에 따른 내화배선의 공사방법에 관한 사항이다. ( ) 안에 알맞은 말을 쓰시오. [5점]

1) 금속관·2종 금속제 가요전선관 또는 (①)에 수납하여 내화구조로 된 벽 또는 바닥 등에 벽 또는 바닥의 표면으로부터 (②) 이상의 깊이로 매설해야 한다. 다만, 다음의 기준에 적합하게 설치하는 경우에는 그렇지 않다.
   - 배선을 내화성능을 갖는 배선전용실 또는 배선용 샤프트·피트·덕트 등에 설치하는 경우
   - 배선전용실 또는 배선용 샤프트·피트·덕트 등에 다른 설비의 배선이 있는 경우에는 이로부터 (③) 이상 떨어지게 하거나 소화설비의 배선과 이웃하는 다른 설비의 배선 사이에 배선지름(배선의 지름이 다른 경우에는 가장 큰 것을 기준으로 한다)의 (④) 이상의 높이의 불연성 격벽을 설치하는 경우

2) 내화전선은 (⑤)공사의 방법에 따라 설치해야 한다.

해답
① 합성수지관
② 25[mm]
③ 15[cm]
④ 1.5배
⑤ 케이블

해설 ⊕ 내화배선

사용전선의 종류	공사방법
1. 450/750[V] 저독성 난연 가교 폴리올레핀 절연 전선 2. 0.6/1[kV] 가교 폴리에틸렌 절연 저독성 난연 폴리올레핀 시스 전력 케이블 3. 6/10[kV] 가교 폴리에틸렌 절연 저독성 난연 폴리올레핀 시스 전력용 케이블 4. 가교 폴리에틸렌 절연 비닐 시스 트레이용 난연 전력 케이블 5. 0.6/1[kV] EP 고무절연 클로로프렌 시스 케이블 6. 300/500[V] 내열성 실리콘 고무 절연전선(180℃) 7. 내열성 에틸렌–비닐 아세테이트 고무 절연케이블 8. 버스덕트(Bus Duct) 9. 기타 내화성능이 있다고 인정하는 것	금속관·2종 금속제 가요전선관 또는 합성 수지관에 수납하여 내화구조로 된 벽 또는 바닥 등에 벽 또는 바닥의 표면으로부터 25[mm] 이상의 깊이로 매설하여야 한다. 다만, 다음의 기준에 적합하게 설치하는 경우에는 그러하지 아니하다. 1. 배선을 내화성능을 갖는 배선전용실 또는 배선용 샤프트·피트·덕트 등에 설치하는 경우 2. 배선전용실 또는 배선용 샤프트·피트·덕트 등에 다른 설비의 배선이 있는 경우에는 이로부터 15[cm] 이상 떨어지게 하거나 소화설비의 배선과 이웃하는 다른 설비의 배선 사이에 배선지름(배선의 지름이 다른 경우에는 가장 큰 것을 기준으로 한다)의 1.5배 이상의 높이의 불연성 격벽을 설치하는 경우
내화전선	케이블공사의 방법

04 다음의 도면은 어느 특정소방대상물의 평면도이다. 각 실에는 차동식 스포트형 1종 감지기를 설치하고자 한다. 다음 물음에 답하시오.(단, 건축물의 구조는 내화구조이고 감지기의 부착높이는 4.5[m]이다.) [8점]

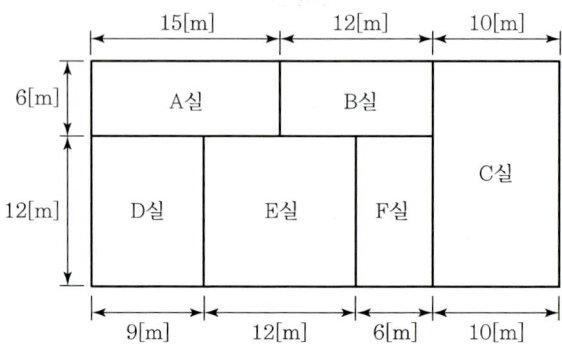

1) 각 실에 필요한 감지기 수량을 계산하시오.

실명	계산과정	수량
A		
B		
C		
D		
E		
F		

2) 총 경계구역의 수를 계산하시오.
- 계산과정 :
- 답 :

해답

1) 감지기 수량 산정

실명	계산과정	수량
A	$\dfrac{15 \times 6}{45} = 2$	2개
B	$\dfrac{12 \times 6}{45} = 1.6 ≒ 2$	2개
C	$\dfrac{10 \times (6+12)}{45} = 4$	4개
D	$\dfrac{9 \times 12}{45} = 2.4 ≒ 3$	3개
E	$\dfrac{12 \times 12}{45} = 3.2 ≒ 4$	4개
F	$\dfrac{6 \times 12}{45} = 1.6 ≒ 2$	2개

2) 총 경계구역의 수

- 계산과정 : $N = \dfrac{(15+12+10) \times (6+12)}{600} = 1.11$

- **답** 2경계구역

해설

1) ① 차동식 스포트형, 보상식 스포트형, 정온식 스포트형 감지기의 부착높이 및 특정소방대상물에 따른 기준면적(단위 : m²)

부착높이 및 특정소방대상물의 구분		감지기의 종류				
		차동식, 보상식		정온식		
		1종	2종	특종	1종	2종
4[m] 미만	내화구조	90	70	70	60	20
	기타 구조	50	40	40	30	15
4[m] 이상 8[m] 미만	내화구조	45	35	35	30	—
	기타 구조	30	25	25	15	—

② 감지기의 수량 산정

감지기 수량 = $\dfrac{\text{바닥면적}[m^2]}{\text{기준면적}[m^2]}$ (소수점 이하 절상)

2) 경계구역수 산출

① 평면도의 전체 바닥면적 산출

$A = (15+12+10) \times (6+12) = 666[m^2]$

② 전체 바닥면적을 600[m²]로 나눈다.

$N = \dfrac{666}{600} = 1.11$

③ 소수점 이하는 올려서 경계구역수를 산출한다.

∴ 2경계구역

Reference

경계구역의 설정기준

① 층별, 면적별 경계구역 설정기준
- 하나의 경계구역이 2개 이상의 건축물에 미치지 아니하도록 할 것
- 하나의 경계구역이 2개 이상의 층에 미치지 아니하도록 할 것(다만, 500[m²] 이하의 범위 안에서는 2개의 층을 하나의 경계구역으로 할 수 있다)
- 하나의 경계구역의 면적은 600[m²] 이하로 하고 한 변의 길이는 50[m] 이하로 할 것(다만, 주된 출입구에서 그 내부 전체가 보이는 것은 한 변의 길이가 50[m]의 범위 내에서 1,000[m²] 이하)

② 수직구역의 경계구역 설정기준
- 별도의 경계구역 설정 : 계단, 경사로, 엘리베이터 승강로, 권상기실, 린넨슈트, 파이프 피트, 파이프 덕트, 기타 이와 유사한 부분
- 하나의 경계구역 높이 : 45[m] 이하(계단 및 경사로에 한함)
- 지하층의 계단 및 경사로는 별도로 하나의 경계구역으로 할 것(지하층의 층수가 1일 경우는 제외)

③ 기타 경계구역 설정
- 외기에 면하여 상시 개방된 부분이 있는 차고 · 주차장 · 창고 등에 있어서는 외기에 면하는 각 부분으로부터 5[m] 미만의 범위 안에 있는 부분은 경계구역의 면적에 산입하지 아니한다.
- 스프링클러설비 · 물분무등소화설비 또는 제연설비의 화재감지장치로서 화재감지기를 설치한 경우의 경계구역은 해당 소화설비의 방사구역 또는 제연구역과 동일하게 설정할 수 있다.

05 다음은 누전경보기의 형식승인 및 제품검사의 기술기준에 대한 내용이다. 각 물음에 답하시오.

[6점]

1) 전구는 사용전압의 몇 [%]인 교류전압을 20시간 연속하여 가하는 경우 단선, 현저한 광속변화, 흑화, 전류의 저하 등이 발생하지 아니하여야 하는지 쓰시오.
2) 전구는 몇 개 이상을 병렬로 접속하여야 하는지 쓰시오.
3) 누전경보기의 공칭작동전류치는 몇 [mA] 이하로 하여야 하는지 쓰시오.

해답

1) 130[%]
2) 2개 이상
3) 200[mA] 이하

해설

1) 누전경보기 표시등의 구조 및 기능
   ① 전구는 사용전압의 130[%]인 교류전압을 20시간 연속하여 가하는 경우 단선, 현저한 광속변화, 흑화, 전류의 저하 등이 발생하지 아니하여야 한다.
   ② 소켓은 접촉이 확실하여야 하며 쉽게 전구를 교체할 수 있도록 부착하여야 한다.
   ③ 전구는 2개 이상을 병렬로 접속하여야 한다. 다만, 방전등 또는 발광다이오드의 경우에는 그러하지 아니한다.
   ④ 전구에는 적당한 보호커버를 설치하여야 한다. 다만, 발광다이오드의 경우에는 그러하지 아니하다.
   ⑤ 누전화재의 발생을 표시하는 표시등(누전등)이 설치된 것은 등이 켜질 때 적색으로 표시되어야 하며, 누전화재가 발생한 경계전로의 위치를 표시하는 표시등(지구등)과 기타의 표시등은 다음과 같아야 한다.
   - 지구등은 적색으로 표시되어야 한다. 이 경우 누전등이 설치된 수신부의 지구등은 적색외의 색으로도 표시할 수 있다.
   - 기타의 표시등은 적색 외의 색으로 표시되어야 한다. 다만, 누전등 및 지구등과 쉽게 구별할 수 있도록 부착된 기타의 표시등은 적색으로도 표시할 수 있다.
   ⑥ 주위의 밝기가 300[lx]인 장소에서 측정하여 앞면으로부터 3[m] 떨어진 곳에서 켜진 등이 확실히 식별되어야 한다.

2) 공칭작동전류치
   ① 정의
   누전경보기를 작동시키기 위하여 필요한 누설전류의 값으로서 제조자에 의하여 표시된 값
   ② 공칭작동전류치 및 감도조절장치의 조정범위

구분	전류[mA]
공칭작동전류	200 이하
감도조절장치의 조정범위	1,000(1A) 이하

   ③ 경계전로의 정격전류에 의한 분류

경계전로의 정격전류	60[A] 초과	60[A] 이하
누전경보기 종류	1급	1급 또는 2급

06 옥내소화전설비의 비상전원은 자가발전설비, 축전지설비 또는 전기저장장치를 설치하여야 한다. 비상전원의 설치기준 5가지를 쓰시오. [5점]

-
-
-
-
-

해답
- 점검에 편리하고 화재 및 침수 등의 재해로 인한 피해를 받을 우려가 없는 곳에 설치할 것
- 옥내소화전설비를 유효하게 20분 이상 작동할 수 있어야 할 것
- 상용전원으로부터 전력의 공급이 중단된 때에는 자동으로 비상전원으로부터 전력을 공급받을 수 있도록 할 것
- 비상전원(내연기관의 기동 및 제어용 축전기를 제외)의 설치장소는 다른 장소와 방화구획할 것. 이 경우 그 장소에는 비상전원의 공급에 필요한 기구나 설비 외의 것(열병합발전설비에 필요한 기구나 설비는 제외)을 두어서는 아니 된다.
- 비상전원을 실내에 설치하는 때에는 그 실내에 비상조명등을 설치할 것

해설
1) 비상전원 설치대상
   ① 지하층을 제외한 층수가 7층 이상으로서 연면적이 2,000[m²] 이상
   ② 지하층의 바닥면적의 합계가 3,000[m²] 이상인 특정소방대상물
2) 설치 가능한 비상전원의 종류(옥내소화전설비)
   ① 자가발전설비   ② 축전지설비   ③ 전기저장장치
3) 비상전원의 설치기준
   ① 점검에 편리하고 화재 및 침수 등의 재해로 인한 피해를 받을 우려가 없는 곳에 설치할 것
   ② 옥내소화전설비를 유효하게 20분 이상 작동할 수 있어야 할 것
   ③ 상용전원으로부터 전력의 공급이 중단된 때에는 자동으로 비상전원으로부터 전력을 공급받을 수 있도록 할 것
   ④ 비상전원(내연기관의 기동 및 제어용 축전기를 제외)의 설치장소는 다른 장소와 방화구획할 것. 이 경우 그 장소에는 비상전원의 공급에 필요한 기구나 설비 외의 것(열병합발전설비에 필요한 기구나 설비는 제외)을 두어서는 아니 된다.
   ⑤ 비상전원을 실내에 설치하는 때에는 그 실내에 비상조명등을 설치할 것
4) 비상전원의 제외대상
   ① 둘 이상의 변전소에서 전력을 동시에 공급받을 수 있는 경우
   ② 하나의 변전소로부터 전력의 공급이 중단되는 때에는 자동으로 다른 변전소로부터 전력을 공급받을 수 있도록 상용전원을 설치한 경우

5) 소방설비별 비상전원의 종류 및 용량

소방설비	비상전원의 종류	비상전원 용량
• 비상경보설비(비상벨설비 또는 자동식 사이렌설비) • 비상방송설비 • 자동화재탐지설비	• 축전지설비 • 전기저장장치	60분 이상 감시상태 지속 10분 이상 경보
• 소화설비 • 제연설비 • 비상조명등	• 자가발전설비 • 축전지설비 • 전기저장장치	20분 이상
• 스프링클러설비 • 포소화설비	• 자가발전설비 • 축전지설비 • 비상전원수전설비 • 전기저장장치	20분 이상
비상콘센트설비	• 자가발전설비 • 축전지설비 • 비상전원수전설비 • 전기저장장치	20분 이상
유도등	축전지	
유도등 및 비상조명등이 설치된 장소로서 • 11층 이상의 층 • 지하층 또는 무창층으로서 용도가 도매시장 · 소매시장 · 여객자동차터미널 · 지하역사 또는 지하상가	유도등 • 축전지 비상조명등 • 자가발전설비 • 축전지설비 • 전기저장장치	60분 이상
무선통신보조설비의 증폭기	축전지설비	30분 이상

07 지상 25[m] 되는 곳에 수조가 있다. 이 수조에 분당 20[m³]의 물을 양수하는 펌프용 전동기를 설치하여 3상 전력을 공급하고자 할 때, 단상변압기 2대로 V결선하여 이용하고자 한다. 단상변압기 1대의 용량은 몇 [kVA]인가?(단, 펌프 효율이 70[%]이고, 펌프 측 동력에 15[%]의 여유를 두고, 펌프용 3상 농형 유도전동기의 역률은 85[%]로 가정한다.) [5점]

• 계산과정 :

• 답 :

해답 • 계산과정

$$P = \frac{9.8\,QH}{\eta}K = \frac{9.8 \times (20/60) \times 25}{0.7} \times 1.15 = 134.17[\text{kW}]$$

$$P_V = \sqrt{3}\ V_P I_P \cos\theta = \sqrt{3}\ P_1 \cos\theta$$

$$134.17 = \sqrt{3} \times P_1 \times 0.85$$

$$P_1 = \frac{134.17}{\sqrt{3} \times 0.85} = 91.13[\text{kVA}]$$

• 답 91.13[kVA]

해설 1) 전동기의 동력(물사용 펌프용 전동기) $P[\text{kW}]$

$$P[\text{kW}] = \frac{9.8\,QH}{\eta}K$$

여기서, 9.8 : 물의 비중량[kN/m³], Q : 유량[m³/s]
H : 양정[m], η : 효율, K : 전달계수

① Q : 유량[m³/s]
문제에서 분당 20[m³]이므로
$$Q = \frac{20[\text{m}^3]}{1[\text{min}]} = \frac{20}{60}[\text{m}^3/\text{s}]$$

② $H = 25[\text{m}]$, $\eta = 0.7$, $K = 1.15$(15%의 여유)

③ $P[\text{kW}] = \dfrac{9.8\,QH}{\eta}K$

$P = \dfrac{9.8 \times (20/60) \times 25}{0.7} \times 1.15 = 134.17[\text{kW}]$

2) V결선 시 출력

$$P_V[\text{kW}] = \sqrt{3}\,V_P I_P \cos\theta = \sqrt{3}\,P_1 \cos\theta$$

여기서, P_V : V결선 시 출력[kW]
$V_P I_P = P_1$: 변압기 1대의 용량[kVA]

① $\cos\theta = 0.85$이므로
$P_V[\text{kW}] = \sqrt{3}\,P_1 \times 0.85$

② V결선하여 펌프에 동력을 공급해야 하므로 1)에서 구한 $P[\text{kW}]$가 V결선 시 출력용량 $P_V[\text{kW}]$가 되고, $P_1[\text{kVA}]$이 단상변압기 1대의 용량이 된다.

$P_V = 134.17[\text{kW}]$

$134.17[\text{kW}] = \sqrt{3} \times P_1 \times 0.85$

$P_1 = \dfrac{134.17}{\sqrt{3} \times 0.85} = 91.13[\text{kVA}]$

08 비상콘센트설비의 상용전원회로 배선은 다음의 경우에 어디로부터 분기하여 전용배선으로 하여야 하는지 쓰시오. [4점]

1) 저압수전인 경우 :
2) 특고압수전 또는 고압수전인 경우 :

해답
1) 인입개폐기의 직후
2) 전력용 변압기 2차 측의 주차단기 1차 측 또는 2차 측

해설 비상콘센트의 전원
1) 상용전원회로의 배선
   ① 저압수전인 경우에는 인입개폐기의 직후
   ② 고압수전 또는 특고압수전인 경우에는 전력용 변압기 2차 측의 주차단기 1차 측 또는 2차 측에서 분기하여 전용배선으로 할 것

2) 비상전원
   ① 비상전원 설치대상
      - 지하층을 제외한 층수가 7층 이상으로서 연면적이 2,000[m²] 이상
      - 지하층의 바닥면적의 합계가 3,000[m²] 이상인 특정소방대상물
   ② 비상전원의 종류 : 자가발전설비, 축전지설비, 비상전원수전설비, 전기저장장치
   ③ 비상전원의 제외대상
      - 둘 이상의 변전소에서 전력을 동시에 공급받을 수 있는 경우
      - 하나의 변전소로부터 전력의 공급이 중단되는 때에는 자동으로 다른 변전소로부터 전력을 공급받을 수 있도록 상용전원을 설치한 경우

> **Reference**
>
> **비상콘센트설비의 절연저항 및 절연내력**
> ① 절연저항(전원부와 외함 사이)
>   500[V] 절연저항계로 측정할 때 20[MΩ] 이상일 것
> ② 절연내력(전원부와 외함 사이)
>   - 정격전압 150[V] 이하 : 1,000[V]의 실효전압을 가하여 1분 이상 견딜 것
>   - 정격전압 150[V] 초과 : '(정격전압 × 2) + 1,000[V]' 실효전압을 가하는 시험에서 1분 이상 견딜 것

09 다음은 자동화재탐지설비의 화재안전기술기준에서의 배선에 대한 기준이다. 각 물음에 답하시오.
[6점]

1) 감지기회로 및 부속회로의 전로와 대지 사이 및 배선 상호 간의 절연저항은 1경계구역마다 직류 250[V]의 절연저항측정기로 측정하여 절연저항이 몇 [MΩ] 이상이 되도록 하여야 하는지 쓰시오.

2) GP형 수신기의 감지기회로에서 하나의 공통선에 접속할 수 있는 경계구역은 몇 개 이하이어야 하는가?

3) 감지기회로의 종단저항 설치기준을 2가지만 쓰시오.
   •
   •

해답 ⊕ 1) 0.1[MΩ] 이상

2) 7개 이하

3) 종단저항의 설치기준
   • 점검 및 관리가 쉬운 장소에 설치할 것
   • 전용함을 설치하는 경우 그 설치높이는 바닥으로부터 1.5[m] 이내로 할 것

해설 ⊕ 1) 자동화재탐지설비의 배선

① 전원회로의 배선 : 내화배선

   그 밖의 배선 : 내화배선 또는 내열배선

② 감지기 상호 간 또는 감지기로부터 수신기에 이르는 감지기회로의 배선
   • 아날로그식, 다신호식 감지기 및 R형 수신기용 : 전자파 방해를 받지 아니하는 실드선
   • 그 밖의 일반배선 : 내화배선 또는 내열배선

③ 감지기 사이의 회로의 배선은 송배선식으로 할 것(송배전식 → 송배선식으로 개정)

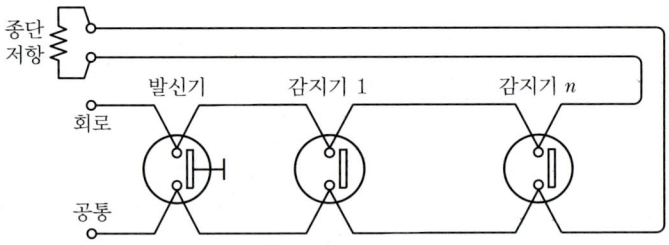

▲ 감지기회로의 송배선방식

④ 절연저항 : 감지기회로 및 부속회로의 전로와 대지 사이 및 배선 상호 간을 직류 250[V]의 절연저항측정기로 측정하여 0.1[MΩ] 이상이 되도록 할 것

⑤ 자동화재탐지설비의 배선은 다른 전선과 별도의 관·덕트·몰드 또는 풀박스 등에 설치할 것(다만, 60[V] 미만의 약전류회로에 사용하는 전선으로서 각각의 전압이 같을 때에는 제외)
⑥ 감지기회로 하나의 공통선에 접속할 수 있는 경계구역 : 7개 이하

$$\text{공통선의 가닥수} = \frac{\text{회로수(경계구역수)}}{7} \text{ (소수점 이하 절상)}$$

⑦ 자동화재탐지설비의 감지기회로의 전로저항 : 50[Ω] 이하
⑧ 종단 감지기에 접속되는 배선의 전압 : 정격전압의 80[%] 이상

2) 도통시험을 위한 종단저항의 설치기준
① 점검 및 관리가 쉬운 장소에 설치할 것
② 전용함을 설치하는 경우 그 설치높이는 바닥으로부터 1.5[m] 이내로 할 것
③ 감지기회로의 끝부분에 설치하며, 종단감지기에 설치할 경우에는 구별이 쉽도록 해당 감지기의 기판 및 감지기 외부 등에 별도의 표시를 할 것

10 다음은 이산화탄소소화설비의 음향경보장치에 관한 내용이다. 다음 각 물음에 답하시오. [4점]

1) 방호구역 또는 방호대상물이 있는 구획의 각 부분으로부터 하나의 확성기까지의 수평거리는 몇 [m] 이하로 하여야 하는지 쓰시오.
2) 소화약제의 방사개시 후 몇 분 이상 경보를 발하여야 하는지 쓰시오.

해답
1) 25[m] 이하
2) 1분 이상

해설 이산화탄소소화설비의 음향경보장치 설치기준
1) 이산화탄소소화설비의 음향경보장치는 다음 각 호의 기준에 따라 설치하여야 한다.
① 수동식 기동장치를 설치한 것은 그 기동장치의 조작과정에서, 자동식 기동장치를 설치한 것은 화재감지기와 연동하여 자동으로 경보를 발하는 것으로 할 것
② 소화약제의 방사개시 후 1분 이상 경보를 계속할 수 있는 것으로 할 것
③ 방호구역 또는 방호대상물이 있는 구획 안에 있는 자에게 유효하게 경보할 수 있는 것으로 할 것

2) 방송에 따른 경보장치를 설치할 경우에는 다음 각 호의 기준에 따라야 한다.
① 증폭기 재생장치는 화재 시 연소의 우려가 없고, 유지관리가 쉬운 장소에 설치할 것
② 방호구역 또는 방호대상물이 있는 구획의 각 부분으로부터 하나의 확성기까지의 수평거리는 25[m] 이하가 되도록 할 것
③ 제어반의 복구스위치를 조작하여도 경보를 계속 발할 수 있는 것으로 할 것

11 P형 1급 수신기와 감지기와의 배선회로에서 종단저항은 4.7[kΩ], 배선저항은 28[Ω], 릴레이 저항은 12[Ω]이며 회로전압이 직류 24[V]일 때 다음 각 물음에 답하시오. [5점]

1) 감시상태의 감시전류는 몇 [mA]인지 구하시오.
   - 계산과정 :
   - 답 :

2) 감지기가 동작할 때의 동작전류는 몇 [mA]인지 구하시오.
   - 계산과정 :
   - 답 :

해답 1) • 계산과정

$$I = \frac{V}{R_1 + R_2 + R_3}$$

$$= \frac{24}{28 + 4,700 + 12} = 0.005063[A] ≒ 5.06[mA]$$

  • 답 5.06[mA]

2) • 계산과정

$$I = \frac{V}{R_1 + R_3}$$

$$= \frac{24}{28 + 12} = 0.6[A] = 600[mA]$$

  • 답 600[mA]

해설 1) 감시전류

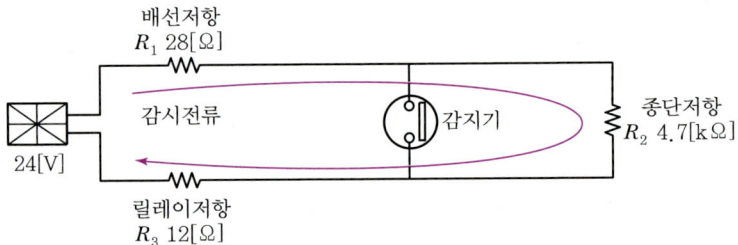

• 감시전류 I

$$I = \frac{V}{R_1 + R_2 + R_3}$$

$$= \frac{24}{28 + 4,700 + 12} = 0.005063[A] ≒ 5.06[mA]$$

여기서, R_1 : 배선저항(28Ω)
R_2 : 종단저항(4.7kΩ = 4,700Ω)
R_3 : 릴레이저항(12Ω)
V : 수신기전압(24V)

2) 감지기 동작전류

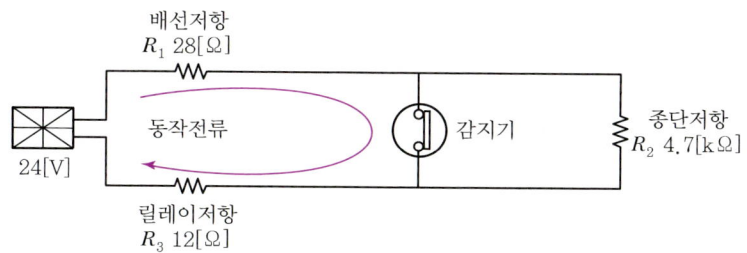

- 동작전류 I

$$I = \frac{V}{R_1 + R_3} = \frac{24}{28+12} = 0.6[\text{A}] = 600[\text{mA}]$$

여기서, R_1 : 배선저항(28Ω)
R_3 : 릴레이저항(12Ω)
V : 수신기전압(24V)

12 소방시설 설치 및 관리에 관한 법령 시행령에 따라 가스누설경보기를 설치해야 하는 특정소방대상물 5가지를 쓰시오.(단, 가스시설이 설치된 경우만 해당한다.) [5점]

-
-
-
-
-

해답
- 문화 및 집회시설
- 판매시설
- 노유자 시설
- 숙박시설
- 의료시설

해설
1) 가스누설경보기를 설치해야 하는 특정소방대상물
   ① 문화 및 집회시설, 종교시설, 판매시설, 운수시설, 의료시설, 노유자 시설
   ② 수련시설, 운동시설, 숙박시설, 창고시설 중 물류터미널, 장례시설

2) 가스누설경보기 수신부의 구조 및 기능
   ① 가스누설표시등의 색상 : 황색
   ② 수신 개시부터 가스누설표시까지 소요시간 : 60초 이내

3) 예비전원의 종류
   ① 알칼리계 2차 축전지
   ② 리튬계 2차 축전지
   ③ 무보수밀폐형 연축전지

4) 예비전원의 용량

분류	용량
1회로용(단독형 포함)	감시상태를 20분간 계속한 후 유효하게 작동되어 10분간 경보
2회로 이상 용도	연결된 모든 회로에 대하여 감시상태를 10분간 계속한 후 2회선을 유효하게 작동시키고 10분간 경보를 발할 수 있는 용량

13 지하 1층, 지상 5층인 공장에 자동화재탐지설비를 설치하고자 한다. P형 수신기에서 공장까지는 600[m] 떨어져 있고, 공장 내 발신기회로는 층별 2회로씩 총 12회로이고 발신기는 표시등 30[mA/개], 경종 50[mA/개]로 1회로당 80[mA]의 전류를 소모할 때 다음 각 물음에 답하시오.
[8점]

1) 표시등 및 경종의 최대소요전류와 총 소요전류[A]를 구하시오.
   - 표시등의 최대소요전류 :
   - 경종의 최대소요전류 :
   - 총 소요전류 :

2) 수신기에서 공장 간 배선의 전압강하[V]를 구하시오.(단, 전선은 2.5[mm²]를 사용한다.)
   - 계산과정 :
   - 답 :

3) 자동화재탐지설비의 음향장치는 정격전압의 몇 [%] 전압에서 음향을 발할 수 있어야 하는가?

4) "2)"의 계산에 의한 경종 작동 여부를 설명하시오.
   - 판정방법 :
   - 작동 여부 :

해답 1) • 표시등의 최대소요전류 : 30[mA/개] × 12[개] = 360[mA] = 0.36[A]
   • 경종의 최대소요전류 : 50[mA/개] × 12[개] = 600[mA] = 0.6[A]
   • 총 소요전류 : 0.36 + 0.6 = 0.96[A]

2) • 계산과정 : $e = \dfrac{35.6 \times 600 \times 0.96}{1,000 \times 2.5} = 8.20[V]$
   • 답 8.20[V]

3) 80[%]

4) • 판정방법 : 24 − 8.2 = 15.80[V]
   정격전압(24V)의 80[%](24 × 0.8 = 19.2V) 이하이므로 경종 작동 불가
   • 작동 여부 : 작동 불가

[해설] 1) 표시등 및 경종의 최대소요전류와 총 소요전류
   ① 표시등의 최대소요전류
      - 표시등의 개당 소요전류 : 30[mA/개]
      - 표시등의 최대작동수량 : 발신기당 1개씩(상시점등) 총 12개
         30[mA/개] × 12[개] = 360[mA] = 0.36[A]
   ② 경종의 최대소요전류
      ㉠ 11층 미만이므로 일제경보방식이다.
      ㉡ 어느 층에서 화재가 발생하더라도 모든 층(6개층)에서 경종이 작동한다. 층당 발신기가 2개이므로 경종도 층당 2개가 된다. 그러므로 경종은 총 12개가 작동한다.
         - 경종의 개당 소요전류 : 50[mA/개]
         - 경종의 최대작동수량 : 12개
            50[mA/개] × 12[개] = 600[mA] = 0.6[A]
   ③ 총 소요전류 : 0.36 + 0.6 = 0.96[A]

2) 전압강하

$$e = \frac{35.6LI}{1,000A}$$

여기서, e : 전압강하[V], A : 전선의 굵기[mm²]
L : 거리[m], I : 전류[A]

$$e = \frac{35.6 \times 600 \times 0.96}{1,000 \times 2.5} = 8.20[V]$$

3) 음향장치의 구조 및 성능
   ① 음향장치는 **정격전압의 80[%]** 전압에서 음향을 발할 수 있도록 할 것
   ② 음량은 부착된 음향장치의 중심으로부터 **1[m]** 떨어진 위치에서 **90[dB] 이상**인 것으로 할 것
   ③ 감지기 및 발신기의 작동과 연동하여 작동할 수 있는 것으로 할 것

4) 경종의 작동 여부

$$V_R = V_S - e \qquad V_S = e + V_R$$

여기서, V_S : 송전단 전압, V_R : 수전단 전압, e : 전압강하

- 판정방법 : $V_R = V_S - e = 24 - 8.2 = 15.80[V]$
  정격전압(24V)의 80[%](24 × 0.8 = 19.2V) 이하이므로 경종 작동 불가
- 작동 여부 : 작동 불가

14 공사비 산출내역서 작성 시 표준품셈표에서 공구를 사용하는 데 따른 손실비용을 의미하는 공구손료의 적용범위를 쓰시오. [3점]

> **해답** 직접노무비의 3[%] 이내

> **해설** 1) 공구손료
>   ① 공사 중 상시 사용되는 일반공구 및 시험용 계측기구류의 손료를 말한다.
>   ② **직접노무비의 3[%]**까지 계상하며 특수공구 및 특수계측기류는 별도로 계상한다.
>
> 2) 소모 · 잡자재비
>   잡자재 및 소모재료는 설계내역에 표시하여 계상하되 **주재료비의 2~5[%]**까지 계상한다.

15 다음의 그림은 차동식 스포트형 감지기의 구조를 나타낸 것이다. 번호에 대한 명칭 및 역할을 간단히 쓰시오. [4점]

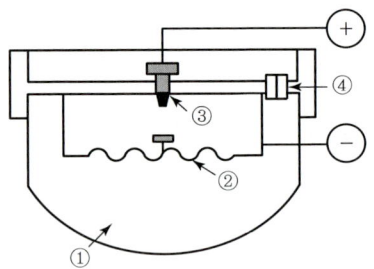

①
②
③
④

> **해답** ① • 명칭 : 감열실
>   • 역할 : 화재에 의한 열을 감지하는 공간
> ② • 명칭 : 다이어프램
>   • 역할 : 감열실의 공기가 팽창하여 밀어 올리는 얇은 막
> ③ • 명칭 : 고정접점
>   • 역할 : 가동접점과 단락되어 동작신호를 전송
> ④ • 명칭 : 리크구멍
>   • 역할 : 감열 실내 온도가 서서히 상승하면 리크구멍으로 압력을 배출하여 비화재보 방지

해설 차동식 스포트형 감지기(공기팽창식)

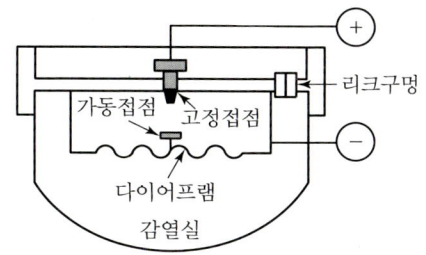

1) 구성요소 : 감열실, 다이어프램, 고정접점, 가동접점, 리크구멍
   ① 감열실 : 화재에 의한 열을 감지하는 공간
   ② 다이어프램 : 감열실의 공기가 팽창하여 밀어 올리는 얇은 막
   ③ 고정접점 : 가동접점과 단락되어 동작신호를 전송
   ④ 가동접점 : 다이어프램이 올라가면 고정접점과 단락되어 동작신호 전송
   ⑤ 리크구멍 : 감열 실내 온도가 서서히 상승하면 리크구멍으로 압력을 배출하여 비화재보 방지
2) 동작순서 : 화재 발생 → 감열실 공기 팽창 → 다이어프램 상승 → 가동접점이 고정접점과 단락 → 수신기에 화재신호 전송
3) 동작원리 : 공기의 부피 팽창

16
다음은 한국전기설비규정(KEC)에서 규정하는 전기적 접속에 대한 내용이다. ( ) 안에 알맞은 말을 넣으시오. [5점]

1) 배선설비가 바닥, 벽, 지붕, 천장, 칸막이, 중공벽 등 건축구조물을 관통하는 경우, 배선설비가 통과한 후에 남는 개구부는 관통 전의 건축구조 각 부재에 규정된 (①)에 따라 밀폐하여야 한다.
2) 내화성능이 규정된 건축구조부재를 관통하는 (②)는 제1에서 요구한 외부의 밀폐와 마찬가지로 관통 전에 각 부의 내화등급이 되도록 내부도 밀폐하여야 한다.
3) 관련 제품 표준에서 자소성으로 분류되고 최대 내부단면적이 (③)[mm²] 이하인 전선관, 케이블트렁킹 및 (④)은 다음과 같은 경우라면 내부적으로 밀폐하지 않아도 된다.
   • 보호등급 IP33에 관한 KS C IEC 60529(외곽의 방진 보호 및 방수 보호 등급)의 시험에 합격한 경우
   • 관통하는 건축 구조체에 의해 분리된 구획의 하나 안에 있는 배선설비의 단말이 보호등급 IP33에 관한 KS C IEC 60529(외함의 밀폐 보호등급 구분(IP코드))의 시험에 합격한 경우
4) 배선설비는 그 용도가 (⑤)을 견디는 데 사용되는 건축구조부재를 관통해서는 안 된다. 다만, 관통 후에도 그 부재가 하중에 견딘다는 것을 보증할 수 있는 경우는 제외한다.

해답 ① 내화등급 ② 배선설비 ③ 710
④ 케이블덕팅시스템 ⑤ 하중

해설 ⊕ 화재의 확산을 최소화하기 위한 배선설비의 선정과 공사 중 배선설비 관통부의 밀봉(한국전기설비규정 KEC 232.3.6)

1) 배선설비가 바닥, 벽, 지붕, 천장, 칸막이, 중공벽 등 건축구조물을 관통하는 경우, 배선설비가 통과한 후에 남는 개구부는 관통 전의 건축구조 각 부재에 규정된 내화등급에 따라 밀폐하여야 한다.
2) 내화성능이 규정된 건축구조부재를 관통하는 배선설비는 1)에서 요구한 외부의 밀폐와 마찬가지로 관통 전에 각 부의 내화등급이 되도록 내부도 밀폐하여야 한다.
3) 관련 제품 표준에서 자소성으로 분류되고 최대 내부단면적이 710[mm^2] 이하인 전선관, 케이블트렁킹 및 케이블덕팅시스템은 다음과 같은 경우라면 내부적으로 밀폐하지 않아도 된다.
   ① 보호등급 IP33에 관한 KS C IEC 60529(외곽의 방진 보호 및 방수 보호 등급)의 시험에 합격한 경우
   ② 관통하는 건축 구조체에 의해 분리된 구획의 하나 안에 있는 배선설비의 단말이 보호등급 IP33에 관한 KS C IEC 60529(외함의 밀폐 보호등급 구분(IP코드))의 시험에 합격한 경우
4) 배선설비는 그 용도가 하중을 견디는 데 사용되는 건축구조부재를 관통해서는 안 된다. 다만, 관통 후에도 그 부재가 하중에 견딘다는 것을 보증할 수 있는 경우는 제외한다.
5) "1)" 또는 "2)"를 충족시키기 위한 밀폐 조치는 그 밀폐가 사용되는 배선설비와 같은 등급의 외부영향에 대해 견디고, 다음 요구사항을 모두 충족하여야 한다.
   ① 연소 생성물에 대해서 관통하는 건축구조부재와 같은 수준에 견딜 것
   ② 물의 침투에 대해 설치되는 건축구조부재에 요구되는 것과 동등한 보호등급을 갖출 것
   ③ 밀폐 및 배선설비는 밀폐에 사용된 재료가 최종적으로 결합 조립되었을 때 습성을 완벽하게 막을 수 있는 경우가 아닌 한 배선설비를 따라 이동하거나 밀폐 주위에 모일 수 있는 물방울로부터의 보호 조치를 갖출 것
   ④ 다음의 어느 한 경우라면 ③의 요구사항이 충족될 수 있다.
      • 케이블 클리트, 케이블 타이 또는 케이블 지지재는 밀폐재로부터 750[mm] 이내에 설치하고 그것들이 밀폐재에 인장력을 전달하지 않을 정도까지 밀폐부의 화재 측의 지지재가 손상되었을 때 예상되는 기계적 하중에 견딜 수 있다.
      • 밀폐 방식 그 자체가 충분한 지지 기능을 갖도록 설계한다.

17 열전대식 차동식 분포형 감지기는 제어벡 효과를 이용한 감지기이다. 다음 각 물음에 답하시오.

[6점]

1) 제어벡 효과를 설명하시오.
2) 열전대의 정의를 쓰시오.
3) 열전대의 재료로 가장 우수한 금속은 무엇인지 쓰시오.

해답
1) 서로 다른 두 종류의 금속으로 만들어진 폐회로의 두 접합점의 온도를 달리하였을 때 열기전력이 발생하는 효과
2) 서로 다른 두 종류의 금속선을 접속하여 제어벡 효과에 의해 온도를 측정하는 장치
3) 백금

해설
1) 열전효과

구분	설명
제벡(제어벡) 효과	서로 다른 두 종류의 금속으로 만들어진 폐회로의 두 접합점의 온도를 달리하였을 때 열기전력이 발생하는 효과(열전대, 열전쌍)
펠티에 효과	서로 다른 두 종류의 금속으로 만들어진 폐회로에 전류를 흘리면 그 접합점에서 열이 흡수 또는 발생하는 효과
톰슨 효과	동일한 금속 접합부에 온도차를 주고 고온에서 저온으로 전류를 인가하면 열이 발생 또는 흡수하는 현상

2) 열전대의 정의 및 종류
 ① 정의
  서로 다른 금속을 접속하여 두 금속의 접점 온도 차이에 의해 생성되는 열기전력(제어벡 효과)을 이용해 온도를 측정하는 장치
 ② 종류
  • 백금 – 로듐(S형 열전대)
  • 구리 – 콘스탄탄(K형 열전대)

3) 열전대의 재료로 가장 우수한 단일금속은 백금(Platinum)이다. 백금은 특히 고온 환경에서도 안정적인 전기적 성질을 유지하며, 열전 효과가 매우 우수하여 온도 측정에 많이 사용된다.

18 다음은 공기관식 차동식 분포형 감지기의 설치도면이다. 다음 각 물음에 답하시오.(단, 주요 구조부는 내화구조이다.) [7점]

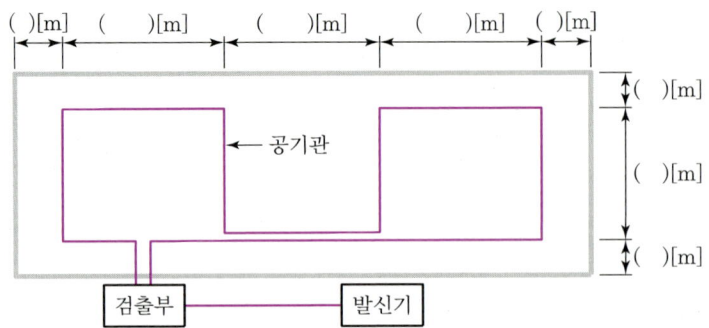

1) 주요 구조부가 내화구조일 경우의 공기관 상호 간의 거리와 감지구역의 각 변과의 거리는 몇 [m] 이하가 되어야 하는지 도면의 ( ) 안에 쓰시오.
2) 공기관의 노출부분의 길이는 몇 [m] 이상이 되어야 하는지 쓰시오.
3) 종단저항을 발신기에 설치할 경우 차동식 분포형 감지기의 검출부와 발신기 간의 전선 가닥수를 도면에 표기하시오.
4) 검출부의 설치높이를 쓰시오.
5) 하나의 검출부분에 접속하는 공기관의 길이는 몇 [m] 이하로 하여야 하는지 쓰시오.
6) 공기관의 재질을 쓰시오.
7) 검출부의 경사도는 몇 도 이하이어야 하는지 쓰시오.

해답 1)

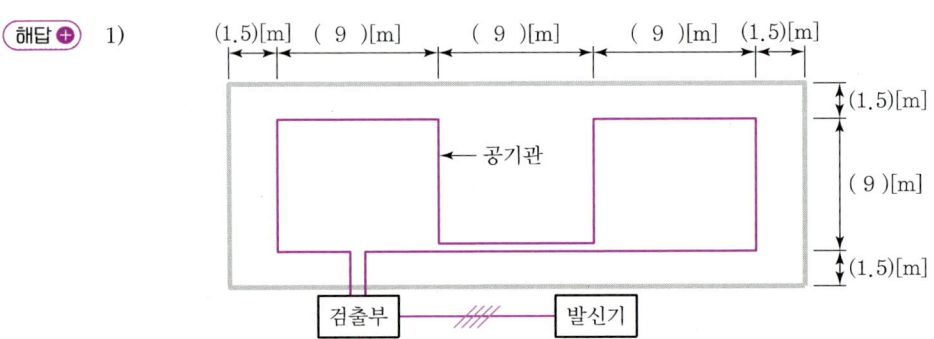

2) 20[m] 이상
3) 4가닥(도면에 표기)
4) 바닥으로부터 0.8[m] 이상 1.5[m] 이하
5) 100[m] 이하
6) 동관
7) 5도

해설 1) 공기관식 차동식 분포형 감지기 설치기준

구분	기준
공기관의 최소길이	공기관의 노출부분은 감지구역마다 20[m] 이상
공기관의 최대길이	하나의 검출부분에 접속하는 공기관의 길이는 100[m] 이하
공기관과 각 변의 거리	수평거리 1.5[m] 이하
공기관 상호 간 거리	6[m](내화구조 9[m]) 이하
공기관의 분기	공기관은 도중에서 분기하지 아니할 것
검출부의 경사	검출부는 5° 이상 경사지지 아니할 것
검출부의 높이	검출부는 바닥으로부터 0.8[m] 이상 1.5[m] 이하
공기관의 재질 및 규격	동관으로서 두께 0.3[mm] 이상, 바깥지름 1.9[mm] 이상

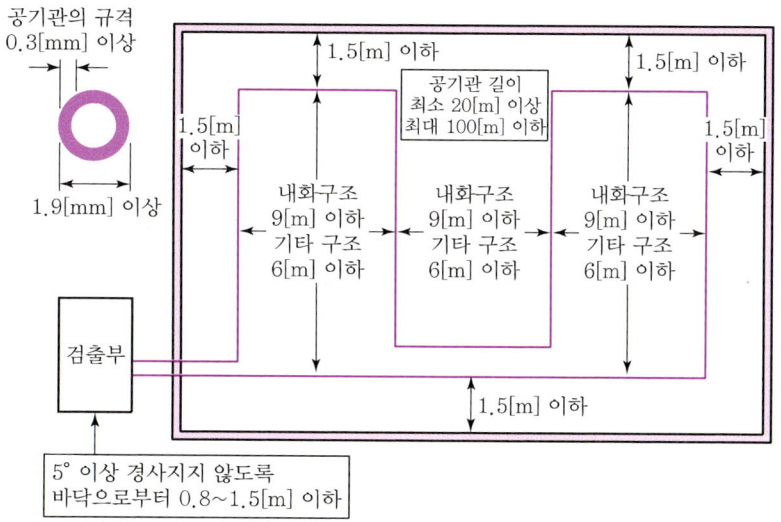

2) 검출부와 발신기 간 가닥수

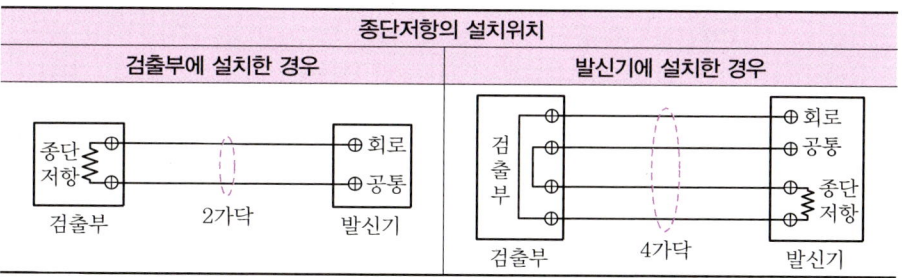

2024년 제3회(2024. 10. 19)

01 소방시설 설치 및 관리에 관한 법률 시행령에서 정하는 경보설비의 종류 8가지를 쓰시오. [8점]

-
-
-
-
-
-
-
-

해답
- 단독경보형 감지기
- 비상경보설비
  - 비상벨설비
  - 자동식 사이렌설비
- 자동화재탐지설비
- 시각경보기
- 화재알림설비
- 비상방송설비
- 자동화재속보설비
- 통합감시시설

해설
1) 경보설비의 정의
   화재발생 사실을 통보하는 기계·기구 또는 설비

2) 경보설비의 종류
   ① 단독경보형 감지기
   ② 비상경보설비
      • 비상벨설비
      • 자동식 사이렌설비
   ③ 자동화재탐지설비
   ④ 시각경보기
   ⑤ 화재알림설비
   ⑥ 비상방송설비

⑦ 자동화재속보설비
⑧ 통합감시시설
⑨ 누전경보기
⑩ 가스누설경보기

02 내화구조인 건축물의 사무실에 차동식 스포트형 2종 감지기를 설치하려고 한다. 사무실의 바닥면적은 700[m²]이고, 천장높이가 4[m]일 때 감지기의 최소 개수를 구하시오. [4점]

- 계산과정 :
- 답 :

해답
- 계산과정 : 감지기의 개수 = $\frac{350}{35} + \frac{350}{35} = 20$개
- **답** 20개

해설
1) 차동식 스포트형, 보상식 스포트형, 정온식 스포트형 감지기의 부착높이 및 특정소방대상물에 따른 기준면적(단위 : m²)

부착높이 및 특정소방대상물의 구분		감지기의 종류				
		차동식, 보상식		정온식		
		1종	2종	특종	1종	2종
4[m] 미만	내화구조	90	70	70	60	20
	기타 구조	50	40	40	30	15
4[m] 이상 8[m] 미만	내화구조	45	35	35	30	—
	기타 구조	30	25	25	15	—

2) 감지기의 개수 산정

① 위 표에서 기준면적 산정 : 35[m²]

② 사무실의 경계구역 산정 : $\frac{700[\text{m}^2]}{600[\text{m}^2]} = 1.67 ≒ 2$구역

③ 감지기 개수 산정 시 경계구역별로 구해서 합산한다. 반드시 경계구역을 1/2로 나누는 것은 아니지만 일반적으로 1/2로 나누어 계산한다.

하나의 경계구역 면적 : $\frac{700[\text{m}^2]}{2} = 350[\text{m}^2]$

④ 감지기의 개수 = $\frac{350}{35} + \frac{350}{35} = 20$개

⑤ 경계구역을 나누지 않고 계산하여도 감지기 수량은 같다.

감지기의 개수 = $\frac{700}{35} = 20$개

03 특정소방대상물에 설치된 소방시설 등을 구성하는 전부 또는 일부를 개설, 이전 또는 정비하는 소방시설공사의 착공신고 대상 3가지를 쓰시오.(단, 고장 또는 파손 등으로 인하여 작동시킬 수 없는 소방시설을 긴급히 교체하거나 보수하여야 하는 경우에는 신고하지 않을 수 있다.) [6점]

-
-
-

해답 ⊕
- 수신반
- 소화펌프
- 동력(감시)제어반

해설 ⊕ 소방시설공사의 착공신고 대상
1) 특정소방대상물에 다음의 하나에 해당하는 설비를 신설하는 공사
   ① 옥내소화전설비(호스릴 방식의 옥내소화전설비 포함), 옥외소화전설비, 스프링클러설비·간이스프링클러설비(캐비닛형 간이스프링클러설비 포함) 및 화재조기진압용 스프링클러설비, 물분무소화설비·포소화설비·이산화탄소소화설비·할론소화설비·할로겐화합물 및 불활성기체 소화설비·미분무소화설비·강화액소화설비 및 분말소화설비, 연결송수관설비, 연결살수설비, 제연설비, 소화용수설비 또는 연소방지설비
   ② 자동화재탐지설비, 비상경보설비, 비상방송설비, 비상콘센트설비 또는 무선통신보조설비

2) 특정소방대상물에 다음의 하나에 해당하는 설비 또는 구역 등을 증설하는 공사
   ① 옥내·옥외소화전설비
   ② 스프링클러설비·간이스프링클러설비 또는 물분무등소화설비의 방호구역, 자동화재탐지설비의 경계구역, 제연설비의 제연구역, 연결살수설비의 살수구역, 연결송수관설비의 송수구역, 비상콘센트설비의 전용회로, 연소방지설비의 살수구역

3) 특정소방대상물에 설치된 소방시설 등을 구성하는 다음의 어느 하나에 해당하는 것의 전부 또는 일부를 개설(改設), 이전(移轉) 또는 정비(整備)하는 공사. 다만, 고장 또는 파손 등으로 인하여 작동시킬 수 없는 소방시설을 긴급히 교체하거나 보수하여야 하는 경우에는 신고하지 않을 수 있다.
   ① 수신반(受信盤)
   ② 소화펌프
   ③ 동력(감시)제어반

04 비상조명등의 화재안전기술기준에 따른 비상조명등의 설치기준이다. 다음 각 물음에 답하시오.

[6점]

1) 다음의 ( ) 안에 알맞은 내용을 쓰시오.
   - 예비전원을 내장하는 비상조명등에는 평상시 점등 여부를 확인할 수 있는 (①)를 설치하고 해당 조명등을 유효하게 작동시킬 수 있는 용량의 축전지와 예비전원 충전장치를 내장할 것
   - 조도는 비상조명등이 설치된 장소의 각 부분의 바닥에서 (②)[lx] 이상이 되도록 할 것

2) 예비전원을 내장하지 아니하는 비상조명등의 비상전원은 자가발전설비, 축전지설비 또는 전기저장장치를 설치하여야 한다. 비상전원 설치기준을 2가지만 쓰시오.
   -
   -

해답

1) ① 점검스위치
   ② 1

2) • 점검에 편리하고 화재 및 침수 등의 재해로 인한 피해를 받을 우려가 없는 곳에 설치할 것
   • 상용전원으로부터 전력의 공급이 중단된 때에는 자동으로 비상전원으로부터 전력을 공급받을 수 있도록 할 것

해설 비상조명등의 설치기준

1) 특정소방대상물의 각 거실과 그로부터 지상에 이르는 복도·계단 및 그 밖의 통로에 설치할 것
2) 조도는 비상조명등이 설치된 장소의 각 부분의 바닥에서 1[lx] 이상이 되도록 할 것
3) 예비전원을 내장하는 비상조명등에는 평상시 점등 여부를 확인할 수 있는 점검스위치를 설치하고 해당 조명등을 유효하게 작동시킬 수 있는 용량의 축전지와 예비전원 충전장치를 내장할 것
4) 예비전원을 내장하지 아니하는 비상조명등의 비상전원은 자가발전설비, 축전지설비 또는 전기저장장치를 다음의 기준에 따라 설치하여야 한다.
   ① 점검에 편리하고 화재 및 침수 등의 재해로 인한 피해를 받을 우려가 없는 곳에 설치할 것
   ② 상용전원으로부터 전력의 공급이 중단된 때에는 자동으로 비상전원으로부터 전력을 공급받을 수 있도록 할 것
   ③ 비상전원의 설치장소는 다른 장소와 방화구획할 것. 이 경우 그 장소에는 비상전원의 공급에 필요한 기구나 설비 외의 것(열병합발전설비에 필요한 기구나 설비는 제외한다)을 두어서는 아니 된다.
   ④ 비상전원을 실내에 설치하는 때에는 그 실내에 비상조명등을 설치할 것
   ⑤ 비상전원은 비상조명등을 20분 이상 유효하게 작동시킬 수 있는 용량으로 할 것. 다만, 다음 특정소방대상물의 경우에는 그 부분에서 피난층에 이르는 부분의 비상조명등을 60분 이상 유효하게 작동시킬 수 있는 용량으로 하여야 한다.

- 지하층을 제외한 층수가 11층 이상의 층
- 지하층 또는 무창층으로서 용도가 도매시장 · 소매시장 · 여객자동차터미널 · 지하역사 또는 지하상가

05 다음 도면의 휘트스톤 브리지가 평형이 되기 위한 R_2의 값을 구하시오. [5점]

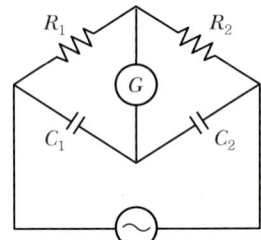

- 계산과정 :
- 답 :

해답 • 계산과정

$$R_2 \cdot \frac{1}{j\omega C_1} = R_1 \cdot \frac{1}{j\omega C_2}$$

$$\frac{R_2}{R_1} = \frac{j\omega C_1}{j\omega C_2}, \quad \frac{R_2}{R_1} = \frac{C_1}{C_2}$$

$$R_2 = R_1 \cdot \frac{C_1}{C_2}$$

- 답 $R_2 = R_1 \cdot \frac{C_1}{C_2}$

해설 1) 브리지의 평형조건
  마주보는 대각선의 임피던스의 곱은 같다.

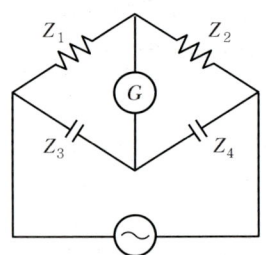

2) 임피던스

$$Z_1 = R_1, \ Z_2 = R_2, \ Z_3 = \frac{1}{j\omega C_1}, \ Z_4 = \frac{1}{j\omega C_2}$$

3) 브리지의 평형

$$Z_2 \cdot Z_3 = Z_1 \cdot Z_4$$

$$R_2 \cdot \frac{1}{j\omega C_1} = R_1 \cdot \frac{1}{j\omega C_2}$$

$$\frac{R_2}{R_1} = \frac{j\omega C_1}{j\omega C_2}$$

$$\frac{R_2}{R_1} = \frac{C_1}{C_2}$$

$$R_2 = R_1 \cdot \frac{C_1}{C_2}$$

06 다음은 연기감지기의 작동 및 적응성에 대한 내용이다. 각 물음에 답하시오. [6점]

1) 광전식 스포트형 감지기(산란광식)의 작동원리에 대하여 쓰시오.
2) 광전식 분리형 감지기(감광식)의 작동원리에 대하여 쓰시오.
3) 광전식 스포트형 감지기의 적응장소를 2가지만 쓰시오.(단, 설치장소는 연기가 멀리 이동해서 감지기에 도달하는 환경을 가진 장소이다.)
   ·
   ·

해답
1) 주위의 공기가 일정한 농도의 연기를 포함하게 되는 경우에 작동하는 것으로서 일국소의 연기에 의하여 광전소자에 접하는 광량의 변화로 작동하는 것
2) 발광부와 수광부로 구성된 구조로 발광부와 수광부 사이의 공간에 일정한 농도의 연기를 포함하게 되는 경우에 작동하는 것
3) • 계단
   • 경사로

해설
1), 2) 연기감지기의 종류 및 작동원리
① **이온화식 스포트형** : 주위의 공기가 일정한 농도의 연기를 포함하게 되는 경우에 작동하는 것으로서 일국소의 연기에 의하여 이온전류가 변화하여 작동하는 것
② **광전식 스포트형** : 주위의 공기가 일정한 농도의 연기를 포함하게 되는 경우에 작동하는 것으로서 일국소의 연기에 의하여 광전소자에 접하는 광량의 변화로 작동하는 것
③ **광전식 분리형** : 발광부와 수광부로 구성된 구조로 발광부와 수광부 사이의 공간에 일정한 농도의 연기를 포함하게 되는 경우에 작동하는 것
④ **공기흡입형** : 감지기 내부에 장착된 공기흡입장치로 감지하고자 하는 위치의 공기를 흡입하고 흡입된 공기에 일정한 농도의 연기가 포함된 경우 작동하는 것

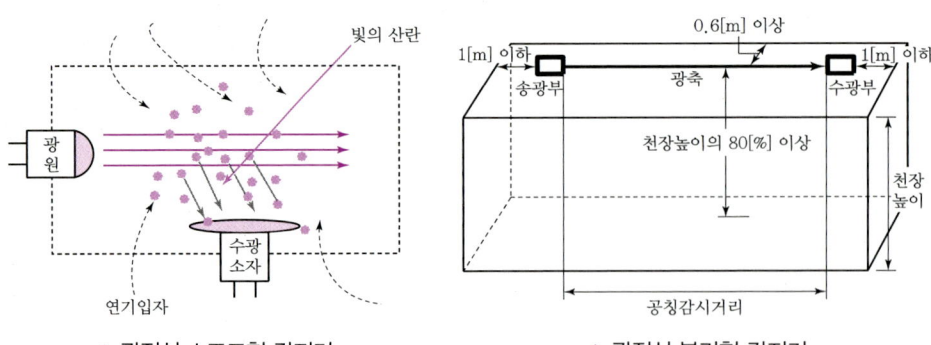

▲ 광전식 스포트형 감지기   ▲ 광전식 분리형 감지기

3) 설치장소별 감지기의 적응성

환경상태	적응장소	차동식스포트형	차동식분포형	보상식스포트형	정온식	열아날로그식	이온화식스포트형	광전식스포트형	이온아날로그식스포트형	광전아날로그식스포트형	광전식분리형	광전아날로그식분리형	불꽃감지기	비고
1. 흡연에 의해 연기가 체류하며 환기가 되지 않는 장소	회의실, 응접실, 휴게실, 노래연습실, 오락실, 다방, 음식점, 대합실, 카바레 등의 객실, 집회장, 연회장 등	O	O	O	–	–	–	◎	–	◎	O	O	–	
2. 취침시설로 사용하는 장소	호텔 객실, 여관, 수면실 등	–	–	–	–	–	◎	◎	◎	◎	O	O	–	
3. 연기 이외의 미분이 떠다니는 장소	복도, 통로 등	–	–	–	–	–	◎	◎	◎	◎	O	O	O	
4. 바람에 영향을 받기 쉬운 장소	로비, 교회, 관람장, 옥탑에 있는 기계실	–	O	–	–	–	–	◎	–	◎	O	O	O	
5. 연기가 멀리 이동해서 감지기에 도달하는 장소	계단, 경사로	–	–	–	–	–	–	O	–	O	O	O	–	광전식 스포트형 감지기 또는 광전 아날로그식 스포트형 감지기를 설치하는 경우에는 당해 감지기회로에 축적기능을 갖지 않는 것으로 할 것
6. 훈소화재의 우려가 있는 장소	전화기기실, 통신기기실, 전산실, 기계제어실	–	–	–	–	–	–	O	–	O	O	O	–	
7. 넓은 공간으로 천장이 높아 열 및 연기가 확산하는 장소	체육관, 항공기 격납고, 높은 천장의 창고·공장, 관람석 상부 등 감지기 부착 높이가 8m 이상의 장소	–	O	–	–	–	–	–	–	–	O	O	O	

주) 1. "O"는 당해 설치장소에 적응하는 것을 표시
2. "◎"는 당해 설치장소에 연기감지기를 설치하는 경우에는 당해 감지기회로에 축적기능을 갖는 것을 표시

07 용량이 100[kVA], 역률 80[%]의 펌프용 전동기가 있다. 여기에 용량 50[kVA], 역률 60[%]의 전동기를 추가로 설치하려고 한다. 전동기 합성 역률을 90[%]로 개선하고자 하는 경우 필요한 전력용 콘덴서 용량[kVA]을 구하시오. [6점]

• 계산과정 :

• 답 :

해답
• 계산과정

1) $P_a = 100$[kVA], 역률 80[%]의 전동기
   ① 유효전력 P[kW]
   $$P = 100 \times 0.8 = 80[\text{kW}]$$
   ② 무효전력 P_r[kVar]
   $$\sin\theta = \sqrt{1-\cos^2\theta} = \sqrt{1-0.8^2} = 0.6$$
   $$P_r = 100 \times 0.6 = 60[\text{kVar}]$$

2) $P_a = 50$[kVA], 역률 60[%]의 전동기
   ① 유효전력 P[kW]
   $$P = 50 \times 0.6 = 30[\text{kW}]$$
   ② 무효전력 P_r[kVar]
   $$\sin\theta = \sqrt{1-\cos^2\theta} = \sqrt{1-0.6^2} = 0.8$$
   $$P_r = 50 \times 0.8 = 40[\text{kVar}]$$

3) 전동기를 추가로 설치한 경우
   ① $P = 80 + 30 = 110$[kW]
   ② $P_r = 60 + 40 = 100$[kVar]
   ③ $P_a = \sqrt{P^2 + P_r^2} = \sqrt{110^2 + 100^2} = 148.66$[kVA]
   ④ 역률
   $$\cos\theta = \frac{P}{P_a} = \frac{110}{148.66} = 0.74$$

4) 역률개선용 콘덴서 용량
   $$Q = 110 \times \left(\frac{\sqrt{1-0.74^2}}{0.74} - \frac{\sqrt{1-0.9^2}}{0.9}\right) = 46.71[\text{kVA}]$$

• **답** 46.71[kVA]

해설 1) $P_a = 100[\text{kVA}]$, 역률 80[%]의 전동기

① 유효전력 $P[\text{kW}]$

$$P = VI\cos\theta = P_a\cos\theta\,[\text{kW}]$$
$$= 100 \times 0.8 = 80[\text{kW}]$$

여기서, P : 유효전력[kW], $VI = P_a$: 피상전력[kVA], $\cos\theta$: 역률

② 무효전력 $P_r[\text{kVar}]$

- $\sin\theta = \sqrt{1-\cos^2\theta} = \sqrt{1-0.8^2} = 0.6$
- $P_r = VI\sin\theta = P_a\sin\theta[\text{kVar}]$
$$= 100 \times 0.6 = 60[\text{kVar}]$$

2) $P_a = 50[\text{kVA}]$, 역률 60[%]의 전동기

① 유효전력 $P[\text{kW}]$

$$P = VI\cos\theta = P_a\cos\theta\,[\text{kW}]$$
$$= 50 \times 0.6 = 30[\text{kW}]$$

② 무효전력 $P_r[\text{kVar}]$

- $\sin\theta = \sqrt{1-\cos^2\theta} = \sqrt{1-0.6^2} = 0.8$
- $P_r = VI\sin\theta = P_a\sin\theta[\text{kVar}]$
$$= 50 \times 0.8 = 40[\text{kVar}]$$

3) 전동기를 추가로 설치한 경우

① 유효전력 $P[\text{kW}]$

$$P = 80 + 30 = 110[\text{kW}]$$

② 무효전력 $P_r[\text{kVar}]$

$$P_r = 60 + 40 = 100[\text{kVar}]$$

③ 피상전력 $P_a[\text{kVA}]$

$$P_a = \sqrt{P^2 + P_r^2} = \sqrt{110^2 + 100^2} = 148.66[\text{kVA}]$$

④ 역률

$$\cos\theta = \frac{P}{P_a} = \frac{110}{148.66} = 0.74$$

4) 역률개선용 콘덴서 용량

$$\boxed{Q_C = P\left(\frac{\sqrt{1-\cos^2\theta_1}}{\cos\theta_1} - \frac{\sqrt{1-\cos^2\theta_2}}{\cos\theta_2}\right)[\text{kVA}]}$$

여기서, Q_C : 콘덴서의 용량[kVA], P : 유효전력[kW]
$\cos\theta_1$: 개선 전 역률, $\cos\theta_2$: 개선 후 역률

$$Q = 110 \times \left(\frac{\sqrt{1-0.74^2}}{0.74} - \frac{\sqrt{1-0.9^2}}{0.9}\right) = 46.71[\text{kVA}]$$

08 다음은 한국전기설비규정(KEC)에서 정하고 있는 금속관공사에 대한 내용이다. ( ) 안에 알맞은 답을 쓰시오. [5점]

1) 전선은 절연전선[(①)을 제외한다]일 것
2) 전선은 (②)일 것. 다만, 다음의 것은 적용하지 않는다.
   • 짧고 가는 금속관에 넣은 것
   • 단면적 (③)[mm²](알루미늄선은 단면적 16[mm²]) 이하의 것
3) 전선은 금속관 안에서 (④)이 없도록 할 것
4) 관의 끝 부분에는 전선의 피복을 손상하지 아니하도록 적당한 구조의 (⑤)을 사용할 것. 다만, 금속관공사로부터 애자사용공사로 옮기는 경우에는 그 부분의 관의 끝부분에는 절연(⑤) 또는 이와 유사한 것을 사용하여야 한다.

해답 ① 옥외용 비닐절연전선
② 연선
③ 10
④ 접속점
⑤ 부싱

해설 한국전기설비규정(KEC)

232.12 금속관공사

232.12.1 시설조건
1) 전선은 절연전선(옥외용 비닐절연전선을 제외한다)일 것
2) 전선은 연선일 것. 다만, 다음의 것은 적용하지 않는다.
   ① 짧고 가는 금속관에 넣은 것
   ② 단면적 10[mm²](알루미늄선은 단면적 16[mm²]) 이하의 것
3) 전선은 금속관 안에서 접속점이 없도록 할 것

232.12.3 금속관 및 부속품의 시설
1) 관 상호 간 및 관과 박스, 기타의 부속품과는 나사접속, 기타 이와 동등 이상의 효력이 있는 방법에 의하여 견고하고 또한 전기적으로 완전하게 접속할 것
2) 관의 끝 부분에는 전선의 피복을 손상하지 아니하도록 적당한 구조의 부싱을 사용할 것. 다만, 금속관공사로부터 애자사용공사로 옮기는 경우에는 그 부분의 관의 끝부분에는 절연부싱 또는 이와 유사한 것을 사용하여야 한다.
3) 습기가 많은 장소 또는 물기가 있는 장소에 시설하는 경우에는 방습 장치를 할 것
4) 관에는 접지공사를 할 것. 다만, 사용전압이 400[V] 이하로서 다음 중 하나에 해당하는 경우에는 그러하지 아니하다.
   ① 관의 길이(2개 이상의 관을 접속하여 사용하는 경우에는 그 전체의 길이를 말한다. 이하 같다)가 4[m] 이하인 것을 건조한 장소에 시설하는 경우

② 옥내배선의 사용전압이 직류 300[V] 또는 교류 대지 전압 150[V] 이하로서 그 전선을 넣는 관의 길이가 8[m] 이하인 것을 사람이 쉽게 접촉할 우려가 없도록 시설하는 경우 또는 건조한 장소에 시설하는 경우

5) 금속관을 금속제의 풀박스에 접속하여 사용하는 경우에는 제1의 규정에 준하여 시설하여야 한다. 다만, 기술상 부득이한 경우에는 관 및 풀박스를 건조한 곳에서 불연성의 조영재에 견고하게 시설하고 또한 관과 풀박스 상호 간을 전기적으로 접속하는 때에는 그러하지 아니하다.

09 다음은 건축물의 자동화재탐지설비 평면도이다. 도면을 보고 다음 각 물음에 답하시오. [6점]

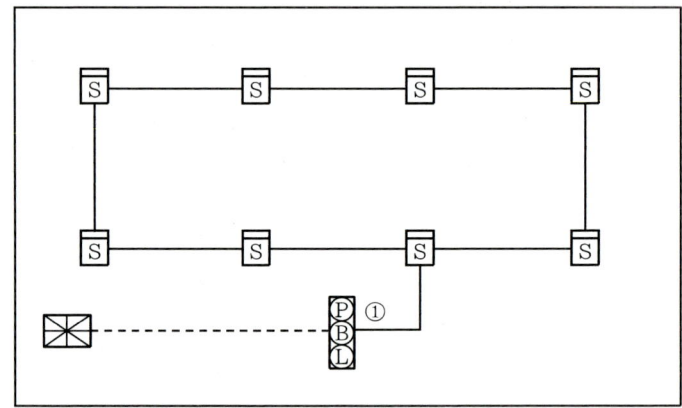

1) 도면의 ①은 발신기세트이다. 발신기세트와 수신기 간의 거리가 15[m]인 경우 전선은 총 몇 [m]가 필요한지 산출하시오.(단, 층고, 할증 및 여유율 등은 무시한다.)
   • 계산과정 :
   • 답 :

2) 도면에 설치된 감지기가 2종인 경우 8개의 감지기가 최대로 감지할 수 있는 감지구역의 바닥면적 [m²] 합계를 구하시오.(단, 천장높이는 5[m]이다.)
   • 계산과정 :
   • 답 :

3) 감지기와 감지기 간, 감지기와 발신기세트 간의 길이가 각각 10[m]인 경우 전선관 및 전선물량을 산출과정과 함께 쓰시오.(단, 층고, 할증 및 여유율 등은 무시한다.)

품명	규격	산출과정	물량
전선관	16C		
전선	1.5[mm²]		

해답

1) • 계산과정 : 15[m] × 6가닥 = 90[m]
   • 답 90[m]

2) • 계산과정 : 75[m²/개] × 8[개] = 600[m²]
   • 답 600[m²]

3)

품명	규격	산출과정	물량
전선관	16C	10 × 9 = 90[m]	90[m]
전선	1.5[mm²]	(10 × 2 × 8) + (10 × 4 × 1) = 200[m]	200[m]

해설

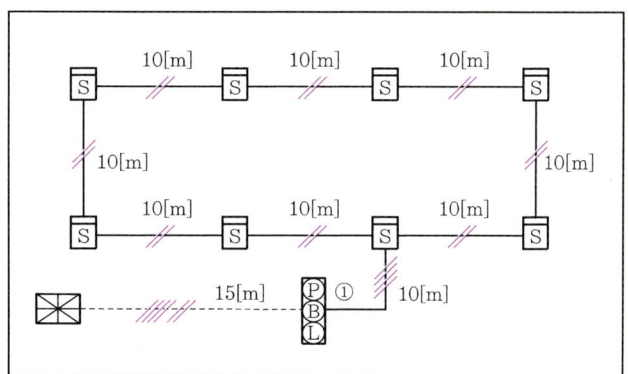

1) 전선의 길이

   ① 발신기세트와 수신기 간의 거리 : 15[m]

   ② 발신기세트와 수신기 간의 배선가닥수 : 6가닥

   회로선, 공통선, 경종선, 표시등선, 경종·표시등공통선, 응답선

   ③ 전선의 길이 = 15[m] × 6가닥 = 90[m]

2) 부착높이에 따른 연기감지기 1개의 기준 면적

부착높이	감지기의 종류	
	1종, 2종	3종
4[m] 미만	150[m²]	50[m²]
4[m] 이상 20[m] 미만	75[m²]	—

   ① 연기감지기 1개의 기준면적 : 75[m²/개]

   ② 연기감지기 수량 : 8[개]

   ③ 감지구역의 바닥면적 = 75[m²/개] × 8[개] = 600[m²]

3) 전선관 및 전선물량

품명	규격	산출과정	물량
전선관	16C	10[m] × 9구간 = 90[m]	90[m]
전선	1.5[mm²]	(10[m] × 2가닥 × 8구간) + (10[m] × 4가닥 × 1구간) = 200[m]	200[m]

10 다음은 비상경보설비 및 단독경보형 감지기의 화재안전기술기준에 따른 단독경보형 감지기의 설치기준이다. ( ) 안에 알맞은 내용을 쓰시오. [5점]

- 각 실마다 설치하되, 바닥면적이 (①)[m²]를 초과하는 경우에는 (①)[m²]마다 1개 이상 설치할 것. 이웃하는 실내의 바닥면적이 각각 (②)[m²] 미만이고, 벽체의 상부의 전부 또는 일부가 개방되어 이웃하는 실내와 공기가 상호 유통되는 경우에는 이를 (③)개의 실로 본다.
- 최상층의 (④)의 천장(외기가 상통하는 (④)의 경우를 제외한다)에 설치할 것
- 상용전원을 주전원으로 사용하는 단독경보형 감지기의 (⑤)는 법 제40조에 따라 제품검사에 합격한 것을 사용할 것

해답 ① 150 ② 30 ③ 1
④ 계단실 ⑤ 2차 전지

해설 단독경보형 감지기의 설치기준
① 각 실(이웃하는 실내의 바닥면적이 각각 30[m²] 미만이고 벽체의 상부의 전부 또는 일부가 개방되어 이웃하는 실내와 공기가 상호 유통되는 경우에는 이를 1개의 실로 본다)마다 설치하되, 바닥면적이 150[m²]를 초과하는 경우에는 150[m²]마다 1개 이상 설치할 것
② 최상층의 계단실의 천장(외기가 상통하는 계단실의 경우를 제외한다)에 설치할 것
③ 건전지를 주전원으로 사용하는 단독경보형 감지기는 정상적인 작동상태를 유지할 수 있도록 건전지를 교환할 것
④ 상용전원을 주전원으로 사용하는 단독경보형 감지기의 2차 전지는 법 제40조에 따라 제품검사에 합격한 것을 사용할 것

11 전부하 시 출력이 8[kW]인 전동기를 출력 2[kW]로 운전하고 있다. 전동기의 효율이 80[%]일 때 다음 각 물음에 답하시오. [6점]

1) 출력 8[kW]와 출력 2[kW]일 때 이 전동기의 동손의 관계를 쓰시오.(단, 8[kW]일 때 동손을 P_{c1}으로 하고 2[kW]일 때 동손을 P_{c2}라 한다.)

2) 전부하 시 철손(P_{i1})[kW]과 동손(P_{c1})[kW]을 구하시오.
  - 계산과정 :
  - 답 :

해답 1) $P_{c2} = \dfrac{1}{16} P_{c1}$

2) • 계산과정

① 전부하 시

$$\eta = \frac{P_{o1}}{P_{o1} + (P_{i1} + P_{c1})}$$

$$0.8 = \frac{8}{8 + (P_{i1} + P_{c1})}$$

$$(0.8 \times 8) + 0.8(P_{i1} + P_{c1}) = 8$$

$$0.8(P_{i1} + P_{c1}) = 8 - 6.4$$

$$P_{i1} + P_{c1} = \frac{8 - 6.4}{0.8} = 2$$

$$\therefore P_{i1} + P_{c1} = 2 \cdots\cdots ㉠$$

② 1/4부하 시

$$\eta = \frac{P_{o2}}{P_{o2} + (P_{i2} + P_{c2})}$$

$$0.8 = \frac{2}{2 + (P_{i2} + P_{c2})}$$

$P_{i2} = P_{i1}$(철손은 부하변동과 무관하다.), $P_{c2} = \frac{1}{16} P_{c1}$ 이므로

$$0.8 = \frac{2}{2 + \left(P_{i1} + \frac{1}{16} P_{c1}\right)}$$

$$(0.8 \times 2) + 0.8\left(P_{i1} + \frac{1}{16} P_{c1}\right) = 2$$

$$0.8\left(P_{i1} + \frac{1}{16} P_{c1}\right) = 2 - 1.6$$

$$\left(P_{i1} + \frac{1}{16} P_{c1}\right) = \frac{0.4}{0.8}$$

양변에 16을 곱하면

$$\therefore 16P_{i1} + P_{c1} = 8 \cdots\cdots ㉡$$

③ ㉡식에서 ㉠식을 빼면

$$16P_{i1} + P_{c1} = 8$$
$$-)\ \ P_{i1} + P_{c1} = 2$$
$$\overline{15P_{i1} = 6}$$

• 철손 $P_{i1} = \frac{6}{15} = 0.4$[kW]

$P_{i1} + P_{c1} = 2$ 에서 $P_{i1} = 0.4$이므로

$0.4 + P_{c1} = 2$

• 동손 $P_{c1} = 2 - 0.4 = 1.6$[kW]

• 답 철손(P_{i1}) : 0.4[kW]

동손(P_{c1}) : 1.6[kW]

해설 1) 손실동력

$$P_l = P_i + m^2 P_c [\text{W}]$$

여기서, P_l : 손실동력[W]
P_i : 철손(무부하손)[W]
P_c : 동손(부하손)[W]
m : 부하율

① 전부하 시($m=1$)

손실동력 : $P_{l1} = P_i + 1^2 P_c [\text{W}]$

② 1/4부하 시($m=1/4$)

손실동력 : $P_{l2} = P_i + \left(\dfrac{1}{4}\right)^2 P_c [\text{W}]$

③ 철손은 무부하손이므로 부하의 변동과 무관하다($P_i = P_{i1} = P_{i2}$).

④ 동손

- 전부하 시 동손이 P_{c1}이므로

    $P_{c1} = 1^2 P_c \quad \therefore P_{c1} = P_c$

- 1/4부하 시 동손이 P_{c2}이므로

    $P_{c2} = \left(\dfrac{1}{4}\right)^2 P_c$

    $P_{c1} = P_c$이므로

    $P_{c2} = \dfrac{1}{16} P_{c1}$ 또는 $P_{c1} = 16 P_{c2}$

∴ 1/4부하로 운전 시 발생하는 동손은 전부하운전 시 동손의 1/16배이다. 또는 전부하 운전 시 발생하는 동손은 1/4부하로 운전 시 동손의 16배이다.

2) 전부하 시 철손(P_{i1}) 및 동손(P_{c1})

① 유도전동기의 효율

$$효율 = \dfrac{출력}{입력} = \dfrac{출력}{출력+손실} = \dfrac{출력}{출력+(철손+동손)}$$

$$\eta = \dfrac{P_o}{P_o + (P_i + P_c)}$$

여기서, η : 전동기 효율
P_o : 전동기출력[kW]
P_i : 철손(무부하손)[kW]
P_C : 동손(부하손)[kW]

② 전부하 시

$$\eta = \frac{P_{o1}}{P_{o1}+(P_{i1}+P_{c1})}$$

여기서, η : 80[%] = 0.8
P_{o1} : 전부하 시 출력(8kW)
P_{i1} : 전부하 시 철손[kW]
P_{c1} : 전부하 시 동손[kW]

$$0.8 = \frac{8}{8+(P_{i1}+P_{c1})}$$

$(0.8 \times 8) + 0.8(P_{i1}+P_{c1}) = 8$

$0.8(P_{i1}+P_{c1}) = 8 - 6.4$

$P_{i1}+P_{c1} = \frac{8-6.4}{0.8} = 2$

∴ $P_{i1}+P_{c1} = 2$ ········ ㉠

③ 1/4부하 시

$$\eta = \frac{P_{o2}}{P_{o2}+(P_{i2}+P_{c2})}$$

여기서, η : 80[%] = 0.8
P_{o2} : 1/4부하 시 출력(2kW)
P_{i2} : 1/4부하 시 철손[kW]
P_{c2} : 1/4부하 시 동손[kW]

$$0.8 = \frac{2}{2+(P_{i2}+P_{c2})}$$

$P_{i2} = P_{i1}$(철손은 무부하손이므로 부하변동과 무관하다.), $P_{c2} = \frac{1}{16}P_{c1}$ 이므로

$$0.8 = \frac{2}{2+\left(P_{i1}+\frac{1}{16}P_{c1}\right)}$$

$(0.8 \times 2) + 0.8\left(P_{i1}+\frac{1}{16}P_{c1}\right) = 2$

$0.8\left(P_{i1}+\frac{1}{16}P_{c1}\right) = 2 - 1.6$

$\left(P_{i1}+\frac{1}{16}P_{c1}\right) = \frac{0.4}{0.8}$

$P_{i1}+\frac{1}{16}P_{c1} = 0.5$

양변에 16을 곱하면

$16P_{i1}+P_{c1} = 8$ ········ ㉡

④ ㉡식에서 ㉠식을 빼면

$$16P_{i1} + P_{c1} = 8$$
$$-\underline{)\ P_{i1} + P_{c1} = 2}$$
$$15P_{i1} = 6$$

- 전부하 시 철손 $P_{i1} = \dfrac{6}{15} = 0.4[\text{kW}]$
- 전부하 시 동손

    $P_{i1} + P_{c1} = 2$ 식에 $P_{i1} = 0.4$를 대입하면

    $0.4 + P_{c1} = 2$

    $P_{c1} = 2 - 0.4 = 1.6[\text{kW}]$

12 어느 특정소방대상물에 옥내소화전설비를 설치하고 상용전원과 비상전원을 설치하였다. 전원 설치기준에 대한 (   ) 안에 알맞은 내용을 쓰시오. [6점]

- 상용전원이 저압수전인 경우에는 (①)의 직후에서 분기하여 전용배선으로 하여야 하며, 전용의 전선관에 보호되도록 할 것
- 비상전원은 옥내소화전설비를 유효하게 (②)분 이상 작동할 수 있어야 할 것
- 비상전원을 실내에 설치하는 때에는 그 실내에 (③)을(를) 설치할 것

해답 ① 인입개폐기
② 20분
③ 비상조명등

해설 옥내소화전설비의 전원

1) 상용전원회로의 배선 설치기준
    ① 저압수전
        인입개폐기의 직후에서 분기하여 전용배선으로 하여야 하며, 전용의 전선관에 보호되도록 할 것
    ② 특별고압수전 또는 고압수전
        전력용 변압기 2차 측의 주차단기 1차 측에서 분기하여 전용배선으로 하되, 상용전원의 상시공급에 지장이 없을 경우에는 주차단기 2차 측에서 분기하여 전용배선으로 할 것

2) 비상전원의 설치대상
    ① 층수가 7층 이상으로서 연면적이 2,000[m²] 이상인 것
    ② 지하층의 바닥면적의 합계가 3,000[m²] 이상인 것

3) 비상전원의 설치 제외
   ① 2 이상의 변전소에서 전력을 동시에 공급받을 수 있는 경우
   ② 하나의 변전소로부터 전력의 공급이 중단되는 때에는 자동으로 다른 변전소로부터 전원을 공급받을 수 있도록 상용전원을 설치한 경우

4) 비상전원의 종류(옥내소화전설비)
   ① 자가발전설비
   ② 축전지설비
   ③ 전기저장장치

5) 비상전원의 설치기준
   ① 점검에 편리하고 화재 및 침수 등의 재해로 인한 피해를 받을 우려가 없는 곳에 설치할 것
   ② 옥내소화전설비를 유효하게 20분 이상 작동할 수 있어야 할 것
   ③ 상용전원으로부터 전력의 공급이 중단된 때에는 자동으로 비상전원으로부터 전력을 공급받을 수 있도록 할 것
   ④ 비상전원의 설치장소는 다른 장소와 방화구획할 것. 이 경우 그 장소에는 비상전원의 공급에 필요한 기구나 설비 외의 것(열병합발전설비에 필요한 기구나 설비는 제외한다)을 두어서는 아니 된다.
   ⑤ 비상전원을 실내에 설치하는 때에는 그 실내에 비상조명등을 설치할 것

13 자동화재탐지설비 수신기의 시험방법 중 동시작동시험의 목적에 대하여 쓰시오. [3점]

해답 동시에 수회선(5회선 이상)을 작동시켰을 때 수신기의 기능에 이상이 없는지를 확인

해설
1) 동시작동시험
   ① 목적 : 동시에 수회선(5회선 이상)을 작동시켰을 때 수신기의 기능에 이상이 없는지를 확인
   ② 시험방법
      - 작동시험스위치를 누른다.
      - 회로선택스위치를 순차적으로 돌려서 5회선을 동작시킨다.
      - 화재표시등, 지구표시등, 음향장치 등의 동작상태 확인
   ③ 판정
      5회선 이상 동작하였을 때 화재표시등, 지구표시등, 음향장치가 정상작동할 것

2) 공통선시험
   ① 목적 : 하나의 공통선이 담당하는 경계구역이 7개 이하인지 확인

② 시험방법
- 수신기 내부의 단자대에서 공통선 1선을 분리한다.
- 도통시험스위치를 누른다.
- 회로선택스위치를 순차적으로 1회로씩 회전시킨다.
- 단선된 회로수를 확인한다.

③ 판정
하나의 공통선이 담당하는 경계구역수가 7개 이하일 것

3) **회로도통시험**
① 목적 : 감지기회로의 단선유무 확인과 기기 등의 접속상태 확인
② 시험방법
- 도통시험스위치를 누른다.
- 회로선택스위치를 순차적으로 1회로씩 회전시킨다.
- 전압계의 지시치 또는 단선표시램프(LED)의 점등 확인

③ 판정
- 전압계방식 : 전압의 지시치가 적정범위 내에 있을 것
  정상 : 2~6[V], 단선 : 0[V], 단락 : 화재경보
- 표시램프방식 : 단선표시램프(LED) 점등

14 다음의 축전지설비에 대한 각 물음에 답하시오. [6점]

1) 자기방전량만을 항상 충전하는 부동충전방식의 명칭을 쓰시오.

2) 비상용 조명부하 200[V]용, 50[W] 80등, 30[W] 70등이 있다. 방전시간은 30분이고, 축전지는 HS형 110cell이며, 허용최저전압은 190[V], 최저축전온도가 5[℃]일 때 축전지용량[Ah]을 구하시오. (단, 경년용량저하율은 0.8, 용량환산시간은 1.2[h]이다.)
- 계산과정 :
- 답 :

3) 연축전지와 알칼리축전지의 공칭전압[V]을 쓰시오.
- 연축전지 :
- 알칼리축전지 :

해답

1) 세류충전방식

2) • 계산과정

$P = (50 \times 80) + (30 \times 70) = 6,100[W]$

$I = \dfrac{P}{V} = \dfrac{6,100}{200} = 30.5[A]$

$$C = \frac{1}{L}KI = \frac{1}{0.8} \times 1.2 \times 30.5 = 45.75[Ah]$$

- 답 45.75[Ah]

3) • 연축전지 : 2.0[V]
   • 알칼리축전지 : 1.2[V]

해설 1) 축전지 충전방식
① 보통충전 : 필요할 때마다 표준 시간율로 충전하는 방식
② 급속충전 : 단시간에 보통 충전전류의 2~3배의 전류로 충전하는 방식
③ 부동충전 : 전지의 자기방전을 보충함과 동시에 상용부하에 대한 전력공급은 충전기가 부담하고 일시적인 대전류 부하는 축전지가 부담하도록 하는 방식

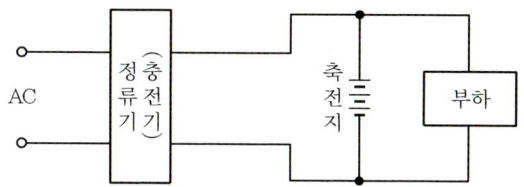

④ 균등충전 : 1~3개월마다 정전압으로 10~12시간 충전하여 전체 셀의 전압을 균일하게 하는 방식
⑤ 세류충전 : 항상 자기방전량만큼만 충전하는 방식(부동충전방식의 일종)
⑥ 회복충전 : 과방전 및 방치상태, 가벼운 설페이션 현상 등이 생겼을 때 기능회복을 위하여 실시하는 충전방식

  ✎ 설페이션 : 연축전지를 방전 상태로 오래 방치했을 때, 극판의 표면의 황산납이 회백색으로 변하여 부도체 성질을 갖는 현상

2) 축전지용량
① 축전지의 용량

$$C = \frac{1}{L}KI$$

여기서, C : 축전지용량[Ah], L : 용량저하율(보수율 : 일반적으로 0.8)
K : 용량환산시간[h], I : 방전전류[A]

② 계산과정
• 사용 전력
$P = (50 \times 80) + (30 \times 70) = 6,100[W]$
• 방전전류
$P = VI$에서
$I = \dfrac{P}{V} = \dfrac{6,100}{200} = 30.5[A]$

- 축전지용량

$$C = \frac{1}{L}KI$$
$$= \frac{1}{0.8} \times 1.2 \times 30.5 = 45.75[Ah]$$

3) 연축전지와 알칼리축전지의 비교

구분	연축전지	알칼리축전지
공칭전압	2.0[V]	1.2[V]
공칭용량	10[Ah]	5[Ah]
수명	짧다	길다
기계적 강도	약하다	강하다
종류	클래드식, 페이스트식	소결식, 포켓식

15 가로 15[m], 세로 5[m] 크기의 특정소방대상물에 이산화탄소설비를 설치하고자 한다. 바닥으로부터 4[m] 높이에 연기감지기를 설치할 경우 연기감지기의 최소 설치수량을 산정하시오. [3점]

- 계산과정 :
- 답 :

해답
- 계산과정

$$N = \frac{15 \times 5}{75} = 1개$$

가스계 소화설비는 교차회로방식을 사용하므로
1[개/회로] × 2[회로] = 2개

- 답 2개

해설 1) 연기감지기 수량 산정

① 부착높이에 따른 연기감지기 1개의 기준면적

부착높이	감지기의 종류	
	1종, 2종	3종
4[m] 미만	150[m²]	50[m²]
4[m] 이상 20[m] 미만	75[m²]	—

② 설치높이는 4[m]이므로 표에서 부착높이 4[m] 이상 20[m] 미만을 선택한다.
③ 부착높이 4[m] 이상에서는 연기감지기 3종은 적응성이 없으므로 연기감지기 1종, 2종을 선택한다.
④ 표에서 기준면적을 찾으면 75[m²]이다.

⑤ 연기감지기 수량 계산

$N = \dfrac{15 \times 5}{75} = 1$ 개

가스계 소화설비는 교차회로방식을 사용하므로

1[개/회로] × 2[회로] = 2개

2) 교차회로방식 적용 설비
① 이산화탄소소화설비
② 할론소화설비
③ 분말소화설비
④ 할로겐화합물 및 불활성기체 소화설비
⑤ 준비작동식 스프링클러설비
⑥ 일제살수식 스프링클러설비

3) 교차회로방식을 적용하지 아니할 수 있는 감지기
① 축적방식 감지기   ⑤ 불꽃감지기
② 복합형 감지기   ⑥ 정온식 감지선형 감지기
③ 광전식 분리형 감지기   ⑦ 아날로그방식 감지기
④ 분포형 감지기   ⑧ 다신호방식 감지기

Reference

광전식 분리형 감지기나 아날로그방식의 연기감지기의 경우 교차회로방식을 적용하지 아니할 수 있는 연기감지기이기 때문에 본 문제에서 1개만 설치할 수 있다. 그러나 감지기명이 별도로 주어지지 않는 경우 일반 연기감지기를 설치하는 것으로 보고 풀이하여야 한다.

16 다음의 시퀀스 도면은 유도전동기 기동·정지회로의 미완성 도면이다. 다음 각 물음에 답하시오. [8점]

[동작설명]

① MCCB를 투입하면 ⓖⓛ램프가 점등된다.

② 누름버튼스위치 PB-on을 누르면 전자접촉기 ⓜⓒ가 여자되고 MC-a접점이 폐로되어 자기유지되며, ⓡⓛ램프는 점등되고 ⓖⓛ램프는 소등된다. 동시에 MC 주접점이 폐로되어 유도전동기가 기동된다.

③ 전동기 운전 중 PB-off 스위치를 누르거나 열동계전기 THR이 작동하면 전자접촉기 ⓜⓒ가 소자되어 전동기는 정지한다.

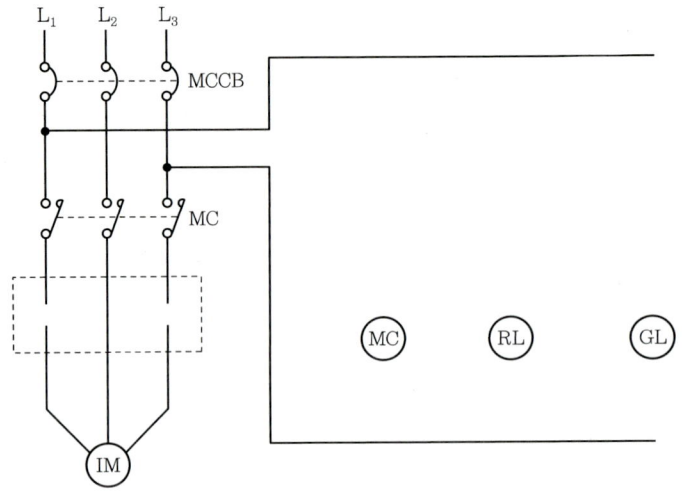

1) [보기]의 접점을 이용하여 [동작설명]에 맞게 보조회로를 완성하시오.

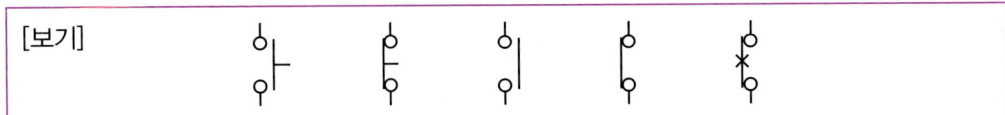

2) 주회로의 점선부분을 완성하시오.
3) 열동계전기(THR)는 어떤 경우에 작동하는지 2가지만 쓰시오.
   -
   -

해답 1), 2)

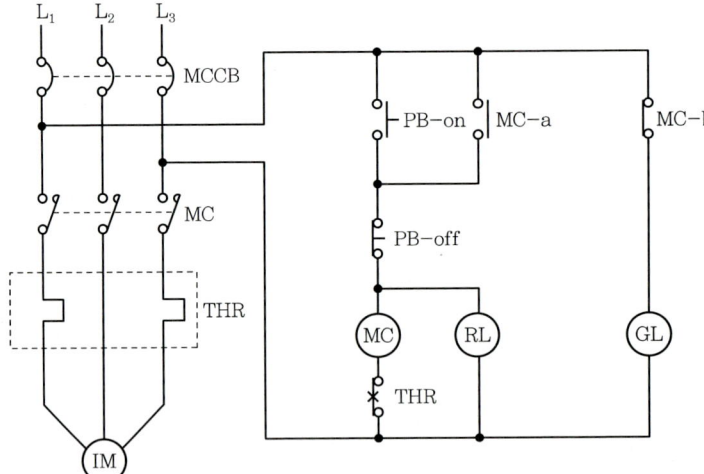

3) • 전동기에 과전류가 흐를 때
   • THR의 전류 세팅치가 전동기의 정격전류보다 낮을 때

해설 1), 2) 문제의 [동작설명] 및 해답의 시퀀스 참고

3) 열동계전기(THR : Thermal Relay)
① 사용목적 : 과부하나 단락 등에 인한 과전류 발생 시 전동기 보호
② 동작원리 : 열동계전기 내부에 바이메탈을 설치하여 온도상승 시 열팽창계수 차에 의한 바이메탈의 굴곡이 접점을 작동시킨다.
③ 열동계전기가 동작하는 경우
   • 전동기에 과전류가 흐를 때
   • THR의 전류 세팅치가 전동기의 정격전류보다 낮을 때(열동계전기의 세팅전류는 전동기 정격전류의 1.2배 정도로 세팅한다.)

17. 다음은 누전경보기의 형식승인 및 제품검사 기술기준에 관한 내용이다. 다음 각 물음에 답하시오. [5점]

1) 감도조정장치 조정범위에서 최솟값과 최댓값을 쓰시오.

2) 다음은 변류기의 전로개폐시험에 관한 내용이다. ( ) 안에 알맞은 내용을 쓰시오.
   변류기는 출력단자에 부하저항을 접속하고, 경계전로에 당해 변류기의 정격전류의 150[%]인 전류를 흘린 상태에서 경계전로의 개폐를 ( )회 반복하는 경우 그 출력전압치는 공칭작동전류치의 42[%]에 대응하는 출력전압치 이하이어야 한다.

3) 변류기는 DC 500[V]의 절연저항계로 각 부분을 시험을 하는 경우 5[MΩ] 이상이어야 한다. 이때 측정위치 3부분을 쓰시오.
   •
   •
   •

해답
1) 최솟값 : 200[mA], 최댓값 : 1[A]
2) 5회
3) • 절연된 1차 권선과 2차 권선 간
   • 절연된 1차 권선과 외부금속부 간
   • 절연된 2차 권선과 외부금속부 간

해설 1) 공칭작동전류치
① 누전경보기의 공칭작동전류치(누전경보기를 작동시키기 위하여 필요한 누설전류의 값으로서 제조자에 의하여 표시된 값)는 200[mA] 이하이어야 한다.
② 감도조정장치를 가지고 있는 누전경보기에 있어서도 그 조정범위의 최소치에 대하여 이를 적용한다.

③ 감도조정장치를 갖는 누전경보기에 있어서 감도조정장치의 조정범위는 최대치가 1[A]이어야 한다.

2) 변류기의 전로개폐시험

변류기는 출력단자에 부하저항을 접속하고, 경계전로에 당해 변류기의 정격전류의 150[%]인 전류를 흘린 상태에서 경계전로의 개폐를 5회 반복하는 경우 그 출력전압치는 공칭작동전류치의 42[%]에 대응하는 출력전압치 이하이어야 한다.

3) 절연저항시험

변류기는 DC 500[V]의 절연저항계로 다음의 각 부분을 시험을 하는 경우 5[MΩ] 이상이어야 한다.
① 절연된 1차 권선과 2차 권선 간의 절연저항
② 절연된 1차 권선과 외부금속부 간의 절연저항
③ 절연된 2차 권선과 외부금속부 간의 절연저항

18 3상 380[V]인 유도전동기를 직입기동하면 기동전류는 135[A], 기동토크는 150[N·m]이다. 이 유도전동기를 Y-△로 기동할 경우 다음 물음에 답하시오. [6점]

1) 기동전류[A]를 구하시오.
   - 계산과정 :
   - 답 :

2) 기동토크[N·m]를 구하시오.
   - 계산과정 :
   - 답 :

해답 ⊕ 1) 기동전류
- 계산과정

$$I = \frac{1}{3} \times 135 = 45[A]$$

- 답 45[A]

2) 기동토크
- 계산과정

$$\tau = \frac{1}{3} \times 150 = 50[N \cdot m]$$

- 답 50[N·m]

[해설] 1) 기동전류

① △결선

$$V_{l\triangle} = V_{P\triangle} \qquad I_{l\triangle} = \sqrt{3}\, I_{P\triangle}$$

여기서, $V_{l\triangle}$: △결선에서 선간전압
$V_{P\triangle}$: △결선에서 상전압
$I_{l\triangle}$: △결선에서 선간전류
$I_{P\triangle}$: △결선에서 상전류

- 상전류 : $I_{P\triangle} = \dfrac{V_{P\triangle}}{R}$

$V_{l\triangle} = V_{P\triangle}$, $I_{P\triangle} = \dfrac{I_{l\triangle}}{\sqrt{3}}$ 이므로

$\dfrac{I_{l\triangle}}{\sqrt{3}} = \dfrac{V_{l\triangle}}{R}$

- 선간전류 : $I_{l\triangle} = \dfrac{\sqrt{3}\, V_l}{R}$

② Y결선

$$V_{lY} = \sqrt{3}\, V_{PY} \qquad I_{lY} = I_{PY}$$

여기서, V_{lY} : Y결선에서 선간전압
V_{PY} : Y결선에서 상전압
I_{lY} : Y결선에서 선간전류
I_{PY} : Y결선에서 상전류

- 상전류 : $I_{PY} = \dfrac{V_{PY}}{R}$

$V_{PY} = \dfrac{V_{lY}}{\sqrt{3}}$, $I_{lY} = I_{PY}$ 이므로

- 선간전류 : $I_{lY} = \dfrac{V_l}{\sqrt{3}\, R}$

③ Y결선으로 접속할 때와 △결선으로 접속할 때 선전류의 크기의 비

$\dfrac{I_{lY}}{I_{l\triangle}} = \dfrac{\dfrac{V_l}{\sqrt{3}\, R}}{\dfrac{\sqrt{3}\, V_l}{R}} = \dfrac{R \cdot V_l}{(\sqrt{3})^2 \cdot R \cdot V_l} = \dfrac{1}{3}$

$I_{lY} = \dfrac{1}{3} I_{l\triangle}$

- Y결선 시 선전류의 크기는 △결선 시 선전류의 1/3이다.
- Y-△로 기동 시 기동전류는 직입기동 시 기동전류의 1/3이 된다.

④ 기동전류 계산

$I_{lY} = \dfrac{1}{3} \times 135 = 45\,[\text{A}]$

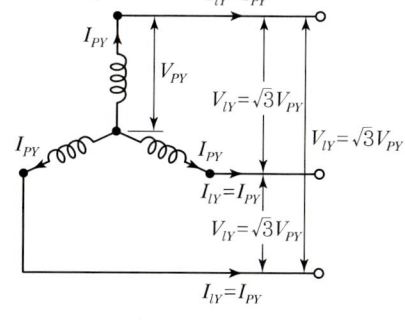

2) 기동토크

　① △결선 시 기동토크

　　$\tau_\triangle = KV_P^2$　(기동토크는 상전압의 제곱에 비례한다.)

　　$V_P = V_l$ 이므로

　　$\tau_\triangle = KV_l^2$

　② Y결선 시 기동토크

　　$\tau_Y = KV_P^2$

　　$V_P = \dfrac{V_l}{\sqrt{3}}$ 이므로

　　$\tau_Y = K\left(\dfrac{V_l}{\sqrt{3}}\right)^2 = \dfrac{KV_l^2}{3}$

　　　여기서, K : 비례상수

　③ Y결선으로 접속할 때와 △결선으로 접속할 때, 기동토크 크기의 비

　　$\dfrac{\tau_Y}{\tau_\triangle} = \dfrac{\dfrac{KV_l^2}{3}}{KV_l^2} = \dfrac{KV_l^2}{3KV_l^2} = \dfrac{1}{3}$

　　$\tau_Y = \dfrac{1}{3}\tau_\triangle$

　　• Y결선 시 기동토크는 △결선 시 기동토크의 1/3이다.

　　• Y−△로 기동 시 기동토크는 직입기동 시 기동토크의 1/3이 된다.

　④ 기동토크 계산

　　$\tau_Y = \dfrac{1}{3} \times 150 = 50[\text{N}\cdot\text{m}]$

저자 자격사항

표정은

- 소방기술사
- 소방시설관리사
- 위험물기능장
- 소방설비기사(기계분야/전기분야)

소방설비기사 실기
전기분야

발행일 | 2022. 6. 10 초판 발행
2022. 10. 10 초판 2쇄
2023. 3. 10 개정 1판1쇄
2023. 8. 10 개정 1판2쇄
2024. 1. 10 개정 2판1쇄
2024. 4. 10 개정 2판2쇄
2025. 1. 10 개정 3판1쇄

저 자 | 표정은
발행인 | 정용수
발행처 |  예문사

주 소 | 경기도 파주시 직지길 460(출판도시) 도서출판 예문사
T E L | 031) 955-0550
F A X | 031) 955-0660
등록번호 | 11-76호

- 이 책의 어느 부분도 저작권자나 발행인의 승인 없이 무단 복제하여 이용할 수 없습니다.
- 파본 및 낙장은 구입하신 서점에서 교환하여 드립니다.
- 예문사 홈페이지 http://www.yeamoonsa.com

정가 : 38,000원

ISBN 978-89-274-5703-9 13530